现代刀具设计与应用

主编　赵炳桢　商宏谟　辛节之

国防工業出版社
·北京·

内 容 简 介

本书介绍了近20多年来在先进制造技术快速发展过程中切削加工工艺的发展趋势，全面反映了切削技术和刀具专业所取得的新进展。全书共15章，分成两篇。第一篇为刀具设计基础，共7章，介绍金属切削基本原理、刀具材料、刀具几何参数及结构设计、刀具涂层、工具系统及刀具装夹技术和刀具标准等现代刀具设计和应用的基础知识。第二篇为刀具应用技术，共8章，内容涵盖了为获得最佳加工效果和正确应用刀具的系统专业知识，包括工件材料可加工性、切削数据库、切削冷却润滑等基础知识，以及高速、高效、硬切削、干式切削等切削新工艺，刀具动平衡和安全技术、加工表面完整性、铣削走刀路线及编程方法和刀具管理等切削刀具专业的新技术。内容翔实新颖，充分显示了刀具应用技术在现代切削技术中的重要性。

本书可供从事金属切削专业技术工作的工程技术人员、科研人员在开发刀具新产品、应用切削新工艺、提高加工效率、降低加工成本等日常工作中使用，也可作为高等或中等专业学校机制专业师生的参考书及各类切削技术和刀具培训班的教材。

本书可对提高刀具制造商创新的能力和为用户服务的本领及我国装备制造业切削加工的技术水平发挥重要作用。

图书在版编目(CIP)数据

现代刀具设计与应用/赵炳桢，商宏谟，辛节之主编．—北京：国防工业出版社，2014.9

ISBN 978-7-118-09002-4

Ⅰ.①现… Ⅱ.①赵… ②商… ③辛… Ⅲ.①刀具(金属切削)—设计②刀具(金属切削)—应用 Ⅳ.①TG702

中国版本图书馆CIP数据核字(2014)第160431号

※

国防工业出版社出版发行

(北京市海淀区紫竹院南路23号 邮政编码100048)

北京嘉恒彩色印刷有限责任公司

新华书店经售

*

开本 889×1194 1/16 **印张** 41¾ **字数** 1318千字

2014年9月第1版第1次印刷 **印数** 1—4000册 **定价** 128.00元

国防书店：(010)88540777　　发行邮购：(010)88540776

发行传真：(010)88540755　　发行业务：(010)88540717

《现代刀具设计与应用》编写组成员

主　　编　赵炳桢　商宏谟　辛节之

编写人员（按姓氏笔画排序）

王贵成　王　魄　刘献礼　刘镇昌　达世亮　吴　江
张　平　杜其明　杨　冰　杨　晓　陈　云　周　彤
查国兵　胡贤金

前　言

20 世纪 80 代以来，切削技术取得了令人瞩目的进步，发生了很大的变化，表现在以下几个方面：

(1) 产品结构全面更新。硬质合金代替高速钢成为主要的刀具材料，尤其是：整体硬质合金通用刀具（钻头、立铣刀、丝锥）的开发和应用比例增加；涂层刀具成为主要的刀具品种；可转位刀具的品种增加，应用领域扩大。

(2) 涂层成为当前提高刀具性能最有效的技术。它对刀具改性的优势体现在：效果显著，可成倍地提高刀具寿命或切削效率；适应性好，可根据加工对象和使用要求开发相应的涂层；开发速度快，新涂层的开发可通过控制工艺因素或改变靶材实现。

(3) 出现了高速切削、高效切削、干式切削、硬切削等新工艺。这些新工艺成为制造技术进步的一个亮点，其意义在于：创新了加工方法，改变了传统的加工工艺，推动着制造业向着高效、节能、环保的方向转型，其效果远远超出了切削加工原有的范畴。

(4) 切削技术的内涵扩大，如刀具的计算机开发软件的应用和数字化制造技术，刀具材料和刀具涂层的制备技术，以及系统的刀具应用技术（如刀具连接与装夹、平衡与安全、刀具管理等）。

(5) 形成了切削技术快速持续发展的强大机制。在过去 20 多年的时间里，刀具制造商进行了脱胎换骨的改造，成为切削技术发展的主力军。一方面，现代的切削刀具制造商以最新的装备、强大的研发团队和营销网络，使刀具新结构、新涂层、新材料和切削技术的开发速度大大加快，为切削加工技术的发展提供了强大的物质基础；另一方面，刀具制造商确立了“面向制造业，面向用户”的经营理念，把业务的范围由单纯的刀具供应商上升为切削加工效率的开发商、供应商和服务商，创新了服务的形式和内容，把制造业的发展和用户效率的提高作为企业全部经营活动的出发点和归宿，走上一条“研发—制造—营销—服务—新的研发”的持续发展的道路。

综上所述，与先进切削技术水平相比，我国的切削技术水平尚有不小的差距，制约着我国制造业加工效率的提高、制造技术的进步和制造成本的降低。通过本书的编写，对前一阶段切削技术发展中出现的新技术、新趋势进行系统的总结和归纳，并加快其在我国的普及和推广；培养具有现代切削技术知识的刀具专业人才，培育具有现代刀具意识的刀具制造商，改变我国切削技术总体落后的现状，为把我国由制造大国建设成制造强国这个宏伟目标服务。

本书的主要内容分为基础篇和应用篇两大部分。

无论是刀具的开发设计创新还是正确应用，都少不了切削技术的专业基础知识，都必须建立在对基础知识及基本原理的掌握和科学运用的基础上。因此，重视对这部分内容的学习并在实践中不断加深对它的认识，是从事切削工作的专业人员提高技术水平和工作能力的必修课。当前，一批年轻的大中专学校的毕业生进入了切削加工或刀具设计的岗位，还有越来越多搞材料的、搞涂层的或搞软件的专业人员进入切削技术领域，都非常有必要补上切削基础知识这一课。

我们力求把这一部分写得条理清楚、简明扼要、突出重点，使初学者容易领会，不至于对传统的切削原理部分产生畏难情绪；同时又能使不同岗位的广大切削工作者提高分析问题和解决问题的能力，并从中受到启迪，找到创新的理论依据。

把刀具的应用技术专门列为一篇——应用篇，是因为在现代切削技术的形成过程中，当我们从单纯开发一把好刀具转变为追求提高用户的加工效率时，刀具应用技术的重要性更加突现，并显现出很强的专业性。

专业性刀具应用技术的产生，是切削技术发展的内在需要，有它的必然性。刀具制造商确立了为制造业服务、为用户服务的经营模式以后，力求将自己的产品优势和技术优势转变为用户的效益，就需要把业务范围在空间上延伸到用户的现场，在时间上延伸到产品的整个生命周期。换句话说，要对用户进行更全面、更深入、更持久的服务，使一把好刀具能为用户创造效益。在这个过程中，就必须掌握和运用刀具应用技术。

近年来，刀具应用技术不断丰富完善，逐渐自成体系。它与刀具的设计、制造等技术一起构成了完整的切削专业技术体系，使刀具应用从传统的经验上升为一门技术。

从把刀具用好的最终目的出发，学习和掌握刀具应用技术，不仅对从事刀具开发制造和营销的专业人员有用，而且对刀具用户也有重要的现实意义，只有把刀具用好了，才能为企业带来更大的效益。

实践证明，刀具应用是刀具创新的"孵化器"。作为生产力要素的刀具，只有在生产活动中即在实际应用中，才能有所发现、有所创新和有更大的进步。现代刀具制造商正是从为用户的服务中，获得创新的启迪和灵感，大大加快了新技术、新产品推出的速度。所以，重视刀具应用技术既有现实的需要，也有长远的意义，其内容也将不断地充实。

本书在绪论中阐述了切削加工的3个基本属性，希望读者对切削技术和刀具行业的作用和地位有一个正确的认识，提高对自己所从事工作的责任感和成就感，并能从系统工程的范畴对切削加工系统有一个更完整的概念，用更宽的视野分析和解决加工中遇到的问题，激励自己成为既精通切削技术又熟悉有关机械加工技术的综合型人才。绪论中的制造经济学部分，通过分析构成切削加工成本的诸多因素，围绕着提高加工效率与降低制造成本之间的关系，做到科学地制订加工策略。绪论为后面专业篇各章的学习提供新的动力和思路，树立起立足工作岗位、献身切削事业的理想。

必须指出，切削技术和刀具是一门实践性较强的专业，掌握切削技术不仅需要学习书本上的知识，而且还需要在实践中学习，在长期工作实践中应用理论知识分析和解决加工中的实际问题，不断积累，是掌握切削技术不可缺少的环节。希望读者把学习本书的知识与参与切削加工的实践结合起来，把自己培养成为能解决实际问题的切削工作者。

本书由赵炳桢、商宏谟、辛节之任主编，参加编写的人员包括：赵炳桢（绪论部分内容），达世亮（绪论部分内容和第15章），刘献礼（第1章），陈云、张平（第2章），杨晓（第3章和第4章），周彤（第5章），王贵成（第6章和第11章），查国兵（第7章），杜其明（第8章），胡贤金、杨冰（第9章），刘镇昌（第10章），吴江（第12章和第13章），王魄（第14章）。

本书在编写过程中得到有关行业组织和专家的热情关注和大力支持，成都工具研究所、中国机械工业金属切削刀具技术协会、中国机械工程学会生产工程分会切削专业委员会、全国刀具标准化技术委员会、中国机床工具工业协会工具分会都积极组织和推荐专家参与本书的编写工作，各位编写专家不辞辛苦，查阅大量资料，多次修改书稿，在此期间付出了辛勤的劳动，完成了书稿的编撰，《工具技术》杂志社参与了书稿的整理和协调工作。在此，本书编写组对参与本书编写的有关专家和协作人员表示衷心的感谢！

《现代刀具设计与应用》编写组

2013 年 6 月

目　录

绪　论

0.1　切削加工的重要性

21 世纪初，一些国家通过分析制造业对经济发展的贡献，对制造业的重要性有了新的认识。

以美国为例，美国制造商协会在 2000 年初发表的关于美国制造业现状的报告指出：制造业是推动美国 20 世纪 90 年代经济增长的第一大动力，其成就远大于 80 年代；1992 年—1997 年美国国内生产总值增长的 29%来自制造业，是对美国经济增长贡献最大的部门；对美国经济增长的贡献还表现在出口方面，1992 年—1998 年美国经济增长的 24%归功于出口的增长，而在美国全部出口总量中制造业的出口占 62%。

我国自改革开放以来，在经济快速发展中对制造业的重要性有了深刻的理解，认为制造业尤其是装备制造业的整体能力和水平将决定各国的经济实力、国防实力、综合国力和在全球经济中的竞争与合作能力，决定着一个国家特别是发展中国家实现现代化和民族复兴的进程。

今天，从工业革命以来社会经济发展的过程看，“随着人类工业文明的不断进步，制造业已成为国家经济和综合国力的基础，它一方面直接创造价值，成为社会财富的主要创造者和国民经济收入的重要来源；另一方面，它为国民经济各部门，包括国防和科学技术的进步及发展提供先进的手段和装备。”在这个认识的基础上，无论是工业化国家还是正在实现工业化的发展中国家，都把开发先进制造技术、发展制造业放在发展经济的优先位置。

世界各国对制造业的重视和对先进制造技术的需求，给切削技术和刀具的发展带来了难得的机遇。切削技术和刀具作为制造业中机械加工最主要的基础工艺技术和基础工艺装备，其先进程度和发展速度将直接关系到制造业尤其是装备制造业的发展。工业发达国家的发展历程证明，先进的切削和刀具技术是它们强大的制造业不可缺少的基础之一。我国要建设制造强国，在振兴装备制造业的同时，也必须振兴刀具工业，提高切削技术和刀具的水平。

制造业的需求还推动着刀具行业的经营理念由传统的“脱离制造业、脱离用户”向“面向制造业、面向用户”转型。切削技术本身的发展也要求行业的转型和升级，以获得更广阔的发展空间，建立新的发展机制，实现更快的发展速度。在同一时期，这样的转型也发生在机床行业。美国的机床行业在经历了 20 世纪 80 年代的衰退及 90 年代初出现的复苏以后，指出这是由于传统的机床行业向以系统的制造技术为中心的制造业转型的结果。1990 年 9 月，美国将著名的芝加哥国际机床展览会更名为国际制造技术展（IMTS）；接着又在 1992 年 1 月将成立了一个世纪的机床制造商协会（NMTBA）更名为制造技术协会（AMT）。声称 90 年代初的复苏不是过去机床行业的延续，传统的行业已经死亡，现在是全新的机体和组织。正是经历了这样的转型，机床工具行业的历史翻开了新的一页，两者作为制造业的基础工艺装备和制造技术的关键技术，以新的机制和动力迈出了更大的发展步伐，也发挥着更大的作用。

在这个转型过程中，刀具行业把促进制造业的发展和制造技术的进步作为己任，深入了解制造业中重要工业部门切削加工的工艺特点、生产方式、发展方向、当前需求，从而根据不同行业的特点和需求开发刀具材料的新牌号、新的加工方法和加工工艺，有力地支持了制造业的技术进步。现代刀具制造商通过新型的用户服务方式和多种渠道深入到企业，以其强大的专业优势和丰富的技术资源支持用户切削加工水平的提高；他们根据用户的需求，或根据加工对象提供正确的刀具，或解决加工中的难题，或提供成套解决方案甚至开发新的加工工艺，把切削技术和刀具的进步直接转化为用户的技术进步及加工水平的提高，取得了十分显著的成绩。下面以制造业中的汽车工业、航空航天工业、模具工业等部门的发展为例，说明切削技术和刀具所发挥的重要作用。

汽车工业尤其是轿车工业是刀具的主要用户，其刀具的消耗量约占世界刀具消耗量的30%。汽车工业大批量的流水线生产方式，十分重视提高加工的效率和降低零件生产节拍的时间，以降低产品的制造成本和提高产品的竞争力。因此，特别重视开发和应用新的切削工艺，从而成为刀具行业重点服务的领域，使汽车工业的切削加工和刀具水平总体上代表着切削技术的最新水平，引领切削技术和刀具发展的趋势。

以汽车发动机零件为例，从20世纪80年代开始开发和应用了大量的切削新工艺及新刀具。如在缸体的大量钻孔加工中，用整体硬质合金钻头代替高速钢钻头，使钻削速度由原来20m/min左右提高到100m/min以上，提高了5~6倍；在缸孔的镗削加工中，用氮化硅陶瓷和PCBN代替硬质合金刀具，提高切削速度和刀具寿命。又如，曲轴的主轴颈和曲拐颈的加工，新开发的加工工艺和刀具（包括高速铣刀、车—车拉刀、内切式铣刀，如图0-1所示）等，与传统的单刃刀具车削相比，由于新的加工方法是多刃刀具，提高了刀具的寿命，相应地提高了切削速度和加工质量；并因此可省去粗磨工序，节省投资。

(a) 高速铣刀　(b) 车—车拉刀　(c) 内切式铣刀

图0-1 曲轴加工高效刀具

在传动器零件的加工中，先后引入了加长滚刀的高速滚齿工艺，淬硬齿轮内孔的以车代磨工艺，以及同步齿轮的推拉削新工艺。这些工艺都成倍地提高了加工效率，滚齿的速度高于100m/min，加工一个同步齿轮的齿形只需13s。为此，刀具行业开发了小直径加长高速滚刀、PCBN刀具、筒式拉刀等新型刀具。

在铝合金缸盖的加工中，金刚石面铣刀（图0-2）及阀座导管孔复合铰刀等高效高精度刀具的开发和应用，显著地提高了加工效率和加工质量。

近几年，在汽车工业里蠕墨铸铁（CGI）新材料的应用取得了很大进展。蠕墨铸铁的性能：与灰铸铁比，强度提高75%，刚度提高45%；与铝合金比，强度提高1倍，高温下的疲劳强度提高4倍；与球墨铸铁比，流动性好，导热性好，可加工性好。用它代替灰铸铁或铝合金制造缸体，可以增加发动机的燃烧压力，减少尾气排放，并减轻发动机的质量，降低油耗。但是，要把用蠕墨铸铁制作的缸体投入工业流水线生产，却因为其强度高、刀具寿命低而无法实现，后来经过刀具行业的努力，开发了新的硬质合金基体材料、涂层和刀具结构，才最终解决了它的投产问题。

值得一提的是，空心短锥（HSK）机床—工具接口在汽车工业的应用。为适应高速切削的需要，20世纪80年代开发的刀具与机床主轴的HSK连接方式，由于可以实现锥面与端面的双面接触，与传统的7∶24机床—工具接口相比，定位精度高、连接刚性好、质量轻、换刀时间短。这种接口开发以后，汽车工业率先大规模在生产线的专机上应用，取到了很好的效果，也起到了示范的作用。现在，HSK接口及与之相关的刀具已在越来越多的工业部门得到应用，以其优异的性能为提高加工效率和质量发挥了重要作用。

航空航天工业是目前发展很快的高科技部门。有资料称：几乎所有集成到航空工业的零件都需要由切削加工制造，切削加工占航空工业中全部加工工序的90%。因此，航空航天工业的快速发展与先进切削技术和刀具的开发及应用具有密切的关系。

飞机整体铝合金构件的开发（图0-3），即由整体的铝合金薄壁构件取代传统的众多构件的拼接结构，不仅完全改变了飞机结构件的制造过程，而且由于铝合金构件质量轻、刚性好，使飞机的性能也得到了改善。它的普遍应用是航空工业技术进步的一个亮点。

然而，整体铝合金构件的切削加工要从毛坯上切除90%以上的材料，有报道称：一架空中客车飞机要切除10~20t铝。特大的加工量，要求高的加工效率，即要求高的切削速度和走刀速度；因为是薄壁结构，要保持薄壁的精度，切削力要小。而20世纪末开发的高速切削新工艺，由于切削效率高、产生的热量少、切削力小、零件变形小等优越性，非常适合整体铝合金构件的加工要求。用超细颗粒硬质合金制造的立铣刀，采用金刚石或其他耐磨涂层，及适合铝合金加工的刀具结构，切削速度可达1000~2000m/min甚至更高，达到很高的金属切除率。如OSG公司的MAX AL硬质合金立铣刀，加工航空工业的7075铝，金属切除率为$6000cm^3/min$。在2002年美国芝加哥制造技术展上，Cincinnati公司展出一台适合高速加工航空工业的薄壁零件的机床，该机床曾试切一薄壁零件，用高速切削只需30min，而在普通铣床上用传统的方法加工需8h，并且零件的壁厚仅0.05~0.1mm。因此，正是有了高速切削新工艺，使航空工业的发展向前迈出了一大步。航空工业也成为最早应用高速切削技术的领域。

图0－2　金刚石面铣刀

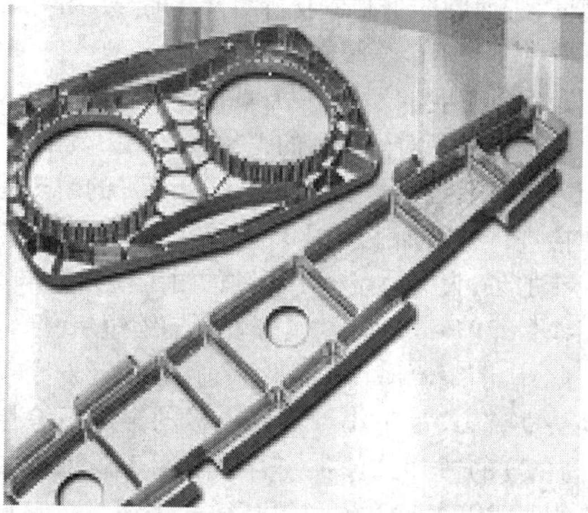

图0－3　飞机铝合金构件

飞机零件加工的另一个难点是难加工材料的加工，包括钛合金、高温合金和超高强度钢等，由于这些材料特殊的物理、力学性能，使切削温度高、切削力大、刀具磨损快寿命短，给切削技术带来了很大的挑战。随着飞机发动机性能的提高，所用材料的加工难度也进一步增加。

为了解决航空工业中难加工材料的加工问题，世界各国的刀具工业做了很大的努力。早在20世纪五六十年代，美国的金属切削联合公司曾进行系统的研究，后来随着航天事业的发展，又对当时典型的宇航材料的切削加工性能进行了系统的试验研究，绘制了各种不同加工工序条件下的刀具寿命与切削速度的关系曲线，提供了大量有参考价值的切削数据和图表，尤其是研究了在加工这类材料时零件表层材料所发生的变化，提出了表面完整性的概念。通过这些工作，把难加工材料的加工技术推进了一大步，但由于受当时刀具性能的限制，加工效率不高，刀具寿命很短。

随着民用飞机、军用飞机需求量的加大和开发宇宙空间的需要，必须提高难加工材料切削加工的效率，以满足快速发展的航空航天工业的需要。在这种背景下，一些著名的刀具制造商针对难加工材料的特点，积极开发高性能刀具和切削新技术。如根据钛合金和耐热合金粗加工、半精加工、精加工的不同材料状态和加工要求，开发了多种硬质合金材质的涂层牌号和几何形状；因刀片的耐热性更好、几何形状更合理，切削速度也在成倍提高。用于加工耐热合金的晶须增强陶瓷和Sialon陶瓷材质，因耐磨性好，具有出色的耐边界磨损能力，切削速度可高达200~250m/min。PCD和PCBN刀具已用于钛合金的精加工，切削速度达180~220m/min。新开发的高压冷却方法和瞄准切削区的喷射角度，不仅能提高冷却效果，延长刀具寿命，而且可以改善切屑控制。

在最近几年，刀具行业成功地为航空工业开发了加工复合材料的刀具。由于复合材料的应用可使飞机结构件的质量减轻10%~40%，一架A380飞机所用的复合材料重达30t，占飞机结构质量的25%；而波音787则采用了全复合材料的机身，机体结构的50%左右使用碳纤维强化塑料。使用复合材料制作构件，机身可由更少部件组成，减少机身拼接所需零部件，使飞机耐用性增加，维护费用减少。由于机身质量减小，耗油减少，波音787客机比执行相同任务的飞机耗油量减少20%，运行成本低，大气污染少。然而，纤维增强的复合材料含有硬的耐磨损颗粒，对刀具产生强烈的磨料磨损，减少刀具寿命，降低加工质量。其主要的加工工序是钻孔和铣边,随着刀具的磨损加剧,在工件上会产生毛刺和分层,这些缺陷限制了复合材料的大量使用。为了航空工业发展的需要,根据复合材料的特点,刀具制造商开发了用于复合材料加工刀具的金刚石涂层,使装配时钻削复合材料与铝构件连接孔的数量由一般钻头的90个孔增加到500个孔,并提高了孔的表面质量,孔精度可达H8。与此同时,还开发了特殊结构和槽形的立铣刀,防止了材料的分层。

刀具行业对模具工业的贡献突出表现在硬切削工艺的开发和应用上。传统的模具加工工艺采用的模具毛坯是未经淬火的,通常经粗铣、半精铣成形后送热处理淬火,淬火后用电火花进行精加工,最后钳工抛光。这样的工序要花费很长时间对模具型面进行抛光,而且还要有昂贵的数控机床加工电极,影响了新模具的开发速度,进而制约了制造业新品开发的速度和市场对产品快速更新的需求。可见,缩短加工模具的周期对模具工业的运行有着重要意义。

在模具工业的发展中,刀具行业不仅为它开发了适合模具加工特点的成套模具刀具,而且为缩短模具的开发周期开发了对淬火后的工件直接用刀具加工,即硬切削工艺,以代替传统的电火花工艺。现代的刀具材料(包括涂层硬质合金和CBN)都有很好的耐热性,同时提高了刀具结构的刚性,可对高达70HRC的淬硬模具直接进行铣削加工。图0-4是一把加工淬硬钢的立铣刀。由于铣刀的耐磨性好,使加工的型面精度优于电火花加工,大大地减少了后续的钳工抛光工作量。硬切削工艺使模具的加工效率提高30%~50%,减少抛光工作量60%~100%,模具开发周期缩短40%。不仅如此,硬切削还省去了加工电极的投资。

此外,围绕着模具加工,刀具行业还开发了模块式可换头立铣刀、加工小型石墨电极的金刚石涂层立铣刀、高精度的镶片式球头铣刀以及用于微型模具加工的小直径PCBN球头铣刀等高效先进刀具。它们有的可减少换刀时间,有的可提高加工效率和质量,同样对模具工业的发展做出了很大贡献。

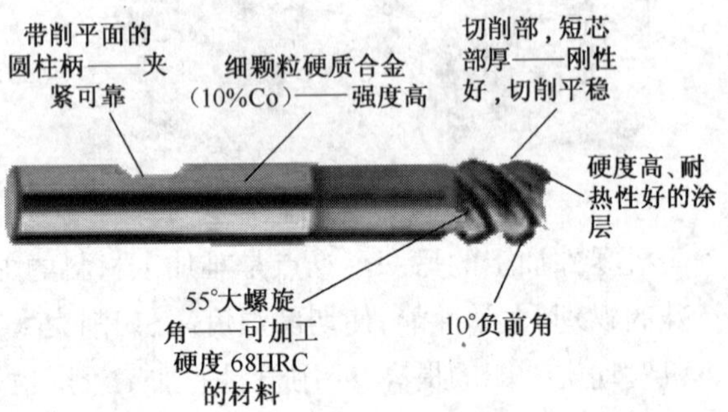

图0-4 硬切削用模具铣刀

仅从以上三个工业部门的发展过程中可以看出,如果没有现代切削技术和刀具的创新,以及没有刀具行业先进的运行理念,现代制造业的发展是不可能的。以高速、高效、数控为特征的现代切削技术已成为先进制造技术的重要组成部分。

今天,从世界范围看,刀具行业已基本完成了转型过程。经过转型的刀具行业,以其创造的业绩确立起自己在制造业中的重要地位,并发挥着重要作用。创新高效的切削工艺和刀具成为制造业开发新产品、新工艺、应用新材料和建立创新体系的关键技术,也已成为企业革新工艺、提高加工效率和产品质量、降低制造成本的关键技术。

现代切削技术对制造业的重要作用已经得到制造业认可,一些切削加工量大的企业在非核心业务分离和服务外包的过程中,把技术含量高、对提高加工效率和降低成本十分重要的切削技术及刀具交由社会的专业力量——刀具制造商来承担,以取得事半功倍的效果,这正在成为一种趋势。刀具用户观念的转变同时也给刀具制造商带来更大的发展机遇,达到双赢的结果,最终将给制造业带来更快发展和更大繁荣。

0.2 切削加工的系统性

切削加工生产实践中,在分析和解决切削加工问题时,常会发生效率不高或效果不佳等情况,有时将有限的人力和物力资源用在了不合适的方向上,花费很长时间却不能真正解决问题,有时解决了一方面的问题,却又产生了另一方面的问题。

现代切削加工所面临的要求越来越高,机械制造切削加工生产中所遇到和需要解决的问题也越来越复杂,因此能够帮助人们思考并解决这些复杂问题的方法显得越来越重要。系统工程就是这其中的一类重要方法。

系统工程是近30年发展起来的一门新兴的综合学科,它研究人类进入现代化社会后所面临的各种综合性问题,是运用系统观点和系统方法处理复杂的工程、科研和生产任务而创造的方法。

将切削加工过程作为一个包含有多个子系统的复杂系统来看待,应用系统工程方法来研究、分析和处理切削加工问题,引入切削摩擦学和表面工程在切削加工中的应用,将切削加工中的工艺安排、机床、夹具、刀具、切削液、刀具管理等作为相互联系的切削加工系统的子系统来研究和分析,研究它们的相互作用和联系,并进一步研究各子系统中各因素的相互作用和联系,分析研究并比较各因素的特点及其对系统的作用和影响。打破专业界限,从系统总体和联系上进行把握及处理切削加工问题,并采用将技术与管理结合起来分析、研究问题的新思路和方法。这是一种运用系统工程方法来处理和解决切削加工问题的方法,试图从新角度、以新观点看待切削加工过程,将传统的学说与新的理论结合起来,提供一种科学的新思路、新方法去解决切削加工生产中遇到的大量技术问题和管理问题。

影响切削加工过程和加工效果的因素非常多,加工的工艺方法和工艺过程、所加工的工件毛坯及其材质以及所采用的机床、夹具、刀具、切削液等都有着非常显著的影响。此外,刀具的管理、切削加工过程的质量控制等管理因素也起着非常重要的作用,而且这些因素之间还存在着紧密的联系和交互作用。

0.2.1　切削加工是一个复杂的系统问题

切削加工是一个复杂的大系统,该系统中还存在多个子系统,主要有工艺系统、切削摩擦学系统、刀具系统、刀具管理系统、切削液系统、工件系统、机床系统、夹具系统、切削加工质量控制系统等,系统中的多个因素和多个变量影响着这个系统的输出。另外,还有操作者的因素等影响。

切削加工系统中的各部分子系统均有其独特的功能和特点,又与系统中的其他部分子系统紧密相联、相互作用,共同决定和影响着切削加工系统的输出(图 0-5,图 0-6)。

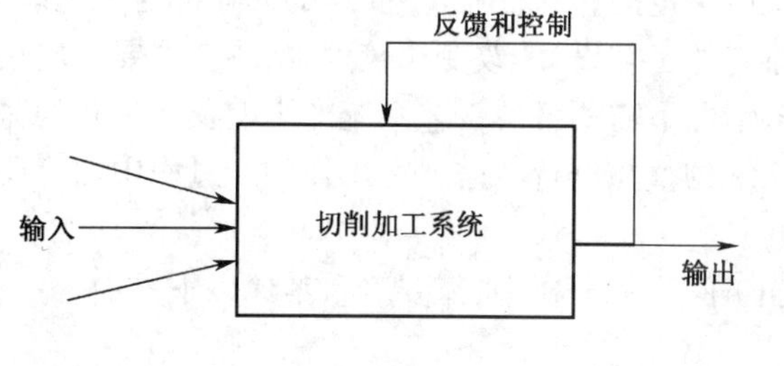

图 0-5　切削加工系统

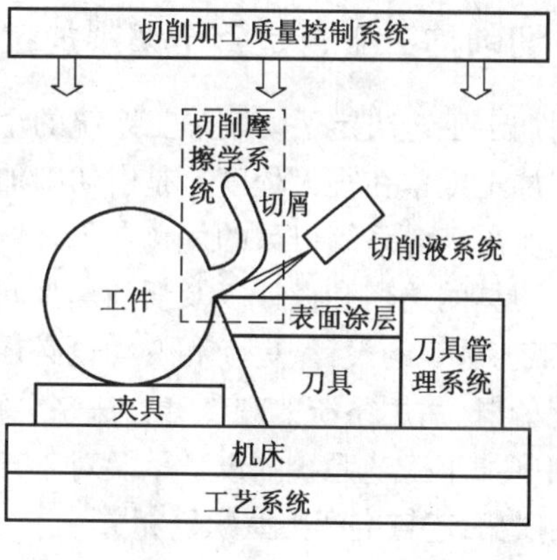

图 0-6　切削加工系统的构成示意图

工艺系统是整个切削加工系统的基础,工艺设计和安排决定了切削加工系统的基本构成及系统运作的前提条件。

切削摩擦学系统是切削加工的核心部分,被加工工件、刀具、切削液和切屑构成了系统的基本要素,切削过程中刀具与工件、切屑的相互运动和作用,工件材料的变形,新的工件表面的形成,切屑的形成和流出,切削力、摩擦力、切削热、摩擦热的产生和效应,都影响和决定着切削的结果。

这个系统的影响因素有设备、夹具、工件材料、润滑介质、润滑方式、刀具材料、刀具几何参数、切削参数等。切削加工中这个系统中的各元素相互作用着,发生摩擦、磨损和润滑现象,产生一系列物理、化学作用。切削过程中的冷却、润滑方式,切削液的供给系统,切削液的种类、规格、浓度及其管理和控制等,都对切削摩擦学系统的摩擦学特性和切削加工系统的输出有着重大影响。

刀具是机械加工中与工件发生直接接触、去除材料或使材料发生变形、达到所需要的尺寸、精度和表面粗糙度的加工工具,机床等设备要通过刀具才能实现其加工功能。刀具本身又是一个复杂的子系统,涉及刀具的结构设计、切削刃的形状和处理、刀具的材料、表面涂层、刀体、刀柄、刀具调整和刃磨等,这些因素之间又相互作用,共同影响刀具在切削加工过程中的切削性能。而刀具又是切削加工中最活跃的因素,相对于系统中的其他因素,对刀具进行改变相对容易,从而可以影响和改变切削加工系统的构成及性能,进而影响系统的输出。

切削加工系统是技术与管理的结合，其中刀具管理系统是这个系统中的一个重要组成部分。高速、高效加工和刀具新技术的应用需要有先进的刀具管理才能发挥应有的作用，刀具需要预调整、维护和保养，刀具寿命需要得到有效控制，需要有完善的系统和一系列的管理来确保生产线及时得到符合要求的、质量稳定的、数量足够的刀具，并在发生加工问题或刀具问题时得到快速的响应和支持，迅速分析和解决出现的问题，以使生产正常进行；并且包含刀具费用在内的制造成本需要受到控制，应具有市场竞争力，以真正实现高速加工所可能带来的高效益。这些都与刀具管理系统的性能和运行情况有关。

机床是提供刀具与工件相对运动和所需功率的载体，是获得所需加工精度的基础，是实现各种动作控制的保证。

夹具是确保工件的正确定位与夹紧，保证切削加工过程中工件与刀具之间位置始终正确的装置，夹具的不合适不仅导致切削加工精度失控，还导致刀具的非正常损耗。

操作者的素质和技能、对切削加工系统的熟悉程度和处理问题的经验等也会对切削加工系统的输出发生一定的影响。

所以，在分析和解决切削加工问题时需要考虑的就不仅仅是刀具，还需要考虑：①工艺方法和工艺安排、机床、夹具、工件毛坯、切削液、切削参数、加工编程等多个方面；②切削加工过程的质量控制方面，没有合适的质量控制，就无法保证获得切削加工系统的理想输出；③影响切削加工的管理因素，重视刀具管理等系统的优化和控制，刀具的选用、刃磨、调整、采购、储存和物流管理对于确保切削加工系统的正常运行及刀具良好切削性能的发挥起着极为重要的作用。

0.2.2 切削加工工艺是整个切削加工系统的基础

切削加工工艺决定了切削加工系统的主要结构，对系统输出的影响最大，切削加工系统的加工效率、加工质量和加工成本在很大程度上是由切削加工的工艺系统所决定的；系统中很多要素的改变都与工艺有关，也由工艺所决定。系统以后的优化在很多情况下受制于原有的工艺设计，改变比较困难，或是需要付出较大的代价。刀具的选用和设计以及切削加工问题的解决很多情况下需要考虑工艺系统的影响及从工艺的完善入手，而工艺系统的设计、更新和变动也必须从切削加工系统的整体进行考虑。在工作的全过程中始终要有一个系统的概念，用系统的观点和方法来分析解决相关的问题。

在切削加工工艺系统的设计以及对工艺引起的切削加工问题的分析中，需要着重考虑以下方面。

1. 制造工艺与生产类型紧密相关

机械零件的切削加工工艺取决于企业的生产类型，而企业的生产类型又由企业的生产规模即规划的生产能力所决定，切削加工的工艺系统与企业的生产类型密切相关。

生产类型一般可分为单件生产、成批生产和大量生产等类型。

在刀具的设计与制造、刀具的选择和应用中，首先需要考虑所需的刀具应用于哪种生产类型，不同的生产类型所对应的生产工艺是不同的，相应的刀具选用和设计也有极大的差别。例如，应用于单件小批量生产类型的模具生产所用的刀具和应用于大批大量生产类型的汽车零部件生产所用的刀具在设计理念、刀具结构、刀具的调整和管理等很多方面都存在着很大差异。对于单件小批量生产来说，很多都是采用通用刀具，而对于大批大量生产的汽车零部件所用的刀具来说，更关注刀具加工、调整精度的一致性，刀具使用的可靠性和高的加工效率以及具有竞争力的刀具成本，所以大量采用了复合式刀具以及刀具预调、在线测量和自动调整、强制换刀等一系列措施，并要求与其相应的刀具管理。

2. 工艺路线的合理确定

采用机械加工的方法，改变所加工对象的形状、尺寸、相对位置和表面性质，使其成为所需要的成品或半成品，可以采用多种方案和工艺过程。根据被加工零件的材料、结构特点、所要求的加工精度、所需的生产能力大小以及关于一次性投入与长期性消耗关系的策略等多方面考虑，可以选择不同的加工方法和工序安排及相应设备，粗/精加工阶段的划分、加工顺序的安排、加工内容的分散与集中等都有很大的差异，相应地需要选择适合该工艺过程的刀具。工艺过程或工艺路线是否合理，不仅影响切削加工的质量和效率，而且影响制造成本、投资和人员要求及工作条件等多个方面。

例如,在发动机铝缸体的制造中,一种工艺过程是先在铝合金缸体上对安装铸铁缸套的底孔进行粗、半精和精镗削加工,再将铸铁缸套通过一定工艺方法压入缸体,然后再对压入铝合金缸体中的铸铁缸套进行镗削加工,加工的精度要求特别高、工序多、花费工时长,加工中防范出现不合格品的要求也较高。另一种工艺过程是,将已经过加工的铸铁缸套在铝合金缸体的铸造过程中一次铸入,随后只需对已铸入铝缸体的铸铁缸套进行精加工就行了,这样就省去了一系列切削加工工序及其所需的机床、夹具、刀具等装备,大大提高了生产效率,降低了制造成本。

3. 加工阶段的合理划分

由于加工过程中因切削力和切削热会引起工件变形,当工件的加工精度和质量要求较高时,一般需将工件相关表面的加工分阶段进行,如分成粗加工、半精加工、精加工等阶段,而这些阶段划分是否合理、切削余量分配是否恰当、相应的切削参数选择是否合适对最终切削系统的输出有着重大影响。

粗加工阶段的主要任务是切除大部分的加工余量,使各加工表面尽可能接近图纸所要求的尺寸,此时主要考虑如何提高生产率。半精加工阶段的主要任务是缩小粗加工留下来的加工误差,达到一定的加工精度,保证一定的精加工余量,为精加工做好准备。精加工阶段的任务是保证各加工表面达到技术规范要求。有时还设有光整加工阶段,其任务是进一步提高尺寸精度和获得理想的工件表面形貌,提高表面层的物理和力学性能等,但一般不能提高所加工工件的位置精度。

加工阶段的合理划分,可使粗加工阶段因切削力和切削热引起的变形在后续阶段逐步得到纠正,有利于消除由于表面金属层被切除而产生的内应力;而且粗加工切除较大的余量,可以及早发现毛坯缺陷,以便及时处理毛坯的质量问题;也可防止在经过多道工序加工后才发现由于工件不合格而带来更多损失;同时可在粗加工时采用功率大、精度相对不高的机床,在精加工时采用高精度的机床和加工控制手段。

从切削加工的整个系统看,粗、精加工阶段的划分也要从系统的角度考虑。加工过程阶段的划分是相对的,要从加工的精度、工件的状态、采用的加工方法、采用的机床类型和刀具、生产的批量和可接受的生产成本等系统的各个方面进行综合考虑。如果工件毛坯精度高且质量稳定、加工余量小,则为了缩短加工节拍,就可以简化粗、精加工阶段的划分,也可能一次走刀行程就完成粗、精切削全部加工内容。当加工精度要求相对较低且刚性又好的工件,而所采用的工艺方法和相应的机床、夹具、刀具刚性都很好时,也可能不划分粗、精加工阶段,有时甚至在一台机床上完成该工件某些表面的全部粗、精加工。这里的关键是,加工阶段是否划分以及怎样划分需要从整个系统考虑,要有利于提高效率、降低成本。

需要正确确定加工余量,确保最小加工余量能够将前道工序加工后仍具有各种缺陷和误差的表面层去除掉,获得所需要的表面加工精度和表面质量,同时又具有较高的生产效率。但加工余量又不能过大,否则不仅增加切削阻力、增加刀具消耗,同样也不能获得所要求的表面加工精度和表面质量。

这就告诉人们,在遇到切削加工问题,如刀具寿命较短时,也不妨从合理划分切削加工阶段的角度,考虑其中有没有影响切削加工系统正常运行的问题。

4. 加工内容的分散与集中

切削加工各工序加工内容安排得是否合理,会影响切削加工系统构成的合理性和整条生产线的布局。

根据待加工零件的功能和技术要求,一般将零件加工表面区分为主要表面和次要表面,以主要表面的加工顺序安排为重点,将次要表面的加工穿插于主要表面的加工工序中间。在加工过程的开始处,往往是安排加工出基准,以为后续的工序提供合适的定位基准。例如,加工发动机曲轴、凸轮轴等轴类零件时,加工的前两道工序往往是以轴的外径为粗基准,铣端面和打中心孔,加工出零件在以后加工中定位用的基准。加工发动机缸体或变速箱壳体时,一般先加工出定位平面及与定位平面垂直的定位销孔,作为加工箱体类零件上其他部位的基准。对于支架、箱体、连杆类零件,先加工平面后加工孔,以加工后的平面作为基准,可借助平面接触面积较大、平整、安装定位可靠的特点,有利于获得好的平面与孔的位置精度。一般将加工精度要求高的尺寸安排在加工过程的后面,以避免受其他表面加工的影响。

安排、分析或优化切削加工系统的加工过程时,需根据所加工工件的生产量、工件的结构特点、技术要求、机床设备、工艺装备等各方面条件进行系统考虑,需要在工序集中和工序分散两种不同的工艺方案中进行综合平衡。

工序集中时，每道工序所需加工的内容较多、工序数目少、工艺路线短，减少了零件装夹次数（一次装夹即可完成多个部位的加工），减少了重复定位误差（便于保证各表面之间的位置公差），减少了工序间的搬运；但工序集中使机床设备和刀具等工艺装备变得复杂，可能会增大投资。

工序分散时，所使用的机床设备和工艺装备都相对较简单，调整方便、调整时间较短；但机床设备数量多，工艺路线长，占地面积大。

目前，大批量生产的切削加工倾向于采用数控加工中心机床以工序集中的形式组织生产，除具有上述工序集中的优点外，还具有生产适应性强、转产相对容易等特点。但也要注意工序过分集中会带来下列问题：①多道工序的集中程度过大，不易使每道工序的加工都获得最佳的工作条件；②机床设备过于复杂，调整和维护难度加大；③有时还会由于工件的刚性不足和热变形等原因影响切削加工精度；④机床结构复杂和同时工作的刀具数量增多，降低了机床工作的可靠性，增加了停机、换刀等时间损失。

因此，需要从系统角度出发，在整个系统中将工序集中与工序分散结合起来，针对不同工件的特点和不同工序的加工要求，恰当地决定工序集中与工序分散的程度，发挥各自的优点，避免各自的缺点。

5. 加工方法的选择

切削加工方法选择是否合适极大地影响加工效率、加工质量和加工成本，也影响机床设备、工艺装备等工艺系统中其他因素的选择。

同一种加工方法在不同的工况条件下所能达到的加工精度和表面粗糙度是不同的，统计表明，各种加工方法的加工误差和加工成本之间的关系呈负指数函数关系，在某一段加工精度区间存在明显的经济加工精度。

经济加工精度是指在正常加工条件下，以合适的加工成本所能保证的加工精度及表面粗糙度。各种不同的表面加工方法，如车、铣、钻、镗、铰、磨、珩磨等所能达到的经济加工精度和表面粗糙度等级有很大差异。安排切削加工工艺时需考虑各种加工方法的经济加工精度和经济粗糙度，设法选择既满足所要求的加工精度和表面粗糙度，又能获得较好加工经济性的加工方法。当正式投入生产后，如发现有关生产线的加工成本居高不下，可能就需要反思当时的工艺安排是否合理；如要进一步降低制造成本，可能就需要对工艺进行适当调整。

选择切削加工方法时需要考虑：①所要达到的工件加工的尺寸精度、位置精度、表面粗糙度等一系列技术要求；②工件材料的材质，是钢、铸铁还是非铁金属或其他材料；③工件的形状和尺寸，是轴类零件还是箱体类零件，是薄壁件还是刚性较好的实体零件。以上因素都是选择切削加工方法时必须考虑的，考虑的角度不同，所做出的选择对切削加工系统输出的影响也不同。

生产类型和生产规模也影响着切削加工方法的选择，例如，在单件小批生产中对某工件采用的铣平面和钻、扩铰孔，在大批大量生产中就有可能采用拉削加工完成。

各种典型的加工方法所能达到的经济加工精度和经济表面粗糙度在各种机械加工手册中都能查到，但在实际生产及其规划和设计中各种条件都是相关联的，有些还相互存在矛盾或制约，关键是需要根据切削加工系统的特点，从整个系统出发进行综合平衡。

对于同一种加工方法，选用何种刀具也需要综合考虑切削加工系统的加工精度和质量要求、生产的产量和节拍、投资等与刀具消耗之间的关系。而且，这里考虑的往往还不仅仅限于这把刀具和这道工序本身，如有时为解决刀具寿命短或费用高的问题，采用了某种加工方法及其相应的刀具，使得该工序生产节拍有可能略为增加，但如果增加后总的时间节拍仍低于本生产线生产节拍最长的工序，并不影响整条线的生产效率，则此方案仍然可行；同样，如选择了某种工艺方法或某种刀具，造成该工序的加工成本有所上升，但如果得其他工序的加工成本有所降低并导致整条生产线的加工成本有所降低，那么这样的做法也是值得的。

6. 加工基准的选择及其影响

正确选择加工基准对工件加工顺序的安排，以及加工所获得成品的尺寸、形状、位置精度都有着根本性的影响。

基准是用来确定生产对象上几何要素间的几何关系所依据的点、线、面。根据基准的作用不同，可将基准分为设计基准和工艺基准两大类。

(1) 设计基准是设计图纸上所采用的基准,是从零件的工作条件和性能要求结合加工的工艺性所选定的基准。通过设计基准可确定零件各几何要素之间的几何关系和结构尺寸及其技术要求。

(2) 工艺基准是工艺过程中所采用的基准。根据用途不同又可分为:

①定位基准:加工中用作定位的基准。

②测量基准:测量时采用的基准。

③工序基准:工序图上标明本工序所加工工件加工后的尺寸、形状、位置的基准。

④装配基准:装配时用来确定零件或部件在产品中的相对位置所采用的基准。

在切削加工过程中,用未经加工的毛坯表面作为定位基准的是粗基准,用加工过的表面作为定位基准的是精基准,为满足工艺需要而在工件上专门设计的定位面是辅助基准。

1) 粗基准的选择

粗基准的选择主要应考虑加工表面与不加工表面之间的位置要求、加工余量的合理分配、定位精度和装夹的可靠性。因此一般需遵循下列原则:

(1)保证相互位置要求。一般不选择不加工表面作为粗基准,以保证加工表面与不加工表面之间的相互位置要求。

(2) 保证加工余量合理分配。应选择重要加工面作为粗基准,以保证重要加工表面的加工余量均匀。

(3) 基准不重复使用。粗基准相对已加工面来说,精度低、表面粗糙度高,重复使用会造成较大的定位误差。因此,在同一尺寸方向通常粗基准只允许使用一次,避免重复使用。

(4) 方便工件装夹。粗基准尽可能选用平整、表面光洁和面积足够大的部位,需避开锻造飞边、铸造浇冒口、分型面或其他缺陷,以使定位准确、夹紧可靠,还应有利于采用的夹具结构简单,操作方便。

2) 精基准的选择

精基准的选择应能保证加工精度和装夹可靠方便。一般需遵循下列原则:

(1) 基准重合。采用设计基准作为定位基准,这样可消除基准不重合误差,有利于保证加工精度。

(2) 基准统一。应尽可能在工件加工过程中采用统一的定位基准,避免基准转换过多,以减少基准转换过程所产生的误差,简化工艺过程,减少夹具种类,也有利于加工程序的编制。

(3) 自为基准。在加工余量小而均匀,如某些精加工或光整加工时,可以选择被加工表面本身作为定位基准,如浮动镗孔、浮动铰孔、珩磨孔加工等都是自为基准的应用。

(4) 互为基准。在加工余量需要得到均匀保证或被加工表面之间的相互位置精度要求很高时,应进行互为基准的反复加工。

(5) 便于装夹。应使所选用的基准既能保证定位准确、可靠,又有利于夹具结构简单、操作方便。

应当指出,粗、精基准的选择不能仅考虑本工序或本工位的定位、夹紧是否合适,而应从系统的角度结合整个工艺过程统一全面考虑。前面所提出的基准选择的各项原则,是从不同角度提出的保证工件加工质量和精度的工艺要求及措施。在具体工作中,有时要同时满足这些要求会出现相互矛盾的情况,当切削加工中出现问题时,不能仅将注意力集中在刀具上,而忽视了工艺安排中的问题。这时就更需要结合具体工况条件,进行全面、科学的系统分析,找出主要矛盾,分清主次,进行合适的平衡和兼顾,以使系统达到该种条件下的最佳状态,获得理想的切削加工系统输出。

7. 切削加工工艺的安排影响可加工性和刀具寿命

切削加工工艺的安排是否合理,直接影响切削加工的可加工性和刀具寿命,如钻削加工中钻头能否按要求沿着待加工孔的轴线进入工件,影响到工件上所钻孔的尺寸和位置,然而在钻头进入工件的瞬间,其受力状况最为复杂,当在斜面上钻孔时,由于钻头受径向切削分力的作用,钻头容易偏离预定孔的加工位置,偏离情况严重时,钻头有可能折断。在这种情况下采用立铣刀进行加工,刀具上的受力情况可以改善不少,如能用立铣刀在斜面上先铣一个小平面,接着再用钻头进行钻孔,则钻头定心就相对容易得多,也就不容易发生钻头折断等问题。

8. 切削参数的选择

切削加工工艺设计中,需要根据所要求的生产节拍和所采用的设备确定切削速度、进给量和背吃刀量等切削参数,并由此选择合适的刀具材料、刀具几何角度及刀具表面涂层等。切削参数选择是否合适,对于切削加工的生产率、加工质量和加工成本都有重大影响。在切削参数的选择和改变中,需从系统的整体性和相关性把握切削速度、进给量和背吃刀量三者之间的关系。

提高切削速度、增大进给量和背吃刀量,都能提高材料切除率,但这三个因素中,对刀具寿命影响最大的是切削速度,其次是进给量,影响最小的是背吃刀量。所以通常在选择粗加工切削参数时,往往优先考虑采用大的背吃刀量,其次考虑采用大的进给量,然后才根据刀具寿命的要求选择合适的切削速度。不过在如现代汽车制造切削加工这样的大批大量生产中,更强调高效率的生产,其生产节拍要求很严格,而高速切削能带来很高的效率和相对低的制造成本。现在比较先进的汽车及其零部件制造企业已大量使用高速加工中心机床,往往需要根据所要求的生产产量和生产节拍来安排切削加工参数。这时为保证满足生产节拍的要求,通常首先选用较高的切削速度和进给量,然后选用相应的背吃刀量,此时,为了能获得一定的刀具寿命而不致经常换刀,就需要选择能满足这种苛刻工况条件进行切削加工的新型刀具和新型刀具材料,如广泛使用新型硬质合金和涂层刀具及超硬材料刀具等。

0.2.3 切削加工系统的动态特性

1. 切削加工系统的变形及其影响

切削加工系统在各种力的作用下会产生弹性变形。这些力包括切削力、摩擦力、夹紧力、传动力、离心力等。这种弹性变形包括切削加工系统各组成部分如机床、夹具、工件和刀具本身的弹性变形,以及各组成部分配合处的位移。而切削加工系统抵抗弹性变形的能力就是切削加工系统的刚度。切削加工系统的刚度是影响切削加工系统性能的一个重要因素,对加工精度有直接影响。此外,切削加工系统的刚度又与系统的振动问题密切相关。

1) 机床的刚度

切削加工系统的刚度首先是机床的刚度,影响机床刚度的因素如下:

(1) 机床零件本身的刚度。个别薄弱零件会大大降低整个部件的刚度。

(2) 连接件的刚度。当外力超过螺栓等连接件的连接力时,整个部件的刚度会降低。

(3) 配合零件的接触刚度,即零件的接触表面抵抗因外力作用而产生变形的能力。由于配合零件间的实际接触面积只是其理想接触面积的一部分,因此全部载荷都由这一小部分来承载,会引起接触部分的变形。为了提高接触刚度,可通过配研结合面、配合零件间预加载荷等方法增大表面接触面积。

(4) 零件间的间隙也影响机床刚度。可采取调整措施减小零件间的间隙,以提高机床刚度。

2) 工件的刚度

当工件的刚性较差或工件的装夹方式不合适时,如细长轴仅靠两顶尖顶住进行中间部分的加工时,工件很容易在中间部分发生大的挠曲,当加工薄壁套筒、圆环和其他类似的工件时工件很容易变形,加工后工件恢复弹性,将会产生很大的加工形状误差或尺寸误差。

3) 刀具的刚度

刀具的刚度与刀夹、刀体、刀柄的结构及其装夹方式和刀具的悬伸长度有关,同时也与机床主轴的刚度有关。刀具的刚度可能在不同的方向有不同的刚度,会引起加工的形状误差。

影响切削加工系统刚度的因素很多,而且由于工况条件的不同,这些因素的作用会叠加和放大,使加工精度下降。系统的刚性不足会引起误差复映,如加工偏心毛坯时,切削余量变化会引起切削力变化。如果工艺系统刚度不足,则切削力大时系统弹性变形大,让刀也大;切削力小时弹性变形小,让刀也小,即加工后的工件可能仍是偏心的,毛坯的误差被复映到加工后的工件上,只不过误差比原来相对小了。

提高切削加工系统的刚性有利于提高切削用量,而不至于降低加工精度或发生振动,从而可以提高生产效率。

2. 切削加工系统的振动及其影响

切削加工过程中有时可能会发生振动，这是切削加工系统运行中经常会遇到并需设法加以解决的问题。振动会使工件的加工表面出现振纹，振纹有波浪形的轮廓，每一组波峰和波谷对应于刀具相对于工件一个周期的振动，波峰和波谷的高低取决于振幅，振纹的疏密则取决于振动的频率和切削速度。振动会造成工件加工表面形貌超出技术规范的要求，产生不合格品，还会造成刀具出现异常磨损或崩刃、断裂等非正常损耗。

切削加工系统的振动主要是自激振动（也称颤振），自由振动和强迫振动不多见。颤振是由振动本身从作用的外力获取能量来维持的振动。同时切削加工系统中也存在着阻尼，即系统在弹性变形时发生内耗和摩擦所消耗的能量，该系统的阻尼越小，而获得的能量越大，则振幅越大，振动越剧烈。

产生颤振的原因很复杂，其中主要的因素是切削摩擦学系统中工件和刀具磨损面之间的摩擦状态、切削力随切削速度变化的特性、切削加工系统的刚性。

为了避免和消除振动，可改变切削参数，提高或降低切削速度，设法避开会引起系统共振的临界速度，也可适当加大背吃刀量，同时加大进给量。

提高切削加工系统的刚度，如缩短刀具悬伸长度、缩短顶尖伸出长度、加工细长轴时采用跟刀架、加工长径比大的孔时采用带导条的刀具等，是避免和消除振动的有效措施。

3. 切削加工系统的热变形及其影响

在切削加工过程中，切削加工系统在各种热源的影响下有可能产生复杂的变形，使工件与刀具相对位置的准确性降低，产生加工误差。据统计，在精密加工中，由于热变形引起的加工误差占加工总误差的40%~70%。

切削加工系统的热变形主要来自于系统内部的热源，即切削热和摩擦热，同时也会受到外部热源的影响。

切削热来自于切削过程中被加工工件切削层的弹性、塑性变形及刀具与工件、切屑间的摩擦，它由切削液、切屑、工件及周围介质传出。切削加工系统运行正常时，大部分切削热可通过切削液及切屑带走，传给刀具和工件的只是其中的一小部分。

摩擦热中相当大一部分是由机床和液压系统中运动部件所产生，如电动机、轴承、齿轮传动副、液压泵、阀等运动部分产生的摩擦热，这些是引起机床热变形的主要热源。

外部热源主要是指环境温度的变化和热辐射，对工件的精密加工有一定影响。

机床和夹具受热源的影响，各部分温升发生变化，由于热源分布不均匀和机床及夹具结构的复杂性，各部件将发生不同程度的热变形，改变了机床原有的几何精度，从而使切削加工系统的加工精度降低。

工件受切削热影响也会产生变形，同样也会受到环境温度变化的影响。如细长轴在两顶尖间车削时，热变形将使工件伸长，引起弯曲变形，导致圆柱度误差；薄壁工件镗孔时，如夹具夹持方法不合适，夹持处与工件其他部分散热条件不同，有可能在加工完毕、工件冷却后产生棱圆形的圆度误差。

刀具在切削过程中，特别是在高速切削加工中，摩擦学系统中发生着剧烈的摩擦，被加工工件切削层的弹性、塑性变形也产生大量的热量，虽然切屑可带走相当一部分热量，但由于刀具的切削刃部分体积小、质量小、热容量小，切削部分会产生很高的温升，刀具的变形及其对加工的影响不可忽略。

切削加工系统受热源影响，温度逐渐升高，与此同时，其热量通过各种传导方式向周围散发。当单位时间内的热量传入、传出相同时，温度不再升高，达到热平衡状态，热变形也相应地趋于稳定。因此，在切削加工的开始切削阶段其热变形比较显著，达到热平衡后加工精度所受到的影响就不明显了。

因此，切削加工系统的运行中必须减少和控制系统中的热变形。可采取的主要途径是降低或减少热源的产生。凡是可分离出去的热源，应尽可能分离出去；不能分离的热源，如主轴轴承、各高速运动的运动副等，尽可能从结构、润滑等方面改善其摩擦学特性以减少发热，如采用静压轴承、静压导轨，改用低黏度润滑油，增加散热面积或使用强制风冷、水冷等有效的冷却措施，采用热补偿办法等。同时也需对环境温度进行适当控制。

为获得切削加工系统的理想输出，还需要掌握热变形的规律。由于大的热变形发生在机床开动后一段时间内，当达到热平衡状态后，热变形趋于稳定，加工精度才得到保证，因此，对于精密加工，在必要时可预先高速空运转,使之较快地达到热平衡,然后再进行加工。这也是汽车制造业在验收切削加工设备时,通常需要对冷机开动后进行切削加工情况和设备运转一段时间后的热机切削加工情况分别进行检查及评定的原因。

0.2.4 机床和夹具对切削加工输出的影响

在机械制造业,刀具的大部分非正常损耗由机床工作不正常而引起,如主轴磨损、跳动过大、机床进给不稳、工件定位不准、夹紧装置松动、数控程序或数控装置异常、切削过滤装置或切削液供应装置出现故障,以及由于电压波动引起的主轴旋转波动与液压系统波动等。如果对切削加工系统中机床设备等的预防性维护工作做得不够充分,由机床设备原因而引起的刀具非正常损耗金额有可能占到一个机械制造工厂所发生的刀具非正常消耗总金额的50%以上。但由机床引起的刀具非正常损耗的原因往往隐藏得很深,可能需要花费很大的力气才能发现真正的原因。

切削加工系统中的夹具关系到工件装夹是否正确、迅速、方便和可靠,在切削加工系统中与机床、刀具有着相互作用,影响切削加工系统的输出,即所加工工件的质量、生产率、制造成本,还影响操作者的劳动强度和操作安全。

对于不同的切削加工系统,机床夹具的实际结构多种多样,差别很大,但总的来说,机床夹具由定位元件、夹紧装置、夹具体、夹具与机床的连接元件几个部分组成。根据实际情况,有的夹具还设有对刀和导向元件,以便快速、准确调整刀具的正确位置或引导刀具(如引导钻头的钻套等)。有的夹具上还设有多工位加工用的分度机构、动力装置的操纵系统等其他装置或元件。要避免夹具与刀具运动轨迹发生干涉,保证夹具与机床连接可靠。

首先需要保证工件在夹具中正确定位,这是保证加工精度的重要环节。

工件的正确定位是根据加工要求限制工件的某几个或全部的自由度。在空间笛卡儿坐标系中的一个自由刚体有6个方向活动的可能性,即沿3个坐标轴方向的移动和绕3个坐标轴方向的转动。通常,把刚体在空间坐标系中某个方向活动的可能性称为一个自由度,即空间的一个自由刚体共有6个自由度。用6个定位点就可确定工件在空间的唯一确切位置的原则,就是通常所说的六点定位原则。

要注意的是,在切削加工系统中,定位和夹紧是两个完全不同的概念:定位解决工件在夹紧前位置是否正确的问题;而夹紧解决工件在加工过程中受到切削力、摩擦力、重力等外力作用下是否可靠、稳定地保持在定位位置的问题。

工件在夹具中被定位时,是通过工件的定位基准与机床或夹具定位元件相接触或配合而被限制的。不同结构的定位基准或基面与不同结构的定位元件相接触或配合,所能限制的自由度是不同的。工件上常用的定位基准主要有平面、内/外圆面、内/外锥面及成形面等。夹具中常用的定位元件有支撑钉、定位销、支撑板、定位套、V形块、心轴等。为了提高夹具的定位精度和工作可靠性,在切削加工系统的形成和运行过程中都需注意检查夹具的定位元件是否满足以下要求:

(1) 一定的精度。其尺寸及位置公差都应控制在被定位工件相应尺寸及位置公差的1/5~1/2。

(2) 高的耐磨性。能较长期地保持定位元件的定位精度。

(3) 足够的刚性。确保在受到夹紧力、切削力等力的作用下不发生影响加工精度的变形。

还要注意,在有些定位系统中,为了增加切削加工系统的刚性和提高工件在加工过程中的稳定性,采取了用辅助支撑增加支撑点数的方法,以防止工件在加工中变形;但辅助支撑在定位系统中不起作用(其高度被锁定后就成为固定支撑,可以承受切削力),辅助支撑起作用前后都不允许破坏工件已定位好的位置。

工件在夹具中定位后,必须通过一定的夹紧装置将其压紧、夹牢在定位元件上,以防止在切削加工过程中工件受到切削力、摩擦力、惯性力等力的作用而发生位置变化或产生振动,造成切削加工系统输出异常。在切削加工系统的构建和运行过程中,要注意检查夹具的夹紧装置是否满足以下要求:

(1) 夹紧时应确保工件的定位不发生变化。

(2) 夹紧力的大小要适宜,既要确保工件在切削加工过程中位置不发生变化且不发生振动,又不能使工件产生变形和表面损伤。

(3) 夹紧机构应具备良好的自锁性能,不会在切削加工过程中发生异常的自动松脱。

(4) 夹紧力应落在支撑元件上或几个支撑元件所形成的支撑平面内,或落在工件刚性较好的部位上。

(5) 夹紧力应尽可能靠近加工面。

(6) 夹紧力的方向应垂直于工件的主要定位基面,选择所需夹紧力较小的方向。

从系统的角度出发,工件实际定位是否符合要求不仅取决于工艺设计,同时取决于系统运行过程中的情况,如生产中切屑排除不彻底、定位面清洗不干净、有切屑或细小的异物滞留在定位面上,工件就会定位不正确,就有可能加工出不合格品。所以现在汽车制造业的切削加工设备上,很多都已将原来简单的定位块改成定位块上加压缩空气检测孔或切削液喷出孔。这样,当工件定位过程中发生定位异常时,系统可通过检测孔流体喷出情况的变化获知相应信息,而切削液喷出孔也能自动地通过切削液的喷洗将定位块面上的切屑或异物冲走。

0.2.5 切削加工系统中最活跃的因素——刀具

刀具是切削加工系统中直接作用于工件,从工件上切除材料,形成所需要的工件形状、尺寸、位置、表面形貌的子系统,刀具对切削加工系统的输出产生最直接的作用和影响。

刀具种类繁多,根据加工用途,可分为孔加工刀具、平面加工刀具、成形加工刀具、螺纹加工刀具、轴类加工刀具、箱体类加工刀具等;根据不同的加工方式,可分为车刀、钻头、镗刀、铰刀、铣刀、拉刀、切齿刀具、螺纹刀具等;根据制造的标准化,可分为标准刀具和非标准刀具等。

刀具本身是切削加工系统中的一个子系统,刀具的结构、刀具切削刃的几何形状、刀具基体材料、刀具切削部分的材料、刀具的表面涂层、刀柄的构造、刀具的安装方式、刀具的动平衡、刀具的制造精度、刀具的调整精度等都是刀具系统中的变量和影响因素,每一个变量的变化都会影响刀具的切削性能。

在切削加工系统的硬件中,刀具体积小,相对于机床的投入要少得多,但它的影响非常大,刀具系统中一个变量的微小变化有可能对切削加工效率、加工质量和加工成本产生重大影响。另外,由于改动刀具相对于改动机床、夹具等受到制约的条件少一些,实施改动和优化的可行性大一些,需要的投入相对较少,花费的时间也相对短一些,对刀具系统中某些因素进行优化和改动有可能使切削加工系统的输出发生显著的变化,取得提高效率、提高加工质量或降低制造成本的良好效果,因而刀具就成为切削加工系统中最活跃的因素。一方面,因为它本身变量多,每个变量的变动都会对切削加工系统的输出产生影响;另一方面,相对于对其他子系统的改动,对刀具子系统进行改动所受制约相对较少和较容易实现,所以对刀具的优化和改进已成为切削加工系统控制和改进中各个机械制造企业最为关注的事情。

0.2.6 分析和解决切削加工问题需要有系统的观点和方法

在切削加工中,经常会出现刀具崩刃、钻头或铰刀折断、刀夹破损、加工的工件尺寸超差、表面粗糙度不理想或刀具消耗费用异常等各种情况。由于生产量大、加工节拍紧,快速解决切削加工问题、完成生产任务的压力非常大。在实际工作中,不少人往往有一种习惯性的做法,即切削加工中一出问题,就认为是刀具出了问题,大量的工作和解决措施都围绕着刀具进行,可是往往花了很大力量和很多时间,原因仍不明了,问题往往依然存在。

其实,切削加工特别是高效加工是一个系统问题,刀具只是这个系统中的一个部分,在切削加工中,所加工的工件毛坯、设备、刀具、夹具、切削液等组成了一个系统,切削加工的问题是这个系统的问题,是这个系统中多个因素和变量综合作用的结果。而且对于不少企业而言,这个"系统"可能并不仅仅表现为一道工序或一台设备,而是整条生产线或整个车间。而刀具自身又是其中的一个子系统,包括刀具结构、几何形状、刀体材料、切削刃材料、刀具涂层等多个方面,所有这些因素综合在一起影响和决定着产品的尺寸、形状、位置、表面形貌、加工精度等。整个系统中的任何一个因素发生变化,都会对系统的输出即加工质量、加工效率和加工成本产生影响。

例如,过去人们虽然感觉到切削液对切削加工有作用,但往往也只是将其作为生产加工中的一般辅助材料处理，但现在的生产实践告诉人们，作为整个切削加工系统一部分的切削液已重要到如此程度，如果切削液选择不合适或管理不当，甚至会造成刀具无法正常使用，生产无法进行。

例如，某生产线采用一种挤压丝锥加工发动机零件的螺纹孔时，突然频频出现闷刀现象，严重影响加工效率，甚至造成加工废品。按照常规思路解决此问题时，首先更换不同的刀具，没有明显的效果和变化；再请维修人员调整设备，问题依然存在。后来提出从整个系统进行考虑，观察整个系统中存在哪些变量且发生过什么变化，结果发现最近更换过切削液，于是立即检查切削液，发现冷却液浓度偏低，终于在两次提高切削液浓度，而刀具等其他因素未做任何改变的情况下又恢复了正常生产。

在生产实践中经常会遇到类似的情况，所加工出来的孔表面粗糙度达不到要求，多次更改、更换刀具都不能解决问题，更换切削液或增加切削液浓度后问题迎刃而解。

又如，铣削加工的工件表面质量达不到要求，更换多家刀具供应商的不同铣刀仍达不到要求，最终更换机床主轴，所加工的工件质量达到了要求，问题的真正根源不在刀具，而是系统中的其他因素发生了问题。

诸如机床主轴的跳动，加工过程中的振动，刀具的动平衡，切削液的品种、浓度、压力和流量，刀具的预调整，以及切削参数的匹配等都会对切削加工的结果产生重大影响，需要加以关注，而影响切削加工结果的原因还远远不止这些。

为了提高切削加工效率，近年来高效切削获得了广泛应用，需要注意的是，对于大批量生产中的切削加工，如汽车制造业的切削加工来说，要实现真正的高效加工，追求的不仅是单台机床的高切削效率，而是整条生产线的高切削效率，追求的是整个系统的高效率。其中包括采用高切削速度、大进给量、大切削余量加工以及减少换刀频次、缩短上下料和各种等待与停机等辅助时间，消除生产线中的瓶颈等等。所应用的刀具和机床要适应这样的工作条件，设备开动率要高，同时还要具有合理的刀具寿命即经济耐用度，换刀次数少和换刀时间短，其分摊到各工件上的制造成本要具有市场竞争力，即性价比高、投入产出比高。这不仅需要合理的工艺安排、合适的机床设备和高效的刀具，而且需要有科学的管理和完善的过程控制体系以及快速、可靠的刀具供应物流体系等，需要通过高效切削技术和先进刀具的应用及其相应的科学管理，显著提高生产率，降低包括加工废品率、切削液消耗、刀具消耗等在内的制造费用。

切削加工系统的特点是其整体性和相关性，从输入到输出，经过切削加工系统中各个因素和变量的作用，最终系统的输出是否满足预定的要求，是人们最为关注的，而且这个输出本身就是一个整体，即加工的质量、效率和成本是一体的，仅单项输出合格仍不符合对系统的整体要求。面对切削加工的复杂性和系统性，研究、分析和处理切削加工问题的关键就是要把握住切削加工问题的系统性、整体性和其中各变量之间的相关性。

0.2.7 应用系统工程方法解决切削加工问题的途径

为提高工作效率，快速找到切削加工问题的原因，降低解决问题所花费的人力、物力和资金成本，并缩短问题解决的验证时间，可应用系统工程的方法优化解决切削加工问题的路径。

(1) 当发生切削加工问题时，一般首先判断问题的性质，是切削加工质量问题，还是刀具折断的非正常损耗问题，或是刀具寿命短引起的生产效率或加工成本问题，不同性质的问题其解决思路和途径有很大差异，避将有限的资源用错方向。

(2) 先查找造成问题发生概率最大的原因方面。

(3) 先查找最容易进行改变的方面。

(4) 先查找容易看到变化的方面或容易进行验证的方面。

(5) 采用排除法迅速缩小问题原因的查找范围。

(6) 采用替换法快速显露问题的原因：怀疑刀具有问题，可换一把同样的刀具进行切削加工试验；怀疑机床有问题，可将同一把刀换至同样切削加工条件的另一台机床上进行切削加工试验等。由此也较易对问题原因及其解决措施进行再现性和重复性确认。

(7) 在开始进行试验验证时，设法进行单因素试验，同时控制其他变量，以确认造成问题的主要原因。

(8) 必要时进行关联变量的综合性试验，以验证系统中相关变量的交互作用对系统输出的影响。

(9) 寻求在具有一定约束条件下解决问题的最优解,在采取某项措施解决问题时必须考虑对系统总体的影响,如对成本、加工的质量风险等的影响,设法找到合适的平衡点。

例如,当所加工工件的位置度出现问题时,一般应首先检查机床、夹具和工件定位方面的问题,再做其他方面的检查。

当所加工工件的表面粗糙度出现问题时,对于孔加工,如果采用的是带导条的精密加工刀具,往往会首先检查切削液浓度是否正常;对于面铣加工,往往会先检查刀具刀片的等高、刀片是否出现松动等情况。

当所加工工件的尺寸出现问题时,通常会先检查刀具的调刀尺寸、刀具的跳动或观察刀具的磨损情况。

当怀疑刀具是引起某切削加工问题的主要原因时,通常首先需要考虑是换刀后加工首件出现的问题,还是已加工多件工件后出现的问题,接着进行的分析和检查途径就会有很大的不同;新刀还是重磨刀也往往是在分析刀具问题的初始阶段需要问的问题。

当换刀后首件加工发生加工质量问题或刀具折断等异常损耗情况时,则通常会首先对刀具进行检查和分析,但如换刀后首件加工发生在机床修理和调整后,则需要首先检查确认机床方面无异常。

当在刀具正常工作寿命范围内出现刀具折断等问题时,常常需要先初步确认机床等方面未出现异常情况,然后检查待加工工件的状况,如有无前道工序加工不正常造成本道工序加工量过大、工件毛坯有无异常的材料附着等情况,接着需检查加工过程的润滑状况及刀具的状态等。

当刀具使用至接近刀具正常寿命时发生刀具折断等情况,一般首先检查刀具的磨损状态及其相关因素。

当一段时间发生刀具寿命突然变短和刀具消耗费用上升时,往往先检查所用刀具的批次及检查润滑状况等相关条件有无变化,而对工件毛坯材质变化的检查因其难度和检测花费都较大应放在稍后的步骤。

对于生产中长期发生并采取了多种措施均未能有效解决的切削加工问题,则往往与系统设计和构建有关,需要对工艺安排和切削参数等方面进行分析研究并采取相应措施。

在实际工作中,需要从系统的角度,将这些原则和方法结合实际情况进行灵活运用。

0.3 切削加工的效率和经济性分析

0.3.1 分析切削加工经济性的意义

目前,在世界各国制造业的机加工车间里,有成千上万的操作工人在成千上万台金属切削机床旁日以继夜地加工着各种机器零件,形成了一个十分庞大的金属切削加工产业。由切削加工的零件所装配的机器服务于国民经济的各个领域,给社会创造了巨大的经济效益。

与此同时,切削加工的生产过程所发生的加工费用也是一个十分庞大的数字。据资料介绍,美国在1978年拥有230万台金属切削机床,按当时操作每台机床所需的工资及管理费估算,230万台机床仅在工资和管理费上的费用约为1150亿美元。根据1995年我国第三次工业普查公布的数据,到1995年末,我国金属切削机床拥有量为298.39万台,到2007年,我国机床拥有量已增至500万台,每年在切削加工上的花费也是一个不小的数字。1993年日本有资料称,工业发达国家每年在金属切削加工上的花费约为国民生产总值(GNP)的10%。总之,要把工件从毛坯用刀具加工成零件,社会或企业必须支付很大的加工费用,这笔费用将包含在零件的最终成本中,而且往往零件成本的主要部分。因此,降低加工费用可以有效降低零件的成本。

从研究切削加工经济性的角度,这里把完成零件切削加工过程所发生的费用看作加工费用,讨论切削加工的经济性就是要分析加工费用的构成及其影响因素,并寻求降低加工费用、提高切削加工经济性的途径。由于零件的加工过程主要是刀具对工件的切削过程,因此它的经济性必然与所采用的切削技术和刀具相关。通过对切削加工经济性的分析,找出改进切削技术和刀具的方向,可达到降低加工费用的目的。

有很多实例可以证明,通过发展切削技术和应用先进刀具来提高加工效率,可节省切削加工的开支和降低零件加工的成本。切削效率提高20%,加工成本可降低15%。而各刀具公司所推出的刀具新产品通常声称提高切削效率20%以上,因此,如果以降低15%的加工成本计算,这也是一个不小的数字。

通过对切削加工的经济性进行分析和讨论,不仅可以实现降低加工成本的目标,而且也能促进切削技术的进步。

0.3.2 切削加工成本的计算公式

为了分析加工效率与加工成本的关系,首先介绍加工成本的计算公式。为简单起见,下面以图0-7所示的外圆车削工序为例进行讨论。

每个工件加工工序的总成本 C 由两部分费用构成:一部分是与加工时间相关的费用 C_1;另一部分是每个工件上分摊的刀具费用 C_2,即:$C=C_1+C_2$。下面分别对 C_1 和 C_2 的构成进行分析:

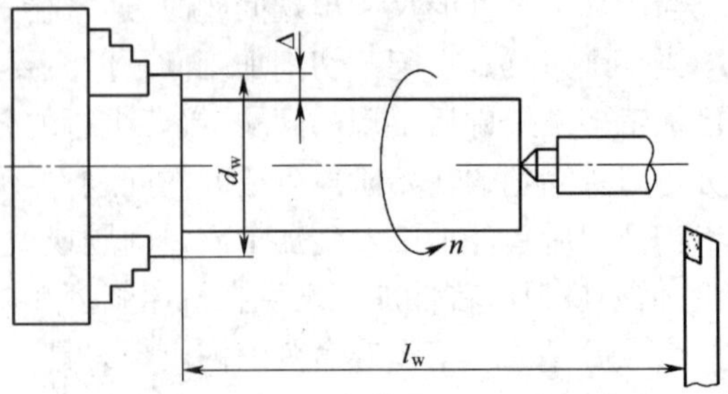

图0-7 车削加工简图

C_1 为与工件加工时间相关的费用,包括操作工人的工资、所用机床的折旧费和分摊到该加工点的企业管理费,其计算公式如下:

$$C_1 = t_w \times M$$

式中 M——工人每分钟工资+机床每分钟折旧+分摊的每分钟管理费;

t_w——单件工时,即从工件装夹开始经切削加工到卸下工件为止的整个加工过程所需的时间,它包括加工时的切削时间、刀具切入、切出工件的空程时间、换刀时间及加工中其他辅助时间,其值可根据工件加工的具体工序安排进行计算。

以图0-7所示的外圆车削工序为例,t_w 的计算式如下:

$$t_w = t_m + t_{ct} \times t_m/T + t_{ot}\ (\mathrm{min}) \tag{0-1}$$

式中 t_m——每个工件的加工时间(min),包括快移和切入、切出空程的走刀时间;

t_{ct}——换刀时间(min);

T——刀具寿命(min);

t_m/t——分摊到每个工件上的换刀次数;

$t_{ct} \times t_m/T$——分摊到每个工件上的换刀时间(min);

t_{ot}——除换刀时间以外的其他辅助时间(min),如工件装卸、测量等。

由图0-7可知:

$$t_m = \frac{l_w \Delta}{n a_p f} = \frac{\pi d_w l_w \Delta}{10^3 v_c a_p f} \tag{0-2}$$

式中 d_w——车削前毛坯的直径(mm);

l_w——切削走刀长度(mm),包括快移和切入、切出空程的走刀长度;

Δ——单边加工余量(mm);

n——工件转速(r/min);

v_c——切削速度(m/min);

a_p——背吃刀量(mm);

f——进给量(mm/r)。

由图0-7可知,式(0-2)中 π、d_w、l_w、Δ 均为已知数,可设

$$A = \frac{\pi d_w l_w \Delta}{10^3}\ (\mathrm{cm}^3)$$

此外,式(0-2)中 v_c、a_p、f 的乘积代表每分钟金属切除量,其值大小反映加工效率的高低,设

$$Q = v_c a_p f\ (\mathrm{cm}^3/\mathrm{min})$$

则

$$t_m = \frac{A}{Q}\ (\mathrm{min})$$

可把式(0-1)写成

$$t_w = \frac{A}{Q}(1 + \frac{t_{ct}}{T}) + t_{ot}$$

把 C_1 写成

$$C_1 = M \times \frac{A}{Q}\left(1 + \frac{t_{ct}}{T}\right) + Mt_{ot} \tag{0-3}$$

每个工件上分摊的刀具费用 C_2 为

$$C_2 = C_t \times t_m / T \tag{0-4}$$

式中　t_m/T——分摊到每个工件上的换刀次数；

C_t——每刃磨一次或每转位一次的刀具费用。

对于重磨式车刀，有

C_t=[刀具购置费用/(重磨次数+1)]+(磨刀时间+机外预调时间)×(每分钟磨刀工工资+每分钟全厂管理费)+砂轮费用

对于可转位式车刀，有

$$C_t = 每个刀片的费用/(可转位次数+1)$$

0.3.3　降低加工成本的途径

根据式(0-3)和式(0-4)，可对工序的成本作如下分析。

1. 提高加工效率、降低加工成本要求被加工对象和加工要求与加工条件各因素的最佳组合

式(0-3)中的 Q 是 v_c、a_p、f 的乘积，为工序每分钟的金属切除率，其值的大小代表该工序切削效率的高低。由式(0-3)可知，增大切削参数 v_c、a_p、f，即增大 Q，提高切削效率，可以降低工序的加工成本。

通过以上分析，理论上给出了降低加工成本的方向，即提高加工效率。但提高加工效率并不能简单地通过提高 v_c、a_p、f 而实现，因为切削加工是一个由多种因素构成的工艺系统，尤其是构成切削加工主体的工件与刀具，其相互适应的程度会在很大程度上决定加工的效率。要达到提高加工效率的目的，必须根据具体的被加工工件及其加工要求来科学地设置加工条件，尤其是刀具的选用。只有在被加工工件和加工要求与加工条件实现最佳组合的前提下，所设定的 v_c、a_p、f 尤其是 v_c 才是符合一个给定加工工序的可达到的最高切削效率。学习金属切削基本原理和刀具应用技术的目的，就是应能针对具体的加工对象力求配置一个最适合的加工条件。

为了实现被加工工件与加工条件的最佳组合，首先要对被加工工件及加工要求进行分析。在被加工工件的众多要素中，了解工件材料的可加工性是第一位要素。金属材料种类繁多，在切削加工中表现的加工难易程度——可加工性相差很大。为此，不仅要知道工件材料的相关机械物理性能和化学成分，还要掌握其热处理状态和金相组织，只有这样，才能设置合理的加工条件，如刀具材料、涂层、几何参数等。被加工工件的信息还包括工件的批量、毛坯的状态、余量的大小、工件的结构和公差粗糙度的要求、工序的类别等，这些因素也都会影响加工条件的配置。例如，余量的大小会影响背吃刀量的大小和走刀的次数。又如，工件的结构，如果是薄壁件或模具的成形面，则会涉及铣削的走刀路径，只有正确的走刀路径才能实现优质高效的加工；不合理的走刀路径虽然也能切下切屑，但会使薄壁件变形，不能保证质量，或者使成形面的加工效率和刀具寿命都很低。

在加工条件的配置方面，除了上面提到的根据工件材料等因素选择刀具以外，还包括工艺的选择、切削参数的选择、冷却液的选择、刀具装夹方式等。其中工艺的选择应在最先考虑，因为不同的工艺有不同的刀具和其他配置，而应用或开发新工艺往往可成倍地提高加工效率，例如，以整体硬质合金螺纹铣刀代替高速钢丝锥加工螺纹，加工效率可以提高数倍。此外，不同的生产批量或生产模式应采用不同的工艺和刀具类别。大批量流水线的生产模式应采用组合刀具等专用刀具，以减少生产的节拍时间；而单件小批量的生产模式则要多采用多功能刀具，以避免频繁换刀。

切削参数是在配置了合适的刀具(包括材料、涂层、几何参数、结构)后，再根据刀具的性能、工件材料的可加工性和其他工艺因素确定的。由此所确定的切削参数 v_c、a_p、f，为该工件在给定加工点上能达到的加工效率，这是建立在加工对象和加工条件最佳组合基础上的加工效率，因此是可以达到的经济的、最高加工效率。

然而，切削参数包括切削速度 v_c、背吃刀量 a_p 和进给量 f，其值大小对提高加工效率的贡献，还受加工余量、表面粗糙度、机床功率、刀具结构强度和刀具寿命的制约。在通常情况下，刀具寿命对切削参数的制约尤为重要。因为切削过程中产生的力和热的大小与切削参数直接相关，而力和热是造成刀具磨损和失效的主要原因，决定刀具寿命。在一般情况下，背吃刀量和进给量主要受加工余量和表面粗糙度制约，而切削速度主要受刀具寿命制约。

2. 经济切削速度与最高加工效率

切削速度与刀具寿命对加工效率和加工成本的影响如图 0-8 所示。图 0-8 的纵坐标为加工成本 C，横坐标为切削速度 v_c。代表式(0-3)的曲线 C_1 表示机加工费用随着切削速度的提高而减少。代表式(0-4)的曲线 C_2 表示该工序分担的刀具费用随着切削速度的提高而增加，因为刀具磨损加快，刀具的消耗增加。曲线 C 为 C_1、C_2 之和，代表工件的工序成本。在 C_1、C_2 的综合影响下，曲线 C 有一个最低点，对应曲线 C 最低点的切削速度表示加工费用最低的切削速度，即经济切削速度。

因为低的切削速度对应长的刀具寿命，高的切削速度对应短的刀具寿命，对应低、中、高切削速度的位置 v_{C_1}、v_{C_2}、v_{C_3} 在图 0-8 上分别标注出相应的长、中、短刀具寿命 T_1、T_2、T_3。可见，长的刀具寿命 T_1 由于切削速度 v_{C_1} 低、机动时间长、C_1 值较大而使加工成本增加；而低的刀具寿命 T_3、由于高的切削速度 v_{C_3}、导致刀具磨损加快，刀具费用 C_2 值加大，而使加工成本增加。而经济切削速度 v_{C_2} 及其对应的刀具寿命 T_2 才是一对应选用的切削速度和刀具寿命。建立在上述加工因素最佳组合基础上，所获得的加工成本和加工效率应是经济性最好的。

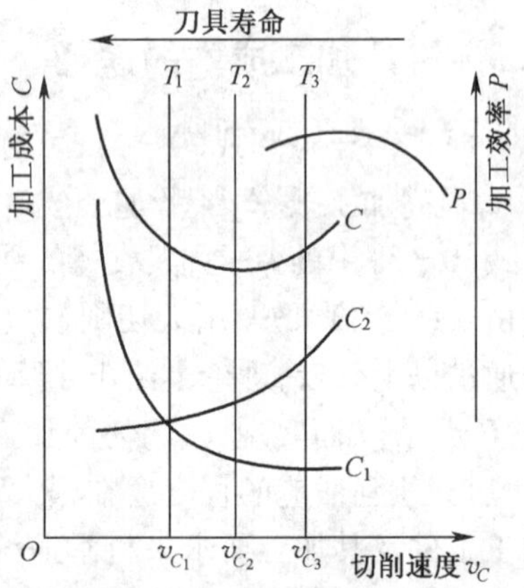

图 0-8 加工成本和加工效率与切削速度和刀具寿命的关系

图 0-8 中的 P 代表加工效率，即每小时加工零件的个数，它有一个最大值，处于比经济切削速度更高的切削速度上。与该切削速度相对应的刀具寿命将更低，因为切削速度的提高使刀具磨损加剧，刀具费用也随之增加。

3. 提高加工效率消化成本增加的压力

根据式(0-3)看，降低加工成本也可以通过减小式中的 M 值来实现。M 是在该机床上加工的零件其每分钟工时应计入的工人工资、机床折旧和管理费用。对于企业里一个具体的加工点，需要计入加工成本的工人工资、机床折旧和管理费用是一个固定数，这个数被该加工点上所有被加工零件的工时数之和除，得出每分钟工时的“工人工资、机床折旧和管理费用”分摊数，即 M。可是对于企业来说，为了提高竞争实力，必须用更新的、往往是即更昂贵重的机床取代老机床，同时又要不断满足员工对提高工资待遇的要求，从而使 M 值不断加大，即图 0-8中的 C_1 曲线上升，促使加工成本曲线 C 跟着上升和右移，其对应经济切削速度的最低加工成本点向着高切削速度的方向移动。这意味着，企业要消化新增的费用，必须应用性能更好的新刀具，把切削速度提高到新的经济切削速度上，提高加工的效率，使同一台设备在单位时间里加工出更多的工件，并提高机床的开动率，用更多的总产出即更高的加工效率来降低不断增大的 M 值，以免加工成本过快地增长。

4. 积极采用新工艺和新刀具

现代切削技术发展的特点之一是开发新的切削工艺，如高速切削、硬切削、干切削等新工艺，和钻铣、插铣、斜坡铣等新的加工方法。应用新工艺往往与原有工艺有质的差异，可推动整个切削加工水平的提高。

此外，现在刀具的创新速度非常快，新牌号、新刀具日新月异，每一个新产品都能为用户带来新的效率。用户要转变观念，增加刀具的投入，与时俱进更新刀具。式(0-4)的 C_2 为该工序应分担的刀具费用，它随刀具采购费用的增加和换刀次数的增多而变大。便宜刀具或延长刀具的寿命(减少换刀的次数)似乎可降低刀具的费用,但刀具费用 C_2 只占零件制造成本的4%左右,零件的工序加工费用占了零件制造成本的大部分。因此,降低刀具采购成本(即降低 C_t)或延长刀具寿命 T 只能使零件制造成本有很少的降低。根据4%的刀具采购成本可以估算出:如果把刀具的采购价格降低30%,能节约的加工成本约为1%;如果采购了性能更好的刀具,但在使用时不提高切削参数,从而使刀具寿命延长50%,也只能节约1%左右的零件制造成本。但是如果在购买好刀具以后,提高切削参数20%,却可因加工效率的提高,使工序的加工费用 C_1 降低15%,给企业带来可观的利润。

因此,切削技术的发展趋势是:提高刀具切削性能和切削效率,通过提高加工效率使加工成本降低,而不盲目追求延长刀具寿命。只有在刀具购置费用很高且换刀时间较长的场合,才设置较长的刀具寿命和降低切削速度。

5. 减少换刀时间

从式(0-3)中可见,减少换刀时间 t_{ct} 也有利于降低加工成本。换刀需要停机,停机时间不产生效益,但要分摊费用,计入加工成本。因此,开发可快换的刀具结构一直是刀具结构创新的重要方面,如可转位刀具、模块式可换头快换结构和刀具与刀柄的快换结构。此外,应用多功能刀具或复合刀具可显著减少换刀次数或换刀时间,也是当前刀具结构发展的特点之一。现代加工中心也把机械手换刀时间作为机床的一项性能指标,使机床的换刀速度不断加快,以提高数控机床利用率,降低加工成本。

6. 减少辅助操作的停机时间

式(0-3)中还有一项 Mt_{ot},为其他辅助操作造成的停机等待,要按所产生的停机时间 t_{ot} 和 M 的大小计算成本。如果这部分费用较大,则应采用多工位机床或自动测量等技术措施。与此同时,企业要更新机床,用数控机床淘汰落后的设备。数控机床是现代高效数控加工技术的物质基础,不仅能显著减少辅助操作的停机时间和换刀时间,而且是应用现代高效切削工艺和数控刀具的必备条件。一些新的切削工艺实现(如高速切削、高效切削等新工艺)就少不了高速主轴、高速进给和数控系统的数据高速处理。又如,可实现斜坡铣的多功能铣刀、高效的螺纹铣刀和铣削走刀路径等先进刀具或先进加工方法的应用,只有通过数控编程才能实现。有数据表明,在切削加工中,加工效率提高的速度要大于机床成本增加的速度,数控机床尽管会提高机床的折旧费用,但可以给企业带来更大的效益。

7. 应用先进的管理方法

加工费用 C_1 和 C_2 以及加工成本 C 可以通过式(0-3)和式(0-4)计算得到的。比较不同加工条件下的计算结果,可以区分加工条件配置的优劣。表0-1为加工成本和加工效率的计算的实例,工件材料为300HB的4340高强度合金钢,分别用硬质合金焊接式车刀、硬质合金可转位车刀、高速钢车刀车削,其计算结果列在表0-1的后两栏。

由表0-1可见,高速钢车刀的单件成本和单件工时远远高于硬质合金焊接式车刀,而硬质合金焊接式车刀又高于硬质合金可转位车刀。并且可以看到经济切削速度和最高加工效率存在的事实,它们的经济切削速度分别出现在110m/min、140m/min和19m/min处,对应的单件成本分别为4.44美元、3.09美元和18.62美元。最高加工效率即最低单件工时分别出现在切削速度140m/min、140m/min和23m/min,其中硬质合金可转位车刀最低单件工时出现的切削速度可能超出试验数据的范围,估计应高于140m/min。

要完成加工成本和加工效率的优化计算,需要有两个方面的原始数据:一是企业要有较完备的有关机加工的成本核算和工时定额数据,以及包含工序图的加工数据;二是要有根据工件材料可加工性选定的刀具在切削时产生的一组切削速度与对应的刀具寿命数据。经计算后,其中加工成本最低的一对切削速度和刀具寿命数据即为可选用的数据。

一组或一对切削速度和刀具寿命数据有两个来源:一是从已有的数据中选取,如以往加工中积累的经验数据,或刀具制造商根据工件材料和选用的刀具在样本等资料上推荐的数据,或其他手册资料上的数据。由于这些数据生成的条件与现实会有一定的差距,因此需要在使用中加以调整。二是按加工的条件做刀具寿命试验,获得一组切削速度和刀具寿命数据,从中选取一对。这样的数据可首选应用到车间的零件加工中。由于这样的刀具寿命试验方法能较真实地反映切削的过程和效果,因此广泛用于材料可加工性评定、刀具性能测试、切削参数制定等科研工作中。国际标准化组织还为此制定了刀具寿命试验的操作标准。设立切削

表 0-1 加工成本和加工效率计算

刀具	切削速度 /(m/min)	进给量 /(mm/r)	刀具寿命 /min	单件成本 /美元	单件工时 /min
硬质合金焊接式车刀	140	0.25	15	5.33	8.6
	120		30	4.61	8.7
	110		45	4.44	9.1
	100		60	4.48	9.5
硬质合金可转位车刀	140	0.25	15	3.09	7.5
	120		30	3.29	8.1
	110		45	3.46	8.6
	100		60	3.66	9
高速钢车刀	23	0.25	15	20.41	33
	19		30	18.62	35
	16		45	19.15	40
	14		60	21.29	46

注:引自美国《机械加工切削数据手册》

实验室开展刀具的切削试验已成为切削技术专业内容之一,受到刀具制造商、高等学校、科研单位以及大型刀具用户的重视。

目前,加工成本和加工效率的繁琐计算可由刀具数据库软件完成,这些软件还可根据加工对象和加工要求,设置优化的加工条件。但是,计算结果的优化程度取决于企业的管理水平以及所制定的成本核算、工时定额的准确性。

为降低刀具在全生命周期中的费用,引入了专业化的刀具管理软件,可在全厂或车间范围内降低刀具采购、仓储、物流、维护等环节的费用,从源头上降低 M 所包含的管理费分摊。

此外,建立与刀具制造商的合作关系或寻求他们的帮助,利用其专业技术上的优势,解决加工中的问题,优化加工条件,可取得事半功倍的效果。

综上所述,切削加工的经济性涉及相当广泛的内容,切削加工的经济性对应着加工条件的最佳组合,只有在全面掌握切削技术的基础上才能很好地实现。与此同时,加工企业要通过不断地更新切削加工的生产要素,包括更新加工工艺、更新机床、更新刀具、提高操作者的技能和企业管理水平,以提高加工效率,减少辅助时间,为实现加工成本的降低创造必要的条件;并在切削加工生产要素的更新中,突出切削技术的重要性,把更新刀具作为提高加工效率和降低成本的最基本的手段(因为它具有投入少、产出大和见效快的优势)。

利用先进的切削技术和刀具提高加工效率、降低加工成本正成为制造业的共识,也成为刀具行业发展的动力,推动着切削技术和刀具的持续快速发展。坚持用更先进的切削技术和刀具不断提高切削加工的经济性,是机械加工制造业发展的必由之路。

参考文献

[1] 美国制造商协会. 制造业是美国经济的第一大发动机[J]. 工具技术,2000,2.
[2] 杨叔子. 现代工程技术的发展趋势[J]. 工具展望,2000,2.
[3] 路甬祥. 团结奋斗开拓创新建设制造强国[J]. 制造技术与机床,2003,1:6.
[4] 颜永年. 先进制造技术[M]. 北京:化学工业出版社,2002.
[5] 达世亮. 汽车制造切削加工系统工程及应用[M]. 北京:机械工业出版社,2009.
[6] 美国可切削性数据中心. 机械加工切削数据手册[M]. 第3版彭晋龄,等译. 北京:机械工业出版社,1989.
[7] 沈壮行. 现代高效切削刀具是提高制造业劳动生产率的强大手段[J]. 工具展望,2009(3):2-10.
[8] 陶乾. 金属切削原理[M]. 北京:中国工业出版社,1962.

第一篇　刀具设计基础

第1章 金属切削的基本原理

1.1 切削变形与切屑的形成

本节介绍金属切削的基础理论，它是研究切削现象的基础。应了解金属切削过程的常用研究方法；重点掌握切削变形区的划分及其特征，切屑的类型及形状划分，变形程度的表示方法，积屑瘤和鳞刺现象的形成及影响，影响切屑变形的主要因素等内容。

1.1.1 研究金属切削过程的意义

金属切削加工中各种物理现象，如切削力、切削热、刀具磨损以及加工表面质量等都与切屑形成过程密切相关；而生产实践中出现的许多问题，如鳞刺、积屑瘤、振动、卷屑与断屑等都与切削过程有关。

因此，开展金属切削过程的研究，对于切削加工技术的发展和进步、保证加工质量、降低生产成本、提高生产率都有着十分重要的意义。

在现代技术装备中，难加工材料的应用越来越多，对零件的质量要求也不断提高。同时，切削加工自动化程度也日益提高，这些都要求人们更加深入地掌握金属切削过程的规律，以创造出更加先进的切削方法和高性能的刀具，适应生产发展的需要。

对金属切削过程的研究，从20世纪60年代末就开始利用透射电镜观察切屑形态，到70年代开始利用扫描电镜对切屑形成进行观察，再加上高速摄像机和其他先进的测试技术及相关学科的发展，方便了金属切削过程研究工作。

目前对金属切削过程的研究工作已深入到塑性力学、有限元法、位错理论以及断裂力学等范畴；在试验方法上采用电子显微镜、高速摄像机等设备，从单因素试验进入多因素综合试验，从静态观测进入动态观测，从宏观研究进入微观研究。近年来，随着计算机软件技术的不断进步，已开发了若干可对金属切削过程进行建模、数值模拟仿真的软件。例如，很多学者借助于有限元建模[1]、仿真分析[2-5]等研究手段，并结合试验研究，取得了很多有实用价值的成果。

1.1.2 研究金属切削过程的方法

研究切削变形就是要想办法看清切削过程中工件材料是如何变成切屑的，常用的方法有侧面变形观察法、高速摄像法、快速落刀法、扫描电镜显微观察法、光弹性光塑性试验法、显微硬度法及X射线衍射法等。这里主要介绍几种常规的研究方法。

1. 侧面变形观察法

最常用的方法就是观察直角自由切削时工件上切削层的变形情况；在低速下可以观察从切削刃接触工件开始直到形成切屑的整个过程。为了对金属切削层各点的变形看得更清楚，在工件侧面做出细小的方格，观察切削过程中这些方格如何扭曲，借以判断和认识切削层的塑性变形、切削层变为切屑的实际情形。图1-1示出了切削层与切屑侧面格子的变形。方格的制作方法是先将工件侧面抛光并镀上一层薄铜，然后用照相法将铜腐蚀。

2. 高速摄像法

利用高速摄像机拍摄被切削试件的侧面，可以得到一个完整的切屑形成过程的真实图像，它为研究高速切削时切屑形成过程提供了可能性。随着切削速度的不断提高，较新型的高频摄像机拍摄速度已达每秒十几万张甚至更高。利用现代化的手段拍摄切屑形成过程，可以看清楚切屑瞬时的变化。

3. 快速落刀法

利用一种叫作“快速落刀”装置的特殊刀架，在切削过程中某一瞬间使刀具以极快的速度突然脱离工件，把在某一特定切削条件下切削层的变形情况“冻结”下来。落刀后从工件上锯下切屑根部，制成金相标本，用显微镜观察。图 1－2 是用快速落刀法取得的切屑根部金相显微照片，可看到切削层变形的情况。

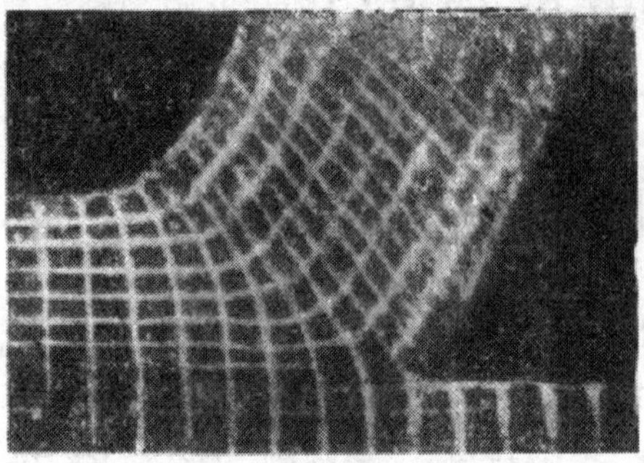

图 1－1 切削层与切屑侧面格子的变形[6]

图 1－2 用快速落刀法取得的切屑根部的金相显微照片[6]

图 1－3 是弹簧式车削快速落刀装置。刀头 1 可绕小轴 2 转动，在切削时它被半月形销轴 3 固定。刀头 1 脱离工件时，通过齿轮增速机构 4 搬动大齿轮，小齿轮转动半月形销轴。当销轴脱开刀头末端时，刀头即被弹簧 6 快速拽回。此种装置在 100m/min 的切削速度下可获得满意结果。

4. 扫描电镜显微观察法

借助于扫描电镜可以观察到金属晶粒内部的微观滑移情况，使人们能从金属物理的观点来理解金属切削过程及其现象。图 1－4 是用扫描电镜观察 42CrMo 切屑的变形。从图 1－4 可以清楚地看到带状切屑的层状结构，通过此种手段可以分析金属切削过程中切屑卷曲变形的状况。

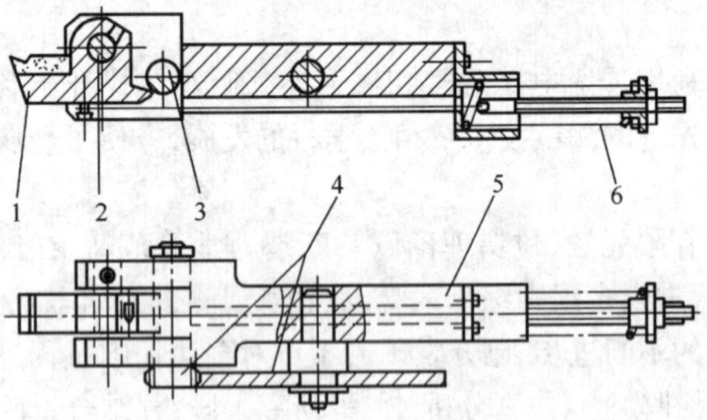

图 1－3 弹簧式落刀装置的结构[7]

1—刀头；2—小轴；3—销轴；4—齿轮增速机构；5—刀架体；6—弹簧。

图 1－4 用扫描电镜观察 42CrMo 切屑的变形

1.1.3 金属切削层的变形

图 1－5 和表 1－1 以塑性金属材料的切屑变形为例分别说明了金属切削层的变形，以及变形区的划分和各区域的变形特征。

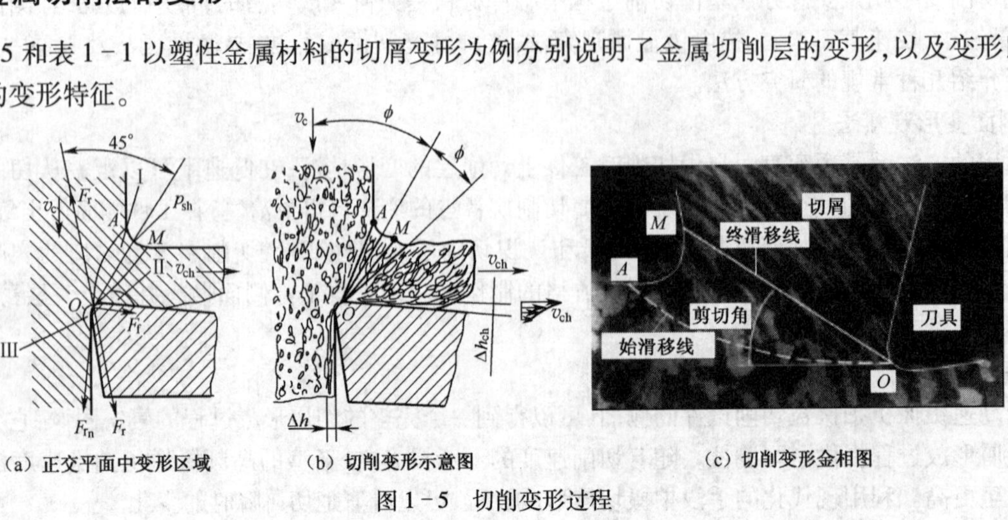

(a) 正交平面中变形区域　(b) 切削变形示意图　(c) 切削变形金相图

图 1－5 切削变形过程

表1-1　变形区的划分和各区域的变形特征

变形区名称	含　义	变形特征	变形区之间的联系
第一变形区(Ⅰ)	从 *OA* 线开始发生塑性变形到 *OM* 线晶粒的剪切滑移完成，这一区域称为第一变形区，如图1-5(a)中Ⅰ所示	主要特征是沿滑移线的剪切变形，以及随之产生的加工硬化。从金属晶体结构的角度来看，是晶粒中的原子沿着滑移面所进行的滑移	第一变形区和第二变形区是相互关联的。前刀面的摩擦情况对第一变形区的剪切面方向有很大影响。前刀面上的摩擦力大时，切屑排出不通畅，挤压变形加剧，以致第一变形区的剪切滑移也因而增大。第三变形区金属经过变形后成为已加工表面的一部分，此区域金属变形状况对于已加工表面质量有重要影响。第三变形区的金属包括部分第一变形区的金属，二者具有一定的联系
第二变形区(Ⅱ)	切屑沿前刀面排出时进一步受到前刀面的挤压和摩擦，使靠近前刀面处金属纤维化，上和前刀面平行，这部分称为第二变形区，如图1-5(a)中Ⅱ所示	变形主要集中在和前刀面摩擦的切屑底面一薄层金属里，表现为该处晶粒纤维化的方向和前刀面平行。离前刀面越远，这种作用影响越小	
第三变形区(Ⅲ)	已加工表面受到切削刃钝圆部分与后刀面的挤压和摩擦变形，这一部分区域称为第三变形区，如图1-5(a)中Ⅲ所示	变形金属经过刀具钝圆部分、后刀面磨损棱带及部分后刀面的挤压和摩擦作用，产生变形与回弹，造成纤维化与加工硬化	

金属切削过程就其本质来说，是被切削金属层在刀具切削刃和前刀面的作用下经受挤压而产生剪切滑移变形的过程。切削过程中的各种物理现象几乎都与这种剪切滑移变形有关，被切削的金属层通过剪切滑移后变为切屑。由于加工材料性质不同及切削条件不同，滑移变形的程度有很大的差异，产生的切屑无论是形态、尺寸、颜色还是硬度都有很大差别，因此研究切屑的形态具有重要的意义。

1.1.4　切屑类型及切屑形状的分类

1. 切屑的类型

由于工件材料、切削条件不同，切削过程中的变形程度也就不相同，因而所产生的切屑类型也多种多样。归纳起来可分为四种类型，如表1-2所列。

表1-2　切屑的类型、特征和形成条件

类　型	特　征	形成条件	优缺点
带状切屑 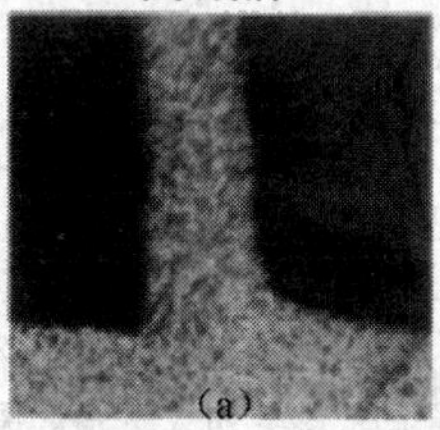	内表面光滑，外表面毛茸，用显微镜观察，在外表面上可看到剪切面的条纹	加工塑性金属材料，切削厚度较小，切削速度较高，刀具前角较大	切削过程较平稳，切削力波动较小，已加工表面质量好
挤裂切屑（节状切屑） 	外表面呈锯齿形，内表面存在有裂纹	切削速度较低，切削厚度较大，刀具前角较小	切削过程受切削力作用有一定波动并影响加工表面质量

（续）

类　型	特　征	形成条件	优缺点
单元切屑 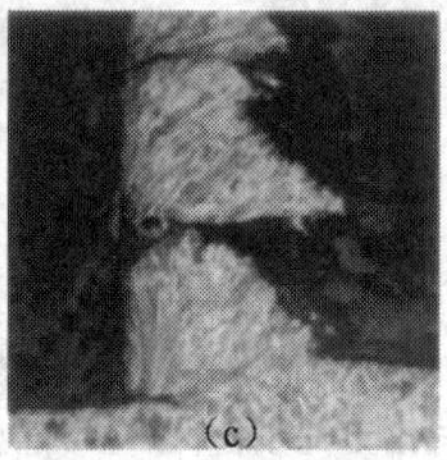 （c）	在挤裂切屑的剪切面上，裂纹扩展到整个面，则整个单元被切离，成为梯形的单元切屑	如改变挤裂切屑的条件，即进一步减小前角，降低切削速度，或加大切削厚度，就可以得到单元切屑	带状、挤裂和单元 3 种切屑中，带状切屑的切削过程最平稳，单元切屑的切削力波动最大
崩碎切屑  （d）	切屑呈形状不规则的碎块，加工表面凹凸不平	加工脆硬材料，如高硅铸铁、白口铁等，特别是当切削厚度较大时	切削力波动大，切削过程很不平稳，易损坏刀具，切屑飞溅不易清理，加工表面粗糙度大

影响切屑类型的因素有多种，在不同的加工条件下切屑类型会有所不同，图 1-6 为切削速度和前角对切屑类型的影响情况。有经验的操作工人能够从切屑的形态和颜色来判断切削状态的好坏。除考虑切屑变形、切削力、切削温度和刀具磨损外，还要求切屑能够安全地卷曲和折断。

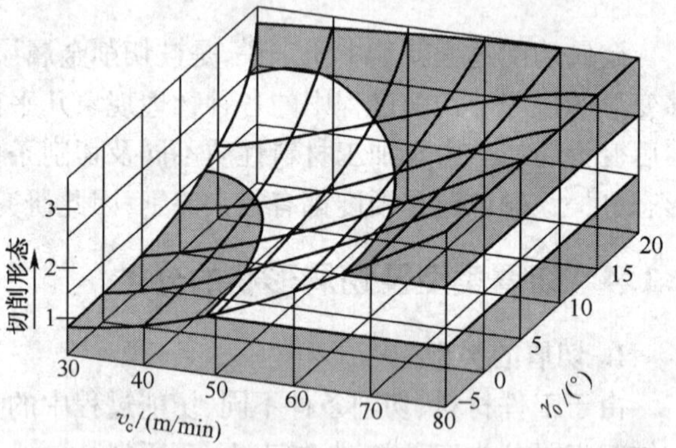

图 1-6　切削速度和前角对切屑类别的影响[8]

1—崩碎切屑；2—挤裂切屑；3—带状切屑。

2. 切屑形状的分类

在实际生产中，切屑的处理和运输是需要解决的重要问题。影响切屑的处理和运输的主要因素是切屑的形状，因此，还需按照切屑的形状进行分类。

工件材料、刀具几何参数和切削用量的选择不同，所生成的切屑形状也会不同。切屑的形状大体有带状屑、C 形屑、崩碎屑、螺卷屑、长紧卷屑、发条状卷屑、宝塔状卷屑及混乱屑等，如表 1-3 所列。

表 1-3　切屑形状的分类、形成特征及影响

切屑形状	形状图片	形成条件	形状特征	影响和应用
带状屑	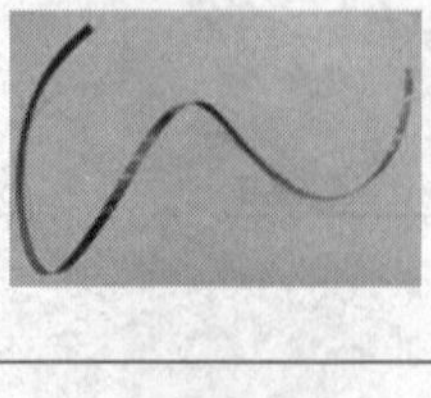	高速切削塑性金属材料时，如不采取适当的断屑措施，易形成带状屑	带状屑连绵不断，常会缠绕在工件或刀具上	划伤工件表面或打坏切削刃，还会伤人。通常情况下尽量避免形成带状屑
C 形屑	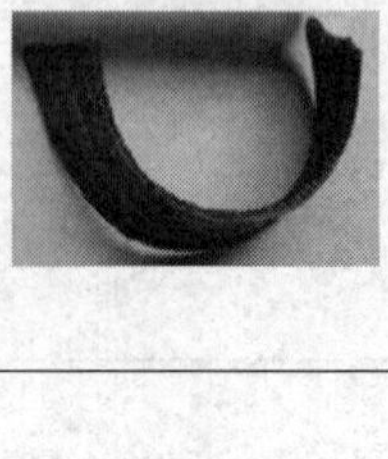	车削一般的碳钢和合金钢工件时，采用带卷屑槽的车刀易形成 C 形屑	形状近似 C 形，C 形屑不会缠绕在工件或刀具上，长度适中，不易伤人，是一种比较好的屑形	C 形屑多数是碰撞在车刀后面或工件表面上折断，切屑高频率地碰撞和折断会影响切削过程的平稳性，对表面粗糙度有一定影响。精车应避免此屑形

（续）

切屑形状	形状图片	形成条件	形状特征	影响和应用
崩碎屑		车削铸铁、脆黄铜等脆性材料时易形成此种形状的切屑	切屑崩碎成针状或碎片	易飞溅，可能伤人，并易磨损机床滑动面
螺卷屑		当刀具断屑槽的深度、宽度和角度合适时，可得到此种屑形	呈螺旋状卷曲，有间隙，沿直线方向流出，运屑能力强	精车时希望形成此种形状的切屑
长紧卷屑		要求形成长紧卷屑时，必须严格控制刀具的几何参数和切削用量	呈螺旋状卷曲，无间隙，沿直线方向流出，运屑能力较强	长紧卷屑形成过程较平稳，清理方便。在普通车床上是一种比较好的屑形
发条状卷屑		在重型车床上用大切深刀量、大进给车削钢件，将卷屑槽的槽底圆弧半径加大，使切屑卷曲成发条状	形状呈发条状，在工件加工表面上顶断，并靠其自重坠落	保护切削刃不易损伤和操作者安全
宝塔状卷屑		当刀具断屑槽的深度、宽度和角度等参数合适时，可得到此种屑形	形状近似宝塔形，运屑能力强	宝塔状卷屑不会缠绕工件或刀具，清理也较方便，是一种比较好的屑形。适合于自动机床或自动线上的切削
混乱屑		切削速度的增加，断屑不好容易形成混乱屑	形状不规则，切屑伸展而不成卷	经常缠绕在工件、切削刀具或机床上，造成加工困难，也容易划伤刀具和工件
注：崩碎屑易飞溅，可能伤人；易钻进机床导轨马丝杠间隙，加快机床摩擦部位磨损				

由表 1－3 可见，切削加工的具体条件不同，切屑的形状也有所变化。脱离具体条件，孤立地评价某一种切屑形状的好坏是没有实际意义的。表 1－4 列出了切削条件及切削对切屑形状的影响。图 1－7 示出了进给量和切削速度对切屑形状的影响。

表 1－4　切削条件及切削对切屑形状的影响[8]

切削条件和切削	对切屑形状的影响切削参数和刀具参数
切削速度	切削速度增加，切屑形状变坏（图 1－7）
进给量	进给量加大，断屑改善，但表面质量变差，适于粗加工（图 1－7）
切削深度	切削深度越大，断屑越差（图 1－7）
前角	负前角有利于断屑，但表面质量变差，适于粗加工（图 1－7）
主偏角	主偏角越大，断屑越好（图 1－7）
磨制的断屑槽	磨制的断屑槽断屑良好

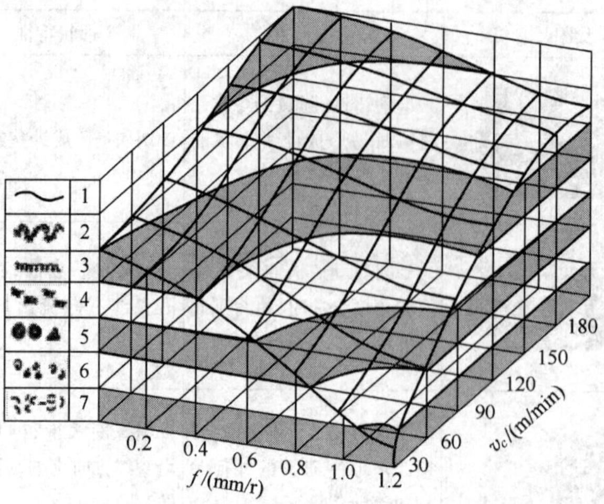

图 1-7 进给量和切削速度对切屑形状的影响[8]

1—带状屑;2—混乱屑;3—螺卷屑;4—螺卷断屑;5—发条状卷屑;6—C 形屑;7—崩碎屑。

1.1.5 变形程度的表示方法

试验证明,剪切角 ϕ 的大小与切削力大小有直接联系。对于同一工件材料,用同样的刀具切削同样大小的切削层,当切削速度高时,ϕ 较大,剪切面积变小(图 1-8),切削比较省力。这说明,剪切角的大小可作为衡量切削过程状况的一个标志,因此可用剪切角作为衡量切削过程变形的参数。

切削过程中金属变形的主要形式是剪切滑移,下面找出剪切角 ϕ 和剪应变(相对滑移)ε 之间的关系。如图 1-9(b)所示,平行四边形 $OHNM$ 发生剪切变形后变为 $OGPM$,则其相对滑移为

$$\varepsilon = \frac{\Delta s}{\Delta y}$$

由图 1-9(a)可见,剪切面 NH 被推到 PG 的位置。由于

$$\Delta s = NP, \Delta y = MK$$

$$\varepsilon = \frac{\Delta s}{\Delta y} = \frac{NP}{MK} = \frac{NK \cdot KP}{MK}$$

$$\varepsilon = \cot\phi\tan(\phi - \gamma_0) \tag{1-1}$$

$$\varepsilon = \frac{\cos\gamma_0}{\sin\phi\cos(\phi - \gamma_0)} \tag{1-2}$$

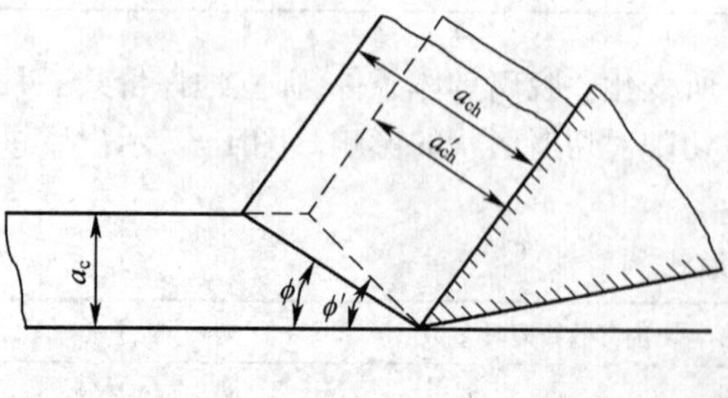

图 1-8 ϕ 角与剪切面面积的关系

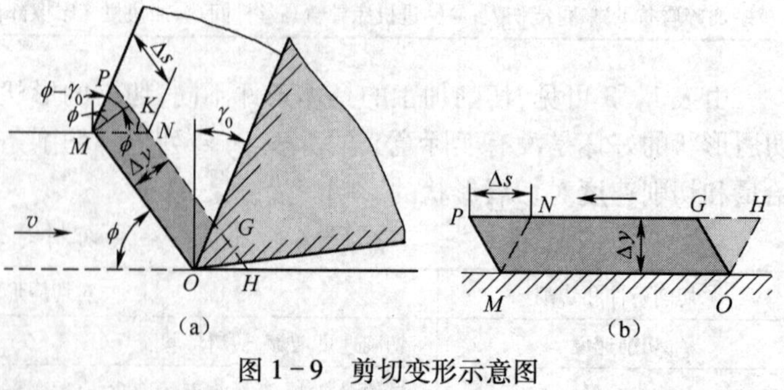

图 1-9 剪切变形示意图

用剪切角 ϕ 衡量变形大小,必须用快速落刀装置获得切屑根部试样,这样比较麻烦,因此一般用变形系数 ξ 来度量。变形系数的概念是基于这样的事实:在切削过程中,刀具切下的切屑厚度 a_{ch} 通常都要大于工件上切削层的厚度 a_c,而切屑长度 l_{ch} 却小于切削层长度 l_c,如图 1-10(a)所示。切屑厚度与切削层厚度之比称为厚度变形系数 ξ_a(也称为切屑厚度压缩比 Λ_h),而切削层长度与切屑长度之比称为长度变形系数

ξ_L，两者可表示为

$$\xi_a = \frac{a_{ch}}{a_c} = \Lambda_h \tag{1-3}$$

$$\xi_L = \frac{l_c}{l_{ch}} \tag{1-4}$$

由于工件上切削层的宽度与切屑平均宽度的差异很小，切削前后的体积可看作不变，故：

$$\xi_a = \xi_L = \xi \tag{1-5}$$

变形系数 $\xi>1$（前苏联称之为收缩系数，英美则以其倒数用 τ_c 表示，τ_c 称为切削比），直观地反映了切屑的变形程度，并且容易测量。l_c 是试件长度（已知），l_{ch} 可用细钢丝量出。ξ 值越大，表示切出的切屑越厚越短，变形也越大。

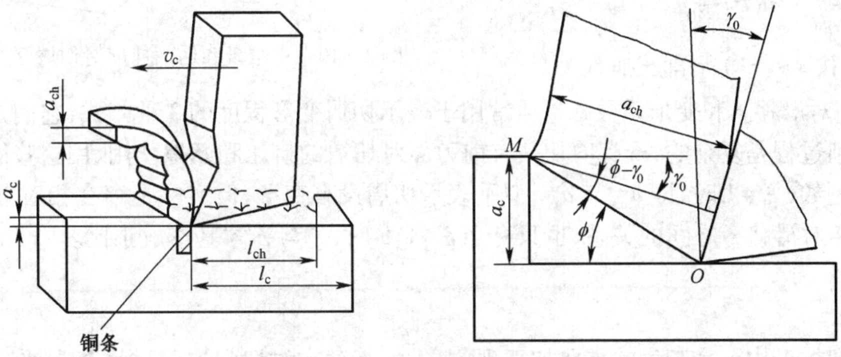

（a）切削层及切屑尺寸　　（b）切削变形与前角、剪切角的关系

图 1-10　切削变形程度示意图

如图 1-11 所示，切削层剖面尺寸为 $h\times l$，变成切屑后剖面尺寸为 $3h\times1/3\times l$，切削系数为 $3h/h=3$，可以看出变形系数很大，故金属变形很大。

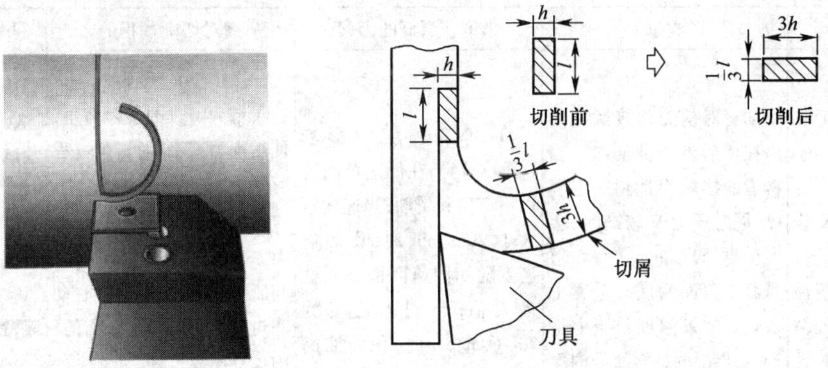

（a）　　（b）

图 1-11　切削时切屑的变形[9]

由图 1-10(b) 可推导出 ξ 与 ϕ 的关系，即

$$\xi = \Lambda_h = \frac{a_{ch}}{a_c} = \frac{OM\sin(90^o - \phi + \gamma_0)}{OM\sin\phi} = \frac{\cos(\phi - \gamma_0)}{\sin\phi} \tag{1-6}$$

式(1-6)经变换后也可写成

$$\tan\phi = \frac{\cos\gamma_0}{\xi - \sin\gamma_0} \tag{1-7}$$

将式(1-7)代入式(1-1)可得 ξ 和 ε 的关系为

$$\varepsilon = \frac{\xi^2 - 2\xi\sin\gamma_0 + 1}{\xi\cos\gamma_0} \tag{1-8}$$

图 1-12 为按式(1-7)所作的空间线图,图 1-13 示出了进给量和切削速度对切屑厚度变化系数的影响。

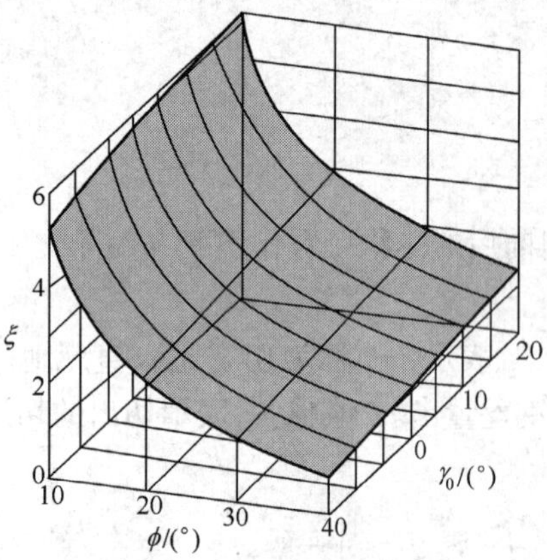

图 1-12 按式(1-7)所作的空间线图[8]

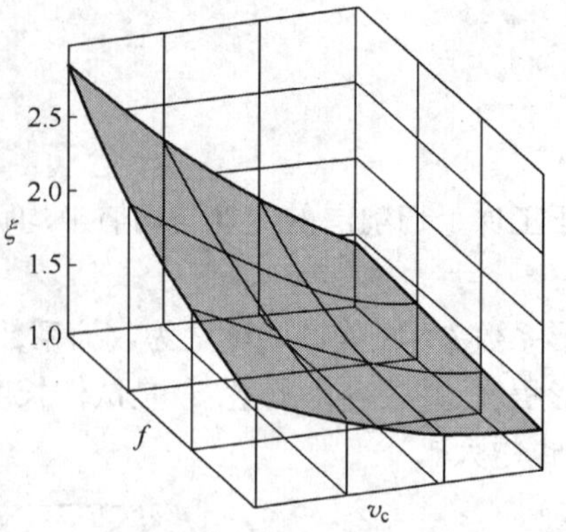

图 1-13 进给量和切削速度对切屑厚度变化系数的影响[8]

剪切角 ϕ 、相对滑移 ε 和变形系数 ξ 是通常用于表示切屑变形程度的 3 种方式,它们是根据纯剪切的观点提出的。但切削过程是复杂的,既有剪切又有前刀面对切屑的挤压和摩擦作用,用这些简单的方式不能反映全部的变形。例如, $\xi=1$ 时,即 $a_{ch}=a_c$,似乎表示切屑没有变形,但实际上存在相对滑移。式(1-8)表示变形系数 ξ 与相对滑移 ε 之间的关系,也只有当 $\xi>1.5$ 时, ξ 与 ε 才基本成正比。

1.1.6 积屑瘤

积屑瘤是切削加工中容易产生的重要加工现象之一,其存在对切削加工过程有重要影响,因此,有必要了解积屑瘤形成的过程、条件、影响及抑制措施等内容。

1. 积屑瘤的含义、形成、影响及抑制方法

表 1-5 列出了积屑瘤的含义、形成、影响及抑制方法。

表 1-5 积屑瘤的含义、形成、影响及抑制方法

积屑瘤的含义	形成过程	影响积屑瘤的因素	积屑瘤对切削过程的影响	积屑瘤的主要抑制方法
在切削速度不高而又能形成连续性切屑的情况下,加工一般钢料或其他塑性材料时,在前刀面切削处粘着一块剖面呈三角形的硬块。这块冷焊在前刀面上的金属称为积屑瘤或刀瘤	切屑对前刀面接触处的摩擦使后者十分洁净。当两者的接触面达到一定温度,同时压力又较高时,会产生黏结现象。这时切屑从黏在刀面的底层金属上流过。如果温度与压力适当,底层上面的金属因内摩擦而变形硬化,被阻滞在底层,黏成一体。这样粘结层就逐步长大,直到该处的温度与压力不足以造成黏附为止	①切削速度的影响(图 1-14):在低速范围区内不产生积屑瘤;当速度不大于 20m/min 时,积屑瘤高度随切削速度增高而达最大值;当切削速度为 20~60m/min时,积屑瘤高度随切削速度增加而减小;当速度大于 60m/min 时,积屑瘤不再生成 ②进给量、前角等参数的影响(图 1-15)	如图 1-16 所示: ①增大刀具的实际前角,使切削力减小,对切削过程有利。 ②刀瘤使切削深度增加 $\Delta\alpha_c$。积屑瘤的产生、成长与脱落是一个周期性的动态过程,$\Delta\alpha_c$ 值是变化的,因而易引起振动。 ③积屑瘤顶部很不稳定,易破裂留在加工表面上,使加工表面变得粗糙。 ④使用硬质合金刀具时,积屑瘤的破裂有可能使刀具颗粒剥落,使磨损加剧	①降低切削速度,使温度较低,使黏结现象不易发生。 ②采用高速切削,使切削温度高于积屑瘤消失的相应温度。 ③采用润滑性能好的切削液,减小摩擦。 ④提高工件材料硬度,减少加工硬化倾向。 ⑤改变刀具几何参数,例如,增加刀具前角,以减小刀屑接触区压力;采用银白屑切削法(图 1-17)等

2. 积屑瘤抑制方法举例

1)提高硬度法

如切削镍基高温合金,因工件材料固溶处理时硬度较低、韧性较高,因此刀具极易产生积屑瘤。如果进行固溶加时效强化热处理,提高工件材料硬度,切削时就不易产生积屑瘤。

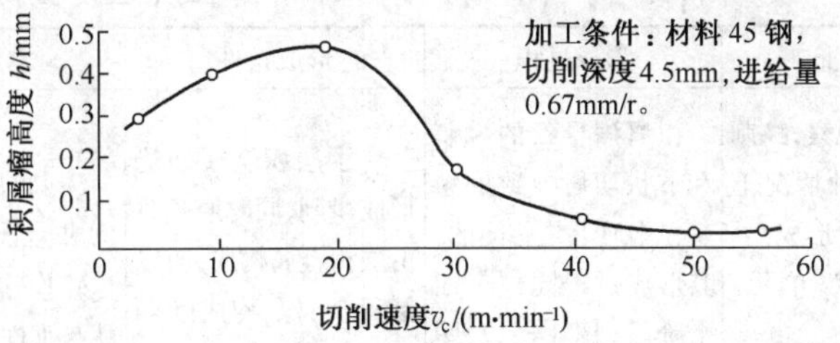

图1-14　切削速度对积屑瘤的影响[10]

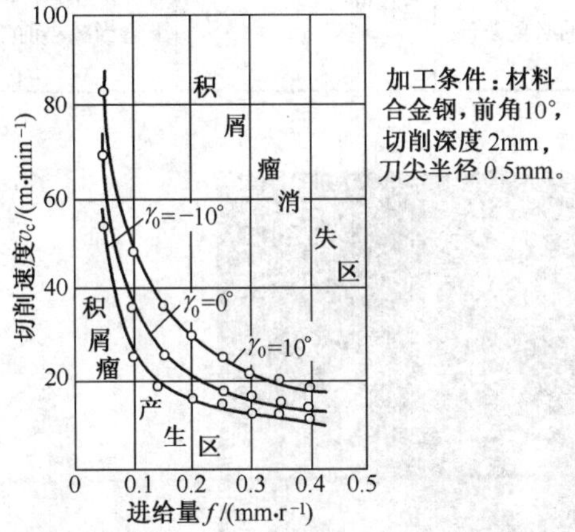

图1-15　切削速度、进给量和前角影响积屑瘤的关系[10]

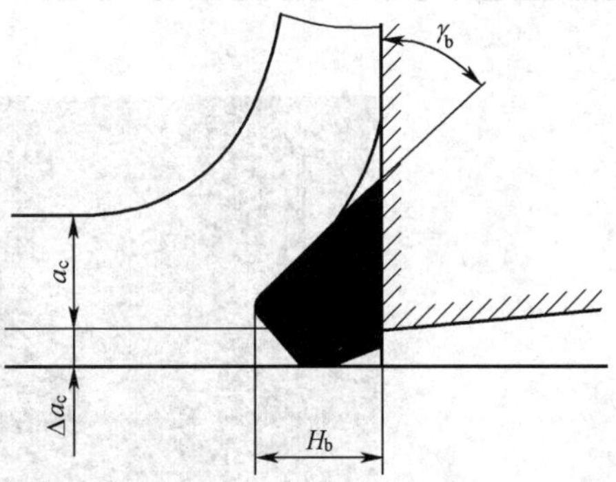

图1-16　积屑瘤前角和伸出量

2）银白屑切削法

如图1-17所示，如果刀具有一定的前角，能产生较稳定的积屑瘤，这对重切削和粗加工是很有益的。该切削方法是在双重前角（刃口磨出负倒棱）硬质合金刀具上，使第一前刀面上产生稳定的积屑瘤，并使刀瘤起到实际的切削作用。其后，积屑瘤就作为连续的副切屑而排出切削区外，这个过程使传导到切屑以及刀具中的切削热大量并直接地在大气中扩散，致使切削热所引起的刀具温度下降，并且所切削出的主切屑的颜色变淡，在适当的切削条件下主切屑呈银白色，因此这种切削方法称作银白屑切削法。这种刀具称为银白屑刀具。

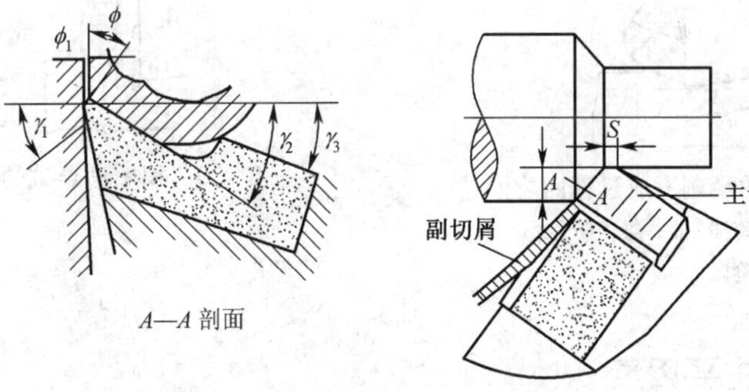

图1-17　银白屑刀具的切削原理[11]

1.1.7　鳞刺

鳞刺是切削加工中容易产生的重要加工现象之一，从图1-18可以看出，鳞刺的存在大大增大了已加工表面粗糙度，使已加工表面质量严重下降，因此，有必要了解鳞刺形成的特征。鳞刺的含义、形成条件和本质特征及主要预防措施如表1-6所列。

表 1-6 鳞刺的含义、形成条件和本质特征及主要预防措施

鳞刺的含义	存在状况	形成过程	形成条件	本质特征	主要预防措施
在较低的切削速度下,切削碳钢、合金钢、不锈钢、铝和铝合金等一些塑性金属时,常在已加工表面上出现一种鳞片状的毛刺,这种表面现象称为鳞刺,如图 1-18(a)所示	根据试验观察,鳞刺可在下列 3 种情况下的切削过程中形成: ①形成节状(单元)切屑时。 ②形成伴有积屑瘤的带状切屑时。 ③形成无积屑瘤的带状切屑时	积屑瘤导致的鳞刺和节状切屑导致的鳞刺在本质上是相同的,其形成过程同样有四个阶段(图 1-19、图 1-20),即抹拭阶段(Ⅰ)、导裂阶段(Ⅱ)、层积阶段(Ⅲ)和切顶阶段(Ⅳ)	有了层积金属便能形成鳞刺,同时鳞刺只由层积金属构成,所以层积金属是构成鳞刺的充分条件;倘若不形成层积金属,便没有鳞刺,所以层积金属也是构成鳞刺的必要条件	鳞刺只由层积金属构成,无须有积屑瘤提供碎片;层积金属本来就与工件相连,不曾与工件分离,因而所形成的鳞刺和工件之间并无分界	① 适当提高材料硬度。 ② 增大刀具后角,减小切削厚度。 ③ 使用切削液。 ④ 在较低切速下适当增大前角,较高切速下适当减小前角

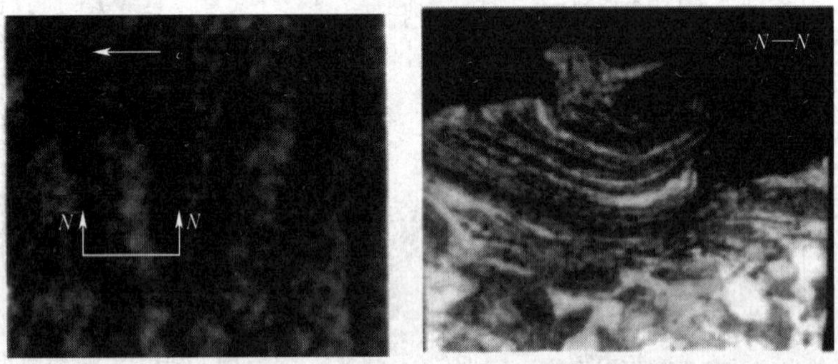

(a) 已加工表面上鳞刺分布　　(b) 剖面上看到鳞刺突出形态

图 1-18 已加工表面上鳞刺的显微照片[10]

工件材料 45 钢;切削速度 32m/min。

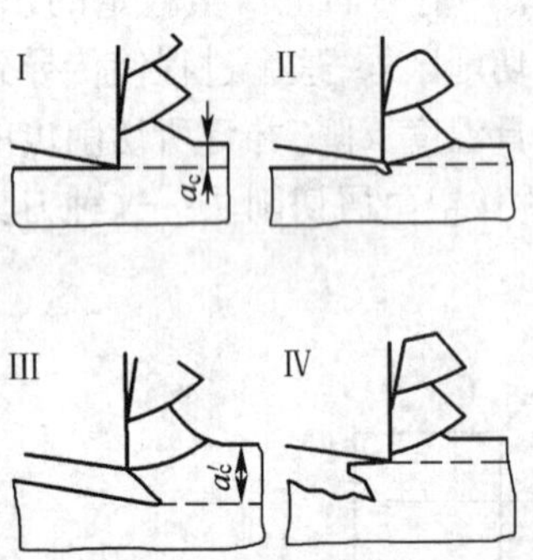

图 1-19 节状切屑导致的鳞刺形成过程四阶段

Ⅰ—抹试阶段;Ⅱ—导裂阶段;Ⅲ—层积阶段;Ⅳ—切顶阶段。

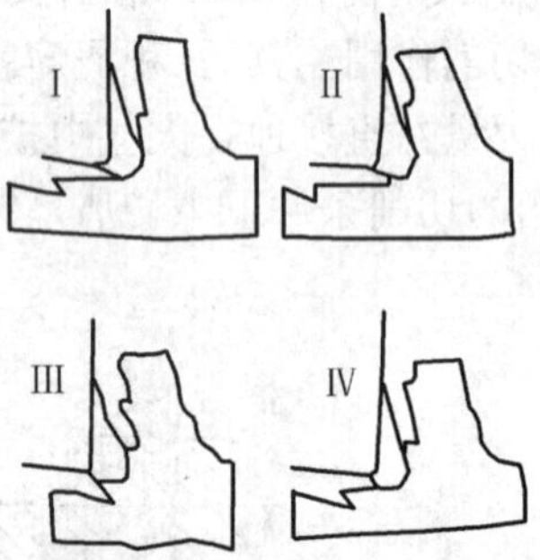

图 1-20 积屑瘤导致的鳞刺形成过程示意图

1.1.8 影响切屑变形的主要因素

切屑变形程度的变化规律是指切削过程中各种切削因素对切屑变形的影响规律。掌握切屑变形程度的变化规律,不仅有助于理解切削力、切削温度和刀具磨损等现象的变化规律,从而予以控制,而且能采取一定措施,降低工件表面粗糙度和提高加工精度。

实践证明,影响切屑变形程度的因素包括:工件材料的物理机械性能、切削用量、刀具几何参数、刀具材料和冷却润滑条件等。本节分析几个主要因素对切屑变形的影响作用。

1. 工件材料的影响

工件材料物理力学性能中,对切屑变形影响最大的是材料的塑性。对碳钢而言,塑性越大,强度越小,屈

服极限越低，在较小的应力作用下就开始产生塑性变形。同时，塑性大的材料，连续进行塑性变形的能力强，或者说，在破坏之前的塑性变形量大。用不同强度的碳钢进行切削试验得出的工件材料强度对切屑变形的影响规律如图 1－21 所示。由图可知，在相同的切削条件下，软钢(10 钢、20 钢)的变形大，硬钢(40 钢)的变形小。在工件材料强度或硬度相同的情况下，塑性大的材料其切屑的变形也大。例如，不锈钢 1Cr18Ni9Ti 和 45 钢强度相近，但前者的延伸率大很多，所以切削时切屑的变形大，易粘刀和不易断屑。

2. 切削用量的影响

1）切削速度的影响

切削速度对切屑变形的影响如图 1－22 所示。切削碳钢等塑性金属材料时，变形系数随切削速度的增大而呈波形变化。在有积屑瘤生成的切削速度范围内，切削速度主要是通过积屑瘤所形成的实际切削前角影响切屑变形。当切削速度增加使积屑瘤增大时，刀具的实际前角增大，因此切屑的变形减小：在某一切削速度（图中 $v_c \approx 20\text{m/min}$）时，积屑瘤最大，相应的切屑变形系数最小；当切削速度再增加使积屑瘤减小时，刀具的实际前角减小，切屑的变形随着增大，积屑瘤消失时，相应的切屑变形系数最大（图中 $v_c \approx 40\text{m/min}$）。在无积屑瘤生成的切削速度范围内，切屑速度越大，则切屑的变形系数越小。

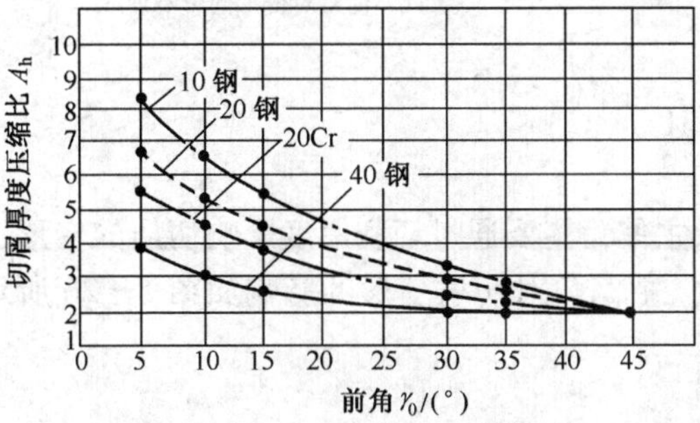

图 1－21　不同工件材料对变形的影响[10]

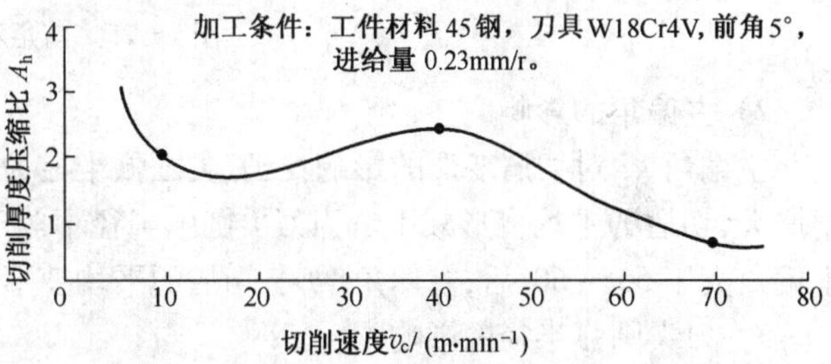

图 1－22　切削速度对切削变形的影响[10]

这有两方面的原因：一方面，因为变形时间缩短，切削层来不及充分变形已被切离，故金属的变形减小；另一方面，因为切削速度对前刀面平均摩擦系数有影响，除低速情况外，切削速度越大，前刀面平均摩擦系数越小，因而切屑变形系数减小。当切削速度很大时，由于切削温度很高，切屑底层软化，形成薄薄的微熔层，在这种情况下，切削速度的变化对切屑变形的影响很小。

切削铸铁等脆性金属材料时，一般不产生积屑瘤。随着切削速度的增大，切屑变形系数减小，如图1－23所示。

2）进给量的影响

被切削层金属在变为切屑的过程中，沿切屑厚度方向的变形程度是不相同的。由于切屑沿前刀面流出时，切屑底层与前刀面发生剧烈的挤压和摩擦，使切屑进一步变形，因而切屑底层的变形比上层要大。因此，当进给量增大时，随着切削厚度增加，切屑的平均变形减小，如图 1－24 所示。

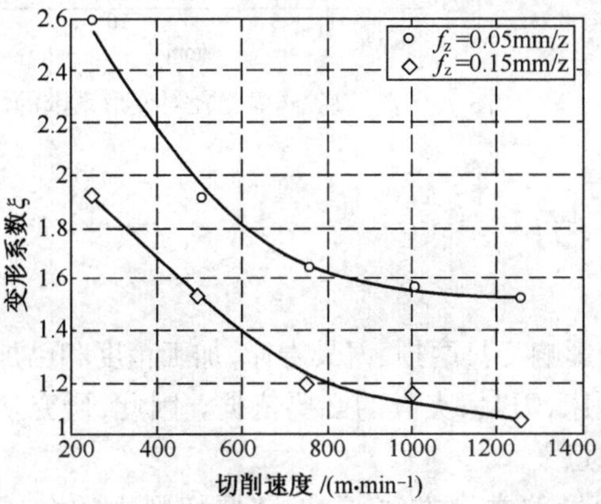

图 1－23　铣削铸铁时切削速度对变形系数的影响

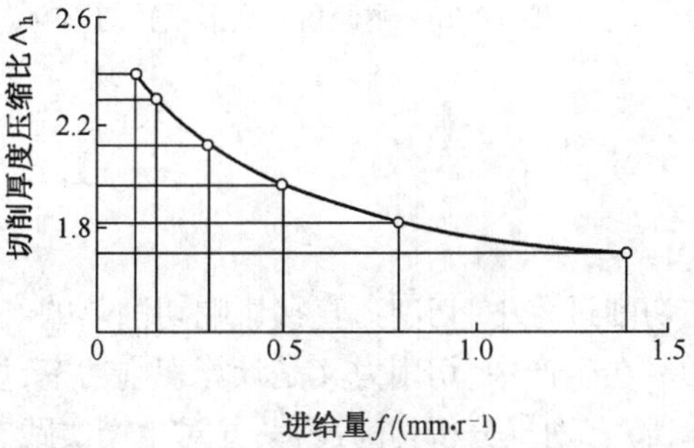

图 1－24　进给量对切削变形的影响[10]

3. 刀具几何参数的影响

1）前角的影响

前角 γ_0 越大，切削刃越锋利，对切削层的挤压减小，图1－25(c)为变形系数随前角而的变化规律。图1－25(a)、(b)为前角15°和－15°时代金相照片，可以看出，前角为－15°时，刀具对切削层的挤压增大，剪切角减小，变形剧烈。

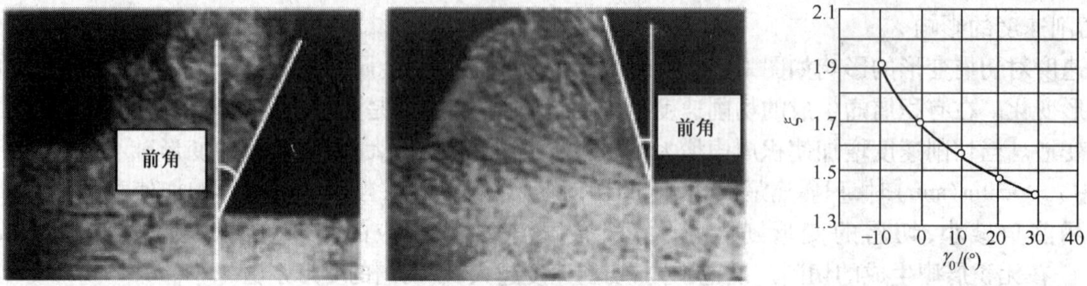

（a）前角15°　（b）前角－15°　（c）前角对变形的影响曲线

图1－25　前角对变形的影响[10]

2）主偏角的影响

主偏角 κ_r 对切屑变形的影响：当刀尖圆弧半径为0时，主偏角主要通过切削厚度影响切屑的变形，主偏角增大，切屑的平均变形减小。当刀尖圆弧半径不等于0时，主偏角对切屑变形的影响如图1－26所示，当主偏角大于55°～60°后，主偏角增大，切屑的平均变形增大。

3）刀尖圆弧半径的影响

刀尖圆弧半径 r_ε 增大，切屑的变形增大，如图1－27所示。这是因为：①当刀尖圆弧半径增大时，切削刃上参与切削的曲线部分增长，使平均切削厚度减小，切屑的平均变形增大；②切削刃曲线部分各点的前角是变化的，越接近刀尖，前角越小，切屑的变形越大；③切削刃曲线部分各点切下的切屑流出方向彼此相交而干扰，使切屑产生附加变形，增大了切屑的变形程度。

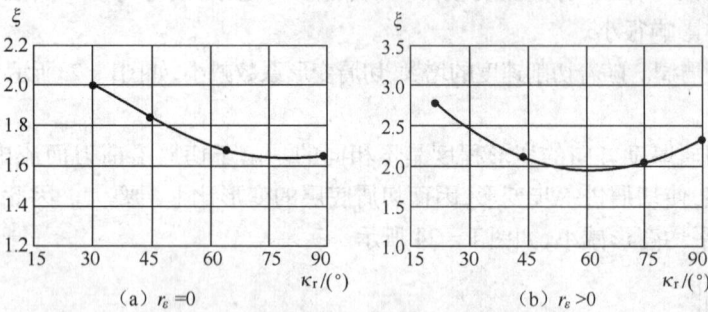

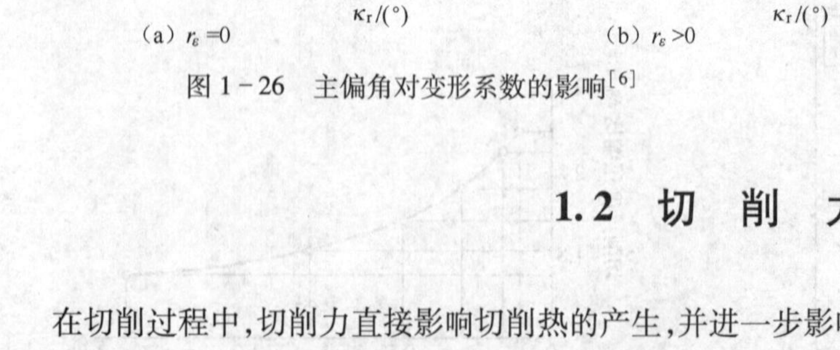

（a）$r_\varepsilon=0$　（b）$r_\varepsilon>0$

图1－26　主偏角对变形系数的影响[6]

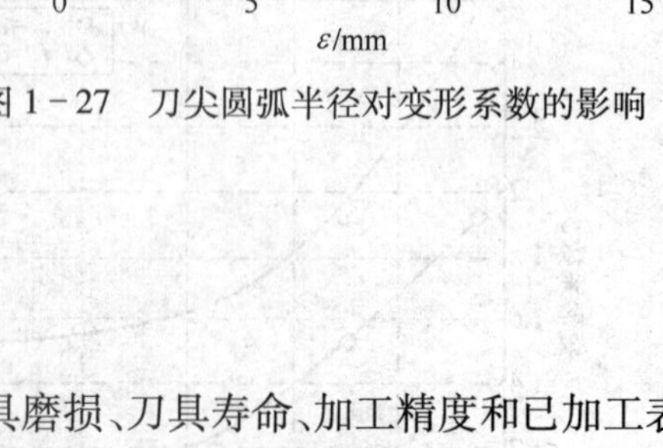

图1－27　刀尖圆弧半径对变形系数的影响

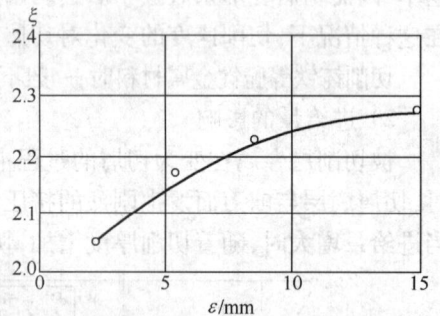

1.2 切 削 力

在切削过程中，切削力直接影响切削热的产生，并进一步影响刀具磨损、刀具寿命、加工精度和已加工表面质量。在生产中，切削力又是计算切削功率，设计和使用机床、刀具、夹具的必要依据。因此，研究切削力的规律，将有助于分析切削过程，并对生产实践有重要的指导意义。

通过本节内容的学习，应了解切削力的来源、切削力测量的常用方法；重点掌握切削力的合成及分解，电阻式、压电式测力仪的工作原理，影响切削力的主要因素等内容；能利用切削力经验公式进行切削力的计算。

1.2.1　切削力的来源、合成及分解

1. 切削力的来源

金属切削时，刀具切入工件，使被加工材料发生变形成为切屑所需的力称为切削力。在刀具的作用下，切削层金属、切屑和工件表面层金属都要产生弹性变形、塑性变形以及切削过程中的摩擦作用。切削力来源于以下3个方面（图1-28）：

（1）克服被加工材料对弹性变形的抗力；

（2）克服被加工材料对塑性变形的抗力；

（3）克服切屑对刀具前刀面的摩擦力 F_f 和刀具后刀面对过渡表面和已加工表面之间的摩擦力 F_{f1}。

2. 切削力的合成及分解

图1－29为外圆纵车时的切削力分解示意图。如果不考虑副切削刃的切削作用以及其他造成流屑方向改变的因素的影响，合力 F 就在刀具的主剖面内。为了便于测量和应用，可以将合力 F 分解为3个互相垂直的分力，即主切削力 F_z、切削深度抗力 F_y 和进给抗力 F_x（表1－7）。

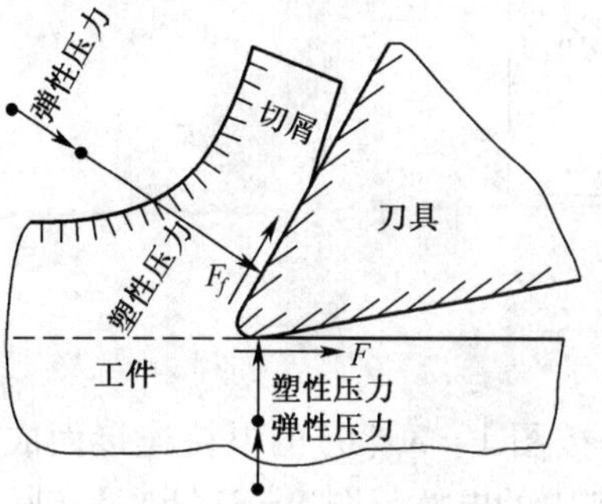

图1－28　切削力的来源

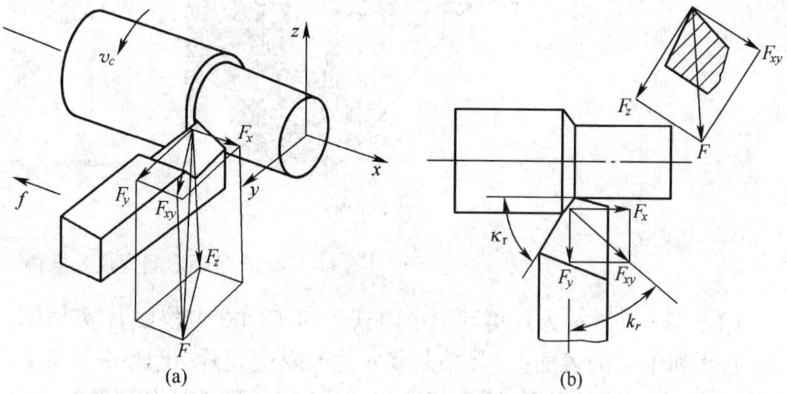

图1－29　切削合力及分力

表1－7　切削合力的分解

切削分力名称	含　义	作　用
主切削力 F_z	垂直于基面，与切削速度 v_c 的方向一致，又称切向力或圆周力	计算车刀强度，设计机床零件，确定机床功率时必需的参数
切削深度抗力 F_y	在基面内，并与进给方向（即工件轴线方向）相垂直，又称背向力、径向力或吃刀力	用来确定与工件加工精度有关的工件挠度，计算机床零件和刀具强度，是导致切削振动的因素之一
进给抗力 F_x	在基面内，并与进给方向（即工件轴线方向）相平行，又称轴向力或走刀力	设计走刀机构，计算车刀进给功率必需的参数

由图1－29可知，合力 F 先分解为 F_z 和 F_{xy}，F_{xy} 再分解为 F_y 和 F_x。因此，有

$$F=\sqrt{{F_z}^2+{F_{xy}}^2}=\sqrt{{F_z}^2+{F_y}^2+{F_x}^2} \tag{1-9}$$

F_y、F_x 与 F_{xy} 又有如下关系：

$$F_y=F_{xy}\cos\kappa_r\ ;\ F_x=F_{xy}\sin\kappa_r \tag{1-10}$$

一般情况下，主切削力 F_z 最大，F_y、F_x 小一些。随着刀具几何参数、刃磨质量、磨损情况和切削用量的不同，F_y、F_x 相对于 F_z 的比值在很大的范围内变化：

$$F_y=(0.15\sim0.7)\ F_z\ ,\ F_x=(0.1\sim0.6)\ F_z \tag{1-11}$$

1.2.2　切削力的测量

测力仪的种类很多，按工作原理不同可分为机械测力仪、液压测力仪和电测力仪。电测力仪比较先进，

其测量精度和灵敏度较高。电测力仪有电阻式、电感式、电容式、压电式和电磁式等，早期电阻式测力仪应用很广泛，现在压电式等高精度测力仪得到了广泛应用。

1. 电阻式测力仪

1）测力仪工作原理

电阻式测力仪使用的电阻元件叫做电阻应变片，将若干电阻应变片紧贴在测力仪弹性元件的不同受力位置，分别连接成电桥。在切削力作用下，电阻应变片随着弹性元件发生变形，使应变片的电阻值改变，破坏了电桥的平衡，于是电流表中有与切削力大小相应的电流通过，经电阻应变仪放大后得到电流示数。再按此电流示数从事先标定好的曲线上读出相应的三向切削力大小。

2）测力仪结构

图 1－30(a)为常用的八角环形电阻式三向车削测力仪的示意图，图 1－30(b)为其电桥连线图。

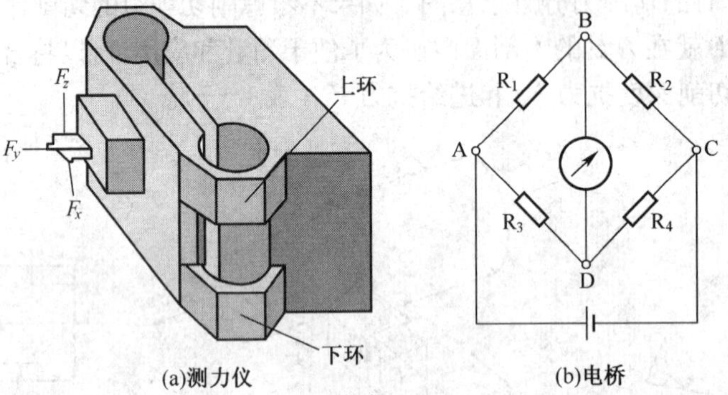

(a)测力仪　(b)电桥

图 1－30　八角环形测力仪及电桥

图 1－31(a)所示为八角环形电阻式三向车削测力仪贴片实物图，它是按图 1－30(b)的电桥连接而成的，在上环和下环的表面上，共粘贴着 4 片电阻应变片，组成一个测量主切削力的电桥。图 1－31(b)是实际测量时的测力系统示意图，测力仪固定在机床上，测量时得到的电信号通过系统中的电阻应变仪和光线示波仪放大、记录下来，得到相应的电参数，再依据已有的标定曲线得到相应主切削力的大小。

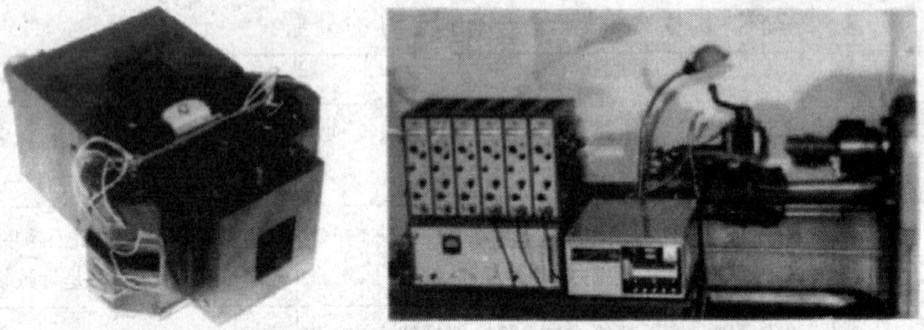

(a)八角环形测力仪　(b)测量切削力的机床系统示意图

图 1－31　八角环形电阻式三向车削测力仪[10]

实际使用的测力仪弹性元件不像图 1－30(b)所表示的那样简单，粘贴的电阻应片也比较多，并且组成多个电桥，可以测量 3 个方向上的切削力。

2. 压电式测力仪

1）测力仪工作原理

如图 1－32 所示，在底板和顶板之间放置着 4 个(3 个方向)力传感器，被测的力通过 1 个顶板得到，分布在 4 个力传感器上。测量过程中实际上没有位移。顶板受力被分解为三部分。3 个晶板接收信号并产生压电效应，各个信号通过集成电缆捆在一起直接连接到充电放大器上。力的方向决定了载荷的正或负。在充电放大器输出时，负载荷产生正电压，反之产生负电压。

2）测力仪特点

压电式测力仪的特点如表 1－8 所列。

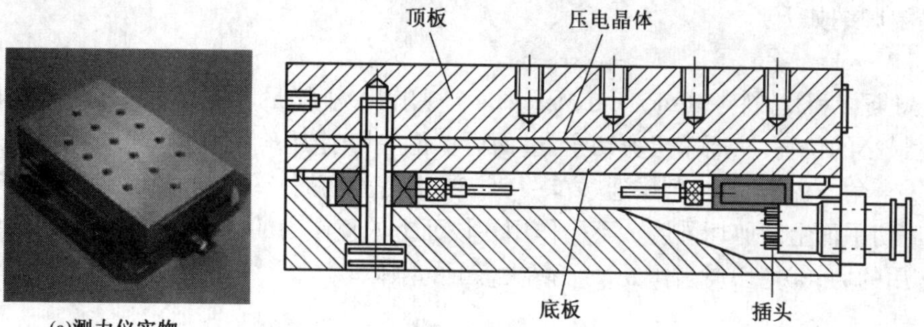

(a)测力仪实物

(b)结构示意图

图 1 - 32 压电式测力仪实物及结构示意图

表 1 - 8 压电式测力仪的特点

优点	静态特性好	静态刚性好,石英的弹性模量 $E=80000\text{N/mm}^2$,通常晶片厚度只有 1mm 左右,所以整个传感器与实心铸铁块刚性相当,如将其支撑在测力仪(装置)的变形元件上,便可提高测力仪装置的刚性和固有频率
		灵敏度高、分辨率高,由于压电力传感器属于无位移型,理论上电荷量只与应力有关,而与位移无关,因此可以大大提高测量系统的刚性,而灵敏度损失较小,从而获得较为理想的刚度高、灵敏度高的传感元件
		石英传感器具有良好的静态与动态线性,滞后、重复性误差也很小
	动态特性好	固有频率高,从大型测力平台的几百赫到超小型力传感器 200kHz,甚至还可以提高
		频率响应与瞬态响应良好,工作频带宽,动态测量误差小,因此特别适用于动态测量
	稳定性好	因石英晶体能长期保持静态和动态性能的稳定,同时抗干扰的能力强,所以决定其传感器性能保持不变,使用寿命长
	使用性能好	传感器体积小、结构紧凑,安装、调整方便
缺点	不适用于测量长时间作用的静态力,在静态与准静态测量中对环境湿度等要求较严	

图 1 - 33 所示为用压电式测力仪测量铣削加工切削力的试验现场。

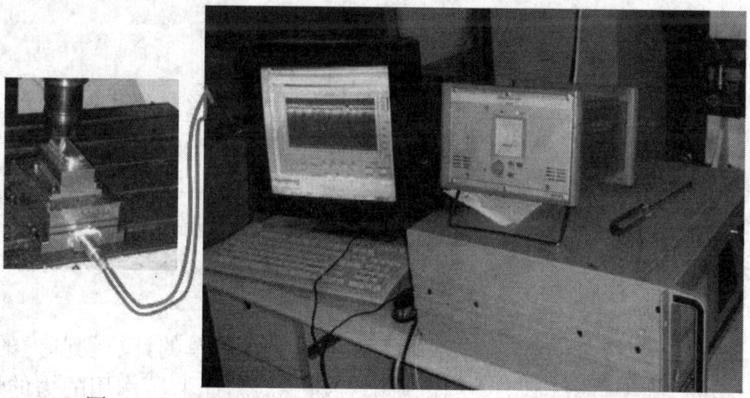

图 1 - 33 用压电式测力仪测量铣削加工切削力试验现场

1.2.3 切削力的计算公式及示例

1. 切削力的理论公式

近百余年来,国内外学者对计算切削力的理论公式做了大量研究,但由于切削过程非常复杂,影响因素很多,迄今为止还不能说已经得出了与试验结果足够吻合的理论公式。因而,在生产实践中常采用由试验得出的经验公式。但是,理论公式能相当充分地反映切削过程,可以解释切削过程中的很多现象,因此有必要对它进行研究。

目前,在切削力的理论分析中提出了很多假说,所建立的理论公式都有其适用条件,即具有条件性。主

要的理论公式简要归纳如下:

1) Ernst and Merchant 公式

1941 年,厄恩斯特和麦钱特(Ernst and Merchant)提出"最小能量"的假说,即金属切削时,剪切平面位于要求剪切能量最小的位置,从而求出剪切角,进而可求得主切削力 F_z。

前提条件:①直角自由切削;切削层通过单一剪切平面变为切屑;②切削过程中没有积屑瘤产生;③切削时切屑成带状,剪切平面上的剪切强度 τ 不受作用在该面上的正应力的影响;④不考虑切屑单元分离时的能量和后刀面上作用的力;⑤把切屑当作处于平衡状态下的刚体。

剪切角为

$$\phi = \frac{\pi}{4} + \frac{\gamma_0}{2} - \frac{\beta}{2} \tag{1-12}$$

主切削力为

$$F_z = \frac{\tau A_c \cos(\beta - \gamma_0)}{\sin\phi \cos(\phi + \beta - \gamma_0)} \tag{1-13}$$

式中:τ 为剪切面上的剪切应力;A_c 为剪切面的面积;β 为摩擦角;γ_0 为刀具前角;ϕ 为剪切角。

2) Lee and Shaffer 公式

1951 年,李和谢弗(Lee and Shaffer)提出了另一种求剪切角的理论。

前提条件:①切削层通过单一剪切面变为切屑;②假定被加工材料是理想的塑性材料,在加工过程中不会产生硬化;③应用塑性理论建立滑移线为直线的滑移线场。

此种设想下的剪切角为

$$\phi = \frac{\pi}{4} + \gamma_0 - \beta \tag{1-14}$$

经过试验验证,式(1-12)和式(1-14)都存在较大偏差,不能得出与试验结果相符的结论。

3) 佐列夫公式

1956 年,佐列夫提出切削和材料压缩或拉伸时在相对滑移相等的条件下剪应力相等的假说,从而提出了切削力的理论计算方程。

前提条件:①假定切削过程中切削层金属通过非单一的剪切平面形成切屑;②不计后刀面上的正压力和摩擦力。

切削力的计算方程为

$$F_z = \frac{A a_c a_w \xi \varepsilon^{m'} \sin\phi_1 \cos\omega}{\cos(k\phi_1 + \omega)\cos(\phi_1 - \gamma_0)\sin k\phi_1} \tag{1-15}$$

式中:A 为相对滑移 $\varepsilon = 1$ 时材料的剪切屈服强度;a_c 为切削厚度;a_w 为切削宽度;m' 为塑性变形时材料对强化的能力常数;k 为修正应力状态复杂性的系数;ϕ_1 为确定第一塑性变形区终边界的角;ε 为相对滑移;ω 为作用角;ξ 为变形系数。

4) 国内学者建立的理论方程

我国的科学工作者曾在佐列夫的研究工作基础上引申出了较简单的计算切削力的理论方程。

条件要求:在自由切削、无积屑瘤、不考虑温度影响并略去后刀面上所作用的力的情况下。

切削力的计算方程为

$$F_z = A a_c a_w \left(\frac{\xi^2 - 2\xi\sin\gamma_0 + 1}{\xi\cos\gamma_0}\right)^n \left(\frac{\xi - \sin\gamma_0}{\cos\gamma_0} + \tan\psi\right) \tag{1-16}$$

式中:n 为材料的强化系数;ψ 为切削合力与剪切平面间的夹角;其余参数与式(1-15)中参数意义相同。

由上述理论分析可以看出,推导出的这些公式还存在较大的缺点:如没有反映切削过程中的弹性变形和破坏现象;没有考虑刀具切削刃上的钝圆半径的影响;把被加工材料看得理想化,没有考虑其中还存着缺陷(如位错等)。此外,公式推导过程中赖以作为理论基础的学科如塑性理论、金属物理学、摩擦学等的发展现状,还不足以综合解决金属切削过程中高应变率、塑性变形区内应力状态复杂、切削温度高且分布不均等问题,这些还都有待于进一步研究。

2. 切削力的经验公式

利用测力仪测出切削力，再将试验数据加以适当处理，可以得到切削力的经验公式。切削力的经验公式是以切削深度 a_p、进给量 f 和切削速度 v_c 为变量的幂函数，如表 1－9 所列。

表 1－9　车削时的切削力计算经验公式[7]

计算公式		
主切削力 F_z/N	$F_z = C_{F_z} \cdot a_p^{x_{F_z}} \cdot f^{y_{F_z}} \cdot v_c^{z_{F_z}} \cdot K_{F_z}$	式中：v_c 的单位为 m/s
切削深度抗力 F_y/N	$F_y = C_{F_y} \cdot a_p^{x_{F_y}} \cdot f^{y_{F_y}} \cdot v_c^{z_{F_y}} \cdot K_{F_y}$	
进给抗力 F_x/N	$F_x = C_{F_x} \cdot a_p^{x_{F_x}} \cdot f^{y_{F_x}} \cdot v_c^{z_{F_x}} \cdot K_{F_x}$	

公式中的系数及指数

加工材料	刀具材料	加工形式	公式中的系数及指数											
			切削力 F_z/N				背向力 F_y/N				进给力 F_x/N			
			C_{F_z}	x_{F_z}	y_{F_z}	z_{F_z}	C_{F_y}	x_{F_y}	y_{F_y}	z_{F_y}	C_{F_x}	x_{F_x}	y_{F_x}	z_{F_x}
结构钢及铸钢	硬质合金	外圆纵、横车及镗孔	270	1.0	0.75	−0.15	199	0.9	0.6	−0.3	294	1.0	0.5	−0.4
		切槽及切断	367	0.72	0.8	0	142	0.73	0.67	0	—	—	—	—
		切螺纹	133	—	1.7	0.71	—	—	—	—	—	—	—	—
	高速钢	外圆纵、横车及镗孔	180	1.0	0.75	0	94	0.9	0.75	0	54	1.2	0.65	0
		切槽及切断	222	1.0	1.0	0	—	—	—	—	—	—	—	—
		成形车削	191	1.0	0.75	0	—	—	—	—	—	—	—	—
不锈钢	硬质合金	外圆纵、横车及镗孔	204	1.0	0.75	0	—	—	—	—	—	—	—	—
灰铸铁 190HBS	硬质合金	外圆纵、横车及镗孔	92	1.0	0.75	0	54	0.9	0.75	0	46	1.0	0.4	0
		切螺纹	103	—	1.8	0.82	—	—	—	—	—	—	—	—
	高速钢	外圆纵、横车及镗孔	114	1.0	0.75	0	119	0.9	0.75	0	51	1.2	0.65	0
		切槽及切断	158	1.0	1.0	0	—	—	—	—	—	—	—	—
可锻铸铁 150HBS	硬质合金	外圆纵、横车及镗孔	81	1.0	0.75	0	43	0.9	0.75	0	38	1.0	0.4	0
	高速钢	外圆纵、横车及镗孔	100	1.0	0.75	0	88	0.9	0.75	0	40	1.2	0.65	0
		切槽及切断	139	1.0	1.0	0	—	—	—	—	—	—	—	—
中等硬度不均质铜合金 120HBS	高速钢	外圆纵、横车及镗孔	55	1.0	0.66	0	—	—	—	—	—	—	—	—
		切槽及切断	75	1.0	1.0	0	—	—	—	—	—	—	—	—
铝及铝硅合金	高速钢	外圆纵、横车及镗孔	40	1.0	0.75	0	—	—	—	—	—	—	—	—
		切槽及切断	50	1.0	1.0	0	—	—	—	—	—	—	—	—

注：1. C_{F_z}、C_{F_y}、C_{F_x} 为取决于被加工金属和切削条件的系数；

2. x_{F_z}、y_{F_z}、z_{F_z}、x_{F_y}、y_{F_y}、z_{F_y}、x_{F_x}、y_{F_x}、z_{F_x} 分别为3个分力公式中切削深度 a_p、进给量 f 和切削速度 v_c 的指数；

3. K_{F_z}、K_{F_y}、K_{F_x} 分别为3个分力公式中，当实际加工条件与所求得经验公式的条件不符时，各种因素对切削力的修正系数的积（具体数值可查相关手册[12-14]）

3. 切削力计算实例

已知:工件材料为强度 $\sigma_b = 0.883\text{GPa}$ 的碳素钢,刀具材料为硬质合金 YT15。

刀具几何参数条件:前角 $\gamma_0 = 10°$,后角 $\alpha_0 = 8°$,主偏角 $\kappa_r = 75°$,副偏角 $\kappa_r' = 10°$,刃倾角 $\lambda_s = -5°$,刀尖圆弧半径 $r_\varepsilon = 2\text{mm}$。

切削用量条件:切削深度 $a_p = 5\text{mm}$,进给量 $f = 0.4\text{mm/r}$,切削速度 $v_c = 100\text{m/min}$。

机床型号:C620 普通车床。

试求:3 个方向的切削力 F_x、F_y、F_z。

解:

由表 1-9 可得

$$C_{F_z} = 270,\ x_{F_z} = 1.0,\ y_{F_z} = 0.75,\ z_{F_z} = -0.15$$

$$C_{F_y} = 199,\ x_{F_y} = 0.9,\ y_{F_y} = 0.6,\ z_{F_y} = -0.3$$

$$C_{F_x} = 294,\ x_{F_x} = 1.0,\ y_{F_x} = 0.5,\ z_{F_x} = -0.4$$

可知 $\sigma_b = 0.883\text{GPa}$,由文献[12]可查得

$$K_{mF_z} = \left(\frac{0.883}{0.637}\right)^{0.75},\ K_{mF_y} = \left(\frac{0.883}{0.637}\right)^{1.35},\ K_{mF_x} = \left(\frac{0.883}{0.637}\right)^{1.0}$$

查表可得

$$K_{kF_z} = 0.92,\ K_{kF_y} = 0.62,\ K_{kF_x} = 1.13$$

$$K_{\gamma F_z} = 1.0,\ K_{\gamma F_y} = 1.0,\ K_{\gamma F_x} = 1.0$$

$$K_{\lambda F_z} = 1.0,\ K_{\lambda F_y} = 1.25,\ K_{\lambda F_x} = 0.85$$

因此,有

$$K_{F_z} = K_{mF_z} \times K_{kF_z} \times K_{\gamma F_z} \times K_{\lambda F_z} = \left(\frac{0.883}{0.637}\right)^{0.75} \times 0.92 \times 1.0 \times 1.0 = 1.175$$

$$K_{F_y} = K_{mF_y} \times K_{kF_y} \times K_{\gamma F_y} \times K_{\lambda F_y} = \left(\frac{0.883}{0.637}\right)^{1.35} \times 0.62 \times 1.0 \times 1.25 = 1.204$$

$$K_{F_x} = K_{mF_x} \times K_{kF_x} \times K_{\gamma F_x} \times K_{\lambda F_x} = \left(\frac{0.883}{0.637}\right)^{1.0} \times 1.13 \times 1.0 \times 0.85 = 1.331$$

由车削时切削力计算公式可得

$$F_z = 9.81 \times C_{F_z} \times a_p^{x_{F_z}} \times f^{y_{F_z}} \times v_c^{z_{F_z}} \times K_{F_z} = 9.81 \times 270 \times 5^{1.0} \times 0.4^{0.75} \times 100^{-0.15} \times 1.175 = 3923(\text{N})$$

$$F_y = 9.81 \times C_{F_y} \times a_p^{x_{F_y}} \times f^{y_{F_y}} \times v_c^{z_{F_y}} \times K_{F_y} = 9.81 \times 199 \times 5^{0.9} \times 0.4^{0.6} \times 100^{-0.3} \times 1.204 = 1450(\text{N})$$

$$F_x = 9.81 \times C_{F_x} \times a_p^{x_{F_x}} \times f^{y_{F_x}} \times v_c^{z_{F_x}} \times K_{F_x} = 9.81 \times 294 \times 5^{1.0} \times 0.4^{0.5} \times 100^{-0.4} \times 1.331 = 1924(\text{N})$$

4. 计算切削力的其他方法

利用单位切削力计算主切削力:单位切削力是指单位切削面积上的切削力,如以 p 表示单位切削力,且单位切削力已知,则主切削力为

$$F_z = p \cdot a_c \cdot a_w = p \cdot a_p \cdot f \tag{1-17}$$

式中:p 为单位切削力;a_c 为切削厚度;a_w 为切削宽度;a_p 为切削深度;f 为进给量。

1.2.4 影响切削力的主要因素

各个因素对切削力的影响都可以借助于理论公式和经验公式加以解释。

1. 工件材料的影响

工件材料对切削力的影响见表 1-10。

表 1-10 工件材料对切削力的影响

材料关系	参数变化	对切削力影响
工件材料的强度、硬度越高	τ_s 越大,变形系数 ξ 下降	切削力增大
强度、硬度相近的材料	塑性(延伸率)较大,强化系数 η 较大,与刀具间的摩擦系数 μ 和摩擦角 β 较大	切削力增大

例如,45 钢(中碳钢)的切削力高于 A3 钢(低碳钢);调质钢和淬火钢高于正火钢;1Cr18Ni9Ti 不锈钢高于 45 钢;紫铜高于黄铜;铸铁和铜、铝合金低于钢材,切削钢材时的切削力较切削铸铁时大 0.5~1 倍。

2. 刀具几何参数的影响

1)前角的影响

前角 γ_0 增大,被切金属的变形减小[16]。一般加工塑性较大的金属时,前角对切削力的影响比加工塑性较小的金属更显著。例如,当前角在一定范围内变化(-20°~30°),车刀前角每增加 1°,加工 45 钢的 F_z 约降低 1%,加工紫铜的 F_z 降低 2%~3%,而加工铅黄铜的 F_z 仅降低 0.4%。图 1-34 表示车削 45 钢时前角对切削力的影响。

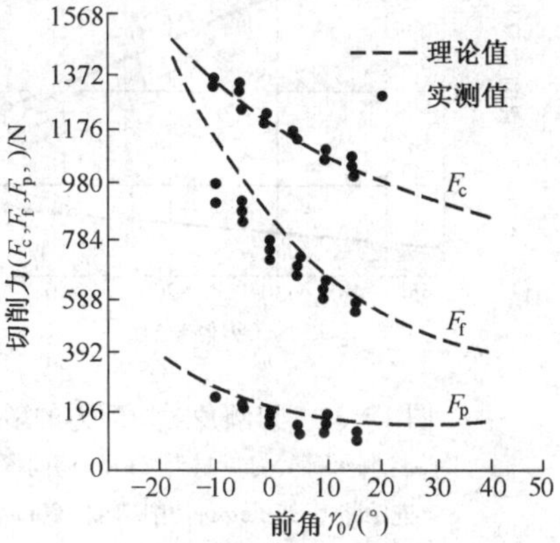

图 1-34　前角对切削力的影响[10]

2)负倒棱的影响

在锋利的切削刃上磨出适当宽度的负倒棱,可以提高刃区强度,从而提高刀具寿命。但此时被切金属的变形加大,使切削力有所增加。用 PCBN 刀具硬态切削淬硬轴承钢时,随着倒棱角度的增大,主切削力和径向力都增加,径向力增加更明显[17]。

3)主偏角的影响

图 1-35 示出了车削 45 钢时主偏角 κ_r 对切削力的影响,其具体说明如表 1-11 所列。

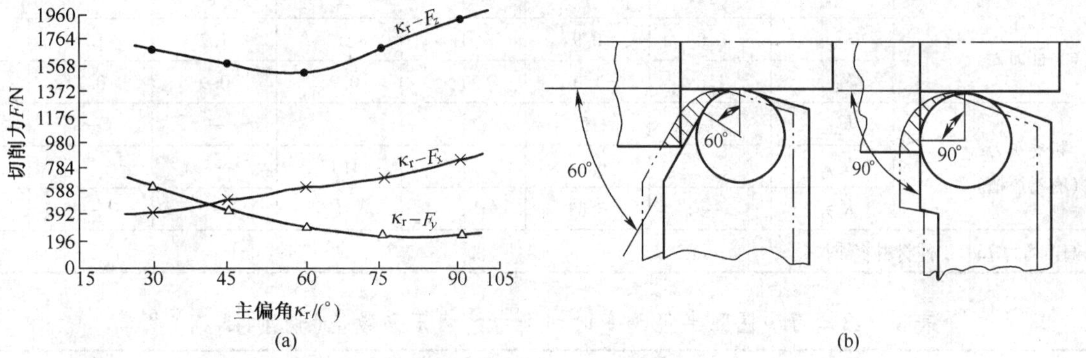

图 1-35　主偏角对切削力的影响[10]

表 1-11　主偏角对切削力的影响的具体说明

当 κ_r 加大时	F_y 减小,κ_r 加大。　F_y / F_z 减小,F_x / F_z 加大
当加工塑性金属时,κ_r 加大	F_z 减小,约在 κ_r =60° 时 F_z 减到最小,然后随 κ_r 继续加大,F_z 又有所增大。F_z 的变动范围不大,无论减小或增大,都在10%以内

随着主偏角的增加,进给力增大,径向力减小。因此,加工细长轴时常采用大主偏角的刀具,如主偏角达到 90°,这样有利于减小径向切削力和变形小,保证加工精度。

4) 刃倾角的影响

图 1-36 示出了车削 45 钢时,刃倾角 λ_s 对切削力的影响。刃倾角变化时,将改变合力 F 的方向,因而影响各分力的大小。刃倾角 λ_s 减小时,F_y 增大,F_x 减小。在非自由切削的情况下,刃倾角在-45°~10°范围内变化时,F_z 基本不变。刃倾角改变时切削力的修正系数值如表 1-12 所列。

5)刀尖圆弧半径的影响

在一般的切削加工中,刀尖圆弧半径 r_ε 对 F_y、F_x 的影响较大,对 F_z 的影响较小。图 1-37 示出了加工 45 钢时刀尖圆弧半径对切削力的影响。可以看出,当刀尖圆弧半径在 0.25~2mm 范围内变化时,随着 r_ε 的加大,F_y 增大,F_x 减小,F_z 仅略有增大。刀尖圆弧半径改变时切削力的修正系数值如表 1-13 所列。

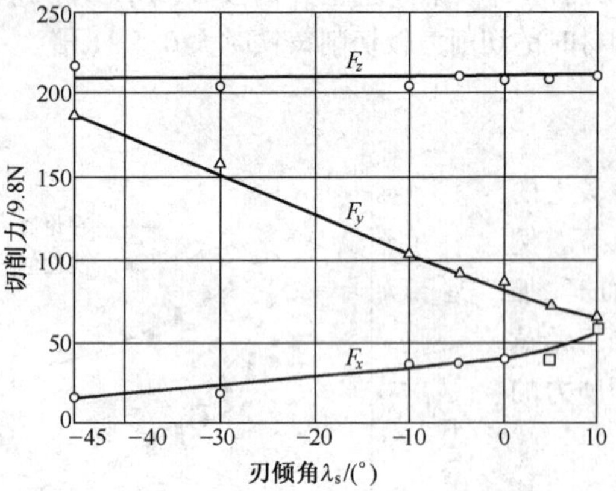

图1-36 刃倾角对切削力的影响[7]

工件材料45钢;刀具材料YT15;切削深度3mm;进给量0.35mm/r;切削速度100m/min。

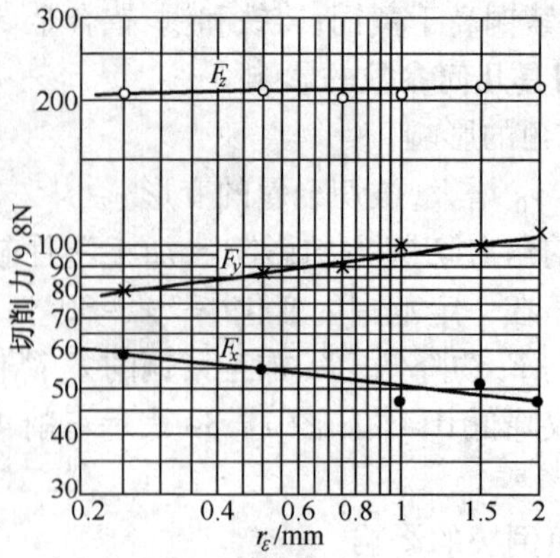

图1-37 刀尖圆弧半径对切削力的影响[7]

工件材料45钢;刀具材料YT15;切削深度3mm;进给量0.35mm/r;切削速度93m/min。

表1-12 刃倾角改变时切削力的修正系数值[6]

刀具结构	修正系数	刀具刃倾角 λ_s /(°)						
		10	5	0	-5	-10	-30	-45
焊接车刀（平前刀面）	$K_{\lambda Fz}$	1	1	1	1	1	1	1
	$K_{\lambda Fy}$	0.8	0.9	1	1.1	1.2	1.7	2
	$K_{\lambda Fx}$	1.6	1.3	1	0.95	0.9	0.7	0.5
机夹车刀（有卷屑槽）	$K_{\lambda Fz}$	—	1	1	1	—	—	—
	$K_{\lambda Fy}$	—	0.85	1	1.15	—	—	—
	$K_{\lambda Fx}$	—	0.85	1	1	—	—	—

注:主偏角均为75°;工件材料45钢

表1-13 刀尖圆弧半径改变时切削力的修正系数值(切削45钢)[6]

修正系数	刀尖圆弧半径 r_ε /(mm)					
	0.25	0.5	0.75	1	1.5	2
K_{rFz}	1	1	1	1	1	1
K_{rFy}	1	1.11	1.18	1.23	1.33	1.37
K_{rFx}	1	0.9	0.85	0.81	0.75	0.73

3. 切削用量的影响

1) 切削深度和进给量的影响

切削深度 a_p 或进给量 f 加大,均使切削力增大,但两者的影响程度不同,如表1-14所列。

表1-14 切削深度和进给量的影响

切削用量变化	变形系数 ξ 的变化	对切削力的影响	切削用量变化	变形系数 ξ 的变化	对切削力的影响
a_p 加大	不变	成正比增大	f 加大	有所下降	不成正比增大

在车削力的经验公式中,加工各种材料,a_p 的指数 $x_{F_z}\approx 1$,而 f 的指数为0.75~0.9。即当 a_p 加大1倍时,F_z 约增大1倍;而 f 加大1倍时,F_z 只增大68%~86%。因此,在切削加工中,如果从切削力和切削功率的角度来考虑,加大进给量比加大切削深度更有利于加工。

试验表明,y_{F_z} 的平均值约为0.85,据此可计算出进给量对切削力的修正系数(表1-15)。

2）切削速度的影响

在中高速条件下，加工塑性金属时，切削力一般随着切削速度的增大而减小(图1-38)。这主要因为v_c增大，将使切削温度提高，μ（刀-屑间摩擦系数）下降，从而使减小。如图1-38所示，在低速范围内，由于存在着积屑瘤，所以切削速度对于切削力的影响有着特殊的规律：最初切削力随着切削速度的增大而减小，达到最低点后又逐渐增大，然后达到最高点后再度逐渐减小。

表1-15　车刀进给量改变时切削力的修正系数（$\kappa_r = 75°$）[6]

进给量f/（mm·r^{-1}）	0.1	0.15	0.2	0.25	0.3
切削力修正系数K_{fFz}	1.18	1.11	1.06	1.03	1
进给量f/（mm/r）	0.35	0.4	0.45	0.5	0.6
切削力修正系数K_{fFz}	0.98	0.96	0.94	0.93	0.9

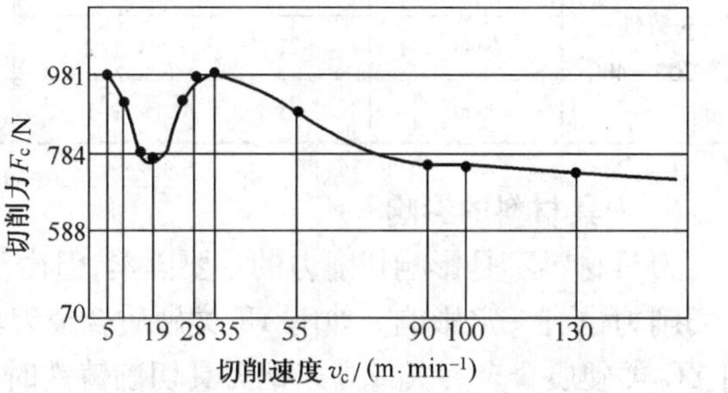

图1-38　切削速度对切削力的影响

切削脆性金属（如灰铸铁、铅黄铜）时，因其塑性变形很小，切屑与前刀面的摩擦也很小，所以切削速度对切削力没有显著的影响。

切削速度对切削力的修正系数如表1-16所列。

表1-16　车削速度改变时切削力的修正系数[6]

工件材料 \ 速度/（m·min^{-1}）	50	75	100	125	150	175	200	250	300	400	500	600	700	800
碳素结构钢45 合金结构钢40Cr	1.05	1.02	1	0.98	0.96	0.95	0.94	—	—	—	—	—	—	—
合金工具钢9CrSi； 轴承钢GCr15	1.15	1.04	1	0.98	0.96	0.95	0.94	—	—	—	—	—	—	—
铸铝合金ZL10	1.09	1.04	1	0.95	0.91	0.86	0.82	0.74	0.66	0.54	0.49	0.45	0.44	0.43

4. 刀具磨损的影响

图1-39为车削45钢时后刀面磨损量对切削力的影响。后刀面磨损后，形成了后角等于0°、高度为后刀面磨损量的小棱面，作用在后刀面上的法向力F_{na}和摩擦力F_{fa}都将增大，故切削力加大。后刀面磨损量对切削力的修正系数如表1-17所列。

5. 切削液的影响

以冷却作用为主的水溶液对切削力影响很小。而润滑作用强的切削油能够显著地降低切削力，这是由于它的润滑作用减小了刀具前刀面与切屑、后刀面与工件表面之间的摩擦，甚至还能减小被加工金属的塑性变形。例如，在车削中使用极压乳化液，比干切时的切削力降低10%~20%；攻丝时使用极压切削油，比使用5号高速机油时的扭矩降低20%~30%。

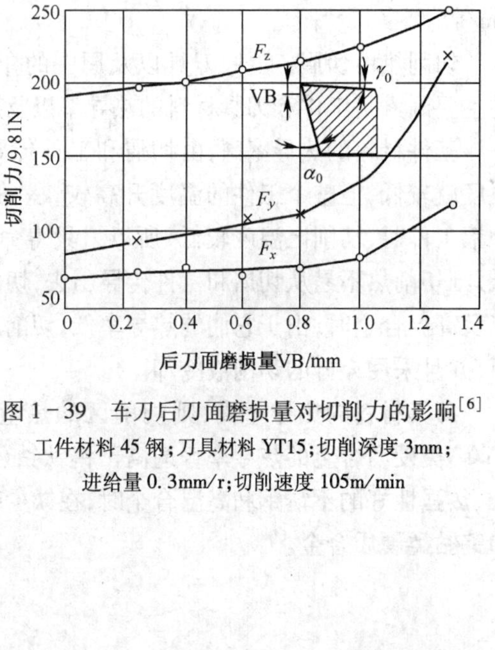

图1-39　车刀后刀面磨损量对切削力的影响[6]

工件材料45钢；刀具材料YT15；切削深度3mm；进给量0.3mm/r；切削速度105m/min

表 1-17　车刀后刀面磨损量改变时切削力的修正系数[6]

工件材料	修正系数	后刀面磨损量 VB/mm						
		0	0.25	0.4	0.6	0.8	1.0	1.3
45 钢	K_{VBF_z}	1	1.06	1.09	1.2	1.3	1.4	1.5
	K_{VBF_y}	1	1.06	1.12	1.2	1.3	1.5	2.0
	K_{VBF_x}	1	1.06	1.12	1.25	1.32	1.5	1.6
灰铸铁 HT200-400	K_{VBF_z}	1	1.13	1.15	1.17	1.19	1.25	1.34
	K_{VBF_y}	1	1.2	1.3	1.4	1.5	1.55	1.65
	K_{VBF_x}	1	1.1	1.2	1.3	1.35	1.45	2.3

6. 刀具材料的影响

刀具材料不是影响切削力的主要因素，但由于不同的刀具材料与工件材料之间的摩擦系数不同，因此，对切削力也有一定影响。如用 YT 类硬质合金刀具切削钢料时的 F_z 比用高速钢刀具切削时降低 5%~10%；用 YG 类硬质合金刀具或高速钢刀具切削铸铁时，切削力基本相同。

1.3　切削热和切削温度

切削热和由此产生的切削温度直接影响刀具的磨损及刀具寿命，并影响工件的加工精度和表面质量。所以，研究切削热和切削温度的产生及变化规律，是研究金属切削过程的重要方面。

可见通过本章的学习，应了解切削热的产生与传导；掌握常用测温方法（如热电偶法、红外线法等）的原理及特点，影响切削温度的主要因素。

1.3.1　切削热的产生和传导

在刀具的作用下，切削层金属发生弹性变形和塑性变形，这是切削热的一个来源。同时，切屑与前刀面、工件与后刀面间消耗的摩擦功也将转化为热能，这是切削热的又一个来源（图 1-40）。

如果忽略进给运动所消耗的功，并假定主运动所消耗的功全部转化为热能，则单位时间内产生的切削热可由下式计算[6]：

$$Q = F_z \cdot v_c \tag{1-18}$$

式中：Q 为每秒产生的切削热（J/s）；F_z 为主切削力（N）；v_c 为切削速度（m/s）。

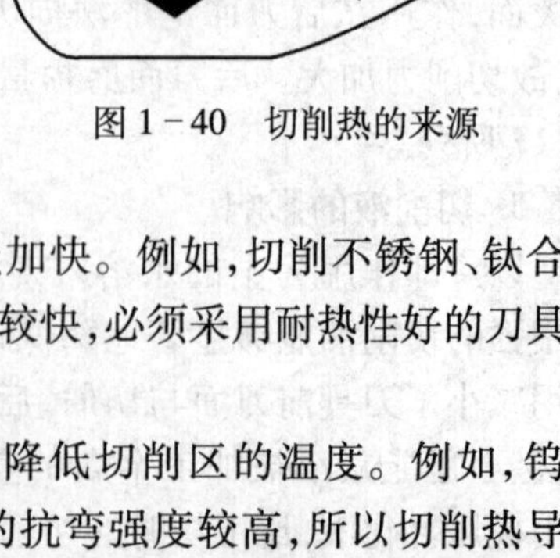

图 1-40　切削热的来源

切削热由切屑、工件、刀具以及周围的介质传导出去。影响热传导的主要因素是工件和刀具材料的热导率以及周围介质的状况。

工件材料的热导率高，由切屑和工件传导出去的热量较多，切削区温度就较低，但整个工件的温度升高较快。例如，切削热导率较高的铜和铝工件时，切削区温度较低，所以刀具寿命较高。工件材料的热导率低，则切削热不易从切屑和工件传导出去，切削区温度就较高，使刀具磨损加快。例如，切削不锈钢、钛合金以及高温合金时，由于它们的热导率低，切削区温度很高，一般的刀具磨损较快，必须采用耐热性好的刀具材料，并且采用充分的切削液冷却。

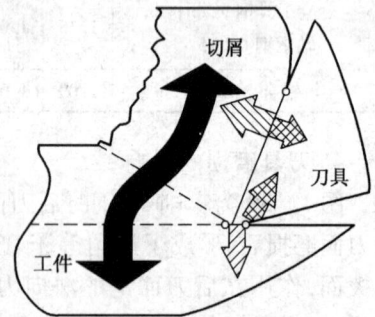

刀具材料的热导率高，则切削区的热量容易从刀具传导出去，也能降低切削区的温度。例如，钨钴（YG）类硬质合金的热导率普遍高于钨钛钴（YT）类硬质合金，加上前者的抗弯强度较高，所以切削热导率低、热强性好的不锈钢和高温合金时，在缺少新型高性能硬质合金的情况下，往往采用 YG6X、YG6A 等牌号的钨钴类硬质合金。

采用冷却性能好的水溶剂切削液能有效地降低切削温度。采用喷雾冷却法,使雾状的切削液在切削区受热后汽化,也能吸收大量的热量。

根据有关资料,切削热由切屑、刀具、工件和周围介质传出的比例如表1-18所列。

表1-18　常用加工方法切削时各部分传热的比例　单位:%

部分 方法	切屑	刀具	工件	周围介质
车削加工	50~86	40~10	9~3	≈1
钻削加工	28	14.5	52.5	≈5
铣削加工	70	5	<30	
镗削加工	30	15	>50	<5
磨削加工	4	12	>80	

由表1-18可以看出:①车削加工时,切屑传导热量最多,切削速度越高,切削厚度越大,则由切屑带走的热量越多;②钻削加工时,由于是半封闭切削,所以工件传导的热量最多,其次是切屑。镗削加工和钻削加工相似。③铣削加工属于断续加工,切屑传导热量的最多,其次是工件。磨削加工由于砂轮导热性差以及磨屑细小,因此热量主要由工件传出,工件容易产生烧伤缺陷。

切削热传入刀具和工件后,工件和刀具温度迅速升高,过高的温度会产生以下不良后果:①刀具受热膨胀会造成尺寸伸长,如车刀在高温下会伸长0.03~0.04mm,使切削时实际切削深度增加,加工尺寸发生变化。②工件受热膨胀,尺寸发生变化,切削后不能达到要求的精度或造成测量误差;或因不能自由伸展而发生弯曲变形,造成形状误差。③刀具温度过高将加剧刀具磨损,降低刀具寿命。

1.3.2　切削温度的测量方法

目前,比较常用的测量切削温度的方法是热电偶法和光热辐射法,下面将分别进行阐述。

1. 热电偶法

热电偶法又分为自然热电偶法和人工热电偶法,二者之间的比较如表1-19所列。

表1-19　自然热电偶法与人工热电偶法比较

测温方法	测温原理	优点	缺点
自然热电偶	如图1-41所示,其原理是利用工件和刀具材料化学成分的不同而组成热电偶的两极。当工件与刀具接触区的温度升高后,就形成热电偶的热端,而工件的引出端和刀具的尾端保持室温,形成了热电偶的冷端,这样在刀具与工件的回路中便产生了温差电动势,利用电位差计或毫伏表可将其数值记录下来。刀具-工件热电偶应先进行标定,求出温度与毫伏值的标定曲线。根据切削过程中测到的电动势毫伏值,在标定曲线上可查出相对应的温度值	测得的切削温度是切削区的平均温度。利用这种方法研究切削温度的变化规律比较简便可靠	每变换一种刀具材料或工件材料,就要重新进行一次标定,才能得到新的标定曲线,而且用自然热电偶法无法测得切削区指定点的温度
人工热电偶	人工热电偶法是用两种预先经过标定的金属丝组成热电偶,热电偶的热端焊接在刀具或工件预定要测量温度的点上,冷端通过导线串接电位差计或毫伏表。根据表上的指示值和热电偶标定曲线,可测得焊接点上的温度。图1-42是用人工热电偶法测量刀具前刀面(图(a))和工件切削区(图(b))中某点温度的示意图	测量准确实时性好	不能直接测出前刀面上的温度

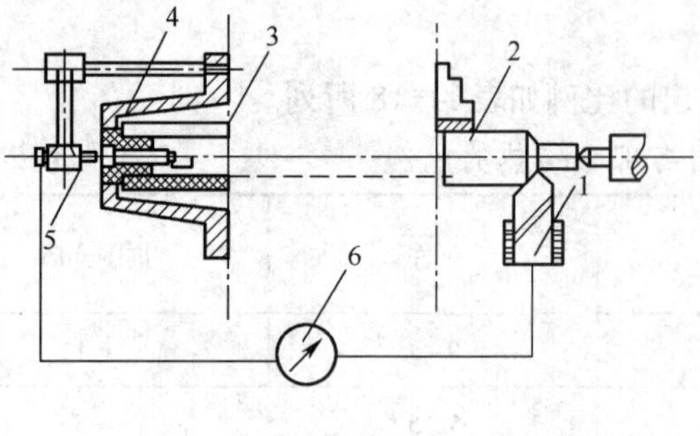

图 1-41 自然热电偶法测温示意图

1—刀具;2—工件;3—车床主轴尾部;4—铜销;5—铜顶尖。

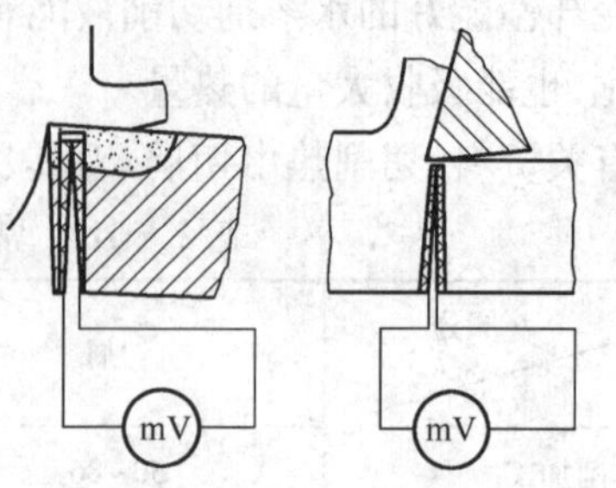

(a)测刀具 (b)测工件

图 1-42 人工热电偶法测温示意图

获得前刀面上的温度,还要应用传热学的原理和公式进行推算。应用人工热电偶法测温,并辅以传热学计算所得到的刀具、切屑和工件的切削温度分布情况如图 1-43 所示。

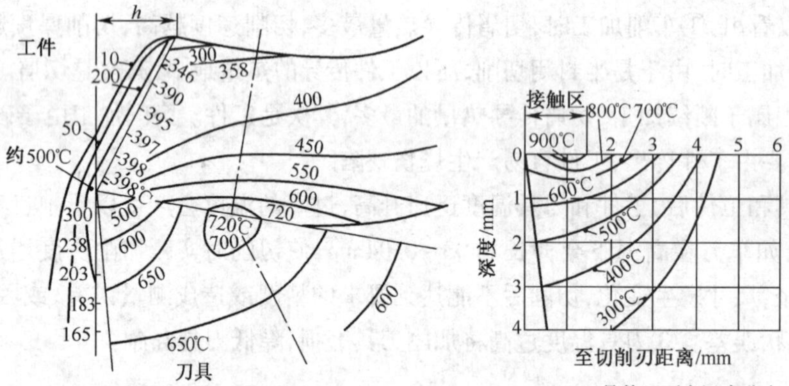

(a)刀具、工件和切屑中温度分布 (b)刀具前刀面上温度分布

图 1-43 切削温度的分布[10]

图(a)加工条件:刀具 YT20, v_c = 600m/min。

图(b)加工条件:工件 30Mn4, a_p = 3mm, f = 0.25mm/r。

由图 1-43 可以看出切削温度的分布规律如下:

(1) 刀-屑接触面间摩擦大,热量不易传送,故温度值最高。

(2) 切削区域的最高温度点在前刀面上靠近切削刃处,在离切削刃 1mm 处的最高温度约为 900℃,因为在该处热量集中、压力高。在后刀面离切削刃处约 0.3mm 处的最高温度为 700℃。

(3) 切屑带走的热量最多,切屑上的平均温度高于刀具和工件上的平均温度,因切屑剪切面上塑性变形严重,其上各点剪切变形大致相同,各点温度值也接近。工件切削层中最高温度在靠近切削刃处,它的平均温度低于刀具上最高温度点 1/3~1/2 倍。

利用有限元仿真也可以得到切削区域的应力和温度分布图,图 1-44 是利用 DEFORM 软件得到的切削轴承钢 GCr15 时表面切削温度分布,图 1-45 是仿真得到的切削应力分布。仿真条件:刀具为硬质合金 YT15,进给量 0.1mm/r,切削深度 1mm,切削速度 200m/min。

2. 光热辐射法

近年来也有人使用红外线测温仪或光能电池测量切削温度。这里主要介绍红外线测温的方法。热像仪就是利用红外线原理来测量切削温度的,它是通过非接触探测红外热量,并将其转换生成热图像和温度值,进而显示在显示器上,并可以对温度值进行计算的一种检测设备。

如图 1-46 是用热像仪测温的现场演示图。图 1-47 是利用热像仪的配套软件采集到的切削温度场图,软件可以将切削过程以红外影像采集下来,在确定准确的发射率情况下,设定播放速度,调节播放位置,对采集切削过程的温度分布进行测量和绘制。

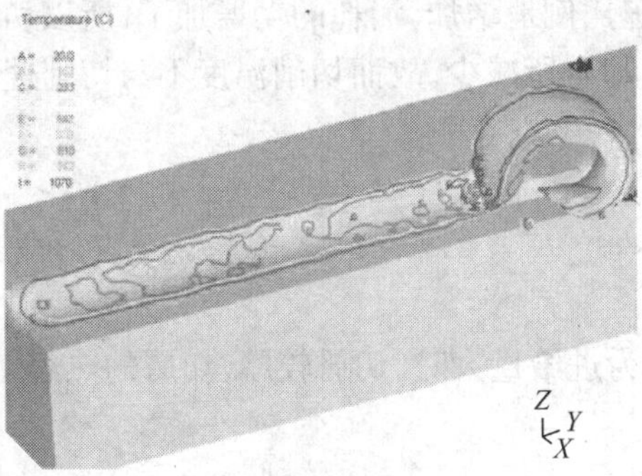

图1-44　切削温度分布

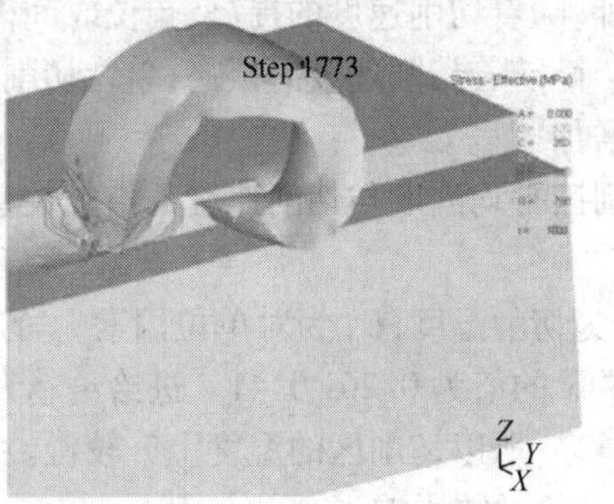

图1-45　切削应力分布

图1-46　用热像仪现场测温实验

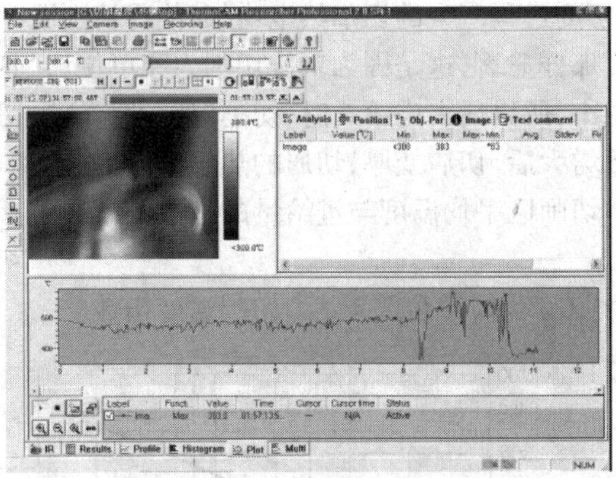

图1-47　热像仪测得的温度场图

红外热像仪能够将探测到的表面影响精确量化,能够对发热的故障区域进行准确识别和严格分析,但这种方法只能测量刀具和工件的外表面温度。

以上方法都无法直接测量切削过程中刀尖点的温度,文献[18]提出一种将人工热电偶法和有限元传热仿真结合起来测量刀尖点温度的方法,并利用专业切削仿真软件进行验证,实现了刀尖点温度的准确测量。

为解决切削中切削温度实时测量困难的问题,减小传感器对刀具切削性能和刀具温度分布的影响,针对涂层刀具切削加工,文献[19]研制了一种涂层刀具切削温度自测传感器。

3. 切屑颜色与切削温度的关系

在生产实践中,可以通过切削加工时切屑的颜色来判断刀尖部位的大致温度。以车削碳素结构钢为例,随着切削温度的升高,切屑颜色变化过程顺序为:银白色→黄白色→金黄色→紫色→浅蓝色→深蓝色。其中,银白色切屑反映的切削温度约为200℃,金黄色切屑反映的切削温度约为400℃,深蓝色切屑反映的切削温度约为600℃[20]。

用硬质合金刀具高速切削钢料时,前刀面接触区的最高温度一般为600~900℃,有时可达1000℃;用高速钢刀具在普通切削速度下切削钢料时,前刀面接触区的温度可达600~850℃。

1.3.3　影响切削温度的主要因素

1. 切削用量对切削温度的影响

1）切削速度的影响

切削速度对切削温度有显著的影响,如图1-48所示。试验证明,随着切削速度的提高,切削温度将明显上升。其原因是:当切屑沿前刀面流出时,切屑与前刀面发生剧烈的摩擦,因而产生大量的热,而摩擦热主要是在很薄的切屑底层里产生的。如果在连续流出的切屑中截取极短的一段作为一个单元来考察,当这个切屑单元沿前刀面流出时,摩擦热是一边生成而又一边向切屑的顶面方向和刀具内部传导的,如果切削速度提高,则摩擦热在很短的时间内生成,而切屑底层产生的切削热向切屑内部和刀具内部传导都需要一定的时间。因此,提高切削速度的结果是摩擦热来不及向切屑内部传导,大量积聚在切屑底层,从而使切削温度升高。

此外,随着切削速度的提高,单位时间内的金属切除量成正比例地增加,消耗的功增加了,所以切削热也会增加。而随着切削速度的提高,单位切削力和单位切削功率却有所减少,故而切削温度不与切削速度成正比例地增加[21]。

切削区平均温度与切削速度的指数关系式为

$$\theta = C_{\theta v} \cdot v_c{}^{x} \tag{1-19}$$

式中:θ 为切削温度;$C_{\theta v}$ 为对单位因素 v_c 的切削温度指数。

通常 x 的值为 0.26~0.41。进给量越大,则 x 值越小。因为进给量大时,切屑较厚,切屑的热容量大,带走的热量多,所以切削区的温度上升较慢。

2）进给量的影响

进给量对切削温度也有一定的影响,如图 1-49 所示。随着进给量的增大,单位时间内的金属切除量增大,切削过程产生的切削热也增加,使得切削温度上升。但切削温度随着进给量增大而升高的幅度不如切削速度那样显著,这是因为单位切削力和单位切削功率随进给量的增大而减小,切除单位体积金属产生的热量也减小,所以增大进给量时,切削温度不与金属切除量成正比例地增加,而是前者增加得慢一些。此外,当进给量增大后,切屑变厚,切屑的热容量增大,由切屑带走的热量也增多,故切削区平均温度的上升不是很显著。切削区平均温度与进给量的指数关系式为

$$\theta = C_{\theta f}\, f^{0.14} \tag{1-20}$$

式中:$C_{\theta f}$ 为对单位因素 f 的切削温度指数。

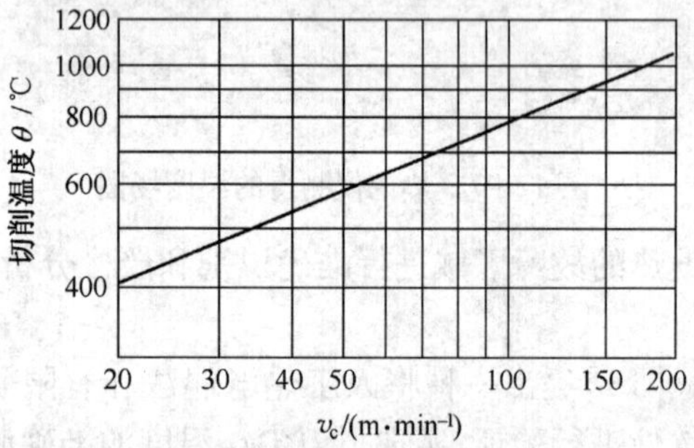

图 1-48 切削速度对切削温度的影响[6]
工件材料 45 钢;刀具材料 YT15;切削深度 3mm;进给量 0.1mm/r。

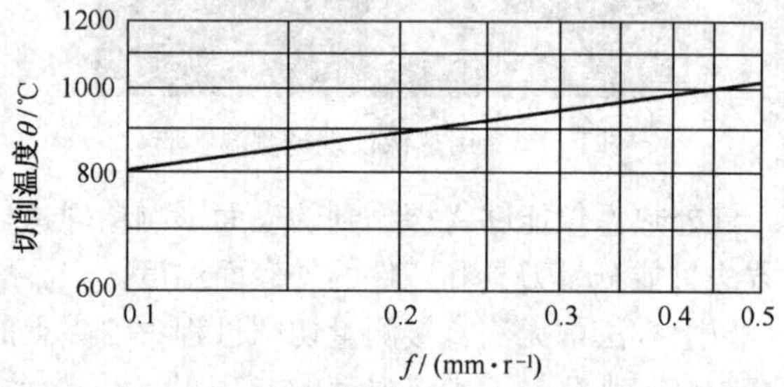

图 1-49 进给量对切削温度的影响[6]
工件材料 45 钢;刀具材料 YT15;切削深度 3mm;切削速度 94m/min。

3）切削深度的影响

切削深度对切削温度的影响很小,如图 1-50 所示。因为切削深度 a_p 增大后,切削区产生的热量虽然成正比例地增多,但因切削刃参与切削工作的长度也成正比例地增加,改善了散热条件,所以切削温度的升高并不明显。切削区平均温度与切削深度的指数关系式为

$$\theta = C_{\theta a_p} \cdot a_p^{0.04} \tag{1-21}$$

式中:$C_{\theta a_p}$ 为对单位因素 a_p 的切削温度指数。

试验证明,当切削速度增大 1 倍时,切削温度增加 20%~30%;当进给量增加 1 倍时,切削温度约增加 10%,当切削深度增加 1 倍时,切削温度增加 5%~8%[20]。由以上规律可以看出,为了有效地控制切削温度以提高刀具寿命,在机床条件允许的情况下,选用大的切削深度和进给量比选用大的切削速度对加工过程有利。

2. 刀具几何参数对切削温度的影响

1）前角对切削温度的影响

前角的大小直接影响切削过程中的变形和摩擦,所以它对切削温度有明显的影响[22]。如图 1-51 所示,前角增大,变形减少,产生的切削热减少,故切削温度降低;如前角进一步增大,则因刀具的散热体积减小,切削温度升高。因此,在一定的加工条件下,存在一个对切削温度影响最小的刀具前角值,通常为 15°左

右。在图 1-51 的加工条件下,以前角为 15°时的切削温度为基准,不同前角下的切削温度对比值如表 1-20 所列。

表 1-20　不同前角下的切削温度对比值

前　角/(°)	-10	0	15	20	25
切削温度对比值	1.20	1.08	1	1.02	1.08
加工条件	工件材料 45 钢,刀具材料 W18Cr4V,主偏角 75°,后角 8°,切削速度 20m/min,切削深度 1.5mm,进给量 0.2mm/r				

2) 主偏角对切削温度的影响

主偏角对切削温度的影响关系如图 1-52 所示。随着主偏角的增大,切削温度将逐渐升高,这是因为主偏角加大后,切削刃工作长度缩短,使切削热相对集中,而且主偏角加大,则刀尖角减小,使散热条件变差,从而提高了切削温度。当主偏角增大到一定数值时(图 1-52 中 75°),切削变形和摩擦的减小占主导地位,这时产生的切削热减少,切削温度略有下降。

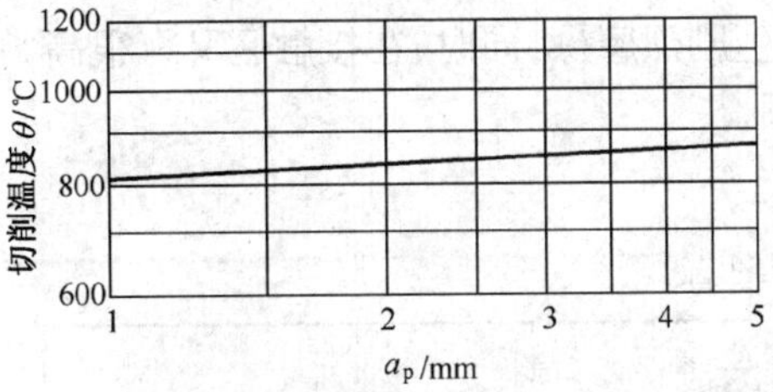

图 1-50　切削深度对切削温度的影响[6]
工件材料:45 钢;刀具材料:YT15;
进给量:0.1mm/r;切削速度:107m/min。

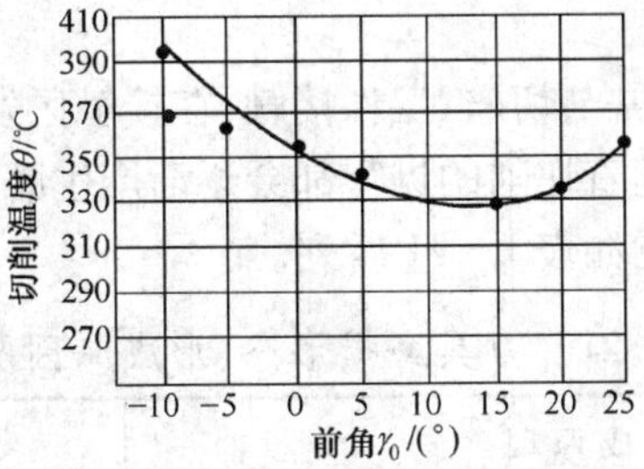

图 1-51　前角对切削温度的影响
(加工条件如表 1-20 所列)[10]

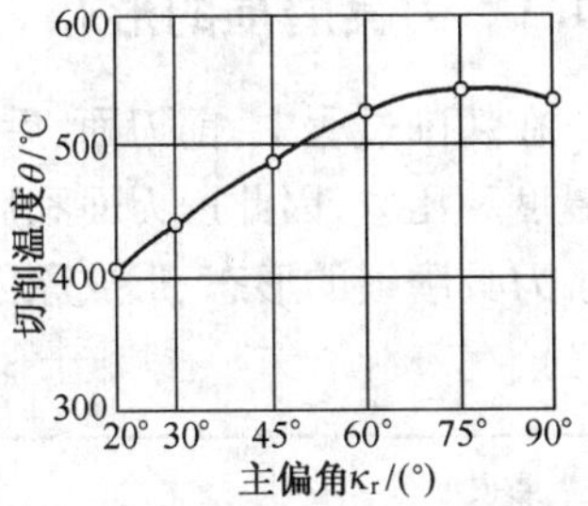

图 1-52　主偏角对切削温度的影响[10]
工件材料 45 钢;切削深度 2mm;
刀尖圆弧半径 2mm。

3) 负倒棱对切削温度的影响

负倒棱宽度在 (0~2)f 范围内变化时,基本上不影响切削温度。因为负倒棱的存在,一方面使切削区的塑性变形增大,切削热也随之增多,但另一方面又使刀具的散热条件有所改善。两者平衡的结果,使切削温度基本不变。但用 PCBN 刀具硬态切削淬硬轴承钢时,随着倒棱角度的增大,切削温度逐渐升高[17]。

4) 刀尖圆弧半径对切削温度的影响

刀尖圆弧半径在 0~1.5mm 范围内变化时,基本上不影响平均切削温度。因为,随着刀尖圆弧半径的加大,切削区的塑性变形增大,切削热也随之增多,但加大刀尖圆弧半径又改善了刀具本身的散热条件,两者互相抵消的结果使平均切削温度基本不变。但刀尖圆弧半径对刀尖处局部切削温度影响较大,刀尖圆弧半径加大有利于刀尖处局部切削温度降低。

3. 刀具磨损对切削温度的影响

刀具磨损后切削刃变钝,刃区前方的挤压作用增大,使切削区金属的塑性变形增加;同时,磨损后的刀具后角变成 0°,使工件与刀具的摩擦加大,两者均使产生的切削热增多。所以,刀具的磨损是影响切削温度的重要因素。

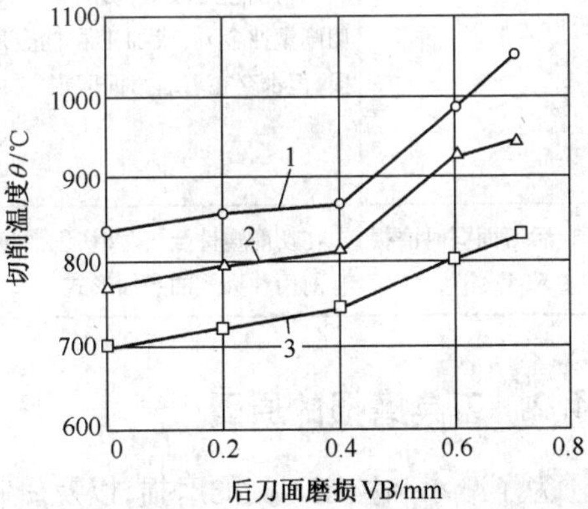

图 1-53　后刀面磨损值与切削温度的关系[7]
工件材料 45 钢;刀具材料 YT15;前角 15°;
进给量 0.1mm/r;切削深度 3mm。
1—切削速度 117m/min;2—切削速度 94m/min;
3—切削速度 71m/min。

图 1-53 示出了切削 45 钢时车刀后刀面磨损值与切削温度的关系。当后刀面的磨损值达 0.4mm 时,切削温度上升 5%~10%;当后刀面磨损值达 0.7mm 时,切削温度则上升 20%~25%。

切削合金钢时,由于合金钢的强度和硬度较高,而热导率又较低,所以刀具磨损对切削温度的影响较明显。如，车削38CrMoAlA合金钢的切削试验表明，当后刀面磨损值达到0.4mm时，切削温度已上升13%，所以切削合金钢的刀具仅允许有较小的磨损量。

1.4 刀具磨损、破损和刀具寿命

刀具在切削过程中将逐渐产生磨损，当磨损达到一定程度时，可以明显地发现切削力加大，切削温度升高，切屑颜色改变，甚至产生振动；同时，工件尺寸也可能会超出公差范围，已加工表面也明显恶化。此时，必须对刀具进行重磨或更换新刀。刀具的磨损和刀具寿命关系到切削加工的效率、质量和成本，因此它是切削加工中极为重要的问题之一。

通过本章的学习，应掌握刀具磨损的形态；理解造成刀具磨损的常见原因；掌握刀具磨损过程及特点；能根据不同生产条件正确选择刀具的磨钝标准；掌握刀具寿命和总刀具寿命的含义及影响刀具寿命的因素；理解常见刀具破损的形式及产生条件。

1.4.1 刀具磨损的形态

在切削过程中，前刀面、后刀面经常与切屑、工件接触，在接触区发生剧烈摩擦，同时，在接触区又有很高的温度和压力，因此前刀面和后刀面随着切削的进行都会逐渐产生磨损。

刀具磨损的形态、形成原因及影响如表1-21所列。

表1-21 刀具磨损形态、形成原因及影响

磨损形态	形成原因	影响
前刀面磨损（也称月牙洼磨损，如图1-54所示）	在切削速度较高、切削厚度较大（大于0.5mm）的情况下加工塑性金属，当刀具的耐热性和耐磨性稍有不足时，切屑在前刀面上经常会磨出一个月牙形的凹坑，称为月牙洼	如图1-55(b)、(c)所示，月牙洼磨损以其最大磨损深度KT来衡量磨损程度。当月牙洼扩展到离刃边很近时，切削刃的强度大为削弱，极易导致崩刃
后刀面磨损（图1-54）	由于加工表面和刀具后刀面间存在剧烈摩擦，在后刀面上毗邻切削刃的地方很快被磨出后角为0°的小棱面，这种磨损形式称为后刀面磨损。 在切削速度较低、切削厚度较小（小于0.1mm）的情况下切削塑性金属，或加工脆性金属时，一般不产生月牙洼磨损，但都存在着后刀面磨损	在切削刃参与切削的各点上，后刀面磨损是不均匀的。由图1-55可见，刀尖部分（图(a)中C区）由于强度和散热条件较差，磨损较为剧烈，其最大值为VC。在切削刃靠近工件外表面处（N区），由于上道工序的加工硬化层或毛坯表面硬层等的影响，使与这部分材料接触的切削刃连同该处的后刀面产生较大的磨损而形成缺口，磨损量以VN表示。在参与切削的切削刃中部（B区），其磨损比较均匀，这部分磨损以VB表示平均磨损值，以VB_{max}表示最大磨损值
前、后刀面同时磨损（图1-54）	在切削塑性金属时，切削厚度为0.1~0.5mm时，产生兼有前两种形式的磨损形式	前刀面形成月牙洼，后刀面形成后角为零度的小棱面

1.4.2 刀具磨损的原因

为了减小和控制刀具的磨损，以及研制新的刀具材料，必须研究刀具磨损的原因和本质。切削过程中的刀具磨损具有下列特点：

（1）刀具与切屑、工件间的接触表面经常是新鲜表面。

（2）接触压力非常大，有时超过被切削材料的屈服强度。

（3）接触表面的温度很高，对于硬质合金刀具可达800~1000℃，对于高速钢刀具可达300~600℃。

在上述条件下工作，刀具磨损经常是机械的、热的、化学的三种作用的综合结果，可以产生磨料磨损、冷焊磨损（也称为黏结磨损）、扩散磨损和氧化磨损等类型。

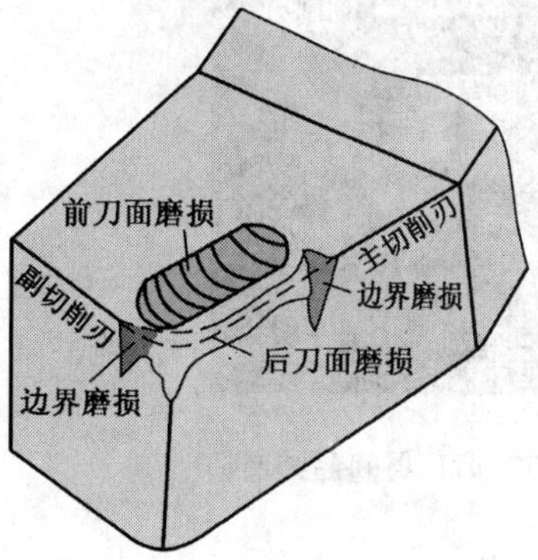

图1-54　刀具的磨损形态

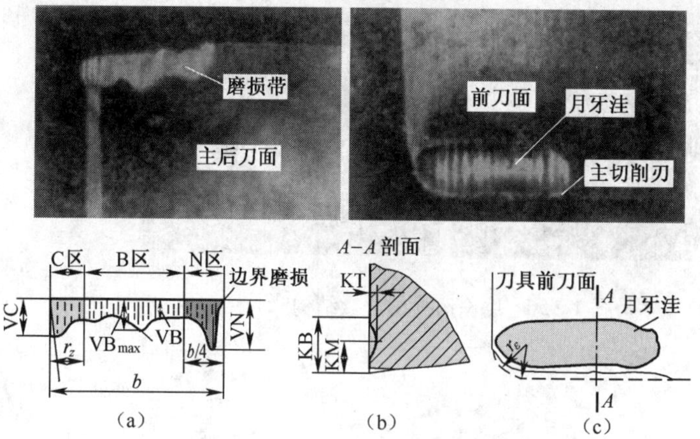

图1-55　刀具磨损的测量位置

刀具磨损类型及形成原因如表1-22所列。

表1-22　刀具磨损的形成原因

磨损的类型	形成原因	磨损形式	影响因素
磨料磨损（硬质点磨损）	切屑、工件的硬度虽然低于刀具的硬度，但它们当中经常含有一些硬度极高的微小的硬质点，可在刀具表面形成沟纹，这就是磨料磨损	对低速切削刀具（如拉刀等），磨料磨损是磨损的主要原因。高速钢刀具的硬度和耐磨性较低，故其磨料磨损所占的比重较大。图1-56为高速钢刀具车削不锈钢时产生的磨料磨损	工件材料中微小的硬质点或硬度高的化合物的含量以及分布，对刀具产生磨料磨损有重要影响。切削速度对此种磨损也有影响
冷焊磨损（黏结磨损）	切削时，切屑、工件与刀面之间存在很大的压力和剧烈的摩擦，因而它们之间会产生冷焊（黏结），由于摩擦副之间的相对运动，黏结部分材料将产生破裂，被一方带走从而造成冷焊磨损。	由于交变应力、接触疲劳、热应力以及刀具表层结构缺陷等原因，冷焊层的破裂也可能发生在刀具这一方，刀具材料的颗粒被切屑或工件带走，从而造成刀具磨损。 在高速钢刀具正常工作速度和硬质合金刀具偏低的工作速度下，冷焊磨损所占的比重较大，如图1-57所示	冷焊磨损一般在中等偏低的切削速度下比较严重。脆性金属比塑性金属的抗冷焊能力强，相同的金属或晶格类型、晶格间距、电子密度、电化学性质相近的金属，其冷焊倾向大，多相金属比单相金属冷焊倾向小；金属化合物比单相固溶体冷焊倾向小
扩散磨损	切削金属时，切屑、工件和刀具接触过程中，双方的化学元素在固态下相互扩散（图1-58），改变了原来的材料成分与结构，使刀具材料变得脆弱，从而加剧了刀具的磨损	离切削刃有一定距离处的前刀面上温度最高，该处的扩散作用最剧烈，于是在该处形成月牙洼。 高速钢刀具的工作温度较低，故其扩散磨损占的比重远小于硬质合金刀具	除刀具、工件材料自身的性质以外，温度是影响扩散磨损的最主要因素
氧化磨损	当切削温度达700~800℃时，空气中的氧便与硬质合金中的钴及碳化钨、碳化钛等发生氧化作用，产生较软的氧化物，进而被切屑或工件擦掉而形成氧化磨损	空气一般不易进入刀-屑接触区，氧化磨损最容易在主、副切削刃的工作边界处形成，在这里的后刀面（有时在前刀面）上划出较探的沟槽（图1-59），这是造成"边界磨损"的原因之一	氧化磨损与氧化膜的黏附强度有关，黏附强度越低，则磨损越快；反之，则可减轻这种磨损
热电磨损	工件、切屑与刀具由于材料不同，切削时在接触区将产生热电势，这种热电势有促进扩散的作用，使刀具产生磨损		通常，若在工件-刀具接触处通以与热电势相反的电动势，则可减少热电磨损

总之，在不同的工件材料、刀具材料和切削条件下，磨损原因和磨损强度是不同的，对于一定的刀具和工件材料，切削温度对刀具磨损具有决定性的影响。

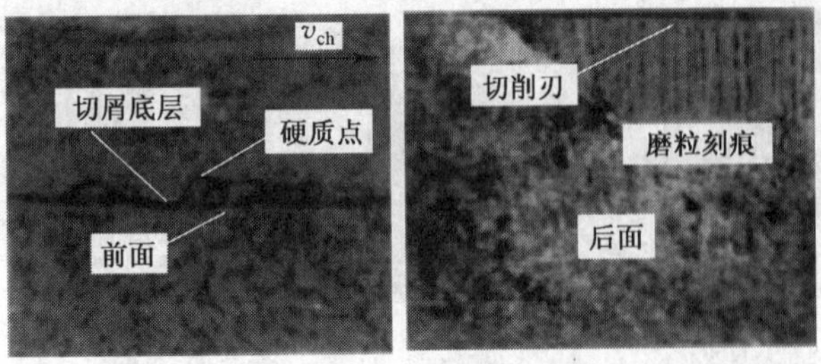

图 1－56 磨料磨损的显微结构[10]

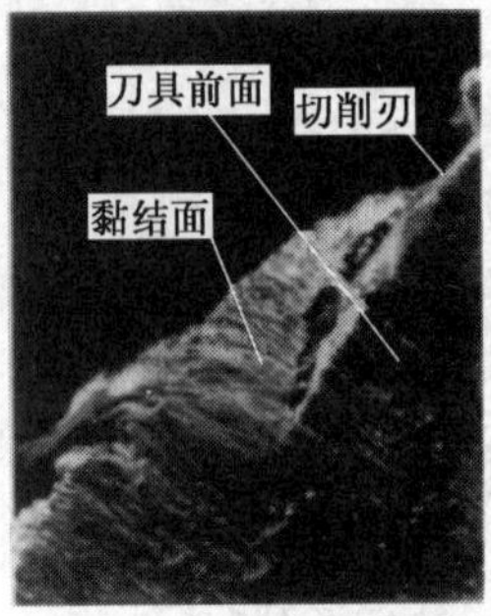

图 1－57 刀、屑间黏结磨损[10]

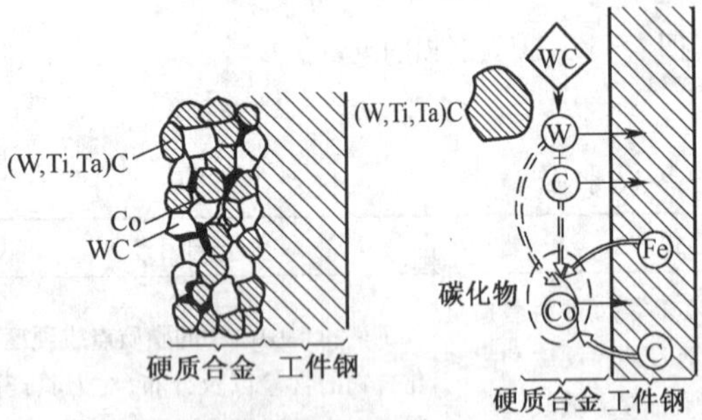

图 1－58 扩散磨损时原子间置换示意图[10]

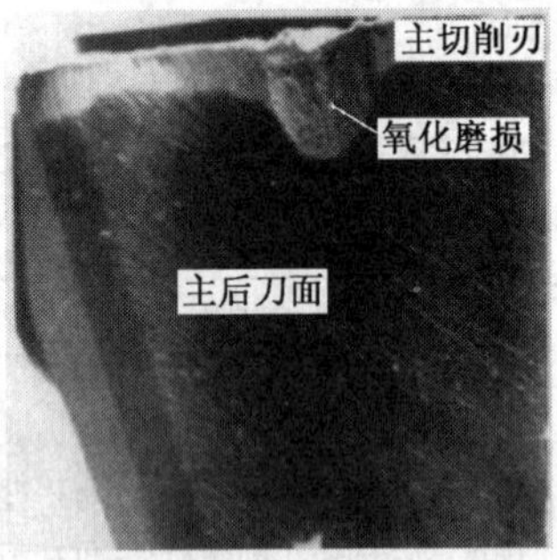

图 1－59 刀具氧化磨损图片[10]

1.4.3 刀具磨损过程及磨钝标准

刀具磨损到一定程度就不能继续使用，否则就会降低工件的尺寸精度和加工表面质量，同时也增加刀具的消耗和加工成本。刀具磨损到什么程度就不再使用，这需要制定一个磨钝标准，首先要研究刀具的磨损过程。

1. 刀具磨损的过程

后刀面磨损量随时间的增加而增大。图 1－60 为典型的刀具磨损曲线，其磨损过程分为初期、正常、剧烈 3 个阶段，如表 1－23 所列。

表 1－23 刀具磨损过程

磨损过程的阶段	各阶段的特点
初期磨损阶段（Ⅰ）	磨损曲线的斜率较大。由于刃磨后的新刀具其后刀面与加工表面的实际接触面积很小，压力很大，故磨损很快。此外，新刃磨的后刀面上的微观不平度也加速了磨损
正常磨损阶段（Ⅱ）	磨损曲线基本上是一条上行的直线，其斜率代表刀具正常工作时的磨损强度，磨损强度是比较刀具切削性能的重要指标之一。此范围是刀具正常工作的有效阶段
剧烈磨损阶段（Ⅲ）	磨损斜率很大，即磨损强度很大，产生的切削力大。此时刀具如继续工作，则不但不能保证加工质量和精度，而且会降低切削效率。故应当避免使刀具进入这一磨损阶段

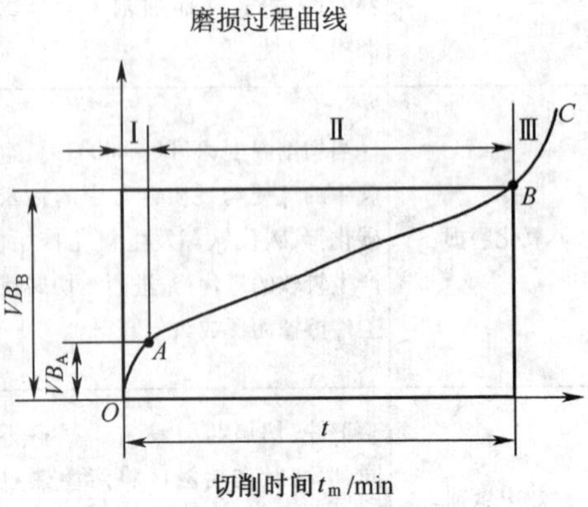

图 1－60 刀具磨损过程曲线

Ⅰ—初期磨损；Ⅱ—正常磨损；Ⅱ—剧烈磨损。

表 1－24 为刀具磨损对切削加工过程的影响。

表 1-24　刀具磨损对切削加工过程的影响

影响内容	影　响　情　况
切削力	随着磨损的增加而增加，寿命期临近前，F_x 和 F_y 达到主切削力 F_z
切削温度	随着磨损的增加，切削温度升高。因摩擦增大，切削温度高又促进了磨损，反复作用
切屑形成	月牙洼磨损增加后，C 形屑变窄，断屑更好，月牙洼当断屑槽用
表面状况	表面粗糙度增加，硬化层增加

2. 刀具磨钝标准

刀具磨损后将影响切削力、切削温度和加工质量，因此必须根据加工情况规定一个最大的允许磨损值，这就是刀具的磨钝标准。一般刀具的后刀面上都有磨损，它对加工精度和切削力的影响比前刀面磨损显著，同时后刀面磨损量比较容易测量，因此在刀具管理和金属切削的科学研究中多按后刀面磨损尺寸来制定磨钝标准。磨钝标准通常是指后刀面磨损带中间部分平均磨损量允许达到的最大值，以 VB 表示。制订钝损标准需考虑被加工对象的特点和加工条件的具体情况。

工艺系统的刚性较差时，应规定较小的磨钝标准。因为当后刀面磨损时，切削力将增大，尤以径向切削力 F_y 最为显著。与新刃磨过的车刀相比，VB 为 0.4mm 时，F_y 增加 12%～30%；VB＝0.8mm 时，F_y 增加 30%～50%。故车削刚性差的工件时，应控制在 VB<0.3mm；而车削刚性好的工件时，磨钝标准可取得大一些。

后刀面磨损后，切削温度升高。加工不同的工件材料，切削温度的升高也不相同，在相同的切削条件下，加工合金钢的切削温度高于碳素钢，加工高温合金及不锈钢的切削温度又高于合金钢。切削难加工材料一般应选用较小的磨钝标准，加工一般材料时磨钝标准可以大一些。

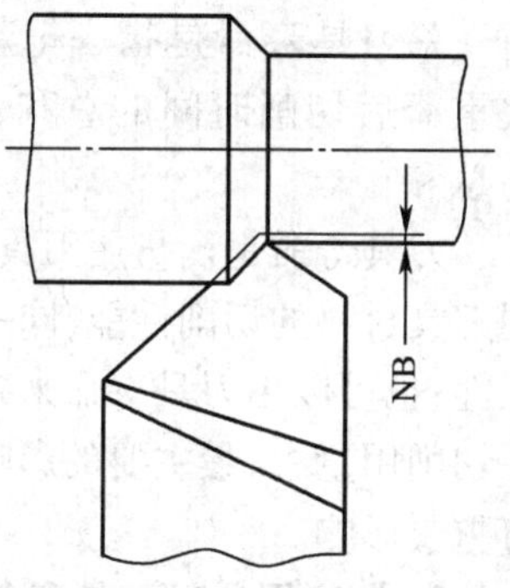

图 1-61　车刀的径向磨损量

加工精度及表面质量要求较高时，应当减小磨钝标准以确保加工质量。例如，在精车时，应控制在 VB<0.3mm 的范围内。加工大型工件时为避免中途换刀，一般采用较低的切削速度以延长刀具寿命，此时切削温度较低，可适当加大磨钝标准。在自动化生产中使用的精加工刀具，一般都依据工件的精度要求制订刀具磨钝标准。在这种情况下，常以刀具的径向磨损量 NB（图 1-61）作为衡量标准。此外，还需考虑工艺系统的弹性变形、刀具调整误差、工件尺寸的分布规律以及工件材料性质等因素，因此要用统计方法来确定刀具的磨钝标准。

根据生产实践中的调查资料，常用车刀的磨钝标准推荐值如表 1-25 所列。

表 1-25　常用车刀磨钝标准推荐值[20]

车刀类型	刀具材料	加工材料	加工性质	后刀面最大磨损限度/mm
外圆车刀、端面车刀、镗刀	高速钢	碳钢、合金钢、铸钢、非铁金属	粗车	1.5～2.0
			精车	1.0
		灰铸铁、可锻铸铁	粗车	2.0～3.0
			半精车	1.5～2.0
		耐热钢、不锈钢	粗、精车	1.0
	硬质合金	碳钢、合金钢	粗车	1.0～1.4
			精车	0.4～0.6
		铸铁	粗车	0.8～1.0
			精车	0.6～0.8
		耐热钢、不锈钢	粗、精车	0.8～1.0
		钛合金	精、半精车	0.4～0.5
		淬硬钢	精车	0.8～1.0

（续）

车刀类型	刀具材料	加工材料	加工性质	后刀面最大磨损限度/mm
切槽刀与切断刀	高速钢	钢、铸钢	—	0.8~1.0
		灰铸铁		1.5~2.0
	硬质合金	钢、铸钢		0.4~0.6
		灰铸铁		0.6~0.8
成形车刀	高速钢	碳钢		0.4~0.5

1.4.4 刀具寿命及其经验公式

1. 刀具寿命和总刀具寿命

刃磨后的刀具自开始切削直到磨损量达到磨钝标准为止的切削时间称为刀具寿命，也就是两次磨刀或转位之间的切削时间，多以符号 T 表示。刀具寿命指净切削时间，不包括用于对刀、测量、快进、回程等非切削时间。也有用达到磨钝标准前的切削路程 l_m 来定义刀具寿命的，l_m 等于切削速度 v_c 和刀具寿命 T 的乘积，即

$$l_m = v_c \cdot T \tag{1-22}$$

刀具寿命与刀具耐用度意义一致，本书中统一称为“刀具寿命”。

总刀具寿命是指一把新刀用到报废之前总的切削时间，对于需要重磨的刀具，总刀具寿命等于多次重磨后切削时间的总和；对于不需要重磨的刀具如可转位刀具，总刀具寿命等于多次转位切削时间的总和。

刀具寿命是衡量用刀具性能的重要指标。在相同时条件下切削同种材料时，可以用刀具寿命来比较不同刀具材料的切削性能；同一刀具材料切削几种不同材料时，又可以用刀具寿命来比较各工件材料的切削加工性；也可以用刀具寿命来判断刀具几何参数是否合理。工件材料、刀具材料的性能对刀具寿命影响最大。在切削用量中，最主要的影响因素是切削速度，其次是进给量、切削深度。此外，刀具几何参数对刀具寿命也有重要影响。

2. 切削用量对刀具寿命的影响

1）切削速度与刀具寿命的关系

切削速度与刀具寿命的关系是用试验方法求得的。试验前先选定刀具后刀面的磨钝标准。为了节约材料，同时又能反映刀具在正常工作情况下的磨损强度，按照 ISO 的规定：当切削刃参与切削部分的中部磨损均匀时，磨钝标准取 VB=0.3mm，若磨损不均匀时，磨钝标准取 VB=0.6mm。

选定磨钝标准后，在固定其他切削条件的情况下，只改变切削速度（如取 $v_c = v_1, v_2, v_3, v_4$ 等）做磨损试验，得出在各种速度下的刀具磨损曲线（图 1-62），再根据选定的磨钝标准 VB 求出在各切削速度下所对应的刀具寿命 T_1、T_2、T_3、T_4 等，然后在双对数坐标上定出 (T_1, v_1)、(T_2, v_2)、(T_3, v_3)、(T_4, v_4) 等点（图1-63）。在一定的切削速度范围内，这些点基本上分布在一条直线上。因此，这条在双对数坐标图上的直线可用下列方程表示：

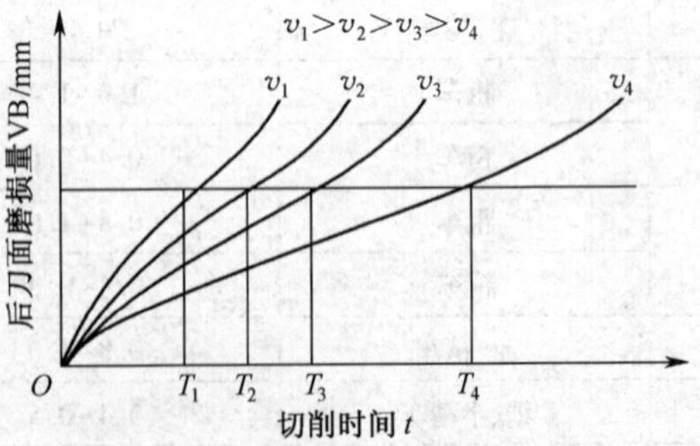

图 1-62 不同切削速度下的磨损曲线

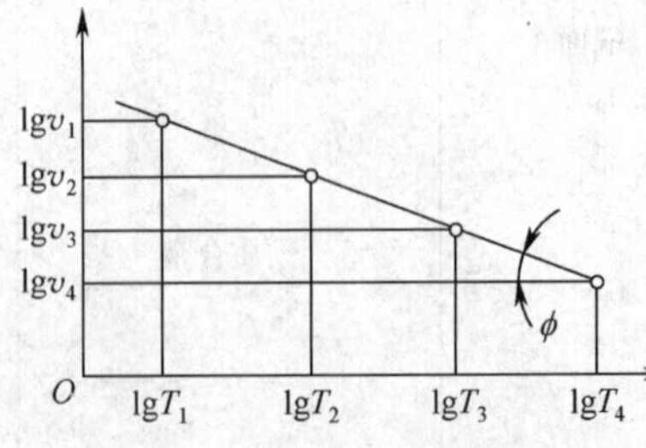

图 1-63 双对数坐标上的 T—v_c 关系

$$\lg v_c = -m\lg T + \lg A \tag{1-23}$$

式中：$m=\tan\phi$，即该直线的斜率；A 为当 $T=1\text{s}$（或 1min）时直线在纵坐标上的截距。

m 及 A 均可在图中实测。因此 T—v_c 关系式可写成

$$v_c = A/T^m \tag{1-24}$$

式（1-24）是 20 世纪初由美国工程师泰勒（F. W. Taylor）建立的，即通常所说的泰勒公式。式（1-24）表示了切削速度与刀具寿命之间的关系，是选择切削速度的重要依据。指数 m 表示切削速度对刀具寿命的影响程度。对于高速钢刀具，$m=0.1\sim0.125$；对于硬质合金刀具，$m=0.1\sim0.4$；对于陶瓷刀具，$m=0.2\sim0.4$。m 大，表明切削速度对刀具寿命的影响小，即刀具的切削性能较好。

m 值只是近似为常数。当切削速度变化范围较大时，m 值是变化的。切削速度提高，m 值有减小的趋势。

2）切削深度、进给量与刀具寿命的关系

按照求 v—T 关系式的方法，同样可以求得 f—T 和 a_p—T 关系式，即

$$f = B/T^n \tag{1-25}$$

$$a_p = C/T^p \tag{1-26}$$

式中：B、C 为相应常数；n、p 为相应指数。

综合式（1-24）~式（1-26），可以得到刀具寿命的三因素公式，即

$$T = \frac{C_T}{v_c^{1/m} f^{1/n} a_p^{1/p}} \tag{1-27}$$

式中：C_T 为与工件材料、刀具材料及其他切削条件有关的常数。

当用 YT15 硬质合金车刀切削 $\sigma_b=0.75\text{GPa}$ 的碳钢，$f>0.75\text{mm/r}$ 时，切削用量与刀具寿命的关系为

$$T = \frac{C_T}{v_c^{5} f^{2.25} a_p^{0.75}} \tag{1-28}$$

由式（1-28）可以得出：

（1）当切削速度提高 1 倍，其他条件不变时，刀具寿命 T 降低为原来的 1/32。

（2）当进给量提高 1 倍，其他条件不变时，刀具寿命 T 降低为原来的 4/19。

（3）当切削深度提高 1 倍，其他条件不变时，刀具寿命 T 降低为原来的 3/5。

可以看出，切削速度对刀具寿命的影响最大，其次是进给量，切削深度影响最小。所以在优选切削用量以提高生产率时，其选择的先后顺序应为：首先尽量选用大的切削深度 a_p；然后根据加工条件和加工要求选取允许的最大进给量 f；最后在刀具寿命或机床功率所允许的情况下选取最大的切削速度 v_c。

切削速度对刀具寿命影响最大，其次是进给量，它在刀具寿命线图中表现为平行线，前提是工件材料和刀具材料都应不变，有必要考虑更多因素的影响，如切削深度、前角、后角、主偏角、工件材料、刀具材料以及冷却润滑等因素。如改变工件材料，刀具材料和刀具寿命标准，则刀具寿命直线就是另一斜率。影响刀具寿命的因素如表 1-26 所列。

表 1-26　影响刀具寿命的因素[8]

影响因素	切削速度 v_c/（$\text{m}\cdot\text{min}^{-1}$）	进给量 f/（$\text{mm}\cdot\text{r}^{-1}$）	切削深度 a_p/ mm
切削条件	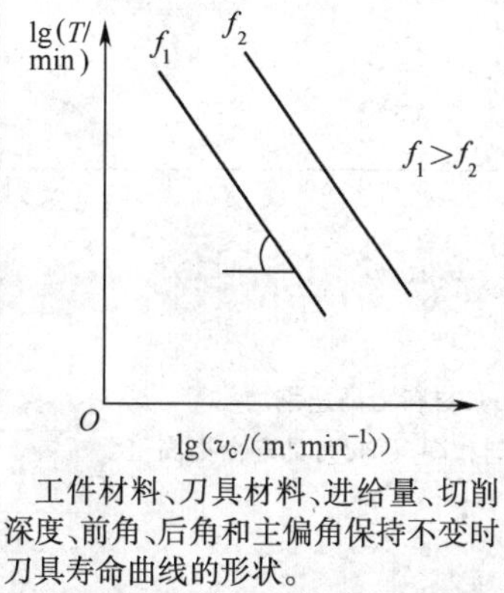 工件材料、刀具材料、进给量、切削深度、前角、后角和主偏角保持不变时刀具寿命曲线的形状。 若切削速度增加，则在相同条件下刀具寿命下降	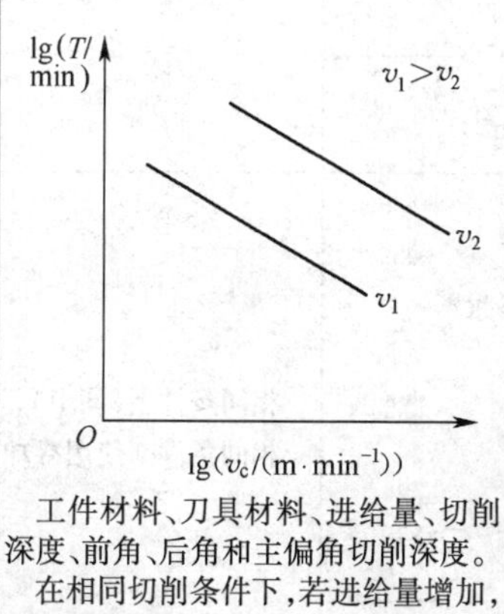 工件材料、刀具材料、进给量、切削深度、前角、后角和主偏角切削深度。 在相同切削条件下，若进给量增加，则刀具寿命下降；反之，则增加	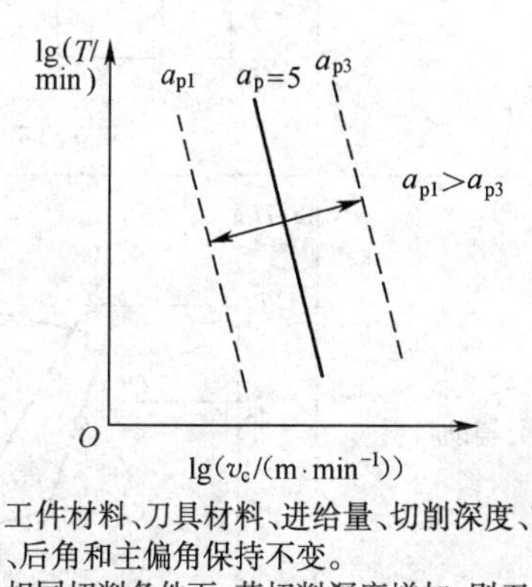 工件材料、刀具材料、进给量、切削深度、前角、后角和主偏角保持不变。 相同切削条件下，若切削深度增加，则刀具寿命下降；反之，则增加

（续）

影响因素	切削速度 v_c/(m·min^{-1})	进给量 f/(mm·r^{-1})	切削深度 a_p/ mm
	前角 γ_0 /(°)	后角 α_0 /(°)	主偏角 κ_r /(°)
刀具几何角度	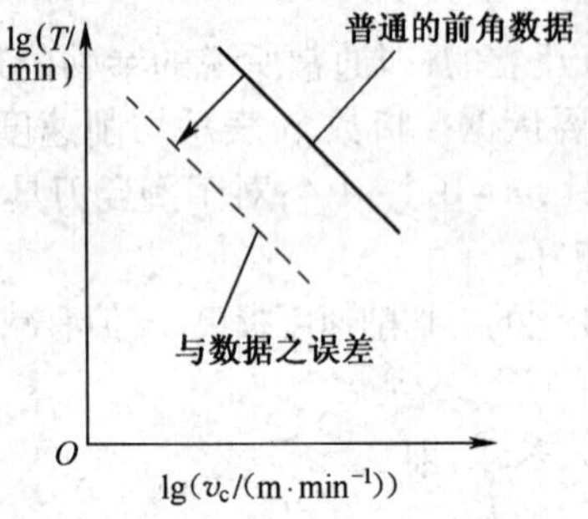 相同条件下(同上),前角不为常数。如前角与普通数据相差太多,刀具寿命在相同条件下下降。 正前角:楔角小。负前角:月牙洼大	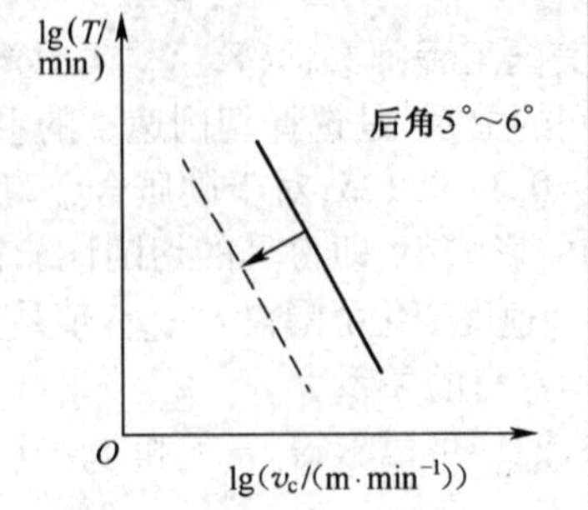 相同条件下(同上),后角不为常数。 使后角< 5° ~ 6°,相同条件下,由于后刀面上的摩擦较大,刀具寿命下降。当后角>15°时,楔角太小,不利于切削	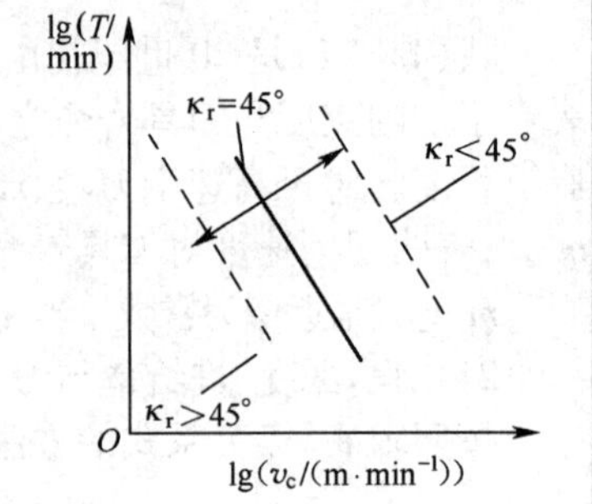 相同条件下(同上),主偏角不为常数。 主偏角越小,参与切削的切刃越长,相同条件下,刀具寿命较长;反之,则较短
工件材料	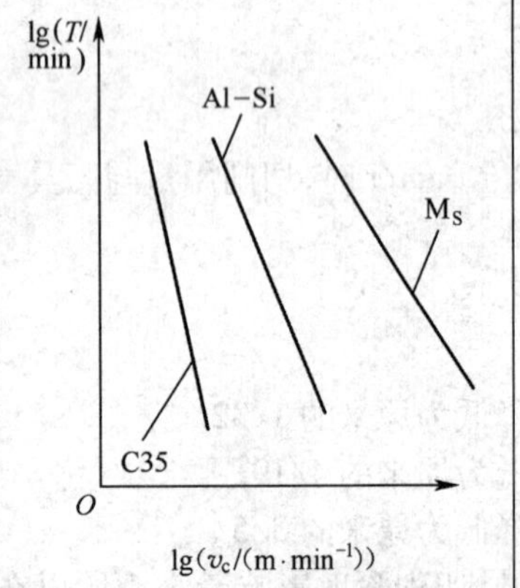 对于不同的材料,刀具寿命直线的斜率发生变化	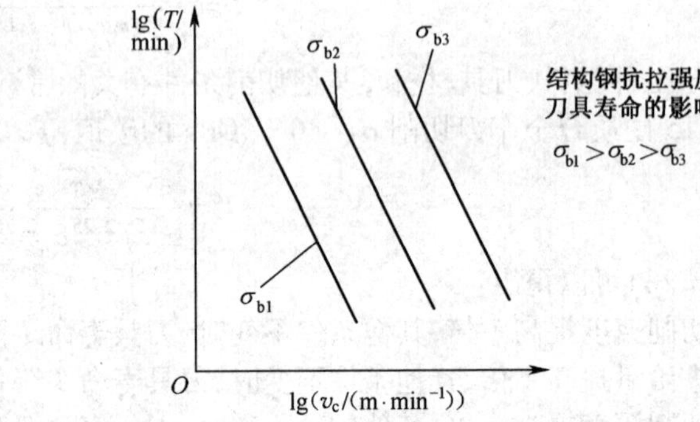 相同条件下(同上),改变工件材料。组织、硬度、抗拉强度和合金成分影响刀具寿命。相同条件下,当组织中的珠光体增加,硬度增加,材料抗拉强度增加,刀具寿命下降	
刀具材料	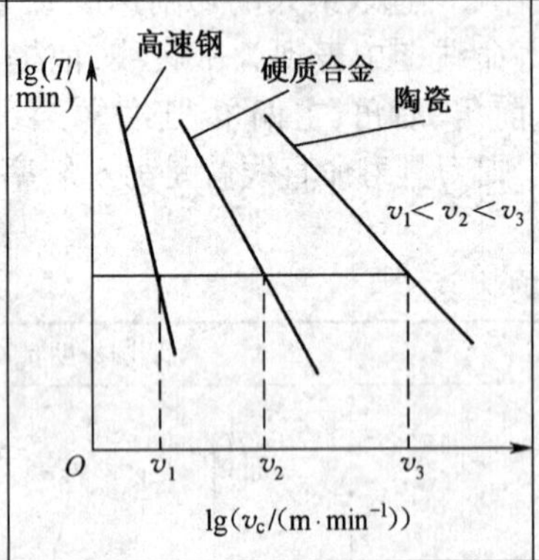	相同条件下(同上),改变刀具材料不为常数,刀具材料对刀具寿命的影响极大,如左图所示。对于同样的刀具寿命 T,刀具材料改善了,就可以获得更高的切削速度	
辅助材料	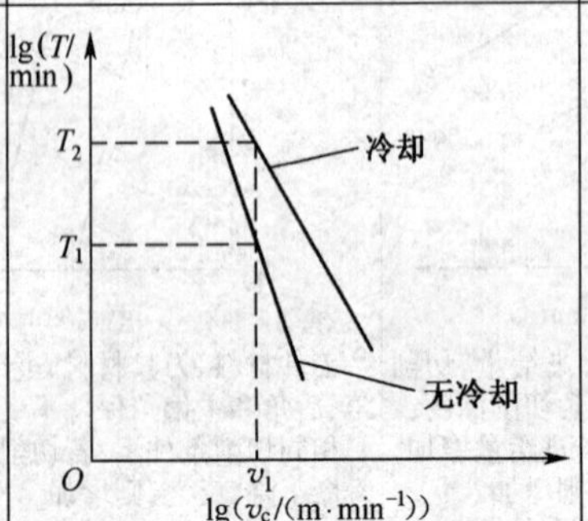	相同条件下(同上),刀具材料为高速钢。 相同条件下使用冷却剂和润滑剂,刀具寿命提高	

在生产实践中，刀具寿命常按如下数据确定：

（1）高速钢车刀：30~60min；

（2）硬质合金焊接车刀：15~60min；

（3）硬质合金可转位车刀：15~45min；

（4）组合机床、自动线刀具：240~480min；

（5）硬质合金面铣刀：90~180min。

总之，便于刃磨、调整方便的刀具寿命可选低些，反之刀具寿命选高些；简单的刀具，如车刀、钻头等的刀具寿命可选低些；结构复杂和精密的刀具，如成形车刀、拉刀、齿轮刀具等的刀具寿命可选高些。

3）T-v_c 关系的“驼峰”性

式（1－24）所示 T-v_c 关系的经验公式只在一定切削速度范围内适用，如果切削速度在很广的范围内进行刀具寿命试验，则所得的 T-v_c 曲线往往不是单调的函数关系而是形成“驼峰”形的曲线（图1－64）。在较低的速度范围内，当 v_c 提高时，T 不但不减小，反而增大，到达某一速度时 T 有最大值。速度继续提高，T 才单调下降。对应曲线下降部分，就是泰勒公式有效的速度范围。同样，切削路程与速度的关系曲线，即 l_m-v_c 关系也具有“驼峰”性。

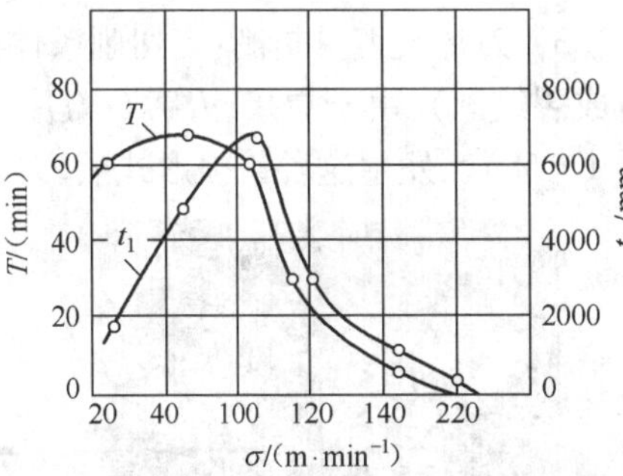

图1－64　T-v_c、l_m-v_c“驼峰”曲线[6]

工件材料 11Cr11Ni2W2MoV；

切削用量：a_p = 2mm，f = 0.48mm/r，VB = 0.3mm。

“驼峰”处的刀具寿命最高或切削路程最长，能否说明此处的切削速度就是最佳的切削速度？答案是否定的。此处的切削速度偏低，金属切除率也“较低”，在生产中往往没有实用价值。一般生产中常选用位于“驼峰”以右的切削速度。

1.4.5　刀具的破损

在切削加工中，刀具不经过正常磨损而在很短时间内突然损坏以致失效，这种情况称为破损。刀具破损的形式很多，如烧刃、卷刃、崩刃、断裂、表层剥落等。对于不同性质的刀具材料和不同的切削条件，将出现不同的破损情况。

1. 刀具破损的主要形式

1）工具钢、高速钢刀具

相对于硬质合金而言，工具钢、高速钢的韧性较好，在一般切削条件下，甚至在断续切削时都不易发生崩刃等情况，但是它们的硬度和耐热性较低，当切削用量过大，尤其是切削速度过高，使切削温度超过一定数值时，它们的金相组织就会发生变化，从而丧失切削能力。此时，切削刃和刀尖部分变色，瞬时严重损坏，人们常称为烧刀。当工具钢、高速钢刀具热处理不当，没有达到应有的硬度，或者虽然达到了应有硬度，但用来切削高硬工件材料时，则在重切削刀具（如车刀、铣刀）上，切削刃和刀尖部分可能产生塑性变形，在精加工、薄切削刀具（如拉刀、铰刀）上可产生卷刃。产生塑性变形后，切削刃部分的形状和几何参数都将发生变化，使刀具迅速磨损，产生卷刃后，刀具不能继续工作。有些工具钢、高速钢刀具，如钻头、丝锥、拉刀、立铣刀等，当切削负荷过重、刀具材料中有缺陷或刀具设计不当时，其工作部分或夹固部分会产生折断，如图1－65所示。

2）硬质合金、陶瓷、立方氮化硼、金刚石刀具

这些刀具材料与工具钢、高速钢相比，硬度和耐热性较高，因此不易发生烧刀和卷刃；但它们的韧性较低，组织结构比较不均，因此很容易发生崩刃、折断等情况。

（1）切削刃微崩：当工件材料的组织、硬度、余量不均，前角偏大导致切削刃强度偏低，工艺系统刚性不足产生振动，或进行断续切削，刃磨质量欠佳时，切削刃容易发生微崩（图1－66），即刃区出现微小的崩落、缺口或剥落。出现这种情况后，刀具将失去部分切削能力，但还能继续工作。

（2）切削刃崩碎（图 1－67）或刀尖崩碎：这种破损形式常在比造成切削刃微崩更为恶劣的切削条件下产生，或者是微崩的进一步发展。崩碎的尺寸和范围都比微崩大，使刀具完全丧失切削能力，而不得不终止工作。

图 1－65　高速钢立铣刀的折断

图 1－66　硬质合金刀具的切削刃微崩[6]

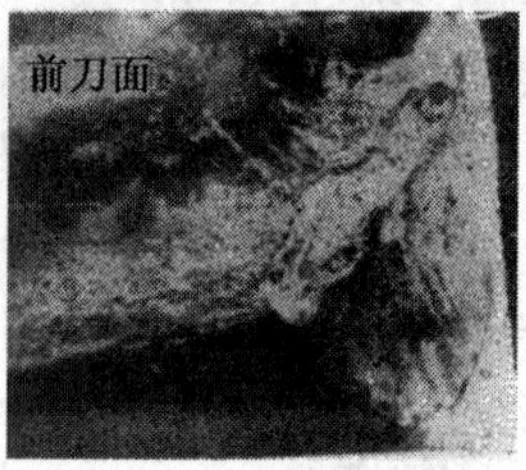

图 1－67　硬质合金刀具的切削刃崩碎[6]

（3）刀片或刀具折断：当切削条件极为恶劣，切削用量过大，有冲击载荷，刀片或刀具材料中有微裂纹（造成裂纹源），由于焊接、刃磨在刀片中存在残余应力时，加上操作不慎等因素，可能造成刀片或刀具折断（图 1－68）。发生这种破损形式后，刀具或刀片不能继续使用，导致报废。

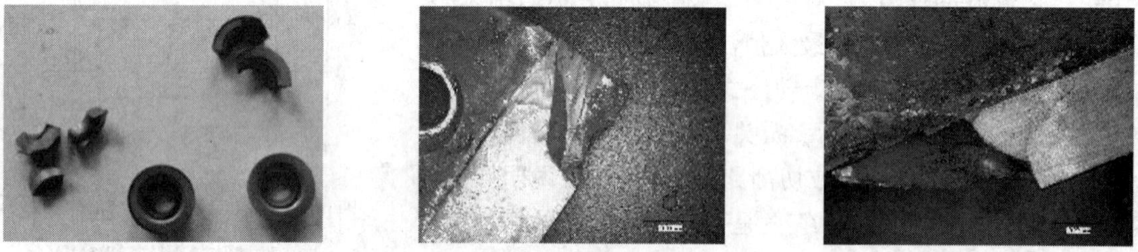

（a）圆形刀片折断　（b）刀尖受冲击脆性断裂　（c）刀刃受冲击断裂破损

图 1－68　刀片断裂破损

（4）刀片表层剥落：对于脆性很大的刀具材料，如硬质合金、陶瓷、立方氮化硼等，由于表层组织中有缺陷或潜在裂纹，或焊接、刃磨而使表层存在着残余应力，在切削过程不够稳定或刀具表面承受交变接触应力时，极易产生表层剥落（图 1－69）。剥落可能发生在前刀面（图 1－69（a）），也可能发生在后刀面（图 1－69（b）），剥落物呈片状，剥落面积较大。涂层硬金合金刀片上表面涂层材料（如 TiC）的线膨胀系数大于基体材料，经过涂层工艺，刀片表面有残余拉应力，且涂层和基体间有脆性较大的中间层，故产生剥落的可能性很大。刀片表面轻微剥落后，尚能继续工作，严重剥落后将丧失切削能力。

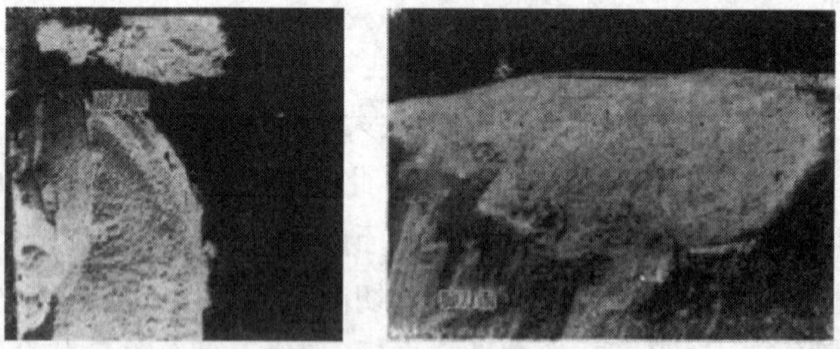

（a）　（b）

图 1－69　硬质合金刀片的表层剥落[6]

（5）切削部位塑性变形：工具钢、高速钢刀具的切削部位可能产生塑性变形。硬质合金刀具在高温和三向压应力状态下工作时，也会产生表层塑性流动，甚至使切削刃或刀尖发生塑性变形而造成塌陷。塌陷一般发生在切削用量较大和加工硬材料的情况下。TiC 基硬质合金的弹性模量小于 WC 基硬质合金，故前者抗塑性变形能力较差。伴随着塌陷，前刀面可能被压裂（图 1－70）。切削部分塑性变形后，将使刀具磨损加快或迅速失效。

3）常用刀具的黏结破损形式及机理

（1）铣刀黏结破损：波形刃铣刀片和平前刀面铣刀片铣削 2.25Cr1Mo0.25V 钢时，在前刀面都会形成与切屑流出方向相一致的黏结破损痕迹，如图 1－71 和图 1－72 所示。

(a) 刀具塑性断裂面效果

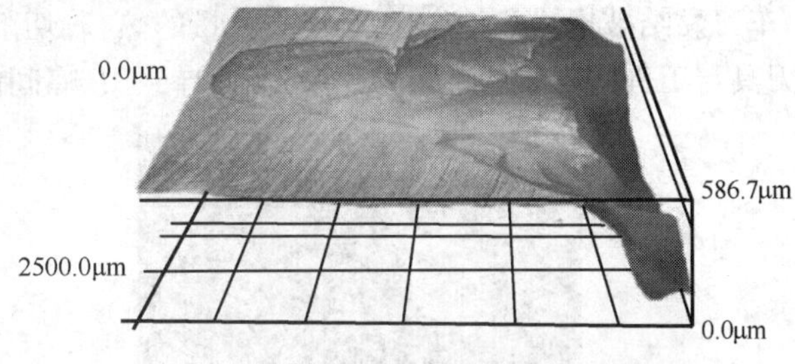

(b) 区域断裂形貌径深测量图

图 1-70　刀片塑性断裂分析图

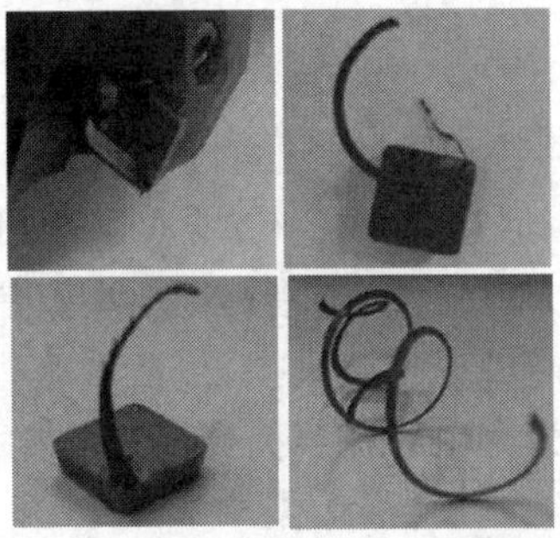

图 1-71　平前刀面刀片黏结形貌图

图 1-72　波形刃刀片黏结形貌图

两种刀片黏结破损形貌如图 1-73 所示。从图可看出，波形刃铣刀片破损主要在离刀尖一定距离处的前刀面上产生小缺口（轻微崩刃），在刀尖处主要发生磨损；平刀片主要在刀尖处发生明显的破损，由于黏结剥离材料而产生破损。

(a) 黏结切屑的波形刃刀片

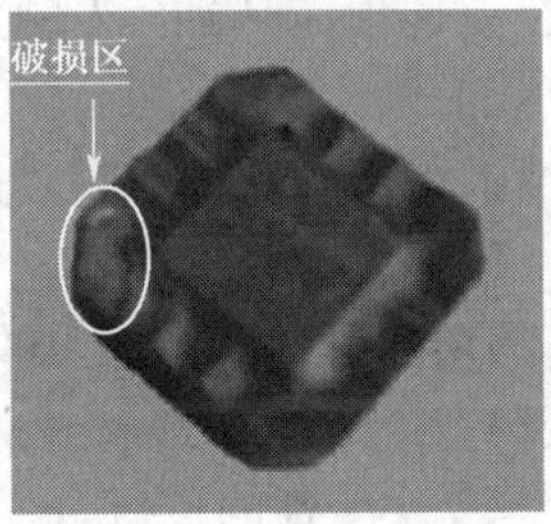

(b) 波形刃刀片黏结破损

(c) 黏有切屑的平刀片

(d) 平前刀面刀片黏结破损

图 1-73　两种刀片黏结破损形貌图

图 1-74 是刀片在黏结破损试验中破损面的扫描电子显微形貌图，形成了丘陵起伏状的黏结破损形貌；进一步进行刀-屑断面扫描电镜分析发现，刀-屑界面双方通过原子之间的相互扩散、熔融和再结晶，在某些区域形成牢固的黏结，如图 1-74(a) 和图 1-74(b) 所示。由于在刀具表层和亚表层存在裂纹，如图 1-74(c) 所示，一部分刀具材料被切屑带走，这样在铣削热和铣削力共同作用下，刀-屑界面间产生黏结，撕裂，再黏结，再撕裂，……，周期循环，最终导致丘陵起伏状形貌的黏结破损而使刀具失效。

(a) 刀-屑界面的熔断

(b) 刀-屑界面间再结晶

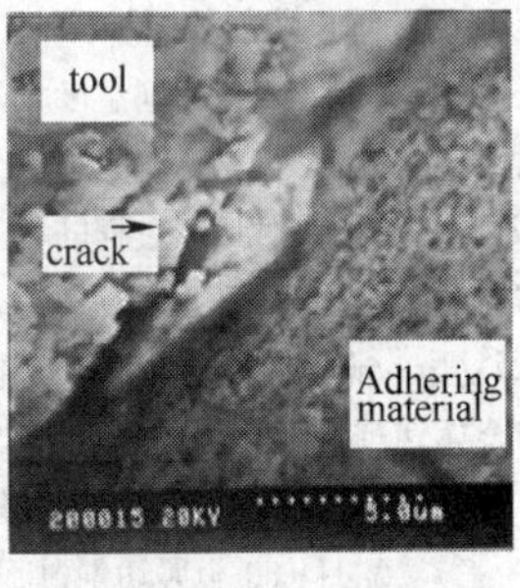

(c) 表层和亚表层产生裂纹

图 1-74　刀具黏结破损机理图

（2）车刀黏结破损：高速切削时会产生大量的热，若切削刀具的散热条件和导热性能差，则会引起刀具与切屑、刀具与工件间热量的大量堆积聚，从而导致刀-屑间的黏结破损，如图1-75所示。

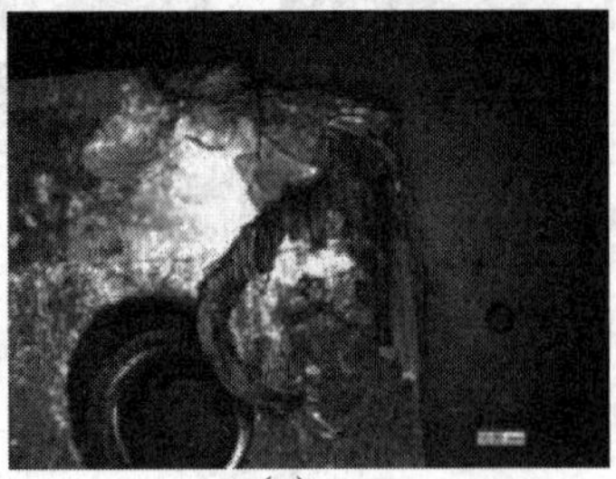
(a)

(b)

图1-75 刀屑黏结图

上述介绍了刀具破损的主要形式，在使用工具钢、高速钢作为主要刀具材料的时代，只要保证刀具热处理质量，合理地选择切削用量，则刀具破损的问题并不显得很突出。但近几十年来，硬质合金刀具在切削加工中的应用越来越广泛，已成为用得最多的刀具材料之一，陶瓷、立方氮化硼、金刚石等新型刀具材料也相继得到应用。它们的韧性都较低，很容易出现各种形式的破损。如何避免或减少破损，是使用这些刀具材料时必须注意的问题。在自动机床和自动生产线的加工中，这个问题尤为突出。在当前金属切削学科中，对刀具破损机理的研究已越来越受到人们的重视。

2. 刀具破损的预防

预防刀具破损一般可采取以下措施：

（1）针对被加工材料和工件的特点合理选择刀具材料的种类及牌号。在具备一定硬度和耐磨性的前提下，必须保证刀具材料有必要的韧性。

（2）合理选择刀具几何参数。通过调整前角、后角、主偏角、副偏角、刃倾角等，保证切削刃和刀尖具有较好的强度。在切削刃上磨出负倒棱，是防止崩刃的有效措施。

（3）保证焊接和刃磨的质量，避免因焊接、刃磨不当而带来的各种问题。关键工序所用的刀具，其刀面应经过研磨以提高表面质量，并检查有无裂纹。

（4）合理选择切削用量，避免过大的切削力和过高的切削温度，以防止刀具破损。

（5）尽可能保证工艺系统具有较好的刚性，减小振动。

（6）采取正确的操作方法，尽量使刀具不承受或少承受突变性的负荷。

参考文献

[1] 周泽华．金属切削原理[M]．第二版．上海：上海科学技术出版社，1992.
[2] 陈日曜．金属切削原理[M]．第二版．北京：机械工业出版社，1992.
[3] 谭美田．金属切削微观研究．上海：上海科学技术出版社，1988.
[4] 安虎平，盛冬发，银光球．滑移线基本理论及其在金属切削加工中的应用[J]．中国工程机械学报，2009(3)：305-311.
[5] 刘献礼，张中民，李振加．几种刀片槽断屑性能试验分析[J]．机械制造，1995，(4)：7-9.
[6] 邓格纳(东德)，等．切削加工[M]．张信，等译．北京：机械工业出版社，1983.
[7] 汪木兰，左健民，等．高速切削温度场的三维有限元建模与动态仿真[J]．现代制造工程，2010(2)：80-83.
[8] 朱江新，夏天，范威．基于ABAQUS的金属切削过程模拟[J]．工具技术，2010(5)：50-52.
[9] 梁磊．刀具几何参数对切削过程的影响．工具技术，2009(9)：29-32.
[10] 陈涛，刘献礼，罗国涛．PCBN刀具硬态切削淬硬轴承钢的数值模拟与实验研究[J]．系统仿真学报，2009(17)：5586-5588.
[11] 李涛，顾立志．金属切削过程有限元仿真关键技术及应考虑的若干问题[J]．工具技术，2008(12)：14-18.
[12] 上海市金属切削技术协会．金属切削手册[M]．上海：上海科学技术出版社，2004.
[13] 杨红科，宋海潮．金属切削过程中晶体塑性变形的有限元分析[J]．工具技术，2010(9)：44-46.
[14] 李初晔，王焱，孟月梅．金属切削过程有限元数值模拟[J]，航空制造技术，2010(22)：28-33.
[15] 文东辉，刘献礼．硬质合金刀具干式切削力的仿真．硬质合金，2001，18(3)：164-167.
[16] MMC/KTE/MMTC培训项目小组．三菱切削加工技术[Z]．三菱综合材料株式会社，2007.

[17] 王德发. 简明金属切削手册[M]. 上海:上海科学技术出版社,2007.
[18] 袁哲俊,刘华明. 金属切削刀具设计手册[M]. 北京:机械工业出版社,2008.
[19] 张中民,刘献礼. 不同材料刀具的寿命对比试验[J]. 哈尔滨科学技术大学学报,1995,19(2):5-8.
[20] 侯世香,刘献礼,文东辉. 干式切削技术发展现状[J]. 机械工艺师. 2000(7):37~38.
[21] 张京,冯平法,吴志军,等. 一种借助有限元传热仿真的刀尖点切削温度精确测量方法[J],工具技术,2010(1):85-87.
[22] 沈永红. 金属切削加工基础[M]. 北京:机械工业出版社,2009.

第2章 刀具材料

2.1 概 述

金属切削过程中的加工质量、加工效率、加工成本在很大程度上取决于刀具的合理选择。材料、涂层和几何结构是构成刀具切削性能评估的三大要素。刀具的切削性能首先取决于刀具材料,因此合理选择刀具材料是刀具设计制造的第一步,也是刀具使用性能的先决条件。根据具体的刀具品种,结合具体的加工对象来选择合适的切削刀具材料,同时又根据已知刀具材料的性能选择合适的切削参数,这样才能获得最佳的切削效果。

近代金属切削刀具材料从碳素工具钢、高速钢发展到今天的硬质合金、陶瓷,以及立方氮化硼等超硬刀具材料,使切削速度从每分钟几米飚升到每分钟千米乃至每分钟万米,切削加工效率在不到100年内提高了100多倍。随着数控机床和难加工材料的不断发展,刀具的材料性能在不断提高。要实现高速切削、干切削、硬切削必须有好的刀具材料。在影响金属切削发展的诸多因素中,刀具材料起着决定性作用。金属切削过程中,刀具切削部分是在高温、高压、摩擦、冲击和振动等恶劣条件下工作的。从刀具使用寿命来看,对刀具材料的性能要求主要是耐磨性、强韧性、高温热硬性等,而对于不同刀具品种和不同加工条件对,刀具的性能要求又有所不同,同时不同的刀具材料适合不同的应用领域,因此,了解各种刀具的特点是正确选用刀具材料的前提。

2.1.1 刀具材料的基本性能

1. 高硬度

刀具材料的硬度必须高于被加工材料的硬度才能切下金属,这是刀具材料必备的基本要求,现有刀具材料硬度都在60HRC以上。刀具材料越硬,其耐磨性越好,但由于切削条件较复杂,材料的耐磨性还取决于其化学成分和金相组织的稳定性。刀具材料硬度大小的顺序:金刚石>立方氮化硼>陶瓷>金属陶瓷>硬质合金>高速钢。

2. 高强度与强韧性

强度是指刀具材料抵抗切削力的作用而不致于使切削刃崩碎与刀杆折断所应具备的性能,一般用抗弯强度来表示。冲击韧性是指刀具材料在间断切削或有冲击的工作条件下保证不崩刃的能力,一般,硬度越高,冲击韧性越低,材料越脆。硬度和韧性是一对矛盾,也是刀具材料需要解决的一个难题。如果刀具材料没有足够的强度和韧性,刀具就会产生脆性断裂和崩刃等。例如,车削45钢时,当 $a_p = 4mm$,$f = 0.5mm/r$ 时,刀片要承受4000N的切削力。刀具材料抗弯强度大小的顺序:高速钢>硬质合金>陶瓷>金刚石和立方氮化硼。刀具材料断裂韧性度大小的顺序:高速钢>硬质合金>立方氮化硼、金刚石和陶瓷。

3. 较强的耐磨性和耐热性

耐热性又称热硬性,是衡量刀具材料性能的主要指标。它综合反映了刀具材料在高温下保持硬度、耐磨性、强度、抗氧化、抗黏结和抗扩散的能力。一般来说,刀具材料硬度越高,耐磨性也越好。刀具材料的耐热性是指所能承受的高温性能,同时具备良好的抗氧化能力。现代切削技术如高速切削、高硬切削等,切削温度很高,因此,为适应该类加工,刀具材料应具有优异的高温力学、物理和化学性能。

4. 良好的工艺性与经济性

为了便于制造,刀具材料应有良好的工艺性,如锻造、热处理及磨削加工性能。当然,在制造和选用时应综合考虑经济性。目前超硬材料及涂层刀具材料费用都较昂贵,但其使用寿命很长,在成批大量生产中,分摊到每个零件中的费用反而有所降低，因此性价比是评价新型刀具材料的重要指标之一，也是正确选用刀具材料、降低加工成本的重要依据之一。

2.1.2　刀具材料的性能特点及应用范围

刀具材料通常分为6类，包括若干系列。目前应用较多的刀具材料包括高速钢、硬质合金、金属陶瓷、陶瓷、立方氮化硼和金刚石等。各类刀具材料的成分参考范围见表2-1，各类刀具材料中的硬质材料的特性见表2-2，常用刀具材料的物理、力学性能参见表2-3。

表2-1　各类刀具材料的成分参考范围　　单位：%

类别＼成分	C	Cr	Mo	V	W	Ti	Ta	Fe	Co	Ni	Al_2O_3	Si_3N_4
高速钢	0.75~1.5	3.5~4.5		1~5	2~20	—	—	60~80	0~15	—	—	—
硬质合金	4~10	—	—	—	30~90	0~34	0~10	—	5~30	—	—	—
金属陶瓷	7~12	—	15~10	—	10~30	40~60	0~10	—	0~10	5~20	—	—
陶　瓷	0.1~3.0	—	—	—	0~50	0~10	—	—	—	45~99.5	70~99	
金刚石	100	—	—	—	—	—	—	—	—	—	—	—

表2-2　各类刀具材料中硬质材料的特性

刀具材料中的硬质材料	硬度/HV	生成自由能/(kcal/(g·atm))	对铁的溶解量1250℃/%	热导率/(W/(m·K))	热膨胀系数/($\times10^{-6}$/K)	适用刀具材料或涂层
金刚石(C)	>9000	—	易反应	2100	3.1	金刚石烧结体
立方氮化硼(CBN)	>4500	—	—	1300	4.7	CBN烧结体
氮化硅(Si_3N_4)	1600	—	—	100	3.4	陶瓷
氧化铝(Al_2O_3)	2100	-100	≈0	29	7.8	涂层陶瓷
碳化钛（TiC）	3200	-35	<0.5	21	7.4	涂层金属陶瓷 硬质合金
氮化钛（TiN）	2500	-50	—	29	9.4	涂层金属陶瓷
碳化钽（TaC）	1800	-40	0.5	21	6.3	硬质合金
碳化钨（WC）	2100	-10	7	121	5.2	硬质合金

表2-3　常用刀具材料物理、力学性能

类别＼性能	密度/(g/cm^3)	硬度	抗弯强度/MPa	冲击韧性/(kJ/m^2)	弹性模量/(MPa)	耐热性/℃
高速钢	8~8.8	63~70HRC	2000~4000	100~600	200°~230°	600~650
硬质合金	8~15	89~93.5HRA	1100~2600	25~60	420°~630°	800~1000
金属陶瓷	5.6~7.6	91~94HRA	100~2000	K_{IC}7~12		
陶　瓷	3.6~6.9	92~95HRA	400~1200	K_{IC}2~12	400°~500°	1200
天然单晶金刚石	3.47~3.56	10000HV	280	—	900°~1600°	700~900
聚晶人造金刚石	3.2~3.6	6000~10000HV	400~600	—	900°	700~800
聚晶立方氮化硼	3.1~3.5	3500~8000HV	500~600	6	720°	1000~1300

注：K_{IC}表示材料的断裂韧性（MPa·m$^{1/2}$）

从表中可知，每一种刀具材料由一定的材料成分构成，各种刀具材料具体成分的性能差异较大，因此各种刀具材料具有不同的性能，也就决定了不同的刀具材料有不同工件材料的针对对象。GB/T 17111—2008和GB/T 2075—2007分别定义了各种刀具材料的具体分类情况。表2-4列出了硬切削材料的分类和用途，本标准包括硬质合金、金属陶瓷、陶瓷、氮化硼和金刚石等硬切削材料的分类和用途，以及它们的应用。

表2-4 硬切削材料的分类和用途

用途大组			用途小组			
字母符号	识别颜色	被加工材料	硬切削材料			
P	蓝色	钢：除不锈钢外所有带奥氏体结构的钢和铸钢	P01 P10 P20 P30 P40 P50	P05 P15 P25 P35 P45	a ↑	b ↓
M	黄色	不锈钢：不锈奥氏体钢或铁素体钢、铸钢	M01 M10 M20 M30 M40	M05 M15 M25 M35	a ↑	b ↓
K	红色	铸铁：灰铸铁、球状石墨铸铁、可锻铸铁	K01 K10 K20 K30 K40	K05 K15 K25 K35	a ↑	b ↓
N	绿色	非铁金属：铝、其他非铁金属、非金属材料	N01 N10 N20 N30	N05 N15 N25	a ↑	b ↓
S	褐色	超级合金和钛：基于铁的耐热特种合金、镍、钴、钛、钛合金	S01 S10 S20 S30	S05 S15 S25	a ↑	b ↓
H	灰色	硬材料：硬化钢、硬化铸铁材料、冷硬铸铁	H01 H10 H20 H30	H05 H15 H25	a ↑	b ↓

注：a：增加速度，增加切削材料的耐磨性。
b：增加进给量，增加切削材料的韧性

2.1.3 刀具材料与加工材料的匹配特性

刀具材料从碳素工具钢、高速钢发展到如今的硬质合金、立方氮化硼等超硬刀具材料，其硬度越来越高，韧性却越来越差。“工欲善其事，必先利其器”，所谓万能刀具是不存在的。不同的刀具材料或同一种刀具加工不同的工件材料时，切削效果往往会存在很大的差别，每一种刀具材料都有其特定的加工范围，只能适应一部分工件材料和一定的切削用量范围，即切削刀具材料与加工材料存在合理匹配的问题。切削刀具材料与加工材料的匹配主要指两者的物理性能、力学性能和化学性能应相匹配。根据加工材料合理选用刀具材料，才能获得理想的加工效率和低的生产成本。

刀具的物理性能决定了它所适合加工的工件材料。如工件导热性差时，加工时应采用导热较好的刀具材料，以利于切削热迅速传出而降低切削区域温度。常用刀具材料物理性能比较见表2-5。切削刀具材料与工件材料的熔点、弹性模量、热导率、热膨胀系数、抗热冲击性能等物理性能参数应相匹配。

表2-5 常用刀具材料物理性能比较

物理性能	热导率	热膨胀系数	抗热冲击性能	耐热性能
高	PCD	HSS	HSS	PCBN(1300~1500℃)
↑	PCBN	WC 基硬质合金	WC 基硬质合金	陶瓷(1100~1200℃)
	WC 基硬质合金	金属陶瓷	Si_3N_4基陶瓷	金属陶瓷(900~1100℃)
	金属陶瓷	Al_2O_3基陶瓷	PCBN	WC 基超细晶粒硬质合金(800~900℃)
	HSS	PCBN	PCD	
低	Si_3N_4基陶瓷	Si_3N_4基陶瓷	金属陶瓷	PCD(700~800℃)
	Al_2O_3基陶瓷	PCD	Al_2O_3基陶瓷	HSS(600~700℃)

由表2-5可以看出,金刚石由于导热率高,切削热容易散出,故刀具切削部分温度低。同时,金刚石的热膨胀系数约为高速钢的1/10,因此,在精密加工中,金刚石刀具不会产生很大的热变形,满足要求很高的尺寸精度。立方氮化硼的导热性虽然不如金刚石高,但耐热性比金刚石几乎高1倍,而且,它具有随切削温度的升高热导率逐渐增加的特性,在高速切削及硬切削中,使刀尖处切削温度降低,减少刀具的扩散磨损并有利于高速精加工时提高工件精度。

常用刀具材料力学性能的比较见表2-6。切削刀具材料与工件材料的硬度和抗弯强度、断裂韧性等力学性能参数应相匹配,具有不同力学性能的刀具材料所适合加工的工件材料有所不同。常用刀具材料的硬度耐磨性与韧性对应如图2-1所示。

表2-6 常用刀具材料力学性能比较

刀具材料力学性能	硬度	抗弯强度	断裂韧性
高	PCD	HSS	HSS
↑	PCBN	WC 基硬质合金	WC 基硬质合金
	Al_2O_3基陶瓷	金属陶瓷	金属陶瓷
	Si_3N_4基陶瓷	Si_3N_4基陶瓷	PCBN
	金属陶瓷	Al_2O_3基陶瓷	PCD
低	WC 基超细晶粒硬质合金	PCD	Si_3N_4基陶瓷
	HSS	PCBN	Al_2O_3基陶瓷

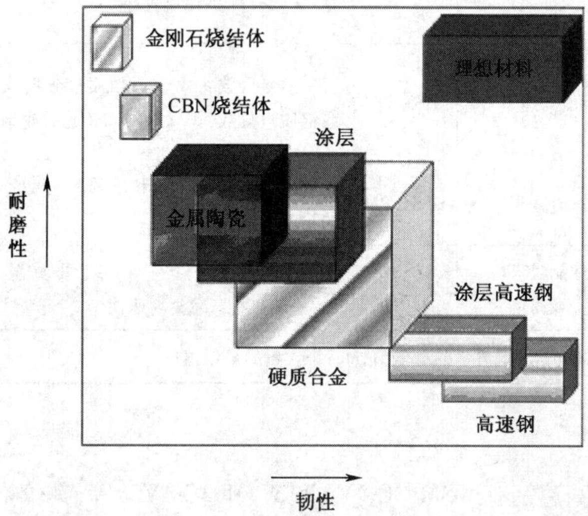

图2-1 常用刀具材料的硬度、耐磨性与韧性对应

刀具材料与工件材料化学亲和性、化学反应、扩散和溶解等化学性能参数应相匹配。刀具材料与工件材料在高温下会发生化学反应、化学溶解以及刀具和工件间元素的扩散等，引起刀具的氧化磨损和扩散磨损等化学磨损。特别在高速切削时，高温所引起的化学磨损远远超过磨料磨损所引起的机械磨损。常用刀具材料化学性能的比较见表2-7，刀具材料的组分元素不同，所适合加工的工件材料也有所不同。

表2-7 常用刀具材料化学性能比较

刀具材料化学性能	与钢的抗黏结温度	与镍基合金的抗黏结温度	抗氧化温度	对钢的扩散强度	对钛的扩散强度	材料元素在钢中的溶解度(1027℃)
高 ↑ 低	PCBN	陶瓷	陶瓷	PCD	Al_2O_3基陶瓷	SiC
	陶瓷	PCBN	PCBN	Si_3N_4基陶瓷	PCBN	Si_3N_4基陶瓷
	硬质合金	硬质合金	硬质合金	PCBN	SiC	WC基硬质合金
	HSS	PCD	PCD	Al_2O_3基陶瓷	Si_3N_4	PCBN
	—	HSS	HSS	—	PCD	TiN
	—	—	—	—	—	TiC
						Al_2O_3基陶瓷
						ZrO_2

2.2 高速钢

高速钢是一种加入了较多的钨(W)、钼(Mo)、铬(Cr)、钒(V)等合金元素的高合金工具钢。各成分以质量计算的大约含量为：碳的质量分数为0.7%~1.5%，铬的质量分数约4%，钨的质量分数和钼的质量分数为10%~20%，钒的质量分数为1%~5%。

高速钢一般分为低合金高速钢、普通高速钢、高性能高速钢和粉末冶金高速钢四大类。GB/T 17111—2008《切削刀具 高速钢分组代号》规定了切削刀具用高速钢的分组，见表2-8。

表2-8 切削刀具用高速钢分组及典型牌号

生产工艺	名称	代号	分组方法	典型牌号
常规高速钢：通过传统的铸锭冶炼工艺生产的高速钢	低合金高速钢	HSS-L	6.5≤[W]①<11.75的高速钢	W3Mo3Cr4V2 W4Mo3Cr4VSi
	普通高速钢	HSS	钴质量分数<4.5%和钒质量分数<2.6%，且[W]≥11.75的高速钢	W18Cr4V W6Mo5Cr4V2 W9Mo3Cr4V
	高性能高速钢	HSS-E	钴质量分数≥4.5%或钒质量分数≥2.6%或铝质量分数≥0.8%~1.2%的高速钢	W6Mo5Cr4V2A1 W2Mo9Cr4VCo8 W6Mo5Cr4V3
粉末冶金高速钢：通过粉末冶金工艺生产的高速钢	普通粉末冶金高速钢	HSS-PM	钴质量分数<4.5%和钒质量分数<2.6%的粉末冶金高速钢	
	高性能粉末冶金高速钢	HSS-E-PM	钴质量分数≥4.5%或钒质量分数≥2.6%的粉末冶金高速钢	
①钨当量[W]的计算方法：[W]=W+1.8Mo，W：钨含量的最低值，Mo：钼含量的最低值				

2.2.1 低合金高速钢

目前使用的低合金钢钨钼系高速钢有W3Mo3Cr4V2和W4Mo3Cr4VSi等，其价格比M2便宜15%~20%，用来制作低、中速切削的刀具，如中心钻、丝锥、小直径麻花钻等，其切削性能比M2高。

2.2.2 普通高速钢

1. 钨系高速钢

钨系高速钢的典型牌号是 W18Cr4V(W18),具有较好的综合性能,在600℃时的高温硬度为48.5HRC左右,可用于制造各种复杂刀具。其优点是磨削性能好、脱碳敏感性小,尤其是热处理工艺性好、淬火时过热倾向小、抵抗塑料变形能力强等。其缺点是碳化物含量较高、分布较不均匀,颗粒较大,强度和韧性不高,尤其是热塑性差,不宜制造截面较大的刀具。以W18Cr4V为代表的高速钢曾辉煌过一个世纪,为我国刀具行业做出过杰出的历史性贡献,但由于存在不少弊端,现已逐步淡出市场,W18钢将逐渐被淘汰而被钨钼系高速钢替代。

在钨系高速钢中加入少量锰(Mn)、铼(Re)(W14Cr4VMn),通过减少钨的质量分数和添加稀有元素,改善了碳化物分布状况,并增大了热塑性。这种钢锻造和轧制工艺性好,强度稍高于W18钢,切削性能和加工工艺性基本与W18钢相当,适合制作热轧刀具(如麻花钻头)。

2. 钨钼系高速钢

钨钼系高速钢是将用钼代替钢中的一部分钨所获得的一种高速钢,典型牌号为W6Mo5Cr4V2(M2)。与W18钢相比,M2钢抗弯强度提高约17%,冲击韧性提高40%以上,并且刀具截面积较大时,仍能保持其强度和韧性。

W9Mo3Cr4V(W9)是一种含钨量较多、含钼量较少的钨钼系高速钢。其碳化物不均匀性介于W18和M2之间,但抗弯强度和冲击韧性高于M2,具有较好的硬度和韧性。这种钢易轧、易锻,热处理温度范围较宽,脱碳敏感性小,磨削加工性能好。

2.2.3 高性能高速钢

高性能高速钢是在普通高速钢的组分中增加含碳量、含钒量,及添加钴、硅、铌等合金元素的新钢种,提高了它们的耐热性和耐磨性,可加工不锈钢、耐热钢、高温合金和超强度钢等难加工材料。高性能高速钢主要有以下几大类:

1. 高碳高速钢

高碳高速钢如CW6Mo5Cr4V2(简称CM2),含碳量比相似的通用高速钢高0.20%~0.25%,使钢中的合金元素全部形成碳化物,从而提高钢的硬度、耐磨性和耐热性;但其强度和韧性略有下降,不能承受太大的冲击。

2. 钴高速钢

高速钢中加入钴可提高钢的热稳定性,促进回火时碳化物的析出,增加弥散硬化效果,提高回火硬度,从而提高常温和高温硬度及抗氧化能力。钴高速钢的典型牌号为W2Mo9Cr4VCo8(M42),其硬度高达69~70HRC,比W18Cr4V高4~5 HRC,600℃高温硬度为54~55HRC。

3. 铝高速钢

铝高速钢是一种含铝(不含钴)的高性能高速钢,其典型牌号为W6Mo5Cr4V2Al(501),常温硬度为67~69HRC,600℃高温硬度可达54~55HRC,由于不含钴,仍具有较高的强度和韧性。501铝高速钢是我国自产的高性能高速钢,在成形铣刀、立铣刀等方面应用十分普遍,在复杂刀具方面应用也比较成功。501高速钢的综合切削性能与钴高速钢M42相当。在加工30~40HRC的调质钢时,刀具寿命比普通高速钢高3~4倍。主要缺点是加工性能较差,过热敏感性大,淬火加热温度范围窄,氧化脱碳倾向大。

4. 高钒高速钢

高钒高速钢(如W6Mo5Cr4V4)的钒质量分数提高到3%~5%,由于碳化钒量的增加,提高了高速钢的耐磨性,且能细化晶粒和降低钢的过热敏感性。其主要缺点是磨削加工性能差,切削刃容易烧伤退火,故不宜用于制造小模数插齿刀、螺纹刀具等复杂刀具。

常用高速钢牌号的性能见表2-9。

表 2-9 常用高速钢牌号的性能

牌号		硬度/HRC	高温硬度(600℃时)/HRC	抗弯强度/MPa	冲击韧性/(MJ/m²)
普通高速钢	W18Cr4V(W18)	63~66	48.5	3000~3400	0.18~0.32
	W9Mo3Cr4V	65~67		4000~4500	0.35~0.4
	W6Mo5Cr4V2(M2)	63~66	47~48	3500~4000	0.3~0.4
铝高速钢	W6Mo5Cr4V2Al(M2A)	68~69	55	2900~3900	0.23~0.3
钴高速钢	W7Mo4Cr4V2Co5(M41)	67~69	54	2500~3000	0.23~0.3
	W2Mo9Cr4VCo8(M42)	66~70	55	2700~3800	0.23~0.3
高碳高速钢	CW6Mo5Cr4V2(CM2)	67~68	52.1	~3500	0.13~0.26
高钒高速钢	W6Mo5Cr4V3(M3)	65~67	51.7	~3200	~0.25

2.2.4 粉末冶金高速钢

熔炼高速钢容易出现碳化物偏析，硬而脆的碳化物在高速钢中分布不均匀，而且晶粒粗大(8~20μm)，对高速钢刀具的耐磨性、韧性和切削性能会产生不利影响。

粉末冶金高速钢是20世纪70年代开发的新型刀具材料，它是将高频感应炉炼出的钢液用高压氩气或纯氮气使钢水雾化得到细小均匀的结晶组织(高速钢粉末)，再将粉末在高温、高压下制成刀具毛坯，也可先制成钢坯，再经锻造、轧制成刀具。与熔炼高速钢相比粉末冶金高速钢，有以下优点：

(1) 粉末冶金高速钢能解决碳化物偏析的问题。粉末冶金高速钢碳化物晶粒为2~3μm，清除了碳化物偏析，从而提高了钢的强度、韧性和硬度，而且由于碳化物颗粒均匀分布的表面积较大，使耐磨性提高了20%~30%。这一特点使粉末冶金高速钢适合制造在强力断续切削时容易产生崩刃或要求刀尖锋利且强度和韧性高的刀具，如插齿刀，立铣刀等，特别适合制造大尺寸刀具，其寿命可比熔炼高速钢刀具提高2~3倍。

(2) 磨削加工性好。由于碳化物细小均匀，粉末冶金高速钢磨削加工性好，钒质量分数为5%的粉末冶金高速钢的磨削加工性相当于钒质量分数为2%的熔炼高速钢，磨削效率比熔炼高速钢高2~3倍，磨削表面粗糙度显著减小。

(3) 能制造超硬高速钢。在化学成分相同的情况下，与熔炼高速钢相比，粉末冶金高速钢的常温硬度能提高1~1.5HRC，热处理后硬度可达67~70HRC，600℃时的高温硬度比熔炼高速钢高2~3HRC。应用粉末冶金高速钢的新工艺，可在现有高速钢中加入高碳化物(TiC和NbC)，制造出超硬高速钢新材料。

(4) 能保证物理、力学性能各向同性。由于粉末冶金的工艺特点，保证了粉末冶金高速钢的各向同性，减少了热处理内应力和变形，适合制造钻头、拉刀、螺纹刀具、滚刀、插齿刀等各种复杂刀具。

(5) 能节约钢材和工时。用粉末冶金高速钢直接压制刀坯，可减少加工余量，节约钢材和工时。

表2-10列举了国内外常用粉末冶金高速钢牌号的主要化学成分。国内的粉末冶金高速钢尚处在发展的初始阶段。

表 2-10 国内外常用粉末冶金高速钢牌号的主要化学成分

牌号	产地	主要化学成分(质量分数)/%						
		C	Cr	Mo	W	Co	V	Nb
ASP2017	法国	0.8	4.2	3	3	8	1	1
ASP2023		1.28	4.2	5	6.4	—	3.1	—
ASP2030		1.28	4.2	5	6.4	8.5	3.1	—
ASP2053		2.45	4.2	3.1	4.2	—	8	—
ASP2060		2.3	4.2	7	6.5	10.5	6.5	—
CPM M2	美国	0.9	4.2	5	6.4	—	2	—
CPM M42		1.1	3.8	9.5	1.5	8	1.2	—

（续）

牌号	产地	主要化学成分(质量分数)/%						
		C	Cr	Mo	W	Co	V	Nb
HAP10	日本	1.3	4	6	3	—	4	—
HAP20		1.5	4	7	2	5	4	—
HAP40		1.3	4	5	6.5	8	3	—
HAP50		1.5	4	6	8	8	4.5	—
HAP70		1.9	4	10	12	12	4.5	—
HAP72		1.9	4	8	10	10	5	—
FT15	中国	1.5	4	<1	12	5	5	—
FR71		1.2	4	5	10	12	2	—
GF1		0.85	4	—	18	—	1	—
GF2		1.1	4	5	6	—	2	—
GF3		1.5	4	5	10	9	3	—
C45	瑞典	1.4	4.2	3.5	8.5	11.0	3.5	—
C60		2.3	4.0	7.0	6.5	10.5	6.5	—

2.2.5 高速钢刀具的材料的应用

1. 高速钢刀具的应用

高速钢刀具在强度、韧性及工艺性等方面具有优良的综合性能，而且制造工艺较简单、成本低、易于磨制出锋利的切削刃、对机床专用性要求不高，因此，在制造复杂刀具、成形刀具，尤其是孔加工刀具、铣刀、螺纹刀具、拉刀、齿轮刀具等一些刃形复杂的刀具时，高速钢仍占据重要地位。高速钢刀具材料的发展主要表现在两方面：一是高性能高速钢的应用面扩大，从制造复杂刀具扩大到钻头、丝锥、立铣刀等通用刀具；二是粉末冶金高速钢的性能进一步提高，性价比提高，使用量也在增加，从而使高速钢刀具应用领域的切削效率也相应提高。目前，新型高性能高速钢制成的各种成形拉刀、高速滚刀、剃齿刀、丝锥、立铣刀及滚压刀具已大量应用于轿车、摩托车、航空发动机、汽轮机等制造行业，用于各种高强度钢和铸铁、合金结构钢、耐热合金钢、不锈钢、整体铝合金等材料的加工。

2. 高速钢刀具的合理选择

高速钢的牌号很多，且各自具有特点及其应用范围。用它作为刀具材料，应根据加工材料的性能、刀具的类型、加工方式和工艺系统刚性等条件合理选择。其选用原则如下：

(1) 普通用性高速钢价格较低，主要用于加工普通钢、合金钢和铸件；高性能高速钢主要用于加工不锈钢、高强度钢、耐热钢等难加工材料。

(2) 与复杂刀具相比，通用刀具(孔加工刀具、螺纹刀具)制造工艺较简单，制造精度也较低。考虑到刀具成本中材料费用所占比例较大，所以常用普通型高速钢制造通用刀具。数控机床和自动线上所使用的刀具，要求稳定可靠地进行切削，拉刀、齿轮刀具等复杂刀具的制造精度和技术要求较高，在刀具成本中加工费用所占比例较大，故应用高硬度、高耐磨的高性能高速钢和粉末冶金高速钢制造。

(3) 含钴的高性能高速钢有较高的高温硬度。在切削条件稳定的情况下，刀具寿命可显著提高。因为这类高速钢的韧性较差，所以不适合在断续切削或在工艺系统刚性不足的条件下使用，否则容易打刀或崩刃。

(4) 高钒高速钢因其磨削性能较差，切削刃容易烧伤退火，故不宜用于制造小模数插齿刀、螺纹刀具等复杂刀具。

表2-11列出了常用牌号高速钢的特点及主要用途。表2-12列出了高速钢刀具材料的选择。

表 2-11 常用牌号高速钢的特点及主要用途

牌号		特点及主要用途
普通型高速钢	W18Cr4V(W18)	综合性能好,通用性强。可用于普钢与铸铁,可制造各种复杂刀具
普通型高速钢	W9Mo3Cr4V	耐热性、热塑性、热处理等性能均优于 W18 与 M2。加工普钢与铸铁,可制造各种刀具
普通型高速钢	W6Mo5Cr4V2(M2)	强度高、热塑性好、韧性高。可制造轧制刀具及要求热塑性好的刀具,以及承受较大冲击载荷的刀具
铝高速钢	W6Mo5Cr4V2Al(501)	切削性能相当于 M42,适宜制造铣刀、钻头、铰刀、齿轮刀具、拉刀等,用于加工合金钢、不锈钢、高强度钢和高温合金等材料
钴高速钢	W7Mo4Cr4V2Co5(M41) W2Mo9Cr4VCo8(M42)	硬度高的超硬钴高速钢,用于加工高强度耐热钢、高温合金、钛合金等难加工材料,M42 可磨削性好,可用于精密复杂刀具的制作;但不宜在冲击切削条件下工作
高钒高速钢	W6Mo5Cr4V3(M3)	耐磨性好,适合加工对刀具磨损严重的材料,如纤维、硬橡胶、塑料等,也可用于不锈钢、高强度钢和高温合金等加工
高碳高速钢	CW6Mo5Cr4V2(CM2)	常温和高温硬度较高,适用于制造加工普通钢和铸铁、耐磨性要求高的钻头、铰刀、锪钻、丝锥和铣刀等或加工较硬材料的刀具;但不宜承受大的冲击

表 2-12 高速钢刀具材料的选择

工件材料	成形铣刀	钻头、铰刀	螺纹刀具	齿轮刀具	拉刀
轻合金 碳素钢 合金钢	W18Cr4V 9W18Cr4V W6Mo5Cr4V2 W6Mo5Cr4V2Al	W18Cr4V 9W18Cr4V W6Mo5Cr4V2 W6Mo5Cr4V5SiNbAl W10Mo4Cr4V3Al W6Mo5Cr4V2Al	W18Cr4V 9W18Cr4V W6Mo5Cr4V2 W6Mo5Cr4V2Al	9W18Cr4V W6Mo5Cr4V2 W6Mo5Cr4V2Al W2Mo9Cr4VCo8 W9Mo3Cr4V3Co10 W12Cr4V4Mo	9W18Cr4V W6Mo5Cr4V2 W6Mo5Cr4V2Al W10Mo4Cr4V3Al W12Cr4V4Mo W6Mo5Cr4V5SiNbAl
耐热不锈钢 锻造高温合金	W2Mo9Cr4VCo8 W12Mo3Cr4V3Co5Si W10Mo4Cr4V3Al W6Mo5Cr4V2Al	W10Mo4Cr4V3Al W6Mo5Cr4V2Al W6Mo5Cr4V5SiNbAl W9Cr4V5Co3 W12Cr4V4Mo	W6Mo5Cr4V2 W6Mo5Cr4V2Al W2Mo9Cr4VCo8	W6Mo5Cr4V2 W6Mo5Cr4V2Al W2Mo9Cr4VCo8 W12Cr4V4Mo	W6Mo5Cr4V5SiNbAl W6Mo5Cr4V2Al W10Mo4Cr4V3Al W2Mo9Cr4VCo8 W12Mo3Cr4V3Co5Si W10Mo4Cr4V3Co4Nb
高强度钢 钛合金 铸造高温合金	W2Mo9Cr4VCo8 W12Mo3Cr4V3Co5Si W10Mo4Cr4V3Al W6Mo5Cr4V2Al	W2Mo9Cr4VCo8 W9Mo3Cr4V3Co10 W10Mo4Cr4V3Co4Nb W10Mo4Cr4V3Al W6Mo5Cr4V2Al W6Mo5Cr4V5SiNbAl	W6Mo5Cr4V2Al W2Mo9Cr4VCo8 W12Mo3Cr4V3Co5Si W10Mo4Cr4V3Co4Nb W9Mo3Cr4V3Co10	W6Mo5Cr4V2Al W2Mo9Cr4VCo8 W12Mo3Cr4V3Co5Si W10Mo4Cr4V3Co4Nb W9Mo3Cr4V3Co10	W2Mo9Cr4VCo8 W12Mo3Cr4V3Co5Si W10Mo4Cr4V3Co4Nb W10Mo4Cr4V3Al W6Mo5Cr4V2Al W6Mo5Cr4V5SiNbAl

2.2.6 高速钢刀具的刃磨

在常用的刀具材料中,高速钢的刃磨性能较好,可以用普通砂轮磨出锋利的刃口,高速钢刃磨参数如表 2-13 所列。但由于高速钢的导热性较差,磨削时温度很高,容易产生切削刃烧伤,因此在磨削过程中应注

表 2-13 高速钢刃磨参数

刃磨工序		氧化铝砂轮		氮化硼砂轮	
		硬度	粒度	密度	粒度
粗磨	手动	I~K	$36^{\#}$~$46^{\#}$	—	—
粗磨	自动	H~J	$24^{\#}$~$46^{\#}$	—	—
精磨	手动	H~J	$46^{\#}$~$80^{\#}$	—	—
精磨	自动	G~I	$46^{\#}$~$80^{\#}$	75	151
仿形磨削		G~L	$160^{\#}$~$220^{\#}$	175~100	151~107

意冷却。在部分复杂刀具(如高速钢板牙梳刀、高速钢滚刀)的刃磨中可选用CBN砂轮进行磨削,粗磨粒度80#,精磨粒度120#~180#,浓度100%。不同工件材料用高速钢刀具刃磨的几何参数选择见表2-14。

表2-14 高速钢刀具几何参数选择

材料	钢(<175HB)	钢(175~250HB)	钢(>250HB)	不锈钢	铸铁(<250HB)	铸铁(>250HB)	黄铜	青铜	铜	铝
前角/(°)	15	8	0	15	8	0	10	10	30	35
后角/(°)	8	8	8	8	8	6	10	8	10	10

2.3 硬质合金

硬质合金刀具材料在现代刀具材料中占有极其重要的地位,特别是可转位硬质合金刀具,是数控加工刀具的主导产品。它具有比高速钢更高的硬度、耐磨性、耐高温性能以及抗腐蚀等特性,用于切削刀具可比高速钢刀具成倍地提高切削速度、加工效率及使用寿命。因此,工具行业不断扩大各种整体式和可转位式硬质合金刀具或刀片的生产,其品种已经扩展到各种切削刀具领域,其中可转位硬质合金刀具已由简单的车刀、面铣刀扩大到各种精密、复杂、成形刀具领域。同时,铰刀、立铣刀、加工硬齿面的中、大模数齿轮刀具等复杂刀具硬质合金材料使用的范围也日益扩大。

2.3.1 硬质合金的成分与性能

1. 硬质合金的成分与生产

硬质合金是由作为主要组元的难熔金属碳化物和起黏结相作用的金属组成的烧结材料。硬质合金的难熔金属碳化物主要包括碳化钨(WC)、碳化钛(TiC)、碳化钽(TaC)、碳化铌(NbC)等,金属碳化物的主要性能见表2-15。常用的金属黏结相是金属钴(Co)、钼(Mo)或镍(Ni)等。

表2-15 金属碳化物的主要性能

碳化物	熔点/℃	硬度/HV	弹性模量/GPa	热导率/W/(m·℃)	密度/(g/cm³)	线膨胀系数/(×10⁻⁶/℃)
WC	2900	2400	706	29.3	15.6	6.2
TiC	3200~3250	3000~3200	460	17.1~33.5	4.93	7.4
TaC	3730~4030	1800	258	22.2	14.3	6.3
NbC	3500	2400	345	14.23	7.8	6.6
VC	2830	2800	430	4.19	5.8	6.5
Mo2C	2690	1500	544	31.8	9.2	7.8
Cr3C2	1895	1300	380	18.83	6.7	10.3

在制造硬质合金时,将原料按规定组成比例进行配料,加进酒精或其他介质,在湿式球磨机中湿磨,使它们充分混合、粉碎,经干燥、过筛后加入蜡或胶等一类的成形剂,再经过干燥、过筛制得混合料。然后,把混合料制粒、压形,加热到接近黏结金属的点(1300~1500℃)时,硬化相与黏结金属便形成共晶合金。经过冷却,硬化相分布在黏结金属组成的网格里,彼此紧密地联系在一起,形成一个牢固的整体。

硬质合金的硬度取决于硬化相含量和晶粒粒度,即硬化相含量越高、晶粒越细,则硬度也越大。硬质合金的韧性由黏结金属决定,黏结金属含量越高,抗弯强度越大。硬质合金产品的生产工艺流程如图2-2所示。

2. 硬质合金的主要性能特点

(1) 高硬度。硬质合金是由硬度、熔点很高的碳化物(称硬质相)和金属黏结剂(称黏结相)经粉末冶金方法而制成，其硬度达 89～93HRA（相当于 78～82HRC），远高于高速钢。在 540℃ 时硬度仍可达 82～87HRA（相当于高速钢的常温硬度），允许的切削速度比高速钢提高 4～7 倍。

硬质合金的硬度值随碳化物的性质、数量、粒度和金属黏结相的含量而变化。在黏结剂相同时，YT 类合金的硬度高于 YG 类，添加 TaC（NbC）的合金具有很好的高温硬度和耐磨性。

（2）抗弯强度和韧性。硬质合金是脆性材料，承受切削振动的性能力和冲击韧较低。常用硬质合金的抗弯强度为 0.9～1.5GPa，常温下其冲击韧性仅为高速钢的 1/30～1/8。故硬质合金刀具一般是将合金刀片焊接或夹固在刀柄（刀体）上使用，也有如小模数齿轮滚刀或小直径硬质合金钻头和立铣刀做成整体式刀具。

金属黏结相含量越高，则抗弯强度也越高。当黏结剂含量相同时，YG 类合金的强度和韧性高于 YT 类，并随着 TiC 含量的增加，其强度降低。

（3）热导率。由于 TiC 的热导率低于 WC，所以 YT 类合金的热导率比 YG 类低，并随着 TiC 含量的增加而下降。

（4）热膨胀系数。硬质合金的热膨胀系数较小。YT 类合金的线膨胀系数大于 YG 类，并随着 TiC 含量的增加而加大。由于 YG 类合金的线膨胀系数比 YT 类小，而且 YG 类合金抗弯强度较高，热导率较大，所以焊接时产生裂纹的倾向比 YT 类小。

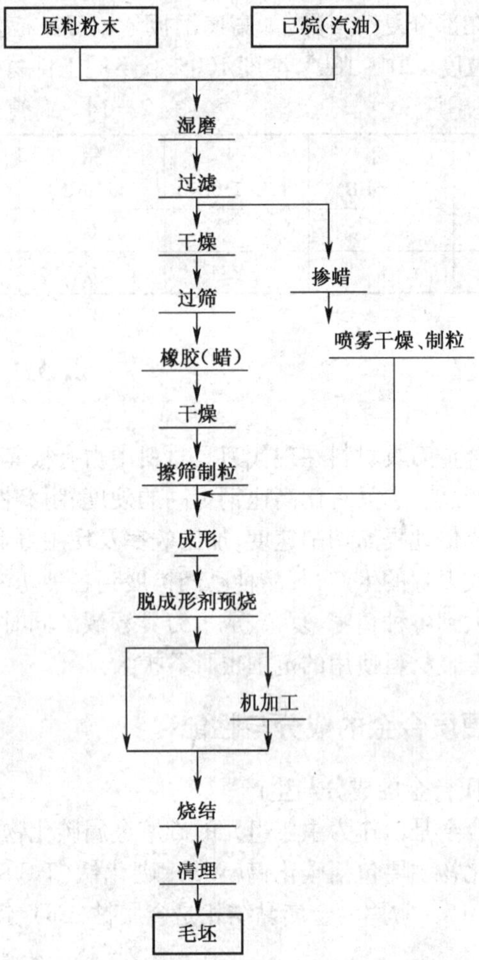

图 2－2　硬质合金产品的生产工艺流程

（5）抗冷焊性。硬质合金与钢发生冷焊的温度高于高速钢，YT 类合金与钢发生冷焊的温度高于 YG 类。

2.3.2　硬质合金的类型及适用范围

硬质合金牌号的表示方法如图 2－3 所示，如 YG6X 牌号表示钴质量分数为 6% 的钨钴类细颗粒硬质合金。

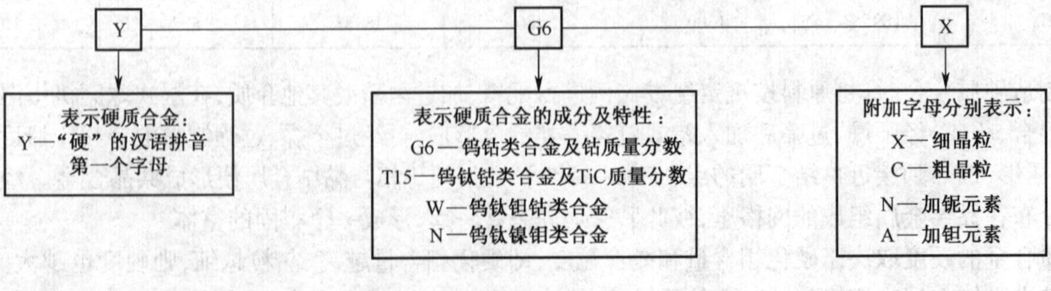

图 2－3　硬质合金牌号的表示方法

GB/T 2075—2007 对硬质合金分类代号的规定如表 2－16 所列。示例：HW－P10 表示加工钢的、粒度大于或等于 1μm 的碳化钨（WC）类未涂层硬质合金。

表2-16 硬质合金分类代号

字母代号	材料组
HW	主要含碳化钨(WC)的未涂层的硬质合金,粒度大于或等于1μm
HF	主要含碳化钨(WC)的未涂层的硬质合金,粒度小于1μm
HC	上述硬质合金进行了涂层
HT	主要含碳化钛(TiC)或氮化钛(TiN)的或两者都有的未涂层硬质合金
注:HT类硬质合金也可称为“金属陶瓷”,将在2.4节详细论述	

按晶粒大小,硬质合金可分为普通硬质合金、细颗粒硬质合金和超细颗粒硬质合金。表2-17列出了硬质合金按晶粒度的分类。

表2-17 硬质合金按晶粒度的分类

合金类别	纳米	超细	亚微米	细	中	粗	超粗
晶粒度/μm	<0.2	0.2~0.5	0.5~0.8	0.8~1.3	1.3~2.5	2.5~6.0	>6.0

我国根据硬质合金的成分不同,将硬质合金分为钨钴类(简称YG类)、钨钛钴类(简称YT类)和添加稀有碳化物类(简称YW类)。

1. 钨钴类硬质合金

YG类硬质合金的主要成分为WC-Co,用于加工短切屑的金属,如YG3、YG3X、YG6、YG8等牌号。该类硬质合金的硬度为89~91.5HRA,抗弯强度为1100~1500MPa,其显微组织如图2-4所示。YG类硬质合金是硬质合金中抗弯强度和冲击韧性较好者,特别适合加工切屑呈崩碎状(短切屑)的脆性材料,如铸铁。同时,YG类合金磨削加工性好,切削刃可以磨得很锋利,也可加工非铁金属和纤维层等非金属材料。常用YG类硬质合金牌号的成分及性能见表2-18。

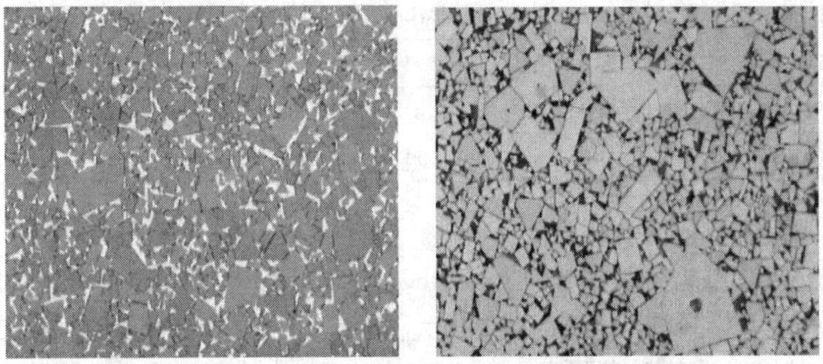

(a) 腐蚀前 (b) 腐蚀后

图2-4 YG类硬质合金的金相

表2-18 常用YG类硬质合金牌号的成分及性能

牌号	成分(质量分数)	硬度/HRA	抗弯强度/MPa	弹性模量/GPa	热导率/(W/(m·K))	热膨胀系数/(10^{-6}/℃)	密度/(g/cm³)	ISO分类
YG3	WC+3%Co	91.0	1080	667~677	87.86	—	14.9~15.3	K01
YG3X	WC+3%Co	91.5	1100	—	—	4.1	15.0~15.3	
YG6	WC+6%Co	89.5	1450	630~640	79.6	4.5	14.6~15.0	K10
YG6X	WC+6%Co	91.0	1400	—	79.6	4.4	14.6~15.0	K05
YG8	WC+8%Co	89	1500	600~610	75.4	4.5	14.5~14.9	K20

2. 钨钛钴类硬质合金

YT 类硬质合金的主要成分为 WC－TiC－Co,用于加工长切屑的金属。该类合金中的硬质相除 WC 外,还有质量分数 5%～30%的 TiC。典型牌号有 YT30、YT15、YT14、YT5 等,其 TiC 质量分数分别为 30%、15%、14%、5%。这类硬质合金的硬度为 89.5～92.5HRA,抗弯强度为 900～1400MPa,其显微组织如图 2－5 所示。因 TiC 的硬度和熔点比 WC 高,故 YT 类硬质合金的硬度、耐磨性和耐热性(900～1000℃)均比 YG 类硬质合金高,但抗弯强度特别是冲击韧度显著降低。例如,YT15 和 YG6 的 Co 质量分数同为 6%,YT15 的硬度提高了 1.5HRA,但抗弯强度降低了 300MPa。

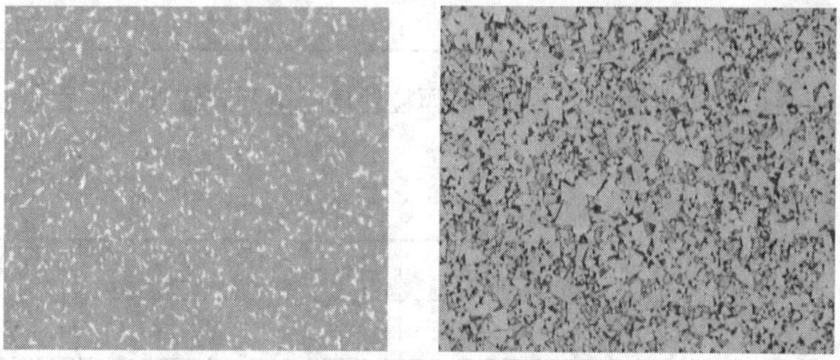

(a) 腐蚀前　(b) 腐蚀后

图 2－5　YT 类硬质合金的金相

YT 类硬质合金随着 TiC 质量分数的增加,其导热性、磨削性和焊接性显著降低,在使用时要防止过热而使刀片产生裂纹。另外,YT 类硬质合金在切削钛合金和含钛的不锈钢时,刀具中的钛元素会与工件里的钛元素产生较强的亲和力,而发生刀具严重磨损的黏刀现象,因此,这种情况下,要避免采用 YT 类硬质合金。常用 YT 类硬质合金牌号的成分及性能见表 2－19。

表 2－19　常用 YT 类硬质合金牌号的成分及性能

牌号	成分(质量分数)	硬度/HRA	抗弯强度/MPa	弹性模量/GPa	热导率/(W/(m·K))	热膨胀系数/(10^{-6}/℃)	密度/(g/cm^3)	ISO 分类
YT30	WC+30%TiC+4%Co	92.5	900	400～410	20.9	7.0	9.3～9.7	P01
YT15	WC+15%TiC+6%Co	91.0	1150	520～530	33.5	6.5	11.0～11.7	P10
YT14	WC+14%TiC+8%Co	90.5	1200	—	33.5	6.2	11.2～12.0	P20
YT5	WC+5%TiC+10%Co	89.5	1400	590～600	62.8	6.1	12.5～13.2	P30

3. 钨钛钽(铌)钴类硬质合金

YW 类硬质合金的主要成分为 WC－TiC－TaC(NbC)－Co,用于加工长或短切屑的黑色金属和非铁金属。TaC 和 NbC 的加入,阻止了 WC 晶粒在烧结过程中长大,细化了晶粒,其显微组织如图 2－6 所示。因此,该类硬质合金有效地提高了其抗弯强度、疲劳强度、冲击韧度、高温硬度、高温强度,提高了抗扩散、抗氧化磨损的能力及耐磨性。YW 类硬质合金兼有 YG、YT 两类合金的性能,综合性好,具有"通用合金钢"的美誉。

(a) 腐蚀前　(b) 腐蚀后

图 2－6　YW 类硬质合金的金相

该类牌号的硬质合金不但适用于冷硬铸铁、非铁金属及其合金的半精加工,也能用于高锰钢、淬火钢、合金钢及耐热合金钢的半精加工和精加工。若在该类硬质合金中适当提高 Co 质量分数,可显著增加抗弯强度;同时,提高 TaC 的质量分数,细化晶粒,可提高抵抗裂纹扩展的能力,从而能承受机械冲击振动和温度周期性变化带来的热冲击,可用于各种难加工材料的粗加工和断续切削。常用 YW 类硬质合金牌号的成分及性能见表 2-20。

表 2-20 常用 YW 类硬质合金牌号的成分及性能

牌号	成分(质量分数)	硬度/HRA	抗弯强度/MPa	密度/(g/cm^3)	ISO 分类
YW1	WC+6%TiC+4%Ta(NbC)+6%Co	91.5	1200	12.8~13.3	M10
YW2	WC+6%TiC+4%Ta(NbC)+8%Co	90.5	1350	12.6~13.0	M20

2.3.3 超细晶粒硬质合金

超细晶粒硬质合金由晶粒极小的 WC 颗粒和 Co 粒子构成,是一种高硬度、高强度兼备的硬质合金。普通硬质合金粒度为 3~5μm,一般细晶粒硬质合金粒度为 1.5μm 左右,亚细晶粒硬质合金粒度为 0.5~1μm,而超细晶粒硬质合金 WC 粒度在 0.5μm 以下。WC 平均晶粒度约为 0.7μm 和 WC 平均晶粒度约为 0.4μm 的细晶粒硬质合金晶相如图 2-7 所示。由图可见,其晶相比普通晶粒硬质合金细很多,相应的物理、力学性能大大提高。超细晶粒结构过去多用于 YG 类合金(K 类),近年来 P 类和 M 类合金也向细晶粒细化的方向发展。这种硬质合金在细化碳化物颗粒的同时,增加黏结剂含量,钴质量分数一般为 9%~15%,使黏结层保持一定厚度。由于硬质相和黏结相的高度均匀分散,增加了黏结面积,在提高硬质合金的硬度和耐磨性的同时,既可提高抗弯强度和抗崩刃性,也能提高高温硬度。

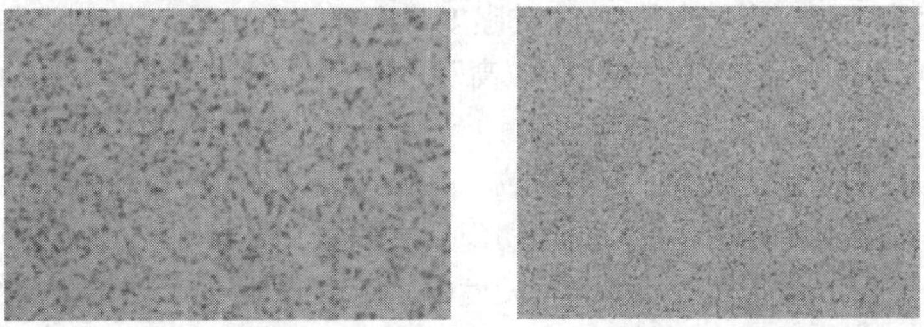

(a) WC 平均晶粒度约为 0.7μm (b) WC 平均晶粒度约为 0.4μm

图 2-7 细晶粒硬质合金晶相

超细晶粒硬质合金比同样成分的普通硬质合金的硬度可提高 2HRA 以上,抗弯强度可提高 600~800MPa。超细晶粒硬质合金 Co 质量分数为 9%~15%,硬度可达 90~93HRA,抗弯强度可达 2000~3500MPa,有的可达 5000MPa。

与普通晶粒硬质合金相比,超细晶粒硬质合金主要特点如下:

(1) 超细晶粒硬质合金具有优异的物理、力学性能和良好的切削性能。超细晶粒硬质合金适合制造小规格钻头、立铣刀和丝锥等通用刀具,其切削速度和刀具寿命大大超过高速钢。

(2) 提高了硬质合金的硬度、耐磨性、热硬性及抗弯强度和冲击韧度。试验表明:当 WC 晶粒的平均尺寸由 5μm 减小到 1μm 时,可使硬质合金的耐磨性提高 10 倍。因此,它适于加工铁基、镍基、钴基高温合金、钛基合金、耐热不锈钢以及各种喷涂焊、堆焊材料等难加工材料。超细晶粒硬质合金有很高的切削刃强度,允许采用低速切削(v_c<0.03m/s)、断续切削而可避免崩刃现象。

(3) 超细晶粒硬质合金晶粒细,提高了刀具压制时的致密性和流动性,可以磨制出非常锋利的切削刃(刃磨的切削刃钝圆半径 R_{nx} 为粗晶粒的 1/2~2/5)、刀尖圆弧半径和更精密的刀具表面形状,当刀具采用较大的前角时,适用于小进给量和小背吃刀量的精细切削。

国内外常用细晶粒硬质合金牌号的成分及性能如表 2-21 所列。

表 2-21 国内外常用细晶粒硬质合金牌号的成分及性能

牌号	产地	成分	晶粒尺寸/μm	抗弯强度/MPa	硬度/HRA
YD05	中国	$WC+TiC+Co+TaC+Cr_3C$	<0.5	2000	94~94.5
YS2		$WC+Co+Cr_3C_2$	<0.5	2500	91.5
YM051		WC+TiC+Co+TaC	0.4~0.5	1950	92.5
GY83		$WC+Co+Cr_3C_2$	<0.8	3200	92.0
GU25UF		WC2MC12Co	0.4~0.5	4000	93.0
GU15UF		WC1.5MC8Co	0.4~0.5	3500	93.2
ZUM103		WC-xMC-13Co	≤0.6	>3700	≥92.0
YF06		WC-0.5MC-6Co	0.4~0.6	≥3800	≥93.0
YU08		WC-1MC-8Co	0.2~0.4	4000	≥93.5
K602	美国	WC+TiC+Co+TaC	<1	3600	93
RIP	瑞典	WC+Co+TaC	<0.5	3800	92
F	日本	WC+Co+TaC	<1	3500	93

2.3.4 切削刀具用新型硬质合金

1. 纳米硬质合金

纳米硬质合金是指 WC-Co 的晶粒度在数纳米至数十纳米之间的合金(表 2-17)。WC 平均晶粒度约为 0.2μm 的纳米硬质合金晶相如图 2-8 所示。硬质合金的硬度和强度(即耐磨性和韧性)之间存在着矛盾,这一直是困扰其发展的主要因素。20 世纪 80 年代,纳米结构材料的问世为解决这个矛盾提供了一条全新的途径。材料的晶粒尺寸每下降一个数量级,其强度将出现一个飞跃。因此用纳米级的 WC-Co 粉末作为原料,可以生产出同时具有高硬度、高强度的“双高”硬质合金材料,硬度 93.5HRA 的硬质合金其强度可超过 5000MPa。

纳米硬质合金已广泛用于制造微型钻头等领域。由于其具有高的硬度和耐磨性,又具有很高的强度和韧性,使其使用寿命得以大幅度提高。在相同的切削刃主偏角 $\kappa_r=75°$、切削速度 $v_c=18m/min$、背吃刀量 $a_p=1.0mm$、进给量 $f=0.1mm$ 的条件下切削同一硬度的冷硬铸铁时,纳米硬质合金的寿命比标准硬质合金有非常大的提高。用纳米结构的 WC-Co 粉末制取的钻头加工印制电路板时,其切削刃的耐磨性能是普通硬质合金钻头的 2~3 倍。美国 RTW 公司用纳米 WC-Co 复合粉制造加工印制电路板的钻头,与标准型硬质合金钻头对比,在同样钻孔 500h 后,标准型钻头磨损 0.0017mm,而纳米晶钻头仅磨损 0.0009mm。用纳米晶硬质合金制造的微型钻头、打印针比用普通合金制造的微型钻头、打印针的抗疲劳强度、抗断裂能力和耐磨性高得多。

除用于上述微型钻头之外,纳米结构硬质合金还具有广阔的潜在应用领域,其中包括各种切削工具、凿岩钻头、轴承等,其应用前景十分广阔,切断刀、医用解剖刀、磁带切刀、高性能锯片等就是其典型应用实例,以上实例中,这种纳米结构材料则能使刀具保持其锋利的切削刃。

2. 梯度功能硬质合金

梯度功能硬质合金是指其硬质相和黏结相在一定空间尺度上的分布呈梯度变化,从而使其性能的调节具有更大的自由度。

硬质合金梯度功能材料可分为成分梯度和结构梯度。成分梯度可以是粘结相成分梯度,也可以是硬质相成分梯度;结构梯度主要是硬质相晶粒度梯度。其主要类型如下:

1) 表面层富黏结相的硬质合金

硬质合金表面层富黏结相是在真空烧结过程中通过自然方式产生的(图 2-9),通过不同的技术组合(添加特殊的氮化物),使黏结相表面 20~40μm 深度范围内材料成分的浓度呈梯度分布,这种具有高韧性的表面,可改善焊接条件,用于焊接刀片。更重要的是,可以提高与化学气相沉积(CVD)涂层的结合强度,减

少 η 相的形成，使良好的韧性与 CVD 涂层所得的硬度及抗腐蚀性完美结合，可在充分保持基体内立方碳化物功能的同时，增强了刀尖韧性，使刀具材料更强韧，用途更广，可广泛应用于数控可转位刀片的生产。

2）表面层贫黏结相的硬质合金

这种硬质合金在坚韧的芯部上有一层耐磨的表面，其制备原理是硬质合金在渗碳气氛中进行处理，在这种情况下，缺碳的 WC 向碳质量分数较高的表面迁移，直到达到平衡状态。这种硬质合金材料可用于制造旋转切割凿岩工具。

3）表面层富立方相的硬质合金

可以将这类材料的一部分称为“硬质合金表面上的金属陶瓷”。通过良好的平衡工艺，能够除掉“烧结皮”并提高涂层的粘附力。其制备原理是：氮对具有立方相的硬质合金材料有影响，在黏结相的液相状态下，该立方相向表面迁移，而后出现碳氮化物在表面上的富集，从而可保证在此合金上连续过渡到有极高抗粘附磨损能力的氧化物涂层。这种涂层刀具具有优异的抗化学和抗扩散磨损能力及较高的硬度，可用来进行高速切削。

4）表面具有可控脱碳层的硬质合金

该合金是通过在添加 Al_2O_3 填料和特殊的气氛中进行脱碳处理获得的。这种合金可用于制造拉丝模，具有较高的寿命。但它的使用并不广泛，因为为了延长寿命，已经成功地研制出了具有整体可控 η 相的拉丝模。

3. 混晶结构硬质合金

其特征是采用多种硬质合金粒度的 WC 原料，制备成含有双峰晶粒组织的硬质合金材料。例如，采用主相粒度为 1μm 左右的 60%WC、3μm 左右的 15%WC、9%Co、16%(W-Ti-Ta-Nb)C，通过球磨和烧结，制备出具有混晶结构的硬质合金（图 2-10），其抗弯强度大于或等于 1900MPa，硬度大于或等于 91HRA。匹配相应的涂层后，其使用性能达到国外先进刀片水平，可广泛用于高钢级螺纹加工、火车轮毂等各类装备制造业中的车削、铣削等加工领域。

图 2-8 WC 平均晶粒度约为 0.2μm 的纳米硬质合金晶相

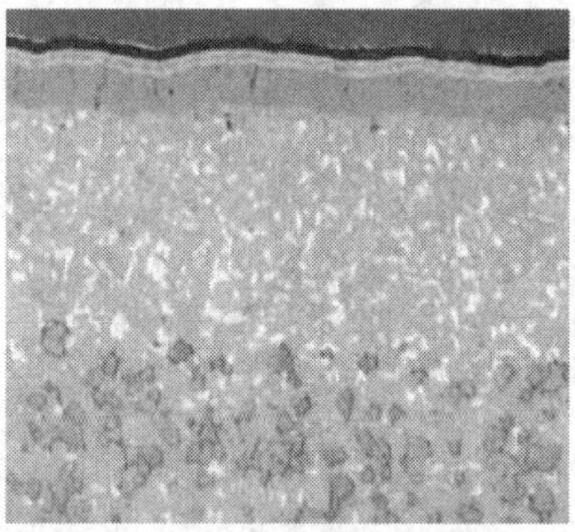

图 2-9 CVD 涂层的富黏结相梯度功能硬质合金晶相

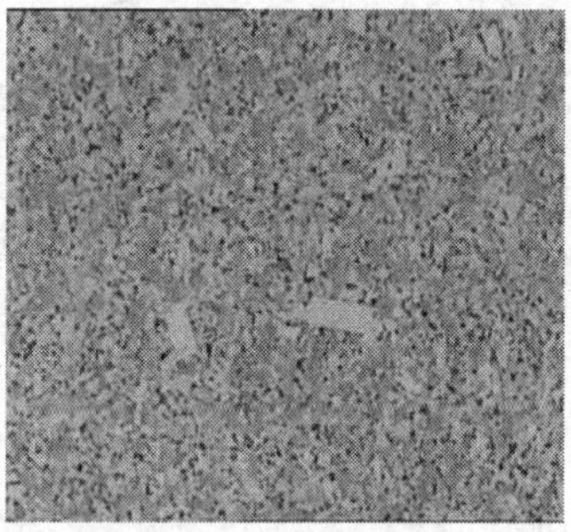

图 2-10 混晶结构的硬质合金晶相

2.3.5 硬质合金刀具的应用

1. 普通硬质合金刀具的应用

YG 类硬质合金有较高的抗弯强度和冲击韧性，可减少切削时的崩刃；具有较好的导热性，有利于传递切削热；它的磨削加工性能也较好，易于磨出锋利的切削刃。它主要用于加工铸铁、非铁金属和非金属材料。在钴质量分数相同时，细晶粒硬质合金（如 YG3X 、YG6X）比中等晶粒硬质合金的硬度和耐磨性要高一些，适合加工硬铸铁、奥氏体不锈钢、耐热合金、钛合金、硬青铜和耐磨的绝缘材料等。

YT 类硬质合金的突出优点是：硬度高、耐磨性和耐热性好，抗黏结扩散和抗氧化能力强，特别是高温硬度和抗压强度比 YG 类高。因此，YT 类合金适合于加工塑性变形大的材料如钢料，但不宜加工钛合金、硅铝合金。

YW 类硬质合金兼具 YG 类 、YT 类合金的性能，综合性能好，既可用于加工脆性材料，又可用于加工塑性材料。其中的高碳化钛类合金可替代各等级的 YT 类硬质合金；而 Co 质量分数约为 10%、TaC 质量分数 10%~14%的 YW 类合金适合用于铣削加工刀具。

2. 超细(亚细)晶粒硬质合金刀具的应用

超细(亚细)晶粒硬质合金具有硬度高,强度、韧性、抗热冲击性能好等优异性能,可用于低速或断续加工各种高强度钢、耐热合金、耐热不锈钢以及各种喷涂焊和堆焊材料等难加工材料,适于制造尺寸较小的整体复杂硬质合金刀具,如钻头(ϕ2~20mm)、立铣刀(ϕ0.25~20mm)和丝锥等。目前国外基本上已形成完整的细颗粒硬质合金牌号系列,国内有关细(超细)颗粒硬质合金的研究和生产正在逐渐扩大。

3. 涂层硬质合金刀具的应用

涂层硬质合金刀具是在硬质合金刀具基体上,通过化学气相组织(CVD)、物理气相沉积(PVD)等方法涂覆一层耐磨性好的难熔化金属化合物,使基体的强韧性与涂层的耐磨性相结合,提高硬质合金刀具的综合性能涂层刀具具有良好的耐磨性、耐热性,特别适合高速切削。

应根据切削加工的具体情况来选择涂层,选择原则如图 2-11 所示。一般精加工应选择 PVD 涂层,粗加工应选择 CVD 涂层;铣削加工多选择 PVD 涂层,车削加工多选择 CVD 涂层。有关刀具涂层技术的内容将在第 4 章详细介绍。

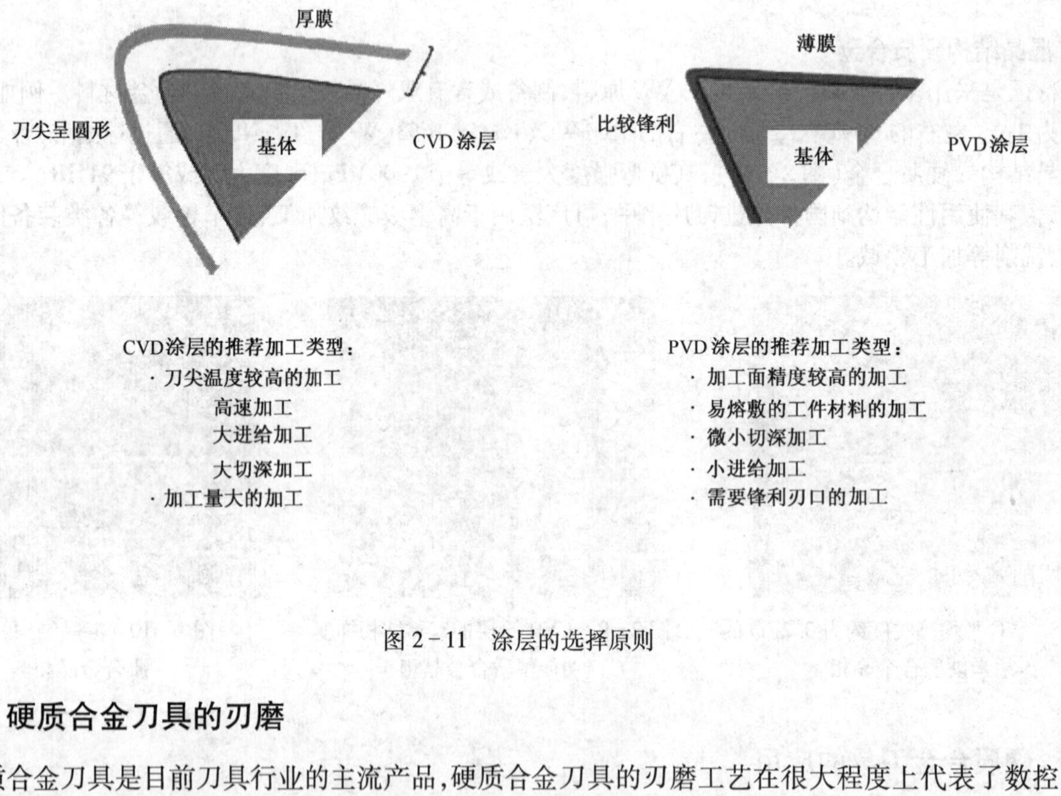

图 2-11 涂层的选择原则

2.3.6 硬质合金刀具的刃磨

硬质合金刀具是目前刀具行业的主流产品,硬质合金刀具的刃磨工艺在很大程度上代表了数控刀具的刃磨工艺。而数控刀具的刃磨过程实际上是一个强力磨削加工的过程,因此砂轮选择是否合理直接关系到刀具的加工质量。下面就数控刀具的刃磨砂轮选择作一介绍。

砂轮是由磨料加不同结合剂通过烧结工艺制成的,决定砂轮特性的要素分别是磨料、结合剂、粒度、浓度、砂轮形状等。

1. 磨料

磨料是指磨削、研磨和抛光中起切削作用的材料,超硬磨料有金刚石和 CBN。目前,硬质合金刀具的刃磨普遍采用金刚石超硬磨料。超硬磨料比普通磨料更硬、更耐磨,并且热扩散性好,但价格昂贵。

2. 结合剂

结合剂是把磨料固结成磨具的材料。结合剂的性能决定了砂轮的强度、耐冲击性、耐腐蚀性和耐热性。

目前,用于数控刀具加工的砂轮结合剂有树脂结合剂、陶瓷结合剂、金属结合剂、电镀砂轮、钎焊砂轮等。

(1) 树脂结合剂适用范围较广,主要用于磨削效率及加工表面粗糙度较低的场合,适合刃磨刀量具、磨孔、外圆磨及平面磨。刃磨刀具用的金刚石和CBN砂轮多数也采用树脂结合剂。

(2) 陶瓷结合剂适用于难加工材料的粗磨、半精磨以及接触面较大的成形磨削。因陶瓷结合剂具有良好的化学稳定性,耐热、耐油、耐酸碱侵蚀,可适应各种磨削液,磨削成本低,因而已成为高效、高精度磨削的首选结合剂。

(3) 金属结合剂主要用于硬脆材料的粗磨及精密和超精密磨削。金属结合剂金刚石砂轮用于硬质合金的粗磨和成形磨削;而CBN砂轮主要用于高速钢、淬硬钢和合金材料的成形磨削。

(4) 电镀砂轮适用于几何形状复杂的成形磨削,对于高速磨削特别具有优越性。

(5) 钎焊砂轮是20世纪90年代初开发的一种新型砂轮,目前国内这种砂轮还处于研制开发阶段。钎焊砂轮可以实现磨料、结合剂、金属基体三者之间的化学冶金结合,具有较高的结合强度,在磨削中能牢固地把持住磨粒,容屑空间比电镀砂轮大,不易堵塞,更适合超高速磨削。

3. 粒度

砂轮的粒度对刀具磨削质量有重要的影响。砂轮粒度越细,刃口的等高性越好,则砂轮单位面积上同时参与切削的磨粒越多,磨削表面上的刻痕就越细密均匀,表面粗糙度就越好。但是磨粒越细,切削力就越小,磨削深度就越小,砂轮容易堵塞,生产率低;反之,砂轮粒度越粗,切削力就越大,磨削表面上的刻痕就越深且不均匀,表面粗糙度也越差。

选择砂轮粒度时应兼顾加工表面粗糙度和磨削效率,原则上是在满足加工表面粗糙度要求的条件下,选用尽可能粗的粒度。选择金刚石砂轮的粒度时,通常要比CNB砂轮粒度更细一些。

数控刀具的磨削砂轮粒度选择原则:开槽时,金刚石砂轮通常选用230#~270#、170#~200#粒度;CNB砂轮则常选用170#~200#、120#~140#粒度。开后角时,根据不同要求,金刚石砂轮可选用325#~400#、230#~270#、170#~200#粒度;CNB砂轮可选用230#~270#、170#~200#、120#~140#粒度。磨削端齿后角的粒度应比磨削周齿后角的粒度略大一些。

4. 浓度

超硬材料砂轮的浓度是指超硬材料层每立方厘米体积中所含超硬材料质量的对应百分比。根据JB/T 4725—1994的规定,磨具中磨料浓度的基础值100%=4.4克拉/cm^3(0.88g/cm^3或72克拉/in^3)。当金刚石密度为3.52g/cm^3时,此值相当于体积的25%;当CBN密度为3.48g/cm^3时,此值相当于体积的25.3%。其余浓度按比例计算。根据该标准,砂轮的浓度分为25%、50%、75%、100%和150%。

浓度选择的一条常用规则是:选用砂轮浓度时,至少应保证磨削弧长上有4~10颗磨粒在工作。粗磨及要求高切削效率时可采用较高浓度,半精磨和精磨采用中等浓度。抛光和低粗糙度磨削采用低浓度。细粒度磨具要采用低浓度。对于不同磨料、结合剂的砂轮,浓度的选择也略有不同。刃磨刀具用的金刚石砂轮和CBN砂轮,通常选用浓度100%。

5. 砂轮形状

砂轮形状的选择主要由被加工刀具结构所决定,常用形状的砂轮有平形砂轮(代号1A1)、平形加强砂轮(代号14A1)、碗形砂轮(代号11V9)、碟形砂轮(代号12V9)等。平形砂轮主要用于加工刀具轮廓、槽形及球头和周齿铲背,也用于钻尖的磨削;碗形砂轮主要用于刀具端齿、周齿后刀面的加工;碟形砂轮主要用于刀具端齿、球头的前刀面及截短齿的加工。

2.4 金属陶瓷

金属陶瓷的英文名为“Cermet”,是由陶瓷(ceramics)的词头cer与金属(metal)的词头met结合起来构成的,因此称为“金属陶瓷”。

金属陶瓷是一种性能介于陶瓷和WC基硬质合金之间的合金,其切削速度可填补WC基硬质合金和陶瓷材料之间的空白,用于高速切削各类钢材,尤其适合钢材的精加工和半精加工。据国外切削专家预测,今后在钢的切削方面,金属陶瓷所占比重将达到可转位刀片总需求量的50%,并将成为铣削钢材的最佳刀具材料。

20世纪80年代初步探明,全世界钛(Ti)的储量约为钨(W)的1000倍,所以采用金属陶瓷可节约硬质合金中常用的W、Co等贵重稀有金属。无论是加工的综合性能还是经济效益,金属陶瓷都是一种很有前途的刀具材料,在世界各国得到了迅速发展。

2.4.1 金属陶瓷的特性

金属陶瓷是以TiC或Ti(C、N)作为硬质相,以镍(Ni)和钼(Mo)等作为黏结相,压制烧结而成的合金,其金相组织如图2-12所示。其中WC质量分数较小,Ni作为黏结相可提高合金的强度,Ni中添加Mo可改善液态金属对TiC的润湿性。该合金耐磨性优于WC基硬质合金,介于陶瓷与硬质合金之间,在加工球墨铸铁和可锻铸铁时,其性能可与陶瓷刀具媲美。金属陶瓷与其他常用的烧结材料——硬质合金和陶瓷的主要化学成分、高温性能以及其他物理、力学性能的比较分别见表2-22~表2-24。

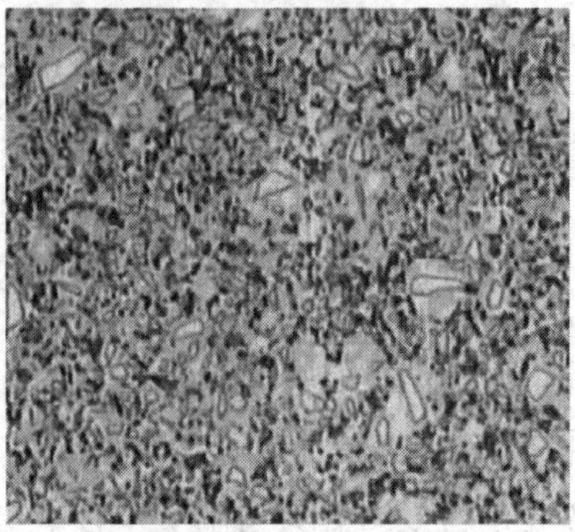

图2-12 TiCN金属陶瓷的金相组织(NX55)

表2-22 金属陶瓷与常用的烧结材料化学成分比较

材料种类	主要成分	添加物	结合剂
金属陶瓷	TiC,TiN	Mo_2C,TaC,WC,NbC	Co,Ni等
硬质合金	WC	TiC,TaC	Co
氧化物陶瓷	Al_2O_3	TiC,ZrO_2	—
Si_3N_4陶瓷	Si_3N_4	Al_2O_3,SiC	—

表2-23 金属陶瓷与硬质合金高温性能比较

材料种类	室温硬度/HV	800℃高温硬度/HV	抗氧化性/[(1000℃/30h)·(mg/mm^2)]
金属陶瓷	1650	950	1.7
硬质合金	1600	750	93.8(8h后)

表2-24 金属陶瓷与常用的烧结材料物理、力学性能比较

性能参数	对刀具的影响	金属陶瓷		WC硬质合金	Al_2O_3陶瓷
		TiC	TiN		
硬度/GPa	后刀面磨损	31.4	23.5	20.6	23.5
表面自由能(1273K)/(kJ/mol)	月牙洼磨损	-147	-209	-42	-419
铁中固溶度(1523K)/mass%	黏附,熔附	<0.5	—	7	0
Co的湿润性(1653K)/rad	韧性	0.44	—	0	>1.48
弹性模量/GPa	韧性	315	251	706	374
热传导性/(W/(m·K))	热裂纹	21	29	121	29
热膨胀性/(10/K)	热裂纹	7.4	9.4	5.2	6.7

由表2-23可知,金属陶瓷的高温性能明显优于硬质合金。由表2-24可知,金属陶瓷的前3项性能指标优于硬质合金,而后4项性能指标劣于硬质合金。因此,与硬质合金比较,金属陶瓷具备以下性能特点:

(1) 硬度一般可达91~94HRA,已接近或达到陶瓷的硬度,抗弯强度比陶瓷刀具高得多,填补了WC基硬质合金与陶瓷材料之间的空白。

(2) 抗月牙洼磨损能力强,耐磨性比YT类硬质合金高1~2倍。

(3) 有较好的耐热性能和抗氧化能力,1100~1300℃高温下仍能进行切削。

(4) 化学稳定性好,与工件亲和力小。

(5) 摩擦系数小,抗黏结能力强,不易黏刀和产生积屑瘤。

2.4.2 金属陶瓷的类型和适用范围

虽然金属陶瓷是一种性能介于陶瓷和 WC 基硬质合金之间的合金,但 ISO 153—1991 将其划归于硬质合金大类(材料代号 HT),而不是陶瓷材料大类。国际标准化组织用语为"钛基硬质合金",2.4.1 节的硬质合金通常是指 WC 基硬质合金。GB/T 2075—2007 对金属陶瓷分类代号的规定如表 2-16 所列。

金属陶瓷按其成分和性能不同可分为:成分为 TiC-Ni-Mo 的 TiC 基硬质合金、添加 WC/TaC 等碳化物和金属的强韧 TiC 基硬质合金、添加 TiN 的 TiCN 基硬质合金、以 TiN 为主要成分的 TiN 基硬质合金等。表 2-25列出了不同金属陶瓷的性能比较。

表 2-25 不同金属陶瓷材料的性能比较

分类	密度/(g/cm^3)	硬度/HRA	抗弯强度/MPa	弹性模量/GPa
TiC 基	5.2	93	1400	410
强韧 TiC 基	6.3	92	1500	450
Ti(C,N)基	7.2	92.5	1700	480
TiN 基	5.6	91	1600	510

1. TiC 基合金

TiC 基合金是以 TiC 为主要成分的 TiC-Ni-Mo 合金。Ni 作为粘结金属,增加其质量分数,可提高合金的强度,但会使合金的硬度降低。在 Ni 中添加 Mo(或 Mo_2C),可改善液态金属对 TiC 的润湿性,使 TiC 晶粒变细。当 Ni 的质量分数一定时(如质量分数为 10%Ni),增加 Mo 的质量分数,可提高合金的强度和硬度。Ni 和 Mo 的质量分数通常为 20%~30%。

由于 TiC 的熔点(3250℃)高于 WC(2630℃),密度只有 WC 的 1/3,抗氧化性能远优于 WC,故 TiC 基硬质合金除具有硬度高(一般可达 91~93.5HRA,高的可达 94~95HRA)、耐磨性好、抗月牙洼磨损能力强等特点外,还具有较好的抗氧化、抗黏结和耐高温等性能,在 1100~1300℃的高温下仍能进行高速切削,切削钢料时有较低的磨损率,可用来替代目前广泛使用的 WC-Co 基硬质合金而大大降低成本,因而近年来发展很快。

表 2-26 列出了 TiC 基金属陶瓷牌号的物理性能。用其切削正火和调质状态下的钢材时,其切削性能优于 WC 基硬质合金 P01(YT30),主要适用于钢材的精加工和半精加工。

表 2-26 TiC 基金属陶瓷牌号的物理性能

牌号	成分(质量分数)	密度/(g/cm^3)	硬度/HRA	抗弯强度/MPa	ISO 分类
YN05	TiC(78%)+Ni(10%)+Mo(12%)	5.9	93	900	P01

2. 强韧 TiC 基合金

在 TiC-Ni-Mo 合金中,以 WC、TaC 等韧性较好的碳化物取代部分 TiC(以弥补 TiC 性能的先天不足),是提高合金性能、扩大其使用范围的一种有效方法。加入 WC 及 TaC 可以提高硬质合金的韧性和抗断裂性能,提高弹性模量、抗塑性变形能力、高温抗软化能力及高温强度。此外,加入 WC 还可改善合金的导热性和刀尖处的局部过热现象;加入 TaC、NbC 后还可提高合金的抗热振性能,并有抑制碳化物晶粒长大的作用,使之更适于断续切削加工。一般 TiC 基硬质合金的抗崩刃性劣于 WC 基硬质合金 P10(YT15),比 K10(YG6)差得多;而强韧 TiC 基硬质合金的抗崩刃性远优于 P10 而可与 K10 合金相媲美。表 2-27 列出了强韧 TiC 基金属陶瓷牌号的物理性能。

表 2-27 强韧 TiC 基金属陶瓷牌号的物理性能

牌号	成分(质量分数)	密度/(g/cm^3)	硬度/HRA	抗弯强度/MPa	ISO 分类
YN10	TiC62%+WC15%+Ni12%+Mo10%+NbC1%	6.3	92	1100	P05
YN15	TiC43%+WC21%+(Ni+Mo)25%+其他(TaC、Co)	7.1~7.5	90.5	1250	P15
YN501	TiC+WC+Ni+Mo	5.5~6.0	93	900	P01
YN510	TiC+WC+Ni+Mo+TaC	6.0~6.5	91~92	1250	P10
YN501N	TiC+WC+Ni+Mo+TaC+TiN	6.0~6.5	93	1000	P01 K01
YN510N	TiC+WC+Ni+Mo+TaC+TiN	6.0~7.0	91~92	1200~1400	P10
YN520N	TiC+WC+Ni+Mo+TiN	6.0~7.0	91	1400~1600	P20
GY04	TiC+WC+Ni+Mo2C+TaC	6.3~6.5	91~92	1600~1900	P20

注:(1)YN10 和 YN15 是株洲钻石切削刀具股份有限公司的牌号;
(2)YN501N、YN510N 和 YN520N 是自贡硬质合金有限责任公司的牌号;
(3)GY04 是成都工具研究所有限公司的牌号

3. Ti(C,N)基合金

Ti(C,N)基合金是在 TiC 基合金基础上发展起来的一种具有高硬度、高强度、优良的耐高温和耐磨性能、良好的韧性以及密度小、热导率高的新型硬质合金,即 Ti(C,N)基金属陶瓷。其主要成分是 TiC-TiN,用 Ni-Co-Mo 作为黏结剂,以其他碳化物如 WC、Mo_2C、(Ta、Nb)C、Cr_3C_2及 VC 等作为添加剂。它通过改变 TiC 和 TiN 的成分来控制 Ti(C,N)基合金的物理性能和力学性能。由于加入了各种碳化物添加剂,并以Ni-Co-Mo 作为黏结剂,大大改善了合金的综合性能。加入一定量的高熔点 TaC、NbC,可改善合金的抗塑性变形能力;VC 可提高合金的抗剪强度,改善合金的力学性能;Mo_2C 可提高 Ni-Co 黏结剂的强度,并在碳化物、氮化物和黏结剂间起连接作用。在同一切削条件下,用 Ti(C,N)基合金制作的刀具耐磨性要远远高于 WC 基硬质合金刀具及涂层 WC 基硬质合金刀具。在高速切削时,Ti(C,N)基合金比 P20(YT14)、P10(YT15)合金的耐磨性高 5~8 倍,比 YD05F(P01~P05)合金高 0.3~1.3 倍。

Ti(C,N)基合金的应用范围与 TiC 基合金基本相同,但其加工范围更宽,可用于切削各类钢材及"以车、铣代磨"等精加工领域。除适于切削钢件外,也可用于加工铸件。由于 Ti(C,N)基合金具有低密度、低摩擦系数、高耐磨性、良好的耐酸碱腐蚀性能和稳定的耐高温性能,所以它还可用于制作各类发动机的耐高温零部件,如小轴瓦、叶轮根部法兰、阀门、推杆、摇臂、偏心轮轴、热喷嘴、活塞环等,以及制作各种量具,如塞规和环规等。表 2-28 列出部分国产 Ti(C,N)基金属陶瓷牌号的物理、力学性能。

表 2-28 部分国产 TiC(C,N)基金属陶瓷牌号的物理、力学性能

牌号	密度/(g/cm^3)	硬度	抗弯强度/MPa	ISO 分类
TN05	5.9	93HRA	1100	P01~P05
TN10	6.2	92.5HRA	1350	P10
TN20	6.5	91.5HRA	1500	P10~P20
TN30	6.5	90.5HRA	1600	P20~P30
TN310	6.25~6.65	1650~1900HV	850	P01~P10
TN315	6.75~7.15	1500~1750HV	1100	P05~P10
TN320	6.9~7.3	1650~1800HV	1200	P10~P20
TN325	7.0~7.4	1650~1800HV	1150	P05~P15
NT1	6.2	93HRA	1100	P01~P05

（续）

牌号	密度/(g/cm³)	硬度	抗弯强度/MPa	ISO 分类
NT2	6.1	92.8HRA	1370	K05~K10,M05~M10 P01~P10
NT3	6.4	91.5HRA	1500	P10~P20
NT4	6.5	91HRA	1600	P10~P30
NT5	6.3	92HRA	1300	P20,M05
NT6	7.2	92HRA	1500	P05~P20,K05~K20
注:(1)TN 系列是株洲钻石切削刀具股份有限公司的牌号; (2)NT 系列是自贡硬质合金有限责任公司的牌号				

2.4.3　涂层金属陶瓷简介

目前,市场销售的涂层金属陶瓷刀片几乎全部采用 PVD 法沉积涂层。涂层金属陶瓷刀片与金属陶瓷刀片一样,均适用于半精加工和精加工,但涂层金属陶瓷刀片的耐磨损、抗缺损性能更好,寿命更长,可适应更高的切削速度。

涂层金属陶瓷刀片用于断续切削时,其抗热冲击性、抗脆性损伤性能等均优于金属陶瓷刀片,其寿命约高出 2 倍。这是由于用 PVD 法沉积涂层时,工艺温度较低,对基体损伤小,能充分发挥基体与涂层各自的功能特性。此外,刀片表面形成的残余压应力也对提高切削性能有利。

与 CVD 涂层硬质合金刀片相比,涂层金属陶瓷刀片具有更强的抗黏附、熔附能力,因此可获得更高的加工表面质量。虽然采用 CVD 法已可在硬质合金基体上沉积出 TiN - Al_2O_3 - TiCN 柱状结晶 3 层厚膜涂层,但在背吃刀量较小的精加工中和加工低碳钢等较软材料时,这些涂层却难以充分发挥各自的作用,加工表面质量并不理想。此时若改用涂层金属陶瓷或金属陶瓷刀片,则有望明显提高加工表面质量。

图 2 - 13 为金属陶瓷和涂层金属陶瓷刀片切削 42CrMo4 材料(220HB)时的切削速度(v_c)—耐用度(T)关系曲线。切削条件:v_c = 200m/min,a_p = 0.5mm,f_z = 0.2mm/齿,湿式切削,刀片形式 CNMG120408,磨钝标准 VB = 0.2mm。由图可知,当切削速度 v_c = 150m/min 时,UP35N 与 AP25N 的耐用度大致相同,但当切削速度提高到 v_c = 350m/min 时,UP35N 的寿命则较 AP25N 下降很多。

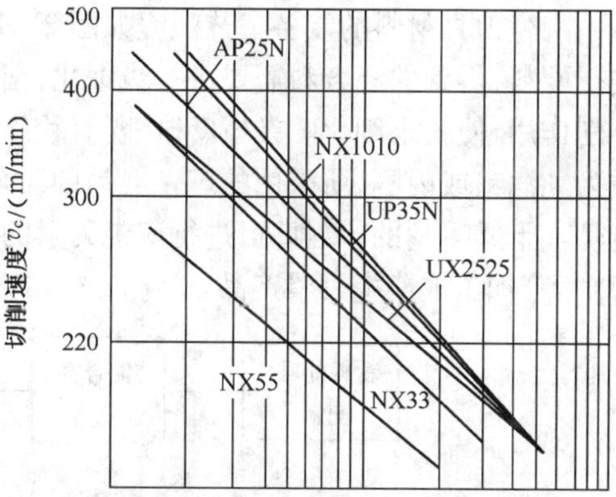

图 2 - 13　金属陶瓷和涂层金属陶瓷刀片切削 42CrMo4 材料(220HB)时的 v_c—T 关系曲线

2.4.4　金属陶瓷刀具的应用范围

金属陶瓷材料既具有陶瓷的高硬度和耐热性,又具有硬质合金的高强度,且化学稳定性好,具有优异的抗氧化性和抗黏结性,加工时与钢的摩擦系数小,抗弯强度和断裂韧度比陶瓷高,其功能几乎覆盖了大部分硬质合金的使用范围。因此,金属陶瓷材料可作为高速切削加工刀具材料,不仅用于精加工,而且也扩大到半精加工、粗加工和断续切削。用于精车时,切削速度比普通硬质合金提高 20%~50%。在钢的高速切削,特别是对表面粗糙度要求低的粗加工和半精加工中,金属陶瓷材料是最好的选择。

目前,金属陶瓷材料已广泛应用于各种机夹可转位车刀、镗刀、铰刀、铣刀、复合孔加工数控刀具,以及整体式立铣刀、铰刀等数控刀具,满足了高强度、高硬度钢和铸铁及各种耐热合金零部件的高速、高效、硬质、干(湿)式精密加工技术要求。

另外,目前金属陶瓷在刀具材料中所占份额在工业发达国家为 1/5~1/4,在日本已达 30%。国外工具专家预测,未来金属陶瓷刀片的需求量将占可转位刀片总量的 50%,并将成为铣削钢材的首选材料。

与硬质合金刀片相比,新牌号金属陶瓷刀片的切削性能进一步改善,除重载切削、断续切削外,金属陶瓷刀片在加工中损伤较小,寿命较长。在低速(v<91.44m/min)、小进给(f_z<0.1mm/齿)、小背吃刀量(a_p<0.51mm)的切削条件下,金属陶瓷刀片的寿命可比涂层硬质合金刀片更长(涂层可能因切屑熔附后受力而随之脱落)。在干式切削条件下,尤其在低速(v<91.44m/min)切削以及切削低碳钢(<180HB)时,由于金属陶瓷抗黏附、熔附能力强,因此可获得比硬质合金(甚至部分涂层硬质合金)刀片更好的加工表面质量。例如,分别采用 NX2525 金属陶瓷和 CVD 复合涂层(TiCN+Al_2O_3+TiCN)硬质合金刀片车削低碳钢零件时(切削条件:v=90~170m/min,f_n=0.2mm/r,a_p=2.0mm,湿式切削,刀片形式 DNMG150408),CVD 涂层刀片连续车削 80 个零件后因切屑熔附损伤而无法继续使用,NX2525 刀片则可连续切削 160 个零件。用这两种刀具分别切削 45 钢零件时(v=200m/min,f_n=0.3mm/r,a_p=1.5mm,干式切削),CVD 涂层刀片切削 4min 后,工件表面最大粗糙度 R_{max}=8.1μm,主后刀面磨损高度 VB=0.11mm;而采用 NX2525 刀片切削相同时间后,工件表面最大粗糙度 R_{max}=7.1um,主后刀面磨损高度 VB=0.035mm。

2.5 陶瓷

陶瓷刀具因具有良好的耐磨性、耐热性、化学稳定性及高硬度等特点,且不易与金属发生亲和作用,被广泛应用于高速切削、干切削、硬切削和难加工材料的切削,可实现“以车代磨”工艺,最佳切削速度是硬质合金刀具的2~10 倍,生产效率大大提高。

2.5.1 陶瓷材料的成分和性能

1. 陶瓷材料的成分及制备

陶瓷刀具材料的主要成分是硬度和熔点很高的 Al_2O_3、Si_3N_4等氧化物、氮化物,再加入少量的碳化物、氧化物或金属等添加剂,经制粉、压制、烧结而成。

陶瓷刀具材料的制备工艺流程如图 2-14 所示。首先对原材料进行处理(如去杂质),再按一定的配比进行配料,得到的混合料需要进一步细化,细化方法为球磨。球磨是在球磨机上进行,依靠球对原料的击碎、磨削作用,使粉末细化。在球磨时,既有粉碎作用又有混合作用,湿式球磨的效率比干磨高。常用的球磨介质为纯酒精或丙酮,所采用的球一般为硬质合金球或陶瓷球。球磨后浆料需要进行干燥,干燥后在氮气流中过筛。干燥得到的粉料即可进行陶瓷刀具的压制、烧结成型。烧结块可通过各种方法(如磨削加工、电火花切割等)加工成陶瓷刀具产品。

图 2-14 陶瓷刀具材料的制备工艺流程

陶瓷刀具的烧结方法主要有冷压法、热压法和热等静压(HIP)法。

冷压法是最早采用的一种陶瓷刀具制备工艺方法,它是先将混合好的粉末在室温下加压成形,然后在高温下烧结,但烧结时不加压力。其优点是设备简单、工艺性好、制备成本低,缺点是制备的陶瓷材料致密度低、性能较差。

热压法是加压和加热烧结同时进行。热压时,由于粉料处于塑性状态,变形阻力小,易于塑性流动因此,所需要的成形压力仅为冷压法的 1/10,可以成形大尺寸的陶瓷产品。由于同时加温、加压,有助于粉末颗粒的接触、扩散和流动,降低烧结温度和缩短烧结时间,可抑制晶粒的长大。热压法可获得接近的理论密度,容易得到细晶粒组织。

热等静压(HIP)法是在更高的压力下加入保护气体,用高压容器中的电炉加热。HIP 法可解决单轴加压方式所产生的颗粒结晶定向性问题。HIP 的优点:①可降低烧结温度;②提高了陶瓷材料的致密度,可制备出均匀、几乎不含气孔的细晶粒材料,大幅度提高陶瓷材料的强度;③HIP 是各个方向均匀加压,因此可得到形状十分复杂的部件和大尺寸的制品,还可获得表面粗糙度很低的产品,减少甚至避免昂贵的机械加工;

HIP 烧结的缺点是设备比较复杂和昂贵，因而生产成本比普通烧结工艺高得多。

2. 陶瓷刀具材料的性能特点

1）硬度高，耐磨性好

陶瓷的硬度达 91~95.3HRA，超过硬质合金。加工铸铁时，其耐磨性为碳化钨基硬质合金的 5 倍；加工钢材时，寿命可达碳化钨基硬质合金的 10~20 倍；在高速切削时，约为碳化钛基硬质合金的 2 倍。因此，陶瓷刀具适合于高速切削和硬切削，可加工传统刀具材料难以加工的硬质材料。

2）耐高温，耐热性好

陶瓷刀具有很好的高温力学性能。当切削温度达 760℃时，硬度为 87HRA（相当于 66HRC）；1200℃时，仍能保持 80HRA 的硬度，在 1350~1400℃的高温下仍可进行切削。

3）抗氧化性能及化学稳定性好

陶瓷刀具材料中各组分与 Fe 在 1327℃时的溶解度见表 2-29，因此陶瓷刀具材料在加工过程中与金属的亲和力较小，不易与金属产生黏结。耐腐蚀性强，化学稳定性好，可减少刀具的黏结磨损。Al_2O_3陶瓷在高温下也不易氧化，即使切削刃处于赤热状态，也能延长连续切削时间。

表 2-29 陶瓷刀具材料各组分与 Fe 在 1327℃时的溶解度

组　分	ZrO_2	Al_2O_3	TiN	TiC	Si_3N_4	SiC
溶解度/mol%	3.6×10^{-8}	5.6×10^{-7}	1.0×10^{-3}	1.9×10^{-3}	9.5×10^{-2}	6.4×10^{-1}

4）摩擦系数低

陶瓷与金属的亲和力较小，陶瓷刀具切削时摩擦系数较低。一般陶瓷牌号切削 45 号淬硬钢（45~55RHC）时摩擦系数为 0.47~0.75，而用 YT05 牌号的硬质合金切削时摩擦系数为 0.46~0.9。由于减小了切屑、刀具和工件之间的摩擦，降低了切削力和切削温度，产生黏结和积屑瘤的可能性也随之减少。这不但减小刀具磨损，提高刀具寿命，而且可以降低已加工表面的粗糙度。因此在高速精车和精密铣削时，可获得“以车铣代磨”的镜面效果。

5）原料丰富

硬质合金中所含的 W 和 Co 等材料资源缺乏，价格昂贵，而陶瓷刀具材料的主要原料（Al_2O_3、SiO_2、碳化物等）在地壳中含量丰富，对发展陶瓷刀具材料十分有利。

6）强度和韧性差，热导率低

陶瓷刀具材料属典型的脆性材料，抗弯强度和冲击韧度低，导热率仅是硬质合金的 1/2~1/5，而热膨胀系数却比硬质合金高 10%~30%，热冲击性能差。当温度发生明显变化时，容易产生裂变，导致刀片破损。

陶瓷刀具的导热性较差，通常采用干式切削或使用润滑剂进行切削，以减少前刀面与工件的摩擦，只是在加工某些难加工材料时，需加入一定的切削液，以提高刀具寿命。使用切削液时，必须在刀具接触工件前就对切削区域浇注切削液，直到刀具完全切削完毕为止，同时切削液必须大量连续供应，流量不得少于 6L/min，否则切削温度的变化会加剧陶瓷刀具的崩刃甚至破损。

2.5.2 陶瓷刀具材料的类型和适用范围

目前，国内外应用最为广泛的陶瓷材料大多数为复相陶瓷，其种类及可能的组合如图 2-15 所示。新型陶瓷刀具材料的研发基本上都是根据该图的组合，采取不同的增韧补强机制来设计的。

GB/T 2075—2007 对陶瓷材料分类代号的规定如表 2-30 所列。例如，CA-K10 表示加工铸铁的、主要含氧化铝（Al_2O_3）的未涂层氧化物陶瓷。

1. 氧化铝基陶瓷

氧化铝基陶瓷是以 Al_2O_3 为主，添加少量碳化物（TiC、WC、TaC、NbC、Mo_2C、Cr_3C_2等）、氧化物（MgO、ZrO_2等）或金属系（Ni、Mo、Co 等）的混合陶瓷。

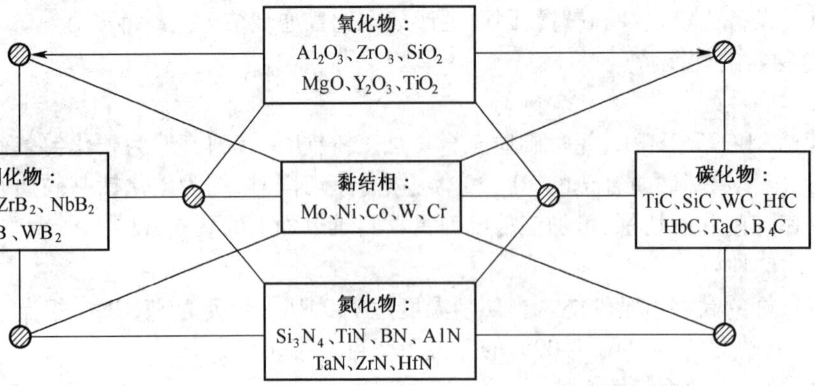

图 2-15 陶瓷刀具材料的种类及可能的组合

表 2-30 陶瓷材料分类代号

字 母	材 料 组
CA	主要含氧化铝(Al_2O_3)的氧化物陶瓷
CM	以氧化铝(Al_2O_3)为基体,含有非氧化物成分的混合陶瓷
CN	主要含氮化硅(Si_3N_4)的氮化物陶瓷
CR	主要含氧化铝(Al_2O_3)的增强陶瓷
CC	上述陶瓷进行了涂层

1) 纯氧化铝陶瓷

在 Al_2O_3陶瓷基体中添加少量(0.5%~1.0%)MgO 制成纯 Al_2O_3陶瓷刀片,适于精加工灰铸铁、耐磨铸铁、硬度低于 40HRC 的碳钢。

2) 氧化铝-碳化物系陶瓷刀具

在 Al_2O_3陶瓷基体中添加少量 TiC、SiC 等碳化物的陶瓷刀具。碳化物颗粒能阻止材料横向截面的收缩和使裂纹产生偏转效应,起到增韧补强作用。例如,Al_2O_3/TiC 热压陶瓷平均硬度可达 93.5~94.5HRA,抗弯强度可达 0.9~1GPa,适用于高速粗、精加工耐磨铸铁、淬硬钢及高强度钢等难加工材料。

在 Al_2O_3陶瓷中添加 TiB_2作为黏结剂,制成 Al_2O_3/TiB_2陶瓷刀具。该陶瓷的组织中包含细晶粒的 Al_2O_3以及"三维连续性"的硼化物相,有利于提高材料的物理、力学性能和切削加工性能,强度、耐磨性、抗热振性和导热性能等都有较大提高。它主要应用于碳钢、合金钢和铸铁的精加工和半精加工,是高效加工某些难加工材料最有前途的刀具材料。例如,用 Al_2O_3/TiB_2陶瓷刀具加工 40CrNiMoA 时,刀具寿命为 Al_2O_3/TiC 陶瓷刀具的 3 倍;加工 4Cr5MoVSi 时,刀具抗边界磨损能力为 Al_2O_3/TiC 陶瓷刀具的 2 倍。

3) ZrO_2 陶瓷增韧

在 Al_2O_3陶瓷中添加单斜晶系的 ZrO_2,利用微裂纹相变增韧机制,通过 ZrO_2相变产生的体积膨胀,在基体内形成微观裂纹,来吸收主裂纹扩展的断裂能,因而具有高的切削刃强度和耐磨性,断裂韧性提高 100%~120%。可用于粗车和精车铸铁及球墨铸铁,切削速度达 900m/min;合金钢的粗车切削速度达 200m/min,精车切削速度达 800m/min。

表 2-31 列举了国内外典型氧化铝基陶瓷刀具材料的性能。

表 2-31 国内外典型氧化铝基陶瓷刀具材料的性能

牌号	产地	主要成分	密度/(g/cm^3)	硬度	抗弯强度/MPa	断裂韧性/($MPa \cdot m^{1/2}$)
LT55	中国	Al_2O_3/TiC	4.96	93.7~94.8HRA	900	5.04
SG-4		Al_2O_3/(Ti,W)C	6.65	94.7~95.3HRA	850	4.94
JX-1		Al_2O_3/SiC_w	3.63	94~95HRA	700~800	8.5
LP-1		Al_2O_3/TiB_2	4.08	94~95HRA	800~900	5.2
LP-2		Al_2O_3/TiB_2/SiC_w	3.94	94~95HRA	700~800	7.8

（续）

牌号	产地	主要成分	密度/(g/cm³)	硬度	抗弯强度/MPa	断裂韧性/(MPa·m$^{1/2}$)
WG-300	美国	Al_2O_3/SiC_w	3.74	—	690	8.77
GEM2		Al_2O_3/TiC	4.25	94HRA	800	—
TD-35		Al_2O_3/TiB_2	4.05	94HRA	950	—
Kyon2500		Al_2O_3/SiC_w	—	93.5~94HRA	—	6.6
CC620	瑞典	Al_2O_3/ZrO_2	3.98	—	—	—
CC650		$Al_2O_3/TiC/TiN/ZrO_2$	4.30	—	—	—
CC670		Al_2O_3/SiC_w	—	94~94.5HRA	—	8.2
SN80	德国	Al_2O_3/ZrO_2	4.12	2000HV	510	—
MC2		Al_2O_3/TiN	4.25	95HRA	600	—
NB90S	日本	Al_2O_3/TiC	4.33	95HRA	950	—
LXB		Al_2O_3/TiC	4.2	94~95HRA	800	—
NTK-Cx2		Al_2O_3/TiN	4.5	94HRA	760	—
CA200		Al_2O_3/SiC_w	3.7	2000HV	1000	5.6
CA100		Al_2O_3/TiC	4.2	2130HV	800	4.1

2. 氮化硅基陶瓷刀具

氮化硅(Si_3N_4)的显微硬度(3000~5000HV)仅次于金刚石、立方氮化硼和碳化硼。Si_3N_4的化学惰性强,与碳元素及一般金属的化学反应很小,即使在1200℃下也不发生氧化,耐热性达1300~1400℃,抗弯强度在室温时为700~900N/mm^2,1200℃时为500~600N/mm^2,断裂韧性为6~7MPa·m$^{1/2}$,硬度达91~92HRA。

Si_3N_4/TiC陶瓷刀具,由于加入了TiC弥散相,使其具有优良的热硬性和抗热冲击性能。因此,该系陶瓷不仅能进行淬硬钢、冷硬铸铁等材料的精加工和半精加工,而且还可以用于钢基硬质合金、镍基合金、玻璃钢材料的精加工和部分粗加工,以及一般陶瓷刀具不能胜任的有硬皮铸铁毛坯的切削。但加工钢件时,其性能不如Al_2O_3基陶瓷刀具材料。

Sialon陶瓷以高硬度且抗振性良好的$\beta'-Si_3N_4$为硬质相,以Al_2O_3为耐磨相,在1600~2000℃下进行热压烧结而成,是Al_2O_3在Si_3N_4中的固体。Sialon陶瓷有很高的硬度(92~95HRA)和抗弯强度(1.0~1.45GPa),具有良好的抗机械冲击、抗热冲击性能和耐高温性能。其抗热冲击性能是Al_2O_3陶瓷的3~4倍,是涂层硬质合金的80%。与Si_3N_4陶瓷相比,Sialon陶瓷的抗氧化能力、化学稳定性、抗蠕变能力和耐磨性都有所提高,并易于制造和烧结。有人把它称为"第三代陶瓷刀具材料"。

Sialon陶瓷刀具适用于软/硬铁基合金、镍基合金、钛合金、硅铝合金等材料的加工。加工铸铁时,切削速度可超过15m/s,加工镍基高温合金的切削速度能达到2~4m/s,其金属切除率比硬质合金刀具可提高20倍。表2-32列出了国内外部分Si_3N_4基陶瓷刀具的性能。

表2-32 国内外部分Si_3N_4基陶瓷刀具的性能

牌号	产地	成分	密度/(g/cm³)	抗弯强度/MPa	硬度	断裂韧性/(MPa·m$^{1/2}$)
F×920	日本	Si_3N_4	3.27	960	92.8HRA	9.4
F×910			3.32	760	94.7HRA	6.7
Naycon			3.23	1000	92.8HRA	—
Kyon2000	美国	Sialon	3.2	765	1800HV	6.5
Kyon3000			—	830	1460HV	6.5
Quatum5000		Si_3N_4/TiC	3.4	750	93.5HRA	4.3

（续）

牌号	产地	成分	密度 /(g/cm³)	抗弯强度 /MPa	硬度	断裂韧性 /(MPa·$m^{1/2}$)
NCL	德国	Si_3N_4	3.3	816	92.6HRA	6.7
CND30	中国	$Si_3N_4-MgO-Y_2O_3$	3.3	850	90.5HRA	6.0
FD04		$Si_3N_4-Al_2O_3-TiC$	3.85	800	93.5HRA	—
FD05		Si_3N_4	3.41	1000	92.5HRA	—

2.5.3 陶瓷刀具材料的增韧补强方法

陶瓷刀具材料属于典型的脆性材料，近年来虽然取得了长足的进展，但其强度和韧性仍然较低，表现在切削加工时容易发生破损、可靠性较低。数控加工技术的发展趋势是高速化、自动化，要求刀具必须十分可靠。因此，改善陶瓷刀具材料的脆性，提高其强度，增大其可靠性已成为陶瓷刀具能否广泛应用于数控加工的关键。

近年来，随着材料研究的不断发展，可通过不同的增韧补强机制，改善陶瓷刀具材料的抗弯强度和冲击韧度等性能。目前，陶瓷刀具材料的主要增韧补强方法有晶须增韧、颗粒弥散增韧、相变增韧、协同增韧等。

1. 晶须增韧

晶须增韧陶瓷刀具材料的增韧机理主要有拔出效应、桥接增韧、裂纹增韧、裂纹偏转增韧和微裂纹增韧。

(1) 拔出效应是指晶须在外界载荷作用下从基体中拔出，因界面摩擦消耗外界的能量而达到增韧的目的。增韧效果受晶须和基体界面滑动阻力的影响。晶须和基体界面必须有足够的结合力，使外部载荷能有效地传递给晶须，但结合力不能太大，以保证足够的拔出长度。当晶须与基体不存在热胀失配时，拔出效应不随温度升高而变化，是一种高温增韧机制。

(2) 桥接增韧是指在基体断裂后，晶须承受外界载荷并在断开的裂纹面之间桥接。桥接的晶须在基体中产生使裂纹闭合的应力而消耗外界载荷所做的功，从而提高了材料的韧性。桥接增韧也是一种高温增韧的重要机制。

(3) 裂纹偏转增韧是利用裂纹非平面断裂效应的一种增韧机制。当裂纹尖端遇到弹性模量比基体大的第二相时，裂纹偏离原来前进的方向沿两相界面或在基体内扩展。这种非平面断裂有着比平面断裂更大的断裂表面，因而能吸收更多的能量，从而达到增韧的作用。在基体内加入高弹性模量的晶须及颗粒，均可产生裂纹偏转增韧机制，该增韧机制也是高温增韧的有效方法之一。

Al_2O_3/SiC_w、Si_3N_4/SiC_w 等陶瓷刀具材料即采用了晶须增韧来提高材料的断裂韧度。在 Al_2O_3 陶瓷中添加 25%~30%SiC 的晶须，以增强陶瓷的韧性，结果其断裂韧性为普通陶瓷刀片的 2 倍，达 8.0MPa·$m^{1/2}$，可加工 Ni 基合金、铸铁及非铁金属。目前这类陶瓷刀具材料在国内外均得到了发展和应用。

2. 颗粒弥散增韧

颗粒弥散增韧主要是在陶瓷基体中加入高弹性模量的第二相粒子，颗粒在基体材料拉伸时阻止横向截面的收缩。要达到与基体相同的横向收缩，必须增加纵向拉应力，从而具有强化效果。增加外界拉应力使材料消耗更多的能量，因而具有增韧效果。此外，颗粒对裂纹的“钉扎”作用和使裂纹产生的偏转效应，也都能起到增韧作用。颗粒弥散增韧不受温度影响，因此可作为一种高温增韧机制。

Al_2O_3/TiC、Al_2O_3/TiN、Si_3N_4/TiC 等陶瓷刀具材料均采用了颗粒弥散增韧来提高材料的断裂韧度，但其增韧幅度不大。这类陶瓷刀具是开发最早、用量最大的陶瓷刀具。由于制造工艺简单、性能优良、价格较低，因此便于推广应用。在国内外已开发了能满足不同加工要求的几十个牌号的颗粒增韧陶瓷刀具材料。

3. 相变增韧

陶瓷刀具材料相变增韧的是机理主要包括应力诱导相变增韧和微裂纹增韧。

(1) 应力诱导相变增韧主要是利用四方 ZrO_2 马氏体相变来改善陶瓷材料的韧性。该增韧机制的主要特点是增韧幅度大，可使材料的断裂韧度提高 2~5 倍，但增韧效果随温度的升高而急剧下降，约在 800℃ 以上时完全失效。

（2）微裂纹增韧主要是利用ZrO_2相变产生的体积膨胀，在基体内产生微裂纹或微裂纹区。当主裂纹进入微裂纹作用区后，诱发一系列小裂纹，产生新的断裂表面，从而吸收主裂纹扩散的能量。微裂纹增韧同时伴随着强度的降低，关键是控制微裂纹的尺寸，使之不能超过材料所允许的临界裂纹尺寸，否则将成为宏观裂纹。微裂纹增韧不受温度的影响。

Al_2O_3/ ZrO_2陶瓷刀具材料即采用了相变增韧来提高材料的断裂韧度。相对于颗粒增韧陶瓷刀具材料来说，相变增韧陶瓷刀具材料的增韧幅度大，但硬度相对较低，价格较高；并且由于应力诱导相变增韧的增韧效果随温度的升高而急剧下降，因而此类陶瓷刀具不适用于高速切削的场合，其应用范围受到一定限制。目前，此类陶瓷刀具材料在国内外都得到了开发，但并没有得到广泛应用。

4. 协同增韧

协同增韧是采用多种增韧机理对陶瓷刀具材料的进行增韧，其断裂韧性较单一增韧机制的陶瓷刀具材料要提高许多，并且具有很好的综合物理、力学性能，是陶瓷刀具材料的发展方向。

Al_2O_3/TiC / ZrO_2陶瓷刀具材料的增韧机制为颗粒增韧与相变增韧的协同作用；Si_3N_4/TiC/SiCw、Al_2O_3/TiB_2/SiCw和Al_2O_3/SiCw/TiC等陶瓷刀具材料的增韧机制均为颗粒增韧与晶须增韧的协同作用；Al_2O_3/ZrO_2/SiCw陶瓷刀具材料的增韧机制为相变增韧与晶须增韧的协同作用。

综上所述，为提高陶瓷刀具材料的强度与韧性，国内外已经开发了多种增韧机理，除应力诱导相变增韧效果随温度升高而显著降低外，其余的增韧机理均可作为高温增韧机理，尤其是晶须增韧同时具有拔出效应、桥接增韧、裂纹增韧和裂纹偏转增韧4种增韧效果，是目前研究最为活跃的增韧补强机理之一。

2.5.4 新型陶瓷刀具材料

1. 纳米复合陶瓷刀具材料

纳米复合陶瓷材料是指通过一定的分散、制备技术，在陶瓷基体结构中弥散有纳米级颗粒的陶瓷基复合材料。按基体与分散相粒径的大小，纳米复合陶瓷材料包括微米级基体与纳米级分散相的复合和纳米级基体与纳米分散相的复合两种情况。由于表面效应、尺寸效应、量子效应和界面效应，纳米陶瓷材料可以大幅度提高其硬度和强度。目前，纳米复合陶瓷已成为新型陶瓷刀具材料研究开发的一个前沿领域。

目前，山东大学开发了Al_2O_3/TiC/WC和Si_3N_4/TiC两种纳米复合陶瓷刀具材料。Al_2O_3/TiC/WC纳米复合陶瓷刀具材料为晶内型和晶间型的混合结构，Al_2O_3基体以部分粒径较小的纳米TiC颗粒为核生长形成晶内型结构，其余粒径较大的TiC颗粒和所有WC颗粒镶嵌在Al_2O_3基体晶粒之间形成晶间型结构。在Al_2O_3和TiC晶粒中观察到的位错以及在Al_2O_3晶粒中观察到的微裂纹说明，在复合陶瓷刀具材料内部存在较大的残余应力场，残余应力增韧是该复合陶瓷刀具材料的一种增韧机制。在Al_2O_3/TiC/WC纳米复合陶瓷刀具材料压痕裂纹扩展路径上观察到大量的裂纹偏转、桥联和裂纹分叉现象，上述裂纹扩展方式有助于提高材料的断裂韧性，其抗弯强度为840MPa、硬度为20GPa、断裂韧性为5.32MPa · $m^{1/2}$。Si_3N_4/TiC纳米复合陶瓷刀具材料以Si_3N_4为基体，以纳米TiC为增韧补强相，裂纹扩展过程中遇到纳米TiC颗粒时，裂纹将发生偏转、扭曲、分岔、终止及纳米颗粒的钉扎作用，其抗弯强度为920MPa，硬度为16.8GPa，断裂韧性为7.2MPa · $m^{1/2}$。

2. 梯度功能陶瓷刀具

梯度功能陶瓷刀具是指材料的组分、结构和物理、力学性能呈合理梯度变化的陶瓷刀具。该功能结构可缓解陶瓷刀具切削过程中刀具内的机械应力、热应力，提高抗热振性和可靠性，显著提高物理、力学性能。山东大学开发的FG-1和FG-2两种梯度功能陶瓷刀具试验结果表明：FG－1的抗磨损和破损能力比组分相同的均质陶瓷刀具提高30%～50%；FG－2在切削淬硬工具钢T10A时，刀具寿命比组分相同的均质陶瓷刀具提高50%～100%。

3. 陶瓷—硬质合金复合刀片

陶瓷—硬质合金复合刀片是指将陶瓷和硬质合金通过烧结的方法结合在一起得到的新型刀具。与同规格普通陶瓷刀片相比，陶瓷—硬质合金复合刀片能承受更大的弯曲载荷，利用底层硬质合金与刀杆焊接，可解决陶瓷刀具难以焊接的问题。山东大学开发的陶瓷-硬质合金复合刀片FH1-1和FH1-2的等效抗弯强度达800~1000MPa。在切削淬硬钢(42~46HRC)时,抗破损能力比普通陶瓷刀具提高30%以上。

4. 粉末表面涂层陶瓷刀具

粉末表面涂层陶瓷刀具是指在硬质合金粉末表面进行涂层,制成复合粉末,然后用复合粉末热压制成的新型刀具。粉末表面涂层陶瓷刀具突破了在刀具表面进行涂层的传统方法,变宏观涂层为微观涂层,解决了宏观涂层存在的易剥落、崩刃的缺点。这种涂层刀具既发挥了传统涂层刀具的优点,又克服了其缺点,成为"新生代"涂层陶瓷刀具。山东大学开发的粉末表面涂层陶瓷刀具材料抗弯强度接近硬质合金,硬度高于硬质合金,而切削可靠性大大优于普通陶瓷刀具和刀片表面涂层刀具。

新型陶瓷刀具材料的物理、力学性能如表2-33所列。

表2-33 新型陶瓷刀具材料的物理、力学性能

系列	牌号	密度/($g \cdot cm^{-3}$)	硬度/HRA	抗弯强度/MPa	断裂韧性/($MPa \cdot m^{1/2}$)
颗粒增韧 Al_2O_3 陶瓷刀具	LT55	4.96	93.7~94.8	900	5.04
	SG-4	6.65	94.7~95.3	850	4.94
TiB_2颗粒增韧陶瓷刀具	LP-1	4.08	94~95	800~900	5.2
	LP-2	3.94	94~95	700~800	7~8
晶须增韧陶瓷刀具	JX-1	3.63	94~95	700~800	8.5
	JX-2	3.73	93~94	650~750	8.0~8.5
特殊添加剂陶瓷刀具	LD-1	4.79	93.5~94.5	700~860	5.8~6.5
	LD-2	6.51	93.5~94.5	700~860	5.8~6.5
梯度功能陶瓷刀具	FG-1	4.46	94~95	700~800	9.0
	FG-2	6.08	94.7~95.5	700~800	8.4
陶瓷-硬质合金复合刀片	FH-1	—	94~95	800~1000	5.3~5.8
	FH-2	—	94~95	800~1000	5.3~5.8
粉末表面涂层陶瓷刀具	FTC1	—	—	830	7.6
	FTC2	—	—	800	4.98

2.5.5 陶瓷刀具的结构及应用

1. 陶瓷刀具几何角度的选择

陶瓷刀具几何参数推荐值如表2-34所列。

表2-34 陶瓷刀具几何参数推荐值

前角 γ_0	后角 α_0/(°)			主偏角 κ_r/(°)			刃倾角 λ_s/(°)
	一般推荐	当工件硬度较高时	断续切削	一般推荐	加工细长轴工件	加工难加工材料	
-5~-10	5~12	8~10	5~6	30~75	45~75	18~23	0~-10

陶瓷是脆性材料,为了改善陶瓷刀具脆性对切削的影响,一般对其进行负倒棱。在大多数情况下,没有负倒棱的陶瓷刀具无法使用。图2-16为陶瓷刀片切削刃的倒棱形状。对于普通钢和铸铁的连续切削加工,当进给量较小时,$b_{\gamma1}=0.1\sim0.2mm$、$\gamma_{01}\leqslant-20°$;当进给量较大或材料硬度较高时,$b_{\gamma1}=0.2\sim0.3mm$,$\gamma_{01}=-30°\sim-20°$。由于陶瓷的耐磨性比硬质合金好,刀尖圆弧半径可大于硬质合金刀片。表2-35列出了陶瓷刀具的负倒棱尺寸和刀尖圆弧半径的推荐值。

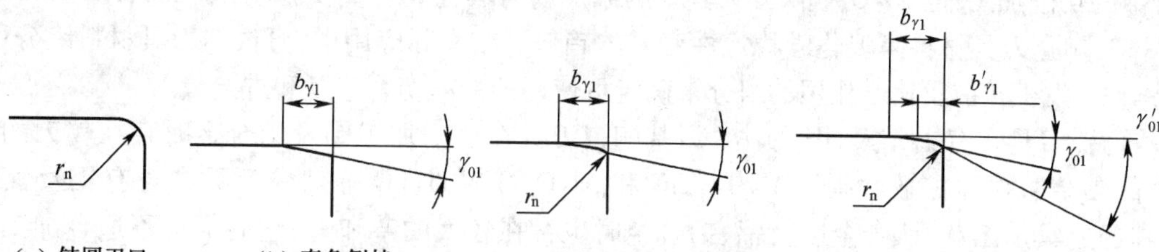

（a）钝圆刃口　（b）直角倒棱　（c）直角和钝圆组合倒棱　（d）双重直线和钝角组合倒棱

图2-16　陶瓷刀片切削刃的倒棱形状

表2-35　陶瓷刀具的负倒棱尺寸和刀尖圆弧半径推荐值

工件材料	用途	负倒棱尺寸 $b_{\gamma1} \times \gamma_{01}$	刀尖圆弧半径 r_ε/mm
铸铁和钢	精加工	0.15mm×(-20°)	0.8~1.6
	粗加工	0.30mm×(-25°)	2.0
高硬度材料	精加工	0.15mm×(-20°)	2.0
	粗加工	0.50mm×(-25°)	2.0

2. 陶瓷刀具对数控机床的要求

（1）高刚性：数控机床的刚性对陶瓷刀具寿命影响很大，机床刚性越差，则振动越大，刀具寿命也就越短。因为加工过程中的振动往往会引起陶瓷刀具的崩刃破损。除了要注意的是数控机床的刚性以外，还必须考虑机床、工件和刀具工艺系统的刚性，即工件的刚性、夹具的刚性、顶尖的刚性及刀具刚性等。任何环节的刚性不足都将大幅度降低陶瓷刀具的切削性能和效率。

（2）高转速：陶瓷刀具适合高速切削，因此，机床应具有足够高的转速，一般要求机床至少能达到200~800m/min或更高的切削速度。

（3）大功率：机床还必须有足够大的功率，功率不够容易“闷车”，造成陶瓷刀具破损。

总之，只有转速高、功率大、刚性和稳定性好的数控机床才能发挥陶瓷刀具的优越性能，取得好的经济效益。此外，机床精度要高，装夹工件的夹具和夹紧装置必须可靠，以免加工时产生振动，造成陶瓷刀具破损。

3. 陶瓷刀具对被加工零件的要求

（1）虽然陶瓷刀具能对大多数未退火的铸、锻件进行毛坯粗加工，但也并非对毛坯状况无任何要求。如硬铸件毛坯上的严重夹沙和砂眼，宽面引起许多不必要的打刀，降低陶瓷刀具寿命。如果能在切削工件前对毛坯进行适当处理，则就会好得多，如在切削前先用手动砂轮对缺陷部分进行清理和修正。

（2）零件切入、切出处均应倒角（一般倒角的角度最好略小于刀具的主偏角），以避免陶瓷刀具刚接触工件时承受过大的冲击载荷，从而造成陶瓷刀具破损。对于硬度高且形状不规则的毛坯零件，必须先用硬质合金刀具在低速下进行倒角，再用陶瓷刀具进行切削。

4. 陶瓷刀具的应用范围及注意事项

由于陶瓷刀具具有良好的耐磨性、耐热性、化学稳定性及高硬度等特点，且不易与金属发生亲和作用，因此可广泛应用于高速切削、干切削、硬切削和难加工材料的切削，可实现“以车代磨”等工艺。

目前，陶瓷刀具已成功应用于加工各种铸铁（包括灰口铸铁、球墨铸铁、冷硬铸铁、高强铸铁和硬镍铸铁等）、钢件（包括轴承钢、超高强度钢、高锰钢、淬硬钢、合金钢和耐热钢等）、热喷涂和喷焊材料、镍基高温合金（包括纯镍、镍喷涂与镍焊材料和含镍高密度材料等）。

陶瓷刀具并不是万能的，不同种类的陶瓷刀具有着不同的应用范围，每种陶瓷刀具都有其特定的加工范围。

Al_2O_3基陶瓷刀具具有良好的耐磨性、耐热性，且其高温化学稳定性好，不易与Fe元素发生相互扩散或化学反应，其耐磨性和耐热性均优于Si_3N_4基陶瓷刀具，因而Al_2O_3基陶瓷刀具应用范围最广，可用于对钢、铸铁及其合金的切削加工；但 Al_2O_3基陶瓷刀具中的添加物对其性能有重要影响，如 TiC、TiN 和 SiC 等的加入都有使 Al_2O_3陶瓷刀具材料高温化学稳定性变差的趋势。在实际应用中，可根据刀具材料组分中是否含有高温下易与 Fe 发生扩散及化学作用的组分来确定可使用的最高切削速度和进给量。

Al_2O_3基陶瓷刀具含有铝元素，因此，Al_2O_3基陶瓷刀具在切削加工铝及铝合金时存在较大的亲和力，会出现较大的黏结磨损和扩散磨损。Al_2O_3/TiC 和 Al_2O_3/(W，Ti)C 等陶瓷刀具中含有铝及钛元素，因此，用这类陶瓷刀具加工钛、钛合金以及铝、铝合金时也存在较大的亲和力，它们都有不适合加工铝、钛及其合金。

SiC 颗粒或 SiC 晶须增韧的 Al_2O_3基陶瓷刀具在加工镍基合金时表现出优良的切削性能，但在加工钢时因 Fe 容易与 SiC 发生反应而使刀具材料急剧磨损。用含 SiC 的陶瓷刀具加工淬硬钢时，SiC 很容易在切削高温作用下与工件中的 Fe 产生化学反应。切削速度越高，切削温度也越升高，这将进一步加剧 Fe 与 SiC 的反应速度。SiC 晶须与 Fe 反应后使晶须原有的硬度和耐磨性能降低，晶须与基体的结合强度削弱。此外，在高温下，SiC 在 Fe 中的溶解度比 TiC 和 TiN 的溶解度都高，因此还会产生溶解磨损。

由于 Fe 与 SiC 晶须的化学反应及相互溶解，使刀具材料中 Fe 元素含量增加，这将进一步增大刀具与工件粘着倾向，因而对刀具的耐磨性能不利。因此，添加 SiC 的 Al_2O_3基陶瓷刀具适合加工镍基合金、纯镍和高镍合金等，但不适合加工钢和铸铁。

Al_2O_3/ZrO_2陶瓷刀具的室温性能优良，且其中的组分 Al_2O_3和 ZrO_2在高温下的化学稳定性好，与 Fe 的溶解度均比较小(表 2-29)，不易向工件材料中扩散及溶解。因此，Al_2O_3/ZrO_2具有较好的耐磨性，但 Al_2O_3/ZrO_2 陶瓷刀具只适合在切削速度较低范围内进行切削加工。因为在高温下(温度超过 1170℃时)，ZrO_2增韧陶瓷的磨损行为与摩擦表面热诱导相变密切相关，这种相变是表面温度的函数，不同的条件可能诱发T-M相变或 T-C 相变，使陶瓷表面产生张应力，从而诱发裂纹的产生与扩张，导致磨损加剧。因此，Al_2O_3/ZrO_2陶瓷刀具不适合温度较高的高速或超高速切削。

Si_3N_4基陶瓷刀具在铸铁和镍基合金的切削加工中得到广泛应用。Si_3N_4基陶瓷刀具高速切削铸铁时主要发生磨料磨损，而高速切削碳钢时主要发生化学磨损。化学磨损本身在陶瓷刀具的总磨损量中所占比例一般并不大，但化学磨损的重要作用在于它能大大加剧机械磨损，如化学溶解及扩散作用会引起陶瓷表面强度减弱，加剧刀具与工件间的黏结，从而导致严重的黏结磨损和微观断裂磨损。用 Si_3N_4陶瓷刀具切削 AI-SI1045 钢时，刀具的磨损比切削灰铸铁时高得多。切削铸铁时，工件与刀具之间的 Fe、Si 等元素的相互扩散作用要比切削钢件时小得多。由于 Si_3N_4和 Fe 之间存在较大的化学亲和力，以及 Si 和 Fe 之间的相互扩散，因此 Si_3N_4陶瓷刀具不适合高速切削纯铁和碳钢等材料，因为高速切削时产生的高温会大大加剧 Si_3N_4与此类工件间的化学作用及元素的扩散，导致 Si_3N_4陶瓷刀具磨损加剧。因此，在加工钢时，Si_3N_4陶瓷刀具的磨损主要与刀具和工件间的化学作用有关。

总的来说，氧化铝基陶瓷刀具适合加工各种钢材和各种铸铁，也可加工铜合金、石墨、工程塑料和复合材料，加工钢时性能优于 Si_3N_4基陶瓷刀具；但不宜加工铝合金和钛合金，因为容易产生化学磨损。

Si_3N_4基陶瓷刀具的加工范围与 Al_2O_3基陶瓷刀具类似，适合高速加工铸铁和高温合金；但不宜加工产生长切屑的钢料(如正火钢和热轧钢)。

Sialon 陶瓷刀具最适合加工各种铸铁(灰铸铁、球墨铸铁、冷硬铸铁、高合金耐磨铸铁等)和镍基高温合金；但不宜加工钢料，因为钢料中的 Fe 元素向刀具扩散会造成非常严重的月牙洼磨损。

2.5.6 陶瓷刀具的刃磨

目前普遍采用金刚石砂轮对陶瓷刀具进行刃磨。一般情况下，半精磨时采用砂轮的粒度粗一些，精磨时采用砂轮的粒度细一些，半精磨时硬度低一些，精磨时硬度高一些；干磨时，其磨削速度一般为 18~22m/s。加磨削液时磨削速度可提高为 20~30m/s。磨削时进刀不能太大、太快，以免陶瓷刀片崩裂，粗磨的背吃刀量为 0.01~0.02mm，精磨的背吃刀量为 0.005~0.01mm。

刃磨用金刚石砂轮的主要参数：粗磨选用 $80^{\#}$~$120^{\#}$，精磨选用 $200^{\#}$~$400^{\#}$或微粉 W40 的金刚石砂轮，浓度为 75%~100%，硬度以中软为宜，树脂结合剂砂轮效果最好。

2.6 超硬刀具材料

超硬刀具材料是指以金刚石为代表的具有很高硬度物质的总称。超硬材料的范畴虽然没有严格规定，但人们习惯上把金刚石和硬度接近金刚石硬度的材料称为超硬材料。超硬刀具材料主要分为金刚石和立方氮化硼(CBN)两类。

金刚石是目前世界上已发现的最硬的材料。金刚石刀具具有高硬度、高耐磨性和高导热性等性能，在非铁金属和非金属加工中得到广泛应用，尤其在铝和硅铝合金高速切削加工中，如轿车发动机缸体、缸盖、变速箱和各种活塞等的加工中，金刚石刀具是难以替代的主要切削刀具。近年来，由于数控机床的普及和数控加工技术的高速发展，可实现高效率、高稳定性、长寿命加工的金刚石刀具的应用日渐普及。金刚石刀具现在和将来都是数控加工中不可缺少的重要刀具。

CBN是氮化硼的同素异构体，其结构与金刚石相似，硬度高达8000~9000HV，耐热度达1400℃，耐磨性好。近年来开发的聚晶立方氮化硼(PCBN)是在高温、高压下将微细的CBN颗粒通过结合相烧结在一起的多晶材料，既能胜任淬硬钢(45~65HRC)、轴承钢(60~64HRC)、高速钢(63~66HRC)、冷硬铸铁的粗车和精车，又能胜任高温合金、热喷涂材料、硬质合金及其他难加工材料的高速切削加工。

2.6.1 金刚石

金刚石是碳的同素异构体，是已发现自然界中最硬的一种材料。由于金刚石的优异特性，使它在非铁金属和非金属材料的切削刀具中得到广泛应用。

1. 金刚石的类型

GB/T 2075—2007对金刚石分类代号的规定如表2-36所列。例如，DP-N05表示加工非铁金属和非金属材料的聚晶金刚石。

表2-36 金刚石分类代号

代 号	材料组
DP	聚晶金刚石
DM	单晶金刚石

金刚石按其形成方式分为天然金刚石和人造金刚石两种。天然金刚石一般为单晶晶体，人造金刚石按使用要求可制成单晶晶体和多晶晶体，其中应用多晶制成的金刚石刀具包括人造聚晶金刚石(PCD)刀具和化学气相沉积(CVD)多晶金刚石刀具。金刚石(刀具)的种类如图2-17所示。

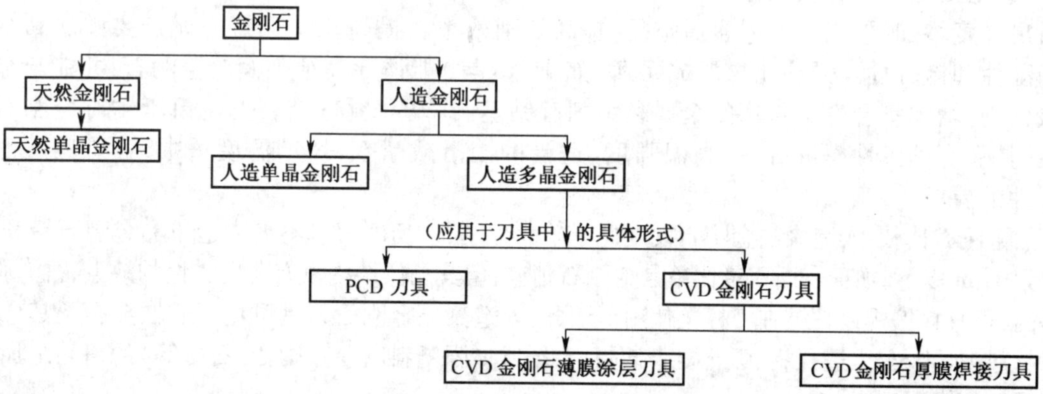

图2-17 金刚石(刀具)的种类

2. 天然单晶金刚石及切削特性

天然单晶金刚石刀具是将单颗粒大型金刚石研磨加工成一定形状和尺寸，然后用焊接、粘结等工艺方法将它固定在刀杆或刀体上制成的刀具。

天然单晶金刚石刀具刃口可磨得极为锋利，刃口半径可达20~30nm。它可以安装在精密车床、镗床、铣床等设备上使用,能实现超薄切削及高精度加工。天然单晶金刚石刀具切削又称为镜面切削。目前,它主要用于铝和铝合金、铜及铜合金(如巴氏合金、铍铜等)以及金、银、铑等贵重金属特殊工件的超精密加工,如录像机磁盘、光学平面镜、二次曲面镜等的。其缺点是高温下会烧损,价格昂贵,难于刃磨。

因天然单晶金刚石具有各向异性和解理现象,不同晶向的物理性能相差很大。各晶面的面网距的关系:(111)面>(110)面>(100)面。硬度和耐磨性的关系为:(111)面>(100)面>(110)面。易磨性的关系为:(110)面>(100)面>(111)面。图2-18描述了各晶面的易磨和难磨方向,图中实线表示易磨方向,虚线表示难磨方向。

3. 人造金刚石刀具的制备及切削特性

人造单晶金刚石是20世纪50年代以后逐渐发展起来的,以石墨为原料,加入催化剂,经高温、超高压烧结而成,如图2-19(a)所示。人造聚晶金刚石是通过金属结合剂(如Co、Ni等)将金刚石微粉聚合而成的多晶体材料,如图2-19(b)所示。人造金刚石是一种特殊的粉末冶金产品,在制造方法上借鉴了常规粉末冶金中的一些方法和手段。

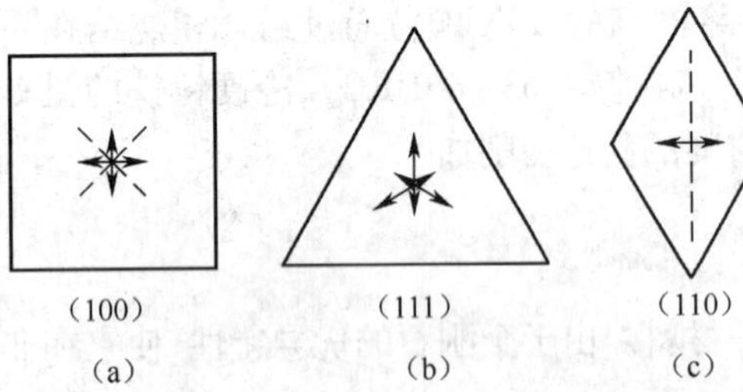

图2-18 金刚石(100)、(111)、(110)各晶面的易磨和难磨方向

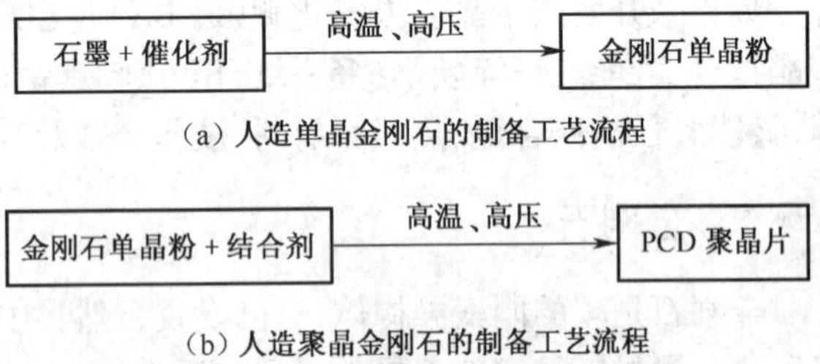

图2-19 人造金刚石的制备工艺流程

在烧结过程中,由于加入了添加剂,使PCD晶体间形成了以Co、Mo、W、WC和Ni等为主要成分的结合桥,金刚石以共价键的形式牢固地固定在由结合桥构成坚固的骨架中。金属黏结剂的作用就是牢固把持金刚石,充分发挥金刚石的切削效率。另外,由于晶粒在各个方向自由分布,裂纹很难从一个晶粒传向另一个晶粒,使PCD的强度和韧性都有很大提高。在选择黏结剂时需要考虑:①黏结剂与金刚石的把持力;②对于特定的加工对象,黏结剂与金刚石的协调磨损;③适当的制造工艺和生产成本。

把持力有两种:①机械把持力,其产生于黏结剂对金刚石的镶嵌作用。它主要由黏结剂的弹性模量决定,提高材料弹性模量的元素(如Cr、Mo、W或WC等)能提高把持力,同时也会增加耐磨性;②化学把持力,它是由金刚石与黏结金属"焊接"或化学键合而形成的,它不仅能提高刀具寿命,而且能使金刚石凸出高度增加,形成较大的容屑空间,提高切削效率。提高化学把持力就是要增加黏结剂对金刚石的润湿性和键合性。强碳化物形成元素(如Ti、Cr等)能诱导黏结剂润湿金刚石,并能与金刚石键合形成碳化物,增加键合力。常用的金属黏结剂有钴基、铁基和铜基结合剂。由于钴对金刚石具有好的润湿性,具有高的弹性模量、高的高温强度、适当的润滑减摩性,烧结温度适中,容易满足把持力和协调磨损性的要求。

与天然金刚石比较,人造聚晶金刚石硬度低于单晶金刚石,切削刃口不如人造单晶金刚石锋利,刃口半径很难达到1μm以下,加工表面质量比单晶金刚石稍差;但其晶体结构没有各向异性的缺点,抗弯强度和韧性有所提高,可直接镶焊或黏结在刀杆上使用。因此,人造聚晶金刚石刀具可用于非铁金属及其合金、难加工非金属材料(如木材、人造板材、强化复合地板、碳纤维增强塑料、石墨、陶瓷、石材等)的精切削加工,但很难实现到超精密镜面切削。

4. CVD金刚石刀具的制备方法及切削特性

CVD金刚石制备方法有热丝法、离子束溅射法、电子加速法、激光诱导法、等离子增强化学气相沉积(PFCVD)法、直流和高频电弧放电热等离子体法等。反应过程中,输入的能量、反应气体的激活状态及配比和沉积过程的成核模式等对于生成金刚石薄膜有决定性作用。衬底材料的晶型和点阵常数对金刚石薄膜成核生长影响很大。沉积金刚石膜的要求温度为600~900℃。因此,该技术常用于在硬质合金刀具表面沉积金刚石薄膜。

CVD 金刚石刀具可制成两种形式：一种是在基体上沉积厚度小于 50μm 的薄膜，即 CVD 金刚石薄膜涂层刀具；另一种是沉积厚度达到 1mm 的无衬底金刚石厚膜，即 CVD 金刚石厚膜焊接刀具，如果需要，它可以将它钎焊在基体上。

CVD 金刚石薄膜涂层刀具制作工艺简单，选用硬质合金作为基体材料，加工出满足要求的刀具几何形状，经过适当处理后置入真空室内，在刀尖沉积一层金刚石薄膜。金刚石薄膜与硬质合金基体之间的结合强度是制约该刀具使用寿命的关键因素。

早期，用于制造 CVD 金刚石厚膜焊接刀具的厚膜是沉积在 Si、SiC、W 或 WC 等基体材料上，再用磨削和酸洗腐蚀的方法去除基体材料而得到。近年来，沉积独立式金刚石厚膜的基体材料选用 WC－Co 硬质合金，在基体的冷却过程中，厚膜自动脱落而得到独立金刚石厚膜。用热丝法可制成 ϕ100mm 左右的金刚石厚膜，沉积速度最高可达 10μm/h。常用的沉积金刚石厚膜工艺方法是直流等离子射流法，这种方法的沉积速度可达 930μm/h，晶粒之间结合紧密。

CVD 金刚石厚膜硬度高、耐磨性好、不导电，通常需要在空气、氩气或氧气气氛利用激光将纯金刚石厚膜片切割成所需的形状和尺寸，且能直接切出刀具的后角和修整厚膜表面；再利用铜焊技术将切割出的小片焊接到硬质合金基体上，由于金刚石厚膜与金属及其合金之间有很高的界面能，致使金刚石不能被一般的低熔点合金所浸润，因此可焊接性差。目前，金刚石厚膜焊接刀具的焊接工艺主要采用活性金属化的方法。焊料是含钛的银铜合金，不加助熔剂，在惰性气氛或真空中高频感应加热焊接。此外，CVD 金刚石厚膜也可在真空炉内进行大批量快速焊接。最后对焊接好的 CVD 金刚石厚膜刀具研磨开刃。

CVD 复合聚晶金刚石有着与天然金刚石几乎完全相同的结构和特性。该复合聚晶结构没有方向性，性能稳定，寿命比硬质合金高得多，强度和抗冲击能力也比单晶金刚石好得多。由于复合聚晶金刚石刀具的超硬耐磨性和良好的韧性，可高效、精密加工大多数非金属材料和非铁金属，如铝、硅铝合金、铜、铜合金、石墨、陶瓷以及各种增强玻璃纤维和碳纤维结构材料等。此外，CVD 金刚石刀具还可用作高效和高精密加工刀具，其成本远低于价格昂贵的天然金刚石刀具。

5. 金刚石刀具材料的性能特点

(1) 极高的硬度和耐磨性。天然金刚石的显微硬度高达 10000HV，比硬质合金、陶瓷的硬度高几倍；耐磨性为硬质合金的 80~120 倍。

(2) 具有锋利的切削刃。人造金刚石的切削刃钝圆半径很小(0.1~0.5μm)，天然金刚石刀具可达 0.002~0.008μm。因此，能进行微量、超薄切削和超精密加工，尺寸精度和几何形状精度可达 3~10μm，表面粗糙度 Ra 可达 0.02~0.006μm，可实现镜面加工。

(3) 摩擦系数小。金刚石与黄铜、铝和纯铜之间的摩擦系数分别为 0.1、0.3 和 0.25，约为硬质合金刀具的 1/2。因此，摩擦系数低，加工变形小，减小了切削力。

(4) 高的导热性及低的热膨胀系数。金刚石热导率约为硬质合金的 2~7 倍，而热膨胀系数只有硬质合金的 1/11 和陶瓷的 1/8。由于热导率及热扩散率高，切削热容易散出，刀具切削部分温度低，切削热变形小，尺寸精度稳定。

(5) 各向异性。单晶金刚石晶体不同晶面和晶向的硬度、耐磨性、微观强度、可加工性以及与工件材料间的摩擦系数等有较大的差别。设计和制造金刚石刀具时，必须对金刚石原料进行晶体定向(图 2－18)，根据晶体方向正确选择刀具的前、后刀面。

(6) 热稳定性较差。当温度超过 800℃时，人造金刚石就会被还原碳化而丧失切削能力，且在高温时金刚石中的碳元素与铁产生较强的化学亲和作用，碳元素会很快扩散到铁中，而使刃口“破裂”。因此，金刚石刀具一般不适合加工铁系金属。

(7) 强度低。人造金刚石脆性大，抗冲击能力差，对振动很敏感，要求机床精度高、平稳性好，且只适合加工切削层面积不大的精细加工面。

天然金刚石、人造聚晶金刚石和 CVD 金刚石的物理、力学性能比较见表 2－37。

表 2-37 天然金刚石、人造聚晶金刚石和 CVD 金刚石的物理、力学性能比较

性能	天然金刚石	人造聚晶金刚石	CVD 金刚石
密度/($g \cdot cm^{-3}$)	3.52	4.1	3.51
弹性模量/GPa	1050	800	1180
抗弯强度/GPa	9.0	7.4	16.0
断裂韧度/($MPa \cdot m^{1/2}$)	3.4	9.0	5.5
显微硬度/GPa	80~100	50~75	85~100
热导率/(W/(m·K))	1000~2000	500	750~1500
热膨胀系数/(10^{-6}/K)	2.5~5.0	4.0	3.7

人造聚晶金刚石刀具、CVD 金刚石刀具和天然金刚石刀具的使用特性比较见表 2-38。

表 2-38 人造聚晶金刚石刀具、CVD 金刚石刀具和天然金刚石刀具的使用特性比较

特性	聚晶金刚石刀具	CVD 金刚石刀具	天然金刚石刀具
组成成分	金刚石单晶粉+结合剂(Co)	纯金刚石	纯金刚石
耐磨性	随金刚石颗粒大小而变	比 PCD 提高 2~10 倍	高于 PCD 和 CVD 金刚石
强度和韧性	优	良	差
化学稳定性	较低	高	高
可加工性	优	差	差
可焊接性	优	差	差
刃口切削性	良	优	优
适用范围	粗加工、精加工	精加工、半精加工,连续切削、湿切、干切	超精密加工
特异性	不适合加工有机复合材料	适合加工有机复合材料	由于价格昂贵,一般用于加工贵重金属特殊工件

6. 金刚石刀具的结构及应用

1) 人造聚晶金刚石(PCD)刀具几何参数

PCD 刀具的几何参数取决于工件状况、工件材料与结构等具体加工条件。PCD 刀具几何参数的选择表 2-39。

表 2-39 PCD 刀具几何参数的选择

类别	切削条件		参数
前角/(°)	粗车高硬度钢		-5~-10(工件若硬度较低,则可选择较小的负前角)
	精车		0(也可选用正前角,但一般不超过 10°)
后角/(°)	工件硬度较高		8~12
	工件硬度较低		10~20
主偏角/(°)	常规条件	75~90	加工细长工件时一般采用较大值,以减小径向切削力;精车时一般采用较小值,以提高加工表面质量
	粗车高硬度钢	90	
刃倾角	粗车时一般采用较小值,以增加切削刃强度;精车时一般采用较大值,以减小径向切削力		

2) 人造聚晶金刚石刀片粒度的选择

金刚石刀具的性能主要与金刚石粒度有关。目前,金刚石刀片粒度大致可分为粗粒度(20~50μm)、中粒度(10~20μm)和细粒度(0.5~10μm)。细粒度 PCD 制成的刀具刃口锋利性好、形状精度高,但耐磨性不如粗粒度 PCD,多用于在精密机床上加工表面粗糙度为 0.04~0.10μm 的工件,背吃刀量 a_p 不宜过大。通常,粗粒度 PCD 中金刚石含量较高,耐磨性好,但用该类材料制成的刀具刃口总有微小崩刃,难以制作高精度刀具。中粒度 PCD 刀具介于两者之间。

PCD 刀具粒度的选择与刀具加工条件有关。表 2-40 列出了 PCD 刀具粒度的选用原则。

表 2-40 PCD 刀片粒度的选用原则

工件材料		铝	铝合金(Si 质量分数<13%)	铝合金(Si 质量分数>13%)	铜合金	增强塑料	石墨	硬质橡胶	木材	石材	陶瓷	硬质合金
PCD	粗粒度			▲			◆			▲	▲	▲
	中粒度	◆	▲	◆	▲	▲	▲	▲	◆	◆	◆	◆
	细粒度	▲	◆		◆	◆		◆	▲			
注:▲代表第一优选;◆代表第二优选												

3) 金刚石刀具适合加工的工件材料及应用

金刚石刀具主要适合加工非金属材料、非铁金属及其合金,如铝及其合金、铜及其合金、镁及其合金、锌、铅、硬质合金、木材、增强塑料、橡胶、石墨、陶瓷等。金刚石的热稳定性比较差,切削温度达到 800℃时,就会失去其硬度。金刚石刀具不适合加工钢铁类材料,因为金刚石与铁有很强的化学亲和性,在高温下铁原子容易与碳原子相互作用,使其转化为石墨结构,极易损坏刀具。

采用人造单晶金刚石刀具,在超精密机床上可实现镜面加工。单晶金刚石刀具是目前超精密加工领域中最主要的刀具,其刃口可刃磨得非常锋利,刃口钝圆半径可达 20~30nm,加工工件表面粗糙度 *Ra* 可达 0.01μm 的镜面水平,且刀具寿命很长,刃磨一次可使用几百小时。目前,人造单晶金刚石刀具广泛应用于加工计算机磁盘基片、激光反射镜、天文望远镜、显微镜、光学仪器等。

PCD 刀具主要用于加工耐磨非铁金属及其合金和非金属材料,与硬质合金刀具相比,能在很长的切削过程中保持锋利的刃口和切削效率,其寿命远高于硬质合金刀具。PCD 刀具已广泛应用于各加工领域,其分布大致为车削占 37.6%、镗削占 27.1%、面铣占 20%、铰削占 14.1%、钻削占 1.2%。目前,PCD 刀具已经广泛应用于汽车、摩托车、航空航天工业、国防工业中一些难加工的非铁金属及其合金零部件的高速精密加工。

此外,PCD 刀具还非常适合对难加工非金属材料,如木材、人造板材、强化复合地板、碳纤维增强塑料、石墨、陶瓷、石材等进行加工。

CVD 金刚石不含任何金属或非金属添加剂,力学性能兼具单晶金刚石和 PCD 的优点,又在一定程度上克服了它们的不足。大量实践表明,焊接式的 CVD 金刚石刀具的使用寿命超过 PCD 刀具,其抗冲击性优于单晶金刚石刀具。因此,可认为 CVD 金刚石是加工非铁类材料,如铝、硅铝合金、铜、铜合金、石墨以及各种增强玻璃纤维和碳纤维结构材料理想的工具材料。CVD 金刚石薄膜涂层数控刀具(以整体硬质合金刀具为主)多应用于铣削、车削、钻削、铰削及锪削加工高强度铝合金、纤维-金属层板、碳纤维热塑性复合材料、镁合金、石墨、陶瓷等零部件,可满足高速、高寿命,干式加工技术要求。PCD 刀具加工典型工件材料的切削参数见表 2-41。

表 2-41 PCD 刀具加工典型工件材料的切削参数

工件材料	切削速度/($m \cdot min^{-1}$)	进给量/($mm \cdot r^{-1}$)	背吃刀量/mm
铝合金(Si 质量分数<12%)	1000~3000	0.1~0.4	5
铝合金(Si 质量分数>12%)	200~600	0.1~0.4	1
金属合成材料(MMC)	150~600	0.1~0.4	0.5
铜合金	600~2000	0.1~0.4	1.5
增强塑料	1000~7000	0.1~0.7	2.5
碳纤维复合成材料(CFRP)	500~2000	0.05~0.4	4
烧结 WC 合金(Co 质量分数 18%)	40~60	0.05~0.2	0.5
贵金属	100~500	0.05~0.4	1.5

7. 金刚石刀具的刃磨

金刚石的高硬度使其材料去除率极低(甚至只有硬质合金去除率的万分之一)。目前,PCD 刀具刃磨一方面采用金刚石砂轮进行磨削，另一方面采用电蚀刃磨技术。

一般说来，对尺寸精度和表面粗糙度要求高的刀具（如铰刀和镗刀等），可采用金刚石砂轮进行刃磨。金刚石刀具的刃磨一般采用金属结合剂、陶瓷结合剂和树脂结合剂金刚石砂轮。金属结合剂的金刚石砂轮导热性好，能保护砂轮组织的完好性；陶瓷结合剂砂轮耐热性好、磨削速度和砂轮寿命较高；树脂结合剂砂轮可用于刚性较差的机床。在满足刀具刃口加工质量的前提下，应选择较粗粒度的砂轮，这样既可保证刀具的加工质量，又可提高加工效率。粗磨时，可选用浓度100%~150%，粒度120#~150#的砂轮；精磨时，可选用浓度50%~750%，粒度160#~240#的砂轮，最后还可用W5~W40粒度的砂轮进行研磨抛光。修磨时，砂轮的运动精度要高，以保证刃口质量符合要求，砂轮的跳动量小于0.01mm，线速度约为25m/s，每次进刀磨削量应不大于0.005mm，并应根据磨削声音，实时调整进给量和进刀频率。

对于某些复杂形状PCD刀具（如PCD木工刀具、PCD铣刀和锯片等）可采用电蚀刃磨。电蚀刃磨机床的特点是生产效率高，随着电火花等电蚀刃磨技术的不断发展，电蚀刃磨技术将成为PCD磨削的一个主要发展方向。

2.6.2 立方氮化硼

1957年，美国通用电器（GE）公司采用与制造金刚石相似的方法合成出第二种超硬材料——立方氮化硼（CBN）。从20世纪60年代到70年代，前苏联、英国、西德、日本和中国相继掌握了CBN合成技术。CBN在硬度和热导率方面仅次于金刚石，热稳定性极好，在大气中加热至1000℃也不发生氧化。CBN对于黑色金属具有极为稳定的化学性能，可以广泛用于钢铁制品的加工。CBN由于具有超硬特性、高热稳定性、高化学稳定性而引起广泛关注。至今，世界各国对CBN及其制品的研究开发工作仍然十分活跃，其产量和应用逐年增加。

1. CBN的结构与性能

CBN是氮化硼（BN）的同素异构体之一，可分为单晶体（如CBN）和多晶体（如PCBN）。CBN结构与金刚石相似（呈闪锌矿型结构），因此其性能也与金刚石相似，CBN与金刚石的物理、力学性能比较见表2－42。

表2－42 CBN与金刚石的物理、力学性能比较

材料	CBN	金刚石
组成元素	BN	C
晶格常数/Å	3.615	3.567
显微硬度/GPa	80~90	100
密度/($g \cdot cm^{-3}$)	3.48	3.52
抗弯强度/MPa	300~1200	210~490
抗压强度/MPa	800~1500	1500~2500
弹性模量/GPa	720	900
热导率/(W/($m \cdot K^{-1}$)	40~80	146
热稳定性/℃	1400~1500	700~800
热膨胀系数/($\times 10^{-6}K^{-1}$)	2.1~5.6	0.9~1.2
与铁元素的亲和性	小	大

CBN的主要性能特点如下：

（1）高的硬度和耐磨性。CBN微粉的显微硬度为8000~9000HV，聚晶立方氮化硼（PCBN）的硬度达3000~5000HV。在切削耐磨材料时，其耐磨性为硬质合金刀具的50倍、涂层硬质合金刀具的30倍、为陶瓷刀具的25倍。能在较高切削速度下保持加工精度，大幅节省工时和能耗。

（2）高的热稳定性。CBN的耐热性可达1400~1500℃，比金刚石的耐热性（700~800℃）几乎高1倍。当温度高达1370℃时，才开始由立方晶体转变为六方晶体并软化。PCBN在800℃时的高温硬度仍高于金刚石和陶瓷的常温硬度。因此，CBN和PCBN适合高速工高温合金。

(3) 化学稳定性好。CBN 具有高的抗氧化性,在 1000℃以下不会发生氧化反应。同时,与铁系金属材料在 1200~1300℃时也不易起化学反应。在还原性气体介质中,对酸和碱都具有稳定性。因此,特别适合高速切削淬火钢、冷硬铸铁等。

(4) 导热性好。CBN 的热导率比金刚石小(约为金刚石的 1/2),但远高于陶瓷、硬质合金等材料,且热导率随温度的升高而增大。因此,当切削条件相同时,PCBN 刀具刀尖处的温度低于陶瓷及硬质合金刀具,减小了刀具的磨损,可满足较高的加工精度要求。

(5) 摩擦系数较小。CBN 与不同材料间的摩擦系数为 0.1~0.3,比硬质合金的摩擦系数(0.4~0.6)小得多,并且摩擦系数随切削速度的提高而减小。CBN 刀具在使用过程中,由于摩擦系数较小,可获得小的切削力,降低切削区温度,从而提高被加工工件表面质量。

(6) 强度及韧性较差。CBN 的抗弯强度约为陶瓷的 1/5~1/2,因此,CBN 刀具较脆,使用中应避免过大的冲击而造成刀具的破损,一般应采用负前角高速切削。

2. CBN 的分类

GB/T 2075—2007 对于氮化硼材料分类代号的规定如表 2-43 所列。例如,BH-H10 表示加工硬金属材料的、含大量 CBN 的立方晶体氮化硼。

表 2-43　氮化硼材料分类代号

代　号	材料组
BL	含少量立方氮化硼的立方晶体氮化硼
BH	含大量立方氮化硼的立方晶体氮化硼
BC	上述的氮化硼进行了涂层

根据制造合成工艺的不同,PCBN 刀具可分为整体 PCBN 刀片和与硬质合金复合烧结的 PCBN 复合刀片;根据刀具结构的不同,PCBN 刀具的分类如图 2-20 所示。

图 2-20　PCBN 刀具的种类

3. CBN 刀具的制备

CBN 单晶通常使用六方氮化硼(HBN)在催化剂及添加剂的参与下经高温、高压烧结而成,如图 2-21(a)所示。HBN 是合成 CBN 的主要材料,也是一种理想的耐高温绝热材料,其结构与石墨相似。PCBN 聚晶是由许多 CBN 单晶体和结合剂在高温、高压下烧结而成,如图 2-21(b)所示。其烧结可以是固相烧结,也可以是液相烧结。PCBN 焊接刀具是将 PCBN 焊接在钢基体上经刃磨而成,主要有车刀、镗刀、铰刀等。PCBN 可转位刀片(主要为车刀片和铣刀片)一般是在可转位硬质合金刀片的一个角上镶焊一块 PCBN 刀尖,经刃磨而成。

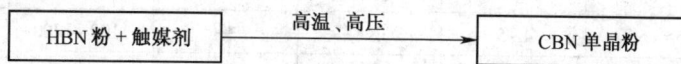

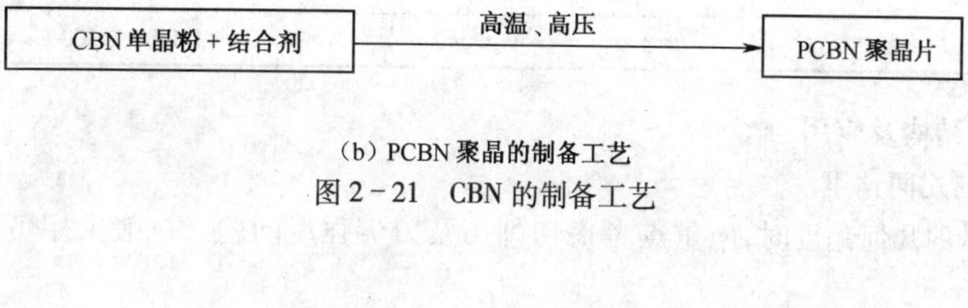

(a) CBN单晶的制备工艺

(b) PCBN聚晶的制备工艺

图 2-21　CBN 的制备工艺

4. PCBN 刀具

PCBN 是在高温、高压下将微细的 CBN 单晶通过结合相（TiC、TiN、Al、Ti 等）烧结在一起的多晶材料。PCBN 克服了 CBN 单晶易解理和各向异性等缺点，因此，PCBN 主要用于制作刀具或其他工具。

影响 PCBN 刀具性能三个主要因素是 CBN 含量、CBN 粒径和结合剂。通过调整 CBN 含量、CBN 粒径大小和结合剂比例及种类，可以获得不同性能的 PCBN 刀具材料，生产出适应不同加工要求的 PCBN 刀具。

1）CBN 的质量分数对 PCBN 刀具性能的影响

CBN 的质量分数主要影响 PCBN 的硬度和热导率，随着 CBN 质量分数的增加，PCBN 的硬度、耐磨性和热导率升高，韧性下降。根据应用条件 CBN 的质量分数可在 40%~95%之间选择。

2）CBN 的粒径对 PCBN 刀具性能的影响

CBN 的粒径影响 PCBN 刀具的强度和抗破损性能。细晶粒可使晶粒的界面面积增加，提高烧结强度和抗裂纹扩展的能力，CBN 粒径越小，PCBN 刀具的抗破损能力越强，刀具切削刃锋利性越好。小的 CBN 晶粒能提供较大的反应表面积，产生诱发转变和晶体外延生长，得到显微结构完全致密的 PCBN。当 CBN 粒径增加 1 倍时，PCBN 刀具寿命降低 30%~50%。根据所需要的加工精度和表面质量要求，制造切削工具用的 CBN 粒径为：粗粒度 20~30μm，中粒度 3~10μm，细粒度小于 2μm。

3）PCBN 的结合剂对刀具性能的影响

PCBN 是 CBN 的烧结体，通常有不加结合剂烧结，直接由 CBN 原子间结合而成的，也有加入不同结合剂烧结，由结合剂结合而成的。PCBN 结合剂主要有三类：①金属结合剂，由金属或合金组成（如 Co、Ni 等）。金属结合剂 PCBN 烧结体韧性和导电性好，缺点是高温下结合剂软化，耐磨性能下降。②陶瓷结合剂，如 TiN、TiC、TiCN、AlN、Al_2O_3等。陶瓷结合剂 PCBN 具有较高的耐高温磨损能力和较强的抗黏结能力，解决了金属结合剂高温软化的问题，但抗冲击性较差、脆性大。③金属陶瓷结合剂，解决了上述存在的问题，具有较好的综合性能。

根据不同的加工用途，PCBN 刀具中的 CBN 质量分数、CBN 粒径和结合剂应进行相应变化。表 2-44 列出了国外部分 PCBN 刀具的牌号，不同牌号的 CBN 质量分数、CBN 粒径和结合剂不同，其性能也有所不同。

表 2-44　国外部分 PCBN 刀具牌号的性能

牌号	厂家	CBN 质量分数/%	粒径 /μm	结合剂	密度 /($g \cdot cm^{-3}$)	抗弯强度/MPa	(断裂韧度)/ ($MPa \cdot m^{1/2}$)	显微硬度 /GPa
Amborite AMB90	DeBeers	90	8	Al	3. 42	—	(6. 4)	31. 5
Amborite DBA80		80	6	Ti, Al	3. 52	—	(5. 9)	30
Amborite DBC50		50	2	TiC	—	—	—	—
Amborite DBN45		45	—	TiN	—	—	—	—
BZN7000S	GE	82	15	陶瓷系	3. 4	550	—	34. 0
BZN6000		90	2	金属系	4. 0	747	—	36. 0
BZN8200		65	2	陶瓷系	4. 1	771	—	35. 0
JBN300	Dijet	55~65	4~5	TiN 系	—	1100~1200	31. 0~32. 0	
JBN330		45~55	3~4	TiN 系	—	1000~1100	—	29. 0~30. 0
JBN500		85~95	3~4	金属系	—	1000~1100	—	33. 0~34. 0
JBN10		45~55	4~5	TiN 系	—	1100~1200	—	31. 0~32. 0
JBN20		45~55	2~3	Al_2O_3系	—	1000~1100	—	33. 0~34. 0

5. PCBN 刀具的结构及应用

1）PCBN 刀具的几何角度

选择 PCBN 刀具的几何角度时，应重点考虑切削刃及刀尖强度问题。一般采用负倒棱，负倒棱宽度为

0.1~0.3mm（推荐0.2mm），负倒棱前角为-25°~-8°（推荐-15°），若对切削刃进行适当的钝化处理，其效果更好，PCBN刀具加工典型工件的刃口参数见表2-45。

表2-45　PCBN刀具加工典型工件的刃口参数

工件材料	粗加工	精加工	示意图
硬化钢	$f_{ch}=0.2\sim0.5mm, \gamma_{ch}=20°$	$f_{ch}=0.2, \gamma_{ch}=20°$	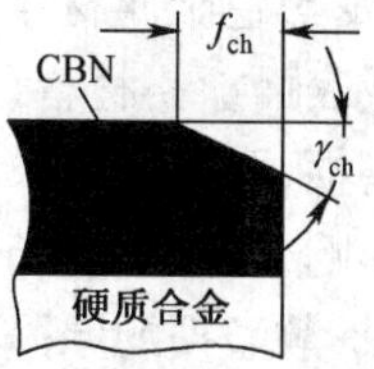
灰铸铁	$f_{ch}=0.2mm, \gamma_{ch}=15°\sim20°$	钝圆半径 $r_n=0.2mm$	
硬化铸铁	$f_{ch}=0.2\sim0.5mm, \gamma_{ch}=15°\sim20°$	$f_{ch}=0.2mm, \gamma_{ch}=20°$	
粉末金属	$f_{ch}=0.2mm, \gamma_{ch}=20°$	$f_{ch}=0.2, \gamma_{ch}=20°$	
超级合金	$f_{ch}=0.2\sim0.5mm, \gamma_{ch}=20°$		

PCBN刀具的强度比硬质合金刀具低，因此在加工淬硬钢时刀尖角不能太小。刀具前角一般为-10°~0°，通常采用0°前角的居多；后角一般选择得较小，为6°~10°，以保证刀具切削部分的楔角足够大；刃倾角无特殊要求时，多取为0°或负值，以保证切削刃切入时有较好的受力状态；刀尖角一般不小于90°，并把刀尖研磨成 $r_\varepsilon=0.4\sim1.2mm$ 的圆弧，以保证刀尖有足够的强度。表2-46列出了PCBN刀具加工不同工件材料时的刀具几何参数。

表2-46　PCBN刀具加工不同工件材料时的刀具几何参数

工件材料	前角/(°)	后角/(°)	刃倾角/(°)	刀尖圆弧半径/mm	倒棱宽度/mm 角度/(°)
淬硬工具钢	-5	8	0	0.2	0.2-8
淬硬高速钢	-5	13	-3	0.3	0.3-10
冷硬球墨铸铁	-3	8	0	0.6	0.25-6°
高温合金	-4	10	0	0.2	0.2-10
钛合金	-3	13	0	0.3	0.2-10
电铸纯镍	-3	13	0	0.3	0.2-10
钨	-4	12	0	0.25	0.25-8

2）PCBN刀具对数控机床和被加工零件的要求

由于PCBN刀具的脆性大于硬质合金，因此，使用时对机床的工艺系统有较高的要求。首先要求机床主轴偏差小、刀架及整个加工系统刚性好，而且机床振动小，因为加工过程中的振动往往会引起PCBN刀具崩刃和破损。尽管PCBN刀具比硬质合金脆，比陶瓷的化学稳定性差，但PCBN刀具比陶瓷刀具有更高的抗冲击强度和抗破碎性能。相对陶瓷刀具，在切削淬硬金属时，机床刚性可以稍差一些。

PCBN刀具多用于加工淬硬钢和高硬铸铁等难加工材料，需要抵御高功率粗加工的切削负荷、断续切削的机械冲击，刀具多带有负倒棱。因此，径向切削力很大，这就要求机床功率大、精度高、刚性好。这既可保护PCBN刀具，又可获得满意的加工效果。

装夹工件的夹具必须可靠，以免加工时振动。PCBN刀具在机床上装夹时，刀具的悬伸长度应尽量短，刀尖对中要准，以防刀杆颤动和变形，使PCBN刀具保持良好的加工状态。

对于硬度高、形状不规则的工件，由于PCBN刀具较脆，不耐冲击，所以在使用PCBN刀具前，最好先对工件进行倒角，以避免PCBN刀具刚接触工件时受冲击载荷较大而造成破损；也可用硬质合金刀具将工件冷硬层粗车一次，并在工件切入、切出端先倒角，以减小PCBN刀具所受冲击力。

3）PCBN刀具适合加工的材料

由于PCBN刀具具有高热硬性、高耐磨性、不易"黏刀"、被加工零件精度和粗糙度较高等优点，因此在现代高速切削、干式切削及硬切削中得到了广泛应用。可加工的工件材料如下：

（1）淬硬钢类：合金钢、轴承钢、模具钢、高速钢等淬硬钢零件（硬度为50~68HRC）。

（2）耐磨铸铁类：钒钛（V-Ti）铸铁、高磷铸铁、冷硬铸铁等（硬度>45HRC）。

(3) 硬度<30HRC 的珠光体灰口铸铁。

(4) 耐热合金:钛铁合金类(TC4)等(硬度>35HRC)。

(5) 硬质合金、热喷涂(焊)类及其他难加工材料。

当被加工材料硬度过低时,PCBN 刀具的优势不太明显。PCBN 刀具不适合加工较软(硬度大于45HRC)的黑色金属材料。某些材料或加工条件(如典型的软钢、奥氏体不锈钢、镍基耐热钢、铁素体铸铁、高铬钢或表面涂铬材料、采用断续切削的高速钢、铁基类表面硬化合金等)由于容易引起 PCBN 刀具的非正常化学磨损,因此不宜采用 PCBN 刀具加工。在高速切削铸铁件时,铸件的金相组织对高速切削刀具的选用有一定影响,加工以珠光体为主的铸件,在切削速度大于 500m/min 时,可使用 PCBN 刀具;当以铁素体为主时,由于扩散磨损的原因,使刀具磨损严重,不宜使用 PCBN 刀具,应采用陶瓷刀具。

4) PCBN 刀具的应用

由于 PCBN 材料具有独特的结构和特性,近年来广泛应用于黑色金属的切削加工,尤其适合于淬硬钢、高硬铸铁、高硬热喷涂合金等难加工材料的切削加工。目前,已有多品种不同 CBN 质量分数、粒径和结合剂的 PCBN 刀具用于车刀、镗刀、铣刀等。在汽车制造业、自动化生产线等方面,PCBN 刀具的使用量已达到相当高的比例。

(1) 对高硬材料的硬态加工,实现"以车代磨"。由于 PCBN 刀具的硬度仅次于金刚石,具有极高的硬度和热硬性,对铁族元素具有高化学惰性,因此,PCBN 刀具非常适合于对高硬度材料进行加工,可使被加工的高硬度工件获得极好的表面粗糙度,以实现"以车代磨"的工艺要求。

(2) 高速切削灰铸铁。与陶瓷刀具以及硬质合金刀具相比,PCBN 刀具的切削速度高,加工精度好,刀具寿命长。

(3) 加工热喷涂材料。由于热喷涂材料具有硬度高、热稳定性好、组织不均匀及表面不均匀等特性,加工难度极大。目前,国内多采用砂轮磨削加工,但加工效率低、成本高。而采用硬质合金刀具车削时,切削速度低,刀具寿命短,不能满足加工要求。用 PCBN 刀具加工热喷涂材料时,切削速度可比硬质合金刀具提高几倍,刀具寿命可提高几十倍。它可以加工从低硬度到高硬度的各种工件,不仅可进行精加工和半精加工,在某些情况下还可以进行粗加工,这是因为 PCBN 刀具具有极高的硬度和耐磨性,可以抵抗热喷涂材料的高硬度和磨料磨损。PCBN 刀具还具有高的热稳定性和导热性,可以承受切削时的高温和热量。

(4) 干式切削。由于 PCBN 刀具具有高硬度和高热稳定性,故可应用于干式切削,符合清洁化生产要求。PCBN 刀具加工典型工件材料的切削参数见表 2-47。

表 2-47 PCBN 刀具加工典型工件材料的切削参数

工件材料	切削速度/($m \cdot min^{-1}$)	进给量/($mm \cdot r^{-1}$)
硬化钢	120~150	0.10~0.20
灰铸铁(> 240HBN)	450~1000	0.25~0.50
灰铸铁(<240HBN)	300~600	0.25~0.50
超级合金	150~300	0.10~0.25
粉末金属	90~300	0.08~0.20
热喷涂材料	150~300	0.08~0.20
轴承钢	110~150	0.05~0.20

6. PCBN 刀具的刃磨

PCBN 刀具硬度高、耐磨性能好,刃磨质量要求高。一般不能用手工刃磨或普通工具磨床刃磨,而应用专门刃磨超硬刀具的磨床,如瑞士 EWAG 公司的 RS 系列磨床。

PCBN 刀具的刃磨必须用金刚石砂轮磨削。粗磨时,选用粒度较粗($120^{\#}$~$150^{\#}$)的金刚石砂轮,以提高磨削效率,但应注意控制磨削温度,以免产生磨削裂纹;精磨时,选用微粉级金刚石砂轮,保证刃口的质量,同时应注意选择正确的刃口位置,刃口处不允许有明显的锯齿或缺口。

参考文献

[1] 邓建新,赵军. 数控刀具材料选用手册[M]. 北京:机械工业出版社,2005.
[2] 全国刀具标准化技术委员会(SAC/TC 91). 切削加工用硬切削材料的分类和用途大组和用途小组的分类代号(GB/T 2075—2007)[S]. 中华人民共和国国家质量监督检验检疫总局 中国国家标准化管理委员会,2007.
[3] 陈云,董万福,杜齐明,等. 现代金属切削刀具实用技术[M]. 北京:化学工业出版社,2008.
[4] 现代机夹可转位刀具实用手册编委会. 现代机夹可转位刀具实用手册[M]. 北京:机械工业出版社,1994.
[5] Sandvik Coromant. 金属切削技术指南[M]. Sandvik Coromant,2006.
[6] 艾兴,肖诗纲. 切削用量简明手册[M]. 北京:机械工业出版社,1994.
[7] 李企芳. 难加工材料的加工技术[M]. 北京:北京科学技术出版社,1992.
[8] 艾兴,等. 高速切削加工技术. 北京:国防工业出版社,2003.
[9] 艾兴,等. 陶瓷刀具切削加工[M]. 北京:机械工业出版社,1988.
[10] 钟海云,李荐,戴艳阳,等.纳米碳化钨粉的研究及应用开发动态[J].稀有金属与硬质合金,2001,15(6):44.
[11] 李仁琼. 功能梯度硬质合金的发展现状与前景[J]. 硬质合金,2003,9.
[12] 郭伟. 碳化钨-碳化钛-碳化钽-碳化铌固溶体硬质合金:中国,CN101586204A[P]. 2007,11.
[13] 袁训亮. Al_2O_3/TiC/WC 纳米复合陶瓷刀具的研制及切削性能[D]. 济南:山东大学,2008.
[14] 丁代存. Si_3N_4/TiC 纳米复合陶瓷刀具材料的研制及其性能研究[D]. 济南:山东大学,2005.
[15] 冯士光. 新型超硬材料—立方氮化硼综述[M]. 成都工具研究所,1990.

第3章 刀具几何参数对刀具切削性能的影响

刀具作为具有既定功能的金属切削工具,其性能除取决于刀具材料和涂层以外,还取决于刀具切削部分的几何参数。刀具的切削部分是一个由几何参数确定的几何体。由于刀具切削部分直接参与切削过程,其几何参数关系着切屑本身、切屑与刀具、工件已加工表面与刀具三者之间的变形和相互作用,从而影响切削力、切削热及刀具的磨损,同时还影响工件已加工表面的形状和质量、切屑的卷曲、折断和流向的控制等,从而对刀具的切削性能和切削效果起重大的作用。因此,了解刀具几何参数与切削性能和切削过程的关系是设计刀具、合理使用刀具的前提。

3.1 刀具几何参数的定义、功能

要理解刀具的几何参数,首先需要理解定义这些几何参数用的各种平面。

3.1.1 工件上的3个表面

工件上的3个表面(图3-1)如下:

(1) 待加工表面:工件上有待切除的表面。

(2) 已加工表面:工件上经刀具切削后产生的表面。

(3) 过渡表面:工件上由切削刃形成的那部分表面(又称加工表面),它将在下一个行程,刀具或工件的下一转里被切除,或者由下一个切削刃切除。

过渡表面在未加工或已经完成加工的工件上是不存在的,只在加工过程中存在,但它对于切削加工分析非常重要。

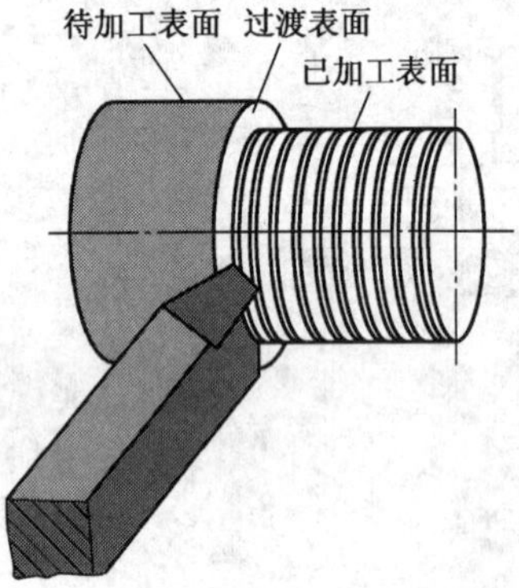

图3-1 工件上的3个表面

3.1.2 切削运动的变量

切削运动的变量如下:

(1) 主切削运动:切削加工的主切削运动通常由机床主轴的旋转形成,其衡量参数是(主)切削速度 v_c。

(2) 进给运动:进给运动是刀具与工件之间附加的相对运动,它配合主运动依次或连续不断地维持切削,其衡量参数是进给速度 v_f。但在拉削等个别切削方式中,进给运动并不独立存在。

(3) 合成运动:由主切削运动和进给运动按矢量方式叠加而成,其衡量参数是合成切削速度 v。

在大部分加工情况中,进给运动相对于主切削运动而言都非常有限,因此在许多场合下可以简单地用主切削运动来代替合成运动,但在有些场合进给运动对于主切削运动是无法忽略的,必须将其考虑在内。例如,车削的轴向极大进给加工,如车削多头螺纹、多头丝杆、多头蜗杆等。一个直径68mm、螺距3mm的4头螺纹(导程12mm),合成运动与主切削运动夹角约3.2°。

又如,在车削端面时,假设直径为100mm,主切削运动速度为250m/min,进给量为0.2mm/r,两者的合成运动与主切削运动的夹角仅为0.03°,可以忽略不计;但如果车削到直径为0.5mm处,车床的最高转速为3000r/min时将增大到7.25°,车削直径减少到0.2mm时该夹角将增大到17.6°。该夹角将对切削产生许多影响。

3.1.3　刀具结构要素

刀具结构要素(图3-2)如下:

(1) 前刀面 A_γ:直接挤压金属形成切屑并引导切屑排出的表面。它与切屑产生剧烈的摩擦,金属变形的热量和与切屑摩擦的热量是刀具两个主要的热源,因此前刀面刀尖附近区域的温度很高。前刀面的形状、空间位置是刀具控制切屑卷曲、折断和流向的要素。

(2) 主后刀面 A_α:与前刀面共同构成刀具切削楔和主切削刃的表面,是与过渡表面(加工表面)相对的刀面。主后刀面与过渡表面或切削表面之间的摩擦是切削过程的第三个热源。为了减小摩擦,在切削楔与工件的过渡表面或切削表面之间需形成必要的隙角。

(3) 副后刀面 A'_α:与主后刀面相连并与前刀面一起三者共同构成刀尖和副切削刃的表面,是与已加工表面相对的刀面。除某些类型的刀具以外,对于大多数刀具它为实现走刀、进行连续切削和刀具的实际应用提供了可能,副后刀面对着已加工表面并与已加工表面之间有一个隙角,以减小副后刀面与已加工表面的摩擦。

(4) 主切削刃 S:前刀面 A_γ 与主后刀面 A_α 的交线,是前刀面与主后刀面相交形成的切削刃,起着对金属的切入、切离的作用,是切削过程中载荷和热量最集中的部位。

(5) 副切削刃 S':前刀面 A_γ 与副后刀面 A'_α 的交线,是副后刀面与前刀面相交形成的切削刃,与主切削刃相连。因切削时有一定的切削厚度,刀尖埋入工件材料内部,副切削刃也参与了对部分金属的切入、切离工作,并共同形成已加工表面和形态。

(6) 刀尖:主、副切削刃的交点。主、副切削刃连接而形成刀尖,为提高刀尖强度和加大散热的体积,或减小已加工表面的粗糙度,可将刀尖倒圆或倒角,在主、副切削刃之间形成过渡刃。

以上要素就是构成刀头主要几何结构的一尖(刀尖)、二刃(主切削刃和副切削刃)、三面(前刀面、主后刀面和副后刀面)。

用于定义刀具几何角度的刀具角度参考平面(图3-3)如下:

(1) 基面 P_r:通过切削刃选定点垂直于合成切削速度方向的平面。在刀具静止参考系中,它垂直于假定的主运动方向。

(2) 切削平面:与切削刃相切并垂直于基面的平面。切削平面包括主切削平面 P_s 和副切削平面 P'_s。主切削平面是由切削速度与切削刃切线组成的平面,与主切削刃相切并垂直于基面;副切削平面与副切削刃相切并垂直于基面。

(3) 正交平面 P_0:垂直于基面及主切削平面。

(4) 法平面 P_n:通过切削刃选定点并垂直于切削刃的平面。

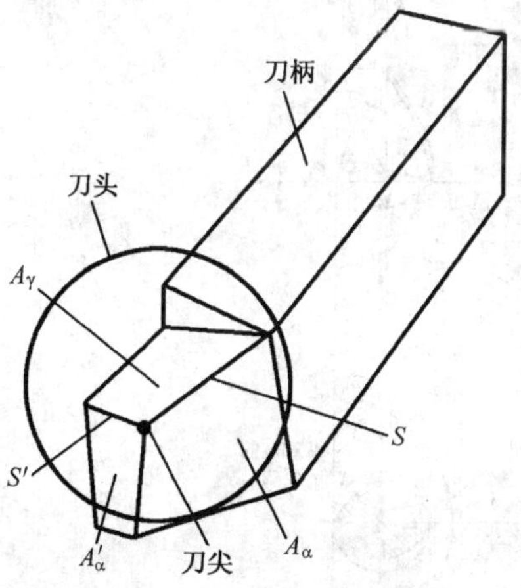

图3-2　刀具结构要素

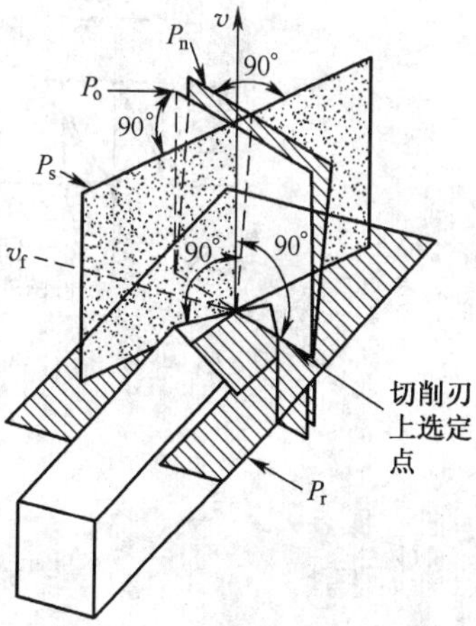

图3-3　刀具角度参考平面

3.1.4　刀具前角

刀具前角是前刀面与基面间的夹角,用 γ 表示。车刀、钻头和铣刀的前角分别如图3-4、图3-5、图3-6所示。

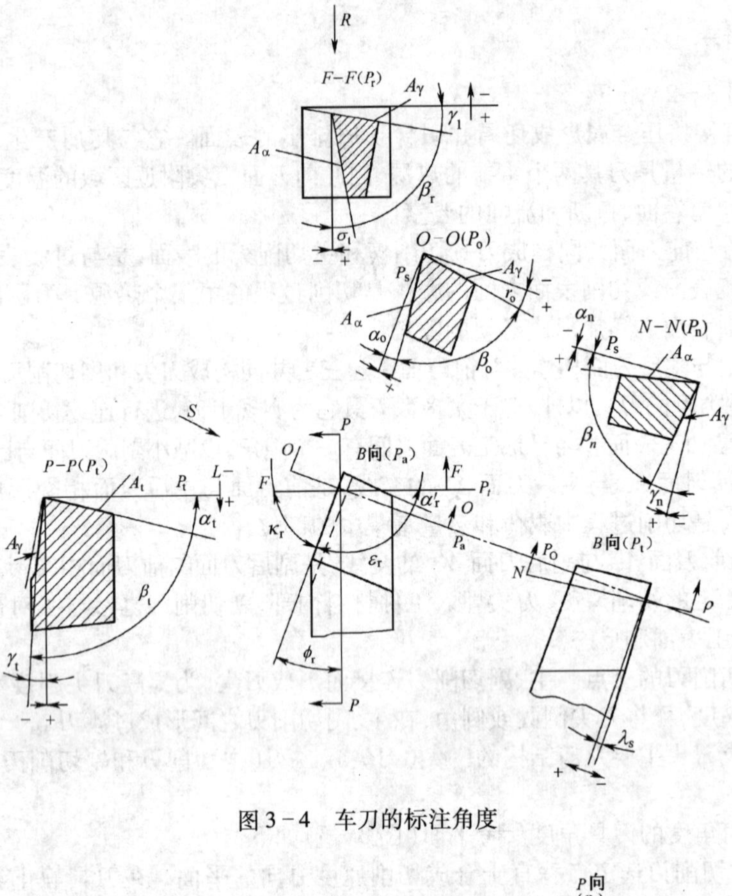

图 3-4 车刀的标注角度

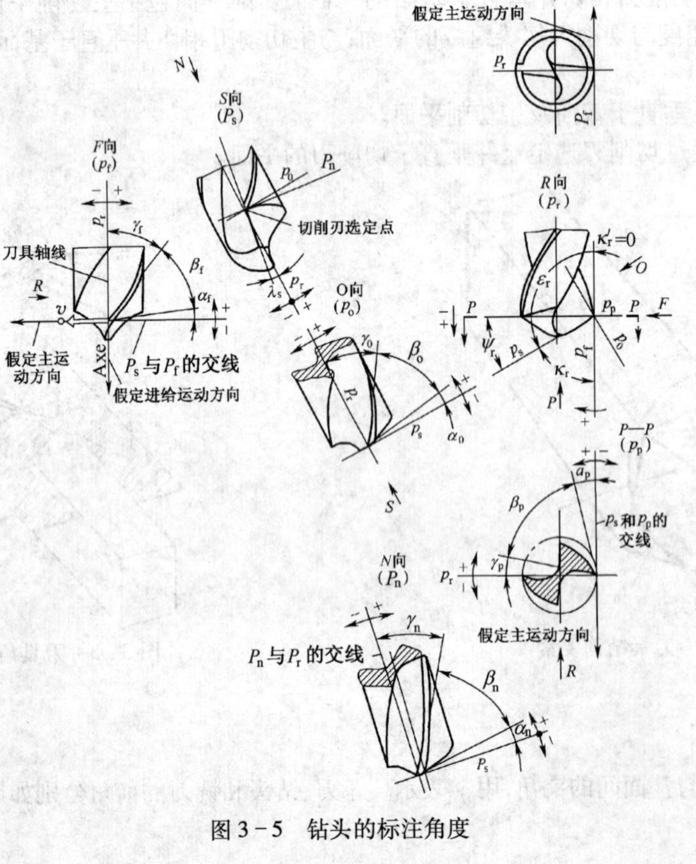

图 3-5 钻头的标注角度

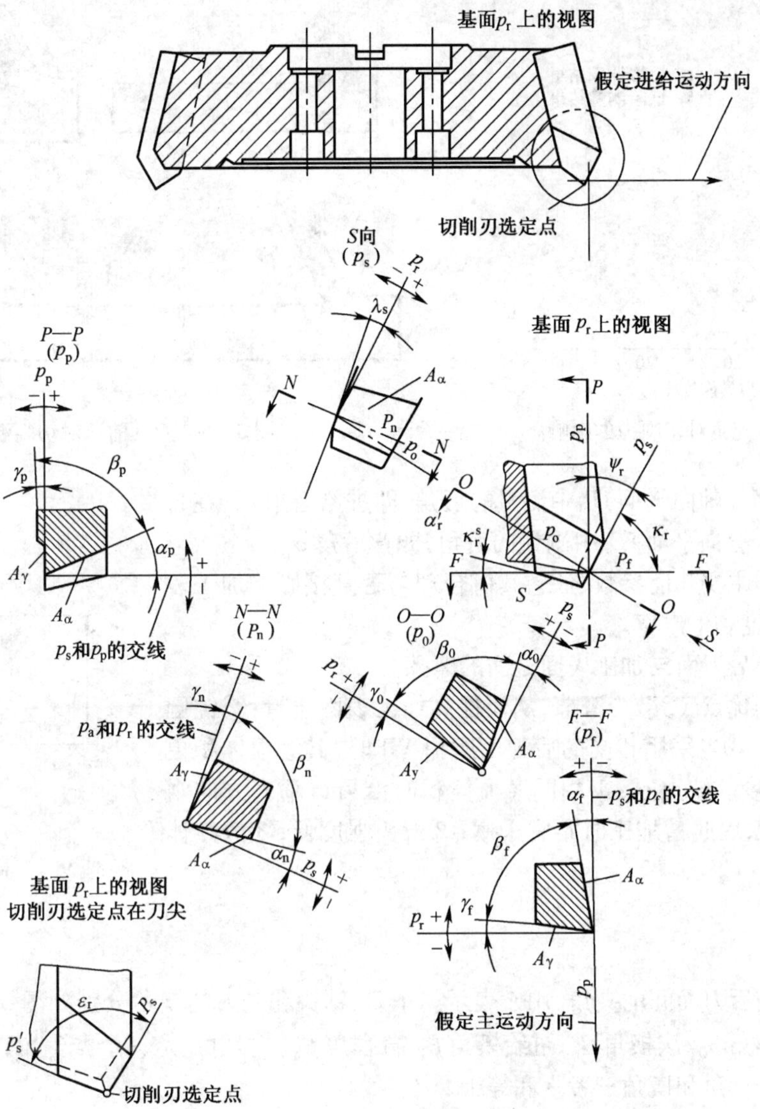

图 3-6　铣刀的标注角度

其中,主前角 γ_0是在主平面 P_0中测量的前角,法前角 γ_n是在法平面 P_n中测量的前角。另外,还有在进给平面(轴向平面)P_f中测量的前角,即进给前角 γ_f,在背平面(背吃刀量平面、径向平面)P_p中测量的前角,即背前角 γ_p。

从金属切削的变形规律可知,前角是切削刀具上重要几何参数之一,其大小直接影响切削力、切削温度和切削功率,以及刃区和刀头的强度与散热体积,从而影响刀具耐用度和切削加工生产率。选择合理的前角是刀具设计的重要问题。

图 3-7 示出了刀具前角对主切削力的影响。从图 3-7 可以看出,不管是模拟计算还是试验测量,主切削力都随着刀具前角的增大而减小。当前角由 15°增大到 35°时,主切削力约下降了 40%。

图 3-8 示出了刀具前角对切削温度的影响。从图 3-8 可以看出,随着前角的增加,切屑上的温度有所下降。

刀具选用大前角的优点是:切削力小,切削热小,能抑制积屑瘤,不易振动。缺点是:刀头强度低、散热体积小、弯曲应力大,易造成崩刃以及不易断屑。

3.1.5　刀具后角

刀具后角是后刀面与切削平面间的夹角,用 α 表示(图 3-9)。车刀、钻头和铣刀的后角分别如图 3-4 ~图 3-6 所示。同样,其中主后角 α_0是在主平面 P_0中测量的后角,法后角 α_n是在法平面 P_n中测量的后角。

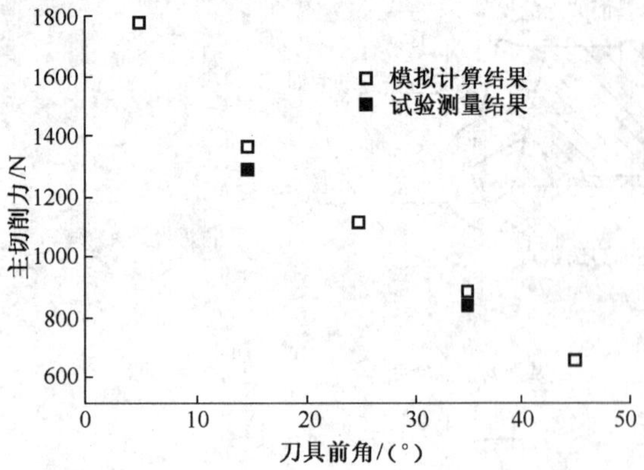

图 3-7 刀具前角对切削力的影响

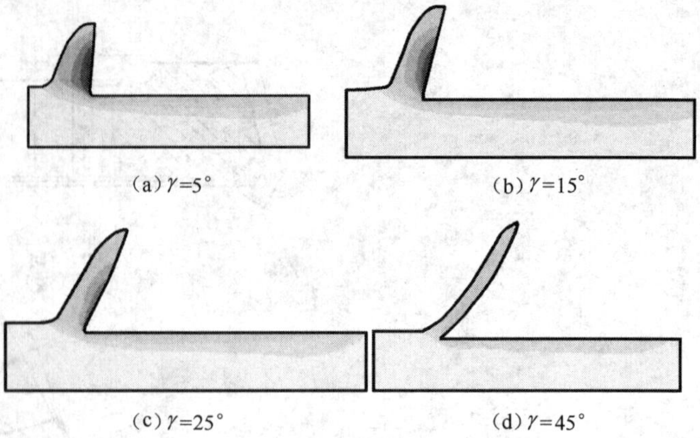

图 3-8 刀具前角对切削温度的影响

另外,还有在进给平面(轴向平面)P_f中测量的后角,即进给后角 α_f,在背平面(背吃刀量平面、径向平面)P_p中测量的后角,即背后角 α_p。

后角也是刀具的主要几何参数之一,其值合理与否直接影响加工表面的质量、刀具耐用度和生产率。

后角主要是减小后刀面与加工表面之间的摩擦。

加大刀具后角的优点:①减少摩擦,从而提高加工表面质量;②钝圆半径小,切削刃锋利;③当采用相同的后刀面磨损 VB 时,其磨损体积更大,可提高刀具耐用度。缺点是:①相同磨损体积时沿刃口垂直方向观察的磨损值 NB 较大,因此精加工时不宜采用;②刀头强度低;③散热体积小。

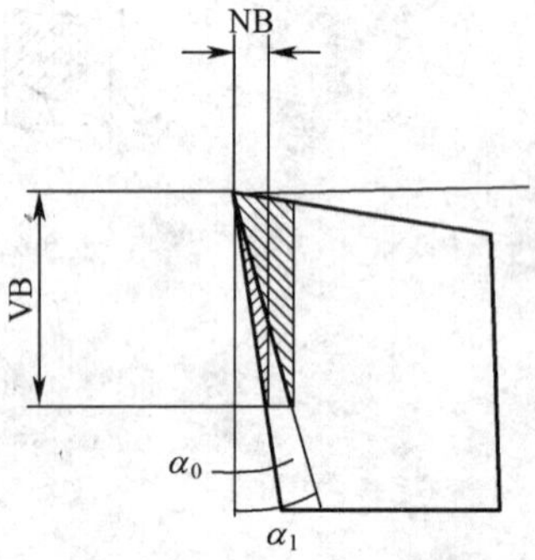

图 3-9 刀具后角对切削力的影响

3.1.6 楔角

楔角是前刀面与后刀面间的夹角,用 β 表示。车刀、钻头和铣刀的楔角分别如图 3-4、图 3-5、图 3-6 所示。同样存在主楔角 β_0、法楔角 β_n、进给楔角 β_f、背楔角 β_p。楔角 β 是一个派生角,即在任何一个具有楔角的参考平面,前角、后角和楔角三者之和等于 90°。

楔角大小是直接关系刀头强度、散热体积的因素。当楔角较大时,刀头强度、散热体积比较大,能够承受更大的切削用量,获得更高的加工效率。

3.1.7 主偏角

主偏角是主切削平面与假定工作平面间的夹角,用 κ_r 表示,在基面中测量。车刀、钻头和铣刀的主偏角分别如图 3-4~图 3-6 所示。

3.1.8 副偏角

副偏角是副切削平面与假定工作平面间的夹角,用 κ'_r 表示,在基面中测量。车刀、钻头和铣刀的副偏角分别如图 3-4~图 3-6 所示。对于钻头,副偏角 $\kappa'_r \approx 0°$。

3.1.9 刀尖角

刀尖角是主切削平面与副切削平面间的夹角,用 ε_r 表示,在基面中测量。刀尖角也是一个派生角度。主偏角、副偏角和刀尖角三者之和等于 180°。

不论是主偏角、副偏角、过渡刃偏角或其他切削刃的偏角,其共同功用是使刀具的各条切削刃有合理的分工、连接与配合,保证合理的刃形和切削图形,以及刀尖部位具有一定的强度和散热体积。选择合理的主偏角、副偏角和其他切削刃偏角，可以提高加工表面质量，提高刀具耐用度和生产率。

主偏角影响切削刃上切削载荷的分布，以及切削力的径向分力与走刀分力的比例，从而影响刀具的寿命和加工系统的稳定性。减少主偏角可增加切削刃的工作长度和减小切削层厚度继而减轻作用在单位切削刃长度上的载荷，并加大刀尖角有利于提高刀尖强度和散热体积，因此，可提高刀具寿命，但使切削力的径向分力加大。

车削时，在工艺系统刚性较差的情况下，较大的主偏角会降低加工精度引起振动，因此在车削系统刚性许可的场合宜取较小的主偏角。对于细长工件的车削，一般应取 90°左右的主偏角，小于 90°的主偏角易使工件产生两头小、中间大的鼓形，而大于 90°的主偏角则易使工件产生两头大、中间小的哑铃形。

而在铣削时，大的主偏角使径向切削力较大，这对于通常以悬臂梁方式受力的铣刀—主轴系统刚性而言不太有利，对薄壁工件的变形也是不利的（但对薄腹工件的受力则是有利的）。

对类似限定刃口长度的可转位刀具，一般而言主偏角越接近 90°，其刃口对应的可用背吃刀量越大。

副偏角主要影响已加工面的粗糙度和质量。加大副偏角会增加已加工表面残留面积的高度；而较小的副偏角则增加副后刀面与已加工表面的摩擦和磨损，也可能使表面质量降低。解决这个矛盾的方法是在主、副切削刃之间增加过渡刃，用过渡刃来修正已加工表面的残留面积，又不增加副后刀面的摩擦与磨损。过渡刃增加了刀尖强度和散热体积。较常用的过渡刃有圆弧形过渡刃（半径较小）、倒角形过渡刃、直线形或半径极大的圆弧。

3.1.10　刃倾角

刃倾角是主切削刃与基面间的夹角，用 λ_s 表示，在主切削平面中测量。实际上，刃倾角是也在主切削平面这一特定平面中测量的前角，但由于具有特定的作用，将其特别地称为刃倾角。

刃倾角表示切削刃倾斜的程度和方向。水平的切削刃 $\lambda_s=0$；刀尖处于切削低位的倾斜 $\lambda_s<0$，即 λ_s 为负值；而刀尖处于切削刃高位的倾斜 $\lambda_s>0$，即 λ_s 为正值。

刃倾角的作用：①控制切屑的流向。在车削外圆时，负的刃倾角可使切屑向已加工表面方向流出，这时已加工表面易被切屑划伤。在镗孔时，正的刃倾角可引导切屑流向孔外，避免了切屑在孔内的缠绕并因此划伤孔壁；用于通孔攻丝的螺尖丝锥（即在丝锥容屑槽的头部制出一个负螺旋角），切削锥部分为正刃倾角，使切屑往前端排出，不干涉后面校正部分的切削。②可改变切削刃切入工件时受力的位置，保护刀尖并使切入过程平稳，例如，负刃倾角车刀，或者减少断续切削时切削力的波动，使切削过程平稳；又如，螺旋刃的可转位铣刀刀片和立铣刀的螺旋刃，其螺旋角即刃倾角，使断续切削的铣削平稳轻快。

刃倾角还会影响刀具的受力：正的刃倾角在切削时可能使刀尖首先接触工件，这种状况有利于切入工件，但刀尖的切入对刀具的冲击较大，容易造成崩刃；而负的刃倾角使切削刃或前刀面首先切入，这样有利于保护切削刃，但不太容易切入工件。

3.2　刀具类型几何参数的特点和识别

3.2.1　可转位内、外圆车刀的几何参数

可转位内、外圆车刀按所使用的刀片类型通常分为负型（又称负角）和正型（又称正角）两大类，其优、缺点见表 3-1。

同其他可转位刀具相同，可转位车刀的前角、后角等几何角度由刀体、刀片以及相关的附件（如刀垫、定位销）等共同决定（图 3-10）。就常见情况而言：

$$\gamma_{刀}=\gamma_{片}+\gamma_{杆}$$

$$\alpha_{刀}=\alpha_{片}-\gamma_{杆}$$

表 3-1　负型刀片和正型刀片的优、缺点

特点 刀片类型	优点	缺点
负型	①切削刃强度较大； ②散热质量更大； ③能承受更大的切削力； ④适用于断续切削； ⑤可能使用更多的切削刃(可两面使用)	①压缩金属材料：引导切屑流向工件； ②高压； ③消耗更大的功率； ④产生热量大
正型	①剪切金属，切削更自由； ②引导切屑流离工件； ③产生热量小； ④功率消耗低	①切削刃较薄弱(横向断裂强度与抗压强度不同，横截面位于接触点处)； ②切削刃少(刀片不能翻转使用)

式中：$\gamma_{刀}$、$\alpha_{刀}$分别为刀具的前角和后角；$\gamma_{片}$、$\alpha_{片}$分别为刀片的前角和后角；$\gamma_{杆}$为刀杆的前角。

当刀片的后角为0°(采用负型刀片)时，为了获得整个车刀的正的后角，就需要用一个负的刀杆前角(减负值即加正值)，而车刀的前角则需用刀片的前角来加上刀杆的这个负的前角，这样整个车刀的前角就减少了。而正型刀片由于本身具有后角，在很多场合下不再需要用刀杆的负前角去补偿，就能使整个车刀的前角相对更大一些。但小直径的内孔车刀杆为了避免刀片与孔壁的干涉，常采用负的刀杆前角。

在相同刀具后角的情况下，负型刀片的受力较正型刀片而言，受力方向更偏向刀片内部(图 3-11)，这样对于切削力较大的情况，负型刀片抗切削力的能力要高于正型刀片。

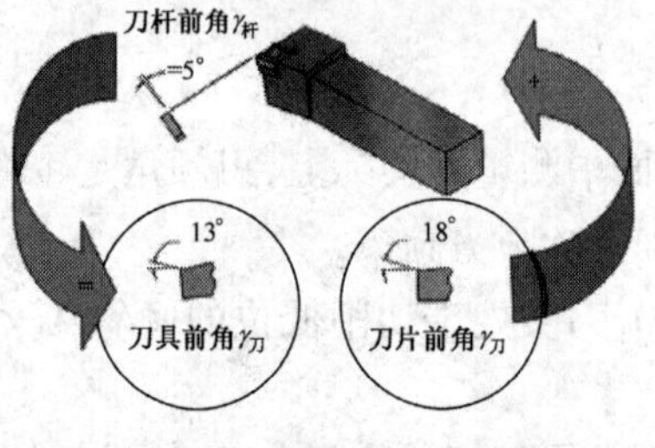

图 3-10　可转位车刀角度构成

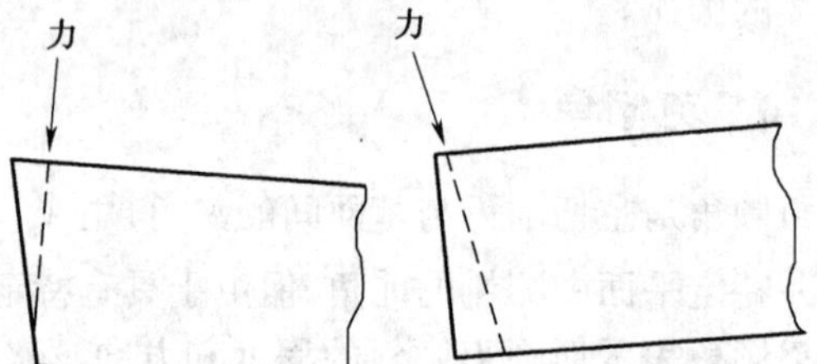

(a) 正型刀片　　(b) 负型刀片

图 3-11　正型和负型刀片的受力示意

负型刀片为正反两面使用刀片，从而提高了经济性。但并非所有的负型刀片都是两面使用的，针对大切削余量的重载车削刀片常采用单面的负型刀片，这样不容易造成刃口在大切削力作用下崩碎。两种负型刀片的受力示意如图 3-12 所示。

在考虑包括车刀在内的几何角度时，应将各个角度作为一个整体来考虑(典型的车刀断屑槽结构如图 3-13 所示)，单独考虑前角、后角等并加以选择不是一个非常恰当的方法。例如，在考虑负型车刀的几何参数时，如果考虑了较大的前角，则需要同时考虑其大前角带来的负面因素，如刀尖强度降低。可以考虑以较大的倒棱、较大的刀尖圆角等其他方式适当增加刀尖的强度，以弥补大前角带来的不利影响。

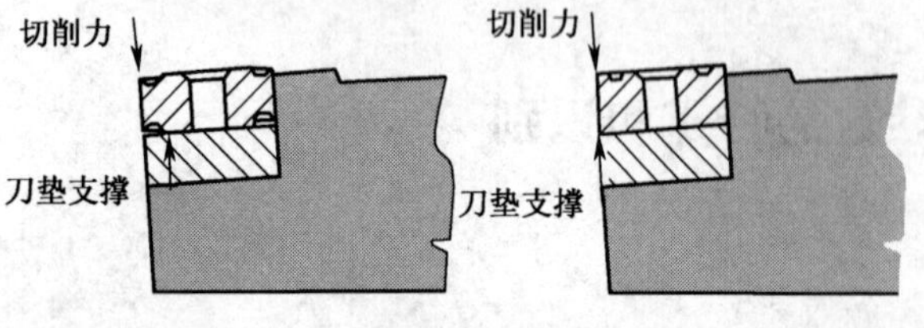

(a) 负型双面刀片受力　　(b) 负型单面刀片受力

图 3-12　两种负型刀片受力示意图

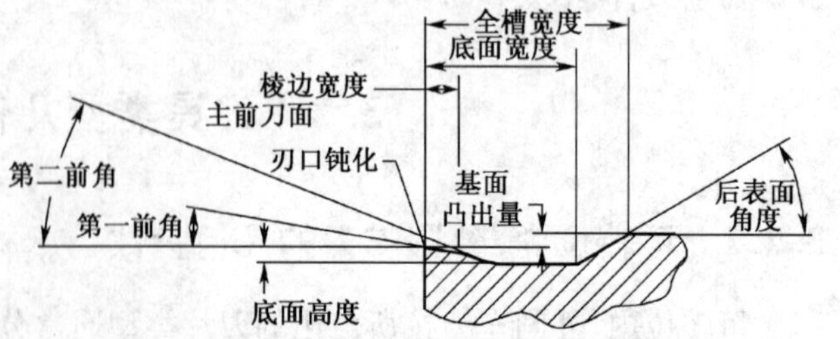

图 3-13　典型的车刀断屑槽结构

对刀片而言，针对同样加工任务所设计的几何槽形有所不同是正常现象，不存在严格的几何参数指南可以供设计者使用。所有的几何参数不仅彼此间存在着相互作用的交互关系，还与刀片本身的基体材料、涂层密切相关。而且，刀片以何种方式装夹到怎样的刀杆上，以怎样的切削方式和切削参数去切削何种工件材料，都会对刀具的几何参数设计产生影响。

因此,综合考虑切削中的各种因素的影响,根据自身材料和涂层技术所能达到的技术水平,是设计合理车削刀片几何参数的出发点。图 3-14 是国际上 4 家著名的金属切削刀具生产厂家针对钢件粗加工的槽形中各选出一种的槽形参数。

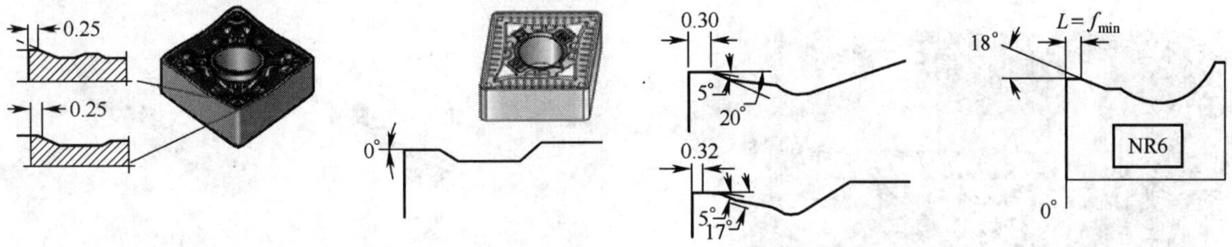

（a）山特维克可乐满粗加工车刀槽形参数　（b）肯纳金属公司粗加工车刀槽形参数　（c）山高刀具公司粗加工车刀槽形参数　（d）瓦尔特刀具公司粗加工车刀槽形参数

图 3-14　粗加工车削刀片槽形参数

对于不同的加工任务(如粗加工、半精加工、精加工等)或不同的加工对象(如不同的被加工材料),槽形参数也会有所区别。图 3-15 是瓦尔特刀具公司针对不同加工任务和不同加工对象的槽形。

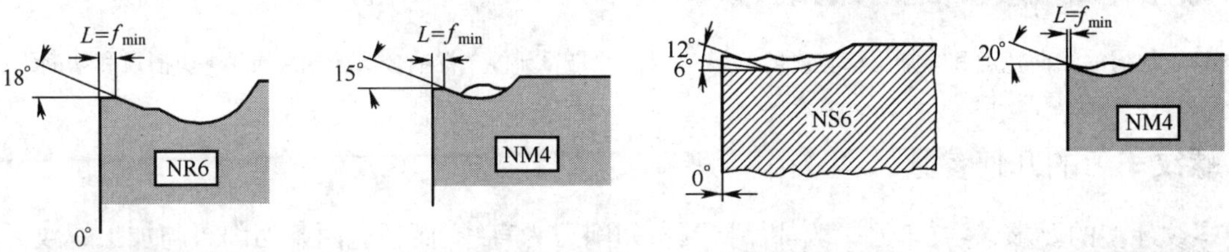

（a）钢件粗加工车刀槽形参数　（b）钢件半精加工车刀槽形参数　（c）钢件精加工车刀槽形参数　（d）不锈钢件半精加工车刀槽形参数

图 3-15　瓦尔特刀具公司针对不同加工任务和不同加工对象的槽形

对于特定的车削加工任务,设计师可能设计出一些与众不同的刀片槽形来适应与之对应的加工任务。图 3-16是三菱综合材料公司和瓦尔特刀具公司针对两种不同加工任务在同一个车刀片上的设计案例,这两个案例都是仅在刀尖处设计成适合小背吃刀量的槽形,而在远离刀尖的主切削刃部分设计成适应较大背吃刀量的槽形。图3-17是肯纳金属公司针对“背车”(通常指在车端面时由小直径向大直径方向的车削)设计的车刀片案例。

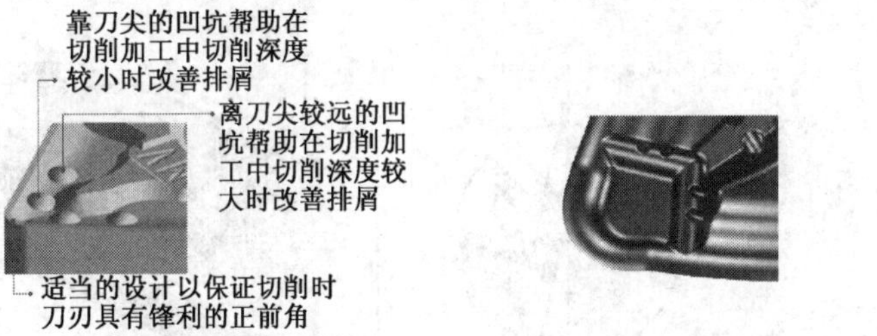

（a）三菱综合材料公司适用于两种切深的车刀片槽形　（b）瓦尔特刀具公司适合粗、精两种加工的车刀片槽形

图 3-16　适合两种不同背吃刀量的车刀片槽形

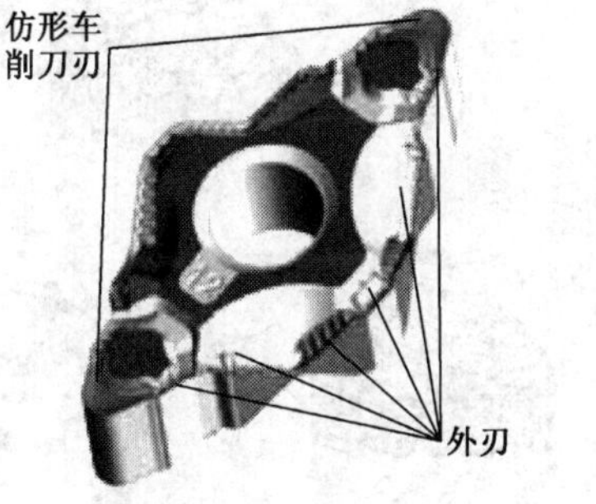

图 3-17　适合倒拉式车削的车刀片槽形

深色:底定位面及侧定位面。

3.2.2　切槽刀和切断刀的几何参数

切槽刀和切断刀是多刃同时切削为主的刀具,某些切槽刀还会兼顾车削加工的任务。

切槽刀和切断刀在很多时候,应考虑槽形能够使切屑的宽度比要切出槽的宽度略窄,切屑不容易划伤已加工表面,并可获得良好的切屑控制和表面粗糙度。获得这一效果的典型方法是,在槽形设计时使两个侧刃的高度比切槽刀和切断刀的中间部分高出一些。这样,切屑就会挤向切槽刀和切断刀的中间,由于切屑的弧长与槽宽基本相等,切屑的轴向宽度就会略小于被加工槽的宽度(图 3-18),从而使切屑与工件已加工槽的侧面不产生摩擦,防止表面粗糙度级别降低。

这样的槽形对于底部有平直要求时,要注意中间部分的下凹不能一直延伸到端面的主切削刃。只有平直的主切削刃才能够加工出完全的平底。如果该切槽刀主要是为浅槽的加工而设计,或是为加工脆性材料而设计,则可不把切槽刀的前刀面中间部分设计成凹状。

图 3－19 是肯纳金属公司 4 种 A4 切槽刀和切断刀的外观。

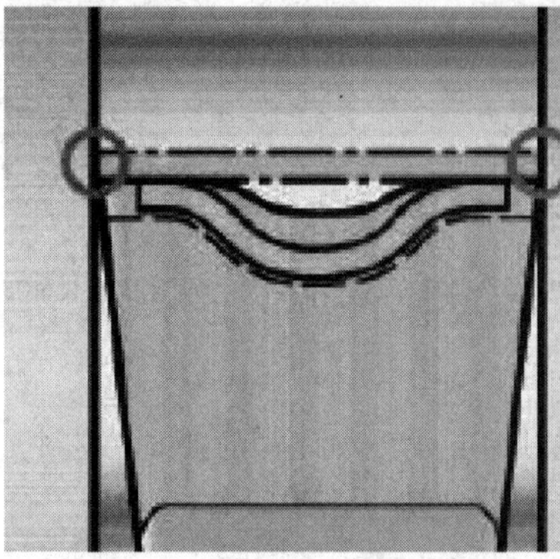

图 3－18 切屑的轴向宽度和被加工槽宽度的关系

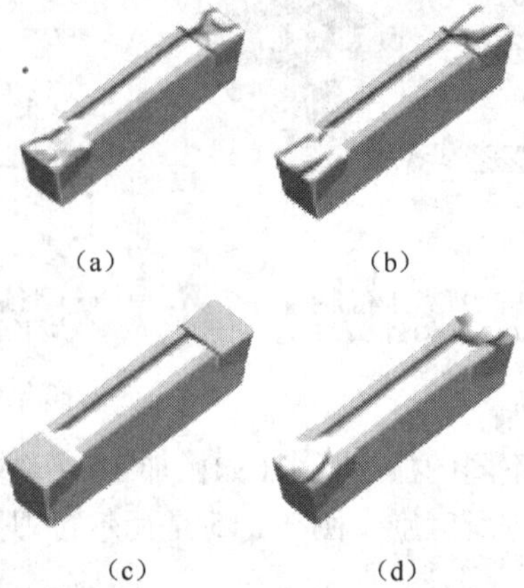

图 3－19 肯纳金属公司 4 种 A4 切槽刀和切断刀的外观

3.2.3 螺纹车刀的几何参数

由于螺纹牙型的要求,螺纹车刀一般都保持两条切削刃为直线,而且这两条切削刃与加工螺纹牙底的直线或圆弧过渡刃等在同一平面上。

图 3－20 是山特维克可乐满的 CoroThread™266 螺纹车刀的 3 种几何槽形。图 3－20(a)所示的 A 槽形切削刃口倒圆处理,具有良好的刃口安全性,是大多数操作和材料的首选;图 3－20(b)所示的 F 槽形刃口锋利,适用于黏性或加工硬化材料,并能够减少积屑瘤的产生;图 3－20(c)所示的 C 槽形优化用于低碳钢和低合金钢,具有很好的切屑控制,从而减少过程监控。

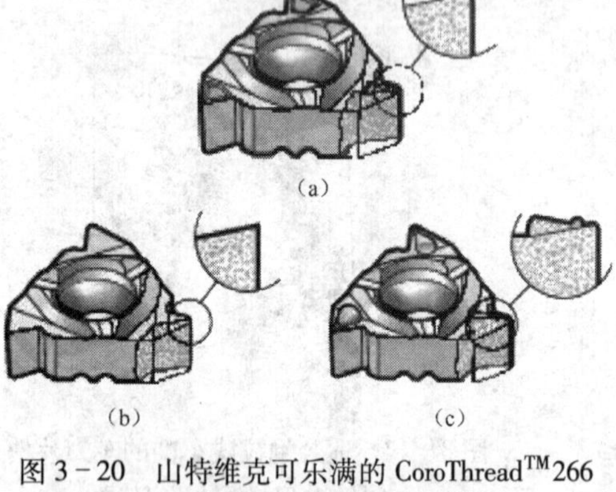

图 3－20 山特维克可乐满的 CoroThread™266 螺纹车刀的 3 种几何槽形

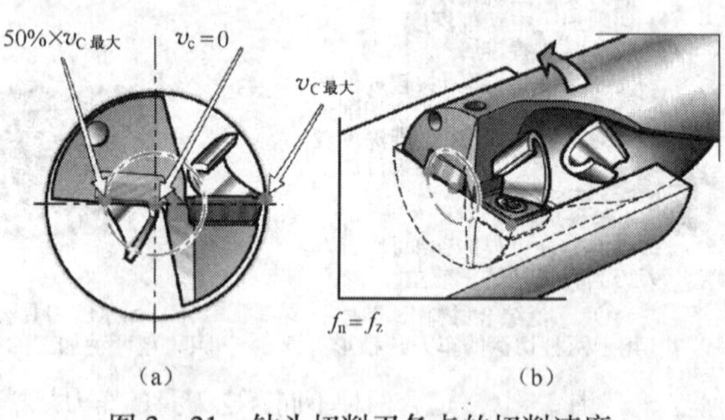

图 3－21 钻头切削刃各点的切削速度

3.2.4 钻头的几何参数

钻头是一个比较特殊的切削刀具,以下两点需要引起重视。

(1) 钻头的切削速度。钻头切削刃各点的切削速度如图 3－21 所示。钻头切削刃上各点的切削速度随直径不同而异,外圆处的切削速度最大,而钻头中心处的切削速度为 0,但在钻削时切削刃上各点的进给是相同的。这就造成钻头外圆处的合成切削速度接近主切削速度,而接近钻头中心处的合成切削速度接近甚至等于进给速度,这样切削刃上的合成切削速度不但大小不同,而且方向也几乎旋转了 90°。这种合成切削速度的极大差异导致切削刃上各点切削时的受力完全不同，如在接近钻头中心处常处于挤压而非切削的状态（图 3－22），需要在钻头设计时加以考虑。

（2）钻头刚性和容屑空间的平衡问题。由于在任何一个钻孔的径向剖面上钻头的截面积和容屑槽的面积之和恒等于孔本身的面积，因此随着钻头刚性的增加容屑空间减少。例如，提高钻削加工的效率，就需提高切削速度或进给量（恒等于直径的 1/2，既无法提高也很难降低，除非采用多工序加工），而提高切削用量就会增大切削力，这样就要求增大面积以抵抗这部分增加的切削力，而同时切削用量增加也导致切屑量增加，这又要求容屑空间增加，这与要求钻头刚性增加是相矛盾的，因此必须合理地解决。

钻头的容屑槽既是排屑的通道，也是钻头的前刀面，因此，容屑槽的形状一方面影响钻头的排屑空间，另一方面影响主切削刃的形状以及强度。

改变容屑槽的一个典型例子是抛物线钻头。图 3－23 所示的抛物线钻头通过优化容屑槽的形状，获得了更好的刚性，也改善了排屑的能力。

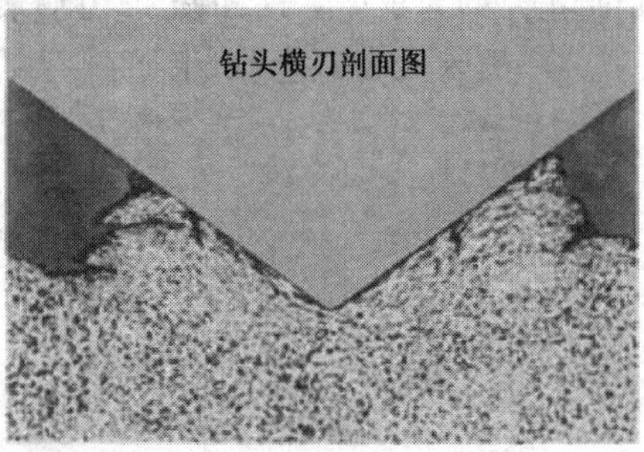

图 3－22　横刃使材料发生挤压变形

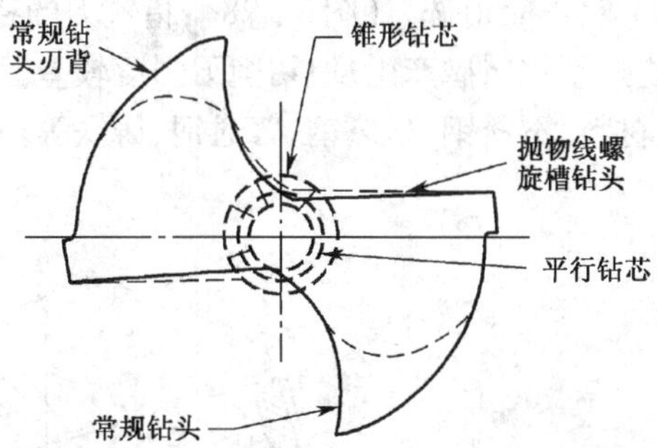

图 3－23　常规钻头与抛物线钻头容屑槽的形状对比

可以综合运用各种方法合理地解决以上问题。图 3－24 是肯纳金属 SE 钻头的刃口示意图。SE 钻头以变化的前刀面、后刀面形成一个弯曲的主切削刃和一个呈 S 形的螺旋形横刃，使主切削刃上各点的前角、后角趋于合理分布（虽然各点的前角与后角并不相等，详见 3.4 节），这样的钻头在钻入工件材料时可以适应切削力分布的要求。

对于长的麻花钻，钻头的刚性也许会产生一些问题，这时可考虑用附加的刃带来使钻头在孔中得到更好的支撑，从而在保证排屑空间的同时改善钻头的刚性（图 3－25）。

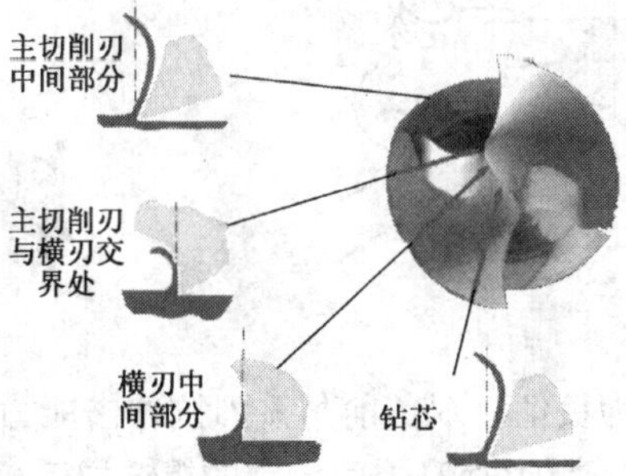

图 3－24　肯纳金属公司 SE 钻头刃口示意图

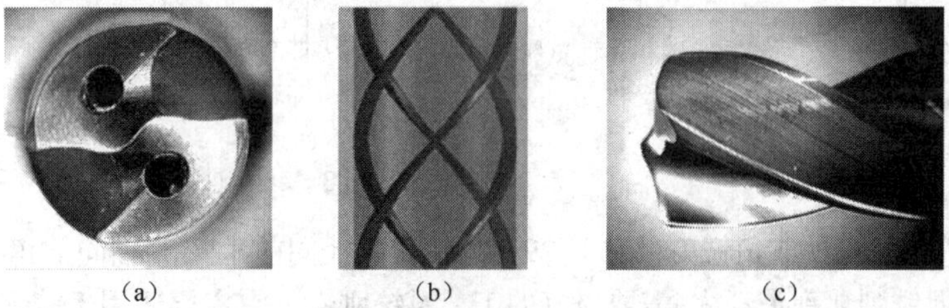

图 3－25　四刃带钻头

可转位钻头具有内、外两组刀片。中心刀片应优先考虑抗挤压性能，而外圆刀片则优先考虑切削锋利性，这主要考虑刀片材料方面，当然也可在刀片的几何形状上加以考虑。

但可转位钻头内、外刀片如果采用相同的几何参数，由于切削速度的不同，两者的切削力是不相等的。因此，两者在刀体上的偏角应有不同考虑，其目的是保证内、外刀片的径向切削力基本平衡，在钻削时不会造成钻头跑偏量过大。但由于钻刀片通常应在一定的直径范围内通用，要在所有规格上取得很好的平衡非常困难，因此这样的可转位钻头通常用于钻较浅的孔，也称为“浅孔钻”。正因如此，在使用这些可转位钻头时应避免有较大预制孔、交叉孔、倾斜面钻入或钻出等仅一个刀片受力的状况。

避免可转位钻头内、外刀片径向切削力不平衡的一个方法是，设计可转位钻头时在钻头体的中心安排一个高速钢或硬质合金的整体钻头（图 3－26）。可转位钻头的切削力平衡比没有中心钻头的好很多，经常用于较深孔的钻削加工。

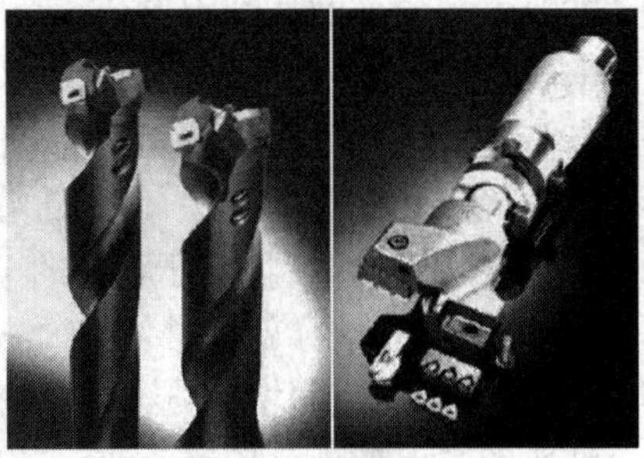

（a）（b）

图 3－26 肯纳金属公司两种带中心整体钻头的可转位钻孔刀具

3.2.5 铣刀刀体的几何参数

铣刀的主要几何参数如图 3－27 所示。

铣刀的前角一般可分解为径向前角 γ_f 和轴向前角 γ_p。径向前角 γ_f 主要影响切削功率；而轴向前角 γ_p 则影响切屑的形成和轴向力的方向，当 γ_p 为正值时切屑飞离加工面。常用的铣刀径向前角和轴向前角的组合有如下三种：

（1）双正前角铣刀（图 3－28）：指铣刀的径向前角 γ_f 和轴向前角 γ_p 均为正值。这种铣刀切削轻快、排屑顺利，能抑制积屑瘤产生；但切削刃强度较差。它主要适应于在小功率机床上或工艺系统刚性不足的条件下加工软材料、不锈钢、耐热钢、普通钢、铸铁等。

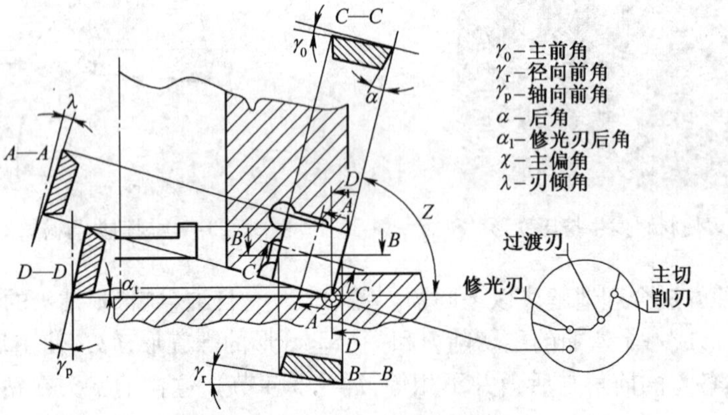

图 3－27 铣刀的主要几何参数

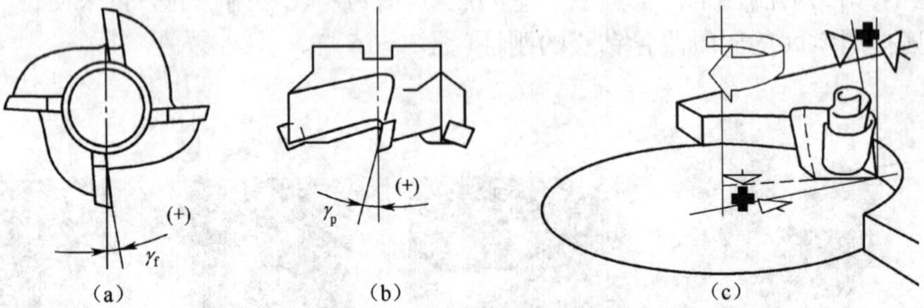

（a）（b）（c）

图 3－28 双正前角铣刀

（2）双负前角铣刀（图 3－29）：指铣刀的径向前角 γ_f 和轴向前角 γ_p 均为负值。双负前角铣刀抗冲击能力强；但铣削功率消耗大，需要极好的工艺系统刚性。它主要适用于铸钢、铸铁、高硬度、高强度钢等的粗铣加工。

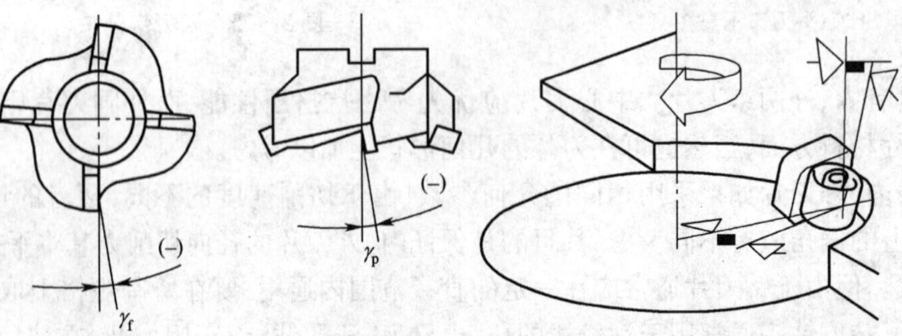

（a）（b）（c）

图 3－29 双负前角铣刀

（3）正、负前角铣刀（图 3-30）：指铣刀的轴向前角 γ_p 为正值而径向前角 γ_f 为负值。这种前角组合的铣刀切削刃抗冲击性能较强，切削刃也较锋利。它适用于加工钢、铸钢、铸铁等各种工件材料，也可适合从大余量铣削到精铣的各种加工，是目前使用最为广泛的铣刀。

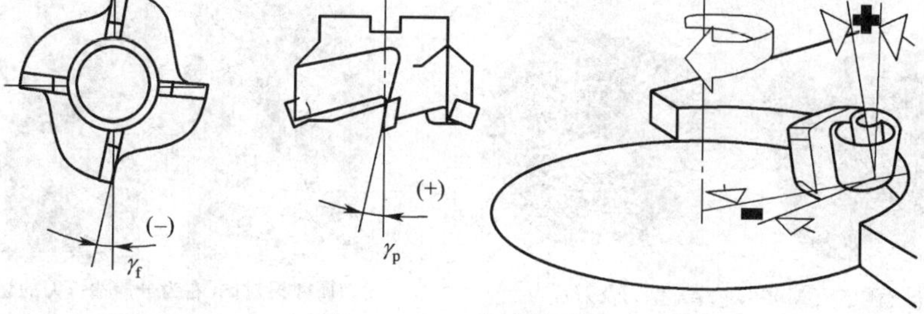

图 3-30　正、负前角铣刀

铣刀的主偏角通常为 10°~90°。

10°~15°主偏角的铣刀（图 3-31）通常被称为大进给铣刀或插铣刀。

这样的小主偏角铣刀产生薄切屑，通常以小背吃刀量和极高的每齿进给量 f_z 进行切削，从而显示极高的工作台进给量 v_f。

这种铣刀主要的切削力是轴向力，被传递到主轴后加工系统的稳定性得到改善。由于它限制了振动趋势，这对于薄壁工件、长的悬伸和刚性差的装夹是有利的。因此，它可以用于型腔插铣，或需要使用加长刀具的场合。

45°左右主偏角的铣刀是进行面铣时的常规选择（图 3-32）。45°左右主偏角的铣刀能产生良好平衡的径向和轴向切削力，切入平滑。当使用长悬伸或较小/刚性较差的刀柄和接口铣削时这种铣刀产生振动趋势也比较小。因此，它特别适合铣削短切屑材料工件。能避免在切出端崩碎的缺口。它产生的切屑也较薄，使得在保持中等切削刃负荷条件下可以采用更高的工作台进给，从而在多种应用中实现高生产效率。

60°~75°主偏角的铣刀与常规选择 45°左右主偏角的面铣刀相比，60°~75°主偏角的面铣刀提供较大背吃刀量。它与 45°主偏角的面铣刀相比，轴向力较低，而与 90%主偏角的铣刀相比（图 3-33），切削更平稳。

90°主偏角的铣刀（图 3-34）也称为立铣刀、方肩铣刀、台阶铣刀、端铣刀等，主要加工垂直的侧面或台阶面。90°主偏角的铣刀主要在进给方向产生径向力而轴向力很低，因此被加工表面不会受到高轴向压力作用，这对于铣削结构轴向刚性差或薄腹工件以及在装夹轴向非稳定情况下有利。

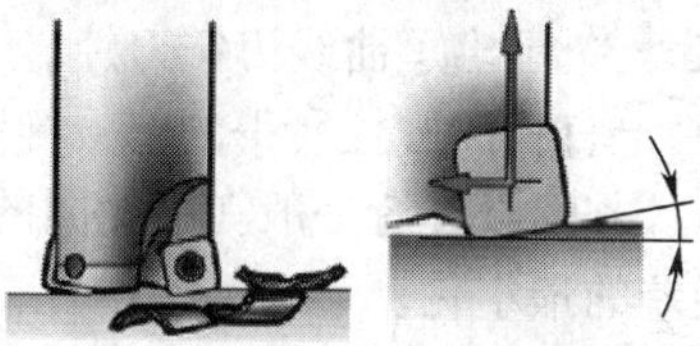

图 3-31　主偏角 10°的铣刀

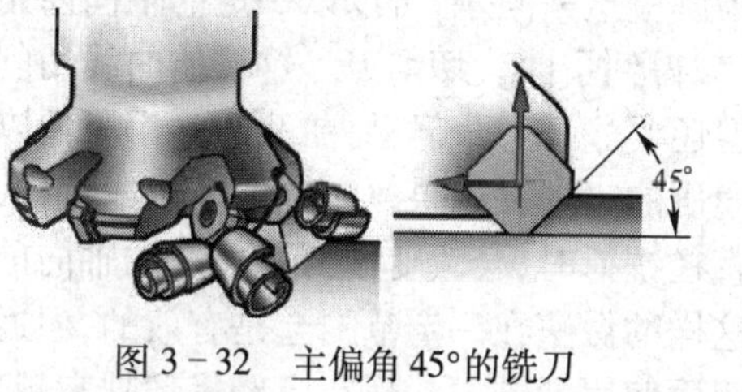

图 3-32　主偏角 45°的铣刀

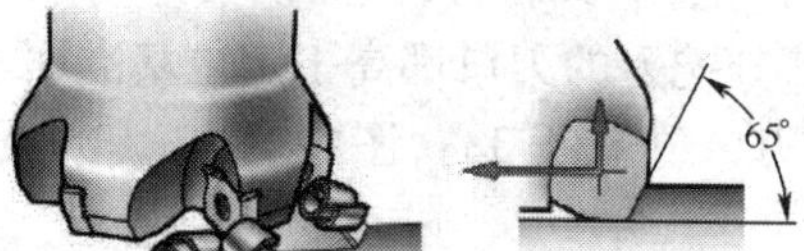

图 3-33　主偏角 65°的铣刀

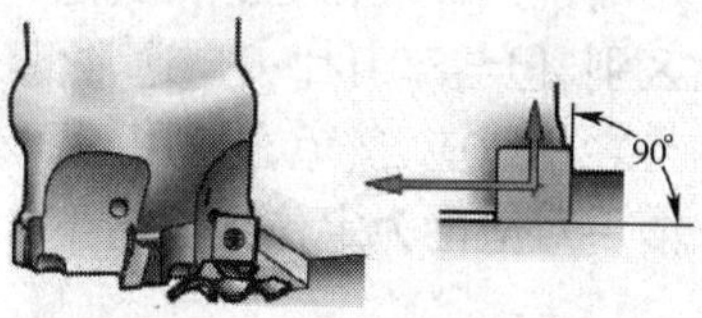

图 3-34　主偏角 90°的铣刀

还有一类是圆刀片或具有大圆角半径的铣刀，这类铣刀常用于铣削模具的型腔，也属于高效粗加工和通用刀具。其圆角半径使切削刃的强度非常好。根据背吃刀量 a_p 变化，圆刀片或具有大圆角半径的铣刀主偏角从 0°变化至 90°，沿着刃口半径改变切削力方向，并因此导致加工过程中的压力是随背吃刀量而变化的。在背吃刀量不大的情况下沿长切削刃产生薄切屑，可以具有高的工作台进给率。同样，薄切屑效应使这些刀具适合加工钛合金和耐热合金。

3.2.6　铣刀刀片的几何参数

与车刀刀片不同，铣刀刀片一般不用考虑断屑问题，因为铣削几乎都是断续切削。但切屑与切削刃的接触长度是铣刀刀片有时需要考虑的问题,尤其在加工耐热合金等切削热比较高的加工材料时更是如此。图3-35是蓝帜金工 MultiEdge4X 铣刀及切屑效果对比,其分屑槽对于切断切屑有很大的帮助。

(a)蓝帜金工MultiEdge 4X 铣刀及刀片 (b)切屑效果对比(右为分屑槽铣刀的切屑)

图 3-35 蓝帜金工 MultiEdge 4X 铣刀及切屑效果对比

铣刀刀片的槽形一般比较简单,这是由于铣刀槽形的功能主要是形成一定的几何参数,这点与车刀片需要在形成几何参数的同时构筑断屑功能不同。铣刀的槽形一般并不需要很宽。

图 3-36 是瓦尔特刀具公司几种不同前角的铣刀片。铣刀片的几何参数主要反映在前角、倒棱、后刀面处理几个方面。

(a) 0°前角（大倒棱） (b) 10°前角（中等倒棱和减振结构） (c) 16°前角（中等倒棱） (d) 20°前角（中等倒棱） (e) 25°前角（无倒棱）

图 3-36 瓦尔特几种不同前角的铣刀片

螺旋刃的铣刀片已越来越多地应用于各企业。该铣刀片的思路是,大部分 90°主偏角的铣刀拥有正的轴向前角 γ_p,而加工需要铣刀切削刃的旋转轨迹在不计走刀时为一个圆柱。但当用具有轴向前角 γ_p 的平面截取该圆柱时,所得到的截线是椭圆而不是直线。因此,在 90°主偏角铣刀上安装一个直线切削刃时,除非铣刀的轴向前角为 0°,否则加工出的绝不是纯 90°的面。

为解决这一问题,可以以一定的轴向前角截铣刀工作直径的圆柱,以截得的椭圆的一部分作为铣刀片的刃口,就得到了曲线切削刃。这样的曲线切削刃俗称为螺旋刃。图 3-37 示出了曲线刃铣刀片。

但还要注意一个问题:曲线刃是用平面以一定的轴向前角截取一定直径的圆柱所得的部分椭圆,它不是一种通用的刃形。如果改变轴向前角或直径,将会得到不同的曲线。因此,设计者一般在将相同的刀片用于不同直径铣刀时,会改变铣刀刀体上的轴向前角,以取得与理论值误差的最小化。

这样的做法在一定范围上是有效的,但通常直径越大曲线刃的有效性越小。

双面使用的铣刀片现在已经得到越来越普遍的应用。对几何参数本身而言,单面铣刀片与双面铣刀片没有原则性区别,但与车刀片刃口通常低于定位基准面不同,大部分铣刀的刃口都高于定位基准面。这就要求铣刀刀体与之相适应,避免在使用一面刃口切削时碰坏另一面刃口(图 3-38),图中①、②、③分别代表刀片装入刀片槽后对应的为定位面。

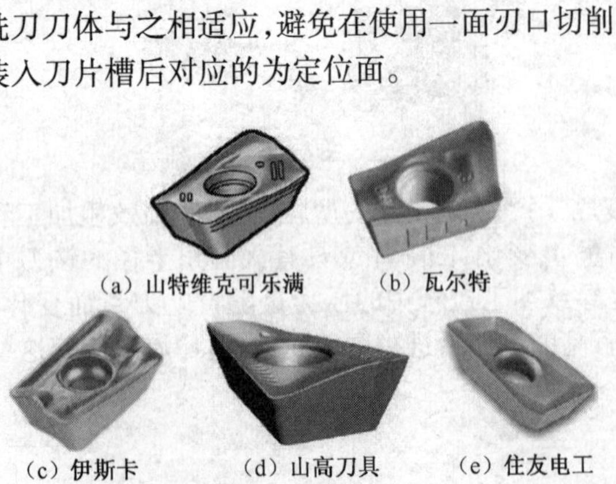

(a) 山特维克可乐满 (b) 瓦尔特 (c) 伊斯卡 (d) 山高刀具 (e) 住友电工

图 3-37 曲线刃铣刀片

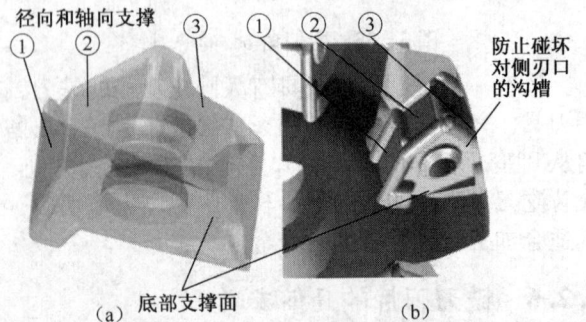

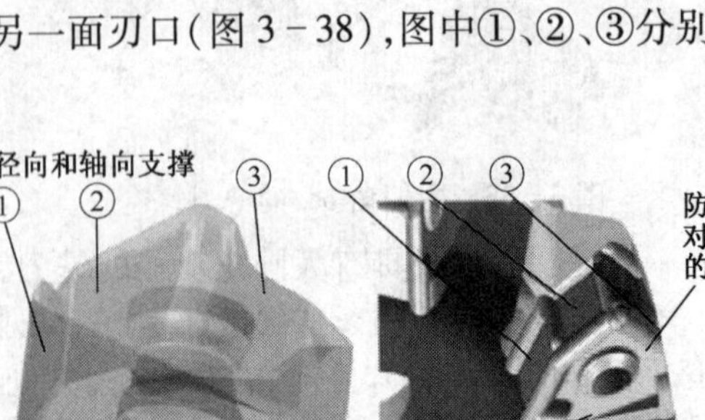

(a) (b)

图 3-38 山高刀具公司“魔方”6 铣刀刀体和刀片上的支撑面

3.2.7　镗刀片的几何参数

镗削通常是加工余量比较小的精加工。精镗加工经常是小切削余量、大伸悬臂梁式的加工状况、高的加工精度要求，这对刃口的锋利度特别高。常规的烧结断屑槽的锋利度一般不是很高，对粗镗加工一般没问题，但常无法满足精镗的加工要求。因此，磨削的断屑槽是精镗刀刀片可以考虑的选择(图3-39)。

(a) C型正型镗刀片（带25°前角）　(b) W型正型镗刀片（带5°前角）

图3-39　精镗刀片示例

3.3　几何参数对切削过程的影响

3.3.1　前角的影响

前角主要决定切削刃的锋利程度和强固程度。一方面，增大前角可减少切屑变形，降低切削力，切削时产生的热量减小；另一方面，可使刀具耐用度降低，容易崩刃，同时使刀尖散热体积减小，切削温度升高。

图3-40示出了前角对切屑形态的影响。加工参数：工件材料TC4；转速 $n = 2548\mathrm{r/min}$；进给量 $f = 0.15\mathrm{mm/r}$；背吃刀量 $a_p = 10\mathrm{mm}$；切削宽度 $a_e = 1.5\ \mathrm{mm}$；铣削方式顺铣；冷却方式干切。刀具参数：后角10°；刀尖圆角0.02mm；刀具刃数4；刀具直径12.5 mm；刀具材料K类硬质合金。仿真结果显示，切屑的形态有很大的差别。随着前角的增大，切屑更容易弯曲，切屑变形也更大。在前角较小甚至负值时，切屑流经前刀面时受到一定的挤压，其材料产生一定的堆积，切屑变形很不充分。而较大的前角则使切屑变形更为充分，其在前刀面上的流动更流畅。

图3-41示出了前角对切削力的影响。当前角从-10°增大到30°时，主切削力从120N减小到75N，而法向力从90N减小到18N。这是因为，当前角增大时，剪切角也随之增大，金属的塑性变形减小，变形系数减小，沿前刀面的摩擦力也减小，因此切削力降低。

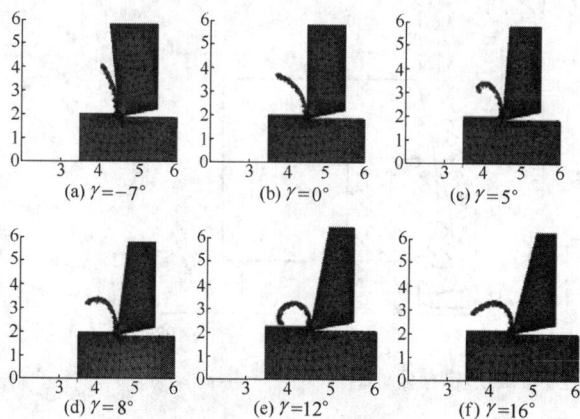

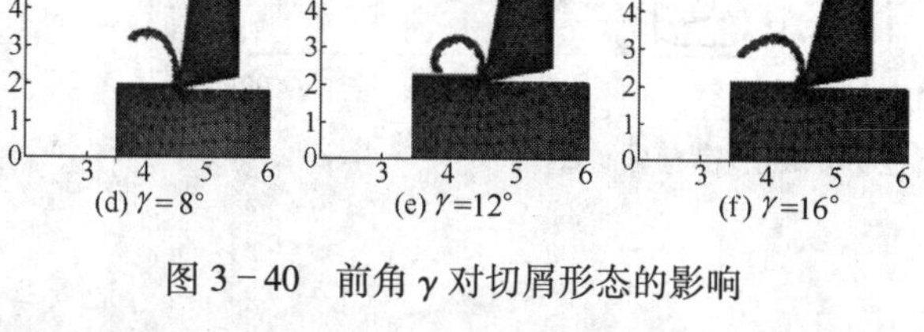

图3-40　前角 γ 对切屑形态的影响

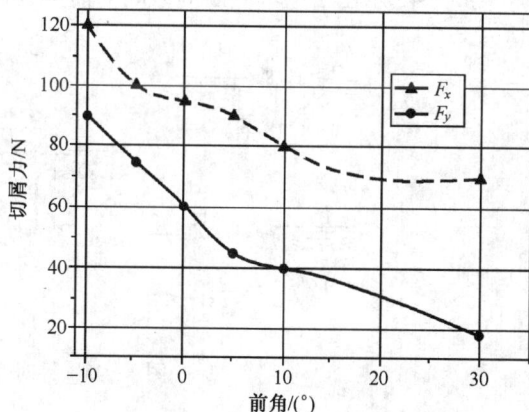

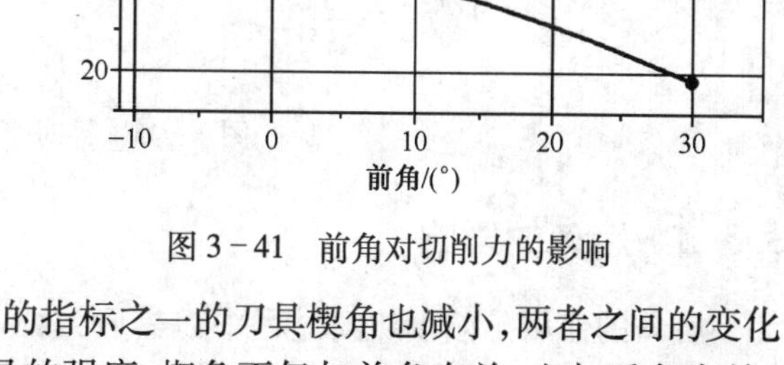

图3-41　前角对切削力的影响

注意：随着前角增大，虽然切削力减小，但标志刀具强度的指标之一的刀具楔角也减小，两者之间的变化对保护刀尖是有利还是有害需要进行具体分析。尤其是刀具的强度，楔角不仅与前角有关，也与后角有关。而其他要素还有刀尖角、刃口结构、刀具材料等很多因素有关。因此，前角增大不是任意的，必须结合具体加工条件进行分析和优化，以选择合适的前角。

图 3-42 和图 3-43 分别是在与图 3-40 相同的切削条件、不同前角下刀具温度分布和前刀面最高温度。就前刀面最高温度而言，其实前角的影响并不是很大，其波动量没有超过 100℃。

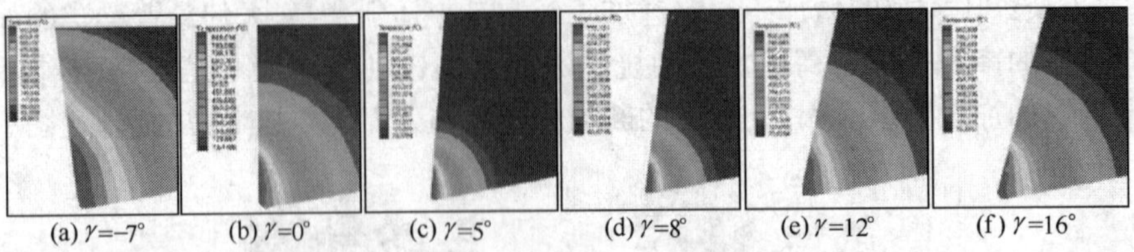

图 3-42 不同前角 γ 下的刀具温度分布

从图 3-42 和图 3-43 可看出，对应于该切削条件下，5°~8°的前角，不但前刀面上的最高温度比较低，温度的分布区域也比较小。因此，在设计刀具确定前角时可考虑：如果被加工对象对切削热不敏感而对切削力比较敏感，则可优先改变前角。

前角对刀屑接触长度的影响如图 3-44 所示。刀屑接触长度是指切屑在经前刀面流出过程中与前刀面的接触长度，这一长度决定刀屑之间的摩擦特性，以及切屑对前刀面的作用力范围。当加工铸铁或钛合金时，刀屑接触长度较短，切削载荷集中在前刀面非常小的范围内，切削应力很大，这就需要对刃口进行强化，如增加刃带、钝化、倒棱或减振棱等。而较长的刀屑接触长度代表切削力相等时单位长度切削力（即切削应力）减小，刃口破损机也会相应减少。但此时刀屑之间的摩擦加大，这种变化也会导致切削区域摩擦热上升，热量不易导出，产生月牙洼磨损、粘结磨损、积屑瘤、化学磨损等，甚至在加工某些难加工材料时，在切削力的联合作用下使刀尖区产生塑性变形。

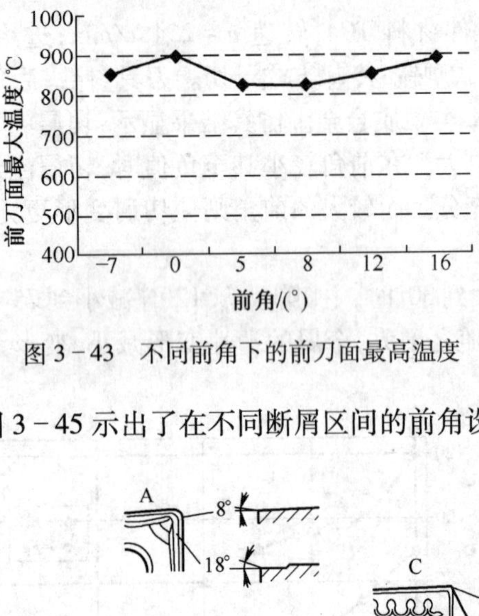

图 3-43 不同前角下的前刀面最高温度

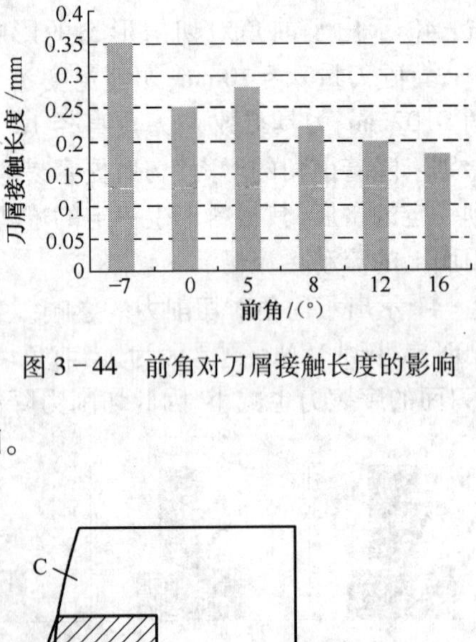

图 3-44 前角对刀屑接触长度的影响

图 3-45 示出了在不同断屑区间的前角设计及其断屑区间。

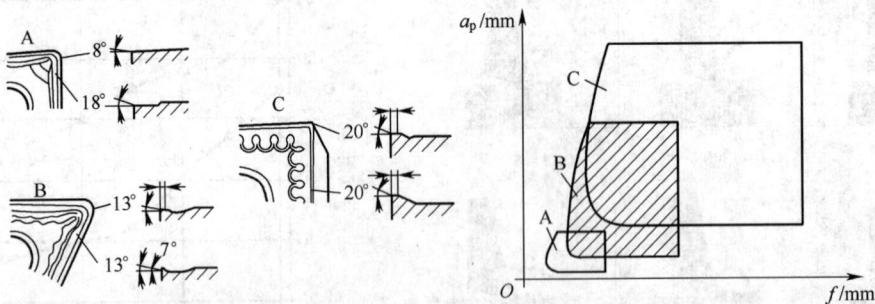

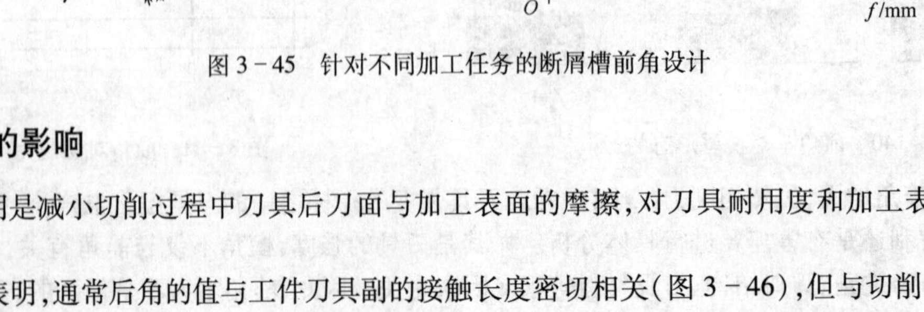

图 3-45 针对不同加工任务的断屑槽前角设计

3.3.2 后角的影响

后角的作用是减小切削过程中刀具后刀面与加工表面的摩擦，对刀具耐用度和加工表面质量的影响较大。

分析计算表明，通常后角的值与工件刀具副的接触长度密切相关（图 3-46），但与切削力、切削热之间的相关度不高。

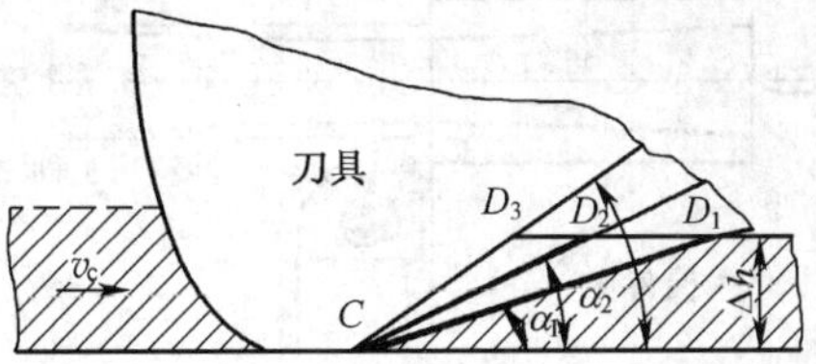

图3-46　后角对后刀面接触长度的影响

当背吃刀量较小时，磨损主要在后刀面。如果刀尖的锋利程度不够，刀尖不能很好地切入切削层，工件材料的弹性变形深度也会相对较大，刀尖离开后已加工表面的反弹层也就比较厚，因此已加工表面与刀具后刀面之间的摩擦区间也就比较大，刀具的后刀面磨损就会比较大。在这种情况下选用较大后角，可增加切削刃的锋利程度，减小后刀面磨损。

当背吃刀量较大时，磨损主要在前刀面，选用小后角可增强切削刃。

在加工钛合金等弹性模量较小的工件材料时，已加工表面弹性恢复大，应选取较大后角；对于加工硬化倾向较高的材料，如奥氏体钢，也应选取较大后角。

对于加工尺寸精度要求高的刀具，可选用较小后角以延长刀具使用寿命。

3.3.3　主偏角的影响

主偏角主要是对切削力的分配产生影响。图3-47示出了不同主偏角的车刀对切削力分配的影响以及在车削细长工件时可能产生的工件形状。其中：图3-47(a)表明，在主偏角45°时，轴向切削力与径向切削力大致相当，而随着主偏角的增大，轴向切削力越来越大而径向力越来越小。图3-47(b)表明，即使主偏角为75°，仍可能造成鼓形工件，其原因是当简支梁的工件受到径向切削力作用时，工件在中部产生最大的属于弹性变形的挠度，这样中部的实际被切除材料较少，而切削完成后切削力为0，工件的弹性变形得到恢复而使工件呈鼓形。当主偏角达到90°时，除主切削力之外的切削力基本上都落在轴向上，而径向切削力基本为0(刀尖圆角部分仍产生少量径向力)，图3-47表明，90°主偏角的车刀将在理论上切出笔直的工件，而实际的切削中应同时选用较小的刀尖圆角。当主偏角超过90°之后，径向力再次产生，但此时的径向力将背向工件，图3-47表明，表示此时被加工的工件在完工后可能呈现沙漏形。而在实际上，由于刀尖圆角也要产生径向切削力，95°主偏角的车刀车削细长工件产生沙漏形工件的情况并不严重，尤其是在刀尖圆角稍大时。因此，本书推荐使用93°~95°主偏角的车刀车削细长工件，同时选用0.4mm或更小的刀尖圆角。

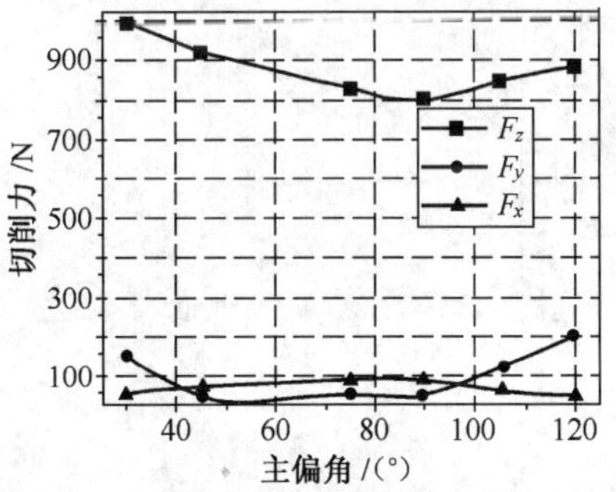

(a) 不同主偏角下的切削力曲线

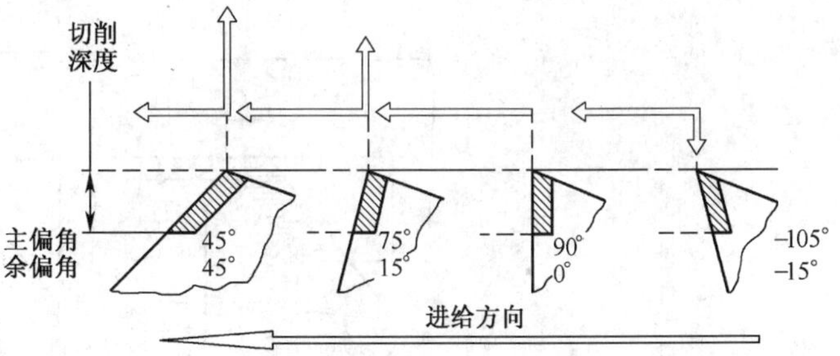

(b) 不同主偏角的切削力分配

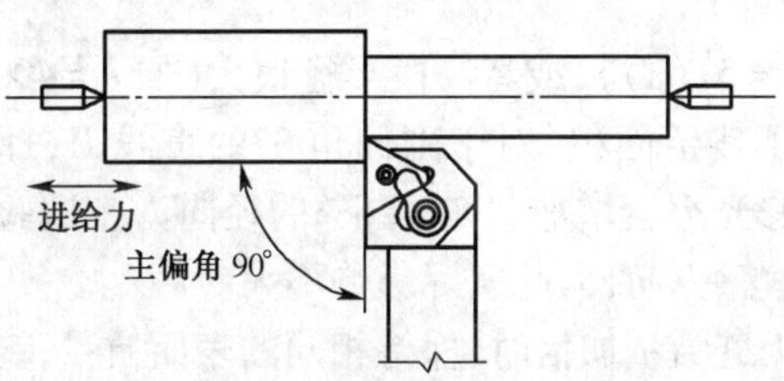

(c) 90°主偏角车削细长工件

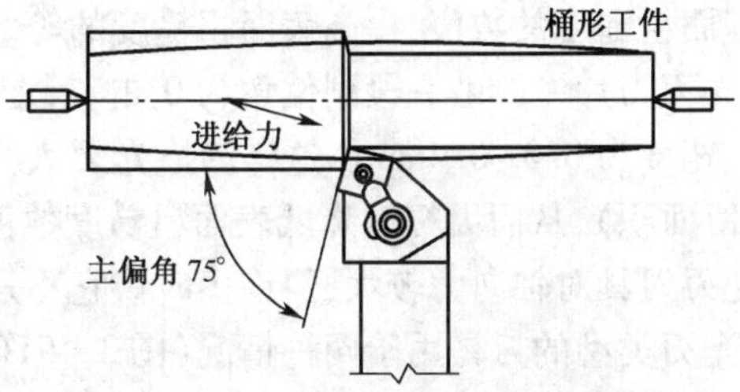

(d) 75°主偏角车削细长工件呈桶形

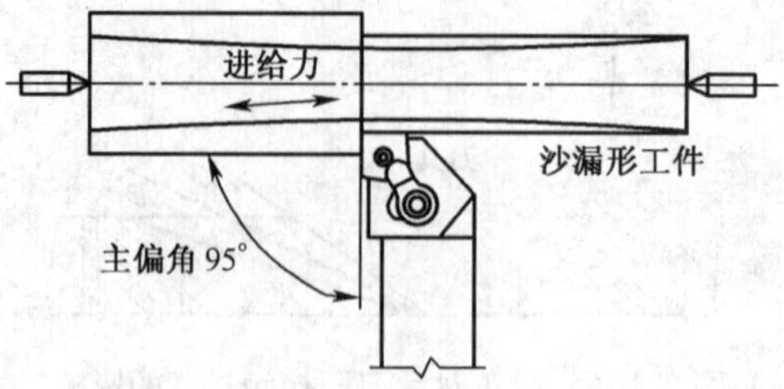

(e) 95°主偏角车削细长工件呈沙漏形

图 3-47　不同主偏角车刀的受力示意和对工件的影响

需注意，必须保证加工选用的背吃刀量大于刀尖圆角，因为只有当背吃刀量大于刀尖圆角才是主切削刃承担主要加工任务时，对主偏角与切削力分配的分析才是有效的。

主偏角对切屑尺寸的影响如图 3-48 所示。在相同的背吃刀量和进给下，当主偏角由 90°减少至 60°时，切屑的宽度将增加 15%，而切屑的厚度将减少 13%。这表明，随着主偏角减小，切屑厚度减少，从而使卷屑变得更容易，断屑却变得不太容易。同时，切屑宽度的增加表明，随着主偏角减小，切削力和切削热的分布长度将增加，应力将随之减小。从这个角度说，大的主偏角对卷屑有利，而小的主偏角则对受力有利。

主偏角对残留面积影响如图 3-49 所示。当进给量相同时，90°主偏角的残留高度值最大，因而残留面积也最大，表面粗糙度值会更大。从获得更小表面粗糙度值出发，更小的主偏角相对而言将更为有利。

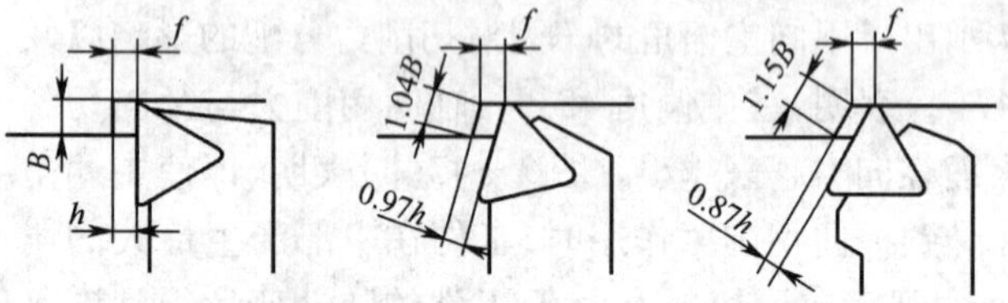

(a) $\kappa_r=90°$　(b) $\kappa_r=75°$　(c) $\kappa_r=60°$

图 3-48　主偏角对切屑尺寸的影响

B—切屑宽度；f—进给量；h—切屑厚度；κ_r—主偏角。

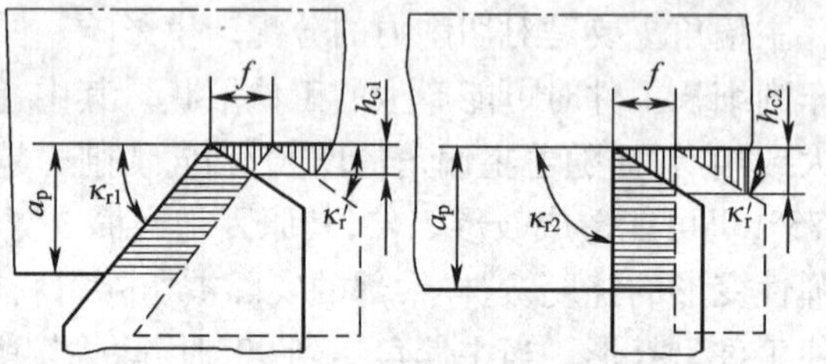

图 3-49　主偏角对残留面积的影响

3.3.4　副偏角的影响

副偏角对残留面积的影响，如图 3-50 所示。与主偏角对残留面积的影响规律相似，副偏角越小，残留面积的高度越小，面积也越小。

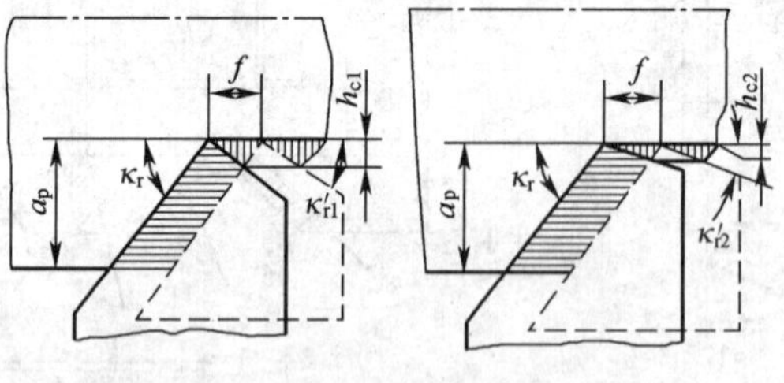

图 3-50　副偏角对残留面积的影响

宽修光刃车刀是在副切削刃部分做出一小段副偏角很小甚至为 0°的切削刃，以“扫除”过多的残留面积，降低表面粗糙度的数值，提高表面粗糙度的等级水平。

宽修光刃刀片一般由一段副偏角为 0°的直线刃(图 3-51(a))，或者一段半径很大(如 $R=400$mm)的圆弧刃组成，宽度为 0.3~0.4mm。这样的修光刃大大减少了残留面积(对于副偏角 0°的直线刃，理论上可以不存在残留面积)，从而大幅度降低表面粗糙度数值。但修光刃会增加 20%~25%的径向力。试验和分析证明，宽修光刃刀具对轴向力较大，但许多时候它不是误差敏感方向，因此实际影响不大。

宽修光刃类型的刀具用于两种情况(图 3-51(b))：①进给量加倍时，保持相同的表面质量；②相同进给量时，表面粗糙度值大大减小。

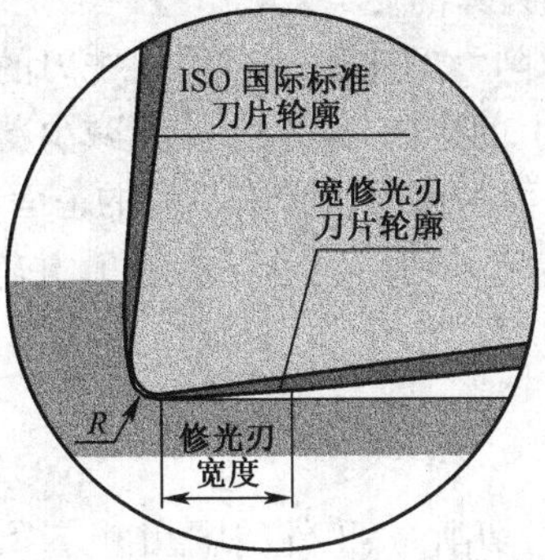

（a）宽修光刃刀片与ISO刀片轮廓对比

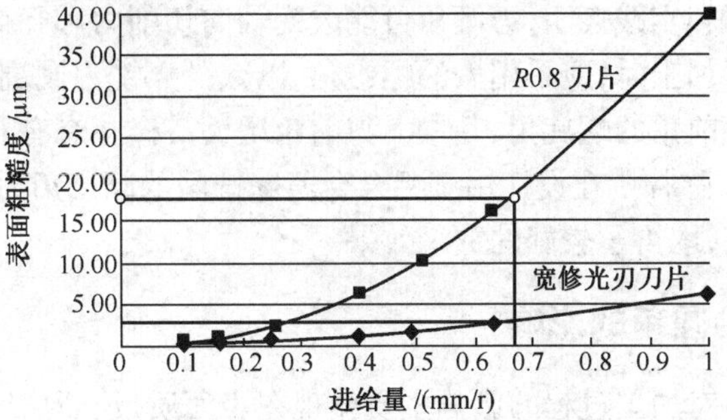

(b) 宽修光刃刀片与ISO刀片加工表面质量对比

图3-51　宽修光刃刀片

3.3.5　刀尖角的影响

刀尖角的影响在传统刀具技术论述中提及不多，主要因为在手工刃磨的刀具中它是由主偏角和副偏角而形成的派生角。主偏角和副偏角一旦确定，刀尖角也就随之确定。但在可转位刀具中，刀尖角却常只能选取某一个确定值，这一点在可转位刀具中尤为明显。

可转位车的刀尖角一般为35°、55°、60°、80°、90°、100°，另外还有圆形刀片，如图3-52所示。

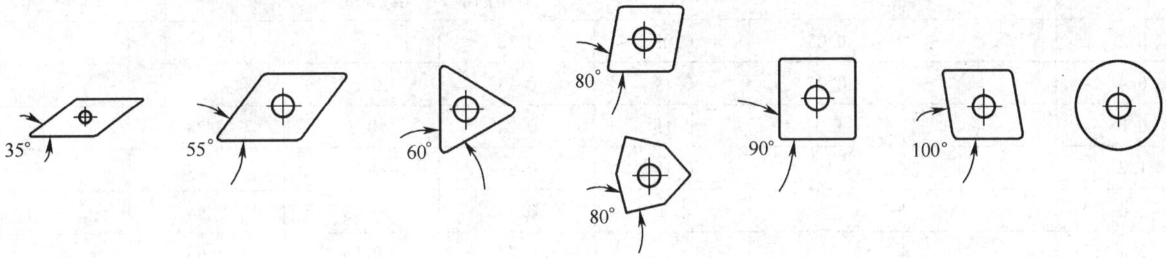

图3-52　不同刀尖角的车削刀片

通常情况下，刀尖角越大刀片越坚固，可见圆形刀片是最坚固的，而带35°刀尖角的V形刀片是最弱的。

但刀尖角越大在切削时越容易产生振动，可见圆形刀片是最容易产生振动的，带35°刀尖角的V形刀片是最不容易产生振动的。

3.3.6　刃倾角的影响

刃倾角对切削的影响首先表现在对切屑流出方向上。前面已介绍了正刃倾角可使切屑向待加工表面方向流出，而负刃倾角使切屑流向已加工表面（图3-53）。如图3-54所示，图（a）是前部带有短斜槽（正刃倾角）的螺尖丝锥，常用于加工贯通的螺纹孔，正刃倾角使切屑向前部排出，避免切屑划伤已加工完的螺纹；而图（b）则是负刃倾角的螺旋槽丝锥（右旋），用于加工不贯通的螺纹孔（盲孔），其负刃倾角使切屑通过螺旋槽向后排出，避免切屑落入孔底影响螺纹的加工深度。

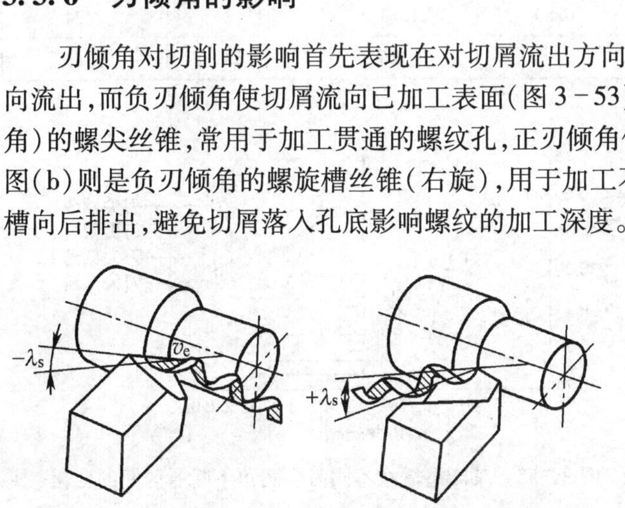

（a）　　（b）

图3-53　刃倾角对流屑方向的影响

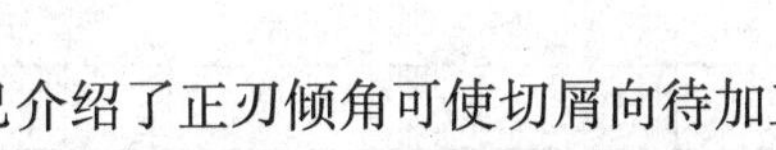

（a）正刃倾角的螺尖丝锥

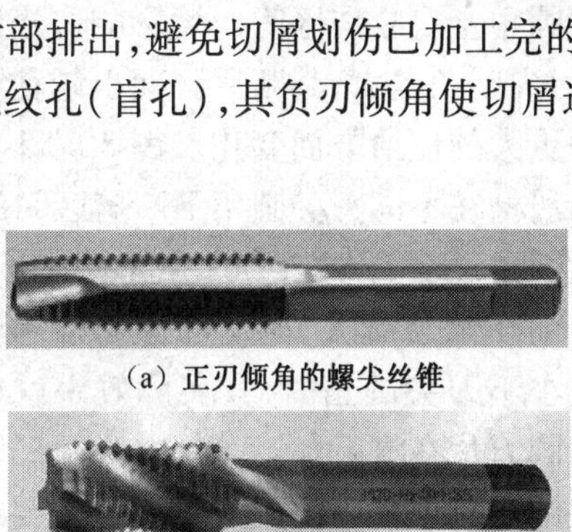

（b）负刃倾角的螺槽丝锥

图3-54　不同导屑要求的丝锥示例

刃倾角可改变切削刃切入工件时受力的位置,同时还会影响刀具的受力。

理论分析和实践表明,刃倾角可能改变轴向切削力和径向切削力的比例。当用立铣刀的圆周切削刃对薄壁零件进行加工时,应采用大的螺旋角,以减少立铣刀圆周刃上的径向切削力,从而减少薄壁的变形。但作为特殊位置前角的螺旋角,其增大与前角增大一样在有有利一面的同时也带来不利的一面,需要采取措施(如倒棱)加以弥补。在设计用于铝合金薄壁铣削的圆周刃时,曾有采用大至60°螺旋角,并辅以0.01mm宽度倒棱的案例,取得了较好的加工效果。

3.3.7 刀尖圆角的影响

刀尖圆角对加工过程的影响主要体现在表面质量、断屑区间、切削力、工件精度几个方面。

大的刀尖圆角在工艺系统足够时有利于改善被加工零件的表面粗糙度,可在相同加工效率时获得较小的表面粗糙度值。刀尖圆角 r、进给量 f 和残留部分高度 R_t 之间的关系为

$$R_t = \frac{f^2}{8 \times r} \times 1000(\mu m) \tag{3-1}$$

表3-2列出了常见的可转位刀尖圆角/圆刀片加工相应的表面粗糙度时可用的最大进给量。

表3-2 常见可转位刀尖圆角/圆刀片加工相应的表面粗糙度时可用的最大进给量

刀尖圆角 r/mm	圆刀片 r/mm	(R_a/R_z)/μm					
		0.4/1.6	1.6/6.3	3.2/12.5	6.3/25	8/32	32/100
		可用的最大进给量/mm					
0.2		0.05	0.08	0.13			
0.4		0.07	0.11	0.17	0.22		
0.8		0.1	0.15	0.24	0.3	0.38	
1.2			0.19	0.29	0.37	0.47	
1.6				0.34	0.43	0.54	1.08
2.4				0.42	0.53	0.66	1.32
	6	0.2	0.31	0.49	0.62		
	8	0.3	0.36	0.56	0.72		
	10	0.25	0.4	0.63	0.8	1	
	12		0.44	0.69	0.88	1.1	
	16		0.51	0.8	1.01	1.26	2.54
	20			0.89	1.13	1.42	2.94
	25				1.26	1.58	3.33

刀尖圆角会对断屑区间产生影响。当断屑槽形相同时,刀尖圆角越大,其断屑区间也越往更大的背吃刀量和更大的进给方面变化。图3-55为肯纳金属的某断屑槽在不同刀尖圆角下断屑区间的变化。

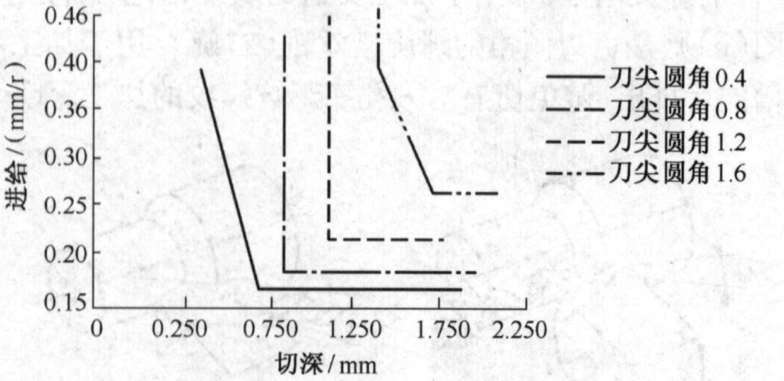

图3-55 某断屑槽在不同刀尖圆角下断屑区间的变化

刀尖圆角还会对切削力产生影响。圆角越大,产生的径向切削力越大,振动的倾向也越明显。当背吃刀量小于刀尖圆角时,其实际效果就相当于一个小型的圆刀片在进行加工。

刀尖圆角对加工精度产生的影响主要在仿形加工方面,包括仿形车削和仿形铣削。由于刀尖圆角的存在,在仿形加工时刀具中心的运动轨迹与工件轮廓应是距离为刀尖圆角半径的等距曲线(二维)或等距曲面(三维),在精度要求高时,刀尖圆角的半径误差会直接对加工零件的精度产生影响。因此,应在加工前

做好刀尖圆角的测量工作，并将测量结果输送到数控机床中，对机床程序进行修改甚至重新生成加工程序。

在仿形加工中，如果零件精度要求比较高，使用可转位刀片就可取得足够准确的刀尖圆角半径值。

3.3.8　倒棱的影响

倒棱又称负倒棱，是刀具上沿主切削刃做出的其前角比主切削刃前角小的窄棱面。倒棱的作用是增强切削刃、提高刀尖强度，从而提高刀具的耐用度。倒棱带来的变形区如图 3-56 所示。

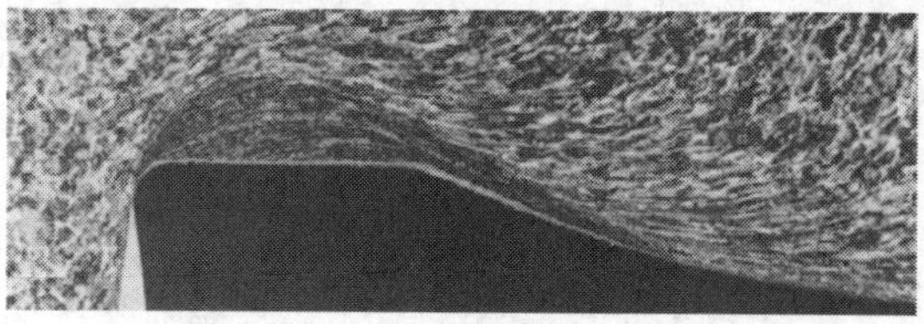

图 3-56　倒棱带来的变形区

常规使用中，在刀具材料方面，硬质合金刀具除加工非铁金属外，大部分都做倒棱，陶瓷材料和立方氮化硼材料的刀具都做倒棱；在涂层应用方面，需要进行化学气相沉积的刀具通常做倒棱或钝圆。其他刀具可做倒棱，也可不做倒棱。

常规的倒棱有倒棱宽度 b_{r1} 和倒棱角度 γ_{01} 两个参数，如图 3-57 所示。

1. 倒棱宽度的影响

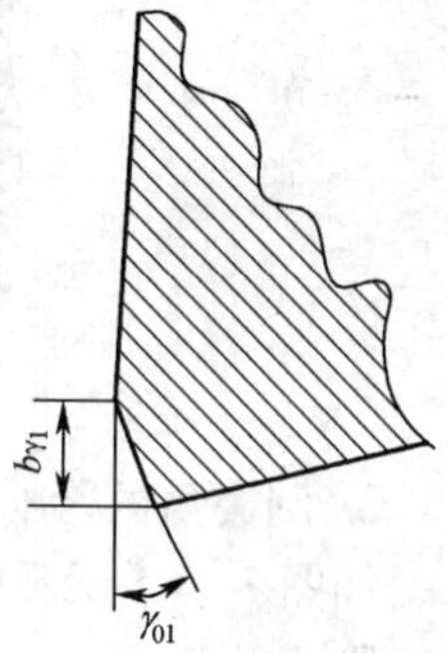

图 3-57　倒棱的参数

图 3-58 示出了倒棱宽度对刀具内温度场分布的影响，图 3-59 示出了倒棱角度对切削力、温度的影响。这个研究选用了三种倒棱宽度 $b_{\gamma 1}$，分别是 0.1mm、0.3mm和 0.6mm，其他条件如下：

刀具参数：前角 = 10°，后角 = 11°，倒棱角度 $\gamma_{01} = -10°$，刀具材料为 K 类硬质合金；

加工参数：切削速度 $v_c = 100\text{m/min}$，进给 $f = 0.17\text{mm/z}$，轴向背吃刀量 $a_p = 0.5\text{mm}$，被加工材料为 TC4（钛合金）。

从图 3-58 可以看到，当倒棱超过背吃刀量和进给之后，温度场的高温区集中在倒棱上，而倒棱小于背吃刀量和进给时，高温区分布与从倒棱到前刀面的区域。这说明倒棱小于背吃刀量和进给时除了倒棱在正常工作，前刀面也在工作，而当倒棱超过背吃刀量和进给之后，倒棱变身成为主要的切削刃，承担全部切削任务。

图 3-59 表明，倒棱宽度增大将导致切削力增大，因此过宽的倒棱可能引起机床刚性不足；倒棱宽度对前刀面温度影响不大，虽然该试验中倒棱宽度 0.3mm 的温度较低，但与较高的倒棱宽度 0.1mm 相比，也仅低了约 10%；而倒棱宽度为 0.1mm 刀具应力最小，仅为倒棱宽度为 0.3mm 刀具的 1/3 强。因此，就该条件而言，倒棱宽度为 0.1mm 是比较合适的。

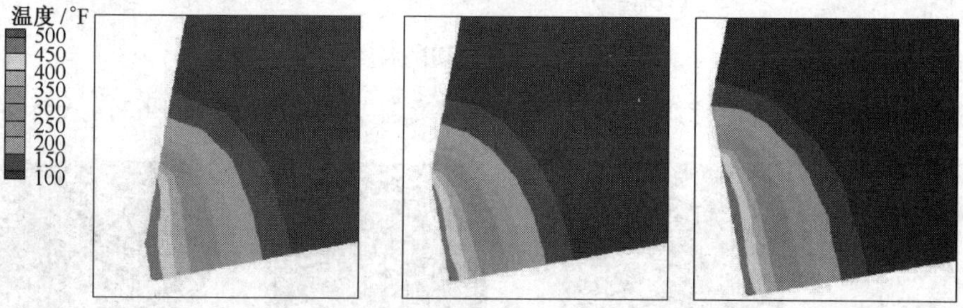

（a）$b_{\gamma 1}$=0.1mm　（b）$b_{\gamma 1}$=0.3mm　（c）$b_{\gamma 1}$=0.6mm

图 3-58　倒棱宽度对刀具内温度场分布的影响

图 3-60 示出了倒棱宽度、进给量与断屑的关系。倒棱宽度与进给量的比例是影响刀具断屑能力的一个指标。如果进给量仅为倒棱宽度的 1/2，那么将会形成细长缠绕形切屑，而这种切屑极易缠绕在刀具、工

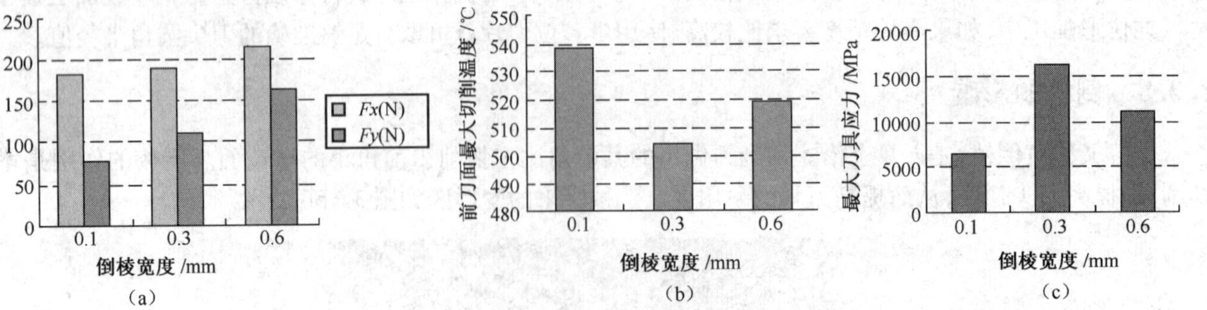

图 3-59 倒棱角度对切削力、温度的影响

件或刀架上，必须停机清除，这对加工效率、安全性、工件表面质量都不好。当进给量达到倒棱宽度的 80% 时，将会形成细长的螺旋状切屑，这种切屑虽比细长缠绕形切屑容易处理，但也不是希望的切屑，除非在无内部冷却的深孔加工中。只有当进给量达到或超过进给量时，才能呈现我们期望的短小 C 形切屑。

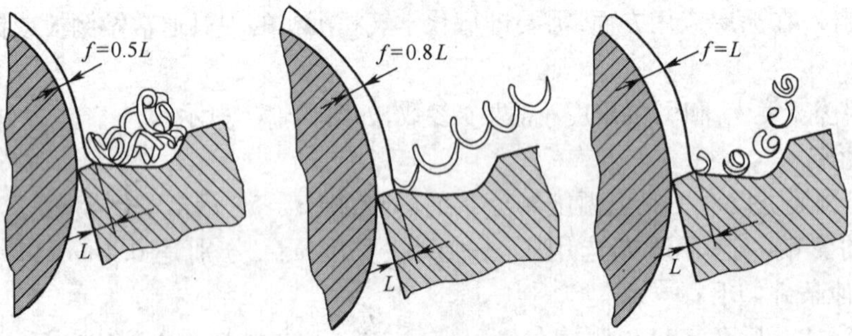

图 3-60 倒棱宽度、进给量与断屑的关系

2. 倒棱角的影响

如图 3-61 所示的倒棱角对切削温度的影响表明，倒棱角从 -5°、-10°到 -15°的变化对切屑形成和切削温度影响并不大。

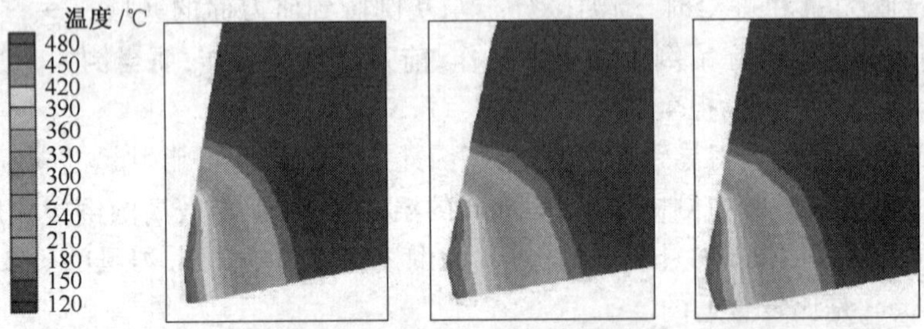

(a) $\gamma_{01}=-5°$ (b) $\gamma_{01}=-10°$ (c) $\gamma_{01}=-15°$

图 3-61 倒棱角对切削温度的影响

增加倒棱角对切削力和切削温度影响不大，但是可以降低刀具应力（图 3-62），从而保护切削刃。

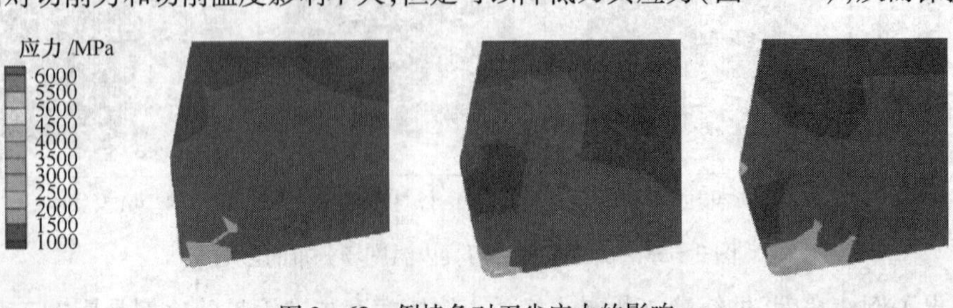

图 3-62 倒棱角对刀尖应力的影响

倒棱角对切削温度、刀具应力、切削力的影响如图 3-63 所示。锋利切削刃和钝圆切削刃的对比如图

3-64 所示。

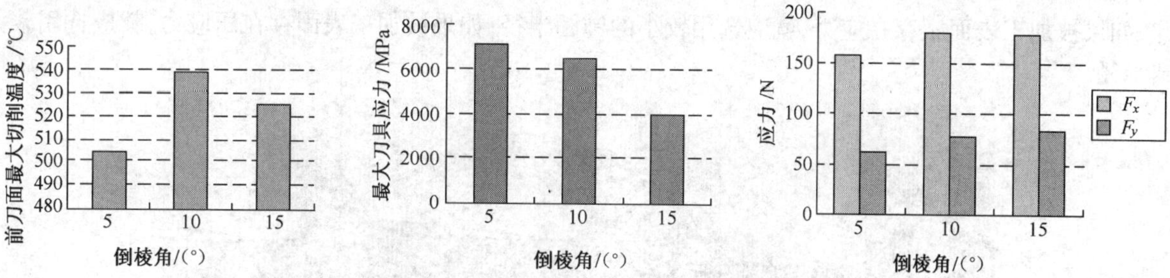

图 3-63　倒棱角对切削温度、刀具应力、切削力的影响

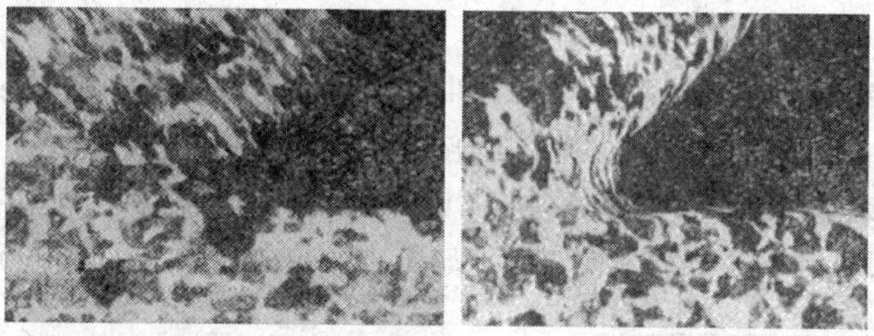

(a) 锋利刀刃　　(b) 钝圆刀刃

图 3-64　锋利切削刃和钝圆切削刃的对比

3.3.9 钝圆半径的影响

刀具的钝圆半径和刀具的刀尖圆角是两个完全不同的概念。刀具的刀尖圆角一般是在刀具的前刀面上测量的,而刀具的钝圆半径则是在刀具的法剖面中测量的。

与倒棱一样,钝圆的作用也是增强切削刃、提高刀尖强度,从而提高刀具的耐用度。

图 3-65 示出了钝圆半径对加工 Inconel718 的影响。加工参数:切削速度 70m/min;进给 0.15mm/z;背吃刀量 1mm,切削方式为正交干切,工件材料为 Inconel718;刀具参数:前角 5 °,后角 10 °钝圆半径分别选 0.01、0.02、0.03、0.04mm,刀具材料为 K 类硬质合金。当钝圆半径增大时,切屑厚度变小。图 3-66 示出了钝圆半径对分屑点位置的影响。分屑点上方的工件材料成为切屑被刀具切下并排走,下方的材料被压至已

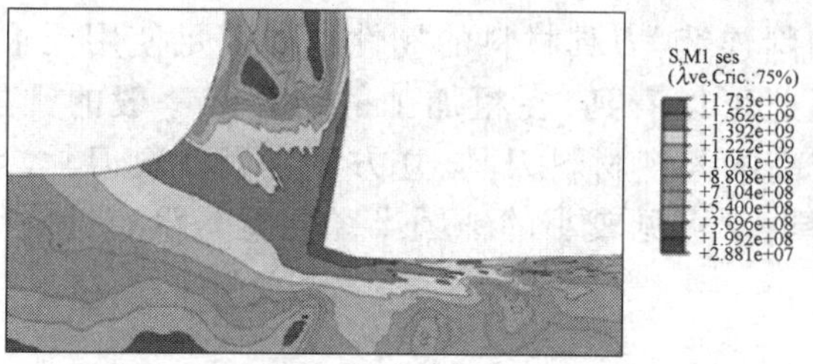

(a) $a/r=\infty$

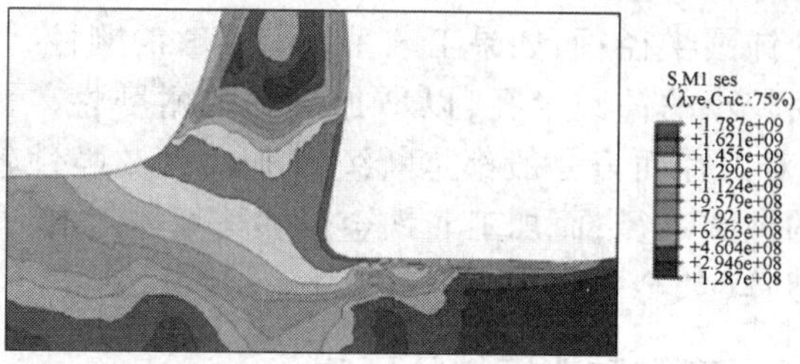

(b) $a/r=3$

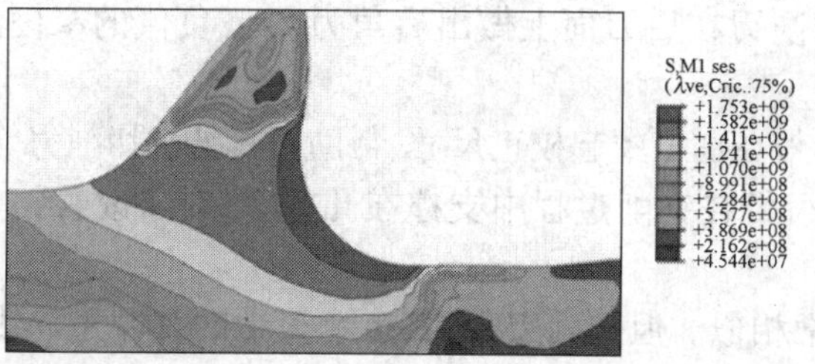

(c) $a/r=0.6$

(d) $a/r=0.2625$

图 3-65　不同钝圆半径的应力场

加工表面部分。

从图 3-66 可看出，钝圆半径越大，分屑点位置越高。即钝圆半径越大，已加工表面的压应力层就越深。因此，如果被加工表面不存在应力，就应选用较小的钝圆半径；如果被加工表面存在压应力，就应选用较大的钝圆半径。

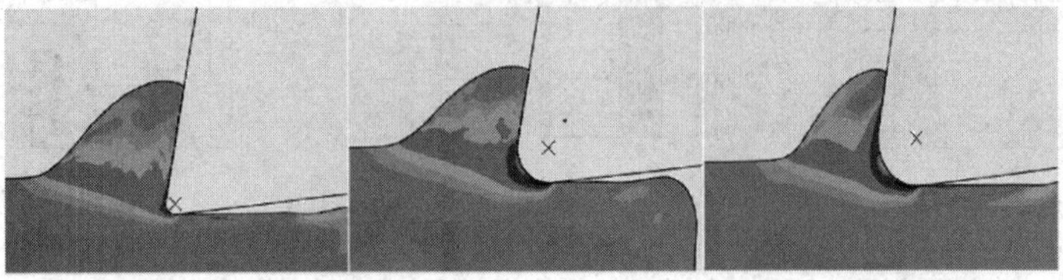

（a）R=2um （b）R=5um （c）R=10um

图 3-66 钝圆半径对分屑点位置的影响

图 3-67 示出了刀具钝圆半径对其耐磨性和耐冲击性的影响。从图 3-67(a) 可以看出，钝圆半径对刀具耐磨性有负的相关影响：当刀具钝圆半径增加 2 倍以后，刀具的耐磨性减少了约 1/3，这可用钝圆实际上已经对刀具进行了预磨损来解释。从图 3-67(b) 可以看出，钝圆半径对于刀具耐冲击性有正的相关影响，而且该影响还比较大：当刀具钝圆半径增加 2 倍后，刀具的耐冲击性增加了约 3.5 倍。

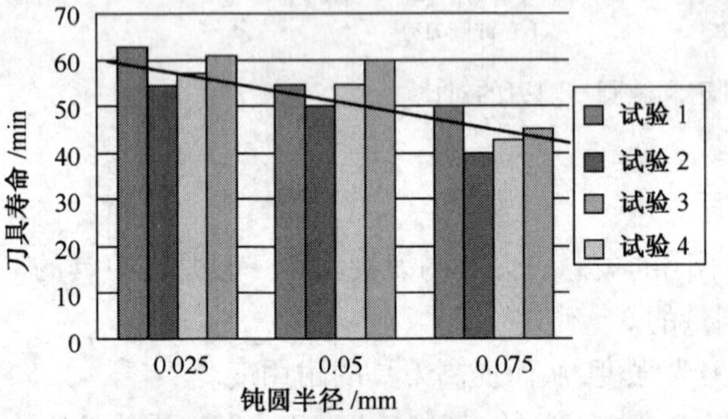

（a）钝圆半径对刀具耐磨性的影响

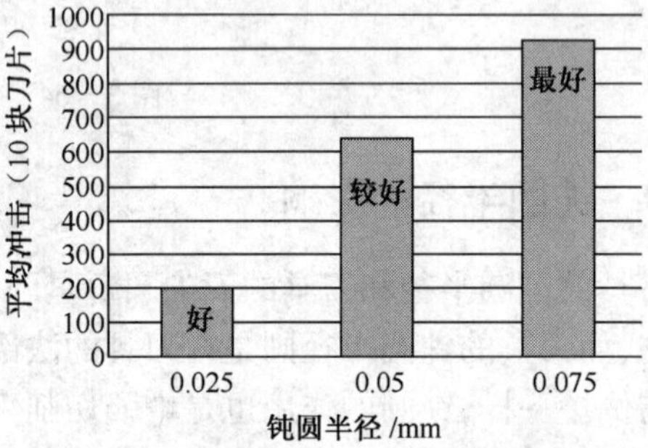

（b）钝圆半径对刀具耐冲击性的影响

图 3-67 刀具钝圆半径对其耐磨性和耐冲击性的影响

以上表明，在刀具设计时，如果需要首先考虑耐冲击性，如刀具本身的材料硬度较高而韧性不足，或工件存在严重的断续切削，或加工的机床、夹具、工件及刀具等工艺系统要素刚性不足，应考虑使用较大的钝圆半径；而如果工艺系统有足够的刚性，切削连续，刀具材料的韧性也能满足使用要求，则可以采用较小的钝圆半径，以增加刀具的耐磨性。因此可以看到，在粗加工的刀片或一般的铣削刀片（铣削对刀片而言一般都是断续切削），以及脆性较高的陶瓷材料刀具、立方氮化硼材料刀具，都有比较大的钝圆半径；而加工非铁金属和精细加工的刀具，常可见较小的钝圆半径甚至是没有钝圆半径的锋刃刀具（如金刚石刀具）。

3.3.10 刃带和消振棱的影响

与负倒棱对应，刃带和消振棱（或减振棱）是沿切削刃在后刀面上做出后角为 0°或负值的窄棱面。通常，0°后角的称为刃带，负后角的称为消振棱。

刃带在钻头和铰刀中广泛使用，在这些刀具中，刃带在加工中起校正尺寸、帮助刀具抵抗切削力等作用。图 3-25 所示的肯纳金属的 4 个刃带的钻头，其 4 个刃带在钻削过程中支撑在孔壁上，对于改善钻头的刚性、提高钻孔精度和表面质量都非常有效。

从外形上看，4 个刃带的钻头和钻铰复合刀具非常相似。但作为刃带，其多个刃带的直径是一致的，而钻铰复合刀具则不同，钻铰复合刀具中的铰削刃口直径大于钻削刃带一个量，而这个量就是铰刀工作的铰削余量，通常直径差为 0.08~0.20mm。另一个通常是钻头的后侧刃带为负的前角，起一定的挤压作用；而铰削刃口多为 0°或正前角，或者很小的负前角，主要起切削作用。

与传统整体铣刀不同，现代整体铣刀通常不做刃带。对比做刃带的铣刀，不做刃带的铣刀其切削区温度和切屑形态的变化都不大，而切削力明显下降，如图 3－68 所示。不做刃带的刀具其切削刃是由前刀面和后刀面相交而形成的，而做刃带的当刃带很窄时，可观察到一条若隐若现的泛光细线状刃带，这就是所谓的“白刃”。

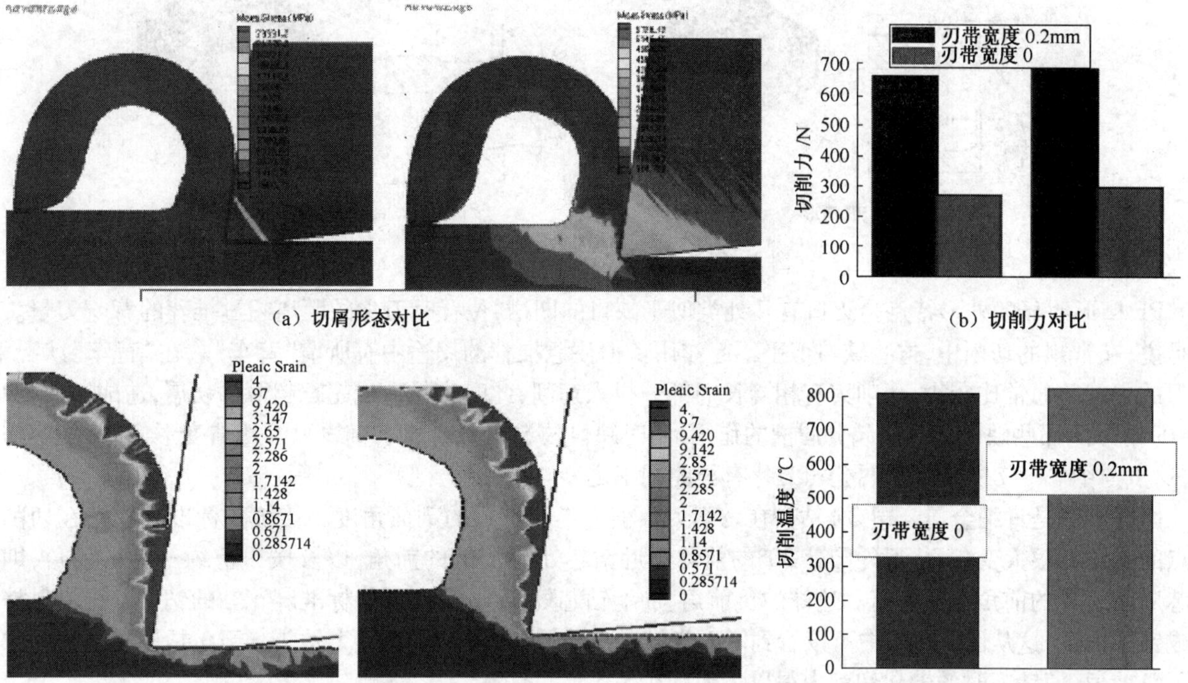

（a）切屑形态对比　（b）切削力对比

（c）塑性应变对比　（d）切削温度对比

图 3－68　刃带宽度对刀具切削过程的影响

3.4　刀具几何参数与刀具创新

刀具几何参数是刀具必须具备的几何特征。通过几何参数的刀具创新并不是如何去创造一个新的几何参数，而是如何用前人没有用过的方法和思路，结合应用场合对几何参数的选择、组合、进行科学的创新。

3.4.1　刀具前角

传统刀具的前角有两种现象比较常见：一是按资料推荐的数据使用单一的前角，一些手工刃磨的车刀常常如此，这种刀具的适应面相对较窄；二是由制造技术限制的刀具前角分布，如直线形切削刃相等或均匀变化的前角，或传统标准麻花钻由外径处约 30°的前角至近钻芯-30°的前角，这样的刀具也较难在切削刃不同点适合相应位置切削功能的需要。

新的刀具设计理念和制造技术进步使人们有可能以新的方式设计刀具前角。

第一个例子是在切削刃上使用不同的前角。图 3－69 是山特维克可乐满负型刀片钢件精加工的两种槽形。据山特维克可乐满介绍，在钢件加工中，PF 槽形切屑控制能力好于其他槽形。其优势是低切削力，适合于加工细长轴、薄壁和不稳定夹紧零件，用于纵向车削、车端面、背车和仿形切削，设计时首先考虑的是优良的表面质量。推荐的进给范围为 0.07～0.5mm/r，而背吃刀量为 0.25～1.5mm。这种精加工经常会出现背吃刀量小于刀尖圆角的情况，尤其是刀尖圆角较大而背吃刀量较小时，这种情况下刀具的直线刃几乎不参与切削。因此，刀尖才圆角是主要参数。但当刀尖圆弧较小而背吃刀量相对较大时，则直线刃作用更大。这两者按照推荐的切削用量范围，和常规精加工的刀尖圆角（0.4mm 和 0.8mm），相差不会太多，所以尽管刀尖和直线刃有所不同，但相差不大。QF 槽形在低切削参数区域的切屑控制能力优于其他槽形，应用于纵向、端面和仿形的超精加工车削。锋利的轻切削槽形可产生低切削力，适合于加工细长轴、薄壁和不稳定夹紧零件。

山特维克可乐满对这种槽形的推荐切削用量是进给量为0.07~0.4mm/r,而背吃刀量为0.2~2.5mm。两者对比可以看到,QF槽形的背吃刀量范围较PF槽形的更大。因此,当背吃刀量较大时,直线刃所起的作用将更为明显,直线刃的前角与刀尖圆角部分前角的差距也更大一些。

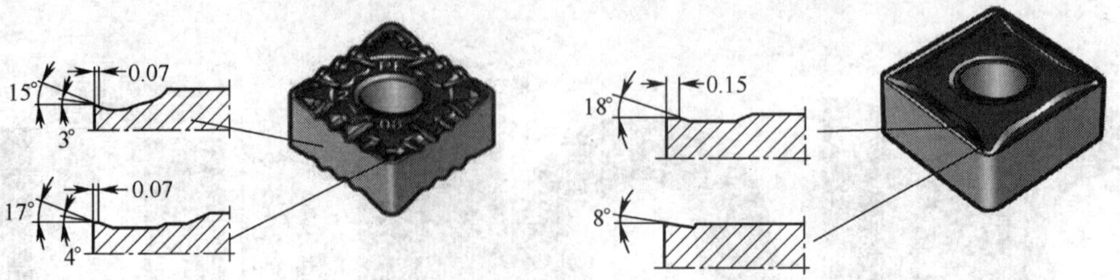

(a) PF 槽形 (b) QF 槽形

图3-69 山特维克可乐满的两种槽形

PF槽形明显的外形特点是刃口有几处类似于缺口的凹槽,位置距刀尖的距离超过推荐的背吃刀量。也就是说,在常规的切削中,这些缺口似乎不起作用。但注意推荐的用途中有所谓"背车"。在"背车"状况下,车刀的主偏角通常比较小,切削刃有相当长的部分投入切削,此时容易造成超宽超薄的切屑,造成断屑困难。而PF槽形的那些缺口此时能起分屑槽的作用,同时缺口的卷屑力增加了直线刃的切屑变形,断屑就容易得多,这点与图3-17的肯纳金属公司刀片有异曲同工之妙。

图3-70是肯纳金属公司SE钻头在切削刃及横刃不同位置的剖面角度。传统的标准麻花钻在切削刃各点的前角有很大变化,从近外圆处30°的前角至近钻芯处约-30°的前角,以及横刃上约-60°的前角,即在钻芯周围刀具的前角都为负值。这样的负前角,加上钻芯处切削速度很低,标准麻花钻的钻芯处已是靠挤压完成钻削加工,这从图3-22中可以看到。而肯纳金属公司的SE钻头在整个钻头甚至包括横刃上都基本消除了负前角,使钻削时的轴向切削力得以大大减少。

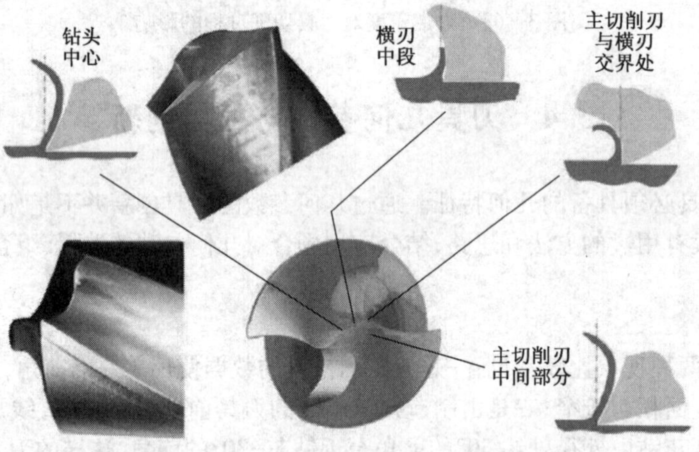

图3-70 肯纳金属公司SE钻头在切削刃及横刃不同位置的剖面角度

图3-71是以色列赫尼塔(Hanita)公司的前刀面波形刃铣刀WavCut II。与后刀面波形刃主要起分屑作用不同,前刀面的波形刃使副切削刃上不同点的前角发生了改变。由于这些改变,切屑的变形受到来自多方面的作用力而增加,更容易达到断屑所需要的切屑应变。这种前刀面波形刃的铣刀主要用于在高的切削速度、中到大的进给下加工钛合金。与后刀面波形刃相比,其加工的表面更光滑。

3.4.2 刀具后角

群钻除在标准麻花钻上磨出分段的切削刃以及其他分屑结构的同时,各段切削刃也经常有不同的后角。图3-72是3种群钻的刃磨示例,针对不同的加工对象,通过在不同的切削刃段磨出不同后角以及采取其他措施,使钻削的效率、质量和刀具耐用度都有所提高。

图 3－71　前刀面波形刃铣刀 WavCut II

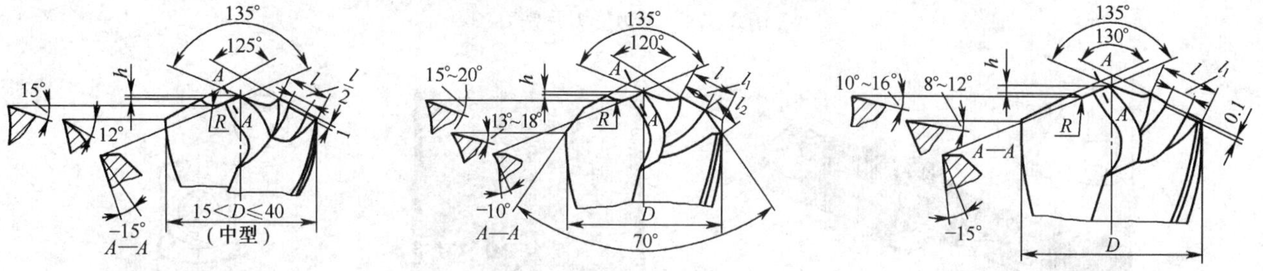

(a) 基本型群钻　　(b) 铸铁群钻　　(c) 钻不锈钢断屑群钻

图 3－72　三种群钻示例

3.4.3　主偏角

主偏角对切削力分配有重要影响，在工艺系统刚性不足的情况下，是减小切削分力方向的变形非常有效的措施。例如，在大悬伸的型腔铣削时，由于刀具悬伸长，因此铣刀在切削力径向分力的作用下产生变形、振动等现象。虽然增大刀具直径、减少刀具悬伸、增加刀具刚性等措施也可减少刀具在切削力径向分力下的变形，但减少主偏角从而减少切削力径向分力仍然是极其重要的措施。

图 3－73 示出了 3 种大进给铣刀。其中，图(a)是整体硬质合金的大进给铣刀，而图(b)和图(c)则是可转位的大进给铣刀。据介绍，其主偏角 κ_r 角仅 15°。也就是说，该铣刀的径向力与轴向力之比应大于 4，主要的切削力由轴向方向承担。

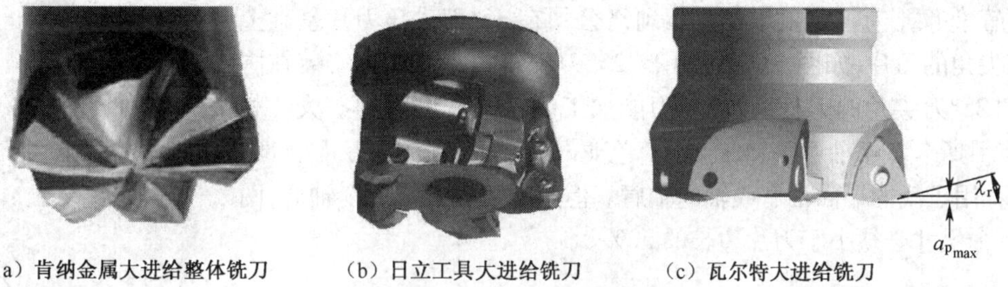

(a) 肯纳金属大进给整体铣刀　　(b) 日立工具大进给铣刀　　(c) 瓦尔特大进给铣刀

图 3－73　3 种大进给铣刀

小的主偏角虽然使径向力大大减少，造成可用的背吃刀量也很小，如图 3－73(c)中 $a_{pmax}=1.5mm$。因此，设计小主偏角的大进给刀具时，应考虑主偏角与可用背吃刀量之间的关系，以满足不同条件下切削加工的需要。图 3－74 示出了两种五边形刀片铣刀。其中图 3－74(a)主要考虑减少径向力的同时保持一定的背吃刀量，选择 36°主偏角；图 3－73(b)主要考虑增大可用背吃刀量，以及好的表面质量，选择 67°主偏角，而其径向切削力一般比图 3－73(a)的要大许多。

3.4.4　副偏角

宽修光刃可作为副偏角在刀具创新应用的典型例子。宽修光刃技术在很多年以前已经应用于铣削，如今铣削刀片带宽修光刃或在铣刀盘上安装修光刀片已为比较常见的现象。

近年来，带有宽修光刃的刀片越来越常见，图 3－51 是宽修光刃刀片的案例。图 3－75 是山特维克可乐满在可转位钻头上使用宽修光刃刀片的案例。

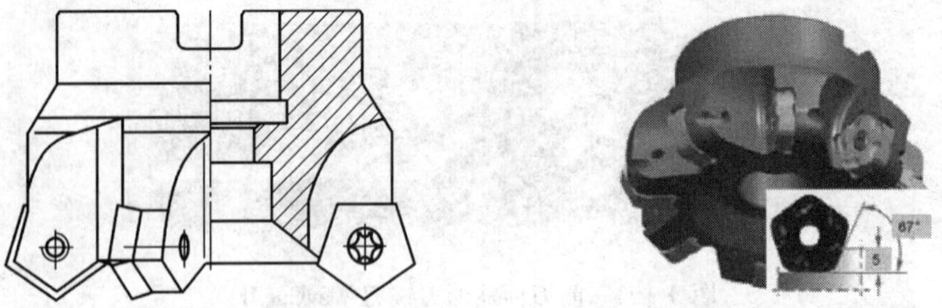

（a）肯纳金属铣刀（主偏角36°） （b）株洲钻石铣刀（主偏角67°）

图 3－74 五边形刀片铣刀

（a）配有带宽修光刃刀片的钻头 （b）钻头头部放大图 （c）刀片示意图

图 3－75 山特维克可乐满公司在可转位钻头上使用宽修光刃刀片的案例

这种钻头钻孔由于径向切削力不平衡而造成孔径偏小时，可以工作进给速度退刀，这时钻头只有外圆刀片参与切削，而切削量正是钻入时钻头弹性变形量；参与切削的刃口是钻头宽修光刃对于常规进给方向的背刃。这样，以工作进给速度退刀成为一个小余量的单刃扩孔，孔的精度和质量比直接钻孔有所提高。

3.4.5 刀尖角

车削刀片大多为国际标准系列，不符合国际标准系列的刀尖角，厂商只能自己生产相应的刀杆，否则很难推广。

国际标准的车刀片刀尖角系列如图 3－52 所示。其中，最小的刀尖角为35°，能加工的工件廓形有一定的限制。泰珂洛公司在35°刀尖角刀片基础上开发出25°刀尖角的刀片，如图 3－76 所示。25°刀尖角的车刀片可安装在国际标准系列的35°刀尖角的刀杆上，使车刀能加工的轮廓范围得到扩大。相似的思路还有伊斯卡多年前 QC95MT 型“变色龙”车刀，该车刀片有 4 个 80°的切削刃，推荐用于浅的端面轴肩或轴向轴肩。但这一系列的可车削轴肩，两个尺寸中有一个尺寸必须小于刀片边长的50%。

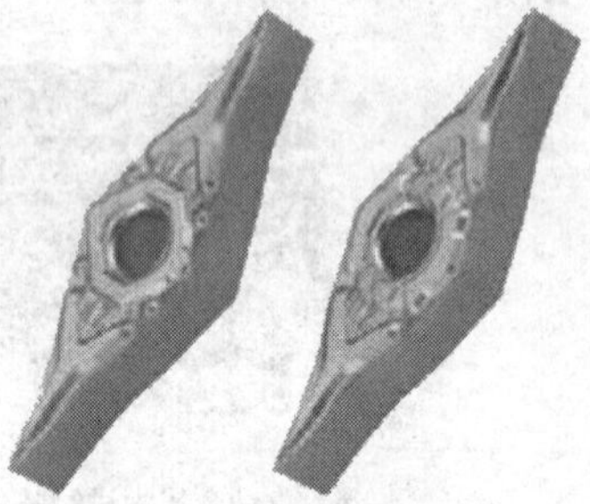

（a）ZF 形 （b）ZM 形

图 3－76 泰珂洛公司 25°刀尖角的车刀片

3.4.6 分屑槽

分屑槽也许不能作为几何角度，但通过分屑槽等结构来实现刀具性能的提升是一个不争的事实。采用分屑槽技术的创新性的刀具如图 3－77 所示。

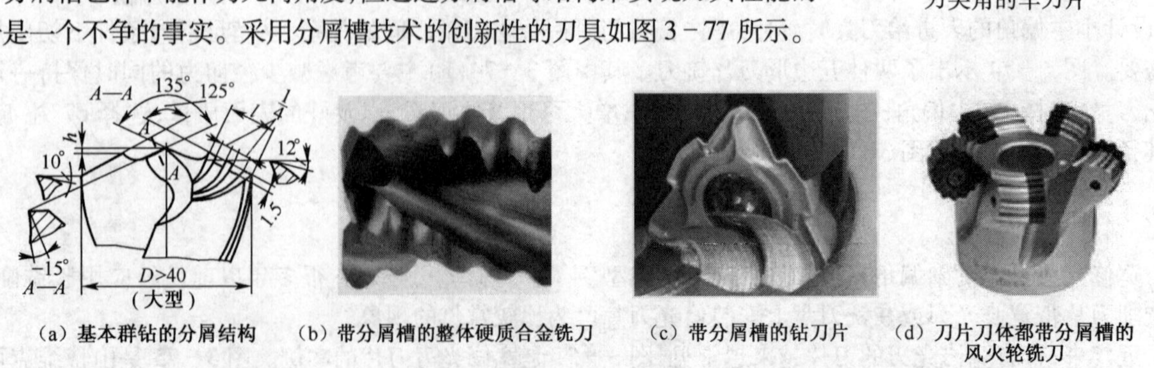

（a）基本群钻的分屑结构 （b）带分屑槽的整体硬质合金铣刀 （c）带分屑槽的钻刀片 （d）刀片刀体都带分屑槽的风火轮铣刀

图 3－77 四种带分屑槽的刀具

第4章　刀具结构设计计算

4.1　概　　述

4.1.1　刀具结构的系统学分析

按照系统学的观点，可把具有某种功能的产品如刀具看成一个系统，通过对系统的分析，把系统的总功能分解成若干个子功能，而用以完成这些子功能的要素就是该系统的子系统。如果其中某些子系统可与其他系统中的另一些子系统在功能上通用、互换，又具有一致的接口，这些子系统便可以从母系统中分离出来，形成一个个通用的子系统（即模块），这就是分解。为了满足不同的使用要求，在模块体系中选择若干模块并按照新的产品要求结合起来，会产生一个具有新功能的产品系统，这就是组合。例如，在某车床上使用刀具系统，其装上钻头作为切削模块，用钻夹头作为连接切削模块与环境（机床）的桥梁——主柄模块，就形成了钻削系统；而如果把切削模块换为丝锥，就形成了攻丝系统。对于钻削系统，由钻夹头和直柄钻头组成的系统在使用功能上与锥柄麻花钻等效。

按照系统学的观点，模块也可以分为要素模块（或称主体模块）和非要素模块。要素模块是指形成产品主体功能的模块，这类模块的功能在模块体系中处于支配地位，是必不可少的。从模块式工具系统看，一般来说主柄模块（如自动换刀工具锥柄模块、带冷却环自动换刀工具锥柄模块等）和工作模块（如面铣刀、立铣刀、槽铣刀、钻头、丝锥等）是要素模块；而中间模块（如等径过渡模块、变径过渡模块、弹簧夹头模块、装钻夹头模块等）则属于非要素模块。虽然可转位刀片对于如可转位立铣刀、可转位面铣刀等产品来说具有独立功能，但从整个工具系统来说功能并不独立，因此在组合工具系统产品时不能将可转位刀片称为模块。

与系统相似，模块体系也有层次性。以德国瓦尔特刀具公司的 NOVEX F2010 模块式面铣刀（表 4－1）为例，这一铣刀对于整个工具系统是一个工作模块，但其本身又是一个模块体系。在该铣刀系统中，刀体是连接环境与系统其他模块的主柄模块，刀垫是具有调整刀片工作角度及使刀片与刀体相适配的中间模块，刀片则是工作模块。可以这样说，工具系统对整个加工中心来说只是一个工作模块，而对诸如手动（或自动）换刀工具锥柄模块、变径过渡模块、弹簧夹头模块、面铣刀、立铣刀等模块而言又是模块体系。

表 4－1　瓦尔特刀具公司的 NOVEX F2010 模块式面铣刀

刀　体	刀垫	刀片	形式和用途
	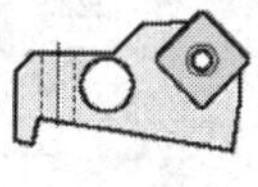	正方形 SE..12 SE..15	45°面铣刀，大的轴向前角，切削深度 6mm 和 8mm
	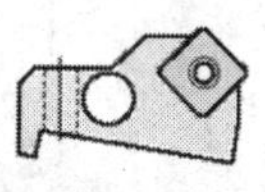	正方形 SP..12 SP..15	45°面铣刀，切削深度 7mm 和 9mm
	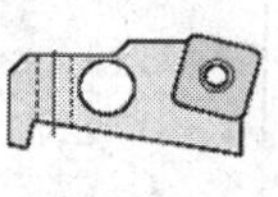	正方形 SF..12 SP..12 SP..15	75°面铣刀，切削深度 9mm、10mm 和 13mm
	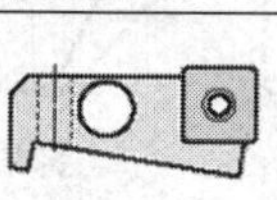	正方形 SP..12	89°45′面铣刀，切削深度 11mm

（续）

刀　体	刀垫	刀片	形式和用途
	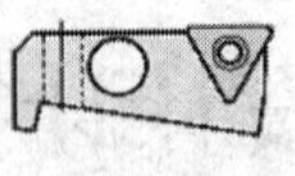	三角形刀片 TP..16 TP..22	90°面铣刀，切削深度13mm和19mm
	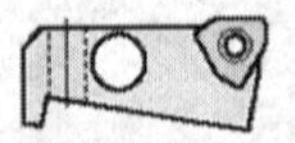	精加工刀片 P2903－2	90°面铣刀，修光刃宽度3.5mm
	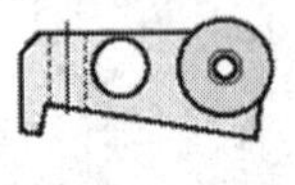	圆刀片 RD..12 RD..16 RD..20	可用于型腔加工的铣刀

整体刀具也可在某种程度上认为是模块化的，类似系统可以分为实体系统和概念系统，模块化也可以分为实体模块化和概念模块化。实体模块化是由实物为模块组成产品（系统）；而概念模块化则与此相反，一般运用模块化的概念、原理、方法、使用结构、子程序（子系统）来组成产品（系统）。例如，可将锥柄麻花钻看成由切削部分（工作模块）、过渡部分（中间模块）和莫氏锥柄（主柄模块）三部分所组成，如图4－1所示。若将主柄模块换为直柄，将组成直柄麻花钻产品。若将工作模块换为立铣刀，则将组成莫氏锥柄立铣刀产品。通过组合，可组成很多产品，如直柄麻花钻、锥柄麻花钻、锥柄插齿刀、直柄立铣刀、莫氏锥柄立铣刀、7:24锥柄立铣刀、直柄铰刀、莫氏锥柄铰刀、机用丝锥等，如图4－2所示。

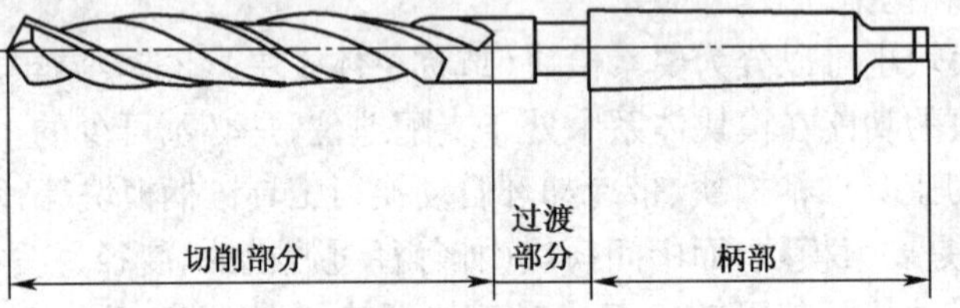

图4－1　刀具基本要素

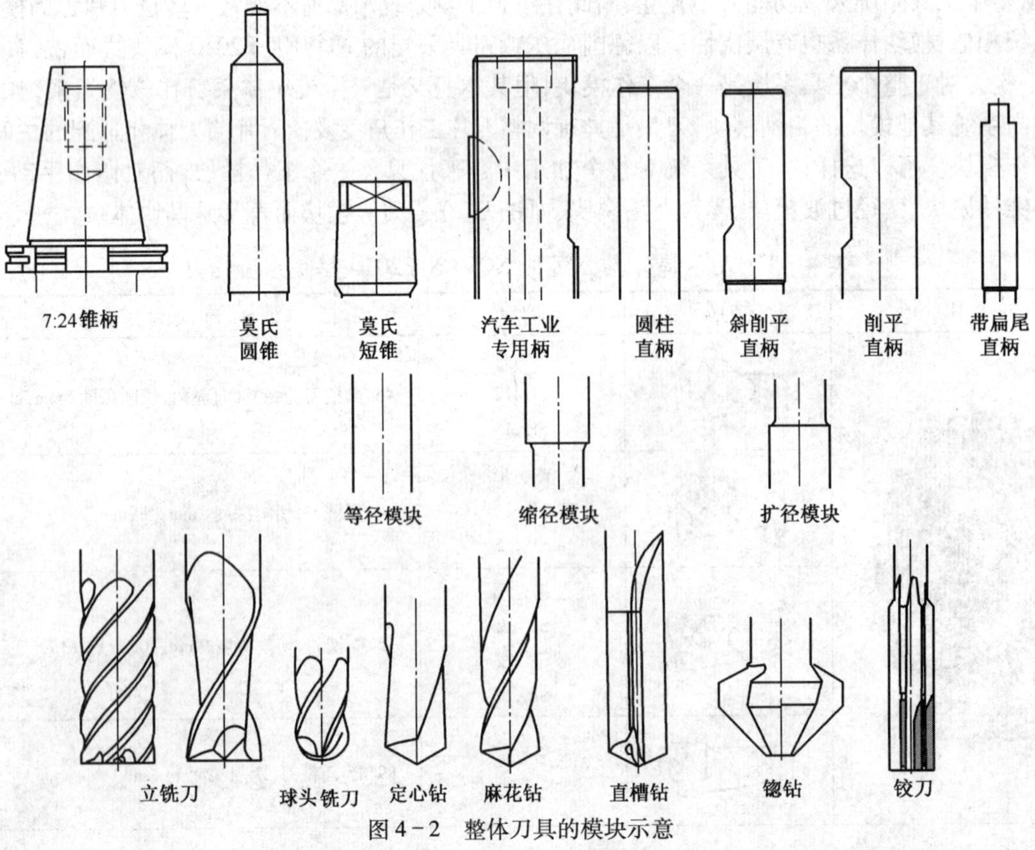

图4－2　整体刀具的模块示意

将整体产品从概念上认为是模块化的，有助于计算机辅助设计(CAD)、成组技术应用以及标准化管理。带来设计方法革命的CAD技术，一般认为必须在建立模块化产品系统的数据库(包括图形库)的基础上，才有可能调用模块在屏幕上进行更有效的设计。就刀具产品的CAD而言，在建立了切削数据库、刀具材料库、模块（包括主柄模块、中间模块、工作模块)数据、图形库、情报资料库等信息库后，可通过计算机查询和调用信息及模块，在屏幕前设计和组合产品。并且，可将CAD与计算机辅助制造(CAM)结合起来，形成计算机综合制造系统(CIM)，以达到最优的生产控制。运用成组技术，同一系列的模块形状常相似，使每变化一尺寸的刀具可减少工艺文件编制的工作量，减少加工设备、工艺装备和检测手段的更替。在标准化管理中，可对不同的模块采用不同的管理措施。如在刀具的标准化管理中，主柄模块是产品与环境的接口，其结构尺寸、技术要求(结构和功能要求)多具有一定的强制性；工作模块由于加工对象和加工条件的多样化，其结构尺寸应有较大的自由度，可用推荐性标准来加以指导，但作为功能要求的技术条件也有不少具有强制性；至于中间模块，则由于其主要起主柄模块与工作模块间的桥梁作用，除功能要求可制定一些推荐性标准外，其他可暂不制定标准。

就刀具设计而言，通常是设计整体的非装配刀具或可转位刀具、工具系统等。从刀具结构设计的思路而言，都是设计其工作部分和主柄部分为主要工作。

对于工作部分为切削刃的整体的或装配的刀具，其设计时主要考虑该部分与所加工工件的适应性，所有刀具的工作任务都主要是按照要求将多余的材料从工件上切除并达到相应要求。这种适应性一般既包括与工件材料之间的适应性，也要考虑与工件形状之间的适应性。

在工件材料的适应性方面应做到以下几点：

(1) 熟悉工件材料特性，例如，工件材料的成分和硬度，以及工件材料状况，即锻造、铸造、热轧、冷拉。

(2) 熟悉刀具材料特性，如机械性能(硬度、强度等)、物理性能(热导率、热膨胀系数)和化学稳定性。

(3) 考虑被选用的刀具材料与工件材料相互“匹配”。

(4) 既充分发挥刀具特性，较经济地满足加工要求，如加工类型（车削、铣削、钻削、镗削、铰削)、切削类型（连续、断续)、生产类型（长期运转或短期运转)。

而对于刀具的主柄部分(柄部、接口部分)，其主要结构是刀具的装夹、定位部分。在设计刀具的主柄部分时，主要考虑其与机床或刀具辅具的连接。这种连接的不仅包括形状、尺寸方面，也包括力传递、热传递、精度传递、切削液输送、信号传输等各个方面。

4.1.2　刀具结构设计的基本步骤

1. 分析加工对象

分析加工对象是刀具设计的先导性工作。合适的刀具应是有针对性地为特定的加工任务而进行的，而对加工任务进行分析无疑是设计出符合加工任务需要的刀具的一个前提条件。

应首先明确所设计刀具的应用范围。一般而言，应用范围较小的刀具针对性较强，在所针对的范围内使用效果较好，但针对面小会导致销量相对较小，可能使该刀具的制造成本较高；而应用范围较大的刀具则正好相反，其销量较大，制造成本相对较低，然而虽然能在许多场合下正常使用，但在特定场合下不理想。这就需要设计者在设计前明确设计目标，除只针对特定加工任务的定制刀具外，在应用范围和制造成本方面取得一个平衡点。

加工范围分析包括加工方式分析、加工工件材料分析、应用场所分析等。

加工方式分析包括车削、铣削、钻削或镗削等基本加工方式。

车削时切削刃通常为连续切削，这种切削方式其切削力是持续的，切削热会持续不断地产生，那么对车削刀具的切削刃材料的耐热性要求比较高，这将成为选择塑性材料工件的车刀材料尤其是粗车刀具材料的一个重要方面；铣削时切削刃通常为断续切削，这种切削方式是周期性的切削力冲击载荷，切削热也会对切削刃形成热冲击，那么对铣削刀具的切削刃材料的耐冲击性能要求比较高，而这个耐冲击性能包含耐力冲击和耐热冲击两个主要方面；钻削时切削刃通常是连续切削，排屑和散热空间也极其有限，同时考虑从钻头外缘至钻头中心的切削速度急剧变化,对钻削刀具的切削刃材料的要求就会非常复杂(钻头结构对于排屑和散热也有很大影响)。

这些不同的加工方式,使不同的刀具在结构设计上也会有很多不同。如铣刀大部分是多刃刀具,它与车刀大部分是单刃刀具不同,应考虑在结构上保证刀具各切削刃在端面或圆周方向上刃口位置的一致性。因此,在工艺难以保证切削刃一致性而刀具切削刃材料对这种一致性有较高要求时,应考虑增加切削刃位置的调整机构。又如,钻头是设计比较困难的刀具,因为其加工方式通常既要求有较大的排屑空间以提供高效率钻孔的排屑需求,又要求有较大的刀体截面尺寸以保证在高效率钻孔时它能承受较大的切削力和切削扭矩,而钻头的刀具实体径向截面与排屑空间截面之和又恒等于孔的截面积,这种矛盾的平衡会对刀具设计者在设计细节把握上形成严峻考验。

加工工件材料分析是指了解被加工工件材料的特性,如切削力的大小、切削热的大小、工件材料随切削温度和切削力的变化而产生的影响加工性能或最终零件性能的变化等。

例如,在切削力方面,切削一般铝合金的切削力约是同等条件下切削钢件的1/3,因此在设计铝合金专用铣刀或专用钻头时可在刀具材料不变的条件下减少刀体的受力面积,以腾出更大的空间用以排屑。而在设计加工硬材料的专用铣刀时,则需要减小容屑槽深度和排屑空间,增加刀具的芯部,以承受更大的切削力而保证刀具的变形在可接受范围内。

又如,在切削热方面,钛合金、镍基合金切削加工时不但会产生很高的切削热,而这些工件材料的散热性能很不理想,大量的切削热常不能被切屑带走而是传导至刀具上,致使刀具的温升增加、硬度下降。如何降低切削钛合金、镍基合金的切削热并尽可能隔绝切削热向刀具的传递,是此类刀具设计中需重要考虑的。山特维克可乐满和山高刀具公司在此类车刀方面、肯纳金属公司在此类铣刀方面都有使用了改变切削液供应方式的改进(图4-3),对此类材料刀具的设计提供了很好的范例。

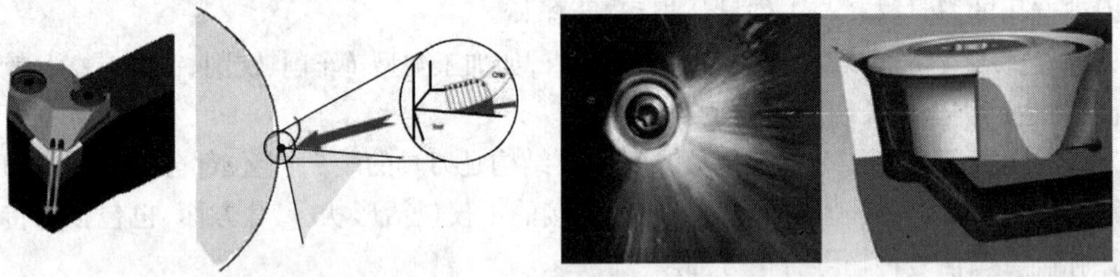

(a)山高刀具公司的Jetstream Tooling™　　(b)肯纳金属公司的Beyond Blast™ Daisyt

图4-3　两种用于难加工材料的高压冷却刀具

应用场所分析是指对该刀具具体的应用场合进行分析,研究这些应用场合中刀具面临的主要问题,从而选择使用某种刀具结构或改进现有刀具结构以符合该应用场合的特殊需要。

例如,在刚性较差的平面铣削中可以使用轴向大前角设计,因为通常大的前角可以有效降低切削力和切削功率,但在相同的刀片选择时,其向下斜坡铣削的角度就会受到更多限制,因为刀具的合成轴向后角将减少。如果选择刀片的后角更大,固然能够得到较强的向下斜坡铣能力,但刀片的楔角一定会减少而降低刀尖的强度和散热能力。因此,要根据所针对的应用场合,在设计时对其进行合理取舍。例如,在针对型腔加工的应用场合,优先选用大的向下斜坡铣能力;对于机床小功率、工艺系统低刚性的应用场合,优先选用大的轴向前角;而对于工件材料强度较低的如铝合金加工的应用场合,则优先选用小楔角的刀片,以便兼顾向下斜坡铣能力和低的切削力。

2. 分析加工工艺等要求

加工工艺要求包括加工精度要求、形状及位置误差要求、表面粗糙度要求、表面残余应力要求等。

对于加工精度要求,需要针对具体的加工条件考虑刀具结构。例如,在切削力较大时,需要考虑刀片位置是否会产生超出可接受范围的移动,刀具各部分的锁紧是否可靠等。山高刀具公司的MDT车刀底部的锯齿形,在刀片锁紧时应只有两个齿受力,而随着轴向切削力的增加,刚性相对较弱的刀体部分产生变形,接触的锯齿数就随之增加。这种结构就比较容易在大的切削力下保持较好的受力,其制造难度也会相对提高。

在精密镗削时,由于镗孔尺寸精度主要由镗刀尺寸和镗刀变形决定,镗刀调节机构成为镗刀设计的一个重要方面,而悬伸较大时镗刀的变形控制是镗刀设计的另一个重要方面。因此,在精密镗刀上除通常用行程损失换取精度提高外,导条支撑也成为一个合适的结构选择。

对于形状及位置误差的要求,刀具结构上能够产生影响的因素相对不是很多,其主要由机床的精度决定。复合刀具常是保证相对形状位置的手段之一。图4－4是玛帕公司复合刀具的案例。将一个外圆面加工、两个内圆面加工以及两个平面加工复合到同一把刀具上,其各表面之间的位置得到了很好保证,加工效率也随之提高。

一般对较高的表面粗糙度等级(较小的表面粗糙度数值)应主要考虑修光刃。车削、铣削和钻削都可以使用修光刃来提高工件加工中达到的表面粗糙度等级,但在结构设计时还应考虑使用修光刃可能带来的切削力变化。

3. 分析选择合适的刀具接口

对于大尺寸回转刀具,一般考虑直接连接机床的形式、套式和模块式工具系统3种主要方式。图4－5显示了刀具系统的选择流程。

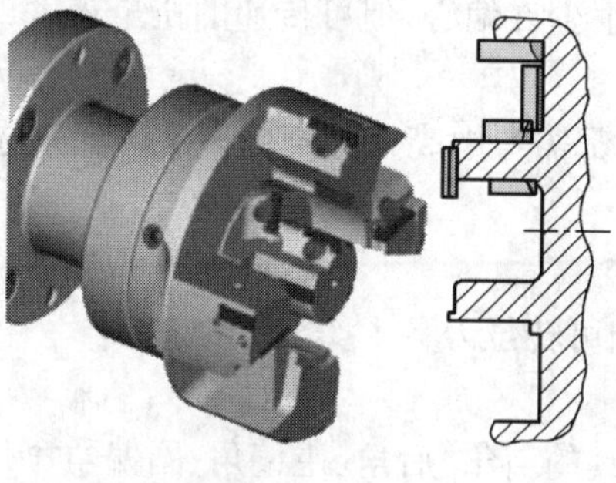

图4－4　玛帕公司的复合刀具案例

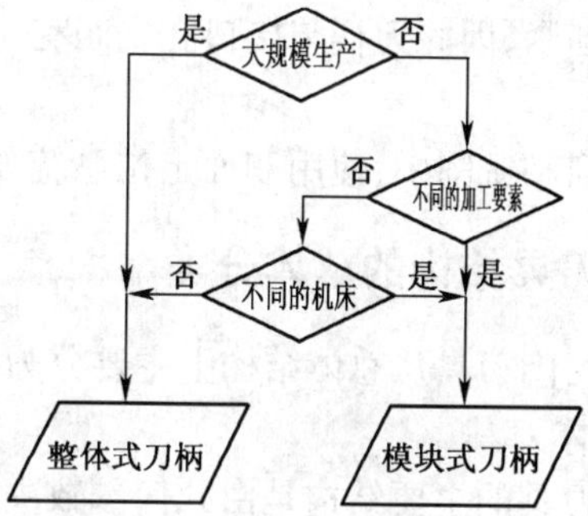

图4－5　刀具系统的选择流程

就与机床连接的模块式或整体式系统而言,各自的主要特点如下:

(1) 模块式刀柄:

① 改变刀柄长度容易;

② 在不同的主柄接口机床上互换使用刀具方便;

③ 绝大部分扩孔刀具和镗刀都采用模块式主柄。

(2) 整体式刀柄:

① 刚性好;

② 平衡性能好;

③ 单个价格低。

而套式刀具与机床主轴也有3种连接方式,如图4－6所示。

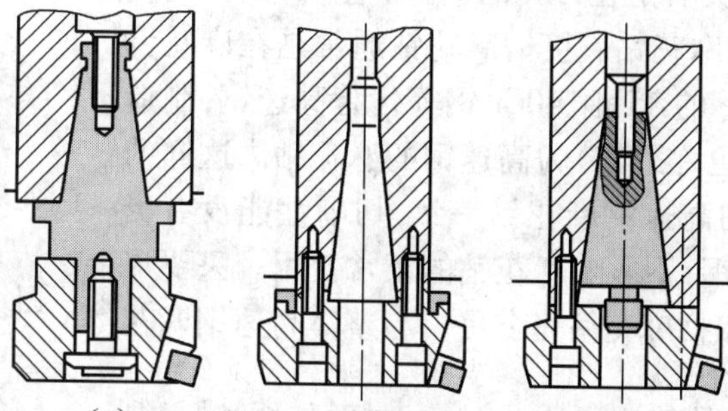

图4－6　套式刀具与机床主轴的3种连接方式

对于小尺寸的回转刀具,一般也可考虑3种主要方式,即圆柱柄、削平形圆柱柄和斜削平形圆柱柄,如图4－7所示。

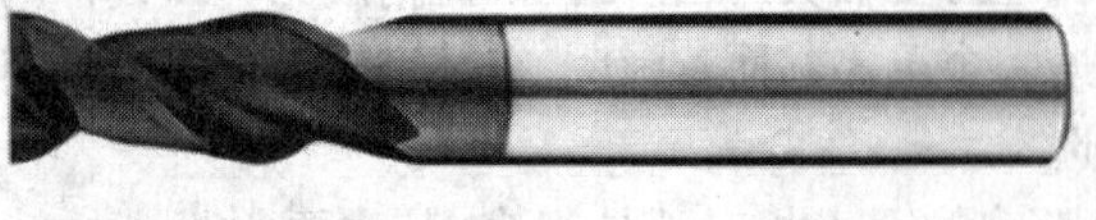

(a)圆柱柄

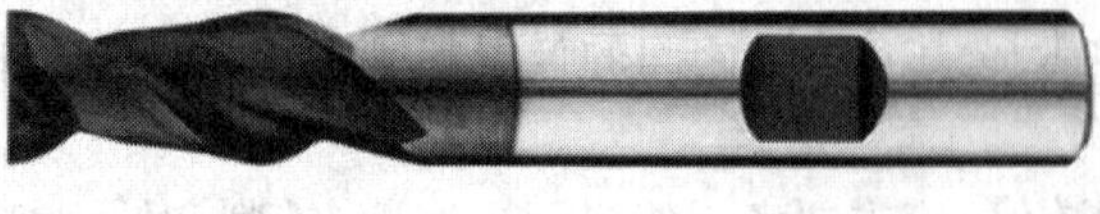

(b)削平形圆柱柄

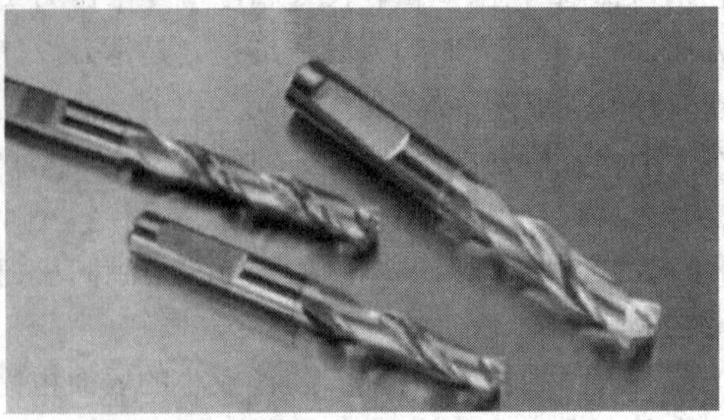

(c)斜削平形圆柱柄

图4-7 3种小形回转刀具主柄结构

在这3种刀柄中,圆柱柄需要用弹簧套、液压夹头、热缩夹头等方法夹紧,精度和极限转速都相对较高,更适合于加工余量较小,切削力和切削扭矩较小,转速较高的精加工;而削平形和斜削平形圆柱柄则通常用侧面螺钉锁紧,因此刀柄与接口孔之间有一定间隙,夹紧时会产生少许偏心,但可传递的扭矩较大,一般适应于粗加工。

在车削和铣削中,使用双面定位系统如CAPTO、KM、HSK则都需考虑高重复定位精度的优先选择。

4.1.3 刀具结构的总体分类

金属切削刀具从总体结构上主要分为整体刀具、焊接刀具和可转位刀具3类。

1. 整体刀具

整体刀具的主要结构是由几何参数决定的。当一个整体刀具的前角、后角、主偏角、副偏角、刃倾角等几何角度确定之后,也大致决定了刀具切削部分的结构。对于整体的回转类刀具,还需要确定切削刃数量、容屑槽形状等一些相对次要的参数。

2. 焊接刀具

焊接刀具主要包括如下两个子类:

(1) 焊接刃口刀具。这类焊接刀具一般仅在每个切削刃上焊接一个体积较小且不同于刀具主体(一般称为刀体)材料的切削刃材料(一般称为刀头)。这类焊接刀具一般的刀头材料价格较刀体高,或不易得到。如在钢刀体上焊接硬质合金刀头的称为硬质合金焊接刀具,在硬质合金上焊接立方氮化硼刀头的称为(焊接)立方氮化硼刀具,在钢件上焊接聚晶金刚石刀头的称为聚晶金刚石刀具(图4-8)。这类焊接刀具的焊接接触面积较小,需要充分考虑在一定切削热下切削力的大小,避免因焊接接触面积过小造成的焊接结合力不足,这样容易在使用中因脱焊造成刀具失效。因此,必要时可采取措施增加焊接接触面积(如用V形焊口或锯齿形焊口代替平直的一字形焊口),以防止使用中发生脱焊现象。

(2) 焊柄式刀具。焊柄式刀具是在刀具的柄部焊上另一种材料。焊柄式刀具的一个典型是接柄麻花钻。接柄麻花钻通常是在麻花钻柄部用价格低廉、加工工艺性好的45钢、40Cr钢等代替高速钢,制造出柄部为结构钢而工作部分(也称刃部)为高速钢的麻花钻。这样的麻花钻刃部完全与普通整体的高速钢麻花钻一致,切削性能没有影响,而柄部为价廉物美的结构钢,不影响麻花钻的正常使用。只要焊接强度足以抵抗切削的扭矩,接柄麻花钻完全可以与整体高速钢麻花钻相媲美。

图4-8 瓦尔特公司焊有金刚石刀片的复合刀具

图4-9 瓦尔特公司焊有钢制短头部的整体硬质合金刀杆

焊接式刀具的另一个典型是整体硬质合金的刀杆,如图4-9所示。整体硬质合金刀杆有很大一部分是焊有一个相对很短的钢制头部的。其原因是硬质合金的可加工性比较差,尤其是在需要加工较小直径的内螺纹时常显得非常困难。当然,由于硬质合金本身具有对裂纹扩展相当敏感的特性,因此很少在硬质合金构件上制造螺纹,一旦受到稍大的力,硬质合金上若有比较尖锐的螺纹,则很容易从螺纹的牙型底部发生裂纹扩展(尖锐的螺纹牙底就是一个裂纹源),造成螺纹构件断裂。因此,当整体硬质合金刀杆的某个头部需要有类似的构件与其他刀具构件(如小型的模块式刀头)连接时,都会焊上一个钢制的头部,将连接部分的要素安排在这个钢制的头部上。

3. 可转位刀具

相比整体刀具、焊接刀具,可转位刀具复杂,随着高速、高效、高精度、自动化在金属切削中越来越多的应用,可转位刀具获得了广泛的使用,也成为了现代切削刀具中的最重要组成部分,并且已覆盖车、铣、孔加工等多个领域。本章将主要介绍可转位刀具的结构设计计算。

可转位刀具是将可转位刀片用机械夹固的方法,定位、夹紧在刀体上的刀具。

通常,当可转位刀具的刀片其一个切削刃失效后,只要把夹紧元件松开换另一个新切削刃或一个新的刀片重新夹紧就可继续使用。刀片在转位后或更换后的切削刃在刀体位置基本不变,并具有相同的几何参数,这样就可以在不调整或简单调整后快速地继续原来的加工任务。可转位刀片除少数自夹紧品种以外,通常至少有两个预先加工好的切削刃。

相对焊接刀具与整体刀具,可转位刀具具有如下一系列技术、应用及市场优势。

(1) 刀片的材料、几何角度、断屑槽型及涂层类别等,可灵活地根据被加工工件的材料、加工参数及工况选择。

(2) 可转位刀具在切削刃基体材质相同时可承受的切削温度高于焊接刀具,有些场合甚至高于整体刀具,有利于高效率加工。

(3) 具有微调整单元的可转位刀具,能更好地适合高精度加工。

(4) 刀片具有多个切削刃、刀体可重复使用,经济性好、对环境保护有利。

(5) 刀片重定位精度高,节约换刀后的对刀时间,提高加工效率。

(6) 刀片切削性能及寿命稳定,具有较好的可靠性,适合生产线使用,易于管理,节约人力成本和管理成本。

(7) 刀片定位装夹简单,可通过附件及其设计,协助快速准确安装,实现宜人化。

(8) 适合制成复合刀具,提高加工效率。

4.2　可转位刀具基本结构

可转位刀具一般由刀体(定位单元)、可转位刀片、刀片螺钉(夹紧单元)、刀垫(定位单元)、刀垫螺钉组成。

刀体和刀片是可转位刀具的最基本构件。如图4-10所示的切槽车刀,其可转位刀具刀头是靠切削力压紧在刀体的刀片槽中。

由刀体、刀片、刀片螺钉构成的可转位刀具是结构比较简单的。图4-11(a)是瓦尔特公司的内孔车刀,图4-11(b)是山特维克可乐满的玉米铣刀。

图4-10　伊斯卡公司的一种切槽车刀

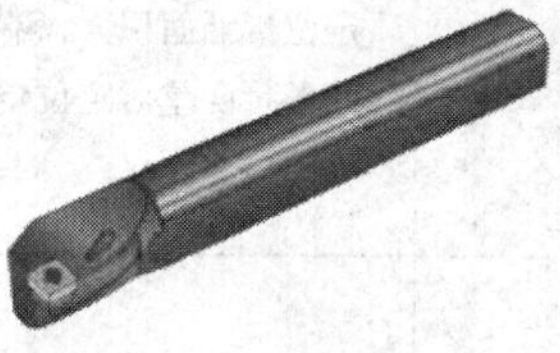

(a)内孔车刀

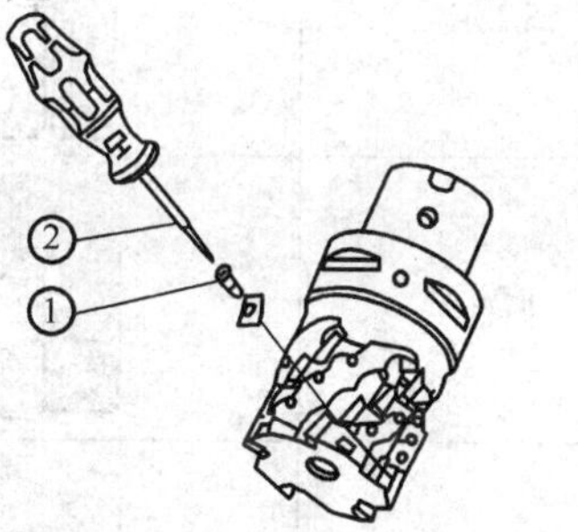

(b)玉米铣刀

图4-11　3种零件刀具

图4-12是山特维克可乐满345铣刀结构。每个零件都有其独特的功能：刀片承担切削、形成加工表面；刀垫保护刀体，确定切削刃位置；夹紧元件夹紧刀片和刀垫；刀体是其他零件的载体，完成刀具与机床的连接。

用于安装可转位刀片的刀片槽是可转位刀具不可或缺的要素。图4-13是典型可转位刀片槽的简要示意，图中有一个平行于刀片静止参考系中基面的底定位面，这种底定位面可以是一个平面（图4-13），可以是一个环形凸台面，也可以是3个或更多的凸台。图4-13中另有两个侧定位面，也有在侧定位上一个或两个凸台来替代侧定位面。但如两个侧定位面均用凸台替代，那么至少有一个（主侧定位面）是两个凸台。

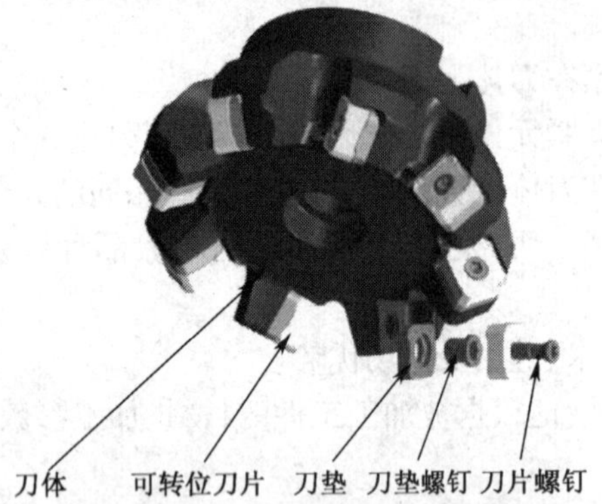

图4-12 可转位刀具一般结构

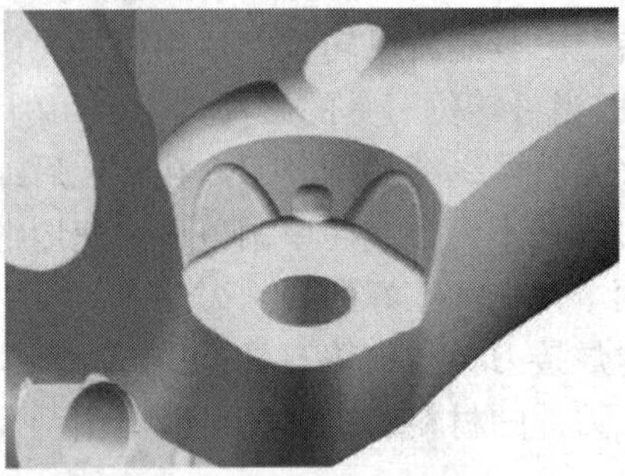
图4-13 典型可转位刀片槽简要示意

可转位刀片在刀体上的定位，应使刀片在转换新的切削刃时还能保持切削刃原有的位置尺寸和几何参数。常规车、铣刀片常用侧面定位方式，而切槽刀具常用顶底面定位方式。可转位刀片的夹紧也常与定位有关。

可转位刀片定位和夹紧方式的基本要求如下：

(1) 刀片定位准确，刀片转位或更换方便、迅速。

(2) 刀片的夹紧力方向应尽可能与切削力方向一致，并应将刀片推向定位支撑面，以利于定位和夹紧可靠，在切削过程中不能产生松动或使刀尖位置发生变化。

(3) 夹紧力不宜过大且应分布均匀，以免使刀片产生裂纹影响刀片的正常使用甚至压碎。

(4) 夹紧机构应力求紧凑，尽可能无外露件（以形成断屑结构的外露除外），以利于切屑和切削液流动畅通，便于断屑。

(5) 制造工艺性好，即刀体及其元件的制造质量容易得到有效控制，有利于采用先进制造工艺方法稳定生产刀体及其元件。

车、铣刀片常用的侧面定位方式及特点见表4-2。

表4-2 车、铣刀片常用的侧面定位方式及特点

方式	示意图	特点
三点定位	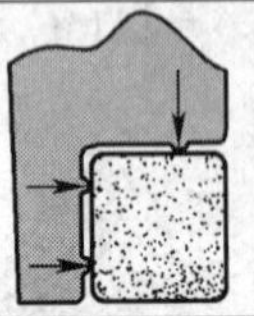	可减少刀片及刀片槽制造误差对刀片定位精度的影响。装夹刀片时，切屑及杂物也不易嵌在定位点上，定位精度高，但在切削载荷较大时，易使切削刃位置发生变化，定位精度保持时间较短
面定位	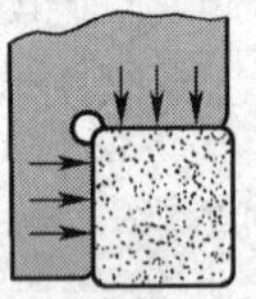	定位接触面积大，载荷分散，支撑稳定，定位精度保持时间较长。但刀片槽及刀片的形状误差对定位精度影响较大，需要有工艺保证刀片槽在成品时的准确位置及尺寸形状
点面定位	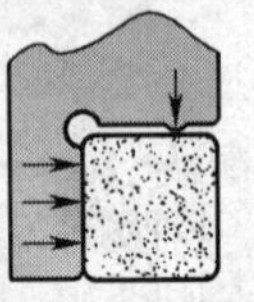	介于上面三点定位和面定位两种方式之间。选用时，一般在预计承受切削载荷大的方向上采用面接触定位

图4－14是瓦尔特公司的F2146铣刀示意。这种铣刀使用了无孔的可转位刀片，通过压块压紧刀片。它可以通过由两段偏心圆柱组成的调节销对刀座的轴向位置进行调整。

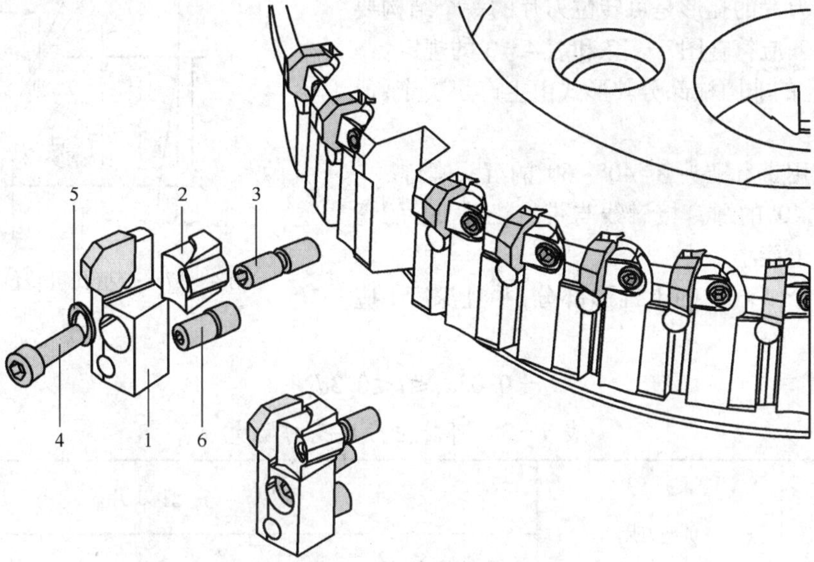

图4－14　瓦尔特公司的F2146铣刀示意

1—刀座；2—刀片压块；3—压紧螺钉；4—刀座锁紧螺钉；5—垫圈；6—调节销。

4.3　可转位刀片

根据不同的部位特性可转位刀片的结构分类如下：

（1）根据可转位刀片是否具有后角，分为负型刀片和正型刀片两类。负型刀片需要区分只可单面切削，还是双面均可切削。关于负型刀片、正型刀片的区分及各自的特点见4.2节“各种刀具类型几何参数的特点和识别”，这里不再叙述。

（2）根据是否带压紧孔，分为带孔刀片与无孔刀片两类，如图4－15所示。

（3）根据刀片的安装方向，分为平装刀片和立装刀片两类，如图4－16所示。

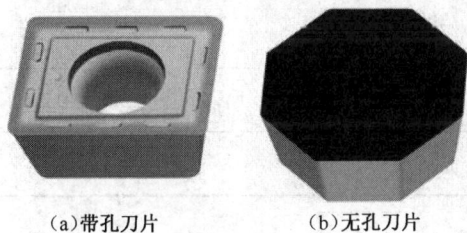

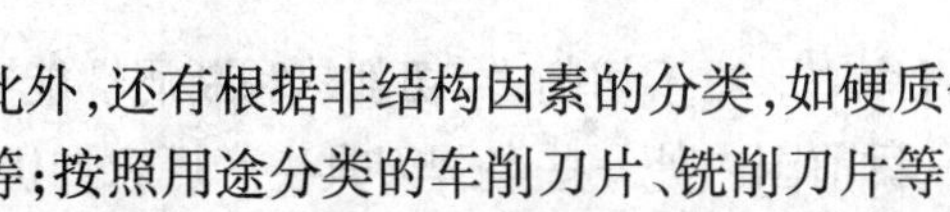

（a）带孔刀片　（b）无孔刀片

图4－15　带孔刀片与无孔刀片

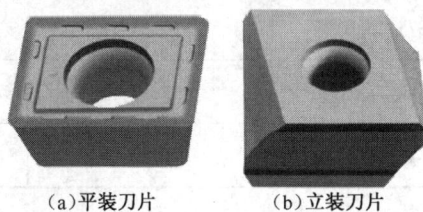

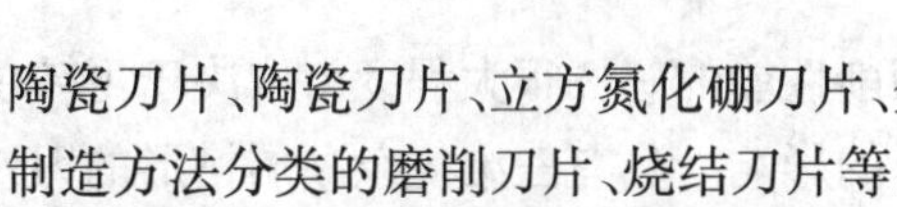

（a）平装刀片　（b）立装刀片

图4－16　平装刀片和立装刀片

此外，还有根据非结构因素的分类，如硬质合金刀片、金属陶瓷刀片、陶瓷刀片、立方氮化硼刀片、金刚石刀片等；按照用途分类的车削刀片、铣削刀片等；按照刀片周刃制造方法分类的磨削刀片、烧结刀片等。

由于各种分类对于单个刀片几乎都可以进行，因此一个相对完整的刀片名称描述应完整地包括上述各个分类，如正型带孔平装硬质合金烧结车削刀片。

在这些基础上，国际标准的可转位刀片描述中还包括以下两项内容：

（1）带孔刀片的孔形和槽形，例如，是圆柱孔，还是一面带锥孔或两面带锥孔，锥孔的全锥角的角度；刀片前刀面是否带槽，是一面带槽或两面带槽。

（2）刀片边长、刀片厚度、刀尖圆角半径或修光刃角度、切削方向、切削刃的刃形特征、陶瓷刀具或立方氮化硼刀具负倒棱的角度和宽度等。

4.3.1 可转位刀具的孔形

带沉孔可转位刀片的孔形是可转位刀片的一个结构要素。其形状尺寸一般应符合图 4-17 和表 4-3 的规定。

一般来说,沉孔的非圆柱部分其形式由生产厂决定,但必须满足下述要求:

(1) 必须能使用带有锥头 $\beta=40°\sim60°$ 的沉头螺钉。

(2) 带有锥头 40°的螺钉接触线与带有锥头 60°的螺钉接触线之距应尽可能小。

(3) 孔应有一个 $\phi>65°$ 的上锥形部分,并且深度 t 应满足:

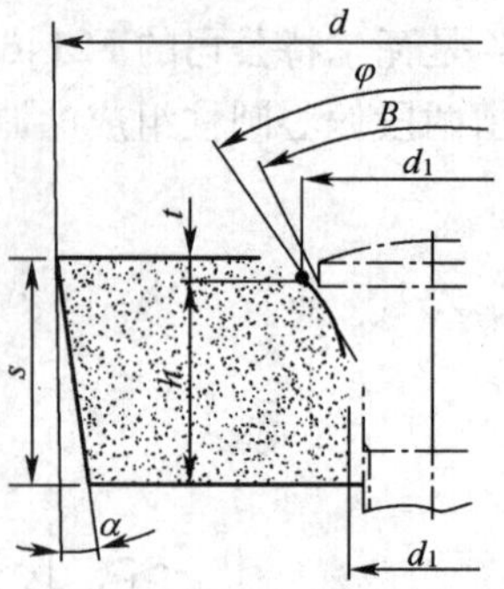

图 4-17 带沉孔可转位刀片的孔形

$$0.05d_1 \leqslant t \leqslant 0.3d_1$$

表 4-3 可转位刀片孔的尺寸

内切圆基本尺寸 d	负型刀片	正型刀片		
		通孔尺寸 d_1	d_2	使用螺钉
3.97	—	2.2		M2
4.76	—	2.2/2.5		M2/M2.2
5.56(6.0)	—	2.5	3.3	M2.2
6.35	—	2.8	3.75	M2.5
7.94(8.0)	—	3.4	4.5	M3
9.525(10.0)	3.81	4.4	6	M4
12.7(12.0)	5.16	5.5	7.5	M5
15.875(16.0)	6.35			
19.05(20.0)	7.93	6.5	9	M6
25.4(25.0)	9.12	8.6	12	M8

4.3.2 可转位刀片的槽形

切削性能的好坏很大程度上取决于可转位刀片的设计,刀片槽形对于切削力、切削热和断屑性能有着极为重要的影响。具有三维复杂断屑槽形的刀片应用日益广泛,目前国内外一些名牌刀具生产厂家如伊斯卡、山特维克可乐满、山高刀具、肯纳金属、瓦尔特、三菱综合材料、株洲钻石等公司都已生产出具有三维复杂槽形的刀片。

刀具槽形在很大程度上决定了切削过程。刀具槽形专为切削各种工件材料而设计,它能够以平衡的方式形成切屑,并且还可提供坚固的切削刃,以将切屑断裂成可管理的形状。大多数可转位刀片具有组合断屑器,以适应圆角处的轻载切削及沿切削刃作用的大切削深度加工。每一种槽形都是专为覆盖推荐的进给和切削深度范围而设计的。

就槽形设计而言,可以按用途通常分为精加工、半精加工和粗加工用断屑槽。粗加工车削槽形对应具有较大进给和切削深度的应用范围。精加工刀片槽形对应具有较小进给和切削深度的应用范围。通用刀片槽形则可能覆盖了较大的应用范围，以适用于多种加工过程，例如，用于精加工时使用刀片圆角处的槽形，粗加工时则使用相对长的主切削刃部分；但这样的通用刀片也经常难以避免在某一个区间段（如某些半精加工）无法很好地适应加工需求。

可转位刀片的刀片槽具有以下功能。

(1) 控制切屑的流向、卷曲和折断。车削刀片的刀片槽主要用于断屑，因此常称为断屑槽。良好的断屑槽应能较好地控制切屑的流向和卷曲，使其折断成容易处理的切屑，如C形或9字形，这是断屑槽最基本的，也是最重要的功能。

连续切削的车削刀具需要前刀面槽形的断屑功能。

在金属切削的早期阶段，切削刀具是没有断屑槽的。平刀面刀片在连续切削条件下往往产生“月牙洼”，“月牙洼”对切屑形态产生很大影响。由此人们受到启发，开始研究控制切屑的方法。如果切屑过长不断屑，切屑将会缠绕在工件、刀具或夹具上，妨碍工件的定位和夹紧，降低已加工表面质量；使刀具早期磨损和破损，甚至会影响操作者的安全，有时不得不停车清理切屑，大大降低了生产率。此外，长而乱的切屑也不便于机床自动排屑系统的排出和运输。如果切屑断得过碎，断屑方法或参数选择不当，则切屑将会四处飞散和堆积，引起切削振动和刀具的早期破损，也会降低加工质量。对于粗加工来说，切屑宽而厚，如果不断屑，对机床、刀具、夹具及工人的危害更大。

研究表明，切屑折断的方式主要有工件阻碍、螺旋形、后刀面阻碍、横向卷曲形等，如图4－18所示。

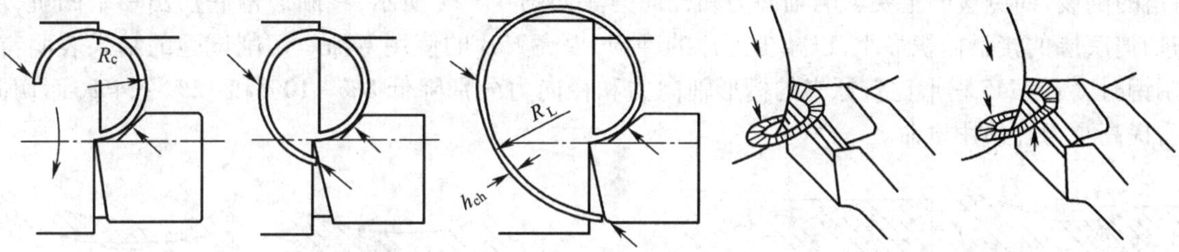

(a) 切屑流出　(b) 后刀面阻碍　(c) 切屑折断　(d) 横向卷曲

图4－18　切屑折断示意图

切屑折断的条件主要依据材料力学的两类断裂强度，一旦脆性材料切屑上的应力超过材料所能承受的最大应力，或塑性材料切屑上的应变超过材料所能承受的最大应变，切屑就会折断。因此，人为断屑的主要思路是，使切屑在流出过程中增加额外的阻挡，造成附加的弯曲、卷曲变形。

依据这些原理，人们用各种方式来进行切屑控制。应用不同的方法，在刀具上制造出来的断屑槽或外加在刀具上的断屑构件统称为断屑器。不同的断屑器通常由不同尺寸以及不同角度平面和曲面构成。在纵车和车端面中基本保持在某一恒定的应用范围，而在切削深度和进给率发生变化的仿形车削工序中断屑器工作位置可能是刀片应用范围内的几个点或全部应用范围，此时组合断屑器可提供良好的断屑性能。影响刀片槽形选择的其他因素包括间断切削、振动趋势和机床功率等。图4－19示出了简单形状的二维断屑槽。

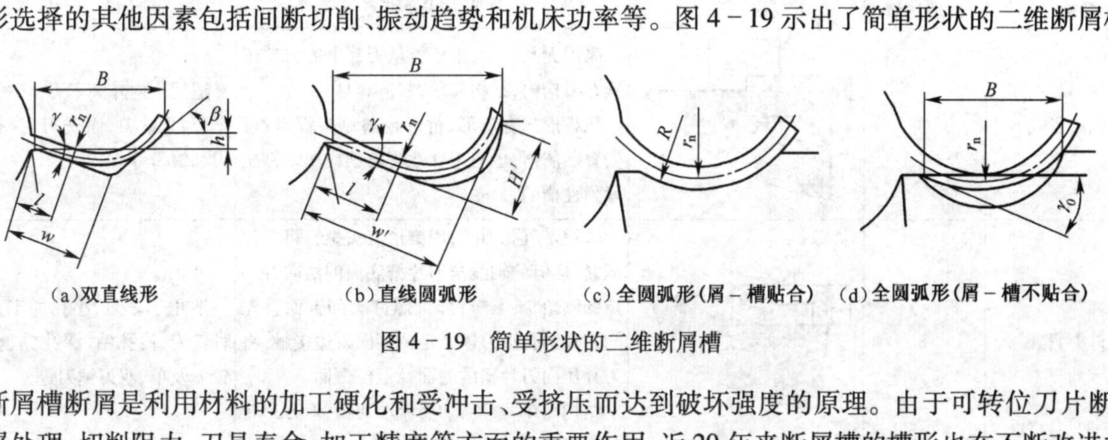

(a) 双直线形　(b) 直线圆弧形　(c) 全圆弧形（屑－槽贴合）　(d) 全圆弧形（屑－槽不贴合）

图4－19　简单形状的二维断屑槽

断屑槽断屑是利用材料的加工硬化和受冲击、受挤压而达到破坏强度的原理。由于可转位刀片断屑槽对切屑处理、切削阻力、刀具寿命、加工精度等方面的重要作用，近20年来断屑槽的槽形也在不断改进之中，相继开发了具有直线刃、折线刃、曲线刃与曲面形、多面形凸起/凹坑形等型面相结合的断屑槽，槽形曲面变得越来越复杂，其断屑性能也随之不断改进。研制新型断屑槽形是开发新型刀片、改善刀片切削性能的有效途径之一。

（2）降低切削力，减少功率损耗。

（3）减少刀具的磨损，增加刀具的耐用度和可靠性。断屑槽的几何形状会影响刀具的损坏模式，合理的槽形可以防止或延迟前刀面“月牙洼”的产生，使得刀具的损坏模式从很难预测的破损型转变为较易监测的磨损型。

（4）提高加工工件的表面质量。良好的槽形可以控制切屑的流向，使切屑不易划伤工件的已加工表面，提高工件的表面质量，并保证工件加工尺寸的一致。

（5）减轻机床和工件的振动。断屑槽可以使切屑可靠、稳定地折断，使切削加工中的振动相对平稳一些。

（6）降低切削温度。断屑槽的使用使刀具的实际前角增大，切屑与刀具前刀面的摩擦减小，从而减少了切削过程中产生的热量。对涂层刀具来说，降低切削温度能大大延长涂层的使用寿命。

以下是山高刀具对其 M5 型断屑槽进行改进设计的实例。

图 4-20 为改进前后的断屑槽槽形。改进设计的要点是采用负倒棱和凹坑组合的断屑槽槽形。因为在切削过程中，切屑从刀具前刀面流出时，切屑底层与断屑槽的槽底发生强烈摩擦，产生大量热，切削热不断地从切屑传递到刀片，使刀片产生磨损。可以看到，改进后（图 4-20(b)）比改进前（图 4-20(a)）增加了一个 5°正前角的倒棱，而倒棱的主要影响轴向力和径向力。如图 4-21 所示，在断屑槽底切出一个凹坑，可以使刀片与切屑底层的接触面积最小，以减少刀片的磨损，提高刀片的使用寿命。切削试验的结果表明：在切削钢、不锈钢时，新的 M5 槽形比较原来的槽形轴向力和径向力分别降低 8%~10%和 12%~14%，而切向力基本不变，提高了刀片使用寿命。

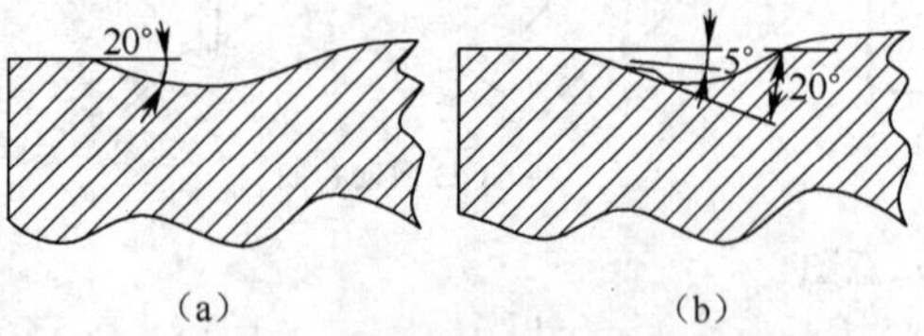

图 4-20 M5 槽形改进前后槽形剖面

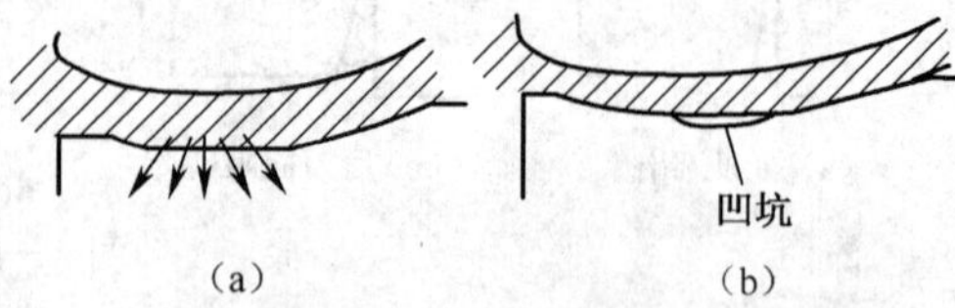

图 4-21 M5 槽形改进前后刀—屑接触示意

4.3.3 可转位刀片的定位夹紧结构

可转位刀片的定位夹紧结构主要有四种。其中一种主要用于无孔的可转位刀片，而另外 3 种用于带孔的可转位刀片（表 4-4）。

表 4-4 可转位刀片的夹紧方式、特点及应用

名称	标准代号	简 图	夹紧方式及特点	应 用
上压夹紧式	C	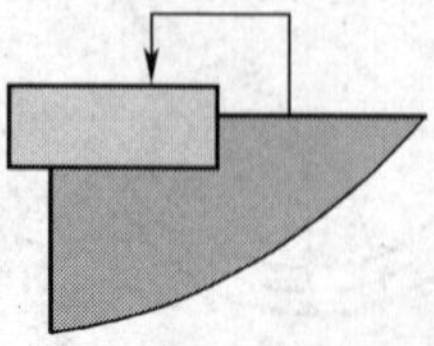	采用无孔刀片，由压板从刀片上方将其压紧在刀槽内，结构简单，制造容易； 压板形式有爪形、桥形或蘑菇头螺钉；可安置断屑器，也有用弹性槽自锁或用螺钉压紧弹性槽的	适用于内外圆车刀、切槽和割断车刀、立铣刀、面铣刀、深孔钻、铰刀和镗刀等
螺钉夹紧式	S	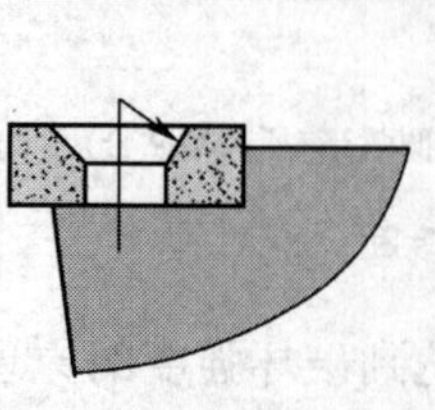	采用带沉孔刀片，用锥形沉头螺钉将刀片压紧，螺钉的轴线与刀片槽底面的法向有一定的倾角，旋紧螺钉时，螺钉头部锥面首先与刀片锥孔近刀体上定位侧面一边接触，将刀片压向刀片槽的底面及定位侧面。 结构简单、紧凑，切屑流动通畅；但刀片转位性能稍差	适用于车刀、小孔加工刀具、各种铣刀、浅孔钻、深孔钻、套料钻、铰刀及单、双刃镗刀等

（续）

名称	标准代号	简　图	夹紧方式及特点	应　用
孔侧锁紧式	P	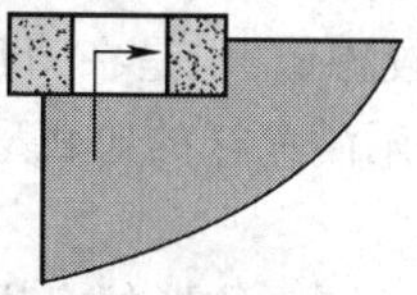	采用带圆柱孔无后角刀片，利用刀片孔将刀片夹紧。 销钉式多用偏心夹紧，结构简单、紧凑，便于制造，一般适用于中小型车刀。 杠杆式夹紧力较大，稳定性好，刀片转位方便，切屑流畅；但制造较困难	适用于车刀、可转位单刃镗刀、模块式镗刀夹
锲销联合锁紧式	M	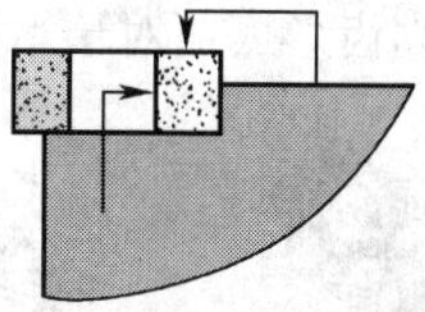	采用圆柱孔刀片，上压式与螺钉或销钉联合夹紧刀片。 顶部的压紧在刀尖承受切削力时防止刀片翘起。 夹紧可靠，可安置断屑器；但这种设计所用的零件比较多	适于仿形车削
钩销复合锁紧式	P	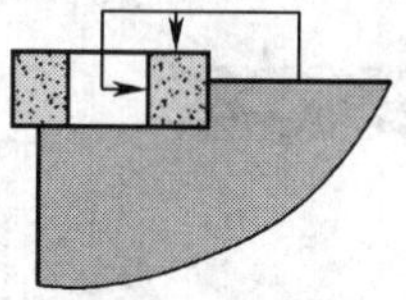	采用圆柱孔刀片，采用一体式钩销同时在孔壁和刀片顶部施力夹紧刀片。 夹紧非常可靠	适用于重型切削

而某些可转位刀片，尤其是使用时受力条件通常比较恶劣的刀片，常会设计不同的定位夹紧结构；而普通的可转位刀片的定位面大多是平面，夹紧面则为平面、圆柱面、圆锥面等。

切槽刀片大部分都有这样的定位夹紧结构。图4－22是山特维克可乐满的切槽车刀示意图。从图4－22(a)可以看到，切槽车刀刀片的上下两面均有凹槽，而刀体的上下均为凸起，这样在进行轴向车削及切槽时，可防止刀片受侧向力而在刀片槽内移动。图4－22(b)则是其切槽刀片的示意。图4－22(c)表明了两种夹紧方式，在刀片宽度窄于3mm时采用V形夹紧方式，而在大于4mm时则采用导轨形夹紧方式。

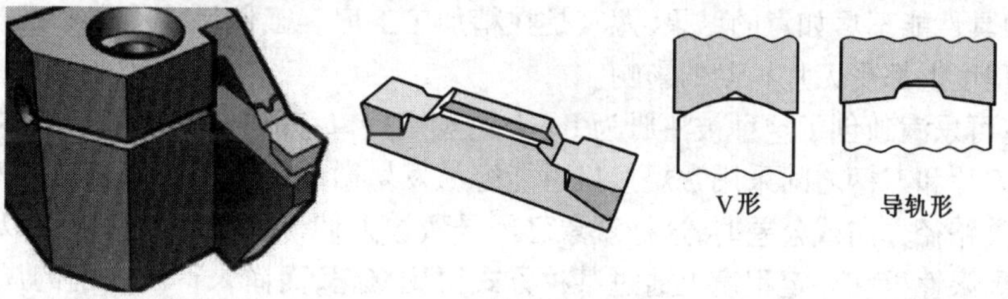

(a)切槽刀具外观　(b)切槽刀片示意　(c)夹紧方式

图4－22　山特维克可乐满的切槽车刀定位夹紧结构

肯纳金属公司的切槽车刀刀片也有多种方式，图4－23是其A4槽刀。从图中可以看出，A4槽刀刀片是刀片的上下两个面都有凸起，而刀杆的两个相应的接触面则是内凹的。这一点与山特维克可乐满的设计正好相反，这说明两家的设计思路非常类似，但在选择具体结构时有不同考虑。从V形结合而言，山特维克可乐满的刀片内凹在加工工艺上可能稍有不便，但其导轨形的接触面应在受力方面有更大优势。

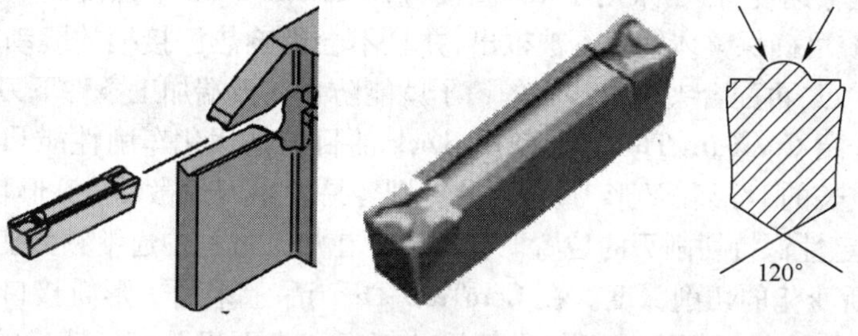

(a)A4槽刀　(b)A4槽刀刀片　(c)夹紧受力

图4－23　肯纳金属公司的A4槽刀

肯纳金属公司切槽车刀的另一种定位夹紧机构称为“TOP NOTCH”，直译为“顶部开槽”。该结构刀具在刀片顶部和底部都开了斜向槽，用于夹紧。这种倾斜的凸形桥式压板在刀片顶部的槽中形成向下力、侧向力和向后力，共3个方向的锁紧力，能有效抵住侧面推力和轴向力。

伊斯卡公司的切槽刀与山特维克可乐满公司的切槽刀比较相似，也是在刀片上下两个面都以内凹处理（图4－25）。但是，伊斯卡公司的这种结构并没有山特维克可乐满那样的导轨型，而是在刀片上下两面都使用V形的内凹。

山高刀具公司的多向车刀（MDT）实际上也是一种可轴向、径向、仿形的多用途刀具（图4－26），其刀片在用途上与肯纳金属公司的A4车刀、伊斯卡公司的HeliFace非常类似。山高刀具公司的MDT车刀片在顶部安排了V形凹槽，在底部安排了iLock的锯齿形底面，这种锯齿形底面对于承受横向切削力非常有利。

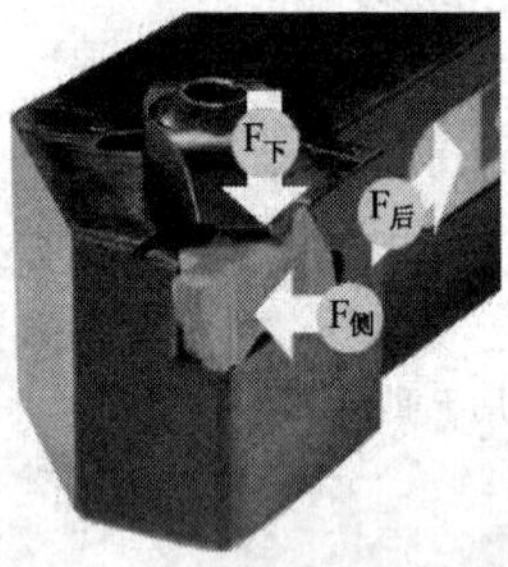

图4－24　肯纳金属公司的TOP NOTCH

(a)刀杆　(b)刀片

图4－25　伊斯卡公司HeliFace切槽刀具

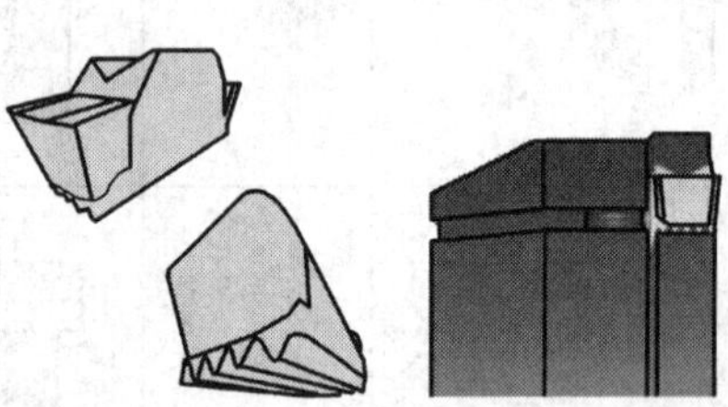

图4－26　山高刀具公司的多向车刀

另一类特别的刀片定位夹紧技术当属山特维克可乐满推出的iLock技术，这种技术既在车刀上使用，也在铣刀上使用。

车削工序往往涉及不同的刀具路径，这给刀片造成额外的侧向切削力，使刀片有可能在刀片槽中发生极其轻微的晃动（也称微动）。这些微动很小，往往仅限于微米级，但如果微动不断重复且使切削刃处于不当位置，就可能造成刀具性能不尽如意的结果，尤其是在精加工工序。工件尺寸精度不准、刀具寿命下降和切屑控制不良在一定程度上都受刀片晃动的影响。

为此，山特维克可乐满独创了这种被注册为iLock的锁定接口，其研制是为了从根本上攻克刀片不稳定这一难题。可转位刀片和刀柄之间采用常规接口可能容易发生微动以及支撑点变形。对于精密的精加工，尤其是涉及改变刀具路径方向或公差时，这种现象已经导致被人们识别的加工局限性以及尚未得到识别的局限性。被识别的局限性再在一定程度上通过某种方式得到修正，而尚未得到识别的局限性直到现在仍被视为不可避免的。

山特维克可乐满建立的iLock是一个广泛的接口概念，已应用于对刀片微动敏感的场合。图4－27示出了iLock技术的刀具。在图4－27(a)的左方，是使用CoroTurn TR进行仿形铣加工，T形轨设计可预防可能影响尺寸精度和表面粗糙度的微动；右方的CoroThread 266让刀杆与刀片夹紧更紧固，使其16mm的刀片适用于绝大部分常规螺纹切削，并确保高精度的加工和更少的走刀次数。在4－27(b)的左方CoroMill 790带有锯齿形刀片定位，为铝和其他非铁金属的高速加工性能而设计；右方的CoroMill Century的iLock接口则是因为该铣刀设计用于高主轴速度，由于采用了iLock接口，CoroMill Century在设计上具有高速加工安全性。而图4－27(c)所示的系统可确保整体铣刀不被拉出，并且不会影响热涨接柄的跳动精度，通过螺旋槽将刀具压入刀柄即可实现这一点，再配合夹头中各自的销子就能防止在极端加工条件下刀具从刀柄中被拉出。

山特维克可乐满在介绍CoroTurn TR时说，使用iLock的目的是优化车削性能和结果。他们认为，仿形铣工序通常使用切削刃较长的D形和V形刀片，因此特别容易发生刀片微动。T形轨设计将刀片准确固定在刀片槽上，并以高度稳定性保持切削刃的位置。仿形刀片在加工过程中通常频繁变换刀具路径的方向，并且在车削过程中应对不断变化的切削深度。在CoroTurn TR产品上采用T形轨接口以确保不会发生微动，因为这类微动甚至可能会影响经过精密加工的零件尺寸精度和表面粗糙度。精确的T形轨在靠近切削刃下方位置与刀片接合，刀片夹紧螺丝的任务是往下压刀片并将其紧靠T形轨。

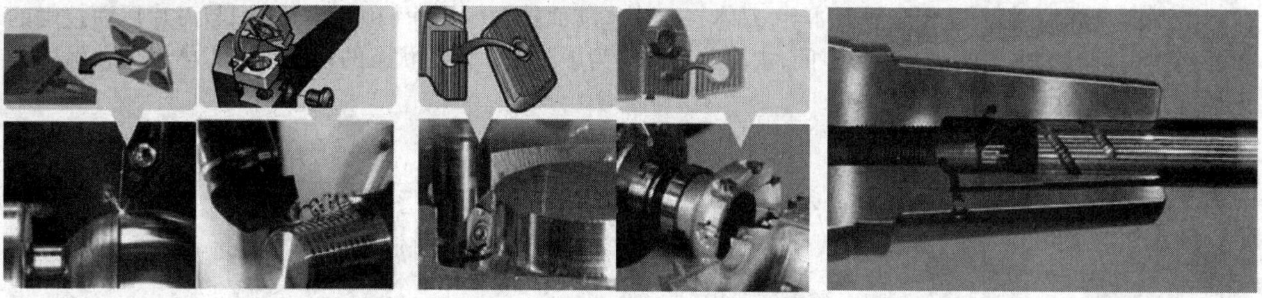

(a)车削刀具　(b)铣削刀具　(c)整体铣刀

图4－27　iLock技术的刀具

而在介绍CoroMill Century时,山特维克可乐满强调了该铣刀特别适用于高速加工,并认为,随着主轴速度上升到高速加工,以及质量一致性对生产变得更为关键,将刀片定位并锁定在铣刀中正变得越来越重要。面对这两个方面的挑战,刀片夹紧的安全性和精确性对达到令人满意的性能起着关键作用。还认为铣刀的径向跳动影响刀具平衡,这一点随着切削速度/主轴速度的提高而变得日益重要。刀具平衡是进行高速加工的前提,因为即使少量跳动也会影响性能和安全性。因此,一项基本要求是:通过设计使刀具达到平衡、跳动降到最低,以及其准确定位和刀片夹紧能力。这种锁定刀片使之完全无法跳动,从而保障这些工序的安全性。

有些小直径的内孔刀具也将定位锁紧结构设计在刀头上,这些刀头只能更换不能转位,其定位多采用端面键形式(图4－28)或小螺纹头形式。

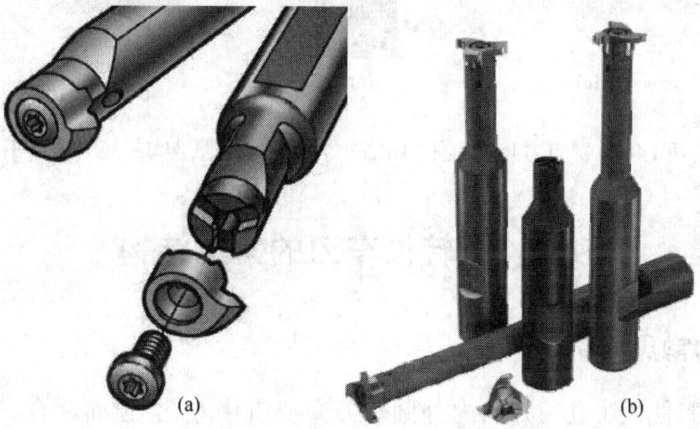

(a)　(b)

图4－28　小直径内孔加工用的车刀和铣刀

4.3.4　刀片刃口的保护设计

对于一些切削力比较大的无孔刀片,为了确保其定位和夹紧的稳定性,在刀片的压紧面上增加一些凹陷(图4－29),使刀杆的夹紧部件能够通过压在这种凹陷中来增加刀片夹持的稳定性。

对于可转位刀具,由于刀片具有多个刃口,因此必须采取措施在刃口未使用前受损伤。

图4－30示出了车削中常用的双面负型刀片的基准面与刀尖位置。之所以两个刀尖间的尺寸小于两个基准面之间的尺寸,是因为在刀片使用时,未在使用状态的那一面刀尖不要碰到刀片槽上刀片基准面接触的那个平面,以防止刃口损伤。

当然,这不是所有双面负型刀片的唯一选择,在设计双面负型刀片的基准面与刀尖之间关系时,也可以使两者一致甚至是刀尖间尺寸大于基准面之间的尺寸。但这种设计必须在刀体上加以考虑,对未在使用状态的那些切削刃的保护是必须考虑的。图4－31是瓦尔特刀具公司的F4033铣刀刀片与刀体(局部)。从刀片的侧面图上可以看出,刀片上刀尖高于基准面(基准面由在刀片正视图上圆孔与切削刃间的4个呈三角形的平面组成)。但是在相应的刀体上,刀体与刀片基准面接触的平面(称为底面)和与刀片后面接触的平面(称为侧面)之间去除了圆柱形空间,去除的空间是为了防止非使用状态的切削刃与刀体发生接触造成无谓的损坏。

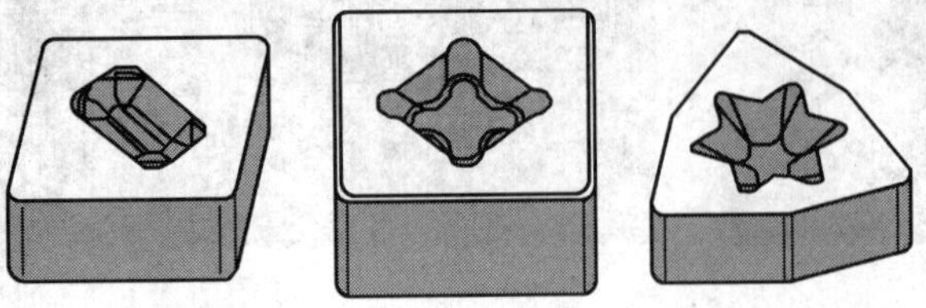

(a)CN (b)SN (c)WN

图 4-29 肯纳金属公司带锁紧凹陷的无孔刀片

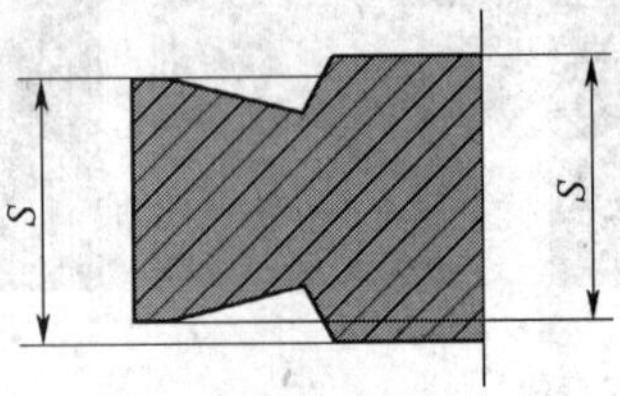

图 4-30 双面负型刀片的基准面与刀尖位置

图 4-32 是伊斯卡刀具公司的 HeliTurn 车刀。该车刀刀片的切削刃为螺旋线。为了有效地保护非使用状态的切削刃,该车刀使用了特殊的刀垫,在刀片上构成基准面的 3 个小的圆形平面的相应位置做出 3 个小圆台以实现接触,同时支起一个微小的距离以防止切削刃的损坏。

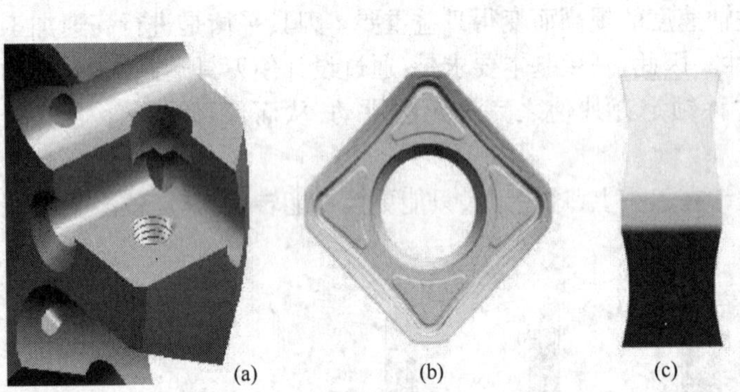

(a) (b) (c)

图 4-31 瓦尔特刀具公司 F4033 铣刀刀片与刀体(局部)

(a) (b)

图 4-32 伊斯卡公司的 HeliTurn 车刀

4.4 可转位车刀的常见结构

4.4.1 内外圆车刀的常见结构

在常见的规格范围内,使用带孔刀片的内外圆车刀主要有中心孔-顶面联合式(M 式)、曲柄杠杆式(P 式)、螺钉式(S 式)和钩销式(D 式)4 种夹紧方式。而无孔刀片外圆车刀最常见的是压板式。

图 4-33 是两种中心孔-顶面联合压紧式车刀。伊斯卡公司的车刀结构,在楔块螺钉下安装了弹簧,当

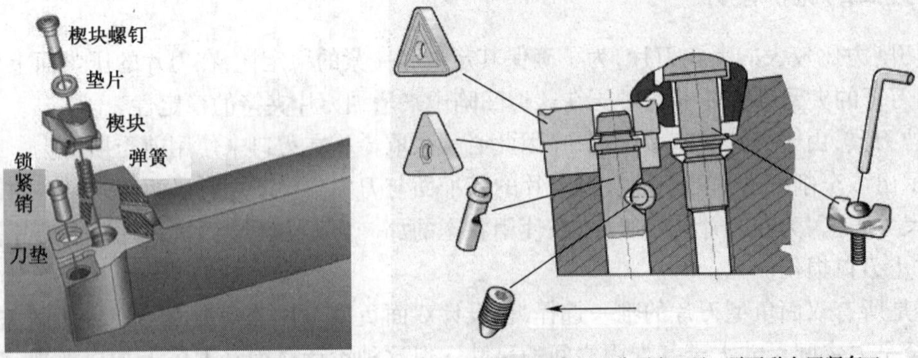

(a)伊斯卡公司中心孔-顶面联合压紧车刀 (b)瓦尔特刀具公司中心孔-顶面联合压紧车刀

图 4-33 两种中心孔-顶面联合压紧式车刀结构

楔块螺钉松开时，楔块将被弹簧顶起，有利于快速更换刀片。而瓦尔特刀具公司的车刀则没有该弹簧，虽然对快速更换刀片不利，但在同样扭矩下更利于楔块将刀片顶向锁紧销，使夹持更稳固。

这类中心孔-顶面联合压紧的车刀，有利于将切削刃更多地露出刀体外，即一个安装位置可以有更多的切削刃切削，因此该结构更多地用在仿形加工的场合。但该结构夹持的稳固性相对不好，其垂直于楔块前侧面的切削力只由楔块承担，而平行于楔块前侧面的切削力主要靠刀片底面与刀垫的摩擦力承担，因此不宜在平行于楔块前侧面上大切削力场合应用。但该结构顶部的压紧在刀尖承受切削力时能够防止刀片翘起，比较适用于主切削力中载和重载的场合。

如图 4 - 34 所示的曲柄杠杆式车刀主要有锁紧螺钉、曲柄杠杆、刀垫、弹簧片等主要构件。该设计针对带孔刀片，用直角杠销将刀片强制压紧在刀片侧定位凹面上，直角杠销的端部被螺栓压住。弹簧片将刀垫紧贴在刀杆上更换刀片时不掉落。这种设计使更换刀片简单迅捷、排屑冷却效果好、刀片夹紧可靠，但无法防止刀片在切削过程中翘起。该结构正型刀杆和负型刀杆都可使用(但两者配件并不通用)，可适用于中载和重载车削，宜使用于长铁屑工件材料和对冷却系统要求严格的工件。

实践表明，该结构需要在刀杆上去除一定材料以安装和使用曲柄杠杆，因此对刀杆强度有一定的削弱。在小直径的内孔车刀上使用此结构时，切削力一旦稍大，就容易引起刀杆振动，这点应该引起注意。

图 4 - 35 是螺钉锁紧的车刀结构。该结构采用一个简易扳手用沉头螺钉将刀片固定在刀体上。使用这种系统的刀片有沉孔。在小型车刀上使用时，限于尺寸可以不选用带刀垫的结构，因此也就没有刀垫和刀垫螺钉，整个刀具的零件极少。同时，它和曲柄杠杆式一样，排屑非常流畅。但这个结构的一些缺点同样无法回避：在温度较高时，刀片会因螺钉咬死而转位困难；螺钉出现疲劳现象时难以保证可转位刀片的可靠定位；操作时要小心，因为刀面向下时取刀片的过程中螺钉容易滑落并掉入切屑难以找到；螺钉顶部可能会被出屑损坏，尤其在内部加工时容易出现这种现象，这样取下螺钉也会很困难。因此，螺钉锁紧方式主要用于中、低载荷的切削和小截面的刀杆。

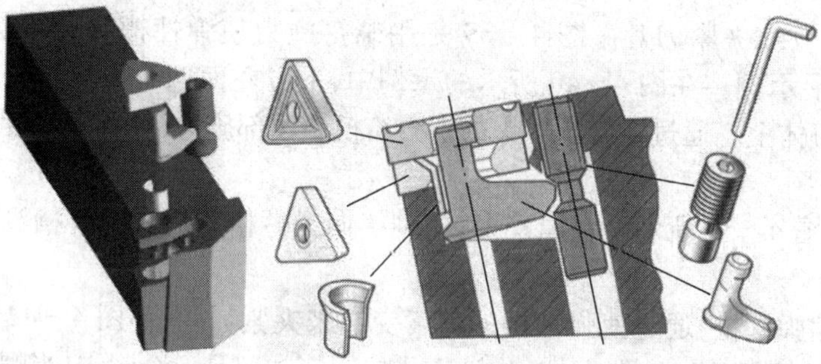

图 4 - 34　曲柄杠杆式车刀的结构

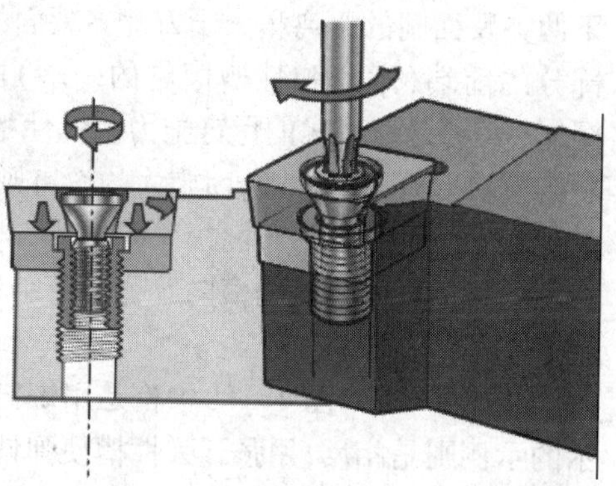

图 4 - 35　螺钉锁紧的车刀结构

图 4 - 36 是钩销式锁紧的车刀结构。这种结构的特点是压板前端带有一短的圆柱销，压紧时将该销插入可转位刀片的顶部(只适合圆柱孔的可转位刀片，这类刀片通常是负型刀片)，压板的后端有一个斜面，当压板下压时该斜面沿着刀杆上与之相应的另一斜面产生往后的作用力，使刀片紧贴在刀片槽上。图 4 - 36(a)是山特维克可乐满的钩销式锁紧车刀结构的示意，这一结构的锁紧螺钉下安排了一个弹簧，这也是为了在卸下刀片时可以更为快捷。图 4 - 36(b)是肯纳金属公司的钩销式锁紧车刀结构，这一结构在压板的后部安排了一个引导压板上下倾斜运动的销子，该销子的导向使压板在脱离刀片顶面的同时也脱离了刀片的内孔，肯纳称该结构只需要旋转锁紧螺钉 1.5 圈就能够更换刀片。

对于使用无孔刀片的可转位内外圆车刀，最常见的是压板式。如图 4 - 37 所示，该无孔刀片就是用双头螺钉使压板直接将刀片压到刀垫上，而刀垫则是用螺钉固定在刀体上。这种压板式在带孔刀片上同样可以使用，只需要将压板螺钉换成上部带销钉的形式，以方便销钉插入带孔刀片的圆孔内。

(a)山特维克可乐满的车刀结构

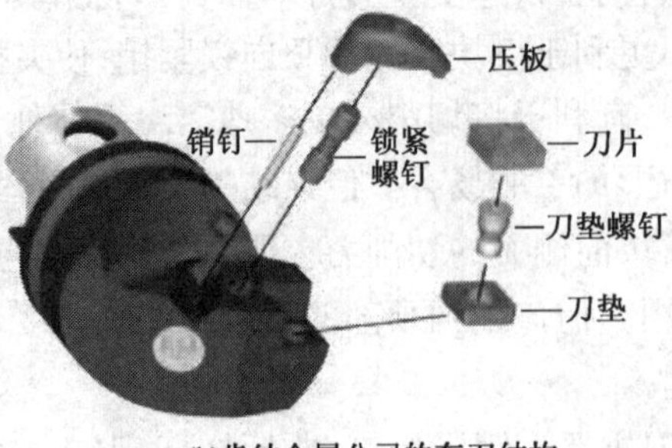

(b)肯纳金属公司的车刀结构

图 4-36　钩销式锁紧的车刀结构

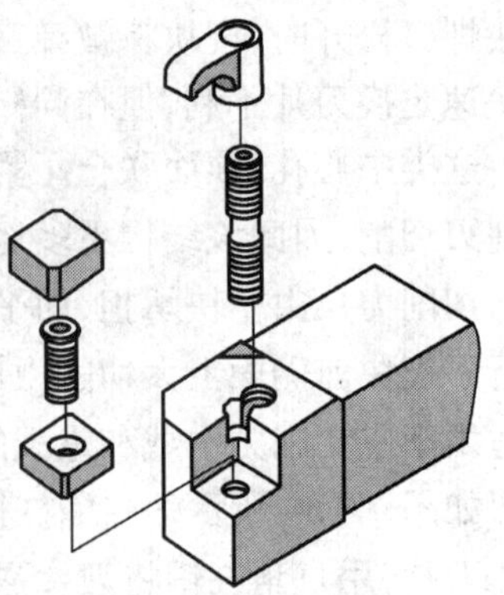

图 4-37　无孔刀片的压紧方式

4.4.2　可转位切槽/切断刀具和螺纹车刀的结构

可转位槽刀和切断刀具,由于使用时刀片的 3 个面很可能同时处于加工状态,因此其夹紧机构必须既小巧紧凑又夹持可靠,有时还得考虑装夹方便。

图 4-38 是伊斯卡公司压板锁紧的切槽/切断刀具。如图 4-38(a)所示的切断刀具其刀板上方设置了一个小型压板,用螺钉使压板将刀片压住,但螺钉头部必须比切断刀的宽度小,这种小的螺钉能承受的扭矩也较小,夹紧力比较有限。而图 4-38(b)所示的切槽刀具则采用较大的螺钉来压住刀片,夹紧力比较大,能承受的切削力增加,这样的结构不但可以承受径向切削力为主的切槽加工,还能承受轴向切削力较大的外表面车削加工。

图 4-24 所示的肯纳金属公司的 TOP NOTCH 切槽切断刀具也是一种压板锁紧的方式。

用螺钉施力使弹性槽变形,是切槽/切断刀具最普遍采用的夹紧方式。这种夹紧方式必须在刀体(或模块式刀具的刀板模块)上开一个刀片槽,使其上、下两个夹紧面之间产生变形,在自由状态下该刀片槽的上、下两夹紧面间的距离稍大于刀片夹紧面的距离,以装卸刀片时比较方便地取放,而在螺钉施力夹紧后,夹紧部分的前端(远离弹性槽槽尾的一端)能有效地夹紧刀片。图 4-39 是用螺钉施力使弹性槽变形示例。图 4-40则是模块式的螺钉施力使弹性槽变形示例。在图 4-40 所示的示例中,下方左面四个模块都可以看到模块上开有弹性槽,而施力的螺钉则在刀体上。通过螺钉圆柱头的下方给模块顶部施力,模块顶部发生弹性变形,从而压紧刀片。

山特维克可乐满的横向开弹性槽结构如图 4-31 所示。在原理上,这种横向弹性槽和纵向弹性槽没有太大差别。

在图 4-39~图 4-41 中都是用螺钉压缩弹性槽,通过使弹性槽的宽度变窄来夹紧刀片;而图 4-42 所示的示例则是相反,用张开弹性槽使弹性槽宽度变宽来夹紧刀片。这种方式的螺钉头部是一个圆锥,当螺钉在带有弹性槽的孔中往下拧时,螺钉头的锥度使弹性槽张开,以弹性槽与刀片槽连接部分为支点,上面那部分材料类似于一个杠杆,前端压住了刀片,从而实现了刀片的夹紧。

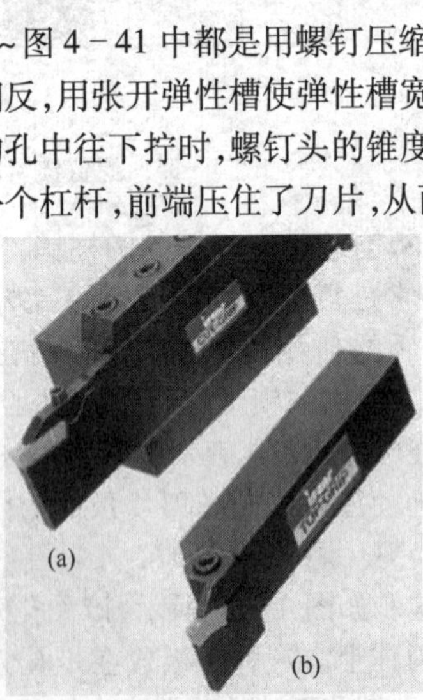

图 4-38　伊斯卡公司压板锁紧的切槽/切断刀具

图 4-39　用螺钉施力使弹性槽变形

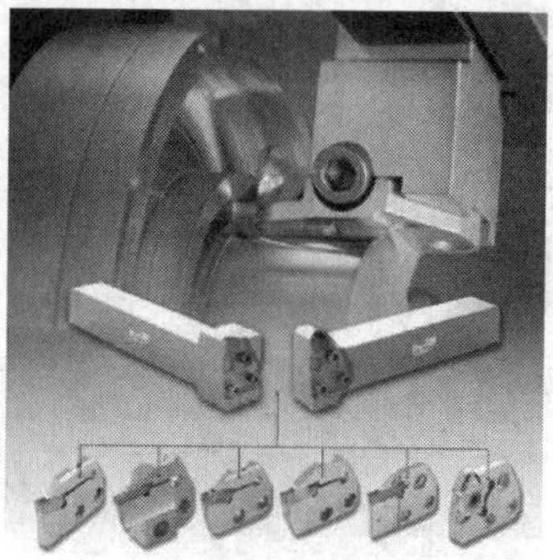

图 4－40　模块式的螺钉施力使弹性槽变形

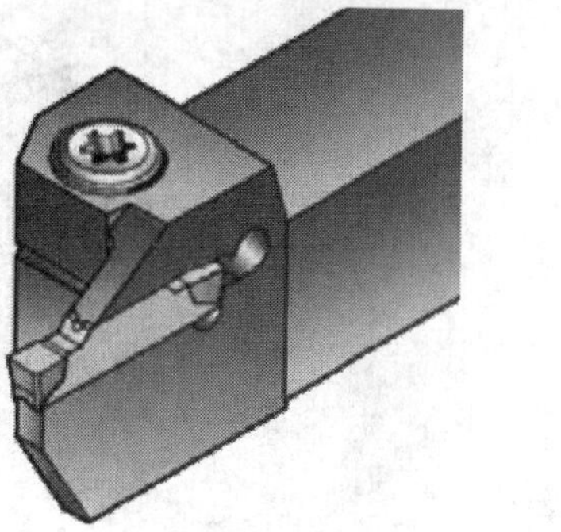

图 4－41　横向弹性槽

自锁紧是切槽/切断刀片的另一种常见的压紧方式，如图 4－43 所示。单头的切槽/切断刀片大部分使用这种方式，而双头的切槽/切断刀片也常采用这种压紧方式。这种结构的优点是切削力越大，刀片的夹紧力也越大，确保了牢固的夹紧力。如果使用类似图 4－42(b) 中的专用固定的刀片装卸扳手，就可以确保每次刀片安装都定位正确，可使刀具寿命延长 30%。

螺钉直接压紧也是切槽/切断刀片的一种常见的压紧方式，尤其是一些外形非常规的切槽/切断刀具(图 4－44)。

(a)模块　(b)安装了模块的刀具

图 4－42　张开弹性槽夹紧刀片的示例

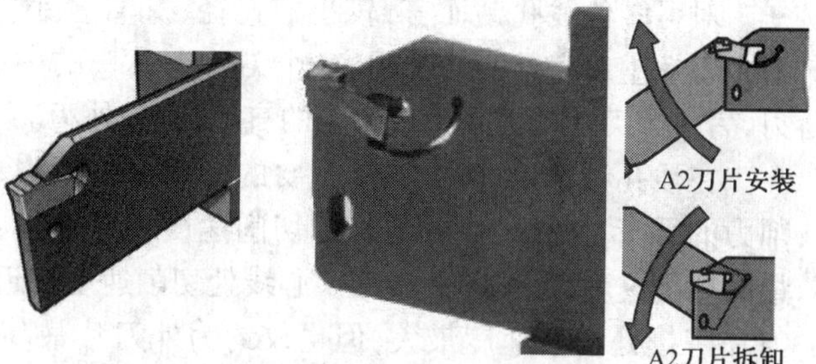

(a)山特维克可乐满刀具　(b)肯纳金属公司A2自锁式及其装卸结构

图 4－43　自锁式切槽/切断刀具示例

螺纹车刀在装夹结构方面大多与切槽车刀类似，因此外圆切槽和内孔切槽的很多结构都在螺纹车刀上得到了同样的应用。图 4－44(a) 就是与常见的螺纹车刀相同的结构。仅有如图 4－45 所示的螺纹梳刀(即多刃螺纹车刀)的结构，在切槽加工中几乎难以见到。

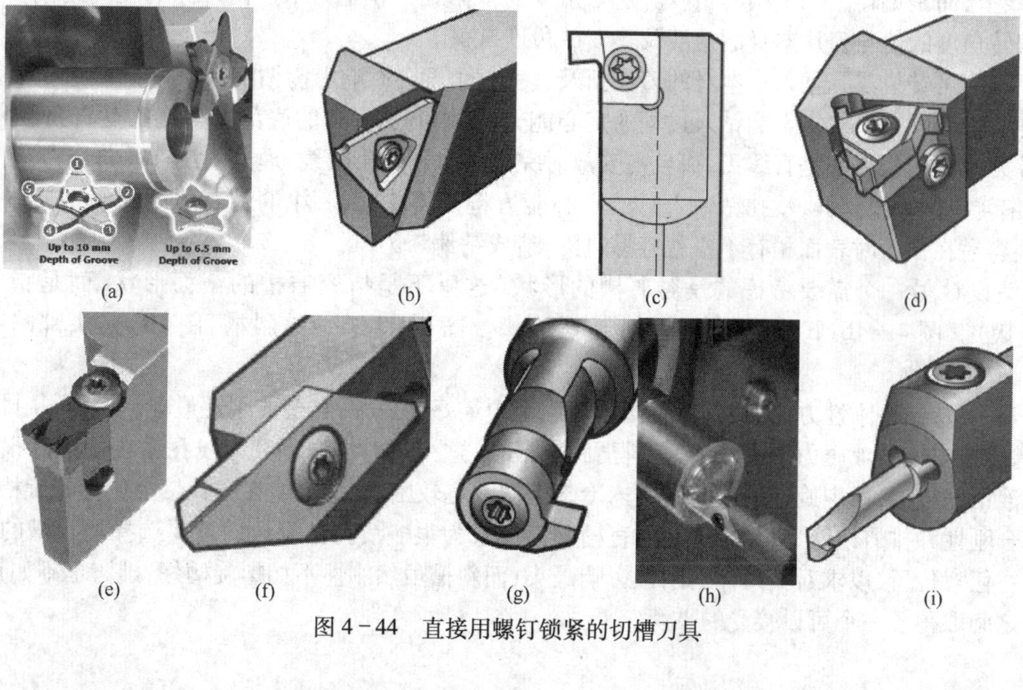

(a)　(b)　(c)　(d)　(e)　(f)　(g)　(h)　(i)

图 4－44　直接用螺钉锁紧的切槽刀具

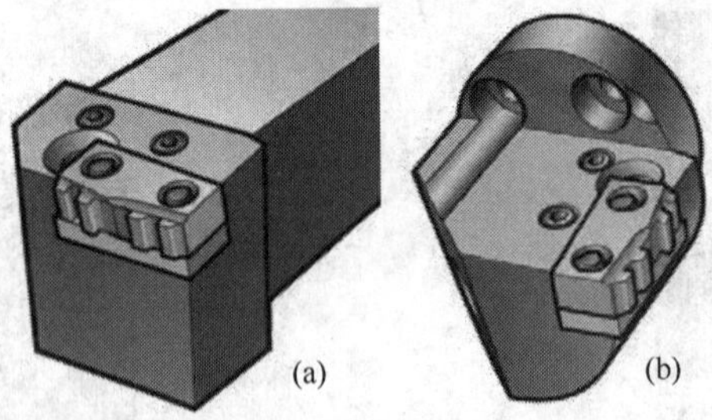

图 4-45 螺纹梳刀

4.5 可转位钻头的常见结构

可转位钻孔刀具按其切削部分结构不同,可分为多可转位刀片式、单可转位刀片或刀头式、可转位刀片与整体刀具组合式等类别。

4.5.1 可转位浅孔钻

可转位浅孔钻按使用的刀片形状,可分为两刃刀片、三刃刀片和四刃刀片 3 种,如图 4-46 所示。

对可转位浅孔钻而言,较小的直径(如直径小于 50mm),一般由两个刀片组成完整的切削刃:一个刀片在钻头的中心线附近,称为内刃,另一个刀片的刀尖形成钻头的直径,称为外刃。

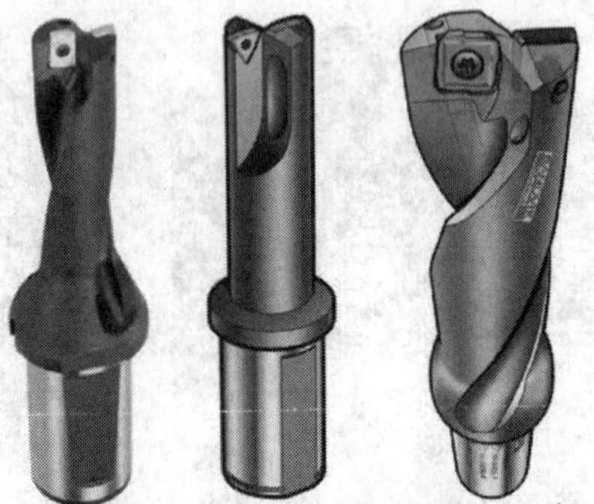

图 4-46 可转位浅孔钻

在浅孔钻的设计中,非常重要的一点是注意内、外刀片上径向切削力的平衡。由于内、外刀片的切削速度相差很大:外刀片外圆处为最高切削速度,而内刀片接近中心线处切削速度接近于 0,内刀片与外刀片搭接处切削速度最大,但也仅约为外刀片最高切削速度的 1/2。这种速度上的差异,造成两个刀片如按相同的几何参数安排切削力会有很大差别。这种差别反映在径向分力上,就会造成径向力的不平衡,从而使钻芯相对较小而刚性较差的钻刀体发生弯曲变形,从而使钻出孔的直径偏离钻孔要求,或使钻杆与孔壁发生摩擦损坏钻杆。

图 4-47 是山特维克可乐满的一种浅孔钻端面示意。从图可以看到,内刀片与外刀片的刃口布置不在同一条直线上,而是偏转了一个小的角度。这一角度的依据之一就是为平衡内外刃的径向切削力。研究表明,这一偏转角度的值与刀片本身的角度及其安放角度有关。

如前所述,可转位浅孔钻刀片本身的刀尖角及其安放角度会影响平衡钻削径向力而使内刀片偏转,而且它还对钻削有其他的影响:①影响钻入过程的定心能力;②影响钻出孔的底部平整度。有研究认为,如果浅孔钻内、外刀片的切削刃都是直线刃,而且在安放时完全垂直于钻头轴线,理论上没有径向分力,因此也不需要内刀片偏转。但如果这样,浅孔钻钻入时的定心能力将变得非常差,小的钻芯厚度又使钻刀体的刚性很差,这样很容易在钻入时表面稍有不平就容易打滑,造成钻偏。

浅孔钻设计另一个需要考虑的是容屑槽的形状(这里不是指容屑槽的截面形状,而是指容屑槽沿轴向的形状)。图 4-46(b)是直槽,图(a)是螺旋槽。图 4-48(a)是斜槽,图(b)是头部略带螺旋的直槽。

研究表明,从钻头刚性方面而言,螺旋槽是容屑槽中最好的一种,直槽的刚性最弱。但是,从排屑方面而言,螺旋槽会造成切削液压力损失较多,且排屑距离最长,这一点对排屑不利。浅孔钻在使用时很多场合需要有冷却液帮助排屑,而螺旋槽的浅孔钻的内冷却孔制造比较困难,这也使在浅孔钻上使用螺旋槽的比例比较低。综合刚性和排屑性能,头部带螺旋的直槽和斜槽成为很多浅孔钻设计的首要选择。直槽的内冷却孔可以安排在任意位置,以求对钻刀体的刚性影响最小;而斜槽虽然刚性不如螺旋槽好,排屑也不如直槽好,却是在两者之间取得了一个可以接受的平衡。

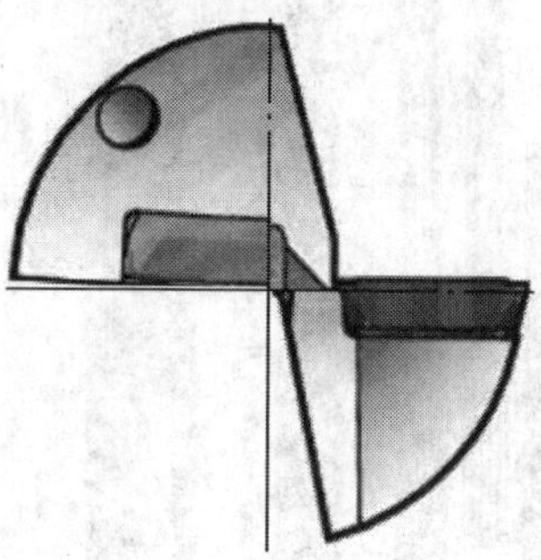

图4-47 浅孔钻端面示意图

(a)

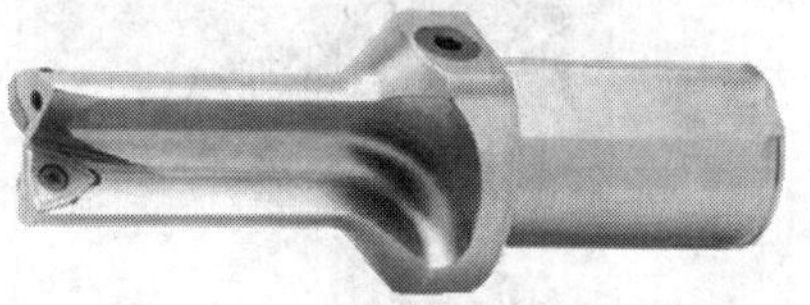

(b)

图4-48 可转位浅孔钻容屑槽

4.5.2 刀头式钻头

由于可转位钻头内、外刀片切削力总是无法做到完全平衡，整体硬质合金在刃磨后刀长一定变化，需要对加工程序做调整而难以保持稳定、可靠的加工过程，人们设计出刀头式可转位钻头。由于这类钻头头部往往是一次性使用，只能更换而不能转位，但类似于单头的切槽车刀，仍把这类能保持尺寸、精度一致性的且易于更换切削部分的钻头称为可转位钻头。

德国钴领公司有HT800WP和RT800WP两种刀头式钻头。HT800WP钻头如图4-49所示，其刀片安装段(图(b))有一个定位销，钻刀体的销孔有一小槽，当夹紧刀片时该小槽被压紧产生微量变形，使钻刀片的销能起到很好的定位作用。图4-50所示的RT800WP钻头的安装端则没有短销，也不像HT800WP钻头那样将夹紧螺钉从刀片的通孔中穿过，而是在两边用两个螺钉进行定位和锁紧。

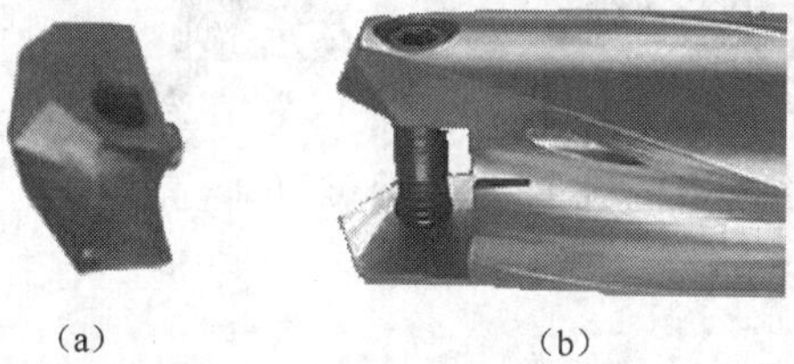

(a) (b)

图4-49 HT800WP钻头

(a) (b) (c)

图4-50 RT800WP钻头

肯纳金属公司也有两种刀头式的钻头：一种是KSEM钻头(图4-51(a))，这种钻头用螺钉从后部拉紧，结构比较简单，但换刀头时必须将钻头取下，否则无法进行换头操作。当钻头比较长时，刀头拉紧螺钉和螺丝刀杆部的总长度与其直径相比会很大，拧紧操作时易发生扭曲。与此类似的还有山高刀具公司的皇冠钻(图4-51(c))，但皇冠钻与KSEM钻头在钻刀头与钻杆的结合方式上完全不同：山高刀具公司的皇冠钻的刀头与刀体的结合部有锯齿纹，类似于图4-27所示的iLock结构，这种结构对于防止钻刀头的位移很有效。而KSEM钻头则是将钻刀头嵌在钻刀体的凹槽内，从而完成钻刀体与钻刀头之间的定位。另一种是Ken-TIP钻头(图4-51(b))。Ken-TIP钻头径向用刀头结合端的圆柱定位，钻刀头两侧各有一个斜楔，夹紧时通过旋转卡入钻刀体头部的斜楔槽内，完成圆周定位和刀头夹紧。这种结构在钻刀头旋入刀体和从刀体旋离，都需要用专用扳手，图中钻头后刀面上的两个窄槽，就是供专用扳手插入以施力旋转的。

住友电气工业株式会社为SMD钻头开发的专用钻尖几何形状中，MTL型钻尖(图4-52(a))具有宽度0.08~0.13mm的T形负倒棱(根据不同的钻头直径)和(0.003~0.004)mm/100mm的倒锥，是为加工钢件和普通加工设计的；而MEL型钻尖(图4-52(b))则是具有较锋利的切削刃和0.01mm/100mm的倒锥，是为更好地在不锈钢和高温合金材料上进行钻削而设计的。之所以MEL型钻尖的倒锥较大，是因为高温合金材料在钻削时往往会发生膨胀，钻头采用较大的倒锥可以获得较低的表面粗糙度，而且在钻头退出孔时不会在孔壁上留下退刀痕。

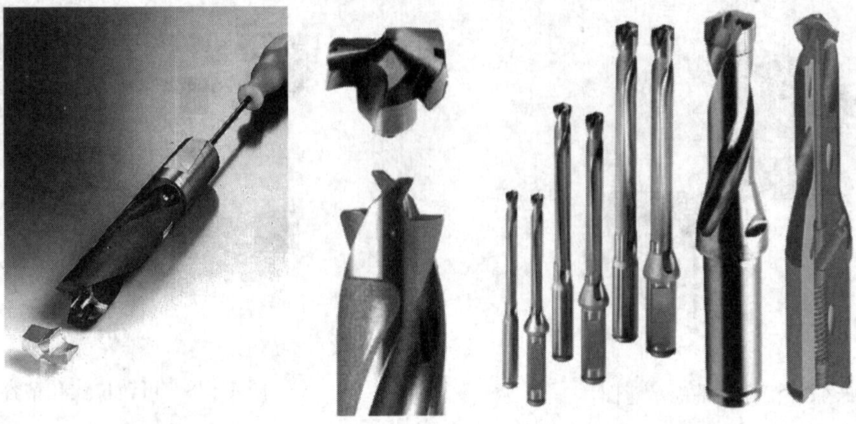

(a) (b) (c)

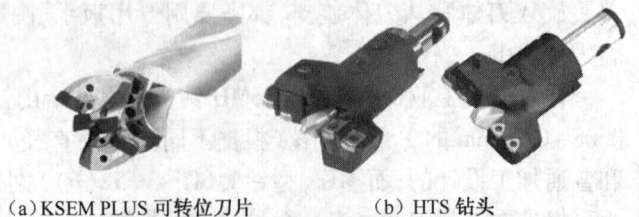

图 4－51 肯纳金属公司的刀头式钻头以及山高刀具公司的皇冠钻头

瓦尔特刀具公司的 Xtratec 钻头也是一种以整个刀片作为刀头的刀头式钻头，如图 4－53 所示。这种钻头的钻刀头与钻刀体的结合部呈 V 形，而钻刀体的刀片槽则是一个 V 形凹槽。这个钻头的锁紧螺钉也有特殊之处，它靠近拧紧端是一个精磨后的圆柱起销钉作用，而另一端的螺纹旋入刀体的另一面能夹紧刀片起到夹紧作用。

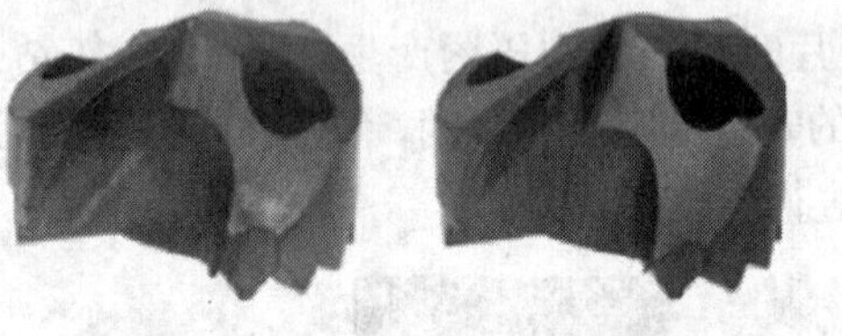

(a) MTL 型钻尖 (b) MEL 型钻尖

图 4－52 住友电气工业株式会社 SMD 钻头的钻尖

图 4－53 瓦尔特刀具公司 Xtratec 钻头

4.5.3 较大直径深孔可转位钻头

在较大的直径上，可转位钻头的结构类型变得数量很多。

一般的可转位钻头由于总是存在径向力的不平衡，钻孔深度为钻头直径的 2～3 倍是最为合适的，虽说许多企业把可转位钻头做到了长径比为 5（钻孔深度是钻头直径的 5 倍），但这样的钻头使用时容易钻偏，刚性也不好（主要是材料力学所涉及的压杆失稳问题）。山特维克可乐满开发了 CoroDrill 805 钻头（图 4－54），其主要特点是在钻头刀体上增加了两个支撑板，以改变钻削过程中钻头的受力模式，相当于在原来简支梁模式的前端增加了一个支撑，系统刚性大大提高。这种钻头的钻孔深度可达钻头直径的 7～15 倍。

同样，为解决切削力平衡的问题，肯纳金属公司则开发了 KSEM PLUS 钻头（图 4－55(a)），这种钻头的中间是一个整体硬质合金钻头，两边是两个对称配置的凸三边形刀片。这样配置的优点：①中心钻削单元比中心用高速钢钻头的产品提高了强度；②使可转位刀片避免用搭接方式构成一个切削刃（图 4－54 中是以 3

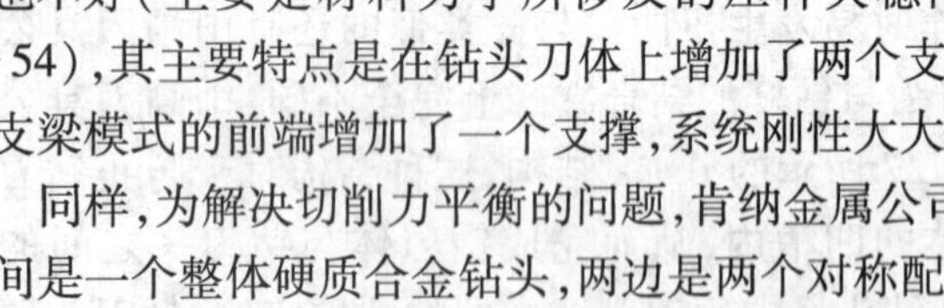

(a) (b)

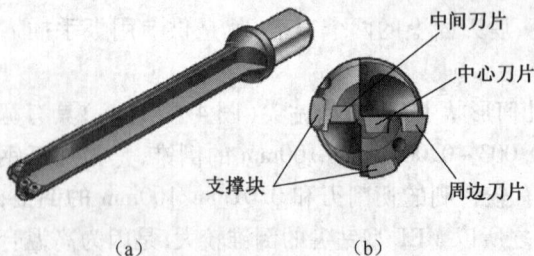

图 4－54 山特维克可乐满 CoroDrill 805 钻头

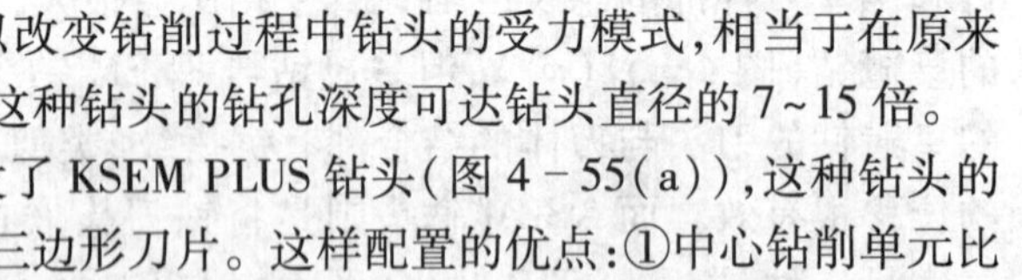

(a) KSEM PLUS 可转位刀片 (b) HTS 钻头

图 4－55 肯纳金属公司模块式钻头

个刀片搭接形成一个完整切削刃)，而用两个完全对称的刀片构成两个切削刃，从而使切削刃的数量比其他产品增加了 1 倍。这样，不论是在钻头中心还是在钻头外圆，该结构的切削能力都得到了很大提升，加工效率能得到很大提高。该钻头钻孔的长径比可达 10。

肯纳金属公司另有一更大直径也可钻更深孔的钻头，称为 HTS 钻头(图 4 - 55(b))。HTS 钻头除在中心安排中心钻外，外边两侧安排了两个刀座，每个刀座上根据需要安排 2~3 个刀片。这些刀片从设计的原理而言，可以是两刃的，可以是三刃的，也可以是四刃的。而刀具的后端是一个可接长的模块化系统，通过接长杆甚至是接长杆的叠用，可以钻很深的孔。该钻头的接口部分法兰外径比钻孔直径小很多，这是为了在连接了接杆或刀柄之后，仍能为排屑留出足够的空间。

另一种深孔钻削系统是 BTA 系统。BTA 系统是一种单管/双管两用系统。单管系统(图 4 - 56(a))常用于较短的工件，使用时 BTA 系统需要借助于一个加压授油装置紧贴到工件钻孔部位并有密封不使切削液外泄漏；而双管系统则多用于长工件，即在钻杆尾部通过内外管之间通入切削油。不管使用单管系统还是双管系统，BTA 系统的排屑是依靠切削油的流量将切屑从与刀片前刀面连通的管子内排出。

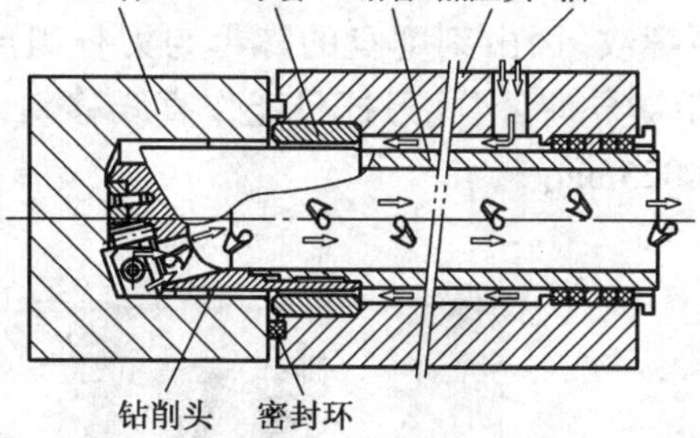

(a) 单管 BTA 示意

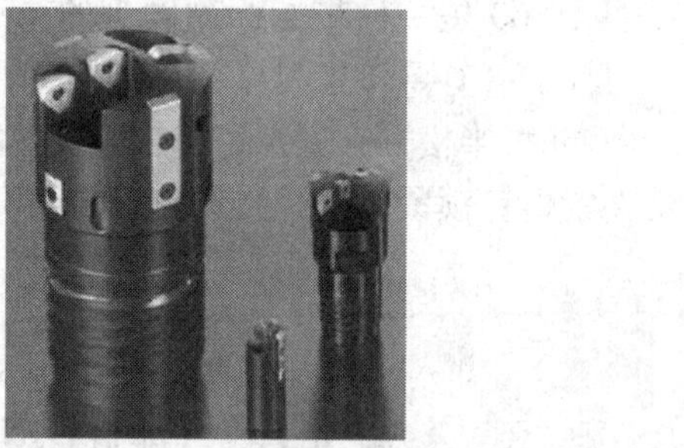
(b) BTA 钻头

图 4 - 56　BTA 深孔钻头及其原理

从图 4 - 56(b)可以看到，英格索尔公司的 BTA 系统可转位钻头在外圆上，都有若干类似于图 4 - 54 中山特维克可乐满 CoroDrill 805 钻头支撑块的导向条。这些导向条是保证 BTA 系统在钻削深孔中不至于钻偏的重要技术手段。BTA 系统的钻孔深度有可能达到钻头直径的 100 倍。

充足的 BTA 系统切削液是保证其正常使用的重要条件。因此，在 BTA 系统中，防止切削液的泄漏是极其重要的，设计时应引起注意。

4.6　镗刀的调节结构

早期的镗刀结构非常简单，通常是直接用螺钉在刀杆后面调节，如图 4 - 57 所示。这种镗刀就是在镗刀体上开一个与小镗杆相配合的孔，用一个螺距较小的螺钉在小镗杆后面往前顶，以实现镗刀尺寸的调节。这种结构非常简单，但只能实现由小尺寸往大尺寸调节，无法实现反向调节。

图 4 - 58 是双刃浮动镗刀，它通过调节螺钉 3 推动斜面垫板 4，而斜面垫板的斜面推动刀片 1 向外移动。这种双刃镗刀的调整结构类似于图 4 - 57 所示的简易镗刀，它也只能单向调节。但它不是由螺钉直接调节，而是通过一个斜面垫板。该斜面斜角将与调节螺钉的螺距一起决定调整的精度。刀片的外移量 Δ_2 等于螺钉移动量 Δ_1 与 α 角余切的乘积，即

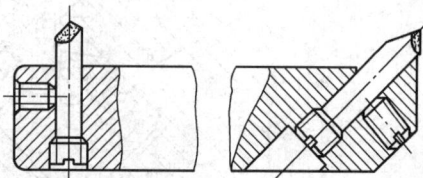

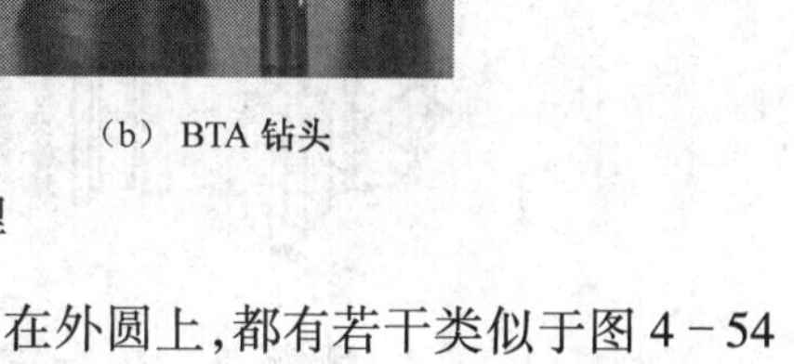
图 4 - 57　简易镗刀示意

$$\Delta_2 = \Delta_1 \cdot \cot\alpha$$

因此，为取得较高的调节精度，应取较大的 α 角，但 α 角过大时，可调节范围变小，调节速度也比较慢。

现代镗刀有相当一部分采用微型精镗单元的结构，如图 4 - 59 所示。图 4 - 59(a)所示的 Microbore 微调镗头采用了刚性锥形座总成内的螺纹带动刀座来调节尺寸，而蝶形弹簧则是用来消除刚性锥形座总成和刀

杆螺纹副中的间隙。图4-59(b)所示Rigibore微调镗刀头的轴向弹性作用消除螺杆和中间套的螺纹间隙,类似于丝杆螺母副结构中采用双螺母消除间隙的原理,只要将中间套沿着轴向方向拉伸就可以消除间隙,这样在镗刀正、反向调节尺寸时就不会有反向间隙。而外套在最外面,可以看到该零件(外套)开的两个槽距离比中间套要大,这样该零件的轴向弹力就比外套大,在装配时外套是被压缩的,产生的弹力就通过那圈滚珠传递到中间套,在使其发生变形的同时又拉紧螺杆。假如没有开两个槽,那么中间套与螺杆就是刚性零件,螺杆就会因螺纹间隙而晃动,也无法拉紧。

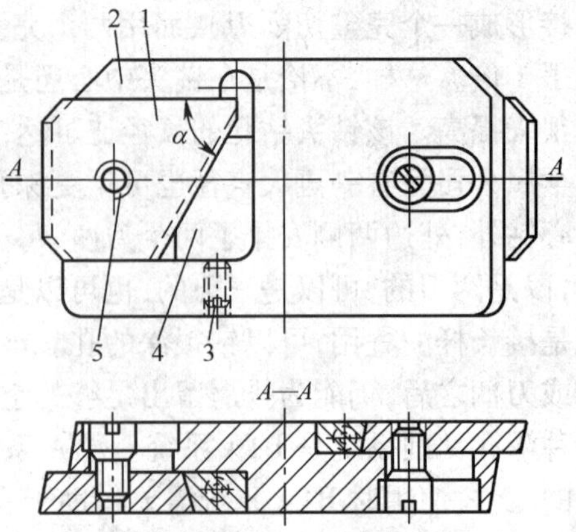

图4-58　双刃浮动镗刀

1—刀片;2—刀体;3—调节螺钉;4—斜面垫板;5—夹紧螺钉。

图4-60是一种带游标刻度盘的微调镗刀结构。刀杆上夹有可转位刀片,刀杆上有精密的小螺距螺纹,而由刻度盘的螺母与刀杆组成精密的丝杠螺母副。微调时,半松开夹紧螺钉,转动刻度盘。因刀杆用键导向,因此刀杆只能作直线移动,从而实现微调,最后将夹紧螺钉锁紧。这种微调镗刀的刻度值可达0.0025mm。

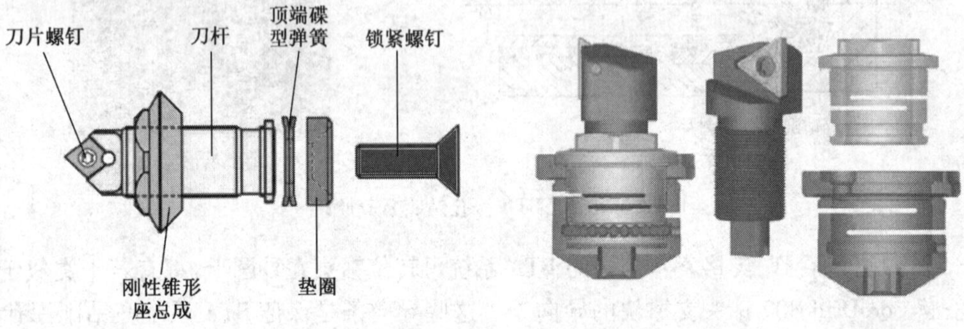

(a) Microbore微调镗头　　(b) Rigibore微调镗头

图4-59　精镗单元结构及主要部件

而现代精镗刀多采用带有消隙机构的精密螺纹直接驱动小镗杆所在部件作直线运动构成。图4-61是已获得我国实用新型专利的松德公司的精镗刀结构。它通过带刻度盘的螺杆驱动带小镗杆的镗刀座作直线运动来实现镗刀尺寸的调节,螺杆刻度盘后面是消除螺纹间隙的碟形弹簧。这种结构镗刀的调节范围较图4-59的微调镗头大很多,其调节范围主要取决于高精度螺杆的长度。这样的精镗刀具可以做到正、反双向调节无间隙,对于镗孔操作会非常方便。但调节精度受螺杆螺距的限制,一般这类精镗刀具的螺杆螺距都在

图4-60　带游标刻度盘的微调镗刀结构

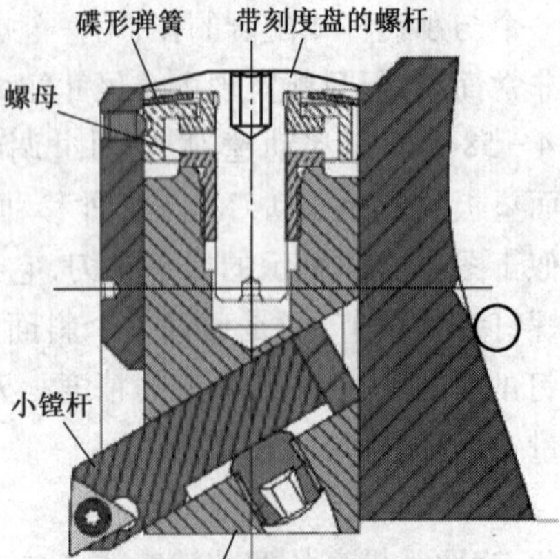

图4-61　松德公司精镗刀结构

0.5mm 左右，而更小螺距的精密螺杆在制造上仍有一定困难。

针对这种更精密的镗孔精度要求，刀具设计者可参考图 4-58 所示的浮动双刃镗刀斜面垫板的结构，以一定比例缩小调节范围而提高调节精度。图 4-62 是巴西 ROMICRON 公司的精密镗削系统。该系统具有能提高精度的倾斜式螺母杆。该螺母杆的前端轴线与后面螺孔的轴线有约 11°18′35″的角度，因此产生了一个 1∶5 的机械比例。也就是说，当螺母杆轴向移动 0.5mm 时，镗刀座将在径向移动 0.1mm，这样就能大大提高调节精度。起螺杆作用的旋转轴的螺距未采用细牙螺纹而是只采用了粗牙螺纹，但调节精度仍然达到半径上 0.001mm（直径 0.002mm）。之所以未采用细牙螺纹来进一步提高调节精度，是因为采用细牙螺纹调节速度很慢。但如果需要更高的调节精度，改用细牙螺纹即可达到。

图 4-63 是玛帕（Mapal）公司由机床控制镗孔直径的示意，此结构与 ROMICRON 公司精密镗削系统类似，镗刀通过拉杆作轴向运动，拉杆头部有一个倾斜头部的构件，该构件的倾斜头部在滑块中移动。由于滑块受到限制只能作径向滑动，从而带动连接在滑块上的镗削单元的径向移动，达到由机床控制镗刀径向尺寸的目的。只要机床能精确控制拉杆，镗刀的调节精度就可以非常高。

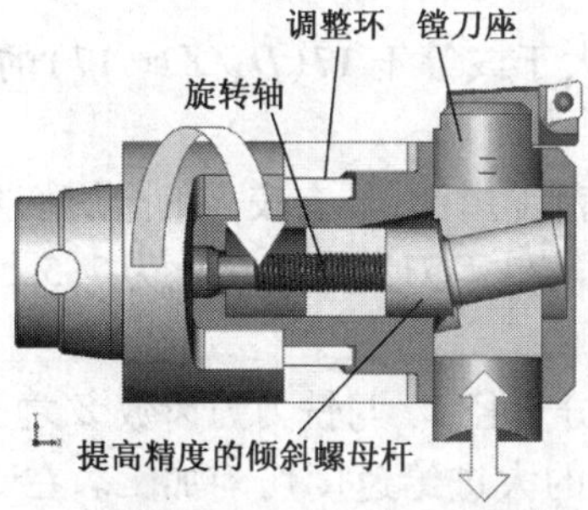

图 4-62　ROMICRON 公司的精密镗削系统

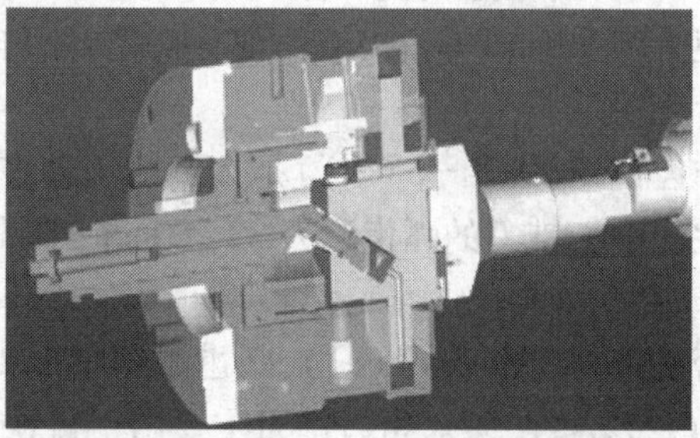

图 4-63　由机床控制镗孔直径的示意

图 4-64 是肯纳金属公司用于镗孔的可控刀具。这种镗刀的运动不像图 4-63 的玛帕公司刀具由机床控制镗孔直径，而是控制刀头处于工作状态或让刀状态。当控制杆处于图 4-64(b) 的 A 位置时，镗刀块后端处于抬起状态前端处于放下状态，此时镗刀座处于让刀位置。而当控制杆向右运动到 B 位置时，前端处于抬起状态而后端处于放下状态，此时镗刀座处于工作位置。整个刀具的这种多位置安装不同的控制块，就可以通过控制杆，控制该镗刀多个刀座按预定方案运动，从而实现一把镗刀完成复杂的多任务加工需要。

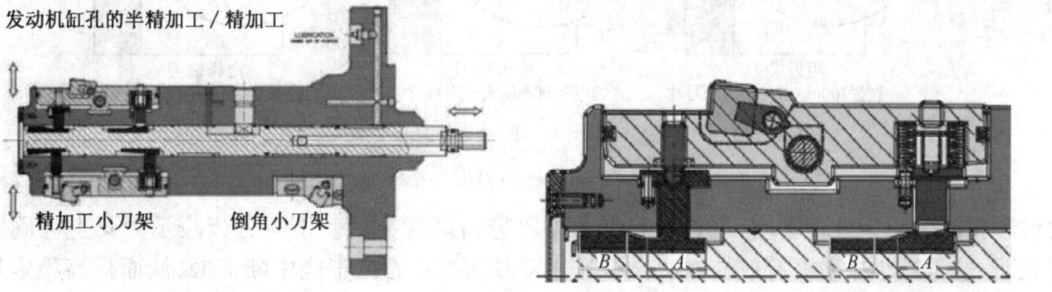

(a) 镗刀一览　　(b) 运动部分细节

图 4-64　肯纳金属公司用于镗孔的运动刀具

4.7　可转位铣刀的常见结构

4.7.1　铣刀刀片的安装

铣刀刀片的安装通常分为平装刀片（又称卧装刀片）和立装刀片，如图 4-65 所示。

平装刀片的铣刀刀体结构工艺性好，容易加工，采用有孔刀片或无孔刀片都比较方便。但平装刀片方式在承受主切削力方向的硬质合金截面较小，故平装刀片的铣刀一般用于轻型和中量型的铣削加工。立装刀片由于刀片切向安装，在切削力方向的硬质合金截面较大，因而可进行大切削深度、大进给量切削，这种铣刀适用于中、重型的铣削加工。这两种安装方向相比，平装刀片的容屑槽较大，刀体的材料却比较单薄，因此比较适合铣槽、铣型腔类的带有某种封闭性质的加工环境；而立装铣刀可把齿距安排得更紧，从而更适合用于制造密齿铣刀。

铣刀齿数多，可提高生产效率，但受容屑空间、刀齿强度、机床功率及刚性等的限制，不同直径的可转位铣刀齿数均有相应规范。为满足不同用户需要，同一直径的可转位铣刀根据刀齿分布密度，一般分为粗齿铣刀（又称疏齿铣刀）、中齿铣刀（又称普通齿铣刀）、密齿铣刀（又称细齿铣刀）。

(a) 平装刀片　　(b) 立装刀片

图 4-65　可转位铣刀刀片安装方向

粗齿铣刀（图 4-66(a)）适用于普通机床的大余量粗加工和软材料或切削宽度较大的铣削加工。当机床功率较小时，为使切削稳定，也常选用粗齿铣刀。一般来说，对于弧齿距大于 50mm，即铣刀工作部分直径 D_c 与铣刀刀齿数 Z 之比大于或等于 17（$D_c/Z \geqslant 17$）的，可以确定为粗齿铣刀。

中齿铣刀（图 4-66(b)）是人们使用最多的铣刀类型，其使用范围广泛，具有较高的金属切除率和切削稳定性。中齿铣刀的弧齿距为 22~50mm，即铣刀工作部分直径 D_c 与铣刀刀齿数 Z 之比为 7.5~17（$17>D_c/Z>7.5$）。

密齿铣刀（图 4-66(c)），弧齿距约小于 22mm，即铣刀工作部分直径 D_c 与铣刀刀齿数 Z 之比小于或等于 7.5（$D_c/Z \leqslant 7.5$）。密齿铣刀主要用于铸铁、铝合金和非铁金属的大进给速度切削加工。在专业化生产（如流水线加工）中，为充分利用设备功率和满足生产节拍要求，也常选用密齿铣刀。

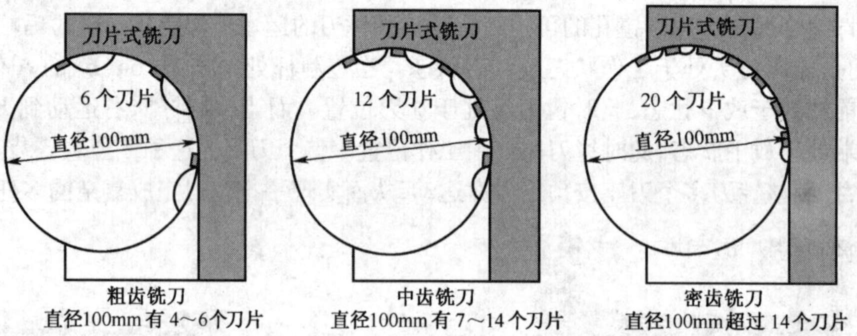

(a) 粗齿铣刀　　(b) 中齿铣刀　　(c) 密齿铣刀

图 4-66　铣刀刀齿分布密度

而对于相同的刀齿分布密度，也有等分齿和不等分齿两种方式。不等分齿表示刀具上齿间距不均匀。有资料表明，这是减小振动极有效的方法。不等分齿刀具的好处在于能中断谐振，从而提高稳定性，这对于大切削深度和长悬伸特别有用。不等分齿铣刀的设计应考虑控制铣削过程中的受迫振动和铣床的动态特性，如图 4-67 所示。

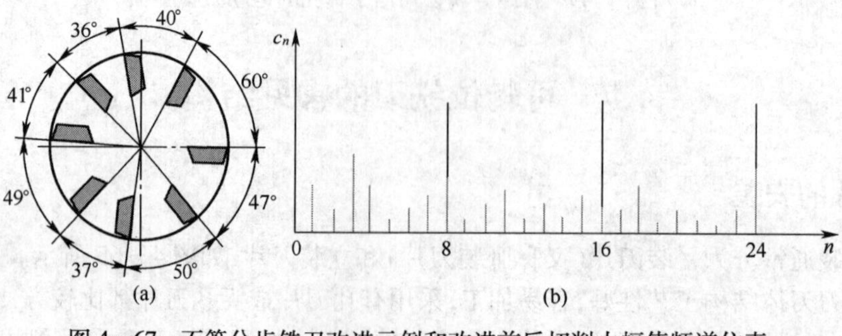

(a)　　(b)

图 4-67　不等分齿铣刀改进示例和改进前后切削力幅值频谱仿真

对于轴向多刀片铣刀(如玉米铣刀)的轴向布置,常见有多槽错齿搭接和单槽搭接两种常见方式。

图4－68为瓦尔特刀具公司的多槽错齿搭接铣刀。图(a)为T形槽铣刀,由两个四边形刀片搭接完成整个SB尺寸的加工;图(b)为带边齿球头铣刀,由3个三圆弧边刀片搭接出整个球头部分,而由若干个方刀片搭接出圆周直线刃口;图(c)由长方形和正方形刀片搭接出玉米铣刀的整个圆周刃,而端齿则是用了正方形刀片和长方形刀片轮用的方式,尽可能多地构造端齿切削刃。

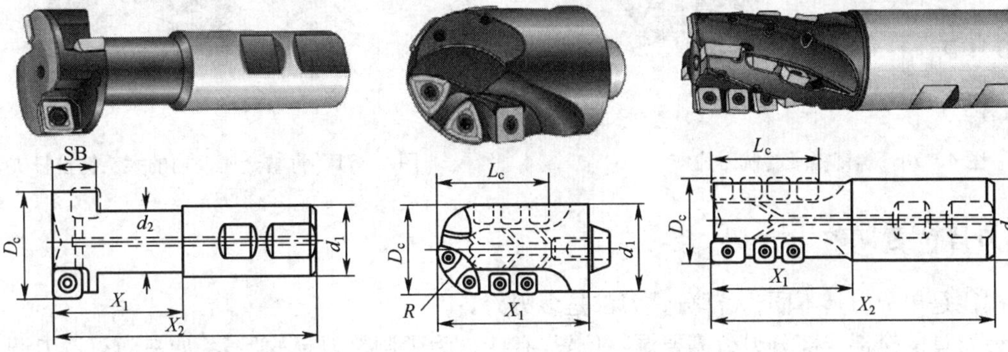

(a) T形槽铣刀　(b) 球头铣刀　(c) 玉米铣刀

图4－68　瓦尔特刀具公司的多槽错齿搭接铣刀

图4－69是瓦尔特刀具公司F4038玉米铣刀。这种玉米铣刀的后一个刀片的有效切削刃起始点需比前一个刀片的有效切削刃终止点在轴向更靠近端齿,以保证切削刃的连续。有效切削刃不能将刀片圆角计入。对整个刀具而言,这种搭接方式的有效刃口数比多槽错齿搭接高1倍,理论上可提高效率1倍;但实践中由于单槽搭接方式的刀片在刀具上的定位受力面相对较少,真正的大切削用量时刀片容易在轴向发生微动,常并不能将切削效率成倍提高。如需成倍提高效率,采用类似iLock技术来装夹刀片,以防刀片微动。

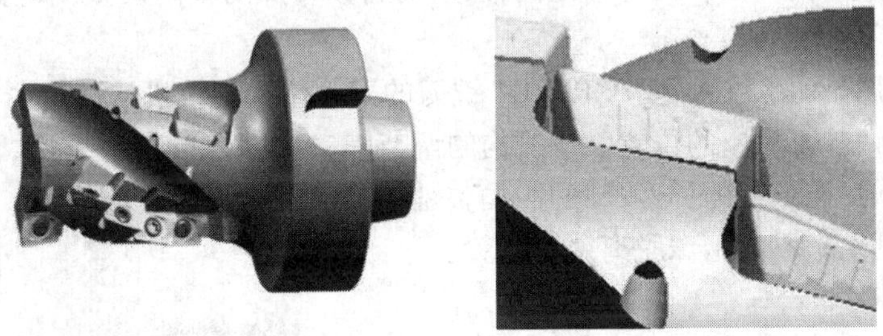
(a)　(b)

图4－69　瓦尔特刀具公司F4038玉米铣刀

铣刀刀片有螺钉式、楔块式等安装方式。

螺钉式是可转位铣刀最常见的刀片安装之一。图4－70是山特维克可乐满的两种用螺钉锁紧铣刀片的铣刀,一种是先用刀垫螺钉锁住刀垫然后再将刀片锁紧,另一种是直接将刀片锁紧在刀体上。

图4－14所示的瓦尔特刀具公司的F2146铣刀是以楔块压紧刀片的铣刀。楔块夹紧的一般需要在两个施力面形成一个楔角,然后将楔块用螺钉或其他构件楔入刀片与刀体之间,让楔块夹紧面上的法向力对刀片形成夹紧力。楔块压紧除如图4－14将楔块安排在刀片前刀面与刀体之间外,楔块安排在刀片基面与刀体之间也很常见。

图4－71是肯纳金属公司铣刀KENNA－PERFECT的刀片夹紧示意。KENNA－PERFECT的刀片夹紧不是直接的螺钉夹紧,而是通过一个具有大头钉形头部、头部与夹紧施力部分有一定夹角的拉紧杆和螺钉共同完成。当螺钉做锁紧动作时,螺钉头在拉紧杆缺口处施力带动夹紧杆下行,从而夹紧刀片。夹紧杆的夹角使大头钉形头部的锥面对刀片孔产生一个偏置力矩,刀片能在夹紧过程中优先靠上刀体上预设的刀片槽定位面。

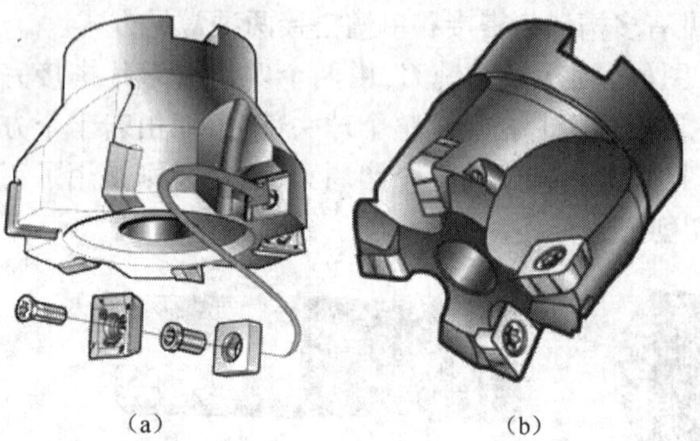

图 4-70 螺钉锁紧的铣刀片

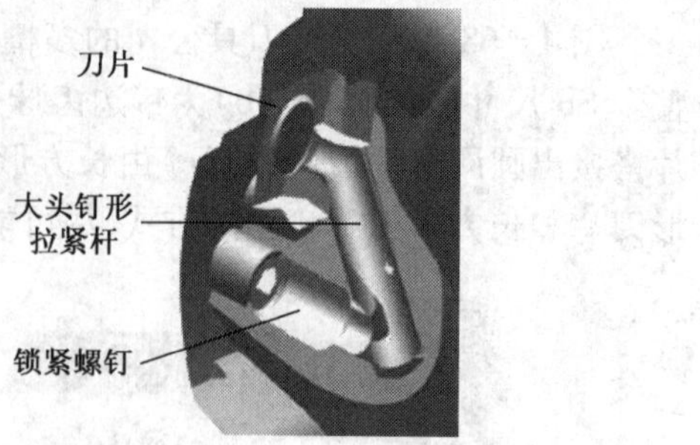

图 4-71 肯纳金属公司的大头钉拉杆夹紧

4.7.2 铣刀片位置调整

同车刀往往是单刃刀具不同,大部分铣刀都是多刃刀具。

有些多刃刀具的全部或部分刀齿需要调整位置,有些是为了调整刀具的尺寸,如三面刃铣刀调整铣刀宽度,有些是为了调整刀片位置的一致性,如金刚石铣刀需要将各个刀片的等高值调至 0.003~0.005mm,还有些是为了调整个别刀片的位置,如修光刃刀片应高出其他刀片 0.04~0.08mm 等。

这种刀片位置的调整需求,触发了刀片位置调整机构的设计,下面介绍几种常用的刀片位置调整机构。

1. 斜块调整

这种调节机构运用一个小型斜块,通过斜块沿螺钉轴向的移动,推动刀片或刀座的移动,从而达到调整刀片位置的目的,如图 4-72 所示。

在 F2254 铣刀的斜块调节机构中,当向下拧动调节螺钉 4 时,斜块 3 就被往下压。斜块的具有倾斜角的后侧面就推动与刀片接触的前侧面将刀片 2 往前推,从而将该刀片的轴向位置调得更为凸出。

2. 带槽销调整

图 4-73 是肯纳金属公司 KENNA-PERFECT 铣刀的刀片位置调整机构。这个机构是直接调整位置而不是如同图 4-72 那样调节刀片座的位置。该机构的调节螺钉头部外圆带有锥度,而调整销则开有一个弹性槽。当旋下调节螺钉时,调整销的弹性槽胀开,调整销的前端推动刀片往下凸出。而钢珠则是保证调整销不至于旋转,尖头螺钉则用来不使钢珠脱离锁定位置。

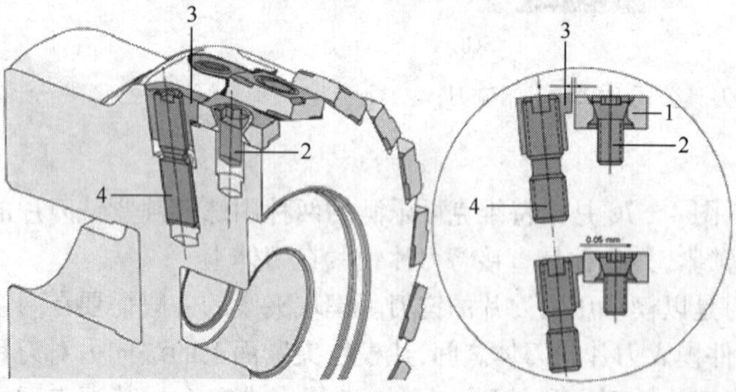

图 4-72 斜块调节

1—刀片;2—刀片锁紧螺钉;3—斜块;4—调整螺钉。

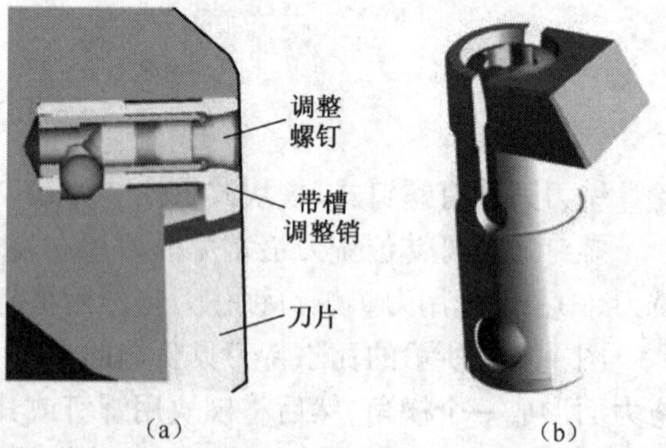

图 4-73 带槽调整销调整

3. 锥头螺钉调整

图 4-74 是肯纳金属公司 KSCM Alu MILL 铝合金加工铣刀的调整机构。这种铣刀上装有带金刚石刀头的刀座,刀座上面有刀座锁紧螺钉,下面有锥头调整螺钉,锥头螺钉的圆锥部分母线与刀座下面贴合,因此该锥头螺钉的轴线与刀座下面有一个夹角。当拧入螺钉时,就顶起刀座。

4. 小锥度螺钉调整

图4-75是瓦尔特刀具公司F2250铣刀的小锥度锥头螺钉调整机构，该机构的调整原理与图4-74基本一致，但其锥度很小，即它的调节可操作性更好，但调节范围也很小。

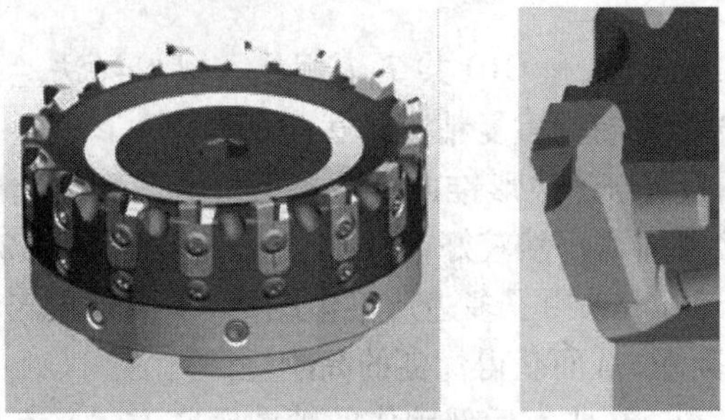

(a)　(b)

图4-74　锥头螺钉调整

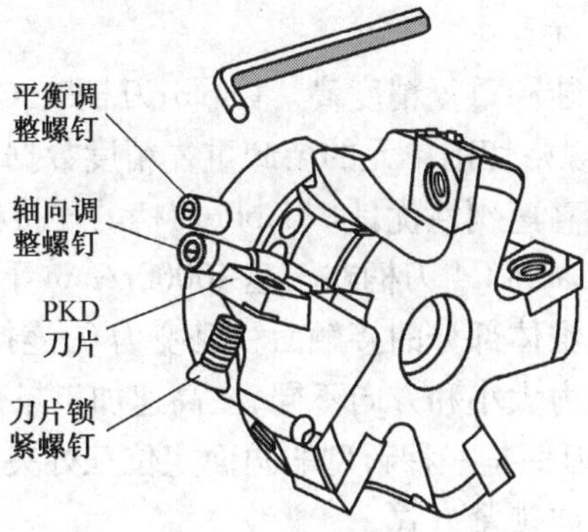

图4-75　小锥度螺钉调整

5. 偏心销调整

图4-76是瓦尔特刀具公司模块式F2010铣刀采用的偏心销调整机构示意。该机构的调节靠一个偏心销来完成，这种偏心销大多是圆形销钉部分与螺钉的螺纹部分不同轴。销钉部分轴线在螺纹部分轴线最左边时，刀座的销孔右侧与销钉左侧相贴紧，刀座处于最左边的位置。当拧动螺钉半圈使销钉的轴线在螺纹部分轴线的最右边时，销钉的偏心将刀座顶至最右边。销钉的偏心值（销钉轴线与螺纹轴线的距离）的2倍就是销钉调节的范围。销钉的圆锥部分是螺钉的受力部分，它使调偏心过程中销钉的径向力上部与刀座之间由圆柱形部分承担，下部与刀体之间由圆锥部分承担，而螺纹部分不受径向力的作用。

三面刃铣刀的宽度调节多采用这种方法。图4-77是瓦尔特刀具公司F2252三面刃铣刀的调整示意。偏心销从刀齿的后背旋入，其头部嵌入刀座背面的槽内。当偏心销旋转时，其偏心的头部能使刀座在宽度方向上移动，从而达到调整三面刃铣刀宽度的目的。

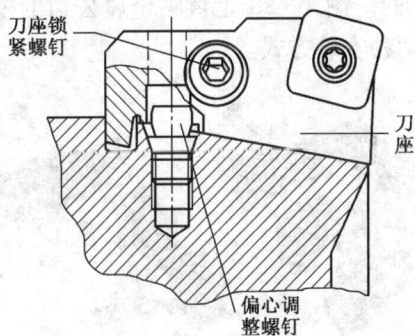

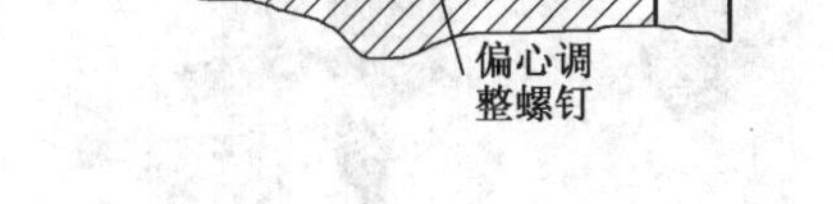

图4-76　偏心销调整机构

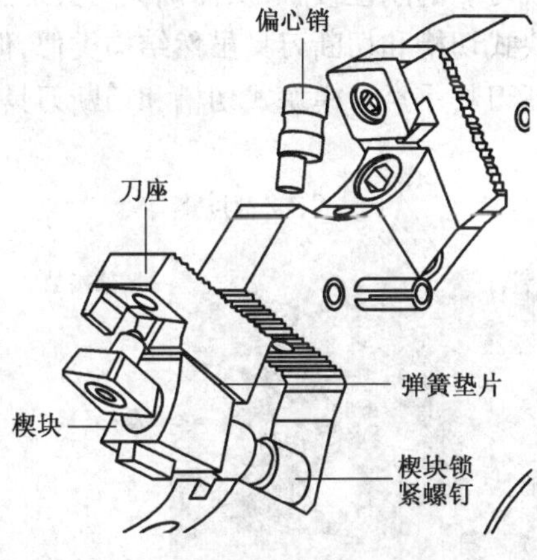

图4-77　三面刃铣刀宽度调整

4.8　模块式刀具的结构

模块式刀具主要有模块式车刀、模块式钻头、模块式铣刀，也有其他一些模块式刀具，如模块式铰刀和模块式丝锥。

4.8.1　模块式车刀

模块式外圆及内孔车刀以能传递较大扭矩和弯矩的模块结构为主，如山特维克可乐满的Capto结构和肯纳金属公司与威迪亚公司联合发明的 KM 结构，而这两种结构均已成为国际标准。另外，还有专门用于车削的 HSK 结构，称为 HSK－T。

Capto 结构是一种新型的两面定位夹紧系统（图 4－78（a）），具有 1∶20 锥度的带有弧边三棱形的截面，具有以下优点：

（1）装卸重复精度高。Capto 刀柄有 C3、C4、C5、C6 、C8、C8X 和 C10 共 7 个规格。以 C4（法兰外径 ϕ40mm）规格切削单元的装卸重复精度数据为例，其 X、Y、Z3 个方向的重复精度约达 ±1μm。

（2）高速刚性优良。Capto 刀柄的连接机构特征是采用端面与多边形锥面定位夹紧。有限元分析数据表明，对 Capto C4 刀柄在转速 40000r/min 下端面和锥面的接触面积仍然较好，而两面定位夹紧刀柄 BT30 的同样转速锥体部分的接触面积已变为 0，连接刚性明显降低。由于采用了多边形锥体结构，作用于顶点和边缘的离心力大小和方向不同，在高速加工条件下能确保接触面积，从而获得优良的高刚性。

KM 刀柄是一种新型的两面定位三处夹紧系统（图 4－78（b）），既有后部动作的轴向锁紧方式又有侧面动作的径向锁紧方式。

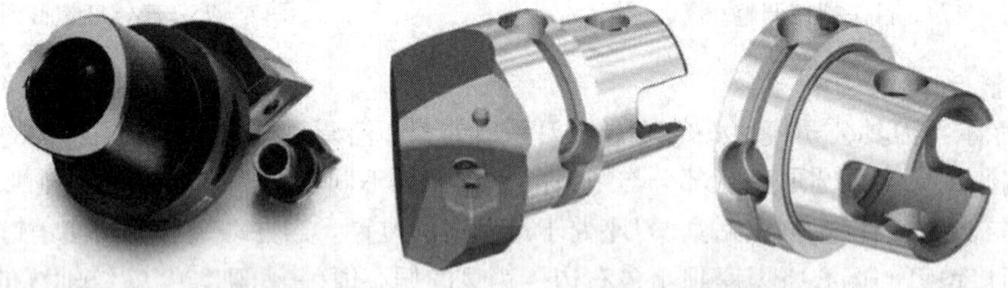

（a）Capto 模块车刀接口　　（b）KM 模块车刀接口

图 4－78　常用的模块车刀接口

KM 轴向锁紧的夹紧依靠夹紧装置的轴向移动，使里面的两个钢球被径向推出，而钢球顶入刀具上与轴线成倾斜角的夹紧孔后推动刀具向后运动，使两者的锥面大端发生接触，这时刀具-刀柄副并未形成刚性连接（图 4－79）。夹紧装置继续向后移动，拉动钢球向后运动，从而拉动刀具与刀柄在两者的端面、大端、尾部三处形成可靠的刚性接触，从而确保刀具加工时所需要的力传递和精度传递。

模块式切槽和切断刀具虽然结构类似，但是结构尺寸各不相同。图 4－80 是肯纳金属公司的模块式切槽和切断刀具示意。模块式切槽和切断刀具一般有轴向和径向两种安装方式。

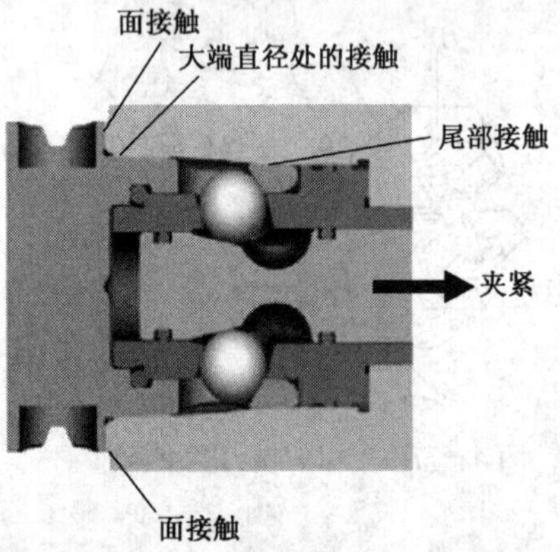

图 4－79　KM 的夹紧方式

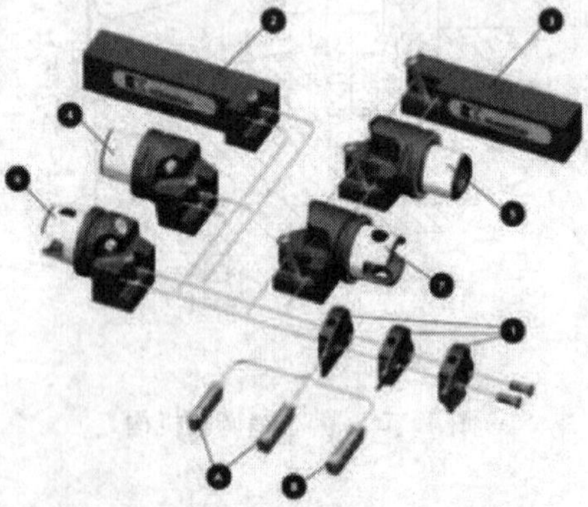

图 4－80　肯纳金属公司的模块式切槽和切断刀具

4.8.2　模块式钻头

模块式钻头主要是在大直径钻头上，图 4－54 和图 4－55 就是肯纳金属公司的两种大直径模块式钻头。图 4－81 是瓦尔特刀具公司的模块式钻头，其接口和切削刃都采用模块化的结构：实心短锥 NT 接口可连接其主柄、扩径模块、延长模块、缩径模块等各种模块接口；而切削刃的模块式结构则主要用于调节钻头的钻孔尺寸。

4.8.3　模块式铣刀的结构

图 4-81　瓦尔特刀具公司的模块式钻头

模块式铣刀分为小尺寸模块式铣刀和大尺寸模块式铣刀两类。模块式接口在镗刀中应用很多，但镗刀一般所受的切削力较小，模块式接口的刚性要求不高，同时由于大部分镗刀的切削刃径向可调，因此精度要求也不很高。

相比之下，模块式铣刀在刚性和精度方面的要求比模块式镗刀要高。

1）钢制刀头的小型模块式结构

小型的模块式刀具大多采用螺纹加上圆锥或者螺纹加上圆柱的方式。

图 4-82 是可转位刀片模块式铣刀的刀头结构。可以看出，图(a)和图(b)的结构大致相同，其主要区别在于图(a)的结构在螺纹部分采用了经特殊设计的梯形螺纹，与只采用普通螺纹的图(b)结构相比而言，传递扭矩更大，旋合也更快。这一螺纹结构在直径更小的难以使用可转位刀片而采用整体硬质合金刀头的模块式刀具上也得到了更多应用。图(c)与另外两种结构的主要差别是采用了圆锥定位而不是圆柱定位。就定位而言，圆锥定位是径向无间隙定位，这一点在定位精度方面明显优于圆柱定位。而且，图(a)和图(b)两种结构的圆柱因为要尽可能减少径向间隙，在头部定位的圆柱轴与相配合的圆柱孔之间隙都很小，但这样一来，当旋合到轴孔开始接触时，螺纹的拧入阻力就比较大，需使用扳手进行旋合，操作时间相对较长。也正是因为这点，两个使用圆柱配合的设计的圆柱段都比较短。虽然损失少许定位支撑长度，但有端面接触的支撑，还可以保证基本的刚性。而图(c)所示的圆锥配合则在旋入过程中绝大部分可仅用手进行旋合，在圆锥开始接触后只需用扳手拧约 1/4 圈就能锁紧，装卸方便。但由于图(c)所示的结构拧紧时是圆锥端面同时获得支撑，因此制造的要求比较高。

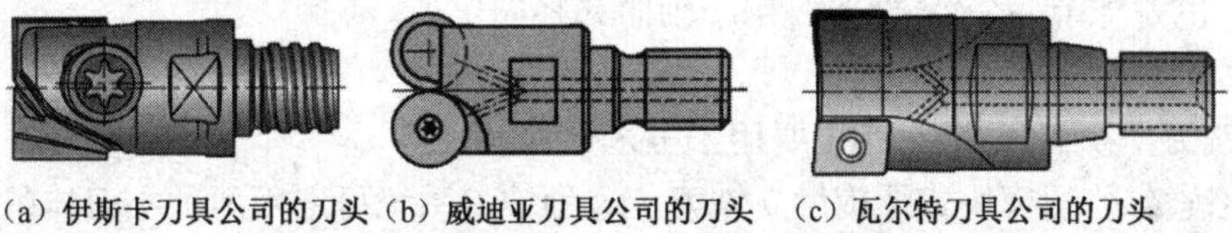

(a) 伊斯卡刀具公司的刀头　(b) 威迪亚刀具公司的刀头　(c) 瓦尔特刀具公司的刀头

图 4-82　用可转位刀片的小型模块刀头结构

图 4-83 是图 4-82 所示的瓦尔特刀具公司短锥锁紧系统的接触示意图。从图可看到，这种短锥接触的首先接触的不是通常圆锥配合所选择大端接触，而是选择小端接触。这一选择是因为该连接副除圆锥接触外还有端面接触。在有端面接触的条件下，由端面-小端构成的支撑副长度比由端面-大端支撑副更长，因此支撑更为稳定可靠。

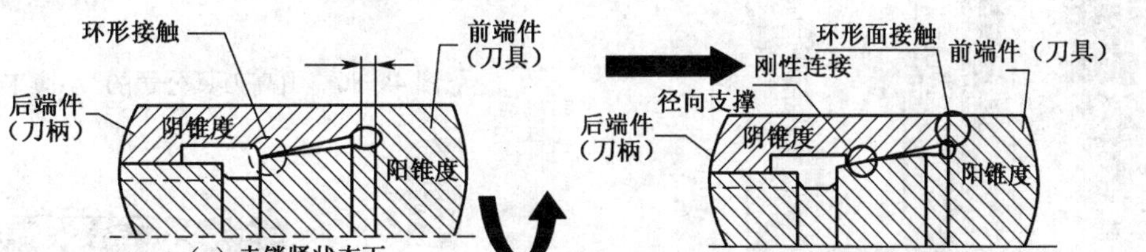

(a) 未锁紧状态下　(b) 锁紧状态下

图 4-83　瓦尔特刀具公司短锥锁紧接触示意图

2）硬质合金刀头的小型模块式结构

图 4-84 示出了用整体硬质合金刀头的小型模块刀头。其中图(a)是伊斯卡公司和泰珂洛公司刀头采用的结构，与图 4-82(a)相同，它也是圆柱加上特殊梯形螺纹的接口；而图(b)是山特维克可乐满和瓦尔特刀具公司共同的结构，在山特维克可乐满称为 CoroMill 316，而在瓦尔特公司称为 ConeFit。这种结构由图(b)的左起由端面、圆锥、特殊的梯形锥螺纹的大径共同保证轴向、径向定位，因此其精度高、径向跳动小。

圆柱部分的配合不很紧,不起定位作用,而是在切削力作用下辅助支撑,从而避免螺纹部分受力过大。梯形锥螺纹传递的扭矩更大,旋合也更快,同时需要使用扳手的距离也很短,使用方便。图(c)是山高刀具公司的第一代“小魔王”接口。图4-85显示了“小魔王”接口刀头实物、接口剖面及接口零件示意。刀头的圆锥部分用于轴向与径向定位,刀头圆锥被挖去一部分以与带拉钩的指形拉杆相适应。当指形拉杆所带的钩形块钩入刀头的凹槽后,向下拉动拉杆,将刀头拉入刀杆进行定位和夹紧。但该机构的缺点是缺乏刚性的轴向定位,当高速旋转刀杆受离心力作用向外微量扩张时,刀头与刀杆间的夹紧和定位都会出现不可靠的倾向,影响加工的可靠性和稳定性。

(a)伊斯卡公司和泰珂洛公司的刀头　(b)山特维克可乐满与瓦尔特刀具公司的刀头　(c)山高刀具公司的刀头

图4-84　用整体硬质合金刀头的小型模块刀头

也有将类似于图4-82(b)的圆柱加上普通螺纹的结构,这种结构由于普通螺纹牙型在牙底部分较容易形成类似于裂纹扩张中的裂纹源,而硬质合金对裂纹扩展又非常敏感,使用中容易发生沿螺纹牙底裂纹扩展的断裂,设计中谨慎采用。

山高刀具公司的第二代“小魔王”则弃用了第一代的钩形结构,也采用了圆锥加螺纹的连接方式,如图4-86所示。但与其他厂家将外螺纹安排在刀头上的结构不同,第二代“小魔王”的连接螺栓固定在刀杆(不可拆卸),而用一个类特殊梯形螺纹的外螺纹拧入硬质合金的内螺纹中。这种类特殊梯形螺纹的连接同样改善了普通螺纹容易引起的应力集中现象,只是在硬质合金刀头上安排内螺纹使得制造工艺稍显复杂。同时,第二代“小魔王”也安排了一个短锥结构,用于轴向和径向定位。

3) 可换头部的模块式结构

第二类模块式铣刀是换头式铣刀,其主要用于玉米铣刀。

图4-87是英格索尔公司模块式螺旋齿立铣刀。这种铣刀系统可选用两种主刀体(削平型直柄和7：24圆锥柄),分别安装球头、过中心刃带端面铣削、端部双有效切削刃不带端面铣削和端部四有效切削刃不带端面铣削共四种不同的头部,使其切削形状和功能发生变化。这种铣刀的头部与刀体之间采用中心后紧式夹紧方式,用拉紧螺钉从柄部伸出而将刀头夹紧。

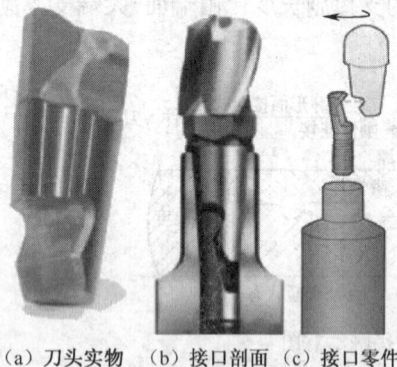

(a) 刀头实物　(b) 接口剖面　(c) 接口零件

图4-85　山高刀具公司第一代“小魔王”接口刀头

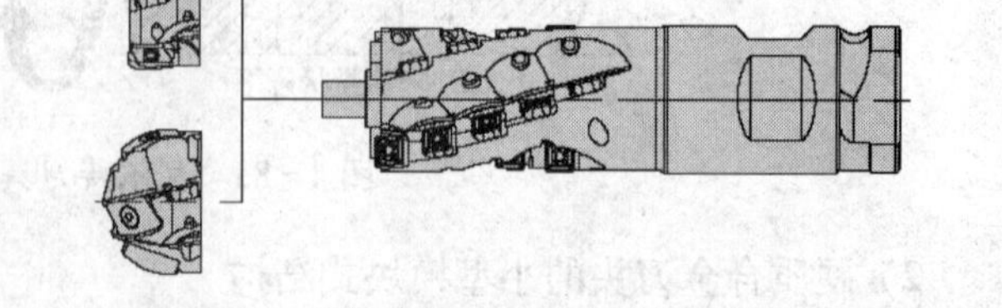

图4-86　山高刀具公司的“小魔王”二代

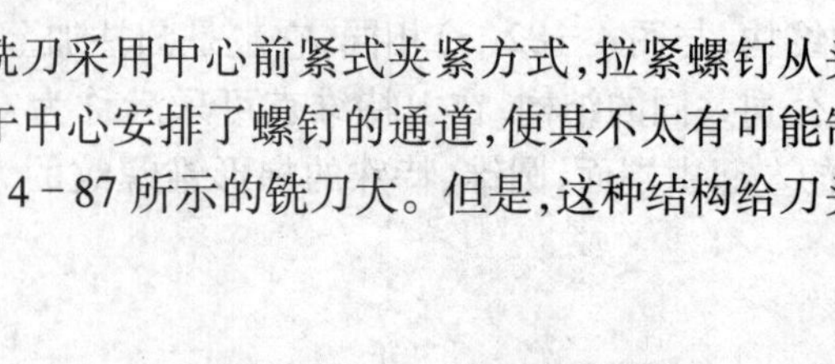

图4-87　英格索尔公司模块式螺旋齿立铣刀

图4-88是瓦尔特刀具公司的可换头部立铣刀。这种铣刀采用中心前紧式夹紧方式,拉紧螺钉从头部伸出,将刀头夹紧。显而易见,图4-88所示的铣刀头部由于中心安排了螺钉的通道,使其不太有可能制成球头或过中心刃的铣刀头。从功能上说,其发展余地不如图4-87所示的铣刀大。但是,这种结构给刀头的

拆卸和安装带来方便，它使刀头的拆装既可以在刀库或工具室内进行，也可以在机床主轴上进行，即不必把主刀体从机床主轴上拆卸下来。

4）大型的模块式铣刀结构

大型的模块式铣刀多是采用刀座式和帽盖式两种方式。

刀座式可分为刀夹式、刀块式和连体刀块式。

图4-89示出了刀座式模块化铣刀。图(a)是伊斯卡公司的模块化铣刀。该铣刀采用小刀块来实现模块化的功能，通过更换刀夹，可以方便地改变刀具的几何参数。它的轴向调节依靠刀座后面的小螺钉来完成。图(b)是威迪亚公司的M4000型模块化铣刀，该铣刀通过更换不同的底盘，可以实现轴向可调或轴向不可调两种方式，其中大部分应用可采用轴向不可调的底盘，使用简单方便，操作不易出错；但对于使用修光刀片切削轻金属，以及使用PCBN或PCD刀片时，轴向可调更能够使刀具切削平稳、延长刀片寿命、提高加工质量。同时，其刀座具有使用螺钉压紧带孔刀片和使用压块压紧无孔刀片两个系列，方便选用更适合加工任务的方式。图(c)是瓦尔特公司用在曲轴外铣上的一种连体刀块结构。这种结构将加工曲轴需要的一组刀片安装在一个连体刀块上，即在功能上一个连体刀座可包含曲轴该位置的全部铣削加工要求，功能上相当于一个成形刀片。通过更换连体刀块，就可以使该曲轴外铣刀适应加工不同形状的曲轴。

图4-88　瓦尔特刀具公司的可换头部立铣刀

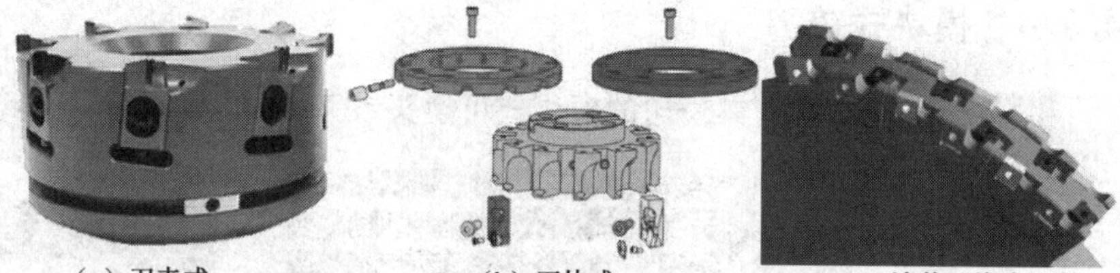

(a) 刀夹式　(b) 刀块式　(c) 连体刀块式

图4-89　刀座式模块化铣刀示例

还有一类可作为模块化刀具的是大尺寸的帽盖式刀具。

图4-90是山特维克可乐满的一种帽盖式铣刀的示意图。该结构的铣刀实质上可看成将传统铣刀的刀盘分为两个部分，图(a)中上半部分是支承体，用于安装在刀杆或主轴上；下半部分是帽盖，用于安装刀片、开容屑槽等。帽盖和支承体用螺钉连接。有时，为了进一步减少换刀重量，可以在帽盖上再设计一个可装卸的刀座环，将刀座或刀片安装在刀座环上，如图4-90(b)所示。

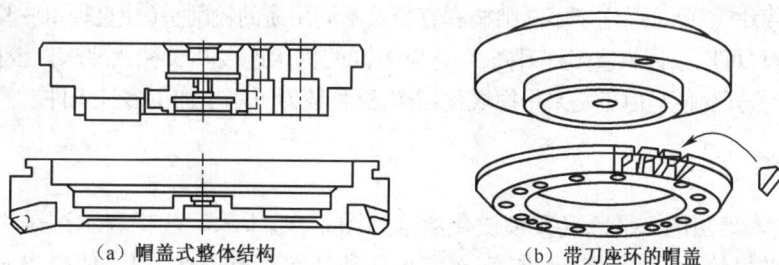

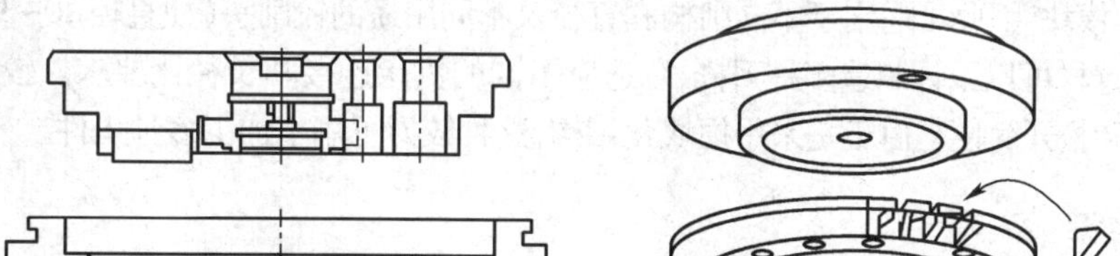

(a) 帽盖式整体结构　(b) 带刀座环的帽盖

图4-90　帽盖式铣刀

在帽盖式铣刀结构中，可以设计制造使用不同刀片、不同主偏角、不同轴向/径向前角的刀座或刀片槽，就能构建出一定范围内各种不同功能的铣刀，即模块化铣刀。

5）其他模块式铣刀结构

伊斯卡公司的“变色龙”铣刀在某种程度上可认为是一种模块化的铣刀。“变色龙”铣刀的特点是：①在同一个刀杆上可以直接安装多种不同形状的铣刀片。这一设计的关键在于其刀垫。“变色龙”铣刀的刀片，不管是圆形刀片、方形刀片、八边形刀片，都直接带一个完全相同的刀垫。这个刀垫是和刀片一体的，而不是像许多车刀片或铣刀片那样刀片和刀体可分离。②该刀垫是多角形，如正多边形或等分的海星状多角形，角数量是所有可用刀片刃口数的公倍数。如需要安装 2 个角的矩形刀片、4 个角的方形刀片、8 个角的八边形刀片和圆形刀片，则刀垫的角数应是 2、4、8 的公倍数（圆形刀片可按使用需要和磨损情况自行决定按 2 次、4 次、8 次转位），即应为 8 角或 8 角的倍数；如需安装 2 个角的矩形刀片、4 个角的方形刀片、6 个角的六边形刀片和圆形刀片，则刀垫的角数应该是 2、4、6 的公倍数，即应为 12 角或 12 角的倍数；而如果需要上述 5 种刀片都能安装，则刀垫的角数应该是 2、4、6、8 的公倍数，即应为 24 角或 24 角的倍数。角数越多，如果采用正多边形就越接近圆形，从受力而言越容易打滑；只有采取海星形的锁紧结构，刀垫才能正常地承受切削力。

关于“变色龙”铣刀这样的结构，以下两点应引起注意。

（1）该结构刀片周边不再受力，原来刀片周边与刀片槽的定位及力传递关系已不复存在，原来刀片周边受力完全由刀垫各边来承受，必须充分重视这一改变带来的变化。因为刀垫直径绝大部分小于刀片内切圆直径，而正多边形角数越多，边长越短，完成定位、力传递绝非易事。

（2）由于可能安装圆刀片，刀体的刀片槽拐角必须按圆刀片来制造，否则使用时刀体与工件干涉，对刀体或工件的损坏结果难以预判。因此，当这种铣刀装上矩形或方形刀片时，刀尖会凸出刀体，使这一部分刀片在工作时处于悬空状态，这部分的底面得不到刀体的支撑，容易引起刀片崩碎。对于类似铣刀这样的断续切削，尤其要引起注意。

4.8.4 模块式铰刀

图 4-91 是山高刀具公司的模块式可换头铰刀 Precimaster^{TM} 及其装卸过程的示意。

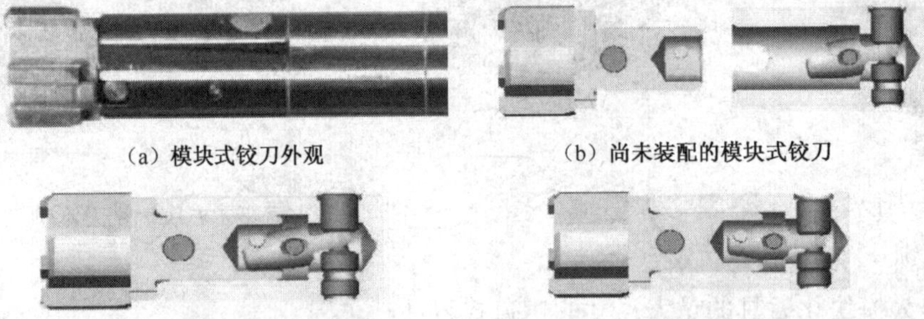

（a）模块式铰刀外观　（b）尚未装配的模块式铰刀

（c）铰刀头与柄部连接但尚未夹紧　（d）夹紧后的铰刀

图 4-91 山高刀具公司的一款模块式铰刀

Precimaster^{TM}铰刀以简单的互换性取代调整，大大简化了铰刀的调整。这种铰刀的优点是刀头可互换，并具有很高的尺寸精度。铰刀头部径向安装的销钉能保证铰削过程中正确传递力矩，以适用于超精加工。这种铰刀的接口可作为一种基本模块，因此可适用于不同结构和直径及不同用途的铰削头（如直径 10~32mm 的铰削头可以安装在同一刀杆上）。这样可以设计制造多种刀杆，以适应不同的机床连接和长径比要求。铰削头用径向夹紧装置紧固在刀杆上，紧固和松开简便。由于是采用模块化结构，这种铰刀可用于加工多种工件。

4.8.5 模块式丝锥

蓝帜金属加工技术集团的 XCHANGE 模块化丝锥如图4-92所示。蓝帜表示这是世界上首个丝锥头为硬质合金、柄部为钢的模块化硬质合金丝锥，在丝锥头部和柄部都有内冷却孔，使排屑和清理更方便。其硬质合金丝锥头的切削速度是高速钢（High Speed Steel，HSS）丝锥的 2 倍，因此加工时间可显著缩短；而柔性的钢制刀柄确保所要求的韧性，能够吸收丝锥回转时产生的瞬间最大扭矩。

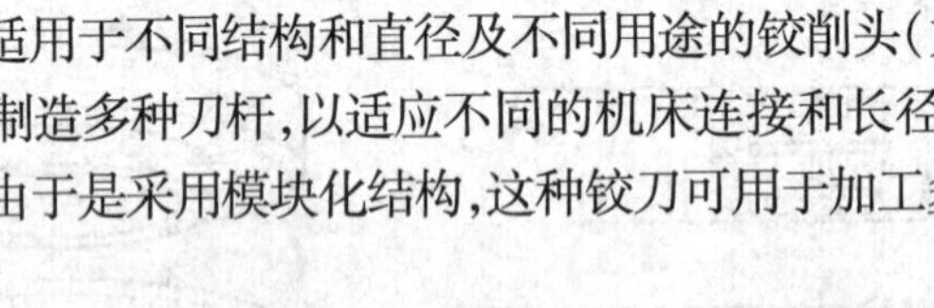

图 4-92 模块式硬质合金丝锥

4.9　刀具的内冷却通道

图 4－93 是车削镍基合金材料 Inconel718 的切削热分布状况。从图中可以看出,当对 Inconel718 进行车削加工时,切削热集中在车刀前刀面与切屑的接触部分。这一区间切削温度高于 900℃,局部区域甚至高于 1000℃。

然而无论车削还是铣削,传统的切削液是从切屑与工件的分离点附近供向切削区域。由于切屑的阻挡,真正能够达到切削区域的切削液很少,这使得在针对类似于钛合金、镍基合金等难加工材料时,由于切削刃得不到有效冷却而无法采用较高的切削速度,从而影响了加工效率的提高。这就需要有切削液直供切削区域的解决方案。

图 4－3(a)是山高刀具公司 Jetstream 车刀冷却系统的示意。图 4－94(a)是该刀具的结构示意。切削液可以通过刀杆的中心、底面或背面接入刀杆(在使用时除供切削液的通道外应被封堵冗余通道),又从刀杆的顶面接入引导器,然后从贴紧引导器底部的喷射孔直接将切削液以较高的压力喷至切屑和前刀面之间的切削区域。图(b)所示的肯纳金属公司 Beyond Blast™ 车刀则是通过刀片中间的定位螺纹销作为高压切削液的输送通道。

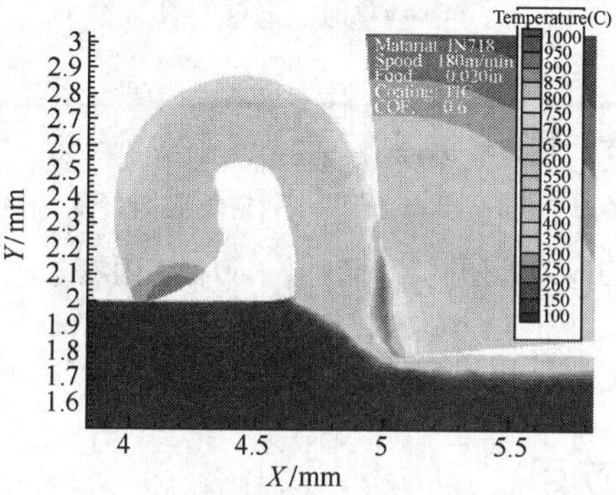

图 4－93　车削镍基材料 Inconel 718 的切削温度分布

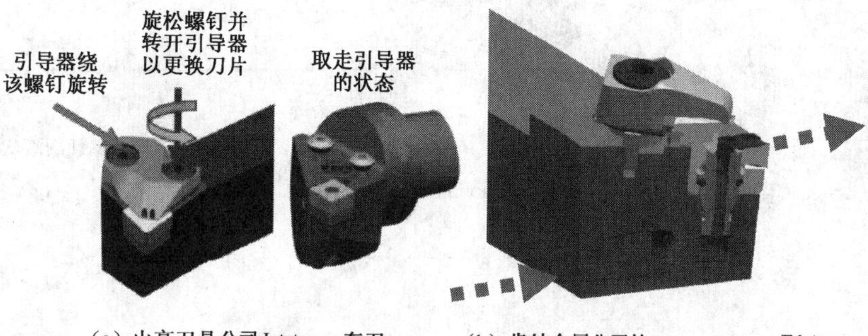

(a) 山高刀具公司 Jetstream 车刀　(b) 肯纳金属公司的 Beyond Blast™ 车刀

图 4－94　两种高压内冷却车刀结构

图 4－94(b)是肯纳金属公司的 Beyond Blast™ Daisy 车刀冷却系统的示意。其思路与山高刀具公司的 Jetstream 车刀有异曲同工之处。使用时,切削液从铣刀体内通过刀片底面上相对位置的孔导入刀片,再从前刀面上与前角几乎相同的方向喷出,将切削液直接送到切屑和刀片前刀面之间的切削区域。据有关资料,用这种 Jetstream 或 Beyond Blast 的切削液输送方案,用与图 4－93 同样的切削参数加工同样的被加工材料,切削区域的切削温度大约下降了 200℃。

液氮冷却也是加工难加工材料的一个可选途径。瓦尔特刀具公司与机床商 MAG 合作开发了一个低温液氮冷却的加工方案。这种“低温系统”以液氮为基础,可以根据不同的加工要求与油雾润滑(MMS)相组合,以减小刀具与切屑间的摩擦和粘结。据 MAG 介绍,温度为－196℃的液氮在 MAG 的低温加工系统中通过主轴、刀柄和刀体内部的管道流动,然后通过切削刀片中的出口到达距剪切面不到 1mm 处(图 4－96)。这样的低温切削液对切削时产生的高温具有超强冷却能力,可以防止切削热传入刀具切削刃,将冷却效果集中到刀片本体上。

另外,刀具或刀体上对不同的切削液供给方式设计可选结构也是保证刀具通用型的一个重要方面。图 4－97 是山高刀具公司 Nanofix 铰刀刀柄示意。通过拧动控制切削液通路的阀门,可以使切削液从四周或中心到达铰刀的前端。因为铰削加工是有底孔的,如果铰削工件的底孔是通孔,通过铰刀中心供给的切削液流走,无法到达铰削区域;而如果铰削工件的底孔是盲孔,则铰刀中心供给切削液达到铰削区域。Nanofix 铰刀刀柄切削液供给方式的转换如图 4－98 所示。

（a） （b）

图 4－95 肯纳金属公司的 Beyond Blast™ Daisy 铣刀体与铣刀片（背面）

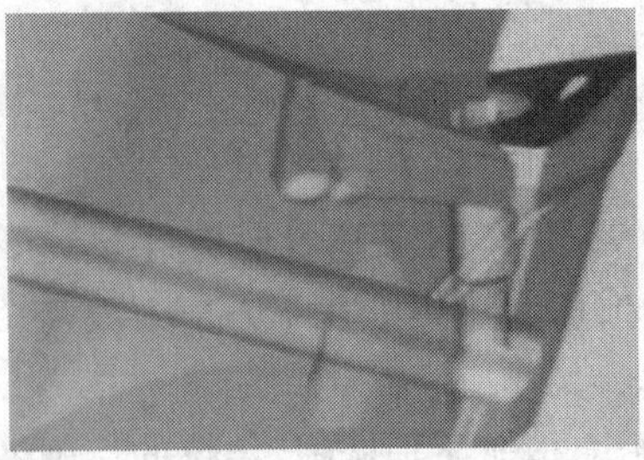

图 4－96 瓦尔特刀具公司低温液氮冷却的 Cryo · tec 刀具示意

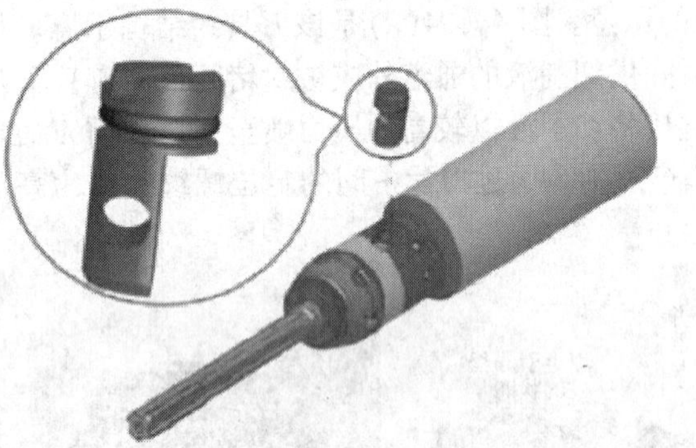

图 4－97 山高刀具公司 Nanofix 铰刀刀柄示意

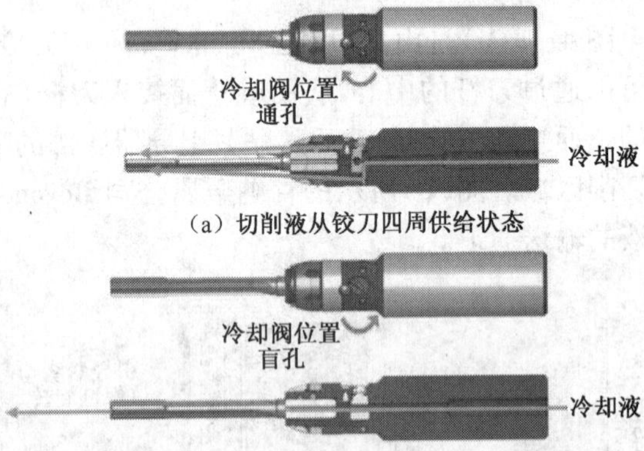

（a）切削液从铰刀四周供给状态

（b）切削液从铰刀中心供给状态（仅用于铰销底孔为盲孔）

图 4－98 山高刀具公司 Nanofix 铰刀刀柄切削液供给方式的转换

4.10 刀具结构设计软件及应用

4.10.1 刀具结构设计软件的要求

刀具结构设计是决定刀具产品性能、质量等方面重要的环节，刀具结构的设计工作对刀具的成本也具有非常重要的作用。为适应现代加工技术的不断发展，满足高效刀具产品的设计要求，刀具结构设计也由单纯的刀具结构设计向“刀具结构设计—刀具制造仿真—刀具切削仿真”等综合方向发展。即首先在进行产品概念设计的基础上从事产品的几何造型分析，完成产品几何模型的建立；然后抽取模型中的有关数据进行工程分析和计算，如有限元分析、仿真模拟及加工仿真等；最后根据计算结果决定是否对设计结果进行修改，修改满意后编辑全部设计文档，输出工程图。

4.10.2 三维设计软件的功能

随着计算机软件技术的发展，计算机辅助设计（Computer Aided Design，CAD）已成为设计人员不可缺少的工具。CAD 技术也已经从二维发展到了三维。一个成熟的三维设计软件具有较完整的材料库、几何建模模块、结构力学与动力学仿真模块、加工制造模块、优化设计模块等。目前，国内广泛应用的三维 CAD 软件有 UG、SolidWorks、Catia、Pro/E、ANSYS 等。

几何建模功能是所有三维 CAD 软件具有的最基本功能，包括最基本的几何造型从二维草图到简单三维拉伸、旋转、球体、圆柱等特征。可以对不同的几何体进行布尔运算-求交、求并、求差等，方便地得到实体模型。提供了高级的曲线、曲面功能，可以方便地获取由三维测量仪取得的点云、进行几何形状的获取，再进行修改、设计，以达到需要的曲面。图 4－99 为经过建模得到的可转位铣刀刀体结构。

三维 CAD 的草图与特征功能可以方便地修改，清楚的结构树将相关特征及所属草图关联在一起。企业的产品是按照种类而分的，同类产品如铣刀，可能柄部、直径、刃长不同，同一类别中的产品区别是较小的，只是在草图或特征进行了一个或几个关联参数的修改。三维 CAD 一般使用参数化建模，整个建模步骤和产品外形尺寸被参数化，这些参数与产品的造型直接关联，图 4－100 为 3 个不同齿数的立铣刀的结构图。若要对尺寸或造型进行局部更改，只需更改相关参数，整个造型将被自动更新。这样不仅大大减少了设计人员的工作量，还保证了产品外造型的延续性。

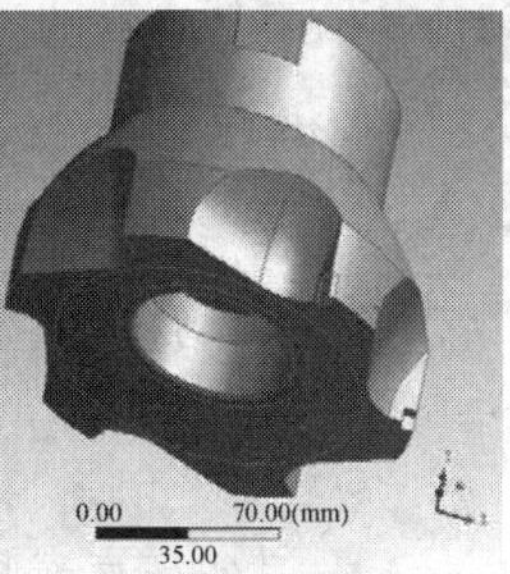

图 4－99　可转位铣刀刀体结构

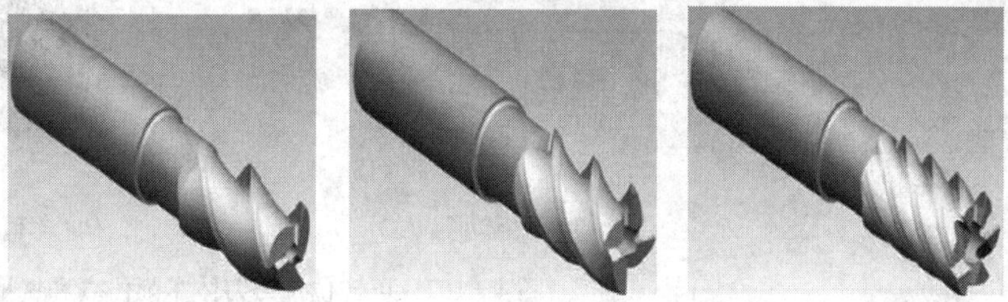

(a) 3 齿　(b) 4 齿　(c) 6 齿

图 4－100　不同齿数铣刀实体模型

很多刀具如可转位刀具、焊接刀具等，由两个以上的零部件组成，设计者需要分别建立每个零件的模型，然后进行虚拟装配，通过力学计算、仿真分析甚至热力学仿真，以确定结构及零件设计的合理性。三维 CAD 软件的虚拟实体装配提供了这种功能。三维 CAD 软件不仅能让设计人员直观地看到各零件装配后的状态，还可以测量各零件之间的空间大小，方便零件的布置。在装配完成后，零件可以隐藏或设置成半透明状态（图 4－101），方便设计人员观察内部结构。

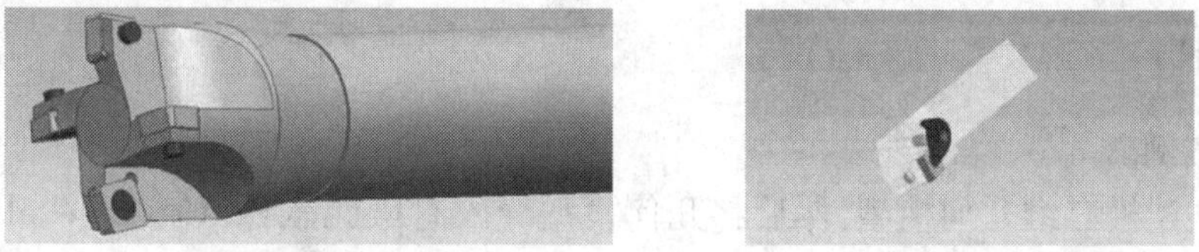

(a) 铣刀实体模型配图　(b) 半透明的车刀装配图

图 4－101　三维 CAD 软件的虚拟刀具装配

此外，在装配状态下，软件提供的标准件库也方便设计人员对标准件型号的选择。装配状态下的干涉分析也是常用的，计算机通过计算各装配零件的体积大小和位置来确定是否有相交的部分，并确定各零件是否干涉，自动生成分析报告，明确指出互相干涉零件的名称和干涉尺寸，方便修改产品设计尺寸。

计算机辅助制造（Computer Aided Manufacturing，CAM）是指借助计算机来完成从生产准备到产品制造出来过程中的各项活动，如计算机辅助数控加工编程、制造过程控制、质量检测与分析等。CAM 的核心是计算机数值控制（简称数控），是将计算机应用于制造生产过程的过程或系统。在生产过程中，使用 CAM 技术能提高生产质量、降低成本、缩短生产周期、改善劳动条件。CAM 软件是具有 CAM 功能软件的统称，常见的有 UG－NX、Pro/NC、CATIA、MasterCAM、HyperMILL、PowerMILL、SolidCAM、Cimtron、EdgeCAM 等。

刀具设计研发过程中，通过 CAD/CAM 软件，从刀体的零件图纸到产生数控加工程序的全过程，即完成刀体的结构设计后，通过 CAM 生成包括刀具路径规划、刀位文件生成、刀具轨迹仿真以及 NC 代码生成等。可方便查看结构设计的工艺合理性（图 4－102）。同时这种 CAM 模块生成的 NC 代码也可以方便地通过后处理与数控机床连接，迅速进行新产品试制及小批量产品生产。

CAE 是三维 CAD 软件的重要模块，CAE 功能包括工程数值分析、结构优化设计、强度设计评价与寿命预估、动力学、运动学仿真等。CAD 技术在建模模块完成产品造型后，才能由 CAE 模块针对设计的合理性、强度、刚度、寿命、材料、结构合理性、运动特性、干涉、碰撞问题和动态特性进行分析。

CAE 在刀具设计中的应用主要有结构与切削两个部分，两个部分也有紧密联系。常见的通用 CAE 软件，如 ANSYS、Abaqus、MSC 等。其中 ANSYS、MSC 进入中国较早，在国内知名度高应用广泛。目前，在多物理场耦合方面可做到结构、流体、热的耦合分析，并且集成多物理场应用平台（即 Workbench）也是 CAE 软件发展的一个趋势。

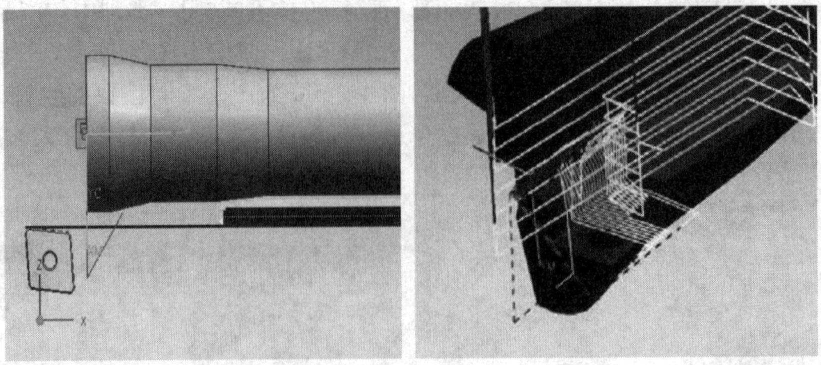

（a）车削仿真　　（b）铣槽仿真

图 4－102　可转位铣刀刀体车削仿真和铣槽仿真

由于方便建模，通常 CAE 结构仿真的模型是在 CAD 软件中绘制，所以大多有限元软件具有与 CAD 通用的接口，即在用 CAD 软件完成部件和零件的造型设计后，能直接将模型传送到 CAE 软件中进行有限元网格划分并进行分析计算，实现真正无缝的双向数据交换。

在软件中设置仿真参数后，对模型进行网格划分，由于三维模型比较复杂，自由划分网格方法不能很好地保证其精度，因此先划分平面网格，然后采取 SWEEP 方法划分三维网格。

通过对产品的模型、定义其边界条件并进行有限元的计算，检查刀具的应力与应变情况以优化刀具设计。

4.10.3 设计实例

锯片的有限元实例。

在 SolidWorks 中建模三维几何模型，然后将几何模型导入有限元软件 ANSYS Workbench。在有限元软件中定义产品的材料属性及边界条件，尤其是刀片与刀槽之间的约束条件，如图 4－103 所示。对镶硬质合金圆锯片进行网格划分，考虑到锯片薄壁大直径，所以对刀片与锯片基体采用不同的网格划分策略，充分发挥计算能力。应力集中敏感区和微小尺寸处，采用较密的网格尺寸进行划分，以便更精确地反映出整个有限元模型的状态，提高计算精度；而其余部分则采用较疏的网格尺寸进行划分，以减少计算量，如图 4－104 所示。

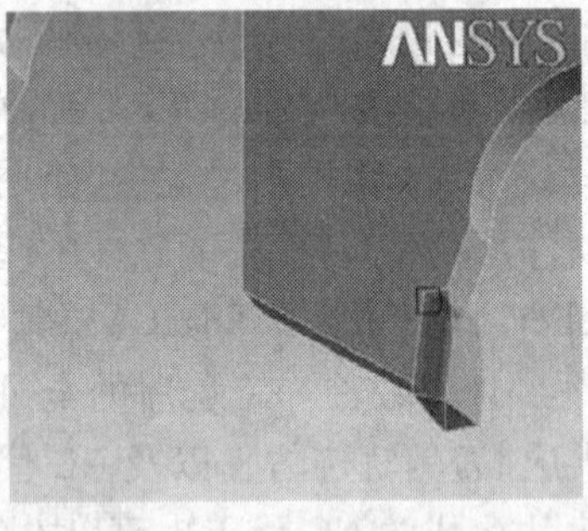

图 4－103　锯片及基体接触定义

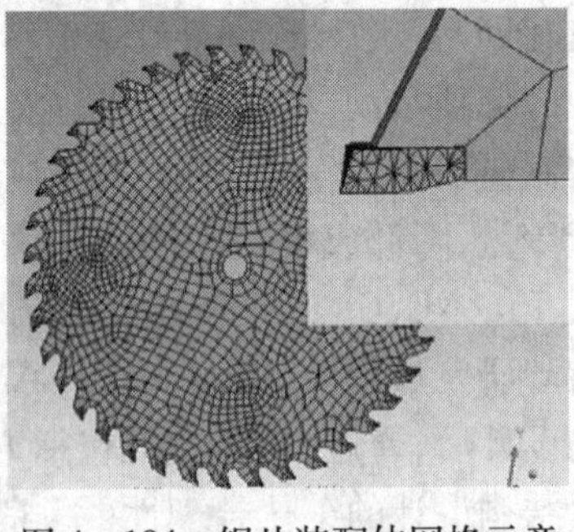

图 4－104　锯片装配体网格示意

为了防止模型发生刚性移动，约束锯片内环面的节点位移 $U_Z=0$。锯片是在高速旋转中进行工作的，对切割外环进行离心力分析时，施加的角速度为 100rad/s。求解，分别查看 Von－Mises 等效应力、径向应力及总变形，如图 4－105 所示。

如图 4－105(a)所示，模型最大 Von－Mises 等效应力为 7.37MPa，最小值为 339Pa。如图 4－105(b)所示，模型最大径向应力为 3.75MPa，最小径向应力为 195.7Pa。圆锯片离心力的作用会使圆锯片受拉产生拉应力，引起正的径向位移、径向应力。径向应力最大值也决定了刀片焊接强度的安全性。如图 4－105(c)所示，直径 505mm 镶硬质合金圆锯片，在 100r/s 条件下，最大变形为 1.52×10^{-6}m，最小变形为 2.63×10^{-7}m。

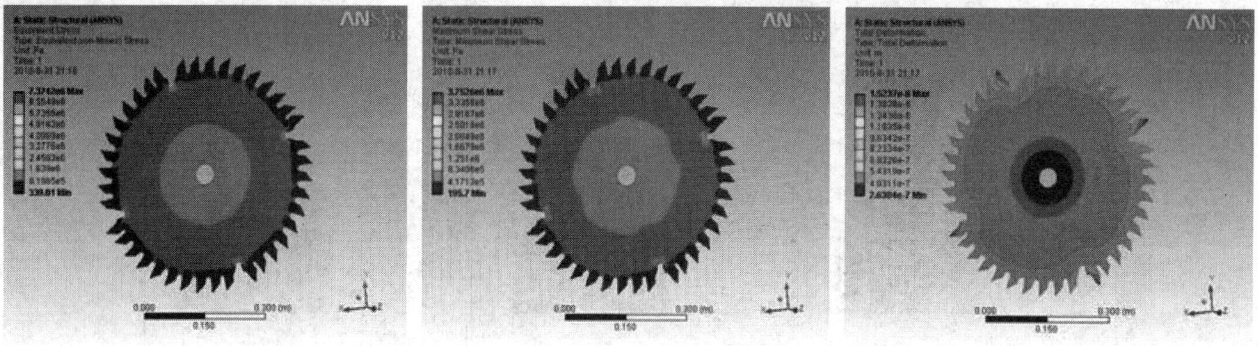

（a）锯片 Von-mises 应力　　（b）锯片径向应力　　（c）锯片总变形量

图 4-105　ϕ505mm 锯片离心力有限元分析

切削仿真属 CAE 工程分析的范畴，切削加工仿真技术属于物理仿真技术。如被加工材料因切削加工产生塑性变形而产生热量，被切除材料不断擦过刀具前刀面形成切屑后被排出，以及由刀具切削刃切除不需要的材料而在工件上形成已加工面等，并将这一系列切削过程通过计算机模拟出来，目前能达到这种理想目标的软件产品不多。第三波公司（Third Wave Systems）的 AdvantEdge 是采用有限元法对切削加工进行特殊优化解析的软件产品，其最大优点是用户界面优良，机加工人员能方便地进行解析。它通过选择工件材料、刀具材料、涂层材料、输入工件和刀具几何体、加工参数等信息，软件自动划分网格，并计算出多个有限元分析结果，以图形和数值的方式呈现仿真结果。美国 Scientific Forming Technologies 公司的 Deform2D/3D 是锻造等塑性变形加工用有限元法解析程序包，已转用于切削加工。

切削过程是切屑、被加工材料的弹性和塑性变形过程，与冲压、锻造等塑性变形比较，其变形速度（单位时间产生的变形量）非常大，由此产生的塑性变形能量和前刀面上由摩擦产生的能量将引起发热，从而使温度大幅度升高。刀尖在连续而狭小的范围使被加工材料破坏、分离形成切屑和已加工面等，这是切削过程的显著特征。而这些现象彼此存在着相互影响。

如果用有限元数值解析方式，需输入被加工材料特性和摩擦状态等物理特性以及切削条件和刀具形状等边界条件。通过有限元解析刚性方程，可输出切削力、剪切角、切削温度等带有切屑生成状态特征的量化参数，在此过程中，无需建立数学模型或提出假设。根据有限元解析结果，还易于将切屑生成过程、应力、变形等物理量实现可视化。

图 4-106 是使用有限元软件分析硬质合金铣刀不同刀具前角对加工钛合金的影响，通过分析可以获得金属切削中更多的相关信息，可提高材料的去除率，优化切削力、温度及切屑形成，减少加工中工件扭曲变形，降低残余应力，提高零件质量、刀具性能、刀具寿命，减少现场试切次数，显著地降低产品设计及制造成本。

下面介绍使用第三波公司 AdvantEdge 软件对两把不同形状刀具进行切削钛合金的温度及切削力比较案例。

通过 AdvantEdge FEM 金属切削仿真软件进行仿真比较，首先需要建立计算模型。在这个过程中，应选择仿真工艺，定义工件形状、工件材料、刀具形状、刀具动态特性、刀具材料及涂层、切削条件（切削参数、冷却介质）及仿真选项。该软件可以仿真车削、铣削、钻削、攻丝、镗孔、环槽、锯削、拉削等大部分切削加工方法。工件形状和刀具形状可采用标准工件和刀具，也可以从三维 CAD 中导入实际工件和刀具（图 4-107）。在工件材料方面，可以选择 AdvantEdge FEM 库中的材料，也可用户自定义材料。其工件材料库有 130 多种材料，包括钢、不锈钢、铝、铸铁、镍基合金、钛合金等，而自定义材料则含有 POWER LAW、DRUCKER PRAGER 及 JC 本构方程，同时也支持用户自定义本构方程。本构方程是连续介质力学中描述特定物质性质的方程，在金属切削仿真中主要是特定的工件材料在切削时切削应力、切削变形、切削热等变量的变化规律，本构方程的精度对仿真的可信度有很大影响。金属切削过程的本构关系与应变、应变率、温度等多种因素有关，建立切削变形区内工件材料的本构方程是研究切削变形的关键。在 AdvantEdge 软件的刀具材料库有硬质合金、陶瓷、立方氮化硼、金刚石、高速钢等刀具材料，涂层材料有 TiN、TiC、Al_2O_3、TiAiN 等。在定义

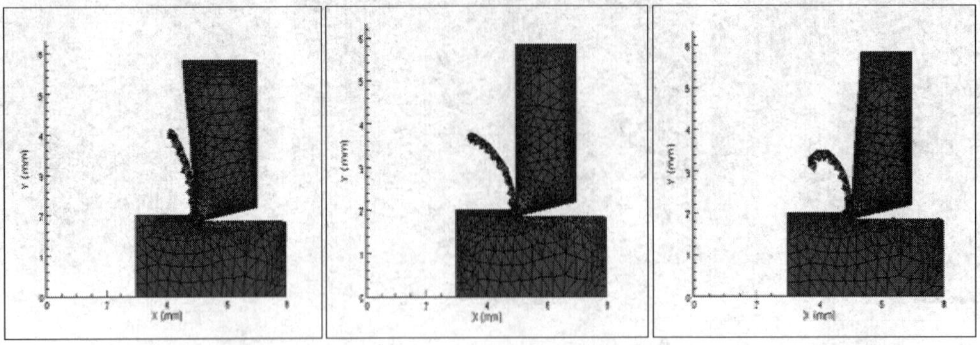

（a）前角为-7°　（b）前角为 0°　（c）前角为 5°

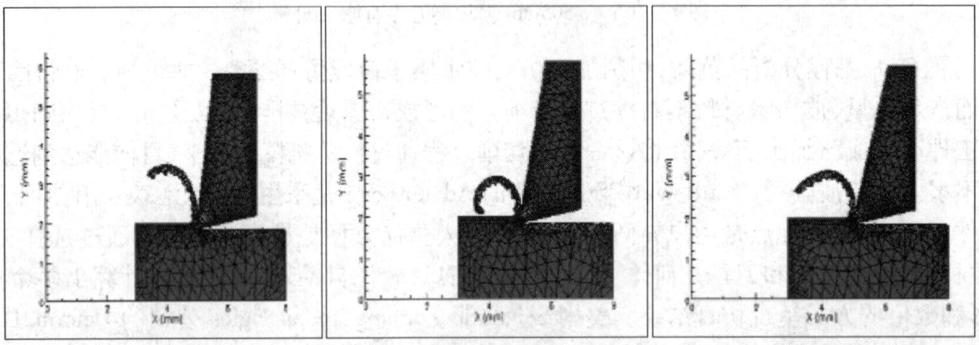

（d）前角为 8°　（e）前角为 12°　（f）前角为 16°

图 4－106　不同前角的切削过程

仿真选项部分则是网格划分控制参数、自适应重划网格、是否计算残余应力、存储结果、并行解算定义，定义完成后递交求解。

在完成一系列定义后，软件运算结果经过后处理，可以显示切削过程中温度分布、应力、塑性应变、塑性应变率、切削力、功率、扭矩、刀具温度峰值、前刀面、后刀面、切屑形成等结果。这些结果可以用来进行复杂零件应力、温度场和变形分析；对复杂刀具应力及失效进行分析，如计算得到刀具应力最大点、工艺系统振动引起的切削过程不平稳、刀具切入切出过程造成的冲击、材料材质变化造成的切削力增大、切削温度引起的热应力、刀具个体存在的原始微裂纹等，这些对于刀具设计者考虑刀具结构都非常重要；进行刀具结构优化，而刀具几何参数是刀具设计中重要内容之一，将直接影响刀具的切削性能（切削力、切削温度），并进一步影响刀具磨损、刀具应力（强度）应变、工件应力应变、加工精度和表面质量以及工艺稳定性等。如果采用了仿真技术，可以方便快速地研究刀具几何参数对切削性能的影响规律，并通过优化评价模型确定刀具几何参数的优化范围，从而减少制造试验刀具的数量、降低试验研究费用、提高刀具设计效率。仿真运算结果也能方便切削工艺参数优化，使用户在使用刀具时更加合理，从而更好地发挥刀具的功效。图 4－108是两种刀具设计方案的比较。通过两种方案的计算结果比较，方案一切削时的最高切削温度约 950℃，而方案二的切削温度则达 1500℃，说明方案二切削温度比方案一的切削温度要高出 50%，而切削力大小相差不多。在一般条件下可选用方案一，较低的切削温度有利于减少粘结磨损、扩散磨损，也提高刀具的相对硬度（通常切削温度越高，切削区刀具的硬度越低）从而获得更长的刀具寿命。但如果工件材料在 950℃时可加工性较差，而在 1500℃时可加工性大大改善，也可考虑选用耐高温的刀具材料如陶瓷材料制造刀具。这样，能在设计制造刀具之前就进行一系列的优化，从而改善刀具的设计质量。

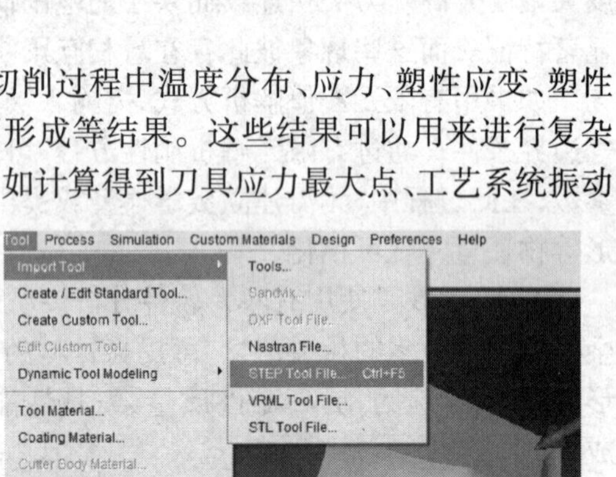

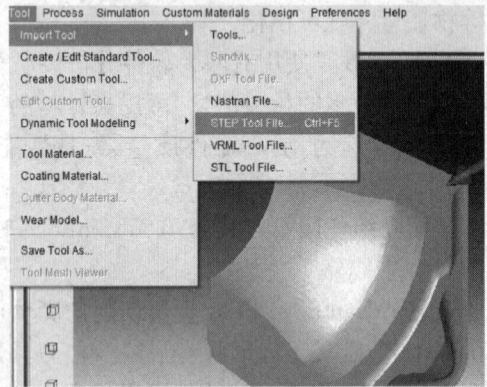

图 4－107　AdvantEdge 软件定义刀具界面（导入阶梯刀具）

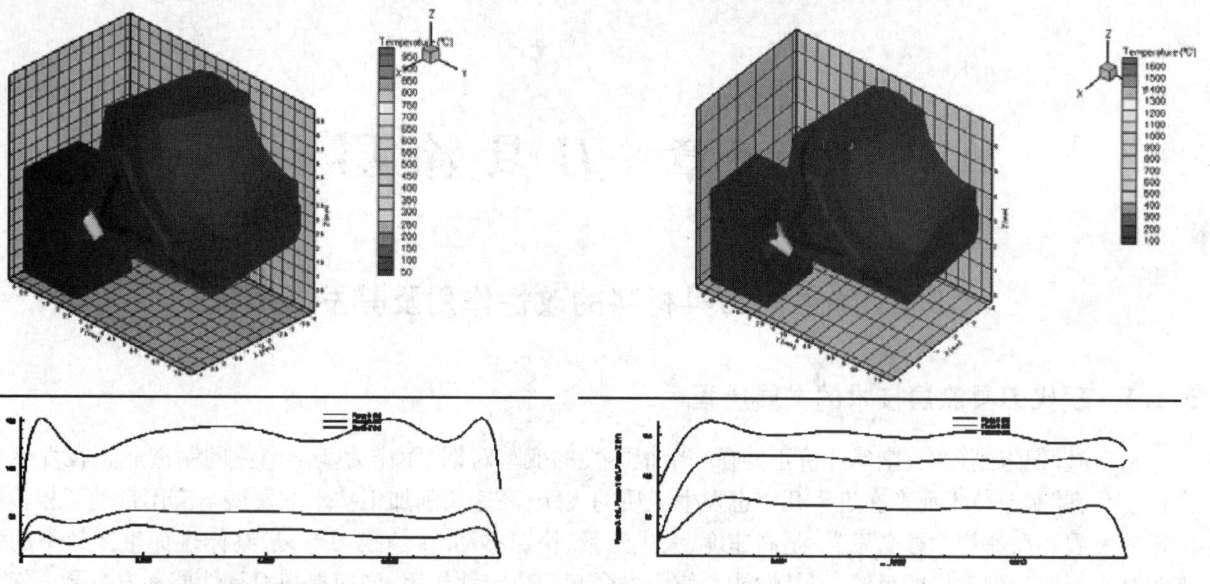

（a）方案一　　（b）方案二

图 4-108　两种不同刀具设计方案的刀具温度及切削力的结果

但是，切削过程材料本构方程的建立多利用并依赖大量应力-应变试验数据拟合，而非从材料变形的物理、化学实质的角度来获得，因此材料成分或热处理状态发生变化时，需重新进行试验确立其本构方程。切削表面由多道工序加工而成，切削表层的材料受到上道工序变形应变的影响，表层材料受多次热-冷变化甚至发生相变，在本构方程中都难以反映。在影响材料变形特性的因素中，加载速率（即载荷对时间的变化率）特别重要，当加载速率比通常静力试验时的速率高几个数量级时，会出现强度提高而塑性变形能力降低的现象；而（超）高速切削时，虽然加载速率很高，但未出现塑性变形能力降低。这表明，在与此相应的实际问题中，惯性力与弹性恢复力（剪切力、摩擦力等切削分力）相比不可忽略，需要构建切削过程变形的动力本构方程。这些和其他许多影响本构方程正确性及精确度的因素说明，作为切削仿真的软件，虽然可在相当程度上减少刀具设计工作量，改善刀具设计质量，但还不可能完全模拟出切削加工中的所有物理量。这样，就需要在某些场合（尤其是新的被加工材料、新的加工方法和参数等），以及切削仿真的基础上，通过试验验证来优化刀具的设计，完全依赖于软件来进行刀具设计而忽视刀具设计人员的作用并不可取。

第5章 刀具涂层

5.1 涂层对刀具材料的改性作用及其发展历程

5.1.1 现代刀具涂层技术的发展历程

从20世纪末到现在,全球经济正处在一个根本性的变革时期,而作为基础产业的制造业正在发生着革命性变化,就制造技术而言在近十几年也发生了质的飞跃,高速切削加工技术的发展与应用带动了相关技术的迅速发展。高速切削顾名思义,是高速度、大进给量、快速移动、快速换刀等,最终体现为生产效率的大幅度提高。而要达到这样的目的,刀具性能和使用寿命起到决定性作用,如何提高刀具性能和寿命是人们急需解决的问题,因此能对刀具表面进行改性的涂层技术得到了快速发展和越来越广泛的应用,并对切削技术的进步发挥了重要作用。

现代刀具涂层技术是20世纪60年代末发展起来的技术,该技术采用了在刀具表面涂覆TiN、TiC、TiCN、Al_2O_3、TiAlN等硬质薄膜涂层,使其表面硬度高、润滑性好、化学性能稳定,因此,可以大幅度提高刀具使用寿命。

刀具涂层技术通常可分为化学气相沉积(Chemical Vapor Deposition,CVD)技术、物理气相沉积(Phisical Vapor Deposition,PVD)技术、物理化学气相沉积(Phisical Chemical Vapor Deposition,PCVD)技术。

CVD技术的发展始于20世纪60年代末,广泛应用于硬质合金可转位刀具的表面处理。由于CVD工艺气相沉积所需金属源的制备相对容易,可实现TiN、TiC、TiCN、TiBN、TiB_2、Al_2O_3等单层及多元多层复合涂层的沉积,涂层与基体结合强度较高,薄膜厚度可达7~16μm,因此到80年代中后期,美国已有85%的硬质合金工具采用了表面涂层处理,其中CVD涂层占到99%;到90年代中期,CVD涂层硬质合金刀片在涂层硬质合金刀具中仍占80%以上。

PVD技术出现于20世纪70年代末,由于其工艺温度可控制在500℃以下,因此可作为终极处理工艺用于高速钢类刀具的涂层。由于采用PVD工艺可大幅度提高高速钢刀具的切削性能,所以该技术自80年代以来得到了迅速推广,至80年代末,工业发达国家高速钢刀具的PVD涂层比例已超过60%。

PVD技术在高速钢刀具领域的成功应用引起了世界各国制造业的高度重视,人们在竞相开发高性能、高可靠性涂层设备的同时,也对其应用领域的扩展尤其是在硬质合金、陶瓷类刀具中的应用进行了更加深入的研究。研究结果表明:与CVD工艺相比,PVD工艺处理温度低,在600℃以下时对刀具材料的抗弯强度无影响;薄膜内部应力状态为压应力,更适于对硬质合金精密复杂刀具的涂层;PVD工艺对环境无不利影响,符合现代绿色制造的发展方向。

目前,PVD涂层成分由第一代的TiN发展为TiC、TiCN、ZrN、CrN、MoS_2、TiAlN、TiAlCN、TiN-AlN、TiSiN、TiAlSiN、CrAlN、AlCrSiN等多元复合涂层。世界涂层技术的发展趋势:①由于单一涂层材料难以满足刀具综合力学性能的要求,因此涂层成分将趋于多元化、复合化;②为满足不同的切削加工要求,涂层成分将更为复杂、更具针对性;③在复合涂层中,各单一成分涂层的厚度将越来越薄,并逐步趋于纳米化;④涂层工艺温度将越来越低,刀具涂层工艺将向纳米化方向发展。

PCVD技术是近几十年发展起来的新型表面涂层技术,该技术沿袭了PVD和CVD的一些技术特点,将二者有效地结合为一体,克服了它们的缺点,使沉积温度降到500℃,能有效地在高速钢或硬质合金基体上沉积出结合强度好、膜材质量优越的TiC、TiN、Ti(CN)、DLC、BN等单层或多层复合涂层材料。20世纪80年代末,Krupp Widia开发的PCVD技术达到了实用水平,其工艺处理温度已降至450~650℃,有效抑制了η相的产生,其宜于在形状复杂、面积大的工件上获得超硬膜,沉积速率可达4~10μm/h,绕镀性好,工件不需旋转就可得到均匀的镀层。可应用于航空航天、汽车、水电、石油等领域,及对螺纹刀具、铣刀、模具、耐磨零部件等涂层,但迄今为止,PCVD工艺在刀具涂层领域的应用并不广泛。

如今,刀具涂层技术已经进入新的发展阶段,成为现代高效刀具的重要标志,也已经成为快速提高刀具性能的有效途径,新开发的涂层有适应高速切削、干切削、硬切削的耐磨、耐热涂层,有适应断续切削的韧性涂层,还有适用于干切削及需要降低摩擦系数的润滑涂层,这些新型涂层能更好地满足多样化加工的需要。

多重复合涂层(黏附层-耐磨层-隔热层)已成为世界顶级涂层研究机构新的开发重点,如Balzers公司PVD的复合AlOx涂层;日立公司PVD的复合TiBON涂层;Platit公司PVD的nACoX涂层、PVD的复合DLC涂层(a-C:H:Me)PVD/PCVD混合技术的复合DLC涂层(a-C:H:Si)以及国内开发CVD/PVD的双结构涂层等。此类技术尚未在工业化应用上得到大规模的推广,相关专利多涉及设备的结构。图5-1示出了涂层技术的发展进程。

1. 化学涂层技术

化学涂层技术是一种化学气相反应生长法。在不同的温度场和真空度下将几种含有构成涂层材料元素的化合物或单质反应源气体通入放有被处理物件的反应室中,在物件和气相界面进行分解、解吸、化合等反应,生成新的固态物质沉积在物件表面形成均匀一致的涂层。

1949年,德国金属组合有限公司为了提高工具钢的耐磨损性能,采用CVD技术研究成功了TiC硬质涂层。1962年,瑞典Sandvik公司开始研究TiC涂层硬质合金刀片,于1967年获得成功。1968年,瑞典Sandvik公司和德国Widia公司同时在市场上销售了其生产的CVD涂层硬质合金刀片正式产品,这标志着CVD技术在刀具上开始了广泛的应用。

到1968年底又推出了化学涂层TiN、TiC-TiN多层涂层硬质合金刀片。1973年和1980年又相继研究成功了性能更好的第2代TiC+Al_2O_3和第3代TiC-Al_2O_3-TiN等多种复合涂层硬质合金刀片,刀具切削寿命有了进一步的提高。到20世纪90年代末期,CVD技术又有了新的发展,采用高温CVD(HT-CVD)和中温CVD(MT-CVD)相结合新的工艺技术又开发出了性能更加优异的TiN-TiCN-Al_2O_3-TiN涂层材料。加上金刚石和类金刚石、CBN等超硬涂层材料的研究成功,使化学涂层刀具、模具及其他涂层制品具有耐磨损、韧度高、化学稳定性能好等优异复合性能。提高使用寿命1~10倍,生产效率提高了近20倍,经济效益十分显著。所以化学涂层技术的发展和应用,被称为材料科学领域中一场新的革命。

我国从1971年开始对硬质涂层CVD工艺技术和设备进行了研究并取得了很大进展,目前,TiC、TiN、MT-TiCN、TiBN、Al_2O_3等单涂层和复合涂层气相沉积技术和设备止在我国大力推广应用,必将对我国切削工艺的现代化作出更大的贡献。

2. 物理涂层技术

物理涂层技术是20世纪80年代初发展起来的刀具涂层技术,由于化学涂层技术的局限性,物理涂层技术的发展就显得十分重要和迅速。自1978年日本真空UIVAC首先采用空心阴极离子镀技术,在高速钢滚铣刀表面成功涂镀TiN薄膜以来,物理涂层技术在世界各地得到了迅猛发展,先后开发出了磁控溅射涂层技术、电弧离子涂层技术和热阴极等离子涂层技术。

PVD指的是一种真空沉积涂层的工艺技术,是一种物理气相反应生长法,其利用蒸发或溅射原理,在真空或低气压气体放电条件下,等离子体中产生受激原子、分子、离子,涂层工艺中至少有部分粒子的能量大于蒸发时产生的能量,在电场和磁场的作用下,于工件表面上形成完全不同的新的固态物理涂层。其工作温度在500℃以下,沉积物质包括金属、合金、氮化物、氧化物、碳化物、硼化物、硫化物、硅化物、氟化物,或这些化合物的混合物。涂层厚度范围为几十纳米到十几微米。

物理涂层技术在高速钢领域成功运用使刀具涂层技术得到了高速发展的机会,西欧各国在20世纪90年代开始大力发展物理涂层技术,先后开发出TiCN、TiAlN、AlTiN、ZrN、CrN、MoS_2、AlCrN、TiN-AlN、TiAlSiN等薄膜。物理涂层技术在90年代末进入了高速发展时期,而新型物理涂层的问世又促使切削加工的效率进一步提高。图5-2为国外物理涂层技术发展历程。

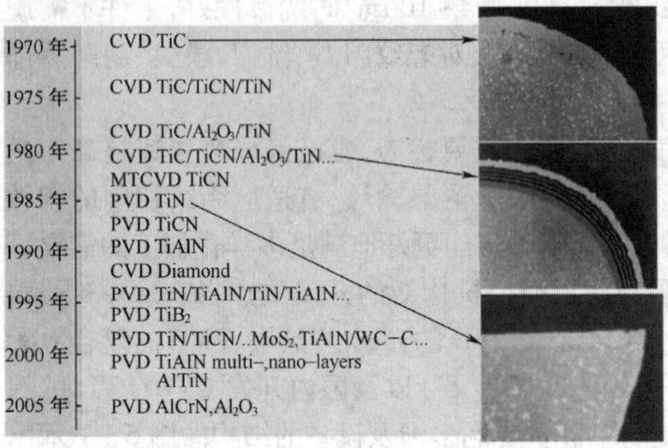

图 5-1　涂层技术的发展进程(国外)

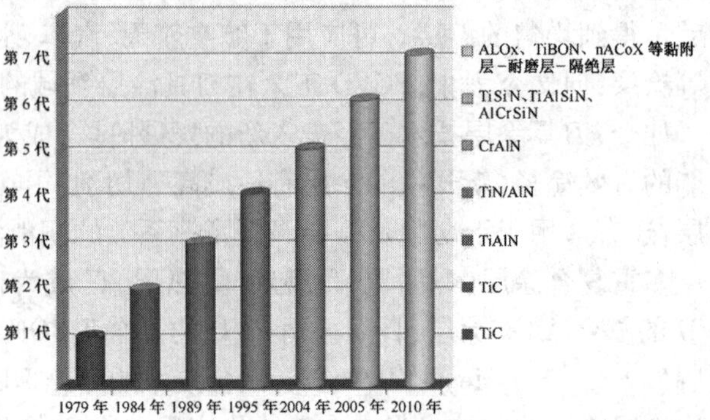

图 5-2　国外物理涂层技术发展历程

5.1.2　涂层对刀具材料表面的改性作用

作为基础产业的制造业现在正在发生着革命性的变化,且制造技术也已经产生了质的飞跃。尤其是近几年高速切削加工技术的应用,对刀具质量提出了更高要求,如何提高刀具的切削性能和使用寿命来保证高速切削加工技术的需求是人们一直想解决的难题,而涂层技术在刀具上的应用是解决这个难题的方法之一。

1. 高速切削对刀具材料的要求

高速切削刀具技术是实现高速加工的关键技术之一,而刀具材料的高温性能是影响高速切削刀具技术发展的重中之重。由于在高速切削加工中所产生的切削热对刀具的磨损比常规切削高得多,因此在此过程中对刀具材料有更高的要求。

(1) 高硬度、高强度和耐磨性。

(2) 高的韧性和抗冲击能力;高的热硬性和化学稳定性。

(3) 抗热冲击能力。

2. 涂层对刀具材料表面改性的目的

刀具表面涂层技术是应市场需求而发展起来的一种表面改性技术,自 20 世纪 60 年代出现以来,该项技术在金属切削刀具制造业内得到了极为广泛的应用。尤其是高速切削加工技术出现之后,涂层技术更是得到了迅猛的发展与应用,并成为高速切削刀具制造的关键技术之一。该项技术通过化学或物理方法在刀具表面形成某种薄膜,使切削刀具获得优良的综合切削性能,从而满足高速切削加工要求。归纳起来涂层对刀具材料表面的改性具有以下特点。

(1) 采用涂层技术可在不降低刀具强度的条件下,大幅度地提高刀具表面硬度,目前所能达到的硬度已接近 100GPa。

(2) 随着涂层技术的飞速发展,薄膜的化学稳定性及高温抗氧化性更加突出,从而使高速切削加工成为可能。

(3) 润滑薄膜具有良好的固相润滑性能,可有效地改善加工质量,也适合于干式切削加工。

(4) 涂层技术作为刀具制造的最终工序,对刀具精度几乎没有影响,并可进行重复涂层工艺。

3. 涂层对刀具材料表面改性的效果

利用涂层技术对刀具材料表面进行改性,目的是为了适应高速切削加工的需求,最终体现为生产效率的大幅度提高。经过实践证明,涂层对刀具材料表面改性的效果归纳如下:

(1) 大幅度提高切削刀具寿命;

(2) 有效提高切削加工效率;

(3) 明显提高被加工工件表面质量;

(4) 有效减少刀具材料的消耗,降低加工成本;

(5) 减少切削液的使用,降低加工成本,利于环境保护。

5.2 刀具涂层的基本原理和装备

传统刀具涂层技术主要分为化学气相沉积和物理气相沉积两大类,分别简称化学涂层技术、物理涂层技术。图5-3示出了刀具涂层技术具体分类情况。

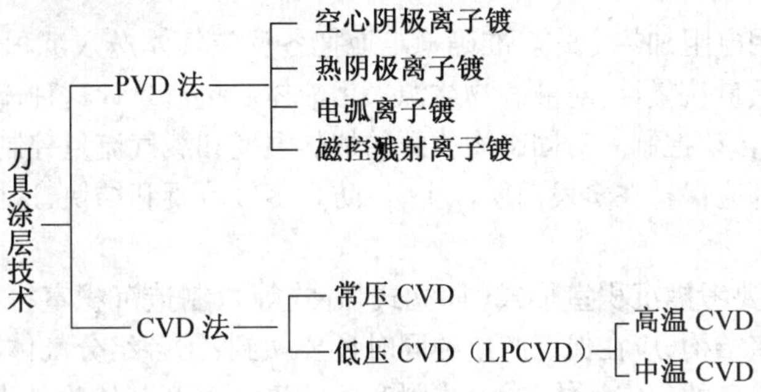

图5-3 刀具涂层技术分类

5.2.1 刀具化学涂层技术基本原理和装备

1. 刀具化学涂层技术的基本原理

化学涂层是一种化学气相反应生长法。在不同的温度场和真空度下,将几种含有构成涂层材料元素的化合物或单质反应源气体通入放有被处理物件的反应室中,在物件和气相界面进行分解、解吸、化合等反应,生成新的固态物质沉积在物件表面形成均匀一致的涂层。通过控制反应温度、反应源气体组成、浓度、压力等参数,就能方便地控制涂层的组织结构和成分,改变其力学性能和化学性能,满足不同条件下对工件使用性能的需求。

由于制取涂层材料的不同,在不同刀具化学涂层技术中会采用不同的化学反应类型,如热分解反应、金属还原反应、化学输送反应、氧化或加水分解反应、等离子激发反应、光激发(包括激光)反应等。在实际应用中,刀具化学涂层最常见的CVD反应有以下两种:

(1) 氧化还原反应。在沉积反应中,至少有一个元素被氧化或还原,如果在反应中涉及氢,通常称为氢还原反应。例如,刀具化学涂层属于这类的CVD反应:

$$TiCl_4(g)+2H_2(g)+1/2N_2(g) \Leftrightarrow TiN(s)+4HCl(g)$$

(2) 合成或置换反应。属于这类反应也很多,例如氧化铝薄膜的生成:

$$2AlCl_3(g)+3CO_2(g)+3H_2(g) \Leftrightarrow Al_2O_3(s)+6HCl(g)+3CO(g)$$

2. 刀具化学涂层技术的装备

1) 化学涂层反应条件

化学涂层技术既然是一种化学反应过程,就必须满足进行化学反应的热力学和动力学条件,同时又要符合化学涂层技术本身的特定要求。

(1) 必须达到足够的沉积温度,各种涂层材料的沉积温度,可以通过热力学计算而得到。

(2) 在沉积温度下,参加反应的各种物质必须有足够的蒸气压。

(3) 参加反应的各种物质必须是气态(也可由液态蒸发或固态升华成气态),而反应的生成物除所需的硬质涂层材料为固态外,其余也必须为气态。在沉积温度下,沉积物和基体材料本身的蒸气压要足够低,这样才能保证在整个反应过程中反应生成的固态沉积物很好地与基体表面相结合。

2) 化学涂层装备的基本构成

采用化学涂层技术沉积涂层材料种类和制备方法很多,图5-4示出了常见的负压沉积硬质涂层的化学涂层装置。

负压化学涂层装置主要由以下几部分组成：

(1) 反应气体流量控制及输送；

(2) 金属卤化物($TiCl_4$、$AlCl_3$等)蒸发、制取及输送；

(3) 加热炉及温控；

(4) 沉积室及盛料舟；

(5) 沉积室压力控制；

(6) 真空及废气处理。

刀具化学涂层装置采用电阻加热方式。准确稳定地把各反应气体送入沉积室,对获得高质量涂层是非常重要的。气体流量采用质量流量计,对液态物质源采用液体质量流量计这种流量计测量和控制精度高,又带计算机接口,很容易实现自动控制。对固态物质源的加热温度和载气流量控制严格,而且由蒸发器至沉积室的输气管路的加热温度都应保持在蒸发温度以上,以防止蒸气冷凝和结块,这样才能保证所有蒸气全部送入沉积室中。

在设计沉积室时,首先要考虑沉积室形式(如立式、卧式等)、制造沉积室材料、沉积室有效容积和盛料混气结构。一个好的沉积室结构,应在保证产量的同时还要做到:①各组分气体在沉积室内均匀混合;②保证各个基体物件都能得到充足的反应气体;③生成附产物能迅速离开基体物件表面。这样就能使每一件基体和同一件基体的各个部分涂层厚度均匀一致,涂层质量性能均匀一致。

化学涂层装置大多会产生腐蚀性、毒性废气和粉状物附产物,对真空泵和环境造成很大危害。所以在大批量生产中,真空机组多选用水喷射泵和液体循环真空泵,废气采用冷阱吸收和碱液中和等手段,去除酸气和有害粉尘,使尾气排放达到环保要求标准。图 5-5 为化学涂层设备外观。

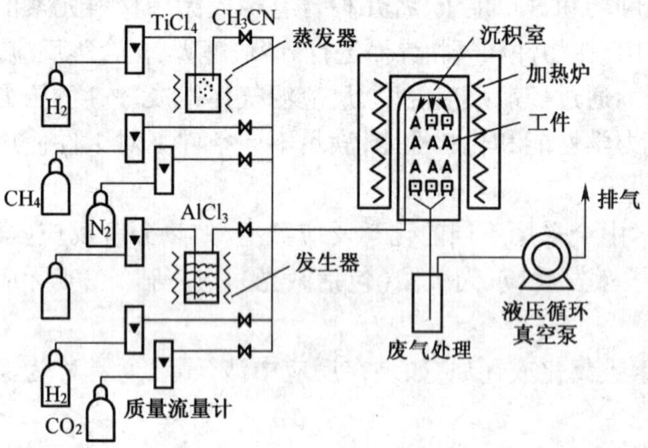

图 5-4 负压化学涂层装置示意

图 5-5 化学涂层设备

5.2.2 刀具物理涂层技术的基本原理和装备

1. 刀具物理涂层技术的基本原理

物理涂层技术是在真空或低气压气体放电条件下,涂层的物质源是固态物质,经过“蒸发或溅射”后,在零件表面生成与基材性能完全不同的新的固态物质涂层。

由于被沉积的涂层物质被电离成离子和高能中性粒子,提高了沉积粒子的活性,降低了反应沉积的温度,可以在较低温度下获得化合物涂层。通过选择不同的放电技术、控制气体放电条件、反应气体组成和沉积气压、工件温度等工艺参数,可以控制涂层的成分、晶体结构、组织特征,从而获得性能优异的涂层。

物理涂层技术分为真空蒸发镀、离子镀、溅射镀。其涂层所经历的放电过程有辉光放电过程、热弧光放电过程、冷弧光放电过程。而用在刀具上的物理涂层技术主要是离子镀,通过气体放电过程形成等离子区,并把气体和固态物质离化成高能粒子和中性粒子,并在电场作用下结合成新的化合物,在刀具表面形成硬质涂层。通常,此构成需在真空状态下进行,所以也称为真空离子镀。根据所获得的等离子方式不同,刀具物理涂层技术有热阴极离子镀、电弧离子镀和磁控溅射离子镀三种工作方式。

在介绍这三种方式前,首先来看它们的共同之处。物理涂层技术的基础其实就是建立在真空物理基础之上的,所以说共同之处都是在真空状态下完成的。

"真空"一般指低于1atm(1atm=1.013×10^5Pa)的气体状态。这种状态与正常的大气状态相比较,气体较为稀薄,即单位体积内的分子数目较少,分子之间或分子与其他质点(如电子、离子)之间的碰撞概率减少,分子在单位时间内碰撞于单位表面积(如器壁)上的次数也相对减少。

真空的形成可分为自然真空和人为真空。在高原地区,人们会感到呼吸困难,这是由于随着海拔的升高空气越加稀薄所致,这就是自然真空的实质。宇宙空间就是一个极大的自然真空。

人为真空是指人们对一个容器进行抽气而获得的真空空间。在物理涂层技术中所论及的真空多指人为真空。理解真空的特点和真空中的一些规律,是物理涂层技术工作者所应掌握的主要知识内容之一。这些知识包括真空物理、真空获得技术、真空应用技术、真空测量技术,在此不再重复,只需了解真空度、真空获得系统、极限真空度、漏气率、工作真空和恢复真空时间。

(1) 真空度是指气体稀薄的程度。通常用气体的压强来表示真空容器中真空度的高低,气体压强越低,真空度越高。压强的法定计量单位为帕(Pa);真空度还曾采用大气压(atm)、毫米汞柱(mmHg)、托(Torr)、毫巴(mbar)等压强单位,其换算关系如表5-1所列。

表5-1　压强单位换算

压强单位	Pa	Torr	mbar	atm	mmHg
Pa	1	7.5×10^{-3}	1×10^{-2}	9.869×10^{-6}	7.5×10^{-3}
Torr	1.333×10^{2}	1	1.333	1.315×10^{-3}	1
mbar	1×10^{2}	7.5×10^{-1}	1	9.869×10^{-4}	7.5×10^{-1}
atm	1.013×10^{5}	760.00	1.013×10^{3}	1	760.00
mmHg	1.333×10^{2}	1	1.333	1.315×10^{-3}	1

真空是相对的而不是绝对的,一个容器的压强是大量无规则运动气体分子对器壁不断碰撞的结果。容器中的气体分子越多压强越大,容器温度越高压强越大,因此气体压强是大量分子热运动的体现。

通常,把低于1atm的真空状态按压强高低划分为4个区域:低真空$1\times10^5\sim1\times10^2$Pa;中真空$1\times10^2\sim1\times10^{-1}$Pa;高真空$1\times10^{-1}\sim1\times10^{-5}$Pa;超高真空$1\times10^{-5}\sim1\times10^{-8}$Pa。物理涂层技术通常在高真空状态下工作。

(2) 真空获得系统是利用低真空泵和高真空泵组成的抽真空系统来获取真空的一个组合装置,在物理涂层技术中包括机械泵、罗茨泵、扩散泵或分子泵、真空管道、真空控制阀门等。

(3) 极限真空度是指利用真空获得系统对真空容器进行时间大于24h不间断抽真空后所得到的真空,这个真空已达到抽气和漏气的平衡,用来检验真空获得系统的性能指标。

(4) 漏气率是检验真空系统的保真空能力,计算方法如下:

$$Q_{漏}=V(p_2-p_1)/t$$

式中　$Q_{漏}$——系统漏率(mmHg·L/s);

V——系统容积(L);

p_1——真空泵停止时系统中压强(mmHg);

p_2——真空室经过时间t后达到的压强(mmHg);

t——压强从p_1升到p_2经过的时间(s)。

(5) 工作真空是指开始可以进行物理涂层时所需要的真空范围,一般刀具物理涂层所需要的工作真空为5×10^{-3}Pa。

(6) 恢复真空时间是指在真空系统抽到极限真空后,向真空容器内通入干燥的空气至1atm,再进行抽真空至工作真空所需的时间。一般要求在25min内达到要求。

以上各个指标主要是用来检验真空系统的性能,保证刀具物理涂层的质量。

根据涂层设备的运行原理,涂层设备必须包括一个沉积室、一个高真空的真空泵系统、一套真空仪器仪表控制系统。其中最重要的是沉积物质源(蒸发或溅射源),包括辅助电源和工艺气体输入装置及温度检测装置和辐射加热器。图5-6为涂层设备运行原理图。

2. 刀具物理涂层技术的装备

1）空心阴极离子镀技术

空心阴极离子镀是最早的一种物理涂层技术，始于20世纪70年代末期，分为单枪、两枪和多枪。其设备造价低、操作简便、生产成本低、生产周期短、无污染。由于受原理限制，设备大型化受到影响且工件装夹不便（采用卧式装夹），不利于大批量生产。此外，涂层能量较低、膜层厚度较薄、均匀性较差。该技术主要用于TiN涂层，可对高速钢滚刀、插齿刀、钻头、铣刀等进行涂层。

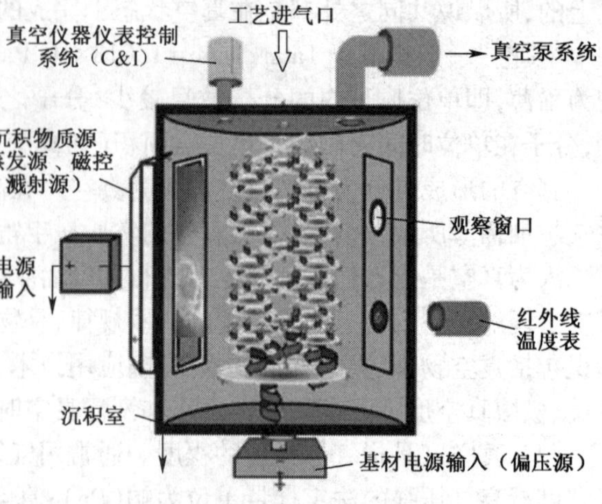

图5-6 涂层设备运行原理

2）热阴极离子镀技术

热阴极离子镀膜装备是20世纪80年代由列支敦士顿的Balzers公司设计制造。其特点是：①薄膜组织致密、性能优异、涂层均匀；②采用了垂直装夹方式，装夹方便，适合于大批量生产；③采用了内部加热方式，工艺稳定、操作简便、维护方便，无污染。缺点是：①该设备设计制造复杂、成本高；②能量偏低，生产周期长；③由于采用了坩埚蒸发的方式，涂层变化较难，主要进行TiN、TiCN的涂层。目前多用于高速钢滚刀、插齿刀、钻头、铣刀、模具及硬质合金刀片的涂层。

热阴极枪属于热弧光放电型的电子弧枪。首先向枪室内通入氩气。将枪室内安装的钽丝接通交流电阻加热电源，钽丝被加热至白炽状态，达到发射热电子的温度而发射大量的热电子。钽丝又连接弧电源的负极，因此，当弧电源接通时，高密度的热电子流获得能量射向坩埚形成弧柱。高能量的电子流在向坩埚运动的过程中，将枪室内的氩气电离，增加了等离子体内的高能量的电子流密度。在外加电磁线圈的作用下弧光等离子体中的电子形成了很强的电子束，并且在电场和磁场的作用下，充分利用弧光等离子体。在操作过程中，电子束3个功能通过电控转换器来实现，可以将弧电源的阳极分别与工件、辅助阳极、坩埚连接，使其在不同阶段发挥不同的作用，因此热阴极枪既是加热源、蒸发源又是离化源。

3）电弧离子镀技术

由苏联学者发明的电弧离子镀技术（Пламенны Уекоители（ПУ）），是在等离子体加速器的基础上发展起来的等离子体新技术，美国人称为等离子束阴极电弧（Ion Bond Arc Cathode）。美国多弧（Multi - Arc）公司购买此专利，首先将阴极电弧源产生的冷场致电弧应用于电弧离子镀技术，生产出电弧离子镀膜机（Arc Ion Plating，AIP）。

电弧离子镀在20世纪年代中期发展起来的一种批量生产型物理涂层技术，当时最具代表性的是美国多弧公司的多弧离子镀设备。

图5-7~图5-9为三种电弧离子镀设备。

图5-7 电弧离子镀膜装置

图5-8 Balzers公司电弧离子镀装置

图5-9 PLATIT公司π系列电弧涂层设备

电弧离子镀的原理是真空环境中两个电极(阴极和阳极)的放电,最基本的导电媒介是其中一个电极(阴极或阳极)电离产生的蒸气。这两种不同的方式分别称为阴极电弧源离子镀或阳极电弧源离子镀。下面将介绍在工业应用中最常见的阴极电弧源离子镀。

阴极电弧离子镀主要用于蒸发如钛、铝、铬或其他如钛铝合金的金属。电弧放电同样也能蒸发碳,这样可以沉积极硬的非晶碳层(ta-C),在硬质涂层工艺中加入相应的反应气体来沉积氮化物,如氮铝钛、氮铬化铝、氧化物等混合物。

该技术具有装夹方便、离化率高、能量大、生产周期短、涂层厚、结合强度好等特点。此外,由于蒸发源采用了固体靶的形式,可进行多种单层、多层或复合薄膜的涂镀,如 TiN、TiC、TiCN、ZrN、CrN、WC/C、MoS_2、TiAlN、TiAlCN、TiN-AlN、CNx 等。但该技术缺点是:①沉积过程会伴随着微米级的微粒生产,影响薄膜的致密性;②采用了轰击加热方式,工艺控制难度增大,相对而言稳定性较差;③由于采用多弧源方式,涂层均匀性较差。这种多弧刀具涂层技术在 20 世纪 80—90 年代得到了广泛应用。90 年代后期大面积阴极弧技术得到了发展,比较有代表的有 Platit 公司、Hauzer 公司、Balzers 公司及 Sulzer 公司开始转向这种物理涂层技术,通过对靶材磁场的控制可有效地抑制“液滴”现象的产生,也有效地提高了薄膜的均匀性。阴极电弧技术可有效地应用于各种涂层。进入 21 世纪,该技术已经占据了涂层市场的 50%以上,国际上很多涂层技术公司都采用该种技术进行涂层生产及研发。

4) 磁控溅射离子镀技术

磁控溅射技术属于辉光放电范畴,溅射涂层也称阴极溅射,利用阴极溅射原理进行镀膜,材料从固体物质刻蚀并在真空中沉积于某种基材的表面。其膜层粒子来源于辉光放电中,氩离子对阴极靶材产生的阴极溅射作用。氩离子将靶材原子溅射下来后,沉积到工件上形成所需膜层。

最简单的阴极溅射中,阳极和阴极金属板(靶材)之间产生电场,并通过高达几千伏的电压在工作气体中产生的辉光放电提供了高能量气体离子,这些离子通过非弹性碰撞过程将原子从靶材中分离出来。

磁控溅射指在靶材的后面加入磁场来增强溅射过程。由于磁场上面电场的叠加,辉光放电的电子不再与电场线平行运动而是进行螺旋运动。在这个到达靶材较长的过程中电子可以将更多的气体分子离子化。在磁场与靶材表面平行位置的电子密度将到达最高,同样离子密度也将达到最高。图 5-10 显示了靶材表面磁控溅射的刻蚀路径。

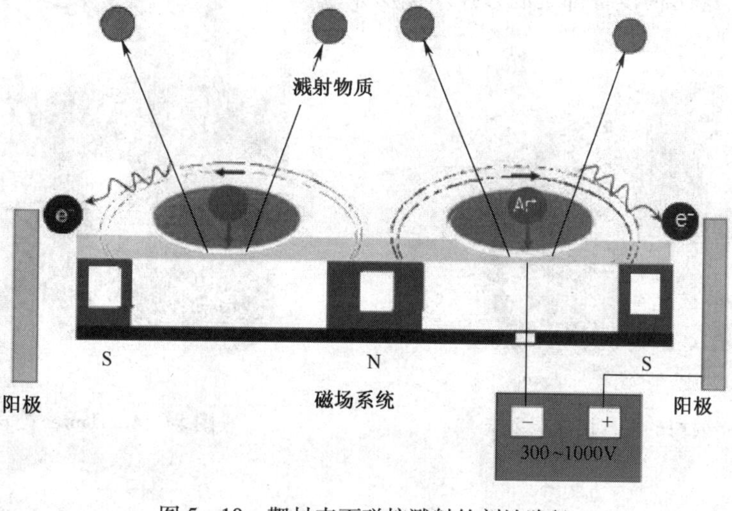

图 5-10 靶材表面磁控溅射的刻蚀路径

在磁控溅射离子镀膜机中,真空室壁上安装矩形平面靶,靶的长度与工件转架长度相等。接溅射电源的负极接在溅射靶上,正极接地。偏压电源的负极接工件,正极接地。安装对工件进行烘烤加热的装置及工作气体的进气系统。工作时通入氩气,将真空度控制在 0.3~0.8Pa。靶电压 400~600V,开启磁控溅射电源后,靶面产生辉光放电。生成的氩离子在磁控靶所加负电压的吸引下加速到达靶面。氩离子以很高能量轰击靶面，产生阴极溅射作用，将靶材原子溅射下来沉积到工件上形成膜层。磁控溅射的镀膜过程是溅射—传输—沉积的过程。磁控溅射技术中膜层粒子的获得不是靠热蒸发机制，而是阴极溅射机制。与蒸发镀的膜层粒子相比，磁控溅射膜层粒子的温度低。

磁控溅射离子镀技术的发展大体与空心阴极离子镀技术同步，但初期由于控制技术水平的限制，在刀具涂层上的应用并不广泛。该项技术兼有空心阴极离子镀和阴极电弧离子镀的优点，涂层组织较细密、均匀，可涂镀多种单层、多层或复合薄膜，如 TiN、TiC、TiCN、ZrN、CrN、WC/C、MoS_2、TiAlN、TiAlCN、TiN - AlN、CNx、CBN 等；但离化率及离子能量低、涂层周期长、生产成本高是其缺陷。在 20 世纪 90 年代末，英国 Teer 公司采用了非平衡磁控溅射技术（图 5 - 11），德国 CemeCon 公司采用镶嵌靶和高能 HIS 技术（图 5 - 12），并加入电子离化源，使得磁控溅射技术在刀具物理涂层的应用上发生了质的飞跃。

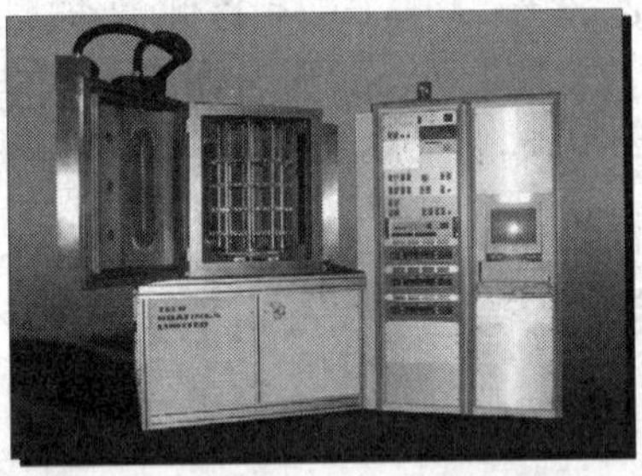

图 5 - 11　英国 Teer 公司非平衡磁控溅射离子镀膜装置

(a)　(b)

图 5 - 12　法国 CemeCon 公司 CC800/9 磁控溅射离子镀膜装置

5.2.3　混合涂层技术及装备

混合涂层技术指结合几个不同的涂层工艺成为一种涂层系统。有如下两种方法：

(1) 等离子体辅助 CVD 技术可以与传统的 PVD 技术进行有效的结合。通过用 PVD 方法先沉积传统的 CrN 硬质涂层，再在最上面沉积一层用于减少摩擦的 a - C : H 型非晶碳（DLC）涂层。这种方法可以在现有的 PVD 设备上实现，如 Platit 公司的 π 系列设备（图 5 - 9）只要加一个装置就可以实现。

(2) 电弧离子镀与磁控溅射的结合技术。将阴极电弧离子镀与磁控溅射相结合。溅射技术（如 DC、MF、HPPMS）使不能通过阴极电弧离子镀合理蒸发的材料（如 Si、TiB_2、MoS_2）涂层变得可行。其设备如图 5 - 13和图 5 - 14 所示，这两种设备都是混合技术涂层系统。

图 5 - 13　Sulzer 公司的多米诺涂层系统

图 5 - 14　Hauzer 公司的涂层系统

5.3　刀具涂层的类别

从两种刀具涂层技术中知道了它们的特性，因此传统刀具涂层工艺主要可分为化学涂层工艺和物理涂层工艺。

由于市场需求的变化及涂层技术本身的特性，化学涂层工艺和物理涂层工艺又可分为几种类别。

5.3.1 化学涂层的类别

1. 高温化学涂层(HT-CVD)

目前,刀具采用HT-CVD(沉积温度大于900℃)工艺生产硬质涂层材料主要是各种金属碳化物、氮化物、氧化物、硼化物等单涂层及其多层的复合涂层材料。典型硬质涂层材料化学反应方式及条件如表5-2所列。

表5-2 典型硬质涂层材料化学反应方式及条件

化合物类别	涂层材料	沉积反应系统	金属卤化物气化温度/℃	沉积温度/℃
碳化物	B_4C	$BCl_3-CH_4-H_2$	BCl_3 -30~0	1200~1300
	TiC	$TiCl_4-CH_4-H_2$	$TiCl_4$ 20~80	1000~1100
氮化物	BN	$BCl_3-N_2-H_2$	BCl_3 -30~0	1100~1500
	TiN	$TiCl_4-N_2-H_2$	$TiCl_4$ 20~80	900~1100
氧化物	Al_2O_3	$AlCl_3-CO_2-H_2$	$AlCl_3$ 180-250	1050~1200
硼化物	AlB	$AlCl_3-BCl_3-H_2$	$AlCl_3$ 180~250	1000~1300
	TiBN	$TiCl_4-BCl_3-N_2-H_2$	BCl_3 -30~0	900~1200
			$TiCl_4$ 20~80	
			BCl_3 -30~0	

从表5-2不难看出,HT-CVD工艺所需的沉积温度基本为900~1000℃,因此,对刀具材料的要求很高。对硬质合金刀具基体材料性能要求主要有以下几方面:

(1)具有好的抗高温脱碳能力,减少η相的厚度。要做到这点,要求硬质合金材料成分中复杂碳化物(如WC-TiC或WC-TiC-TaC-NbC)的含碳量应高一些,可以减少沉积时形成脱碳层的厚度。但硬质合金材料中,碳元素不能以自由碳的形式存在;否则,对涂层质量会产生很大影响。

(2)具有高抗弯强度和韧性。一般要求硬质合金基体材料的抗弯强度大于或等于$2000N/mm^2$,韧性也要好。即使在涂层过程中形成少量η相,使基体抗弯强度有所降低,也不会影响涂层硬质合金制品的使用性能。

(3)具有高的热硬性和抗高温塑性变形能力。硬质合金涂层刀具使用条件十分苛刻,如涂层硬质合金刀具,切削速度比未涂层刀具提高50%以上,切削深度和进给量也较大,加工时产生大量的切削热,刀尖温度高达几百摄氏度,甚至上千摄氏度。这不仅要求涂层材料性能好,也要求硬质合金基体材料应具有较高的高温硬度和耐磨损性能及抗塑性变形能力,支撑住表面厚度很薄的涂层,才能提高刀具切削寿命。

HT-CVD工艺基本过程如下:

(1)工件沉积前处理。

① 一般工件表面都有油污、氧化物、粉尘等污物,必须清洗干净才能进行涂层处理。对于表面氧化和污物严重不易清洗干净的工件,还要先喷细砂再清洗。

② 对于不同的工件,可按具体要求采用不同的清洗工艺(如各种清洗剂用量、温度、清洗时间等)。

③ 清洗后的工件不得用手直接接触,应放在清洁的容器中备用。

(2)装炉。装炉前先将清洗好的工件按工艺要求摆放在盛料舟上,工件之间距离按其大小和形状不同而变化,以保证沉积时气流畅通、分布均匀。沉积室清扫干净后,按次序放好分气板和预热层,然后把装满工件的盛料舟摆放在沉积室有效恒温区内。

(3)检漏。涂层设备系统的本底真空度好坏对涂层制品质量影响很大,所以在生产中应予以重视。检测涂层设备系统密封性能的好坏方法是:把设备本底真空度抽到100Pa以下,关闭整个系统并停止排气。如果在2min内系统漏气率不超过40Pa，一般认为涂层设备系统密封性能较好，可以满足化学涂层工艺要求。

(4)加热升温。

① 沉积室加热升温。检漏合格后，用H_2将设备系统恢复常压，然后把加热炉罩到沉积室上加热升温，并按工艺要求设定所需沉积温度。升温过程中通入H_2，当沉积室内温度升到600℃时，再通入适量碳氢气(如CH_4)，减少基体表面脱碳。在工件允许的情况下，应尽可能快速升温，既能减少基体表面脱碳，又能缩短生产周期，降低生产成本。

② 反应源及输送管路加热升温。HT－CVD技术除使用气体原料，还有液体(如$TiCl_4$、BCl_3)、固体(如$AlCl_3$等)反应源，需要加热至不同温度蒸发和升华。这些反应源的加热温度需控制精确，才能保证按工艺要求准确、恒量地送入沉积室内，参与化学反应。

(5) 沉积。

① 当沉积室加热温度稳定达到工艺要求后即可开始沉积工序，不同涂层材料其沉积工艺是不同的，沉积温度、沉积室压力、输入反应气体种类、流量和沉积时间长短都有变化，必须按工艺规程严格控制。

② 在整个沉积工艺过程中要严格控制各加热温度和各种气体流量。特别对CH_4、$TiCl_4$等金属卤化物通入时间和流量，更需按工艺要求控制到位；否则，对涂层质量会有很大影响。

(6) 冷却。沉积工序结束后即可把加热炉从沉积室上移开，并罩上冷却罩开始冷却。冷至600~800℃，停止通氩气，关闭真空泵，系统恢复常压。冷至100~200℃，即可打开沉积室，取出沉积好的涂层制品。

(7)检查、包装。涂层后的制品应按要求进行质量检查，包括涂层表面质量、涂层厚度、涂层组织结构，基体结合强度以及涂层尺寸精度等。合格产品经打字后包装入库。

2. 中温化学涂层工艺(MT－CVD)

MT－CVD涂层工艺(沉积温度700~900℃)是以含C－N原子团的有机化合物，如CH_3CN(乙腈)、$(CH_3)_3N$(三甲基氨)、$CH_3(NH)_2CH_3$(甲基亚胺)、HCN(氢氰酸)等为主要反应原料气体，和$TiCl_4$、H_2、N_2等气体在700~900℃温度下，产生分解、化合反应，生成Ti(C.N)的一种新方法。

MT－CVD涂层工艺制取的Ti(C.N)和HT－CVD技术制取的Ti(C.N)相比，前者涂层组织结构致密，厚度可达10μm以上，并呈柱状结晶，涂层中残存的应力也小，并且硬质合金基体不会产生脱碳相。这种硬质涂层材料具有更高的抗磨损性能、抗热振性能和较高的韧性。这对提高在高速重切削、干切削等恶劣条件下使用的机械加工刀具寿命是十分重要的。

MT－CVD涂层所用设备系统基本和HT－CVD相同，只是在设备系统中附加一套含C－N有机化合物的蒸发、输送及流量、压力控制系统，即可满足MT－CVD涂层工艺要求。

5.3.2 物理涂层的类别

由于市场需求变化及涂层技术本身特性，物理涂层技术的发展受到了更大关注。物理涂层技术在得到飞跃性发展的同时，其应用市场也得到了广泛的拓展。与其最初发展相比，不仅涂层成分种类繁多，而近几年来在涂层结构上更是有了突破性发展，并已为市场所接受。随着物理涂层技术在市场中越来越广泛的应用，认识了解各类涂层的特性及适用领域越加显得重要。因此，对当前物理涂层的分类，目的是让使用者对各类涂层有一个较系统的了解，更加合理地使用涂层刀具。

从物理涂层技术的发展和应用角度出发，物理涂层可按两种方法进行分类。

1. 按涂层成分分类

按涂层成分对涂层进行分类简洁明了，基于对材料性能的认识，使用者容易了解涂层的功能，易为市场所接受，因此，在目前情况下各涂层企业更多的是以不同的涂层成分向用户介绍、推荐其技术及产品。按成分通常分为硬涂层和软涂层两大类。硬涂层以TiN、TiCN、TiAlN等为代表，包括单层薄膜和复合薄膜，随着市场需求变化及涂层技术发展，新的涂层成分不断被开发出来，到目前为止所应用的硬涂层成分已有几十种之多；软涂层顾名思义薄膜的硬度相对较低，通常为1000HV左右，软涂层目前种类并不多，以MoS_2、DLC薄膜为主，在切削加工领域内，其目的是通过在硬涂层表面覆盖一层这种薄膜，增加涂层表面的润滑性，改善被加工工件表面质量和有利于切屑的排除，以满足某些应用领域的需要。

2. 按涂层结构分类

尽管按成分进行涂层分类具有良好的市场基础,但从物理涂层技术的发展来看,涂层的内部结构的变化已越来越多地影响着涂层刀具的应用效果。相同的涂层成分,不同的结构形式,可以导致涂层刀具的使用效果截然不同。因此,认识了解物理涂层薄膜的结构形式,对于该项技术的实际应用有着十分重要的意义。就目前物理涂层技术的发展状况,涂层薄膜结构大体如下分类。

1) 单层涂层

单层涂层由某一种化合物或固溶体薄膜构成,理论上讲在薄膜的纵向生长方向上涂层成分是恒定的。这种结构的涂层可称为普通涂层。如果联系到物理涂层技术的发展历程,实际上在过去相当长的时期内一直采用这种技术,其中包含 TiN、TiCN、TiAlN 等。随着应用市场要求的不断提高,人们也更加认识到这种涂层的局限性,无论是显微硬度、高温性能、薄膜韧性等都难于大幅度提高,但这种涂层在市场中仍占有一定比例。

2) 复合涂层

由多种不同功能(特性)薄膜组成的结构称为复合涂层结构膜。其典型涂层为硬涂层+软涂层,每层薄膜各具不同的特征,从而使涂层更具良好的综合性能。图 5-15 为 CrN+CBC 复合涂层,其中 CBC 为碳基薄膜。

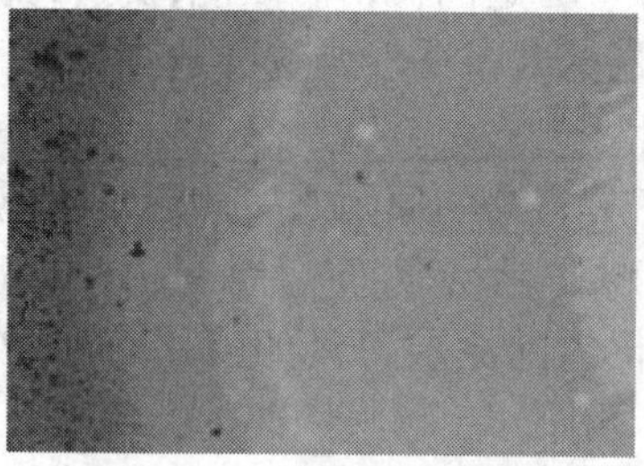

图 5-15 CrN+CBC 复合涂层

图 5-16 TiAlCN 梯度涂层

3) 梯度涂层

涂层成分沿薄膜纵向生长方向逐步发生变化,这种变化可以是化合物各元素比例的变化,如 TiAlCN 中 Ti、Al 含量的变化,也可以由一种化合物逐渐过渡到另一种化合物,如由 CrN 逐渐过渡到 CBC。这种结构可以有效降低因成分突变而造成的内部微观应力的增加。图 5-16 为 TiAlCN 梯度涂层。

4) 多层涂层

多层涂层由多种性能各异的薄膜叠加而成,每层膜化学组分基本恒定。目前在实际应用中多由两种不同薄膜组成,由于所采用的工艺存在差异,不同企业的多层涂层刀具其各膜层的尺寸也不尽相同,通常由十几层薄膜组成,每层薄膜尺寸大于几十纳米,最具代表性的有 AlN+TiN、TiAlN+TiN 涂层等。与单层涂层相比,多层涂层可有效地改善涂层组织状况,抑制粗大晶粒组织的生长。多层涂层如图 5-17 所示。

5) 纳米多层涂层

纳米多层涂层与多层涂层类似,只是各层薄膜的尺寸为纳米数量级,又可称为超显微结构。理论研究证实,在纳米调制周期内(几纳米至几十纳米),与传统的单层膜或普通多层膜相比,此类涂层膜具有超硬度、超模量效应,其显微硬度超过 40GPa,并且在相当高的温度下涂层仍可保留非常高的硬度。因此,这类涂层具有良好的市场应用前景。其典型代表为 AlN+TiN、AlN+TiN+CrN 涂层等。图 5-18 所示为 AlN+TiN+CrN 纳米涂层系,其调制周期 λ 约为 7nm。

6) 纳米复合结构涂层

以($nc-Ti_{1-x}Al_xN$)/($\alpha-Si_3N_4$)纳米复合相结构涂层为例,在强等离子体作用下纳米 TiAlN 晶体被镶嵌在非晶态的 Si_3N_4 体内(图 5-19),当 TiAlN 晶体尺寸小于 10nm 时,位错增殖源难于启动,而非晶态相又可阻止晶体位错的迁移,即使在较高的应力下,位错也不能穿越非晶态晶界。这种结构涂层的硬度可达 50GPa 以上,并可保持相当优异的韧性,且当温度达到 900~1100℃时,其显微硬度仍可保持在 30GPa 以上。此外,这种薄膜同时可获得优异的表面质量,因此工业应用前景广阔。

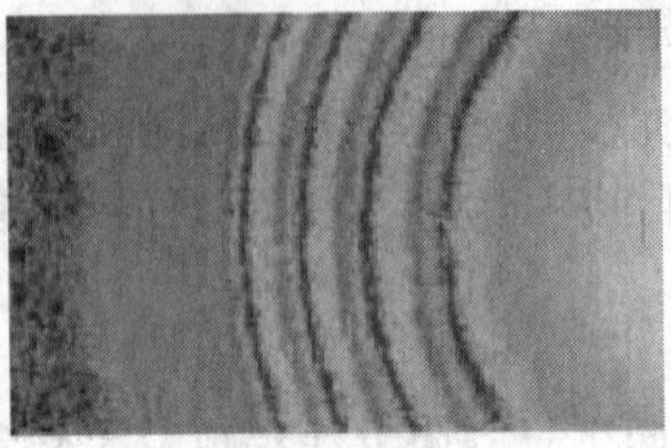

图 5-17 多层涂层

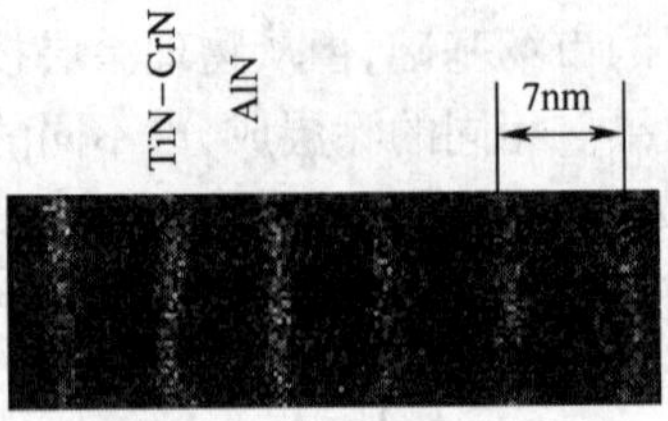

图 5-18 AlN+TiN+CrN 纳米涂层

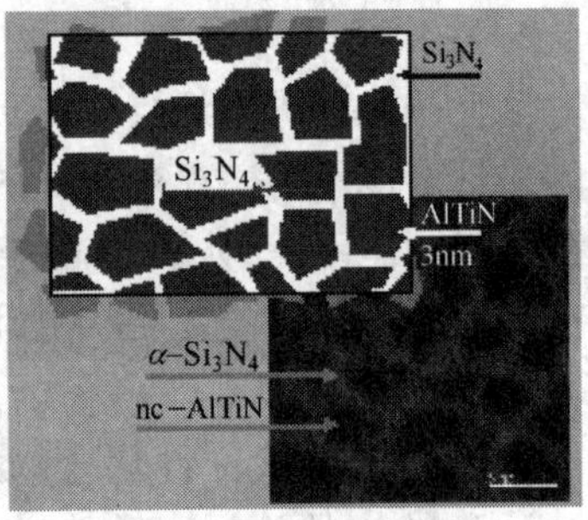

图 5-19 $(nc-Ti_{1-x}Al_xN)/(\alpha-Si_3N_4)$ 纳米复合相结构涂层

5.4 刀具涂层的设计及选用思路

如今已有许多种刀具涂层可供选择，如物理涂层、化学涂层等。如何根据加工需要设计及选择合适的刀具涂层是一件非常重要的工作。每一种涂层材料在切削加工中既有优点又有缺点，若选用了不合适的涂层，不但会影响刀具的使用寿命，也可能在切削过程中对被加工材料产生一定的损伤。因此，要进行基体和涂层的匹配，以及涂层和被加工材料的匹配。在实际中，一般在刀具涂层的共有属性中选择适合于加工需要的单层涂层材料或复合涂层材料。一般来说，刀具涂层有以下共有属性。

(1) 显微硬度。刀具经过涂层后，其显微硬度的增加是延长刀具寿命的原因之一。通常情况下，刀具基体材料或刀具涂层的硬度越高，刀具的使用寿命也就越长。例如，TiCN 涂层比 TiN 涂层具有更高的硬度，相应地，采用单层氮碳化钛的涂层刀具的使用寿命也比采用单层氮化钛的涂层刀具的使用寿命增加了不少。而显微硬度高达 8000~10000HV 的金刚石涂层刀具更具有优异的切削性能。

(2) 耐磨性。耐磨性是指刀具涂层抵抗磨损的本领，例如 TiC 涂层能有效地提高刀具的抗“月牙洼”磨损和后刀面磨损的能力，而 TiN 涂层具有较好的抗刀具前面“月牙洼”磨损性能。

(3) 润滑性。刀具在高速切削过程中，高摩擦系数会增长切削热，导致刀具涂层失效，缩短刀具使用寿命；而低摩擦系数则可以大大延长刀具使用寿命。

(4) 氧化温度。氧化温度是指涂层开始氧化时的温度值。氧化温度值越高，对在高温条件下的切削加工越有利。例如，TiN 涂层的最高使用温度为 600℃左右，而 TiAlN 涂层的最高使用温度可达 800~900℃，因此 TiAlN 较 TiN 更适合于高速、高温等苛刻条件下的切削加工。

(5) 抗黏结性。涂层的抗黏结性可防止或减轻刀具与被加工材料产生化学反应而使被加工材料黏在刀具上，造成刀具崩刃或工件尺寸超差。

因此，在设计刀具涂层时应充分考虑涂层本身的特性和被加工材料的性质，在实际应用中通常采用复合涂层的方法，结合各种涂层材料的优点来提高涂层刀具的使用寿命。通常，刀具涂层都为复合涂层材料结构，表 5-3 列出了复合涂层的应用范围。

表 5-3 复合涂层的应用范围

涂层材料	涂层厚度/μm	应用范围
TiC-TiN	5~7	轻和中等负荷加工，较高速连续切削
TiC-Ti(CN)-TiN	5~7	中等和重负荷加工
TiC-TiN	2~3	轻和中等负荷加工，可用于断续切削
$TiC-Al_2O_3$	4~6	中等负荷加工，较高速连续切削
$TiC-Ti(C.N)-TiC-Al_2O_3$	3~4	中等负荷加工，高速连续切削(如螺纹梳刀)
TiC-Ti(C.N)-TiC-Ti(C.N)-TiN	3~4	中等和重负荷加工，较高速切削(如螺纹梳刀)
$TiC-Ti(C.N)-TiC-Al_2O_3-TiN$	5~7	中等和重负荷加工，较高速切削
$TiN-Ti(C.N)(MT-CVD)-Al_2O_3-TiN$	8~12	重负荷加工，高速连续切削或干切削(如火车轮毂刀)，各种模具
TiAlN+TiN	4~5	中等和重负荷加工，较高速切削(如螺纹梳刀)

5.5 刀具涂层材料的类别、特点和适用范围

常用涂层材料有碳化物、氮化物、碳氮化物、氧化物、硼化物、硅化物、金刚石及复合涂层8大类数十个品种。根据化学键特征，可将这些涂层材料分成金属键型、共价键型、离子键型。按照涂层材料成分可以把常用刀具涂层简单地分为以下3个系列。

5.5.1 含钛系列

1. 氮化钛涂层(TiN)

TiN颜色金黄，显微硬度为2200~2400HV，最高使用温度为600℃，该涂层用于高速钢切削刀具或成形工具可获得很好的加工效果。由于其具有较低的摩擦系数和金黄色的外观，在复合涂层中通常作为最外层(图5-20)。该涂层一般用于被加工材料钢级较低、机床切削速度较低、带切削液的钻削、车削、铣削。

2. 氮碳化钛涂层(TiCN)

TiCN涂层中添加的碳元素可提高刀具的硬度并可获得良好的表面润滑性，其显微硬度可达2800~3200HV，是高速钢刀具的理想涂层(图5-21)。如果该涂层与其他硬质涂层组合，可以加工材料韧性好、容易粘附铁屑的不锈钢等材料。

3. 碳化钛涂层(TiC)

TiC涂层刀具的优越性表现在高的切削速度和优良的抗机械磨损、磨料磨损性能。实践证明，TiC涂层刀具车削中碳钢时，其后刀面及前刀面磨损速度分别只有未涂层刀具的1/10及1/100，具有良好的抗"月牙洼"磨损能力；但TiC涂层脆性大，不耐冲击。

4. 氮硅钛涂层(TiSiN)

此种涂层材料都是通过在TiN涂层材料中添加非金属元素，使TiN的晶格发生畸变，从而获得了比TiN涂层材料更优异的加工性能。TiSiN多元涂层具有36GPa的硬度和1100℃的氧化温度，其抗高温氧化性较单涂层TiN有了显著的提高。其硬度很高，所以脆性很大，在应用上作为复合涂层——降低脆性、增加柔性(图5-22)。

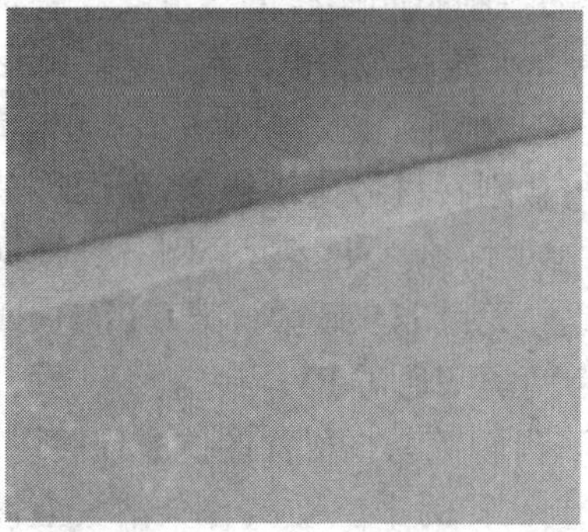

图5-20 TiN金相

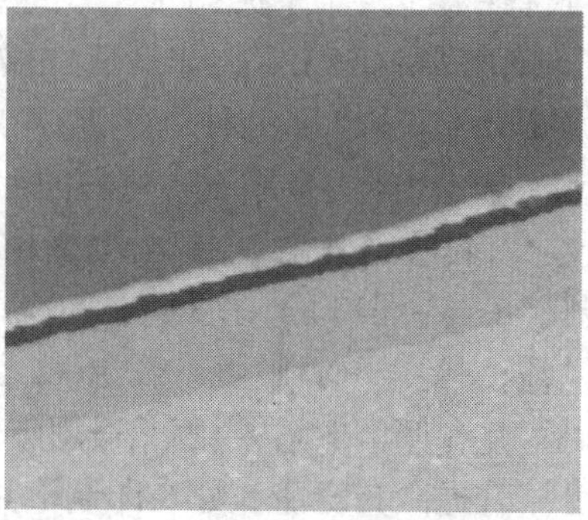

图5-21 TiCN金相(灰色部分)

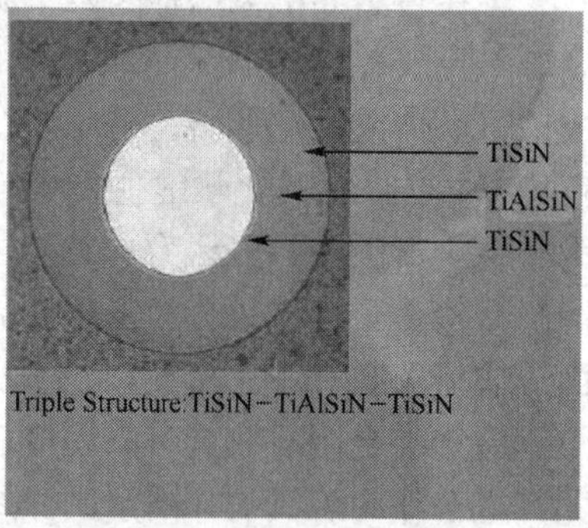

图5-22 TiSiN球痕

5.5.2 含铝系列

1. 三氧化二铝涂层(Al_2O_3)

该涂层是化学涂层的经典涂层，该涂层由于其结晶方式不同又分为$\alpha-Al_2O_3$和$\gamma-Al_2O_3$，而这两种涂层结构在刀具涂层运用上有很大区别。图5-23为Al_2O_3金相。

2. 氮铝钛或氮钛铝涂层(TiAlN/AlTiN)

该涂层为物理涂层的经典涂层，根据铝钛的比例，分为低铝(铝质量分数30%)、中铝(铝质量分数

50%)、高铝(铝质量分数65%以上)。图5-24为TiAlN涂层的金相。

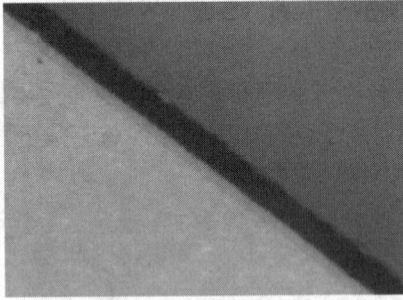

图5-23 Al_2O_3金相

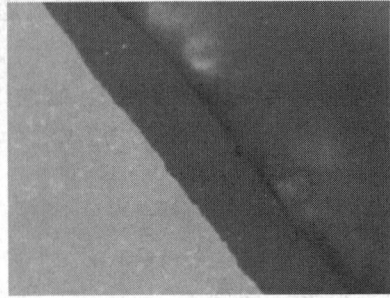

图5-24 TiAlN涂层金相

含铝涂层的一个显著特点是具有较好的抗高温氧化能力,使其能够在高速、重负荷等苛刻切削条件下加工。一般认为,在切削过程中,涂层中所含的铝元素在温度较高时会与空气中的氧反应生成Al_2O_3,而Al_2O_3的隔热效果很好,可以阻止刀具基体被氧化,从而可以有效提高刀具的加工寿命。干式或半干式切削加工的硬质合金刀具可选用该涂层。根据涂层中铝和钛质量分数的不同,AlTiN涂层可提供比TiAlN涂层更高的表面硬度,因此它是高速加工领域又一个可行的涂层选择。

5.5.3 其他常用的涂层材料

1. 氮化铬涂层(CrN)

CrN涂层具有良好的抗黏结性能,广泛用于在切削加工过程中容易产生积屑瘤的使用场合,尤其是应用在铜等非铁金属的机械加工中。

2. 类金刚石(DLC)涂层和金刚石涂层

类金刚石(DLC)是一种与金刚石膜性能相似的新型薄膜材料,它具有较高的硬度、良好的热传导率、极低的摩擦系数、优异的电绝缘性能、高的化学稳定性及红外透光性能。金刚石膜类产品已广泛应用到机械、电子、光学和医学等各个领域。

CVD金刚石涂层可为有色金属材料加工刀具提供最佳性能,是加工石墨、金属基复合材料(MMC)、高硅铝合金及许多其他高磨蚀材料的理想涂层。

碳在自然界中以两种晶体单质形式存在,即四面体状sp3C-C键结合的金刚石晶体和正三角或片层状sp2C-C键结合的石墨晶体。碳的其他存在形式有无定型非晶碳、白碳(由sp1键构成)等。碳之所以能形成诸多晶体或无定形碳,主要是它能以sp1、sp2和sp3三种化学键存在。类金刚石碳材料是碳的一种非晶亚稳态结构,它的化学键主要是sp2和sp3。由于类金刚石碳材料的性能与金刚石材料比较相似,因而称其为类金刚石碳。一般认为sp3键含量越高,膜层越坚硬致密,电阻率越高,宏观性质上更接近金刚石。根据薄膜结构是否含氢可分为氢化非晶碳膜(a-C:H film,一般包括50%的氢)、无氢非晶碳膜(a-C film)、四面体非氢碳膜(ta-C film)。一般来说,前一类金刚石膜由CVD制得,而后两类则通过PVD制得。

由于类金刚石膜具有高硬度、高耐磨性和低摩擦系数,因此适用于轴承、齿轮等易损机件的抗磨损镀层,尤其适合作为工具表面的耐磨涂层,可显著提高其寿命。如在印制电路板上钻孔的微型硬质合金钻头上镀膜后,可在提高钻削速度50%的情况下提高钻头寿命5倍。在镀锌钢板的深冲模具上沉积了掺W的DLC膜后可以不用润滑剂,经同样次数的深冲后工件的表面质量仍明显优于未镀膜模具所冲工件。在制造易拉罐时,用高速钢模具对铝板冲压,若无保护膜,只冲压几次工件的孔边就出现毛刺,而镀上膜后冲压5000次也不会出现毛刺。

DLC涂层可望应用于航空航天领域陀螺仪轴承、太阳能电池帆板装置、飞船齿轮和轴承、加工领域中的切削刀具、汽车发动机、燃气轮机和汽轮机的叶片等。另外,磁介质保护(硬盘、磁头)、光学红外窗口、雷达天线罩、太阳电池减反膜、红外镜头保护膜、平板显示器、医学外科仪器、人体植入部件(如关节、瓣膜等)都可广泛应用。

含氢DLC涂层中最普遍的是通过各种等离子辅助CVD(PCVD),通过射频、微波或其他等离子激活方式)制备的含氢类 DLC。含氢类 DLC 涂层具有相对高的显微硬度(一般为 2000~3000HV)和极低的摩擦系数(0.05~0.15,干式)。通过 PCVD 方法制备的含氢 DLC 涂层表面粗糙度非常低。它们已成为汽车发动机零部件,如挺杆、活塞杆和各种柴油喷射系统零部件涂层的工业标准。

在刀具上把硬质涂层和 DLC 涂层复合应用,在硬质膜上涂覆 DLC 可以防止粘刀,用于加工黏附性强的金属材料,如不锈钢、镍基合金等。

3. 氮铬铝涂层(AlCrN)

该涂层具有 3200HV 显微硬度,使用温度可达 1000℃,其韧性超过钛基涂层(如 TiAlN、TiCN),更适合断续切削和难加工材料的加工。

5.6 刀具涂层前后处理技术

刀具涂层前后处理是整个涂层刀具生产流程中一个非常重要的环节,在相当长的一段时间内,国内刀具生产商对这方面都不重视。近些年来,由于国外各刀具厂商纷纷进入中国市场,并已经抢占了相当大的市场份额,国内企业为了应对激烈的竞争,加强了对产品质量的监控,才开始注重刀具的涂层前后处理。

5.6.1 刀具涂层前处理技术

刀具在涂层前应对其表面进行处理,称为前处理。它主要包括清洗和喷砂两种处理方式。

1. 清洗

工件在涂层前,表面清洗质量好坏十分重要,它直接影响到涂层质量和涂层与基体之间的结合强度,以及涂层制品的使用性能,所以涂层前必须对处理物件进行严格的清洗,达到工艺规定的要求。

在大批量生产中,一般均采用多工位、机械化或自动控制的成套超声波清洗设备。具体清洗工艺按物件种类和表面状况、不同沉积工艺技术要求而有所不同。对在机械工业中应用的硬质涂层制品,如工具、模具以及耐磨损、耐腐蚀零件等,涂层前清洗工艺如下:

(1) 工件装夹。根据物件大小、形状及超声波清洗槽的尺寸制作不同的清洗框,被清洗工件摆放在清洗框内,互相间要有一定的空隙,以保证清洗质量和避免物件互相碰撞损坏。

(2) 去油脂清洗。可用肥皂水、金属清洗剂和脱脂清洗剂等,按物件情况配制成不同浓度的水溶液来清洗。清洗分 3 个超声波清洗槽,每个槽里的清洗剂浓度应逐渐降低。清洗时清洗框要上下移动,约 10 次/min,每槽清洗时间 2.5~3min。

(3) 清水清洗。去除物件表面残存油脂、杂质和清洗剂。清洗也分 3 个槽:第一个槽不用超声波,只用清水喷淋,时间 2.5~3min;第二、第三个槽用超声波清水清洗,时间 2.5~3min。

(4) 碱溶液喷淋清洗。用 50~60℃、1%~2%的 NaOH 碱溶液和活性剂喷淋清洗 3~4min,进一步净化物件表面。

(5) 最后清洗。清洗也分 3 个槽:第一、第二个槽为 50~60℃去离子纯净水,超声波上下移动清洗,时间 2.5~3min,以去除碱液和其他杂质;第三个槽为 50~60℃去离子纯净水,浸泡 1~2min 提出滴净余水。

(6) 烘干。与传统的手动超声波清洗相比,自动化的批量清洗方式的优点是显而易见的:①大幅度地提高了清洗效率,一次清洗量大且连续清洗;②清洗设备采用集约化、模块化设计,连接容易,并且可以进行大量的功能扩展;③整个过程在真空的密封工作室进行,减少了噪声污染和溶剂蒸发造成的环境污染,并实现了无废水排放,绝对环保。

2. 喷砂

涂层前对刀具进行喷砂处理主要有以下几个作用:

(1) 去除刀具表面污物,尤其是清洗很难洗净的污物,如氧化皮等。

(2) 去除刀具表面毛刺。

(3) 降低刀具在加工过程中的残余应力,增强刀具表面强度。

(4) 改善刀具表面粗糙度,提高涂层与基体的结合强度。

目前，已经出现了新型号的湿喷砂设备，使刀具钝化、喷砂、清洗三个流程在一台设备内即可完成，大大提高了生产效率。

5.6.2　刀具涂层后处理技术

1. 喷砂

涂层后喷砂可有效降低涂层后的残余应力和表面粗糙度。它可分为干喷砂和湿喷砂，根据刀具的形状和对涂层的具体需求可以有针对性地进行选择。

如采用化学涂层的硬质合金制品，由于涂层材料和基体硬质合金的热膨胀系数的差异较大，通常在涂层中残留有每平方毫米数百片的拉应力，在基体硬质合金中残留有压应力。残余应力的存在，是引起硬质合金制品抗弯强度下降而导致抗破损性能降低的原因之一。而对涂层硬质合金制品进行喷砂处理，一方面可以缓解涂层中的拉应力，另一方面还可以增大基体硬质合金的残存压应力，从而提高涂层制品的抗弯强度，明显改善其抗破损的能力。图 5-25~图 5-28 示出了喷砂前后，化学涂层硬质合金刀具抗破损性能改善情况及表面粗糙度改善状况。

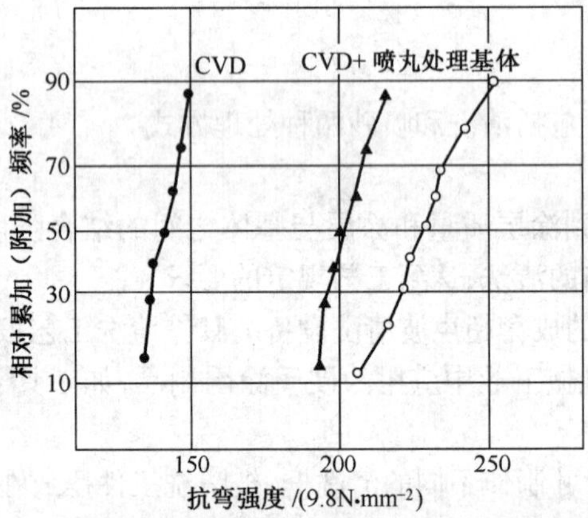

图 5-25　化学涂层硬质合金刀片喷砂前后抗弯强度比较

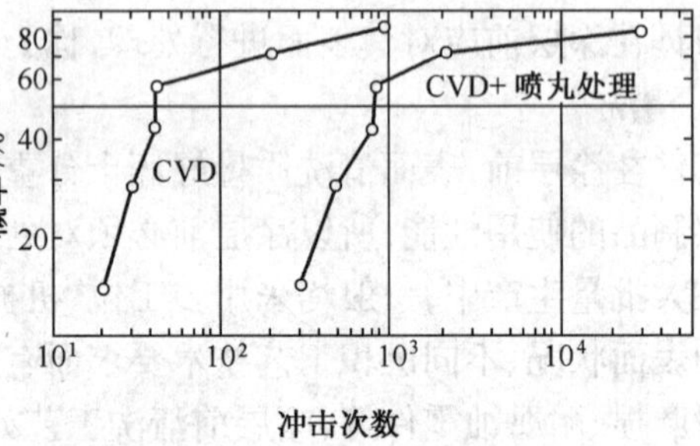

图 5-26　化学涂层硬质合金刀具喷砂后冲击试验结果

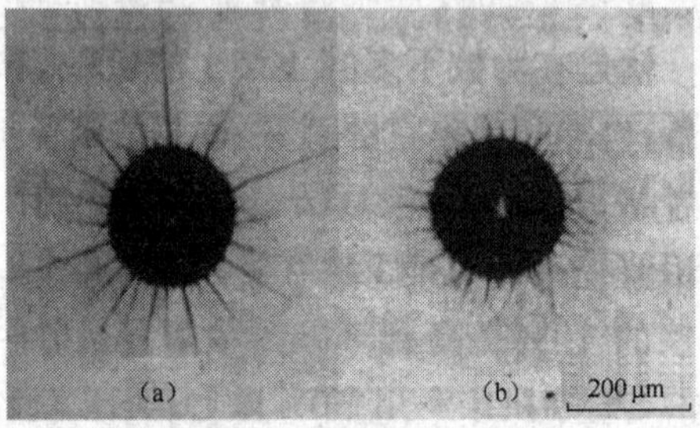

图 5-27　洛氏硬度压痕涂层裂纹扩展情况

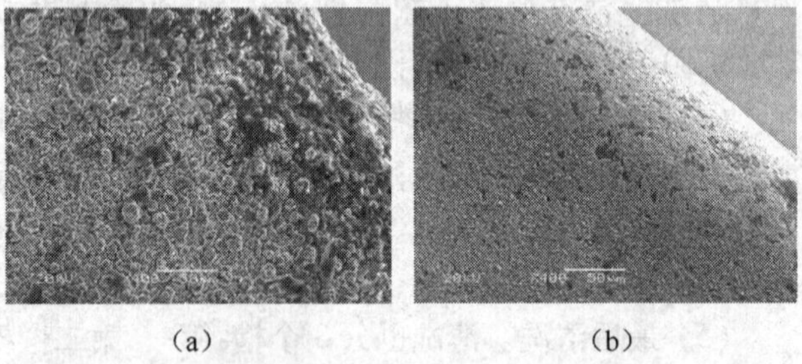

图 5-28　喷砂前后涂层形貌

目前，喷砂处理除了用于降低涂层残余应力和表面粗糙度外，又增加了一种新的功能。以 TiCN－Al_2O_3－TiN 复合涂层为例，在实际使用过程中，Al_2O_3涂层由于其具有抵抗扩散性“月牙洼”磨损的优异功能，更适合在前刀面使用，但在后刀面上会相对较快地产生侧面磨损，厚度大于 4μm 的 Al_2O_3涂层体现得更加突出，而 TiN 涂层正好与 Al_2O_3涂层相反，它与 Al_2O_3涂层相比具有低的侧面磨损和快的“月牙洼”磨损。因此，为了使刀具同时具有“月牙洼”磨损和侧面磨损，在 TiCN－Al_2O_3－TiN 复合涂层沉积完成后，通过采用特定的喷砂工艺去除刀具前刀面的 TiN 涂层，露出 Al_2O_3涂层，既保证了前刀面和后刀面同时具有高的耐磨性，又可以通过后刀面金黄色的 TiN 涂层判断切削刃是否已经使用过。

涂层硬质合金制品喷砂处理，对于所用石英砂粒度及粒度分布、玻璃丸的粒度、气体压力、喷嘴到工件的距离和角度，都是影响喷砂效果的重要因素，要针对产品种类和形状通过试验来确定。喷砂时应均匀、小心，防止损坏涂层制品。

2. 抛光

抛光与喷砂具有相类似的效果，同样可以降低涂层残余应力和涂层表面粗糙度，但在降低涂层表面粗糙度方面的效果更明显，经抛光过的涂层刀具表面非常光亮。

5.7　刀具涂层重涂技术和退镀技术

5.7.1　刀具重涂技术

刀具重涂技术主要是应用在物理涂层高速钢涂层刀具上；而化学涂层刀具一般为硬质合金数控刀片，多为一次性使用，磨损后基本上不进行修磨。本节主要是针对物理涂层高速钢刀具来阐述。

刀具重涂技术主要由刀具的磨损控制和刀具的重磨技术两部分的工艺来保证的。

1. 刀具的磨损控制

刀具的刃磨是保证涂层刀具应有效益的一个关键工序，磨钝标准的严格控制和刃磨质量是成功使用涂层刀具的保证，因此要求刀具使用者应执行工艺规程规定的磨钝标准（换刀标准），同时也要求磨刀者注意保证刃磨质量。

涂层刀具磨损后必须重磨（主要是指高速钢刀具），一般来说，涂层刀具的磨损比非涂层刀具要小（因为重磨量太大）。由于发热量大易烧伤等原因，对涂层不利且刀具的消耗量加大，因此必须严格遵守磨损标准。例如，涂层滚刀的后隙面磨损量定为0.25~0.30mm，涂层插齿刀的后隙面磨损量以0.20~0.25mm较为合适。

2. 刀具的重磨技术

每个刀齿的磨损量是不一样的，磨刀者在刃磨前必须检查刀具磨损的情况，找出磨损最大的刀齿做上记号，保证能够将磨损最大的刀齿的磨损区也完全磨掉。如有某一刃口的磨损还没有完全磨去，刀具重新切削时，该区将迅速磨损并导致其他刀齿的非正常磨损。

为了保证切削刃刃口的质量，用一般砂轮刃磨时需区分粗、精磨阶段，粗磨时每次走刀的磨削深度也不能太大，一般控制在小于0.02mm，否则刃口容易出现微小崩刃或烧伤。待将磨损区域全部磨去后即进入精磨阶段。如使用普通刚玉砂轮，精磨前应首先将砂轮重新修整好，然后进行精整磨削，将重磨面光刀几次，以保证刃口的完整性。

经验证明，涂层刀具重磨时用切削液进行磨削效果最好，最能保证重磨后刀具的切削性能，但对重新涂层的前处理要求就更高了。因此，刀具重涂技术必须达到在前面两个条件基础之上才能取得最佳效果，当满足这些条件后，可以按正常的涂层工艺进行刀具涂层。

5.7.2　刀具涂层的退镀技术

刀具涂层的退镀主要有刀具涂层质量出现问题和刀具需要重涂两个方面的原因。

涂层过程是非常复杂的过程，难免出现问题，为使刀具不报废，退镀重涂是一种挽救的方法，当然这种方法用得越少越好。而重涂技术必须应用退镀技术。

首先了解退镀技术的原理。实际上，退镀技术也是一个化学反应，用碱或酸与涂层中的钛基进行化学反应，从而把涂层从基体表面上分解掉，而达到退镀的目的，所以退镀技术不仅可将涂层分解，也能将基体破坏。实践证明，退镀技术在高速钢类刀具上的应用很成功，但在硬质合金刀具上会破坏基体，使基体脱钴，抗弯强度下降、变脆，涂层刀具容易崩刃。因此，退镀技术一般用在物理涂层高速钢刀具的重涂技术上。

刀具重涂时只有磨损面进行了重新开刃，而其他的地方还有涂层保留，那么在进行了几次重涂后某些面的涂层厚度增加很多，此处的应力变大，很容易造成局部脱落，所以必须进行退镀处理，以保证涂层均匀和不脱落。

1. 刀具退镀所需的主要原料

例如，一种配方：

主要原料为氢氧化钾、三乙醇铵、氨水和过氧化氢，将前三种化合物按照一定比例进行配比成为退镀原液。

2. 退镀

（1）将已配制的50%退镀原液、50%过氧化氢倒入容器内，液体以没过待退工件为宜。

（2）开始退镀。若一次氮化钛膜层没有完全退掉，则将已退过的液体倒掉，重新以50%退镀液、50%过氧化氢进行第二次、第三次退镀。若仍然有少量的氮化钛膜层退不干净，也不防碍第二次的涂层（冬季退镀液可略加温，温度不超过30℃）。

3. 退后处理

（1）用清水将已退镀工件上的退镀液体冲洗干净。

（2）工件放入3%的盐酸（pH=2）液体中酸洗1~2min，然后用清水冲洗干净。

（3）再将工件放入5%的氢氧化钠（pH=10）液体中，中和0.5~1min，用清水冲洗干净。

（4）将工件脱水、吹干，待涂层。

参考文献

[1] 王福贞，马文存．气相沉积应用技术[M]．北京：机械工业出版社，2007.

[2] 赵海波，周彤，梁红樱，等．刀具涂层的分类与应用[J]．工具技术，2005(12)：13-16.

[3] 周彤．刀具涂层技术的应用[J]．机械工人——冷加工，2002(9)：13-16.

[4] 陈宝佳，栾竹萍．氮化钛涂层高速钢刀具的应用[M]．北京：机械工业出版社，1991.

[5]（德）Georg Erkens，等离子辅助表面涂层，德国：现代工业出版社，2010.

第6章　工具系统及刀具装夹技术

随着制造业的快速发展和机械装备设计制造水平的不断提高，数控机床(加工中心)逐步成为先进制造装备的主体。工具系统是数控机床的关键部件之一，其工作稳定性和可靠性直接影响数控加工的质量及生产效率。为此，工业发达国家的机械工程专家和工程技术人员都高度重视工具系统及刀具装夹技术研究，大力开发适用于高档数控机床用新型工具系统。

6.1 概　述

20世纪70年代，国内外机床用刀柄及工具系统大都以整体结构为主，如BT刀柄(锥度比为7∶24)及其工具系统。80年代以来，随着数控机床的快速发展，特别是高速机床(加工中心)的广泛应用，工业发达国家德国、日本和美国等先后开发出了模块式结构的新型刀柄及工具系统，其典型代表有HSK、KM刀柄(锥度比为1∶10)及工具系统。随着切削加工技术朝着高速度、高效率、高精度方向发展，德国开发的HSK刀柄及工具系统被广泛采用。有关资料表明，HSK工具系统在欧美的市场占有率已达到80%以上，被认为是最有发展前景和最具潜力的新型工具系统。

20世纪90年代初，我国成都工具研究所在引进消化的基础上开发出了TMG28等模块式工具系统。2001年，成都工具研究所和江苏大学等单位联合开发出HSK刀柄。2009年，上海工具厂股份有限公司(联合江苏大学、成都工具研究所、山东大学等)和哈尔滨量具刃具集团公司分别牵头承担了国家科技重大专项——高速数控机床用新型工具系统，相继实现了HSK刀柄的批量化生产，为提高我国高档数控机床的制造水平及提升参与国际市场竞争能力奠定了坚实基础。

6.1.1　工具系统的组成及分类

工具系统是由刀柄部分、刀柄-刀具连接部分和刀具部分组成，如图6-1所示。通常包括刀柄、刀杆、夹头、夹紧机构和刀具等，其主体是刀柄。工具系统的一端(刀柄)直接与机床主轴连接，另一端则与刀具连接。其主要作用是连接主轴与刀具，使刀具达到所要求的位置与精度，传递切削所需扭矩及保证刀具的快速更换。不仅如此，有时工具系统中某些工具还要适应刀具切削中的特殊要求，如切削液的供给、丝锥的扭矩保护及前后浮动等。

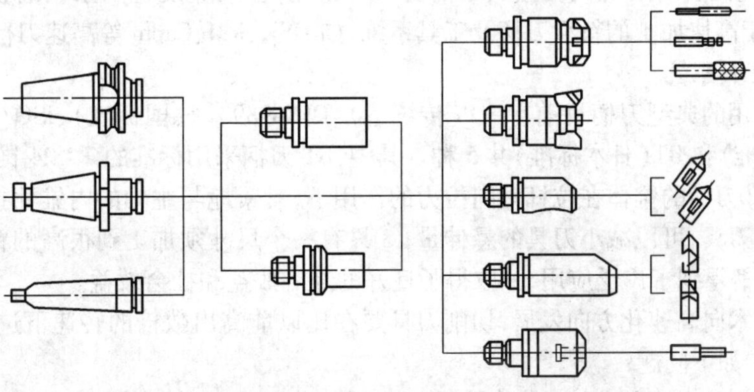

(a) 刀柄部分　(b) 刀柄-刀具连接部分　(c) 刀具部分

图6-1　工具系统的组成

工具系统可按照结构形式分为整体式和模块式两大类。

1. 整体式工具系统

整体式刀柄及其工具系统将每把工具的刀柄部分、刀柄-刀具的连接部分和切削刀具部分做成一体。其特点是结构简单、刚度高、连接元件少。但是,不同品种和规格的工具系统都必须拥有一个能与机床主轴相连接的柄部,这就使得工具的规格、品种繁多,给生产、使用和管理带来诸多不便。

2. 模块式工具系统

模块式工具系统将工具系统的组成单元制成各种系列化的模块,然后根据需要进行合理组装,构成适用于不同加工、不同规格的模块式工具系统。既方便了制造,也方便了使用和保管,大大减少了制造用户(企业)的工具储备,有效地克服了整体式工具的不足,显出其经济、灵活、快速、可靠的特点。此外,模块式工具系统的各组成模块组除具有其主要实现的功能外,往往还兼有其他功能,例如,要求刀具实现内冷却的工具系统,保证冷却润滑液通过工具系统的功能就应包含于组成工具系统的所有模块组中,要求快换的工具系统其快换功能则可包含在基本柄部模块组成或工作模块组中。

此外,还可按照应用功能将工具系统分为车削工具系统、镗铣工具系统、钻削工具系统等。也有可以完成车削、镗削、钻削、切断、攻螺纹等切削功能的通用型系统,如瑞典 Sandvik 公司于 1980 年在芝加哥机床博览会上推出的模块式工具系统。模块式工具系统已经成为工具系统的主流和发展方向。

6.1.2 工具系统的设计要求

目前,国内外数控机床用工具系统有数十种,虽然其结构、性能、特点、用途及适用场合各不相同,但从某种意义上讲,工具系统都是用来完成刀具和机床的连接及切削任务的。数控机床工具系统设计除具备普通工具的特性外,还有以下基本要求:

(1) 刚度要求。数控加工常采用大进给量、高速强力切削,要求工具系统具有高刚性。

(2) 精度要求。较高的换刀精度和定位精度。

(3) 耐用度要求。提高生产率,需要使用高的切削速度,因此刀具耐用度要求较高。

(4) 断屑、卷屑和排屑要求。自动加工中刀具的断屑、排屑性能好。

(5) 装卸调整要求。工具系统的装卸和调整要简捷、方便。

(6) 标准化、系列化和通用化(简称"三化")要求。工具系统的"三化"不仅便于刀具在转塔及刀库上的安装,简化机械手的结构和动作,还能降低刀具制造成本,减少刀具数量,扩展刀具的适用范围,有利于数控编程和工具管理。

6.1.3 典型的工具系统

在传统机床及装备的使用中,BT 刀柄及其工具系统在机械加工中发挥了重要作用。但是随着现代加工技术朝着高效精密加工方向发展,对加工精度和加工效率的要求越来越高,特别是高速加工技术的应用,传统的 BT 工具系统已经无法满足现代机械加工的要求。为此,各工业发达国家相继投入了大量的财力、物力,先后开发了适用于高速加工的新型刀柄及工具系统,如 HSK、KM、Capto 等高速刀柄及其工具系统。

1. BT 刀柄及其工具系统

常规数控机床采用的典型刀柄目前有 NT(传统型)、DIN69893(德国标准)、ISO738811(国际化标准)、ANSI/ASME(美国标准)和 BT(日本标准)共 5 种。其中,BT 刀柄采用标准的 7∶24 锥面连接,其优点:①可实现快速装卸刀具;②刀柄的锥体在拉杆轴向拉力的作用下,紧紧地与主轴的内锥面接触,实心的锥体直接在主轴的锥孔内支撑刀具,可以减小刀具的悬伸量;③只有一个尺寸须加工到很高的精度,所以成本较低而且可靠。为此,BT 刀柄得到了广泛应用,并取得了良好的经济效益和社会效益。

随着机械加工技术向高速化方向发展,切削刀具要在比以前高出数倍的转速下进行工作,BT 刀柄的连接(图 6-2)就出现了如下问题:

(1) 主轴与刀柄不能实现与主轴端面和内锥面同时定位,导致连接刚度低。尤其是在高转速下,由于离心力的作用,主轴锥孔大端扩张量大于小端扩张量,使得刀柄和主轴的接触面积减少,工具系统的径向刚度和定位精度显著下降。

（2）在高速旋转（超过 8000r/min）条件下，由于离心力的作用导致刀柄向外的扩张量与主轴孔的扩张量差异明显，而且在孔口部位扩张量的差异要大于刀柄尾部，在拉杆作用下刀柄向后移动导致轴向位置发生变化，直接影响了加工精度和刀具稳定切削条件。并且主轴停车后，刀柄和主轴径向弹性恢复，容易使刀柄卡在主轴中，很难拆卸。

（3）主轴的膨胀还会引起刀具及夹紧机构质心的偏离，从而影响主轴的动平衡。

（4）刀柄为实心长锥柄结构，因此质量大。在加工中心上应用时换刀速度较慢，导致非加工时间较长。

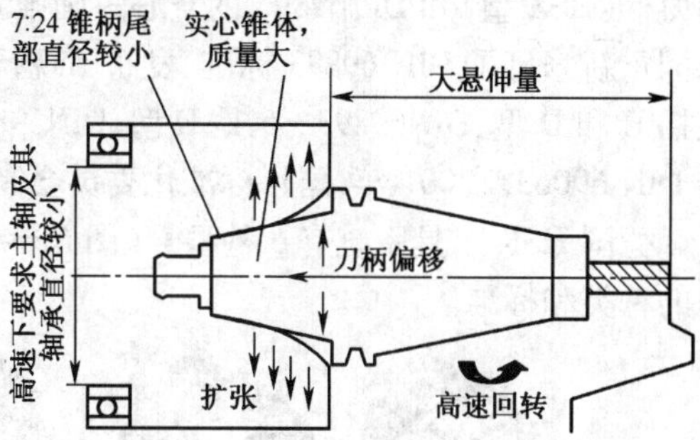

图 6-2　高速加工时 BT 工具系统工作示意图

传统的机床/刀具连接的结构及其功能缺陷，已不能满足高速加工的高精度、高效率及刚度和动平衡性等要求。

2. TMG 工具系统

20 世纪 90 年代，成都工具研究所在引进消化国外先进工具系统的基础上，结合我国实际研制成功了模块式镗铣类工具系统，并分别选用了镗铣类、模块式、工具系统三个词的汉语拼音字头 T、M 和 G，进而简称 TMG 工具系统。

TMG28 刀柄及工具系统是 TMG 工具系统的典型代表之一，该刀柄采用了特殊的模块接口，如图 6-3 所示。

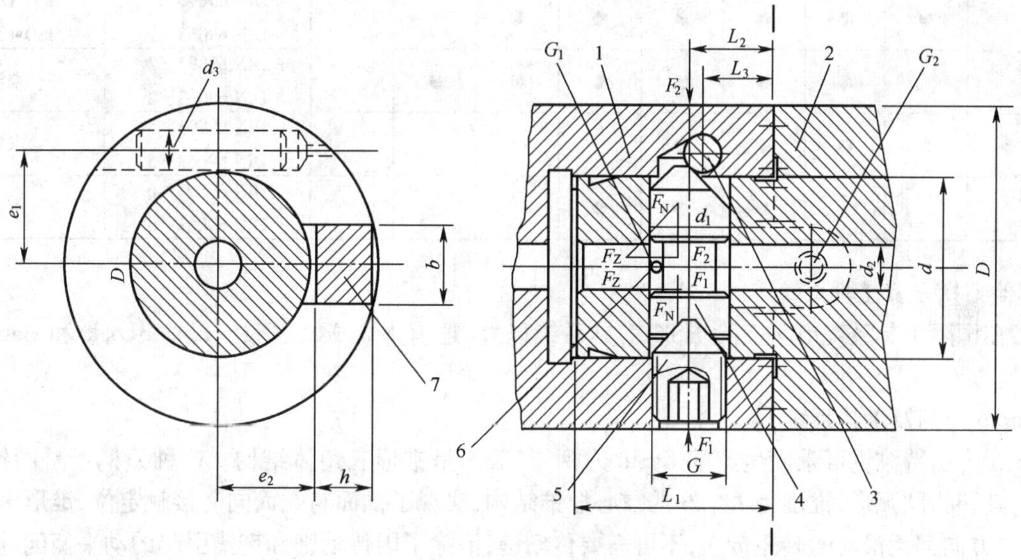

图 6-3　TMG28 模块接口结构

1—模块接口凹端；2—模块接口凸端；3—固定销；4—锁紧滑销；5—锁紧螺钉；6—限位螺钉；7—端键。

TMG28 工具系统解决了我国进口数控机床刀柄及工具系统的配套问题。它具有互换性好、连接重复精度高、模块组装、拆卸方便等特点，模块之间连接牢固、可靠，结合刚性好，完全满足生产使用要求，达到同期国外模块式工具的先进水平。工具系统中的高效刀具（可转位浅孔钻、扩孔钻、微调镗刀、双刃镗刀、双刃微调镗刀等）切削性能良好，TMG28 工具系统至今还在我国部分大型制造企业（集团）的生产装备中应用。

3. HSK 刀柄及其工具系统

HSK 刀柄是一种新型的高速刀柄，其接口采用锥面和端面两面同时定位的方式，刀柄为中空，锥体长度较短，有利于实现换刀轻型化及高速化。由于采用端面定位，完全消除了轴向定位误差，使高速、高精度加工成为可能。这种刀柄在高速加工中心上应用很普遍，被誉为是“21 世纪的刀柄”。

HSK 刀柄是由德国阿亨（Aachen）工业大学机床研究所于 1991 年研制并开始在德国的一些机床上试用。1991 年 10 月，德国 DIN 标准研究小组在阿亨工业大学研究报告的基础上发布了 DIN 69693 空心短圆柱刀柄(HSZ 型)和 DIN69893 的空心短圆锥刀柄(HSK 型),1994 年又开发了 C、D、E 和 F 型刀柄。1996 年,德国重新修订了 DIN 69893 标准,发布了现行 HSK 刀柄系统,即 DIN69893－1 包括 A 和 C 型、DIN69893－2 包括 B 和 D 型、DIN69893－5 是 E 型、DIN69893－6 是 F 型。同时也发布了安装 HSK 刀柄的主轴锥孔的标准 DIN 69063。2001 年,国际标准化委员会制定出了有关 HSK 刀柄的 ISO12164 标准。

德国 HSK 工具系统有 6 种型号(图 6－4)及 35 个规格。表 6－1 列出了 HSK 工具系统刀柄与主轴连接孔的种类和标准。

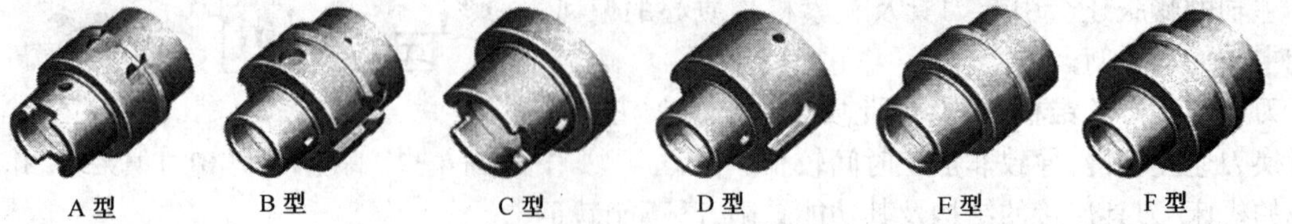

图 6－4 HSK 刀柄

表 6－1 HSK 刀柄与主轴连接孔的种类和标准 单位:mm

HSK	25	32	40	50	63	80	100	125	160	DIN 标准	ISO 标准
A 型		●	●	●	●	●	●	●	●	DIN 69893－1 DIN 69063－1	ISO 12164－1 ISO 12164－2
B 型			●	●	●	●	●	●	●	DIN 69893－2 DIN 69063－2	未制定
C 型		●	●	●	●	●	●			DIN 69893－1 DIN 69063－1	ISO 12164－1 ISO 12164－2
D 型			●	●	●	●	●	●		DIN 69893－2 DIN 69063－2	未制定
E 型	●	●	●	●	●					DIN 69893－5 DIN 69063－5	未制定
F 型				●	●	●				DIN 69893－6 DIN 69063－6	未制定

4. 其他刀柄及其工具系统

目前,在国际工具系统市场上除 HSK 工具系统以外,还有 KM、NC5、Big－Plus、3Lock 和 Capto 等工具系统。

1) Capto 刀柄及工具系统

图 6－5 为山特维克可乐满生产的 Capto 刀柄,其截面呈锥形三角体结构。这种刀柄不是圆锥形,而是三角体锥,其棱为圆弧形,锥度为 1∶20 的空心短锥结构,实现了锥面与端面同时接触定位,锥形多角体结构可实现两个方向都无滑动的转矩传递,不再需要传动键,消除了因传动键和键槽引起的动平衡问题。三棱锥的表面大,使刀柄表面压力低、不易变形、磨损小,因而具有始终如一的位置精度。但锥形三角体特别是主轴锥形三角体孔加工困难,加工成本高,与现有刀柄不兼容,配合会自锁。

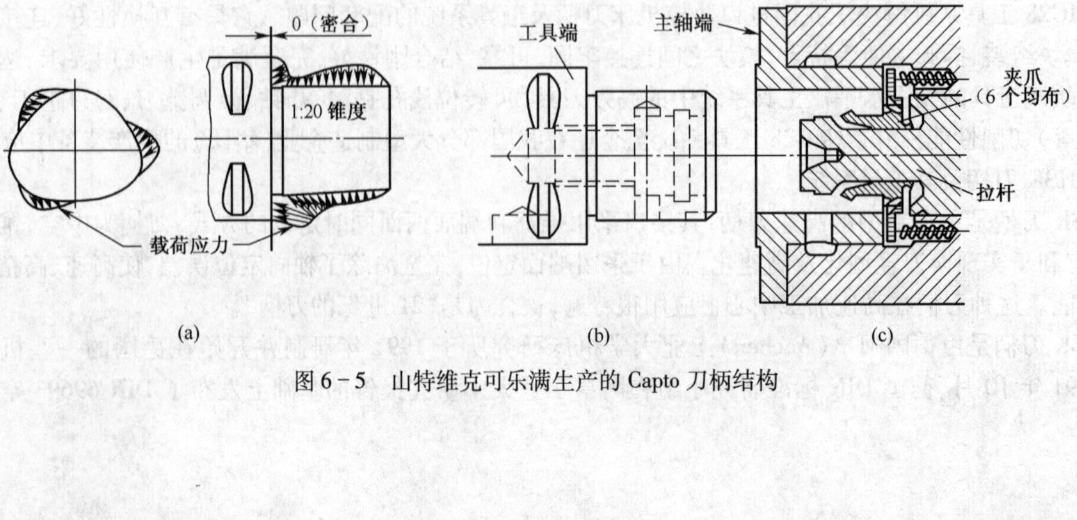

图 6－5 山特维克可乐满生产的 Capto 刀柄结构

2）BIG－PLUS 刀柄及工具系统

BIG－PLUS 刀柄的锥度仍然是 7∶24，其结构如图 6－6 所示。其设计原理是，将刀柄装入主轴时（锁紧前）端面的间隙小，对于 40 号刀柄，间隙为 0.02±0.005mm。锁紧后利用主轴内孔的弹性膨胀补偿间隙，使刀柄与主轴端面贴紧。这种设计产生的效果是：①与主轴的接触面积增大使刚性增强，振动衰减效果提高，端面的矫正作用使自动换刀的重复精度提高；②端面的定位作用使轴向尺寸稳定。因为 BIG－PLUS 刀柄的锥度仍是 7∶24，锁紧机构也一样，所以它与一般刀柄（非两面定位）有互换性。

BIG－PLUS 刀柄也有其不足之处：由于过定位安装，必须严格控制锥面基准线与法兰端面的轴向位置精度，与之相应的主轴也必须控制这一轴向精度，使其制造工艺难度大，这一点甚至比 HSK 刀柄要求还高。一般使用的 BIG－PLUS 刀柄锥面的接触力不足，高速时主轴孔扩张，由于刀柄不能轴向移动，从而使径向定位精度和连接刚度降低。虽然它与一般刀柄（非两面定位）有互换性，但互换后就失去双面定位这一特性。

3）H.F.C 刀柄及工具系统

日立精工公司开发的 H.F.C“日立”端面限位刀柄，也是针对高速加工开发的双面约束型刀柄，其结构如图 6－7 所示。在刀柄法兰的四周设有端面限位螺钉，形成螺钉端部与主轴端部接触的形式；夹持刀具的弹性夹头螺母采用与主轴轴端一样的碳素纤维周向缠绕的结构，可抑制高速旋转时刀柄锥孔的扩张，增强了对高速旋转的适应能力。此外，H.F.C 刀柄还具有锥部与 BT 刀柄连接互换、接触面位置可调、价格低廉等优点。其定位精度和刚度比端面完全接触的刀柄低。

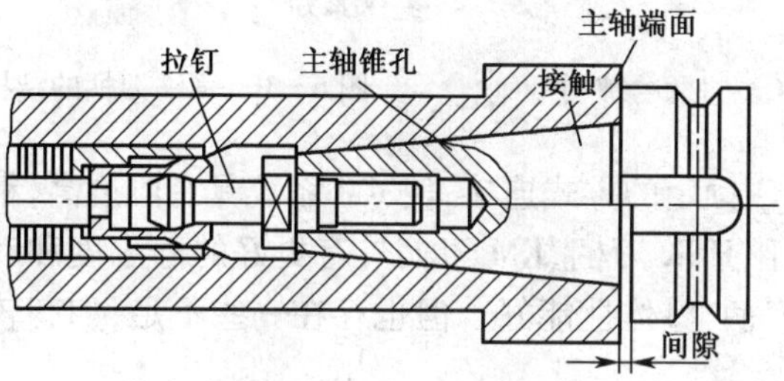

图 6－6　BIG－PLUS 刀柄的结构

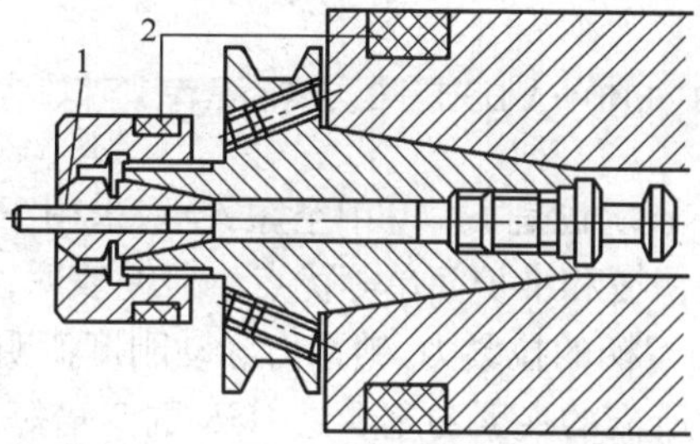

图 6－7　H.F.C“日立”端面限位刀柄结构
1—刀具；2—碳素纤维。

4）SHOWA D－F－C 刀柄及工具系统

该刀柄是日本昭和精机株式会社针对标准 7∶24 刀柄存在的问题开发的，主要目的是提高其高速性能。它仍采用了 7∶24 锥度，与 BIG－PLUS 一样，同属于 7∶24 锥度的双面定位型结构，结构如图 6－8 所示。本体柄部为圆柱形，在该圆柱面上配有带外锥面的锥套，锥套大端与刀柄本体的法兰端面之间设有碟形弹簧，具有缓冲抑振效果。刀柄采用锥套碟形弹簧的组合式结构，通过锥套的位移（对于 30 号刀柄，允许最大的位移量为 0.3mm；对于 40、50 号刀柄，允许最大的位移量为 0.5mm），可以有效地吸收锥部基准圆的微量轴向位置误差，以减少刀柄的制造难度，且不存在互换性问题，能可靠地实现双向约束；弹簧的预压作用还能衰减切削时的微量振动，有利于提高刀具的耐用度，改善加工表面质量；当高速旋转因离心力致使锥孔扩张时，在碟形弹簧的作用下，锥套产生轴向位移，补偿径向间隙，确保径向精度。因刀柄本体未产生轴向位移，故又能确保轴向精度。另外，该结构较好地解决了 HSK、KM、BIG－PLUS 等双面定位型结构在刀柄和主轴锥孔磨损后锥面定位性能下降的问题。

但是，SHOWA D－F－C 刀柄也存在一定的缺点，如当高速旋转因离心力致使刀柄上锥套孔扩张时，其与柄部圆柱体间出现间隙，从而降低了径向刚度和径向位置精度等。

5）3LOCK 刀柄及工具系统

3LOCK 刀柄也是属于 7∶24 锥度的双面定位型结构，由日本株式会社日研工作所开发，结构如图 6－9 所示。其本体柄部为圆柱体和锥体的组合，在该复合体上配有带外锥面且有缝的锥套，锥套大端与刀柄本体的法兰端面之间设有碟形弹簧，锥套小端通过拧在刀柄本体上的细牙锁紧螺母定位和锁紧。3LOCK 刀柄除了有与 SHOWA D－F－C 刀柄相同的优点外，还克服了当高速旋转因离心力致使刀柄上锥套孔扩张时，与其柄部体出现间隙,从而降低了径向刚度和径向位置精度的缺点。这也是 3LOCK 刀柄名字的来源,即具有端面、锥面和锥套内孔三处锁紧,这三处锁紧即使在高速旋转时也能保证。另外,3LOCK 刀柄还能保证各处夹紧力的理想值,一般夹紧力锥面占 90%、端面占 10%。3LOCK 刀柄的缺点是由于锥套有开口缝,导致自身的动平衡精度无法做到很高。

6) KM 刀柄及工具系统

美国肯纳公司于 1987 年开发出 KM 刀柄,其锥度比为 1∶10。在夹紧机构拉杆上设有两个对称的圆弧凹槽,该槽底为两段弧形斜面,如图 6-10 所示。夹紧刀柄时,拉杆向右移动,钢球沿凹槽的斜面被推出,卡在刀柄上的锁紧孔斜面上。刀柄向主轴孔内拉紧后,薄壁锥柄产生弹性变形,使刀柄端面与主轴端面贴紧,实现锥面和端面同时接触双面定位。

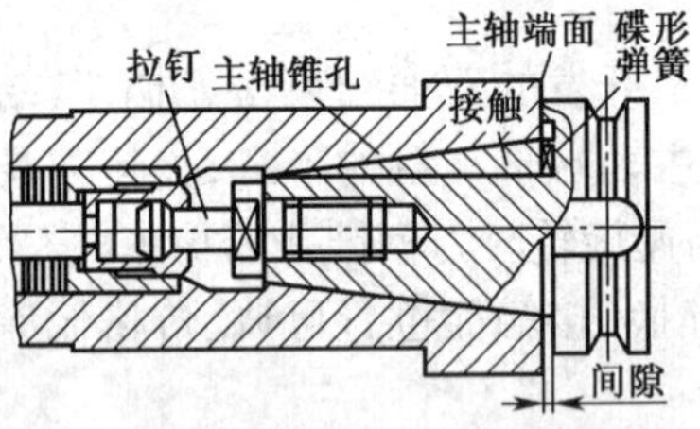

图 6-8 SHOWA D-F-C 刀柄的结构

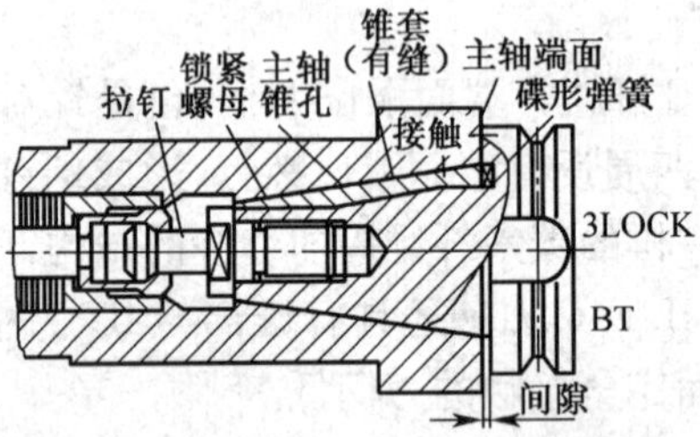

图 6-9 3LOCK 刀柄的结构

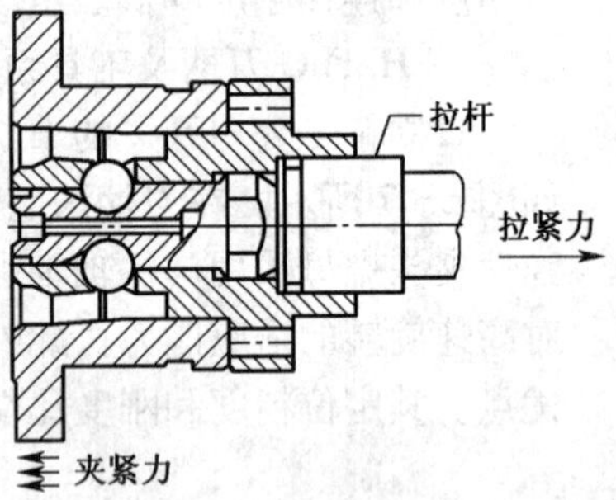

图 6-10 KM 刀柄的结构

KM 系统也是 1∶10 中空短锥柄,采用三点接触和双钢珠锁定的方式连接,使 KM 系统具有刚度高、精度高、装夹快捷和维护简单等优点。研究表明,与 BT 刀柄相比,HSK 刀柄、KM 刀柄具有更好的静刚度和动刚度。KM 刀柄的拉紧力、锁紧力和动刚度值明显高于 HSK 刀柄,整体性能好。但也存在一些不足,如有较大过盈量,所需的夹紧力至少是 HSK 的 3 倍等。

6.2 数控刀柄及其工具系统的设计

随着数控机床和柔性制造系统的发展,对工具系统的设计提出了新的要求。由于机床所需配备刀具品种、规格与数量的大量增加,不仅要求工具系统要便于组织生产和缩短制造周期,而且在满足用户使用要求的前提下,减少用户工具储备,节省工具费用,便于生产管理。因此,工具系统的设计已从传统的整体式工具系统转向新兴的模块式工具系统。

6.2.1 数控刀柄的结构及设计

高档数控机床普遍采用德国开发的 HSK 刀柄及其工具系统。按 DIN 规定,HSK 刀柄分为 6 种类型:A、B 型为自动换刀刀柄,C、D 型为手动换刀刀柄,E、F 型为无键连接、对称结构,适用于超高速的刀柄。

图 6-11 是高速数控机床主轴的 6 种结构,图 6-12 是 HSK 刀柄 A 型的基本结构及功能图。A 型是一种有代表性的、典型的 HSK 刀柄。刀柄尾部有两个深度不等的驱动键槽,不同的深度是为了确定装卸方向。图 6-12(b)是键槽的外圆轮廓,传递扭矩时它可以增加接触面积,减小分布压力。刀柄内部有一个 30°的夹紧面。锥面上有径向通孔,它仅在手动夹紧时被采用。

刀柄圆柱部分的外表面上有自动换刀用的 V 形槽以及一个定向槽。另外,还有一个用于放置反映刀柄信息的微处理芯片的径向孔。

图 6-13 为 HSK 刀柄和普通刀柄的外形比较,图 6-14 是一种高性能可调平衡的 HSK 刀柄。HSKA/B/C/D 型都是利用键槽传递扭矩,由于它们结构不完全对称,适用于中等转速加工场合;而 E/F 型利用锥面和端面的摩擦力传递扭矩,结构完全对称,适用于高速加工场合。HSKA/C/E 和 B/D/F 型刀柄主要的差别在于驱动槽的位置、换刀时抓夹的位置、切削液通道以及法兰面的面积大小。

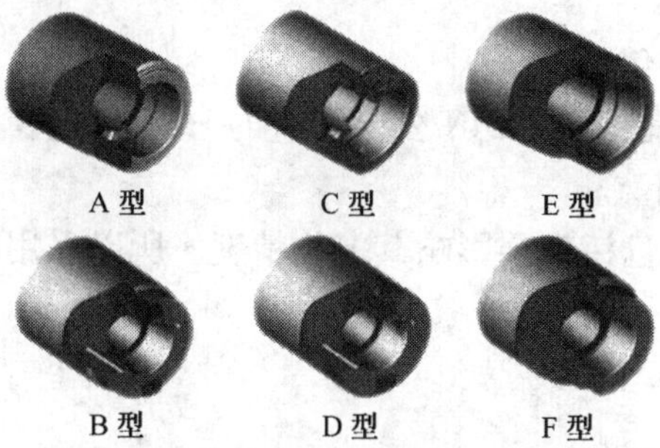

图6-11 高速数控机床主轴的6种结构

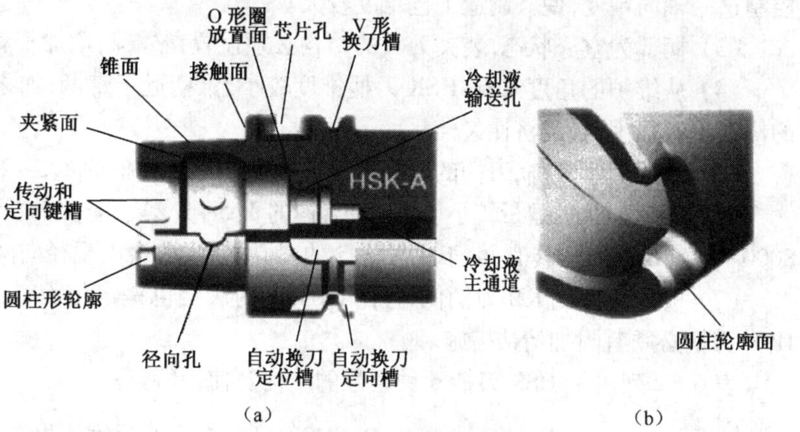

图6-12　HSK-A型刀柄结构功能

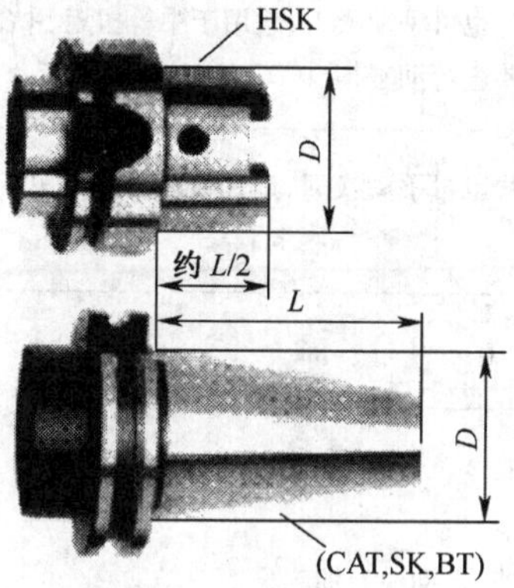

图6-13　HSK刀柄和普通刀柄的比较

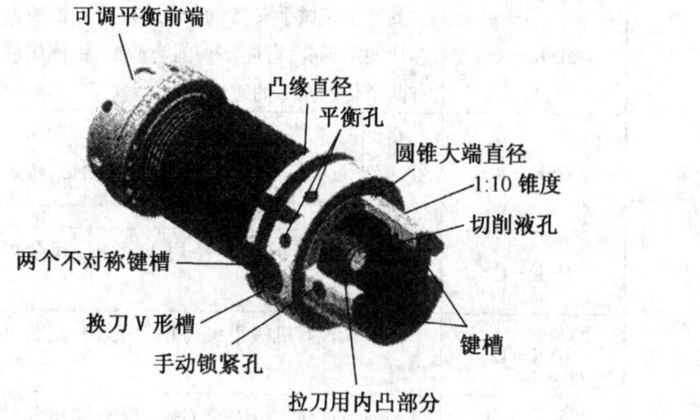

图6-14　高性能可调平衡HSK刀柄

这6种型号的HSK刀柄共同的结构特点如下：

(1) 空心、薄壁、短锥，锥度为1：10。

(2) 端面与锥面同时定位、夹紧，刀柄在主轴中的定位为过定位。

(3) 使用由内向外的外胀式夹紧机构。

由于HSK刀柄在结构上具有上述特点，因此它具有如下优点：

(1) 定位精度更高。由于刀柄薄壁的特点，刀柄和主轴之间允许采用较大的径向过盈配合，同时轴向增加了端面接触的定位，因此刀柄径向和轴向的定位精度得到了很大改善。

(2) 静、动态刚度更高。径向锥面和轴向端面同时定位的过定位方式，极大地提高了工具系统的轴向刚度和径向刚度。

(3) 缩短了主轴的轴向尺寸。短锥面结构缩短了主轴的悬伸量；1：10锥度比使主轴与刀柄锥面之间的接触应力更大，主轴与刀柄锥面接触更可靠，由此提高了扭矩传递能力，也进一步提高了系统的刚度。

(4) 刀柄的尺寸小、质量小，换刀方便。与传统的7：24实心刀柄相比较，长度缩短2/3，质量减少1/2。

(5) 满足了高速加工的要求。由于刀柄端面的支撑作用，因此不存在高速加工时由于主轴孔和刀柄的膨胀差异而产生的刀柄轴向串动问题；空心薄壁结构减小了由于离心力而产生的主轴孔和刀柄的膨胀差异，保证刀柄在主轴孔的可靠定位。采用空心薄壁结构允许主轴孔与刀柄之间存在较大的过盈量，有利于补偿主轴孔和刀柄的膨胀差异。空心薄壁结构便于使用由内向外的外胀式夹紧机构，而离心力可以使这种夹紧机构产生更大的夹紧力，这对工具系统的性能是十分有利的。

HSK刀柄的结构也存在一些无法回避的问题：

(1) 它与我们现在普遍使用的主轴端面结构和刀柄不兼容。

(2) 由于过定位安装，必须严格控制其锥面基准线与法兰端面的轴向位置精度，与之相应的主轴也必须控制这一轴向精度,使其制造工艺难度较大。

(3) 柄部为空心状态,装夹刀具的结构必须设置在外部,增加了整个刀具的悬伸长度,影响刀具的刚性。

(4) 从维护的角度来看,HSK 刀柄锥度较小,锥柄近于直柄,加之锥面、法兰端面要求同时接触,使刀柄的修复重磨很困难,经济性欠佳。

(5) 制造成本较高,刀柄的价格是普通标准 7 : 24 刀柄的 1.5~2 倍。

(6) 锥度配合过盈量较小(是 KM 结构的 1/5~1/2)。有关分析表明,按 DIN 公差制造的 HSK 刀柄在 8000~20000r/min 运转时,由于主轴锥孔的离心扩张,也会出现径向间隙。

(7) 极限转速比 KM 刀柄低,且由于 HSK 的法兰也是定位面,一旦污染会影响其定位精度。所以采用 HSK 刀柄必须有附加清洁措施。

表 6-2 列出了 HSK 刀柄 6 种型号的结构及使用特点。

表 6-2 HSK 刀柄 6 种型号的结构及使用特点

型号	结构特点	使用特点
HSK-A	具有供机械手夹持的 V 形槽,有放置控制芯片的圆形孔,有内部切削液通道,锥体尾部有两个传递扭矩的键槽	推荐用于自动换刀,也可手动换刀,适用于中等扭矩、中等转速的一般加工,达到一定时转速要进行动平衡
HSK-B	相同的锥体直径,圆柱直径比 A 型大 1 号,有穿过圆柱部分的外部切削液通道,传递扭矩的键槽在圆柱端面	推荐用于自动换刀,也可手动换刀,适用于较大的扭矩、中等转速,也需要进行动平衡
HSK-C	圆柱面没有机械手夹持用 V 形槽,其余同 A 型	手动换刀的一般加工
HSK-D	圆柱面没有机械手夹持用 V 形槽,其余同 B 型	手动换刀的车削加工
HSK-E	与 A 型相似,但完全对称,没有键槽和缺口,扭矩由摩擦力传递	适用于低扭矩、高速、自动换刀加工
HSK-F	相同的锥体直径,圆柱部分直径比 E 型大 1 号,其余同 E 型	适用于在大的径向力条件下高速加工,常用于自动机床和木材加工

6.2.2 数控 HSK 刀柄的参数化设计

一个完整的高速加工刀柄及其工具系统包括其柄部和夹头两大部分。实际生产中,刀柄、夹头的种类很多,若分别进行参数化设计势必造成效率低下。因此,将刀柄与夹头分别独立参数化,只需调用其相应模块,既简化了程序,也提高了设计效率。

1. AutoLISP 语言及特点

LISP (Lisp Processing language)是一种计算机的表处理语言,是在人工智能领域中广泛采用的一种程序设计语言,主要用于人工智能、机器人、专家系统、博弈、定理证明等领域。AutoLISP 语言是嵌套于 AutoCAD 内部,将 LISP 语言和 AutoCAD 有机结合的产物,是 AutoCAD 开放式体系结构的具体体现。使用 AutoLISP 可直接调用几乎全部 AutoCAD 命令,AutoLISP 语言既具有一般高级语言的基本结构和功能,又具有一般高级语言所没有的强大的图形处理功能。

利用 AutoLISP 语言可以进行高速刀柄和夹头的分析计算、复杂图形的自动绘制,还可以定义新的 AutoCAD 命令、驱动对话框、控制菜单。为 AutoCAD 扩充具有一定智能化、参数化的功能,可以使工程设计人员的主要精力用于产品的构思和创新设计上,实现真正意义上的计算机辅助设计。

2. 参数设计的主体框架

HSK 刀柄柄部早已形成国际标准,ISO 于 2001 年制定了正式的 HSK 工具系统的国际标准 ISO12164。因此,无需对其柄部进行编码,采用国际通用标准即可。例如,柄部 A63 代表 HSK 中的直径为 63mm 的 A 型刀柄。对于夹头编码则采用其"通用夹头类型英文代号+直径+长度"的编码方式。如图 6-15 所示,ER-

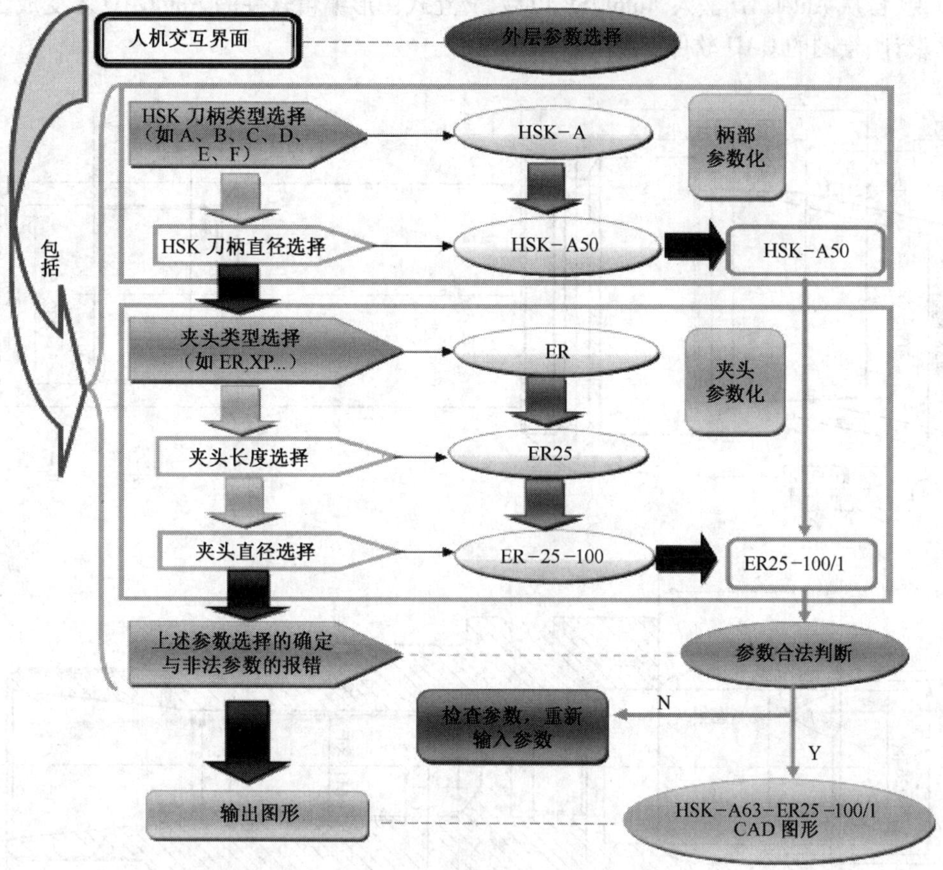

图 6－15　HSK 刀柄参数化设计的主体框架

25－100 则代表直径为 25mm、长度为 100mm 的 ER 夹头。

3. 参数化设计数据库

在数据库应用中，往往从任务分配出发，将系统合理地分解为用户交互子系统、数据库子系统和中间连接层子系统。

分别建立 HSK 刀柄柄部数据库和夹头数据库，以各自的外部编号为数据库内编号，在外部输入参数进行合法判断时，对数据库进行索引查询；当夹头与柄部各自在数据库中找到相应的内部数据编号时，此外部输入数据合法。与此同时，程序调用数据库，将 HSK 刀柄的参数赋值程序变量，进行计算机绘图。只要有一项外部输入值不存在，则整个外部输入参数值无效，返回重新输入或是退出。

以 HSK 的弹簧夹头（ER）为例，其数据库如表 6－3 所列。

表 6－3　HSK 弹簧夹头数据库

型号	直径 d_1	长度 L	D_1	D_2	D_3	D_4	L_1	L_2	L_3	L_4	L_5	R
ER	16	100	10.5	22	30	10	114.4	25	50	54	17.5	5
⋮	⋮	⋮	⋮	⋮	⋮	⋮	⋮	⋮	⋮	⋮	⋮	⋮
ER	32	100	23.5	40	42	22	112	35	56	59	20.5	0.5

启动程序后，根据自变量值计算出若干点，然后执行直线、画圆、尺寸标注等操作，最终得到完整的 HSK 刀柄的 CAD 图。图 6－16 为 HSK－E50－ER－25－100 图形。

与传统的交互式绘图（直接利用 AutoCAD 命令）相比，采用基于 AutoCAD 内嵌的 AutoLISP 进行参数化绘图的方法，可以大大减少工程设计人员不必要的重复绘图，明显提高了设计效率。

此外，参数化绘图不仅仅是针对二维平面图，对三维立体图也同样适应，而且更简单。三维立体参数化的应用对产品的设计开发起到了巨大的促进作用，二维平面的参数化更贴近于生产使用，两者都有各自的应用前景。可以说，自从 AutoCAD 嵌入 AutoLISP 以后，交互式图形编辑软件的 AutoCAD 才变成了真正意义上的计算机辅助设计、绘图的 CAD 软件。

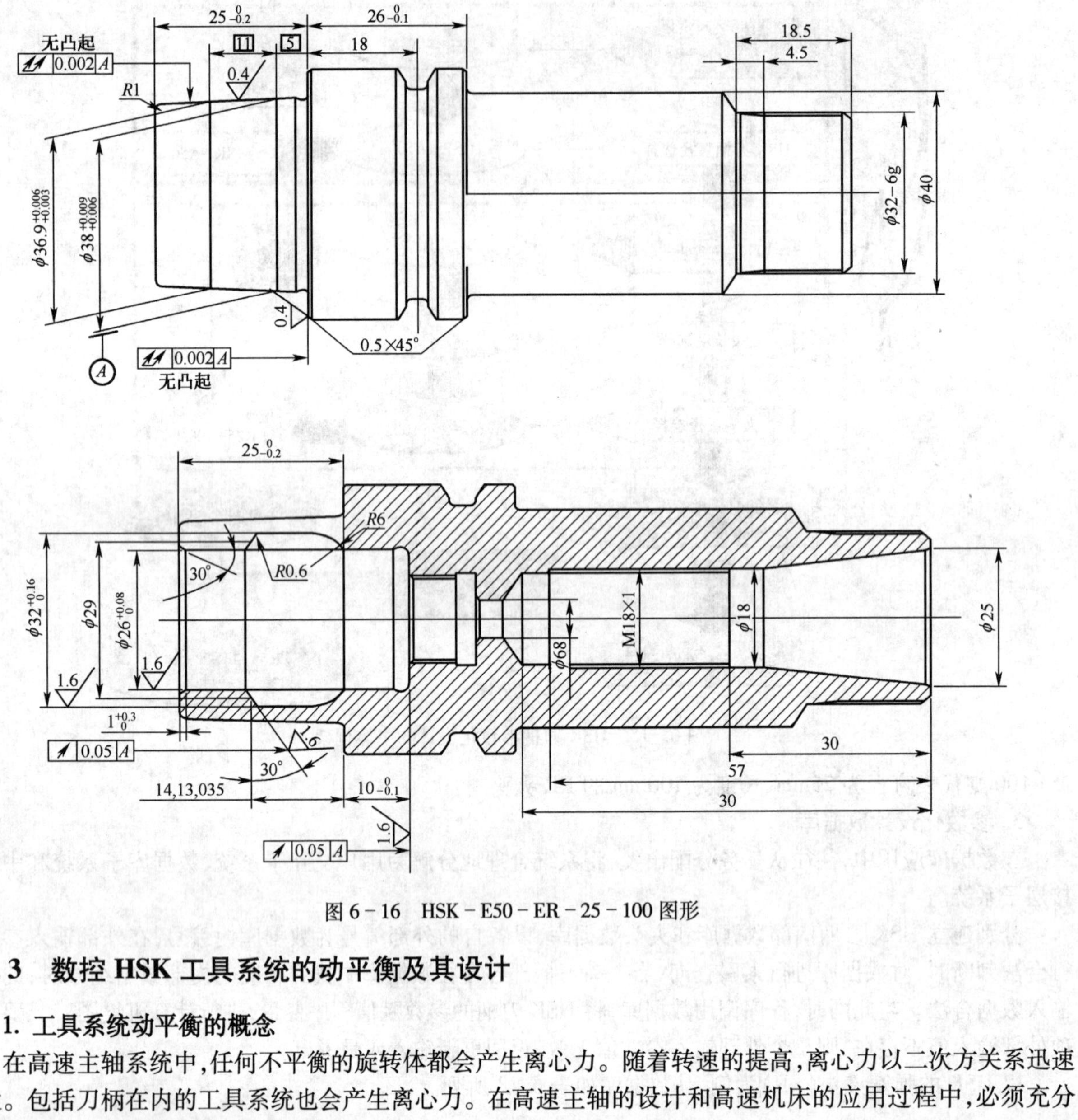

图 6-16 HSK-E50-ER-25-100 图形

6.2.3 数控 HSK 工具系统的动平衡及其设计

1. 工具系统动平衡的概念

在高速主轴系统中，任何不平衡的旋转体都会产生离心力。随着转速的提高，离心力以二次方关系迅速增大。包括刀柄在内的工具系统也会产生离心力。在高速主轴的设计和高速机床的应用过程中，必须充分考虑和解决工具系统的离心力问题。

对高速加工工具系统而言，设计时除对高速加工工具系统提出较为严格的制造尺寸精度和形位公差外，平衡精度作为一项重要的检测项目越来越为设计制造和使用厂家所接受。这是因为存在不平衡量的高速加工工具系统在较高的工作转速下，旋转时产生的离心力会造成切削振动和噪声，对机床主轴产生附加动载荷，使轴承过早磨损，并且振动会通过主轴、滑台、床身、工作台等传递，最终影响到加工零件的表面质量和尺寸精度。因此，有关试验表明，使用转速达到 3000r/min 以上时高速加工工具系统都必须进行不平衡量检测和相应的平衡校正。

假设刀具在离旋转中心 e(mm) 处有等效的不平衡质量 m(g)，刀具不平衡质量与其偏心的乘积 me(g·mm) 定义为刀具不平衡量。当刀具旋转速度为 n(r/min) 时，产生的惯性离心力为：

$$F_e = me\left(\frac{\pi n}{30}\right)^2 \times 10^{-6} = \frac{1}{9} me\,(\pi n)^2 \times 10^{-8}\,(\mathrm{N}) \qquad (6-1)$$

所产生的惯性离心力，不仅减少刀具寿命，使主轴轴承不仅受到方向不断变化的径向力的作用而加速磨损，同时还会引起机床振动，降低加工精度甚至造成事故。速度进一步提高时，惯性离心力会以二次方关系增加，如图6-17所示。铣削时若主轴及刀具旋转总质量为M，主轴及刀具系统的刚度为K，阻尼系数为C，固有频率为ω_n，若只研究其径向振动，则系统的力学模型如图6-18所示。

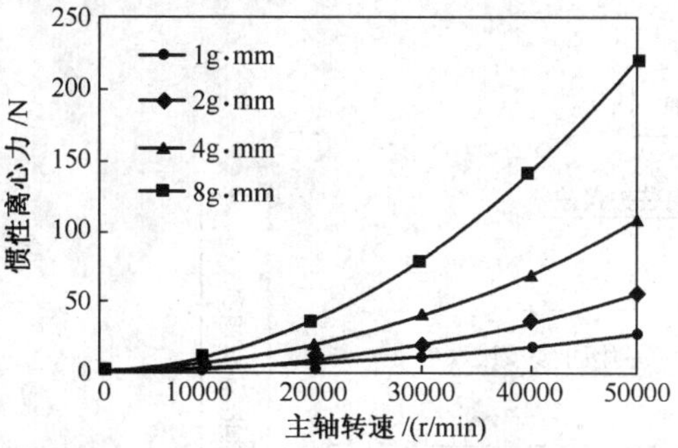

图6-17　离心力与主轴转速和刀具不平衡量的关系

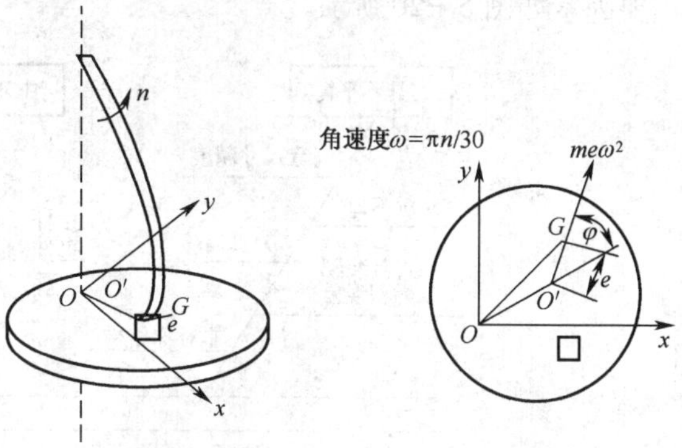

图6-18　偏心引起的振动力学模型

按动力学基本定律，可列出在x、y方向上的系统运动微分方程：

$$\begin{cases} M\ddot{x} + C\ddot{x} + Kx = me\omega^2\cos\omega t \\ M\ddot{y} + C\dot{y} + Ky = me\omega^2\sin\omega t \end{cases} \tag{6-2}$$

式中：ω为主轴旋转角速度，$\omega=\pi n/30$。

式(6-2)的解为

$$\begin{cases} x = \dfrac{m}{M} \times e \times \dfrac{\omega^2\cos(\omega t - \varphi)}{\sqrt{(\omega_n^2 - \omega^2)^2 + (2n\omega)^2}} \\ y = \dfrac{m}{M} \times e \times \dfrac{\omega^2\sin(\omega t - \varphi)}{\sqrt{(\omega_n^2 - \omega^2)^2 + (2n\omega)^2}} \end{cases} \tag{6-3}$$

由此可见，系统振动的振幅在其他条件不变的情况下，偏心质量m、偏心距离e越大，即刀具不平衡越严重，系统的振动也越强。

高速加工机床上的切削刀具和刀柄是经常需要更换的。不平衡的刀具或刀柄在高速切削时产生的离心力使机床产生振动。旋转刀具上微小的不平衡量，在高速切削时都会形成很大的离心力。例如，当主轴转速从1000r/min上升到10000r/min时，刀具不平衡产生的离心力会增大100倍。不平衡引起机床振动和刀具振动，产生不均匀的切削力，将导致不规则的磨损，其结果一方面会影响工件的加工精度和表面质量，另一方面影响主轴轴承和刀具的使用寿命。

通过试验结果可看出刀具不平衡量对加工的影响。在试验中，分别用有100g·mm和1.4g·mm两种不平衡量的刀柄进行加工。加工参数：主轴转速12000r/min，进给速度5.49m/min，切削深度3.6mm，切宽19mm。

试验结果如图6-19所示，工件的下半部是用平衡好的刀具加工出的表面，上半部是用平衡比较差的刀柄加工的表面情况。很明显，两者加工零件的表面粗糙度相差很大。该试验充分说明了刀具系统平衡的重要性。为了提高刀具寿命，提高加工精度和降低表面粗糙度，减少机床和主轴的维修工作量，必须在高速切削过程中做好工具系统的动平衡。

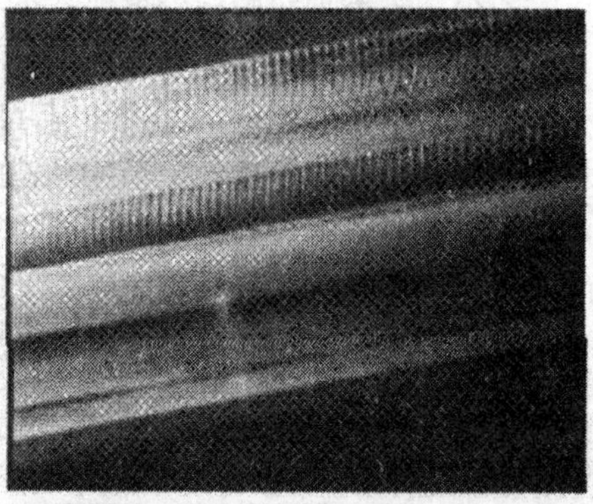

图6-19　刀具的不平衡量对铝工件加工表面质量的影响

在高速加工出现之前，机械设备高速旋转的零部件——转子的平衡技术已广泛应用于工程实践，是一项十分成熟的技术。高速加工的出现，要求对高速旋转的工具系统组件进行动平衡。因此，对高速旋转工具系统的动平衡是这项传统技术在高速切削加工中的应用。

2. 影响工具系统动平衡精度的主要因素

高速加工工具系统作为高速回转的精密组件,包括刀柄、刀杆、夹头、刀片以及使刀柄和主轴紧密配合的夹紧装置等,造成高速加工工具系统产生不平衡的因素涉及工具系统的设计、制造、装配、使用等各个环节,其主要因素如图 6-20 所示。

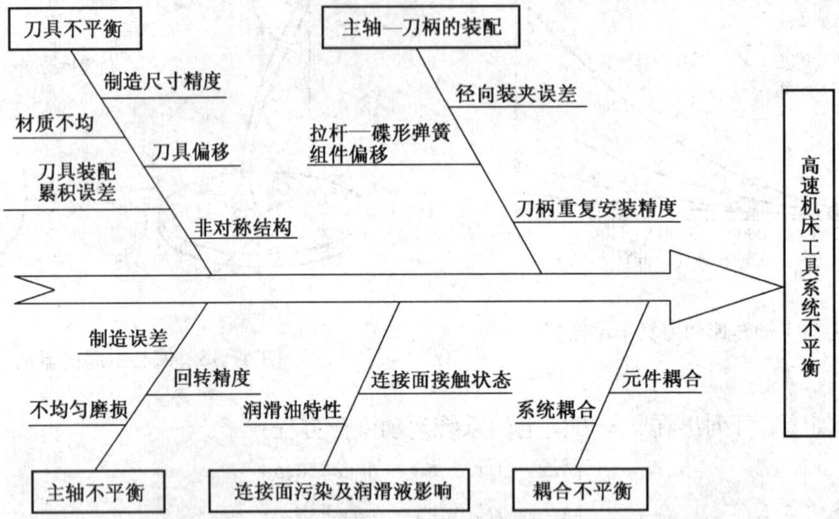

图 6-20 高速机床—刀具系统不平衡的因果控制图

1) 刀具与刀柄的不平衡

(1) 在刀具材料的冶炼烧结、热加工或冷加工过程中,出现金相缺陷(夹砂、裂纹、气孔等),从而使刀具材质不均而引起不平衡,并降低结构强度。

(2) 刀具制造时尺寸精度,如刀柄圆度、同轴度等误差而产生的不平衡。

(3) 非对称刀具设计,如不等深键槽、螺纹等也是产生不平衡的因素。

(4) 刀具产生偏移的非对称零件也会引起不平衡,如刀具以非垂直角度切入工件时,产生不均匀刀具磨损、主轴偏斜。

(5) 使用非对称刀具、刀杆或连接件都将产生不平衡。

(6) 非整体式刀具系统装配时多个零件组合的累积误差产生的径向偏移和不平衡。

2) 主轴不平衡

(1) 制造过程中产生的不平衡。

(2) 回转精度误差产生的不平衡。

(3) 不均匀磨损引起的不平衡。

(4) 主轴—刀具径向装夹误差引起的不平衡。

(5) 拉杆—碟形弹簧组件偏移引起的不平衡。

(6) 主轴—刀柄连接面上杂物颗粒的污染以及冷却润滑液影响引起的不平衡。

(7) 耦合不平衡。当主轴—刀具回转系统的主惯性轴与其重心的轴线交叉,即位于刀具系统对边位置上的两个相同质量不在同一径向平面上时,将出现耦合不平衡,刀具系统虽然达到了静平衡,但在高速旋转时,作用在刀具系统两端的力偶将引起动态不平衡而产生振动。位于不同横截面的转动质量无论是静态或动态都是平衡的,但旋转运动仍将产生不平衡力偶,相应地,在系统主轴轴承上将产生反作用力,耦合不平衡迫使主轴—刀具回转系统产生谐振。

(8) 刀具的重复安装误差引起的不平衡。在动平衡精度要求很高时,重复安装误差引起的不平衡是影响刀具的动平衡效果的不可忽视的因素。

3. 工具系统动平衡精度等级的确定

高速加工工具系统平衡精度的评价一般参照转动件的情况来处理,即采用不平衡量和动平衡精度等级两种指标进行评价。

1）不平衡量

如图6-21所示，转动件的质量为m，质心与转动中心的偏心为e，则该转动件的不平衡量为

$$U = e \times m \tag{6-4}$$

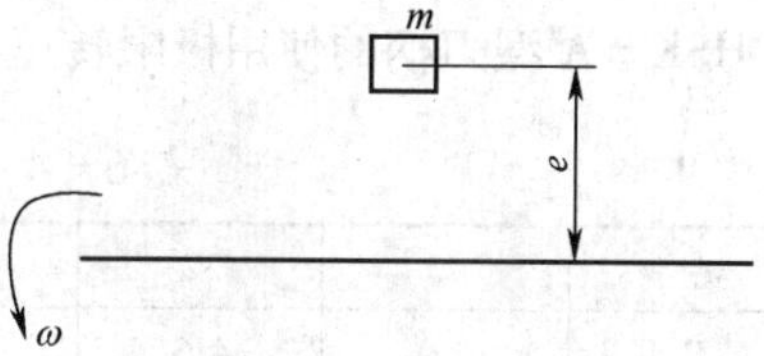

图6-21　不平衡量的计算

不平衡量与转动件的转速无关。转动件存在不平衡量的后果是产生离心力F_{cen}并引起系统振动。离心力与不平衡量的关系为

$$F_{cen} = U \times \omega^2 \tag{6-5}$$

2）动平衡精度等级

由于转动件因不平衡产生的振动离心力与转动件的角速度ω有关，因此定义另一个与转速ω有关的评价动平衡精度的参数——动平衡精度等级G，即

$$G = e \times \omega \tag{6-6}$$

离心力与动平衡精度等级的关系为

$$F_{cen} = m \times G \times \omega \tag{6-7}$$

动平衡精度等级与不平衡量的关系为

$$U = G \times m/\omega \tag{6-8}$$

目前，对工具系统而言还没有制定专门的平衡标准，因此各国的机床制造厂家和机床用户采用的标准也不同。

对于转子的平衡，国际上采用的标准是ISO 1940—1，该标准规定不同工况的转子应达到的平衡等级G的值。例如，规定涡轮机的转子、机床主轴的G值为2.5，对于冲程低速工作的发动机的曲轴组件G值可达1600，而对于磨床的砂轮主轴要求为1，对应的转子平衡质量则分别为G2.5、G1600、G1，其单位为mm/s。G值越小，要求的动平衡质量等级越高。

根据G值和设计的转子最高工作转速n_{max}，可计算出该质量m的转子为满足G值和n_{max}所允许的残留不平衡量U_{per}：

$$U_{per} = Gm/\omega_{max} = 30Gm/Mn_{max} \tag{6-9}$$

对于转子，包括工具系统，进行动平衡操作就是把工具系统的不平衡量控制在小于U_{per}，但在ISO 1940—1标准中没有规定高速加工工具系统的G值。由高速切削加工技术的试验研究表明，高速旋转工具系统的G值一般为2.5~16。可根据不同的加工要求在此范围内选用G值。预计随着制造技术的进步和加工精度的提高，工具系统的动平衡精度等级G可小于2.5。

工具系统不平衡产生的离心力大小对切削加工有直接影响，因此，工具系统在实际应用中离心力的大小是衡量工具系统平衡精度的有效指标。然而，无论不平衡量U还是动平衡等级G，它们没有直接反映实际工况下离心力的大小。前者的离心力与转速有关，后者的离心力与转子的质量和转速有关，所以用一个固定的不平衡量U或动平衡精度等级G值来规定工具系统的动平衡要求，并不能准确地反映动平衡效果。

例如，规定不平衡量U=5g·mm的HSK63A刀柄，在转速为10000r/min时，因不平衡量产生的离心力为5.5N；在转速为25000r/min时，因不平衡量产生的离心力为34.2N。两种情况下不平衡量相同，但对加工有决定性的影响离心力相差很大。如果规定动平衡精度等级G2.5，对于使用转速为10000r/min、总装配质量为1kg的HSK63A刀柄，因不平衡量产生的离心力为2.6N；对于使用转速为25000r/min、总装配质量为5kg的HSK63A刀柄，因不平衡量产生的离心力为32.7N。两种情况下动平衡精度等级相同，但对加工的有决定性的影响离心力相差很大。

通常利用如下原则判断HSK工具系统的动平衡精度等级是否合格。

（1）不平衡产生的离心力应小于切削力的10%。当离心力远小于切削力时，继续提高平衡精度等级对提高加工质量已失去意义，会耗费大量的时间和费用，造成浪费。G2.5常用于HSK工具系统的动平衡精度等级的参考值，实际上G2.5对一些工具系统不一定合适。总装配质量为1kg的G2.5HSK63A刀柄，使用转速为15000r/min时，离心力为3.9N。对比切削力，在比较小的切削用量时，切削力就有100N以上，显然

$G2.5$ 的精度要求过高了，这时，即使 $G6.3$ 的精度等级也可以满足加工要求。

(2) 平衡精度等级的下限应与刀柄在主轴里的安装精度相匹配。HSK 刀柄的径向定位精度小于 1μm，对应的平衡精度等级下限为 $1\times10^{-3}\omega$，小于平衡精度等级下限值对提高主轴系统的平衡精度没有帮助。根据 HSK－A 型刀柄的使用极限转速，可以计算出对应的平衡精度等级下限值 G_{min}，见表 6－4。

表 6－4 HSK－A 型刀柄动平衡精度等级下限值 G_{min}

规格	25	32	40	50	63	80	100	125	160
A、C 型		4.6	3.3	2.7	2.3	1.8	1.4	1.1	0.8
B、D 型			3.8	2.8	2.3	1.9	1.5	1.2	0.9
E 型	10.3	7.9	6.0	4.8	3.6				
F 型				4.3	3.4	2.7			

(3) 以主轴轴承动态载荷的大小作为刀具动平衡质量的另一标准，平衡精度等级的上限应该小于 $G16$。根据 ISO 10816“机械振动评定标准”的规定，可以将主轴轴承产生的最大振动速度(1～2.8mm/s)作为工具系统允许的不平衡量的上限。国外大量的试验研究表明，工具系统的 $G16$ 的精度等级可以满足不同质量、不同转速下对主轴轴承产生的最大振动速度限制的要求。另外，$G16$ 的动平衡精度等级还满足了高速旋转刀具安全标准 ISO 15641 中规定的 $G40$ 的要求。

(4) 确定 HSK 刀柄的动平衡精度时应考虑主轴系统的质量。当刀柄质量远小于主轴质量时，提高 HSK 刀柄的动平衡精度等级并不能显著地减小主轴轴承的振动速率和所加工零件表面粗糙度。对使用的两把进口 HSK63A 刀柄进行了动平衡检测，其中一把刀柄的动平衡精度等级为 $G7.9$，另一把刀柄的动平衡精度等级为 $G11.4$，动平衡精度等级都在大于 $G2.5$ 而小于 $G16$ 的范围内。另外，对国外购置的一批 HSK63A 刀柄进行了动平衡精度等级的统计分析，发现 70%以上的刀柄的动平衡精度等级为 $G6.3$～$G16$，只有不到 30%的刀柄动平衡精度等级小于 $G6.3$，而达到平衡精度等级 $G2.5$ 的刀柄比例更小，由此可见，HSK 刀柄平衡精度等级范围与实际情况相符合。

4. 工具系统动平衡精度等级的修正

普通加工时，转子转速较低，由于转子不平衡量产生的离心力较小，忽略系统的变形，可以不考虑转子在径向的位移，因此转子的偏心量可以认为不随转子的转速变化。这时，动平衡机工作转速下得到的转子的原始不平衡量或动平衡等级可用于实际工况下系统的振动分析。

高速加工时，由于转速很高，转子不平衡量产生的离心力较大，系统的变形不可以忽略。转子在径向将产生位移，由此引起转子的偏心量变化。这时，动平衡机工作转速下得到的转子的原始不平衡量或动平衡等级与实际工况下不平衡量或动平衡等级有所不同，这时的不平衡称为工况不平衡。如果仍用原始不平衡量或动平衡量等级的数据对实际工况下的系统进行振动分析，将会产生较大的误差，因此，有必要对高速转子的原始不平衡量或动平衡量等级进行修正，确定实际工况下不平衡量。

假设高速转子在实际工况下的偏心量为 e'，则高速转子实际的不平衡量 U' 和动平衡精度等级 G' 分别为

$$U' = e'\times m$$

$$G' = e'\times\omega$$

为了便于定量分析高速转子实际不平衡量和动平衡等级与原始不平衡量和动平衡精度等级之间的差异，可以采用下面的一个动平衡力学模型进行分析。

如图 6－22 所示，系统转速为 ω，在转动轴上有一质量为 M、质量偏心为 e 的圆盘，系统在圆盘安装处的刚度为 K。

由于离心力的作用，转动轴将产生变形，圆盘安装处的变形为

$$f = \frac{Me\omega^2}{K - M\omega^2} \tag{6-10}$$

这时，圆盘实际的偏心距为

$$e' = \frac{e}{1 - \frac{m\omega^2}{K}} \tag{6-11}$$

转速为 ω 的高速转子实际的不平衡量和动平衡精度等级分别为

$$U' = \frac{U}{1 - \frac{m\omega^2}{K}} \tag{6-12}$$

$$G' = \frac{G}{1 - \frac{m\omega^2}{K}} \tag{6-13}$$

由此产生的实际离心力为

$$F'_{cen} = \frac{F_{cen}}{1 - \frac{m\omega^2}{K}} \tag{6-14}$$

令

$$\alpha = \frac{1}{1 - \frac{m\omega^2}{K}} \tag{6-15}$$

称 α 为高速转子的动平衡精度等级修正系数。

显然,只有当 $\omega \ll \sqrt{\frac{K}{m}}$ 时, $\alpha \approx 1$,这时可以忽略转速对动平衡精度等级的影响。

令

$$\omega_0 = \sqrt{\frac{K}{m}}$$

当 $\omega \to \omega_0$ 时, $\alpha \to \infty$,称 ω_0 为转子的失稳转速。

下面以高速外圆磨床砂轮为例,进行动平衡精度等级修正的实例分析。

图6-23为外圆磨头结构示意,砂轮主轴可以处理为简支梁,设砂轮及其附件的质量为 M,偏心为 e,主轴直径为 d,弹性模量为 E, 惯性矩为 I, 由材料力学可知,砂轮处的刚度为

$$K = \frac{3EI}{(L+a)a^2} \tag{6-16}$$

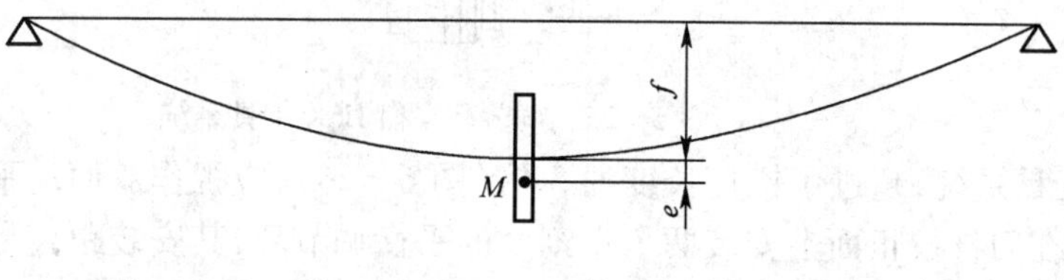

图6-22　旋转偏心圆盘的动平衡力学模型

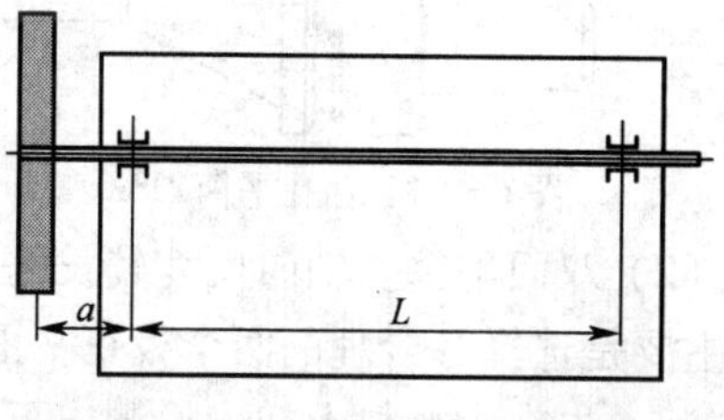

图6-23　外圆磨头结构示意图

对应的动平衡等级修正系数为

$$\alpha = \frac{1}{1 - \frac{m\omega^2 a^2 (L+a)}{3EI}} \tag{6-17}$$

若 $M = 10\text{kg}$, $d = 0.04\text{m}$, $a = 0.15\text{m}$, $L = 0.3\text{m}$, $E = 2.1 \times 10^{11}\text{N/m}^2$,由前面的分析可以计算出砂轮主轴转动系统的失稳转速为8444r/min。

表6－5列出了不同转速时砂轮动平衡精度等级的修正系数。

表6－5　不同转速下的砂轮动平衡精度等级的修正系数

$n/(r \cdot min^{-1})$	1000	2000	3000	4000	5000	6000	7000
α	1.01	1.06	1.14	1.29	1.54	2.02	3.20

由表6－5可知，当砂轮的转速达到3000r/min后，动平衡精度的修正系数将快速增加，特别是当砂轮的转速接近失稳转速时，动平衡精度的修正系数将急剧增加。

通过以上分析可得出以下结论：

（1）当转子转速远低于转动系统的失稳转速时，转子的不平衡量和动平衡精度等级不需要修正。

（2）当转子转速高于转动系统失稳转速30%时，应对转子的原始不平衡量和动平衡精度等级进行修正。

（3）高速转子的动平衡精度等级修正系数与系统的刚度有关，与原始不平衡量和动平衡精度等级无关。

5. 工具系统动平衡检测和平衡技术

高速加工工具系统动不平衡的检测，可按照其是否处于工况状态可分为离线检测和在线检测。离线检测一般是对装配好的工具系统在工作之前利用通用或专用动平衡机（仪）检测动不平衡量的大小和所处相位，在线检测是指在工具系统工作时在现场利用振动测试仪检测不平衡量对主轴或床身或工作台所产生的振幅值，应该摒除其他干扰对它们产生的振动。目前，高速加工工具系统动平衡技术主要有3种[7]。

1）去重平衡技术

在制造阶段对刀具和刀柄分别进行动平衡，动平衡包括各种圆柱铣刀、盘铣刀等加工中心用的刀具和刀柄。平衡的方法是用动平衡机检测不平衡量和偏移位置，然后在相反位置切去相应的量。这一工作由刀具和刀柄生产厂家完成。高速加工中心的用户应尽可能选用平衡指标满足要求的刀具和刀柄。

对高速加工工具系统进行平衡检测和平衡校正的一般步骤是：先尽可能对组成工具系统的每个零件，在设计、制造到装配的每个环节做好平衡处理，组装成一个独立的部件后，还必须针对其具体结构，主要是根据整个工具系统轴向尺寸大小，在结合刚性转子动平衡原理的基础上，判断高速加工工具系统属于单面平衡（静平衡）还是属于双面平衡（动平衡）。

（1）单面平衡。如果HSK工具系统轴向尺寸较短，不超过刀柄锥面长度的2~3倍，包括常见的HSK盘形刀具，实施单面静平衡就能满足平衡要求，如图6－24所示，校正面选择在HSK工具V形槽底面，采用钻孔（数量多、深度小）去重的方法进行平衡，最后检测得到的剩余不平衡量必须小于计算出的许用不平衡量。若空间允许，也可以安装一个带刻度的平衡调节环（图6－25），进行相应的平衡调整和补偿。

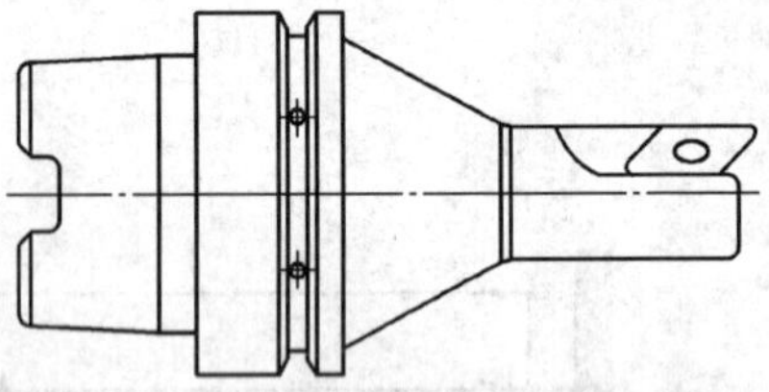
图6－24　钻孔平衡HSK工具系统

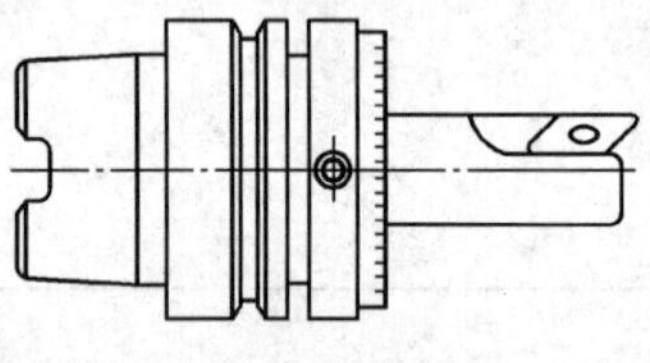
图6－25　调节环平衡HSK工具系统

（2）双面平衡。轴向尺寸较长的HSK工具系统，超过了锥柄长度的3倍（图6－26），应视作双面动平衡，主要是选择好合理的两个校正平面，一般在刀杆校正面上安装两个带刻度的平衡调节环，其安装距离尽可能远。先在平衡机上初步检测出不平衡量，按照大小分别调整两个平衡环进行补偿，多次检测和调整，直至检测出剩余不平衡量达到最小，并且保证每个校正面上检测得到的剩余不平衡量小于估算出的许用不平衡量的1/2。

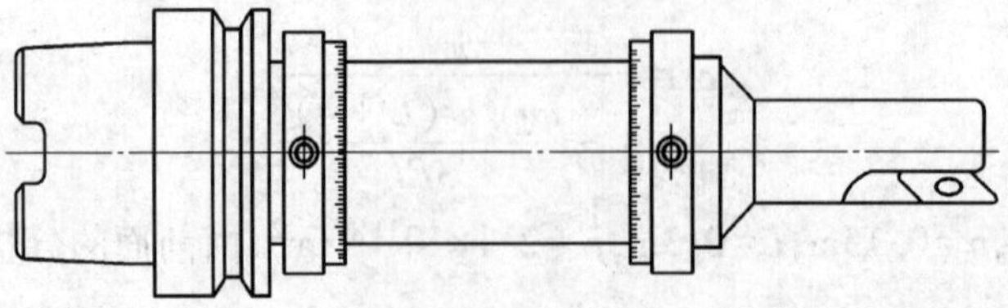
图6－26　双面动平衡HSK工具系统

2）调节平衡技术

采用可调平衡刀柄。尽管已经使用分别经过动平衡的刀具和刀柄，但在实际加工中，刀具要夹紧在刀柄上，然后由拉杆拉紧在主轴锥孔里。由于多个中间装配环节的影响，往往会出现总体不平衡量不满足加工质量要求的情况。这时，需要对整体组合后的“刀具—刀柄”进行不平衡量的检测，然后再调整刀柄，最后达到整体平衡的要求。

常用的可调平衡刀柄是在标准刀柄上增加可调平衡的部件。一种是在刀柄的外端面上钻出一系列平行于轴线的螺纹孔，用固定螺钉进行调节，根据所需要的平衡量旋入或退出螺钉，即调整刀柄的径向重心位置。刀具和刀柄装在一起后在动平衡机上检测不平衡量，然后手动调整。另一种是采用带有平衡调整环的刀柄，美国肯纳金属公司采用这种可调平衡刀柄（图6-27）。调整平衡的过程（图6-28）如下：

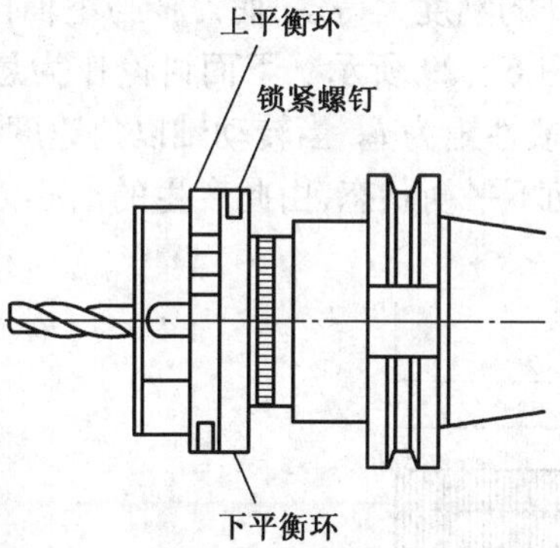

图6-27　具有调整环的可调平衡刀柄

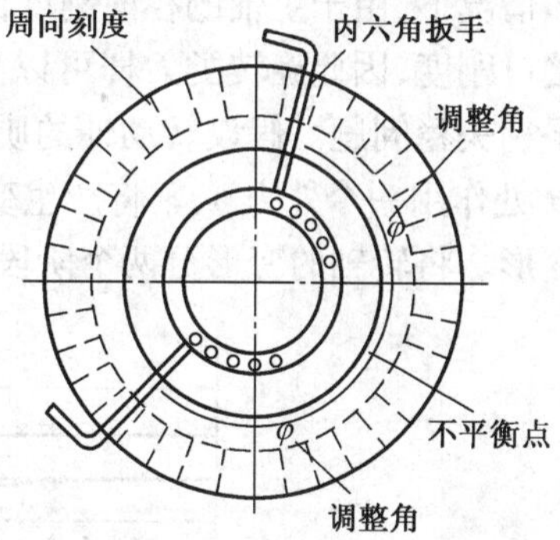

图6-28　平衡环调整示意

（1）连接刀具和刀柄并锁紧；

（2）调整环相隔180°布置并锁紧定位螺钉；

（3）把装配好的刀具、刀柄放在动平衡机上测定不平衡量和方位；

（4）在刀柄上标出不平衡点的位置，并从平衡调整表中查出平衡环的调整角度；

（5）按调整角度旋转带刻度的调整环，并锁紧螺钉；

（6）在动平衡机上检查调整结果。

若不满足，重复上述步骤继续调整。调整标准可用动平衡精度等级，也可以根据实际要求而定。

3）在线全自动平衡技术

仅调整刀具和刀柄的平衡往往还不够，不平衡的主轴也会使原本平衡的刀柄发挥不了它应有的作用。平衡刀柄系统应能够针对各种主轴转速自动调节平衡。为了更精确地调整平衡，最好的方法是把刀具装在主轴上，在工作转速下测量和调整平衡。美国肯纳金属公司已开发出一种可以调节主轴系统的自动平衡刀柄系统（Total Automatic Balancing System，TABS，也称全自动平衡刀柄），刀柄和测量控制调整装置一起组成了刀具自动平衡系统。

在线全自动平衡实质上是工具系统动平衡，将不平衡量的自动检测和自动控制融为一体。自动调整系统由TABS刀柄、微机控制器、测量支架、测振传感器和固定调整线圈组成。测量支架、测振传感器和固定调整线圈装在机床工作台上，成90°安装的两个测振传感器分别测量两个方向的刀具振动。调整线圈安装在支架上，线圈和传感器均连接到计算机上。计算机配备有测量和计算不平衡量的程序，能够在PC上显示主轴转速，计算振动量和平衡量，并且向调整线圈发出调整控制信号。

TABS刀柄的基本工作原理是：在刀柄的平衡环中装有永磁体，可对有两个平衡块的转子进行定位。在计算机测量出不平衡量和位置时，向线圈发出脉冲信号，由线圈中产生的电磁量改变刀柄中永磁体的位置，达到消除不平衡量的目的。

调整时，将装有TABS刀柄的主轴移动到线圈中心，开动机床。在计算机控制下，几秒内即可完成自动调整。

TABS全自动平衡刀柄是将主动式平衡融合进刀柄的一种新型平衡刀具，只要将刀具装上主轴系统就能自动平衡。在主轴上平衡刀具与用手动平衡相比有如下优点：

(1) 刀具的夹紧误差可以被系统自动补偿。

(2) 刀具的夹紧装置和拉紧螺钉更换后,全系统仍可保持平衡。

(3) 可调节机床主轴固有的不平衡量。

(4) 不需要离线调整,适用于各种转速。

采用这种补偿技术,可以将这个主轴系统不平衡量补偿到 0.3g · mm。

6. 工具系统的动平衡失稳

高速转动件的动平衡失稳是指当高速转动件其转速达到一个临界值时,即使在微小的扰动力作用下,也会使之产生很大的变形甚至破坏。在某些条件下,动平衡失稳是限制高速加工工具系统极限使用转速的一个重要因素。

在许多情况下,由于主轴的径向刚度比装入其中的旋转类刀杆的刚度大得多,而刀杆与主轴孔之间也具有很高的接口刚度,因此旋转类刀杆可以简化为悬臂梁(轴),如图 6-29 所示。下面讨论作为悬臂梁的转动轴的动平衡失稳问题。假设转动轴的质量为 m,弹性模量为 E,惯性矩为 I。当转动轴以角速度 ω 转动时,若在端点 B 处作用一个外力 p,轴将产生变形。转轴因变形处于动不平衡状态,由此产生的离心力将使轴进一步产生变形。将转轴的变形分两个阶段进行分析。

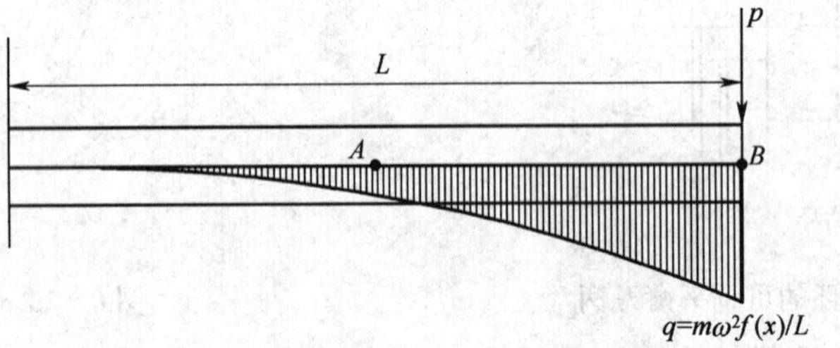

图 6-29 悬臂转轴的力学模型

(1) 当 $\omega=0$ 时,在外力 p 作用下,轴将产生变形 f_p,当外力 p 消失后,由于轴的弹性恢复力,轴将回到初始平衡位置。

(2) 当外力 p 消失同时轴以角速度 ω 转动时,离心力将阻止轴的弹性恢复。如果离心力导致的轴的变形 f_{cen} 小于外力 p 引起的变形 f_p,则转动轴仍将回到初始平衡位置;反之,如果离心力导致的轴的变形 f_{cen} 大于外力 p 引起的轴的变形 f_p,则轴的变形将逐渐增大,最终将导致转动轴动平衡失稳。

因此,转动轴动平衡失稳的数学条件为

$$f_{cen} \geqslant f_p \tag{6-18}$$

分别计算 f_{cen} 和 f_p,运用上式便可求出转动轴动平衡失稳的临界转速。

如图 6-29 所示,由材料力学可知,在距支撑端距离为 L 的端部 B 处,外力 p 引起的变形为

$$f_p = \frac{pL^3}{3EI} \tag{6-19}$$

当轴以角速度 ω 转动时,离心力产生的在 B 点处的变形为

$$f_{cen} = \int_0^L \frac{m}{L}\omega^2 \times \frac{px^2(3L-x)}{6EI} \times \frac{x^2(3L-x)}{6EI}\mathrm{d}x \tag{6-20}$$

将式(6-18)和式(6-19)代入式(6-20),可得

$$\omega \geqslant 3.57\sqrt{\frac{EI}{mL^3}} \tag{6-21}$$

因此,转动轴的临界动平衡失稳转速为

$$\omega = 3.57\sqrt{\frac{EI}{mL^3}} \tag{6-22}$$

图 6-30 为内圆磨具简化后的力学模型。由于主轴的刚度比直径为 d 接杆的刚度大得多,接杆可处理为支撑在主轴中的悬臂梁。内圆砂轮的质量较小,可忽略不计。

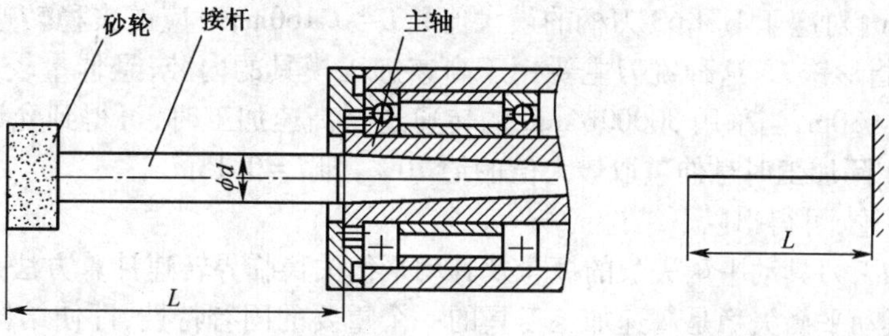

图6-30　内圆磨具简化后的力学模型

该力学模型与前面讨论的悬臂转轴问题相同。因此可直接利用式(6-22)计算失稳的临界转速。对于碳钢，$E=2.1\times10^{11}\mathrm{N/m^2}$；$I=\pi d^4/64(\mathrm{m^4})$；$m=\pi d^2 L\rho/4(\mathrm{kg})$，$\rho=7.8\times10^3\mathrm{kg/m^3}$，可得

$$n_0 = 44230\frac{d}{L^2}\ (\mathrm{r/min}) \tag{6-23}$$

当 $d=0.02$ m，$L=0.25$ m 时，对应的临界失稳转速约 14155r/min。

图6-31为镗杆简化后的力学模型。和内圆磨具一样，直径为 D 的镗杆也可处理为支撑在主轴中的悬臂梁，而其前端的镗刀头可处理为一个不平衡的质量 Δm。

当径向外力 p 作用在镗杆 B 点时，由离心力产生的在 B 点处的变形为

$$f_{\mathrm{cen}} = \int_0^L \frac{m}{L}\omega^2 \frac{px^2(3L-x)}{6EI}\frac{x^2(3L-x)}{6EI}\mathrm{d}x + \frac{\Delta m\omega^2 pL^3}{3EI}\frac{L^3}{3EI} \tag{6-24}$$

利用转动轴动平衡失稳的一般方程，并将刀杆的材料特性参数和结构参数代入公式中，可得

$$n_0 = 44230\sqrt{\frac{m}{m+4.242\Delta m}}\frac{D}{L^2}(\mathrm{r/min}) \tag{6-25}$$

通常，镗刀头的质量 Δm 很小，若 $\Delta m=0.02$kg，镗杆直径 $D=0.03$m，长度 $L=0.25$m，则镗杆动平衡失稳的临界转速为 21165r/min。若忽略镗刀头的质量 Δm，这时镗杆动平衡失稳的临界转速为 21230r/min。由此可见，镗杆的镗刀头产生的不平衡质量对镗杆动平衡失稳的临界转速的影响很小。

如果镗杆是空心的，其内径为 d，则对应的动平衡失稳的临界转速可表示为

$$n_0 = 44230\sqrt{\frac{m}{m+4.242\Delta m}}\frac{\sqrt{D^2+d^2}}{L^2} \tag{6-26}$$

图6-32为铣刀盘简化后的力学模型。由于刀柄后端及主轴的直径较大，其刚度比前端悬伸部分刀杆大得多，可将前端悬伸部分处理为悬臂梁，而铣刀盘可以处理为集中质量。

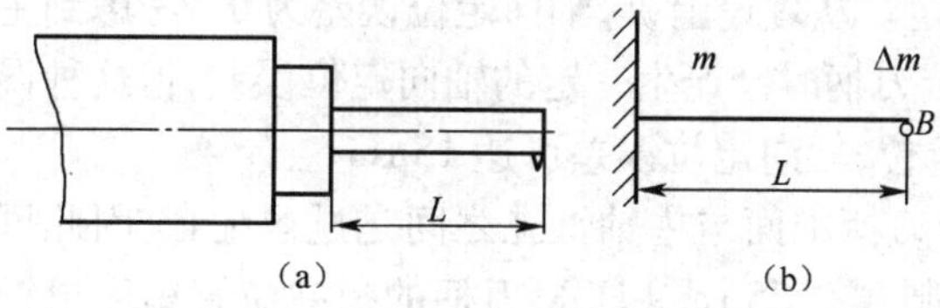

图6-31　镗刀杆简化后的力学模型

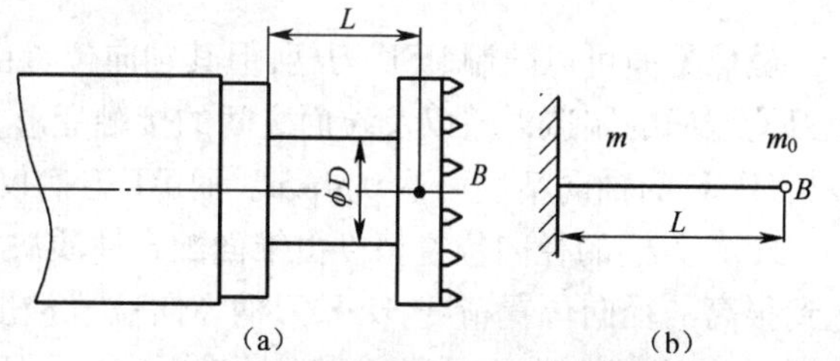

图6-32　铣刀盘简化后的力学模型

若铣刀盘的质量 m_0 是刀柄前端悬伸部分质量 m 的 β 倍，当径向外力 p 作用在刀盘上时，离心力在 B 点产生的变形为

$$f_{\mathrm{cen}} = \int_0^L \frac{m}{L}\omega^2 \frac{px^2(3L-x)}{6EI}\frac{x^2(3L-x)}{6EI}\mathrm{d}x + \frac{\beta m\omega^2 pL^3}{3EI}\frac{L^3}{3EI} \tag{6-27}$$

将刀柄的材料特性参数和结构参数代入式(6-27)中，得铣刀盘动平衡失稳临界转速为

$$n_0 = 12389\sqrt{\frac{1}{0.0786+0.33333\beta}}\frac{D}{L^2} \tag{6-28}$$

若 $\beta=1$，$D=0.053$m（对应于 HSK63 刀柄的最大值），$L=0.160$m，对应的失稳转速为 39960r/min；若 $\beta=0$，这时，铣刀盘演变为指形铣刀，这种铣刀主要用于高速加工模具的内腔，悬伸量较大，必须考虑动平衡失稳问题。例如，若 $D=0.030$m，当采用 30000r/min 的转速进行高速加工时，可得到允许的最大悬伸量 $L_{max}=0.21$m。为安全起见，实际加工时悬伸量取最大值的约 70%，即 $L=0.15$m。

通过以上分析与讨论，可得出以下结论：

（1）提出的高速加工刀具动平衡失稳的概念及其动平衡失稳临界转速计算方法是合理的。

（2）高速加工刀具动平衡失稳是高速加工刀具的一个重要的固有特性，即使结构完全对称的高速加工刀具，也存在一个动平衡失稳的临界转速。

（3）在确定高速加工刀具的极限转速时，不仅要考虑刀具不平衡引起的振动问题，而且也要考虑高速转动时产生的动平衡失稳问题；高速加工刀具的原始动平衡精度对动平衡失稳临界转速影响不大。

（4）对于工程中常见的轴类转动件，其动平衡失稳转速与轴径成正比、与长度的平方成反比，在结构允许的情况下可采取适当增大轴径，特别是减少悬伸长度来提高动平衡失稳临界转速，空心结构有利于提高动平衡失稳的临界转速。

6.2.4　HSK 刀柄及其工具系统的连接技术

图 6－33 所示为 HSK 工具系统的工作原理。HSK 刀柄在机床主轴上安装时，空心短锥柄在主轴锥孔内起定心作用，当空心短锥柄与主轴锥孔完全接触时，HSK 刀柄法兰面与主轴端面之间还存在约 0.1mm 的间隙。在夹紧机构作用下，拉杆向后（左）移动，拉杆前端的锥面将夹爪径向胀开，夹爪的外锥面随后顶在空心短锥柄内孔的 30°锥面上，拉动 HSK 刀柄向左移动，空心短锥柄产生弹性变形，使刀柄端面与主轴端面靠紧，实现了刀柄与主轴锥面和主轴端面两面同时定位与夹紧。松开刀柄时，拉杆向右移动，弹性夹头离开刀柄内锥面，拉杆前端将刀柄推出，即可卸下刀柄。

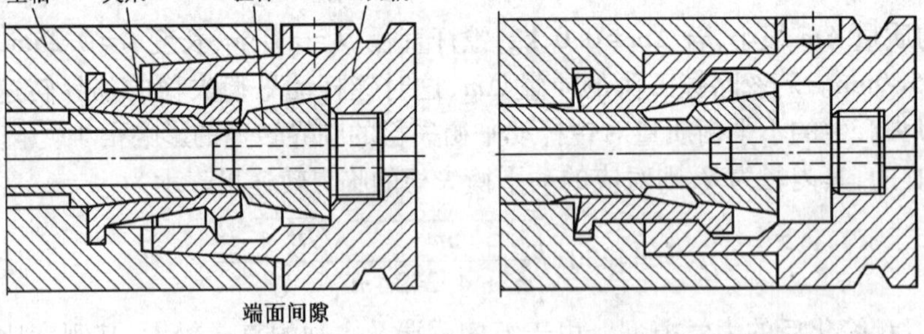

（a）夹紧前　　（b）夹紧后

图 6－33　HSK 工具系统的工作原理

虽然锥面可以限制 HSK 刀柄，但其轴向位置由端面决定。从理论上讲，轴向定位误差为 0。考虑到主轴和刀柄端面的制造误差以及端面之间的接触变形，重复安装刀柄时会产生一定的轴向定位误差，但这种误差很小，HSK 的轴向精度可达 0.4μm。而 BT 刀柄仅由锥柄定位，轴向定位误差可达 15μm。

HSK 刀柄的径向位置精度由锥面配合性质决定。由于刀柄锥面与主轴锥孔之间是过盈配合，因此可以达到很高的径向位置精度，HSK 刀柄径向位置精度可以控制在 0.25μm。HSK 刀柄的角向位置精度由锥面和端面共同决定，端面可以纠正刀柄锥面安装不正引起的角向位置误差，这对提高悬臂长刀杆角向位置进而提高其径向重复定位精度是非常有利的。

6.3　刀柄与机床主轴的接口技术及设计

6.3.1　刀柄与机床主轴的结合要求

1. 基本功能要求

高速加工工具系统的基本功能是保证刀具在机床中的准确定位，并在高速加工时保持不变，同时传递加工中所需的运动和动力。

为实现高速加工,工具系统应满足如下要求:

(1) 定位精度高。刀柄定位精度包括径向定位精度和轴向定位精度。高速加工对刀柄在主轴中的定位精度比普通加工要求更高。一方面,刀柄的定位精度直接影响刀具的位置精度,从而影响零件的加工质量;另一方面,刀柄的定位精度影响加工系统的动平衡精度,由于高速加工时主轴转速很高,微小的不平衡量都可能产生很大的离心力,引起系统的振动,使加工质量恶化,因此高速加工对加工系统的动平衡精度要求很高。

(2) 动力的传递能力。切削加工时刀具受到各种力的作用,包括径向力、轴向力、弯矩、扭矩等。这些力最终都要由工具系统来传递和承受。由于工具系统传递和承受各种力的能力还与夹紧力密切相关,因此工具系统还必须传递和保持足够的夹紧力。

(3) 传递高速运动的能力。传递高速运动的能力是区别高速加工工具系统与普通工具系统的一个重要特征。普通切削加工时离心力较小,可以忽略离心力引起的零部件变形对其功能的影响。由于高速加工时主轴的转速很高,工具系统受到巨大的离心力作用,必须考虑离心力引起的零部件变形对其功能的影响。

(4) 高刚度和阻尼特性。工具系统在传递和承受各种力的作用时将产生变形,这种变形将使加工过程中刀具的位置发生变化,会降低零件的加工精度和表面质量,缩短刀具的使用寿命。因此一种优秀的工具系统应具有高刚度特性。工具系统的刚度包括静刚度和动刚度。静刚度是动刚度的基础,动刚度不仅与静刚度有关,还与系统的阻尼特性有关,高阻尼有利于提高工具系统的动刚度。

(5) 介质的传递能力。精密、高效、自动化是现代机械加工技术的重要特征。精密、高效的切削加工对切削液的依赖程度越来越高,而加工过程自动化离不开加工过程中各种信息的传递与控制。对高速加工工具系统而言,要求其能够输送切削加工中所需的切削液和相关的机械、液压或电气信号等。

2. 辅助功能要求

高速加工工具系统除具备上述基本功能要求外,还应满足如下辅助功能要求:

(1) 对加工环境具有良好的适应性。

① 抗化学腐蚀能力。为提高刀具使用寿命以及加工质量,高速加工时需要用切削液对切削区域进行冷却和润滑。高速加工时,切削液一般是通过工具系统的内部液压通道流向切削区域,而一般切削液都具有较强的化学腐蚀能力,这就要求高速加工工具系统应具有较强的抗化学腐蚀能力。

② 热变形补偿能力。高速加工时机床主轴轴承和切削过程将产生大量的热,这就要求高速加工工具系统应具有较强的热补偿能力,热变形对工具系统性能的影响较小。

③ 抗污能力。加工环境中会不可避免地产生切屑、尘埃等物质。高速加工工具系统应对这些物质的敏感性较低,具有一定的抗污能力,以便保证其工作性能。

④ 过载保护能力。影响切削力的因素很多,有些因素甚至不可预测,因此加工过程难免出现过载现象。高速加工工具系统应具有过载保护能力,确保出现过载时加工的安全性。

(2) 操作方便。

① 便于换刀。高速加工工具系统的结构应方便手动和自动换刀,要求换刀时间短,换刀重复定位精度高。

② 便于预调刀具的调整和使用。为了减少对刀时间,加工中心中大量使用预调刀具。工具系统在结构上预调刀具调整方便、安装精度高。

③ 便于刀具的识别。在加工中心的自动换刀系统中,换刀是要对刀库中的刀具进行身份识别管理,确保使用正确的刀具。工具系统应设置相应的空间,用于放置储存刀具身份的数据芯片,方便刀具数据的读写。

④ 便于更换易损件。工具系统由若干个零部件组成,工作条件恶劣的易损件需要定时更换。为了延长工具系统的使用寿命,工具系统在结构上应使易损件更换方便,以便缩短辅助加工时间,提高生产效率。

6.3.2 刀柄与机床主轴的连接形式

高速加工对刀柄及其工具系统的基本要求：①能保证刀具在机床中准确定位，同时传递加工所需的运动和动力，为了实现这一基本功能，刀柄及其工具系统应具有高动平衡精度、轴向定位精度以及径向定位精度；②能传递和保持足够的夹紧力；③具有传递高速运动的能力；④具有高刚度特性；⑤能输送切削加工所需的切削液和相关的机械、液压或电气信号等。

高速加工工具系统除了满足以上基本功能外，还要满足如下辅助功能要求：①对环境具有良好的适应性；②能有较强的抗化学腐蚀能力；③热变形补偿能力；④抗污能力；⑤过载保护能力等。

工具系统还应该操作方便：①其结构应便于换刀，使换刀时间短，换刀重复定位精度高；②便于预调刀具的调整和使用；③便于刀具的识别；④便于更换易损件，以缩短辅助加工时间，提高生产效率等。

为了适应高速切削加工技术发展的需要，德国、美国、日本等国的多家科研机构和公司纷纷推出新型工具系统，如表 6-6 所列。

表 6-6 新型刀柄及其工具系统

名称	开发国家	开发者	结构特点
HSK	德国	阿亨工业大学机床实验室	空心、薄壁、短圆锥 1 : 10；与传统机床主轴不兼容
KM	美国	肯纳金属公司	空心、薄壁、短圆锥 1 : 10；与传统机床主轴不兼容美国
NC5	日本	日研公司	实心、短圆锥 1 : 10；与传统机床主轴不兼容
Big - Plus	日本	大昭和精机	长锥 7 : 24，与传统机床主轴兼容
AHO	日本	NT TOOL 公司	空心、长锥 7 : 24，与传统机床主轴兼容
Capto	瑞典	山特维克可乐满	空心、薄壁、短三棱锥 1 : 20；与传统机床主轴不兼容
SKI	瑞士	IBAG	实心、长锥 7 : 24，与传统机床主轴兼容
MTK	美国	Star - Tool	实心、长锥 7 : 24，与传统机床主轴兼容
QCT	日本	日立精工	实心、长锥 7 : 24，与传统机床主轴兼容
FMT	日本	黑田精工	实心、长锥 7 : 24，与传统机床主轴兼容
HFC	日本	日立精工	实心、长锥 7 : 24，与传统机床主轴兼容
ASK	日本	圣和精机	实心、长锥 7 : 24，与传统机床主轴兼容
HMC	日本	大昭和精机	空心、长锥 7 : 24，与传统机床主轴兼容
BTW	日本	富士精机	实心、长锥 7 : 24，与传统机床主轴兼容
3LOCK	日本	日研公司	实心、长锥 7 : 24，与传统机床主轴兼容
FCH	德国	Kuhn - rtot	实心、长锥 7 : 24，与传统机床主轴兼容
Dr. Rivin	美国	Wayne state univ	实心、长锥 7 : 24，与传统机床主轴兼容

新型高速加工工具系统的设计可以分成如下两大类：

(1) 仍然采用 7 : 24 大锥度、长锥柄结构，以保持刀体的良好强度以及较高的动态径向刚度。在原有锥柄结构基础上进行改进：增加端面定位以消除在高速状态下刀柄轴向窜动，同时提高轴向重复定位精度和增加端面支撑以提高径向刚度。例如，Big - Plus 刀柄及其工具系统。

(2) 改变锥柄锥度的结构设计，从根本上克服 BT 工具系统的缺点。典型的结构是采用 1 : 10 锥度的薄壁、空心、短锥结构设计，较小的刀体质量，同时采用双面定位提高定位精度和径向刚度。空心结构使得在高速下的刀柄和主轴孔的扩张量差异较小，并且薄壁结构易于实现较大的过盈量并可以补偿由于扩张量差异造成的间隙。HSK 刀柄及其工具系统就是此类设计的典型代表。

6.3.3 刀柄与机床主轴的接口设计

高速加工工具系统的功能都是通过各种刀柄结构及其连接得以实现的，基本功能一般是由基本结构要素来实现,辅助功能一般是由局部结构要素来实现。为此,可从工具系统的连接功能和动力、运动的传递功能方面对工具系统的各种可能结构进行分析,然后根据高速加工的特点优选出适合于高速加工的刀柄结构及系统。

一般来说,高速加工工具系统的刀柄与机床主轴接口包括其纵截面形状和横截面形状。

1. 刀柄的纵截面形状

工具系统的连接功能主要是实现刀柄在主轴中的准确定位。对于旋转刀具,一般需要限制刀柄在空间中的5个自由度,而绕主轴的转动自由度可以不限制。刀柄及工具系统的定位方案是由其轴向纵截面结构决定的。

从理论上讲,实现上述定位要求的刀柄及工具系统轴向纵截面结构的方案很多,但从制造工艺方面考虑许多方案是不可行的。另外,为了降低制造难度及减小刀柄尺寸,通常采用刀柄为外表面、主轴为内表面的定位方案。

图6-34为常见刀柄纵截面形状,其中图(a)~图(d)中各刀柄为柱体表面,图(e)~图(h)中各刀柄为锥体表面。

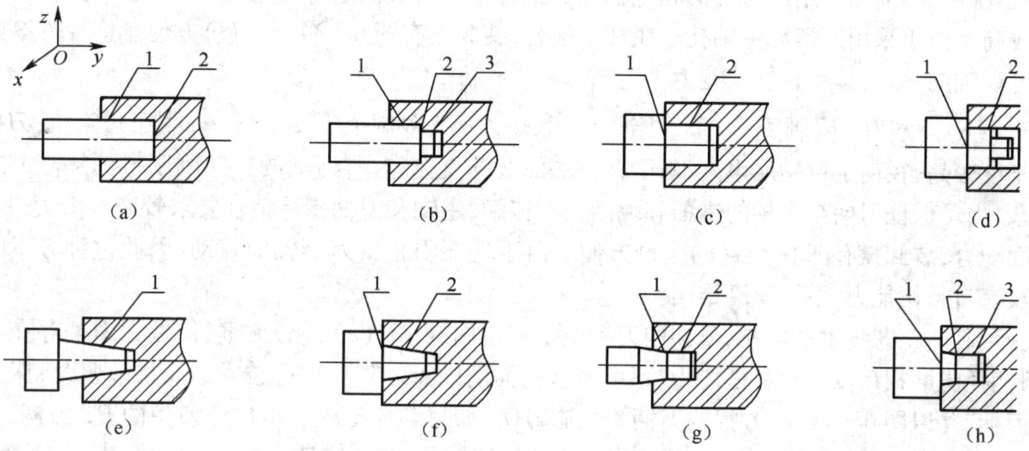

图6-34　常见刀柄纵截面形状

下面对图6-34中常见纵截面形状的方案特点进行分析与比较。

图6-34(a)的长柱面1限制了$\vec{x}$、$\vec{z}$、$\hat{x}$、$\hat{z}$,端面2限制了$\vec{y}$,属于不完全定位;刀柄轴向定位精度和刚度较高,径向定位精度和刚度与刀柄柱面和主轴孔的配合状况有关。这种方案结构简单,主轴和刀柄制造方便,但由于刀柄柱面和主轴孔的配合长度长,刀柄的装卸行程长,不方便装卸。另外,这种方案的刀柄径向磨损后没有自补偿能力,不可重磨。早期的工具系统采用这种方案。

图6-34(b)的短柱面1和3限制了$\vec{x}$、$\vec{z}$、$\hat{x}$、$\hat{z}$,端面2限制了$\vec{y}$,属于不完全定位;刀柄轴向定位精度和刚度较高,径向定位精度和刚度与刀柄柱面和主轴孔的配合状况有关。由于刀柄的两个短柱面与主轴孔同时配合,刀柄的装卸行程短,装卸较方便。刀柄和主轴的结构较复杂,制造要求较高这种方案的刀柄径向磨损后没有自补偿能力,不可重磨。

图6-34(c)的端面1限制了$\vec{y}$、$\hat{x}$,$\hat{z}$,长柱面2限制了$\vec{x}$、$\vec{z}$、$\hat{x}$、$\hat{z}$,属于过定位;刀柄轴向定位精度和刚度较高,径向定位精度与刀柄柱面和主轴孔的配合状况有关,由于存在端面1的支撑作用,刀柄的径向刚度较高。这种方案结构简单,主轴和刀柄制造较方便。由于刀柄柱面和主轴孔的配合长度长,刀柄的装卸行程长,装卸不方便。这种方案的刀柄径向磨损后没有自补偿能力,不可重磨。德国的ABS工具系统就采用了这种方案。

图6-34(d)的端面1限制了$\vec{y}$、$\hat{x}$、$\hat{z}$,两个短柱面2和3限制了$\vec{x}$、$\vec{z}$、$\hat{x}$、$\hat{z}$,属于过定位;刀柄轴向定位精度和刚度较高,径向定位精度与刀柄柱面和主轴孔的配合状况有关,由于存在端面1的支撑作用,刀柄的径向刚度较高。由于刀柄的两个短柱面与主轴孔同时配合,刀柄的装卸行程短,装卸比图6-34(a)方便。刀

柄和主轴的结构较复杂，制造要求较高。和图 6－34(a) 方案一样，这种方案的刀柄径向磨损后也没有自补偿能力，不可重磨。

图 6－34(e) 的长锥面 1 限制了 $\vec{x}$、$\vec{z}$、$\hat{x}$、$\hat{z}$、$\vec{y}$，属于不完全定位；刀柄轴向定位精度和刚度较低，径向定位精度高，而径向刚度与刀柄柱面和主轴孔的配合状况有关。这种方案结构简单，主轴和刀柄制造方便，由于采用刀柄和主轴孔采用锥面配合，装卸行程短，装卸方便。另外，这种方案的刀柄径向磨损后可以轴向移动，具有自补偿能力，可重磨。目前大量使用 BT 工具系统就采用了这种方案。

图 6－34(f) 的长锥面 1 限制了 $\vec{x}$、$\vec{z}$、$\hat{x}$、$\hat{z}$、$\vec{y}$，端面 2 限制了 $\vec{y}$、$\hat{x}$、$\hat{z}$，属于过定位；刀柄轴向定位精度和刚度高，径向定位精度也高，由于存在端面 2 的支撑作用，刀柄的径向刚度得到提高。由于采用了过定位的工作方式，为了保证刀柄与主轴的锥面和端面同时接触，刀柄和主轴的制造精度要求较高。刀柄和主轴孔采用锥面配合，装卸行程短，装卸方便。由于端面阻止了刀柄轴向移动，因此这种方案的刀柄径向磨损后没有自补偿能力，不可重磨锥面。近年来新开发的高性能的工具系统普遍采用这种方案。

图 6－34(g) 的短锥面 1 和短柱面 2 限制了 $\vec{x}$、$\vec{z}$、$\hat{x}$、$\hat{z}$、$\vec{y}$，属于不完全定位；刀柄轴向定位精度和刚度较低，径向定位精度高，而径向刚度与刀柄和主轴孔的配合状况有关。这种方案结构较复杂，主轴和刀柄制造精度要求较高。由于采用刀柄和主轴孔存在柱面配合，装卸没有图 6－34(e)、(f) 方便。这种方案的刀柄径向磨损后可以轴向移动，具有自补偿能力，可重磨。

图 6－34(h) 的端面 1 限制了 $\vec{y}$、$\hat{x}$、$\hat{z}$，短锥面 2 和短柱面 3 限制了 $\vec{x}$、$\vec{z}$、$\hat{x}$、$\hat{z}$、$\vec{y}$，属于过定位；刀柄轴向定位精度和刚度较高，径向定位精度也高，由于存在端面 2 的支撑作用，刀柄的径向刚度得到提高。这种方案结构较复杂，为了保证刀柄与主轴的锥面和端面同时接触，主轴和刀柄制造精度要求较高。由于刀柄和主轴孔采用柱面配合，装卸没有图 6－34(e)、(f) 方便。由于端面阻止了刀柄轴向移动，因此这种方案的刀柄径向磨损后没有自补偿能力，不可重磨锥面。

由于受到制造工艺技术的限制，早期的刀柄主要采用图 6－34(a)、(c) 方案，但柱面刀柄存在刀柄装卸不方便、刀柄径向磨损后没有自补偿能力、不可重磨柱面的缺点。随着制造技术的发展，现代机床上一般都使用锥面刀柄，并以图 6－34(e) 方案的刀柄为主流刀柄（如目前加工中心中广泛使用的 BT 刀柄，其锥度为 7∶24），并有采用图 6－34(f) 端面定位方案的趋势（如德国的 HSK 刀柄、美国的 KM 刀柄、日本的 NC5 和 Big－Plus 刀柄等）。锥面刀柄最大的优点是：刀柄装卸方便，径向定位精度高，刀柄径向磨损后具有自补偿能力，精度保持性好，锥面可重磨。而增加端面接触可以提高刀柄的轴向定位精度和刚度，也可以使刀柄的径向刚度得到提高，但由于这种方案是过定位方案，为了保证刀柄与主轴的锥面和端面同时接触，对刀柄和主轴提出了更高的制造要求。

2. 刀柄的横截面形状

工具系统扭矩的传递能力与刀柄的横截面的形状密切有关。如果工具系统采用了端面定位，那么工具系统动力的传递能力还与刀柄端面的结构有关。通常采用的刀柄的横截面的形状如图 6－35 所示。

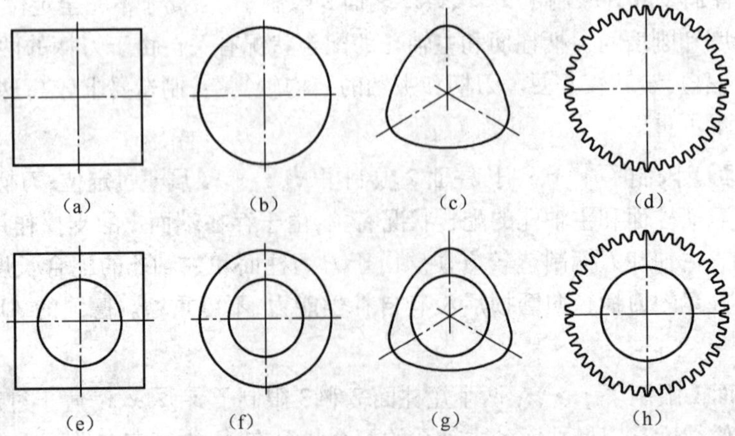

图 6－35　刀柄的横截面形状

图6-35(a)为方形截面刀柄,这种刀柄具有较高的抗弯刚度,不需要设置扭矩传递或键槽便可直接传递扭矩。方形截面的刀柄和主轴制造工艺性差。为了保证方形截面的刀柄和主轴孔的理想配合状态,对刀柄和主轴的制造精度要求高。另外,传递扭矩时刀柄和主轴表面所受接触应力分别不均匀,容易造成刀柄的局部损坏。

图6-35(b)为圆截面刀柄,这种刀柄具有较高的抗扭刚度,刀柄和主轴制造工艺性好。由于圆截面本身没有传递扭矩的能力,为了传递扭矩,需要在刀柄上增设置扭矩传递键或键槽。

图6-35(c)为三棱圆截面刀柄,这种刀柄不需要设置扭矩传递或键槽便可直接传递扭矩,刀柄和主轴表面所受接触应力均匀。三棱圆截面的刀柄和主轴制造工艺性差,抗弯、抗扭刚度也较差。为了保证三棱圆截面的刀柄和主轴孔的理想配合状态,对刀柄和主轴的制造精度要求高。

图6-35(d)为花键截面刀柄,这种刀柄不需要设置扭矩传递或键槽便可直接传递扭矩,扭矩由多个花键传递,刀柄和主轴表面所受接触应力比较均匀,扭矩传递能力强。花键截面的刀柄和主轴制造工艺性差。为了保证花键截面的刀柄和主轴孔的理想配合状态,对刀柄和主轴的制造精度要求高。

图6-35(a)~(d)对应于实心刀柄,而图6-35(e)~(h)对应于空心刀柄。空心刀柄的特点是质量轻,具有较强的过盈配合的补偿能力。另外,空心刀柄在刀杆中留出的空间便于安装高性能的夹紧装置。但在相同的外形尺寸条件下,空心刀柄的刚度有所降低。

从制造工艺方面考虑,比较理想刀柄是图6-35(b)所示的圆截面刀柄。圆截面刀柄已成为目前的主流刀柄,其他形状的刀柄很少使用。

对于采用端面定位的刀柄,刀柄的端面可采用图6-36所示的法兰面的形状。

图6-36(a)刀柄端面为平面,结构简单、制造方便。平面本身没有扭矩传递能力,应在刀柄其他部位设置传递扭矩的结构(如键、键槽)。

图6-36(b)、(c)刀柄端面为齿形面,其中图(b)为直齿面、图(c)为弧形齿面。齿形面本身具有传递扭矩的能力,因此不必在刀柄其他部位设置传递扭矩的结构(如键、键槽)。端面为齿形面的刀柄和主轴的制造工艺性较差,增加了制造成本。

图6-36(d)刀柄端面为平面,并在边缘增加了传递扭矩的键或键槽。刀柄和主轴的结构较简单,制造方便。键的扭矩传递能力较强。

图6-36(e)刀柄端面为平面,并在边缘增加了传递扭矩的销或销孔。刀柄和主轴的结构较简单,制造方便。销的扭矩传递能力稍差。

由于采用图6-36(a)、(d)截面的刀柄具有结构简单、制造方便的优点,因此具有端面定位的工具系统普遍采用这两种结构。

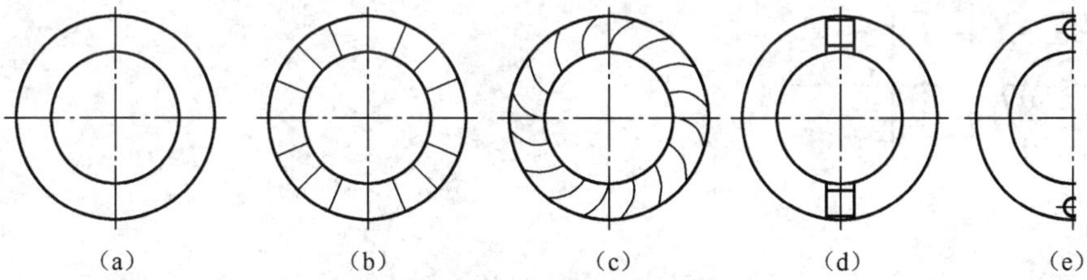

图6-36　刀柄法兰面的结构

3. 刀柄及工具系统界面形状的组合

通过对刀柄及工具系统纵截面和横截面的特性分析,可得到工具系统截面的多种组合方式。由于过多品种的工具系统会导致机床主轴的结构类型繁多,工具系统之间无互换性,造成用户选型、使用、维护等诸多困难,用户对统一工具系统的结构要求越来越强烈。如图6-37所示,其基本特征是采用圆锥面结构,而圆柱面的结构已很少使用。

刀柄及工具系统有两种基本类型,即无端面定位的工具系统(图6-37(b)、(e))和有端面定位的工具系统(图6-37(c)、(f))。无端面定位的工具系统的优点是制造工艺性好;主要缺点是轴向定位精度和刚度差,径向刚度与刀柄和主轴孔的配合质量有关(可以相差几倍)。采用这种结构的工具系统的代表产品是BT工具系统。具有端面定位的工具系统的优点是轴向定位精度和刚度高,径向刚度也得到很大改善,具有优异综合性能;主要缺点是刀柄和主轴的制造精度要求高。由于具有端面定位的工具系统在性能上具有无端面定位的工具系统无法比拟的优点,更符合现代制造技术的发展要求,因此随着加工技术的提高,它必将成为未来工具系统的发展方向。

近年来,各国开发的20多种高性能工具系统几乎都是具有端面定位的工具系统,如德国的ABS工具系统、HSK工具系统,美国的KM工具系统、Dr. Rivin工具系统,瑞典的Capto工具系统,日本的NC5工具系统、Blg-Plus工具系统、FMT工具系统、SKT工具系统,我国的TMG工具系统、CABS工具系统等,已经统治工具系统近半个世纪的BT工具系统受到了具有端面定位工具系统的挑战。

目前,主要刀柄及工具系统的纵截面都是锥面形状,其主要原因是锥面的加工工艺性较好、定心精度高、精度保持性好、锥面磨损后具有自补偿能力。

为了使刀柄及工具系统具有良好的制造工艺性,刀柄的横截面一般为圆形,如图6-37(a)~(e)所示。由于圆截面本身没有传递扭矩的能力,因此一般在刀柄尾部设置传递扭矩的键槽(图6-37(b)、(c))或在端面设置传递扭矩的键槽(图6-37(e)、(f))。由于驱动键局部受到较大的应力,容易发生磨损和损坏,这会增加使用、维护成本。

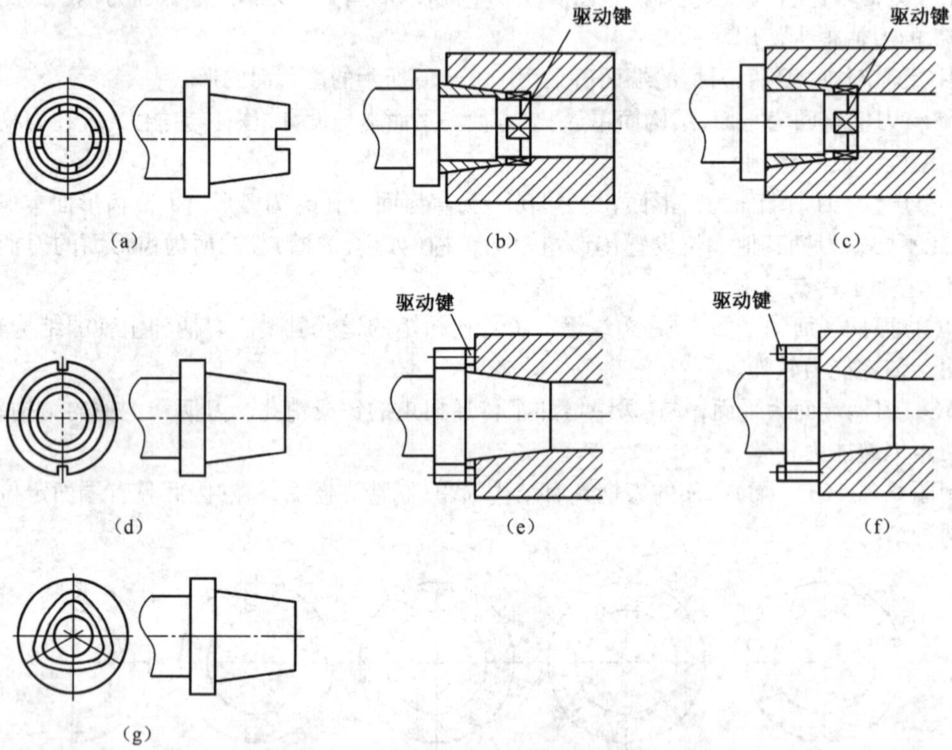

图6-37 圆锥面结构工具系统

图6-37(f)为多棱形横截面的工具系统,其在传递力方面具有独特的优点。多棱形横截面本身具有驱动能力且表面应力分布均匀,因此不必在刀柄和主轴上设置驱动键和键槽,减少了工具系统的零件数量,使用、维护更方便。多棱形横截面的缺点是制造困难。随着制造技术的完善,多棱形横截面制造困难的克服,多棱形横截面的工具系统将具有广阔的应用前景。

由于圆柱面结构的工具系统本身在使用中存在的缺陷以及出于统一工具系统结构方面的考虑,这种工具系统使用量已越来越少。

4. 刀柄及工具系统最佳界面形状的设计

由于高速加工时主轴转速很高,主轴和刀柄将在径向受到巨大的离心力作用。因此,在设计高速加工工具系统结构时,必须考虑离心力对工具系统工作性能的影响。由上面分析可知:传统的BT工具系统广泛用于普通切削速度的各种加工机床中取得了良好的效果,但用于高速切削时就产生了严重的问题。

关于刀柄锥面长度和锥角设计问题,可进行如下分析:

(1) 高速刀柄及工具系统在采用端面定位的结构后,由于端面具有很好的支撑作用,锥体与主轴的接触长度对工具系统的刚度影响较小,为了克服加工误差对这种锥面和端面同时定位的过定位结构的影响,可以缩短刀柄与主轴锥面接触的长度,对应的刀柄就是空心短锥刀柄。

(2) 锥角大小选择。一方面,从新老工具系统的继承性角度考虑,高速加工工具系统的锥角最好与目前广泛使用的BT刀柄一致,即采用7∶24的锥度,这样现有的机床不需要改进就能实现互换。同时也减少了工具系统的品种,以及机床和工具系统制造厂家生产投入,为用户的选型、使用、维护带来很大的方便。另一方面,采用7∶24的锥度会给具有端面定位的空心短锥工具系统性能带来严重的影响。7∶24的锥度设计并没有考虑采用端面定位时过定位带来的对制造精度的影响。由于锥角较大,当锥体直径方向产生1μm的误差时,允许的轴向端面位置误差只有3μm,这对工具系统的制造是不利的。另外,锥角较大时,刀柄锥体小端直径较小,锥体空心部分的空间较小,不便于安装内胀式高效夹紧机构。为了减小工具系统的制造精度对过定位的影响,保证刀柄的端面和锥面同时被定位、夹紧,应采用较小的锥角。由于钢材的摩擦系数大约为0.1,为了保证刀柄夹紧后能自锁,刀柄的锥角应小于0.1,但过小的锥角会增加刀柄锥面的磨损,所以锥体的锥度以1∶20~1∶10为宜。

综上所述,为了满足高速加工的要求,工具系统应优先采用具有端面定位的空心短锥结构。从统一工具系统的结构方面考虑,未来的工具系统的结构也应统一到这种结构上来。有专家预言,具有端面定位的空心短锥结构的工具系统将逐渐替代目前广泛使用的BT工具系统和其他类型的工具系统,是21世纪最有发展前景的工具系统。图6-38为具有代表性的高速加工工具系统的刀柄。

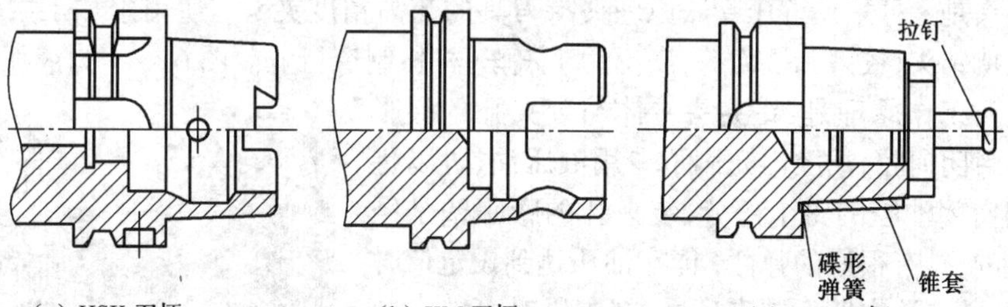

(a) HSK刀柄　(b) KM刀柄　(c) NC5刀柄

图6-38 高速加工工具系统刀柄

6.4 刀具装夹的典型结构及其连接

6.4.1 高速刀具装夹的典型结构

目前,用于高速切削刀具系统中刀柄与刀具的连接方式主要有热装式夹头、液压膨胀式夹头、三棱变形夹头、弹簧夹头等。

1. 热装式夹头

热装式夹头主要利用刀柄装刀孔热胀冷缩使刀具可靠夹紧(图6-39)。这种夹头的夹持原理(图6-40和图6-41):利用感应加热装置在短时间内加热刀柄的夹持部分,使刀柄内径随之胀大,装入刀具后,内孔随刀柄冷却而收缩,从而将刀具夹紧。例如,德国OTTO BILZ公司的Thermo Grip夹头采用高能场的感应加热线圈,可在10s内加热夹头夹持部位,装卸刀具后,整个夹头可在60s内完全冷却,因此可实现刀具的快速更换。加热温度在400℃以下,远低于材料相变温度,因此,重复使用2000次后夹头精度仍可保持不变。

热装式刀柄系统无辅助夹紧元件,刀体和刀身合为一体,具有结构简单、同心度较好、尺寸相对较小、离心力低、材质均匀、夹紧力大、动平衡度高、回转精度高、加工深度大等优点。尽管它对所夹持的刀具有一定的要求,并需特殊的加热设备,但仍然备受某些领域的青睐,特别是模具工业越来越多的用户采用热装夹头式刀柄。

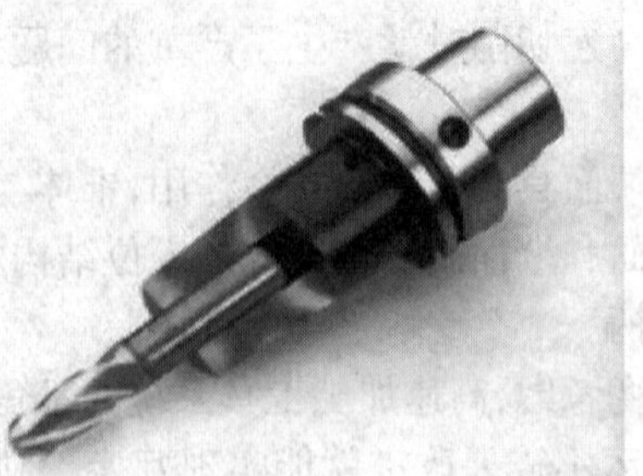

图6-39 热装式刀柄结构示意图

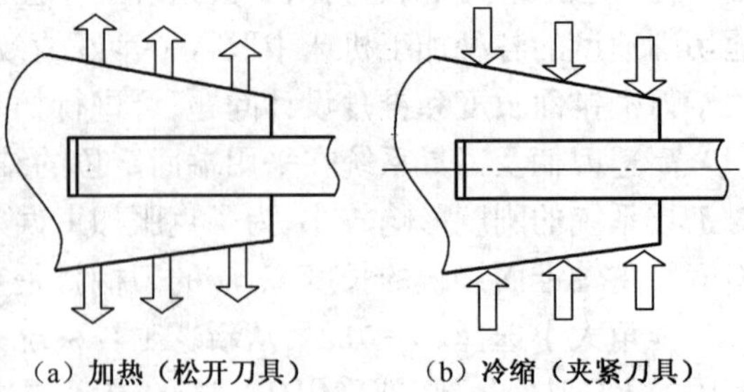

图6-40 热装式夹头装夹

与液压夹头相比，热装式夹头的夹持精度更高，传递扭矩增大1.5~2倍，径向刚度提高2~3倍，能承受更大的离心力，因此非常适合夹持整体硬质合金铣刀高速铣削淬硬钢模具。

热装夹头具有如下优点：

（1）金属收缩夹紧方式比机械夹紧收缩动作的离散小，夹持精度高且稳定，夹持精度离散小于或等于3μm；

（2）依靠刀具安装孔内径和刀柄外径之间的过盈实现夹紧，夹持扭矩大；

（3）可对刀柄进行全长均匀夹持，刚性好，弯曲刚度可达弹性夹头的1.3~1.4倍；

（4）由形状对称的单一部件构成，平衡性好，适合于高速、高精度加工；

（5）刀柄直径相对较小，有利于模具深处的铣削加工。

2. 液压膨胀式夹头

液压膨胀式夹头是一种采用静压膨胀原理夹持刀具的超高精度夹头，适用于加工中心、高精度镗铣床和柔性生产线上夹持钻头、铰刀和铣刀等，广泛用于汽车、机械制造行业。图6-41为液压膨胀式夹头结构。

液压膨胀式夹头工作原理是：在夹头主体与装夹孔的膨胀壁之间有一个环形封闭油腔，油腔内充满了专用液压油，可以将油压均匀地传递到密闭油腔的每个部分，装夹孔的膨胀壁是经过精确计算而设定的，具有很好的弹性，能在油压达到设定值时产生需要的膨胀量，装夹孔内壁上制有环槽，在夹紧时可以容纳装夹孔内壁和被夹刀具之间的残余润滑物，保持装夹孔壁的清洁和干燥，保证转矩的可靠传递。

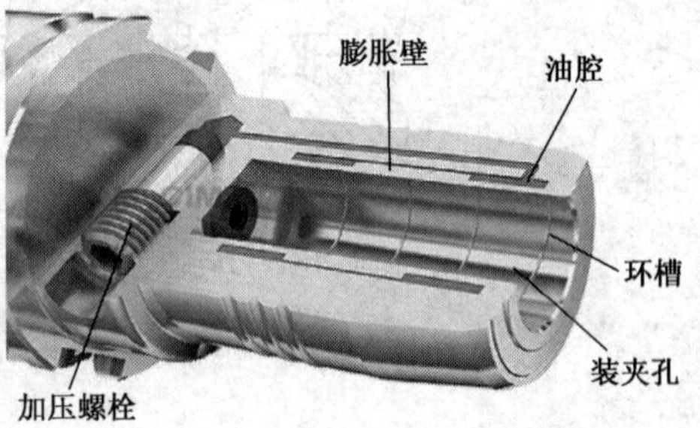

图6-41 液压膨胀式夹头结构

液压膨胀式夹头具有以下优点：①夹持回转精度不大于3μm；②重复夹紧精度不大于2μm；③稳定可靠的夹紧力；④能传递很高的转矩；⑤优异的阻尼减振性能；⑥夹紧系统具有全封闭结构，无磨损、经久耐用；⑦装卸刀具简单方便。

缺点是：①生产制造成本高，动密封处容易发生溅漏；②刀具若未完全进入夹紧腔口时，内套易损坏；③适应温度变化能力差。

刀具夹头的最佳工作温度为20~50℃，最高工作温度为80℃。当实际工作温度超过50℃时，需对夹头做特殊处理。在使用切削液的情况下，夹头的主体温度均能满足小于50℃的要求。在进行加工时间长、切削量大的干切削加工时，由于工作温度容易超过刀具夹头主体容许的温度范围。因此，不宜使用液压膨胀式夹头。

3. 三棱变形式夹头

三棱变形式夹头主要是利用夹头本身的变形力夹紧刀具，工作原理如图6-42所示。刀柄孔初呈三棱形（图6-42(a)），在装夹刀具时，先用辅助装置在三棱孔的3个顶点施加预先调整好的力，使刀柄孔变形成圆（图6-42(b)），然后把刀具插入刀柄（图6-42(c)），再去除变形外力，刀柄孔恢复弹性，刀具就被夹持在孔内（图6-42(d)）。

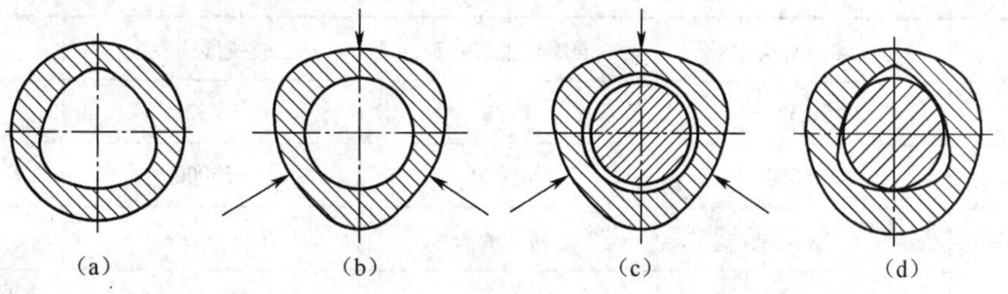

图6-42　三棱变形式夹头

三棱变形式夹头具有的优点是:①极高的夹持回转精度和重复夹紧精度;②稳定可靠的夹紧力;③具有全封闭结构,无活动部件,无磨损,免维护;④夹头夹持刀具后始终处于弹性变形状态,使用寿命长;⑤采用完全对称的结构,适用于高速切削,可以显著改善刀具在切削加工中的受力状态,有效地提高切削加工的精度和工件表面质量;⑥刀具装夹简单、造价较低等。缺点是需要备一个辅助的加力装置。三棱变形夹头的代表性产品为雄克公司开发的用于模具加工刀具的 TRIBOS 三棱变形夹头。

4. 弹簧夹头

弹簧夹头用于快速精确定位与夹紧工件,是机械制造必不可少的一种高效而易损的专用夹持工具。其应用范围广、消耗量大,适用于数控车床、铣床等诸多自动化机械设备。ER 型弹簧式夹头是目前应用较为广泛、性价比相对较高的弹簧式夹头,具有较好的同心度和相对小的本体直径,夹紧力大且精度高,适合于高速切削加工。

普通弹簧夹头是夹持直柄刀具用的最常见工具,一般以弹簧夹头内孔对柄部的径向圆跳动作为主要精度指标,可达0.01~0.015mm。高精度弹簧夹头是在普通弹簧夹头的基础上加以改进的。普通弹簧夹头的压入方式如图6-43(a)所示，在锁紧螺母过程中，螺母与套筒的接触面存在相对运动,这不仅使套筒受扭力作用，而且接触面会产生磨损，很难获得或保持良好的夹持精度。日本大昭和精机株式会社设计生产的高精度弹簧夹头的压入方式(图6-43(b))，它的螺母被分为内、外两部分,中间安装了滚珠轴承,当螺母接触套筒的瞬间,螺母的内侧部分停止转动与套筒间无相对运动,螺母的锁紧力完全转化为对套筒的压力,这种压入方式可使夹头获得较大夹持力和较高夹持精度。它采用锥角12°锥套,所有夹头都经平衡修整，以适应高速加工的要求。夹头转速可达30000~40000r/min，径向圆跳动精度达0.002mm(在距孔口3倍直径处)。图6-44为HSK弹簧式夹头刀柄。

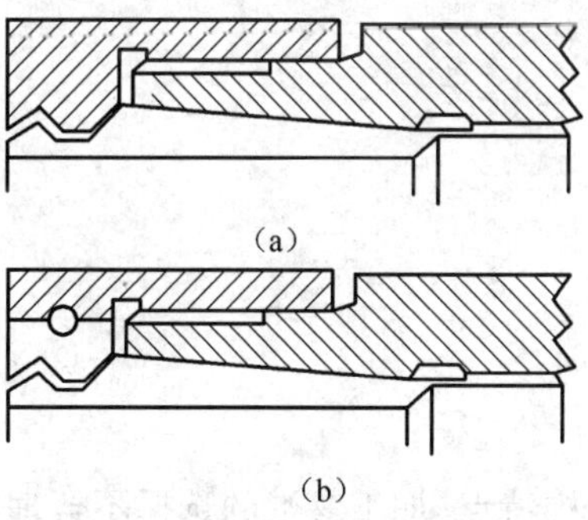

图6-43　弹簧夹头夹紧原理

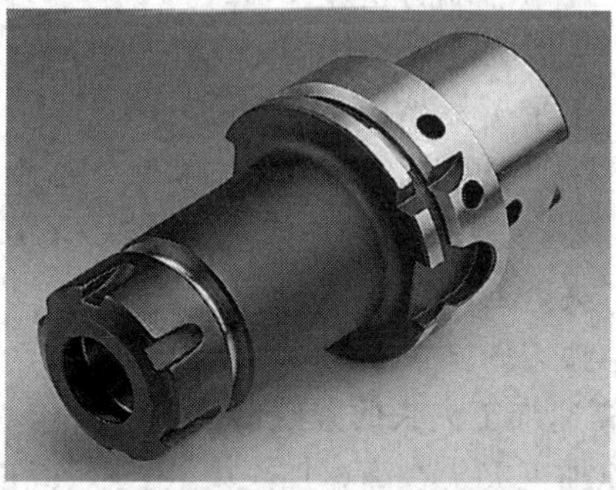

图6-44　HSK 弹簧夹头刀柄

高精度弹簧夹头接刀柄，用于夹紧各种直柄刀具,如麻花钻、立铣刀、镗刀等。影响其夹持精度的因素除夹头本体的内孔精度、螺纹精度、套筒外锥面精度、夹持孔精度及螺纹精度外，螺母与套筒接触面的精度以及套筒的压入方式也很重要。

根据上述试验分析和实际生产经验,可得四种夹头的性能比较,见表6-7。

综合研究表明:

(1) 弹簧夹头夹持精度低于热装夹头、静压膨胀式夹头和三棱变形式夹头;

表 6-7 四种夹头的性能比较

夹头种类	热装夹头	静压膨胀式夹头	三棱变形式夹头	弹簧式夹头
夹持范围/mm	3~32	3~32	3~32	3~32
工作转速/(r/min)	<45000	<40000	<55000	<100000
径向跳动/μm	(3)☆☆☆	(3)☆☆☆	(3)☆☆☆	(5)☆☆
传递扭矩	☆☆☆	☆☆☆	☆☆☆	☆☆
刚性	☆☆☆	☆(避免径向受力)	☆☆☆	☆☆
悬伸长度	☆☆☆	☆	☆☆☆	☆
使用寿命	☆☆	☆☆☆	☆☆☆	☆
使用成本	☆☆(一般)	☆☆☆(低)	☆☆☆(低)	☆(高)
注:☆表示好;☆☆表示很好;☆☆☆表示非常好				

(2) 热装夹头和三棱变形式夹头具有较高的刚度,而静压膨胀式夹头应该避免受到径向力作用使夹头内孔变形;

(3)在使用切削液的情况下,静压膨胀式刀柄是首选(使用温度≤80℃);在相同切削参数下,使用静压膨胀式刀柄的刀具寿命最长,加工成本最低;

(4)三棱变形式夹头适用于干切削;热装式刀柄适用于模具加工,尤其是模具深腔加工。

6.4.2 高速刀具装夹及其连接方法

1. 高速刀具装夹的要求

刀柄对刀具的夹持力大小和夹持精度高低,在高速切削中至关重要。如果刀柄对刀具夹持不牢固,轻则降低加工精度,重则导致刀具及工件损坏,甚至引发安全事故。高速切削用的刀具,尤其是高速旋转刀具,由于旋转速度很高,无论是从保证加工精度方面考虑,还是操作安全方面考虑,对其装夹技术有很高的要求。高速加工对刀具的夹紧也提出了很高的要求:

(1) 任何转速下均可产生足够的拉力;
(2) 能可靠地防止刀具松脱;
(3) 夹紧力与外部作用力无关,可以监控夹紧状态;
(4) 不平衡量小,动平衡性能好;
(5) 带夹紧系统的主轴其固有频率适当,结构阻尼较高;
(6) 在夹紧和松开刀具时主轴轴承无负载;
(7) 夹持回转精度高;
(8) 换刀时间短。

2. 高速加工夹头的失效形式

高速加工夹头在高速加工中,由于较高的旋转速度、自身的结构特点、加工参数的选择不合理,会造成夹头在高速加工中种种失效,影响加工质量,加大了生产成本,甚至危及人身安全。

1) 材料强度失效

由于夹头材料强度不足、夹头结构设计不合理或使用时采用了过高的加工转速,在巨大离心负载作用夹头下产生破裂。这不仅仅影响生产加工的正常进行,而且可能危及人身安全;应选用强度较大的夹头材料,但应考虑加工成本。

2) 夹持力失效

一般而言,夹头-刀具配合在高速旋转时,都会因夹头和刀具的尺寸及材料差异导致夹持力减小。以热装式夹头为例,在高速旋转时,刀具的刚度大于热装式夹头的刚度,刀具受离心力小于热装式夹头受到的离心力，相同主轴转速下热装式夹头内孔径向扩张量大于刀具扩张量，从而减小过盈量，使夹持力相对减小，不能提供足够的扭矩，难以保证加工的顺利进行，出现掉刀现象。在使用一段时间后，夹头的内孔磨损致使无法保证足够的过盈量，以确保机械加工顺利进行，即无法提供足够的夹紧力。这也是高速加工夹头的主要失效形式。

3）疲劳磨损失效

例如，在反复加热、装卸，热装式夹头部位出现热疲劳，无法再次使用；夹头在使用一段时间后，内孔磨损致使无法保证足够的过盈量，以确保机械加工顺利进行；夹头多次使用后，因材料发生疲劳而失效。

4）塑性变形失效

三棱变形式夹头在装夹刀具时，产生塑性变形，无法恢复设计的原有位置。热装式夹头在拆装刀具时，由于较高的加热温度，也易产生塑性变形。

5）不平衡量引起的失效

高速加工夹头结构一般采用对称设计，但不平衡量是始终存在的。由于高速旋转时会产生很大的离心力，使整个加工工艺系统产生振动，降低夹头和刀具的连接刚度及定位精度，影响零件表面加工质量，同时降低高速切削切削刃的抗弯强度和断裂韧性。

6）冲击载荷引起的失效　、

在高速加工中，出现断续切削或受到偶然出现的冲击载荷，若是夹头刚度不足，则会出现大的跳动，影响零件表面加工质量。夹头刚度也决定着高速加工能否顺利进行。

3. 影响热装式夹头夹持力失效的主要因素及控制

如前所述，在高速旋转时，刀具刚度大于夹头刚度，而且夹头直径大于刀具直径，刀具受到的离心力小于夹头受到的离心力，相同主轴转速下夹头内孔径向扩张量大于刀具扩张量，从而减小过盈量，使夹持力相对减小，不能提供足够的扭矩，难以保证加工的顺利进行，出现掉刀现象。这不仅影响零件加工质量，而且增加了生产成本，严重的甚至危及人身安全。

影响其夹持力的主要因素有夹头-刀具接触条件、夹头-刀具接触长度、初始过盈量、主轴转速、夹头壁厚、夹头-刀具配合尺寸和切削热的影响等。

1）夹头-刀具接触条件

对于每种夹头而言，在夹头-刀具接触配合的长度范围之内，所能传递的最大扭矩 M_f 正比于接触面上的接触压力 p、接触长度 L 和接触表面摩擦系数 f。为保证夹头对刀具的稳定夹持，M_f 应大于扭矩载荷 T，即满足

$$M_f = 2\pi r^2 p_{nT} f l \geqslant kT \tag{6-29}$$

式中　r——接触面半径；

l——接触配合长度；

f——摩擦系数；

k——安全系数。

由式(6-29)可得，表面摩擦系数越大，接触配合所能传递的轴向力和转矩越大。保持夹头内孔孔壁的清洁和干燥，也能保证轴向力和转矩的可靠传递。

2）夹头-刀具接触长度

由式(6-29)可知，在夹头-刀具接触配合的长度范围之内，接触配合长度 l 越长，接触配合所能传递的轴向力和转矩越大；对热装式夹头而言，过盈配合所能传递的扭矩正比于接触长度。合理的接触长度既保证夹头对刀具稳定、高精度夹持，以提高夹头与刀具的耐用度和工件的加工质量；又要考虑后续的夹头制造工艺，降低了制造成本。

3）初始过盈量与夹头-刀具配合尺寸

初始过盈量通过直接改变内孔扩张量大小影响接触压力，热装式夹头-刀具接触面的接触压力随初始过盈量的增加而增加，且随基本过盈量的增加配合顶端的接触压力增长率加大，整个配合面上接触压力分布基本均衡。配合的基本尺寸一旦确定，过盈量是决定接触性能的主要因素，接触变形和接触应力均随着过盈量

的增大而增大。

热装式夹头与刀具接触面上的压力随基本过盈量的增加而增加，且随基本过盈量的增加配合顶端的接触压力增长率加大，但从整个配合面来看，接触压力分布基本均衡。接触压力和位移值均随配合直径的增大而减小，因此对于较小内孔直径尺寸的热缩刀柄夹头，如果刀柄-刀具配合要采用较大的过盈量，则应考虑最大应力是否会超过屈服极限。在实际生产中，应根据配合直径的不同选择不同的配合过盈量。对于小直径的热缩刀柄，应尽量采用较小的配合过盈量以满足强度要求；对于大直径的热缩刀柄，则应尽量采用较大配合过盈量，以保证配合面具有合理的接触压力，实现稳定夹持。

过盈量影响到刀柄-刀具接触特性及使用性能，因此过盈量的选择也要遵循这两个方面的约束。首先过盈量所产生的接触特性应保证热缩刀柄满足强度要求；其次添加过盈量应能保证产生足够大的扭矩，以能正常夹持刀具进行工作。

F_{zmax}和T_{max}分别为切削过程中刀具所承受的最大轴向力和力矩，则最小接触压力p_{min}及按第四强度理论得最大接触压力p_{max}分别为

$$p_{min}=K_c\sqrt{F_{zmax}^2+(2T_{max}/D_1)^2}/(\pi dl_j\mu) \tag{6-30}$$

$$p_{max}=\sigma_s(D^2-D_1{}^2)/\sqrt{3D^2+D_1{}^2} \tag{6-31}$$

式中 K_c——安全系数；

D_1——刀具公称直径；

μ——摩擦系数；

l_j——配合长度；

σ_s——屈服极限；

D——配合长度上的当量外直径；

d——小端直径。

4）主轴转速

有关文献研究表明：离心力的作用会使热缩刀柄夹头与刀具连接面的过盈量减小，这表现为接触压力随转速升高有降低的趋势。当转速升高到一定程度，过盈量会减小到不足以产生足够大的夹紧力来夹持刀具，从而严重影响加工质量，甚至造成事故。

在一定转速下，过盈量与离心力共同作用产生的接触压力在整个接触面上分布不均匀，由热缩刀柄小端到大端接触压力逐渐变大。随着转速的增加，热缩刀柄与刀具配合的接触压力总体下降，但最大接触压力有升高的趋势。

5）夹头壁厚

在夹持长度一定的条件下，过盈量、刀柄壁厚以及转速三个方面主要因素共同影响接触压力的大小。通过有关分析可知：接触压力随基本过盈量的增加而增加；由于刀具刚度大于热缩夹头结构刚度，刀具受到的离心力小于热缩夹头受到的离心力，故相同主轴转速下热缩夹头内孔径向扩张量大于刀具扩张量，从而减小过盈量，使夹持力相对减小。刀柄壁厚对夹持力的影响主要是双因素或三因素综合作用来体现：壁厚越大，在相同转速、相同初始过盈量条件下，接触压力越大。

6）切削热

在高速加工过程中，特别是长时间干切削，切削区域产生的大量切削热会沿刀具传递，当热量传递到热装夹头部分后会导致夹头内孔受热扩张，配合过盈量减小，夹持力降低，严重的甚至造成掉刀现象。

随着切削传热不断升高，热装夹头内孔扩张量不断增大，这将导致夹持过盈量减小，夹持力下降。当刀杆顶端温度处在低温状态（40~60℃），热装夹头内孔的扩张量为2~3μm，这已经影响到初始过盈量为12~35μm的热装式夹头-刀具配合，随着温度的升高，影响的程度将显著增加。

采取冷却措施对切削传热导致的刀杆顶端温度升高有很好的预防效果，适当加大刀杆长度也是可以采取的措施之一，但刀杆过长无法保持其良好的径向刚度。

参考文献

[1] 王贵成,王树林,董广强．高速加工工具系统[M]．北京:国防工业出版社,2005.

[2] Lembke, M Weck Study on Design Possibilities for the connection Machine/Tool, Final report on Research Project. WZL Laboratory for Machine Tools and Applied Economics. Aachen, August 15,1991 Schubert.

[3] 张松,艾兴,赵军,等．高速主轴/刀柄联结特性的有限元分析[J]．现代制造工程,2004,12,84-86.

[4] 张铁铭,周骏官．新型模块式镗铣类 TMG28 工具系统[J]．工具技术,1996(3):4-9.

[5] 黄海．加工中心刀柄误差的成因与影响[J]．机械工程师,2001,(2).

[6] 李家坤．NC5 刀柄性能及其工具系统研究[D]．镇江:江苏大学, 2008.

[7] 王树林．HSK 高速加工工具系统性能及其应用基础研究[D]．镇江: 江苏大学,2003.

[8] 沈春根,王树林,王贵成.工具系统平衡工艺的研究[J]．组合机床与自动化加工技术,2004(12): 91-95.

[9] Herbert Schulz, Eberhard Abele,何宁．高速加工理论与应用[M]．北京:科学出版社,2010.

[10] 张仲伟．高速高精度加工用热装刀具夹持系统[J]．现代零部件,2006,(2).

[11] 周秦源,卢端敏,侯德政．适合高速切削的新型刀具夹头[J]．金属加工,2009(12):32-34.

[12] 沈健．应力锁紧式刀具夹紧技术的应用[J]．工具技术,2002. 37(12):67-69.

[13] 徐燕云．高速加工夹头设计技术及应用基础研究[D]．镇江:江苏大学,2011.

[14] 陆名彰,曾湘黔,胡忠举,等．高速铣削刀具装夹技术的发展[C]．第二届全国先进制造装备与机器人技术论文集,92-95.

[15] 马平,张伯霖,李锻能,等．高速机床电主轴过盈配合量的计算[J]．组合机床与自动化加工技术, 1999,(7) : 22-27.

[16] 周后明．高速铣削热缩加长刀杆与刀具配合特性及应用研究[D]．广州:广东工业大学论文,2008.

[17] 沈春根,王贵成,王树林．HSK 热装式刀具设计的数值计算和分析[J]．工具技术,2009(4):48-51.

[18] 王贵成, 吴卫国, 王树林,等．Precision of HSK tooling system on high speed machining[J]．Transactions of Nanjing University of Aeronautics & Astronautics, 2007,24(2):129-133.

[19] 王贵成, 吴卫国,沈春根,等．Mechanical model of HSK tooling system in high speed machining[J]．Transactions of Nanjing University of Aeronautics & Astronautics, 2007,24(2):145-149.

[21] 吴卫国, 王贵成, 沈春根,等．精密车床主轴动态特性对系统稳定性的影响[J]．江苏大学学报(自然科学版), 2007,28(4):293-296.

第7章　刀具标准及其应用

7.1　刀具标准概述

7.1.1　标准化的意义

1. 标准的定义

标准是指为了在一定范围内获得最佳秩序，经协商一致制定并由公认机构批准，共同使用的和重复使用的一种规范文件。

标准宜以科学、技术和经验的综合成果为基础，以促进最佳的共同效益为目的，是依据科学技术和实践经验的综合成果。标准是在协商的基础上，对经济、技术和管理等活动中具有多样性的、相关性质的重复事物，以特定的程序和形式颁发的统一规定。

2. 标准化概述

标准化是指为了在一定的范围内获得最佳秩序，对现实问题或潜在问题制定共同使用和重复使用的条款的活动。它包括制定、发布及实施标准的过程。

标准化的实质是通过制定、发布和实施标准，达到认识和行为的统一。

标准化的目的是获得最佳秩序和社会效益。

标准化的基本原理通常是指统一原理、简化原理、协调原理和最优化原理。

标准化的基本特性主要包括抽象性、技术性、经济性、连续性(也称继承性)、约束性、政策性等。

3. 标准化的重要意义和作用

标准化的重要意义是改进产品、过程和服务的适用性，防止贸易壁垒，促进技术合作。标准化包含着十分广泛的内容，其应用领域涉及社会、经济、生产和流通、科研和学术交流乃至日常生活等各个方面。标准化是制度化的最高形式，可运用到生产、开发设计、管理等方面，是一种非常有效的工作方法。标准化可以促进企业自主创新，促进企业产品适应市场需求，提升企业的管理水平，它对企业发展和构建科学的企业管理体系有着非同一般的意义。

标准化是组织现代化生产的重要手段和必要条件；是合理发展产品品种、组织专业化生产的前提；是企业实现科学管理和现代化管理的基础；是提高产品质量和满足安全、卫生要求的技术保证；是国家资源合理利用、节约能源和节约原材料的有效途径；是推广新材料、新技术、新科研成果的桥梁；是消除贸易障碍、促进国际贸易发展的通行证。

标准化已成为一门专业技术，是现代科技体系的重要组成部分。

刀具标准贯穿于刀具设计、生产、贸易、使用、科研和教学等各个方面，刀具标准的制定及实施是切削加工专业技术的重要组成部分。一方面，刀具标准反映了切削技术和刀具制造的现实水平，使切削加工和刀具的技术水平随着刀具标准体系的完善和标准指标的提高而提高；另一方面，随着制造技术整体水平的提高，不断向刀具标准提出新的要求和发展空间，同时为刀具标准体系的完善和控制指标的提高提供了技术保障。

7.1.2　标准化的基本原则

制定标准应遵循公开透明、协商一致、广泛参与、严格程序、执行统一的编写等一般性原则。此外，还应遵循以下原则：

1. 目的及要求

发布标准的目的主要是为了促进贸易和交流，在一定范围内获得最佳秩序。任何产品都有许多技术质

量特性,用标准规定的仅仅是一部分,这就取决于制定标准的目的。制定标准的目的包括:

(1) 编制出明确且无歧义的条款,并且通过这些条款的使用,促进贸易和交流。

(2) 为了促进相互了解,信息交流,就要在标准中规定有关术语的术语符号、代号及其定义。

(3) 为了有利于卫生、安全和环境保护,就应在产品标准中规定某些尺寸、以及机械、物理、化学、声学、热学、电学、生物学、人类工效学或其他方面的要求。

(4) 为了实现品种控制,就应规定其参数系列值。

(5) 更重要的是必须对产品进行功能分析,以满足其使用功能的实现。

(6) 使个别分散的成果上升为某一领域共享的技术进步或行为的准则。

为了达到以上目的,标准应该符合下列要求:

(1) 内容完整。内容完整是指在标准的适用范围内将所需要的内容在一项标准内规定完整,不应只规定一部分内容,而另一部分需要的内容却没有规定,或将它们规定在其他的标准中。此外,内容完整还强调"按照需要":需要什么,规定什么;需要多少,规定多少。

(2) 表述清楚和准确。标准的条文应用词准确、条理清楚、逻辑严密,即标准文本的表述要有很强的逻辑性,用词切忌模棱两可,防止不同的人从不同的角度对标准内容产生不同的理解。作为一项标准,其中的任何要求都应十分准确,要给相应的验证提供可依据的准则。

(3) 充分考虑最新技术水平。这里强调的是对最新技术水平要"充分考虑",并不是要求标准中所规定的各种指标或要求都是最新的、最高的。但是,它们应是在对最新技术发展水平进行充分考虑、研究之后确定的。

(4) 为未来技术发展提供框架。起草标准时,不但要考虑当前的"最新技术水平",还要为将来的技术发展提供框架和发展余地。因为,即使目前标准中的内容是最新的技术水平,经过一段时间甚至很短时间,某些技术也有可能落后,标准中的规定就有可能阻碍技术的发展。在标准中应从性能特性的方面提出要求,不包括生产工艺的要求,是避免阻碍技术发展的方法之一。

(5) 能被未参加标准编制的专业人员所理解。为了使标准使用者易于理解标准的内容,在满足对标准技术内容的完整和准确表达的前提下,标准的语言和表达形式应尽可能简单、明了、易懂,并注意避免使用口语化的措辞,时刻注意满足"统一性"的要求能避免误解和歧义。

2. 统一性

统一性是对标准编写及表达方式的最基本的要求,包括以下方面:

(1) 结构统一。标准的结构即是标准中的章、条、段、图、表、附录的排列顺序,在起草系列标准中的各个标准或分成多个部分的标准中的各个部分时,还应该注意到标准或部分之间的结构应尽可能相同。同时标准或部分中的章、条编号也应尽可能相同。

(2) 文体统一。在每个部分、每项标准或系列标准中,类似条款应由类似措辞来表达,相同条款应由相同的措辞来表达。

(3) 术语统一。在每个部分、每项标准或系列标准中,对于同一概念应使用同一个术语。对于已定义的概念应避免使用同义词。每个选用的术语应尽可能只有唯一的含义。另外,对于某些相关标准,虽然不是系列标准,也应考虑术语的统一问题。

3. 协调性

协调性是针对标准之间的,其目的是为了达到所有标准的整体协调。标准的协调性包括:

(1) 普遍协调。普遍协调是任何标准都需要进行的协调。每项标准应遵循现有基础标准的有关条款,尤其是涉及到标准化原理和方法、标准化术语、量、单位、符号、代号和缩略语、图形符号等。

(2) 特殊协调。特殊协调是针对特定领域的标准需要进行的协调。除普遍协调的内容外,在某些技术领域,标准的编写还应遵守涉及下列内容的现行标准的有关条款:极限、配合和表面特征,尺寸公差和测量的不确定度,优先数,统计方法,环境条件和有关试验,安全,电磁兼容,符合性和质量等。

(3) 本领域协调。制定标准时,在与上述标准协调的基础上,还要注重与同一领域的标准进行协调,尤其要考虑本领域的基础标准,注意采用已经发布的标准中作出的规定。

（4）标准制定和实施过程中的协调。标准本身就是协调的产物。一项标准往往涉及许多利益相关方，如果没有协调，标准化的工作就很难开展。有时为达成一致，往往需要妥协。

我国国家标准和行业标准在审查时需要相应技术委员会3/4以上委员同意才能通过。但在表决前也需要充分协调，应尽可能减少争议，特别是主要相关方最好没有实质性异议。

4. 适用性

适用性是所制定的标准便于使用的特性，重点在如下两个方面：

（1）标准的内容应便于直接使用，所制定的标准中的每个条款都应考虑到可操作性。

（2）标准的内容不但便于实施，还应考虑到易于被其他标准、法律、法规或规章等引用。

5. 一致性

一致性是起草的标准应以对应的国际文件（如有）为基础并尽可能与国际文件保持一致，包括以下两个方面。

（1）保持与国际文件一致。起草标准时，如有对应的国际标准，则首先应考虑以其为制定基础，并尽可能与国际文件保持一致性。

（2）明确一致性程度。如果所依据的国际文件为ISO或IEC标准，则所起草的标准除符合GB/T 1.1—2009外，还应按GB/T 20000.2—2009的规定确定与相应国际文件的一致性程度，即等同（采用国际标准的基本方法之一，指我国标准在技术内容上与国际标准完全相同，编写上不做或稍做编辑性修改，其缩写字母代号为idt或IDT）、修改（以前称为等效采用，采用国际标准的基本方法之一，指我国标准在技术内容上基本与国际标准相同，仅有小的差异，在编写上则不完全相同于国际标准的方法，其缩写字母代号为eqv或EQV）或非等效（以前称为参照采用，采用国际标准的基本方法之一，指我国标准在技术内容的规定上与国际标准有重大差异，其缩写字母代号为neq或NEQ）。

6. 规范性

规范性是指起草标准时要遵守与标准制定有关的基础标准以及相关法律、法规。实现规范性要做到以下3个方面：

（1）预先设计。起草标准前，应首先按GB/T 1.1有关标准结构的规定确定标准的预计结构和内在关系，尤其应考虑内容和层次的划分，以便对相应的内容进行统一安排。如标准分为多个部分，则应预先确定各个部分的名称。

（2）遵守制定程序和编写规则。为保证一项标准或一系列标准的及时发布，起草工作的所有阶段均应遵守GB/T 1.1规定的编写规则及制定程序。根据所编写标准的具体情况，还应遵守GB/T 20000、GB/T 20001等相应部分的规定。此外，起草标准还需遵守与标准制定有关的法律、法规及规章。

（3）特定标准的制定须符合相应基础标准的规定。在起草特定类别标准时，除遵守GB/T 1外，还应遵守指导编写相应类别标准的基础标准，例如，术语标准（词汇、术语集）、符号标准（图形符号、标志）、方法标准（化学分析方法）、产品标准、管理体系标准等的技术内容确定、起草、编写规则或指导应分别遵守GB/T 20001.1、GB/T 20001.2、GB/T 20001.4的规定。

7. 性能方法

在编制标准中，只要有可能，就应该以性能而不是以设计或描述特性来表示要求。产品性能是指产品具有适合用户要求的物理、化学或技术性能，如寿命、强度、化学成分、纯度、功率、转速等。而通常所说的产品性能，实际上是指产品的功能和质量两个方面。功能是构成竞争力的首要要素。用户购买某个产品，首先是购买它的功能，也就是实现其所需要的某种行为的能力。质量是指产品能实现其功能的程度和在使用期内功能的保持性，质量可以定义为"实现功能的程度和持久性的度量"，使它在设计中便于参数化和赋值。

例如，高性能刀具不仅直接降低生产成本，而且符合"精益生产"原则——用最小投资赢得最大经济效益。高性能刀具对生产线效率的提高最终表现在生产成本的降低上，如减少零件的单位加工时间、减少换刀时间、增加机床开动率、降低刀具管理成本、降低刀具的库存费用等。高性能刀具采用新材质、新涂层、新结构，相对于原来的刀具，刀具寿命可以有很大的提高。

8. 可检验性原则

可检验性原则又称为可证实性原则。产品标准中，原则上只应规定能用试验方法等加以验证的要求，即只应规定能得到证实的技术要求。不能验证的技术要求无法检验其结果，也不能判断产品是否合格，写入产品标准显然是毫无意义。标准的要求应该可以检验，无法检验或检验很困难的要求不应列入标准。

9. 最大自由度原则

在规定产品标准的技术内容时，原则上只应规定性能要求，使实现性能要求的手段能有最大自由度，即达到目的的手段往往不止一个。例如，GB/T 17983—2000《带断屑槽可转位刀片近似切屑控制区的分类和代号》，该标准规定了切屑控制区分类区域和区代号，带断屑槽刀片的供应商可以通过指明产品主要用途的区代号对其产品进行分类。该标准的目的不是为带断屑槽刀片产品的实际应用提供一个专门指南，而是让用户在泛泛的范围内做出一种预选，以使用户只注意那些最有可能满足其需要的产品。因此，在规定产品标准的技术内容上一般只应规定原则和使用性能要求，使实现这些原则和要求的手段能有最大自由度。也就是说，应考虑给予技术发展以最大的自由度，即所规定的要求中能含有最大自由度。

材料的选择范围也应给予较大自由度，在标准中一般只规定性能要求中的重要特征，而不应规定所用什么材料，应允许采用其他已证明同样适用于产品用途的材料。例如，在 GB/T 17984—2010《麻花钻　技术条件》中就规定麻花钻工作部分用 W6M05Cr4V2 或其他同等性能的普通高速钢（代号 HSS）制造，焊接麻花钻柄部用 45 钢或同等性能的其他钢材制造。

上述原则，有些在一定场合可能会产生冲突，这时需要根据不同标准的特定目的进行分析，决定取舍。例如，对于刀具产品，其切削寿命是最重要的性能指标，但是，由于切削加工的复杂性，其指标难以确定，而且检验很不经济，所以一般刀具标准不规定刀具寿命。但在特定的标准中，如刀具质量分等标准，为了评定刀具的质量等级，在标准中规定了特定规格的刀具，在特定的切削条件下加工特定的工件时的刀具寿命。

7.1.3　我国刀具标准的现状

标准是产业发展所必须的技术支撑，产品的设计、制造都离不开技术标准。标准的先进程度往往反映产业或专业的发展水平。我国刀具的制造技术与工业发达国家相比，产品主要集中在中、低端，产品附加值低，材料消耗大，与高端产品差距大。与之相当，我国的刀具标准水平也相对落后，大部分是传统刀具的标准，适用于普通的加工技术，不能满足高档数控机床用刀具的要求。超细晶粒硬质合金刀具、陶瓷刀具、立方氮化硼刀具、金刚石刀具、新型涂层技术刀具等高效、高速、高精密复杂刀具的标准相对较少，有的甚至是空白。

我国刀具行业的国家标准和行业标准由全国刀具标准化技术委员会（SAC/TC91）归口，并负责全国刀具等专业领域标准化工作。全国刀具标准化技术委员会下设 4 个分技术委员会。

（1）全国刀具标准化技术委员会通用刀具分技术委员会（SAC/TC91/SC1），负责全国通用刀具如钻头、铣刀、铰刀等专业领域标准化工作；

（2）全国刀具标准化技术委员会复杂刀具分技术委员会（SAC/TC91/SC2），负责全国复杂刀具如齿轮滚刀、插齿刀、剃齿刀、拉刀等专业领域标准化工作；

（3）全国刀具标准化技术委员会硬材料刀具分技术委员会（SAC/TC91/SC3），负责全国硬材料刀具如硬质合金刀具、陶瓷刀具、金刚石刀具、立方氮化硼刀具、数控刀具、工具系统等专业领域标准化工作；

（4）全国刀具标准化技术委员会螺纹刀具分技术委员会（SAC/TC91/SC4），负责全国螺纹刀具如丝锥、板牙、滚丝轮、搓丝板等专业领域标准化工作。

截止到 2011 年底，刀具行业拥有国家标准 243 项、行业标准 118 项，其中，刀具综合标准 28 项，车削刀具标准 18 项、镗削刀具标准 5 项、铣削刀具标准 90 项、锯削刀具标准 8 项、钻削刀具标准 55 项、铰削刀具标准 23 项、螺纹刀具标准 60 项、切齿刀具标准 35 项、拉削刀具标准 16 项、接口及工具系统标准 11 项、刀片标准 12 项。除了少量的通用基础标准、方法标准、术语标准、代号标准外，我国刀具标准 80% 以上是产品标准，这些刀具标准所涉及的材料包括高速钢、硬质合金、陶瓷、立方氮化硼、金刚石等。

尽管这些标准基本涵盖了切削刀具专业领域，基本满足加工制造业中刀具标准的需求，但我国刀具标准的水平比较低，如大部分铣削刀具标准、钻削刀具标准、螺纹刀具标准都是一般水平的标准。对于高效、高精度、高可靠性的刀具标准,如:镗削刀具标准、高效高精度可转位刀具标准、高精度超硬刀具标准等尚待制订。同时,用于高速切削的接口标准不齐全,如KM接口标准、CAPTO接口标准等。总之,我国目前的标准水平尚不能满足高速发展的数字化高速高效加工技术的要求。

此外,在刀具标准的宣传、贯彻和应用方面,我国还存在比较大的差距。尽管目前标准更新已经加快,但标准修订更新后,由于各种原因,新标准尚不能及时有效地贯彻执行不够及时。

7.1.4 刀具国际标准和国外标准情况

1. 刀具国际标准情况

有关工具的国际标准,由国际标准化组织小工具委员会(ISO/TC29)归口,小工具委员会下设5个分技术委员会和3个工作组。

(1) ISO/TC29/SC2:高速钢切削工具及其附件;

(2) ISO/TC29/SC5:砂轮和磨料;

(3) ISO/TC29/SC8:冲模和压模工具;

(4) ISO/TC29/SC9:具有硬质材料切削刃的工具;

(5) ISO/TC29/SC10:螺丝、螺母装配工具,钳子和镊子;

(6) ISO/TC29/WG33:空心工具柄接口数;

(7) ISO/TC29/WG34:切削数具的表述和交换;

(8) ISO/TC29/WG37:ISO/TC 29—ISO/TC 39/SC10 联合工作组;旋转工具系统的平衡。

其中:与切削刀具有关的委员会有ISO/TC29、ISO/TC29/SC2、ISO/TC29/SC9,3个工作组均与切削刀具有关。这些委员会和工作组归口的国际标准及相关文件所对应的国内归口单位是全国刀具标准化技术委员会秘书处。

小工具委员会在国际标准化组织中是一个很有影响的技术委员会,尤其是SC2(高速钢切削工具及其附件)和SC9(具有硬质材料切削刃的工具)两个分技术委员会,其技术活动非常频繁,制定了很多重要的刀具标准。

截止到2011年底,国际标准化组织小工具委员会组织起草的与刀具有关的国际标准共计196项,其中,ISO/TC29国际标准36项、ISO/TC29/SC2国际标准92项、ISO/TC29/SC9国际标准68项),按刀具品种分类的标准数量见表7-1。

表7-1 国际标准

综合	12	铰削刀具	12
车削刀具	36	螺纹刀具	13
镗削刀具	6	切齿刀具	3
铣削刀具	50	接口及工具系统	16
锯削刀具	8	刀片	10
钻头及孔加工刀具	30	合计	196

经过多年的努力,这196个国际标准中有178个已经被我国国家标准或行业标准采纳,采标率达90%以上。

与我国标准类似,大部分相关国际标准是产品标准。

(1) 整体硬质合金刀具标准:

① ISO 10911—2010《整体硬质合金直柄立铣刀——尺寸》;

② ISO 15917—2007《整体硬质合金陶瓷直柄球头立铣刀——尺寸》。

(2) 陶瓷刀片标准:

① ISO 9361/1—1991《切削刀具用可转位刀片刀尖倒圆的陶瓷刀片——第一部分:无固定孔的刀片尺寸》;

② ISO 9361/2—1991《切削刀具用可转位刀片刀尖倒圆的陶瓷刀片——第二部分:有圆柱形固定孔的刀片尺寸》。

(3) 立方氮化硼刀片标准:ISO 16462—2004《焊接或整体立方氮化硼刀片——型式和尺寸》

(4) 金刚石刀片标准:ISO 16463—2004《焊接或整体聚晶金刚石刀片——型式和尺寸》

(5) HSK 接口标准:

① ISO 12164—1:2001《带法兰面的空心工具柄——第1部分:柄—尺寸》;

② ISO 12164—2:2001《带法兰面的空心工具柄——第2部分:接口—尺寸》;

③ ISO 12164—3:2008《带法兰面的空心工具柄——第3部分:固定工具柄的尺寸》;

④ ISO 12164—4:2008《带法兰面的空心工具柄——第4部分:固定工具接口的尺寸》;

(6) KM 接口标准:

① ISO 26622—1:2008《带有钢球拉紧系统的空心圆锥接口　第1部分——柄部尺寸和标记》;

② ISO 26622—2:2008《带有钢球拉紧系统的空心圆锥接口　第2部分——安装孔的尺寸和型号》。

(7) CAPTO 接口标准:

① ISO 26623—1:2008《带有法兰接触面的多棱锥接口　第1部分——柄部尺寸和标记》;

② ISO 26623—2:2008《带有法兰接触面的多棱锥接口　第2部分——安装孔尺寸和标记》。

(8) 7/24 圆锥工具柄标准:

① ISO 7388/1—2007《自动换刀机床用7/24圆锥工具柄——第1部分:A,AD,AF,U,UD和UF型柄的型式和尺寸》;

② ISO 7388/2—2007《自动换刀机床用7/24圆锥工具柄——第2部分:J,JD和JF型柄的型式和尺寸》;

③ ISO 7388/3—2007《自动换刀机床用7/24圆锥工具柄——第3部分:AC,AD,AF,UC,UD,UF,JD和JF型圆锥柄用拉钉》。

(9) 基础标准,如ISO 3002《切削和磨削加工的基本参数》系列标准;术语标准,如ISO 3855—1977《铣刀——名词术语》、ISO 5419—1982《麻花钻——术语、定义和型式》;代号标准,如ISO 513—2004《切削加工用硬切削材料的用途——切屑形式大组和用途小组的分类代号》、ISO 11054—2006《切削刀具——高速钢的分类代号》等。

针对近年来市场出现的高档数控刀具,尚缺少相应的国际标准。虽然国际标准化组织也在酝酿新的标准,但由于技术分歧大,协调、统一难,加之国际标准制定周期长(5年左右),若要形成正式标准还需要很长时间。为了满足行业和市场的需要,我国应尽快制定出高档数控刀具的相应产品、检验等标准。

2. 刀具国外标准情况

国外刀具标准方面,截止到2011年底,根据收集到的资料,先进工业国家标准有德国标准(表7-2)、美国标准(表7-3)、日本标准(表7-4)、英国标准(表7-5)、法国标准(表7-6)、俄罗斯标准(表7-7)。

表7-2　德国标准(DIN)

综合	11	齿轮刀具	18
车削刀具	75	拉刀	14
铣削刀具	81	接口及附件	75
钻头及孔加工刀具	53	其他	4
螺纹刀具	44	合计	375

表7-3　美国标准(ASME、ANSI)

车削刀具	16	齿轮刀具	3
铣削刀具	12	其他	5
钻头及孔加工刀具	8	合计	50
螺纹刀具	6		

表 7-4 日本标准(JIS)

综合	2	刀片	18
车削刀具	18	拉刀	4
铣削刀具	40	接口及附件	9
钻头及孔加工刀具	26	其他	5
螺纹刀具	15	合计	146
齿轮刀具	9		

表 7-5 英国标准(BS)

车削刀具	10	刀片	8
铣削刀具	20	接口及附件	6
钻头及孔加工刀具	12	锯削刀具	3
螺纹刀具	10	其他	3
齿轮刀具	8	合计	80

表 7-6 法国标准(NF)

综合	6	齿轮刀具	9
车削刀具	28	拉刀	10
铣削刀具	36	接口及附件	32
钻头及孔加工刀具	20	其他	6
螺纹刀具	3	合计	150

表 7-7 俄罗斯标准(ГОСТ)

综合	1	齿轮刀具	18
车削刀具	3	拉刀	21
铣削刀具	36	接口及附件	28
钻头及孔加工刀具	22	其他	3
螺纹刀具	12	合计	144

分析对比国际与国外刀具标准可以看出,德国标准的水平相对较高,很多标准的技术指标高出国际标准,在很多领域引导了国际标准的走向。例如,国际标准化组织于 2001 年颁布了以 DIN 69893 系列标准为基础的 HSK 工具系统的系列国际标准——ISO 12164《带法兰面的空心工具柄》。美国部分刀具标准的参数和要求脱离国际标准,形成自己的体系。日本标准、英国标准、法国标准的水平基本与国际标准相当,大部分标准从国际标准转化而来,有的甚至是国际标准的翻译稿。

7.2 刀具标准体系及框架

7.2.1 刀具标准体系

刀具标准体系涵盖了车削刀具、镗削刀具、铣削刀具、钻削刀具、铰削刀具、螺纹刀具、切齿刀具、拉削刀具、锯削刀具、刀片、工具系统、刀具综合等标准体系,包括标准体系框架和标准体系表。标准体系表是对标准体系框架的补充,列出了所有已经制定和将要制定的标准明细,明确了各标准的级别、类型、属性、采标情况,明确了是否为已有标准或待制定标准,明确了标准的已有数量和目标数量。刀具标准体系框架按刀具标准的类型(大类、小类、系列)进行划分,包含了已有标准和待制定标准,以树状结构排列分为3层(图7-1):第1层(大类):刀具;第2层(小类):刀具综合、车削刀具、镗削刀具、铣削刀具、钻削刀具、铰削刀具、螺纹刀具、切齿刀具、拉削刀具、锯削刀具、刀片、接口和工具系统(小类的划分主要以刀具品种进行);第3层(系列):在小类下分系列。

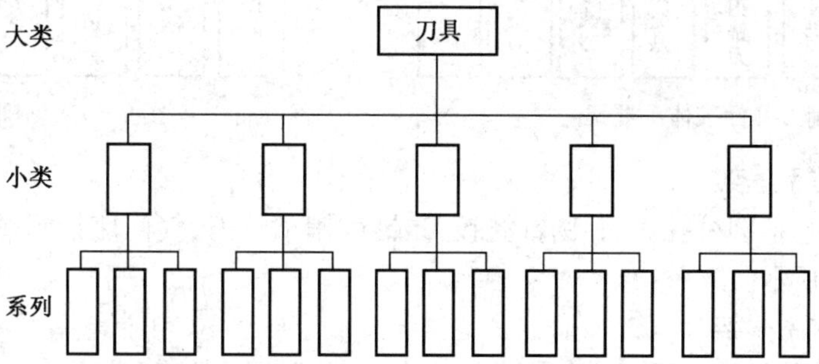

图7-1　标准体系框架示意

7.2.2　刀具标准体系框架

1. 以大类和小类构架的标准体系总框图

刀具标准体系框架在“刀具”大类下分成刀具综合、车削刀具、镗削刀具、铣削刀具、钻削刀具、铰削刀具、螺纹刀具、拉削刀具、锯削刀具、切齿刀具、刀片、接口及工具系统12个小类,如图7-2所示。

2. 以小类和系列构架的小类标准体系框架

1) 刀具综合标准体系框架

刀具综合标准体系包括通用基础和其他两个系列,如图7-3所示。

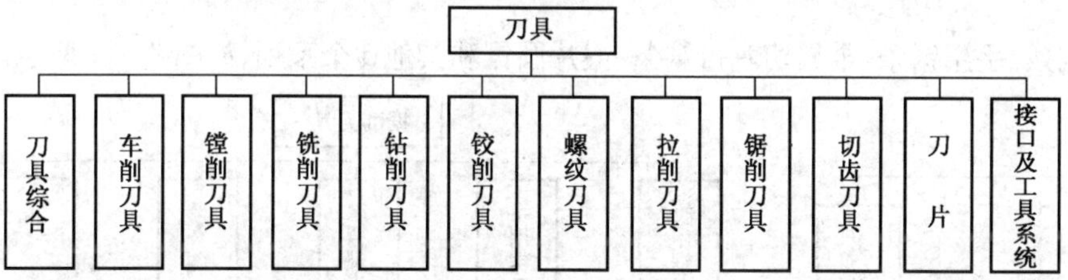

图7-2　以大类和小类构架的标准体系总框图

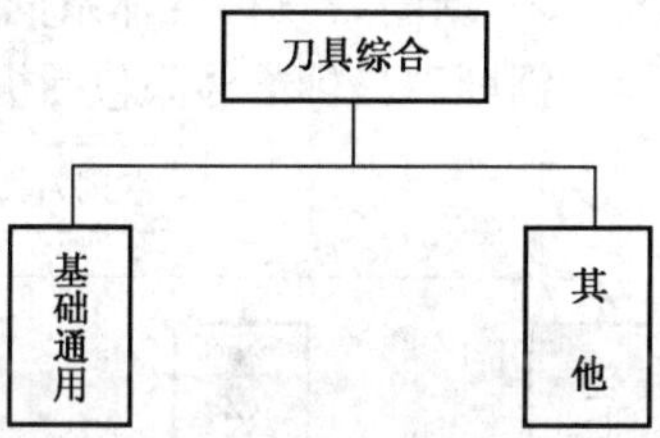

图7-3　刀具综合标准体系框架

2) 车削刀具标准体系框架

车削刀具标准体系包括外表面车刀、内表面车刀、切断(槽)刀、螺纹车刀和其他5个系列,如图7-4所示。

3) 镗削刀具标准体系框架

镗削刀具标准体系包括普通镗刀、可调镗刀、微调镗刀、组合镗刀和其他5个系列,如图7-5所示。

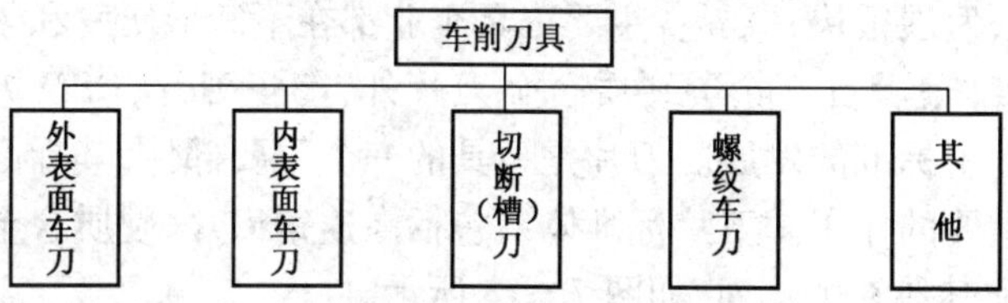

图7-4　车削刀具标准体系框架

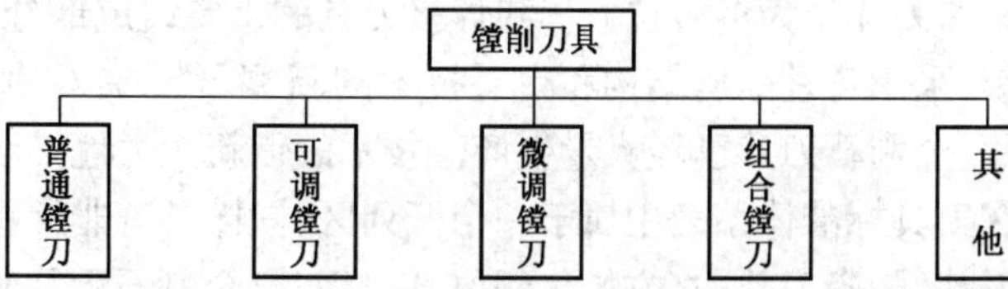

图7-5　镗削刀具标准体系框架

4) 铣削刀具标准体系框架

铣削刀具标准体系包括立铣刀、面铣刀、圆柱形铣刀、槽铣刀、锯片铣刀、三面刃铣刀、模具铣刀、角度铣刀、半圆铣刀和其他10个系列,如图7-6所示。

5) 钻削刀具标准体系框架

钻削刀具标准体系包括麻花钻、扩孔钻、锪钻、中心钻、深(浅)孔钻、建工钻、线路板钻头和其他8个系列,如图7-7所示。

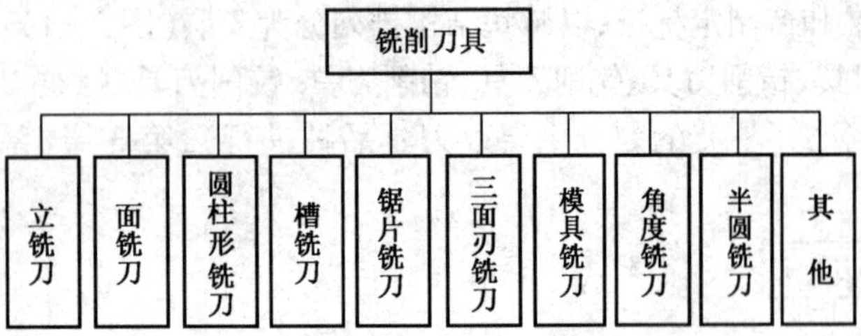

图 7－6 铣削刀具标准体系框架

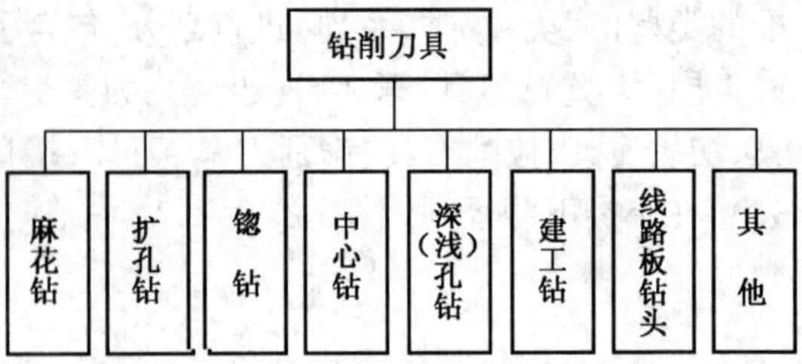

图 7－7 钻削刀具标准体系框架

6）铰削刀具标准体系框架

铰削刀具标准体系包括圆柱孔铰刀、圆锥孔铰刀、锥度销子铰刀、气门座铰刀、桥梁铰刀、浮动铰刀和其他 7 个系列，如图 7－8 所示。

7）螺纹刀具标准体系框架

螺纹刀具标准体系包括丝锥、板牙、滚丝轮、搓丝板、螺纹铣刀、螺纹梳刀和其他 7 个系列，如图 7－9 所示。

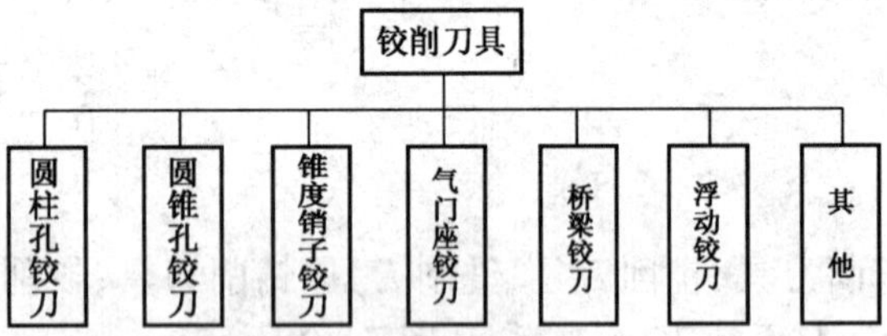

图 7－8 铰削刀具标准体系框架

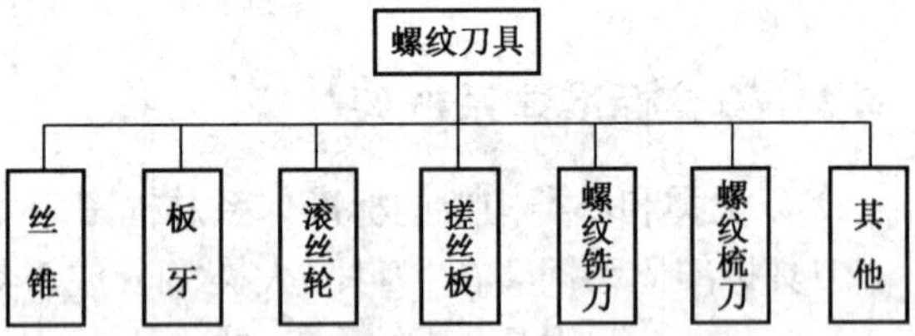

图 7－9 螺纹刀具标准体系框架

8）拉削刀具标准体系框架

拉削刀具标准体系包括圆拉刀、键槽拉刀、花键拉刀和其他 4 个系列，如图 7－10 所示。

9）锯削刀具标准体系框架

锯削刀具标准体系包括机用锯条、手用锯条、金属切割带锯条、镶片圆锯和其他 5 个系列，如图 7－11 所示。

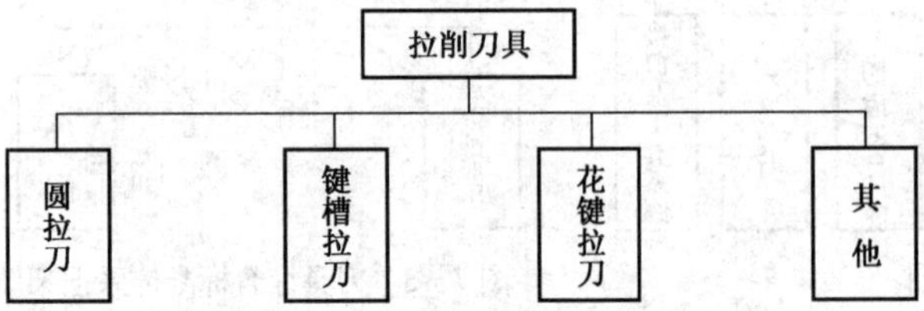

图 7－10 拉削刀具标准体系框架

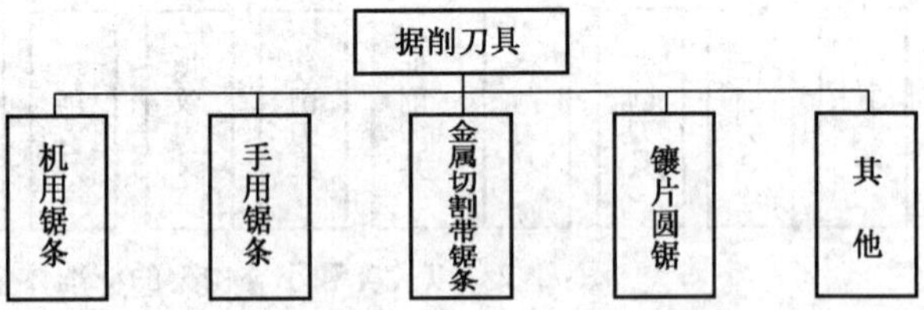

图 7－11 锯削刀具标准体系框架

10）切齿刀具标准体系框架

切齿刀具标准体系包括滚刀、插齿刀、剃齿刀、齿轮铣刀、锥齿轮刀具和其他 6 个系列，如图 7－12 所示。

11）刀片标准体系框架

刀片作为可转位刀具和焊接刀具的重要组成部分，发展很快，世界各主要工具企业都在不断地研发和创新，采用各种断屑结构和涂层技术的新型可转位刀片琳琅满目。除了硬质合金刀片外，陶瓷刀片、CBN 刀片、金刚石刀片已经大量生产。技术的创新大大地推动了标准的发展。刀片是刀具的一个重要部件，其标准在刀具标准体系表中属于一个开列区，同样具有非常重要的作用。刀片标准体系包括高速钢刀片、硬质合金刀片、陶瓷刀片、立方氮化硼(CBN)刀片、金刚石刀片和其他 6 个系列，如图 7－13 所示。

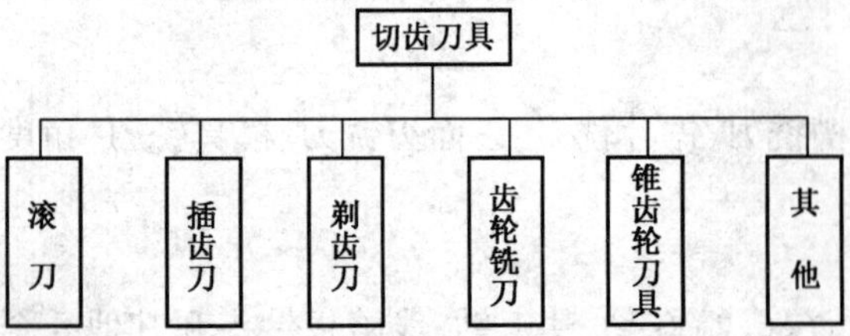

图 7－12 切齿刀具标准体系框架

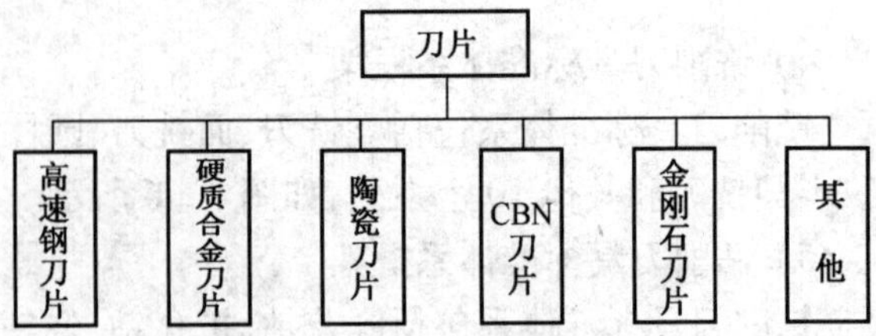

图 7－13 刀片标准体系框架

12）接口及工具系统标准体系框架

接口及工具系统标准体系包括莫氏圆锥、7：24圆锥、HSK接口、TMG21（ABS）接口、CAPTO接口、KM接口、车削工具系统、镗铣类工具系统、钻削工具系统和其他10个系列如图7-14所示。随着数字化加工技术的日益发展，高速、高效、高精度加工技术和高档数控刀具的发展都离不开先进接口技术的支撑。在先进接口技术的支持下，整体式、模块式工具系统得到了迅速的发展，工具系统在高速、高效数字化加工技术领域发挥了重要作用。

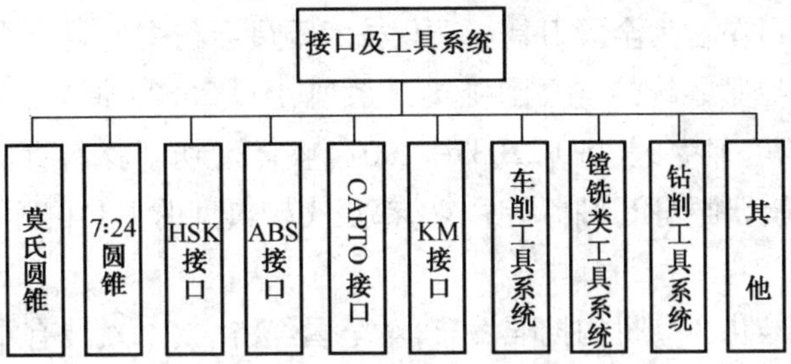

图7-14　接口及工具系统标准体系框架

高速、高效、高精度加工技术的发展推动了接口技术的发展和工具系统的发展。接口技术标准和工具系统标准组合在一起作为一个小类，在系列中专门列出了HSK接口、TMG21（ABS）接口、CAPTO接口、KM接口等先进的新型接口和车削工具系统、镗铣类工具系统、钻削工具系统。

3. 近期重点研究的标准体系框架

重点研究的标准体系框架如图7-15所示。

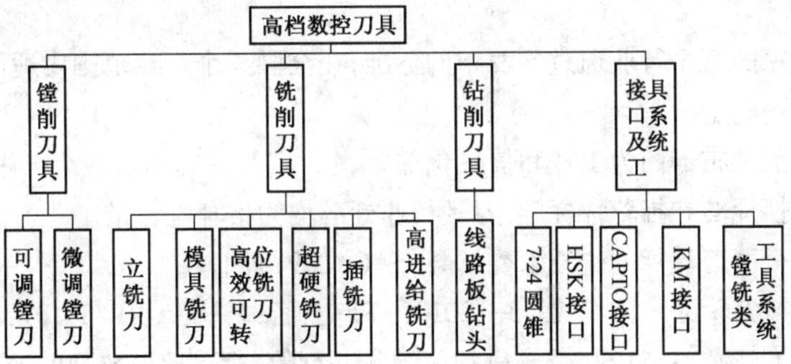

图7-15　下阶段重点研究的标准体系框架

4. 标准体系表

标准体系表是体系框架的细化，详细给出了标准的具体信息（以表格的形式给出），具体信息包括层次号、项目名称、标准级别、标准性质、采标情况、归口单位、标准号等，对于待制定的项目给出制定年限。

标准体系表包含现有刀具领域国家标准243项，行业标准118项。

标准体系表包含待研制的国家标准67项，行业标准13项。其中，镗铣类数控工具系统、镗铣类模块式工具系统、硬质合金球头立铣刀、陶瓷球头立铣刀、整体硬质合金麻花钻系列标准、高速切削铣刀—安全要求、超细晶粒硬质合金立铣刀、数控镗刀系列标准、金刚石钻头、金刚石面铣刀用刀头、热装夹头、HSK接口（用于车削）、CAPTO接口、KM接口、端键传动的铣刀杆等标准项目是近期刀具标准化工作的重点。

附录C列出了现行刀具国家标准和行业标准目录。

7.3　刀具标准分类

7.3.1　按照级别分类

依据制定标准的参与者以及标准所发生作用的有效范围，可将刀具标准划分为不同层次，这种层次关系通常称为标准的级别，有国际标准（如 ISO 标准）、国家集团标准（或称区域标准，如欧盟标准）、国家标准、行业标准、协会标准、地方标准、企业标准等。这种分类方法也称为按层级分类或按适用范围分类。

1. 国际标准

国际标准是指由国际标准化组织（ISO）、国际电工委员会（IEC）和国际电信联盟（ITU）制定的标准，以及国际标准化组织确认并公布的其他国际组织制定的标准。

国际标准在世界范围内统一使用。

刀具的国际标准国内归口单位为全国刀具标准化技术委员会秘书处。

ISO 26622—1 带有钢球拉紧系统的空心圆锥接口系列、ISO 26623 带有法兰接触面的多棱弧锥接口系列、ISO 3937 端键传动的铣刀心轴系列、ISO 22037—2007《整体硬切削材料直柄圆角立铣刀——尺寸》、ISO 3438—2003《攻丝前钻孔用莫氏锥柄阶梯麻花钻》等，都是比较典型的刀具国际标准。

2. 国家标准

国家标准是指由国家标准化主管机构批准发布，对全国经济、技术发展有重大意义，且在全国范围内统一的标准。

中国国家标准的批准发布部门为国家质量监督检疫总局和国家标准化管理委员会。

国家标准分为强制性国标（GB）和推荐性国标（GB/T），刀具国家标准均为推荐性标准。

刀具的国家标准由全国刀具标准化技术委员会（SAC/TC91）归口。

GB/T 972—2008《搓丝板》、GB/T 1127—2007《半圆键槽铣刀》、GB/T 3506—2008《螺旋槽丝锥》、GB/T 17985 硬质合金车刀系列、GB/T 6117 立铣刀系列等，都是比较典型的刀具国家标准。

3. 行业标准

行业标准是指在国家的某个行业通过并发布的标准，在全国某个行业范围内适用，其发布部门由国务院标准化行政主管部门审查确定。

刀具行业标准的批准发布部门为工业和信息化部。

行业标准分为强制性标准和推荐性标准，刀具行业标准均为推荐性标准。

刀具的行业标准由全国刀具标准化技术委员会（SAC/TC91）归口。

JB/T 5612—2006《螺尖丝锥》、JB/T 7953—2010《镶齿三面刃铣刀》、JB/T 10722—2007《焊接聚晶金刚石或立方氮化硼立铣刀》、JB/T 8364 60°圆锥管螺纹刀具系列等，都是比较典型的刀具行业标准。

4. 地方标准

地方标准又称为区域标准，指在国家的某个地区通过并发布的标准，由省、自治区、直辖市标准化行政主管部门制定，在地方辖区范围内适用。

5. 企业标准

企业标准是我国标准体系中最低层次的标准，是针对企业范围内需要协调、统一的技术要求、管理要求和工作要求所制定的标准，由企业制定。有些企业标准是不公开的，但应报当地政府标准化行政主管部门和有关行政主管部门备案，企业标准在企业内部适用。

国内很多企业都有自己的企业标准，如株洲钻石切削刀具股份有限公司的硬质合金刀片、成都成量工具集团有限公司直柄立铣刀等，都有自己的企业标准来满足客户需求。

6. 协会标准

协会标准是国家标准的有益补充。作为由企业自主组织开展的标准化工作方式，协会标准能迅速应对快速发展的信息技术新兴的标准化需求，它们以企业为主导，机制灵活，周期更短，虽不具备强制性，然而经过时间与实践的检验之后，它们有可能上升为国家乃至国际标准，进而促进行业发展。协会标准制定采取“免费授权”和“事前披露”原则，以确保标准的共享非独占性，此外还通过开放式授权，以保障企业能够以合理的成本投入加入市场竞争。

企业是标准化活动的主体,将领先企业的企业标准提升转化为协会标准也是各国标准化机构的通行做法。但协会标准为非强制性标准,是否能为行业成员所接受,目前仍具有不确定性。但是,在工业化国家已有协会标准成为国家标准甚至成为国际标准的做法,企业与协会的合作模式值得肯定。

7. 我国的刀具标准级别

《中华人民共和国标准化法》规定,标准分为国家标准、行业标准、地方标准和企业标准四级。

由于行业特点,我们国家刀具一般没有刀具地方标准。在实际工作中,经常使用的是国家标准和行业标准。企业标准仅在企业内部适用。此外,还经常会使用国外的国家标准(如DIN标准)、协会标准等。

8. 标准的级别和标准技术指标水平的关系

标准按级别分为国际标准、国家标准、行业标准、地方标准和企业标准等,它们作用的区域范围从大到小。国际标准是在国际范围内使用的,企业标准只在企业内使用。

一般来说,标准的作用范围越广,制定时协调的难度越大,例如,有些刀具国际标准制定周期长达10多年,因为对于技术指标难以达成一致意见。因此标准的技术水平相应较低。

国际刀具标准在技术指标方面制定的标准比较少,其实主要原因是国际范围内难以协调。

有些企业声称其产品达到"国际标准",好像"国际标准"技术水平是最高的,这里存在着一些误区。

实际上,技术指标最高的标准应该是企业标准。按照国际惯例来说,企业标准的技术指标水平应高于国家标准、行业标准,这样的企业才具有竞争力。在我国,部分企业标准的技术指标水平高于国家标准、行业标准。但也有很多企业为了降低生产成本,按部就班地转化国家标准、行业标准为自己的企业标准,因此,很多企业标准的技术指标水平都相当于国家标准、行业标准。有些企业标准的技术指标甚至低于国家标准或行业标准。

7.3.2　按照标准涉及的对象类型分类

1. 术语标准

术语标准是指与术语有关,以各种专用术语为对象所制定的标准,通常带有定义,有时还附有注、图、示例等。

刀具术语典型标准包括GB/T 12204—2010《金属切削　基本术语》、GB/T 14895—2010《金属切削刀具术语　切齿刀具》、GB/T 20954—2007《金属切削刀具术语　麻花钻》等。

2. 符号标准

符号标准是指与符号有关的标准。符号通常分为文字符号(包括字母符号、数字符号、汉字符号等)和图形符号(包括产品技术文件用符号、设备用符号、标志用图形符号等)。

刀具标准的符号标准一般称为代号标准。

刀具代号典型标准包括GB/T 17111—2008《切削刀具　高速钢分组代号》、GB/T 17983—2000《带断屑槽可转位刀片近似切屑控制区的分类和代号》、GB/T 2075—2007《切削加工用硬切削材料的分类和用途大组和用途小组的分类代号》等。

3. 接口标准

接口标准是指规定产品或系统在其互连部位与兼容性有关的要求的标准。

刀具接口典型标准包括GB/T 19449带有法兰接触面的空心圆锥接口系列标准、GB/T 25668镗铣类模块式工具系统系列标准、GB/T 25669镗铣类数控机床用工具系统系列标准等。

4. 产品标准

产品标准是指规定产品应满足的要求以确保其适用性的标准。

产品标准按其适用范围,分别由国家、部门和企业制定;它是在一定时期和一定范围内具有约束力的产品技术准则,是产品生产、质量检验、选购验收、使用维护和洽谈贸易的技术依据。

刀具产品标准又分为两种类型,即产品型式尺寸标准和技术要求标准,如GB/T 6083—2001《齿轮滚刀的基本型式和尺寸》和GB/T 6084—2001《齿轮滚刀　通用技术条件》。也有把产品型式尺寸和技术要求放在一个标准内的情况,如GB/T 971—2008《滚丝轮》、GB/T 972—2008《搓丝板》。

刀具产品典型标准包括GB/T 6135直柄麻花钻系列标准、GB/T 6117立铣刀系列标准、GB/T 3464丝锥系列标准等。

5. 方法标准

方法标准是指通用性的方法，如试验方法、检验方法、分析方法、测定方法、抽样方法、工艺方法、生产方法、操作方法等项标准。

方法标准包括如下两类：

(1) 以试验、检查、分析、抽样、统计、计算、测定、作业等方法为对象制定的标准。如试验方法、检查方法、分析方法、测定方法、抽样方法、设计规范、计算方法、工艺规程、作业指导书、生产方法、操作方法及包装、运输方法等。

(2) 为合理生产优质产品，并在生产、作业、试验、业务处理等方面为提高效率而制定的标准。

刀具方法典型标准包括JB/T 10231刀具产品检测方法系列、GB/T 16459—1996《面铣刀寿命试验》、GB/T 16460—1996《立铣刀寿命试验》等。

6. 质量分等标准

刀具质量分等标准是现行刀具标准的补充和发展，规定了成批生产刀具的抽样方法、合格判定数、寿命试验的切削条件，寿命指标，是批量生产刀具产品批质量合格规定、分等定级的依据，也是主管部门考核产品质量，行业监督检查及企业产品质量抽查的依据。

刀具质量典型标准包括JB/T 54867—93《直柄麻花钻产品质量分等》、JB/T 54881—93《手用丝锥产品质量分等》、JB/T 54882—93《机用丝锥产品质量分等》、JB/T 54901—93《硬质合金刀片产品质量分等》、JB/T 54903—93《立铣刀产品质量分等》等。

但随着时间的推移，改革的推进，刀具质量分等标准已逐步被废除，目前仅限于刀具行业内部使用，但其技术数据仍然具有重要的参考价值。特别对于大批量生产的传统标准刀具的合格评定和寿命试验，刀具质量分等标准在刀具行业仍然有较大的权威性和影响力。

7. 过程标准

过程标准是指规定过程应满足的要求以确保其适用性的标准。

组织生产的过程中需要大量的过程标准，例如，指导产品设计人员进行设计的设计规程、指导工人加工产品的工艺规程、指导试验人员做试验的试验标准、指导安装人员安装设备的安装规程等都是规定如何做的过程标准。

8. 服务标准

服务标准是指规定服务应满足的需求以确保其适用性的标准。

按照ISO对标准化对象的划分，服务标准是相对于产品标准和过程标准而言的一大类标准，与服务有关的标准都可以划入这一类别。我国刀具暂时还没有相关服务标准。

9. 关于符合标准的理解

标准刀具产品在包装、样本或说明书上往往注明所执行标准的编号。企业也经常会在一些场合声明其产品符合某某标准，或达到某某标准的水平。

实际上，刀具标准有上面所提到的许多类型，而大量刀具产品标准是型式尺寸标准，刀具的型式尺寸标准往往与技术指标没有关系。

例如，ISO 235直柄（通用系列和短系列）麻花钻和莫氏锥柄麻花钻就是一个尺寸标准。

产品符合ISO 235只是表示钻头尺寸按ISO 235生产，与技术指标没有任何关系。如果由此说钻头达到"国际标准"水平就显得牵强附会。

刀具的技术要求标准往往也只是规定了一些基本要求。根据可检验性原则，一般刀具标准对于关键性能——切削寿命没有具体规定。

有刀具用户发现刀具寿命低，或使用时出现崩刃，希望检验是否符合标准。实际上，由于刀具使用及检验的复杂性，刀具标准并没有对这些指标进行规定。

产品指标符合标准不能保证一定好用。我国很多标准只规定了产品技术指标的基础，而当前市场发展迅速,各类新品层出不穷,新技术不断推出,更好性能的产品才能赢得市场所以产品性能是市场竞争的核心。

例如,对于高速钢刀具,标准往往规定了一个较宽的硬度范围,该指标有较宽的适用性,但对于特定的加工对象,什么硬度最好是生产企业必须研究的,也是企业产品的竞争力所在。所以,很多企业在国家标准规定的范围内压缩了硬度指标。

20 世纪 80 年代,很多刀具标准规定了几何角度等参数,如前角、后角、刃倾角、螺旋角,它们在许多场合是适用的,但是不一定适合所有场合,对于特定场合,什么参数最佳是市场竞争的核心之一。所以,近年修订标准后,这些参数大部分取消了,留由生产厂自行决定。

符合标准不一定代表产品质量好。制定标准是为了在一定范围内规范行为和秩序,并不能取代产品性能的市场竞争。

7.3.3　按照标准性质分类

1. 强制性标准

在一定范围内通过法律、行政法规等强制性手段加以实施的标准。它具有法律属性,标准一经颁布,必须贯彻执行;否则,对造成恶劣后果和重大损失的单位和个人,要受到经济制裁或承担法律责任。

我国《标准化法》规定:保障人体健康、人身财产安全的标准和法律,行政法规规定强制执行的标准属于强制性标准。以下几方面的技术要求均为强制性标准:

(1) 有关国家安全的技术要求;

(2) 保障人体健康和人身、财产安全的要求;

(3) 产品及产品生产、储运和使用中的安全、卫生、环境保护要求及国家需要控制的工程建设的其他要求;

(4) 工程建设的质量、安全、卫生、环境保护要求及国家需要控制的工程建设的其他要求;

(5) 污染物排放限值和环境质量要求;

(6) 保护动、植物生命安全和健康要求;

(7) 防止欺骗、保护消费者利益的要求;

(8) 国家需要控制的重要产品的技术要求。

省、自治区、直辖市政府标准化行政主管部门制定的工业产品的安全,卫生要求的地方标准,在本行政区域内是强制性标准。

2. 推荐性标准

这类标准不具有强制性,任何单位均有权决定是否采用,违反这类标准不构成经济或法律方面的责任。应当指出的是,推荐性标准一经接受并采用,或各方商定同意纳入经济合同中,就成为各方必须共同遵守的技术依据,具有法律上的约束性。

我国刀具标准都是推荐性标准。

3. 强制性标准和推荐性标准区别

强制性标准具有法属性的特点,属于技术法规,而这种法的属性并非强制性标准的自然属性,是人们根据标准的重要性、经济发展等情况和需要,通过立法形式所赋予的,同时,也赋予了强制性标准的法制功能,即制定法律、执行法律、遵守法律这三个方面的功能;而推荐性标准不具有法属性的特点,属于技术文件,不具有强制执行的功能。

强制性标准在技术内容方面,一般都规定得比较具体、比较明确、比较详细、比较死板,其特点是:缺乏市场的适应性;推荐性标准的技术内容,一般规定得不够具体,而比较简单扼要,比较笼统、灵活。推荐性标准其特点是:强调用户普遍关心的产品使用性能,对一些细节要求一般不予规定,有较强的市场适应性。

强制性标准通用性较差、覆盖面小,这主要是强制性标准内容规定得比较严、比较死板;推荐性标准通用性较强、覆盖面大,这主要是该标准的内容规定得比较灵活、宽裕。

目前,我国刀具国家标准和行业标准还没有强制性标准,均为推荐性标准。

7.4 重要刀具标准分类简介

我国刀具标准一般是按照标准涉及的对象类型划分的,主要划分为术语标准、代号标准、试验标准、接口标准、产品标准等。

7.4.1 刀具术语典型标准

1. GB/T 12204—2010《金属切削　基本术语》

1）概述

GB/T 12204—2010《金属切削　基本术语》于 2010 年 11 月 10 日发布,2011 年 3 月 1 日实施,代替 GB/T 12204—1990。GB/T 12204—2010 修改采用了 ISO 3002—1：1982、ISO 3002—1AMD1：1992、ISO 3002—3：1984、ISO 3002—4：1984。该标准规定了金属切削用基本术语和定义以及部分术语的符号,适用于金属切削专业中正式出版发行的标准和书刊。该标准将金属切削的基本术语分为 7 大类,即通用术语,参考系的术语,刀具角度和工作角度的术语,断屑前面的术语,螺旋旋向和切削方向的术语,切削中的几何参量和运动参量的术语,力、能量和功率的术语。该共规定了 204 个基本术语,包括对主(副)切削刃、主(副)偏角、刃倾角、前(后)面、进给量、刀尖圆弧半径等关键基本术语的定义。

2）背景

1990 年 3 月 12 日国家技术监督局发布了 GB/T 12204—90《金属切削　基本术语》。自 1990 年 10 月实施以来,该标准得到机械制造行业绝大多数从业者的认同,并且已经在各种刊物,杂志、手册、书籍等文献资料中得到广泛应用,对行业术语与国际接轨发挥了重要作用。在广泛征求修订意见后,全国刀具标准化技术委员会秘书处于 2008 年制定了该标准修订计划,在修订过程中,该标准得到了许多高校教授以及行业专家们的关注。

此次修订,主要的争议集中在"吃刀量"、"背吃刀量"上,相应的术语有"侧吃刀量"、"进给吃刀量"、"背平面"等。经过长达两年多的研究、讨论,最终就这些争议术语定义达成一致意见。

3）部分通用术语

(1) 前面(A_γ):英文对应词 face,许用术语前刀面,指刀具上切屑流过的表面,如图 7－25 所示。

(2) 第一前面($A_{\gamma1}$):英文对应词 first face,许用术语倒棱,指当刀具前面是由若干个彼此相交的面所组成时,离切削刃最近的面,如图 7－26 所示。

(3) 削窄前面($\overline{A_\gamma}$):英文对应词 reduced face,指一个特制的前面,用台阶使它与前面的其余部分分开,并使切屑只同它相接触,如图 7－27 所示。

(4) 断屑前面,英文对应词 chip breaker,指一种改形的前面,用以控制或折断切屑,它是由和刀具一体的沟槽或台阶或由附加的挡块所组成。

(5) 后面(A_α):英文对应词 flank,许用术语后刀面,指与工件上切削中产生的表面相对的表面,如图 7－25所示。

(6) 第一后面($A_{\alpha1}$):英文对应词 first flank,许用术语刃带,指当刀具的后面是由若干个彼此相交的面所组成时,离切削刃最近的面,如图 7－25 所示。

(7) 刀尖圆弧半径(γ_ε):英文对应词 corner radius,指修圆刀尖的公称半径,在刀具基面中测量,如图 7－28所示。

(8) 切削刃钝圆半径(γ_n):英文对应词 rounded cutting edge radius,指切削刃的公称钝圆半径,在切削刃法平面中测量。

4）部分切削中的几何参量和运动参量的术语

(1) 吃刀量(a_s,a):英文对应词 engagement of the cutting edge,指两平面间的距离,该两平面都垂直于所选定的测量方向,并分别通过作用切削刃上两个使上述两平面间的距离为最大的点。

(2) 背吃刀量(a_{Sp},a_p):英文对应词 back engagement of the cutting edge,指在通过切削刃基点并垂直于工作平面的方向上测量的吃刀量,如图 7-16~图 7-24 所示。

注:在一些场合,可使用“切削深度”(depth of cut 符号 a_p)来表示“背吃刀量”。

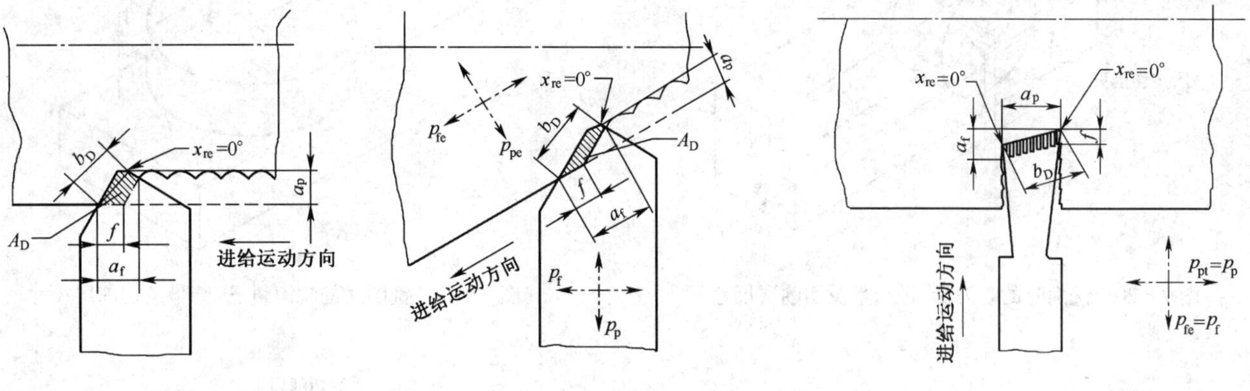

(a) 切削层尺寸平面 p_D 上的视图　(b) 切削层尺寸平面 p_D 上的视图　(c) 切削层尺寸平面 p_D 上的视图

图 7-16　车削时的吃刀量、进给量及切削层尺寸

注① 图(a)、(b)中,外圆纵车时,$\varphi=90°$,进给运动方向平行于平面 p_D。

② 图(c)只有当切削刃基点位于中心高上才正确。

(3) 侧吃刀量(a_{Se},a_e):英文对应词 working engagement of the cutting edge,指在平行于工作平面并垂直于切削刃基点的进给运动方向上测量的吃刀量,如图 7-18~图 7-21、图 7-23 所示。

(4) 进给吃刀量(a_{Sf},a_f):英文对应词 feed engagement of the cutting edge,指在切削刃基点的进给运动方向上测量的吃刀量,如图 7-16、图 7-18~图 7-24 所示。

(5) 切削层尺寸平面(p_D):英文对应词 cut dimension plane,指通过切削刃基点并垂直于该点主运动方向的平面。

图 7-16~图 7-24 给出了车削、铣削、钻削时的吃刀量、进给量及切削层尺寸。

5) 部分参考系的术语

(1) 假定工作平面(p_f):英文对应词 assumed working plane,指通过切削刃选定点并垂直于基面,它平行或垂直于刀具在制造,刃磨及测量时适合于安装或定位的一个平面或轴线,一般说来其方位要平行于假定的进给运动方向。

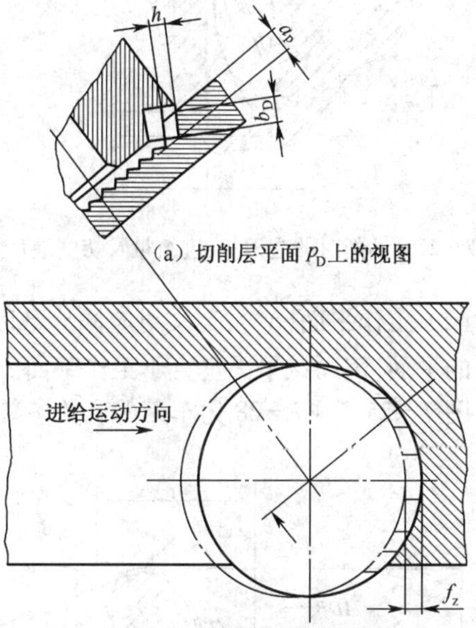

(a) 切削层平面 P_D 上的视图

(b) 工作平面 P_{fe} 上的视图

图 7-17　铣削时的吃刀量、进给量及切削层尺寸

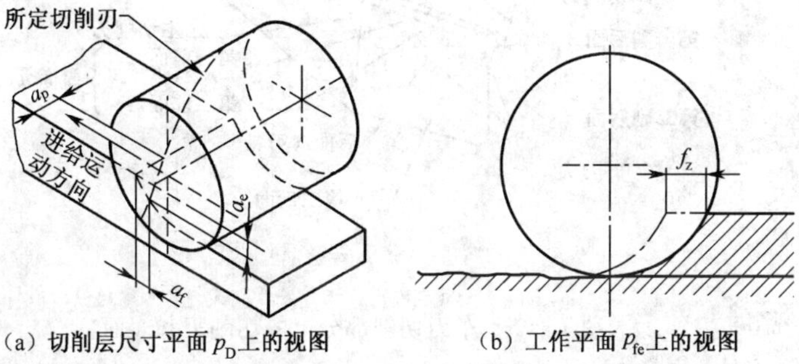

(a) 切削层尺寸平面 p_D 上的视图　(b) 工作平面 P_{fe} 上的视图

图 7-18　铣削时的吃刀量、进给量及切削层尺寸

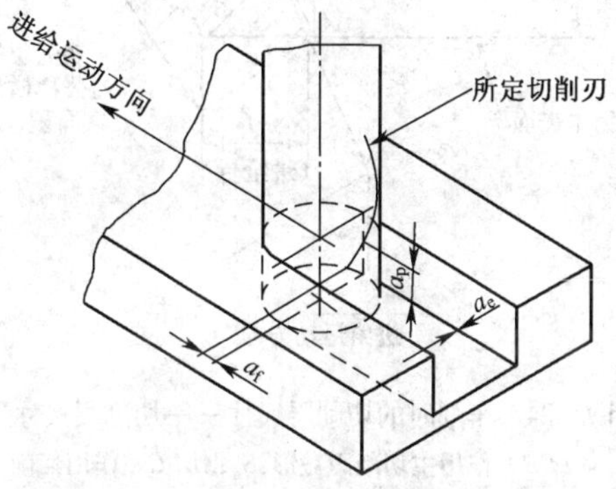

图 7-19　铣削时的吃刀量、进给量及切削层尺寸

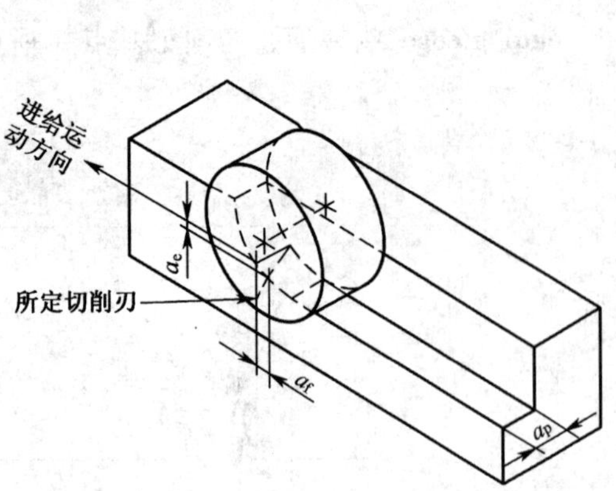

图 7－20　铣削时的吃刀量、进给量及切削层尺寸

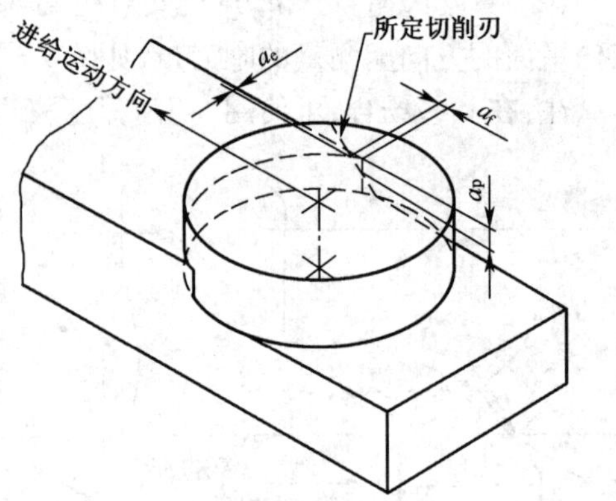

图 7－21　铣削时的吃刀量、进给量及切削层尺寸

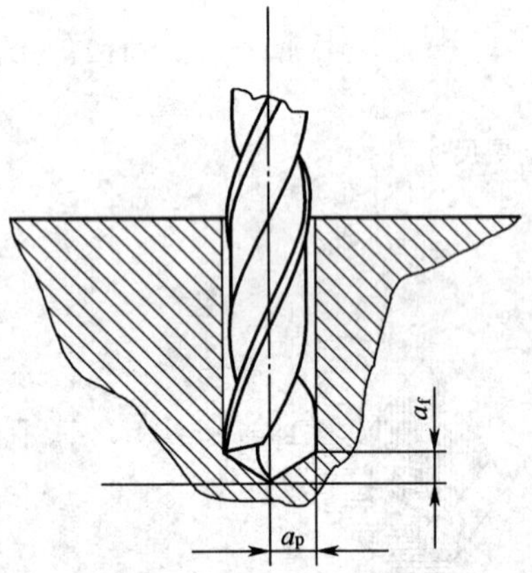

图 7－22　钻削时的吃刀量、进给量及切削层尺寸

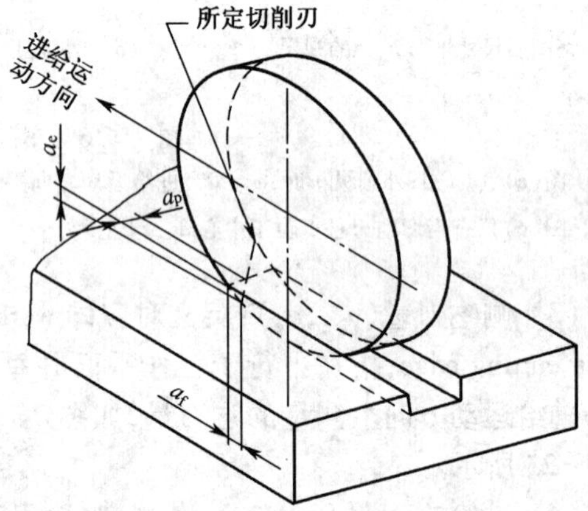

图 7－23　铣削时的吃刀量、进给量及切削层尺寸

（2）工作平面（p_{fe}）：英文对应词 working plane，指通过切削刃选定点并同时包含主运动方向和进给运动方向的平面，因而该平面垂直于工作基面。

图 7－25～图 7－28 为车刀的有关参数和视图。

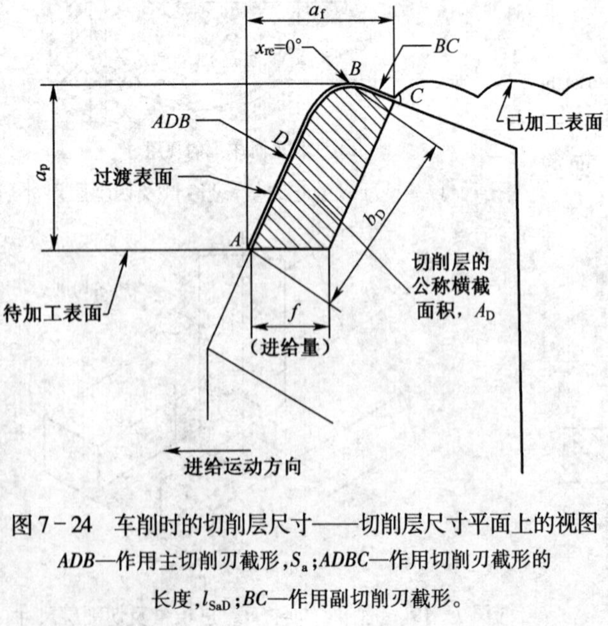

图 7－24　车削时的切削层尺寸——切削层尺寸平面上的视图
ADB—作用主切削刃截形，S_a；ADBC—作用切削刃截形的长度，l_{SaD}；BC—作用副切削刃截形。

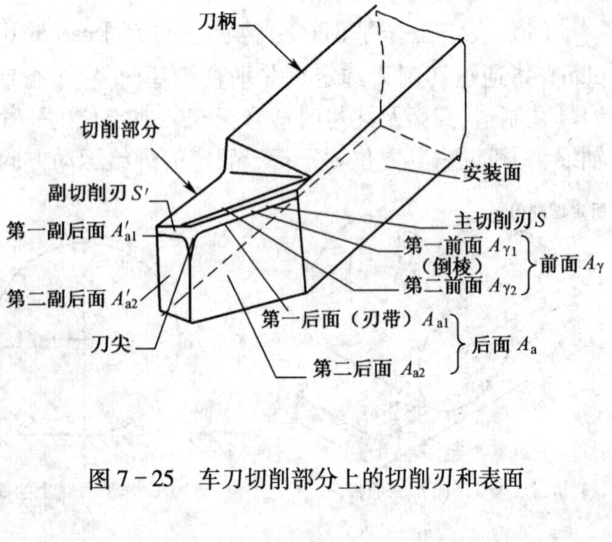

图 7－25　车刀切削部分上的切削刃和表面

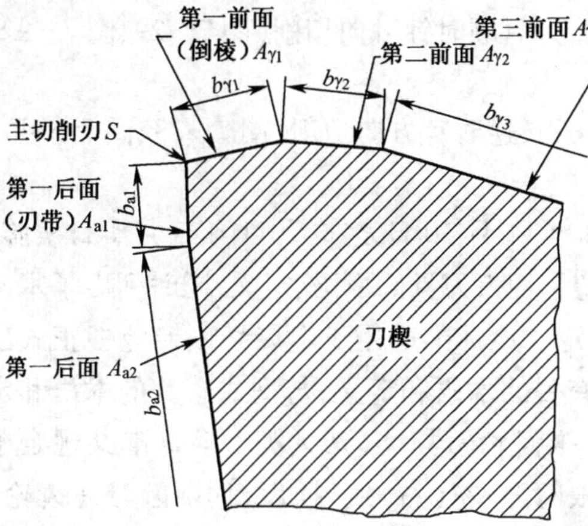

图7-26　有倒棱或刃带的刀楔

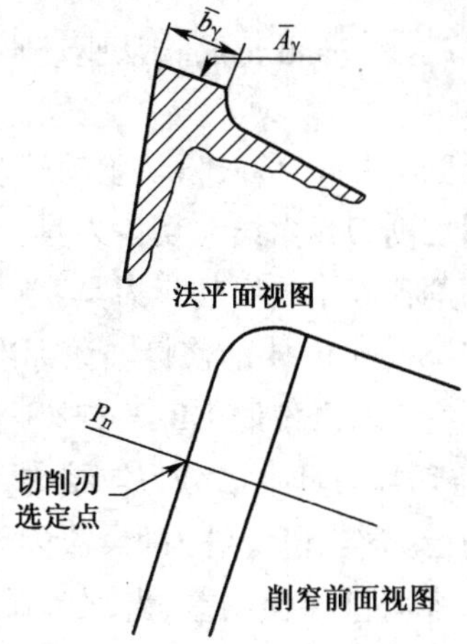

图7-27　削窄前面

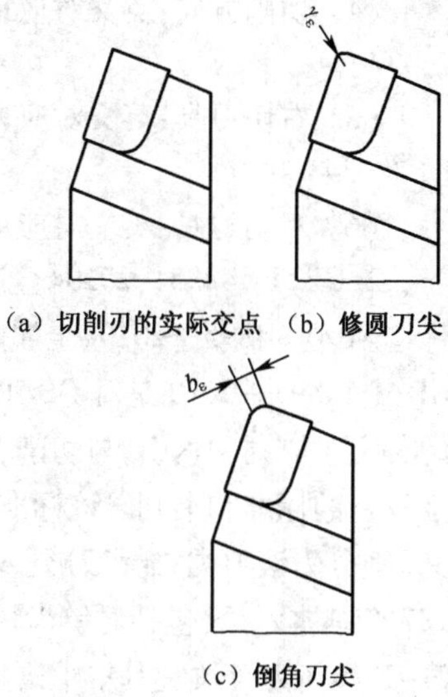

图7-28　刀尖在基面上的视图

6）部分螺旋旋向和切削方向的术语

（1）螺旋旋向：英文对应词 direction of the helix，指带槽刀具在旋转切削时，螺旋的旋转方向（图7-29~图7-31、图7-34），错齿刀具除外。

（2）右螺旋刀齿：英文对应词 right-hand helix，指沿轴向察看时，螺旋刀齿顺时针方向旋离观察者（图7-30、图7-34）。刀具刃倾角λ_s为正时，为右螺旋刀齿（图7-30）。

（3）左螺旋刀齿：英文对应词 left-hand helix，指沿轴向察看时，螺旋刀齿逆时针方向旋离观察者（图7-29、图7-31、图7-34）。刀具刃倾角（λ_s）为负时，为左螺旋刀齿（图7-31）。

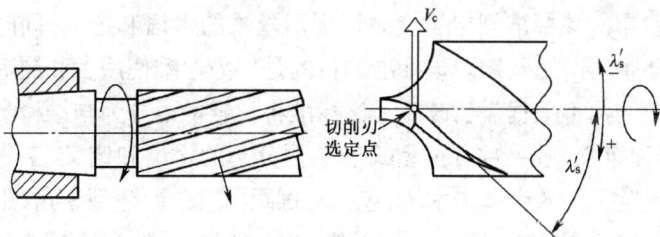

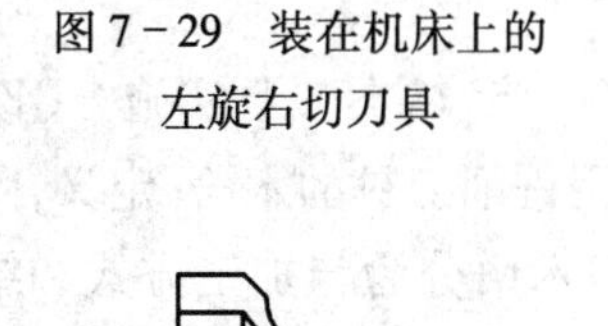

注：垂直于沟槽的箭头表示切削方向。

图7-29　装在机床上的左旋右切刀具

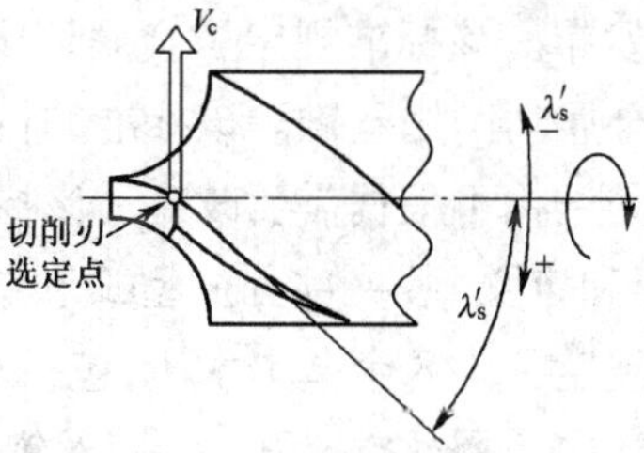

图7-30　右螺旋角麻花钻（$\lambda'_s>0$）

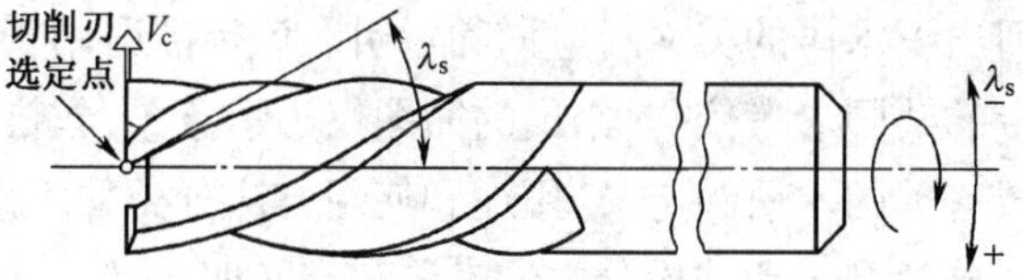

图7-31　左螺旋角立铣刀（$\lambda_s<0$）

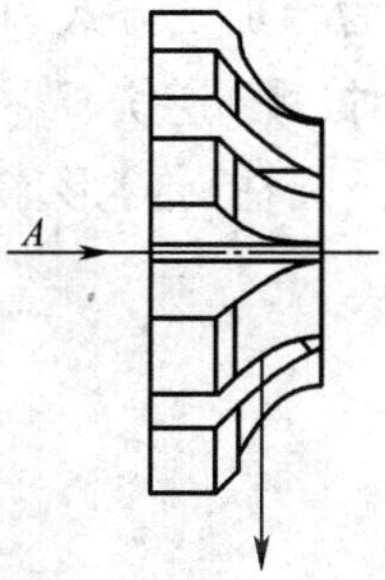

图7-32　沿A向观察时右切的刀具

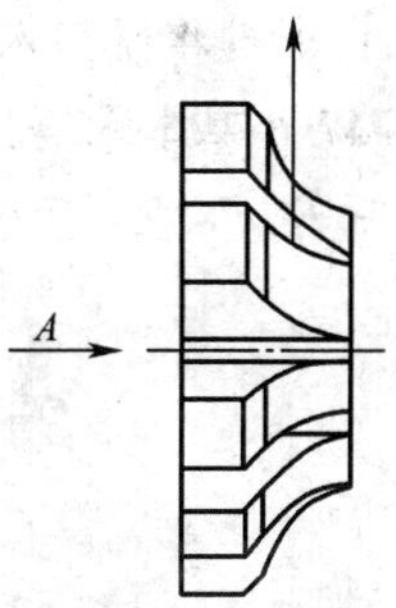

图7-33　沿A向观察时左切的刀具

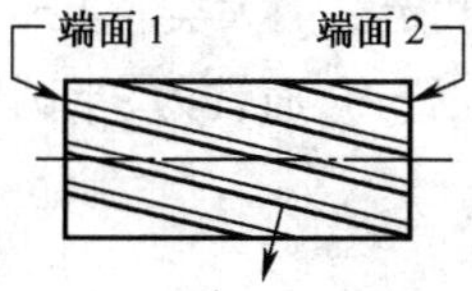

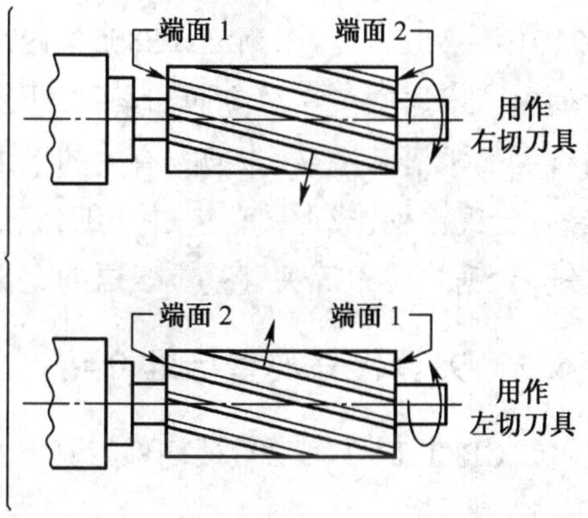

图7-34　无切削方向的圆柱形螺旋角刀具

（4）切削方向：英文对应词 cutting direction，指刀具切削时的旋转方向（图 7－29、图 7－32、图 7－33、图 7－34）。

（5）右切刀具：英文对应词 right－hand tool，指从驱动端观察，刀具顺时针方向切削（图 7－29、图 7－32、图 7－34）。

（6）左切刀具：英文对应词 left－hand tool，指从驱动端观察，刀具逆时针方向切削（图 7－33、图 7－34）。

2. GB/T 14895—2010《金属切削刀具术语　切齿刀具》

GB/T 14895—2010《金属切削刀具术语　切齿刀具》于 2010 年 11 月 10 日发布，2011 年 3 月 1 日实施。GB/T 14895—2010 是对 GB/T 14895—1994 的修订。该标准规定了切齿刀具的术语、定义，同时列出了术语的英文对应词和索引，与切削有关的术语按照 GB/T 12204 的规定。该标准适用于金属切削专业中正式出版发行的标准和书刊。该标准将切齿刀具术语分为与结构参数有关的术语和定义、与型式有关的术语和定义（细分为滚刀类、插齿刀类、剃齿刀类、切齿铣刀类、梳齿刀类、锥齿轮刀具类）两大类。该标准共规定了 187 个基本术语，包括对铲齿量、容屑槽导程误差、齿顶圆弧、齿根间隙、左（右）旋、插齿刀、剃齿刀、（齿轮）滚刀、梳齿刀等关键基本术语的定义。

3. GB/T 20954—2007《金属切削刀具　麻花钻术语》

GB/T 20954—2007《金属切削刀具　麻花钻术语》于 2007 年 6 月 25 日发布，2007 年 11 月 1 日实施。GB/T 20954—2007 修改采用 ISO 5419：1982，为首次发布。该标准规定了金属切削用麻花钻的术语、定义，同时列出了术语的英文对应词和索引，适用于金属切削用麻花钻。该标准将麻花钻术语分为与结构参数有关的术语和定义、与型式有关的术语和定义两大类。共规定了 61 个基本术语，包括对倒锥度、横刃、螺旋角、容屑槽、刃带宽度、钻芯厚度、钻头直径、莫氏锥柄麻花钻、硬质合金麻花钻、直柄麻花钻、阶梯麻花钻、扩孔钻等关键基本术语的定义。

4. GB/T 20955—2007《金属切削刀具　丝锥术语》

GB/T 20955—2007《金属切削刀具　丝锥术语》于 2007 年 6 月 25 日发布，2007 年 11 月 1 日实施。GB/T 20955—2007 修改采用 ISO 5967：1981，为首次发布。该标准规定了金属切削用丝锥的术语和定义，同时列出了术语的英文对应词和索引。该标准适用于金属切削用丝锥。该标准的目的是作为丝锥使用者和制造者的共同参考依据，给出的简图仅为示意图，丝锥的结构可根据需要改变。该标准将丝锥术语分为与结构参数有关的术语和定义、用途和使用方法分类的术语和定义、装夹部分的型式和结构分类的术语和定义、工作部分的型式和结构分类的术语和定义四大类。共规定了 118 个基本术语，包括对螺距、螺旋槽、牙型半角、中心孔、柄部直径、倒锥、切削锥、容屑槽、螺旋槽丝锥、内容屑丝锥、（机）手用丝锥、统一螺纹丝锥、惠氏螺纹丝锥、挤压丝锥等关键基本术语的定义。

5. GB/T 21019—2007《金属切削刀具　铣刀术语》

GB/T 21019—2007《金属切削刀具　铣刀术语》于 2007 年 7 月 26 日发布，2007 年 12 月 1 日实施。GB/T 21019—2007 修改采用 ISO 3855：1977，为首次发布。该标准规定了金属切削用铣削刀具的术语、定义，同时列出了术语的英文对应词和索引，适用于金属切削用铣削刀具。该标准将铣刀术语分为与加工方式和结构有关的术语和定义、与型式有关的术语和定义两大类。共规定了 47 个基本术语，包括对（顺）逆铣、7：24 锥柄、莫氏锥柄、成形铲背齿、粗（细）齿、立铣刀、面铣刀、半圆键槽铣刀、凸（凹）半圆铣刀、圆柱（锥）形球头立铣刀、锯片铣刀等关键基本术语的定义。

7.4.2　刀具代号典型标准介绍

1. GB/T 17111—2008《切削刀具　高速钢分组代号》

1）背景

在 GB/T 17111—1997《切削刀具　高速钢分组代号》发布近 10 年期间，高速钢品种及使用都发生了较大的变化，需要予以修订，尤其是所谓的“低合金高速钢”的大量使用，粉末冶金高速钢的逐渐增多，现行的高速钢分组代号标准已不能适应需要。另外,高速钢分组代号的国际标准也于2006年修订,内容发生了较大的变化。

2）概述

GB/T 17111—2008《切削刀具　高速钢分组代号》于2008年6月3日发布,2009年1月1日实施。GB/T 17111—2008修改采用ISO 11054:2006,是对GB/T 17111—1997的修订,同时代替GB/T 17111—1997。该标准适用于切削刀具用高速钢的分类,主要规定了常规高速钢(高性能高速钢、普通高速钢、低合金高速钢)、粉末冶金高速钢(高性能粉末冶金高速钢、普通粉末冶金高速钢)的术语、定义、代号以及示例。

3）切削刀具用高速钢分组代号

切削刀具用高速钢分组代号按表7－8规定。

除标准代号之外,制造商可增加附加代号来进一步对其产品进行说明。

表7－8　高速钢分组代号

生产工艺	名　称	代　号	分组方法
常规高速钢	高性能高速钢	HSS－E	钴质量分数≥4.5%或钒质量分数≥2.6%或铝质量分数≥0.8%～1.2%的高速钢
	普通高速钢	HSS	钴质量分数<4.5%和钒质量分数<2.6%,且钨当量[W][①]≥11.75的高速钢
	低合金高速钢	HSS－L	钨当量6.5≤[W]<11.75的高速钢
粉末冶金高速钢	高性能粉末冶金高速钢	HSS－E－PM	钴质量分数≥4.5%或钒质量分数≥2.6%的粉末冶金高速钢
	普通粉末冶金高速钢	HSS－PM	钴质量分数<4.5%和钒质量分数<2.6%的粉末冶金高速钢
注:① 钨当量[W]的计算方法:[W]=W+1.8Mo,W:钨含量的最低值,Mo:钼含量的最低值			

4）示例

(1) 按照常规工艺生产,符合GB/T 9943的高速钢W4Mo3Cr4VSi,钨当量[W]为8,其代号为HSS－L;

(2) 按照常规工艺生产,符合GB/T 9943的高速钢W6Mo5Cr4V2,钴质量分数为0%,钒质量分数为2%,钨当量[W]为13.6,其代号为HSS;

(3) 按照常规工艺生产,符合GB/T 9943的高速钢W6Mo5Cr4V2Co5,钴质量分数为5%,钒质量分数为2%,其代号为HSS－E;

(4) 按照粉末冶金工艺生产,符合ISO 4957的高速钢HS6－5－2,钴质量分数为0%,钒质量分数为1.8%,其代号为HSS－PM;

(5) 按照粉末冶金工艺生产,符合ISO 4957的高速钢HS6－5－3－8,钴质量分数为8%,钒质量分数为3%,其代号为HSS－E－PM。

5）列入国家标准的19种常用高速钢的代号

列入国家标准的19种常用高速钢的代号见表7－9。

表7－9　列入国家标准的19种常用高速钢的代号

序号	高速钢牌号	依据标准	代　号	序号	高速钢牌号	依据标准	代　号
1	W6Mo5Cr4V3	GB/T 9943	HSS－E	11	W18Cr4V	GB/T 9943	HSS
2	CW6Mo5Cr4V3		HSS－E	12	W2Mo8Cr4V		HSS
3	W6Mo5Cr4V4		HSS－E	13	W2Mo9Cr4V2		HSS
4	W6Mo5Cr4V2Al		HSS－E	14	W6Mo5Cr4V2		HSS
5	W12Cr4V5Co5		HSS－E	15	CW6Mo5Cr4V2		HSS
6	W6Mo5Cr4V2Co5		HSS－E	16	W6Mo6Cr4V2		HSS
7	W6Mo5Cr4V3Co8		HSS－E	17	W9Mo3Cr4V		HSS
8	W7Mo4Cr4V2Co5		HSS－E	18	W4Mo3Cr4VSi		HSS－L
9	W2Mo9Cr4VCo8		HSS－E	19	W3Mo3Cr4V2		HSS－L
10	W10Mo4Cr4V3Co8		HSS－E				

该标准没有规定高速钢成分(成分由 GB/T 9943 规定)。

2. GB/T 2075—2007《切削加工用硬切削材料的分类和用途　大组和用途小组的分类代号》

1) 概述

GB/T 2075—2007《切削加工用硬切削材料的分类和用途　大组和用途小组的分类代号》于 2007 年 7 月 26 日发布,2007 年 12 月 1 日实施。该标准等同采用 ISO 513 : 2004,是对 GB/T 2075—1998 的修订,并代替 GB/T 2075—1998。该标准规定了包括硬质合金、陶瓷、金刚石和氮化硼在内的,通过切除金属进行加工的硬切削材料的分类和用途以及它们的应用,本标准不适用于其他的用途(诸如采矿和其他冲击工具、拉丝模、金属塑性变形工具、比较仪测头等)。该标准没有规定牌号对照表的资料。

2) 代号

硬切削材料用途组的代号包括按表 7-10~表 7-13 给出的字母符号,后面跟"-"和用途大组和用途小组的代号。

表 7-10　硬质合金

字母符号	材料组
HW	主要含碳化钨(WC)的未涂层的硬质合金,粒度不小于 1μm
HF	主要含碳化钨(WC)的未涂层的硬质合金,粒度小于 1μm
HT	主要含碳化钛(TiC)或氮化钛(TiN)或者两者都有的未涂层的硬质合金
HC	上述硬质合金,进行了涂层
注:HT 类硬质合金也可称为金属陶瓷	

表 7-11　陶瓷

字母符号	材料组
CA	主要含氧化铝(Al_2O_3)的陶瓷
CM	主要以氧化铝(Al_2O_3)为基体,但含有非氧化物成分的混合陶瓷
CN	主要含氮化硅(Si_3N_4)的氮化物陶瓷
CR	主要含氧化铝(Al_2O_3)的增强陶瓷
CC	上述的陶瓷,进行了涂层

表 7-12　金刚石

字母符号	材料组
DP	聚晶金刚石
DM	单晶金刚石

表 7-13　氮化硼

字母符号	材料组
BL	含少量立方氮化硼的立方晶体氮化硼
BH	含大量立方氮化硼的立方晶体氮化硼
BC	上述的氮化硼,进行了涂层

示例:HW-P10、HC-K20、CA-K10。

3) 分类

(1) 用途大组。本标准规定了 6 个用途大组,见表 7-14,依照不同的被加工工件材料进行划分,用一个大写字母和一个识别颜色来表示。

(2) 用途小组。每个用途大组都被分成若干用途小组,每个用途小组用其所属用途大组的标识字母和一个分类数字号来表示。

切削材料制造商应依据材料牌号相应的耐磨性和韧性,按照适当的顺序排列其牌号与用途小组的对应关系。

表 7-14　硬切削材料的分类和用途

用途大组			用途小组			
字母符号	识别颜色	被加工材料	硬切削材料			
P	蓝色	钢:除不锈钢外所有带奥氏体结构的钢和铸钢	P01 P10 P20 P30 P40 P50	P05 P15 P25 P35 P45	↑①	↓②

（续）

用途大组			用途小组			
字母符号	识别颜色	被加工材料	硬切削材料			
M	黄色	不锈钢：不锈奥氏体钢或铁素体钢、铸钢	M01 M10 M20 M30 M40	M05 M15 M25 M35	↑①	↓②
K	红色	铸铁：灰铸铁、球状石墨铸铁、可锻铸铁	K01 K10 K20 K30 K40	K05 K15 K25 K35	↑①	↓②
N	绿色	非铁金属：铝、其他有色金属、非金属材料	N01 N10 N20 N30	N05 N15 N25	↑①	↓②
S	褐色	超级合金和钛：基于铁的耐热特种合金、镍、钴、钛、钛合金	S01 S10 S20 S30	S05 S15 S25	↑①	↓②
H	灰色	硬材料：硬化钢、硬化铸铁材料、冷硬铸铁	H01 H10 H20 H30	H05 H15 H25	↑①	↓②

注：① 增加速度，增加切削材料的耐磨性；
② 增加进给量，增加切削材料的韧性

4）重要说明

一个用途小组并不等同于一个切削材料的牌号。在同一用途小组中，来自不同制造商的材料牌号可以是不同的，以至于其相关的使用场合和性能级别也不相同，因此，本标准不规定牌号对照表的资料。

3. GB/T 2076—2007《切削刀具用可转位刀片型号表示规则》

1）概述

GB/T 2076—2007《切削刀具用可转位刀片型号表示规则》于 2007 年 11 月 23 日发布，2008 年 6 月 1 日实施。GB/T 2076—2007 修改采用 ISO 1832：2004，代替 GB/T 2076—1987。该标准规定了切削刀具用硬质合金或其他切削材料的可转位刀片的型号表示规则，适用于切削刀具用硬质合金或其他切削材料的可转位刀片，还适用于镶有立方氮化硼及聚晶金刚石的刀片。

2）型号表示规则

可转位刀片的型号表示规则用 9 个代号表征刀片的尺寸及其他特性。代号①～⑦是必须的，代号⑧和⑨在需要时添加，见示例 7－1。

示例 7－1：一般表示规则

	①	②	③	④	⑤	⑥	⑦	⑧	⑨		⑬
公制	T	P	G	N	16	03	08	E	N	—	…
英制	T	P	G	N	3	2	2	E	N	—	…

镶片式刀片的型号表示规则用12个代号表征刀片的尺寸及其他特性。代号①~⑦和⑪、⑫是必须的，代号⑧、⑨和⑩在需要时添加，代号⑪、⑫与代号⑨之间用短横线“-”隔开，见示例7-2。

示例7-2：符合ISO 16462、ISO 16463的刀片表示规则

	①	②	③	④	⑤	⑥	⑦	⑧	⑩	⑨		⑪	⑫		⑬
切削刀片	S	N	M	A	15	06	08	E		(N)	—	B	L	—	…
磨削刀片	T	P	G	T	16	T3	AP	S	01520	R	—	M	028	—	…

除标准代号之外，制造商可以用补充代号⑬表示一个或两个刀片特征，以更好地描述其产品（如不同槽形）。该代号应用短横线“-”与标准代号隔开，并不得使用⑧、⑨和⑩位已用过的代号。

建议不增加或扩展本标准规定的表示规则。如确实需要增加或扩展本标准规定的表示规则，最好不采用增加位数的方式，而采用在相应的数位增加表示符号的方式，以保持与本标准的一致性，同时用简略图描叙清楚或给出详细的说明。

如果在第④位代号中使用了符号“X”，它也可能同时在第⑤、⑥、⑦位中被使用，其代表意义若没有在本标准给出，则应用简略图描叙清楚。

型号表示规则中各代号的意义如下：

①	字母代号表示	刀片形状	表征可转位刀片的必需代号（①~⑦）	按照ISO 16462、ISO 16463表征镶嵌或整体切削刀片的必需代号，特别说明的除外（①~⑬）
②	字母代号表示	刀片法后角		
③	字母代号表示	允许偏差等级		
④	字母代号表示	夹固形式及有无断屑槽		
⑤	数字代号表示	刀片长度		
⑥	数字代号表示	刀片厚度		
⑦	字母或数字代号表示	刀尖角形状		
⑧[a]	字母代号表示	切削刃截面形状		
⑨[a]	字母代号表示	切削方向		
⑩[b]	数字代号表示	切削刃长度		
⑪	字母代号表示	镶嵌或整体切削刃类型及镶嵌角数量		
⑫	字母或数字代号表示	镶刃长度		
⑬	制造商代号或符合GB/T 2075规定的切削材料表示代号			

注：a 可转位刀片和镶片式刀片的可选代号。
b 镶片式刀片的可选代号。

3）代号

（1）表示刀片形状的字母代号应符合表7-15的规定（代号①表示规则）。

表7-15 表示刀片形状的字母代号规定

刀片形状类别	代号	形状说明	刀尖角 ε_r	示意图
Ⅰ（等边等角）	H	正六边形	120°	
	O	正八边形	135°	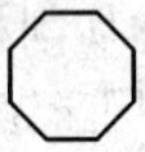
	P	正五边形	108°	
	S	正方形	90°	
	T	正三角形	60°	

（续）

刀片形状类别	代号	形状说明	刀尖角 ε_r	示意图
Ⅱ(等边不等角)	C	菱形	80°①	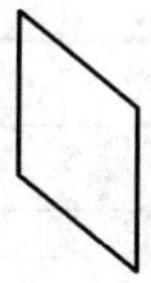
	D		55°①	
	E		75°①	
	M		86°①	
	V		35°①	
	W	等边不等角的六边形	80°①	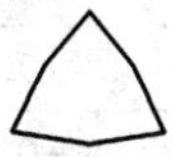
Ⅲ(等角不等边)	L	矩形	90°	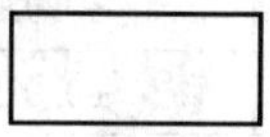
Ⅳ(不等边不等角)	A	平行四边形	85°①	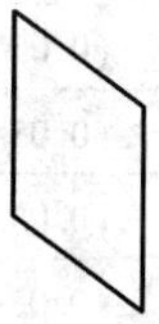
	B		82°①	
	K		55°①	
	F	不等边不等角六边形	82°①	
Ⅴ(圆形)	R	圆形	—	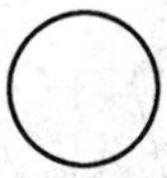
注:①　指较小的角度				

(2) 表示刀片法后角大小的字母代号应符合表 7-16 的规定(代号②表示规则)。常规刀片法后角依托主切削刃(表 7-16 中示意图)从表 7-16 所列代号中选取。

表 7-16　表示刀片法后角大小的字母代号规定

示　意　图	代号	法　后　角
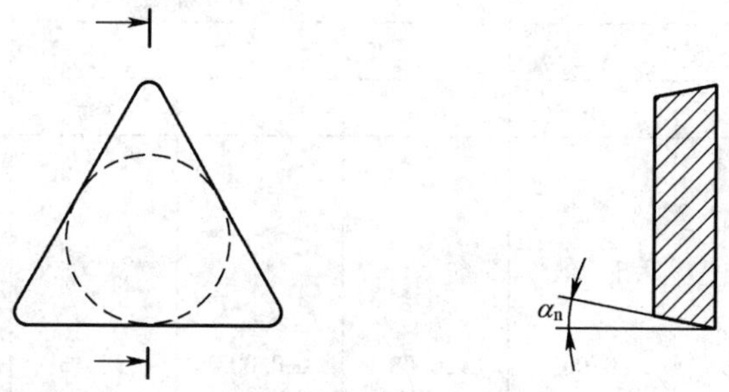	A	3°
	B	5°
	C	7°
	D	15°
	E	20°
	F	25°
	G	30°
	N	0°
	P	11°
	O	其他需专门说明的法后角

如果所有的切削刃都用来作主切削刃,不管法后角是否相同,用较长一段切削刃的法后角来选择法后角表示代号。这段较长的切削刃即作为主切削刃,表示刀片长度(见代号⑤)。

(3) 表示刀片主要尺寸允许偏差等级的字母代号应符合表7－17的规定(代号③表示规则)。主要尺寸包括:刀片内切圆直径(d)、刀片的厚度(s)和刀尖位置尺寸(m)。图7－35～图7－37中3种图示情况的m值有所不同。

表7－17 表示刀片主要尺寸允许偏差等级的字母代号规定

偏差等级代号	允许偏差					
	mm			in		
	d	m	s	d	m	s
A①	±0.025	±0.005	±0.025	±0.001	±0.0002	±0.001
F①	±0.013	±0.005	±0.025	±0.0005	±0.0002	±0.001
C①	±0.025	±0.013	±0.025	±0.001	±0.0005	±0.001
H	±0.013	±0.013	±0.025	±0.0005	±0.0005	±0.001
E	±0.025	±0.025	±0.025	±0.001	±0.001	±0.001
G	±0.025	±0.025	±0.13	±0.001	±0.001	±0.005
J①	±(0.05～0.15)②	±0.005	±0.025	±(0.002～0.006)②	±0.0002	±0.001
K①	±(0.05～0.15)②	±0.013	±0.025	±(0.002～0.006)②	±0.0005	±0.001
L①	±(0.05～0.15)②	±0.025	±0.025	±(0.002～0.006)②	±0.001	±0.001
M	±(0.05～0.15)②	±(0.08～0.2)②	±0.13	±(0.002～0.006)②	±(0.003～0.008)②	±0.005
N	±(0.05～0.15)②	±(0.08～0.2)②	±0.025	±(0.002～0.006)②	±(0.003～0.008)②	±0.001
U	±(0.08～0.25)②	±(0.13～0.38)②	±0.13	±(0.003～0.01)②	±(0.005～0.015)②	±0.005

注:① 通常用于具有修光刃的可转位刀片。
② 允许偏差取决于刀片尺寸的大小,每种刀片的尺寸允许偏差应按其相应的尺寸标准表示

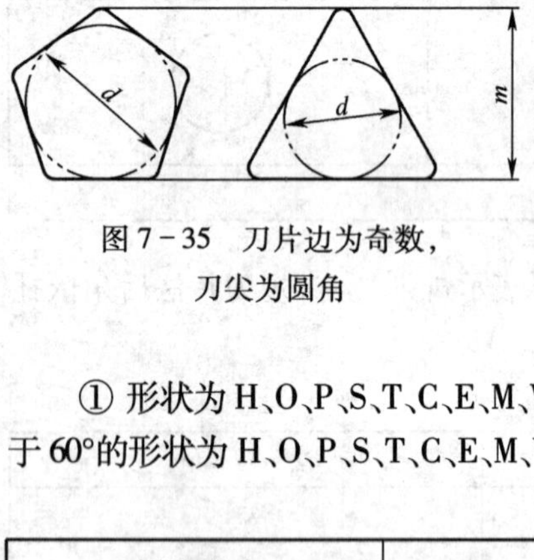

图7－35 刀片边为奇数,刀尖为圆角

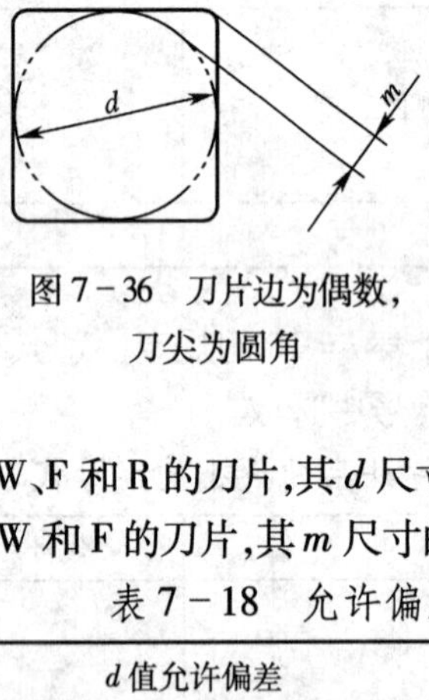

图7－36 刀片边为偶数,刀尖为圆角

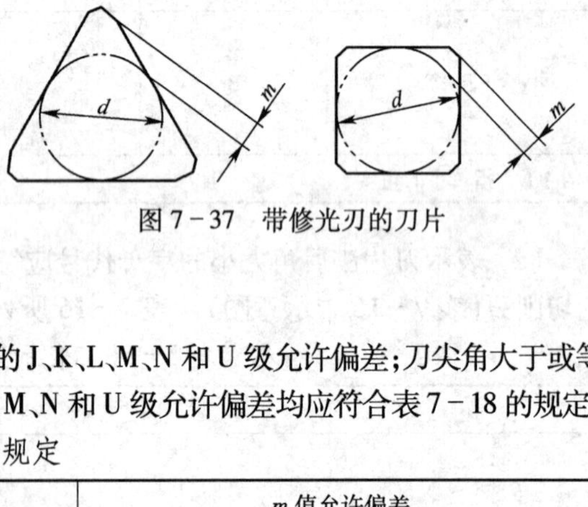

图7－37 带修光刃的刀片

① 形状为H、O、P、S、T、C、E、M、W、F和R的刀片,其d尺寸的J、K、L、M、N和U级允许偏差;刀尖角大于或等于60°的形状为H、O、P、S、T、C、E、M、W和F的刀片,其m尺寸的M、N和U级允许偏差均应符合表7－18的规定。

表7－18 允许偏差规定

内切圆基本尺寸d		d值允许偏差				m值允许偏差			
		J、K、L、M、N级		U级		M、N级		U级	
mm	in	mm	in	mm	in	mm	in	mm	in
4.76	3/16	±0.05	±0.002	±0.08	±0.003	±0.08	±0.003	±0.13	±0.005
5.56	7/32								
6①	—								
6.35	1/4								
7.94	5/16								
8①	—								
9.525	3/8								
10①	—								

（续）

内切圆基本尺寸 *d*		*d* 值允许偏差				*m* 值允许偏差			
		J、K、L、M、N 级		U 级		M、N 级		U 级	
mm	in	mm	in	mm	in	mm	in	mm	in
12①	—	±0.08	±0.003	±0.13	±0.005	±0.13	±0.005	±0.2	±0.008
12.7	1/2								
15.875	5/8	±0.1	±0.004	±0.18	±0.007	±0.15	±0.006	±0.27	±0.011
16①	—								
19.05	3/4								
20①	—								
25①	—	±0.13	±0.005	±0.25	±0.01	±0.18	±0.007	±0.38	±0.015
25.4	1								
31.75	$1\frac{1}{4}$	±0.15	±0.006	±0.25	±0.01	±0.2	±0.008	±0.38	±0.15
32①	—								

刀片形状

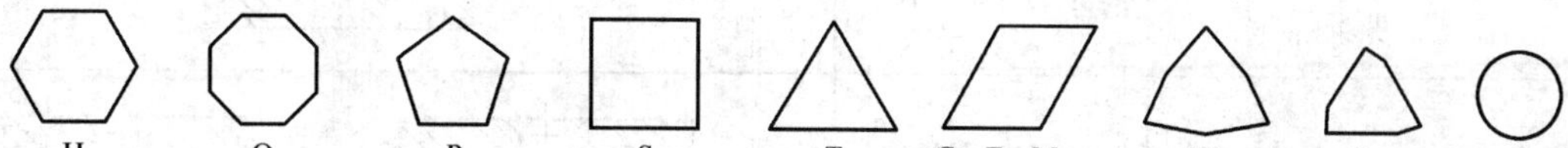

H　O　P　S　T　C、E、M　W　F　R

（只有 *d* 的允许偏差）

注：① 只适用于圆形刀片

② 刀尖角为 55°（D 形）、35°（V 形）的菱形刀片，其 *m*、*d* 尺寸的 M、N 级允许偏差应符合表 7－19 的规定。

表 7－19　允许偏差

内切圆基本尺寸 *d*		*d* 值允许偏差		*m* 值允许偏差		刀片形状
mm	in	mm	in	mm	in	
5.56	7/32	±0.05	±0.002	±0.11	±0.004	D 型 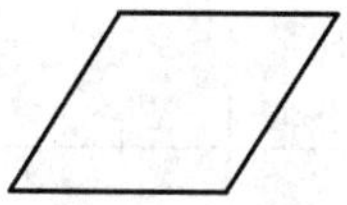
6.35	1/4					
7.94	5/16					
9.525	3/8					
12.7	1/2	±0.08	±0.003	±0.15	±0.006	
15.875	5/8	±0.1	±0.004	±0.18	±0.007	
19.05	3/4					
6.35	1/4	±0.05	±0.002	±0.16	±0.006	V 型 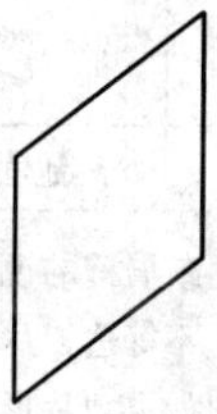
7.94	5/16					
9.525	3/8					
12.7	1/2	±0.08	±0.003	±0.2	±0.008	
15.875	5/8	±0.1	±0.004	±0.27	±0.011	
19.05	3/4					

（4）表示刀片有无断屑槽和中心固定孔的字母代号应符合表 7－20 的规定（代号④表示规则）。

表 7-20　表示有无断屑槽和中心固定孔的字母代号规定

字母代号	固定方式	断屑槽[①]	示意图
N	无固定孔	无断屑槽	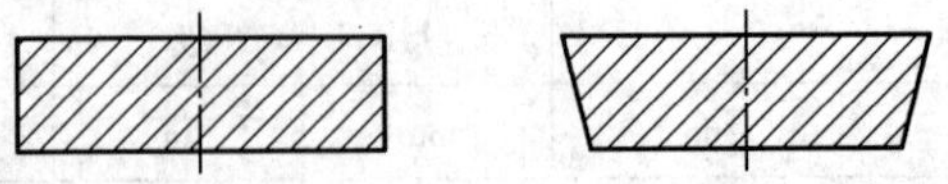
R		单面有断屑槽	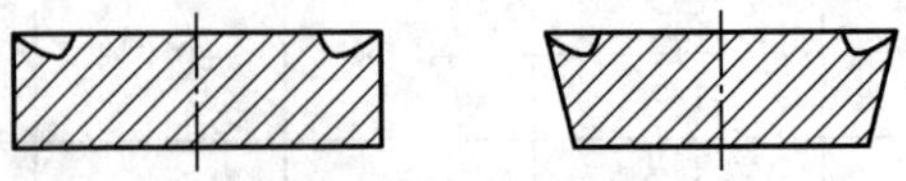
F		双面有断屑槽	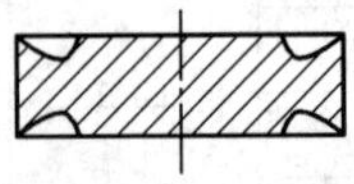
A	有圆形固定孔	无断屑槽	
M		单面有断屑槽	
G		双面有断屑槽	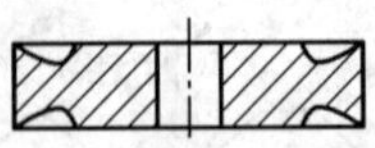
W	单面有 40°~60°固定沉孔	无断屑槽	
T		单面有断屑槽	
Q	双面有 40°~60°固定沉孔	无断屑槽	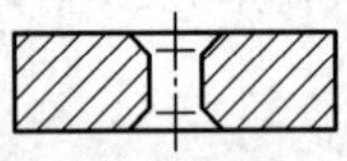
U		双面有断屑槽	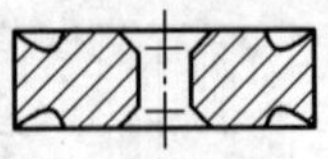
B	单面有 70°~90°固定沉孔	无断屑槽	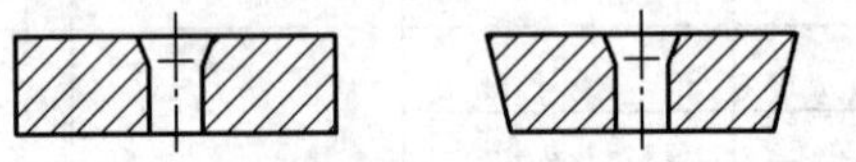
H		单面有断屑槽	
C	双面有 70°~90°固定沉孔	无断屑槽	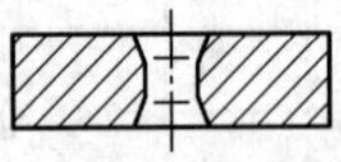
J		双面有断屑槽	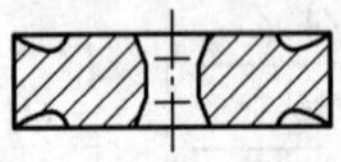
X[②]	其他固定方式和断屑槽形式,需附图形或加以说明		—

注:① 断屑槽的说明见 GB/T 12204。
② 不等边刀片通常在④号位用 X 表示,刀片宽度的测定(垂直于主切削刃或垂直于较长的边)以及刀片结构的特征需要予以说明;如果刀片形状没有列入①号位的表示范围,则此处不能用代号 X 表示

(5) 表示刀片长度的数字代号应符合表 7-21 的规定(代号⑤表示规则)。

表7-21　表示刀片长度的数字代号规定

刀片形状类别	数字代号
Ⅰ、Ⅱ等边形刀片	(1) 在采用公制单位时,用舍去小数部分的刀片切削刃长度值表示。如果舍去小数部分后,只剩下一位数字,则必须在数字前加“0”。 例如,切削刃长度15.5mm,表示代号为15;切削刃长度9.525mm,表示代号为09。 (2) 在采用英制单位时,用刀片内切圆的数值作为表示代号。数值取按1/8in为单位测量得到的分数的分子。 ① 当取用数字是整数时,用一位数字表示,如内切圆直径1/2in,表示代号为4(1/2=4/8)。 ② 当取用数字不是整数时,用两位数字表示,例如,内切圆直径5/16in,表示代号为2.5(5/16=2.5/8)
Ⅲ、Ⅳ不等边形刀片	通常用主切削刃或较长的边的尺寸值作为表示代号。刀片其他尺寸可以用符号X在④表示,并需附示意图或加以说明。 (1) 在采用公制单位时,用舍去小数部分后的长度值表示,例如,主要长度尺寸19.5mm,表示代号为19。 (2) 在采用英制单位时,用按1/4in为单位测量得到的分数的分子表示,例如,主要长度尺寸3/4in,表示代号为3
Ⅴ圆形刀片	(1) 在采用公制单位时,用舍去小数部分后的数值表示,例如,刀片尺寸15.875mm,表示代号为15。 对公制圆形尺寸,结合代号⑦中的特殊代号,上述规则同样适用。 (2) 在采用英制单位时,表示方法与等边形刀片相同(见Ⅰ-Ⅱ类)

(6) 表示刀片厚度的数字代号应符合表7-22的规定(代号⑥表示规则)。刀片厚度s是指刀尖切削面与对应的刀片支承面之间的距离,其测量方法如图7-38所示。圆形或倾斜的切削刃视同尖的切削刃。

表7-22　表示刀片厚度的数字代号表示规则

(1) 在采用公制单位时,用舍去小数部分的刀片厚度值表示。若舍去小数部分后,只剩下一位数字,则必须在数字前加“0”。如刀片厚度3.18mm,表示代号为03。 当刀片厚度整数值相同,而小数部分不同,则将小数部分大的刀片代号用“T”代替0,以示区别。 如刀片厚度3.97mm,表示代号为T3。 (2) 在采用英制单位时,用按1/16in为单位测量得到的分数的分子表示。 ① 当数值是一个整数时,用一位数值表示,如主要长度尺寸1/8in,表示代号为2(1/8=2/16) ② 当数值不是一个整数时,用两位数值表示,如主要长度尺寸3/32in,表示代号为1.5(3/32=1.5/16)
注:本标准附录B给出了标准刀片厚度的表示代号(本章略)

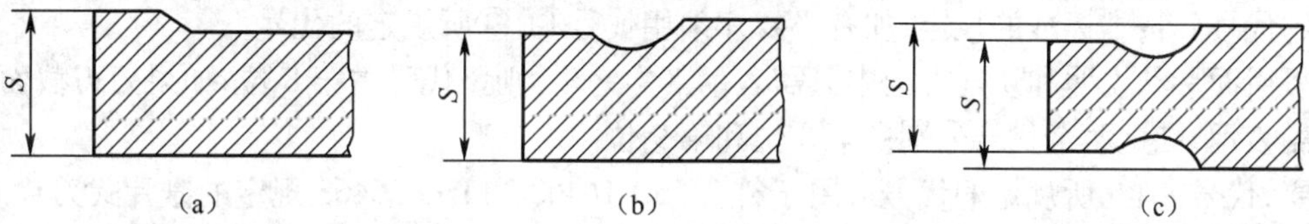

图7-38　刀片厚度

(7) 表示刀尖形状的字母或数字代号应符合表7-23的规定(代号⑦表示规则)。

表7-23　表示刀尖形状的数字或字母代号

(1) 若刀尖角为圆角,则其代号表示为: ① 在采用公制单位时,用按0.1mm为单位测量得到的圆弧半径值表示,如果数值小于10,则在数字前加“0”。如刀尖圆弧半径0.8mm,表示代号为08;如果刀尖角不是圆角时,则表示代号为00。 ② 在采用英制单位时,则用下列代号表示: 0—尖角(不是圆形) 1—圆弧半径1/64in 2—圆弧半径1/32in 3—圆弧半径3/64in 4—圆弧半径1/16in 6—圆弧半径3/32in 8—圆弧半径1/8in X—其他尺寸圆弧半径

（续）

(2) 若刀片具有修光刃（见示意图），则用下列给定的顺序代号表示：

表示主偏角 κ_r 的大小：

A－45°
D－60°
E－75°
F－85°
P－90°
Z－其他角度

表示修光刃法后角 α'_n 大小：

A－3°
B－5°
C－7°
D－15°
E－20°
F－25°
G－30°
N－0°
P－11°
Z－其他角度

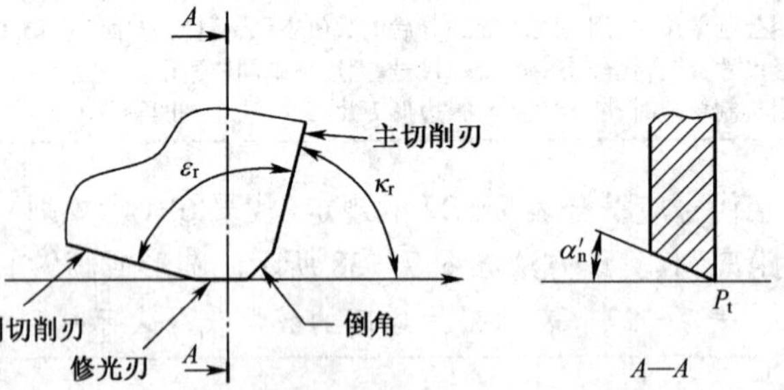

① 修光刃是副切削刃的一部分。

② 具有修光刃的刀片，根据其类型可能有或没有削边，本标准没有对其作出规定。标准刀片有无削边体现在尺寸标准上，非标准刀片有无削边则由供应商的产品样本给出。

(3) 圆形刀片的表示规则，应视使用单位制式的情况区别表示：

注：① 采用英制单位时，用“00”表示；② 采用公制单位时，用“M0”表示

4）可转位刀片的可选代号

（1）一般规定。除 ISO 16462 和 ISO 16463 中规定外，上面所规定的①~⑦代号是可转位刀片型号表示中所必须有的代号。按本标准的规定，如有必要才采用代号⑧、⑨所规定的代号。

如果刀刃截面形状说明和切削方向中只需表示其中一个，则该代号占第 8 位；如果刀刃截面形状说明或切削方向都需表示，则这两个代号分别占第 8 位和第 9 位。

如有需要，代号⑧、⑨所规定的代号可用于符合 ISO 16462 和 ISO 16463 规定的镶片式刀片。

（2）表示刀片切削刃截面形状的代号应符合表 7－24 的规定（代号⑧表示规则）。

表 7－24　表示刀片切削刃形状的字母代号规定

代号	刀片切削刃截面形状	示 意 图
F	尖锐刀刃	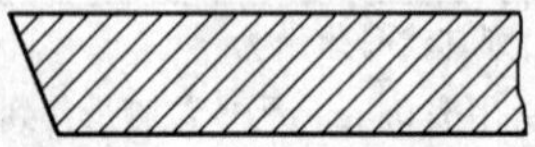
E	倒圆刀刃	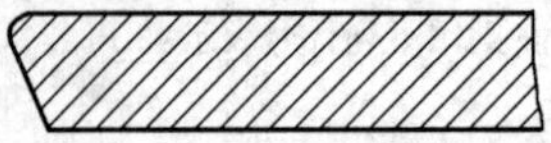
T	倒棱刀刃	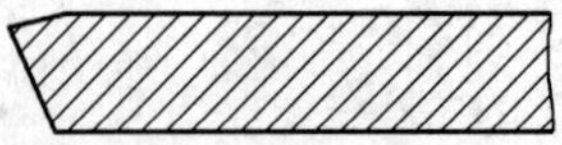
S	既倒棱又倒圆刀刃	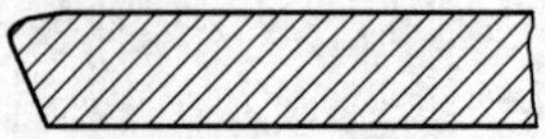

（续）

代号	刀片切削刃截面形状	示　意　图
Q	双倒棱刀刃	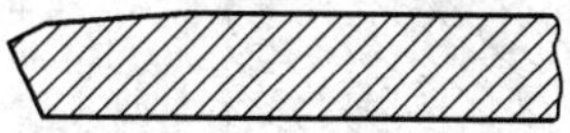
P	既双倒棱又倒圆刀刃	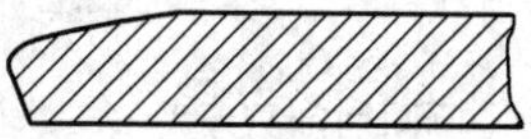

（3）表示刀片切削方向的代号应符合表 7－25 的规定（代号⑨表示规则）。

表 7－25　表示刀片切削方向的字母代号规定

代号	切削方向	刀片的应用	示　意　图
R	右切	适用于非等边、非对称角、非对称刀尖、有或没有非对称断屑槽刀片，只能用该进给方向	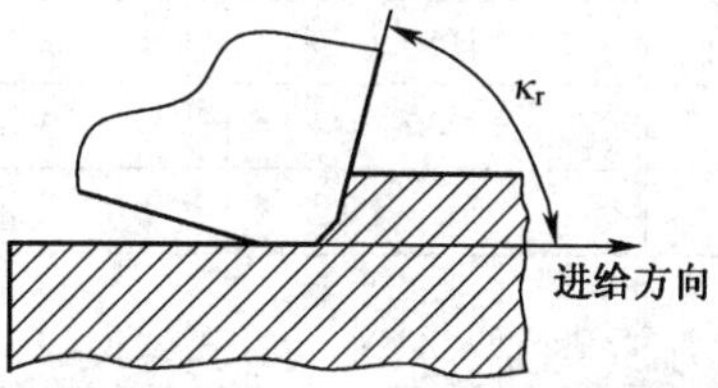 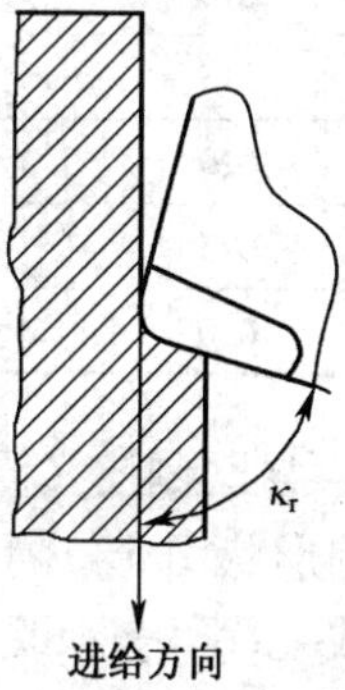
L	左切	适用于非等边、非对称角、非对称刀尖、有或没有非对称断屑槽刀片，只能用该进给方向	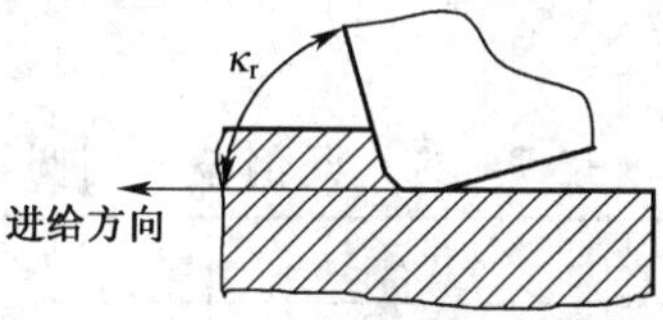 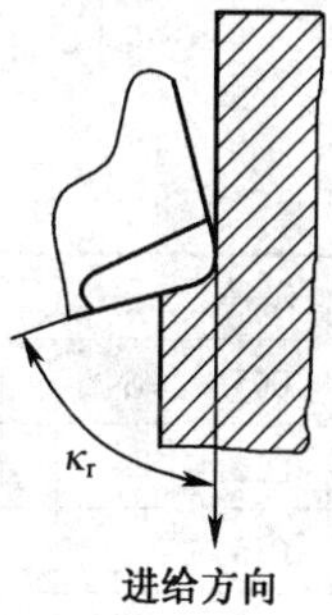
N	双向	适用于有对称刀尖、对称角、对称边和对称断屑槽的刀片，可能采用两个进给方向	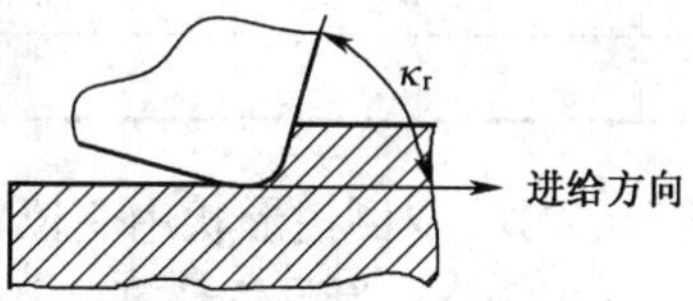 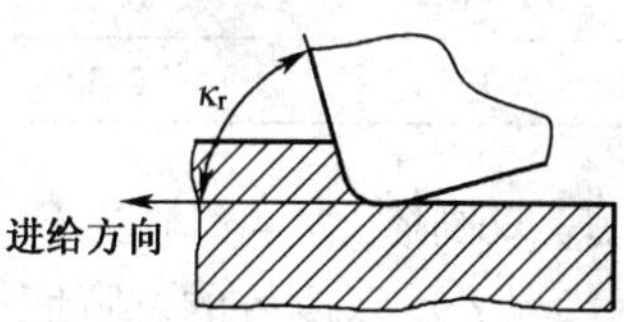

5）镶片式刀片的附加代号

（1）一般规定：

本标准给出的代号⑪和⑫用于表示符合 ISO 16462 和 ISO 16463 的镶片式刀片。需要时可以使用代号⑩。代号⑪和⑫与代号⑨之间应用短横线“－”隔开。

（2）表示切削刃情况的字母代号（代号⑩表示规则）：

① 最多代号数：根据切削刃的情况用不多于 5 位数字的代号表示。

② 倒圆：表示代号为 E（图 7－39），倒圆没有尺寸代码。

③ 倒棱：表示代号为 T（图 7－40）。倒棱形状用 5 位阿拉伯数字表示，见表 7－26。前 3 位阿拉伯数字代码表示倒棱的宽度 b_γ，以 0.01mm 为单位计算；后 2 位阿拉伯数字表示倒棱的角度 γ_b。

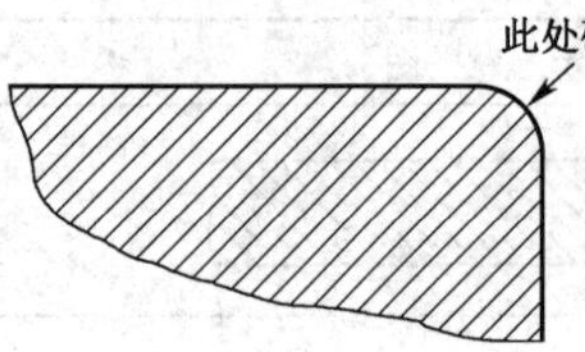

图 7-39 倒圆切削刃示意

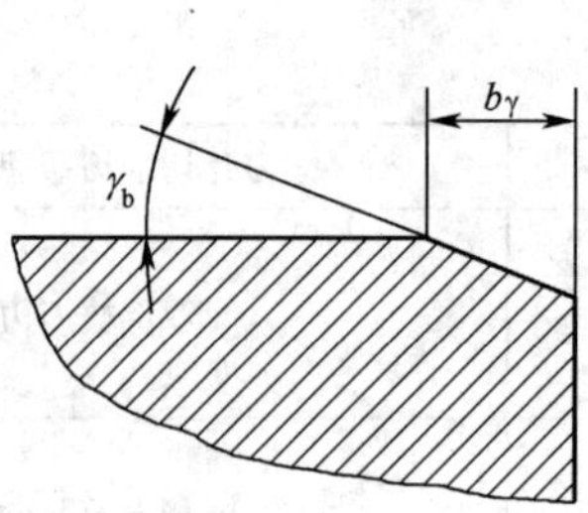

图 7-40 倒棱示意

表 7-26 倒棱形状表示

代 号	b_γ/mm	代 号	b_γ/mm	代 号	γ_b/(°)
005	0.05	050	0.50	10	10
010	0.10	070	0.70	15	15
015	0.15	100	1.00	20	20
020	0.20	150	1.50	25	25
025	0.25	200	2.00	30	30
030	0.30	05	5		

④ 既倒棱又倒圆：表示代号为 S(图 7-41)。既倒棱又倒圆形状用 5 位阿拉伯数字表示，见表 7-27。前 3 位阿拉伯数字代码表示既倒棱又倒圆的总宽度 b_γ，以 0.01mm 为单位计算；后 2 位阿拉伯数字表示倒棱的角度 γ_b。倒圆没有尺寸代码。

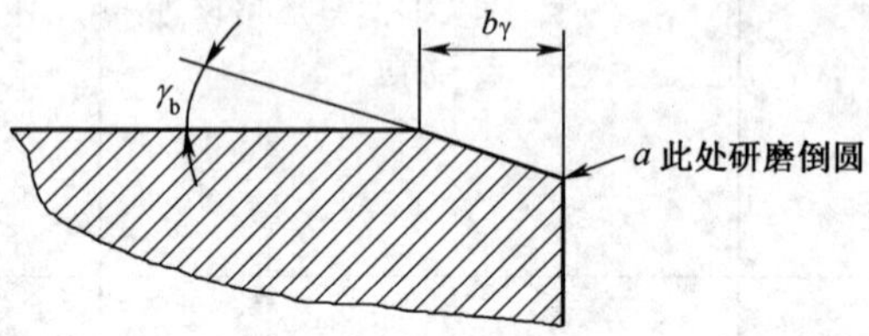

图 7-41 既倒棱又倒圆示意

表 7-27 既倒棱又倒圆形状表示

代号	b_γ/mm	代号	b_γ/mm	代号	γ_b/(°)
005	0.05	050	0.50	05	5
010	0.10	070	0.70	10	10
015	0.15	100	1.00	15	15
020	0.20	150	1.50	20	20
025	0.25	200	2.00	25	25
030	0.30			30	30

⑤ 双倒棱：表示代号为 Q(图 7-42)。双倒棱形状用 5 位阿拉伯数字表示，见表 7-28。前 3 位阿拉伯数字代码表示双倒棱的总宽度 $b_{\gamma1}$，以 0.01mm 为单位计算；后 2 位阿拉伯数字表示双倒棱的较小角度 γ_{b1}。$b_{\gamma2} \times \gamma_{b2}$ 取决于 $b_{\gamma1} \times \gamma_{b1}$。

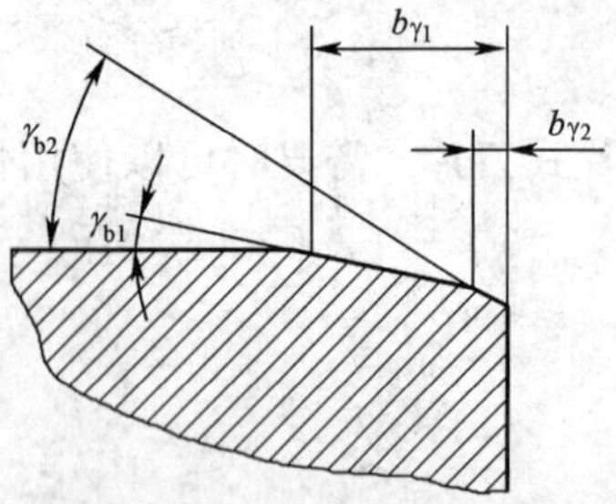

图 7-42 双倒棱示意

表 7-28 双倒棱形状表示

代号	$b_{\gamma1}$/mm	γ_{b1}/(°)	$b_{\gamma2}$/mm	γ_{b2}/(°)
05015	0.50	15	0.10	30
07015	0.70	15	0.15	30
10015	1.00	15	0.20	30
15010	1.50	10	0.25	30
20010	2.00	10	0.25	30

⑥ 即双倒棱又倒圆:表示代号为 P(图 7-43)。既双倒棱又倒圆形状用 5 位阿拉伯数字表示,见表 7-29。前 3 位阿拉伯数字代码表示既双倒棱又倒圆的总宽度 $b_{\gamma1}$,以 0.01mm 为单位计算;后 2 位阿拉伯数字表示双倒棱的较小角度 γ_{b1}。$b_{\gamma2} \times \gamma_{b2}$ 取决于 $b_{\gamma1} \times \gamma_{b1}$。倒圆没有尺寸代码。

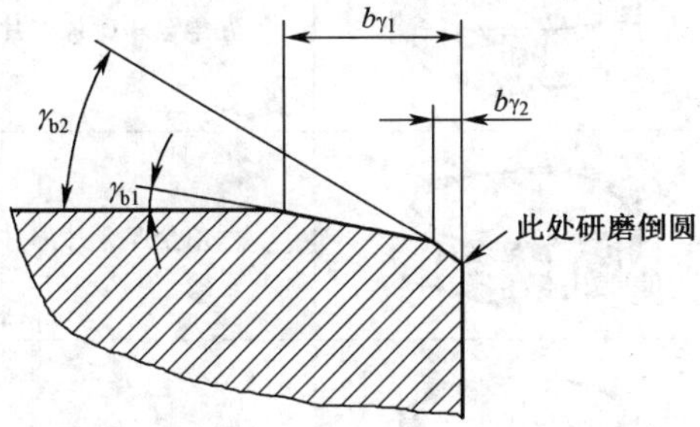

图 7-43　既双倒棱又倒圆示意

表 7-29　即双倒棱又倒圆形状表示

代号	$b_{\gamma1}$/mm	γ_{b1}/(°)	$b_{\gamma2}$/mm	γ_{b2}/(°)
05015	0.50	15	0.10	30
07015	0.70	15	0.15	30
10015	1.00	15	0.20	30
15010	1.50	10	0.25	30
20010	2.00	10	0.25	30

(3) 表示镶片式或整体刀片的切削刃类型和镶嵌角数量的字母代号(代号⑪表示规则)。镶片式或整体刀片的切削刃类型和镶嵌角数量用一个字母代号表示,其字母代号应符合表 7-30 的规定。

表 7-30　表示镶片式或整体刀片的切削刃类型和镶嵌角数量的字母代号规定

代号	示意图	说明	代号	示意图	说明
S	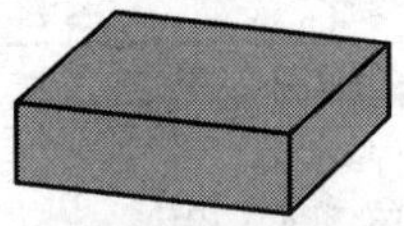	整体刀片	J	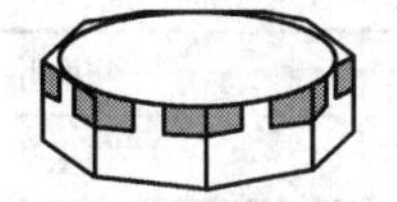	单面八角镶片刀片
F		单面全镶刀片	K	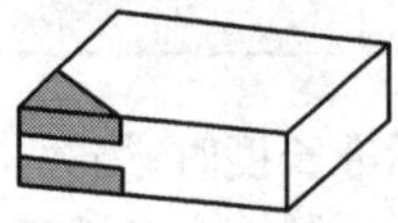	双面单角镶片刀片
E		双面全镶刀片	L	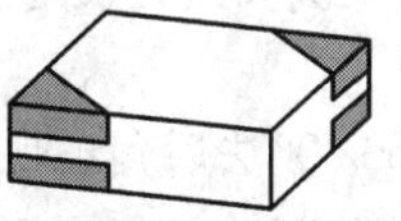	双面对角镶片刀片
A	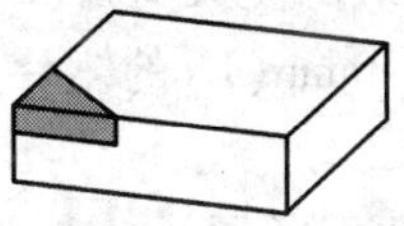	单面单角镶片刀片	M	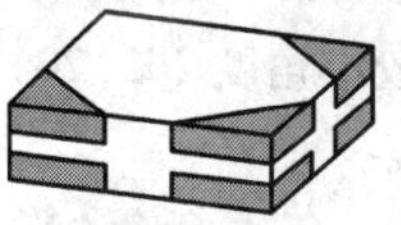	双面三角镶片刀片
B	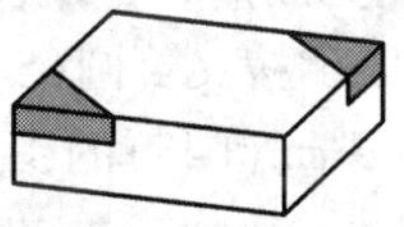	单面对角镶片刀片	N		双面四角镶片刀片
C	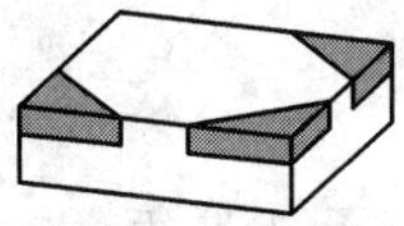	单面三角镶片刀片	P		双面五角镶片刀片
D	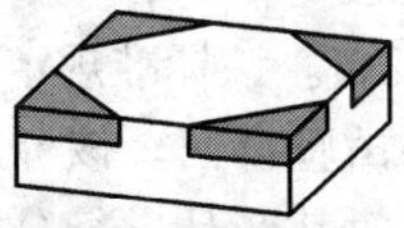	单面四角镶片刀片	Q	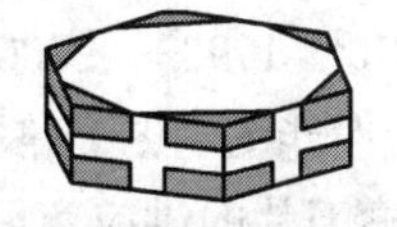	双面六角镶片刀片
G	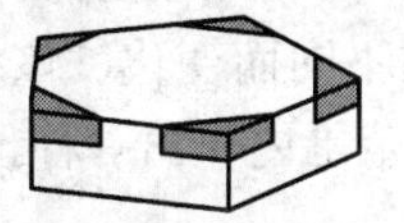	单面五角镶片刀片	R	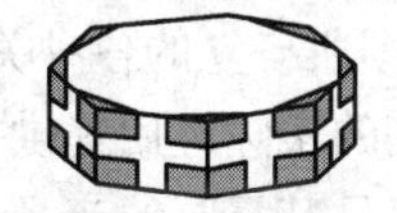	双面八角镶片刀片
H	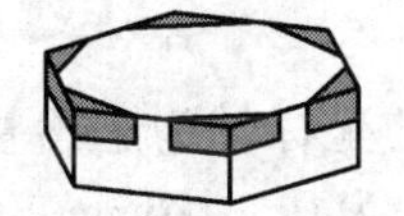	单面六角镶片刀片	T	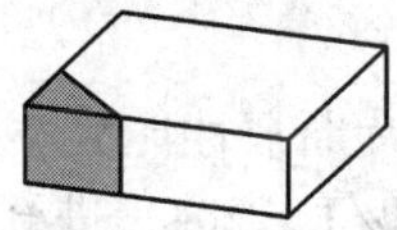	单角全厚镶片刀片

（续）

代号	示意图	说明	代号	示意图	说明
U	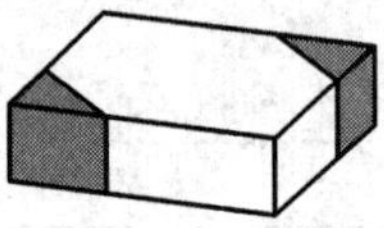	对角全厚镶片刀片	X	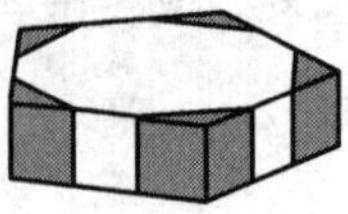	五角全厚镶片刀片
V	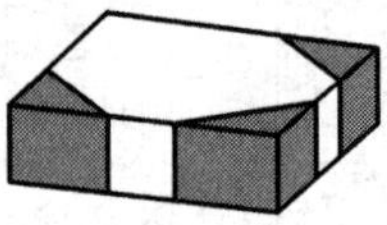	三角全厚镶片刀片	Y	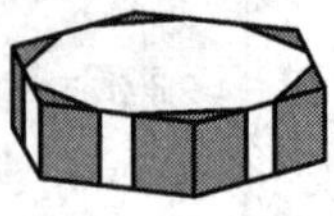	六角全厚镶片刀片
W	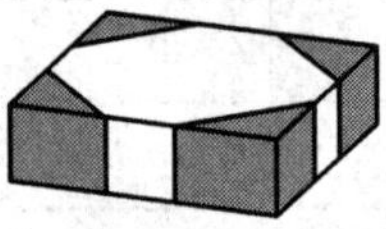	四角全厚镶片刀片	Z	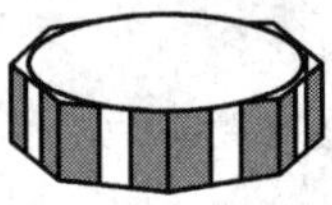	八角全厚镶片刀片

（4）表示镶刃长度的代号（代号⑫表示规则）。代号⑫可以为1位代号，也可为3位数字代号。镶刃长度是标准长度，用1位代号表示，见表7－31。

该代号可以为表7－30中所用A、B、C、D、G、H、J、K、L、M、N、P、Q、R、T、U、V、W、X、Y、Z中的字母。

表7－31 表示镶刃长度的字母代号

代号	说明	切削刃长度 l_1 不小于
L	长	见 ISO 16462 和 ISO 16463
S	短	

如果镶刃长度不是标准长度时，用3位数字代码表示有效刃尖长度，以0.1mm计。如果刃尖长度小于10.0mm时，则在前面加0。例如镶刃长度4.5mm，代号为045；镶刃长度10.7mm，代号为107。

（5）标注示例：

示例7－3： 正方形（S）、0°法后角（N）、允许偏差M级（M）、有圆形固定孔无断屑槽（A）、切削刃长度15.875mm（15）、刀片厚度6.35mm（06）、刀尖圆弧半径0.8mm（08）、切削刃为既倒棱又倒圆（S）、倒棱加倒圆总宽度0.5mm（050）、较小角度20°（20）、单面对角镶嵌（B），镶刃长度 $l_1=3.0$mm（L）的镶片刀片表示为SNMA150608S05020－BL。

示例7－4： 正方形（S）、0°法后角（N）、允许偏差M级（M）、有圆形固定孔无断屑槽（A）、切削刃长度15.875mm（15）、刀片厚度6.35mm（06）、刀尖圆弧半径0.8mm（08）、切削刃为既倒棱又倒圆（S）、倒棱加倒圆总宽度0.5mm（050）、较小角度20°（20）、单面对角镶嵌（B），镶刃长度 $\iota_1=4.5$mm（045）的镶片刀片表示为SNMA150608S05020－BL。

4. GB/T 17983—2000《带断屑槽可转位刀片近似切屑控制区的分类和代号》

1）概述

GB/T 17983—2000《带断屑槽可转位刀片近似切屑控制区的分类和代号》于2000年2月18日发布，2000年6月1日实施。GB/T 17983—2000等同采用ISO 10910:1995，为首次发布。该标准规定了一套用于拟定带断屑槽可转位刀片性能图的图表格式，性能结果可从该标准描述的切削试验得出。该标准规定了分类区域和区代号，带断屑槽刀片的供应商可以通过指明产品主要用途的区代号对其产品进行分类。需要注意的是：由该标准作出的图所确立的各种关系，可能会因工件材料、加工变量的不同而变化。该标准的目的不是为带断屑槽刀片产品的实际应用提供一个专门指南，而是让用户在泛泛的范围内作出一种预选，以使用户只注意那些最有可能满足其需要的产品。

2）坐标图

图7－44为规定刀片断屑性能分类区域和区代号的坐标图。坐标图的坐标轴为进给量（按GB/T 12204）和切削深度（按GB/T 12204），进给量 f 为：0.02～2.5mm/r，切削深度 a_p 为0.1～16mm。

3）图

坐标图可用来绘制通过标准切削试验而得到的带断屑槽刀片的性能图。

图将由连接坐标图上的各点构成，并表明一个区域，在这个区域内切屑受控制。由于各行业的观点不同，不推荐把切屑归纳为可接受的和（或）不可接受的。推荐的术语为受控的、未控的和过控的。同样，用 GB/T 16461—1996 的附录 G 的切屑形状代码或切削试验中的实际切屑形状表示都是可能接受的。

4）分类

根据标准规定的条件进行切削试验（参见标准），对切屑控制区进行分类。

该标准的分类是基于供应商可规定其断屑槽刀片主要用途的共识来定义的。另外，带断屑槽刀片的使用范围是在图 7－44 所示的坐标图上绘制的图来表示的。

图 7－45 分成 6 个分类区域，供应商的责任是将其产品用区代码进行分类，而这个区最能代表被分类刀片预定的主要用途（只用一个字母）。应当指出，当按该标准规定区域时，用这种方式产生的各类区的决定是人为的。

每个区域都有其代码（A、B、C、D、E 或 F），带断屑槽刀片供应商可自由使用，但该标准定义的代码不能作为现有刀片代号（GB/T 2076）的附加代号或带断屑槽刀片产品的商用代号。

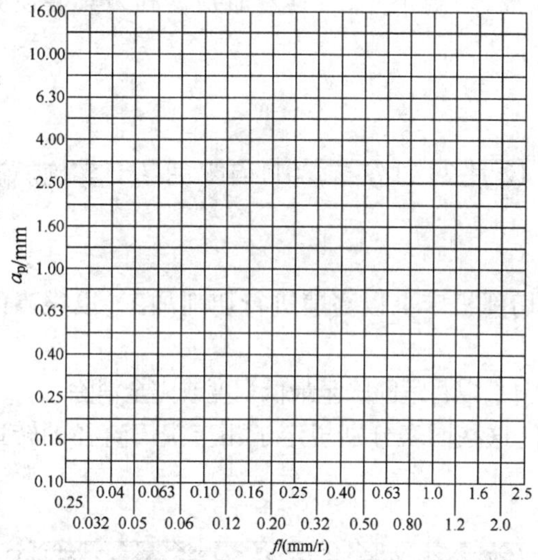

图 7－44　坐标图

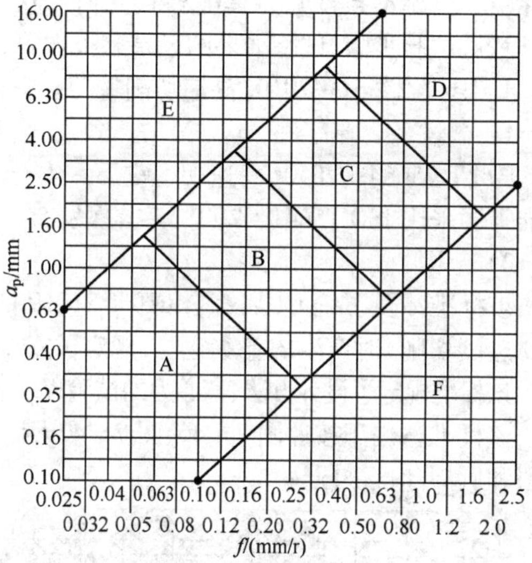

图 7－45　6 个分类区域

注：实际生产中的共同做法是，制造厂按一定的几何特征“几何形状组”对刀片分类，并在刀片的标准代号之后用字母、数字或两者结合起来表示，如 CNMG 120408－XX。虽然这些刀片（XX）属于相同的几何特征，但切屑控制的形状可能不同，这取决于刀片的尺寸和刀尖圆弧半径。

5. GB/T 20323 铣刀代号系列标准

GB/T 20323 铣刀代号系列标准于 2006 年 7 月 20 日发布，2007 年 1 月 1 日实施，分为 GB/T 20323.1—2006《铣刀代号第 1 部分：整体或镶齿结构的带柄立铣刀》和 GB/T 20323.2—2006《铣刀代号第 2 部分：装可转位刀片的带柄和带孔铣刀》两个部分。GB/T 20323.1—2006 等同采用 ISO 11529—1：1998，为首次发布，该部分规定了最大直径为 99.9mm 的整体或镶齿结构的带柄立铣刀代号，用以简化用户和供应商对该类刀具的交流，规定了 1～10 号位所代表的带柄立铣刀的识别数字（字母）符号、制造厂信息以及关于切削部分材料的附加信息等。GB/T 20323.2—2006 等同采用 ISO 11529—2：1998，为首次发布，该部分规定了装硬材料可转位刀片的带柄和带孔铣刀代号，用以简化用户和供应商对该类刀具的交流，规定了 1～11 号位所代表的带柄和带孔铣刀的识别数字（字母）符号、制造厂信息等。

7.4.3　刀具方法典型标准介绍

1. GB/T 16459—1996《面铣刀寿命试验》

GB/T 16459—1996《面铣刀寿命试验》于 1996 年 7 月 5 日发布，1997 年 2 月 1 日实施。该标准等同采用 ISO 8688—1：1989，为首次发布。该标准规定了硬质合金面铣刀在寿命试验中铣削钢件和铸铁件的推荐程序（适用于实验室和生产实际），在只考虑刀具主要由于磨损而失效的切削条件下对工件（工件材料、尺寸）、刀具（尺寸公差、几何参数、材料、安装）、切削液、切削条件、刀具失效和刀具寿命判据、设备、实验步骤、数据评估等的具体规定。

2. GB/T 16460—1996《立铣刀寿命试验》

GB/T 16460—1996《立铣刀寿命试验》于 1996 年 7 月 5 日发布，1997 年 2 月 1 日实施。该标准等同采用 ISO 8688—2：1989，为首次发布。该标准规定了用高速钢立铣刀铣削钢和铸铁进行刀具寿命试验时的推荐程序（适用于实验室和生产实际），铣槽、侧铣、端铣三种类型的立铣试验规范（只考虑刀具主要由于磨损而失效的切削条件）。对工件（工件材料、尺寸）、刀具（尺寸公差、几何参数、材料、安装）、切削液、切削条件、刀具失效和刀具寿命判据、设备、试验步骤、数据评估等都做了具体规定。

3. GB/T 16461—1996《单刃车削刀具寿命试验》

GB/T 16461—1996《单刃车削刀具寿命试验》于 1996 年 7 月 5 日发布，1997 年 2 月 1 日实施。该标准等同采用 ISO 3685：1993，为首次发布。该标准规定了用高速钢、硬质合金和陶瓷单刃车削刀具车削钢和铸铁的寿命试验的推荐程序（适用于实验室和生产实际），在只考虑刀具主要由于磨损而失效的切削条件下对工件（材料、标准条件）、刀具（材料、几何形状、标准条件）、切削液、切削条件、刀具寿命判据和刀具磨损测量、设备、试验步骤、试验结果的记录和报告等的具体规定。

4. GB/T 25664—2010《高速切削铣刀　安全要求》

1）概述

GB/T 25664—2010《高速切削铣刀　安全要求》于 2010 年 12 月 23 日发布，2011 年 7 月 1 日实施。该标准等同采用 ISO 15641：2001，为首次发布。

2）范围

该标准涉及了铣刀（如符合 GB/T 21019 的铣刀）用在金属切削机床上以高速进行切削加工（以很高的圆周速度切削）时产生的基本危险，规定了安全要求。

该标准规定了设计方法、离心力的试验程序、操作极限和信息提供，以将危险降至最低程度或完全消除。

该标准适用于按照图 7－46、图 7－47 所示速度运行的铣刀（这些图表分别规定了相应铣刀直径的转速极限和圆周速度极限）。

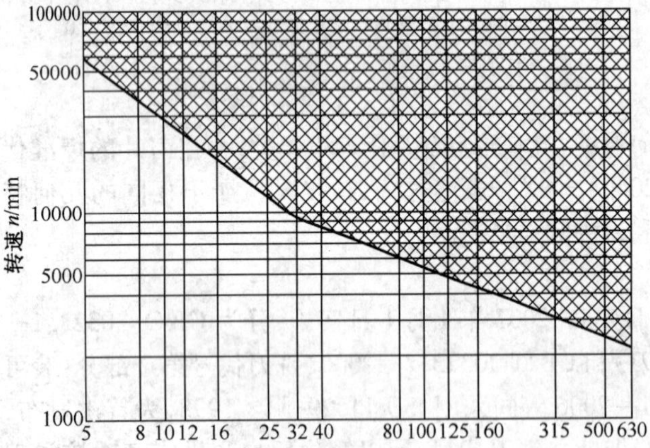

注：代表本标准适用范围。

图 7－46　转速与刀具最大直径关系

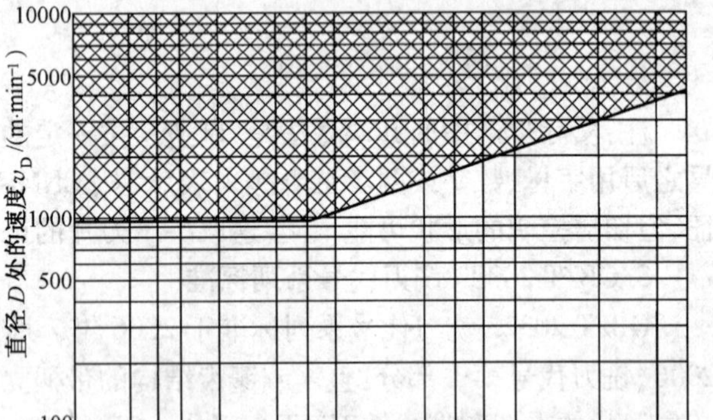

注：代表本标准适用范围。

图 7－47　直径 D 处的速度 v_D 与刀具最大直径 D 的关系

3）术语和定义

（1）整体或单件铣刀（solid or one－piece cutter）：不带可拆卸部分的铣刀；其刀体和一个或多个切削部分为一整体。

（2）焊（粘）接铣刀（composite cutter）：将一个或多个切削部分（如刀片）用结合材料将其固定在刀体上的铣刀（如钎焊）。

（3）组装铣刀（complex cutter）：铣刀的一个或多个部分（如可转位刀片、刀夹、夹紧零件）通过机械连接

(如运用摩擦锁紧或成形锁紧原理的键螺栓、螺栓或夹紧螺栓)紧固于刀体上。

(4) 焊(粘)接式(bonding):用结合材料紧固刀具各部分,如钎焊、熔焊或粘接。

(5) 可拆式(separable):用可拆卸的紧固件紧固刀具的各部分,如可重复安装、拆卸的摩擦锁紧和成形锁紧,或者是两者的一个组合。

(6) 摩擦锁紧(friction lock):利用摩擦力防止刀具各部分在使用时发生位移的紧固方式。

(7) 成形锁紧(form lock):利用刀具各部分的形状和排列防止其在使用时发生位移的紧固方式。

(8) 刀具最大直径(maximum diameter of tool):刀具旋转时形成最大圆的直径。

(9) 弯曲临界直径(critical diameter for bending):承受由于离心力和切削力产生的最大弯曲应力的直径。

(10) 刀具悬伸长度(protruding tool length):铣刀装卡后沿旋转轴线方向测量的自由伸出部分的长度。

(11) 铣刀质量(mass of milling cutter):完全安装就绪并准备待用的铣刀质量。

(12) 部件质量(component masses):组装铣刀的所有部件的质量。

(13) 最高转速(maximum rotational speed):制造商针对具体铣刀规定的最高转速。

(14) 试验转速(rotational speed for test):最高转速 n_{max} 乘以用于速度试验的转速安全系数得到的速度。

4) 危险性

(1) 主要危险:

① 当铣刀用于高圆周速度时,由于使用了高转速,离心力以转速的平方成正比增加,使相关的力超过了正常切削的情况。还要考虑刀具受到的其他型式的力,例如,夹紧在驱动端部的铣刀通过加速到达工作速度时,组装铣刀中的预应力和来自于空气或冷却液的流体力。离心力通常是主要载荷,而其作用的高能量导致了高的结构载荷,当这些载荷达到极限时,将导致刀具爆碎。

② 当铣刀用于高圆周切削速度时,具有高水平的旋转动能。当刀具损坏事故发生时,这些能量将可能释放出来。脱出的质体以不可预测的轨迹沿旋转方向或切线方向高速飞离原来的旋转轴。它们的能量只有通过在运动途中的一次或多次碰撞,或者机床部件的变形才能释放出来。

③ 这种型式的刀具损坏释放的能量足以损坏和穿透机床部件,会对在机床旁或机床附近人员造成严重的人身伤害。由于这种高速切削加工操作的高动态性,事故发生时不可能期望操作人员能够停止机床或离开危险区域以及时避免受到这样的伤害。

(2) 操作危险:在加工之前和之后,操作人员在工作过程中所必需的刀具操作都可能产生危险(如运输、装配、安装或拆卸、机床主轴上的夹固等)。

(3) 刀具的损坏型式:

① 刀体损坏:由于结构超载导致铣刀刀体的变形或爆碎。原因如下:长悬伸铣刀由于切削力、离心力或不平衡导致刀具损坏。长悬伸铣刀的安装很关键,由于安装偏心产生的不平衡力会导致损坏在转速很低时就产生。短悬伸铣刀由于离心力产生的应力超过刀体材料的极限强度导致刀具损坏。

② 切削部分的固定零件损坏:由于离心力和(或)切削力造成的结构超载,使组装铣刀的刀体和切削部分(如可转位刀片或刀夹)的连接件损坏(如变形或破裂)。

③ 切削部分损坏:由于离心力和(或)切削力造成切削部分的结构超载。

5) 安全要求和(或)检测

(1) 通过设计保证安全:被设计用于高圆周速度的铣刀应能承受使用时产生的离心力。转速安全系数应取2,这样,其与离心力的安全系数为4∶1。转速安全系数对于组装铣刀也可以按要求取1.6。

由于生产线上刀具的几何相似性,如果对来自于这样的生产线上至少一件刀具做离心力型式试验的结果是完全确实可靠的,就允许对刀具进行计算。

检验:通过计算和(或)离心力型式试验。

(2) 平衡的重要性:随着转速的增加,由偏心产生的不平衡力以二次方的比例增加。

为安全起见,铣刀在最高转速 n_{max} 时的平衡质量等级按 GB/T 9239.1 应等于或优于 G40。

如果为提高性能(如提高刀具寿命或改善加工表面粗糙度),也可采用一个可确保安全的较低的平衡质量等级(如 G6.3、G2.5)。

对于 G40,图 7-48 中的许用剩余不平衡度 $U_G{}^*$ 可用下面的公式(见 GB/T 9239.1 附录)计算:

$$U_G{}^* = 3.8197\times10^5\times\frac{1}{n_{max}}$$

式中 n_{max}——最高转速(min^{-1});

$U_G{}^*$——铣刀许用剩余不平衡度$\left(\frac{g\cdot mm}{kg}\right)$或许用剩余质量中心位移(μm)。

检验:测量铣刀的不平衡量。

(3) 制造的完善性:为确保铣刀在高圆周速度时安全使用,刀具的生产应确保其质量的一致性,且没有热处理产生的物理缺陷或其他原因的裂纹。

检验:制造商的质量规程。

(4) 离心力型式试验:

① 一般要求:为确保铣刀在高速加工时安全使用,应对每一种结构类型的铣刀进行离心力型式试验。型式试验应包括:a. 审核设计图纸的一致性,且如有必要还需对设计计算进行审核。b. 视觉检查,测量和检查铣刀的装配情况。

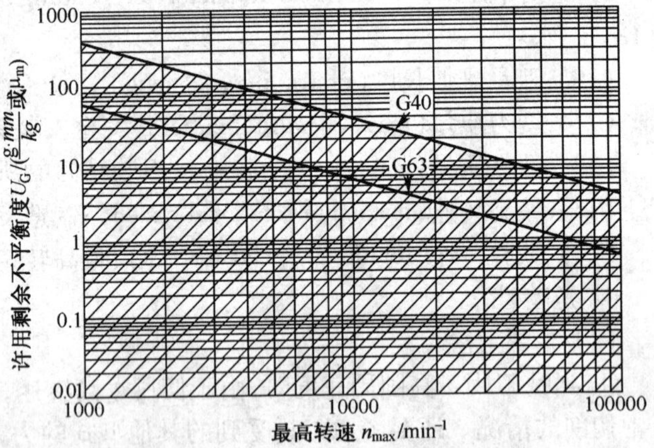

图 7-48 不平衡质量等级 G6.3、G40 的许用剩余不平衡度

② 整体、单件或焊(粘)接铣刀的试验:整体、单件或焊(粘)接铣刀以 2 倍于铣刀标明最高转速的试验转速做离心力型式试验,铣刀没有损坏或破裂现象。

③ 组装铣刀的试验:组装铣刀可按整体、单件或焊(粘)接铣刀的试验进行试验,但应充分保证铣刀对离心力的抵抗能力,也可以下述方法证实,即当试验转速达到标明最高转速的 1.6 倍时,刀具没有损坏或破裂,并且没有永久变形或(组成刀具的零件)位移不超过 0.05mm。

④ 试验转速的持续时间:根据上面规定的整体、单件或焊(粘)接铣刀的试验或组装铣刀的试验的试验转速,至少应持续 1min。

6) 铣刀标记

高速切削铣刀至少应清晰、明显、永久地标记以下信息:

(1) 最高转速;

(2) 制造商或供应商的名称或商标;

(3) 特定代码,根据此代码能从制造商的随行文件中查到刀具的特性。

检验:视觉检查铣刀,检验相关图纸、文件的说明。

7) 使用所需的文件和信息

制造商应提供刀具的随行文件,文件中应包含或给出刀具安全使用的参考信息,至少包括:

(1) 刀具最高转速 n_{max} 的说明;

(2) 型式试验的证明文件;

(3) 所有零部件正确装配、拆卸的详细说明;

(4) 用明确的文本对刀具上的代码进行解释;

(5) 有关刀具的修复和维护的信息,特别是备用件和磨损件的信息;

(6) 决定刀具最大允许悬伸量 l_p 的信息;

(7) 关于刀具平衡条件的信息;

(8) 关于铣刀正确使用的信息(对高速切削的安全性尤为重要);

(9) 合理切削及其他可换零件的信息;

(10) 刀具正确装夹的信息。

制造商或供应商在使用或出售的产品资料中,应说明铣刀是否按本标准制造。

5. JB/T 10231 刀具产品检测方法系列标准

JB/T 10231 刀具产品检测方法系列标准陆续于2001年—2006年发布实施,共分27个部分:

第1部分:通则;

第2部分:麻花钻;

第3部分:立铣刀;

第4部分:丝锥;

第5部分:齿轮滚刀;

第6部分:插齿刀;

第7部分:圆拉刀;

第8部分:板牙;

第9部分:铰刀;

第10部分:锪钻;

第11部分:扩孔钻;

第12部分:三面刃铣刀;

第13部分:锯片铣刀;

第14部分:键槽铣刀;

第15部分:可转位三面刃铣刀;

第16部分:可转位面铣刀;

第17部分:可转位立铣刀;

第18部分:可转位车刀;

第19部分:键槽拉刀;

第20部分:矩形花键拉刀;

第21部分:旋转和旋转冲击式硬质合金建工钻;

第22部分:搓丝板;

第23部分:滚丝轮;

第24部分:机用锯条;

第25部分:金属切割带锯条;

第26部分:高速钢车刀条;

第27部分:中心钻。

内容包含主要标准刀具产品的检测项目、检测器具和检测方法等,第1部分为通则,主要是对外观、表面粗糙度、莫氏锥柄、内孔、端面键槽、外形尺寸、产品化学成分、硬度以及标志和包装等共性项目检测的规定。其余各部分主要是针对具体的刀具品种,对相关的检测项目,规定了检测依据、检测器具、检测方法等内容。

7.4.4　刀具接口典型标准介绍

1. GB/T 1443—1996《机床和工具柄用自夹圆锥》

1）概述

GB/T 1443—1996《机床和工具柄用自夹圆锥》于1996年7月5日发布,1997年2月1日实施。该标准等效采用ISO 296：1991,是对GB 1443—85的修订,同时代替GB 1443—85。该标准适用于机床和工具柄用自夹圆锥,规定了4、6、80、100、120、160、200号米制圆锥和0、1、2、3、4、5、6号莫氏圆锥的尺寸和公差。

2）形式和尺寸

圆锥的形式如图7-49~图7-52所示。尺寸参见标准。

3）圆锥公差

圆锥角度公差按GB/T 11334中AT7的规定,外圆锥为正偏差,内圆锥为负偏差。

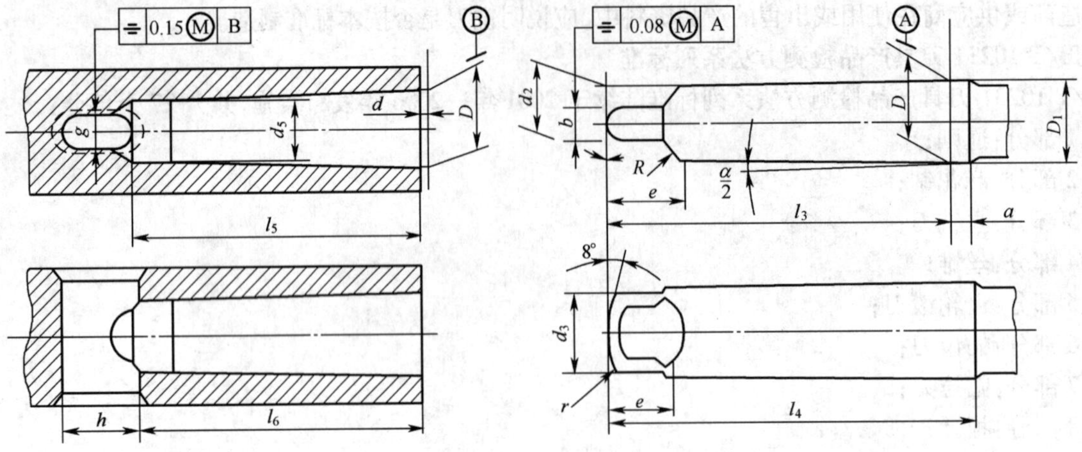

图 7－49　带扁尾的内圆锥和外圆锥

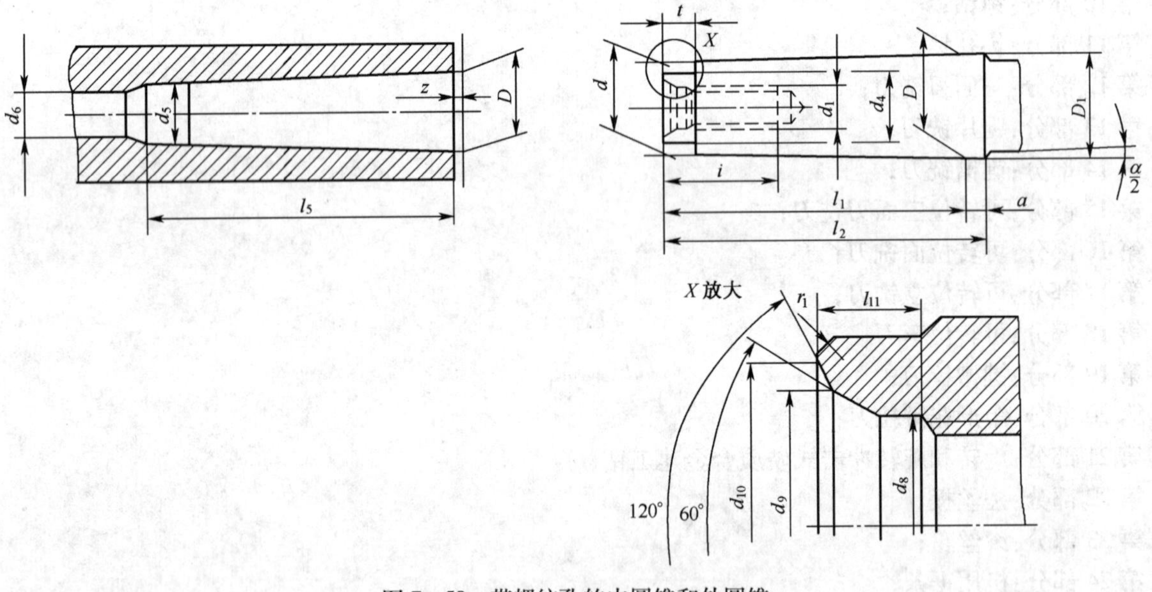

图 7－50　带螺纹孔的内圆锥和外圆锥

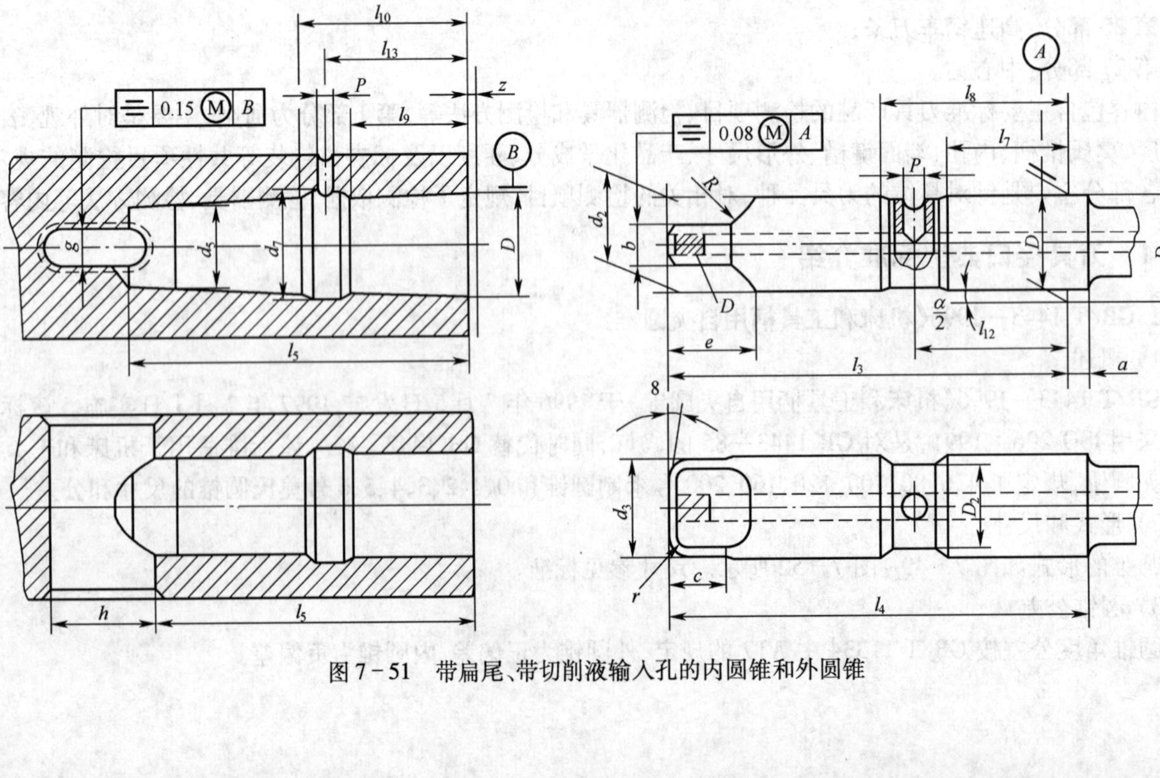

图 7－51　带扁尾、带切削液输入孔的内圆锥和外圆锥

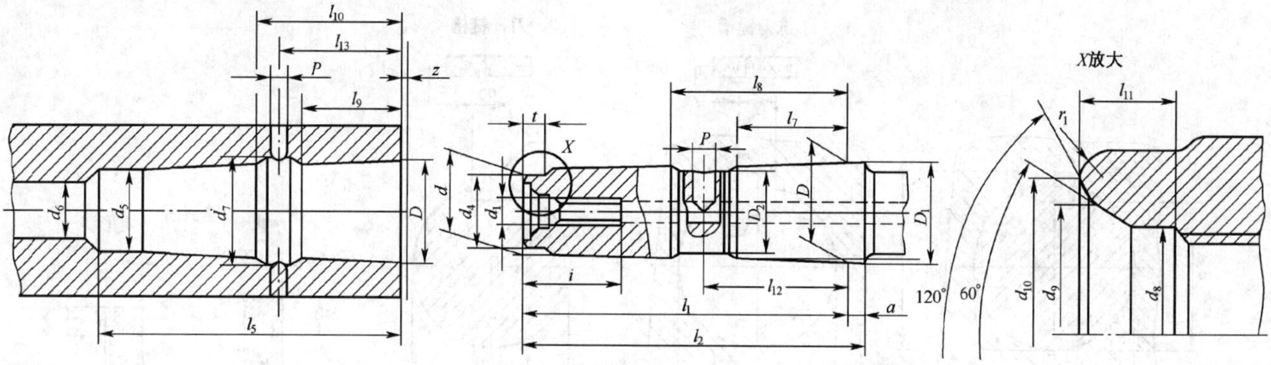

图 7－52　带螺纹孔、带切削液输入孔的内圆锥和外圆锥

内、外圆锥的基本尺寸 D 和公差用相应量规检验。

2. GB/T 6132—2006《铣刀和铣刀刀杆的互换尺寸》

1）概述

GB/T 6132—2006《铣刀和铣刀刀杆的互换尺寸》于 2006 年 7 月 20 日发布，2007 年 1 月 1 日实施。该标准等同采用 ISO 240：1994。该标准适用于安装在刀杆或芯轴上的各种铣刀，规定了铣刀和铣刀刀杆或芯轴之间的互换尺寸，即内孔、刀杆或芯轴的直径及键或端键传动的各要素。

2）键传动

键传动如图 7－53 所示。该标准给出了键传动（表 7－32）以及米制尺寸转换为对应英制尺寸的换算（表 7－33）。

表 7－32　键传动

单位：mm

d	a	b h11	c 基本尺寸	c 极限偏差	c_1 基本尺寸	c_1 极限偏差	e 基本尺寸	e 极限偏差	r 基本尺寸	r 极限偏差	r_1 基本尺寸	r_1 极限偏差	z
8	2	—	6.7	0 −010	8.9	+0.10 0	0.16	+0.09 0	0.4	−0 −0.10	0.16	0 −0.08	0.030
10	3		8.2		11.5								
13			11.2		14.6								
16	4		13.2		17.7				0.6	0 −0.20			0.035
19	5		15.6		21.1		0.25	+0.15 0	1.0	0 −0.30	0.25	0 −0.09	
22	6		17.6		24.1								
27	7		22		29.8	+0.20 0			1.2				0.040
32	8	7	27	0 −0.20	34.8								
40	10	8	34.5		43.5		0.40	+0.20 0	1.6	0 −0.50	0.40	0 −0.15	0.045
50	12		44.5		53.5								
60	14	9	54		64.2								
70	16	10	63.5		75				2.0				
80	18	11	73		85.5								
100	25	14	91		107		0.60		2.5		0.60	0 −0.20	0.055

注：① d 的公差（齿轮滚刀孔除外）：刀杆 h6；铣刀 H7。

② a 的公差：对于刀杆的键槽：松配合键 H9，紧配合键 N9；对于铣刀键槽：C11；键：h9

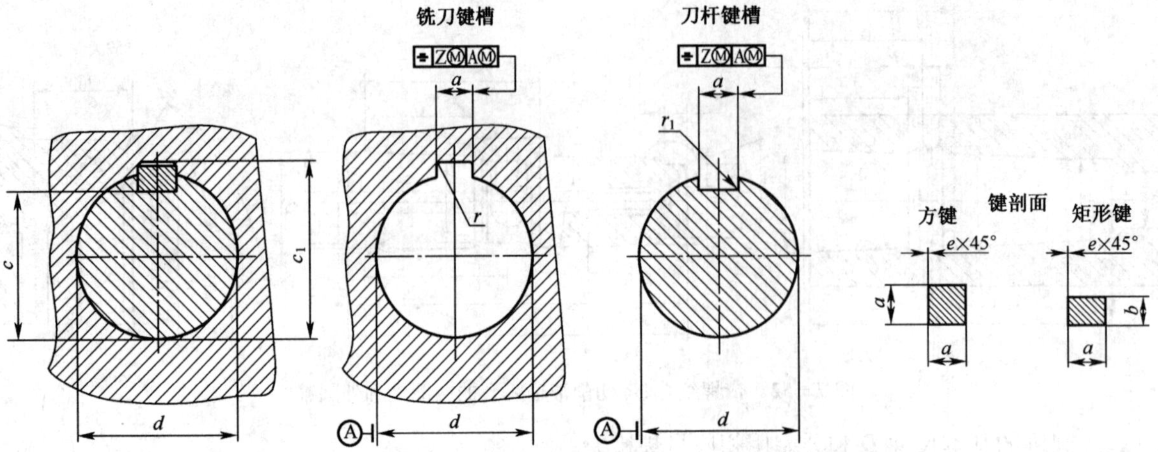

图 7-53　键传动

表 7-33　键传动米制尺寸转换为英制尺寸　　单位：in

代号	d	a	b	C 基本尺寸	C 极限偏差	c_1 基本尺寸	c_1 极限偏差	e 基本尺寸	e 极限偏差	R 基本尺寸	R 极限偏差	r_1 基本尺寸	r_1 极限偏差	z
8	0.3149	0.079		0.264		0.350								
10	0.3937	0.118		0.323		0.453				0.016	0 -0.004			0.002
13	0.5118	0.118		0.441		0.575		0.006	+0.004 0			0.006	0 -0.003	
16	0.6299	0.157	—	0.520	0 -0.004	0.697	+0.004 0			0.024	0 -0.008			
19	0.7480	0.197		0.614		0.831				0.039				0.0014
22	0.8661	0.236		0.693		0.949		0.010	+0.006 0			0.010	0 -0.004	
27	1.0630	0.276		0.866		1.173					0 -0.012			
32	1.2598	0.315	0.276	1.063		1.370				0.047				0.0016
40	1.5748	0.394	0.315	1.358		1.713								
50	1.9685	0.472	0.315	1.752		2.106				0.063				
60	2.3622	0.551	0.354	2.126	0 -0.008	2.528	+0.008 0	0.016				0.016	0 -0.006	0.0018
70	2.7559	0.530	0.394	2.500		2.953			+0.008 0	0.079	0 -0.020			
80	3.1496	0.709	0.433	2.874		3.366								
100	3.9370	0.984	0.551	3.583		4.213		0.024		0.098		0.024	0 -0.008	0.0022

注：a、b、d 的公差 h6、h9、h11、H7、H9、N9 和 C11 的毫米直接转换成英寸

3）端键传动

端键传动如图 7-54 所示。该标准给出了端键传动（表 7-34）以及米制尺寸转换为对应英制尺寸的换算（表 7-35）。

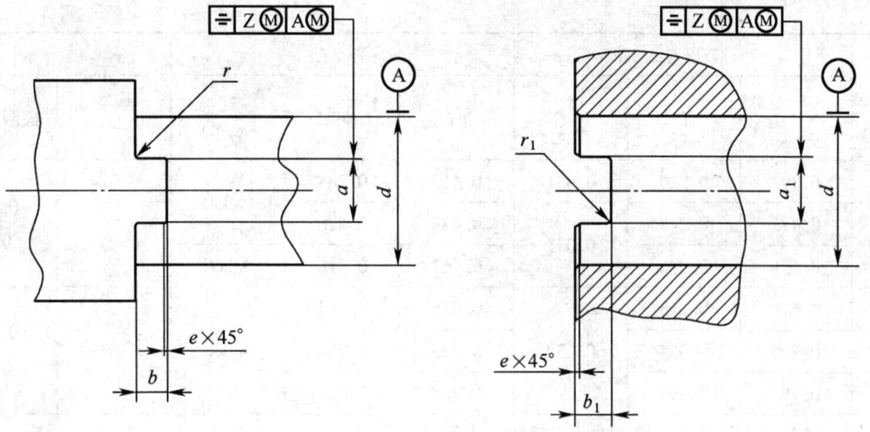

图7-54　端键传动

表7-34　端键传动

单位：mm

d	刀杆 a (h11)	刀杆 b (h11)	刀杆 r (最大)	铣刀 a_1 (H11)	铣刀 b_1 (H13)	铣刀 r_1 (最大)	e 基本尺寸	e 极限偏差	z
5	3	2.0	0.3	3.3	2.5	0.6	0.3	+0.1 0	0.15
8	5	3.5	0.4	5.4	4.0		0.4		0.20
10	6	4.0	0.5	6.4	4.5	0.8	0.5		
13	8	4.5		8.4	5.0	1.0			
16		5.0	0.6		5.6		0.6	+0.2 0	
19	10	5.6		10.4	6.3	1.2			
22									
27	12	6.3	0.8	12.4	7.0		0.8		
32	14	7.0		14.4	8.0	1.6			
40	16	8.0	1.0	16.4	9.0	2.0	1.0	+0.3 0	
50	18	9.0		18.4	10.0				
60	20	10.0		20.5	11.2				0.25

注：d的公差（齿轮滚刀除外）：刀杆h6；铣刀H7

表7-35　端键传动米制尺寸转换为英制尺寸

单位：in

代号	d	刀杆 a	刀杆 b	刀杆 r (最大)	铣刀 a_1	铣刀 b_1	铣刀 r_1 (最大)	e 基本尺寸	e 极限偏差	z
5	0.1968	0.118	0.079	0.012	0.130	0.099	0.020	0.012	+0.004 0	0.006
8	0.3149	0.197	0.138	0.016	0.213	0.158		0.016		0.008
10	0.3937	0.236	0.157	0.020	0.252	0.177	0.030	0.020		
13	0.5118	0.315	0.177		0.331	0.197	0.040			
16	0.6229		0.197	0.024		0.220		0.024	+0.008 0	
19	0.7480	0.394	0.220		0.410	0.248	0.050			

（续）

代号	d	刀杆			铣刀			e		z
		a	b	r（最大）	a_1	b_1	r_1（最大）	基本尺寸	极限偏差	
22	0.8661	0.394	0.220	0.024	0.410	0.248	0.050	0.024	+0.008 0	0.008
27	1.0630	0.472	0.248	0.031	0.488	0.276		0.031		
32	1.2598	0.551	0.276		0.567	0.316	0.060			
40	1.5748	0.630	0.315	0.039	0.646	0.355	0.080	0.039	+0.012 0	
50	1.9685	0.709	0.354		0.725	0.394				
60	2.3622	0.787	0.394		0.807	0.441				0.010
注：d、a、b、a_1、b_1 公差 h6、h11、H7、H11 和 H13 的毫米直接转换成英寸										

3. GB/T 20329—2006《端键传动的铣刀和铣刀刀杆上刀座的互换尺寸》

1）概述

GB/T 20329—2006《端键传动的铣刀和铣刀刀杆上刀座的互换尺寸》于 2006 年 7 月 20 日发布，2007 年 1 月 1 日实施。该标准等同采用 ISO 2780：1986。该标准只适用于米制系列的铣刀，规定了端键传动的铣刀和铣刀刀杆上刀座的互换尺寸，列出了铣刀、刀杆上刀座、在刀杆上紧固铣刀用的螺栓的互换尺寸，摘录了 GB/T 6132 的铣刀刀杆的互换尺寸。

2）尺寸

（1）总平面图如图 7－55 所示。

（2）铣刀的互换尺寸见图 7－56 和表 7－36。

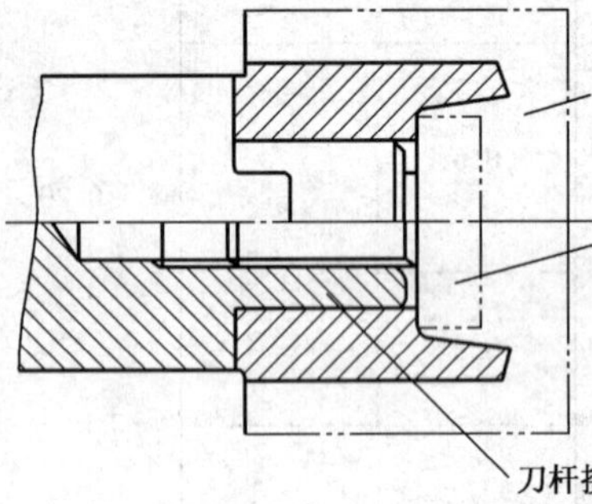

图 7－55　总平面图

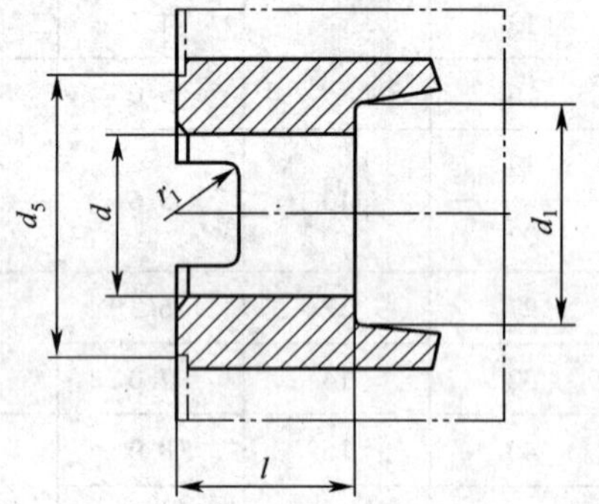

注：r_1尺寸见本标准附录 A。

图 7－56　端键

表 7－36　端键尺寸

单位：mm

d(H7)	l^{+1}_{0}	d_1(最小)	d_5(最小)
16	18	23	33
22	20	30	41
27	22	38	49
32	25	45	59
40	28	56	71
50	31	67	91
注：① 端键按 GB/T 6132 米制系列，也可见本标准的附录 A。 ② 后端面的空刀间隙不作硬性规定			

（3）铣刀杆上刀座的互换尺寸见图 7－57 和表 7－37。

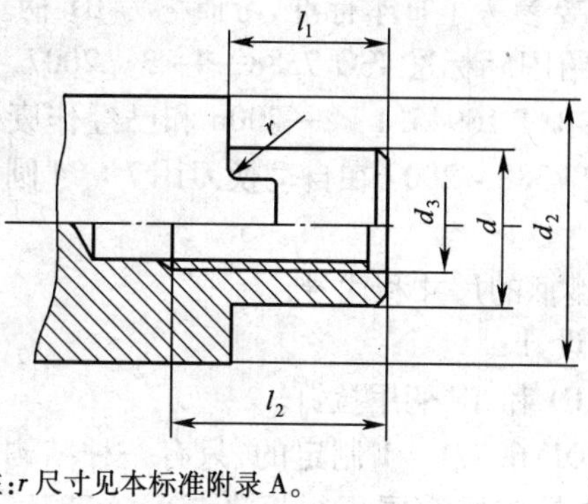

注：r尺寸见本标准附录A。

图7-57　刀座

表7-37　刀座尺寸　　单位：mm

d(h6)	$l_{1\ -1}^{\ 0}$	d_2(最小)	d_3	l_2(最小)
16	17	32	M8	22
22	19	40	M10	28
27	21	48	M12	32
32	24	58	M16	36
40	27	70	M20	45
50	30	90	M24	50

注：端键按GB/T 6132米制系列，也可见本标准的附录A

（4）铣刀夹紧螺栓的互换尺寸见图7-58和表7-38。

表7-38　夹紧螺栓尺寸　　单位：mm

d	d_3	$l_{3\ 0}^{+3}$	d_4(最大)	e(最大)
16	M8	16	20	6
22	M10	18	28	7
27	M12	22	35	8
32	M16	26	42	9
40	M20	30	52	10
50	M24	36	63	12

注：① 紧固螺栓头部的形状由制造厂自行确定，但端部尺寸d_4和e应按本标准。
② d为接头尺寸

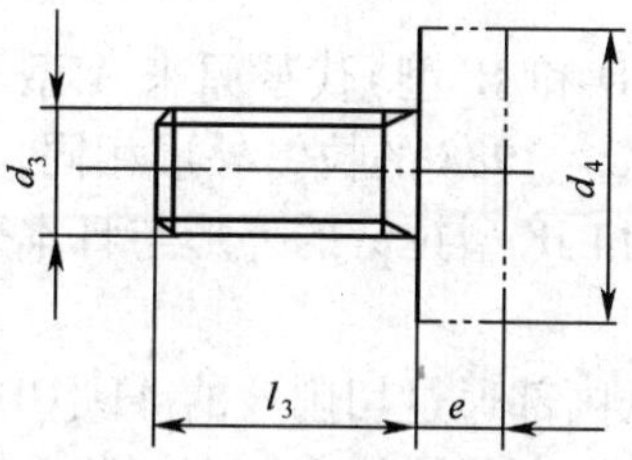

图7-58　夹紧螺栓

4. 自动换刀用7∶24圆锥工具柄部标准

1）概述

（1）国内外自动换刀用7∶24圆锥工具柄部。自动换刀用7∶24圆锥工具柄部标准是非常重要的接口标准，在我国使用比较多的有JT（国际标准锥柄）、BT（日本标准锥柄）和CAT（美国标准锥柄），它们最直观的差别是凸缘的宽度尺寸，BT柄凸缘尺寸要大一些，而且不同号柄凸缘宽度不一样，对于40、45和50号柄，凸缘宽度分别为25mm、30mm和35mm，而JT柄、CAT柄凸缘宽度统一为15.9mm，相关的主要标准有国际标准、日本标准、德国标准、中国标准。

（2）自动换刀用7∶24圆锥工具柄部国家标准。我国的7∶24圆锥工具柄现行标准如下：

GB/T 10944.1—2006《自动换刀用7∶24圆锥工具柄部——40、45和50号柄　第1部分：尺寸及锥角公差》

GB/T 10944.2—2006《自动换刀用7∶24圆锥工具柄部——40、45和50号柄　第2部分：技术条件》

GB/T 10945.1—2006《自动换刀用7∶24圆锥工具柄部——40、45和50号柄用拉钉　第1部分：尺寸及机械性能》

GB/T 10945.2—2006《自动换刀用7∶24圆锥工具柄部——40、45和50号柄用拉钉　第2部分：技术条件》

GB/T 10944.1—2006等同采用ISO 7388—1∶1983。

GB/T 10945.1—2006等同采用ISO 7388—2∶1984。

GB/T 10944和GB/T 10945系列标准于2006年12月30日发布，2007年6月1日实施，同时代替GB/T 10944—1989和GB/T 10945—1989。它们都是国际标准柄，习惯称为JT柄。

我国自动换刀用7∶24圆锥工具柄部标准，在GB/T 10944—1989和GB/T 10945—1989之前，执行的是机械工业部标准JB 3381.1—83《数控机床用7∶24圆锥工具柄部40、45和50号圆锥柄》和JB 3381.2—83《数控机床用 7∶24 圆锥工具柄部 40、45 和 50 号圆锥柄用拉钉》,它主要参考了日本标准,习惯称为 BT 柄。

(3)自动换刀用 7∶24 圆锥工具柄部国际标准。这里主要介绍国际标准 ISO 7388—1~3∶2007,并对 ISO 7388—1~3∶2007 与我国现行标准 GB/T 10944.1~2—2006、GB/T 10945.1~2—2006 和已经作废的我国机械工业部标准 JB3381-1~2—83 的主要差别做简单介绍。ISO 7388∶2007 在自动换刀用 7∶24 圆锥工具柄部的总标题下分 3 个部分:

——ISO 7388—1∶2007 第 1 部分:A,AD,AF,U,UD 和 UF 型柄的尺寸和代号;

——ISO 7388—2∶2007 第 2 部分:J,JD 和 JF 型柄的尺寸和设计;

——ISO 7388—3∶2007 第 3 部分:AC,AD,AF,UC,UD,UF,JD 和 JF 柄用拉钉。

ISO 7388—1∶1983 的 7/24 圆锥柄结构尺寸是依据德国标准 DIN69871-1 制定的,只有一种结构形式的 7/24 圆锥柄和两种结构形式的拉钉。ISO 7388—1∶2007 基本是依据德国现行标准(DIN 69871—1∶1995)和美国现行标准(ASME B5.50∶1994)制定的 A 型和 U 型圆锥柄,并且还参考德国标准(DIN 69871—1∶1995)制定了带贯通内孔的 AD 型和 UD 型 7/24 圆锥柄、带法兰端面冷却孔的 AF 型和 UF 型 7/24 圆锥柄。

ISO 7388—2∶2007 则是参考日本现行标准(JIS B 6339∶1998 或 MAS403)制定的 7/24 圆锥柄 J 型(非内孔贯通结构)、JD 型(内孔贯通结构)和 JF 型(带法兰端面冷却孔结构)圆锥柄,这样就把绝大多数 7/24 圆锥柄的结构全部纳入进来。

ISO 7388—3∶2007 制定了 8 种拉钉结构(AC、AD、AF、UC、UD、UF、JD 和 JF 型)代替原来 A 型和 B 型两种拉钉结构。其中 AC、AD 型和 AF 型拉钉的外形与德国标准 DIN 69872∶1988 的拉钉外形相同,UC、UD 和 UF 型拉钉的外形与老标准(ISO 7388—2∶1983)的 B 型拉钉相同,JD 和 JF 型拉钉的外形与日本原 MAS 403(日本工作机械工业协会标准)的Ⅱ型拉钉相同。

AD、UD 和 JD 型 3 种拉钉都制有供切削液通过的贯通孔,用于需要从内部通过切削液的 AD、UD、JD 型锥柄。而 AC、AF、UC、UF 和 JF 型 5 种拉钉都没有贯通孔。AF、UF 型拉钉在定位圆柱上制有安装 O 形防水圈的凹槽,以防止切削液从柄孔中渗出,其靠头部的端面孔应按标准中的表 3 和表 4 的规定制造;JF 型的端面盲孔可按制造商使用的数据芯片孔制造,这 3 种拉钉用于需要从法兰端面进切削液的 AF、UF、JF 型锥柄。AC、UC 型拉钉则在头部制有通用的数据芯片孔($\phi10\times4.6$),用于在拉钉端面安装数据芯片孔的 A 型和 U 型 7/24 圆锥柄。

ISO 7388∶2007 系列标准把 7/24 圆锥柄和拉钉的规格由原来的 40、45、50 号圆锥 3 种规格扩大到 30、40、45、50、60 号圆锥 5 种规格,已满足目前自动换刀数控机床所有规格的刀柄。

ISO 7388∶2007 系列标准为了适合较高主轴转速的要求,其锥度公差有了较大的提高:30 号~60 号锥柄统一按半角公差为$^{+4''}_{0}$的锥度公差执行(ISO 7388—1∶1983 和 GB/T 10944.1—2006 规定为 AT4)。按圆锥公差的国家标准 GB 11334—89(等效采用国际标准 ISO 1947—1973)规定的圆锥角公差级别分别相当于:30、40、45、50 号柄为 AT3 级,60 号柄为 AT4 级。这与国外主要的大工具制造商现行的锥度公差相当,并且提高了圆锥柄部的圆度和母线直线度的形状公差要求。高的锥度公差、形状公差有利于提高刀柄的安装精度和连接刚性,适合加工较高速的场合。

法兰盘上的 V 形槽 30°锥面的法向跳动、法兰盘直径和 V 形槽的径向跳动公差均放大了一倍。前者由 0.05mm 放大到 0.1mm,后者由 0.025mm 放大到 0.05mm。而锥柄尾部定位孔的径跳则由 0.025mm 缩小到 0.02mm。

3 种锥柄的端键槽都规定了根底圆弧(或倒角)的尺寸限制,A、AD、AF 型锥柄还规定了法兰盘上刀具安装用定位槽的根底圆弧尺寸。JD、JF 型拉钉法兰根部的圆弧由原来的 $R2$ 改为按规格大小分别为 $R2$~$R5$。

A、AD、AF、U、UD、UF 型 6 种锥柄的尾部定位孔和螺纹孔尺寸、靠近法兰盘前部允许的颈部最大尺寸都进行了统一,A、AD、AF、U、UD、UF、JD、JF 型 8 种锥柄尾部定位孔内圆弧的尺寸也予以统一。

也有一部分尺寸改动较大:如 JD、JF 型刀柄的 V 形槽检测尺寸 d_6,锥柄尾部定位内圆弧 d_{11} 的最大尺寸均与 BT 型锥柄不同,而且用 u 和 y 两个尺寸代替了 JIS B 6339∶1998 原规定的 f 和 y 两个尺寸,但其相对距离没改变。

A、AD、AF 型除 60 号柄的总长由 161.8mm 改为 161.9mm 外,其余规格的总长与德国标准 DIN69871—1

对应的总长相同。而 U、UD、UF 型柄的总长均按 A、AD、AF 型柄的总长统一，与美国标准 ASMEB5.50—1994 规定的锥柄总长都有所改变。

V 形槽的角度标注由半角标注改为全角标注：A、AD、AF 型改为 60°±15′，JD、JF 型改为 59°45′±15′。

国际标准 ISO 7388—1～3：2007 规定了圆锥柄的型号代号均由 6 部分组成：①工具锥柄；②参照的标准；③横杠；④工具锥柄型号的代号；⑤工具锥柄的规格尺寸；⑥对于带有数据芯片孔的加注“D”字母。这种规定与我国规定的 JT 型（国际标准锥柄）、BT 型（日本标准锥柄）和习惯的 CAT 型（美国标准锥柄）有很大的不同。

国际标准 ISO 7388—1～3：2007 统一了国际上主要的 7：24 圆锥柄结构，对统一数控机床用的 7：24 圆锥柄的推广和应用起到了良好的指导作用。但因统一命名规定与我国以前的命名方法有较大的改变，再加上锥角公差的改变和不少具体尺寸的改变，致使刀柄制造在技术资料设计、工艺装备、检测方法和手段等方面都需投入一定的人力、物力和财力。

全国刀具标准化技术委员会已经组织专家对国际标准 ISO 7388—1～3：2007 进行研究、论证，已经立项，采用国际标准 ISO 7388—1～3：2007 修订我国自动换刀用 7：24 圆锥工具柄部国家标准。

2）ISO 7388—1：2007　自动换刀用 7：24 圆锥工具柄部　第 1 部分：A，AD，AF，U，UD 和 UF 型柄的尺寸和代号

ISO 7388—1：2007 规定了 A，AD，AF，U，UD 和 UF 型自动换刀 7：24 圆锥工具柄的尺寸。

（1）A 型和 U 型柄如图 7－59 所示，其尺寸如表 7－39 所列。

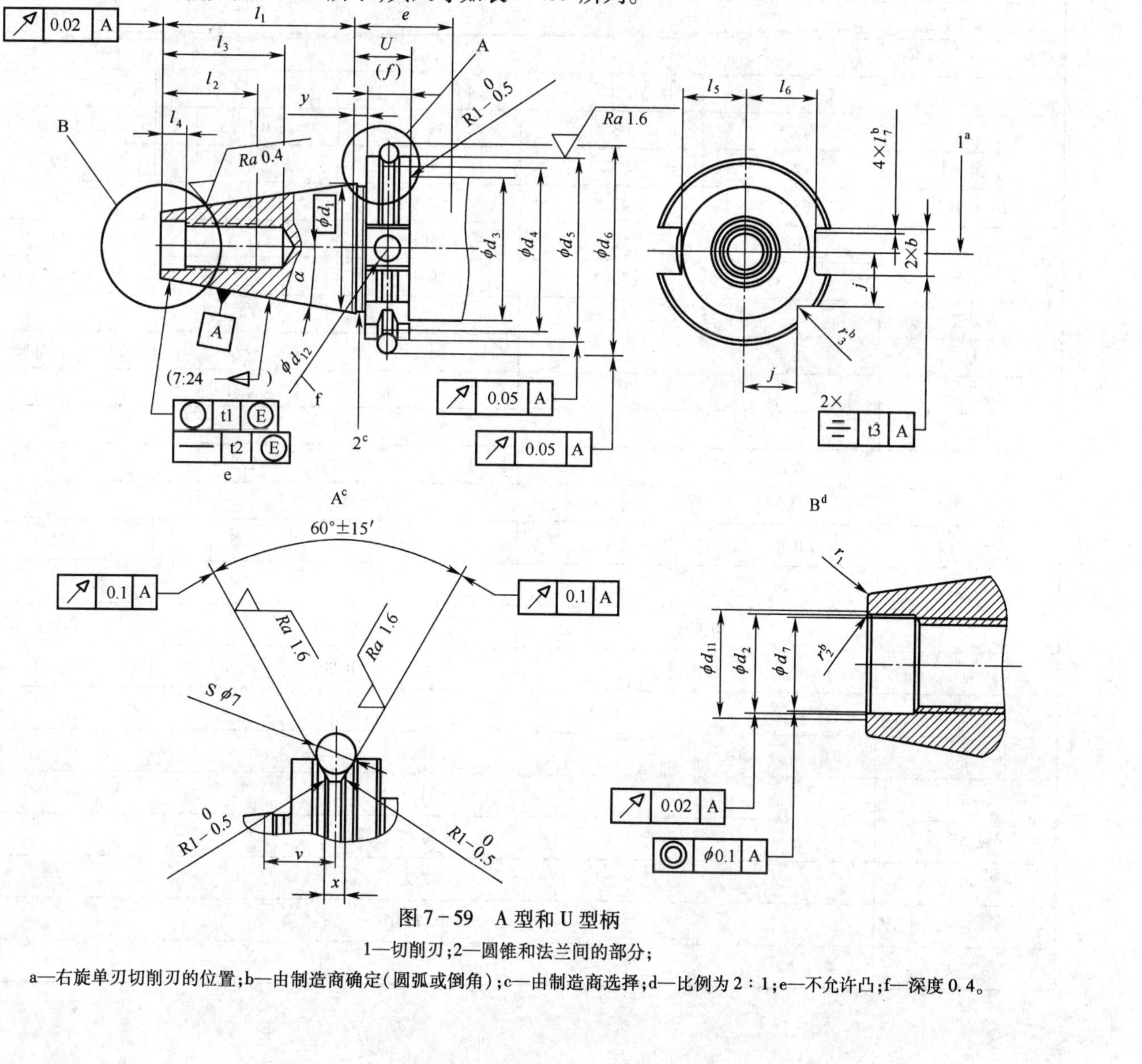

图 7－59　A 型和 U 型柄

1—切削刃；2—圆锥和法兰间的部分；

a—右旋单刃切削刃的位置；b—由制造商确定（圆弧或倒角）；c—由制造商选择；d—比例为 2：1；e—不允许凸；f—深度 0.4。

表 7-39 A 型和 U 型柄尺寸

单位:mm

尺寸	锥柄号									
	30		40		45		55		60	
	型式									
	A	U	A	U	A	U	A	U	A	U
$b^{+0.2}_{0}$	16.1				19.3		25.7			
d_1	31.75		44.45		57.15		69.85		107.95	
d_2(H7)	13		17		21		25		32	
d_3	45	31.75	50	44.45	63	57.15	80	69.95	130	107.95
d_3公差	最大	$^{+0.15}_{-0.15}$	最大	$^{+0.15}_{-0.15}$	最大	$^{+0.15}_{-0.15}$	最大	$^{+0.15}_{-0.15}$	最大	$^{+0.15}_{-0.15}$
$d_4{}^{0}_{-0.5}$	44.3	39.15	56.25		75.25		91.25		147.7	132.8
$d_5{}^{0}_{-0.1}$	50	46.05	63.55		82.55		97.5	98.5	155	139.75
$d_6\pm0.05$	59.3	54.85	72.3		91.35		107.25	108.25	164.75	149.5
d_7(6H)	M12		M16		M20		M24		M30	
d_{11}(最大)	14.5		19		23.5		28		36	
d_{12}	—	9.52	—	9.52	—	9.52	—	9.52	—	9.52
e(最小)	35								38	
f	15.9									
$j{}^{0}_{-0.3}$	15	—	18.5	—	24	—	30	—	49	—
$l_1{}^{0}_{-0.3}$	47.8		68.4		82.7		101.75		161.9	
l_2(最小)	24		32		40		47		59	
l_3(最小)	33.5		42.5		52.5		61.5		76	
$l_4{}^{+0.5}_{0}$	5.5		8.2		10		11.5		14	
l_5	16.3		22.7		29.1		35.5		54.5	
l_5公差	$^{0}_{-0.3}$				$^{0}_{-0.4}$					
l_6	18.8		25		31.3		37.7		59.3	56.8
l_6公差	$^{0}_{-0.3}$				$^{0}_{-0.4}$					
$l_7{}^{0}_{-0.5}$	1.6						2			
r_1	0.6		1.2		2		2.5		3.5	
r_1公差	$^{0}_{-0.3}$		$^{0}_{-0.5}$							
$r_2{}^{0}_{-0.5}$	0.8		1		1.2		1.5		2	
$r_3{}^{0}_{-0.5}$	1.6						2			
t_1	0.001				0.002				0.003	
t_2	0.002				0.003				0.004	
t_3	0.12						0.2			
$u{}^{0}_{-0.1}$	19.1									
$v\pm0.1$	11.1									
$x{}^{+0.15}_{0}$	3.75									
$y\pm0.1$	3.2									
α	8°17′50″									
α公差	$^{+4''}_{0}$									

(2) AD 型和 UD 型柄。作为 A 型和 U 型柄的补充,在柄的中部增加一个用于提供切削液的孔,如图 7－60所示。如果由 A 型柄派生的就称为 AD 型柄,如果由 U 型柄派生的就称为 UD 型柄。

需要满足的条件是 d_{10}应小于或等于连接拉钉的螺纹孔的直径。

(3) AF 型和 UF 型柄。作为 A 型和 U 型柄的补充,在法兰的背部增加两个用于提供切削液的孔,尺寸见图 7－61 和表 7－40。如果由 A 型柄派生的就称为 AF 型柄,如果由 U 型柄派生的就称为 UF 型柄。

对于 A 型和 U 型柄,需要一个密封的连接孔的辅助装置,能够承受 5MPa 的工作压力。它的设计由制造商确定。

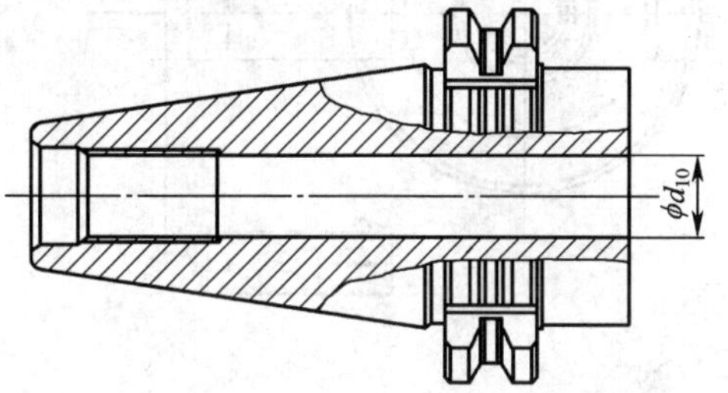

图 7－60　AD 和 UD 型柄

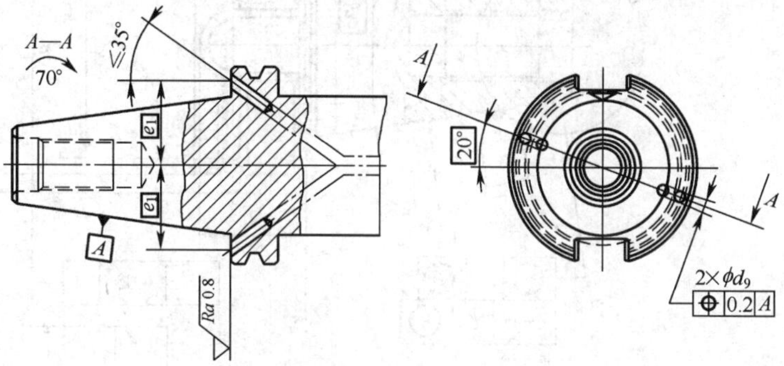

图 7－61　AF 和 UF 型柄

表 7－40　AF 和 UF 型柄相关尺寸

锥柄号	d_9(最大)	e_1	锥柄号	d_9(最大)	e_1
30	4	21	50	6	42
40	4	27	60	8	66
45	5	35			

(4) 带数据采样的柄。对于上面的 6 种形式,可以增加一个数据采样的结构,尺寸见图 7－62 和表7－41。

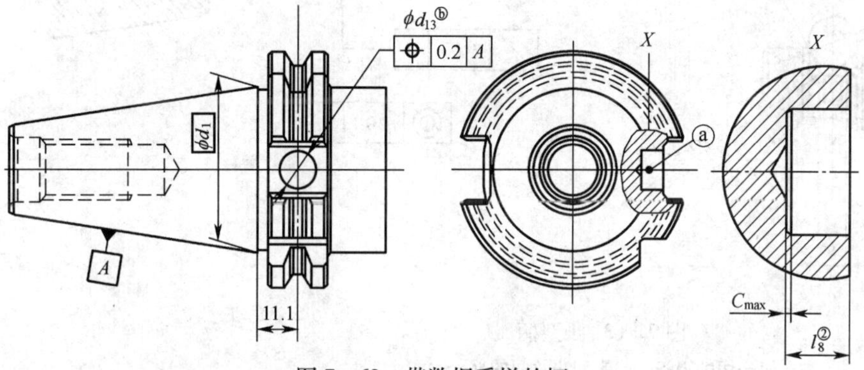

图 7－62　带数据采样的柄

a　数据芯片孔位置:与右旋单刃切削刃的位置相同。

b　其他的直径和深度按照数据采样要求。

表 7－41　柄的有关尺寸

单位:mm

c_{max}	0.3×45°或 r 0.3①
d_{13}	$10^{+0.09}_{0}$
l_8	$4.6^{+0.2}_{0}$
注:①数据采样位置:与右旋单刃切削刃的位置相同	

3) ISO 7388—2：2007　自动换刀用 7：24 圆锥工具柄部　第 2 部分:J,JD 和 JF 型柄的尺寸和代号

ISO 7388—2：2007 规定了 J、JD 和 JF 型自动换刀 7：24 圆锥工具柄的尺寸。

(1) J 型柄见图 7－63 和表 7－42。

(2) JD 型柄。作为 J 型柄的补充,在柄的中部增加一个用于提供切削液的孔,如图 7－64 所示。这种柄称为 JD 型柄。

条件是 d_{10}应小于或等于连接拉钉的螺纹孔的直径。

(3) JF 型柄。作为 J 型柄的补充,在法兰的背部增加两个用于提供切削液的孔,尺寸见图 7－65 和表 7－43。这种柄称为 JF 型柄。对于 JF 柄,需要一个密封的连接孔的辅助装置,能够承受 5MPa 的工作压力。它的设计由制造商确定。

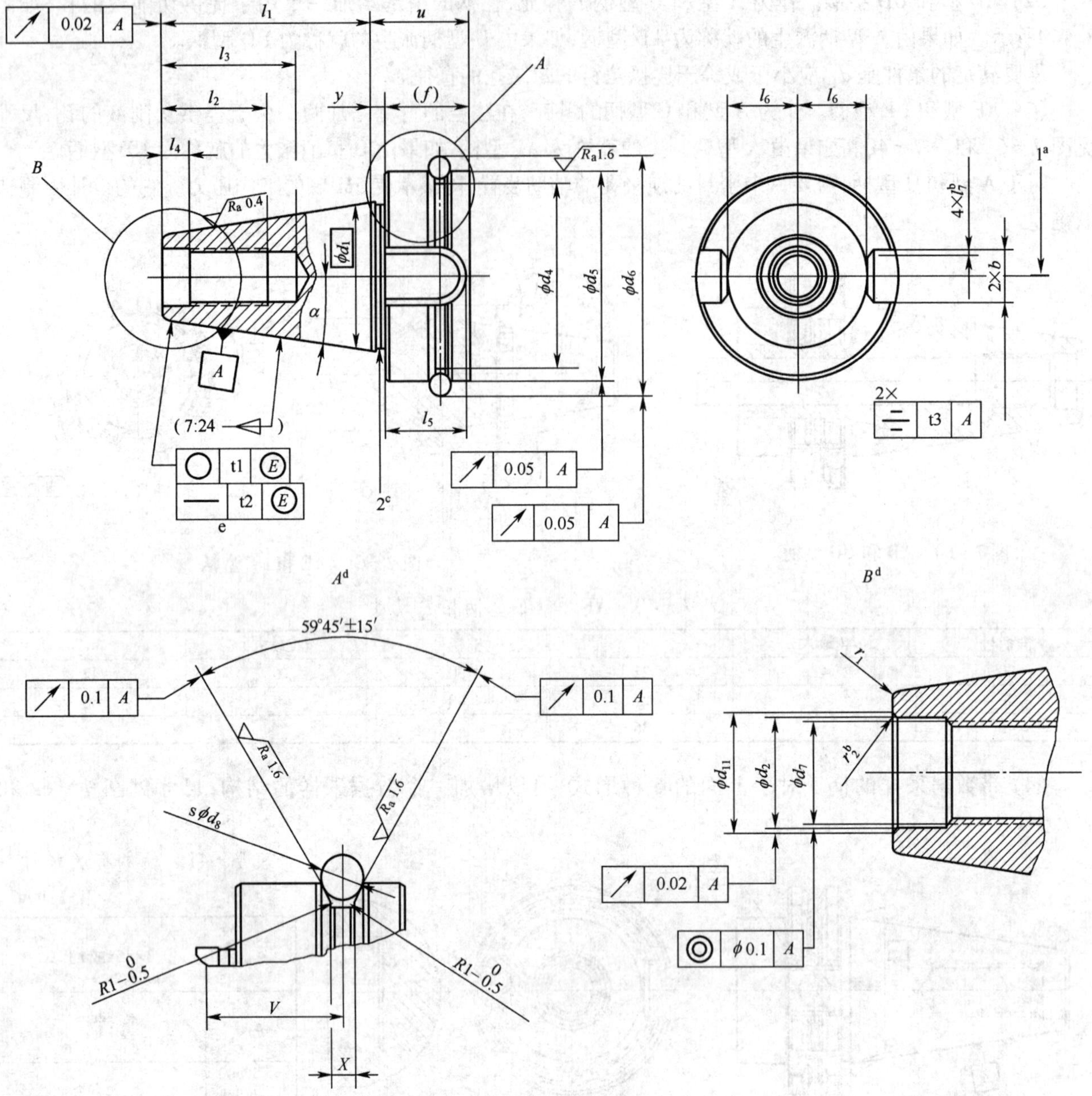

图 7-63 J型柄

1—切削刃;2—圆锥和法兰间的部分;

a—右旋单刃切削刃的位置(能旋转180°,对称设计);b—由制造商确定(圆弧或倒角);c—由制造商选择;d—比例:2∶1;e—不允许凸。

表 7-42 J型柄的柄号和有关尺寸 单位:mm

尺寸	锥柄号				
	30	40	45	50	60
$b_{0}^{+0.2}$	16.1		19.3	25.7	
d_1	31.75	44.45	57.15	69.85	107.95
d_2H8	12.5	17	21	25	31
$d_{4\,-0.5}^{\ 0}$	38	63	73	85	13
d_5h8	46	63	85	100	155

（续）

尺寸	锥柄号				
	30	40	45	50	60
$d_6 \pm 0.05$	56.03	75.56	100.09	118.89	180.22
$d_7$6H	M12	M16	M20	M24	M30
d_8	8	10	12	15	20
$d_{11\,max}$	14.5	19	23.5	28	36
f	20	25	30	35	45
$l_1 \pm 0.2$	48.4	65.4	82.8	101.8	161.8
l_{2min}	24	30	36	45	56
l_{3min}	34	43	50	62	76
$l_4{}^{-0.5}_{\ 0}$	7	9	11	13	16
l_{5min}	17	21	26	31	34
l_6	16.3	22.6	29.1	35.4	60.1
$l_6{}^{tol}$	$^{0}_{-0.3}$		$^{0}_{-0.4}$		
$l_{7}{}^{\ 0}_{-0.5}$	1.6			2	
r_1	0.5	1			
$r_{2}{}^{\ 0}_{-0.5}$	0.8	1	1.2	1.5	2
t_1	0.001		0.002		0.003
t_2	0.002		0.003		0.004
t_3	0.12			0.2	
u_{min}	22	27	33	38	48
$V \pm 0.1$	13.6	16.6	1.2	23.2	28.2
x	4	5	6	7	11
$y \pm 0.4$	2		3		
α	8°17′50″				
a tol	$^{+4''}_{\ 0}$				

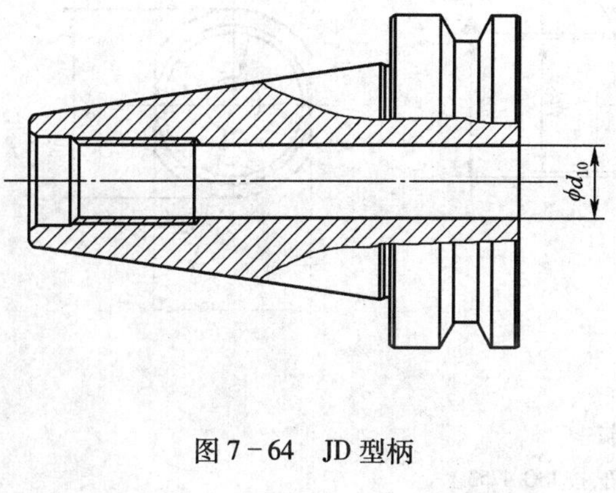

图 7-64　JD 型柄

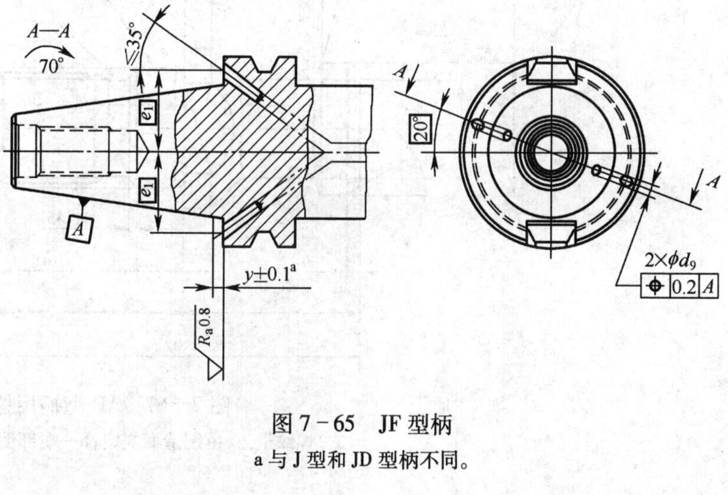

图 7-65　JF 型柄

a 与 J 型和 JD 型柄不同。

表 7-43 JF 型柄号和尺寸 单位:mm

锥柄号	$d_9$max	e_1	锥柄号	$d_9$max	e_1
30	2	20	50	6	42
40	4	27	60	8	66
45	5	35			

（4）带数据采样的柄。对于上面的 3 种形式,可以增加一个数据采样的结构,尺寸见图 7-66 和表 7-44。

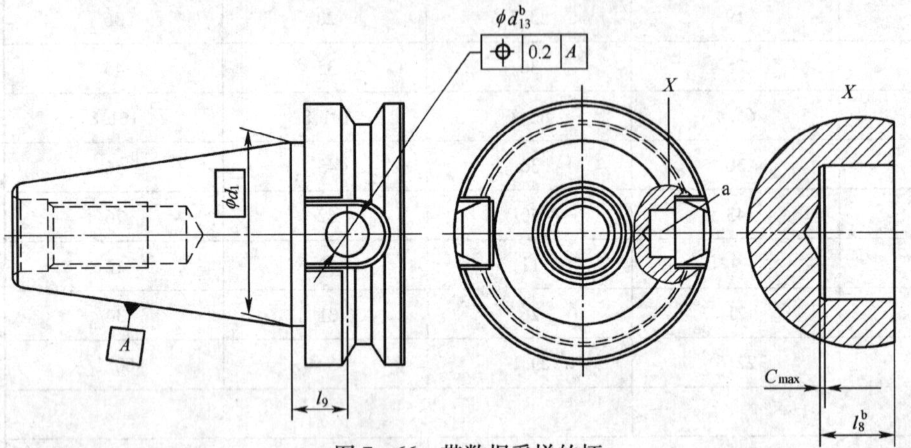

图 7-66 带数据采样的柄

a——数据采样位置:与右旋单刃切削刃的位置相同;

b——其他的直径和深度按照数据采样要求。

表 7-44 锥柄号和尺寸

单位:mm

尺寸	锥柄号				
	30	40	45	50	60
c_{max}	0.3×45°和 0.3[a]				
d_{13}	$10^{+0.09}_{0}$				
l_8	$4.6^{+0.2}_{0}$				
l_9	11	14.5	18	20.5	

4）ISO 7388—3：2007 自动换刀用 7：24 圆锥工具柄部 第 3 部分:AC,AD,AF,UC,UD,UF,JD 和 JF 柄用拉钉

ISO 7388—3：2007 规定了 AD、AF、UD、UF、JD 和 JF 型自动换刀 7：24 圆锥工具柄用拉钉的尺寸。

（1）AD 型柄用拉钉中心带有冷却孔见图 7-67 和表 7-45。

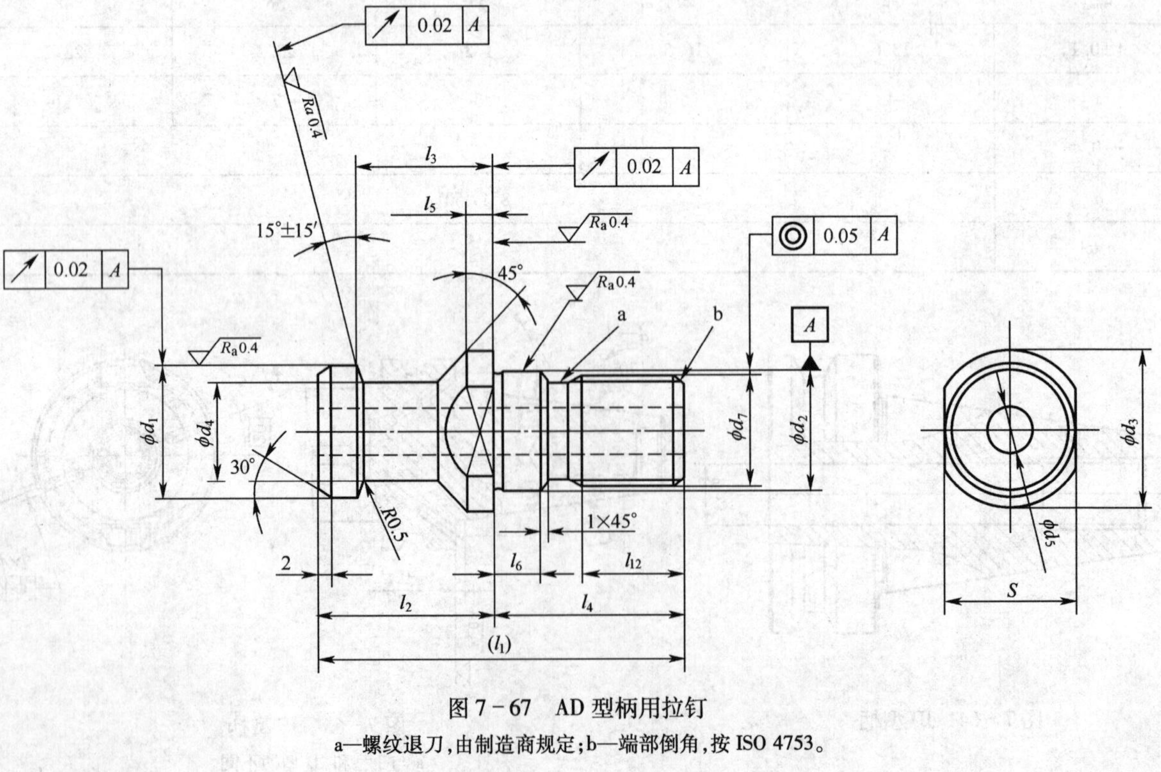

图 7-67 AD 型柄用拉钉

a—螺纹退刀,由制造商规定;b—端部倒角,按 ISO 4753。

表 7-45　AD 型柄号和尺寸　　单位:mm

锥柄号	尺寸												
	d_1 f7	d_2 f7	d_3 $^{0}_{-0.2}$	d_4 $^{0}_{-0.1}$	d_5 $^{+0.1}_{0}$	d_7	l_1	l_2 ±0.1	l_3 ±0.1	l_4 $^{+0.5}_{0}$	l_5	l_6	l_{12} min	s $^{0}_{-0.1}$
30	13	13	17	9	—	M12	44	24	19	20	4	5	10	14
40	19	17	23	14	7	M16	54	26	20	28	4	7	13	19
45	23	21	30	17	9.5	M20	65	30	23	35	5	8	16	24
50	28	25	36	21	11.5	M24	74	34	25	40	5	10	19	30
60	40	32	52	30	14	M30	90	40	30	50	6	12	24	46

（2）AF 型柄用拉钉中心不带有冷却孔，见图 7-68 和表 7-46，其他尺寸与 AD 型柄用拉钉相同。

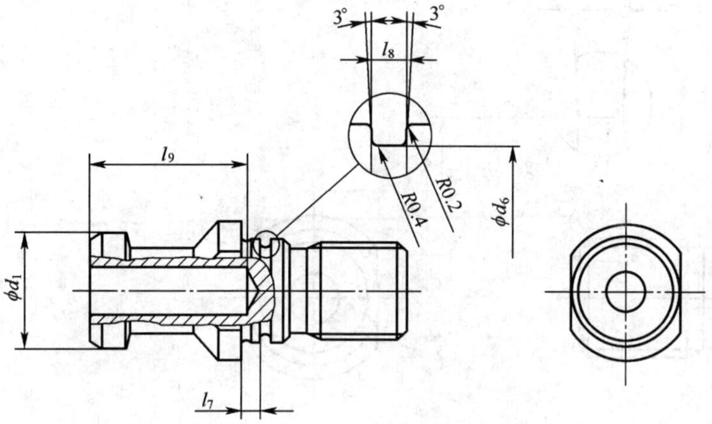

图 7-68　AF 型柄用拉钉

表 7-46　AF 型柄号和尺寸　单位:mm

锥柄号	尺寸					
	d_1 f7	d_6 h11	l_7 $^{0}_{-0.1}$	l_8 $^{+0.2}_{0}$	l_9 $^{+1}_{0}$	O-ring
30	13	11.5	2.3	1.4	—	11×1.0
40	19	14.6	3.0	1.9	27	14×1.5
45	23	17.8	3.3	2.5	33	17×2.0
50	28	20.8	4.5	3.0	37	20×2.5
60	40	27.8	5.5	3.0	45	27×2.5

（3）UD 型柄用拉钉中心带有冷却孔见图 7-69 和表 7-47。

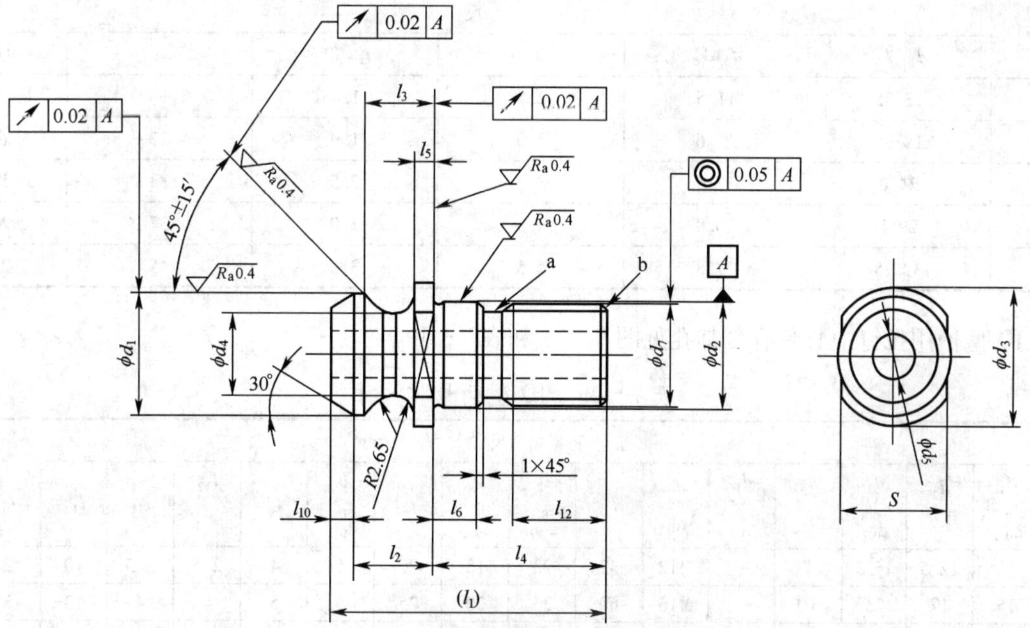

图 7-69　UD 型柄用拉钉

a—螺纹退刀，由制造商规定；b—端部倒角，按 ISO 4753。

表 7-47　UD 型柄号和尺寸　　单位:mm

锥柄号	尺寸														
	d_1 $^{0}_{-0.3}$	d_2 h6	d_3 nom	d_3 tol	d_4 $^{0}_{-0.3}$	d_5 $^{+0.1}_{0}$	d_7	l_1	l_2 $^{0}_{-0.2}$	l_3 $^{0}_{-0.3}$	l_4	l_5 $^{0}_{-0.5}$	l_6 $^{0}_{-0.5}$	l_{10} $^{0}_{-0.5}$	s nom	s tol
30	13.35	13	16.5	$^{0}_{-0.5}$	9.3	4.15	M12	31.8	11.8	8.15	20	2.75	5	2.4	13	$^{0}_{-0.27}$
40	18.95	17	22.5	$^{0}_{-1}$	12.95	7.35	M16	44.4	16.4	11.15	28	3.25	7	3.5	18	$^{0}_{-0.33}$
45	24.05	21	30	$^{0}_{-2}$	16.3	9.25	M20	55.95	20.95	14.85	35	4.25	8	3.85	24	$^{0}_{-0.39}$
50	29.1	25	37		19.6	11.55	M24	65.55	25.55	17.95	40	5.25	10	4.85	30	$^{0}_{-0.65}$
60	37.25	32	50		24.95	13.85	M30	88.15	38.15	27.65	50	7.75	12	6.75	36	$^{0}_{-0.75}$

(4) UF 型柄用拉钉中心不带有冷却孔,见图 7-70 和表 7-48,其他尺寸与 UD 型柄用拉钉相同。

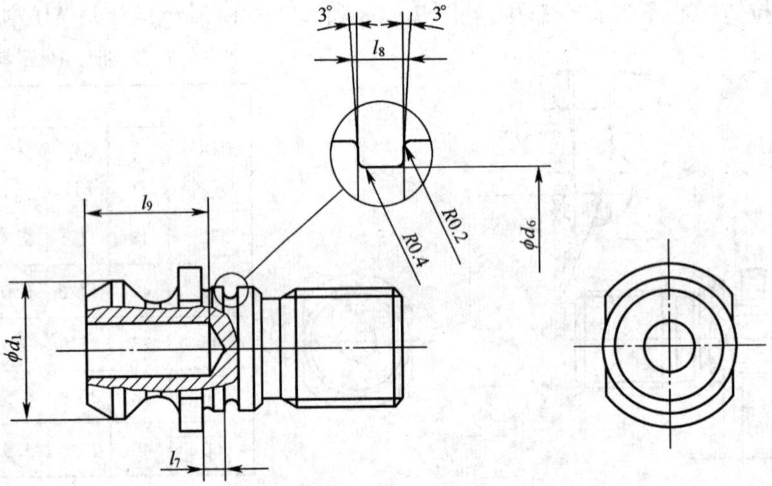

图 7-70　UF 型柄用拉钉

表 7-48　UF 型柄号和尺寸　　单位:mm

锥柄号	尺寸					
	d_1 $^{0}_{-0.3}$	d_6h11	l_7	l_8 $^{+0.2}_{0}$	l_9	O-ring
30	13.35	11.5	2.3	1.4	—	11×1.0
40	18.95	14.6	3.0	1.9	27	14×1.5
45	24.0	17.8	3.3	2.5	33	17×2.0
50	29.1	20.8	4.5	3.0	37	20×2.5
60	37.25	27.8	5.5	3.0	45	27×2.5

(5) JD 型柄用拉钉中心带有冷却孔见图 7-71 和表 7-49。

表 7-49　JD 型柄号和尺寸　　单位:mm

锥柄号	尺寸															
	d_1 $^{0}_{-0.1}$	d_2 h7	d_3 $^{0}_{-0.2}$	d_4 $^{0}_{-0.1}$	d_5 $^{+0.1}_{0}$	d_7 6h	l_1	l_2 $^{0}_{-0.1}$	l_3 $^{0}_{-0.1}$	l_4	l_5 $^{0}_{-0.1}$	l_6	l_{10} $^{0}_{-0.5}$	l_{11}	l_{12}	r_1	S $^{0}_{-0.35}$
30	11	12.5	16.5	7	—	M12	43	23	18	20	5	4	2.5	3.5	10	2	13
40	15	17	23	10	—	M16	60	35	28	25	6	5	4	4	13	3	19
45	19	21	31	14	7	M20	70	40	31	30	8	6	5	6	16	4	24
50	23	25	38	17	8.5	M24	85	45	35	40	10	8	5	8	19	5	30
60	32	31	56	24	12	M30	115	65	53	50	14	10	7	11	24	5	46

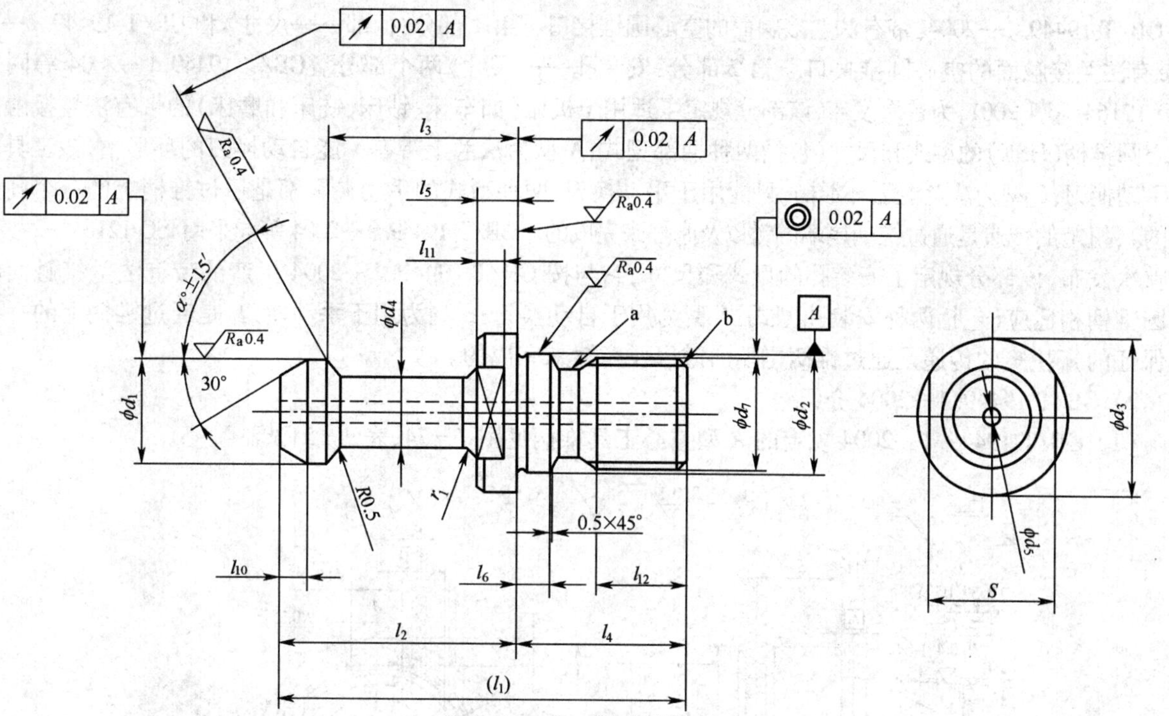

图 7－71　JD 型柄用拉钉

a—螺纹退刀,由制造商规定;

b—端部倒角,按 ISO 4753;

c—$\alpha=45°$ 或 $\alpha=60°$。这个信息应该被给出,而且应放入标记中。

(6) JF 型柄用拉钉中心不带有冷却孔,见图 7－72,其他尺寸与 JD 型柄的拉钉相同。

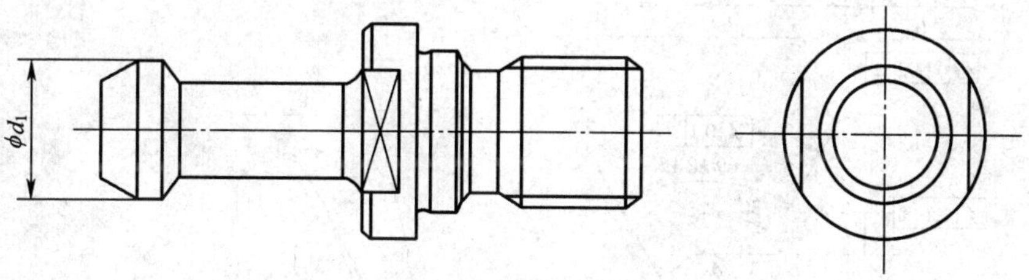

图 7－72　JF 型柄用拉钉

(7) 带数据采集孔的 AC 和 UC 型拉钉。对于不带中心冷却孔的 AF 型和 UF 型,可以增加一个数据采集孔:此时 AF 型变成 AC 型,UF 型变成 UC 型。通用尺寸见图 7－73 和表 7－50。

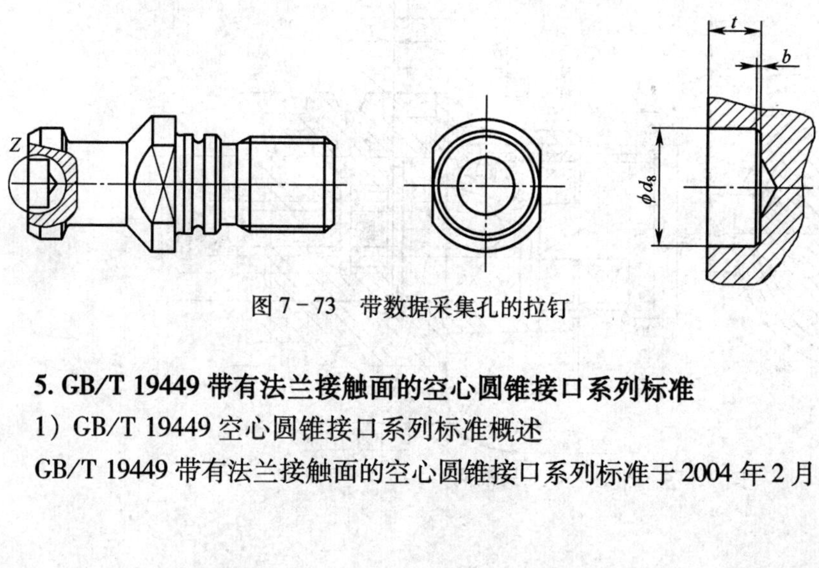

图 7－73　带数据采集孔的拉钉

表 7－50　通用尺寸

单位:mm

b_{max}	0.3×45°或 R0.3[a]
d_8	$10^{+0.09}_{0}$
t	$4.6^{+0.2}_{0}$

5. GB/T 19449 带有法兰接触面的空心圆锥接口系列标准

1) GB/T 19449 空心圆锥接口系列标准概述

GB/T 19449 带有法兰接触面的空心圆锥接口系列标准于 2004 年 2 月 10 日发布,2004 年 8 月 1 日实施,分为 GB/T 19449.1—2004《带有法兰接触面的空心圆锥接口　第 1 部分：柄部——尺寸》和 GB/T 19449.2—2004《带有法兰接触面的空心圆锥接口　第 2 部分：安装孔——尺寸》两个部分。GB/T 19449.1—2004 等同采用 ISO 12164—1：2001，为首次发布，该部分规定了适用于机床（如车床、钻床、铣床和磨床）的带有法兰接触面的空心圆锥柄（HSK）的型式和尺寸（包括两种柄部型式：A 型为法兰上带有一能自动换刀的环形槽，该工具也可以手动换刀；C 型为法兰上无环形槽，只能用于手动换刀，两种型式的手动夹紧都是通过锥柄上的一个孔来进行的），扭矩的传递是通过锥柄尾端的键以及摩擦来完成的。GB/T 19449.2—2004 等同采用 ISO 12164—2：2001，为首次发布，该部分规定了安装孔的型式和尺寸，它与按 GB/T 19449.1—2004 生产的带有法兰接触面的空心圆锥柄相适应（包括两种安装孔型式：A 型为用于自动换刀；C 型为用于手动换刀，是通过锥柄上的一个孔来保证的），扭矩的传递是通过锥柄尾端的键以及摩擦来完成的。

2）GB/T 19449.1—2004 介绍

（1）GB/T 19449.1—2004 规定的 A 型空心工具锥柄见图 7-74、表 7-51。

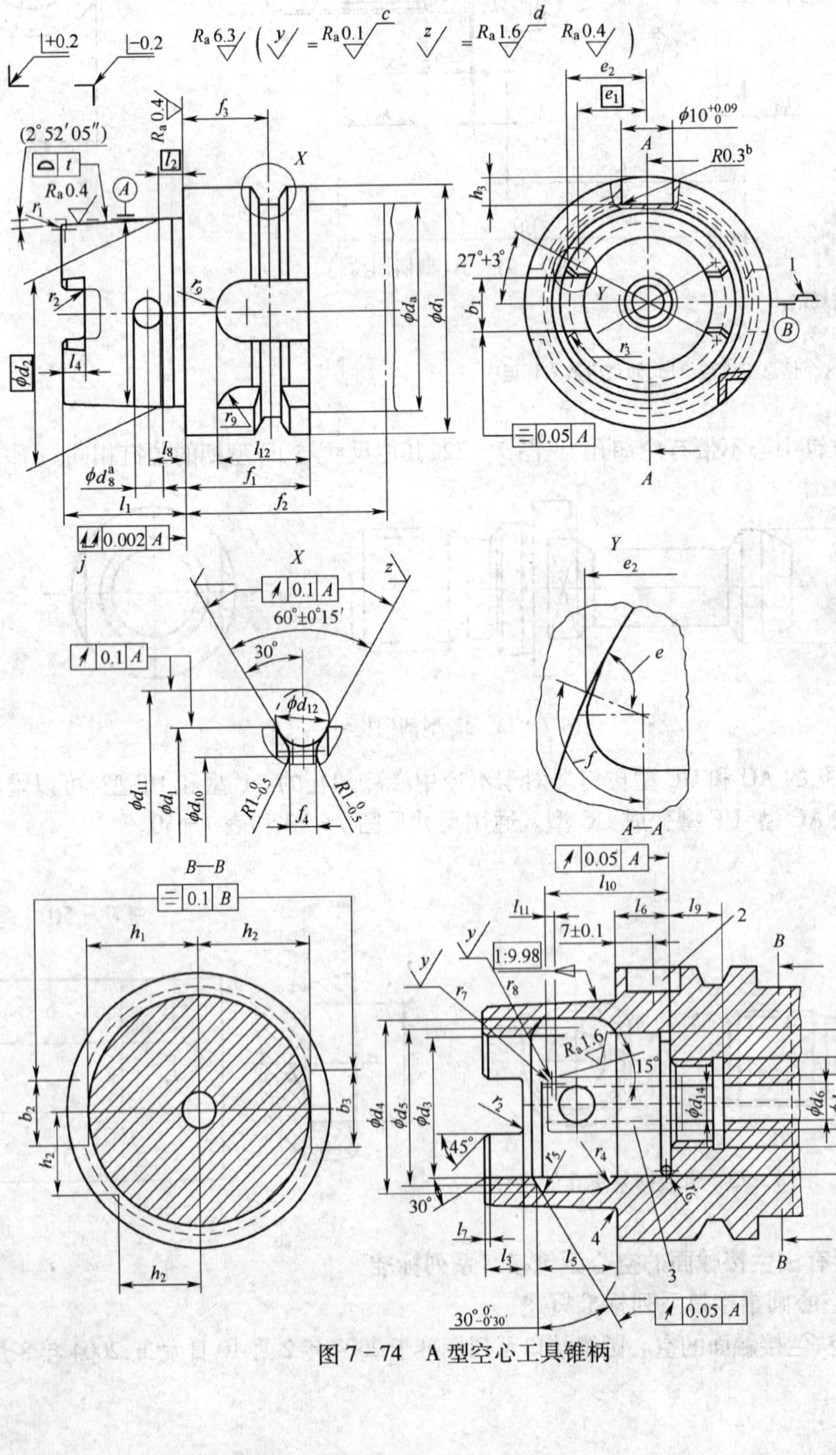

图 7-74　A 型空心工具锥柄

（2）GB/T 19449.1—2004 规定的 C 型空心工具锥柄见图 7－75、表 7－51。

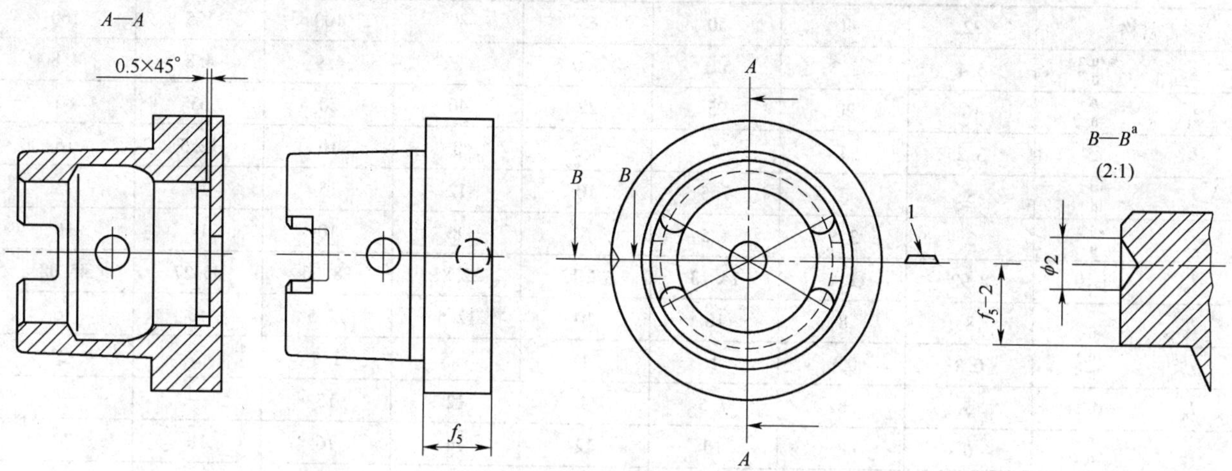

图 7－75 C 型空心工具锥柄

表 7－51 A 型、C 型空心工具锥柄的规格和尺寸

单位：mm

规格		32	40	50	63	80	100	125	160
b_1	$^{+0.04}_{-0.04}$	7.05	8.05	10.54	12.54	16.04	29.02	25.02	30.02
b_2	H10	7	9	12	16	18	20	25	32
b_3	H10	9	11	14	18	20	22	28	36
d_1	H10	32	40	50	63	80	100	125	160
d_2		24.007	30.007	38.009	40.010	60.012	75.013	95.016	120.016
d_3	H10	17	21	26	34	42	53	67	85
d_4	H11	20.5	25.5	32	40	50	63	80	100
d_5		19	23	29	37	46	58	73	92
d_6	max	4.2	5	6.8	8.4	10.2	12	14	16
d_7	$^{0}_{-0.1}$	17.4	21.8	26.6	34.5	42.5	53.8	—	—
d_8		4	4.6	6	7.5	8.5	12	—	—
d_9	max	26	34	42	53	68	88	111	144
d_{10}	$^{0}_{-0.1}$	26.5	34.8	43	55	70	92	117	152
d_{11}	$^{0}_{-0.1}$	37	45	59.3	72.3	88.8	109.75	134.75	169.75
d_{12}		4	4	7	7	7	7	7	7
d_{13}	f8	6	8	10	12	14	16	18	20
d_{14}		3.5	5	6.4	8	10	12	14	16
d_{15}		M10×1	M12×1	M16×1	M18×1	M20×1.5	M24×1.5	M30×1.5	M35×1.5
e_1		8.82	11	13.88	17.99	21.94	27.37	35.37	44.32
e_2	$^{0}_{-0.05}$	10.2	12.88	16.26	20.87	25.82	32.25	41.25	52.2
f_1	$^{0}_{-0.1}$	20	20	26	26	26	29	29	31
f_2	min	35	35	42	42	42	45	45	47
f_3	±0.1	16	16	18	18	18	20	20	22
f_4	$^{+0.15}_{0}$	2	2	3.75	3.75	3.75	3.75	3.75	3.75
f_5		10	10	12.5	12.5	16	16	—	—
h_1	$^{0}_{-0.2}$	13	17	21	26.5	34	44	55.5	72
h_2	$^{0}_{-0.3}$	9.5	12	15.5	20	25	31.5	39.5	50

（续）

规格		32	40	50	63	80	100	125	160
h_3	$^{+0.2}_{0}$	5.4	5.2	5.1	5.0	4.9	4.9	4.8	4.8
l_1	$^{0}_{-0.2}$	16	20	25	32	40	50	63	80
l_2		3.2	4	5	6.3	8	10	12.5	16
l_3	$^{+0.2}_{0}$	5	6	7.5	10	12	15	19	23
l_4	$^{+0.2}_{0}$	3	3.5	4.5	6	8	10	12	16
l_5	js10	8.92	11.42	14.13	18.13	22.85	28.56	36.27	45.98
l_6	$^{0}_{-0.1}$	8	8	10	10	12.5	12.5	16	16
l_7	$^{+0.3}_{0}$	0.8	0.8	1	1	1.5	1.5	2	2
l_8	±0.1	5	6	7.5	9	12	15	—	—
l_9	$^{0}_{-0.3}$	6	8	10	12	14	16	18	20
l_{10}		20	21.5	23	24.5	25	28	30	32
l_{11}		2.5	2.5	3	3	3	3	3.5	3.5
l_{12}		12	12	19	21	22	24	24	24
r_1		0.6	0.8	1	1.2	1.6	2	2.5	3.2
r_2	$^{0}_{-0.2}$	1	1	1.5	1.5	2	2	2.5	2.5
$r_3$①	±0.05	1.38	1.88	2.38	2.88	3.88	4.88	5.88	7.88
r_4		4	5	6	8	10	12	16	20
r_5		0.4	0.4	0.5	0.6	0.8	1	1.2	1.6
r_6		0.5	1	1.5	1.5	2	2	—	—
r_7		1	1	1	1.5	1.5	1.5	1.5	1.5
r_8		2	2	2	3	3	3	3	3
$r_9$②		3.5	4.5	6	8	9	10	5	5
t		0.002	0.002	0.0025	0.003	0.004	0.004	0.005	0.005
沟槽③		0.2×0.1	0.4×0.2	0.6×0.2	0.6×0.2	1×0.2	1×0.2	1.6×0.3	1.6×0.3
O 形圈④		16×1	18.77×1.78	21.89×2.62	29.82×2.63	36.09×3.53	47.6×3.53	—	—

注：① r_1正切于b_1。

② r_8等同于b_7和b_5。

③ 见附录 A 本章（略）。

④ O 形圈的使用取决于使用夹紧系统

3）GB/T 19449.2—2004 介绍

（1）GB/T 19449.2—2004 规定的 A 型空心锥柄安装孔见图 7－76 和表 7－52。

表 7－52　A 型空心锥柄安装孔的规格和尺寸　　单位：mm

规格		32	40	50	63	80	100	125	160
b_1	±0.05	6.8	7.8	10.3	12.3	15.8	19.78	24.78	29.78
d_1	min	32	40	50	63	80	100	125	160
d_2		23.998	29.998	37.998	47.998	59.997	74.997	94.996	119.995
$d_3$①		17	21	26	34	42	53	67	85
d_4^{6}	$^{+0.1}_{0}$	23.28	29.06	36.85	46.58	58.1	72.6	92.05	116.1
d_5	$^{+0.2}_{0}$	23.8	29.6	37.5	47.2	58.8	73.4	93	118
$l_1$②	$^{0.2}_{0}$	16.5	20.5	25.5	33	41	51	64	81

（续）

规格		32	40	50	53	80	100	125	160
l_2		3.2	4	5	6.3	8	10	12.5	16
l_3	$^{+0.2}_{0}$	11.4	14.4	17.9	22.4	28.4	35.4	44.4	57.4
l_4	$^{+0.2}_{0}$	13.4	16.9	20.9	26.4	32.4	40.4	51.4	64.4
l_5		0.8	0.8	1	1	1.5	1.5	2	2
l_6	$^{+0.1}_{0}$	1	1	1.5	1.5	2	2	2.5	2.5
l_7	±0.1	2	2	2	2.5	3	3	4	4
$r_1$③	$^{0}_{-0.05}$	1.5	2	2.5	3	4	5	6	8
t		0.0015	0.0015	0.002	0.002	0.0025	0.003	0.0035	0.0035

注：① 取决于夹紧系统。
② 见图注（略）。
③ r_1 正切于 b_1 和 d_5

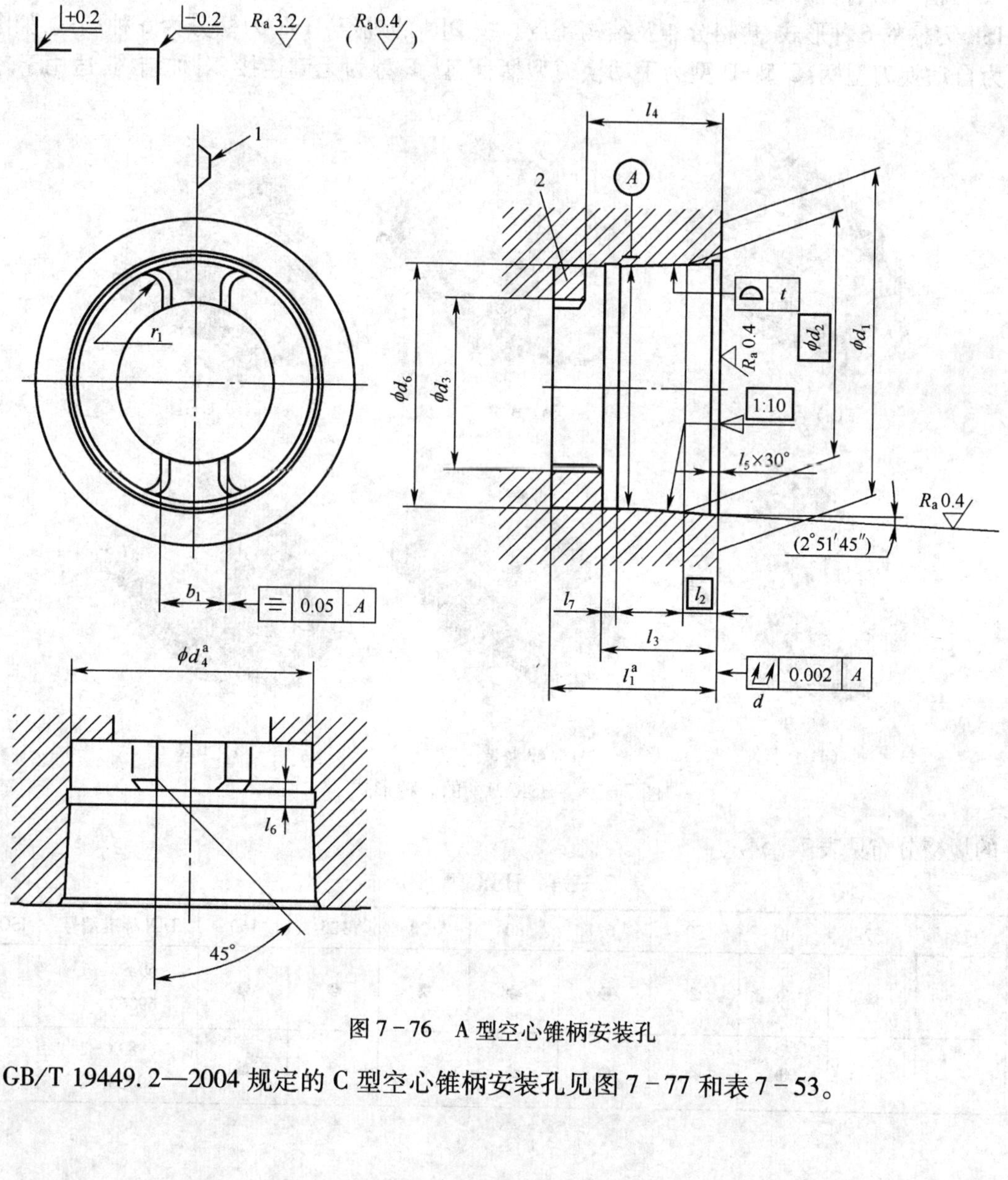

图 7－76　A 型空心锥柄安装孔

（2）GB/T 19449.2—2004 规定的 C 型空心锥柄安装孔见图 7－77 和表 7－53。

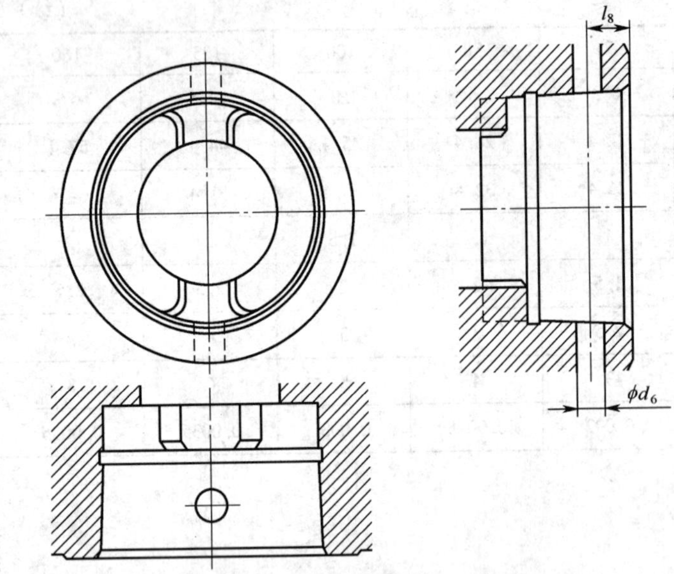

图 7-77 C 型空心锥柄安装孔

表 7-53 C 型空心锥柄安装孔的规格和尺寸 单位:mm

规格	32	40	50	63	80	100
$l_8 \pm 0.1$	5	6	7.5	9	12	15
d_6	孔的大小由制造厂确定					
[a] 所有其他尺寸见 A 型						

4) HSK 刀柄 DIN 标准和 ISO 标准介绍

(1) HSK 刀柄的 6 种形式、规格分布及结构特点。按 DIN 的规定,HSK 刀柄分为 6 种形式,如图7-78。A 型、B 型为自动换刀型柄;C 型、D 型为手动换刀型柄;E 型、F 型为无键连接、对称结构,适用于超高速的刀柄。

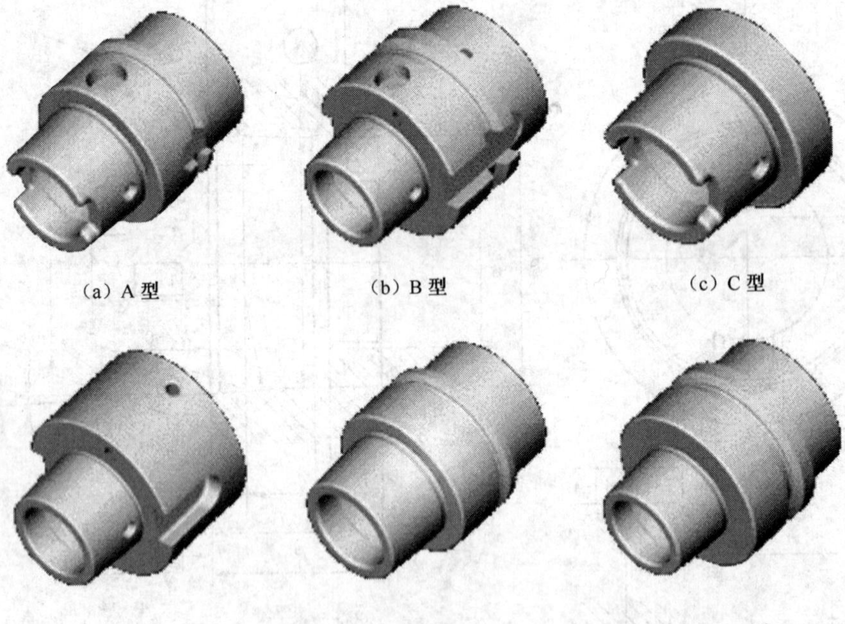

(a) A 型 (b) B 型 (c) C 型

(d) D 型 (e) E 型 (f) F 型

图 7-78 HSK 刀柄的 6 种形式

HSK 的规格分布见表 7-54。

表 7-54 HSK 规格分布

HSK 型号	25	32	40	50	63	80	100	125	160	DIN 标准编号	ISO 标准编号
A		●	●	●	●	●	●	●	●	69893-1 69063-1	12164-1 12164-2
B			●	●	●	●	●	●	●	69893-2 69063-2	—

（续）

HSK 型号	25	32	40	50	63	80	100	125	160	DIN 标准编号	ISO 标准编号
C		●	●	●	●	●	●			69893－1 69063－1	12164－1 12164－2
D			●	●	●	●	●	●		69893－2 69063－2	—
E	●	●	●	●	●					69893－5 69063－5	—
F				●	●	●				69893－6 69063－6	—

HSK 工具系统 6 种刀柄结构及特点见表 7－55。

表 7－55　HSK 工具系统 6 种刀柄结构及特点

型号	结　构　特　点	应　用　领　域
HSK－A	具有供机械手夹持的 V 形槽，有放置控制芯片的圆形孔，有内部切削液通道，锥体尾部有两个传递扭矩的键槽	推荐用于自动换刀，也可手动换刀，适用于中等扭矩、中等转速的一般加工，达到一定转速时要进行动平衡
HSK－B	相同的锥体直径，圆柱直径比 A 型大一号，有穿过圆柱部分的外部切削液通道，传递扭矩的键槽在圆柱端面	推荐用于自动换刀，也可手动换刀，适用于较大扭矩、中等转速，要进行动平衡
HSK－C	圆柱端面没有机械手夹持的 V 形槽，其余同 HSK－A 型	手动换刀的一般加工
HSK－D	圆柱端面没有机械手夹持的 V 形槽，其余同 HSK－B 型	手动换刀的车削加工
HSK－E	与 HSK－A 型相似，但完全对称，没有键槽和缺口，扭矩由摩擦力传递	适用于低扭矩、高速、自动换刀加工
HSK－F	相同的锥体直径，圆柱直径比 HSK－E 型大一号，其余同 HSK－E 型	适用于在大的径向力条件下高速加工，常用于自动机床和木材加工

（2）HSK 工具系统 DIN 标准与 ISO 标准的主要差异。在 DIN 标准中，HSK 刀柄圆锥部分由两个断面的直径（大端 d_2、小端 d_3）、两个断面的位置尺寸 l_2、l_3 及锥度 1∶10 来控制。对应的主轴安装孔由大端直径 D_2、断面的位置尺寸 L_2 与锥度 1∶10 所对应的锥角来控制，如图 7－79 和图 7－80 所示。

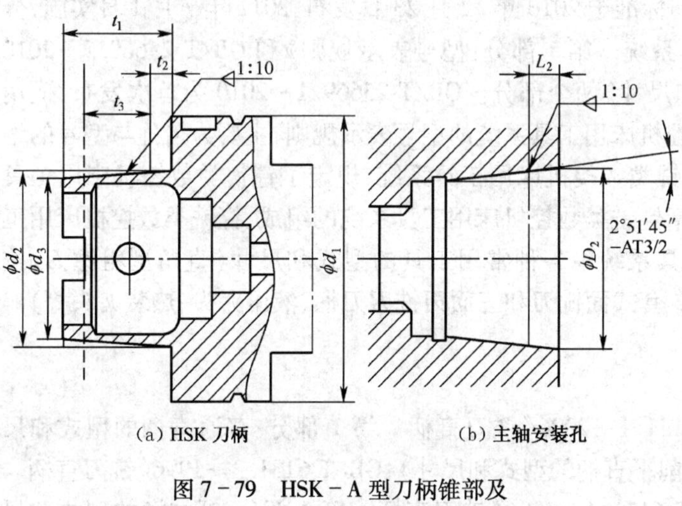

图 7－79　HSK－A 型刀柄锥部及主轴安装孔的主要控制尺寸（DIN 标准）

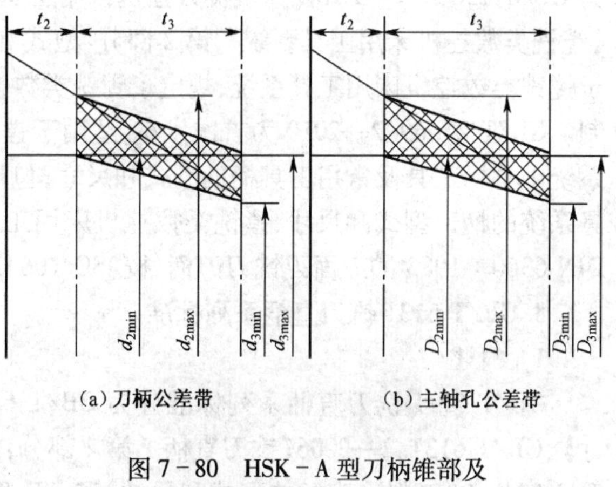

图 7－80　HSK－A 型刀柄锥部及主轴安装孔公差带（DIN 标准）

在 ISO 标准中 HSK 刀柄圆锥部分由大端断面的直径 d_2、断面的位置尺寸 l_2、锥面的面轮廓度公差 t 及锥度来控制，但锥度改为 1∶9.98 来控制，不单独规定小端的尺寸与公差。而对应的主轴锥孔控制方法和刀柄圆锥部相似，也是由大端断面的直径 d_2、断面的位置尺寸 L_2、锥面的面轮廓度公差 t 与锥度来控制，锥度与 DIN 标准一样，仍为 1∶10，也不单独规定小端的尺寸与公差。另外，与 DIN 标准相比较，按 ISO 标准制造的 HSK 工具系统，刀柄和主轴锥孔的配合过盈量更大，如图 7－81 和图 7－82 所示。

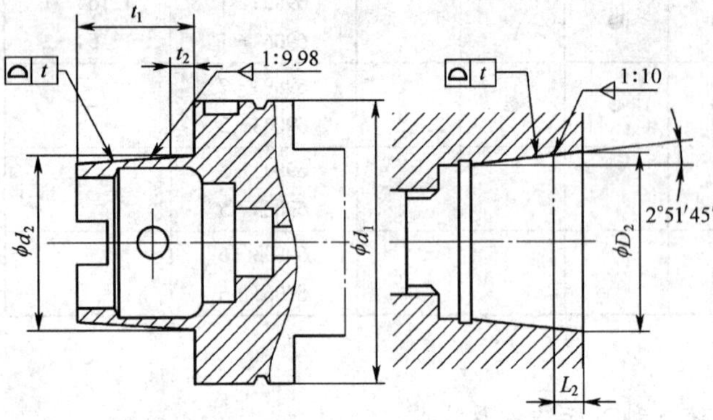

（a）HSK 刀柄 （b）主轴安装孔

图 7－81 HSK－A 型刀柄锥部及主轴安装孔的主要控制尺寸（ISO 标准）

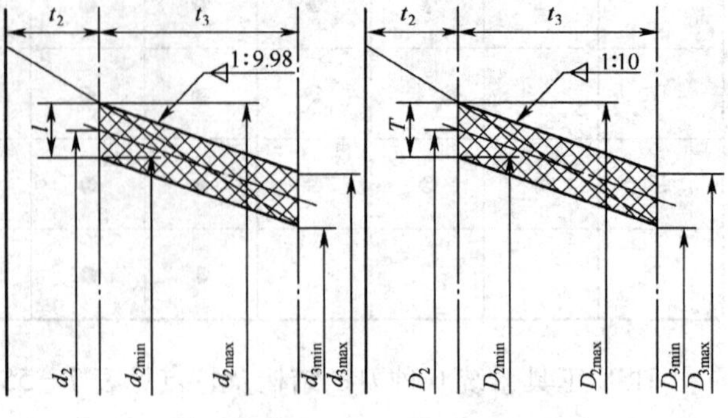

（a）刀柄公差带 （b）主轴孔公差带

图 7－82 HSK－A 型刀柄锥部及主轴安装孔公差带（ISO 标准）

6. GB/T 25668 镗铣类模块式工具系统系列标准

GB/T 25668 镗铣类模块式工具系统系列标准于 2010 年 12 月 23 日发布，2011 年 7 月 1 日实施，分为 GB/T 25668.1—2010《镗铣类模块式工具系统　第 1 部分：型号表示规则》和 GB/T 25668.2—2010《镗铣类模块式工具系统　第 2 部分：TMG21 工具系统的型式和尺寸》两个部分。GB/T 25668.1—2010 为首次发布，适用于镗铣类模块式工具系统，规定了镗铣类模块式工具系统（TMG 工具系统）的型号表示规则，包括名称与型号的编制（主柄柄部型式代号、工作模块代号含义）、型号的编制方法（直接与机床主轴相连接的主柄模块、加长工具轴向尺寸和变换连接直径的中间模块、装夹各种切削刀具的工作模块）。GB/T 25668.2—2010 为首次发布，适用于 TMG21 工具系统，规定了 TMG21 工具系统中各种模块的型式与尺寸，包括术语、模块型式、TMG21 接口各组成零件名称、TMG21 接口的型式尺寸（孔、轴和附件）、主柄模块的型式尺寸、中间模块的型式尺寸（等径和变径）、工作模块的型式尺寸（弹簧夹头、有扁尾莫氏圆锥孔、Ⅰ型丝锥夹头等）。

7. GB/T 25669 镗铣类数控机床用工具系统系列标准

GB/T 25669 镗铣类数控机床用工具系统系列标准于 2010 年 12 月 23 日发布，2011 年 7 月 1 日实施，分为 GB/T 25669.1—2010《镗铣类数控机床用工具系统　第 1 部分：型号表示规则》和 GB/T 25669.2—2010《镗铣类数控机床用工具系统　第 2 部分：型式和尺寸》两个部分。GB/T 25669.1—2010 为首次发布，适用于镗铣类数控机床用工具系统，规定了镗铣类数控机床用工具系统的型号表示规则，主要为名称与型号的编制。GB/T 25669.2—2010 为首次发布，适用于镗铣类数控机床用工具系统，规定了镗铣类数控机床用工具系统中常用工具及常用工具柄的型式和尺寸，包括镗铣类数控机床用工具系统的组成、镗铣类数控机床用工具系统的柄部型式和尺寸、镗铣类数控机床用工具系统中各种常用工具的型式和尺寸（直角型粗镗刀、按 DIN 6360∶1983 的三面刃铣刀刀柄、按 ISO 10643 套式面铣刀和三面刃铣刀刀柄、液压夹头、热装夹头等）。

8. GB/T 6131 铣刀直柄系列标准

1）概述

GB/T 6131 铣刀直柄系列标准分为 GB/T 6131.1—2006《铣刀直柄　第 1 部分：普通直柄的型式和尺寸》、GB/T 6131.2—2006《铣刀直柄　第 2 部分：削平直柄的型式和尺寸》、GB/T 6131.3—1996《铣刀直柄　第 3 部分：2°斜削平直柄的型式和尺寸》和 GB/T 6131.4—2006《铣刀直柄　第 4 部分：螺纹柄的型式和尺寸》4 个部分。

2）GB/T 6131.1—2006 介绍

GB/T 6131.1—2006 于 2006 年 7 月 20 日发布，2007 年 1 月 1 日实施，等同采用 ISO 3338—1∶1996，代替 GB/T 6131.1—1996，适用于单头铣刀和双头铣刀，规定了铣刀普通直柄的型式和尺寸（直径 3～63mm），见图 7-83 和表 7-56。

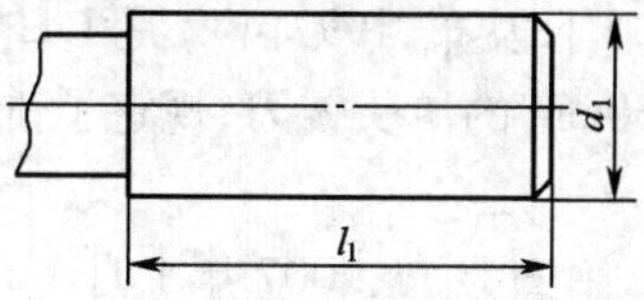

图 7-83　普通直径

表 7-56　普通直柄的尺寸

单位:mm

d_1　h8	3[a]	4	5	6①	8	10	12[a]	14	16	18	20	25	32[a]	40	50	63
$l_1{}^{+2}_{0}$		28		36		40	45		48		50	56	60	70	80	90
注:①与 GB/T 4267—2004《直柄回转刀具用柄部直径和传动方头尺寸》不同																

3）GB/T 6131.2—2006 介绍

GB/T 6131.2—2006 于 2006 年 7 月 20 日发布,2007 年 1 月 1 日实施,修改采用 ISO 3338—2:2000,代替 GB/T 6131.2—1996,单削平直柄既适用于单头铣刀又适用于双头铣刀,双削平直柄适用于单头铣刀,规定了铣刀削平直柄的型式和尺寸(直径 6~20mm 的单削平直柄和直径 25~63mm 的双削平直柄),见图 7-84、图 7-85 和表 7-57。

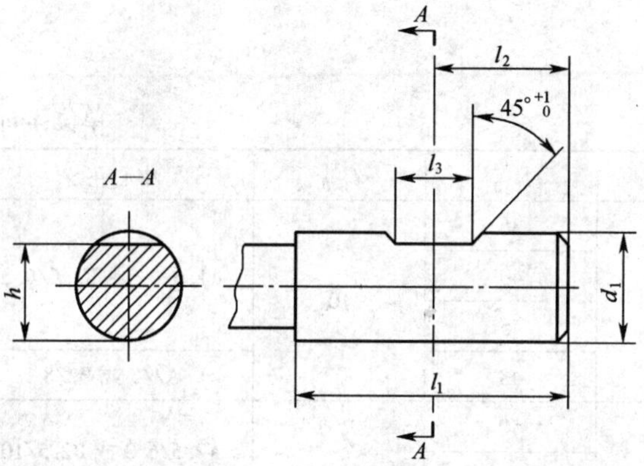

图 7-84　直径 d_1=6~20mm 的单削平直柄

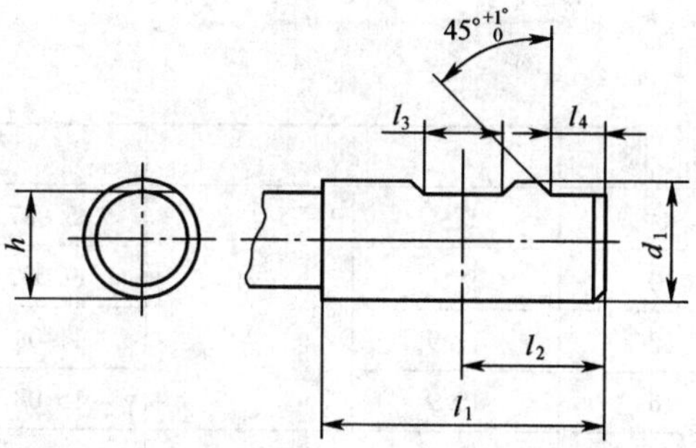

图 7-85　直径 d_1=25~63mm 的双削平直柄

表 7-57　单削与双削平直柄的尺寸

单位:mm

d_1h6	$l_1{}^{+2}_{0}$	$l_2{}^{0}_{-1}$	$l_3{}^{+0.10}_{0}$	$l_4{}^{+1}_{0}$	$h^{0}_{-0.4}$
6①	36	18	4.2	—	4.8
8			5.5		6.6
10	40	20	7		8.4
12①	45	22.5	8		10.4
14	45	22.5	8		12.7
16	48	24	10		14.2
18	48	24	10		16.2
20	50	25	11		18.2
25	56	32	12	17	23
32①	60	36	14	19	30
40	70	40			38
50	80	45	18	23	47.8
63	90	50			60.8
① 与 GB/T 4267—2004《直柄回转刀具用柄部直径和传动方头尺寸》不同					

4）GB/T 6131.3—1996 介绍

GB/T 6131.3—1996 于 1996 年 7 月 5 日发布，1997 年 2 月 1 日实施，等效采用 ISO/CD 3338—3：1993，代替 GB 6131—85，适用于柄部直径 6~50mm 的单头铣刀，规定了铣刀 2°斜削平直柄的型式和尺寸。

5）GB/T 6131.4—2006 介绍

GB/T 6131.4—2006 于 2006 年 7 月 20 日发布，2007 年 1 月 1 日实施，等同采用 ISO 3338—3：1996，代替 GB/T 6131.4—1996，规定了铣刀螺纹柄的型式和尺寸（直径 6~32mm），见图 7－86 和表 7－58。

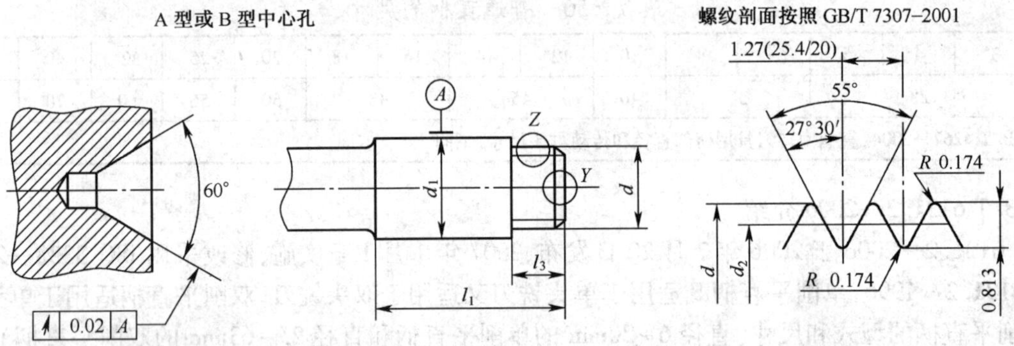

注：规定中心孔和柄部轴线之间的圆跳动公差，目的是保证立铣刀进入夹头时准确定位，这还取决于夹头有一个合适的精度。这种夹头是非标的。

图 7－86

表 7－58

单位：mm

d_1 h8	d		d_2		$l_1{}^{+2}_{0}$	$l_3{}^{+2}_{0}$	中心孔①
6	5.9	$^{0}_{-0.1}$	5.087	$^{0}_{-0.1}$	36	10	A1.6/4③或 B1.6/6.3
10	9.9		9.087		40		
12	11.9		11.087		45		
16	15.9		15.087		48		A2/5 或 B2/8
20	19.9	$^{0}_{-.15}$	19.087	$^{0}_{-0.15}$	50	15	A2.5/6.3 或 B2.5/10
25	24.9		24.087		56		
32②	31.9		31.087		60		A3.15/8 或 B3.15/11.2

注：① 按照 GB/T 145—2001 中的 A 型或 B 型。

② 与 GB/T 4267—2004《直柄回转刀具用柄部直径和传动方头尺寸》不同。

③ 为使锥面直径等于 2.5mm（代替 GB/T 6078.1—1998 的 3.35mm），对于柄部直径 6mm，ϕ1.6mm 中心孔的长度将受到限制

9. 带有法兰接触面的空心圆锥接口——非旋转类工具柄系列标准

1）概述

近年来，随着工艺集成技术的发展，工件可以在一台多功能机床上通过一次装夹实现综合加工，从而有利于改善工件的加工精度，提高生产效率和降低单件成本。这促使像车铣中心这样的多功能机床应用日益增多。由于在车铣中心上使用的刀具，既有铣刀类的旋转刀具，又有车刀类的固定刀具，前者对刀具的圆周方向没有定位精度的要求，而后者会因于刀具圆周方向的定位误差直接产生加工误差。鉴于现行 ISO 12164—1/2（2001 年）HSK 接口标准是针对旋转刀具制定的，刀具的圆周方向的定位精度不高，由日本的几家著名企业率先组成了一个临时性的联合组织——车铣机床接口委员会（ICTM），该委员会根据 ISO 12164—1（2001 年）/DIN 69893—1、DIN 69063—1（1996 年）HSK 标准，推动制定了一个非旋转类工具柄的 ISO 试行标准，即 ISO/CD 12164—3/4，当时，这是一个开放性的国际通用的工具接口标准，这个试行标准通常又称为 HSK－T 标准或 ICTM 标准。在 2008 年 11 月该试行标准正式成为国际标准 ISO 12164—3：2008《带法兰面的空心工具柄——第 3 部分：用于非旋转类工具——柄的尺寸》和第 4 部分 ISO 12164—4：2008《带法兰面的空心工具柄——第 4 部分：用于非旋转类工具——安装孔的尺寸》。该标准与 HSK 的主要差异

之一是提高了圆周方向的定位精度，T型空心锥柄在图7－87、表7－59中增加了一个尺寸b_5，与b_1比较，其位置精度和尺寸精度都有较大提高。T型空心锥柄安装孔在图7－88、表7－60中相应增加了一个尺寸b_2，它与b_1比较位置精度和尺寸精度都有较大提高。全国刀具标准化技术委员会正积极地进行国际标准转化为国家标准的工作。

2）ISO 12164—3：2008介绍

（1）范围。ISO 12164—3：2008规定了适用于机床（如车床、车铣床）的带有法兰接触面的空心工具柄（HSK）的尺寸，给出了柄部尺寸的范围。规定的T型柄，法兰上带有一个环形槽用于自动换刀，这种工具同样可以通过锥柄上孔进行手动换刀。扭矩的传递是通过锥柄末端的键以及摩擦来完成。

（2）一般规定。带有法兰接触面的非旋转空心工具柄（T型柄）的尺寸按图7－87、表7－59、本标准附录A（略）和本标准附录B（略）的规定，图7－87中没有规定的细节可酌情选取。

形状和位置公差按ISO 1101的规定，圆锥的公差按ISO 3040的规定，未注公差按ISO 2768—1中的"m"级规定。

（3）T型空心锥柄。T型空心锥柄的尺寸按图7－87、表7－59、本标准附录A（略）的规定。

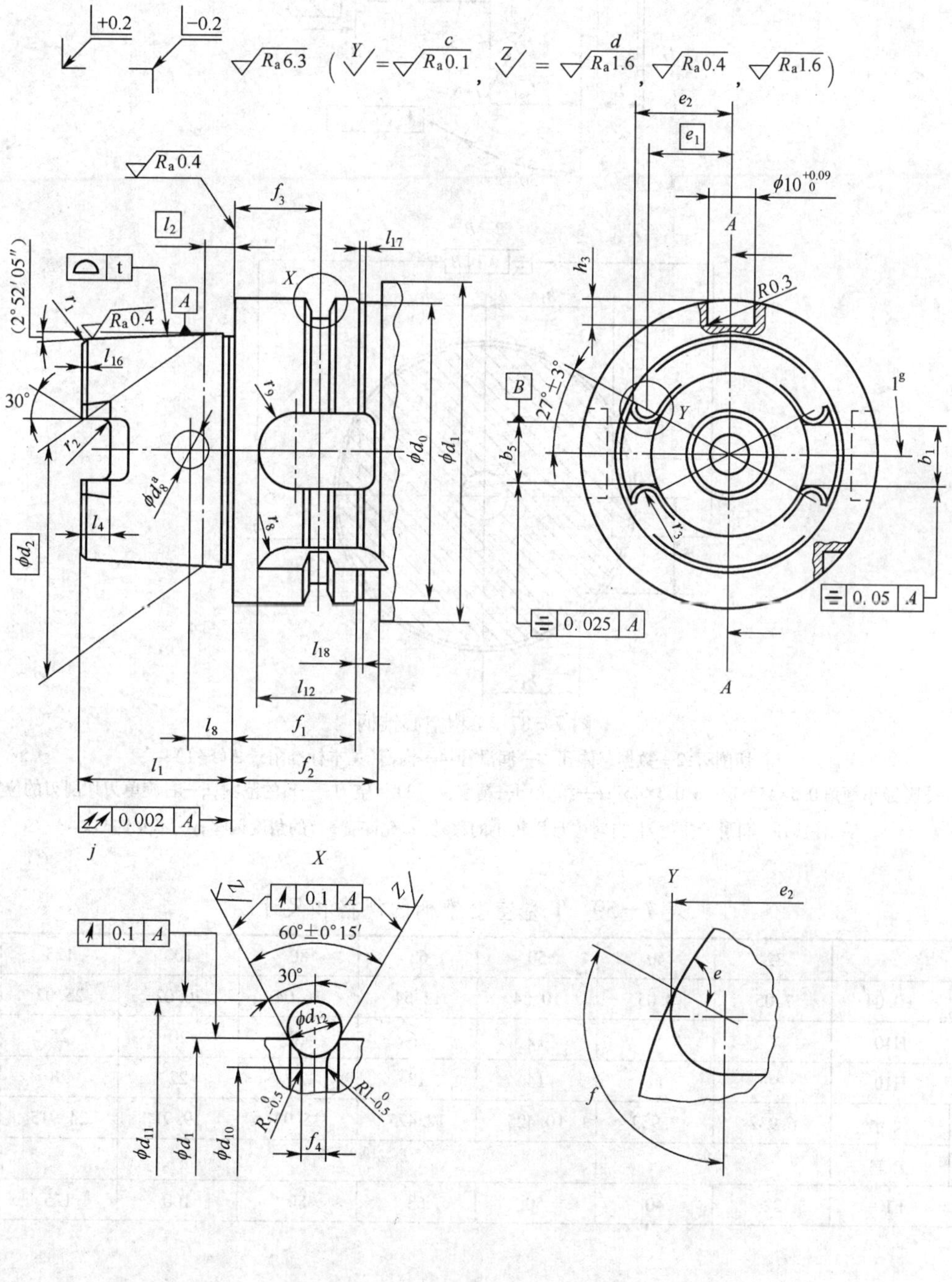

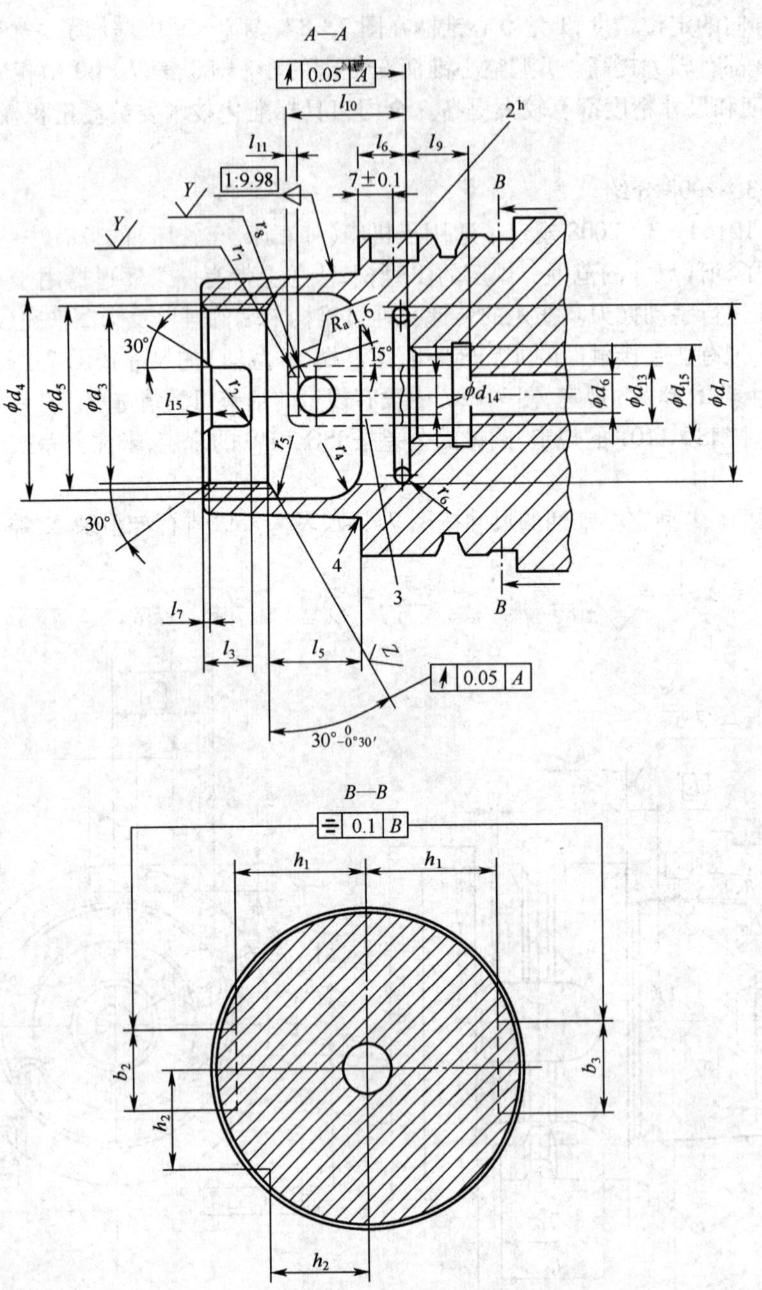

图 7-87 T型空心锥柄

1—切削刃;2—数据载体孔;3—润滑管;4—沟槽(见本标准附录A(略));

a—外圆最小倒角0.5×45°;b—或0.3×45°;c—抛光;d—精车;e—90°=空刀;f—r_3的范围;g—右旋单刃切削刃的位置;

h—任选;i—润滑管应封闭,自对中且用较小的移动力,允许有±1°的角度偏移;j—不允许凸。

表 7-59 T型空心锥柄的规格和尺寸 单位:mm

规格		32	40	50	63	80	100	125	160
b_1	±0.04	7.05	8.05	10.54	12.54	16.04	20.02	25.02	30.02
b_2	H10	7	9	12	16	18	20	25	32
b_3	H10	9	11	14	18	20	22	28	36
b_5	尺寸	6.932	7.932	10.425	12.425	15.93	19.91	24.915	29.915
	公差	$^{+0.03}_{0}$				$^{+0.035}_{0}$		$^{+0.04}_{0}$	
d_1	h10	32	40	50	63	80	100	125	160

（续）

规　格		32	40	50	63	80	100	125	160
d_2		24.007	30.007	38.009	48.010	60.012	75.013	95.016	120.016
d_3	H10	17	21	26	34	42	53	67	85
d_4	H11	20.5	25.5	32	40	50	63	80	100
d_5		19	23	29	37	46	58	73	92
d_6	最大	4.2	5	6.8	8.4	10.2	12	14	16
d_7	$^{0}_{-0.1}$	17.4	21.8	26.6	34.5	42.5	53.8	—	—
d_8		4	4.6	6	7.5	8.5	12	—	—
d_9	最大	31	39	49	62	79	99	124	159
d_{10}	$^{0}_{-0.1}$	26.5	34.8	43	55	70	92	117	152
d_{11}	$^{0}_{-0.1}$	37	45	59.3	72.3	88.8	109.75	134.75	169.75
d_{12}		4	4	7	7	7	7	7	7
d_{13}	f8	6	8	10	12	14	16	18	20
d_{14}		3.5	5	6.4	8	10	12	14	16
d_{15}		M10×1	M12×1	M16×1	M18×1	M20×1.5	M24×1.5	M30×1.5	M35×1.5
e_1		8.82	11	13.88	17.99	21.94	27.37	35.37	44.32
e_2	$^{0}_{-0.05}$	10.2	12.88	16.26	20.87	25.82	32.25	41.25	52.2
f_1	$^{0}_{-0.1}$	20	20	26	26	26	29	29	31
f_2	最小	23	23	30	30	30	34	34	36
f_3	±0.1	16	16	18	18	18	20	20	22
f_4	$^{+0.15}_{0}$	2	2	3.75	3.75	3.75	3.75	3.75	3.75
h_1	$^{0}_{-0.2}$	13	17	21	26.5	34	44	55.5	72
h_2	$^{0}_{-0.3}$	9.5	12	15.5	20	25	31.5	39.5	50
h_3	$^{+0.2}_{0}$	5.4	5.2	5.1	5.0	4.9	4.9	4.8	4.8
l_1	$^{0}_{-0.2}$	16	20	25	32	40	50	63	80
l_2		3.2	4	5	6.3	8	10	12.5	16
l_3	$^{+0.2}_{0}$	5	6	7.5	10	12	15	19	23
l_4	$^{+0.2}_{0}$	3	3.5	4.5	6	8	10	12	16
l_5	js10	8.92	11.42	14.13	18.13	22.85	28.56	36.27	45.98
l_6	$^{0}_{-0.1}$	8	8	10	10	12.5	12.5	16	16
l_7	$^{+0.3}_{0}$	0.8	0.8	1	1	1.5	1.5	2	2
l_8	±0.1	5	6	7.5	9	12	15	—	—
l_9	$^{0}_{-0.3}$	6	8	10	12	14	16	18	20
l_{10}		20	21.5	23	24.5	26	28	30	32
l_{11}		2.5	2.5	3	3	3	3	3.5	3.5
l_{12}		12	12	19	21	22	24	24	24
l_{15}	$^{+0.3}_{0}$	1.5	1.5	2	2	2.5	2.5	3.5	3.5
l_{16}	$^{+0.3}_{0}$	0.8	0.8	1	1	1.5	1.5	2	2
l_{17}	最小	1	1	1	1	1	1	1	1
l_{18}	最小	1	1	1	1	1	1	1	1
r_1		0.6	0.8	1	1.2	1.6	2	2.5	3.2

（续）

规格		32	40	50	63	80	100	125	160
r_2	$^{0}_{-0.2}$	1	1	1.5	1.5	2	2	2.5	2.5
$r_3$①	±0.05	1.38	1.88	2.38	2.88	3.88	4.88	5.88	7.88
r_4		4	5	6	8	10	12	16	20
r_5		0.4	0.4	0.5	0.6	0.8	1	1.2	1.6
r_6		0.5	1	1.5	1.5	2	2	—	—
r_7		1	1	1	1.5	1.5	1.5	1.5	1.5
r_8		2	2	2	3	3	3	3	3
$r_9$②		3.5	4.5	6	8	9	10	5	5
T		0.002	0.002	0.0025	0.003	0.004	0.004	0.005	0.005
沟槽③		0.2×0.1	0.4×0.2	0.6×0.2	0.6×0.2	1×0.2	1×0.2	1.6×0.3	1.6×0.3
O 型圈④		16×1	18.77×1.78	21.89×2.62	29.82×2.62	36.09×3.53	47.6×3.53	—	—

注：① r_3相切于b_1或b_5。
② r_9对应于b_2和b_3。
③ 见附录 A（略）。
④ O 形圈的使用取决于使用的夹紧系统

（4）数据载体孔：不带数据载体孔的设计为标准的；带数据载体孔的设计为任选的。

（5）方位标志：带方位标志的设计是标准的；不带方位标志的设计是任选的。

（6）夹紧力：夹紧系统应提供足够的夹紧力用以保证柄部法兰与安装孔端面的接触，并通过弹性变形使锥柄固定。接口扭矩的传递能力取决于夹紧力的大小。

T 型空心锥柄的夹紧力推荐值参见本标准附录 B（略）。

（7）手动夹紧用孔：带手动夹紧用孔的设计是标准的；不带手动夹紧用孔的设计是任选的。

（8）标记。符合本部分的非旋转类空心锥柄应标记：

①"空心锥柄"；

② 本部分标准编号，如 GB/T 19449.3；

③"HSK"；

④ 型式：T 型（用于非旋转类工具）；

⑤ 规格，单位为 mm。

示例：规格为 50mm 的带法兰接触面的非旋转类（T 型）空心柄（HSK）的标记为空心锥柄 GB/T 19449.3—HSK－T 50。

3）ISO 12164—4：2008 介绍

（1）范围。ISO 12164—4：2008 规定了适用于机床（如车床、车铣床）的带有法兰接触面的空心工具安装孔的尺寸。与之配套的空心工具柄的尺寸在第 3 部分规定。规定的 T 形安装孔，用于自动换刀和手动夹紧。手动夹紧是通过安装孔上孔和柄上的孔来实现。扭矩的传递是通过锥柄末端的键以及摩擦来完成。

（2）一般规定。带有法兰接触面的非旋转空心工具安装孔（T 型）的尺寸按图 7－88、表 7－60、本标准附录 A（略）的规定，图 7－88 中没有规定的细节可酌情选取。

形状和位置公差按 ISO 1101 的规定，圆锥的公差按 ISO 3040 的规定，未注公差按 ISO 2768—1 中的"m"级规定。

（3）T 型空心锥柄的安装孔。T 型空心锥柄安装孔的尺寸按图 7－88、表 7－60 的规定。

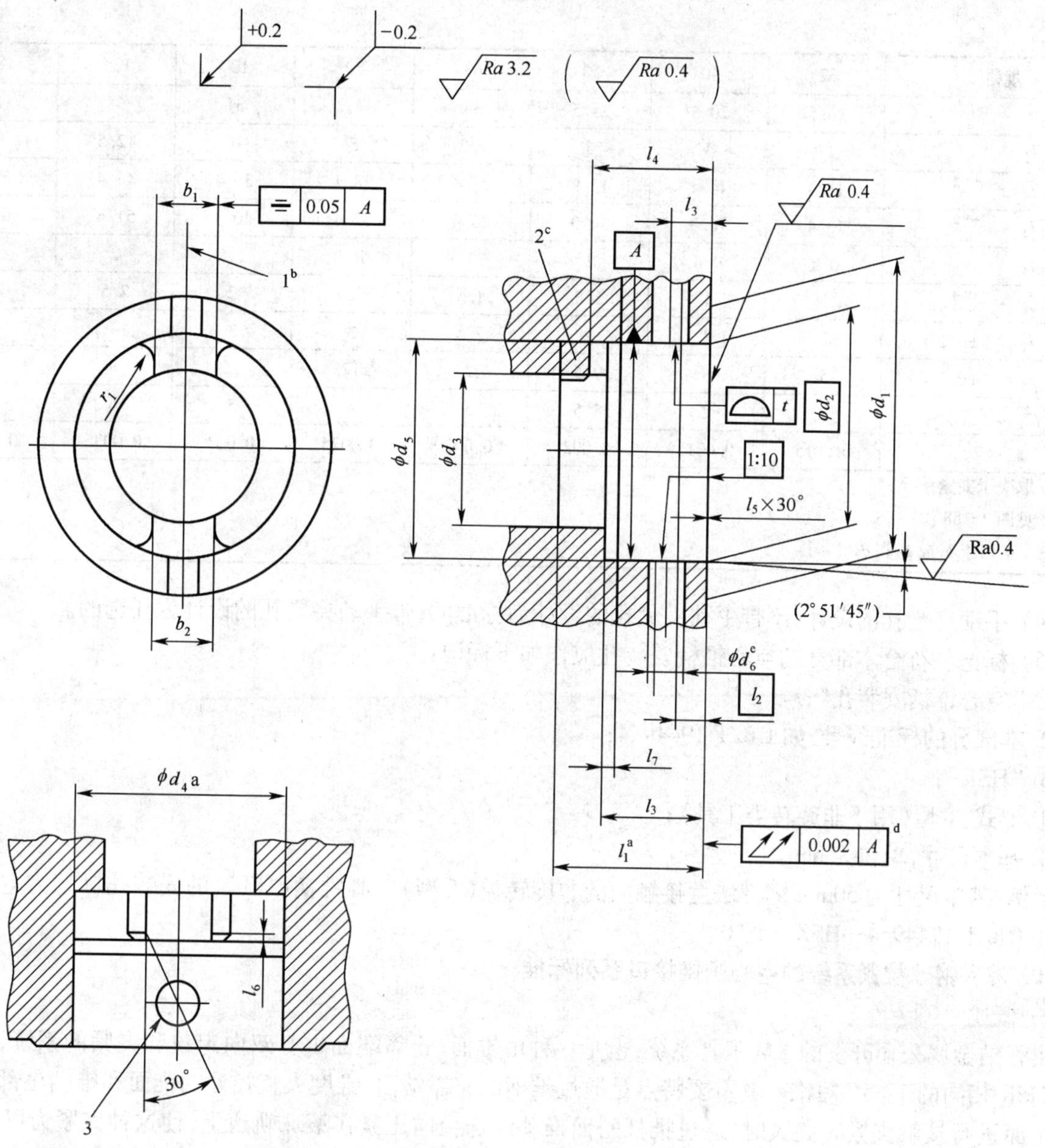

图 7-88　安装孔

1—切削刃；2—键；3—手动夹紧孔；

a—当键被嵌入孔内时，锥孔允许超出总长 l_1；b—右旋单刃切削刃的位置；c—键选择整体或嵌入；d—不允许凸；e—内孔最小倒角 0.5×45°。

表 7-60　安装孔的尺寸

单位：mm

规格		32	40	50	63	80	100	125	160
b_1	±0.05	6.8	7.8	10.3	12.3	15.8	19.78	24.78	29.78
b_2	尺寸	6.92	7.92	10.41	12.41	15.91	19.89	24.89	29.89
	公差	$^{0}_{-0.025}$				$^{0}_{-0.03}$			
d_1	最小	32	40	50	63	80	100	125	160
d_2		23.998	29.998	37.998	47.998	59.997	74.997	94.996	119.995
$d_3$①		17	21	26	34	42	53	67	85
$d_4$②	$^{+0.1}_{0}$	23.28	29.06	36.85	46.53	58.1	72.6	92.05	116.1
d_5	$^{+0.2}_{0}$	23.8	29.6	37.5	47.2	58.8	73.4	93	118
d_6		孔径由制造商确定							

（续）

规格		32	40	50	63	80	100	125	160
$l_1$②	$^{+0.2}_{0}$	16.5	20.5	25.5	33	41	51	64	81
l_2		3.2	4	5	6.3	8	10	12.5	16
l_3	$^{+0.2}_{0}$	11.4	14.4	17.9	22.4	28.4	35.4	44.4	57.4
l_4	$^{+0.2}_{0}$	13.4	16.9	20.9	26.4	32.4	40.4	51.4	64.4
l_5		0.8	0.8	1	1	1.5	1.5	2	2
l_6	$^{+0.1}_{0}$	1	1	1.5	1.5	2	2	2.5	2.5
l_7	±0.1	2	2	2	2.5	3	3	4	4
l_8	±0.1	5	6	7.5	9	12	15	—	—
$r_1$③	$^{0}_{-0.05}$	1.5	2	2.5	3	4	5	6	8
t		0.0015	0.0015	0.002	0.002	0.0025	0.003	0.0035	0.0035

注：① 取决于夹紧系统；
② 见图 7－88 注；
③ r_1 正切于 b_1 或 b_2 和 d_4

（4）手动夹紧孔的设计：不带手动夹紧孔的设计为标准的；带手动夹紧孔的设计为任选的。

（5）标记。符合本部分的空心锥柄安装孔应作如下标记：

①“空心锥柄安装孔”；

② 本部分的标准编号，如 GB/T 19449.4；

③“HSK”；

④ 形式：T 型（用于非旋转类工具）；

⑤ 基本尺寸，单位为 mm。

示例：基本尺寸为 50mm 的带法兰接触面的非旋转类（T 型）空心锥柄（HSK）的安装孔标记为空心锥柄安装孔 GB/T 19449.4—HSK－T 50。

10. 带有钢球拉紧系统的空心圆锥接口系列标准

1）概述

由肯纳金属公司开发的 KM 工具系统，也是一种由锥面、止靠端面进行双向定位和夹紧的系统，柄部采用与 HSK 相同的 1∶10 短锥。其重要特点是通过锥柄的止靠端面、锥度大直径处的锥面和锥柄尾部的锥面共 3 个面进行接触夹紧。夹紧时，通过推杆斜面推动滚珠径向压紧在滚珠轨道上，使这种夹紧力以 3.5∶1 的增力比实现强力夹紧，由此达到几乎类似于一个整体刀具的刚性。而且其径向和轴向的重复定位精度可达到±2.5μm。这种工具系统的另一个优点是，它在制造技术上与 HSK 系统十分相近，因此，对于能制造 HSK 工具柄和主轴的生产厂家，就不必购置新的机床来制造 KM 工具系统。

在 2008 年，肯纳金属公司的 KM 工具柄被接纳为国际标准：ISO 26622—1∶2008《带有钢球拉紧系统的空心圆锥接口　第 1 部分——柄的尺寸和型号》和 ISO 26622—2∶2008《带有钢球拉紧系统的空心圆锥接口　第 2 部分——安装孔的尺寸和型号》。

2）ISO 26622—1∶2008 介绍

（1）范围。ISO 26622—1∶2008 规定了用于自动换刀和手动换刀机床（如车床、钻床、铣床和车铣中心）、带有钢球拉紧系统的空心圆锥接口的锥柄系列尺寸。不同规格的锥柄所配用的 O 形密封圈的尺寸于本标准附录 A（略）中给出。法兰部位带有沟槽的可以用于自动换刀，也可用于手动换刀。刀柄的夹紧可通过标准尺寸的钢球和多种夹紧机构来实现。扭矩传递是在刀柄尾部通过摩擦、卡紧元件和键来实现。

（2）一般部位。形位公差和径向跳动允差按 ISO 1101。未注明公差时按 ISO 2768－1 的“m”级和 ISO 2768—2 的“k”级。

（3）空心锥柄。带有钢球拉紧系统的空心圆锥柄、机械手抓拿槽和数据芯片孔的细部尺寸见图 7－89 和表 7－61。

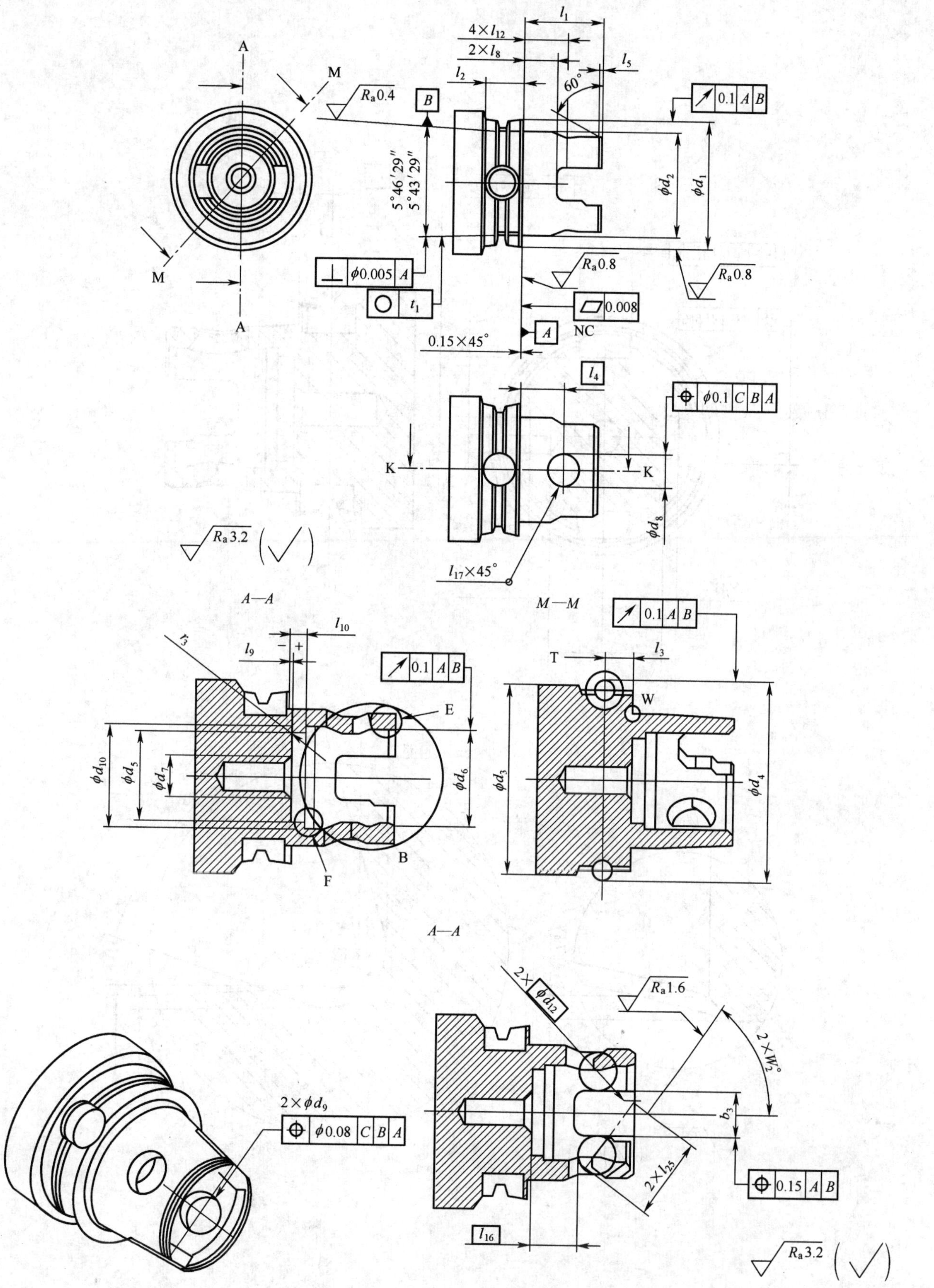
A—A
M—M
A—A
R_a0.4
R_a0.8
R_a3.2
R_a1.6
5°46′29″
5°43′29″
0.15×45°
60°
NC
ϕ0.005 A
0.008
0.1 A B
ϕ0.1 C B A
ϕ0.08 C B A
0.15 A B
2×ϕd_9
2×ϕd_{12}
2×W_2°
2×l_{25}
l_{17}×45°
4×l_{12}
2×l_8

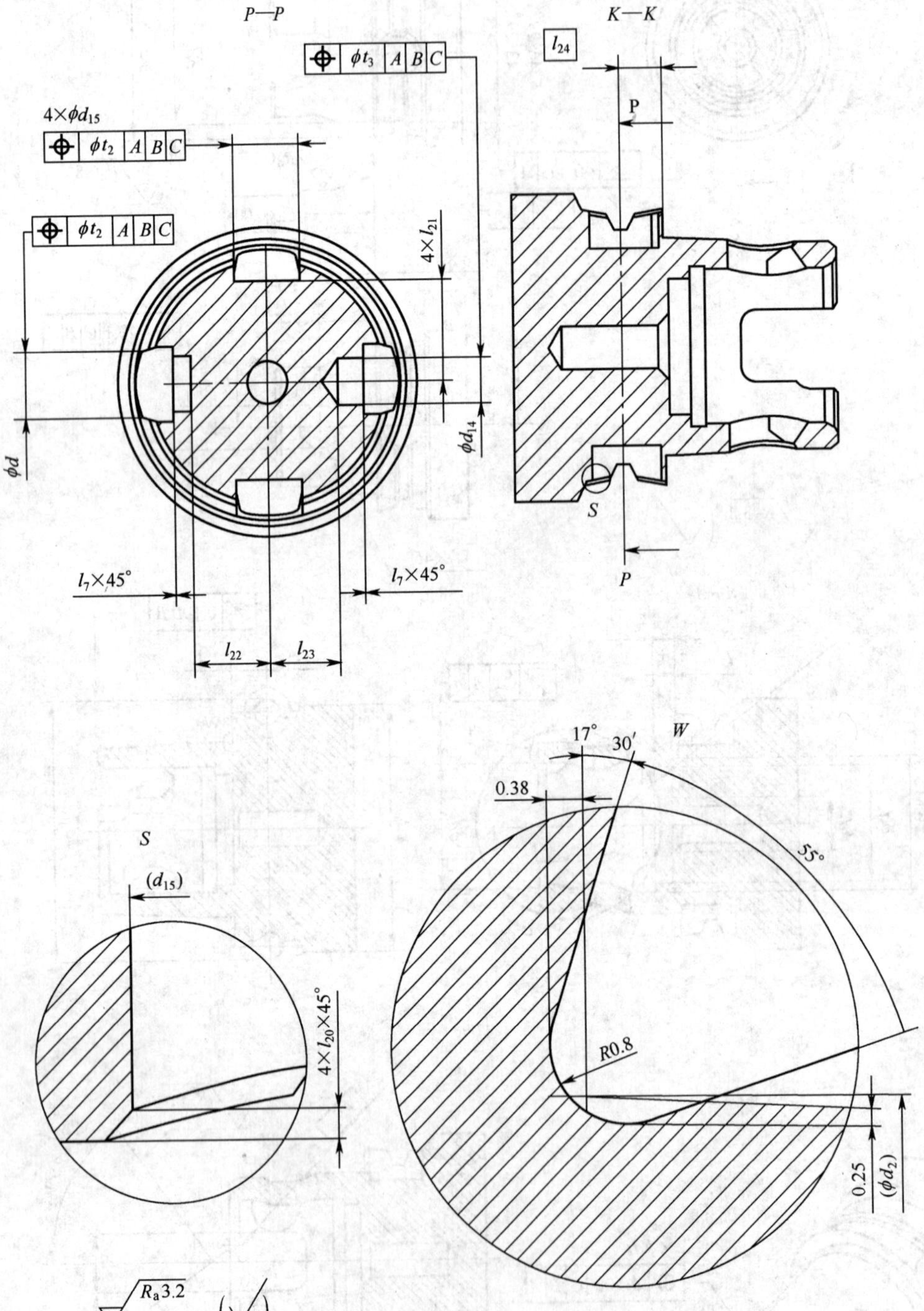
P—P
K—K
l_{24}
P
ϕt_3 A B C
$4\times\phi d_{15}$
ϕt_2 A B C
ϕt_2 A B C
$4\times l_{21}$
ϕd
ϕd_{14}
S
P
$l_7\times45^\circ$
$l_7\times45^\circ$
l_{22}
l_{23}
17°
$30'$
W
0.38
55°
S
(d_{15})
$4\times l_{20}\times45^\circ$
R0.8
0.25
(ϕd_2)
$R_a3.2$

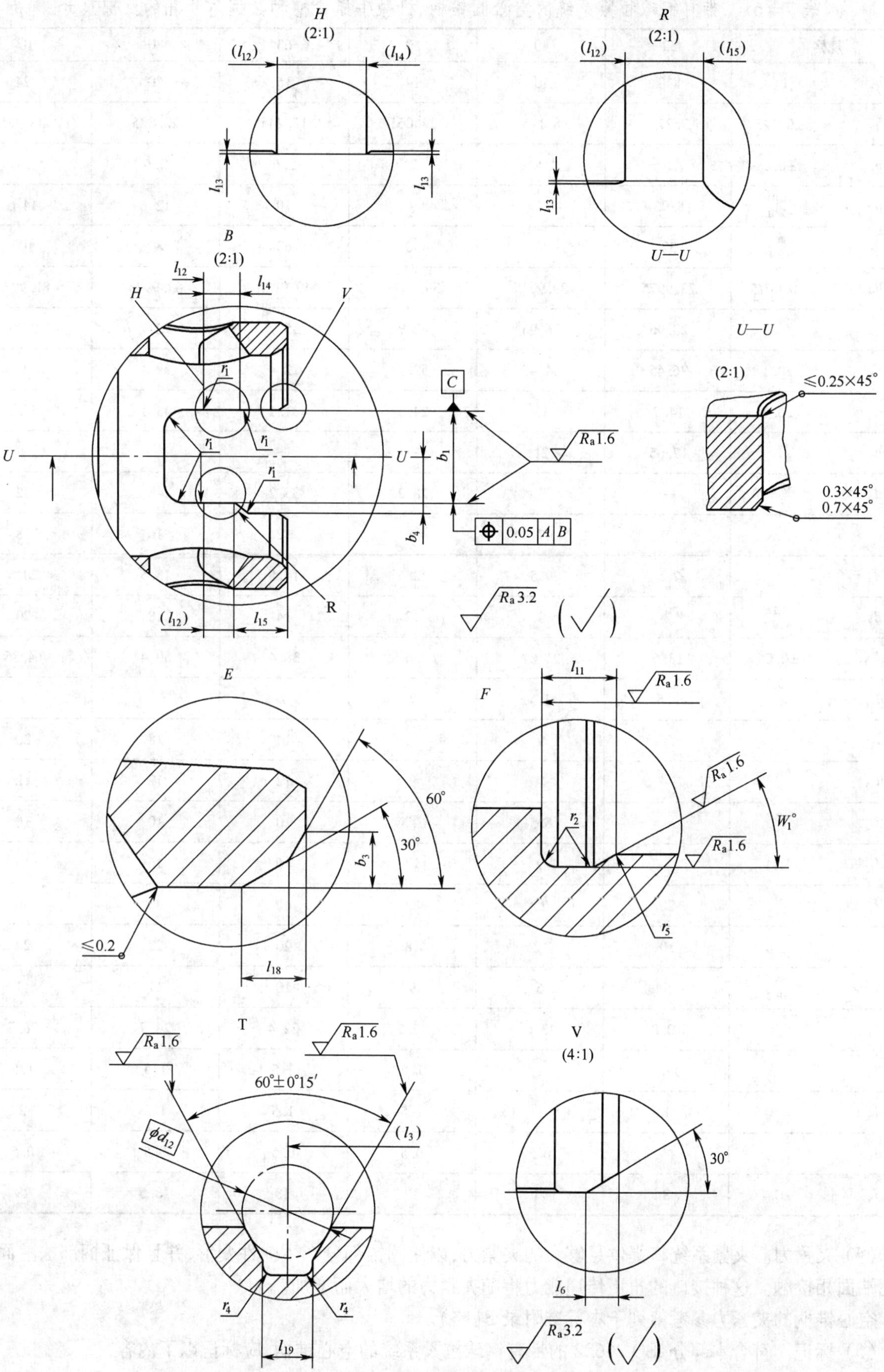

图 7-89　带有钢球拉紧系统的空心圆锥柄、机械手抓拿槽和数据芯片孔的细部尺寸

表 7-61 带有钢球拉紧系统的空心圆锥柄、机械手抓拿槽和数据芯片孔的细部尺寸 单位:mm

规格		32	40	50	63	80	100
b_1	$^{+0.15}_{+0.1}$	8.9	10	14	16	20	24
b_2	±0.125	7.775	8.175	11.065	15.245	22.825	34.985
b_3	±0.1	1	1.85	2	2.6	2.6	2.6
b_4	$^{+0.11}_{+0.01}$	5.95	7	9	10	12.6	14.6
d_1	$^{0}_{-0.1}$	32	40	50	63	80	100
d_2	±0.0075	23.9975	29.9975	39.9975	49.9975	63.9975	81.9975
d_3		28.96	36.96	42.7	55.7	72.7	92.7
d_4	±0.1	36.45	44.45	59.4	72.4	89.4	109.4
d_5	±0.1	14.9	18	24.5	31.1	43.1	57.1
d_6	$^{+0.1}_{0}$	17.65	21	—	—	—	—
d_6	$^{+0.15}_{0}$	—	—	28.2	35.2	48	62
d_7	max	5	7	9	12	16	18
d_8		7.5	9.5	12.5	14.5	18.5	20.5
d_9	$^{+0.125}_{0.025}$	7	9	12	14	18	20
d_{10}	±0.05	18.6	21.87	30	38.4	50.4	64.35
d_{11}		3.5	3.5	7	7	7	7
d_{12}		7	9	12	14	18	20
d_{13}	$^{+0.2}_{0}$	—	7	9	12	12	12
d_{14}	$^{+0.2}_{0}$	—	5.5	7.5	10	10	10
d_{15}	H11	—	9	12	16	16	16
l_1	$^{0}_{-0.1}$	20	25	32	40	45	50
l_2	min	10	12	18	20	22	22
l_3	$^{0}_{-0.2}$	5	6	9	10	11	11
l_4		10.8	13.6	17.2	22.4	24.9	26.7
l_5		0.75	1	1.5	1.5	1.5	1.5
l_6		1	1	1.5	1.5	1.5	2
l_7		—	0.5	0.5	0.5	0.5	0.5
l_8	±0.1	8	11	12	18	18.5	19

(4) 夹紧力。夹紧系统将提供足够大的夹紧力,以使圆锥部分产生弹性变形,并且保证柄部法兰面与安装孔端面相接触。这种接口的扭矩传递能力将随夹紧力的增大而增加。

空心锥柄的夹紧力参考值列于本标准附录 B(略)。

(5) 标记。符合本部分 ISO 26622 的带有钢球拉紧系统的空心锥柄,应标记以下内容:

①“空心锥柄”;

② 参照 ISO 26622 本部分(即 ISO 26622—1);

③ 代号“TS”;

④ 名义尺寸,单位为 mm。

例如,名义尺寸为 63mm 的带有钢球拉紧系统的空心锥柄,应标记为空心锥柄 ISO 26622—1 - TS 63。

3) ISO 26622—2:2008 介绍

(1) 范围。ISO 26622—2:2008 规定了用于自动换刀和手动换刀机床(如车床、钻床、铣床和车铣中心),带有钢球拉紧系统的空心圆锥接口的安装孔系列尺寸。扭矩传递是在刀柄尾部通过摩擦、卡紧元件和键来实现。

(2) 一般部位。形位公差和径向跳动允差按 ISO 1101。未注明公差时按 ISO 2768 - 1 的“m”级和 ISO 2768 - 2 的“k”级。

(3) 锥形安装孔。带有钢球拉紧系统的空心圆锥接口的锥形安装孔尺寸见图 7 - 90 和表 7 - 62。

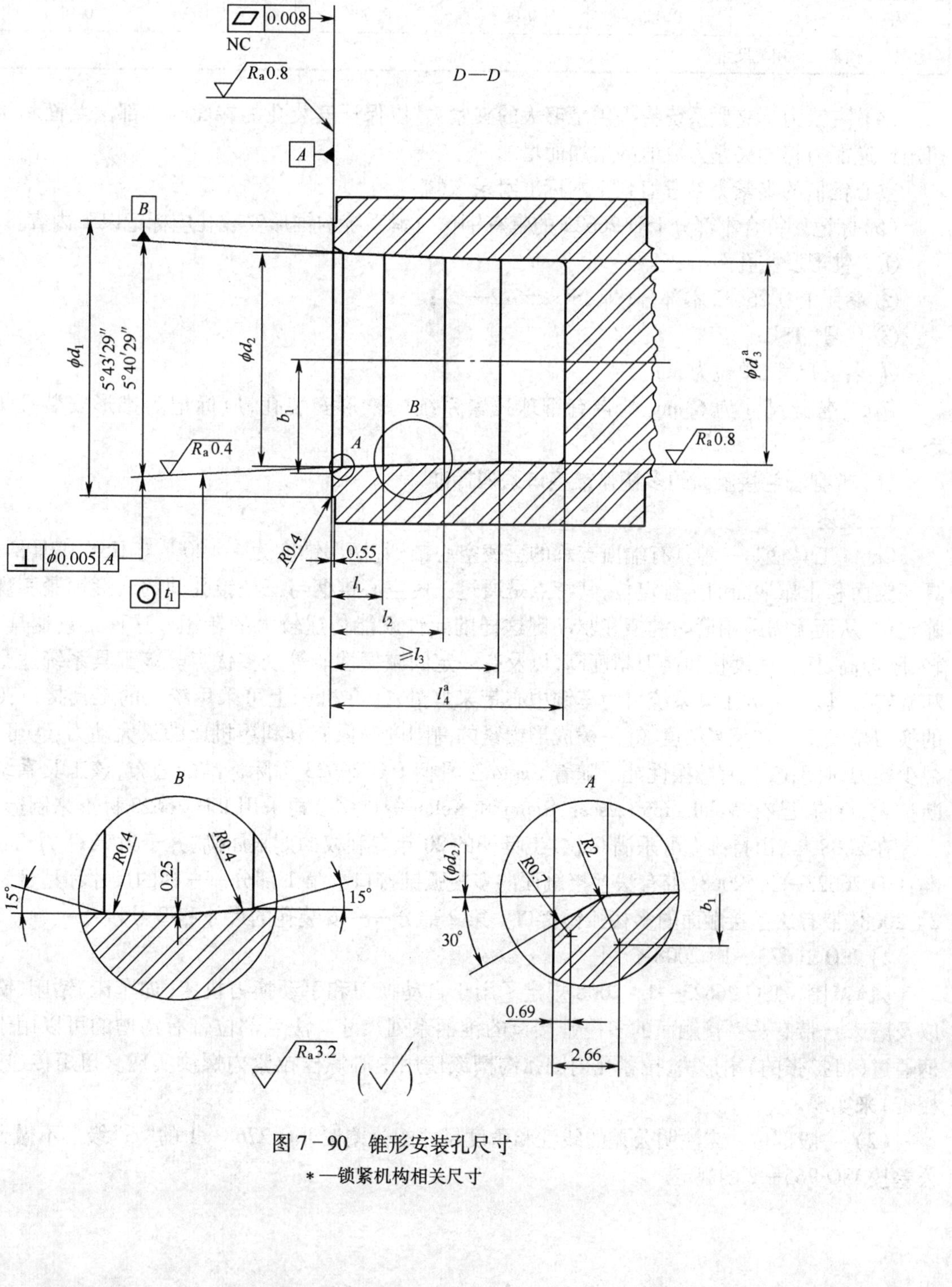

图 7 - 90 锥形安装孔尺寸

a—锁紧机构相关尺寸

表 7-62 锥形安装孔尺寸 单位:mm

规格		32	40	50	63	80	100
b_1		13.82	16.81	21.81	26.81	33.8	42.79
d_1	$^{0}_{-0.1}$	32	40	50	63	80	100
d_2	±0.0025	23.975	29.97	—	—	—	—
d_2	±0.005	—	—	39.96	49.96	63.94	81.925
$d_3$①		—	—	—	—	—	—
l_1	±0.38	5.895	7.8	8.825	12	15	15
l_2	±0.38	12.575	16	20.125	26.5	35	38
l_3	min	20	25	32	40	45	50
$l_4$①	—	—	—	—	—	—	
t_1		0.005	0.005	0.008	0.010	0.01	0.01
注:① 锁紧机构相关尺寸							

(4) 夹紧力。夹紧系统将提供足够大的夹紧力,以保证安装孔的端面与柄部法兰面相接触。这种接口扭矩传递能力将随夹紧力数值的增加而增加。

空心锥柄的夹紧力参考值列于本标准附录A(略)

(5)标记。符合本部分ISO 26622的带有钢球拉紧系统的锥形安装孔应标记以下内容:

① “锥形安装孔”;

② 参照ISO 26622本部分(即ISO 26622—2);

③ 代号“TS”;

④ 名义尺寸,单位为mm。

例如,名义尺寸为63mm的带有钢球拉紧系统的锥形安装孔,应标记为锥形安装孔ISO 26622—2-TS 63。

11. 带有法兰接触面的多棱弧锥接口系列标准

1)概述

Capto工具柄是一种具有端面支承的三棱空心锥柄,柄部锥度为1∶20。与HSK工具柄一样,可实现工具柄锥面和止靠端面的接触定位,其特点是通过三棱空心锥柄与三棱锥孔间的成形锁紧实现工具柄的无间隙定位,从而无需采用诸如键槽和驱动键这样的元件就能传递较大的转矩。这种工具柄具有尺寸小、重量轻、刚性高、换刀速度快和换刀精度高,以及有一定的减振性能等众多优点。该工具系统适合用于固定刀具和旋转刀具。Capto工具系统可为车铣中心带来好处:①在机床上可采用统一的工具接口;②能确保±2μm的换刀位置精度和重复精度;③三棱成形锁紧的高刚度确保充分利用机床的最大动力;④可实现快速换刀,减少换刀时间;⑤具有减振性能。随着Capto工具柄ISO 26623国际标准的公布,该工具系统的应用将会不断扩大,目前,已有Wohlhaupter、Iscar、Rohm和Kelch等许多公司采用ISO 26623标准来制造这种工具柄。

在2008年,山特维克可乐满Capto工具柄的20年专利权的期限届满,并于当年11月份被接纳为国际标准:ISO 26623—1∶2008《带有法兰接触面的多棱弧锥接口 第1部分——柄的尺寸和型号》和ISO 26623—2∶2008《带有法兰接触面的多棱弧锥接口 第2部分——安装孔的尺寸和型号》。

2)ISO 26623—1∶2008介绍

(1)范围。ISO 26623—1∶2008规定了用于自动换刀和手动换刀机床(如车床、钻床、铣床和车铣中心以及磨床),带有法兰接触面的多棱锥接口的锥柄系列尺寸。法兰部位带有沟槽的可以用于自动换刀。刀柄通过(可扩张的)扇形块,拉紧孔内圆弧沟槽或使用中心螺栓拉紧内螺纹实现。扭矩传递是靠锁定器(多棱锥)来实现。

(2)一般部位。未注明公差的线性和角度尺寸的公差按ISO 2768—1的“m”级。不做另外说明的螺纹公差按ISO 965—2的规定。

（3）多棱锥柄。多棱锥柄的形式与尺寸见图 7－91、图 7－92 和表 7－63。

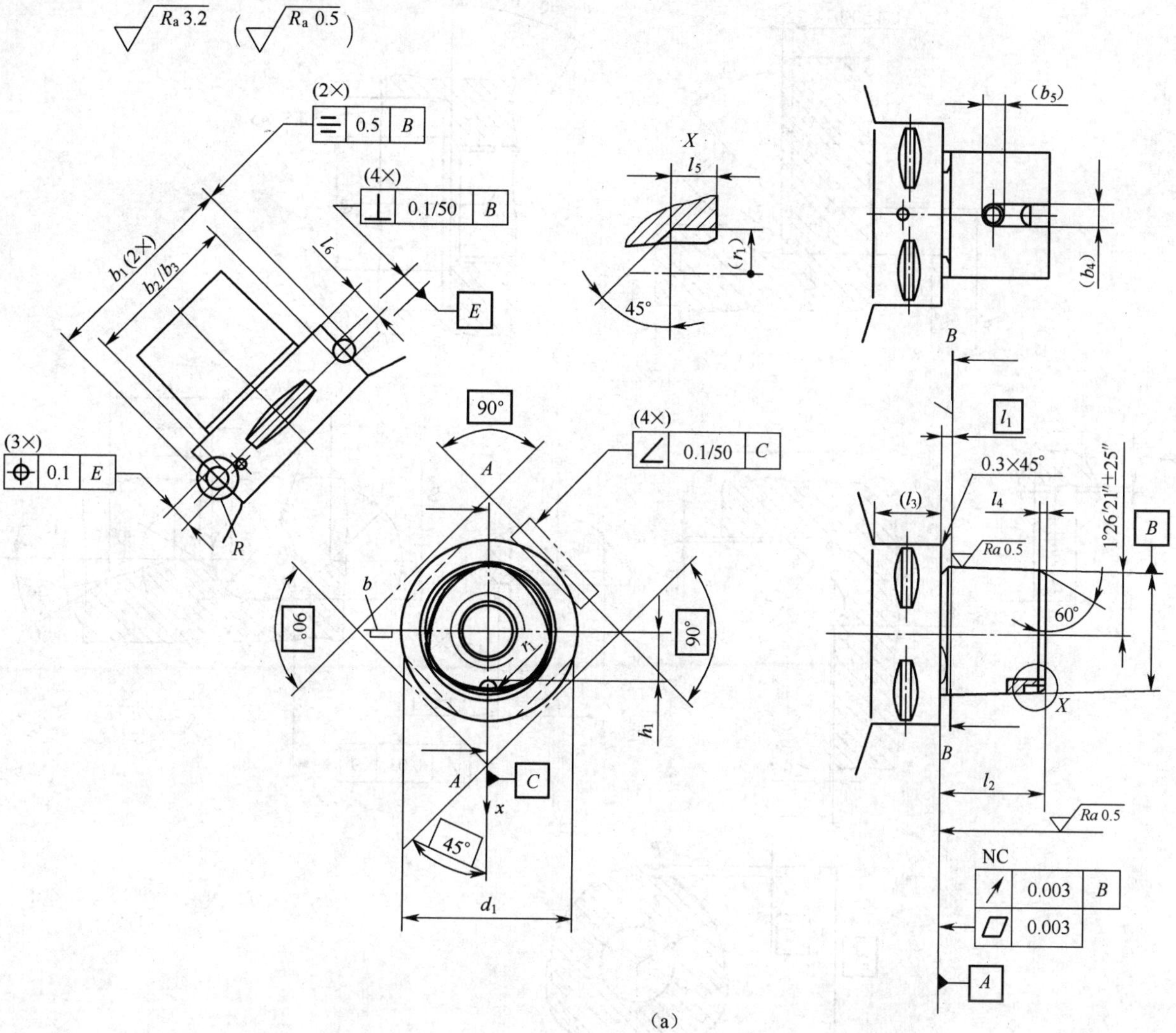

（a）

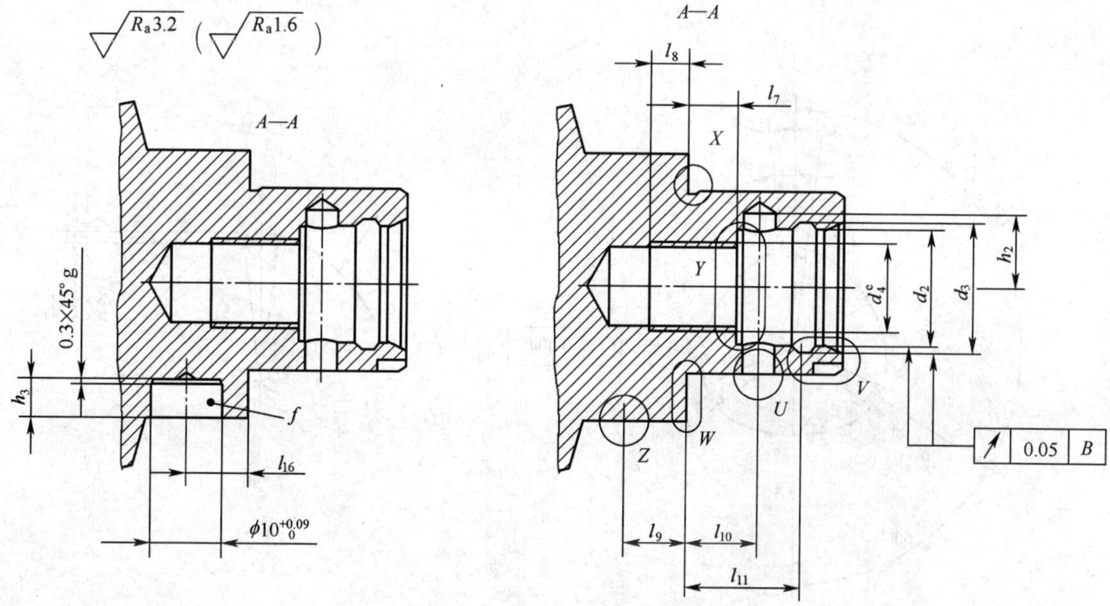

（b）

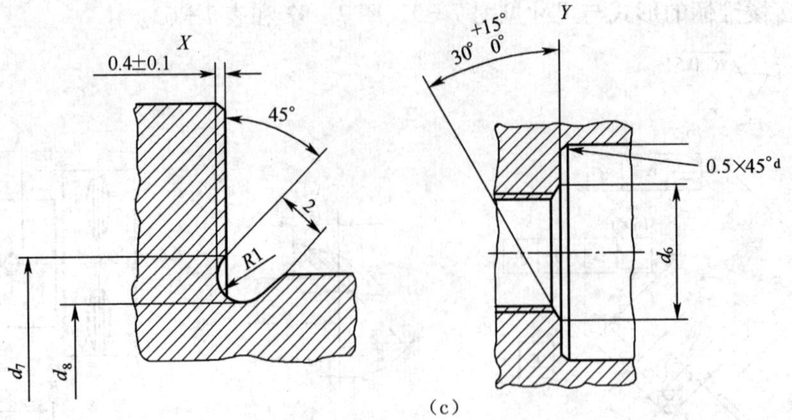
X
0.4±0.1
45°
2
R1
d_7
d_8
Y
30° +15° 0°
0.5×45°
d_6

（c）

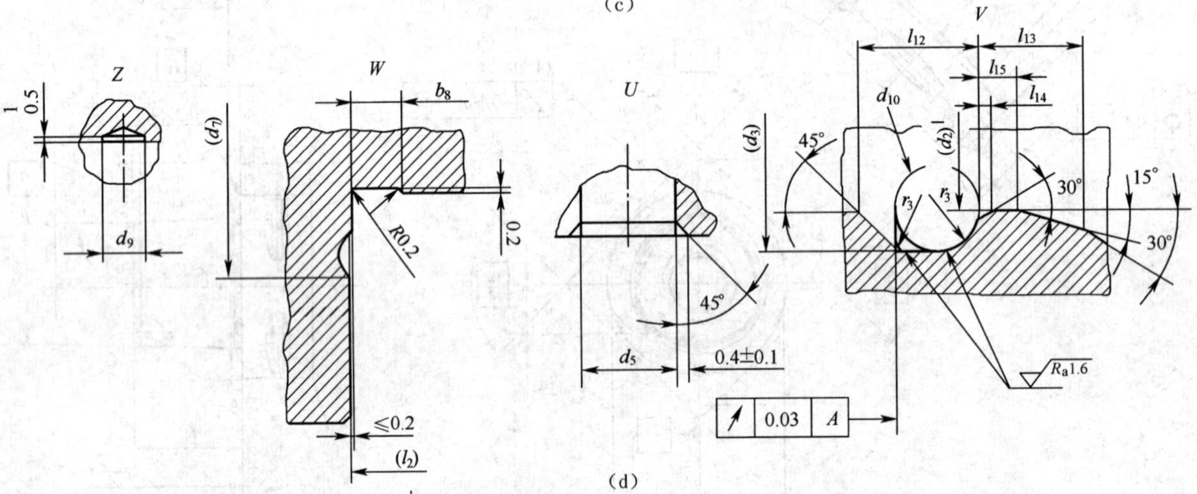
Z
1
0.5
d_9
W
b_8
(d_7)
R0.2
0.2
≤0.2
(l_2)
U
45°
d_5
0.4±0.1
V
l_{12}
l_{13}
l_{15}
l_{14}
d_{10}
(d_3)
(d_2)
45°
r_3
r_3
30°
15°
30°
Ra1.6
0.03
A

（d）

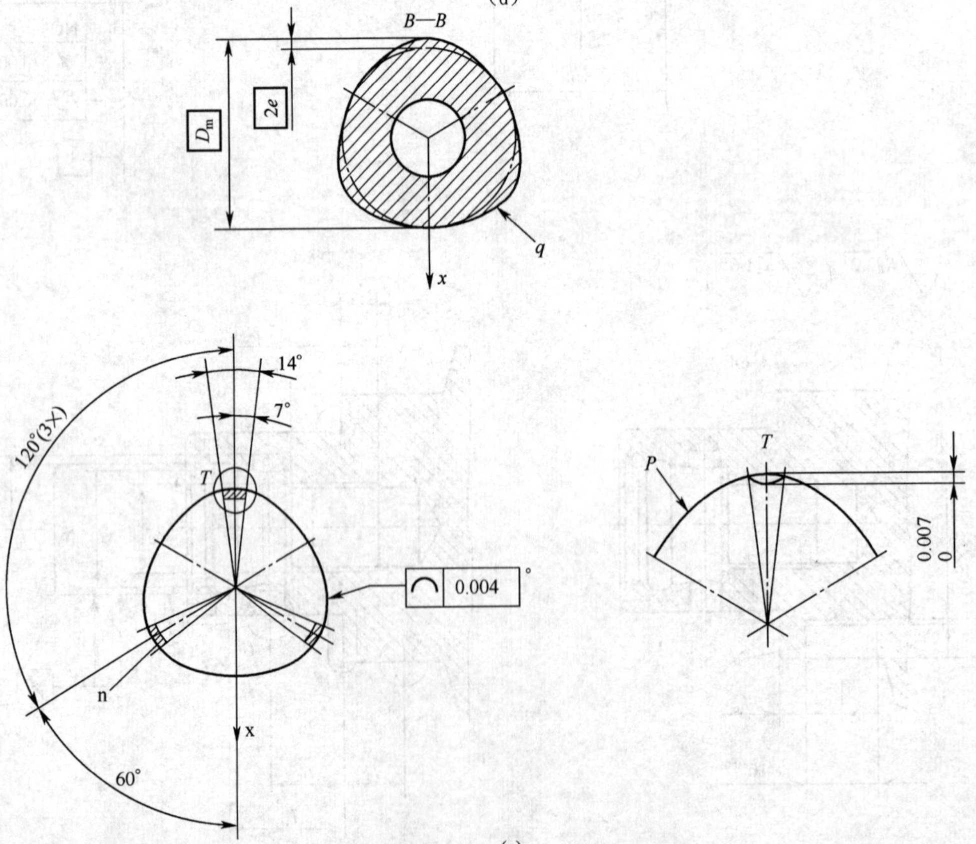
B—B
D_m
2e
q
x
14°
7°
120°(3×)
T
0.004
n
x
60°
P
T
0.007
0

(e)

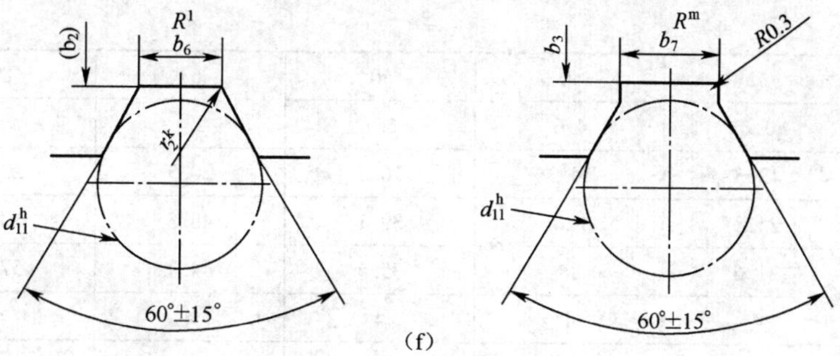

(f)

图 7－91　多棱锥柄

a—量规端线；b—右旋单刃刀具切削刃位置；c—量规球；d—0.4×45°或 $R0.5$；e—软螺纹；f—数据片孔，任选；g—0.3×45°或 $R0.3$；h—测量销；k—r_2 或 f_1 均可；l—细部 R 之 1；m—细部 R 之 2；n—实际磨成的曲线＝+0～+0.007（横截面）而形成的轮廓形状；o—理论多棱曲线；p—实际磨削曲线；q—按图 92 的多棱曲线；r—带有数据片孔的 A—A 截面，任选。

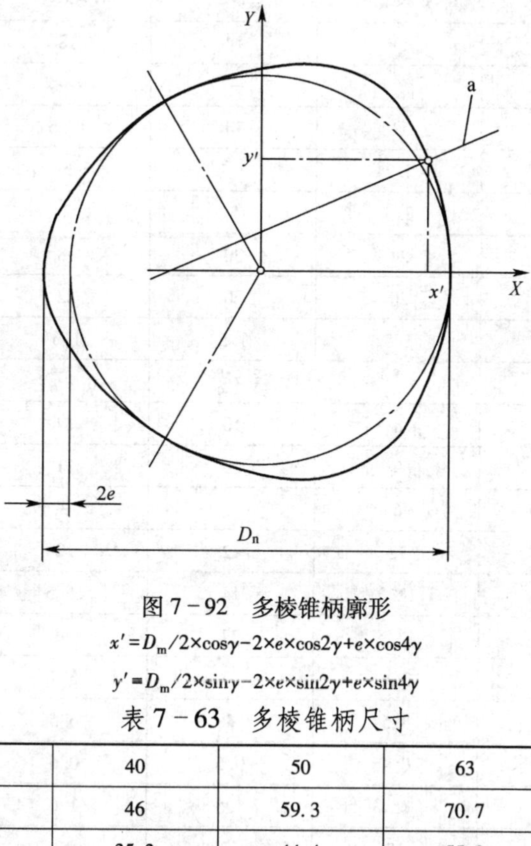

图 7－92　多棱锥柄廓形

$$x' = D_m/2\times\cos\gamma - 2\times e\times\cos 2\gamma + e\times\cos 4\gamma$$

$$y' = D_m/2\times\sin\gamma - 2\times e\times\sin 2\gamma + e\times\sin 4\gamma$$

表 7－63　多棱锥柄尺寸

单位：mm

规格		32	40	50	63	80	80X
b_1	±0.1	39	46	59.3	70.7	86	110
b_2		28.3	35.3	44.4	55.8	71.1	88.7
b_3	±0.1	27.9	34.9	44	55.4	70.7	88.3
b_4		4.2	5.2	6.5	8.5	9.5	9.6
b_5		4.5	5.5	7	9	10.1	10.1
b_6		2.5	2.5	3.5	3.5	3.5	5
b_7		2.6	2.6	4.1	4.1	4.1	6.1
b_8		1.5	1.5	2	2	2	2
d_1	±0.1	32	40	50	63	80	100
d_2	$^{+0.1}_{-0.05}$	15	18	21	28	32	32
d_3	±0.05	16.5	20	24	32	38	38
d_4		M12×1.5	M14×1.5	M16×1.5	M20×2	M20×2	M20×2

（续）

规格		32	40	50	63	80	80X
d_5	±0.1	3.6	4.6	6.1	8.1	9.1	9.1
d_6	±0.2	12.3	14.3	16.5	20.5	20.5	20.5
d_7		25.2	31.6	39.1	48.5	60.8	87
d_8	±0.1	21.6	28	35.5	44.9	57.2	57.2
d_9	±0.3	4	4	4	4	4	4
d_{10}		1.5	2	3	4	6	6
d_{11}		5	5	7	7	7	10
D_m		22	28	35	44	55	55
e		0.7	0.9	1.12	1.4	2	2
f_1		0.3×45°	0.3×45°	0.5×45°	0.5×45°	0.5×45°	0.5×45°
h_1	±0.1	9	11	14	18	—	—
h_1	±0.2	—	—	—	—	22.2	22.2
h_2		—	11	14	17.5	22	22
h_3	$^{+0.2}_{0}$	5.4	5.2	5.1	5	4.9	4.9
l_1		2.5	2.5	3	3	3	3
l_2	±0.1	19	24	30	38	48	48
l_3	min	15	20	20	22	30	32
l_4		1	1.5	1.5	1.5	1.5	1.5
l_5		$3.2^{+0.3}_{0}$	$4^{+0.4}_{0}$	$5.3^{+0.5}_{0}$	$6.2^{+0.5}_{0}$	$8^{+0.5}_{0}$	$8^{+0.5}_{0}$
l_6	±0.15	6	8	10	12	12	16
l_7	±0.15	6	9	10	11	20	20
l_8	min	6	6	7	9	0	0
l_9		9	12	12	12	12	12
l_{10}	±0.2	8	11.5	14	15.5	25	25
l_{11}	±0.1	13.5	17.5	22	26	34	34
l_{12}	±0.15	2.8	3.4	4.6	5.8	8.5	8.5
l_{13}		3.6	3.5	4	6.5	6.5	6.5
l_{14}		0.3	0.4	0.5	0.6	0.6	0.6
l_{15}		2	1.4	1.5	1.6	1.6	1.6
l_{16}		9	12	12	12	12	12
r_1	$^{+2}_{0}$	3	3	4	5	6	6
r_2		0.3	0.3	0.5	0.5	0.5	0.5
r_3	$^{0}_{-0.1}$	0.75	1	1.5	2	3	3

（4）夹紧力。夹紧系统应提供足够的夹紧力，以确保锥柄的法兰与安装孔的端面相接触。多棱锥柄的夹紧力指南见本标准附录 A（略）。

（5）标记。按 ISO 26623 这部分制造的多棱锥柄应标记下述内容：

①“多棱锥柄”；

② 参照 ISO 26623 本部分（即 ISO 26623—1）；

③ 代号“PSC”；

④ 名义尺寸，单位为 mm。

例如,名义尺寸为 32mm 的多棱锥柄,应标记为多棱锥柄 ISO 26623—1 - PSC 32。

3）ISO 26623—2：2008 介绍

（1）范围。ISO 26623—2：2008 规定了用于自动换刀和手动换刀机床（如车床、钻床、铣床和车铣中心以及磨床）,带有法兰接触面的多棱锥接口的安装孔系列尺寸。扭矩传递是靠锁定器（多棱锥）来实现。

（2）一般部位。未注明公差的线性和角度尺寸的公差按 ISO 2768 - 1 的“m”级。

（3）多棱锥安装孔。多棱锥安装孔的形式与尺寸见图 7 - 93 和表 7 - 64。

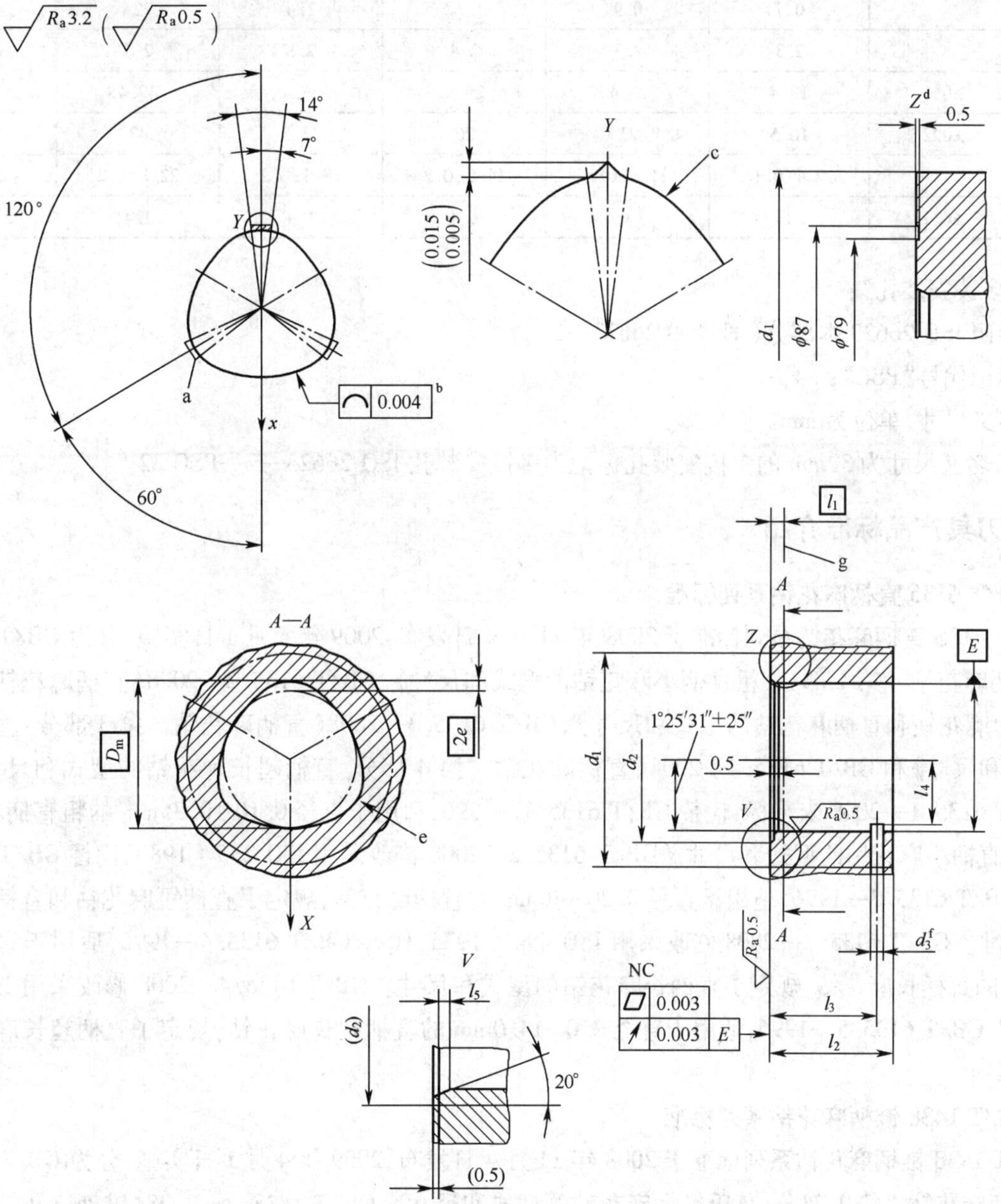

图 7 - 93　多棱锥的安装孔

a—实际磨成的曲线 = +0. 007 ~ +0. 015（横截面）而形成的轮廓形状；b—理论多棱曲线；c—实际磨削曲线；d—仅对 80X 规格有效；e—多棱曲线；f—定位销：定位销的形式可与图中所示不同。某些场合定位销可省略；g—量规线。

（4）夹紧力。夹紧系统要提供足够的夹紧力,以保证柄部法兰面与安装孔端面接触并使锥孔产生弹性变形。这种接口的扭矩传递能力很大程度上取决于夹紧力的大小。

对于多棱安装孔的推荐夹紧力,在本标准附录 A（略）中给出。

（5）标记。按 ISO 26623 这部分制造的多棱安装孔标记如下：

表 7-64 多棱锥安装孔尺寸 单位:mm

规格		32	40	50	63	80	80X
d_1	min	32	40	50	63	80	100
d_2		25.2	31.6	39.2	48.5	60.8	60.8
d_3		2	2.5	3	4	5	5
D_m		22	28	35	44	55	55
e		0.7	0.9	1.12	1.4	2	2
l_1		2.3	2.3	2.8	2.8	2.8	2.8
l_2	±0.1	18.4	23.4	29.4	37.4	47.4	47.4
l_3	±0.2	16.5	21	26	33.5	43	43
l_4		9.4±0.1	11.5±0.2	14.5±0.2	18.5±0.2	22.8±0.2	22.8±0.2
l_5	±0.1	1	1	1.4	1.4	1.4	1.4

① “多棱安装孔”;

② 参照 ISO 26623 本部分(即“ISO 26623—2”);

③ 标记代号“PSC”;

④ 名义尺寸,单位为 mm。

例如,名义尺寸为 32mm 的多棱安装孔标记为多棱安装孔 ISO 26623—2—PSC 32。

7.4.5 刀具产品标准介绍

1. GB/T 6135 直柄麻花钻系列标准

GB/T 6135 直柄麻花钻系列标准于 2008 年 11 月 4 日发布,2009 年 4 月 1 日实施,分为 GB/T 6135.1—2008《直柄麻花钻 第 1 部分:粗直柄小麻花钻的型式和尺寸》、GB/T 6135.2—2008《直柄麻花钻 第 2 部分:直柄短麻花钻和直柄麻花钻的型式和尺寸》、GB/T 6135.3—2008《直柄麻花钻 第 3 部分:直柄长麻花钻的型式和尺寸》和 GB/T 6135.4—2008《直柄麻花钻 第 4 部分:直柄超长麻花钻的型式和尺寸》4 个部分。GB/T 6135.1—2008 未采标,代替 GB/T 6135.1—1996,适用于直径 0.10~0.35mm 的粗直柄小麻花钻,规定了粗直柄小麻花钻的型式和尺寸。GB/T 6135.2—2008 修改采用 ISO 235:1980,代替 GB/T 6135.2—1996 和 GB/T 6135.3—1996,适用于直径 0.20~40mm 的直柄麻花钻,规定了直柄短麻花钻和直柄麻花钻的型式和尺寸。GB/T 6135.3—2008 修改采用 ISO 494:1975,代替 GB/T 6135.4—1996,适用于直径 1.00~31.50mm 的直柄长麻花钻,规定了直柄长麻花钻的型式和尺寸。GB/T 6135.4—2008 修改采用 ISO 3292:1995,代替 GB/T 6135.5—1996,适用于直径 2.0~14.0mm 的直柄超长麻花钻,规定了直柄超长麻花钻的型式和尺寸。

2. GB/T 1438 锥柄麻花钻系列标准

GB/T 1438 锥柄麻花钻系列标准于 2008 年 11 月 4 日发布,2009 年 4 月 1 日实施,分为 GB/T 1438.1—2008《锥柄麻花钻 第 1 部分:莫氏锥柄麻花钻的型式和尺寸》、GB/T 1438.2—2008《锥柄麻花钻 第 2 部分:莫氏锥柄长麻花钻的型式和尺寸》、GB/T 1438.3—2008《锥柄麻花钻 第 3 部分:莫氏锥柄加长麻花钻的型式和尺寸》和 GB/T 1438.4—2008《锥柄麻花钻 第 4 部分:莫氏锥柄超长麻花钻的型式和尺寸》4 个部分。GB/T 1438.1—2008 修改采用 ISO 235:1980,代替 GB/T 1438.1-1996,适用于直径 3.00~100.00mm 的莫氏锥柄麻花钻,规定了莫氏锥柄麻花钻的型式和尺寸。GB/T 1438.2—2008 未采标,代替 GB/T 1438.2—1996,适用于直径 5.00~50.00mm 的莫氏锥柄长麻花钻,规定了莫氏锥柄长麻花钻的型式和尺寸。GB/T 1438.3—2008 未采标,代替 GB/T 1438.3-1996,适用于直径 6.00~30.00mm 的莫氏锥柄加长麻花钻,规定了莫氏锥柄加长麻花钻的型式和尺寸。GB/T 1438.4—2008 修改采用 ISO 3291:1995,代替 GB/T

1438.4—1996,适用于直径 6.00~50.00mm 和总长 200.00~630.00mm 的莫氏锥柄超长麻花钻,规定了莫氏锥柄超长麻花钻的型式和尺寸。

3. GB/T 17984—2010《麻花钻　技术条件》

GB/T 17984—2010《麻花钻　技术条件》于 2010 年 11 月 10 日发布,2011 年 3 月 1 日实施。该标准未采标,代替 GB/T 17984—2000。该标准适用于按 GB/T 6135.1~6135.4 和 GB/T 1438.1~1438.4 用各种工艺制造的麻花钻(轧制工艺不适于制造精密级麻花钻),根据供需双方协议,其他麻花钻也可参照采用,不适用于木工钻和自制自用麻花钻。该标准规定了普通级麻花钻和精密级麻花钻的尺寸、材料和硬度、外观和表面粗糙度、标志和包装的技术要求以及麻花钻位置公差的测量方法和麻花钻位置公差、刃带宽度、钻芯厚度的计算方法。

4. GB/T 6117 立铣刀系列标准

GB/T 6117 立铣刀系列标准于 2010 年 11 月 10 日发布,2011 年 3 月 1 日实施,分为 GB/T 6117.1—2010《立铣刀　第 1 部分:直柄立铣刀》、GB/T 6117.2—2010《立铣刀　第 2 部分:莫氏锥柄立铣刀》和 GB/T 6117.3—2010《立铣刀　第 3 部分:　7∶24 锥柄立铣刀》3 个部分。GB/T 6117.1—2010 修改采用国际标准 ISO 1641—1∶2003,代替 GB/T 6117.1—1996,适用于直径 1.9~75mm 的直柄立铣刀,规定了普通直柄立铣刀、削平直柄立铣刀、2°斜削平直柄立铣刀、螺纹柄立铣刀的型式、尺寸和标记等的基本要求。GB/T 6117.2—2010 修改采用国际标准 ISO 1641—2∶1978,代替 GB/T 6117.2—1996,适用于直径 5~75mm 的莫氏锥柄立铣刀,规定了莫氏锥柄立铣刀的型式、尺寸和标记等的基本要求。GB/T 6117.3—2010 修改采用国际标准 ISO 1641—3∶2003,代替 GB/T 6117.3—1996,适用于直径 23.6~95mm 的 7∶24 锥柄立铣刀,规定了手动换刀 7∶24 锥柄立铣刀的型式、尺寸和标记等的基本要求。

5. GB/T 6118—2010《立铣刀　技术条件》

GB/T 6118—2010《立铣刀　技术条件》于 2010 年 11 月 10 日发布,2011 年 3 月 1 日实施。该标准未采标,代替 GB/T 6118—1996。该标准适用于按 GB/T 6117.1、GB/T 6117.2 和 GB/T 6117.3 生产的立铣刀,根据供需双方协议,其他立铣刀也可以参照采用。该标准规定了立铣刀的位置公差、材料和硬度、外观和表面粗糙度、标志和包装等的基本要求。

6. GB/T 3464 丝锥系列标准

GB/T 3464 丝锥系列标准分为 GB/T 3464.1—2007《机用和手用丝锥　第 1 部分:通用柄机用和手用丝锥》、GB/T 3464.2—2003《机用和手用丝锥　第 2 部分:细长柄机用丝锥》和 GB/T 3464.3—2007《机用和手用丝锥　第 3 部分:短柄机用和手用丝锥》3 个部分。

GB/T 3464.1—2007《机用和手用丝锥　第 1 部分:通用柄机用和手用丝锥》于 2007 年 6 月 25 日发布,2007 年 11 月 1 日实施,修改采用 ISO 529∶1993《短型机用丝锥和手用丝锥》,主要采用了 ISO 529∶1993 中米制螺纹部分的:①粗牙、细牙普通粗柄丝锥型式和尺寸;②粗牙、细牙粗柄带颈丝锥型式和尺寸;③粗牙、细牙缩柄丝锥型式和尺寸;④附录 A　直径和螺距相对应的柄部直径、总长和螺纹长度;⑤附录 B　柄部直径和传动方头。并代替 GB/T 3464.1—1994,适用于加工普通螺纹(GB/T 192、GB/T 193、GB/T 196、GB/T 197)的通用柄机用和手用丝锥,规定了通用柄机用丝锥(高性能级和普通级)和手用丝锥的型式、尺寸和标记等的基本要求。

GB/T 3464.2—2003《机用和手用丝锥　第 2 部分:细长柄机用丝锥》于 2003 年 11 月 10 日发布,2004 年 6 月 1 日实施,等同采用 ISO 2283∶2000,并代替 GB/T 3464.2—1994,适用于细长柄机用丝锥,适用于加工 ISO 米制螺纹(粗牙、细牙)和 ISO 英制螺纹的丝锥(UNC、UNF),规定了公称直径 M3~M24 及 1/8in~1in 的细柄丝锥的型式尺寸,在本标准附录中给出了不推荐的螺纹。

GB/T 3464.3—2007《机用和手用丝锥　第 3 部分:短柄机用和手用丝锥》于 2007 年 6 月 25 日发布,2007 年 11 月 1 日实施,非等效采用 ISO 529∶1993《短型机用丝锥和手用丝锥》,并代替 GB/T 3464.3—1994,适用于加工普通螺纹(GB/T 192、GB/T 193、GB/T 196、GB/T 197)的短柄机用和手用丝锥,规定了短柄机用丝锥(高性能级和普通级)和手用丝锥的型式、尺寸和标记等的基本要求。

GB/T 3464分为三个标准的主要差别之一是丝锥的总长。而对于相同规格的丝锥,其螺纹部分长度基本相同。

GB/T 3464.1—2007采用了ISO 529:1993的丝锥总长,GB/T 3464.2—2003采用ISO 2283:2000的丝锥总长,而GB/T 3464.3—2007的丝锥总长比ISO529还要短一些,部分原因是由于GB/T 966-1967《机用丝锥》(已作废)规定的丝锥总长比ISO529规定的丝锥总长短,一方面而我国部分生产企业和使用单位已经习惯这种短丝锥的生产和使用,另一方面还可降低材料成本。

所以,在2007年标准修订时,把GB/T 3464.1—2007的名称定为"通用柄"机用和手用丝锥,把GB/T 3464.3—2007的名称定为"短柄"机用和手用丝锥。也就是说,对于丝锥长度,ISO有短柄、长柄之分,我国标准有通用柄、短柄、长柄之分。其中,我国的通用柄对应于ISO的短柄,长柄对应于ISO的长柄,而我国标准的短柄是特有的,它比ISO的短柄还要短。

关于标准中机用丝锥和手用丝锥的名称是一种习惯用法。实际上,手用丝锥可以在机床上用,机用丝锥也可以手用。GB/T 968—2007《丝锥螺纹公差》和GB/T 969—2007《丝锥技术条件》对机用丝锥和手用丝锥的技术要求有相应规定,其主要差别为:机用丝锥用高速钢制造,丝锥螺纹公差为H1、H2或H3;手用丝锥用合金工具钢制造,丝锥螺纹公差为H4。

7. GB/T 968—2007《丝锥螺纹公差》

GB/T 968—2007《丝锥螺纹公差》于2007年7月26日发布,2007年12月1日实施。该标准修改采用ISO 2857:1973,代替GB/T 968—1994。该标准适用于加工普通螺纹(GB/T 192、GB/T 193、GB/T 196、GB/T 197)的丝锥,规定了丝锥螺纹的牙型和其基本尺寸的极限偏差,在本标准附录中给出了丝锥螺纹公差的若干说明(丝锥中径和丝锥大径公差)(略)。

8. GB/T 969—2007《丝锥技术条件》

GB/T 969—2007《丝锥技术条件》于2007年7月26日发布,2007年12月1日实施。该标准修改采用ISO 8830:1991,代替GB/T 969—1994。该标准适用于加工普通螺纹用丝锥,规定了机用丝锥(高性能级和普通级)、手用丝锥和螺母丝锥的技术要求、标志和包装等基本要求。

9. GB/T 6083—2001《齿轮滚刀的基本型式和尺寸》

GB/T 6083—2001《齿轮滚刀的基本型式和尺寸》于2001年7月20日发布,2002年3月1日实施。该标准等效采用ISO 2940:1996,代替GB/T 6083—1985。该标准适用于加工基本齿廓按GB/T 1356规定的齿轮的滚刀,规定了模数1~10mm(按GB/T 1357)整体齿轮滚刀的基本型式和尺寸,基本型式分Ⅰ型和Ⅱ型(Ⅰ型适用于技术条件按JB/T 3227的高精度齿轮滚刀或按GB/T 6084中AA级的齿轮滚刀,Ⅱ型适用于技术条件按GB/T 6084的齿轮滚刀)两种。该标准在附录中还给出了滚刀的计算尺寸和轴向齿形尺寸(略)。

10. GB/T 6084—2001《齿轮滚刀　通用技术条件》

GB/T 6084—2001《齿轮滚刀　通用技术条件》于2001年7月20日发布,2002年3月1日实施。该标准等效采用ISO 4468:1982,代替GB/T 6084—1985。该标准适用于模数等于或大于GB/T 6083所规定的单头齿轮滚刀(用于加工基本齿廓按GB/T 1356规定的齿轮),规定了模数(按GB/T 1357)1~40mm齿轮滚刀的材料和硬度、外观和表面粗糙度、精度及标志和包装等基本要求。

11. GB/T 5343可转位车刀及刀夹系列标准

GB/T 5343可转位车刀及刀夹系列标准于2007年6月25日发布,2007年11月1日实施,分为GB/T 5343.1—2007《可转位车刀及刀夹　第1部分:型号表示规则》和GB/T 5343.2—2007《可转位车刀及刀夹　第2部分:可转位车刀型式尺寸和技术条件》两部分。GB/T 5343.1—2007修改采用ISO 5608:1995,代替GB/T 5343.1—1993,适用于可转位车刀及刀夹的型号表示规则,规定了矩形柄可转位车刀、仿形车刀及刀夹的代号使用规则、符号(表示刀片夹紧方式的符号、表示刀片形状的符号、表示刀具头部型式的符号、表示刀片法后角的符号等前9位符号)、可选符号(第10位特殊公差符号)。此外,已标准化的矩形柄的尺寸f见GB/T 5343.2和GB/T 14661。GB/T 5343.2—2007修改采用ISO 5610:1998,代替GB/T 5343.2—1993,适用于普通车床和数控车床用可转位车刀,规定了带可转位刀片的单刃车刀和仿形车刀的型式和尺寸(柄部型式和尺寸、刀头长度尺寸、刀头尺寸等)、基准点 K、标记示例、技术要求、推荐了优先选用的刀杆型式、标志和包装等基本要求。

12. GB/T 5342 可转位面铣刀系列标准

GB/T 5342 可转位面铣刀系列标准于 2006 年 12 月 30 日发布,2007 年 6 月 1 日实施,分为 GB/T 5342.1—2006《可转位面铣刀　第 1 部分:套式面铣刀》、GB/T 5342.2—2006《可转位面铣刀　第 2 部分:莫氏锥柄面铣刀》和 GB/T 5342.3—2006《可转位面铣刀　第 3 部分:技术条件》三部分,这三部分共同代替 GB/T 5342—1985。GB/T 5342.1 修改采用 ISO 6462：1983,规定了装可转位刀片的套式面铣刀的型式(分为 A 型、B 型、C 型)、定义(切削直径、切削高度和主偏角)和尺寸,还规定了刀片的型式和尺寸由制造商确定(优先按 GB/T 2081)。GB/T 5342.2—2006 未采标,规定了装可转位刀片的莫氏锥柄面铣刀的定义(切削直径、长度和主偏角)和尺寸,还规定了刀片的型式和尺寸由制造商确定(优先按 GB/T 2081)。GB/T 5342.3—2006 未采标,适用于按 GB/T 5342.1、GB/T 5342.2 生产的套式面铣刀和莫氏锥柄面铣刀,规定了装可转位刀片的面铣刀的位置公差、材料和硬度、刀片和零部件、外观和表面粗糙度、标志和包装的基本要求。

7.5　刀具标准在刀具设计和刀具使用中的应用

7.5.1　标准刀具的设计及选用

现阶段在标准刀具的使用中,应该全面贯彻执行各项国家标准和行业标准,这些需要贯彻执行的标准包括术语、型式尺寸、技术条件、标志与包装等各个方面。

有些企业的产品,如果没有完全合适的国家或行业标准,生产企业应当制定自己企业的企业标准并按国家法律法规的有关要求,对这些自行制定的企业产品标准进行审查和备案。

1. 术语方面

在术语方面,应该严格贯彻同一术语表达同一概念、同一概念使用同一术语表达的原则,在最大程度上避免对标准含义产生歧义。在已有国家和行业术语标准时,如现有标准并无不当,应沿用现有标准;如认为现有术语标准不够准确,应向该术语标准的归口单位提出修改建议,与归口单位协商原有术语标准的修订。

2. 接口方面

在接口方面,应优先选用现有的国家标准、国际标准和国外先进标准。常用的刀具接口在车床上有正方形截面刀柄、长方形截面刀柄、带削平面的圆柱刀柄、带内部冷却通圆柱的道刀柄、VDI 刀柄、HSK 刀柄、KM 刀柄、CAPTO 刀柄等多种型式;在钻床、铣床、加工中心上则有圆柱直柄、带(或不带)扁尾的莫氏圆锥柄、莫氏短圆锥柄、带削平面的圆柱柄(侧固式)、带 2°斜削平压力面的圆柱柄、带螺纹的圆柱柄、端面带驱动键的圆柱孔形式(套式)、带圆柱尾部的 7：24 圆锥柄(非自动换刀用)、自动换刀 7：24 圆锥柄、HSK 刀柄、KM 刀柄、CAPTO 刀柄以及 TMG21(ABS)接口、BIG PLUS 接口、NCT 接口、Varilock 接口、UTS 接口、CK 接口、ScrewFit 接口、MiniMaster 接口、MiniMasterPlus 接口、ConeFit 接口等等(其中许多接口是相关公司拥有的专利)。符合这些接口的标准是刀具能够顺利地安装到机床或工具系统上,并有效地传递切削力和力矩,满足保持加工精度的基本条件。

3. 工作部分的形式尺寸方面

在工作部分的形式尺寸上,应在系列方面与已有标准保持协调,以便于现有的标准产品构成更为完整的体系,发挥标准化的积极成果。

4. 刀具材料、热处理、涂层方面

在刀具材料、热处理、涂层方面,要与现有的材料标准、金相热处理标准、涂层标准尽可能协调一致,这也是保持标准不产生歧义所需要的。人们希望有更多的新型材料、新型涂层进入刀具的企业标准甚至行业标准、国家标准系列中,以提高刀具标准的平均水平,但这是一个需要循序渐进的过程。

5. 尺寸精度、形状与位置公差方面

在尺寸精度、形状与位置公差方面,要尽可能与现有的检测方法标准协调。也希望有更多高精度、高要求的产品进入刀具的企业标准甚至行业标准、国家标准系列中,这同样可以提高我国刀具标准的水平,但也需要循序渐进。

6. 性能方面

在性能方面,除参照现行标准外,也可以按照特定市场的需要,制订出针对特定工件材料(如铸铁、铝合金、硬材料、镍基合金、钛合金等)的性能试验标准。

7. 标志与包装方面

在标志与包装方面,应满足传递基本特征的需要,而在执行时建议可以尽可能多地传递用户所需要的各种信息;在包装上首先考虑安全可靠,在正常的储运状态下不会造成包装的破损和产品的损坏甚至丢失。

7.5.2 非标刀具的标准引用

非标准的刀具可以将其分为两类:一类是在标准产品的基础上作一些变化而形成的派生产品,如将直柄麻花钻接口部分的圆柱柄变换成带削平面的圆柱柄形成带削平直柄麻花钻,或者将公制系列的直柄麻花钻的工作部分尺寸由标称的公制规格系列变换为英制规格系列等等;另一类是与现有的标准产品除个别要素相同外,可能在形式尺寸、材料热处理、接口、技术规范等方面有非常大的差别。这两类产品在标准引用方面会有较大的差别。

对于成系列的派生刀具产品,如在一个企业符合经常、重复生产的特征,应考虑制定企业产品标准;如在多个企业都形成经常、重复生产的特征,则应该考虑建议制定行业标准。

对于需要制定企业标准的刀具产品,在制定时,建议符合本节第一部分的各项要求。

对于由许多不同要素组成的非标准刀具,其某些要素应符合相关标准的要求,如术语、接口。

在某些要素经常出现时,也可以考虑将这些要素制定成相应的企业标准或行业标准。如现行的攻丝前底孔尺寸实际上就是一个特定的要素标准,这个标准只规定钻头工作部分的直径,而对于钻头的总长、柄部形式、工作部分长度、刀具材料等都未做出规定,这为用各种标准组合成一个新的刀具产品提供了一个简便的途径。可以通过以组合命名的方式向用户提供一个各个要素符合相关各个标准的产品,如 M8 螺孔攻丝前整体硬质合金加长型削平精密级直柄麻花钻,这表明:

(1) 其工作部分直径按攻丝前底孔尺寸;

(2) 其长度系列按超长麻花钻;

(3) 其柄部按削平型直柄;

(4) 其材料按整体硬质合金麻花钻;

(5) 其技术条件按精密级麻花钻。

在非标的可转位刀具方面,要尽可能使用标准的可转位刀片和标准的夹紧单元。

对于采用标准刀片和标准夹紧元件的非标可转位刀具,也可以实现刀片槽、夹紧元件安装结构(如夹紧螺钉孔或夹紧杠杆腔)的标准化,以简化设计和制造。例如,在开发一个刀片的同时,可以同时做好刀片槽形三维模型的开发工作,将其受力、定位等使用中所需要的因素融入到这一模型中。刀体设计制造企业或部门在使用这样的三维刀片槽模型时,只需要在选定参考点后,输入主偏角、轴向前角、径向前角等参数,确定该刀片槽的空间位置,然后通过实体操作,就可以确定刀体切削部分的几何造型。

7.5.3 刀具标准的应用

1. 术语方面

应该使用标准规定的术语,特别在招标、签订刀具合同、进行技术交流时,这样可以在最大程度上避免产生歧义。

2. 接口方面

在接口方面,应根据使用的机床等条件选用符合相应标准接口的刀具,这样才能保证连接可靠。

3. 刀具产品标准

根据使用要求尽量选用标准刀具,尽量以最经济的标准产品满足加工要求。对于需要非标准刀具的场合，参数尽量向标准刀具靠拢，即能够标准化的参数尽量标准化，这样既经济又可以缩短交货期。

刀具产品标准也是用户验收刀具的依据。

4. 刀具代号标准的使用

刀具产品代号标准是选择刀具的基本指南，如选择刀片必须按 GB/T 2076—2007《切削刀具用可转位刀片型号表示规则》。选择刀片断屑槽形可以按 GB/T 17983—2000《带断屑槽可转位刀片近似切屑控制区的分类和代号》进行预选。

硬质合金材料非常多，各供应商的商业牌号命名原则不一致，用户可以根据被加工材料类型按 GB/T 2075—2007《切削加工用硬切削材料的分类和用途　大组和用途小组的分类代号》进行牌号预选。

5. 方法标准的选用

刀具检测方法、刀具寿命试验方法等方法标准可以作为用户验收刀具的检测方法，也可以作为评价刀具科研工作的试验方法。其中有些标准，如分等标准中的使用条件（如切削用量、切削液），也可作为使用刀具时的参考。

第二篇　刀具应用技术

第8章 工件材料的可切削加工性

在机械制造领域，切削加工是制造工程的主要工艺之一，而且必须满足一定的质量和效率要求，切削加工所面对的具体工件（或零件）对象因产品设计目标不同而选用种类和性能有显著差异的材料，工件可为强度不高但塑性极大的材料，可为高硬耐磨材料，也可为既高硬又兼具一定塑性的强韧性材料，还可为高弹性材料。为达到切削加工质量要求，加工塑性大的材料应使用具有较锋利平滑切削刃、光滑的前后刀面的切削刀具，而对于高硬性或强韧性的工件材料，锋利切削刃的适宜性或可靠性存在问题的可能显然非常大，有些工件材料的硬度甚至接近作为切削刀具的工具钢或高速钢的硬度，显然，刀具材料对工件材料切削加工时存在适宜性问题。即使刀具与某种工件材料间有了适宜的匹配，也可因工件材料的不同或切削工艺参数的变化使工件的表面质量或刀具寿命、切削效率出现明显的差异，显示出不匹配的现象。分析工件材料与切削加工的关系涉及工件材料的可切削加工问题。

为满足各类现代设备的性能需求，尤其是能源、航空航天技术和设备的发展需求，新的高性能材料不断被开发出来，如耐蚀材料、耐高温材料、复合材料等。在材料性能提高的同时，其切削加工难度大幅度增加，根据工件材料组织和性能特点来设计、选择或使用合适的刀具成为切削加工的首要问题。最严重的情形是，如果脱离工件材料可切削加工性问题，切削刀具可能因刀具材料选用不当而不能完成加工任务，可能因刀具几何参数设计不当不能达到加工要求，也可能因切削条件不当而出现刀具寿命、加工表面质量或切削效率方面的问题。因此，对工件材料可切削加工性的充分认识在零件制造的工艺设计、切削加工及刀具设计应用中显得至关重要。以工厂实际生产中一个切削加工实例，可直观地说明工件切削加工效果与其材料的可切削加工性的关系。图8-1为石油井下钻采设备上精密成形槽切削加工后的刀具磨损状况。两种井下设备为同一尺寸规格，为满足不同钻采工况要求而采用了两种不同性能的钢材，在切削加工工艺完全相同的条件下，切削相同长度后刀具刃口磨损程度和磨损形态差异明显，磨损至图中程度后，相应的工件表面质量也出现差异。图中后刀面为靠近圆弧形刃的底部成形切削刃的后刀面。

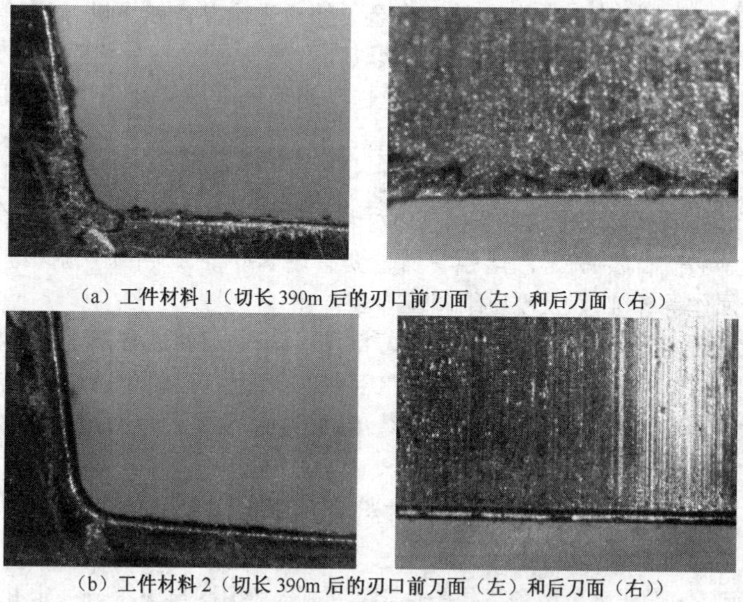

（a）工件材料1（切长390m后的刃口前刀面（左）和后刀面（右））

（b）工件材料2（切长390m后的刃口前刀面（左）和后刀面（右））

图8-1　车削加工型槽（成形刃切削厚度0.1mm，切削速度160m/min）

高效、高精密切削加工是机械制造的任务和目标,也是一个国家制造工业水平的主要标志。根据工件材料可切削加工性,不断研究和发展刀具、机床及工艺技术,解决不断出现的难加工材料的切削加工问题,提高切削加工技术水平,实现高精密、高效率和高可靠性切削加工目标,必须充分重视对工件材料可切削加工性的分析、把握。刀具制造者、金属切削领域的研究者、设备制造者等对航空航天、能源、军工等行业不断采用的高性能难加工新材料的切削机理进行一定研究,进行大量切削试验以优化切削条件,目的都在于解决难加工材料的可切削性这一基础问题。

总之,认识被加工材料可切削加工性具有极其重要的实际意义,是能否搞好切削加工的基础;认识工件材料的特性与其在被切削过程中状态的关系,是正确选用刀具材料、几何参数、切削用量从而保证高质量、高切削效率的前提。

8.1 机械工程中的工件材料

在各种工业领域中,各类设备、产品甚至日常生活用品中都离不开各种材料及其制品。用于制造各类零件、构件的材料包含从天然材料(如石料、木材等),到人造材料(如陶瓷、金属材料、塑料、复合材料)等各类工程材料,其中钢铁、非铁金属及其合金是机械工程中的主要材料。具有一定几何要素要求,并满足一定物理、化学、力学性能的工件材料制成的制品、零部件,很多需要最终切削加工而成。本章讨论需进行切削加工的以金属为主的工程材料的可切削加工性,主要包括黑色金属类、非铁金属类等工业领域中的金属材料以及工程结构件中较常用的塑料、碳或石墨等非金属材料、复合材料。

工业化时代兴起后,钢铁成为主要机械工程材料,其后铝、镁等轻金属逐步得到应用并进一步发展,球墨铸铁、合金铸铁、合金钢、耐热钢、不锈钢、镍基合金、钴基合金、钛合金、硬质合金等特殊性能的金属材料大量应用于各类工程领域。随着材料科学的发展,复合材料、工程塑料、特种陶瓷等在机械工程材料中的应用比重逐步提高。

工业技术水平的不断发展进步,对零部件性能要求不断提高,新的材料科学技术成果得到广泛应用并在持续快速发展中,为提高材料的使用强度等级、减轻产品自重,开发出了各种高强度材料。汽车制造业在提高汽车性能的同时为了达到环保和节能目的,普通铸铁用量在减少,而性能更优的球墨铸铁、蠕墨铸铁、奥氏体铸铁的应用越来越多,其强度等综合力学性能更好,可大幅降低车身自重;但它们的可切削加工性显著差于灰铸铁,刀具寿命降低50%甚至更多。为适应更加严酷的工况条件,能源设备行业已较多地应用了高温材料、耐腐蚀材料,如不锈钢、耐热钢、钛合金、镍基合金。交通运输设备如飞机、汽车等行业,通过采用轻质高强度的复合材料和特殊合金材料制造结构件以显著减轻自重,从而实现节约能源和提高运行性能的目标,部分现代飞机外壳基本完全采用复合材料,结构件中越来越多地采用了比强度(强度密度比率)高的钛合金。复合材料在现代工业技术中的应用日益广泛和重要,航空航天器性能因强化塑料或复合材料以及如钛合金这样的高强度轻金属材料的应用而得到显著改进,电子工业制板也离不开强化塑料板。用于结构件的复合材料由基体材料和增强材料复合而成,金属基体材料常用的有铝、镁、铜、钛及其合金,非金属基体材料主要有合成树脂、橡胶、陶瓷、石墨、碳等。增强材料主要有玻璃纤维、碳纤维、硼纤维、芳纶纤维、碳化硅纤维、石棉纤维、晶须、金属丝等纤维,以及硬质细颗粒等。

新材料不断涌现是当前制造业发展中的一个显著特点,且新的材料通常都比原有材料的物理、力学性能更好,但切削加工更难。人们只有掌握了工件材料可切削加工性且提出科学可行的方法,才能为新材料的加工找到科学的途径,为制造业的发展提供有力的支撑。新材料的不断涌现也促使着切削技术的不断发展。

8.2 工件材料的切除过程

各种材料除具备所需的性能满足设备工作条件要求外,还必须制造成符合一定几何精度的工件形状满足功能和性能要求,才能应用于各类设备。大多数工件不仅在材料性能方面,而且在几何要素方面有严格的技术要求,包括精确的形状、精密的尺寸及表面性能。表面性能除物理、化学、力学性能外,表面粗糙度、硬化层甚至加工纹理都是精密加工环节必须考虑和解决的问题,需要对工件进行切削加工和磨削加工才能达到这些技术要求。大多数情况下,切削加工后再经磨削加工是可行的和必要的工艺方案,一些因结构、体积、重量等大型零件,或因设计要求不必用硬质表面的零件,切削加工为最终机械加工工序。随着机械制造技术中涉及的机床、刀具、工艺、切削原理等全面配套的技术发展,如硬切削以车代磨等,越来越多的零部件经切削加工后即可达到规定技术要求,切削加工成为其关键加工环节,也是最终机械加工工序。由此可知,切削加工仍然是机械制造行业中工件材料的主要加工方式。切削加工应实现两个目标:一是达到零件质量要求,即几何精度要求和表面质量要求,或者为后续更高精密度加工预留最佳磨削量或研磨量;二是达到经济、高效加工效果。显然,对不同工件材料,实现切削加工目标的难易程度不同,这就是工件材料的可切削加工性差异所致。

切削加工时刀具与工件接触并保持一定形式的相对运动,相对较软的工件材料被刀具刃区挤压而产生弹塑性变形,在刀具持续相对运动和作用下,工件材料主要变形区(即刀具前刀面前方的第一变形区)进一步发生剪切、塑性流动或断裂,使工件切削层从工件上分离下来形成切屑,并产生新的工件表面,该表面流经刀具后刀面时受挤压变形后恢复自由状态。在刀具切削工件材料过程中,除上述力学、机械作用产生切削力外,随之发生切削热(变形热)、摩擦热、热传导,以及刀具磨损、热裂、热变形等物理现象,刀具因此会磨损。刀具的磨损形式大多包含磨料磨损、黏结磨损、扩散磨损、氧化磨损、高速切削下或刀具材料热硬性能差时刃区可能出现塑性变形,断续切削或冷却不均匀等热冲击下刀具刃区可出现热裂。刀具上出现的这些磨损形式在实际切削过程中几乎同时存在,只因工件材料、而切削条件不同而各种磨损形式的程度不同,总的磨损程度是各种磨损形式的综合结果。刀具切削金属材料时常见各种磨损形态与切削速度关系如图 8-2 所示,金属切削加工中切削速度或温度对应于图中磨损程度较小的区域。

工件材料切除过程中的切削力对切削加工工艺系统产生影响,如系统动力和刚性与切削力大小不适宜时将使切削过程不稳定甚至不可靠,出现加工精度问题或刀具非正常损坏,切削力主要取决于工件材料本身的物理、力学性能,工件材料硬度越高,强化相越多,加工难度越大,可切削加工性降低。

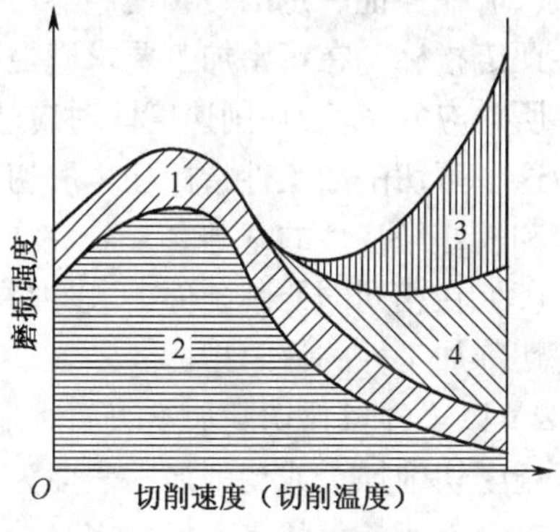

图 8-2　刀具正常磨损形态的一般规律

1—磨料磨损;2—黏结磨损;
3—扩散磨损;4—氧化磨损。

此外,工件材料切除过程中产生的切削热也不利于刀具寿命和工件质量。机床输入给主轴、进给机构等工艺系统的全部能量绝大部分(98%以上)转化为切削热和摩擦热,热量总和大小主要取决于工件材料的物理、力学性能,并与切削区工件材料变形速度(即切削速度)直接相关联;切削热在刀具上产生温度场,影响刀具磨损形式和程度,温度场主要与工件材料、刀具材料的热物理性能参数、刀具几何参数和切削条件有关,当工件材料热传导性能低时,刀具承受更多热负荷,对刀具寿命不利,或者必须降低切削速度以保证顺利加工。

设定切削热和摩擦热量总和 Q,切削温度(场)T,主切削力 F_c,切削速度 v_c,进给力 F_{fi},进给速度 v_{ci},进给运动可能为一个也可能为多个,用于切削加工的实际功率 P。具体条件下的各向切削分力与由工件材料本身物理、力学性能所决定的单位切削力 K_{c1} 成正比,即

$$P = F_c \cdot v_c + \sum (F_{fi} \cdot v_{ci})$$

$$Q \propto P$$

所以

$$Q \propto K_{c1}, T \propto K_{c1}$$

刀具在热负荷和力的作用下,磨损与工件热物理性能有密切关系,不同工件材料的这一因素使其可切削加工性表现出差异,有时会成为切削加工的主要矛盾。新开发的工件材料在显著提高应用性能的同时,往往使刀具在切削时的磨料磨损、黏结磨损、扩散磨损、氧化磨损、塑性变形等几种磨损程度均增大,切削加工难度在几个方面不同程度表现出来,即可切削加工性更差。

8.3 工件材料可切削加工性的概念及评定方法

8.3.1 工件材料可切削加工性概念

工件材料的可切削加工性表示切削加工时的难易程度,因材料的化学、物理、力学性能和组织成分而异。不同工件材料切削加工性的差别可在多方面表现出来,如切削效率(主要指切削速度)、切削力或切削功率、刀具磨损程度、加工表面质量、断屑排屑状况、加工安全性等。这些指标都可作为工件材料可切削加工性的衡量标准,在同等加工条件下,可用于衡量不同材料的可切削加工性。可切削加工性对分析工件切削加工难度,制定合理切削工艺、解决切削问题提供了重要依据,对切削刀具的设计和应用有着指导作用。

8.3.2 评定工件材料可切削加工性方法

评定一种工件材料切削加工性好与差的指标可以是多方面的,每种指标反映切削过程的一个方面,代表相应的可切削加工性。目前还没有统一、规范的衡量方法,也没有一个绝对的数据加以描述,常用由刀具试验确定的相对切削加工性及其分级来描述工件材料切削的难易程度。

1) 以工件材料切削加工生产效率和刀具使用寿命指标评定可切削加工性——切削速度、刀具寿命

(1) 在保证高的生产率条件下,用加工工件材料时刀具使用寿命的高低作为工件材料的切削加工性评定指标。在以切削效率和经济性为主要目标的粗加工、半精加工中,刀具寿命指标具有重要意义;刀具寿命及其波动幅度指标对精密加工中衡量切削过程本身和工件质量的稳定性、可靠性意义重大。

(2) 在保证一定的刀具使用寿命条件下,用加工工件材料所允许的切削速度作为工件材料的可切削加工性评定指标。在精密加工要求满足高质量表面和高精度尺寸情况下,切削速度一般应超过工艺系统振动频率所对应的速度,切削速度同时应越过产生积屑瘤或鳞刺而导致表面粗糙度值增大的相应速度范围,故工件的这一可切削加工性指标在金属切削加工技术和加工质量上具有重要意义。高的切削速度同时也是高生产率和较好经济性的基础之一。

(3) 在相同的切削条件下,以刀具达到磨钝标准时所能切除工件材料体积或切削路程长度作为工件材料可切削加工性的评定指标。

2) 以工件材料切削加工表面质量指标评定可切削加工性

精密切削加工或切削加工表面为零件的重要工作面时,表面质量会有一定的要求。在一定切削条件下,以加工表面所获得的表面粗糙度、尺寸精度、硬化程度、残余应力等作为评定工件材料可切削加工性指标,这主要与工件材料的塑性、弹性和组织结构有关。对于高塑性工件,如低碳钢、奥氏体钢等,加工表面质量不易保证,是该类材料可切削加工性差的主要表现。

3) 以工件材料切削加工过程中影响切削过程可靠性、稳定性的指标评定可切削加工性

切削加工过程不应出现刀具非正常破损,不应损伤已加工表面和包括机床、工具系统在内的整个工艺系统;否则,切削过程极不可靠。除了加工对象与选用的工艺系统及工艺参数不当容易导致切削过程不可靠外,工件材料本身的力学性能、物理性能是其中主要影响因素。在同一切削条件下,与工件材料密切相关的切削力、切屑变形硬化与排断屑难易程度反映出工件材料的可切削加工性。

(1) 以切削力或切削功率为指标评定工件材料的可切削加工性。较常用的有工件材料在一定切削条件下的单位切削力、单位切削功率,工件硬度高、韧性塑性大,单位切削力越大,可切削加工性越差。

(2) 以断屑难易程度为指标评定工件材料的可切削加工性。对大规模自动化流水生产线上的切削加工设备,现代制造工程中数控机床逐渐成为普遍应用的设备,切屑控制是充分发挥机床效能的前提条件之一,断屑难易程度首先取决于工件材料类型,其次与材料强度、塑性相关。

(3) 工件材料本身的一些物理、力学指标可大致表明切削加工时的特点,如常温强度、高温强度、塑性、弹性模量、热物理指标等都可以作为材料可切削加工性的评定指标。

4) 以切削过程中的一些特殊指标评定工件材料的可切削加工性

少数材料切削加工中，切屑容易在空气中发生剧烈反应、易燃，如金属镁，应采取可靠措施防止事故发生。安全性指标(如燃点)是评定工件材料切削加工性的不可忽视的方面。

5) 以最佳切削速度作为指标评定工件材料的可切削加工性

影响切削加工过程和加工质量的因素包括工件材料性能、切削刀具材料和刀具结构、切削用量参数(切削速度、切削深度及进给量或切削层参数)、冷却条件等。切削原理表明，在给定切削层参数条件下，某一切削速度范围内，切削力、切削热(切削温度)对工件材料和刀具综合作用的结果，使刀具硬度与工件硬度比值最大，刀具相对磨损量最小，切削路程最长。此时切削参数为最佳切削用量，切削速度是最关键参数，进给量对最佳切削速度有一定影响，进给量为最佳切削用量的较重要参数。在时切削速度下，刀具总体磨损程度最小，如图 8-3 中矩形区域所示。

切削加工时，对选定切削材料和刃口几何参数的刀具采用最佳切削用量，再加上适合的断屑方法，这就是最佳切削条件(或合理切削条件)。工件切削加工效果最好，按工件材料去除量或切削路程来衡量的刀具使用寿命最长，切削过程可靠，工件质量稳定。

用最佳切削条件下的切削速度作为工件材料可切削加工性的指标，最佳切削速度的差异则综合表明了不同工件材料的相对可切削加工性，也反映了不同刀具材料的切削性能水平。该切削速度越高，工件材料的可切削加工性越好。在生产实践中，大量的切削数据经过实践者的优化，切削速度接近最佳切削条件。各切削工具制造厂商为其产品推荐的切削条件中包括最佳切削速度范围值，各专业或商业机构建立的切削数据库最佳切削速度范围是重要的数据之一。

上述几种评定工件可切削加工性的方法中，较常用的是刀具寿命和切削速度，二者关系为 $v_c = C/T^m$，其中：C 为与刀具材料切削性能和工件材料的切削加工难易程度有关的系数，相当于切削寿命为 1min 时的切削速度；m 反映切削速度对刀具寿命的影响程度(图 8-4)。用一定寿命(较常用的为 60min)下允许的切削速度的相对大小作为定量评判工件材料可加工的指标——即 K_V，是较常用的方法和定性定量分析可切削加工性的依据。

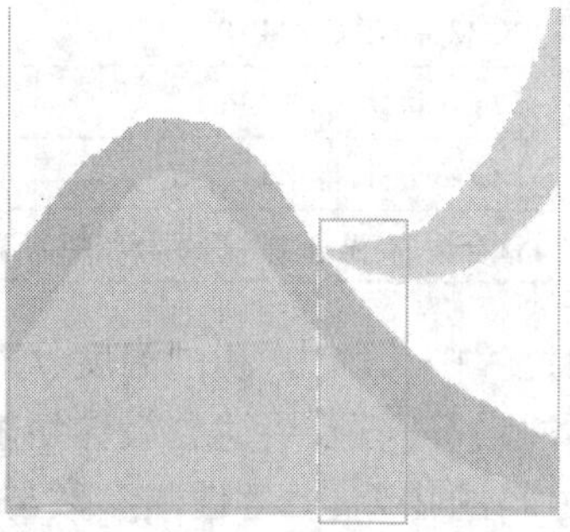

图 8-3　刀具最小磨损程度对应的最佳切削温度(或速度)

1—磨料磨损；2—黏结磨损；3—扩散磨损；4—氧化磨损。

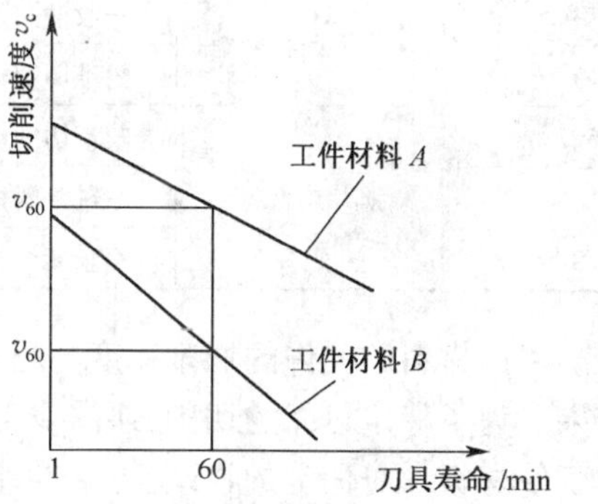

图 8-4　刀具寿命与切削速度及不同工件材料的关系

8.3.3　用相对可切削加工性综合评定工件材料的可切削加工性及可切削加工性分级

1. 相对可切削加工性

虽然加工不同的材料要有针对性地确定适宜的加工条件、切削刀具及切削用量，很难找到一种方法或物理量精确规定或计算得出有关参数，但实践中也需要对工件材料的切削加工性做出一个基本衡量，以利于刀具设计和应用，有预见性地解决切削技术问题。常采用在某一使用寿命下所允许的最高切削速度(或合理切削速度)作为材料切削加工性的指标，该切削速度为 v_t，表示刀具寿命为 t 秒(或分钟)条件下允许的切削速度。v_t 越高，表明材料的切削加工性越好，比较常用的刀具使用寿命设定为 $t = 3600$s。

以经过调质热处理，抗拉强度 $\sigma_b \approx 0.750$GPa 的 45 钢在给定刀具使用寿命 t 下的合理切削速度 v_0 作为基准值。在相同刀具使用寿命下，各种工件材料的最高允许切削速度与基准值的比值称为该材料的相对可

切削加工性,用 K_V 表示,即

$$K_V = v_t / v_0$$

K_V 值越大,工件材料的可切削加工性越好;反之,可切削加工性越差。

$\sigma_b \approx 0.750$GPa 的 45 钢在典型加工条件下的合理切削速度 v_0 见表 8-1。

表 8-1 45 钢(σ_b=0.70~0.78GPa)无外皮工件的合理切削速度

刀具材料	切削加工方式	切削用量			刀具使用寿命 t
		切削深度 a_p	进给量 f	切削速度 v_0	
YT15	车削	3mm	0.38mm/r	125m/min	3600s
HSS	ϕ20 标准钻头,加切削液,深径比小于 3	—	0.27mm/r	24m/min	2700s
HSS	ϕ20 群钻,加切削液,深径比小于 3	—	0.50mm/r	15m/min	
YT15	ϕ125mm 端铣,4 齿,主偏角 60°	5mm	0.24mm/r	110m/min	10800s

2. 工件材料可切削加工性分级

常用的各种金属工件材料,相对切削加工性 K_V 值从 0.15 以下到 3.0 以上,可切削加工性的差别很大。对可切削加工性进行分级,相对切削加工性的 K_V 值对应不同的加工难度和级别,可便于根据 K_V 值评定切削加工的难易程度。表 8-2 列出了相对切削加工性 K_V、切削加工难易程度与可切削加工性级别间的对应关系。

表 8-2 可切削加工性级别与切削加工难易程度

可切削加工性分级	材料类别及切削加工难易		相对可切削加工性 K_V	典型材料举例
0、1	很容易切削材料	一般非铁金属	>3.0	铜铅合金、铝铜合金、铝镁合金
2	易切削材料	易切削钢	2.5~3.0	退火 15Cr (0.373~0.441GPa)
3		较易切削钢	1.6~2.5	正火 30 钢(0.441~0.549 GPa)
4	一般材料	一般钢及铸铁	1.0~1.6	45 钢(退火、调质)、灰口铸铁
5		稍难切削材料	0.65~1.0	2Cr13(调质 0.834 GPa)
6、7	难切削材料	较难切削材料	0.5~0.65	40 Cr(调质 1.03 GPa)
8		难切削材料	0.15~0.5	1 Cr18Ni9Ti 等不锈钢
9		很难切削材料	<0.15	钛合金、高温合金、高硬材料、超高强度材料等

切削工件材料时允许的切削速度与材料性能直接相关,是切削过程中切削力、切削温度、摩擦等综合作用的结果。为了稳定可靠的切削,还需要考虑切屑处理和加工表面质量等问题,要达到最佳切削条件,应全面考虑工件材料本身固有的物理、力学性能。表 8-3 列出了工件材料的物理、力学性能参数与可切削加工性的对应关系。根据材料的物理、力学性能参数值,可以预测其切削加工难易程度,有助于选用适宜的刀具材质,设计相应较优化几何参数的切削刀具,确定合理的切削条件,其中工件材料的硬度、强度(包括高温硬度和强度)、塑性和韧性是重要的参考指标。

表 8-3 工件材料的物理、力学性能参数与可切削加工性

可切削加工性	切削加工性分级	工件材料的物理、力学性能参数					
		硬度		抗拉强度 σ_b /GPa	延伸率 δ /%	冲击值 α_k /(MJ/mm^2)	热导率 λ /(W/(m·℃))
		HB	HRC				
易切削	0	≤50	—	≤0.196	≤10	≤0.196	<419~293
	1	>50~100	—	>0.196~0.44	>10~15	>0.196~0.392	<293~167
	2	>100~150	—	>0.44~0.589	>15~20	>0.392~0.589	<167~83.7
较易切削	3	>150~200	—	>0.589~0.785	>20~25	>0.589~0.785	<83.7~62.8
	4	>200~250	14~24.8	>0.785~0.981	>25~30	>0.785~0.981	<62.8~41.9

（续）

可切削加工性	切削加工性分级	工件材料的物理、力学性能参数					
		硬度		抗拉强度 σ_b /GPa	延伸率 δ /%	冲击值 α_k /(MJ/mm²)	热导率 λ /(W/(m·℃))
		HB	HRC				
较难切削	5	>250~300	24.8~32.3	>0.981~1.18	>30~35	>0.981~1.37	<41.9~33.5
	6	>300~350	32.3~38.1	>1.18~1.37	>35~40	>1.37~1.77	<33.5~25.1
	7	>350~400	38.1~43	>1.37~1.57	>40~50	>1.77~1.96	<25.1~16.7
难切削	8	>400~480	43~50	>1.57~1.77	>50~60	>1.96~2.45	<16.7~8.37
	9	>480~635	50~60	>1.77~1.96	>60~100	>2.45~2.94	<8.37
		>635	>60	>1.96~2.45	>100	>2.94~3.92	—
		—	—	>2.45	—	—	—

8.4 影响工件材料可切削加工性的因素

工件材料的可切削加工性从内在本质上由自身的性能决定，而性能取决于材料成分及组织结构，所以材料的成分、组织、性能与可切削加工性密切相关，是影响可切削加工性的本质因素。掌握因素的影响关系，在知道材料的大致成分和处理状态后，对其可切削加工性难易程度做出大致分析判断。

在金属材料的化学成分中，只含基本元素和少量杂质元素的材料为纯金属；除基本元素外加入一定量的其他合金化元素则形成合金材料，其金相组织结构和性能将发生改变。在复合材料中加入强化纤维或颗粒而使其组织改变，性能得到增强。在工业生产应用中，黑色金属较非铁金属的产量和使用量多，比常用的铝、铜有色合金的加工难度大得多。下面以黑色金属材料为例来说明成分、组织、性能与切削加工性的相关性。

1. 合金化元素成分对金属材料可切削加工性的影响

金属都是晶体物质，加入合金化元素后，合金材料的晶体结构会发生变化，强化元素在金属中或形成固溶体或形成金属间化合物，使合金材料的物理性能（如导热、导电性、导磁性）均随变化。导热性能往往会因合金化元素含量增大而降低，对切削加工性的影响较大，增加切削加工难度，形成的硬质化合物也会加速刀具的磨损。最重要的方面在于，固溶强化的目的和结果是提高材料的强度及硬度等力学性能，其切削加工性会因此而显著降低。合金化使材料的塑性和韧性可能降低也可能提高，塑性和韧性的变化对切削加工性的影响，就大多数金属材料而言，切削加工性是降低的。钢和铸铁中常用的合金化元素有碳（C）、锰（Mn）、硅（Si）、铬（Cr）、镍（Ni）、钼（Mo）、钨（W）、钒（V）、钛（Ti）、铝（Al）、硫（S）、铅（Pb）、磷（P）、铜（Cu）、钴（Co）、硼（B）、稀土元素（Re）等。Cr 能提高材料的硬度和强度，降低韧性，有利于断屑，易获得较小的表面粗糙度值；Ni 能提高材料的韧性及热强性，明显降低导热性能；Mo 能提高材料的强度和韧性，对提高热强性能有明显影响，降低导热性能；V 能使材料组织细密，中碳含量时能提高强度；W 能明显提高材料的高温硬度及热强性，显著降低导热性能及韧性；Si 和 Al 易形成高硬耐磨氧化物颗粒，加速切削刀具的磨损，硅还会降低导热性能；Mn 能提高材料的硬度和强度，使韧性略有降低。各合金化元素对材料可切削加工性的综合影响如图 8-5 所示。

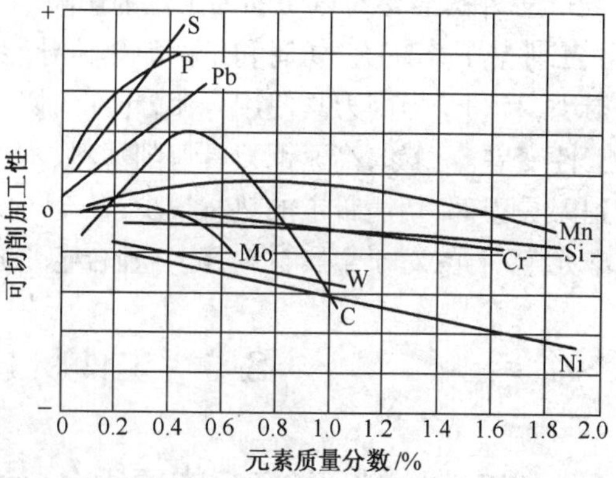

图 8-5　合金化元素对合金切削加工性的影响

2. 材料的组织结构、性能对可切削加工性的影响

除材料化学成分因素外，材料的性能与其组织结构密切相关，金属材料的性能取决于内部组织的种类、形态、大小和数量，通过不同的热处理过程可得到能满足不同需要的组织结构、力学性能。常温下铁碳合金中基本组织有铁素体(Fe)、渗碳体(Fe_3C)、珠光体(P)。在成分更复杂的合金钢材中，因钢中合金化元素不同，基本相中可含合金铁素体、合金渗碳体、高稳定性的合金碳化物(如WC)等，以及金属材料热处理过程不同，使基本组织含量比例不同、晶粒大小和形态不同，力学性能随之变化，其切削加工性也会显著改变。一般地，合金材料内部为多相组织时，晶粒越细小，强度越高，切削加工性越差；一些合金化元素使基本组元形成单相组织，当合金化元素含量达到一定程度时，在常温下和稳定化热处理温度下不再析出硬质相，合金材料内部为单相组织结构如铁素体、奥氏体，其过大的塑性值严重影响可切削加工性。

对普通黑色金属(钢、铁)而言，材料组织中铁素体含量过高，尤其是存在大的片状铁素体软而黏，切削加工时易黏结刀具表面，形成积屑瘤，难以保证工件表面质量，切削加工性差。组织中的渗碳体因其高硬耐磨性，也使切削加工性变差。

高合金工件材料组织结构中硬质耐磨物对切削加工性有很大影响：金属中可存在金属间化合物硬质相(如碳化物、氮化物、硼化物、铝化物等)及固溶多种元素而成的多元硬质相，以及氧化物硬质相，这些硬质相都坚硬耐磨，其中硬度最低的Fe_3C的硬度也达800HV以上，其他硬质化合物的硬度是Fe_3C的1.5~2倍，除因强化合金材料的性能使切削力增大、切削热升高外，在切削加工过程中可擦伤刀具表面，容易产生磨料磨损，进一步降低刀具使用寿命；非金属材料中的增强纤维如玻璃纤维、碳纤维、陶瓷晶须、金属晶须以及SiC、Al_2O_3等陶瓷耐磨颗粒，是刀具磨料磨损的主要影响因素。

3. 材料的力学性能对可切削加工性的影响

材料的硬度和强度(包括高温强度)越高，塑性(延伸率)越大，冲击韧性越大，其切削力越大，切削温度越高，刀具越容易磨损，切削加工性越差。常温强度相同或相近的不同材料：高温强度越大，切削加工性越差；延伸率越大，切削加工性越差。

材料塑性越大，刀具表面与切屑间接触压力越大，刀-屑接触范围越宽，摩擦力越大，刀具前刀面越容易黏结磨损；同时刀具与后刀面摩擦越剧烈，使工件表面质量不易保证，还容易引起加工硬化；材料塑性、韧性越大，断屑、排屑越困难。

材料的强度高而弹性模量较小时，刀具后刀面与工件已加工面摩擦严重，切削分力中切削深度抗力增大，其切削加工性变差，弹性模量越小，切削加工性越差。

4. 材料的加工硬化性对可切削加工性的影响

当切削变形过程非常剧烈，晶格的畸变大，应力和应变增加，使材料加工硬化趋势越严重，刀具磨损加剧，工件已加工表面质量也不易保证，切削加工性变差。材料晶体晶格类型决定晶格变形难易程度，晶格内滑移面和滑移方向数量多，则变形容易，塑性大。面心立方晶格的金属材料最易变形；面心立方晶格和体心立方晶格的金属材料比密排六方晶格的材料变形程度大，更容易产生加工硬化。

5. 工件热导率对可切削加工性的影响

工件热导率越大，切屑和工件因热传导能力强而带走的切削热越多，刀具切削部的温升相对较小，刀具磨损小，有利于提高刀具使用寿命，允许的切削速度可更高；反之，工件热导率小，刀具承受的热负荷大，切削加工性变差。例如，高速钢刀具切削塑料、木材时，刀具寿命低的重要原因之一是切削热的绝大部分传导聚集到刀具刃部，切屑带走的热量很少，甚至可能出现刃口退火、烧损等严重情况。工件材料导热性能因不同基本元素而异，对于金属材料，随各种合金化元素含量的增加热导率呈减小趋势。

8.5 工件材料的分类及其可切削加工性

8.5.1 工件材料分类及适宜硬质合金切削牌号

国际标准化组织(ISO)将工件材料分为P、M、K、N、S、H 6类，见表8-4。

表 8-4　工件材料分类(按 DIN / ISO 513 和 VDI 3323)

ISO	工件材料		状态	抗拉强度 /(N/mm²)	K_{c1}① /(N/mm²)	m_c②	硬度 /HB	材料编号
P	非合金钢 铸钢 易削钢	C 质量分数<0.25%	退火	420	1350	0.21	126	1
		C 质量分数≥0.25%	退火	650	1500	0.22	190	2
		C 质量分数<0.55%	调质	850	1675	0.24	250	3
		C 质量分数≥0.55%	退火	750	1700	0.24	220	4
			调质	1000	1900	0.24	300	5
	低合金钢 铸钢 (合金元素低于 5%)		退火	600	1775	0.24	200	6
				930	1675	0.24	275	7
			调质	1000	1725	0.24	300	8
				1200	1800	0.24	350	9
	合金钢、铸钢、工具钢		退火	680	2450	0.23	200	10
			调质	1100	2500	0.23	325	11
M	不锈钢、铸钢		铁素体/马氏体	680	1875	0.21	200	12
			马氏体	820	1875	0.21	240	13
			奥氏体	600	2150	0.20	180	14
K	球墨铸铁(GGG)		铁素体/珠光体		1150	0.20	180	15
			珠光体		1350	0.28	260	16
	灰铸铁(GG)		铁素体		1225	0.25	160	17
			珠光体		1350	0.28	250	18
	可锻铸铁		铁素体		1225	0.25	130	19
			珠光体		1420	0.3	230	20
N	锻造铝合金		未硬化		700	0.25	60	21
			硬化		800	0.25	100	22
	铸造铝合金	Si 质量分数≤12%	未硬化		700	0.25	75	23
			硬化		700	0.25	90	24
		Si 质量分数>12%	高温		750	0.25	130	25
	铜合金	Pb 质量分数>1%	易切削		700	0.27	110	26
			黄铜		700	0.27	90	27
			电解铜		700	0.27	100	28
	非金属材料		硬塑料、纤维塑料					29
			硬橡胶					30
S	高温合金	铁基	退火		3600	0.24	200	31
			硬化		3100	0.24	280	32
		镍基或钴基	退火		3300	0.24	250	33
			硬化		3300	0.24	350	34
			铸造		3300	0.24	320	35
	钛和钛合金			RM400	1700	0.23		36
			α+β 合金	RM1050	2110	0.22		37

（续）

ISO	工件材料	状态	抗拉强度/(N/mm²)	K_{c1}① /(N/mm²)	m_c②	硬度/HB	材料编号
H	淬硬钢	淬硬		4600		55HRC	38
		淬硬		4700		60HRC	39
	冷硬铸铁	铸造		4600		400	40
	铸铁	淬硬		4500		55HRC	41

①前角为0°、切削厚度为1mm、切削面积为1 mm²时的切削力；
②切削厚度指数

P类：具有低或中等硬度、强度性能指标的碳钢，合金钢类。

M类：具有一定特殊性能的金属材料类，不锈钢。

K类：形成短切屑的工件材料，铸铁类。

N类：铝、铜非铁金属及合金，非金属材料类。

S类：高温合金、钛合金等难切削材料类。

H类：高硬度难切削材料类。

每一类工件材料有各自的切削加工特性，必然需要适宜的刀具材料和切削条件，才能满足较优的生产效率、成本和产品质量。目前，在工具钢、高速钢、硬质合金、超硬材料等各类刀具材料中，硬质合金和超硬刀具材料代表着先进切削工具水平和持续发展趋势，硬质合金是主流切削刀具材料，其应用几乎涵盖所有的工件材料切削加工领域，且切削性能良好并在不断改进提高。ISO及我国标准对被加工材料及适宜的硬质合金切削牌号分类见表8-5。根据工件材料分类、可切削加工性分级，选用正确的刀片材料牌号，确定适宜的切削用量范围，提高生产效率，降低加工成本。

表8-5 被加工材料类别及刀具材料用途分组代号、部分牌号举例

工件材料					硬质合金用途分组	
代号	工件材料类别	标志颜色	工件材料	工件硬度（切削状态时）/HB	硬质合金分组代号或其他刀具材料	硬质合金牌号举例
P	长切屑的黑色金属	蓝色	碳钢、合金结构钢	120~350	P01~P50	YT30 YT5 YN10
M	长切屑和短切屑的黑色金属，非铁金属	黄色	结构钢、不锈钢	120~350	M10~M40（通用型）	YW1 YW2
K	短切屑的黑色金属，非铁金属、非金属	红色	铸铁、非铁金属、非金属	130~260	K01~K40	YG6 YG6X YG8N
N	非铁金属、非金属	绿色	非铁金属、非金属	—	K01~K20、单晶金刚石、PCD	YG3X YG6X
S	高温合金类难切削材料	褐色	高温合金：不锈钢、钛合金	—	K10~K30	YG8N
H	高硬度难切削材料	灰色	—	—	K20~K30 CBN	YG8N

8.5.2 各类工件材料的切削加工特点

1. P类碳钢、合金钢的可切削加工性

P类工件材料为中低硬度钢材，具有典型的弹塑性力学特征，中低强度、较大的塑性。中低硬度钢材的

切削加工是机械制造领域中最普遍、最常见的。钢材的物理和力学性能随成分、组织而异，通过热处理可调整控制其组织结构及相应性能指标，如硬度、强度、塑性等，以满足钢制零件的切削加工或最终使用性能要求。工件材质处于适宜的中低硬度、强度、弹塑性状态，可切削加工性良好；但过低硬度状态下，切削加工表面质量不易保证，以实现表面质量难易来衡量，可切削加工性反而变差。

1）P 类碳钢、合金钢工件材料的主要性能

以铁为主要元素，含一定量的碳、杂质或合金化元素的一类黑色金属材料即钢材，通过热处理可调整控制其力学性能，可满足使用需求或工艺要求。根据其热处理方式，材料状态有正火、退火、调质、淬硬 4 种，其晶体组织和性能因热处理状态而异，主要力学性能指标有：抗拉强度 σ_b、弹性极限 σ_s、硬度（HB 或 HRC）、受拉延伸率 δ_5（或 δ_{10}）、断面收缩率 ψ、冲击韧性 α_k 等，钢的使用状态可为退火、正火、调质、淬硬之任何一种；钢件在切削加工过程中可为 4 种热处理状态中的任一种，虽然淬硬钢的可切削加工性变差，但硬态切削加工的工艺方式也正在扩大应用中。除高硬状态外，钢的弹塑性特征明显，有着典型的切削加工特点——长切屑，即 ISO 分类中 P 类工件材料的切削加工特点，在机械制造业中应用面最广、用量最大的材料。

碳素钢除含铁、碳元素外，还含 Si、Mn、P、S 等元素，4 种元素质量分数低时视作为少量杂质元素，对钢的性能无显著影响，Mn 质量分数 0.25%～1.2%，较高锰质量分数可提高钢的强度。优质碳素钢的化学成分和力学性能均得到保证，应用最多，正火状态具有中低抗拉强度 σ_b 为 300～750MPa，塑性大，低碳钢延伸率大于 20%，中高碳钢延伸率大于 10%。

低合金钢，在相同碳质量分数的碳钢基础上加入少量锰、钛、钒、铜、磷等合金化元素则形成普通低合金钢，碳质量分数不超过 0.2%，合金元素总质量分数低于 3%，二者使用状态均为热轧退火或正火，也是其切削加工时的材料状态。合金钢较相同碳质量分数的碳钢强度明显提高，抗拉强度约 500MPa，同样具有良好的塑性和韧性，且抗蚀性能、低温性能等各方面性能更优。碳素钢、低合金钢的加工问题主要在于其较高塑性影响可切削加工性。

合金钢，为改善、提高钢的力学性能和物理、化学性能，在钢中加入一定的合金元素如 Cr、Mn、Si、Ni、Mo、W、V、Ti 等，成为更高性能的合金钢，合金钢碳质量分数一般较高，合金元素在钢中有的形成合金铁素体，有的元素形成碳化物或合金渗碳体，对钢的性能影响极大，强度、硬度增大，耐磨性增加，钢的可切削加工性也随之变差。合金钢包含的钢种很广泛，本节所述合金钢仅包含合金结构钢；合金工具钢，轧制正火状态、退火状态或高温回火状态下力学性能均较适合切削加工，所讨论的内容是指中低硬度下合金钢的可切削加工性。其他具有特殊性能的钢种如不锈钢、耐热钢等的可切削加工性较之有显著差异，将特殊性能钢作为难加工材料（ISO 分类为 M 类、S 类）讨论。

Cr 为主要合金元素的合金结构钢，如 20Cr、30Cr、40Cr、50Cr，热轧状态时其硬度 130～207HB；Mn 为主要合金元素的合金结构钢，如 20Mn、30Mn、40CMn、50CrMn，正火状态时其硬度 130～207HB，调质（淬火+高温回火）状态时其硬度 200HB 左右；Cr、Mn、Mo、V、Ti 等多元合金结构钢，正火状态时其硬度 156～365HB，调质（淬火+高温回火）状态时其硬度 229～270HB，热轧状态时其硬度 165～235HB，锻坯状态时其硬度156～265HB；合金工具钢，退火状态时其硬度 202～286HB，热轧状态时其硬度 217～235HB；高速钢，退火状态时其硬度 212～228HB。

2）P 类碳钢、合金钢工件材料的可切削加工性

碳钢，切削加工时的状态有热轧、正火、淬火加高温回火、退火，硬度和抗拉强度较低，强度一般小于 600MPa，硬度 150～200HB，单位切削力较小，刀具强度可靠性高，可实现轻型至重型负荷下的各类切削加工。但碳质量分数过低（碳质量分数小于 0.30%）时，钢材塑性大，受拉延伸率在 20%以上，不易保证工件表面质量，切屑处理也较难。用硬质合金刀具切削碳素钢时相对切削加工性为 1.0～2.1，用高速钢刀具切削时相对切削加工性为 0.7～1.7。大于 0.5%的较高碳质量分数碳钢正火处理后，硬度小于 240HB，用硬质合金和高速钢刀具切削加工，相对切削加工性分别为 0.7～1 和 0.65。较高锰质量分数钢淬火+高温回火调整控制硬度后切削加工，相对切削加工性约为 0.85。

由低合金钢性能参数可知，其可切削加工性与碳钢相近。

合金钢在正火、退火、调质三种热处理状态下，各合金钢的主要力学性能（硬度、抗拉强度和延伸率）差

别因钢种而异,用硬质合金刀具切削时相对可切削加工性为 0.6~1.2,用高速钢刀具切削时相对切削加工性为 0.3~1.1。

低碳钢、低碳合金钢硬度和强度低,但塑性大,切削加工时,可用较高速度切削,刀具的设计或选择、切削条件的制定应特别考虑切削过程中断屑、排屑和保证工件表面质量方面的问题。高碳钢和高碳合金钢的强度和硬度较高,切削力、切削热大,切削速度应相对较低,刀具的强度可靠性、使用寿命问题成为考虑的重点。

合金钢随其成分中合金化元素种类的增多和总质量分数的增大,力学性能提高,高温性能增强,即高温硬度和强度提高,材料的切削加工性下降;合金化元素总质量分数的增大也使材料物理性能有一定程度改变,导热率下降明显,进一步使可切削加工性降低。

工具钢、高速钢、硬质合金、金属陶瓷都可作切削 P 类钢材的刀具材料。除复杂成形刀具用高速钢或工具钢制造外和应尽可能采用涂层硬质合金或金属陶瓷刀具,以实现高效率切削,涂层硬质合金或金属陶瓷是切削加工 P 类工件材料的主流刀具。

适于钢件切削的硬质合金基体材料:ISO P05~P45 性能等级的各种 P 类硬质合金牌号、通用性好的 M 类硬质合金牌号,超细晶粒硬质合金。精或轻加工时选择耐磨性能好的牌号 P05~P20、M10 等以及金属陶瓷。大负荷强力切削时,采用强度和韧性好的硬质合金基体牌号 P30~P45、M20~M40 等。

用于低碳钢、低合金钢等硬度低、塑性大的切削刀具材料应选择强韧性和耐磨性兼顾良好的硬质合金,刀具刃口黏结磨损、工件加工表面质量不良是切削过程中易出现的现象,采用大前角锋利刃,有利于软、黏性工件的切削加工,可选用 P20~P40 性能等级的硬质合金牌号基体和抗黏结性能好的涂层。

用于高碳质量分数和高合金钢等强度较高材料如高速钢的切削刀具,可采用 M 类或超细晶粒度硬质合金基体,钢强度越高,可切削性越低,刀具切削部的强度可靠性相对较低,刀具崩刃、破损、磨损成为主要形式,在较高切速下有使刀具刃部出现高温塑性变形进而加速磨损的可能;高碳质量分数和高合金钢需要相应高性能的切削刀具,刀具材料必须强度可靠、热硬性高、耐磨料磨损和耐化学磨损,且韧性良好,刀具涂层应具有耐高温、耐磨损性能。复杂刀具应选用高性能高速钢;硬质合金、涂层硬质合金刀具可用于中、粗、精加工;金属陶瓷、陶瓷刀具适合于轻或精切削加工。

对切断、切槽和成形车削等,由于刀具结构和加工方式使刀具强度成为刀具设计使用时考虑的重点问题,在选择刀具材料方面应采用强度高韧性好的基体,如 K 类牌号和超微细晶粒度硬质合金牌号。

P 类工件材料的切削刀具设计应充分考虑卷、排屑措施,选用抗黏结和抗磨损综合效果好的刀具涂层,刃口进行强化处理。图 8-6 为切钢刀具的适宜刃口形式。切削过程应充分冷却、润滑,选用适宜的切削速度,避免过高切削速度时刃口产生塑性变形、磨损增大,对连续切削加工应确定适宜的切削层(即切削深度和切削厚度)以控制排屑状况。机床-工件-刀具所组成系统的刚性好、功率大,实现高精、高效、高速切削加工目的。

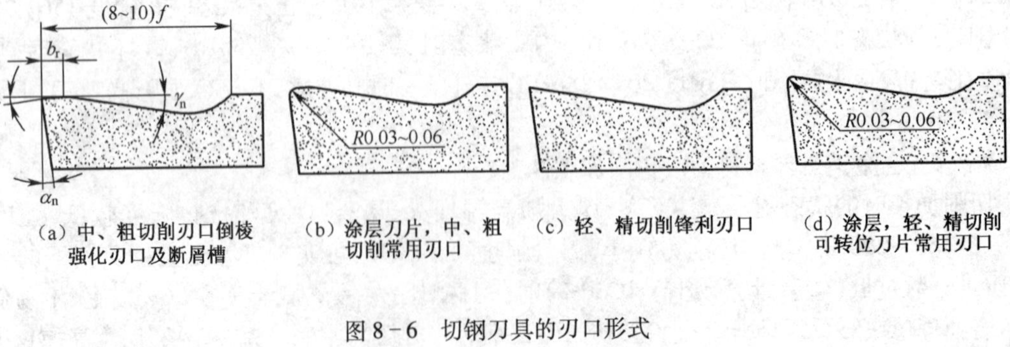

(a) 中、粗切削刃口倒棱强化刃口及断屑槽　(b) 涂层刀片,中、粗切削常用刃口　(c) 轻、精切削锋利刃口　(d) 涂层,轻、精切削可转位刀片常用刃口

图 8-6 切钢刀具的刃口形式

在机械制造工业领域,碳钢、合金钢应用面最广、切削加工量最大,对生产效率和产品质量要求越来越高。刀具制造商大力研究发展 P 类材料的切削加工刀具,在刀具材料和涂层材料技术方面持续推陈出新、在刀具结构方面创新设计等使刀具切削性能不断提高。刀具产品竞争激烈,涂层硬质合金刀具切削 P 类工件材料已达到极高性能水平,切削速度可达 240~350m/min。

2. M 类工件材料的可切削加工性

1）不锈钢的性能

M 类材料即不锈钢，为了提高金属抗腐蚀性能，发展形成了不锈钢这一特殊钢系列。不锈钢材质中含有几种至十几种元素成分，当这些元素共存于不锈钢中时，对材料组织结构及性能的影响要比单独存在时复杂得多，不锈钢的组织、性能决定于各种元素影响的总和。除了组成钢的基本元素铁以外，对不锈钢的性能与组织影响最大的元素分别是碳、铬、镍、锰、硅、钼、钛、铌、氮、铜、钴、铝等，当不锈钢基体中铬质量分数大于 11.7%时，才能达到一定的抗腐蚀性能，可见不锈钢中合金化元素质量分数很高。

奥氏体不锈钢塑性大，延伸率 $\delta_5>35\%$；马氏体不锈钢在调质状态下强度较低，塑性适中，延伸率 $\delta_5>10\%\sim25\%$；铁素体不锈钢强度最低，抗拉强度 $\sigma_b<450\text{MPa}$；奥氏体-铁素体双相不锈钢合金含量更高，兼具强度高、塑性大的特点；沉淀硬化不锈钢的硬度高、强度高，断裂强度可达 1000MPa 以上。各类不锈钢因高质量分数合金化的影响，都具有低导热率的物理特性，高温强度大的力学性能。

2）不锈钢的可切削加工性

不锈钢的可切削加工性较差，奥氏体、铁素体型不锈钢，材料的塑性、韧性很大，对刀具表面有很强的亲和性，切屑会与切削刀具表面黏结，产生积屑瘤，并进一步引起刀具表面与切屑间原子扩散，产生化学磨损等刀具失效形式加速刀具总体磨损程度。不锈钢材料的特性也使其获得好的切削表面质量较为困难，加工硬化趋势大；不锈钢高温性能较好，部分不锈钢本身就可作耐热钢，切削加工温度下本身强度下降不多，加之热导率较小，切削加工时，刀具承受更大的力和热负荷，这是切削加工性较差的另一原因，不锈钢的相对可切削加工性约为 0.3~0.8。设计和应用切削加工不锈钢工件的刀具以及在研发刀片材质和断屑槽形时，应充分考虑它们的难切削加工性与刀具应具备耐磨、强韧、高导热率及耐高温等良好的综合性能。

马氏体不锈钢在切削加工和最终热处理前可进行降低硬度、调整组织的热处理，获得铁素体+珠光体组织，切削加工性较好，经淬火、回火调质后硬度为 28~35HRC，具有较高的硬度、强度、耐磨性、抗氧化性；退火状态下具有高的塑性和韧性，如 Y1Cr13 可适合自动车床切削加工。马氏体不锈钢材料的硬度、强度越高，可切削加工性越差。

奥氏体不锈钢的加工硬化倾向严重，不仅有一般的加工硬化，即晶格畸变硬化，还伴随着马氏体相变而产生的材质硬化，硬化层可达基体硬度的 1.4~2.2 倍，表面硬度可达到 400HV 以上，硬化深度可达 500~1000μm，刀具切削刃口极易出现显著大于后刀面平均磨损量的边界磨损或大面积崩刃，硬化层对切削刃相应部位的磨损较其他部位明显严重。奥氏体不锈钢的高温耐蚀和强度性能、塑性、韧性好，切削力和切削热量大，断、排屑困难。奥氏体不锈钢可切削加工性差，在不锈钢类别中也属相对难加工的材料。退火状态下，切屑可变脆，加工性可得到改善。

铁素体不锈钢的塑性、韧性好，热处理不改变其性能，切削加工时易黏结磨损刀具表面。Cr 质量分数越高，可切削加工性越差，工件表面还容易产生鳞刺，恶化表面质量。

沉淀硬化不锈钢因其高强度、高硬度性能，在所有不锈钢中，可切削加工性最差。

综合上述，不锈钢特点决定了可切削加工性较差，切削热量大，切削力大，切削温度高，断屑困难，应以相对低速（切削速度在 150m/min 以下）进行切削。刀具应具备良好的高温强度和硬度，刀具材质或涂层材料应耐黏结、耐化学扩散磨损、摩擦系数小、热导率高，切削刃应较锋利。

常用切削不锈钢的刀具材料有高速钢、硬质合金、金属陶瓷。高速钢材料在复杂刀具如拉刀、丝锥方面仍然普遍使用，在小型零件的自动车削加工中应用也较多。切削不锈钢的涂层硬质合金已获得广泛应用，基体材质可选用：有良好硬度、强度、韧性等综合性能的 YG 类（ISO 分类代号为 K 类）；通用性好的 YT 类（ISO 分类代号为 M 类）硬质合金牌号；含 Ta、Nb 等提高基体高温性能的成分。PVD 涂层（Al, Ti）N，是目前加工不锈钢、耐热钢等难加工材料较为理想的一种涂层材料，切削性能更好的刀具基体和涂层材料仍在快速发展中。

不锈钢切削刀具刃口形式应满足有利于减小切削力，降低加工硬化，切屑流动和卷曲良好，同时保证足够的刃口强度和承受热负荷的能力。图 8-7 为刃口和卷屑槽的适宜形式，图 8-8 为两种适用于车削不锈钢的可转位刀片。

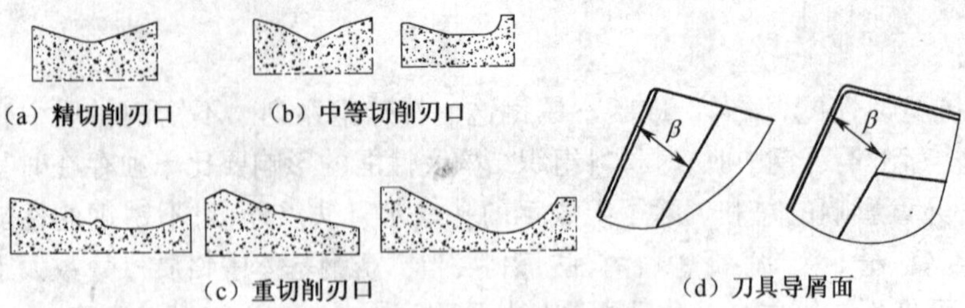

图 8-7 不锈钢切削刀具的各种刃口及卷断屑槽形式

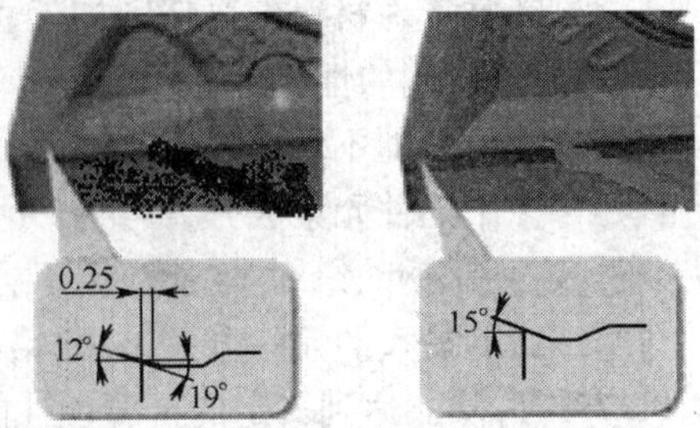

图 8-8 车削不锈钢的可转位刀片

不锈钢的切削参数较 P 类钢低,同等切削层的切削力大于 P 类钢材的切削力,应尽可能使机床-工件-刀具工艺系统的刚性最大化,各种切削方式下都应充分冷却润滑,以降低切削区温度,有利于排屑,提高刀具寿命。

3. K 类材料的可切削加工性

铸铁是最典型的 K 类工件材料,机械工程上应用普遍,结构件及摩擦零件上需要切削加工的表面较多,主要包括灰口铸铁、可锻铸铁和球墨铸铁。铸铁性能与其组织中石墨形态有直接关系,除常见的层片石墨状灰铸铁、团絮石墨状可锻铸铁、球状石墨球墨铸铁外,可能发展出其他石墨形态使铸铁性能更好(如珊瑚网状的蠕墨铸铁),性能的提高一般意味着可切削加工性降低。

1) 铸铁的性能

铸铁为碳质量分数大于 2.06%的铁碳合金,常用铸铁的成分为(2.5~4.0)%C、(1.0~3.0)%Si、(0.5~1.4%)Mn、(0.01~0.50%)P、(0.02~0.20%)S、Cr、Mo、V、Cu、Al 等。因铸造结晶过程和成分的不同,形成的铸铁中石墨化程度和形态不同,铸铁基体组织分为铁素体、铁素体+珠光体、珠光体等。它们都具有游离态石墨组织,铸铁塑性都较低,灰铸铁中石墨呈片状,拉伸塑性几乎为零;可锻铸铁经球化处理过程后石墨呈球状,塑性一般小于 10%。铸铁的强度取决于基体组织和石墨化形态,灰铸铁基体强度的利用率仅约 40%。

球墨铸铁主要特点是在灰铸铁成分基础上加入球化剂如 Mg(镁)、Re(稀土)元素,同时减少 S 质量分数约 50%,提高硅质量分数,石墨呈球状,基体组织连续,球状石墨越细,分布越均匀,铸铁强度越高。球墨铸铁基体强度的利用率可达约 80%,与钢相似,可进行热处理,力学性能良好,强度高,应用广泛,已成为发动机零件和其他汽车、农用设备和机床工业各类零件中广泛采用的材料,生产成本较低,有良好的力学性能的组合,比灰口铸铁有更高的强度和韧性。

切削加工时,铸铁材料中的石墨使基体的连续性被破坏,切屑易脆断。就切屑控制而言,可切削加工性较好,单位切削力略低于普通钢材。前刀面与切屑接触长度很小,切削过程中切削力集中于切削刃近处很小的区域内,作用在刃口上的局部压力大,并具有一定的切削冲击性。因此,要求切削刀具材料强度和刃性较好,抗冲击能力强,耐磨料磨损性能好。

2) 铸铁的可切削加工性

由铸铁的性能指标和组织特点可知,灰铸铁、可锻铸铁、球墨铸铁可切削加工性较好,硬度小于 360HB,抗拉强度小于 900MPa,可切削加工性 1~4 级,相对可切削性 $K_V>1$,易切削或较易切削加工,允许的切削速度较高,加工效率高。

灰铸铁中的碳主要以游离石墨形式存在,呈片状,灰铸铁的硬度一般为 140~270HB,塑性小于 0.5%,强度低,脆性大,切削加工性极好。

球墨铸铁中游离石墨呈球状,力学性能良好,强度高。铁素体球墨铸铁的硬度为 130~207HB,塑性大于 10%;珠光体球墨铸铁的硬度为 220~300HB,塑性小于 5%。前者的切削加工性比后者好,切削珠光体球墨铸铁的切削速度为铁素体球墨铸铁的 60%~70%。球墨铸铁耐磨性很大程度上取决于珠光体含量,珠光体含量越高,耐磨性越好,但可切削加工性越差,会加速刀具磨损。

可锻铸铁性能介于灰铸铁与球墨铸铁之间,珠光体可锻铸铁硬度为 150~270HB,塑性小于 5%;铁素体可锻铸铁硬度为 120~163HB,塑性大于 6%。可锻铸铁切削加工性很好,优于易切钢种的可切削加工性。

总体而言,在目前的切削工具和技术水平下,铸铁的切削加工效率可达到很高水平。用涂层和非涂层硬质合金(K 类切削牌号的硬质合金基体)刀具、涂层和非涂层金属陶瓷刀具,切削速度可大于 350m/min;用 Si_3N_4陶瓷刀具或 CBN 刀具加工以珠光体为主的铸件,切削速度可达 510~2000m/min;切削加工以铁素体为主的铸铁时,铁素体容易扩散磨损刀具,不宜使用 CBN,应选用陶瓷刀具、硬质合金刀具。除铁素体基铸铁外,以 CBN 刀具加工铸铁的切削性能最优。

铸铁切削刀具须具备很高的抗塑性变形和刃口微崩能力以及抗机械磨损能力。图 8 - 9 为切削铸铁的 CBN 刀具刃口形式,图 8 - 10 为切削铸铁的硬质合金刀具刃口形式,图 8 - 11 为切削铸铁的可转位刀片刃口形式。刀具基体应有良好的强度和韧性、高硬度等性能,刀具表层还可经厚膜涂层处理,如 Al_2O_3、TiCN 厚膜涂层,进一步提高切削性能。

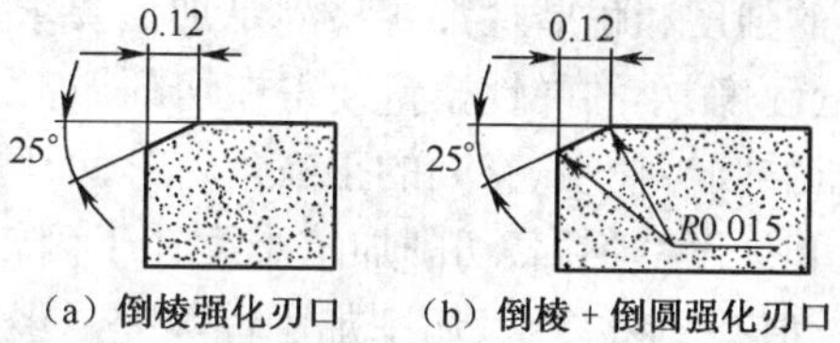

(a) 倒棱强化刃口　　(b) 倒棱 + 倒圆强化刃口

图 8 - 9　切削铸铁的 CBN 刀具刃口形式

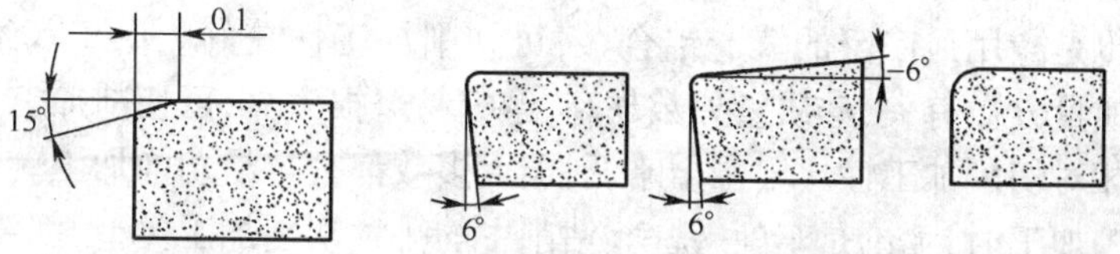

(a) 倒棱强化刃口　　(b) 倒圆强化刃口

图 8 - 10　切削铸铁的硬质合金刀具刃口形式

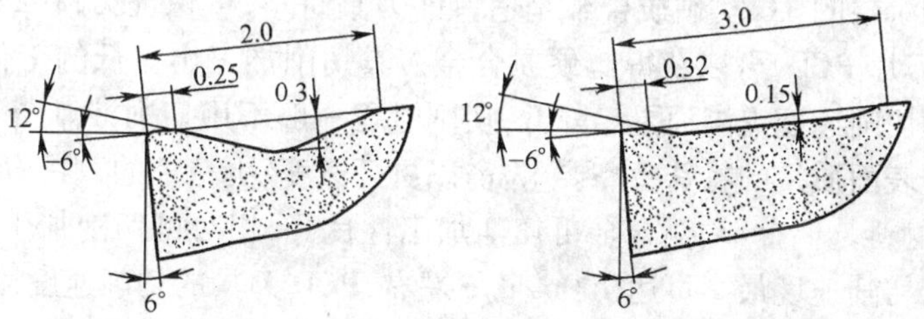

(a)　　(b)

图 8 - 11　切削铸铁的可转位刀片刃口形式

4. N 类铝、铜材料的可切削加工性

1) 铝、铜及其合金的主要性能

铝及铝合金强度较低,易加工成型材和铸造各种零件;铜及铜合金强度较高、塑性较大,易加工成型材和铸造各种零件。

铝合金分为变形铝合金和铸造铝合金两类。变形铝合金包括工业纯铝、防锈铝、硬铝、超硬铝、锻铝和特殊铝合金等。变形铝合金的合金化元素总含量较小,主要的合金化元素有锰、铜、镁、锌等。锰的主要作用是提高合金抗蚀能力,也能固溶强化提高合金强度;铜、镁、锌对铝合金的主要作用是固溶强化。变形铝合金的抗拉强度低,经失效强化后最大强度 σ_b<600MPa,变形铝合金主要物理性能:密度 2.64~2.86g/cm^3;线膨胀系数(20~100℃时)为(19.6~24.2)×10^{-6}/℃;25℃时纯铝热导率为 217.7~226.1W/(m·℃),各种变形铝合金的为热导率为 117.2~163.3W/(m·℃);弹性模量 E 为 68600~70560MPa。变形铝合金在退火状态下,塑性好,塑性值(延伸率)在 20%以上,时效强化后塑性下降约 30%,延伸率约为 15% 。

铸造铝合金包括硅铝合金、铝铜合金、铝镁合金、铝锌合金等,应用最普遍的是硅铝合金。合金化元素的总含量大约 12%,该含量对应于铝合金相的共晶点,极适合铸造加工,主要合金化元素为硅、铜、镁、锰等,机械工程中应用最多的是硅铝铸造合金,合金中硅晶体相质硬耐磨。铸造铝合金物理性能:密度为 2.600~

2. 91g/cm^3;线膨胀系数(20~100℃时)为(18.9~24.7)×10^{-6}/℃;25℃时各种铸造铝合金的热导率为117.2~163.3W/(m·℃);弹性模量E为68600MPa。铸造铝合金塑性低,塑性值在4%以下。

铜合金也分为变形铜合金和铸造铜合金。各种变形铜合金:抗拉强度σ_b为235~598MPa(软态),σ_b为441~1373MPa(硬态);延伸率δ为20%~65%(软态)、2%~24%(硬态);断面收缩率ψ为30%~85%;软态硬度为53~160HB,硬态硬度为110~180HB;密度ρ为8.2~9.0g/cm^3;20~100℃时线膨涨系数为(13.7~22)×10^{-6}/℃;弹性模量E为96040~11720MPa。

各种铸造铜合金强度都不高,抗拉强度σ_b为150~650MPa,延伸率大多在20%以下。

2) 铝、铜合金的可切削加工性

铝合金硬度、强度低,切削刀具的强度和耐磨性都容易满足加工要求,且可以高速切削。需要特别考虑的是变形铝合金材料因塑性大、过低硬度、小的弹性模量使得在切削加工过程中切屑与刀具之间的黏结。对刀具的基本要求为切削刃锋利、刃口钝圆半径小、有大的正前角、较大的后角、刀具表面粗糙度低。

变形铝合金各种状态下的强度和硬度都不高,切削加工难度在于因较高的塑性而难于获得良好的表面质量。退火状态的变形铝合金,塑性值在20%以上,切削加工性较差。经时效强化后的变形铝合金,塑性降低,可切削加工性相对变好。

铸造铝合金塑性低,塑性值在4%以下,大多数的切削加工性较好。铝-硅系铸造铝合金铸造性能好、力学性能优良,是最重要也是应用最广泛的铸造铝合金,可切削加工性较好。由于其组织中含有硅晶体硬质相,可切削加工性与硅质量分数有关,硅质量分数越高,越容易磨损刀具,可切削加工性变差。

铜合金强度较高,相对切削加工性比铝合金略低,但大多数都很容易切削加工。

铝合金、铜合金切削加工时,无论是车削、铣削、钻削中的哪种切削加工类型,都要求刀具切削刃锋锐,具有大的正前角、较大的后角,刀具前、后刀面粗糙度值尽可能低,前刀面抗黏结,排屑流畅。图8-12为铝、铜合金切削刀具典型刃区形式。

金钢石、非涂层的和涂层的YG类硬质合金是适宜的刀具材料,可保证刃口锋利、耐磨料磨损。应用较多的是聚晶复合金刚石刀片PCD,可以获得比硬质合金刀具切削加工出更低的工件表面粗糙度、较高的尺寸精度,且粗糙度能够随切削速度提高而更趋降低,切削过程一般不用切削液。图8-13为铝、铜合金切削刀具。因铝、铜合金零件表面质量的特殊极高要求,需以更高速度、更精细的刀具刃口切削加工时,应选择天然或人造金刚石作刀具材料。铝合金、铜合金可切削加工性良好,相对可切削加工性$K_V>3$,硬质合金刀具即可实现高速精密切削,切削速度最高可达700m/min左右,PCD刀具的切削速度可达1000m/min以上。

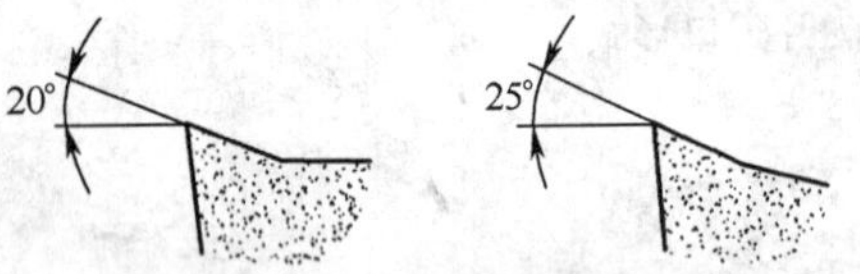

(a) (b)

图8-12 铝、铜合金切削刀具的典型刃口

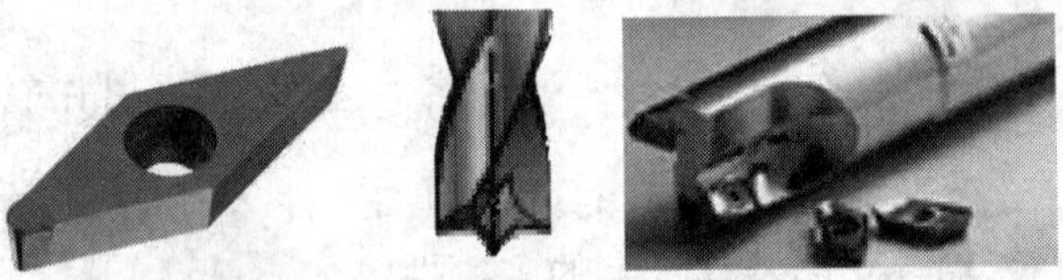

(a) PCD车削刀片 (b) 钻头 (c) 铝合金铣刀及刀片

图8-13 铝、铜合金切削刀具

5. N类非金属结构材料的可切削加工性

1) 非金属结构材料的性能

机械工业中常用的非金属结构材料主要有塑料和复合材料及碳素材料等。

非金属高硬耐磨材料为非金属元素物质,工程常用碳素零件、碳棒等,可做成导电结构件,主要用于导电场所。其传导的电功率往往很大,作为大功率电极时,与其相连的部位需紧密配合,防止间隙放电、发热及损伤导电体,其结合面需精密配合,一般要采用切削加工才能符合使用要求。

工程塑料种类繁多、应用广泛。塑料是可以在一定温度下塑制成形的化学合成物的总称,其中一部分能作为结构件和零部件,一般在低于80℃下使用,承载能力较低;耐磨受力件一般要求材料的抗拉强度大于58000Pa,使用条件可达120℃;耐高温结构件则用增强塑料,可在150℃以上使用。有些塑料由单纯的合成树脂构成,如有机玻璃等,但大多数塑料在合成树脂的基础上添加了填料和粘结剂,以提高性能。一般而言,填料具有耐磨或强韧的特性,如玻璃纤维、石棉、纤维布、石英和云母等。塑料的密度小(0.9~2.2 g/cm^3)、拉伸强度较小、热导率小(仅为钢的 1/175~1/450)、线膨胀系数大(金属材料的 3~11 倍),耐热性较差,连续耐热一般为 49~260℃。弹性模量 E 在 10MPa 以下。硬质塑料、改性塑料、增强塑料受拉延伸率较低,一般小于 10%;大部分塑料的延伸率很大,可达 50%~300%。

复合材料包括纤维强化塑料(FRP)、金属基复合材料。纤维强化塑料具有高比强度和高比刚度的树脂基复合材料,将高强度、高性能纤维与树脂基体经人工制成多相固体材料,抗拉强度可达高强度钢水平,密度比铝合金还小,比强度和比刚度在所有结构材料中最大,是尖端产品如航空器、航天器的关键材料,在汽车、化工、机械、船舶、运动器件等也获得广泛应用。常用增强纤维有高模量碳纤维、高模量玻璃纤维、芳纶纤维、硼纤维等。常用的强化塑料有玻璃纤维强化塑料(GFRP)、碳纤维强化塑料(CFRP)、方纶纤维(Kevlar 纤维)强化塑料(KFRP)。密度 $\rho<2g/cm^3$,抗拉强度 $\sigma_b>1000MPa$, 弹性模量 E 为 40~235 GPa,有较高耐热性。

金属基复合材料中最常应用的是铝基 SiC 陶瓷材料,金属基体为时效强化铝合金,强化相为 SiC 颗粒或晶须。

上述非金属结构材料的零件切削加工也较普遍,且各类非金属材料的可切削加工性差别较大。

2）非金属结构材料的可切削加工性

大多数热固性塑料零件都不具有塑性而是弹性固体,类似于脆性材料,切削加工时出现典型的崩碎切屑,在切屑形成时不存在塑性变形区或塑性变形很小,其切削过程与脆性材料相类似。切削加工热固性塑料时,细小粉尘状切屑应采用大功率吸尘装置进行有效处理。切削用量过大时,热固性塑料可能会因过热而焦化。

大多数热塑性塑料切屑形成过程与切削金属时相近似,形成带状切屑。热塑性塑料切削变形的另一特点是,变形速度与变形温度对其基本特性具有显著影响。高速切削时,塑料的切削变形很大。切削用量过大时,热塑性塑料可能会因过热熔化。

切削塑料时,主要热源来自于变形热,其次是高速切削下不可忽视的刀具后刀面与工件切削表面之间以及与已加工表面之间、前刀面与切屑之间的摩擦,应设计锋利的刀具刃口以减少切削热,避免工件过热。对刀具寿命产生影响的主要是磨料磨损,刀具材料的热硬性和强度不是刀具寿命的主要决定因素。因此,选择刀具材料时,以刀具抗机械磨损能力和能满足刃口锋利程度为原则,同时刀具材料本身热传导性要好。强化塑料,如玻璃布层压塑料,在切削时刀具的磨损比加工钢铁时更快,大批量和高效加工中,高速钢刀具几乎无法承担切削加工任务,需采用硬质合金、金刚石刀具或金刚石涂层刀具进行切削。

刀具应有较大的前角和后角,刃口钝圆半径小、锋锐,避免塑料工件表层出现崩落、斑痕。应采用较高的切削速度,减小或避免因低弹性模量易出现的回弹和不均匀表面质量问题。

纤维强化塑料 GFRP、CFRP、KFRP 等树脂基结构复合材料的切削加工过程既有与一般工程塑料加工的上述共同特点,又有强化纤维带来的特殊性,已加工表面上纤维弹性恢复及粉状粒状纤维材料会加剧刀具的后刀面磨损,刀具磨损严重,寿命降低。纤维与基体物理、力学性能的差异还使得已加工表面粗糙度不稳定,切削力显著变化。当纤维主要切断方式为拉断时,表面质量好,切削力大;当纤维切断方式主要为剪切时,表面质量差,切削力小。为了减小切削力和表面质量的波动,应优化刀具参数,提高切削刃锋利程度。

金属基复合材料如金属基陶瓷材料,实际中最常应用的是铝基陶瓷材料,切削加工时既有金属铝的切削特点,刃口易黏屑或形成积屑瘤,工件已加工表面出现撕裂鳞刺,同时又强化相的陶瓷颗粒或纤维经刀具刃口切断或挤压后的形态影响表面质量。

其他人工复合强化材料、碳素材料切削加工时,刀具磨损形式为后刀面磨损带和刃口变钝,刀具呈典型的磨料磨损。若工件材料强度低且各向异性,刀具刃口应保持锋利,才能获得较高的表面加工质量。

工业生产中,非金属结构材料切削加工方式以铣削、钻孔为主,大批量生产规模条件下,金刚石涂层的硬质合金刀具和 PCD 刀具是实现高效、高质量切削加工目的最佳选择,使刀具成本更经济的选择有 K 类硬质合金、PVD 涂层硬质合金刀具。不论何种刀具,切削刃几何参数应使刃口锋利、光滑,减小切削力,避免非均质材料分层、强化材料凸出表面、挤伤等质量问题,技术上采用如减小钻头的钻尖角、增大前角、密集的分屑槽等特殊设计。图 8－14 为钻削加工中易出现的质量缺陷及可避免钻孔质量缺陷的钻尖原理图，图 8－15 为具有特殊刃形和锋利刃口的复合材料切削刀具。

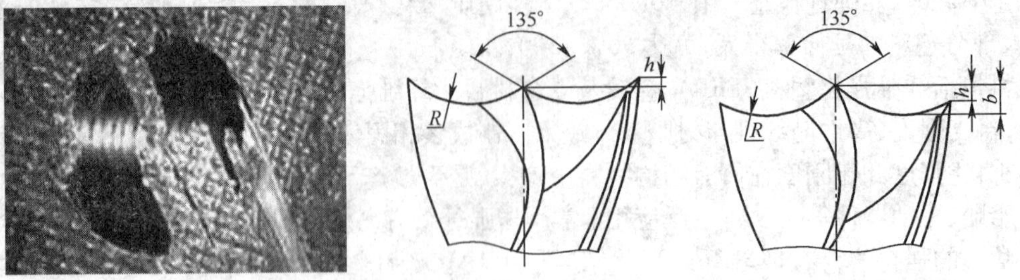

（a）复合材料钻孔中的质量缺陷　　（b）可避免钻孔质量缺陷的钻尖修磨形式

图 8－14　复合材料钻削加工特点

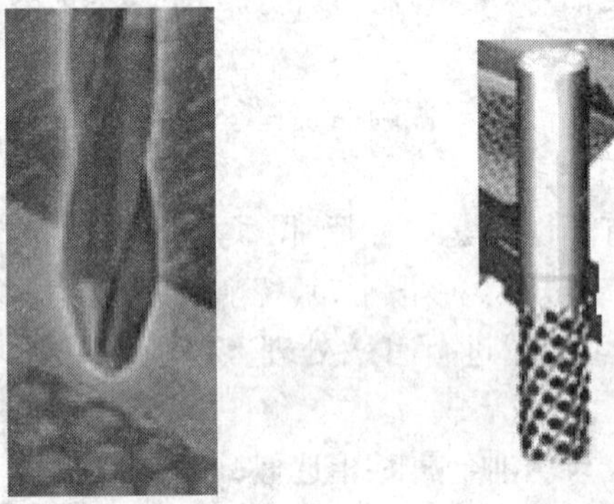

（a）金刚石涂层硬质合金钻头　　（b）带密集分屑槽的铣刀

图 8－15　具有特殊刃形和锋利刃口的复合材料切削刀具

6. S 类材料的可切削加工性

高温合金属是很难切削加工的材料，ISO 工程材料分类代号为 S 类，主要有高温合金类、钛合金类。

1）高温合金的性能

在一定高温下具有较好耐热性的合金称作高温合金。高温合金的耐热性能包括高温下的高强度和耐氧化、耐腐蚀性能。按基本元素成分，高温合金分为铁基高温合金、镍基高温合金、铁-镍基高温合金和钴基高温合金，除分别含有大量的铁、镍、钴等基本元素外，还含有铝、钛、铌、钡、钒、铬、钨、钼、锰等强化元素。

高温合金的耐热性是合金抗高温氧化能力和高温强度的综合性能，合金中加入足量的铬、硅、铝等元素，使合金在高温下与氧作用生成致密的高熔点氧化膜，保护合金免于高温气体的继续腐蚀；在合金中加入能提高合金再结晶温度的元素来提高高温强度，能提高再结晶温度的元素主要有铬、镍、钼、钒、钨、硅、钛等，通过上述合金化元素的加入提高合金高温性能。钨、钼起固熔强化作用；钒形成碳化物强化相 VC；钛、铝形成 Ni3Al 或 Ni3（Al，Ti）金属间化合物强化相。

铁基高温合金（耐热钢）中合金化元素总质量分数较低，保持抗高温氧化能力和足够高温强度所允许的工作温度一般在 700℃以下。铁-镍基高温合金含镍质量分数为 30%～45%，应用广泛。镍基高温合金镍质量分数 45%以上；钴基高温合金钴质量分数可达 50%以上，可耐 1000℃以上高温。

高温合金按成形方式分为变形高温合金和铸造高温合金两类，两类合金塑性值差别显著，变形高温合金塑性很大，而铸造高温合金塑性很低。高温合金在石油化工、能源、航空航天等行业应用较多，主要用作石化设备、热能设备、热流传输与交换、发动机等的高温零部件，燃气轮机涡轮盘、叶片是最典型的高温合金零件。

高温合金材料共同特性：较高质量分数的高熔点合金化元素，构成质量分数高、组织细密的固溶体组织，高镍质量分数合金或镍基合金中基体为奥氏体组织；部分合金元素形成金属间化合物组织，如碳化物、氮化物、硼化物及多相化合物，其中化合物 Ni3（Al，Ti）相的硬度随温度升高反而上升，各种高温合金中这种化合物质量分数各异，由变形高温合金中最低的约 4%至铸造高温合金中最高的约 67%。高的合金质量分数显然导致高温合金热导率都显著降低。

2）高温合金的可切削加工性

铁基高温合金在约 700℃，镍基、钴基高温合金在 700℃以上时，仍然保持足够的强度和硬度，加上奥氏体组织的高塑性和高韧性，这些特性使其可切削加工性降低，切削过程中，切削刃的强度可靠性降低，切削速度严重受限于切削高温，高温高压下刀具的黏结磨损、化学扩散磨损较严重，工件表面易出现形变硬化和析出硬化，使切削刃边界磨损，同时，提高高温性能的各合金元素形成的硬质相加速刀具磨损，高温合金低的热导率使上述不利于刀具寿命的切削过程进一步恶化。

合金中强化元素质量分数越高，可切削加工性越差。高温合金的相对切削加工性仅为 0.05~0.3，属很难切削材料。

高温合金的切削刀具应选用强度高、韧性好且热硬性好的刀具材料，复杂结构刀具采用高性能高速钢。此外，应尽量选用高性能 K 类涂层或不涂层硬质合金牌号、M 类涂层硬质合金牌号作刀具材料，细晶粒、超细晶粒 K 类硬质合金牌号是高温合金切削加工用刀具的首选材料，也可选用陶瓷或 PCBN 刀片，切削效率更高，PCBN 刀片用于非铁基合金切削加工，就刀具材料化学稳定性和高温性能而言，PCBN 是最适合于切削高温合金尤其是镍基高温合金的刀具材料，可承受 1200℃以上的切削温度；K 类非涂层硬质合金切削速度低但加工表面质量好，涂层刀具切削速度约 100m/min，PCBN 刀具切削速度可提高至涂层刀具的 3 倍左右。

选择有利于减小切削力和加工硬化程度、利于卷屑并减轻刀-屑摩擦的刀具几何参数及表面粗糙度，刀具切削刃应较锋利且强度可靠性高。图 8－16 为车削高温合金的刀具刃口示意图，图 8－17 为一切削高温合金的硬质合金涂层可转位刀片。只要工艺系统强度和刚性足够，用于高温合金加工的切削刃形应尽可能利于减薄切削层厚度，降低刀具刃区热负荷，提高切削速度，如波形刃、圆形刃等。图 8－18 为可切削高温合金的陶瓷圆刀片和 PCBN 圆刀片。使高温合金切削加工工艺系统的各环节的几何结构及尺寸达到强度和刚性最大化，提高切削的可靠性、稳定性；切削加工条件方面选取较低的切削速度和适宜的进给量，供给充分的冷却润滑液，如高压冷却。上述各项因素综合起来，保证一定的刀具寿命，减小加工硬化，达到切削效率和加工质量兼顾的目的。

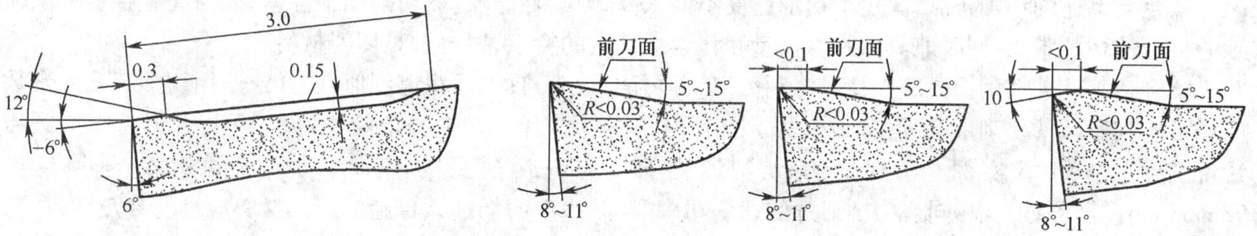

（a）车刀刃口　　（b）铣刀刃口

图 8－16　高温合金切削刀具的刃口形式

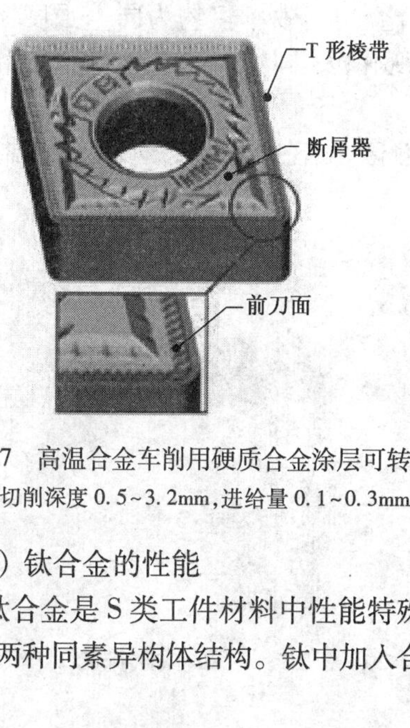

图 8－17　高温合金车削用硬质合金涂层可转位刀片

注：切削深度 0.5~3.2mm，进给量 0.1~0.3mm/r。

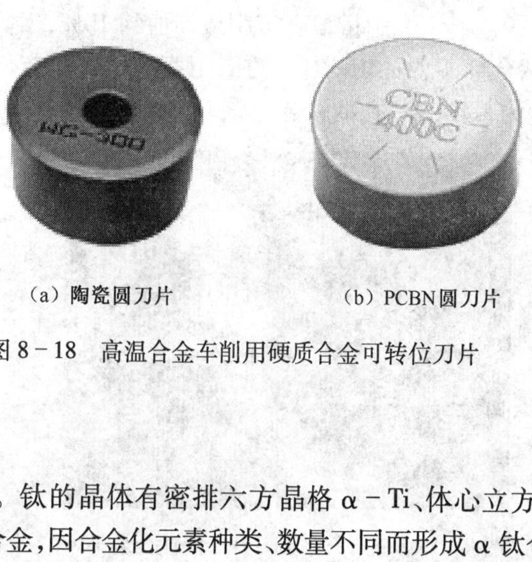

（a）陶瓷圆刀片　　（b）PCBN 圆刀片

图 8－18　高温合金车削用硬质合金可转位刀片

3）钛合金的性能

钛合金是 S 类工件材料中性能特殊的一类高温合金。钛的晶体有密排六方晶格 α－Ti、体心立方晶格 β－Ti两种同素异构体结构。钛中加入合金化元素形成钛合金，因合金化元素种类、数量不同而形成 α 钛合金、

β 钛合金和 α+β 钛合金三类,加入的元素常有 Al、Cu、Mo、Mn、V、Fe 等。

钛合金具有良好的综合物理力学性能,密度 $\rho<4.6\mathrm{g/cm^3}$,但比强度 σ 高,常用的 α+β 钛合金的强度 σ_b 为 1.03~1.2GPa,比强度为 23~27,而相同强度的合金钢比强度仅为 13~16。耐热性好,热强度高,工作温度可达 500℃,在 300~350℃温度下,钛合金的强度比铝合金高 10 倍。抗蚀性好,在海水及海洋大气中的抗蚀性很高,特别适合于一些特殊领域如航空等。化学活性大,能与大气中的氢、氧、氮等起化合作用,强烈吸收氢、氧、氮的起始温度分别为 300℃、500℃和 600℃,元素与钛合金表面作用后,形成 0.1~0.15mm 硬脆表层。钛的热导率约为镍的 1/4、铁的 1/5、铝的 1/16,各种钛合金的热导率更低,约为钛热导率的 1/2。钛的弹性模量 $E<110\mathrm{GPa}$,约为钢的 1/2,受力下弹性变形量大。目前,应用量最大的钛合金材料是 TC4(Ti6Al4V)。

4) 钛合金的可切削加工性

切削钛合金时,形成挤裂切屑,切屑变形系数小于 1,为 0.8~1.05。切屑与前刀面的接触长度很小,切屑呈挤裂节状,挤裂切屑背面出现深而宽的裂纹;钛合金切屑与前刀面接触处温度很高,切削区的高温引起 α-Ti 和 β-Ti 的变化、转化,使切屑组织发生变化;高温下,钛合金吸收大气中的氢、氧、氮等元素,被氢、氧、氮等气体饱和了的 α 相组织的切屑失去塑性,不出现一般的收缩。相变和环境气体的吸入是形成挤裂切屑的因素。

上述钛合金的切削机理,导致切削过程中刀具磨损特点,切屑因变形系数小沿前刀面的流出速度大于切削速度,与其他大多数金属材料的切屑流动相比,钛合金切屑沿刀具前刀面的摩擦更剧烈,前、后刀面上的最高温度处距切削刃较近,加之钛合金的热导率小,切削钛合金的热量和温度分布状况使刀具易于磨损。钛合金材料化学活性高,刀具易产生扩散磨损,刀具材料中的碳及环境中的氧、氮、氢等在切削高温下与钛合金作用形成氧化钛、氮化钛、氢化钛、碳化钛等硬质表面,加剧刀具磨损。

刀-屑较小的接触范围,刀具刃区应力大,刀尖或切削刃容易磨损甚至非正常损伤。

钛合金弹性模量小,后刀面与加工表面间的摩擦面增大,使刀具吃刀抗力和主切削力增大。

钛合金上述的切削特点,决定了切削速度不能太高、刀具寿命较低、切削加工性差,有与高温合金切削加工中常见的切削难点,同时兼具低弹性模量和化学活性大的特点,属典型难切削材料。

钛合金工件的切削刀具应保持较锋利刃口,尽可能减小刀具表面粗糙度值,设计或选用切削刃几何参数应尽可能利于减薄切削层厚度(如波形刃、锯齿形刃),增大刃倾角、主偏角等,图 8-19 为带锯齿刃口圆刀片铣削钛合金 TC6 实例。切削条件:切削速度 55m/min,切削宽度 40mm,切削深度 3mm,进给速度 98mm/min。据称:可比相同规格圆刀片的切削功率降低约 50%;切削钛合金的刀具材料应具有导热性好、与被加工的钛合金亲和力小等性能特点,高性能高速钢、K 类非涂层硬质合金、K 类及 M 类涂层硬质合金牌号为目前常用的刀具材料。

钛合金加工用量应采用较低切削速度和进给速度,常用的 TC4 合金切削效率仅约为同等强度钢材的 1/3,而且因如前述钛合金热物理特性,最佳的切削速度和切削层厚度变化范围非常小。据一些试验和实际生产经验,若切削用量偏离实用最佳值约 10%,刀具寿命将显著下降。

钛合金的各种切削加工方式下都应尽可能充分冷却润滑刀-屑接触区,减轻摩擦程度,降低切削温度,图 8-20 为带内冷却孔的钛合金铰刀。

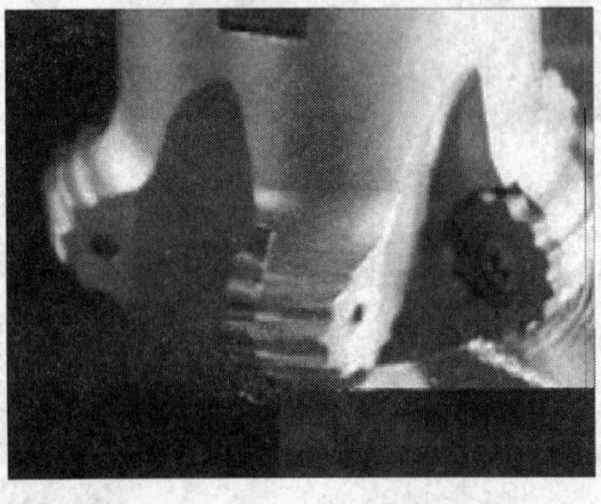

图 8-19 锯齿刃口圆刀片铣削钛合金 TC6

图 8-20 带内冷却孔的钛合金铰刀

7. H 类工件材料的可切削加工性

H 类工件材料主要指硬质难切削类材料，常用的有淬硬钢、冷硬铸铁及热喷涂材料，随着切削技术的发展，硬切削加工进入实际应用。

1）淬硬钢和喷焊涂层的性能

淬硬钢和喷焊涂层均是高硬度材料，用于高硬耐磨零件表面，传统的硬面加工方式较多的为磨削，部分为特种加工方式，如电加工等。随着加工需求和加工技术不断发展，加工方式也在变化，目前可用超细粒度的硬质合金及超硬刀具材料——陶瓷和 PCBN 刀具进行更经济地切削加工淬硬钢。

淬硬钢是一类较难加工的材料，经淬火+低温回火热处理，硬度高达 50~65HRC。主要包括普通中（高）含碳量淬火钢、淬火态模具钢、轴承钢、轧辊钢及高速钢等。钢淬火后，硬度、强度高，塑性和韧性显著降低，热传导系数低。热喷涂层是利用火焰、爆炸、电弧、等离子等热源将合金粉或含有其他高熔点硬质相的合金粉末加热至熔融状态，喷涂于工件表面，通过冶金结合方式牢固结合在一起，形成所需要的保护层。喷涂层具有耐高温、耐磨损、耐腐蚀、抗氧化等综合性能，合金喷涂层还有高硬度特性。合金粉末喷涂材料主要有镍基粉末、钴基粉末、铁基粉末等。硬度大于 50HRC 的高硬度喷涂层内存在着较多的弥散分布的硬质点（如碳化物、硼化物），使它们的耐磨性大大提高、耐高温性能良好，但导热性能降低。喷焊层与基体金属虽属冶金性结合，喷涂层在一定作用力（包括切削力）下可能局部剥落。

2）淬硬钢和喷焊涂层材料的可切削加工性

淬硬钢在切削时产生很大切削力，单位主切削力可高达 4GPa 以上，同时产生很高切削温度，刀-屑接触面短，切削力和切削热集中于刃口区域，使切削刃易磨损或崩刃。径向切削力大，工艺系统刚性不足时，易引起振动，这些特点使淬硬钢较难切削加工。但淬硬工件材料塑性小，延伸率小于 10%，冲击韧性较低，易断屑，可获得较高表面质量。

热喷涂层主要特点是高硬耐磨，其切削加工特点与淬硬钢加工相似，但由于含有硬质耐磨合金颗粒，热喷涂层导热率更低，允许的切削速度较切削淬硬钢时还要低，喷涂层的切削加工性更差。喷涂层内部硬质点的弥散分布均匀性以及微小气孔的存在等因素，使加工过程有振动与冲击，进一步降低了可切削加工性，对刀具的强度和韧性有更高的要求。

用于淬硬钢和喷焊涂层材料切削的刀具材料主要有聚晶立方氮化硼（PCBN）、复合陶瓷、硬质合金和涂层硬质合金等，刀具刃口一般应倒棱强化处理。

切削高硬度淬火钢及热喷涂层工件，首选 PCBN 刀具，切削速度高，加工质量好，切削加工效率显著高于磨削。

陶瓷刀具有良好的耐磨性和热化学稳定性，其硬度、韧性低于 PCBN，可用于加工硬度小于 50HRC 的零件。

比较而言，硬质合金刀具材料比立方氮化硼、复合陶瓷成本低，在切削余量较大时，宜用强度、韧性、耐磨性与高温性能综合性能优良的硬质合金牌号刀具，连续切削加工条件如车削等可采用金属陶瓷作为刀具材料。(Al，Ti)N、(Al，Ti，Si)N 等高性能涂层可进一步提高硬质合金刀具的切削能力。

淬硬钢及喷涂层等硬态切削一般采用干式切削，要求工艺系统具有高精度、高刚性等，刀具本身结构刚性高，如应用较多的硬铣削中，铣刀有别于普通铣刀。图 8－21 为硬铣削模腔与铣刀，图 8－22 为硬车削加工。因产生强大的切削力，切削层面积应较小，仅适用于精、轻加工切削用量和条件。

（a）　（b）

图 8－21　硬铣削模腔与铣刀

图 8－22　硬车削加工

8.6 改善材料可切削加工性的措施

8.6.1 改善工件材料可切削加工性的方法

调整材料元素组成,在保证性能满足要求的前提下,加入改善塑性、韧性、减摩的元素,可显著提高材料的切削加工性。在加入金属的合金化元素中,有些元素可使韧性降低,则可改变塑性较大的工件材料的切削加性。加入利于在合金中形成有润滑作用的金属或非金属类杂质物,可以减低切屑对刀具的摩擦作用,利于卷屑、断屑和排屑,使切削加工性得以改善,如S、Pb、Se、Bi、Ca、P等。也可加入促使在金属组织中形成石墨化组织的元素,使切削加工性改善,如Si、Al、Ni、Cu等能改善铸铁加工性。各类易切钢就是基于改善切削加工性,又能满足使用性能而生产的一类钢种,主要加入元素为S、P、Pb、Ca等。

S、P是钢中不可避免的杂质元素,一般要求其质量分数均小于0.045%。但一些使用条件下对性能要求不高,改善其可切削加工性成为主要矛盾,如:广泛应用的非调质机械结构钢,S质量分数提高至约0.06%工件材料,显著改善排屑;易切结构钢的S质量分数提高更多;塑性较高的不锈钢中通过提高S、P质量分数而成为易切不锈钢,表8-6为几种易切钢中S、P质量分数。

表8-6 易切钢中S、P质量分数

钢　类	w(C)/%	w(S)/%	w(P)/%	w(Ca)/%
非调质机械结构钢	约0.4	约0.06	≤0.035	
易切结构钢	约0.15	约0.25	~0.07	
	约0.4	约0.12	<0.06	
	约0.45	约0.06	<0.04	约0.004
易切奥氏体不锈钢		约0.15	<0.2	
易切铁素体不锈钢		约0.15	<0.0.06	
易切马氏体不锈钢		约0.15	<0.06	

注塑模具用钢是一种典型的通过加入易切元素改进可切削性而保证模具质量和使用效果的钢种。调质类注塑模具钢C质量分数中等,可以在正火态使用,切削加工性良好,但注塑件的表面质量差,所以实际使用多为调质状态35~40HRC,加入元素Ca、S等使模具在该硬度状态下切削加工性仍然良好,铣削加工后满足模具型腔表面质量要求;非调质类塑料模具钢同样加入Ca、S等易切元素,以使其在硬化状态下铣削加工出高质量型腔表面。研制新的高性能工件材料时,通过加入合金化元素充分考虑切削加工性,是冶金和机械设计制造两方面共同追求的目标。但显然这种目标较材料的性能要求而言,是从属和次要的,所以更重要的是应从切削加工技术和热处理工艺安排方面来解决切削加工难题。

通过适当的中间热处理方法,改变材料的硬度、塑性等,提高其切削加工性。热处理改变金属材料的组织和力学性能是改善可切削加工性的重要途径之一,同样成分的金属材料,当金相组织不同时,力学性能不同,加工性能就会有显著差异。为改善切削加工性而安排的热处理,目的是调整工件材料的硬度、强度和组织形态,使其以刀具寿命或加工质量等某一方面指标来衡量的可切削加工性显著改善,如高碳钢(碳质量分数在0.6%以上)珠光体球化退火处理降低硬度和强度、低碳钢(碳质量分数在0.25%以下)正火或不完全淬火处理提高硬度降低塑性等。改善切削加工性的热处理方式:正火、退火、调质、不完全淬火等。大多数黑色金属材料经这类热处理后,材质硬度达140~270HB。

正如前所述,评判工件材料可切削加工性的指标并不是唯一的,有时在满足切削加工效率的同时,工件经切削加工后所能达到的表面质量成为工序或产品要求的主要方面,切削表面质量则成为衡量该材料可切削加工性的重要指标。高碳钢经球化退火降低硬度后可切削加工性改善,切削效率和刀具寿命得以提高;但正火处理形成细片状珠光体使硬度有一定提高,更利于保证切削加工表面质量。低碳钢退火态的铁素体质量分数高、塑性大,可切削加工性差,表现为刀具黏结磨损、工件表面粗糙度差,应避免低碳钢在退火态下切削加工，而在热轧状态、高温正火状态或冷拔状态下可切削加工性明显改善；经不完全淬火形成碳质量分数偏低的马氏体与铁素体的混合组织，切削加工表面质量可以显著改善。

对一些特殊材料还可通过热处理渗入可逆元素改善切削加工性，加工完成后去除可逆元素，保持工件的原有性能。

在切削过程中，局部加热工件切削区域，使材料切削变形区的应力降低，切削力则相对降低，有利于提高刀具使用寿命，切削速度可提高。

切削过程中通过一定的强制冷却手段使刀具与工件保持低温状态，工件的力学性能向有利于切削加工的趋势变化，刀具则因低温环境使其切削性能更好，寿命提高。

使刀具和工件同时或者二者之一被磁化，切削过程中带磁切削，切削加工性可得到改善。

此外，超声振动切削也可改善切削加工性。

在所有这些仅是改善切削加工性的可供选用的方法中，除易切钢、塑料模具钢等对力学性能仅作一般要求的材料采用加入易切元素的方法，采用热处理调整材料组织的方法外，其他方法目前实际应用不多。更主要的解决途径应通过刀具及切削技术本身的发展、创新，提高切削加工效率和质量，解决难切削材料的切削加工，目前已取得了很多进展，并在持续地发展中。

8.6.2　优化切削条件提高可切削加工性

刀具对工件切削加工时，一系列物理过程随之发生，如切屑变形、切削力、切削热、刀具磨损、冷却润滑、工件表面的形成和质量状况等，这些过程受切削条件影响，优化切削条件使切削过程达到最优化状态是切削技术研究并力求达到的目标。优化主要包括：不断改进提高刀具材料性能；研究发展新的切削刀具材料；选用适宜于工件材质的刀具材料；优化刀具几何参数及切削条件。

在刀具材料及几何参数已经确定的情况下优化切削用量及其他切削条件，使刀具寿命、切削加工效率、加工表面质量等达到较优化效果。金属材料的切削过程都存在一最佳切削温度范围，优化切削速度以趋近最佳切削温度，使刀具相对磨损量较小，使用寿命较长。参照或采用专业切削数据库，刀具制造商提供的推荐切削条件是获得较佳切削条件的途径之一；实际生产应用中通过试切、调整、逐步优化也是常用的有效优化方法；一些耐高温材料的最佳切削温度范围较窄，切削速度和切削厚度这两个因素的变化对切削效果影响很敏感，应谨慎调整。对难加工材料进行一定的切削试验专门研究，甚至对一些新的特殊难切削高性能材料应进行切削机理、刀具材料等基础技术的研究，以指导切削条件的优化。

研究发展新的切削技术和相应刀具产品，以提高切削效率、降低切削温度、改善卷排屑、延长刀具寿命为目的，从改进切削加工的环境条件方面着手提高各种切削方式下的工件可切削加工性，比较直接的方法是有效冷却降温。为此，刀具、机床及其他设备制造者协同开发出油气混合的微量冷却润滑（MQL）技术及液体压力达到 7.5MPa 以上的高压冷却技术。传统的内冷却在较小的回转刀具中也得到了越来越多的应用，即使是难切削工件材料，在经充分有效冷却后，其切削效果也得到显著改善，提高了可切削加工性。图 8－23 为 MQL 润滑的切削刀具，图 8－24 为内冷却及高压冷却刀具。

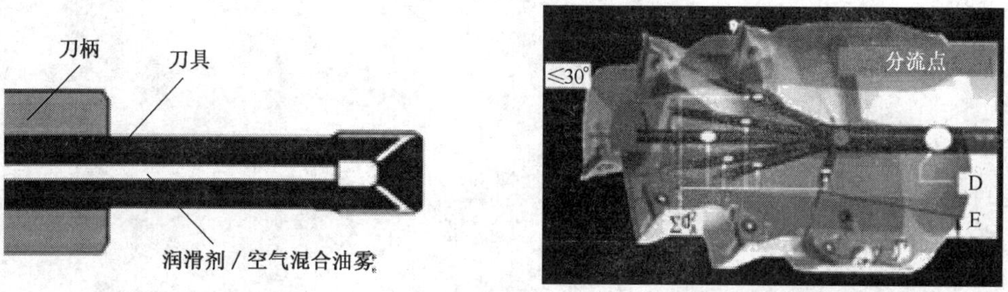

（a）MQL 润滑的孔加工刀具　（b）用于 MQL 加工的阶梯式镗刀

图 8－23　MQL 润滑的切削刀具

在工艺过程可行、经济合理的情况下可安排中间热处理，改善工件可切削加工性，切削加工去除大部分加工余量后，再进行保证工件性能的最终热处理，在工件难加工状态下，留下较少的加工余量进行精切加工。

图 8-24 内冷却及高压冷却刀具

参考文献

[1] 王先逵. 机械加工工艺手册[M],第1卷,工艺基础. 2版. 北京:机械工业出版社,2006.
[2] 赵炳桢. 刀具应用技术基础讲义[M]. 成都工具研究所、中国机械工业金属切削刀具技术协会,2011.
[3] 陈云,等. 现代金属切削刀具实用技术[M]. 北京:化学工业出版社,2008.
[4] 史美堂. 金属材料及热处理[M]. 上海:上海科学技术出版社,1981.
[5] 华南工学院,甘肃工业大学. 金属切削原理及刀具设计[M]. 上海:上海科学技术出版社,1983.
[6] 陈日耀. 金属切削原理[M]. 北京:机械工业出版社,2004.
[7] 艾兴,肖诗纲. 切削用量手册[M]. 北京:机械工业出版社,2002.
[8] 刘杰华,等. 金属切削与刀具实用技术[M],北京:国防工业出版社,2006.
[9] 徐灏. 新编机械设计师手册(上册)[M]. 北京:机械工业出版社,1995.
[10] 太原市金属切削刀具协会. 金属切削实用刀具技术[M]. 北京:机械工业出版社,2002.

第9章　切削数据库的应用

9.1　概　　述

9.1.1　切削数据库的作用和使用

切削技术领域是一项应用普遍、涉及面广的技术领域，约有70%的机械零件需通过切削加工而获得所需的精确、适用的尺寸和形状，尤其是复杂关键零件更要依靠切削加工来保证其获得良好的性能。因此，建立切削技术领域的科学数据库对优化切削加工很有必要。

科学的机械加工切削数据是提高切削加工效率、降低成本、提高质量和管理水平的一种有效措施，也是发展各种现代制造技术的基础，是公共制造数据库的重要组成部分。切削数据是制造业一项很重要的基础数据，建立一个我国切削技术领域科学数据中心，对于提高我国切削数据资源利用效率、提升我国制造技术水平和技术创新能力都有重大意义。更进一步地采用科学、优化、智能化的切削数据，还可以减少材料消耗、缩短加工时间、提高加工效率、降低成本、提高加工质量，从而节约了能源消耗、避免资源的无谓浪费。

切削数据是指导切削加工的一组工艺参数，直接关系着切削加工的效果。采用合理的切削数据，可以充分发挥切削机床和切削刀具的功能，尤其对于各种数控机床和加工中心来说，自动化加工的辅助时间已大大缩短，这样，在有效的加工时间内充分利用合理的或优化的切削数据，对提高整个加工系统的经济效益更为重要。

切削数据传统上通常依据切削手册、生产实践资料或切削试验来确定。切削手册上的数据来源最广泛，条理性一般较强，但针对性和准确性较差，通过查阅切削手册来获得数据，在信息量和方法的先进性上都非常不足；生产实践资料对具体应用企业而言，针对性较强，但数据太分散，缺乏规律性；通过切削试验获得的数据，最有针对性，但受试验条件等多方面的限制，数据量极为有限，而且试验条件与生产现场条件往往差别较大。

随着科学技术的发展，计算机在工程技术中的应用日益增多，20世纪60年代已开始利用计算机来筹建切削数据库，将切削加工中需用的数据和信息按一定规律储存在计算机中，可以根据需要调用、打印，也可以随时进行修改和增删。切削数据库的内容应包括切削用量推荐值，即根据加工条件，在不同的切削深度-进给量组合下，给出不同寿命下刀具的切削速度推荐值，并据此计算功率消耗。此外，还应列入工件与刀具材料的牌号、成分、性能以及机床的型号、性能参数等基础数据。由于计算机储存数据高度密集，占用空间小，并且可方便地修改、增删，所以凡是切削加工所需的数据，甚至切削试验的曲线图形及回归公式（如泰勒公式、切削力经验公式等）、数学模型等均可储存在数据库中，存储格式有多种方式可选择，如数据表格、图形、网页、文档等。

把从各种渠道获得的大量切削数据，通过优化、整合这些切削技术领域数据资源，将它们作为先进制造与自动化科学数据基础平台的一个重要组成部分，并跟踪国内外技术动态，开发大量新增数据资源，最终实现切削数据资源网上共享，使得广大的用户在进行设计、制定工艺及学习等场合时直接通过互联网平台就能方便快捷地查询到所需的切削数据，对全面提高切削加工水平发挥重要作用。

除了互联网平台外，开发切削数据查询软件是一个直接的使用方式。如在此基础上开发软件接口，与常用CAX软件和用户专用软件集成使用，可以扩大切削数据的使用范围，让切削数据在更广阔的领域得到应用。

另外,利用掌上电脑或其他类似小型电子词典等设备作为载体,将切削数据库嵌入其中,让用户方便快捷地查询需要的切削数据。这是多年前提出的一种应用方法,有待今后转化为现实。

当然,切削数据库的使用方法还有很多,需要不断地去研究和开发。

9.1.2 切削数据库的现状

工业发达国家如美国、德国、日本于20世纪60年代起,就先后建立了切削工艺数据库。虽然切削数据库的建立是一项基础技术工作,需要做大量的切削优化试验,其工作内容复杂、工作量大,一般需要几年或者更长时间,但各个国家都非常重视这个具有重要意义的基础技术建设工作。如:美国早在1964年就建立了可切削性资料中心CUTDATA,建立了切削加工数据库,大大提高了美国切削加工工艺水平;日本近来也建立了切削数据库,其资料量大、适用性好;而德国建立了大而全的综合性切削数据库。国外一些大型企业也非常重视切削资料的优化选用,并借助于数控加工切削用量计算工具、数控加工指导文件等推荐切削资料,获得良好的综合效益。

自第一个切削数据库诞生以来,世界各工业发达国家大都开发了各自的金属切削数据库。据不完全统计,迄今已有德国、美国、瑞典、英国、日本、挪威、比利时等12个国家建立了30多个金属切削数据库(表9-1),提供各种形式的信息服务。目前切削数据库中的数据来源于实验室、生产车间及文献,主要应用于车削、铣削、钻削及磨削。

表9-1 国外切削数据库调查情况

国家	数据库名称	数据库使用	切削数据来源	数据种类
比利时	CRIF	&mibrot;		车
法国	CETIM	o		车钻铣
德国	INFOS	o	S、P、L	车钻铣磨
日本	TRI	&mibrot;	S、P、L	车钻铣
挪威	SINTEF	&mibrot;		
英国	PERAM ACBANK	o		车钻铣
美国	CUTDATA	o	P、L	车钻铣磨
德国	SWS	o	S、P、L	车钻铣磨
以色列	TECHNION	o	P、L	车钻铣
印度	DATA MDC	o	S、P、L	车钻铣
瑞典	CRVEFCOROCUT	&mibrot;	S、P	车钻铣

注:&mibrot;—筹建中;o—投入使用;S—实验室采集;P—生产车间采集;L—文献资料采集

在已建立的切削数据库中,当属CUTDATA与INFOS最为著名。1964年,美国金属切削联合研究公司和美国空军材料实验所联合建立了美国空军可加工性数据中心(AFMDC)。该中心开发的CUTDATA切削数据库(图9-1)是世界上第一个金属切削数据库,该数据库包含大量的切削试验数据,并且经过多次更新,比较全面、可靠,可以为3750种以上的工件材料、22种加工方式及12种刀具材料提供切削参数。德国1971年建立了切削数据情报中心(INFOS)。该中心存储的材料可加工性信息达200多万个单数据,成为世界上存储信息最多、软件系统最完整和数据服务能力最强的切削数据库之一。

我国建立的切削数据库是从20世纪80年代开始的。目前,国内有成都工具研究所、南京航空航天大学、北京理工大学、西北工业大学、上海大学、山东大学、哈尔滨理工大学、天津大学、北京航空航天大学和上海交通大学等单位,在切削数据库方面开展了一些研究工作。

成都工具研究所在1987年建成了我国第一个试验性车削数据库TRN10,又于1988年从当时的联邦德

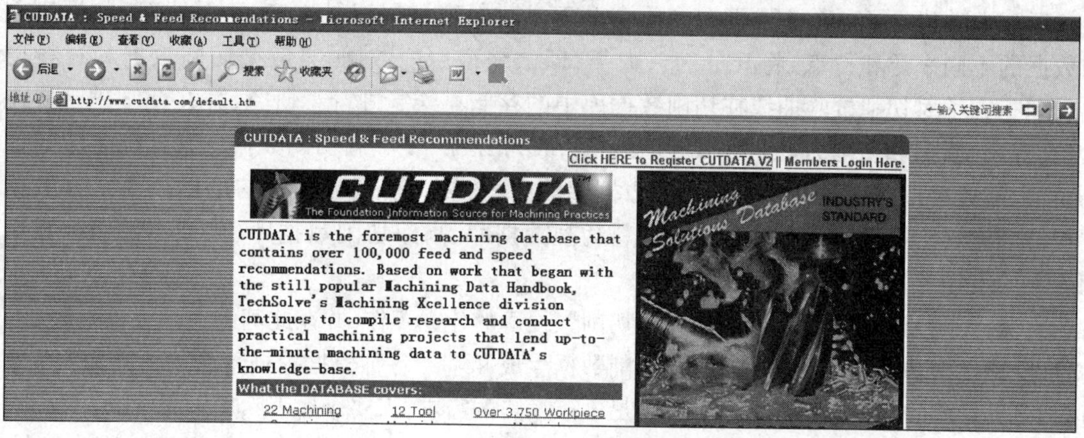

图 9-1　CUTDATA 切削数据库网页界面

国引进了 INFOS 车削数据库软件（在国内运行后，称为 ATRN90），并加以改进，向国内推出其修订版的 ATRN90E。随后又继续开发并推出了车削数据库软件 CTRN90V1.0。CTRN90 与原版 INFOS 比较，它改进、扩展了系统，增强了功能，增添了中国数据，应用了"可加工性材料组——切削材料副"的概念，实现了软件的汉语化和英语化。它在汉化的 VAX/CVMS 操作系统环境中运行，用户界面为人机对话方式，采用多层菜单驱动。软件本身规模约为 8MB，带有 11 个专用子程序库。采用了国内的机床、刀具和试验数据，同时也包含了部分国外数据。1991 年推出了 CTRN90V2.0，1992 年又推出了 CTRN90V3.0。在上述基础上，1998 年开发了在 Windows 环境下运行的数据库软件。2005 年开发了切削数据库网络版，现已升级到最新版，如图 9-2 所示。今后切削数据库的一个重要研究方向是当切削数据库中数据达到一定规模后，开展在现有数据基础上进行数据挖掘的工作，以寻求更多的切削数据资源。

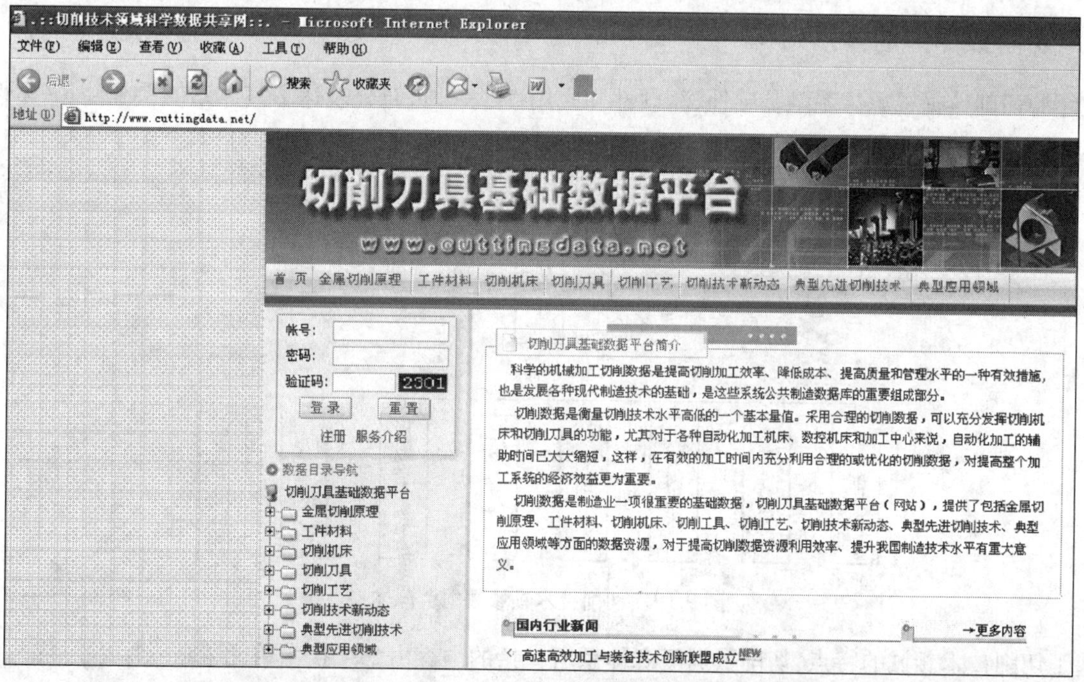

图 9-2　成都工具研究所开发的网络版金属切削数据库

南京航空航天大学是研究金属切削数据库比较早的高校，早在 1986 年，张幼桢就对建立金属切削数据库的若干问题进行了探讨，许洪昌等对金属切削数据库又进行了更深一步的研究，近年来，着重研究切削数据的优化和专家系统技术在切削数据库中的应用。1988 年，开发了一个专用切削数据库软件系统 NAIMDS，1991 年进一步开发了 KBMDBS 切削数据库系统。今后将从切削数据库的几个关键——系统性、可靠性、有效性和可持续性维护上做工作。

北京理工大学建立了一个主要面向硬质合金刀具材料和涂层刀具生产厂家的切削数据库系统。根据切削数据的不同来源和特点，将其分为三大类，即浓缩型切削数据、离散型切削数据和资料型切削数据。北京理工大学对切削试验曲线在切削数据库中的存储与绘制进行了研究，并在此基础上实现了刀具磨损、刀具寿命、断屑和切削力等6种试验曲线的存储和绘制，使金属切削数据库在功能上不仅能够存储数据，而且也能处理曲线。这对于丰富切削数据库的内容、扩大切削数据库的范围以及工程数据库的建立都有积极的意义。今后将着重向难加工材料切削数据库、高速切削数据库、典型零件切削数据库和工艺资源库方向发展。

山东大学、天津大学等开展了难加工材料切削数据库的建立工作，并在此基础上开展了高速切削技术数据库的建设，开发出基于实例推理的智能化切削数据生成和基于各种数据挖掘算法的智能数据生成技术研究。目前，刀具材料的具体应用参数还远远满足不了用户的需求，需要今后不断加以完善。

北京航空航天大学开展了含零件结构特征的进化型切削数据库的研究。哈尔滨理工大学针对切削数据库与CAD/CAE/CAPP的结合、切削数据库的网络化安全问题进行了研究。西北工业大学对基于考虑实际工况建立标准切削数据库面向工况映射方法进行研究。

除了各国均建立自己的切削数据库外，国际学术机构也开展了切削数据库的研究开发工作，如于1995年成立的国际生产工程学会(CIRP)切削加工模型研究小组，从事切削加工预报模型的研究，为机械制造业提供切削参数，自1998年开始邀请世界著名研究机构加盟其切削数据库的研究与建立。

切削数据库的建立带来的经济效益是非常可观的。在CUTDATA建库的初期，就为工业部门节约了1.6亿美元。INFOS可使单件生产时间下降10%，生产成本下降10%。德国的SWS经300多家企业应用，平均每年可节约工时15%~40%。据CIRP对切削数据库经济效益的调查表明，切削数据库可使加工成本下降10%以上。

9.1.3 切削数据库的体系结构

设计的切削数据资源体系融基础性、新颖性和应用性于一体，充分表达了其体系的系统性、完整性、科学性和实用性，如图9-3所示。

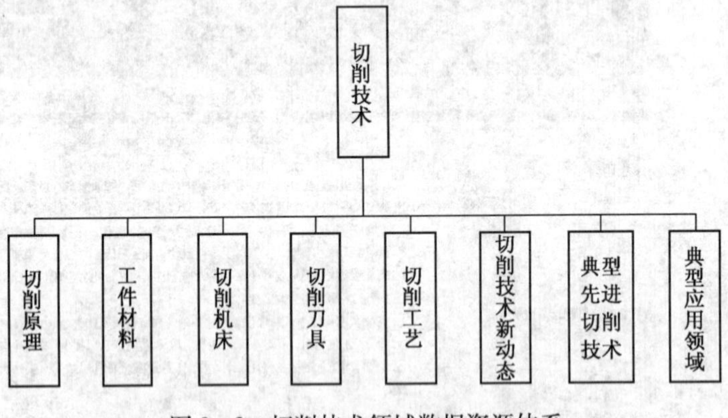

图9-3 切削技术领域数据资源体系

基于切削技术领域的特点，切削数据资源体系所包括的内容由3个技术单元组成：

(1) 基础技术单元(含切削原理、工件材料、切削机床、切削刀具和切削工艺)；

(2) 新技术发展单元(切削技术新动态和典型先进切削技术)；

(3) 典型应用例示单元(高效、精密、复合加工等在航空航天、汽车、模具等行业的应用)。

切削技术领域科学数据共享体系则涵盖切削技术研究和应用的各个领域，涉及了材料、工艺、方法、设备、标准、安全、设计制造等方面，既有基础理论研究数据，又有具体的切削方法与工艺参数实例，还给切削技术新发展方面的内容留有一定空间。

9.1.4　建立切削数据库的核心技术

切削数据库的建立包括体系结构设计和应用软件设计。切削数据库体系结构设计包括切削数据的采集、处理和评价，切削数据的建立，切削数据的优化，切削数据的输出和信息服务等功能。根据评价后切削数据的特征，可建立离散型切削数据库或浓缩型切削数据库。

离散型切削数据库的数据量十分庞大，涉及切削方式、工件材料、刀具材料及其几何参数与结构、切削参数、切削液和机床等相关数据，以存储检索的方式管理该类数据。在数据库概念结构设计中，首先建立切削数据的(实体-关系)模型，然后进行逻辑结构设计和物理结构设计。离散型切削数据库中与切削数据有关的影响因素一般用代码表示，切削数据库中的关键字由影响切削数据选择的各代码叠加而成。因此，各种切削方式的关键字是不相同的，必须分别建立其相应的子库，这就是切削数据库的分库技术。各子库既要考虑它能在总控程序下运行，又要保证它能独立运行，它采用模块式结构建立。数据库内部各影响因素的表之间应建立参照完整性，父表与子表之间具有约束关系，对表进行修改(记录的插入、更新或删除)时，计算机自动对相应的表进行操作，免去重复操作和由此可能引起的错误。

浓缩型切削数据库用于存储和管理各种切削数学模型的算式及其系数和指数、产生这些数学模型的切削加工条件等。

切削数据库的应用管理程序应能满足切削数据的输入、更新、删除、检索和输出等基本维护要求。程序设计语言应采用最新的可视化设计语言，如 Visual C++、C#及 Java 等。目前，多采用窗口菜单(下拉菜单或弹出菜单)显示技术，同时在程序编制中采用循环嵌套的办法，使系统具有相当的容错和纠错功能。为防止切削数据库系统被其他人员随便检索和修改，保证数据库的安全性，可对其访问过程进行级别控制，对入口进行用户认证，只有输入正确的用户名、密码及验证码才可拥有数据库的使用权。

切削数据可以根据数据类型灵活组织，采用相吻合的格式进行存储。如图文并茂的数据可用网页的方式进行组织，图形格式数据可用各种格式图片进行组织，纯数据格式可用数据表格进行组织，文字较多的数据可用各种格式文档进行组织等。

9.1.5　切削数据库存在的问题

建立切削数据库的根本目的主要是为生产实际服务，但已建立的切削数据库及工艺数据库付诸实用的还不多，分析其原因是多方面的：

(1) 企业对切削数据库的重视不够。

(2) 数据的信息量还不够多，且尚未解决与 CAD、CAPP、CAM 等软件系统的接口问题。

(3) 关键是现有切削数据库本身还存在一些问题。首先是切削数据的可靠性，由于数据的来源较多，有来自工厂的数据、实验室的数据，还有来自各种手册上的数据。这些数据应先经过严格的分析、处理和评估才行；否则，其应用效果必然不佳。同时，还有计算机软件的问题，软件功能的强弱对数据库中数据作用的发挥也是至关重要的，软件对数据库组织的好坏对切削数据的查询效率起到非常重要的作用。

(4) 切削数据是否能给生产带来效益，能否提高资源利用率、提高效率、降低成本等，即让制造作业通过对比分析可看到切削数据带来的实实在在的东西，也是切削数据能否得到广大用户认可的关键。

9.1.6　切削数据库的发展方向

当今计算机信息技术飞速发展，切削数据库的研究工作已全面拓展了其理念，即将计算机应用技术的最新成果与切削数据库技术结合全面渗透到工程应用的各个领域。由此产生了诸如切削仿真技术、切削数据集成化技术、切削数据智能化技术、切削数据优化技术和切削数据网络支持等技术。

随着机械加工技术向高速高效、精密、智能、复合、环保方向发展，特别是新型的难加工材料的不断开发和应用，对切削数据库的建立提出了更高的要求。不仅要求原有切削数据库自身的性能和规模要提高到一个新的台阶，而且需要切削数据库不断拓展其应用范围，在高速高效切削数据、精密加工切削数据、智能化切削数据、复合加工切削数据、绿色环保切削数据等方面有所创新，开发出适应现代制造技术的切削数据库产品，推动我国从制造大国向制造强国迈进，加快我国工具工程开发研究步伐，提升我国工具行业整体技术水平与装备，带动装备制造业健康快速发展，均具有重要的技术和经济意义。

9.2 通用切削数据库的建立和应用

通用切削数据库是金属切削数据库的基本型式和结构，全面地存储着切削技术、刀具及与切削加工相关领域的数据，包括金属切削基本原理、工件材料、切削刀具、切削用量、机床和加工实例等数据。这些数据以分散的或成组的形式供从事切削加工的科研人员、工程技术人员查询，并且还能通过内部的数据连接，根据被加工的工件材料和加工工艺要求查询适用的刀具材料、刀具几何参数和切削用量。与传统的从手册、资料、书籍中查询数据的方法相比，由于现代金属切削数据库是建立在计算机技术基础上的，有很好的人机界面和应用软件支撑，因此可以快速地对数据进行查询。此外，通过数据库系统管理软件可以对数据及时进行维护、补充或更新，始终保持数据的先进性。

但是，通用数据库仅仅作为一种新型的数据载体，在应用中还存在一定的局限性，其单纯的储存和查询功能还不能满足现代切削加工多样性和复杂性对数据优化的要求。

本章以成都工具研究所开发的切削数据库为例进行阐述。

9.2.1 金属切削原理性数据库的建立

在切削原理数据集合中，主要介绍切削过程的特点及切削运动、切削表面、切削基本要素的定义、切削力和切削功率、切削热和切削温度、金属切削基本术语、各种切削刀具（铰刀、铣刀、圆板牙、麻花钻等）的术语、计算方法及公式、一些切削要素的经典测量方法和实例。这部分的数据以文本形式居多，主要是获取切削加工常识性的知识，适用于切削专业的工程技术人员和大专院校师生对切削基础知识的了解和掌握，如图9－4所示。

这部分知识数据大多是以文字性知识为主，结合图形显示的表示方式，用计算机网页形式和 EXCEL 表描述这类切削知识数据是最好的方式。如切削运动描述成图 9－5 所示的网页形式。铰刀切削锥角描述成图 9－6 所示的 EXCEL 表形式。

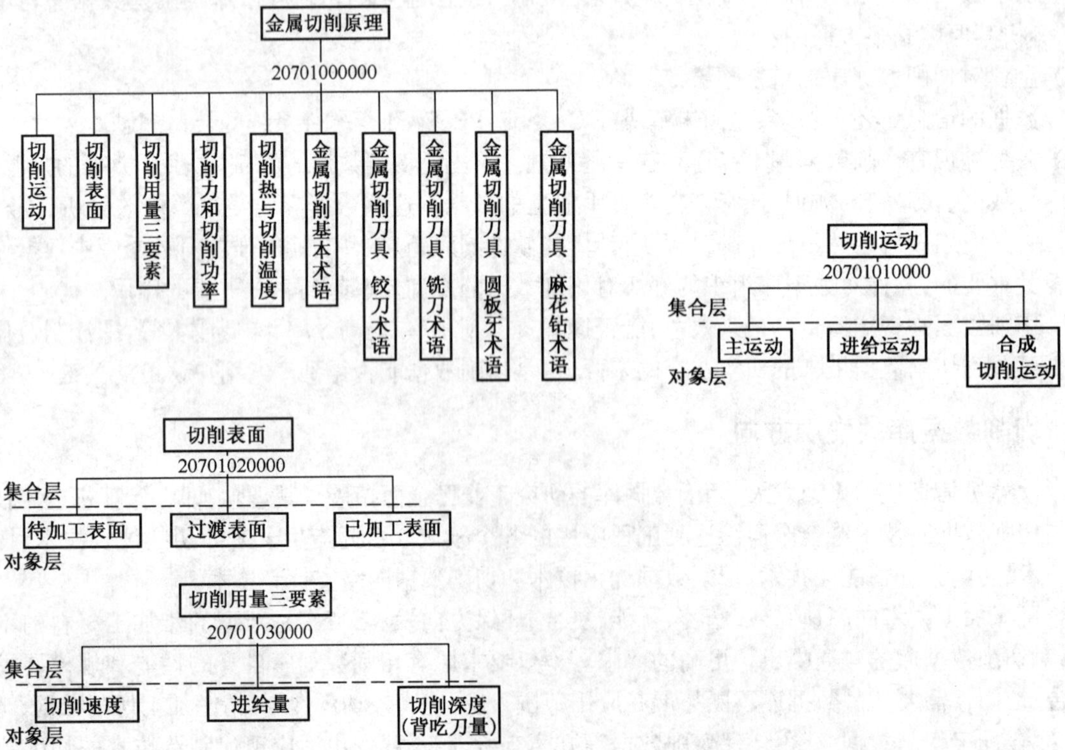

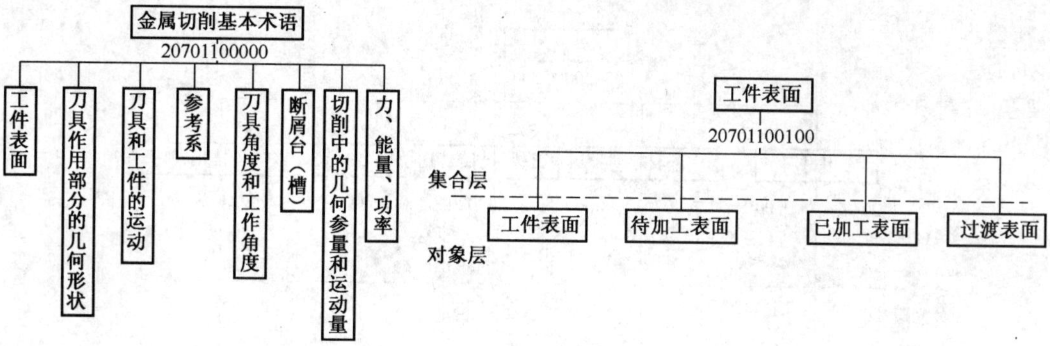

图9-4　切削原理数据集合

主运动

由机床或人力提供的主要运动，它促使刀具和工具之间产生相对运动，从而使刀具前面接近工件，以切除工件上多余金属的基本运动。这个运动速度最高，消耗功率最大。如车削中工件的旋转运动、外削中外头的旋转运动，刨削中的刀具的直线往复运动等。

主运动方向：是指切削刃选定点相对于工件的瞬时主运动方向。

主运动速度：也就是切削速度，是指切削刃选定点相对于工件主运动的瞬时速度，用 v_c 表示，单位为m/min(或m/s)。

注意：

(1) 主运动可为刀具，也可为工件；
(2) 主运动可是直线运动，也可旋转运动；
(3) 切削加工中，主运动只有一个。

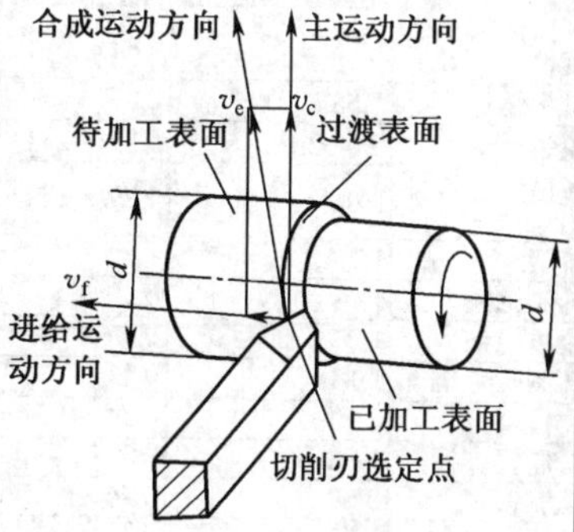

图9-5　网页形式的切削原理知识数据

金属切削刀具　铰刀术语
术　语：切削锥角
英文对应词：taper lead angle
定　义：在包含铰刀轴线和外转角的平面内，测得的轴线与主切削刃之间的夹角。

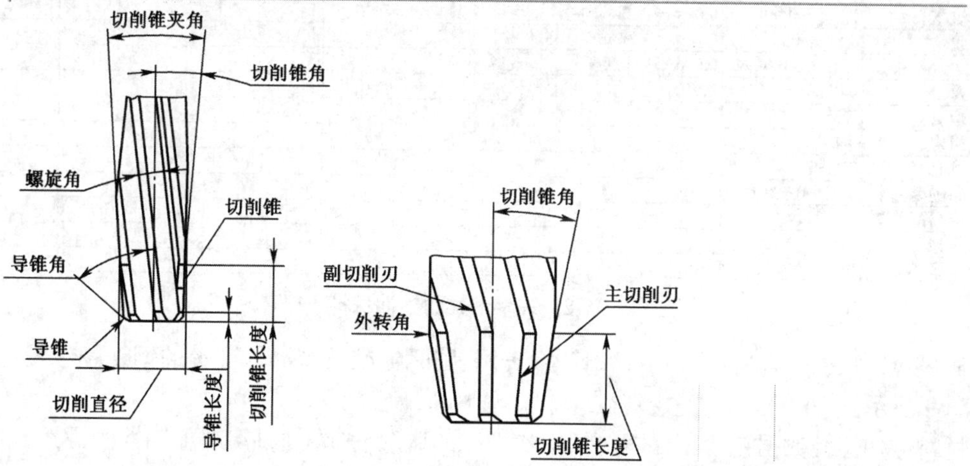

图9-6　EXCEL表形式的切削原理知识数据

9.2.2　工件材料数据库的建立

在工件材料数据集合中，从切削加工的角度来看，可以从数据库中获取各种常用材料的类别、代码、力学性能参数、主要特性及用途和可加工性等数据。适用于各科研院所及企业在切削加工和设计制造过程中进行参考，如图9-7所示。

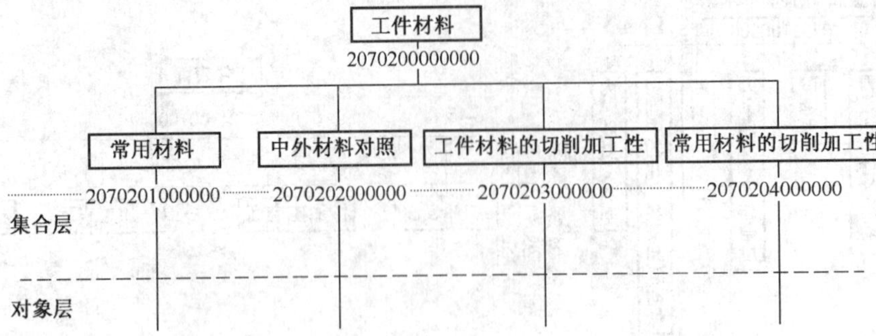

图 9-7 工件材料数据集合

常用材料数据大多以数据表格形式表示,如图 9-8 所示。

材料名称	弹性模量 /×10⁵MPa	剪切模量 /×10⁵MPa	泊松比	熔点/℃	线膨胀系数 (×10⁻⁶/K)	热导率 (W/(m·K))	比热容/ (J/(kg·K))
灰口铸铁/白口铸铁	1.13~1.57	0.45	0.23~0.27	1200	8.5~11.6	39.2	470
可锻铸铁	1.55	0.45				81.1/纯铁	455/ 纯铁
碳钢	2.0~2.1	0.79~0.81	0.25~0.28	1400~1500	11.3~13	49.8	465
镍铬钢、合金钢	2.06	0.79~0.81	0.25~0.3		11.5~14.5	15	460
铸钢	1.75		0.3			49.8	470
轧制纯铜	1.08	0.39	0.31~0.34	1083	17.5	398	386
冷拔纯铜	1.27	0.4~0.48		1083	17.5	407	418
轧制磷青铜	1.13	0.41	0.32~0.35		17.9	22.2镍青铜	410/镍青铜
冷拔黄铜	0.90~0.97	0.34~0.37	0.32~0.42	1083	18.8	106	377
轧制锰青铜	1.08	0.39	0.35			24.8锡青铜	343/锡青铜
轧制铝	0.69	0.26~0.27	0.32~0.36	658		238/纯铝	902/纯铝
铸铝青铜	1.03	0.41	0.3		17.9	56	420/
硬铝合金	0.7	0.27	0.3		23.6	162/硅铝	871/硅铝
轧制锌	0.82	0.31	0.27			121	388
铅	0.17	0.07	0.42	327		35	126
球墨铸铁	1.4~1.54	0.73~0.76					
玻璃	0.55	0.2~0.22	0.25		4~11.5		
混凝土	0.14~0. 23	0.049~0.157	0.1~0.18				
纵纹木材	0.098~0.12	0.005					
横纹木材	0.005~0.00	0.0044~0.0064					
橡胶	7.84E-05		0.47				
电木	0.0196~0.0294	0.0069~0.0206	0.35~0.38				
尼龙	0.0283	0.0101	0.4				
大理石	0.55						
花岗岩	0.48						
尼龙1010	0.0107						
夹布酚醛塑料	0.04~0.088						
石棉酚醛塑料	0.013						
高压聚乙烯	0.015~0.025						
低压聚乙烯	0.0049~0.0078						

图 9-8 表格形式的工件材料数据

中外材料对照数据包含中国、俄罗斯、日本、美国、国际标准及欧洲标准等的钢铁牌号表示方法及近似对照,如图 9-9 所示。

工件材料可加工性数据包含工件材料切削加工性的概念、影响材料切削加工性的因素、常用材料的切削加工性数据等,如图 9-10 所示。

9.2.3 切削机床数据库的建立

在切削机床数据集合中,搜集了国内各主要数控机床和加工中心制造厂家的机床有关参数信息,以文字和数据居多。适用于各科研院所及企业在加工设备的选用和设计制造过程中进行参考,如图 9-11 所示。

切削机床数据主要是机床产品名称、型号、机床各种尺寸参数、主轴参数、精度指标、电机参数、重量、包装箱尺寸、外形尺寸及生产厂家等信息。

中外钢铁材料牌号表示方法

中国国家标准(GB)表示方法

钢牌号表示方法

1.碳素结构钢牌号表示方法

按GB/T 700_2006标准牌号表示方法如下：

钢的牌号由代表屈服强度的字母“Q”、最低屈服强度值(MPa)、质量等级符号A、B、C、脱氧方法符号四个部分按顺序组成。

牌号Q235—D示例说明：

Q----钢的屈服强度的“屈”字汉语拼音字头。

235----最低屈服强度值为235MPa。

D----表示质量等级为D级。

有时牌号后面还要分别附加下列符号：

F—沸腾钢；Z—镇静钢；TZ—特殊镇静钢。

由于D级质量钢均为特殊镇静钢，故“TZ”符号可以省略。如Q235—D TZ可写为Q235—D。符号“Z”有时亦可省略。

2.优质碳素结构钢牌号表示方法

优质碳素结构钢是以万分之几碳的平均质量分数来表示，如45钢，碳的平均质量分数为万分之四十五，即0.45%。

含锰较高的优质碳素结构钢要标出Mn，例如45Mn。

3.低合金高强度结构钢牌号表示方法

GB/T 1591—1994标准中，钢牌号表示方法与GB/T 700—2006标准中的表示方法相山，并构

中国 GB/T3077 等	俄罗斯 Γ OCT4543	日本 JIS G4053等	美国 ASTM A29/A29M等	国际标准 ISO 683/18 等	欧洲标准 EN10267等
20Mn2	20Γ	SMn420		22Mn6	22Mn5
30Mn2	30Γ2	SMn433		28Mn6	22Mn6
35Mn2	30Γ2	SMn433		36Mn6	-
40Mn2	40Γ2	SMn438		42Mn6	-
45Mn2	45Γ2	SMn443		42Mn6	-
50Mn2	50Γ2	-		-	-
20MnV	18Γ2 ϕ π c	-	Gr ade A	19MnVS6	19MnVS6
27SiMn	27ΓC	-	-	-	-
35SiMn	35ΓC	-	-	-	38Si7
42SiMn	-	-	-	-	46Si7
20SiMn2MoV	-	-	-	-	-
25SiMn2MoV	-	-	-	-	-
37SiMn2MoV	-	-	-	-	-
40B	-	SWRCHB237	50B44	-	38MnB5
45B	-	-	50B45	-	-
50B	-	-	50B50	-	-
40MnB	-	SWRCHB237	50B44	-	38MnB5
45MnB	-	-	81B45	-	38MnB5
20MnMoB	-	-	94B17	-	-
15MnVB	-	-	-	-	-
20MnVB	-	-	-	-	-
40MnVB	-	-	-	-	-
20MnVB	20X Γ HTP	-	-		-
25MnTiBRE	-	-	-	-	-
15Gr	15X	SGr415		20Gr4	17Gr3
15GrA	15XA	SGr415		20Gr4	17Gr3
20Gr	20X	SGr420		20Gr4	17Gr3
30Gr	30X	SGr430		20Gr4	34Gr4
35Gr	35X	SGr435		37Gr4	37Gr4
40Gr	40X	SGr440		41Gr4	41Gr4
45Gr	45X	SGr445		41Gr4	41Gr4
50Gr	50X	SGr445		-	55Gr4
38GrSi	38XC			-	-

图 9－9　中外材料表示方法及材料对照信息

工件材料的切削加工性

工件材料切削加工性的概念和衡量指标

工件材料切削加工性是指在一定切削条件下，对工件材料进行切削加工的难易程度。由于切削加工的具体情况和要求不同，材料的切削加工性有不山内容和含义，比如：粗加工时要求刀具和磨损慢和加工生产率高；而在精加工时，则要求工件有高的加工精度和较小的表面粗糙度，这两种情况下所指的切削加工难易程度是不相山的，因此切削加工性是一个相对的概念。

一般把切削加工性的衡量指示归纳为以下几个方面：

1)以加工质量衡量切削加工性　一般零件的精加工，以表面粗糙度衡量切削加工性，在相山切削条件下，易获得很小的表面粗糙度值的工件材料，其切削加工性高。

对一些特殊精密零件以及有特殊要求的零件，则以已加工表南变质野的深度、残余应力和硬化程度来衡量其切削加工性。因为变质野的深度、残余应力和硬化程度对零件尺寸和形状和稳定性以及导磁、导电的抗蠕变等性能有很多工的影响。

2)以刀具寿命衡量切削加工性　以刀具寿命来衡量切削加工性，这是比较通用的，其中包括：

①在保证相同刀具寿命的前提下，考察切削这处工件材料扬允许的最大切削速度的高低。

②在保证相同的切削条件下，看切削这种工件材料时刀具寿命数值的大小。

③在相同的切削条件下，看保证切削这种工件材料时达到刀具磨钝标准时所切除的金属体积的多少。

常用衡量切削加工性的指标：在相同刀具寿命的前提下，切削这种工件材料所允许的切削速度，以V_T表示。它的含义是：当刀具寿命为T(min或s)时，切削该种工件材料所允许的切削速度值。V_T越高，则工件材料的切削加工性越好。一般情况下可取T=60min；对于一些难切削材料，可取T=30min或 T=15min。对于相夹可转位刀具，T可以取得更小一些。如果取T＝60min，则V_T可以写为V_{60}。

3)以单位切削力衡量加工性　在机床动力不足或机床–夹具–刀具–工件系统刚性不足时，常用这种衡量指标。

4)以断屑性能衡量切削加工性　在对工件材料断屑性能要求很高的机床，如自动机床，组合机床及自动线上进行切削工时，或者对断屑性能要求很高的工序，如深孔钻削、盲孔镗削工序等，应采用这种衡量指标。

综上所述，同一种工件材料很难在各种衡量指标中同时获得良好的评价。因此，在生产实践中，常采用某一种衡量指标来评价工件材料的切削加工性。

生产中通常使用相对加工性来衡量工件材料的切削加工性。所谓相对加工性是以强度σ_b=0637GPa的45钢的V_{60}作为基准，写作（V_{60}），其他被切削的工件材料的V_{60}与这相比的数值，记作k_V，即相对加工性：

$k_V=V_{60}/(V_{60})_j$

影响因素	说明
工件材料硬度	材料硬度愈高，切削与刀具前刀面的接触长度愈小，切削力与切削热集中于刀尖附近使切削温度增高，磨损加剧。 工件材料的高温硬度高时，刀具材料与工件材料的硬度比下降，可切削性很低，切削高温合金即属此种情况。材料加工硬化倾向大，可切削性也差。工件材料中含硬质点(SiO2,A1203等)时，对刀具的擦伤性大，可切削性降低。材料的加工硬化性能越高，切削的切削加工性越差，因为材料加工硬化性能提高，切削力和切削温度增加，刀具被硬化的切屑划伤和产生边界磨损的可能性加工，刀具磨损加剧。
工件材料强度	工件材料强度包括常温强度和高温强度。 工件材料的强度愈高，切削力就愈大，切削功率随之增大，切削温度随之增高，刀具磨损增大。所以在一般情况下，切削加工性随工件材料强度的提高而降低。 合金钢和不锈钢的常温强度与碳素钢相差不大，但高温强度切比较大，所以合金钢和不锈钢的切削加工性低于碳素钢。
工件材料的塑性与韧性	工件材料的塑性以伸长率 δ 表示，伸长率 δ 愈大，则塑性愈大。强度相同时，伸长率愈大，则塑性变形的区域也随之扩大，因而塑性变形所消耗的功也愈大。 塑性大的材料在塑性变形时因塑性变形区增大而使得塑性变形功增大；韧性大的材料在塑性变形时，塑性区域可能大增大，但吸收的塑性变形功却增大。因此塑性和韧性增大，都导致山一后果，即塑性变形功增大山，尽管原因不同。 同类材料，强度相山时，塑性大的材料切削力较大，切削温度也较高，易与刀具发生粘结，因而刀具的磨损大，已加工表面也粗糙。所以工件材料的塑性愈大，A的切削加工性能愈低。有时为了改善高塑性材料的切削加工性，可通过硬化或热处理来降低塑性(如进行冷拔等塑性加工使之硬化)。 但塑性太低时，切屑与前刀面的接触长度缩短太多，使切屑负荷(切削力切削热)都集中在刀刃附近，将促使刀具的磨损加剧。由此可知，塑性过大或过小灰使切削工加性不降。 材料的韧性对切削加工生的影响与塑性相似。韧性对断屑影响比较明显，其他条件机同时，材料的韧性愈高，断屑愈困难。
工件材料的热导率	在一般情况下，热导率高的材料，它们的切削加工性能比较高；而热导率低的材料，切肖加工性能低。但热导率高的工件材料，在加工过程中温升较高，这对控制加工尺寸造成一定困难，所以应加以注意。

种类	牌号	切削性对比	备注
铜	Cu	0.18	-
加工黄铜	H96、H90	0.20	-
加工黄铜	H80、H70	0.30	-
加工黄铜	H62、H59	0.35	-
加工黄铜	HAl77-2	0.30	-
加工黄铜	HFe59-1-1	0.25	-
加工黄铜	HMn58-2	0.22	-
加工黄铜	HSn70-1 HSn60-1	0.40	-
加工黄铜	HPb63-3	1.00	-
加工黄铜	HPb59-1	0.80	-
加工黄铜	ZHSi80-3-3	0.50	-
加工黄铜	ZHAl66-6-3-2	0.25	-
加工黄铜	ZHAl67-2.5	0.30	-
加工黄铜	ZHPb59-1	0.80	-
加工黄铜	ZHMn58-2-2	0.60	-
铸造青铜	ZQSn10-1	0.40	-
铸造青铜	ZQSn10-2	0.55(0.50)	括号外为砂型铸造，括号内为硬模铸造。
加工青铜	QSn4-0.3	0.25(0.20)	括号外为软状态，括号内为硬状态。
加工青铜	QSn4-3	0.30	-
加工青铜	QSn4-4-2.5	0.90(0.8)	括号外为软状态，括号内为硬状态。
加工青铜	QAl5、QAl7、QA9-2、QAl10-4-2、	0.20	-
加工青铜	QAl10-3-1.5	0.29	-
加工青铜	QMn5	0.15	-
加工青铜	QSi3-1	0.30	-
加工青铜	QBe2	0.10	-
加工青铜	QCr0.5	0.08	-

图 9-10 工件材料可加工性数据

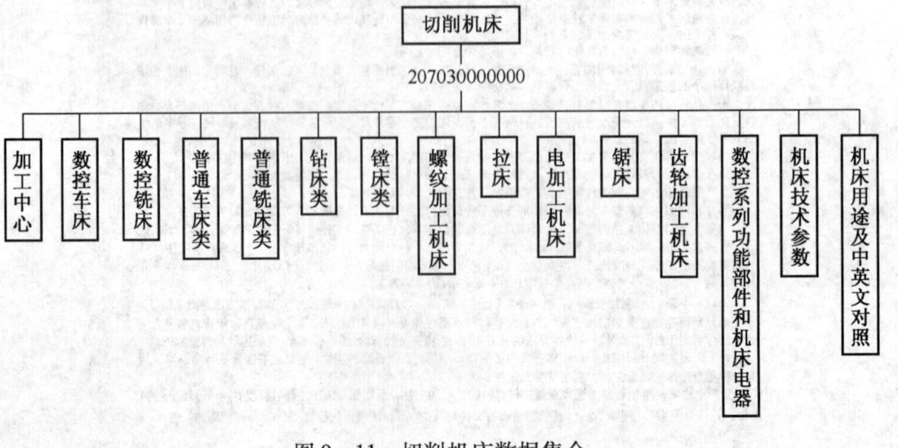

图 9-11 切削机床数据集合

9.2.4　切削刀具数据库的建立

在切削刀具数据集合中，主要搜集了各种刀具基体材料的牌号、代码、物理化学性能、适用范围等参数，刀具结构参数、刀具表面改性、各种刀具类型及工具系统等的参数数据，适用于各科研院所及企业在刀具选用和设计制造过程中进行参考，如图 9－12 所示。

刀具基体材料含有高速钢、硬质合金、陶瓷、金刚石、立方氮化硼等常用切削刀具基体材料数据信息。

刀具结构参数包含车刀、镗刀、麻花钻、铰刀、铣刀等的几何角度参数。图 9－13 为面铣刀几何角度数据（图中角度单位为(°)）。

刀具表面改性数据主要收集物理气相沉积、化学气相沉积和盐浴复合处理的知识数据，如图 9－14 所示。

刀具类型主要收集各个厂家的各种刀具的具体参数数据信息，供选择刀具时参考。图 9－15 为上海量具刃具厂全磨制立铣刀的参数数据。

工具系统主要是 7 : 24 圆锥柄和 HSK 带法兰接触面的空心圆锥接口的尺寸和技术条件等信息数据，如图 9－16 所示。

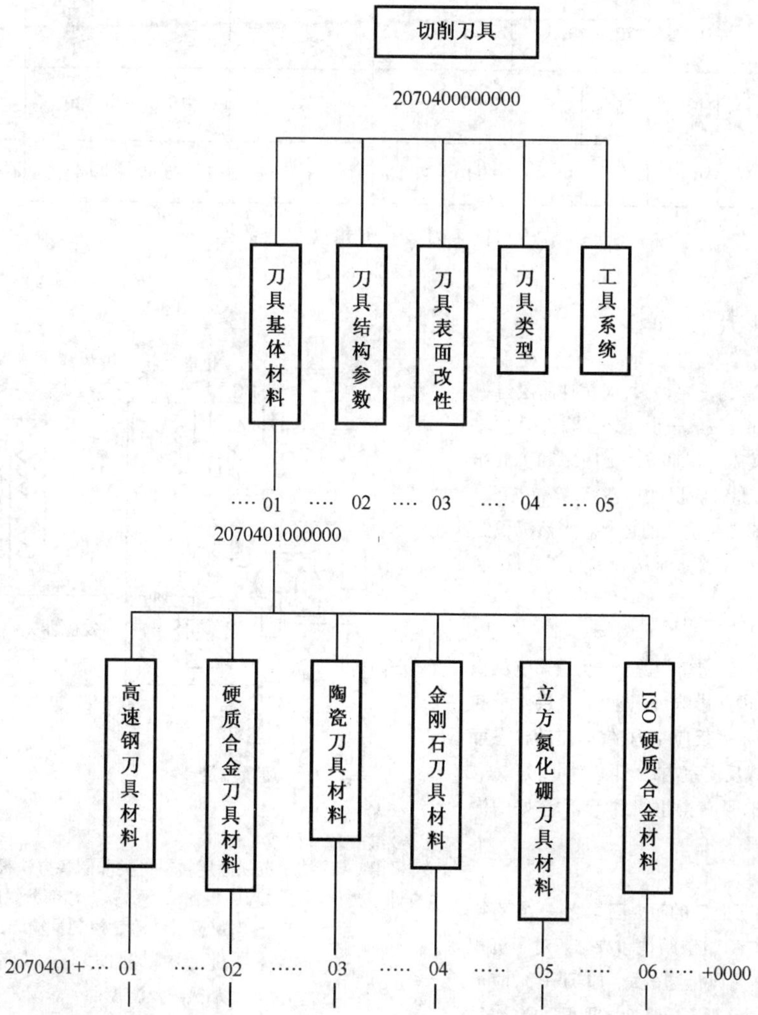

图 9－12　切削刀具数据集合

工件材料可加工性代码	大类	小类	硬度标准	硬度范围（低值）	硬度范围（高值）	高速钢面铣刀轴向前角/(°)	高速钢面铣刀径向前角/(°)	可转位的硬质合金面铣刀轴向前角/(°)	可转位的硬质合金面铣刀径向前角/(°)	焊接的硬质合金面铣刀轴向前角/(°)	焊接的硬质合金面铣刀径向前角/(°)	导角/(°)	副偏角/(°)	轴向后角/(°)	径向后角/(°)
01	易切削碳钢	–	HB	85	270	10～15	10～15	5～7	-5～-14	0～-7	0～-7	30	5～10	5～7	3～7
01	易切削碳钢	–	HB	270	325	10～15	10～15	-4～-8	-3～-11	0～-7	0～-7	30	5～10	5～7	3～7
01	易切削碳钢	–	HB	325	425	10～12	10～12	-4～-8	-3～-11	0～-10	0～-10	30	5～10	5～7	3～7
01	易切削碳钢	–	HRC	43	50	5～10	5～10	-4～-8	-3～-11	-5～-15	-5～-15	45	4～7	5～7	3～7
01	易切削碳钢	–	HRC	50	56	–	–	-4～-8	-3～-11	-5～-15	-5～-15	45	4～7	8	8
02	碳钢，锻轧	–	HB	85	270	10～15	10～15	5～7	-5～-14	0～-7	0～-7	30	5～10	5～7	3～7
02	碳钢，锻轧	–	HB	270	325	10～15	10～15	-4～-8	-3～-11	0～-7	0～-7	30	5～10	5～7	3～7
02	碳钢，锻轧	–	HB	325	425	10～12	10～12	-4～-8	-3～-11	0～-10	0～-10	30	5～10	5～7	3～7
02	碳钢，锻轧	–	HRC	43	50	5～10	5～10	-4～-8	-3～-11	-5～-15	-5～-15	45	4～7	5～7	3～7
02	碳钢，锻轧	–	HRC	50	56	–	–	-4～-8	-3～-11	-5～-15	-5～-15	45	4～7	8	8
04	易切削合金钢和锻轧	–	HB	85	270	10～15	10～15	5～7	-5～-14	0～-7	0～-7	30	5～10	5～7	3～7
04	易切削合金钢和锻轧	–	HB	270	325	10～15	10～15	-4～-8	-3～-11	0～-7	0～-7	30	5～10	5～7	3～7
04	易切削合金钢和锻轧	–	HB	325	425	10～12	10～12	-4～-8	-3～-11	0～-10	0～-10	30	5～10	5～7	3～7
04	易切削合金钢和锻轧	–	HRC	43	50	5～10	5～10	-4～-8	-3～-11	-5～-15	-5～-15	45	4～7	5～7	3～7

图 9－13 刀具几何角度参数数据

化学气相沉积涂层质量影响因素

沉积温度

沉积温度是影响涂层质量的重要因素，而每种涂层材料都有自己最佳的沉积温度范围，一般来说，温度越高，CVD 化学反应速度加快，气体分子或原子在基体表面吸附和扩散作用加强，故沉积渣率也越快，此时涂层致密性好，结晶完美。但过高的沉积温度，也会造成晶粒粗大的现象。当然沉积温度过低，会使反应不完全，产生不稳定结构和中间产物，涂层和基体结合强度大幅度下降。

沉积室压力

沉积室压力与化学反应过程密切相关。压力会影响沉积室内热量、质量及动量传输，因此影响沉积速率、涂层质量和涂层厚度的均匀性。在常压水平反应室内，气体流动状态可以认为是层流，而在负压立式反应室内，由于气体扩散增强，反应生成物质气能尽快排出，可获得组织致密、质量好的涂层，更适合大批量生产。

反应气体分压（配比）

反应气体分压是决定涂层质量的重要因素之一，它直接影响涂层生核、生长、沉积速率、组织结构和成分。对于沉积碳化物、氮化物涂层，通入金属卤化物的量（如 $TiCl_4$），应适当高于化学当量计算值，这对获得高质量涂层是很重要的，具体各反应气体分压最终应通过工艺试验来确定。

化学气相沉积装置

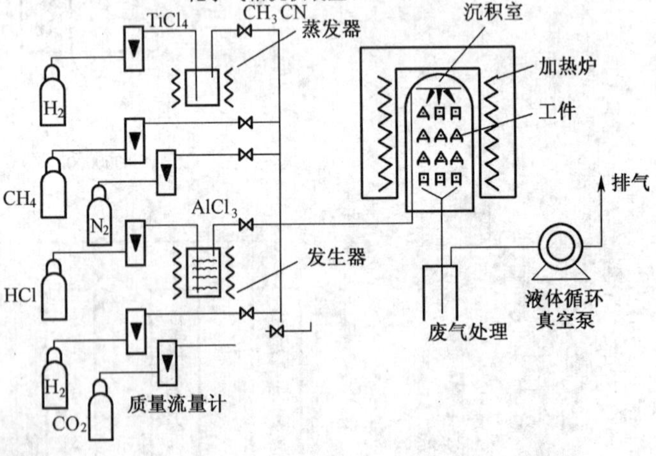

CVD 装置基本构成

采用 CVD 技术沉积涂层材料种类和制备方法很多，因此 CVD 装置也有许多类型。负压 CVD 装置主要由以下几部分组成：

1. 反应气体流量控制及输送；
2. 金属卤化特（$TiCl_4$、$AlCl_3$等）蒸发、制取及输送，
3. 加热炉及温控；

图 9－14 刀具表面改性知识数据

刃部直径 /（mm/ 英寸）	柄部直径 /（mm/ 英寸）	刃部长度 /（mm/ 英寸）	全长 /（mm/ 英寸）	编号
3	4	8	40	101-001
4	4	11	43	101-002
5	5	13	47	101-003
6	6	13	57	101-004
7	8	16	60	101-005
8	8	19	63	101-006
9	10	19	69	101-007
10	10	22	72	101-008
11	12	22	79	101-009
12	12	26	83	101-010
14	12	26	83	101-011
16	16	32	92	101-012
18	16	32	92	101-013
20	20	38	104	101-014
22	20	38	104	101-015
25	25	45	121	101-016
1/8	3/8	3/8	25/16	102-017
3/16	3/8	1/2	2 3/8	102-018
1/4	3/8	5/8	27/16	102-019
5/16	3/8	3/4	2 1/2	102-020
3/8	3/8	3/4	2 1/2	102-021
7/16	3/8	1	211/16	102-022
1/2	1/2	1 1/4	3 1/4	102-023
9/16	1/2	1 3/8	3 3/8	102-024
5/8	5/8	1 5/8	3 3/4	102-025
11/16	5/8	1 5/8	3 3/4	102-026
3/4	3/4	1 5/8	3 7/8	102-027
7/8	7/8	1 7/8	4 1/8	102-028
1	1	2	4 1/2	102-029

图 9-15　刀具类型参数数据

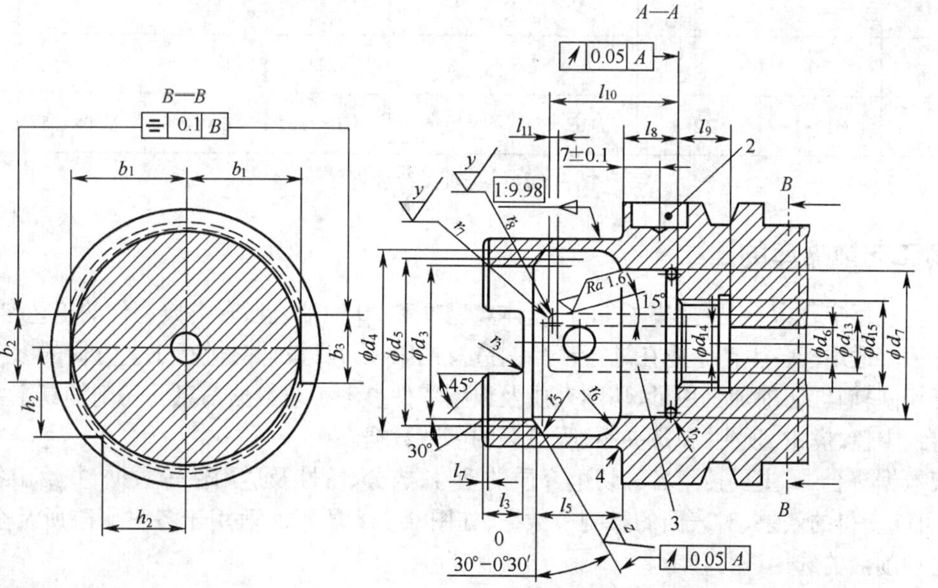

图释

1-切削刃[g]

2-数据载体孔[h]

3-润滑管[i]

4-沟槽

单位:mm

规格		32	40	50	63	80	100	125	160
b_1	+0.04 0.04	7.05	8.05	10.54	12.54	16.04	20.02	25.02	30.02
b_2	H10	7	9	12	16	18	20	25	32
b_3	H10	9	11	14	18	20	22	28	36
d_1	H10	32	40	50	63	80	100	125	160
d_2		24.007	30.007	38.007	48.010	60.012	75.012	95.016	120.016
d_3	H10	17	21	26	34	42	53	67	85
d_4	H11	20.5	25.5	32	40	50	63	80	100
d_5		19	23	29	37	46	58	73	92
d_6	max	4.2	5	6.8	84	10.2	12	14	16
d_7	0 -0.1	17.4	21.8	26.6	34.5	42.5	53.8	—	—
d_8		4	4.6	6	7.5	8.5	12	—	—
d_9	max	26	34	42	53	68	88	111	144
d_{10}	0 -0.1	26.5	34.8	43	55	70	92	117	152
d_{11}	0 -0.1	37	45	59.3	72.3	88.8	109.75	134.75	169.75
d_{12}		4	4	7	7	7	7	7	7
d_{13}	f8	6	8	10	12	14	16	18	20
d_{14}		3.5	5	6.4	8	10	12	14	16
d_{15}		M10×1	M12×1	M16×1	M18×1	M20×1.5	M24×1.5	M30×1.5	M35×1.5

图 9-16　工具系统数据

9.2.5　切削工艺数据库的建立

在切削工艺数据集合中，主要搜集了 11 种箱体典型件和 20 种轴、盘、套类典型件的工艺参数数据实例，如图 9-17 所示。适用于各生产企业在进行产品制造及机床和刀具设计时进行工艺方面的参考。

主要收集切削辅具、切削加工用量、切削介质及典型零件参考工艺数据信息。切削辅具主要收集了分度头、回转工作台、卡盘、虎钳、顶尖、弹簧夹头、吸盘等的参数数据。

在切削液数据集合中，主要搜集各种切削介质的型号、成分、特性及适用性等数据，并给出各种切削介质的供给方式、可能获得的效果、对表面的影响等数据，如图 9-18 所示。适用于各科研院所及企业在科研和生产过程中对切削液的选用进行参考。

切削用量是切削工艺中一项重要数据资源，主要收集切削速度、进给量等加工用量数据信息。具体的查询数据以聚晶立方氮化硼(PCBN)切削常用淬硬钢的切削用量为例，如图 9-19 所示。

切削参考工艺主要收集 11 个箱体类零件和 20 个轴、盘、套类零件的具体加工工艺数据信息，如图9-20 所示。

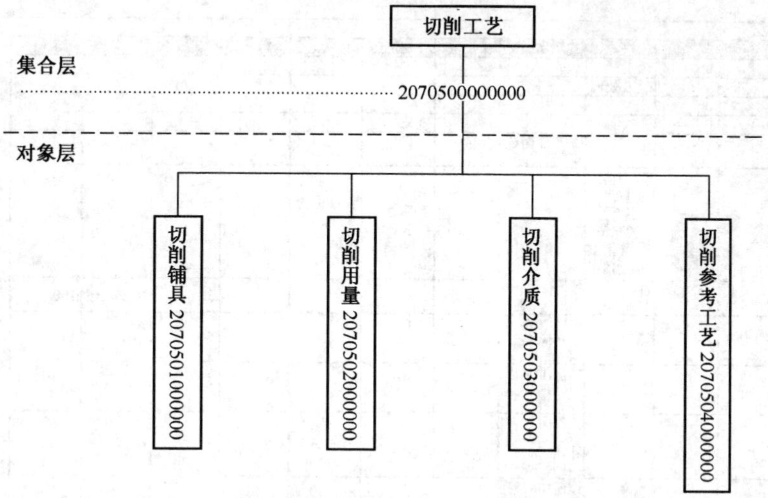

图 9－17　切削工艺数据集合

序号	类型	组成	质量百分比/%	使用说明
1	润滑性不强的合成切削液	亚硝酸钠 碳酸钠 水	0.2～0.5 0.25～0.5 余量	俗称苏打水，是通常用于磨削的最普通的电解质水溶液配方．水的硬高时应多加一些碳配钠．润滑性较差
2	润滑性不强的合成切削液	磷酸三钠 亚硝酸钠 硼砂 碳配钠 水	0.25～0.60 0.25 0.25 0.25 余量	可代替煤油用于珩磨
3	润滑性不强的合成切削液	洗净剂6503(椰子油烷基醇酰胺磷酸脂) 亚硝酸钠 0P-10 水	3 0.5 0.5 余量	清洗性好，用于磨削
4	润滑性不强的合成切削液	油酸钠皂 亚硝酸钠 水	3 0.5 余量	用于磨削
5	润滑性较好的合成切削液	氯化硬脂酸 含硫添加剂 TX-10 硼酸 三乙醇胺 742消泡剂 水	0.4 0.6 0.1 0.1 0.2 1.6 余量	稀释成2%深度使用，适用于高速磨削
6	润滑性较好的合成切削液	三乙醇胺 癸二酸 亚硝酸钠 水	17.5 10 8 余量	稀释成2%浓度使用，有一定润滑性，可用于高温合金的切削加工（车、钻、铣）
7	润滑性较好的合成切削液	亚硝酸钠 三乙醇胺 甘油 苯甲酸钠 水	1 0.4 0.4 0.5 余量	适用于磨削高温合金

图 9－18　切削介质数据

切削用量/mm	工件材料	切削速度/(m/min)	进给量/(mm/r)
半精加工ap>0.64	淬硬高碳钢	90～140	0.10～0.30
半精加工ap>0.64	淬硬合金钢	90～120	0.10～0.30
半精加工ap>0.64	淬硬工具钢	60～90	0.10～0.20
精加工ap<0.64	淬硬高碳钢	120～180	0.10～0.20
精加工ap<0.64	淬硬合金钢	120～150	0.10～0.20
精加工ap<0.64	淬硬工具钢	75～110	0.10～0.20

图 9－19　切削用量数据

工序号	工序号	工序说明	工序内容	工序图	设备	夹具	量具	切削深度	进储量	切削速度
1	0	铸造								
2	0	时效处理								
3	0									
4	0	铣基准面C		1	铣 x53X					
4	1	铣	铣基准面C,铣平	1				6	0.10	90
5	0	铣前面的×90基准面A,铣后面90×90,钻,扩,镗、校前后面上的孔		2	卧室加工中心 xH54	组合夹具,以C面为基准装卡,以基准面A内前				
5	1	铣	镁阀体前面90×90基准面A	2				3	0.12	100
5	2	镗	镗前面φ60孔至φ55,通孔(精镗)	3				5	0.16	31
5	3	镗	镗前面φ60孔至φ59.7,通孔(精镗)	4				5	0.16	31
5	4	镗	镗前面φ60+0.03孔,通孔(精镗)	5			φ60 量规	1	0.13	32.5
5	5	镗	镗前面φ65孔至φ64.7,深5(精镗)	6				5	0.16	32
5	6	镗	镗前面φ65孔+0.03,深5(精镗)	7			φ65 量规	5	0.16	35
5	7	镗	镗2×45°倒角	8				1.4	0.14	31
5	6	钻	镗前面4-φ8,通孔	9				4	0.21	31

图 9-20 阀体工艺数据

9.2.6 切削技术新动态

在切削技术新动态数据集合中,主要搜集切削技术领域相关成果、论文精选、会议信息和切削技术发展动态等信息,如图 9-21 所示。适用于对切削前沿性技术进行了解时参考。

9.2.7 典型先进切削技术

在先进切削技术集合中,主要搜集切削技术领域相关的典型先进切削技术,如高速切削加工技术、干式切削加工技术、硬切削加工技术、精密和超精密切削加工技术和虚拟切削加工技术等信息,如图 9-22 所示。适用于对切削前沿性技术进行了解时参考。

9.2.8 典型应用领域

在典型应用例示单元集合中,主要搜集汽车零件加工、航空航天零件加工、模具加工和高效切削加工等信息,如图 9-23 所示。适用于对切削前沿性技术进行了解时参考。

这部分数据主要来自论文,以文字和图形为主,多为网页或文档的形式,如图 9-24 所示。

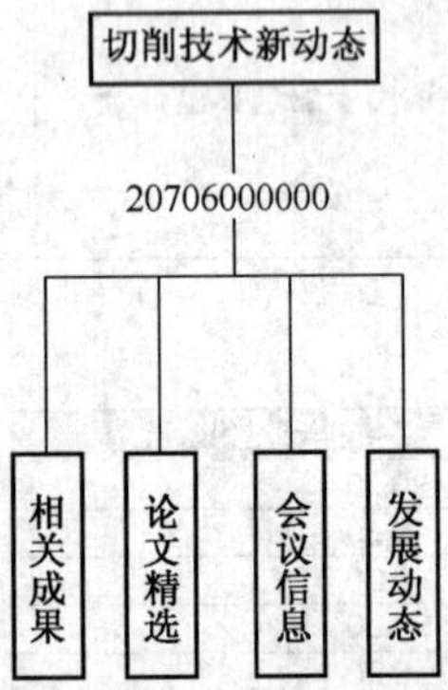

图 9-21 切削技术新动态集合

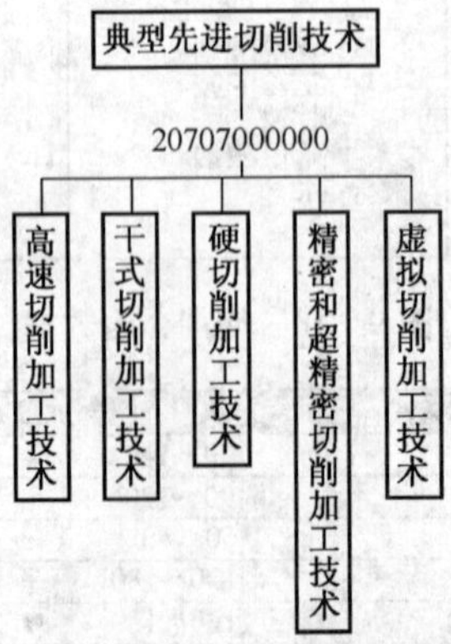

图 9-22 典型先进切削技术集合

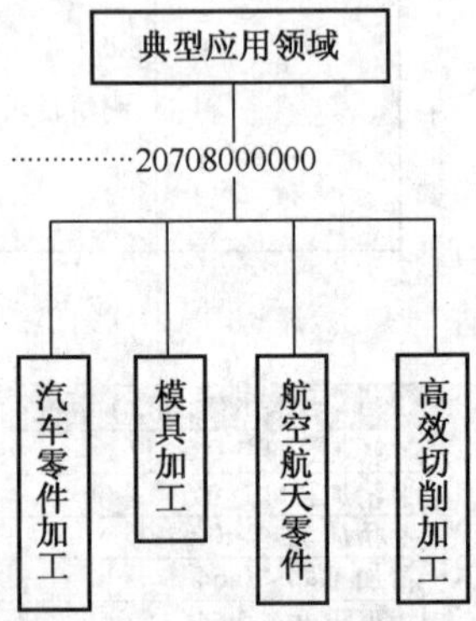

图 9-23 典型应用例示单元集合

典型应用领域--汽车零件加工

立方氮化硼(CBN)在切削加工中的应用

立方氮化硼(CBN)是继人造金刚石之后,人工合成的一种新型超硬刀具切削材料,其硬度仅次于金刚石,在切削和磨销加工中得到广泛应用.

1. 用PCBN刀片精车淬硬钢

采用PCBN刀具精车淬硬钢,其工件硬度高于45HRC,效果最好.其切削速度一般为80～120m/min,工件硬度越高,切削速度宜取低值,如车硬度为70HRC的工件,其切削速度宜选60～80m/min.精车的切深在 0.1~0.3mm,进给量在0.05～0.025mm/r,精车后的工件表面精糙度为Ra0.3～0.6μm,尺寸精度可达0.013mm.若能采用刚性好的标准数控车床加工,PCBN刀具的刚性好和刃口锋利,则精车后的工件表面粗糙度可达Ra0.3μm,尺寸精度可达0.01mm,可达到用数控磨床加工的水平.

如果机床刚性好,选用的切削速度较低,则选用PCBN复合刀片可精车断续表面.

精车加工余量一般为0.3mm左右,尽可能提高工件淬火前的尺寸精度和减少热变形,以保证精车时切削余量均匀,延长PCBN刀具的使用寿命.

精车一般不用切削液,因为在较高的切削速度下,大量的匹削热由切屑带走,很少会停留在工件表面而影响加工表面质理和精度.

精车刀片宜选用强度和韧性高的 80° 菱形刀片，刀尖半径在8~1.2mm之间，为保护刀具刃口，使用前需用细油石倒棱。

精车淬硬工件是一门新工艺,实施前需做工艺试验,可用与工件材料、硬度和大小相同的棒料，在同类机床上进行精加工或粗加工试验,关键是要试验刀具与切削参数的选择及工艺系统是否有足够的刚性.该工艺目前国内已经采用，如一汽集团用PCBN刀具加工渗碳淬火(58~63HRC)的20CrMnTi变速箱齿轮拨叉槽,采用的工艺参数为Dc=150m/min， f=0.1mm/r，αp=0.2～0.3mm，实现了以车代磨.

2. 加工硬铸铁和灰口铸铁

(1) 加工硬铸铁

用PCBN刀具车削淬硬钢时,要求工件淬火硬度高于45~55HRC,加工硬铸铁时，只要硬度达到中等硬度水平(45HRC)，就会取得良好的加工效果.如汽车发动机缸盖上的排气阀座,该阀座是采用含铜、钼的高铬合金铸铁材料,其硬度一裔约为44HRC,其阀座上孔采用锪(铰)、车两种工艺,大多是在专用自动线上加工,与枪铰导管孔一道进行.所采用的切削用量为：Dc=71.6m/min，D f=26.5mm/min，αp=1.0mm，采用BC拉削油,自采用PCBN刀具加工后,与以往采用的各种硬质合金刀片加工相比,刀具平均而耐用度为

刀具型号	刀片型号	刀片材料	工件材料	切削用量 s_e/d(d 为铣刀直径)	切削用量 f_z /(mm/齿)	切削用量 v /(m/min)
R245型45°面铣刀(ϕ50～ϕ250mm)	R245-12T3E a_p≤6mm	CC6090(纯 Si_4N_4)	灰铸铁 (180HB)	0.8	0.1	1320
R245型45°面铣刀(ϕ50～ϕ250mm)	R245-12T3E a_p≤6mm	CC6090(纯 Si_4N_4)	灰铸铁 (180HB)	0.8	0.2	1085
R245型45°面铣刀(ϕ50～ϕ250mm)	R245-12T3E a_p≤6mm	CC6090(纯 Si_4N_4)	灰铸铁 (180HB)	0.8	0.3	1890
R245型45°面铣刀(ϕ50～ϕ250mm)	R245-12T3E a_p≤6mm	CC6090(纯 Si_4N_4)	灰铸铁 (180HB)	0.4	0.1	1535
R245型45°面铣刀(ϕ50～ϕ250mm)	R245-12T3E a_p≤6mm	CC6090(纯 Si_4N_4)	灰铸铁 (180HB)	0.4	0.2	1470
R245型45°面铣刀(ϕ50～ϕ250mm)	R245-12T3E a_p≤6mm	CC6090(纯 Si_4N_4)	灰铸铁 (180HB)	0.4	0.3	1410
R245型45°面铣刀(ϕ50～ϕ250mm)	R245-12T3E a_p≤6mm	CC6090(纯 Si_4N_4)	灰铸铁 (245HB)	0.8	0.1	1045
R245型45°面铣刀(ϕ50～ϕ250mm)	R245-12T3E a_p≤6mm	CC6090(纯 Si_4N_4)	灰铸铁 (245HB)	0.8	0.2	860
R245型45°面铣刀(ϕ50～ϕ250mm)	R245-12T3E a_p≤6mm	CC6090(纯 Si_4N_4)	灰铸铁 (245HB)	0.8	0.3	705
R245型45°面铣刀(ϕ50～ϕ250mm)	R245-12T3E a_p≤6mm	CC6090(纯 Si_4N_4)	灰铸铁 (245HB)	0.4	0.1	1220
R245型45°面铣刀(ϕ50～ϕ250mm)	R245-12T3E a_p≤6mm	CC6090(纯 Si_4N_4)	灰铸铁 (245HB)	0.4	0.2	1165
R245型45°面铣刀(ϕ50～ϕ250mm)	R245-12T3E a_p≤6mm	CC6090(纯 Si_4N_4)	灰铸铁 (245HB)	0.4	0.3	1115
R245型45°面铣刀(ϕ50～ϕ250mm)	R245-12T3E a_p≤6mm	CC6090(纯 Si_4N_4)	铁素体可锻铸铁 (130HB)	0.8	0.1	1190

图 9－24　典型应用领域知识和数据(高速干铣削铸铁的切削用量)

9.2.9　通用切削数据库查询示例

下面以成都工具研究所的通用切削数据库为例,介绍查询方法。

打开“全数据库查询”应用程序,从顶部下拉菜单选择要查询的内容,逐级往下点击后,最后在屏幕显示区可以看到所查询到的切削数据的具体内容,如图 9－25 所示的各页面。

以上是通用数据库查询的内容,数据查询是通用数据库的基本功能。而下一节介绍的切削数据库的发展则是对通用数据库功能的提升和应用领域的扩展,包括切削仿真、与 CAD/CAPP/CAM 的集成、智能化和切削数据的优化,使切削数据更好地服务于数控加工的全过程。

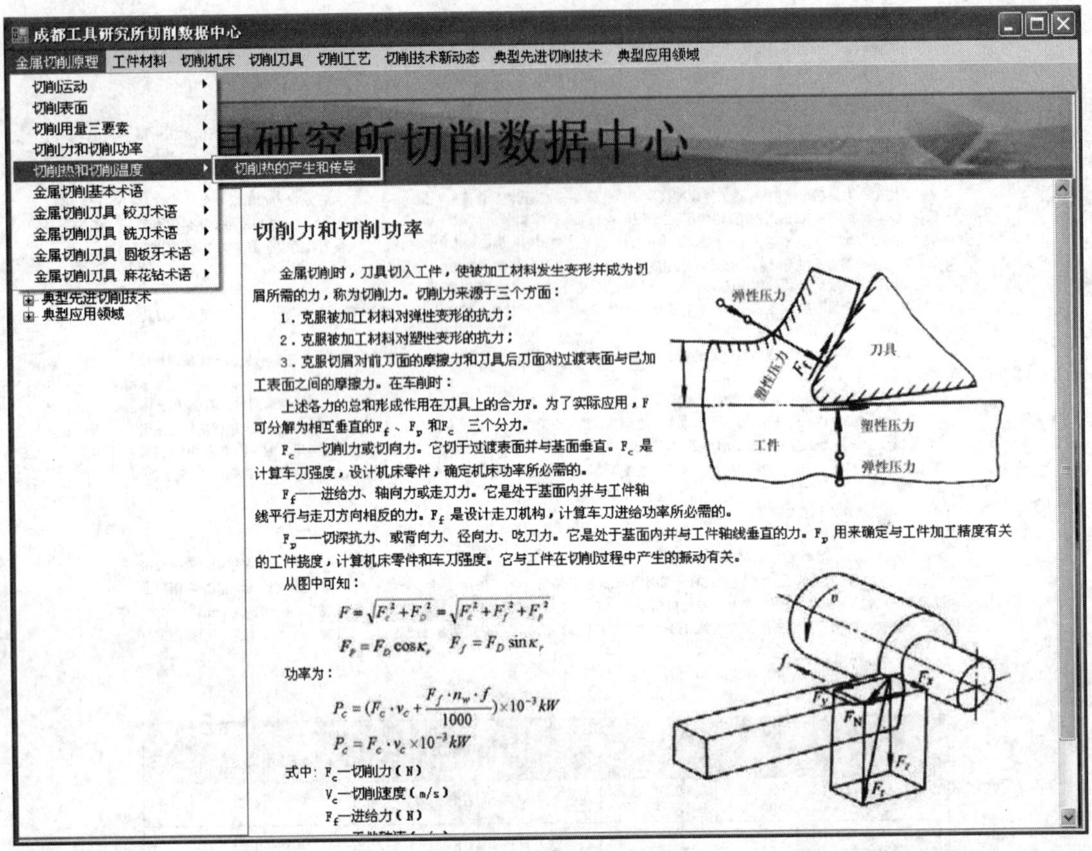
成都工具研究所切削数据中心
金属切削原理 工件材料 切削机床 切削刀具 切削工艺 切削技术新动态 典型先进切削技术 典型应用领域
切削运动
切削表面
切削用量三要素
切削力和切削功率
切削热和切削温度
切削热的产生和传导
金属切削基本术语
金属切削刀具 铰刀术语
金属切削刀具 铣刀术语
金属切削刀具 圆板牙术语
金属切削刀具 麻花钻术语
典型先进切削技术
典型应用领域
具研究所切削数据中心
切削力和切削功率
金属切削时，刀具切入工件，使被加工材料发生变形并成为切屑所需的力，称为切削力。切削力来源于三个方面：
1.克服被加工材料对弹性变形的抗力；
2.克服被加工材料对塑性变形的抗力；
3.克服切屑对前刀面的摩擦力和刀具后刀面对过渡表面与已加工表面之间的摩擦力。在车削时：
上述各力的总和形成作用在刀具上的合力F。为了实际应用，F可分解为相互垂直的F_f、F_p和F_c 三个分力。
F_c——切削力或切向力。它切于过渡表面并与基面垂直。F_c是计算车刀强度，设计机床零件，确定机床功率所必需的。
F_f——进给力、轴向力或走刀力。它是处于基面内并与工件轴线平行与走刀方向相反的力。F_f是设计走刀机构，计算车刀进给功率所必需的。
F_p——切深抗力、或背向力、径向力、吃刀力。它是处于基面内并与工件轴线垂直的力。F_p用来确定与工件加工精度有关的工件挠度，计算机床零件和车刀强度。它与工件在切削过程中产生的振动有关。
从图中可知：
$F=\sqrt{F_c^2+F_D^2}=\sqrt{F_c^2+F_f^2+F_p^2}$
$F_p=F_D\cos\kappa_r \quad F_f=F_D\sin\kappa_r$
功率为：
$P_c=(F_c\cdot v_c+\frac{F_f\cdot n_w\cdot f}{1000})\times10^{-3}kW$
$P_c=F_c\cdot v_c\times10^{-3}kW$
式中：F_c—切削力（N）
V_c—切削速度（m/s）
F_f—进给力（N）
弹性压力
塑性压力
刀具
F_f
塑性压力
工件
弹性压力
v
f
F_x
F_y
F_N
F_z

(a)

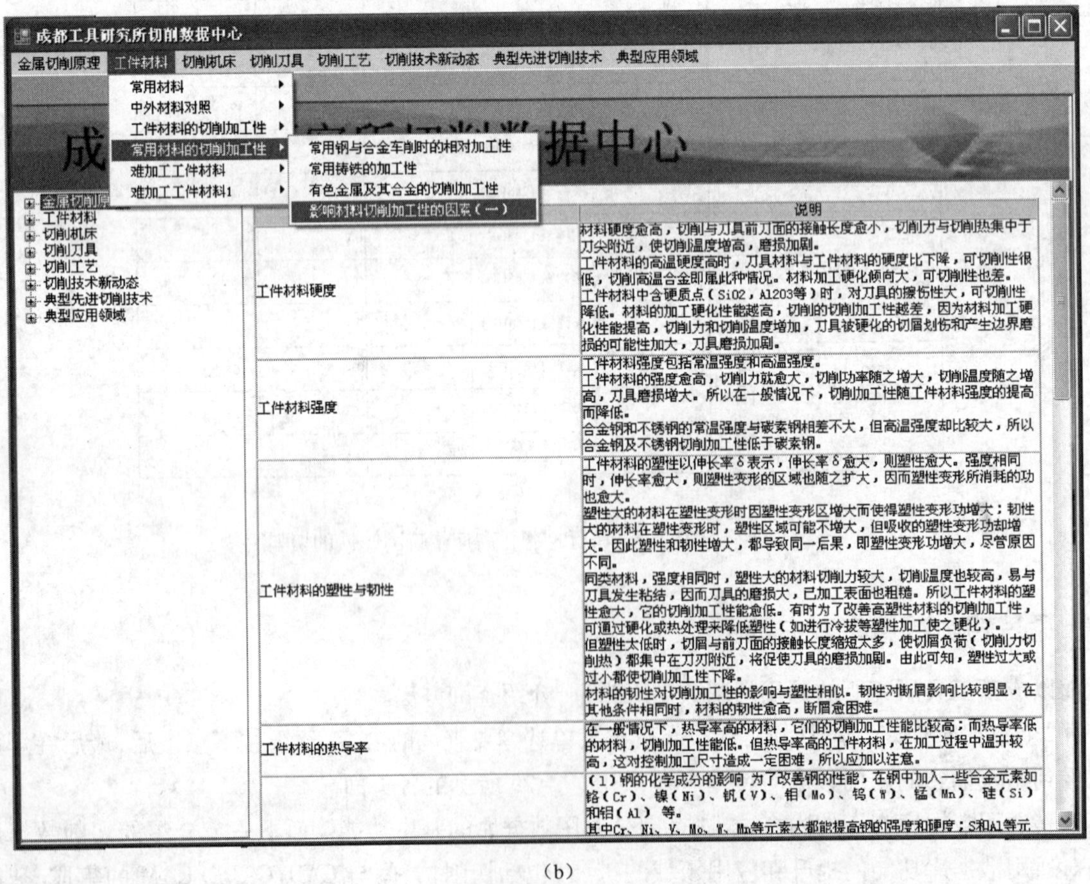
成都工具研究所切削数据中心
金属切削原理 工件材料 切削机床 切削刀具 切削工艺 切削技术新动态 典型先进切削技术 典型应用领域
常用材料
中外材料对照
工件材料的切削加工性
常用材料的切削加工性
难加工工件材料
难加工工件材料1
常用钢与合金车削时的相对加工性
常用铸铁的加工性
有色金属及其合金的切削加工性
影响材料切削加工性的因素（一）
成 据中心
金属切削原
工件材料
切削机床
切削刀具
切削工艺
切削技术新动态
典型先进切削技术
典型应用领域
说明
工件材料硬度
材料硬度愈高，切削与刀具前刀面的接触长度愈小，切削力与切削热集中于刀尖附近，使切削温度增高，磨损加剧。
工件材料的高温硬度高时，刀具材料与工件材料的硬度比下降，可切削性很低，切削高温合金即属此种情况。材料加工硬化倾向大，可切削性也差。
工件材料中含硬质点（SiO2，Al2O3等）时，对刀具的擦伤性大，可切削性降低。材料的加工硬化性能越高，切削的切削加工性越差，因为材料加工硬化性能提高，切削力和切削温度增加，刀具被硬化的切屑划伤和产生边界磨损的可能性加大，刀具磨损加剧。
工件材料强度
工件材料强度包括常温强度和高温强度。
工件材料的强度愈高，切削力就愈大，切削功率随之增大，切削温度随之增高，刀具磨损增大。所以在一般情况下，切削加工性随工件材料强度的提高而降低。
合金钢和不锈钢的常温强度与碳素钢相差不大，但高温强度却比较大，所以合金钢及不锈钢切削加工性低于碳素钢。
工件材料的塑性与韧性
工件材料的塑性以伸长率δ表示，伸长率δ愈大，则塑性愈大。强度相同时，伸长率愈大，则塑性变形的区域也随之扩大，因而塑性变形所消耗的功也愈大。
塑性大的材料在塑性变形时因塑性变形区增大而使得塑性变形功增大；韧性大的材料在塑性变形时，塑性区域可能不增大，但吸收的塑性变形功却增大。因此塑性和韧性增大，都导致同一后果，即塑性变形功增大，尽管原因不同。
同类材料，强度相同时，塑性大的材料切削力较大，切削温度也较高，易与刀具发生粘结，因而刀具的磨损大，已加工表面也粗糙。所以工件材料的塑性愈大，它的切削加工性能愈低。有时为了改善高塑性材料的切削加工性，可通过硬化或热处理来降低塑性（如进行冷拔等塑性加工使之硬化）。
但塑性太低时，切屑与前刀面的接触长度缩短太多，使切屑负荷（切削力切削热）都集中在刀刃附近，将促使刀具的磨损加剧。由此可知，塑性过大或过小都使切削加工性下降。
材料的韧性对切削加工性的影响与塑性相似。韧性对断屑影响比较明显，在其他条件相同时，材料的韧性愈高，断屑愈困难。
工件材料的热导率
在一般情况下，热导率高的材料，它们的切削加工性能比较高；而热导率低的材料，切削加工性能低。但热导率高的工件材料，在加工过程中温升较高，这对控制加工尺寸造成一定困难，所以应加以注意。
（1）钢的化学成分的影响 为了改善钢的性能，在钢中加入一些合金元素如铬（Cr）、镍（Ni）、钒（V）、钼（Mo）、钨（W）、锰（Mn）、硅（Si）和铝（Al） 等。
其中Cr、Ni、V、Mo、W、Mn等元素大都能提高钢的强度和硬度；Si和Al等元

(b)

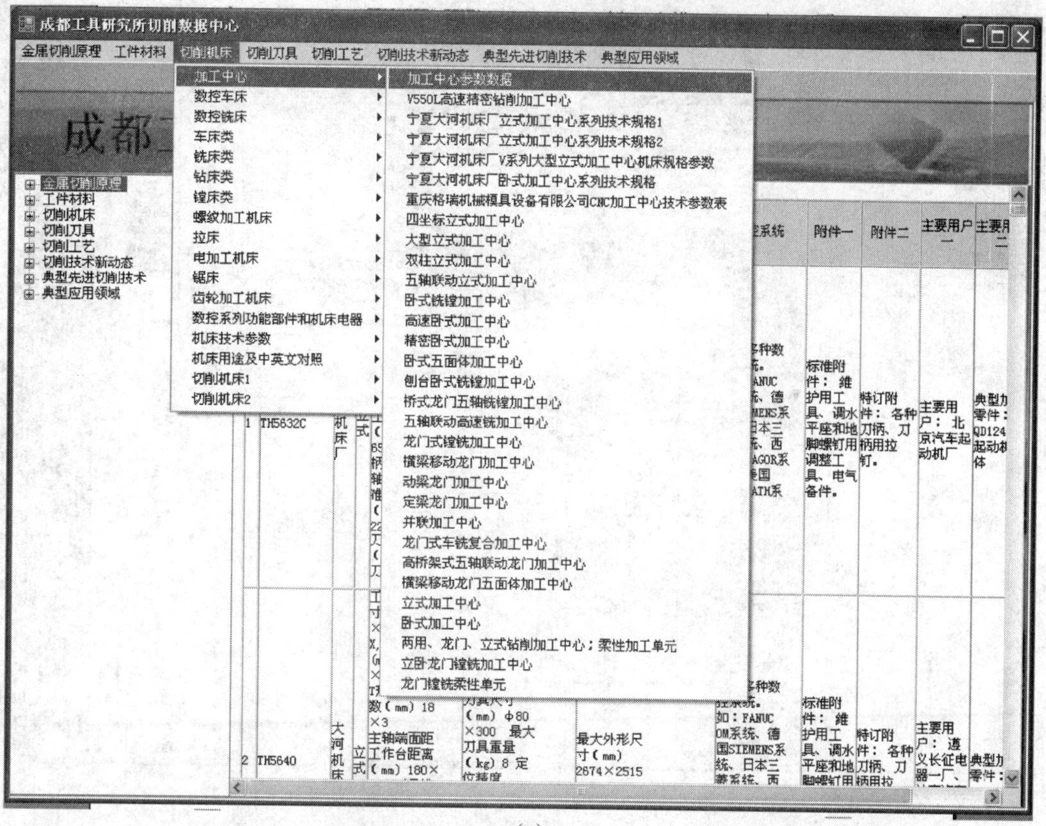
成都工具研究所切削数据中心
金属切削原理　工件材料　切削机床　切削刀具　切削工艺　切削技术新动态　典型先进切削技术　典型应用领域
加工中心
数控车床
数控铣床
车床类
铣床类
钻床类
镗床类
螺纹加工机床
拉床
电加工机床
锯床
齿轮加工机床
数控系列功能部件和机床电器
机床技术参数
机床用途及中英文对照
切削机床1
切削机床2
加工中心参数数据
V550L高速精密钻削加工中心
宁夏大河机床厂立式加工中心系列技术规格1
宁夏大河机床厂立式加工中心系列技术规格2
宁夏大河机床厂V系列大型立式加工中心机床规格参数
宁夏大河机床厂卧式加工中心系列技术规格
重庆格瑞机械模具设备有限公司CNC加工中心技术参数表
四坐标立式加工中心
大型立式加工中心
双柱立式加工中心
五轴联动立式加工中心
卧式铣镗加工中心
高速卧式加工中心
精密卧式加工中心
卧式五面体加工中心
刨台卧式铣镗加工中心
桥式龙门五轴铣镗加工中心
五轴联动高速铣加工中心
龙门式镗铣加工中心
横梁移动龙门加工中心
动梁龙门加工中心
定梁龙门加工中心
并联加工中心
龙门式车铣复合加工中心
高桥架式五轴联动龙门加工中心
横梁移动龙门五面体加工中心
立式加工中心
卧式加工中心
两用、龙门、立式钻削加工中心；柔性加工单元
立卧龙门镗铣加工中心
龙门镗铣柔性单元
金属切削原理
工件材料
切削机床
切削刀具
切削工艺
切削技术新动态
典型先进切削技术
典型应用领域

（c）

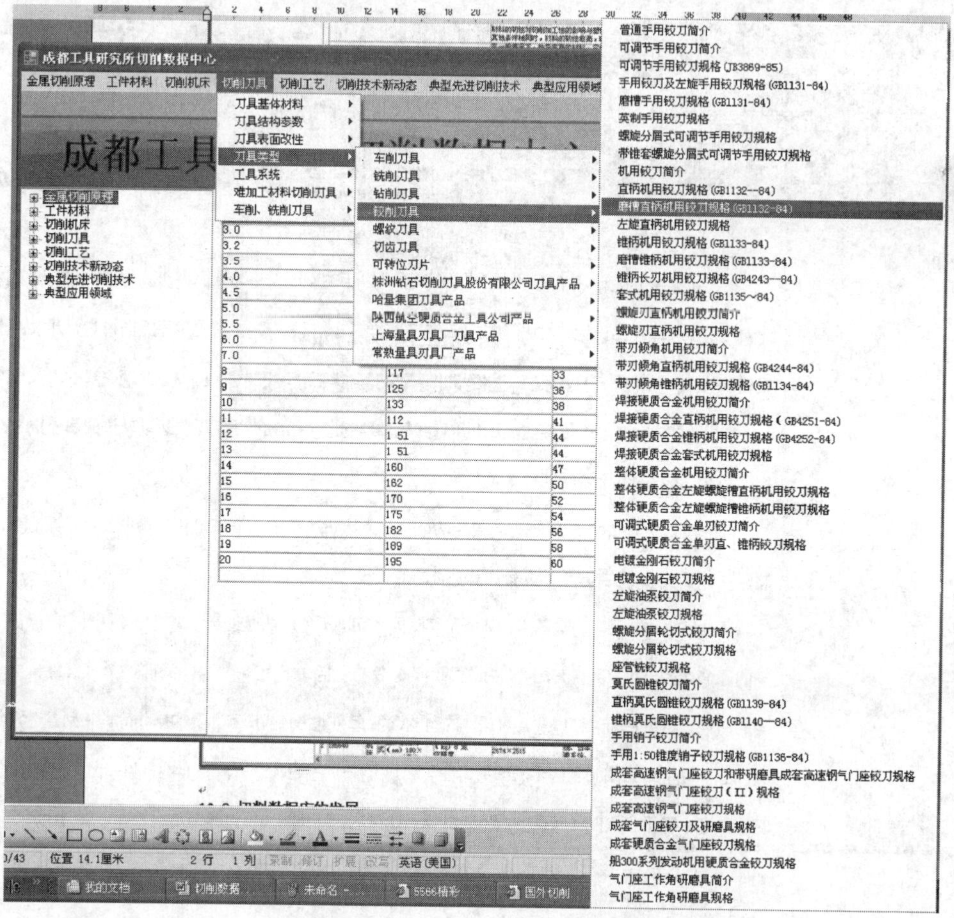
成都工具研究所切削数据中心
金属切削原理　工件材料　切削机床　切削刀具　切削工艺　切削技术新动态　典型先进切削技术　典型应用领域
刀具基体材料
刀具结构参数
刀具表面改性
刀具类型
工具系统
难加工材料切削刀具
车削、铣削刀具
车削刀具
铣削刀具
钻削刀具
铰削刀具
螺纹刀具
切齿刀具
可转位刀片
株洲钻石切削刀具股份有限公司刀具产品
哈量集团刀具产品
陕西航空硬质合金工具公司产品
上海量具刃具厂刀具产品
常熟量具刃具厂产品
普通手用铰刀简介
可调节手用铰刀简介
可调节手用铰刀规格 (JB3869-85)
手用铰刀及左旋手用铰刀规格 (GB1131-84)
磨槽手用铰刀规格 (GB1131-84)
英制手用铰刀规格
螺旋分层式可调节手用铰刀规格
带错套螺旋分层式可调节手用铰刀规格
机用铰刀简介
直柄机用铰刀规格 (GB1132--84)
磨槽直柄机用铰刀规格 (GB1132-84)
左旋直柄机用铰刀规格
锥柄机用铰刀规格 (GB1133-84)
磨槽锥柄机用铰刀规格 (GB1133-84)
锥柄长刃机用铰刀规格 (GB4243--84)
套式机用铰刀规格 (GB1135~84)
螺旋刃直柄机用铰刀简介
螺旋刃直柄机用铰刀规格
带刃倾角机用铰刀简介
带刃倾角直柄机用铰刀规格 (GB4244-84)
带刃倾角锥柄机用铰刀规格 (GB1134-84)
焊接硬质合金机用铰刀简介
焊接硬质合金直柄机用铰刀规格 (GB4251-84)
焊接硬质合金锥柄机用铰刀规格 (GB4252-84)
焊接硬质合金套式机用铰刀规格
整体硬质合金机用铰刀简介
整体硬质合金左旋螺旋槽直柄机用铰刀规格
整体硬质合金左旋螺旋槽锥柄机用铰刀规格
可调式硬质合金单刃铰刀简介
可调式硬质合金单刃直、锥柄铰刀规格
电镀金刚石铰刀简介
电镀金刚石铰刀规格
左旋油泵铰刀简介
左旋油泵铰刀规格
螺旋分屑轮切式铰刀简介
螺旋分屑轮切式铰刀规格
座管铣铰刀规格
莫氏圆锥铰刀简介
直柄莫氏圆锥铰刀规格 (GB1139-84)
锥柄莫氏圆锥铰刀规格 (GB1140-84)
手用销子铰刀简介
手用1:50锥度销子铰刀规格 (GB1136-84)
成套高速钢气门座铰刀和带研磨具成套高速钢气门座铰刀规格
成套高速钢气门座铰刀（II）规格
成套高速钢气门座铰刀规格
成套气门座铰刀及研磨具规格
成套硬质合金气门座铰刀规格
用300系列发动机用硬质合金铰刀规格
气门座工作角研磨具简介
气门座工作角研磨具规格

（d）

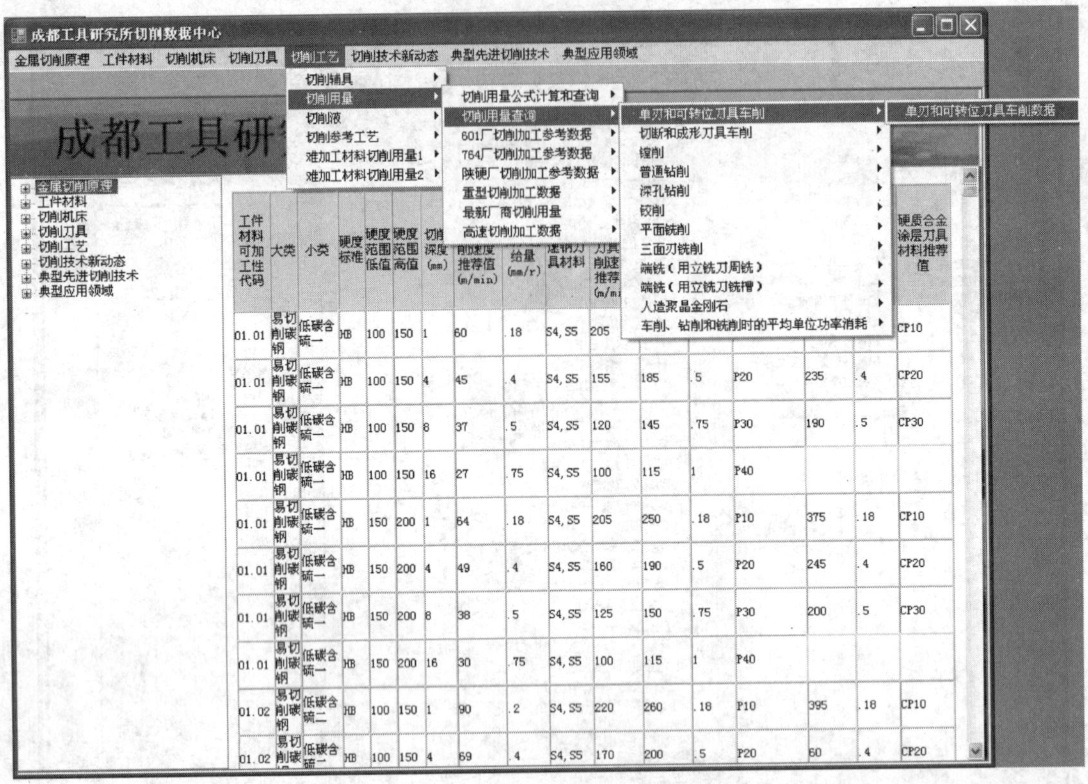
成都工具研究所切削数据中心
金属切削原理 工件材料 切削机床 切削刀具 切削工艺 切削技术新动态 典型先进切削技术 典型应用领域
切削辅具
切削用量
切削液
切削参考工艺
难加工材料切削用量1
难加工材料切削用量2
切削用量公式计算和查询
切削用量查询
601厂切削加工参考数据
764厂切削加工参考数据
陕硬厂切削加工参考数据
重型切削加工数据
最新厂商切削用量
高速切削加工数据
单刃和可转位刀具车削
切断和成形刀具车削
镗削
普通钻削
深孔钻削
铰削
平面铣削
三面刃铣削
端铣（用立铣刀周铣）
端铣（用立铣刀铣槽）
人造聚晶金刚石
车削、钻削和铣削时的平均单位功率消耗
单刃和可转位刀具车削数据
成都工具研
金属切削原理
工件材料
切削机床
切削刀具
切削工艺
切削技术新动态
典型先进切削技术
典型应用领域
工件材料可加工性代码 大类 小类 硬度标准 硬度范围低值 硬度范围高值 切削深度(mm) 切削速度推荐值(m/min) 进给量(mm/r) 高速钢刀具材料 硬质合金涂层刀具材料推荐值
01.01 易切削碳钢 低碳含硫一 HB 100 150 1 60 .18 S4,S5 205 CP10
01.01 易切削碳钢 低碳含硫一 HB 100 150 4 45 .4 S4,S5 155 185 .5 P20 235 .4 CP20
01.01 易切削碳钢 低碳含硫一 HB 100 150 8 37 .5 S4,S5 120 145 .75 P30 190 .5 CP30
01.01 易切削碳钢 低碳含硫一 HB 100 150 16 27 .75 S4,S5 100 115 1 P40
01.01 易切削碳钢 低碳含硫一 HB 150 200 1 64 .18 S4,S5 205 250 .18 P10 375 .18 CP10
01.01 易切削碳钢 低碳含硫一 HB 150 200 4 49 .4 S4,S5 160 190 .5 P20 245 .4 CP20
01.01 易切削碳钢 低碳含硫一 HB 150 200 8 38 .5 S4,S5 125 150 .75 P30 200 .5 CP30
01.01 易切削碳钢 低碳含硫一 HB 150 200 16 30 .75 S4,S5 100 115 1 P40
01.02 易切削碳钢 低碳含硫二 HB 100 150 1 90 .2 S4,S5 220 260 .18 P10 395 .18 CP10
01.02 易切削碳钢 低碳含硫二 HB 100 150 4 69 .4 S4,S5 170 200 .5 P20 60 .4 CP20

(e)

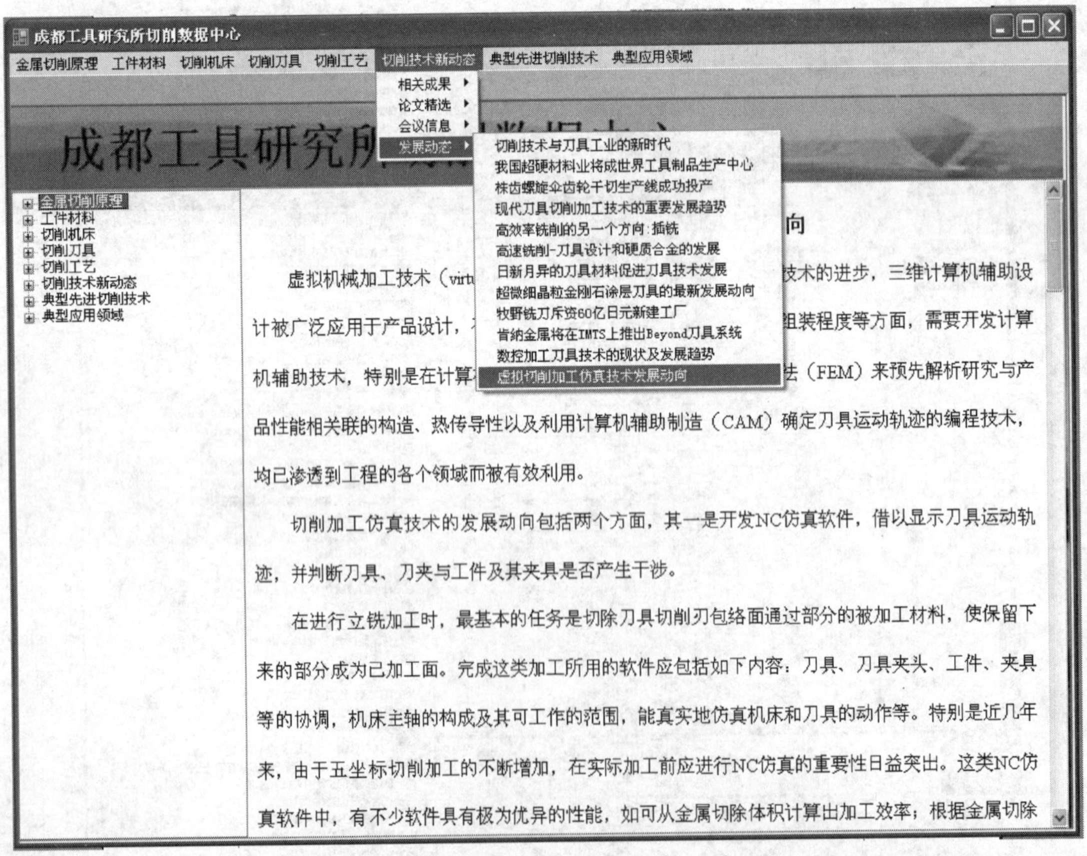
成都工具研究所切削数据中心
金属切削原理 工件材料 切削机床 切削刀具 切削工艺 切削技术新动态 典型先进切削技术 典型应用领域
相关成果
论文精选
会议信息
发展动态
切削技术与刀具工业的新时代
我国超硬材料业将成世界工具制品生产中心
株齿螺旋伞齿轮干切生产线成功投产
现代刀具切削加工技术的重要发展趋势
高效率铣削的另一个方向：插铣
高速铣削-刀具设计和硬质合金的发展
日新月异的刀具材料促进刀具技术发展
超微细晶粒金刚石涂层刀具的最新发展动向
牧野铣刀斥资60亿日元新建工厂
肯纳金属将在IMTS上推出Beyond刀具系统
数控加工刀具技术的现状及发展趋势
虚拟切削加工仿真技术发展动向
成都工具研究所
金属切削原理
工件材料
切削机床
切削刀具
切削工艺
切削技术新动态
典型先进切削技术
典型应用领域
向
虚拟机械加工技术（virtu 技术的进步，三维计算机辅助设
计被广泛应用于产品设计， 组装程度等方面，需要开发计算
机辅助技术，特别是在计算 去（FEM）来预先解析研究与产
品性能相关联的构造、热传导性以及利用计算机辅助制造（CAM）确定刀具运动轨迹的编程技术，
均已渗透到工程的各个领域而被有效利用。
切削加工仿真技术的发展动向包括两个方面，其一是开发NC仿真软件，借以显示刀具运动轨
迹，并判断刀具、刀夹与工件及其夹具是否产生干涉。
在进行立铣加工时，最基本的任务是切除刀具切削刃包络面通过部分的被加工材料，使保留下
来的部分成为已加工面。完成这类加工所用的软件应包括如下内容：刀具、刀具夹头、工件、夹具
等的协调，机床主轴的构成及其可工作的范围，能真实地仿真机床和刀具的动作等。特别是近几年
来，由于五坐标切削加工的不断增加，在实际加工前应进行NC仿真的重要性日益突出。这类NC仿
真软件中，有不少软件具有极为优异的性能，如可从金属切除体积计算出加工效率；根据金属切除

(f)

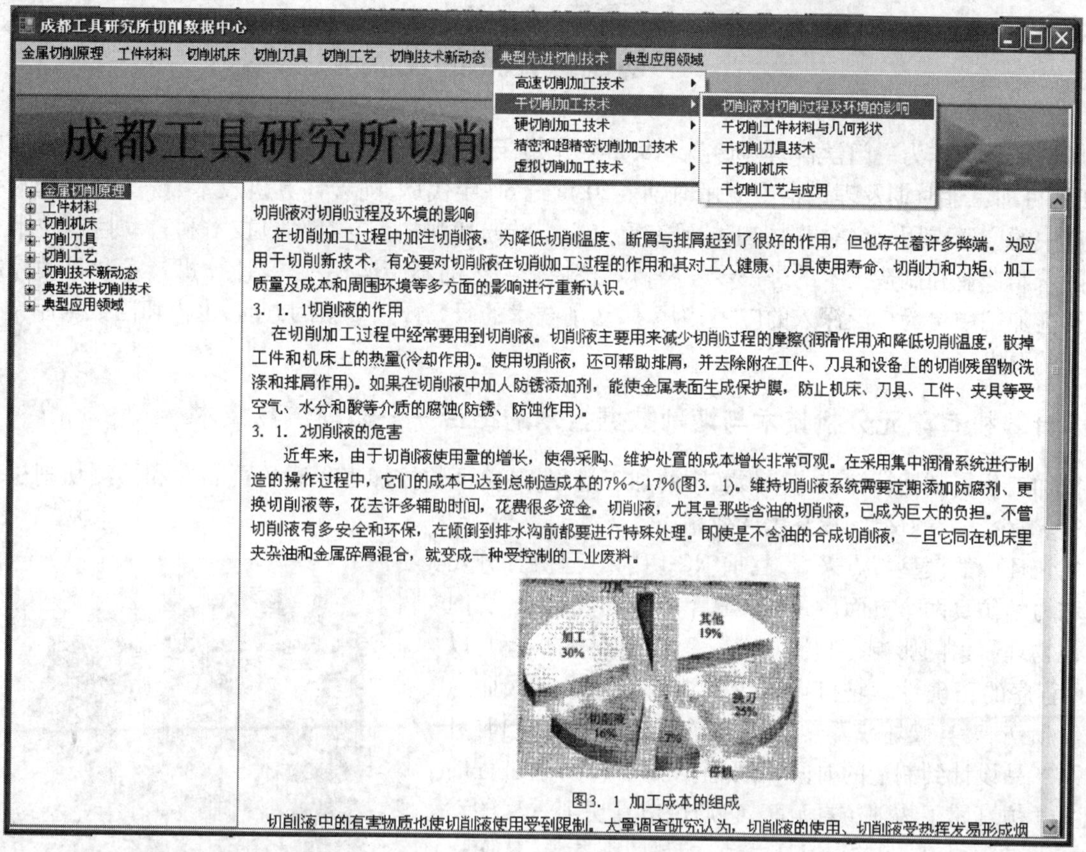
成都工具研究所切削数据中心
金属切削原理 工件材料 切削机床 切削刀具 切削工艺 切削技术新动态 典型先进切削技术 典型应用领域
高速切削加工技术
干切削加工技术
硬切削加工技术
精密和超精密切削加工技术
虚拟切削加工技术
切削液对切削过程及环境的影响
干切削工件材料与几何形状
干切削刀具技术
干切削机床
干切削工艺与应用
成都工具研究所切削
切削液对切削过程及环境的影响
在切削加工过程中加注切削液，为降低切削温度、断屑与排屑起到了很好的作用，但也存在着许多弊端。为应用干切削新技术，有必要对切削液在切削加工过程的作用和其对工人健康、刀具使用寿命、切削力和力矩、加工质量及成本和周围环境等多方面的影响进行重新认识。
3. 1. 1切削液的作用
在切削加工过程中经常要用到切削液。切削液主要用来减少切削过程的摩擦(润滑作用)和降低切削温度，散掉工件和机床上的热量(冷却作用)。使用切削液，还可帮助排屑，并去除附在工件、刀具和设备上的切削残留物(洗涤和排屑作用)。如果在切削液中加入防锈添加剂，能使金属表面生成保护膜，防止机床、刀具、工件、夹具等受空气、水分和酸等介质的腐蚀(防锈、防蚀作用)。
3. 1. 2切削液的危害
近年来，由于切削液使用量的增长，使得采购、维护处置的成本增长非常可观。在采用集中润滑系统进行制造的操作过程中，它们的成本已达到总制造成本的7%～17%(图3. 1)。维持切削液系统需要定期添加防腐剂、更换切削液等，花去许多辅助时间，花费很多资金。切削液，尤其是那些含油的切削液，已成为巨大的负担。不管切削液有多安全和环保，在倾倒到排水沟前都要进行特殊处理。即使是不含油的合成切削液，一旦它同在机床里夹杂油和金属碎屑混合，就变成一种受控制的工业废料。
刀具
其他 19%
加工 30%
换刀 25%
切削液 16%
7%
停机
图3. 1 加工成本的组成
切削液中的有害物质也使切削液使用受到限制。大量调查研究认为，切削液的使用、切削液受热挥发易形成烟

(g)

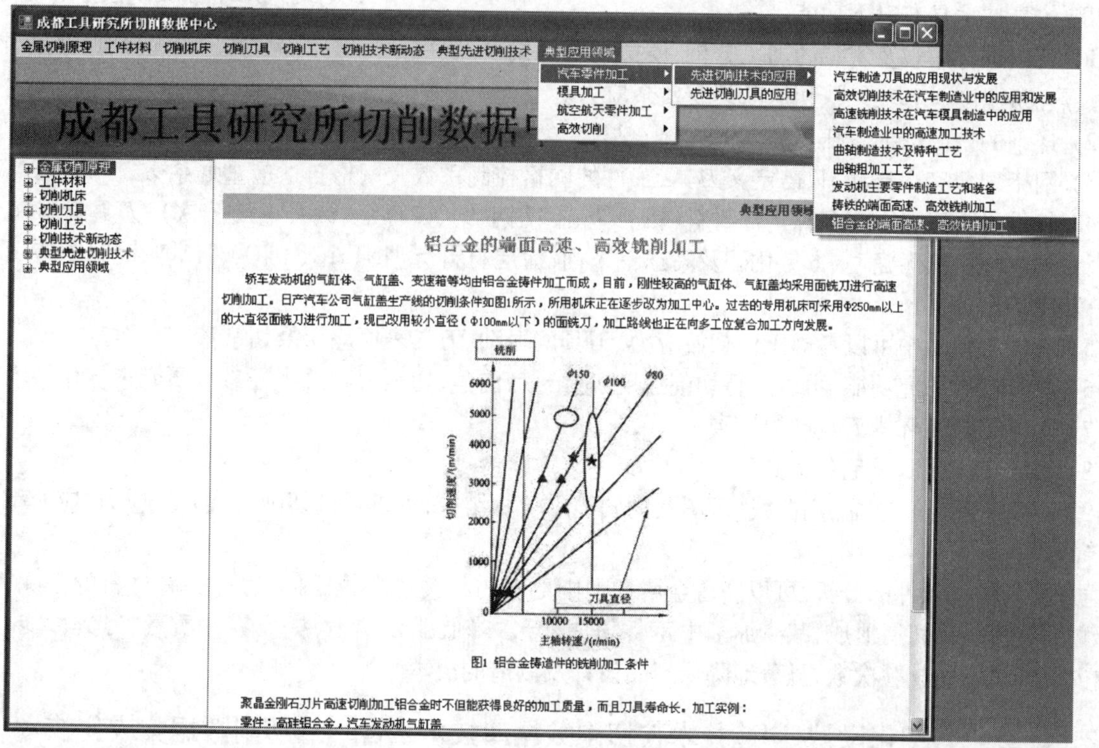
成都工具研究所切削数据中心
金属切削原理 工件材料 切削机床 切削刀具 切削工艺 切削技术新动态 典型先进切削技术 典型应用领域
汽车零件加工
模具加工
航空航天零件加工
高效切削
先进切削技术的应用
先进切削刀具的应用
汽车制造刀具的应用现状与发展
高效切削技术在汽车制造业中的应用和发展
高速铣削技术在汽车模具制造中的应用
汽车制造业中的高速加工技术
曲轴制造技术及特种工艺
曲轴粗加工工艺
发动机主要零件制造工艺和装备
铸铁的端面高速、高效铣削加工
铝合金的端面高速、高效铣削加工
成都工具研究所切削数据
典型应用领域
铝合金的端面高速、高效铣削加工
轿车发动机的气缸体、气缸盖、变速箱等均由铝合金铸件加工而成，目前，刚性较高的气缸体、气缸盖均采用面铣刀进行高速切削加工。日产汽车公司气缸盖生产线的切削条件如图1所示，所用机床正在逐步改为加工中心。过去的专用机床可采用Φ250mm以上的大直径面铣刀进行加工，现已改用较小直径（Φ100mm以下）的面铣刀，加工路线也正在向多工位复合加工方向发展。
铣削
φ150 φ100 φ80
6000 5000 4000 3000 2000 1000 0
切削速度/(m/min)
刀具直径
10000 15000
主轴转速/(r/min)
图1 铝合金铸造件的铣削加工条件
聚晶金刚石刀片高速切削加工铝合金时不但能获得良好的加工质量，而且刀具寿命长。加工实例：
零件：高硅铝合金，汽车发动机气缸盖

(h)

图9-25　通用切削数据库查询示例

9.3 切削数据库的发展

金属切削理论作为一门学科，其研究从1850年算起，已有100多年的历史，经历了力学或切屑形成机理时期、切削可加工性时期及理论推广应用时期。20世纪80年代后，随着计算机技术、自动控制技术在金属切削生产中的广泛应用，金属切削加工的研究重点逐步转向切削加工与计算机技术和自动控制技术相结合方面。随着制造业和制造技术的进一步发展，新材料、新工艺的不断涌现，以及计算机技术和自动控制技术在金属切削加工中更为广泛深入的应用，为金属切削技术的研究开拓了新的方向，也为切削数据库技术的发展提出新的要求。

9.3.1 计算机有限元分析技术与切削数据技术的结合——切削仿真技术

数控加工仿真利用计算机来模拟实际的加工过程，是验证数控加工程序的可靠性和预测切削过程的有力工具，以减少工件的试切，提高生产效率。

从试切环境的模型特点来看，目前NC切削过程仿真分几何仿真和力学仿真两个方面。几何仿真不考虑切削参数、切削力及其他物理因素的影响，只仿真刀具工件几何体的运动，以验证NC程序的正确性。它可以减少或消除因程序错误而导致的机床损伤、夹具破坏或刀具折断、零件报废等问题；同时可以减少从产品设计到制造的时间，降低生产成本。切削过程的图形及力学仿真属于物理仿真范畴，它通过仿真切削过程的动态力学特性来预测刀具破损、刀具振动、控制切削参数，从而达到优化切削过程的目的(图9-26)。

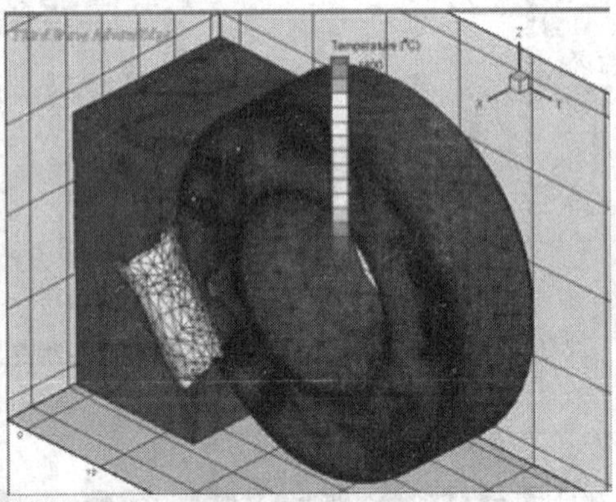

图9-26 切削加工物理学仿真

切削仿真技术具有以下功能：

(1) 可以进行微观及宏观的加工分析，模拟金属切削中的切削力、热流、温度、切屑形成、切屑断裂及残余应力。

(2) 详细的铣削(插铣/玉米铣等)、车削、钻削、镗削、攻丝、环槽等工艺分析。

(3) 网格划分完全自动，只需定义刀具、工件的网格控制系数及网格自适应重划系数。

(4) 软件材料库有130多种工件材料(铝合金、不锈钢、钢、镍合金、钛合金及铸铁)；刀具材料库包括硬质合金系列、金刚石、陶瓷、立方氮化硼及高速钢系列；涂层材料有TiN、TiC、Al_2O_3、TiAlN；同时支持用户自定义材料。

(5) 在加工模拟中可以考虑工件初始应力、刀具的振动、刀具表面涂层及切削液。

(6) 具有参数研究功能，可以进行切削速度、进给量、前角、切削刃圆弧半径参数研究来优化切削工艺。

(7) 车削刀具及环槽刀具磨损仿真。

(8) 残余应力仿真及毛刺仿真。

(9) 丰富的后处理功能，用曲线、云图及动画显示仿真结果，可以得到切削力、温度、应力、应变率及加工功率等结果。

通过切削仿真软件的分析，可以获得金属切削中更多的相关切削数据信息，可提高材料的去除率，优化切削力及温度，优化切屑形成，减少加工中工件扭曲变形，降低残余应力，提高零件质量、刀具性能、刀具寿命，减少现场试切的试验次数，显著地降低产品设计及制造的成本。

9.3.2 计算机数字化设计/制造技术与切削数据库技术结合——切削数据集成化技术

目前，企业为了实现产品设计、管理及制造过程等的快速、高效节拍的要求，缩短产品研发周期，增强产品的市场竞争力，已开始大量采用数字化设计/制造技术。随着企业数字化设计/制造技术应用面的加大，为快速方便、准确查询数字化设计/制造数据资源，需要建立数字化设计/制造资源数据库。它一般包括基本知识数据、被加工工件材料及刀具材料数据、机床设备数据、刀具数据、工艺参数(切削参数、设备参数、工时定额表)及图形数据、工艺规则库和典型工艺库等。切削数据库与CAPP、CAD/CAM和CIMS等联机,作为制造数据库的一部分,为这些数字化设计/制造系统提供合理的切削加工数据,形成企业的切削数据信息中心,对加工过程中的规律、规则、数据和技术进行采集、评价、存储、处理及应用。传统分散的切削数据已不能适应现代化设计制造技术的要求,建立集成化的切削数据是一切数字化设计/制造技术的基础,没有这样的数据库的支持,就没有真正的计算机集成制造系统,因此集成化是切削数据库发展的必然趋势。

与通用切削数据库相比,它使得切削数据在更高的层次上得到应用,在数字化设计/制造软件内部灵活地调用相应的切削数据,高效地完成数字化设计/制造作业任务。

1. 集成化技术内涵及分类

切削数据集成化,就是将开发的切削数据与常用的CAD/CAM软件集成在一起,使得在用这些软件进行快速高效设计/制造作业时,也能快速高效地查询到需要的切削数据。常用的CAD/CAM软件,如MasterCAM、UG等,也都开发了各自的切削数据库模块,但其数据量很少,无法满足设计/制造工作的需要,因而需要开发专用的集成化的切削数据库及查询模块。

按加工方法的不同,主要分为车削类(L)、钻削类(D)和铣削类(M)三种。

按查询数据内容的不同,可分为通用切削数据、切削试验数据、重型切削数据和厂家提供的切削数据四大类。通用切削数据主要有单刃和可转位刀具车削数据(L)、切断和成形刀具车削数据(L)、镗削数据(L)、普通钻削数据(D)、深孔钻削数据(D)、铰削数据(D)、平面铣削数据(M)、三面刃铣削数据(M)、端铣(用立铣刀周铣)数据(M)、端铣(用立铣刀铣槽)数据(M)等;切削试验数据主要是不同工件材料/刀具材料组合下的车削试验数据(L);重型切削数据主要有陶瓷车刀切削用量数据(L)、金刚石车刀切削用量数据(L)、立方氮化硼车刀切削用量数据(L)、刨刀切削用量数据(L)、硬质合金铣刀切削用量数据(M)、硬质合金面铣刀每齿进给量数据(M)、涂层硬质合金铣刀铣削用量数据(M)、金刚石铣刀切削用量数据(M)、硬质合金立铣刀铣削平面和凸台的切削用量数据(M)、聚晶立方氮化硼切削常用淬硬钢的切削用量数据(M)、聚晶立方氮化硼切削常用铸铁的切削用量数据(M)、部分工件/刀具材料匹配时的铣削用量数据(M)等;厂家提供的切削数据主要是刀具制造厂提供的切削数据。

按集成的CAD/CAM软件的不同,主要有以下几种常用软件:

(1) AutoCAD:其特点是二维设计功能强,在进行零件二维尺寸、公差等设计作业时往往要根据加工作业的需要查询切削工艺数据。

(2) SolidWorks:其特点是三维功能强,在进行零件尺寸驱动设计、结构设计作业时往往要查询切削工艺参数数据。

(3) MasterCAM:其特点是数控加工功能强大,零件加工工艺参数数据可通过切削数据库查询得到。

(4) UG:其三维设计及数控加工功能均很强,应用面广。虽然UG软件自带零件加工工艺参数,但其数据量很少,不能满足设计加工作业的要求。建立专用的切削数据库,使得UG软件功能适应现代化的快速、高效、高精度设计/制造作业的需要。

按集成化程度的不同,可将切削数据集成化分为以下三类:

(1) 大量切削数据一般性集成查询。不要求返回任何参数,在应用软件中有菜单选项,查询的内容丰富,但查询效率低,针对性差。

(2) 部分专用切削数据集成查询。要求返回切削加工参数,在应用软件中有菜单选项,查询内容比较专一,查询效率高、针对性强。

(3) 切削数据完全集成查询。在应用软件内部操作,可根据需要灵活调用相应的切削参数,不用菜单选项,查询内容丰富,查询效率高、针对性强。

2. 接口程序设计

要实现切削数据库与常用数字化设计/制造软件的集成,需编制一个与这些软件链接的接口程序。在这个接口程序中,可根据需要查找所需的切削数据。根据集成化程度的不同,可分为全数据库查询接口程序和专用的切削用量查询接口程序。

1）全数据库查询接口程序的开发

全数据库查询接口程序是编制一个专门的切削数据查询模块，可采用各种程序设计语言进行开发。主要通过树状菜单或下拉菜单点击查看各类切削数据（网页格式、图片格式、数据表格式或文档格式数据），并嵌套在各种数字化设计/制造软件的选择菜单项中。

2）专用切削用量查询接口程序的开发

为适应应用软件开发商根据需要适时地在自己开发的软件中调用切削数据的要求，开发了专用切削用量查询接口程序，如图 9－27 所示。它采用开发一个动态链接库文件的形式，并在这个文件中定义多个用户需要查询的切削数据调用函数，用户只需输入少量几个必需的参数，就可直接调用相应的函数获得需要的具体切削参数数据。

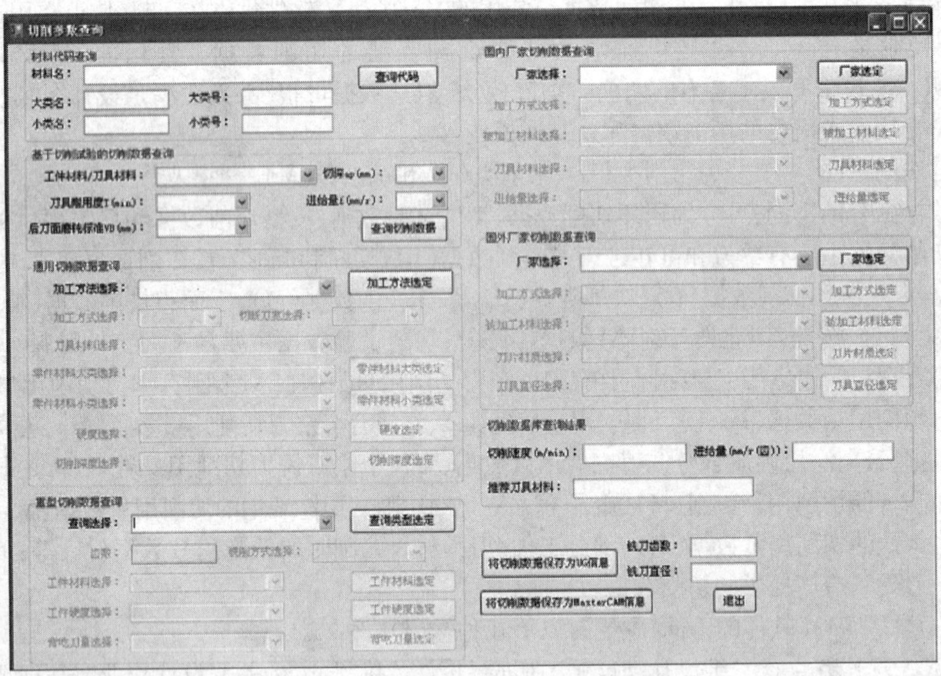

图 9－27　专用切削用量查询接口程序

3. 集成化实现过程

在各种数字化设计/制造软件中都提供了菜单程序二次开发接口，可以根据需要开发出切削数据查询菜单。以下是几种常用 CAD/CAM 软件与切削数据库的集成方法。

1）AutoCAD 中切削数据集成

首先，将 AutoCAD 的菜单文件 acad. mnu 中增加以下内容：

```
* * * POP16
* * QXSJCX
                    [切削数据查询]
ID_qxsjcx           [切削数据查询]^c^c_script slqxsj
```

其次，编制脚本文件 slqxsj. scr，在其中执行接口程序，并将其放到 AutoCAD 安装目录。

```
(command "shell" "接口程序 . exe")
```

运行效果如图 9－28 所示。

图 9－28　AutoCAD 软件中切削数据查询接口选择菜单

2）SolidWorks 中切削数据集成

首先，用 VB 开发调用菜单项。

```
Implements SWPublished. SwAddin
Dim iSldWorks As SldWorks. SldWorks
Dim iCookie As Long
Dim iToolbarID5 As Long
Private Function SwAddin_ConnectToSW( ByVal ThisSW As Object, ByVal Cookie As Long) As Boolean
Dim bRet As Boolean
Set iSldWorks = ThisSW
iCookie = Cookie
bRet = iSldWorks. SetAddinCallbackInfo( App. hInstance, Me, iCookie)
bRet = iSldWorks. AddMenu( swDocNONE, "切削数据(&L)", 3)
bRet = iSldWorks. AddMenuItem2( swDocPART, iCookie, "切削数据查询@切削数据(&Z)", -1, "DocPART_Item1", "DocPART_ItemUpdate", "切削数据查询|DocPART_Item hint string")
SwAddin_ConnectToSW = True
End Function
```

其次，在 DocPART_Item1( )函数中调用接口程序。

```
Public Sub DocPART_Item1( )
X = Shell( "接口程序 . exe", 1)
End Sub
```

运行效果如图 9 - 29 所示。

图 9 - 29　SolidWorks 软件中切削数据查询接口选择菜单

3）MasterCAM 数控加工软件与切削数据库的集成

MasterCAM 软件是美国 CNCSoftware. INC 开发的 CAD/CAM 系统，是一款经济实用的软件系统，可以高效率地编写数控程序。该软件在美国、日本、德国等工业大国普遍使用，为全球 PC 级 CAM，是工业界及学校广泛采用的 CAD/CAM 系统。

MasterCAM 数控加工的切削数据是与刀具库捆绑在一起的，用户可从数据接口程序中获取刀具的切削参数，通过一系列计算形成与数控加工软件所需格式的加工用量参数。可将切削数据库查询得到的切削用量参数存入 MasterCAM 刀具库的文本文件中相应的位置，而其他参数不变，通过 MasterCAM 工作环境下的“Tools Manager”对话框中单击右键，弹出快捷菜单，使用其中的快捷菜单命令“Create a library from text...”将刀具库文本文件转换为 MasterCAM 刀具库文件，再用快捷菜单命令“Get from library...”即可将切削数据库的参数调入 MasterCAM 数控加工环境中，并通过后置处理最终形成数控加工代码，从而实现切削数据库与 MasterCAM 数控加工软件的集成。操作界面如图 9 - 30 所示。

4）UG 数控加工软件与切削数据库的集成

UG 是一个从低端到高端兼有 UNIX 工作站和 Windows 微机版的较完整的 CAD/CAECAM/PDM 集成系统。UG NX 提供了强大的加工功能，它集美国航空航天、汽车工业的经验于一体，成为全球机械集成化

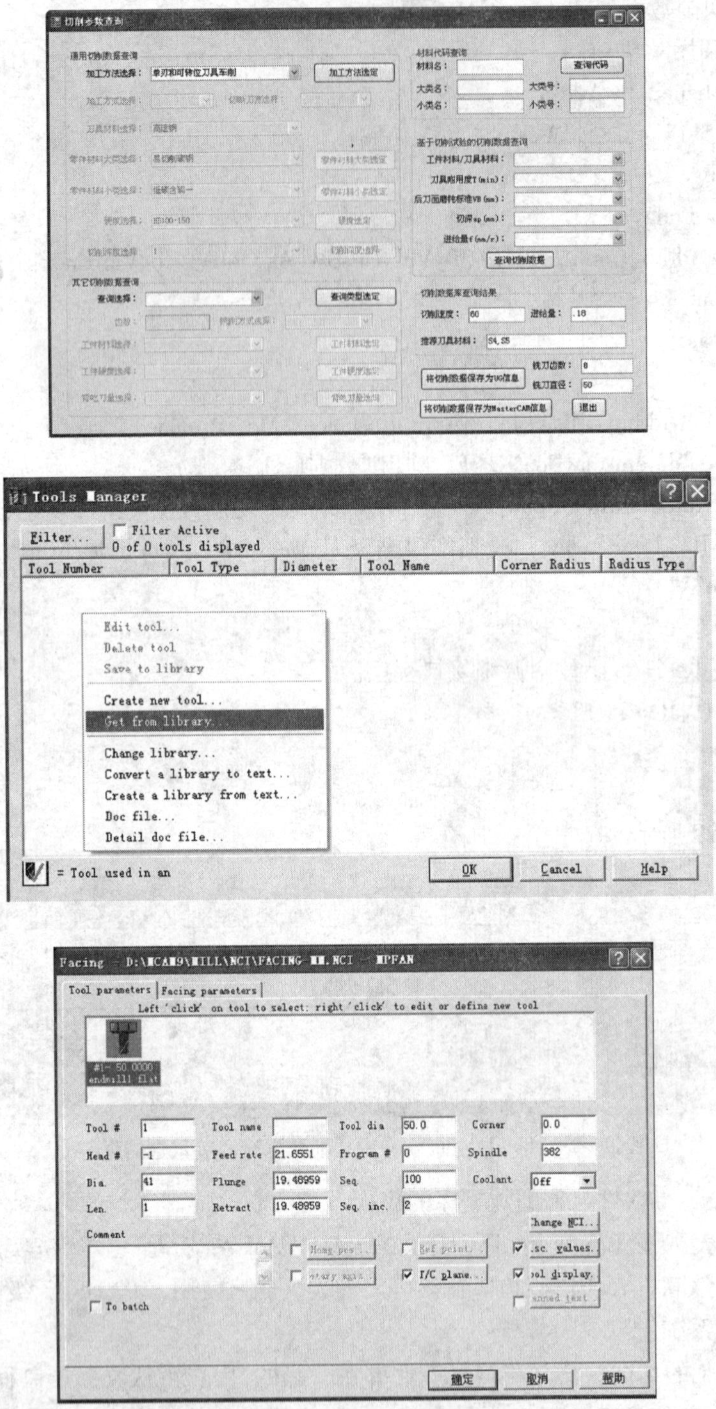

图 9-30　切削数据查询及 MasterCAM 调用切削数据的界面

CAD/CAE/CAM 主流软件之一。UG 软件的切削加工有关数据存放在其安装目录下的\mach\resource\library\feeds_speeds\ascii\子目录中，分别为加工方法库 cut_methods. dat、零件材料库 part_materials. dat、刀具材料库 tool_materials. dat 和切削用量参数库 feeds_speeds. dat。

将零件材料库改为以下通用形式：

#——————+——————————+——————

FORMAT LIBRF MATCODE MATNAME HARDNESS PARTMAT

#——————————————————————

DATA | MAT0_00001 | 选定 | 选定 | 选定 | 选定

将刀具材料库改为以下通用形式：

#——————+——————————————+——————

FORMAT LIBRF MATNAM MATDESC

#————————————————————————————

DATA|TMC0_00001|选定|选定

而加工方法库则按选择的不同，改为以下通用形式：

————+——————————————+——————————

FORMAT LIBRF MODE NAME DESCRIPTION

#————+——————————————+——————————

DATA|OPD0_0000+n|method|program selected|0

其中 n 按加工方法的不同编号为 1~23，method 按加工方法不同分为车削（LATHE）、铣削（MILL）和钻削（DRILL）。

用户可将这些文件先备份，再将切削数据库查询参数写入这些文件，这样在 UG 软件中的“进给和速度”对话框中选择“从表格中重置”按钮就可将切削数据库与 UG 软件集成在一起。操作界面如图 9-31 所示。

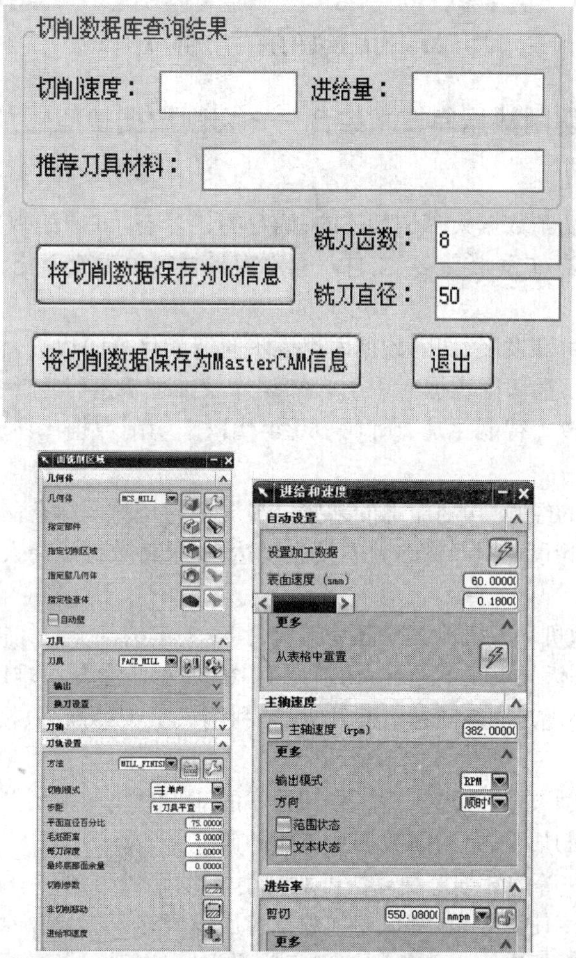

图 9-31　切削数据查询及 UG 调用切削数据的界面

5）专用软件与切削数据的集成

西安易博软件公司是一家针对国内大型的航空航天、兵器及装备制造业等工业部门引进、研究开发和推广应用 KBE/CAD/CAPP/CAM/PDM/ERP/MES 并进行相应技术服务的软件公司，其工艺选刀软件已与切削数据库实现了无缝集成。切削数据库在工艺选刀软件的推荐参数、优化参数、专家参数和调整参数的推荐数据中提供查询数据，操作界面如图 9-32 所示。

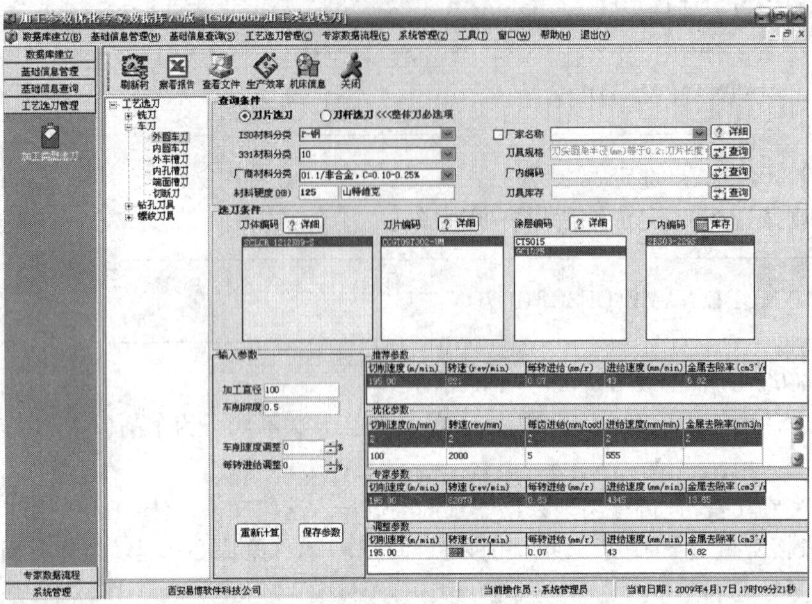

图 9－32　切削数据与选刀软件的无缝集成

9.3.3　人工智能技术与切削数据库技术结合——切削数据智能化技术

1. 智能化技术内涵

传统的切削数据库中的切削数据大多是具体的、确定的、“静态”的原始数据，可以说只是电子版的切削数据手册，而实际生产中加工方式种类繁多，工件材料和刀具材料也千变万化，仅靠“静态”的数据库往往难以解决生产实际中的问题。

随着人工智能技术的产生和发展，切削数据库也逐步向智能化方向迈进，利用人工智能的方法建立切削数据库使其具有“动态”特性，在切削数据库中引入知识库及推理机进行逻辑推理和启发性判断，使存储的切削数据的价值得到充分发挥。智能化是 20 世纪 80 年代以来切削数据库研究的重点，也是切削数据库今后的发展方向。

智能化就是将切削专家的经验、切削加工的某些一般规则与特殊规律存储在计算机中实现运行与决策。很多切削技术及其专家的经验很难用严格的数学模型表达，如果将数据库与人工智能技术结合，则是解决这类问题的最好方法。

专家系统由知识库、推理机和人机界面三部分组成，其中关键的部分是知识库和推理机。专家系统采用规则匹配推理，适于容易找到因果关系的领域，切削加工中的有些现象却很难用规律性的知识和因果关系来描述；规则匹配推理还需解决规则冲突问题。此外，还有利用人工神经网络、模糊算法、基因遗传算法等，用于切削数据的计算推理。

建立基于实例推理的切削数据，通过实例库和知识库的知识查找与新实例相似的旧实例，然后对实例进行改写以让其适用于新工件的加工，是切削数据智能化的研究方向。

此外，如采用 Apriori 算法等的数据挖掘算法可对切削数据库中大量的切削数据进行关联规则挖掘。切削数据挖掘是提高切削数据库使用效率、发现切削数据背后隐藏知识、为切削决策提供指导的重要途径。开发新型数据挖掘技术算法对数据库中大量的数据进行关联规则挖掘，挖掘数据之间的潜在关系产生新的切削数据，也是智能切削数据的一个重要研究方向。

与通用切削数据库相比，智能化技术使得切削数据成为动态数据，扩展了基本切削数据的范围，以适应各种切削加工环境获得更多的适时数据。

根据“人工智能学说”，智能系统的智能化程度越高，系统的开发成本就越大，所以，智能化切削数据库的开发研究，应充分利用智能技术和信息科学等领域已有的科研成果，综合人与计算机的各自特点，从而开发出新型的智能切削数据库，以满足企业对切削数据合理使用的要求。

2. 智能规则库的建立

切削数据专家系统采用产生式规则，即 IF a and b and…THEN c 的结构，如规则在 rules. txt 中：

if ~ A1 then ~ B1 ;

if A1 ^ A2 then A3 ;

~ 表示否定

^ 表示并且

具体的规则如下：

if 工件材料为易切削铝合金 then 刀具材料可用 K10、K20、PCD ;

if 工件材料为铸铝合金 ^ 含 Si 量小于 12% then 刀具材料可用 K10、Si_3N_4；

if 工件材料为铸铁 ^ 珠光体为主 ^ 切削速度大于 500m/min then 刀具材料可选用 CBN 或 Si_3N_4 陶瓷刀具；

if 切削深度大 ^ 进给量大 then 切削抗力大，切削热会增加，故切削速度应降低 ;

if 机床刚性好 ^ 机床精度高 then 可提高切削速度 ;

⋮

在金属切削过程中，由于工件材料的千变万化、刀具材料和参数的种类繁多以及加工工艺和过程的复杂性，给加工决策带来了很多困难。但在加工过程中，各个加工要素和参数的选取并不是孤立的，它们之间是相互联系、相互影响的，其中的一些因素常制约着其他多种因素或被其他多种因素所制约，并且这些制约还存在着一定的规律性，这就为知识库的建立创造了可能。例如，刀具材料的选取受工件材料和加工精度的影响，刀具角度受工件材料、刀具材料和切削类型的影响等，这些信息都可以总结成相关知识存储在知识库中。

本系统知识库中的知识主要来源于一些金属切削手册，这些知识是通过大量的试验和实践得到的，比较权威可靠。此外，还建立了刀具材料匹配库、切削介质匹配库和刀具几何参数匹配库。下面主要对刀具材料匹配库的内容进行介绍，切削介质匹配库和刀具几何参数匹配库的建立与之类似。

在确定工件信息和加工要求后，影响刀具材料类别选择的因素主要有工件材料类别、切削方式和加工精度。表 9－2 列出了刀具材料匹配知识。

表 9－2　刀具材料匹配知识

工件材料	加工精度	刀具材料
铝合金	精加工	超细晶粒硬质合金
	半精加工	涂层硬质合金
	粗加工	硬质合金
淬硬钢	半精加工	PCBN、Al_2O_3 基陶瓷
钢	半精加工	涂层硬质合金
高温合金	半精加工	SiCw 增韧陶瓷
铸铁	半精加工	Si_3N_4 基陶瓷
	精加工	硬质合金
	粗加工	硬质合金
钢	精加工	硬质合金
	粗加工	硬质合金
钛合金	精加工	涂层硬质合金
	半精加工	涂层硬质合金

3. 推理机的设计

在专家系统中，推理机是模仿根据一个或一些判断得出另一个判断的思维过程。推理机根据知识库中的知识，按照一定的推理策略去解决当前的问题。在推理机的设计时，要考虑推理方法、搜索策略和推理方向三个方面。

1）推理方法

推理方法分为精确推理和不精确推理两种。前者是把领域知识表示为必然的因果关系，推理前提和推理结论是肯定的或否定的，不存在第三种可能。对于这种方式的推理，一条规则被激活，其前件表达式必须为真。后者又称为似然推理，是根据知识不确定性求出结论不确定性的一种推理方法。

2）搜索策略

专家系统推理机在进行规则匹配操作时有三种可能的结果：

①只有一条规则匹配成功；②一条规则也没有匹配成功；③有两种以上的规则匹配成功。在推理过程中，如果需要对推理结果做出解释，那么可以建立专家系统解释机构，这从某种程度上提高了专家系统的性能。根据诊断的知识表示，诊断推理的过程本质上是在知识库中以某种搜索策略进行搜索的过程。诊断过程实际就是搜索匹配的过程，专家系统根据输入的测试值及现象用判断规则引导搜索深入，直到找到一个症状。搜索策略分为盲目搜索和启发式搜索两类。盲目搜索不需要前后相关的或有关问题域的专门信息。启发式搜索需要分析问题域的专门信息，即启发式知识，并因此而缩小了搜索空间，从而提高搜索的效率。

3）推理方向

切削数据专家系统推理机采用正向推理、反向推理及混合推理的技术。

（1）正向推理又称为正向链接推理（图9-33），其推理基础是逻辑演绎的推理链，它从一组表示事实的谓词或命题出发，使用一组推理规则来证明目标谓词公式或命题是否成立。

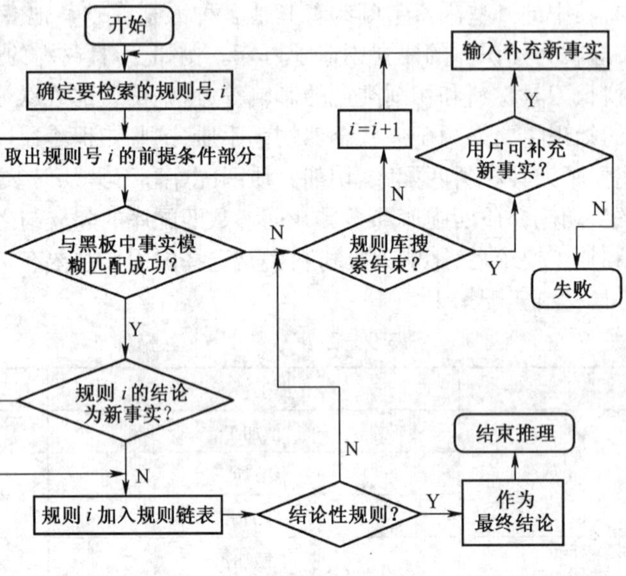

图9-33 正向推理链图

实现正向推理的一般策略是：先提供一批数据（事实）到总数据库中，系统利用这些事实与规则的前提匹配，触发匹配成功的规则（即启用规则），把其结论作为新的事实添加到总数据库中。继续上述过程，用更新过的总数据库中的所有事实再与规则库中另一条规则匹配，用其结论再修改总数据库的内容，直到没有可匹配的新规则，不再有新的事实加到总数据库为止。

（2）反向推理又称为后向推理（图9-34），其基本原理是从表示目标的谓词或命题出发，使用一组规则证明事实谓词或命题成立，即提出一批假设（目标），然后逐一验证这些假设。具体实现策略如下：

① 看假设是否在事实库中，若在，假设成立；否则。

② 这些假设是否是证据结点，若是，问用户；否则。

③ 找出结论部分包含此假设的那些规则，把这些规则的所有前提作为新的假设。

④ 重复步骤①~③，周而复始直到所有目标被证明，或所有路径被测试。

（3）混合推理。正向推理的主要缺点是推理具有盲目性、效率较低，推理过程中可能要推出许多与问题无关的子目标；反向推理的主要缺点则是若提出的假设具有盲目性，也会降低问题求解的效率。为了取长补短，将两者结合起来应用形成混合推理。

图9－35为混合推理的一种示意性结构。对于如何建立假设表有多种策略，什么时候调用反向推理机及正向推理机是混合推理机的最关键技术。

4. 智能化切削数据示例

1）正向推理程序

下面是针对普通钢的精加工通过正向推理程序得出一些有用结论的过程。正向推理前提条件：工件材料为普通钢；加工精度为精加工。

经专家系统正向推理搜索得出如下匹配规则：

Rule(18)：if 工件材料为普通钢 then 最佳切削速度为500～800m/min。

Rule(19)：if 工件材料为普通钢 then 刀具材料可用涂层硬质合金、金属陶瓷、非金属陶瓷、立方氮化硼。

Rule(67)：if 工件材料为普通钢 ^ 加工精度为精加工 then 刀具材料为硬质合金。

Rule(82)：if 刀具材料为硬质合金 then 一般不用切削介质。

Rule(126)：if 工件材料为普通钢 then 生产上应用切削速度305～915m/min。

Rule(136)：if 工件材料为普通钢 ^ 加工精度为精加工 then 生产上应用切削速度300～800m/min。

Rule(167)：if 工件材料为普通钢 then 刀具材料可选 Al_2O_3 基陶瓷，立方氮化硼、Si_3N_4 基陶瓷、涂层。

Rule(182)：if 刀具材料为硬质合金 then 适于加工钛合金和高温合金。

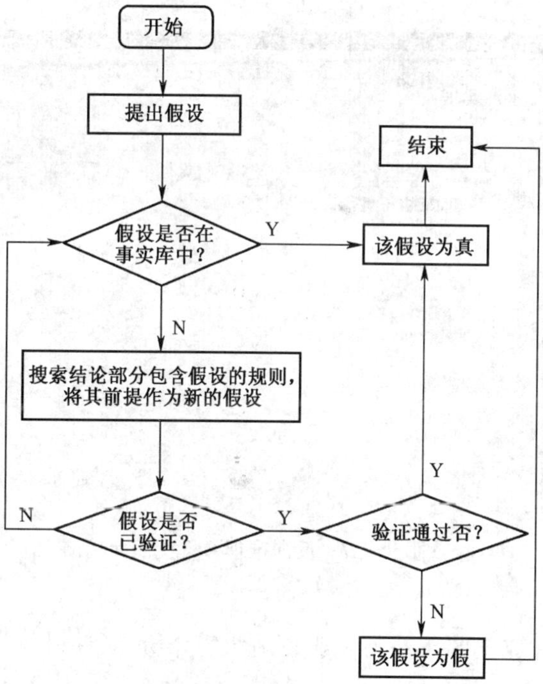

图9－34　反向推理链图

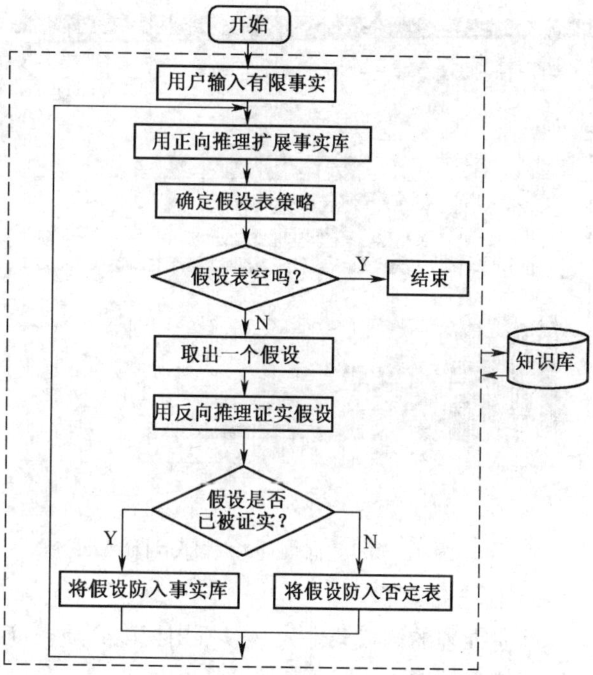

图9－35　混合推理链图

Rule(185)：if 工件材料为普通钢 then 以涂层和陶瓷刀具为主，陶瓷和聚晶立方氮化硼加工淬硬钢，涂层、陶瓷、金属陶瓷加工普通钢。

Rule(198)：if 工件材料为普通钢 then 普通切削速度低于150m/min，过渡切削速度为150～500m/min，高速切削速度为500～2000m/min。

得出如下结论：

结论1：工件材料为普通钢。

结论2：加工精度为精加工。

结论3：最佳切削速度为500～800m/min。

结论4：刀具材料可用涂层硬质合金、金属陶瓷、非金属陶瓷、立方氮化硼。

结论5：刀具材料为硬质合金。

结论 6：一般不用切削介质。

结论 7：生产上应用切削速度 305~915m/min。

结论 8：生产上应用切削速度 300~800m/min。

结论 9：刀具材料可选 Al_2O_3 基陶瓷、立方氮化硼、Si_3N_4 基陶瓷、涂层。

结论 10：适于加工钛合金和高温合金。

结论 11：以涂层和陶瓷刀具为主，陶瓷和聚晶立方氮化硼加工淬硬钢，涂层、陶瓷、金属陶瓷加工普通钢。

结论 12：普通切削速度低于 150m/min，过渡切削速度为 150~500m/min，高速切削速度为 500~2000m/min。

程序运行结果如图 9-36 所示。

2）反向推理程序

反向推理的假设条件为一般不用切削介质。前提成立的条件为工件材料为普通钢、加工精度为精加工。

程序运行后匹配规则如下：

Rule(75)：if 工件材料为普通钢 ^ 加工精度为精加工 then 刀具材料为硬质合金。

Rule(82)：if 刀具材料为硬质合金 then 一般不用切削介质。

故推出假设“一般不用切削介质”为真。

程序运行结果如图 9-37 所示。

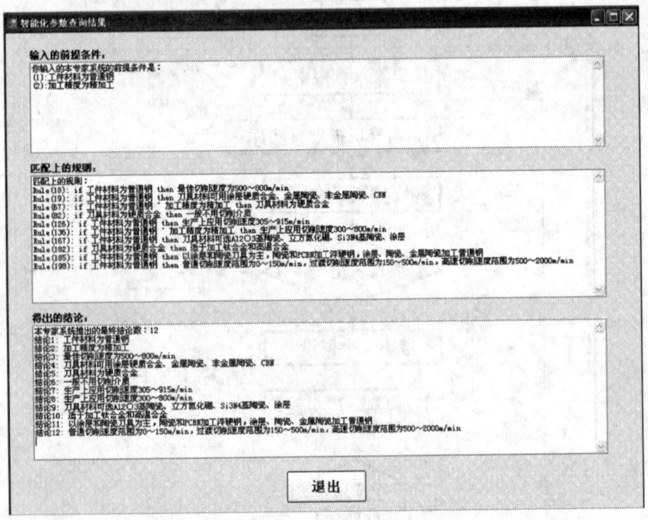

图 9-36 正向推理 C#程序运行结果

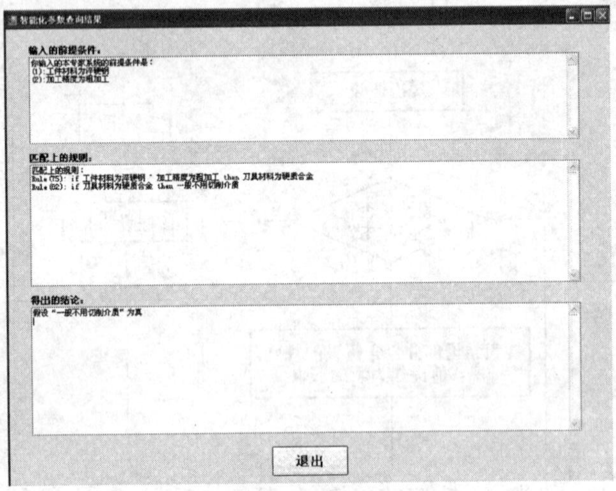

图 9-37 反向推理 C#程序运行结果

3）混合推理程序

反向推理的假设条件为一般不用切削介质。前提条件成立的条件为一般不用切削介质、工件材料为普通钢和加工精度为精加工。

程序运行后匹配规则如下：

Rule(75)：if 工件材料为普通钢 ^ 加工精度为精加工 then 刀具材料为硬质合金。

Rule(127)：if 工件材料为普通钢 then 生产上应用切削速度 305~915m/min。

Rule(168)：if 工件材料为普通钢 then 刀具材料可选 Al_2O_3 基陶瓷，立方氮化硼、Si_3N_4 基陶瓷、涂层。

Rule(182)：if 刀具材料为硬质合金 then 适于加工钛合金和高温合金。

Rule(186)：if 工件材料为普通钢 then 以涂层和陶瓷刀具为主，陶瓷和聚晶立方氮化硼加工淬硬钢，涂层、陶瓷、金属陶瓷加工普通钢。

Rule(199)：if 工件材料为普通钢 then 普通切削速度低于 150m/min，过渡切削速度为 150~500m/min，高速切削速度为 500~2000m/min。

得出如下结论：

结论 1：一般不用切削介质。

结论 2：工件材料为普通钢。

结论 3：加工精度为精加工。

结论 4：刀具材料为硬质合金。

结论 5：生产上应用切削速度 305~915m/min。

结论 6：刀具材料可选 Al_2O_3 基陶瓷、立方氮化硼、Si_3N_4 基陶瓷、涂层。

结论 7：适于加工钛合金和高温合金。

结论 8：以涂层和陶瓷刀具为主，陶瓷和聚晶立方氮化硼加工淬硬钢，涂层、陶瓷、金属陶瓷加工普通钢。

结论 9：普通切削速度低于 150m/min，过渡切削速度为 150~500m/min，高速切削速度为 500~2000m/min。

程序运行结果如图 9-38 所示。

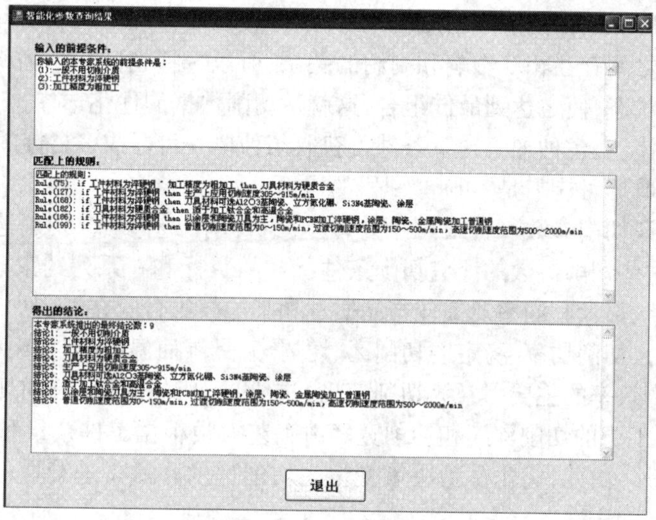

图 9-38　混合推理 C#程序运行结果

9.3.4　计算机优化技术与切削数据库技术结合——切削数据优化技术

目前，许多大型企业为了增强其产品的市场竞争力，已逐步倾向于引进柔性制造系统。为确保机械加工产品质量、降低加工成本、增加经济效益，当选定了加工机床后，切削工艺参数的选择就成为一个至关重要的因素，而针对特定的切削条件如何合理选择切削参数一直没有很好地得到解决。

一般采用建立切削数据库的方法存放切削数据，但很少考虑具体加工条件和加工要求的限制，基本不含粗糙度、加工精度等加工质量要求，其中的切削参数一般比较保守，只能说是可行数据，不适应现代化的生产中高节拍的加工效率要求，不能充分发挥高档数控机床的加工能力。因此，建立优化的切削参数数据是制造业发展对配套的切削数据提出的更高要求。

传统的优化方法很多，如线形规划、非线形规划、整数规划、动态规划等。而近年来新出现的现代优化方法也很多，如启发式搜索方法、基于人工神经网络的优化方法、模拟及均场退火法、拉格朗日松弛法、基于生物进化规律的遗传算法等智能优化方法，不仅适用于常规优化问题，也能适用于冷僻的和非常规的优化问题。

遗传算法是基于自然进化论和计算机科学相互渗透，生命科学与机械科学相互交叉所产生的一种新计算方法。它根据生物进化理论，应用群体的搜索技术，通过选择、交叉及变异等遗传操作，使群体一代一代进化，逐步接近搜索空间中越来越好的区域，直到取得全局最优解。鉴于其比传统优化算法更为突出的优越性，计算量小，计算速度快，能适应自动化制造系统对优化切削数据快速响应的要求，被视为智能的新颖优化算法之一，在优化技术领域有着极其广阔的应用前景。传统的分散切削数据已不能适应现代化设计制造技术的要求,建立集成化的切削数据库和智能、优化的切削参数生成是一切数字化设计/制造技术的基础,没有这样的数据支持,就没有真正的计算机集成制造系统,因此切削数据优化是切削数据发展的必然趋势,最终实现切削参数选取的科学化、合理化、规范化,为企业创造良好的经济效益。

1. 优化技术内涵

近年来,随着数控技术的普遍应用,各种先进制造技术迅速发展,生产辅助时间大大降低,相应地,切削时间所占的比重就大大提高。因此,缩短切削加工时间、提高生产率成为制造企业追求的目标。目前,大多数企业在生产中凭经验或参考切削用量手册来选取切削用量,这往往达不到切削参数的最优选。就我国数控技术的发展现状而言,切削参数的选择是一个“瓶颈”问题。除建立含有大量切削数据资源的切削数据库的方法外,运用现代切削理论、数学建模和模型分析方法寻求切削参数的最优组合,也将是切削参数选择的一个重要方向。

金属切削过程是一个十分复杂的过程,切削工艺主要是通过刀具在材料表面切除多余的材料层来获得理想的工件形状、尺寸及表面粗糙度的机加工方法。切削参数的选择直接关系到切削力的变化,而切削力的变化又影响到刀具的耐用度和零件的加工精度。此外,零件表面质量和机床功率与切削用量的选择也有一定的关系。由于上述因素之间存在相互影响和制约的关系,所以选择切削用量需综合考虑多方面因素。合理调节这些因素的数值或状态,使之达到最佳组合,这就是切削数据的优化选择。

与通用切削数据库相比,在各种加工约束条件下获取某种单一目标或多目标的最优切削参数数据,从而改变了通用切削数据库的数据可能只是“可行数据”的局面。

切削数据优化是除保证切削参数可行或可用外,还应将切削工艺参数(切削速度、进给量和切削深度)进行优化,给出一个包含这些切削参数的评估切削条件优劣的目标和一系列约束条件。目标函数包括最低单位生产成本、最大生产率、最大利润率及最佳产品质量和其加权组合。在切削加工经济性中应考虑的约束条件有刀具耐用度、切削力、切削功率、稳定的切削区、切屑-刀具界面温度、表面粗糙度等。当工件、刀具、机床参数都确定后,影响生产效率的主要因素为切削速度、进给量、切削深度(轴向切削深度)和切削宽度(径向切削深度)。一般地,加工中的切削深度和切削宽度由工艺人员根据工件余量和具体加工要求确定,故在此不对其优化,视为已知量。由此,优化模型决策变量为切削速度和刀具进给量(车削和孔加工)或每齿进给量(铣削),设为 X_1 和 X_2。

2. 切削数据优化数学模型

1)以最大生产率为目标的目标函数

批量生产时,完成一道工序的加工时间为

$$t_w = t_m + t_c + t_h + t_{ot}$$

式中 t_m——工序的切削时间;

t_c——工序之间的换刀时间;

t_h——由于刀具磨损平均一道工序的换刀时间;

t_{ot}——除换刀时间以外的其他辅助时间。

切削速度为

$$v_c = \frac{\pi D n}{1000}$$

车削时,有

$$v_c = \frac{C_v}{T^m {a_p}^x f^y}$$

$$t_m = \frac{L}{nf} = \frac{\pi D L}{1000 X_1 X_2}$$

$$t_h = \frac{t_m t_M}{T} = \frac{\pi L t_M {X_1}^{(1/m)=1} {X_2}^{(y/m)-1} {a_p}^{x/m}}{1000 {C_v}^{1/m}}$$

钻、扩、铰削时,有

$$v_c = \frac{C_v d^z}{T^m a_p{}^x f^y}$$

$$t_m = \frac{L}{nf} = \frac{\pi DL}{1000 X_1 X_2}$$

$$t_h = \frac{t_m t_M}{T} = \frac{\pi L t_M X_1{}^{(1/m)-1} X_2{}^{(y/m)-1} a_p{}^{x/m} D^{1-(z/m)}}{1000 C_v{}^{1/m}}$$

铣削时，有

$$v_c = \frac{C_v d^q}{T^m a_p{}^x f^y a_e{}^u z^p}$$

$$t_m = \frac{L}{nf} = \frac{\pi DL}{1000 X_1 X_2 Z}$$

$$t_h = \frac{t_m t_M}{ZT} = \frac{\pi L t_M X_1{}^{(1/m)-1} X_2{}^{(y/m)-1} a_e{}^{u/m} Z^{p/m} a_p{}^{x/m} D^{1-(q/m)}}{1000 C_v{}^{1/m}}$$

式中　T——刀具耐用度；

D——工件直径（车削时）或刀具直径（孔加工和铣削时）；

L——切削长度；

Z——刀具齿数；

t_M——刀具磨损的换刀时间；

a_e——切削宽度；

a_p——切削深度；

C_v、m、y、p、u、q——刀具耐用度系数。

以上切削速度经验公式由切削用量手册查出。

按照最大生产率目标，其目标函数为

$$\min f(X_1, X_2) = t_m + t_c + t_h + t_{ot}$$

式中：t_m、t_h分别针对以上不同的加工方法取相应的值。

2）约束条件

切削参数的选择受机床主轴转速、进给量、进给力、切削扭矩、机床功率和工件表面质量等的限制，加工时的决策变量应该满足以下约束条件：

（1）切削速度应满足机床主轴最大转速限制，即

$$g_1(X_1, X_2) = \frac{\pi D n_{\min}}{1000} - X_1 \leqslant 0$$

$$g_2(X_1, X_2) = X_1 - \frac{\pi D n_{\max}}{1000} \leqslant 0$$

式中：$n_{\min}$和$n_{\max}$分别为机床最低转速及最高转速。

（2）进给量应满足每齿进给量约束，即

$$g_3(X_1, X_2) = \frac{\pi D v_{f\min}}{1000 Z X_1} - X_2 \leqslant 0$$

$$g_4(X_1, X_2) = X_2 - \frac{\pi D v_{f\max}}{1000 Z X_1} \leqslant 0$$

式中：$v_{f\min}$、$v_{f\max}$分别为加工机床最小切削进给速度和最大切削进给速度。

对于车削及孔加工而言，上式中$Z=1$。

（3）切削进给力应小于机床主轴最大进给力：

车削加工　$g_5(X_1, X_2) = C_{F_f} \cdot ap^{x_{F_f}} \cdot X_2{}^{y_{F_f}} \cdot X_1{}^{n_{F_f}} - F_{f\max} \leqslant 0$

孔加工 $g_5(X_1,X_2)=C_F\cdot D^{z_F}\cdot X_2^{y_F}-F_{fmax}\leqslant 0$

铣削加工 $g_5(X_1,X_2)=\dfrac{C_F a_p^{x_F}X_2^{y_F}a_e^{u_F}ZK_{F_c}}{D^{q_F}n^{w_F}}-F_{fmax}\leqslant 0$

式中:F_{fmax}为机床主轴最大进给力;C_F、C_{F_f}、x_F、y_F、z_F、x_{F_f}、y_{F_f}、n_{F_f}、u_F、q_F、w_F、K_{F_c}为切削力系数。

(4) 切削功率小于机床有效功率,即

$$g_6(X_1,X_2)=\frac{F_cX_1}{60000}-\eta P_{max}\leqslant 0$$

式中:P_{max}为机床最大功率;F_c为切削力;η 为机床有效系数。

(5) 零件加工要达到表面粗糙度要求,即

$$h=r_\varepsilon-\sqrt{r_\varepsilon^{\,2}-(0.5\times f)^2}$$

h 为残留高度,而

$$R_a=(0.25\sim 0.33)h$$

因此有

$$R_{max}=\frac{1000f^2}{8r_\varepsilon}$$

$$g_7(X_1,X_2)=X_2-\sqrt{\frac{R_{max}r_\varepsilon}{125}}\leqslant 0$$

式中:R_{max}为最大表面粗糙度;r_ε为刀具刀尖半径。

以上数学模型可归结为以下优化问题:在满足约束条件的情况下,求目标函数的最小值,即

$$y=\min F(X_1,X_2)$$
$$g_i(X_1,X_2)\leqslant 0;i=1,2,\cdots,7$$

这个优化数学模型的目标函数及约束方程为非线性函数方程。如采用传统的优化算法,不仅计算复杂而且不容易搜索到全局最优解。

在本优化算法中,设切削速度 X_1的分辨精度为 1m/min,进给量 X_2的分辨精度为 0.001mm/r,则算法可简化为 X_1为整数,$X_2\times1000$ 也为整数的整数规划问题,可以用计算机程序很快搜索到满足最大生产率的切削速度和进给量最优解。

3. 优化算法程序设计

采用一种模拟生物进化的变搜索域智能优化的遗传算法来优化该模型。

根据遗传算法(GA),经过第一轮优选出的种群已有较好的对目标的适合度,基因重组是希望在此基础上通过交叉和变异使得物种变得更优异。在本算法应用中,设切削速度 v_c 的分辨精度为 1m/min,进给量 f 的分辨精度为 0.001mm/r。采用实数编码的遗传算法。

从以上约束条件可知,X_1在 $1\sim\dfrac{\pi Dn_{max}}{1000}$之间先取整数,$X_2\times1000$ 在 $1\sim\sqrt{\dfrac{R_{max}r_\varepsilon}{125}}\times1000$ 之间先取整数,并满足其他约束条件,先快速搜索出使目标函数达到最小值的 X_1与 X_2的取值 X_{1v}和 X_{2v},然后在±1 的范围内再用遗传算法搜索更精确的最优解。

1) 初始群体的产生

同其他优化方法类似,遗传算法需要初始解。初始解在 $X_{1v}\pm1$ 及 $X_{2v}\pm1$ 范围内取随机数值。为增加解的精度,将随机数范围扩大后再除一个最大整数,如 rdm. Next(1, 10000)/10000.0 可达到小数点后 4 位的精度。注意,取得的随机值应满足一切约束条件。

2) 选择操作

计算出满足约束的随机解的目标函数值,然后按一定比例选取出部分目标函数值较小的解作为下一代解的一部分,而其他使目标函数取值较大的部分则被淘汰掉。

3）交叉操作

实数编码的交叉操作方法：

设对 X_1 和 X_2 两个个体进行算术交叉，则交叉后的两个新个体为

$$X_1^{(1)} = \alpha X_1 + (1-\alpha)X_2$$
$$X_2^{(1)} = (1-\alpha)X_1 + \alpha X_2$$

针对本问题的特点，对以上算法做了如下改进：

$$X_1^{(1)} = X_1 + \alpha X_2/1000.0$$
$$X_2^{(1)} = \alpha X_1/1000.0 + X_2$$

交叉操作是产生新个体的主要方法之一，因此交叉概率 P_c 应大些。过大可能会破坏群体的优良模式，对进化计算反而产生不利的影响；太小则产生新个体的速度较慢，算法效率低。一般交叉概率取 0.59～0.99。

4）变异操作

选择和交叉操作基本上完成了遗传算法的大部分搜索功能，而变异则增加了遗传算法找到接近最优解的能力，是遗传算法的一个重要环节。变异操作可以维持群体的多样性，防止出现早熟，为新个体的产生提供了机会。变异概率不宜过大，过大可能把群体中较好的个体变异掉。一般变异概率取 0.0001～0.1。如果变异概率大于 0.5，遗传算法就退化为随机搜索法。

实数编码的变异操作方法：

$$X^{(1)} = X + 2(\alpha - 0.5)X_{max}$$

式中：$\alpha \in (0,1)$，为一随机数；X 为变异前的个体；X_{max} 为 X 在变异操作中的最大可能改变值；$X^{(1)}$ 为变异后的个体。

针对本问题的特点，对以上算法做了如下改进：

$$X_1^{(1)} = X_1 + 2(\alpha - 0.5)X_{max}/1000.0$$
$$X_2^{(1)} = 2(\alpha - 0.5)X_{max}/1000.0 + X_2$$

本优化模型的优化流程如图 9－43 所示。首先输入刀具、机床、工件等基础参数和优化参数；然后随机选择满足约束条件的初始种群，评价初始种群的适应度，进行选择操作，对选定的种群以概率 P_c 进行交叉，以概率 P_m 进行变异操作；最后判断是否达到迭代次数，达到则输出最优解，否则返回前面继续评价种群的适应度及进行选择、交叉和变异操作，如此循环往复，直到得出最优解为止。

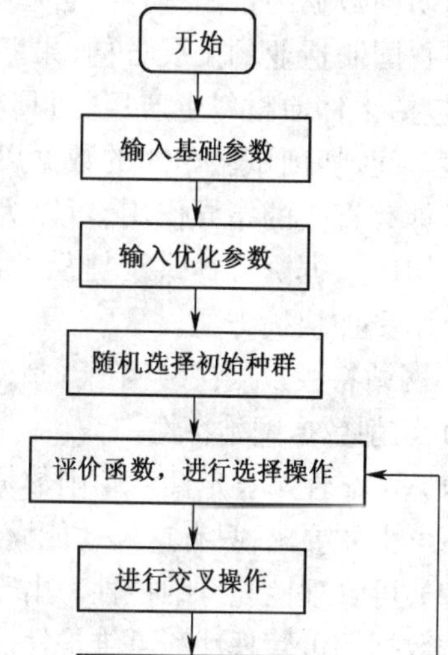

图 9－43　遗传算法流程

4. 优化切削数据示例

以铣削加工为例（图 9－39），已知参数：铣刀直径 20mm，加工长度 1000mm，切削深度 6mm，刀具磨损的换刀时间 10min，机床最高转速 4000r/min，机床最高进给速度 15240mm/min，机床主轴最大进给力 1000N，机床主电机功率 7.5kW，机床效率 0.8，工件加工表面粗糙度 6.3μm，刀尖圆弧半径 1.0mm，刀具齿数 2，铣削宽度 20mm，加工材料为碳素结构钢 σ_b = 650MPa，加工刀具为端铣刀，刀具材料为 YT15。则不到 1min 计算机程序即可搜索出最优切削参数：切削速度 233m/min（转速 3708r/min），每齿进给量 0.046mm/r（进给速度 341mm/min）。

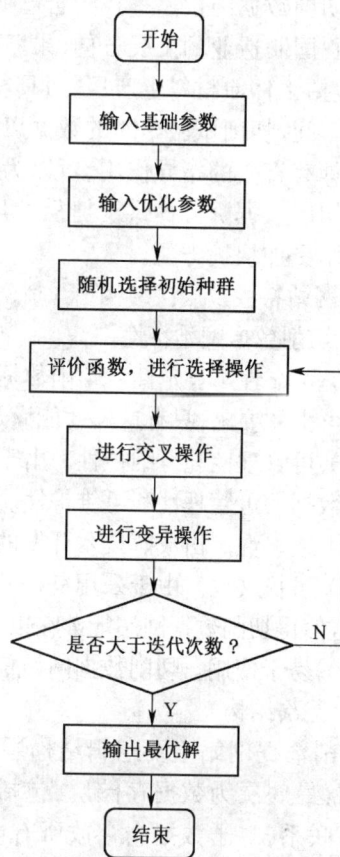

9.3.5 计算机网络技术与切削数据库技术结合——切削数据网络支持技术

随着 21 世纪知识更新加快，互联网作为信息化快速交流平台，给予了先进切削数据强大而快速的交

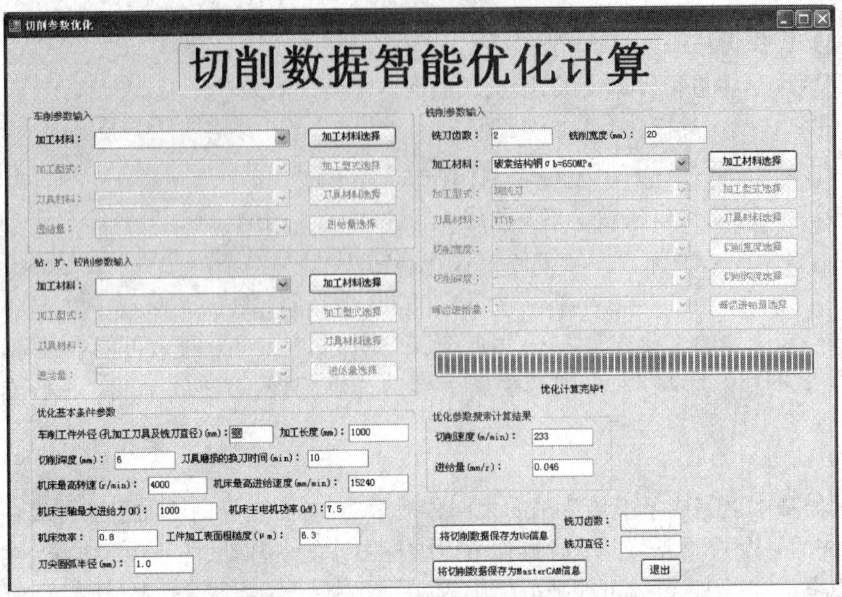

图 9-39 切削数据优化计算示例

流空间,因此建设先进切削数据共享网的模式已是必然趋势。通过整合大量与切削加工技术各种因素有关的实用数据资源,使得制造业从业人员、高校师生以及对切削加工技术感兴趣的社会各界人士都能从大量的切削数据中快速查找到自己所需要的实用数据。政府部门也可以使用整合的切削数据资源,科学地把握我国制造业的发展方向,果断地做出科学、正确的决策。切削数据库的建设涉及各种类型厂家的数据,包括工件原材料生产厂、刀具材料生产厂、机床制造厂、机床附件生产厂、刀具生产厂、刀具表面改性处理车间、切削试验车间的数据以及切削加工工艺数据等,数据本身都是生产一线的实用数据,对于生产现场具有直接的指导作用,可以为用户带来直接的经济效益。开发互联网平台的切削数据库为快速查询这些切削数据资源提供了捷径。与通用切削数据库相比,它使得切削数据能在互联网上快速查询到,推广应用更加快捷方便。

1. 网站特性及层次结构

1）切削数据网站特性

（1）可靠性与稳定性。切削数据网站要对外提供切削数据有偿的查询服务,因此实用、可靠、稳定是对其必不可少的要求,只有这样才能满足对外提供有偿查询服务的需要。

（2）可管理性和可维护性。由于切削数据网站所提供的切削数据是不断修改,因此,在设计时应重点考虑网站数据的可管理性和可维护性。

（3）成熟性。由成熟技术开发的切削数据网站,可以更好地保证切削数据网站的正常运行。

（4）可扩展性。由于采用良好的架构设计,切削数据网站具有良好的可扩展性,能够方便快捷地扩展新功能,这使得切削数据网站能够在以后不断适应新的需求、不断完善相关功能。

（5）易于使用。切削数据网站信息检索快捷,能够快速提供给专业人员所需的切削数据查询。

2）层次结构

切削数据网站主要逻辑结构层次如图 9-40 所示。采用了当前网站开发运用比较成熟的三层体系结构:最底层为数据存储层,包括数据库服务器和电子数据仓,数据库服务器存放结构化数据以及数据间的联系,电子数据仓存放所有电子文档;数据缓存主要是根据一定的策略将最为常用的数据缓存到内存中,使网站的查询效率提高,同时减少因大量查询带来的频繁数据库操作;服务层主要提供通过网页进行数据查询、浏览等服务,相关的验证、数据库查询等业务逻辑也在该层。查询操作首先是针对数据缓存中的数据进行,若查询不到再到数据库中查询,并将查询到的数据返回给客户端,同时还将该数据缓存到数据缓存中,以方便其他用户的查询。这样不仅减少了数据库查询的负担,同时也提高了数据库的安全性。

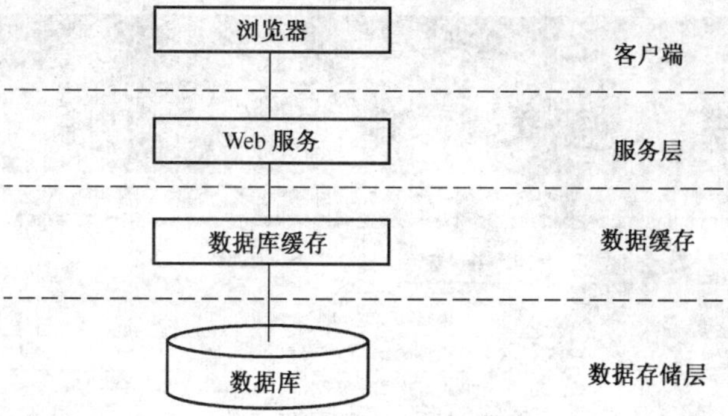

图9-40 切削数据网站主要逻辑结构层次

2. 网站采用的开发技术及运行平台

切削数据网站采用 Java 编程语言开发，尤其是在网站开发方面，具有很多其他开发语言不具备的优点。Java 程序是在虚拟机上以线程方式运行，运行耗费资源少、效率高，且可移植性好，适用于不同平台。

服务层利用 Struts 来实现，它可以拦截用户在人机交互界面的操作指令，然后根据自己的配置文件来寻找相应的动作执行。数据处理核心根据服务层所执行的动作来调用相应的下层功能模块接口。这样的设计也许会比直接在页面中调用相应功能模块的设计方式需要编写更多的代码，并且使程序结构看似更加复杂，但是这样可以让表现层与数据层完全分割开来。在以后的程序升级、扩展时，改变人机交互界面对用户的呈现并不会影响实际功能的实现，而对功能的修改也不需要重新编写表现层的代码。

切削数据网站的运行平台采用的是 Tomcat 服务平台软件，支持 http 访问，同时支持 Jsp 及 Java 程序。该平台软件是目前使用最为广泛、技术最为成熟、运行最为稳定的 Java 服务软件。采用该平台软件能够保证切削数据网站运行的稳定性和可靠性，同时该平台软件还可以同 Apache 进行集成，从而可以利用 Apache 的安全性能来保证本网站的安全性。通过 Tomcat 提供的这些功能，使得本网站的开发事半功倍，不仅获得了良好的稳定性和可靠性，还获得了较强的安全性。

3. 网站主要功能

1）免费注册

切削数据网站用户均为免费注册，但注册后需缴纳一定费用并经过一定认证后才能查看网站所提供的专业切削数据。缴费成功后由管理员确认并正式开通。

2）检索数据

切削数据网站提供了树形菜单，可以根据分类逐级检索想要查看的数据。用户检索数据过程是不需要经过认证的，当用户需要查看具体数据时，则需要认证，只有经过认证的用户才能查看具体数据内容。

3）登录认证

用户要查看具体数据内容都必须经过登录认证。在认证的过程中会验证用户是否有效、是否过期等信息，以保证有偿提供数据信息的服务。

4）提供专门的数据录入软件

切削数据网站提供专门的录入软件，可以批量地录入数据到网站，包括图片、表格、Word 文档、文字信息等，使得切削数据网站具有十分丰富的专业数据。

4. 网上切削数据的查询示例

进入互联网，输入网址 http://www.cuttingdata.net/。输入有效的账号、用户密码及验证码，即可进入切削数据网上查询平台。

通过选择左侧的数据目录导航菜单，进入到需查询的数据层。如单击“切削工艺”、“切削用量”后，进入图9-41所示的界面。单击“单刃和可转位刀具车削”，出现图9-42所示的界面。

单击“查看数据”，出现车削数据界面。

9.3.6 切削数据库展望

切削数据将随着机械加工技术的进步而得到发展。随着切削数据研究的不断深入，切削数据结构标准

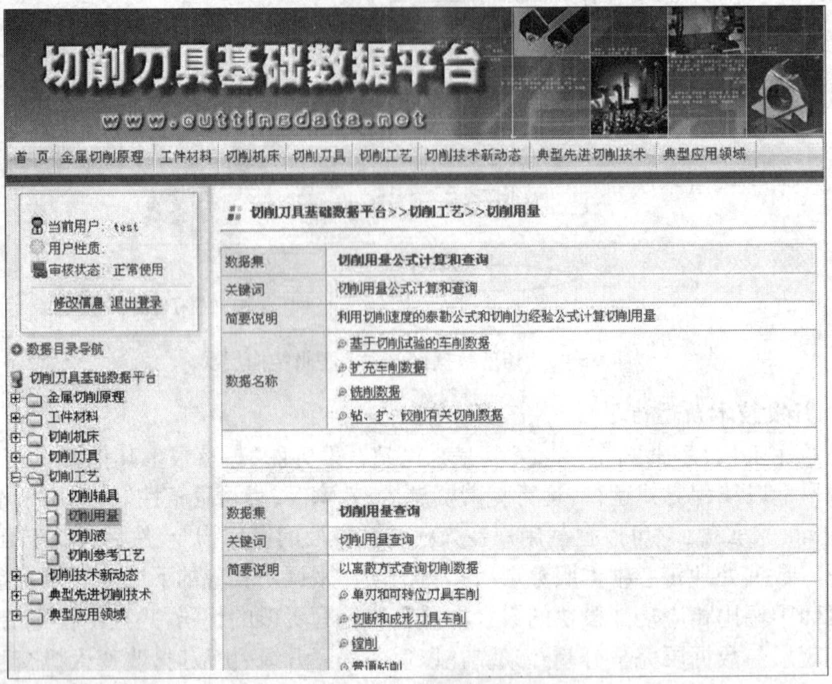

图 9-41 切削用量查询界面

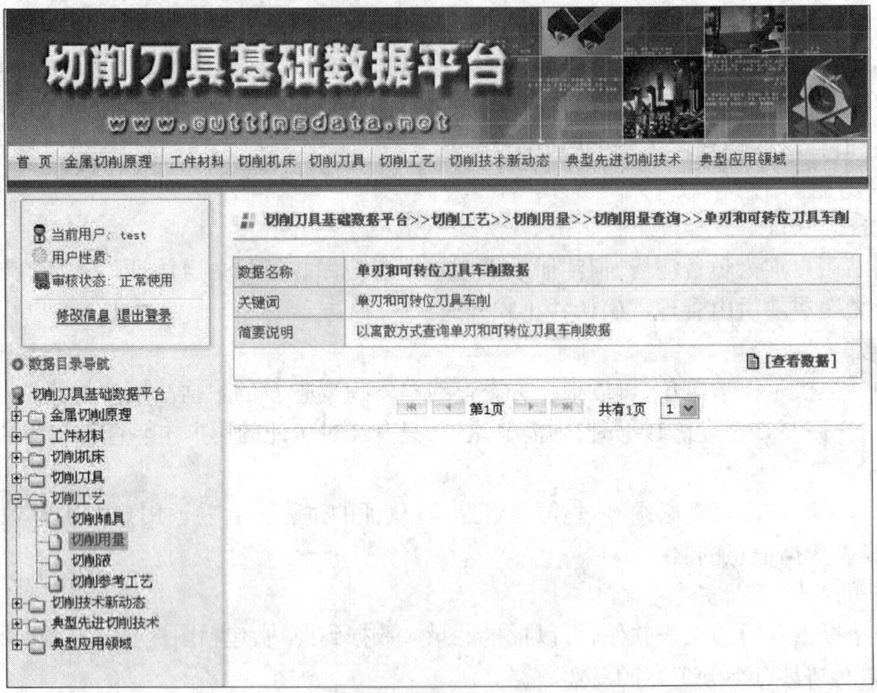

图 9-42 车削数据查询界面

化是一种必然趋势，如山特维克可乐满的刀具数据知识中心（TDM）已将 ISO13399 刀具数据结构标准用于刀具的描述。另外，提高切削数据集成化服务功能，寻求切削数据与更多的机械加工专用软件的集成，让切削数据资源得到更广泛深入的应用，是切削数据库今后研究的一个方向。

随着机械加工技术向高速高效、精密、智能、复合、环保方向发展，各种先进的设计方法如创新设计、产品生命周期设计、有限元设计、虚拟设计、优化设计、稳健设计、并行设计、智能设计、机电一体化设计的成熟并得到应用，各种先进的制造方法如柔性制造、计算机集成制造、网络制造、敏捷制造、智能制造、绿色制造、虚拟制造等的不断涌现并得到应用，相信切削数据也会在这些机械加工及设计/制造领域不断地得到开发和应用。

要随时保持切削数据的先进性，随着新材料、先进工艺、高速高效工艺等的不断涌现，切削数据库也将针对这些新材料、新工艺而不断更新和升级。

为推进国产化，推广国内的技术，切削数据库要主要面向国产刀具，以推广国内自主开发的高档数控机床、数控系统、功能部件为原则和宗旨。

切削数据要具有自适应能力，具有随切削条件和切削过程动态变化的特征，逐步建立一套机制来保证切削数据库的数据不断更新，以充分发挥机床加工效能，便于推广应用。

切削数据库要逐步向应用型方向发展，由"查询型的切削数据库"发展成为"工艺智能优化控制为特征的切削数据库"，要求切削数据达到一定规模并经过了优化，具有智能化功能，并可在已有的数据基础上进行数据挖掘，寻求更多的切削数据资源。另外，随着计算机信息技术的飞速发展，切削数据正不断地向着网络化的远程服务方向发展，在共享网络服务平台下让更多的用户得到应用。

第10章 切削加工的冷却润滑技术

10.1 切削液的作用及其机理

使用切削液的主要目的是减小切削能耗，及时带走切削区内产生的热量以降低切削温度，减少刀具与工件间的摩擦和磨损，提高刀具使用寿命，保证工件加工精度和表面质量，提高加工效率，达到最佳经济效果。切削液在加工过程中的这些效果主要来源于其润滑作用、冷却作用和清洗（排屑）作用。此外，因为切削液是油脂化学制品，直接与操作人员、工件和机床相接触，对其安全性、防锈性和腐蚀性也必须有一定的要求。

10.1.1 切削液的润滑作用及其机理

润滑剂在运动副中的润滑性包括油性、抗磨性和极压性三个方面。它们既有关联又有区别：油性是指润滑剂减少摩擦的性能；抗磨性是指润滑剂在轻负荷和中等负荷条件下，即在流体润滑或混合润滑条件下，能在摩擦表面形成薄膜，防止磨损的能力；极压性是指润滑剂在低速高负荷或高速冲击负荷条件下，即在边界润滑条件下，防止摩擦面发生擦伤和烧结的能力。

必须指出，切削加工中工具与工件表面间的摩擦、磨损与润滑同运动副工作表面间的摩擦、磨损与润滑虽有某些相似之处，但有本质上的区别：

(1) 从使用目的上看，使用润滑油剂于运动副中的主要目的是减少摩擦和磨损，尽量避免摩擦表面产生直接接触和已形成的接触点向微切削转化；而切削（尤其是磨削、研磨等）加工中使用切削液的目的恰恰是要促进切削与微切削过程的发生和顺利进行。

(2) 从接触条件上看：平面运动副为面接触，接触应力相对较小；滚动体构成的运动副和某些高副在理论上是点接触或线接触，其接触应力通常在弹性极限范围内；而切削加工中工具与工件材料在理论上虽然也是点接触或线接触，但其接触应力很大，一般均超过工件材料的强度极限，才能使材料脱离母体金属成为切屑。

(3) 从摩擦表面状况上看：运动副接触表面大都周而复始地工作，一般不出现新生表面；而切削加工中切屑的内、外表面以及工件的已加工表面都是在切削过程中一次性形成的新生表面，其表面活性大，极易与工具材料发生黏结（冷焊）。因此，要求切削液有良好的渗透性和润滑性。

(4) 从能量消耗和转换上看：一般说来，运动副传递总能量的95%以上用于做有用功，接触表面间的摩擦所消耗的能量只占很小部分，且接触面间一般存在润滑膜，产生的摩擦热相对较少；而切削加工中85%~90%的能量消耗于材料的塑性变形和工具与切屑、工具与工件之间的剧烈摩擦，并且转化为热能，导致切削区的高温，局部可达到800℃以上，这会加速工具的磨损。因此，与运动副相比，冷却（降温）对切削过程而言有时更为重要。

(5) 从作用机理上看：润滑剂的油性、抗磨性和极压性都有明确定义和标准试验方法，它们在摩擦副中所起的作用是清楚的；而切削液的这些性能和作用却难于明确区分，尤其是抗磨性，对工件材料而言毫无意义。

在湿式切削加工过程中，刀具-切屑、刀具-工件界面上存在着产生各种润滑状态的可能性。切削液的润滑性在这里扮演了什么样的角色？它是怎样起作用的？以下就根据已有的研究结果进行分析和归纳。

10.1.1.1 切削液在切削过程中的润滑作用

1. 减轻切削过程的摩擦和能耗

图10-1为普通刀具和限制接触长度的特殊刀具进行切削试验的示意图。测量切削力时，发现切削力

值开始急剧变化的临界接触长度大约为总接触长度的 1/2~2/3。切削碳素钢时,用显微镜观察得到刀-屑接触长度 $L_0=(5\sim6)a_p$(a_p表示切削深度),如图 10－1(a)所示;若使用如图 10－1(b)所示的限制接触长度的刀具切削,固定切削深度 a_p,改变前刀面长度 L,以比值 L/a_p 为横坐标,剪切角和切削力为纵坐标,就得到如图 10－2 所示的结果。由图 10－2 可见,干式切削时,切削力和剪切角发生急剧变化的临界点 $L/a_p=4$;若将菜籽油作为切削液,则 $L/a_p\approx2.5$;无论是干式切削还是用菜籽油湿式切削,大于临界点以后的剪切角和切削力都没有变化,这说明 L/a_p 大于临界点后切屑已脱离前刀面。

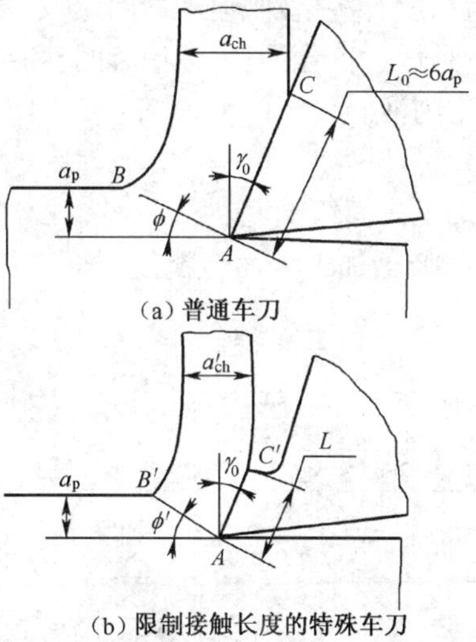

图 10－1　刀-屑接触长度

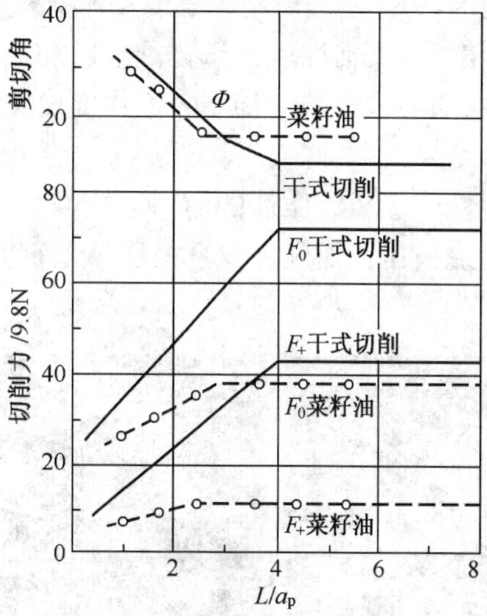

图 10－2　干切削和使用菜籽油切削的剪切角和切削力比较

从该试验可以确认:①供给菜籽油使黏结摩擦区的接触长度从 $4a_p$ 约减少到 $2.5a_p$;②用 $L>4$ 的刀具切削时,湿式切削比干式切削的剪切角大、切削力小,主切削力 F_c 约减小了 47%,切向切削力 F_t 约减小了 68%。

表 10－1 为用剪切角 φ、切削比 r(切削比 r 等于变形系数 ξ 的倒数)和前刀面上的刀-屑摩擦系数 μ 对切削液的效果进行评价的试验结果。由表 10－1 可见,随试验序号的增加(从干式切削→乳化液→含非活性硫化脂肪油的切削油→菜籽油→含脂肪油的活性氯硫化矿物油),切削比 r、剪切角 φ 增大,摩擦系数 μ 减小。该试验说明,油性剂、氯硫极压添加剂对降低摩擦系数、减小切屑变形的效果明显。

表 10－1　切削液的润滑效果

试验序号	切削液种类	r	φ	μ
1	干式切削	0.348	15°15′	0.90
2	乳化液	0.366	22°50′	0.83
3	切削油(硫化脂肪油+矿物油,非活性)	0.380	24°20′	0.72
4	菜籽油	0.434	25°12′	0.68
5	切削油(氯硫化矿物油+脂肪油,活性)	0.456	26°30′	0.66
注:刀具材料为高速钢,$\gamma=15°$;工件材料为低碳钢 S10C;二维切削,$v_c=15\text{m/min}$,$a_p=0.25\text{mm}$				

上述研究结果要点归纳如下:

(1) 供给切削液使前刀面上的黏结摩擦区和刀-屑接触总长度减小,剪切角增大,切削力减小,从而使切削能耗减少,切削过程更容易发生和顺利进行。

(2) 在减少刀-屑和刀-工摩擦方面,切削液中的油性剂和极压剂有明显效果。

根据切削原理,在刀具后刀面上因为有后角,刀具与被加工表面的接触面积比前刀面小,接触压力也低,可认为后刀面的摩擦状态接近于边界摩擦状态。在实际工作中,含有油性剂、极压剂的切削液也能有效地减轻后刀面的摩擦和刀具磨损。

2. 抑制积屑瘤,改善已加工表面质量

低、中速切削钢料时极易产生积屑瘤,对加工过程产生诸多不利影响,如使工件表面质量变坏、引起尺寸变化、造成刀具黏结磨损和破损等。用含极压添加剂的切削油解决这些问题很有效果。

图 10－3 为供给轻油和极压切削油时得到的切屑根部显微照片。从图中可以看出,供给轻油时积屑瘤非常明显,而供给含有极压添加剂的切削油时积屑瘤基本上消失。

图 10－4 为使用不同切削液时已加工表面粗糙度的比较。由图 10－4 可见,在已加工表面粗糙度方面,不同种类切削液的差别是很明显的。①两种水基切削液的加工表面粗糙度有些差别,但平均而论,水基切削液不如油基切削液;②活性硫化氯化油的已加工表面粗糙度最小,其次是活性硫化油、大豆油、油脂和矿物油的混合油;矿物油混合油的已加工表面粗糙度甚至大于其中一种水基切削液。

上述试验结果说明:

(1) 含活性硫极压添加剂的切削油能抑制积屑瘤的生长,降低已加工表面粗糙度。

(2) 活性硫极压添加剂和氯系极压添加剂并用,在抑制积屑瘤和降低已加工表面粗糙度方面有协同增效作用。

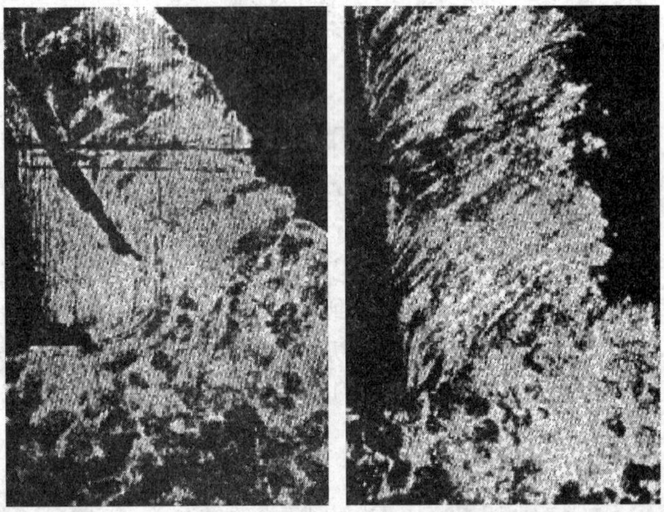

(a) 轻油　　(b) 极压切削油

图 10－3　使用不同切削液时积屑瘤附着状况的差异

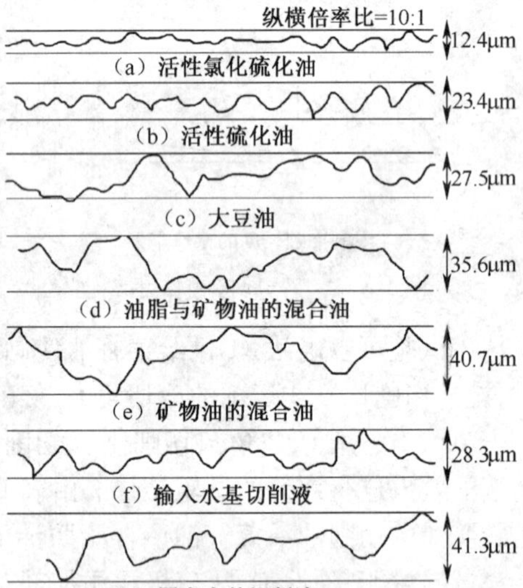

图 10－4　使用不同切削液时已加工表面粗糙度的比较

刀具材料:高速钢 SKH3(15、0、12、12、58、32、1.2mm);

工件材料:35 钢;切削用量:v_c = 21m/min,a_p = 1.2mm,f = 0.1mm/r。

10.1.1.2　切削液在切削过程中的润滑作用机理

1. 切削液进入切削区的路径

为了发挥作用,切削液必须以某种形式存在于切削区内或其附近。图 10－5 是切削液到达切削区的 4 种可能路径,即 A(前刀面)、B(后刀面)、C(刀具切削刃附近的两侧面)、D(剪切区附近的切屑和工件交界面)。

1) 切削液沿路径 A 进入切削区的可能性

在前刀面上,因切屑由切削刃流出,而切屑与刀具间的压力和温度通常很高,切削塑性材料时,在切削刃附近切屑底层金属与前刀面存在着黏结摩擦区和滑动摩擦区,切削液逆切屑流出方向从前刀面渗入到切削刃处的机会虽然小,但到达滑动摩擦区边沿是完全可能的,尤其在低速切削时这种可能性更大。M. E. Merchant 曾用显微镜观察过刀具与切屑之间的间隙,发现了直径为 10^{-5}in(1in = 25.4mm)的毛细管,并举出计算的例子说明,由于毛细管的吸附作用,切削液能够由前刀面渗入到切削区。他认为切削液中的某些

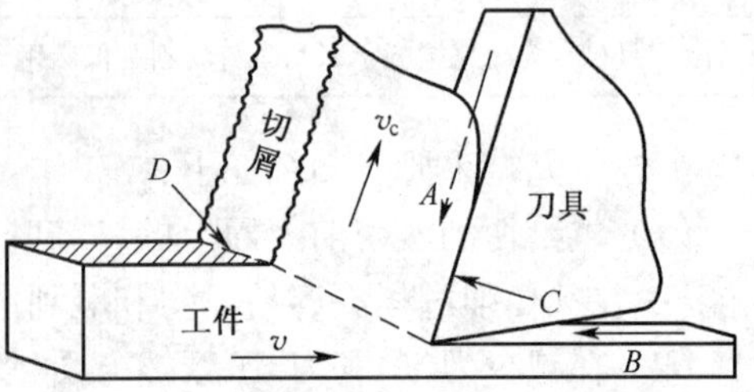

图 10－5　切削液渗入切削区的路径

成分渗入剪切区是这种毛细管现象所引起的。

2）切削液沿路径 B 和 C 进入切削区的可能性

在后刀面上由于刀具有一定的后角，切削刃与金属接触长度短，压力和温度也比前刀面低，因此可以认为，后刀面很有可能成为切削液的渗透路径。篠崎襄、吉川弘之从已加工表面粗糙度的改善状况追踪切削液渗透路径的试验得出结论：在低速加工时，切削液是从路径 B（后刀面）渗入、经过路径 C（刀具切削刃附近的两侧）到达切削刃部位的。竹山、槽谷用玻璃刀头切削铅时观察切削液状态的报告也得出了上述结论。

3）切削液沿路径 D 进入切削区的可能性

切屑形成时，在刀具的作用下，工件材料层在产生剪切滑移的过程中会出现微小裂纹，切削液分子有可能从被加工材料的微小裂纹直接渗入切削区。

4）切削液汽化分子向切削区的全方位渗透

切削刃附近的高温将使切削液汽化呈气体分子状态渗入切削区。气体比液体的黏性力小，即使从微细的间隙中也能渗入。喷雾供液之所以比普通供液显示出优越效果，是因为喷雾供液时在切削刃附近存在着比普通供液更多的切削液气体和液体分子。

2. 表面活性物质改变工件材料力学性能的学说

该学说认为，切削液中的表面活性物质在金属表面的吸附改变了被加工材料的力学性质，因而使切削过程容易进行，这种看法是以列宾达效应著称的一系列前苏联的研究成果为基础的。

列宾达效应是指：使材料产生一定的塑性应变所需的应力，在有表面活性物质存在的条件下比没有表面活性物质时要低。这个结论是根据许多试验结果总结出来的。其中一个著名的试验是，将油酸涂敷在锡箔表面上，用比原来小的拉伸应力就能将其延展，而且金属的活动滑移面的数目明显增多。列宾达认为，产生这种现象的原因是，在变形过程中界面上新生缺陷（超微小裂纹）的表面能由于表面活性物质的吸附而降低，使材料的塑性增大。

3. 边界膜理论

1）三种界面物理、化学现象

由于固体表面上的分子处于不平衡受力状态存在剩余引力，或者说具有过剩的表面自由能吸引那些能降低其表面自由能的物质，因此，无论是在固-气界面还是在固-液界面，都会产生物理吸附、化学吸附和化学反应三类表面吸附现象。吸附的结果使其表面张力减弱、表面自由能降低，从而使表面处于一种相对稳定的状态，这是一种自发过程。

2）边界膜与切削液的边界润滑作用

（1）边界膜。切削液中的基础油、油性剂和极压添加剂都会对工件表面产生上述物理、化学作用。用表面物理、化学的观点和金属结构理论把这些共性归纳起来，可以构造出工件表面的微观分层结构模型（图 10－6）。

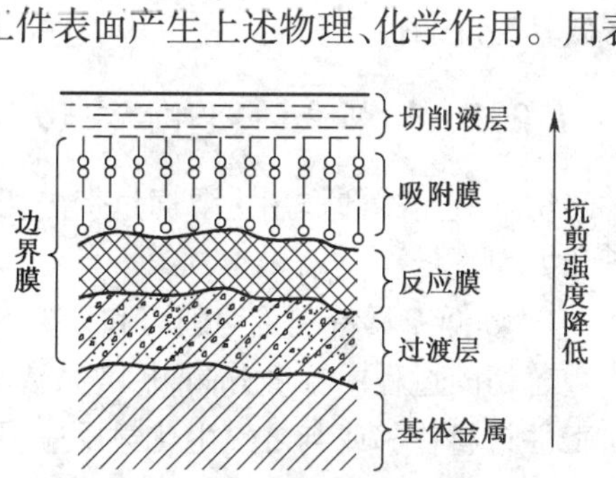

图 10－6　切削液作用下工件表面的微观分层结构模型

切削过程中在刀-屑和刀-工界面上具有存在边界摩擦或混合摩擦的条件，这时被切削液浸润的工件表面可划分为 5 层：

①有切削液层：保留着切削液流体的固有性质，起流体润滑和冲洗、排屑的作用。

② 吸附膜：由切削液中的活性分子在金属表面发生物理吸附和/或化学吸附构成，依添加剂性质的不同可以是单分子层也可以是多分子层（化学吸附可达 5～7 层），其厚度为几十埃至几千埃不等。

③ 反应膜：由金属与切削液中的活性分子在一定温度下发生化学反应的生成物（如铁的氯化物、硫化物、磷化物、氧化物等）构成，由于多为夹杂结晶和层状结构，其机械强度远低于基体金属。反应膜的厚度可达数千埃以上。

④ 过渡层：处于反应膜与基体金属之间，由于加工或摩擦造成的组织缺陷以及化学反应时电子转移和原子扩散造成的影响，使过渡层存在各种晶格缺陷和空位，质地较基体疏松。

⑤ 基体金属。

上述微观分层结构模型的一个显著特点是，各层的抗剪强度沿表面外法线方向降低。将介于切削液层与基体金属之间的吸附膜、反应膜和过渡层统称为边界膜。切削液的边界润滑作用与这层边界膜有密切的关系。

当然，切削液在金属表面形成的边界膜并非都具有图 10－6 所示的结构形式，其依切削液组成成分的不同而异。一般说来：同时含有油性剂和极压剂的切削液可形成完整的边界膜；含基础油和/或油性剂的切削液只形成吸附膜（物理吸附或化学吸附）。含有表面活性剂的水基切削液也可能在工件表面上形成边界膜。边界膜的性质和功能与其结构密切相关，因而与切削液中润滑组分的种类和性质密切相关。

（2）切削液的边界润滑作用。切削液的边界润滑作用主要体现在前刀面与切屑底层的接触界面上，其次是在后刀面与已加工表面之间。分析证明，在前刀面上，无论是滑动摩擦区还是黏结摩擦区，湿式切削的摩擦力都小于干式切削的摩擦力。切削液边界润滑作用的要点可归纳如下：

① 由于切削液的介入，尤其是切削液所含润滑组分的作用，切削过程中会在工件摩擦表面上生成边界模，削弱工件表层，造成沿工件外法线方向降低的抗剪强度梯度场，使刀具对工件的切削过程易于发生和顺利进行。

② 构成边界膜的吸附膜和反应膜可降低新生金属表面的自由能，减轻刀-屑和刀-工接触面的摩擦和黏附倾向，缩短刀-屑接触长度，减小黏附结点处的固体接触面积百分率，从而有效地减缓切削过程中的摩擦和刀具磨损。

③ 从积屑瘤的生成机理上看，它是切屑底层金属在前刀面切削刃附近逐层黏结而成的，由于切削液中的氯、硫、磷等活性元素会在工件表面上形成由各自的金属化合物和金属氧化物等混合而成的润滑膜（边界膜），因此可防止切屑对刀具的黏结，进而抑制积屑瘤的生长，有利于改善已加工表面质量。

④ 同样的道理，上述作用在后刀面上可减轻刀具对工件摩擦与挤压的能量损失。

3）切削液的润滑性

切削液的润滑性是切削液的一种综合物理、化学性能，它与切削液在切削区的摩擦表面上生成的边界膜的结构和性质有关；润滑性的作用在于减轻刀-屑、刀-工界面的摩擦，降低切削力和切削功率，从而减少切削过程的发热，减轻刀具磨损，抑制积屑瘤增长，改善已加工表面质量。

迄今为止，对于切削液的润滑性尚未建立通用的评价方法。学术界和产业界比较接受的评价方法是攻丝扭矩试验法及其评价设备攻丝扭矩试验机。

10.1.2 切削液的冷却作用及其机理

切削液的冷却性是指在湿式切削过程中切削液通过对流、传导、蒸发等热交换形式带走切削区的热量并降低其温度的性能。

10.1.2.1 切削液的冷却性在切削过程中的作用

切削液的冷却作用主要通过带走切削区的热量、降低刀具和工件的温度而实现。其作用主要表现在以下几方面。

1. 降低刀具特别是切削刃和刀尖的温度

若切削过程中温度升高，扩散系数和反应速度系数均会按指数关系增大，刀具中的某些合金元素会快速向工件材料转移或与之发生化学反应，降低刀具材料的切削性能，加速刀具磨损，缩短使用寿命。切削液的冷却作用使刀具的温度降低，能抑制其热磨损倾向，延长其使用寿命。

2. 带走切削区已经产生的热量

图 10－7 是干式切削时刀具热膨胀引起的尺寸变化示意。该图说明，仅考虑刀具的热膨胀就会使加工精度变差。工件、机床和夹具等的热膨胀也会对加工精度产生影响。切削液的冷却作用可抑制加工工艺系统的热膨胀，从而减小工件的热变形。

3. 有利于工艺操作

如果不进行必要的冷却，切削加工后机床工艺系统尤其是工件和刀具的温度都会很高，对于装卸工件、更换刀具等操作都不方便。使用切削液能极大地降低机床工艺系统的温度，因而方便工艺操作。

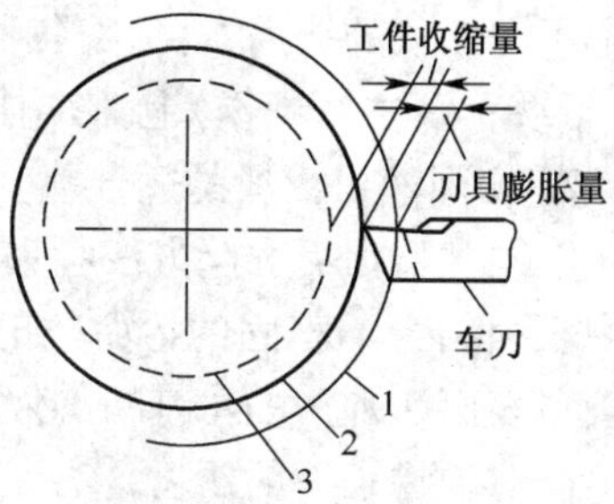

图10-7　干式切削时刀具热膨胀引起的尺寸变化
1—设定的刀具位置应切出的工件轮廓；
2—刀具热膨胀后将切出的工件轮廓；
3—自然冷却后收缩了的工件轮廓。

此外，特殊设计的切削液冷却系统对于维持机床的动态热平衡也颇为重要。

10.1.2.2　切削液的冷却机理

热力学第二定律指出，凡是存在温度差的地方就必然有热量传递。根据传热机理不同，热传递有热传导、对流换热和辐射换热三种基本方式。根据具体情况，热量传递可以其中一种方式进行，也可以两种或三种方式同时进行。

在无外功输入时，净的热流总是由高温处向低温处流动。切削液静止时通常处于室温状态（与周围环境温度相同）。由于切削区产生的热使刀具、工件以及机床的局部温度升高，当切削液被供入切削区时，就会通过各种热交换形式带走切削区的热量。切削液的冷却作用就是通过各种热交换而实现的，这些热交换形式主要是传导和对流，辐射的贡献很小。

此外，沸腾换热和蒸发吸热也颇为有效。液体在空气中的汽化过程可分为沸腾和蒸发两类。沸腾是在液体内部发生汽化的过程，蒸发是在液体表面发生汽化的过程。大容器饱和沸腾时产生的气泡能自由浮升，穿过液体自由表面进入容器空间而汽化，这时就要从周围吸收蒸发潜热（汽化热）。在切削过程中，切削液有时是以雾状微粒的形式供给的（如喷雾冷却、液氮冷却以及MQL加工等）。在这类情形下，微粒状态的切削液会在刀具和工件表面上直接蒸发，将切削热带走。水的汽化热约为2260 J/g，使水在其沸点蒸发所需要的热量5倍于把等量的水从1℃加热到100℃所需要的热量。由此可见，蒸发的散热效率是非常高的。这就是雾状切削液冷却效果好的主要原因之一。

10.1.2.3　影响切削液冷却性能的主要因素

1. 切削液的热参数值

切削液的热参数主要指比热容、热导率、汽化热等。表10-2列出了水和油的热参数值。与油相比，水具有较高的比热容、较大的热导率和汽化热，所以水基切削液的冷却性能比油基切削液好很多。

表10-2　水和油的热参数值

液体类别	比热容/(J/(kg·K))	热导率/(W/(m·K))	汽化热/(J/g)
水	4.19×10^3	0.628	2261
油	$(1.67\sim2.09)\times10^3$	0.126~0.21	167~314

2. 切削液的泡沫特性

切削液在供液通道内向外流动时，特别是在与工件、刀具等接触碰撞时，容易产生泡沫。泡沫一方面增加切削液体积，有时甚至溢出机床外，产生损耗并弄脏地面；另一方面，增加切削液的可压缩性，导致供液泵空吸，使供液压力降低。由于泡沫内部是空气，空气的导热性差，因此会直接降低切削液的冷却性能。含表面活性剂多的微乳化切削液及合成切削液容易产生泡沫，故一般在原液中加入适量的抗泡沫添加剂。

3. 切削液的供给状态和参数

选择恰当的供液方法，优化切削液的流动状态和供液参数，适当提高供液压力和流量，可以有效地提高切削液的冷却效果；采用喷雾供液可发挥蒸发、吸热、散热效率高的特点，特别是对于冷却性能较差的油基切削液更有意义。

10.1.3　切削液的清洗（排屑）作用及其机理

10.1.3.1　切削液的清洗（排屑）作用

1. 切削液面临的污垢

金属零件经过制坯、热处理等工序到切削加工时其表面上通常存在着各种污垢。在金属切削过程中，会产生不同形状的切屑，再加上各种粉尘、油污等，构成混合污垢。这些污垢常黏附在工件、刀具、夹具和机床（以下统称清洗对象物）上，影响加工效果、作业性能和整洁生产。

2. 切削液对污垢的适合性

不同类型污垢去除方法和去除过程微观机理是不同的。切削液通常可以冲走切屑，冲掉那些与清洗对象物表面结合不牢固的污垢（如某些靠重力沉降堆积形成的污垢）；如果切削液具有良好的清洗性能，如含有较多表面活性剂的水基切削液，还可以洗掉某些靠分子间作用力结合而形成的污垢以及靠静电引力吸附于清洗对象物表面的污垢。

不同类别切削液对不同性质的污垢的清洗能力差别很大。一般说来：水基切削液对亲水性污垢的清洗能力较强；油基切削液对亲油性污垢的清洗能力较强，如以汽油、煤油、柴油为基础油的低黏度油基切削液，对于亲油性污垢就有良好的清洗能力；含有大量表面活性剂的合成切削液和微乳化切削液有较好的综合清洗性能；但是，并不是所有切削液都有良好的清洗性能，有些黏度较高的油基切削液残留在清洗对象物表面上，甚至会成为后续清洗工序的清洗对象物。

对切削液的清洗性能不应该有过高的期望，切削液毕竟不是清洗液，把切削液当作清洗剂使用是一种资源浪费。

10.1.3.2 切削液的清洗（排屑）作用机理

1. 机械冲洗作用

利用各种形式的喷嘴直接作用于切削区的刀具和工件表面上，冲走散落在工作区的切屑和靠重力沉积在工件表面上的污物。

2. 物理、化学作用

含有较多表面活性剂的切削液的去污是一个复杂的综合过程，是由于表面活性剂降低界面张力而产生的润湿、渗透、乳化、分散、增溶等多种作用的综合结果。

图 10－8 是表面活性剂分子对附着于固体表面的油性污垢的洗净作用过程示意。当黏附有污垢的清洗对象物表面受到切削液冲洗时，首先由于表面活性剂的润湿、渗透作用，使切削液中的极性分子渗入污垢和清洗对象物表面之间，减弱污垢在清洗对象物表面上的附着力，甚至可能使其所受的合力指向液体内部（图 10－8(a)），加上机械冲洗作用，就可能使污垢从清洗对象物表面上脱落；此后，由于表面活性剂的乳化分散作用，污垢被极性分子所包围，形成较大的悬浮体；有的污垢还能够进入到表面活性剂胶束中，这就是增溶（在通常的洗涤过程中往往伴随有增溶过程发生）。当污垢脱离洗涤对象表面、被增溶到表面活性剂胶束之中并稳定地分散在水溶液中时，原来被污垢占据的表面会被表面活性剂分子所占据，这样就能够防止污垢在对象物表面上发生再沉积（图 10－8(b)），污垢悬浮体较容易被过滤器滤掉。

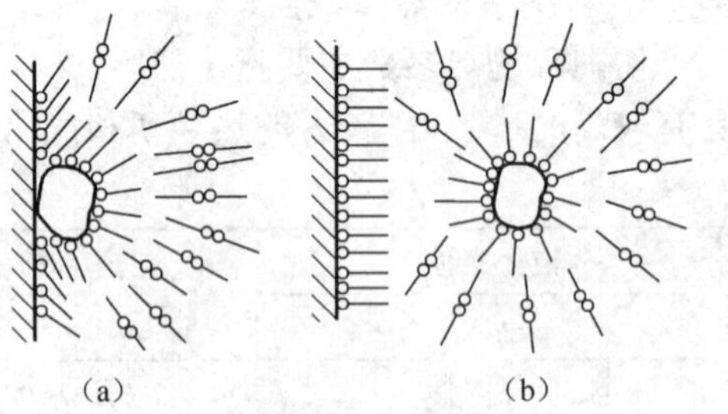

图 10－8 表面活性剂分子对附着于固体表面的油性污垢的去除过程示意

10.1.4 切削液的防腐蚀作用及其机理

10.1.4.1 金属腐蚀及其简要机理

自然界中的金属矿物大多以稳定的化合物形态存在，如金属氧化物、硫化物、碳酸盐等，经过人为冶炼得到的纯金属（铂、金、铱等贵金属除外）是不稳定的。金属腐蚀是一种从不稳定的单质还原为稳定的化合物的自然趋势。

金属腐蚀是一种由于化学或电化学作用引起的材料损坏。在切削加工过程中，工件以及机床、夹具、量具等工艺装备与这些腐蚀介质接触，就可能因化学或电化学作用而受到腐蚀。此外，工件在加工后或工序间存放期间可能受到空气中的氧、水分及其他腐蚀介质的侵蚀而产生腐蚀，特别是在盐雾气氛浓厚的沿海地区和潮湿多雨季节更容易产生腐蚀。因此,切削液必须具有一定的防腐蚀能力。

根据腐蚀原理,金属腐蚀可分为化学腐蚀和电化学腐蚀两个主要类别。

(1) 化学腐蚀 是金属表面与腐蚀介质直接发生化学反应引起的腐蚀。腐蚀过程的特点是金属表面原子和氧化剂直接发生反应生成腐蚀产物,电子的传递在金属和氧化剂之间进行,无电流产生。通常,反应在干燥或高温的气体、非电解质溶液中进行,故又称为"干腐蚀"。

(2) 电化学腐蚀 是金属在电解质溶液中发生电化学反应所产生的腐蚀,电解质溶液多为水溶液,故又称为"湿腐蚀"。大凡工业金属都含有杂质,而杂质的电极电位一般高于母体金属。因此,当金属浸在电解质溶液中或与之长时间接触时,其表面会形成许多以金属为阳极、以杂质为阴极的腐蚀微电池,使金属产生阳极溶解而遭到腐蚀,故电化学腐蚀是金属最常见的腐蚀形式。

10.1.4.2 水溶性防锈剂及其电化学作用机理

水基切削液原液用水稀释后成为电解质溶液,与金属接触容易产生电化学腐蚀。因此,使用水基切削液的场合,机床、工件的腐蚀问题比使用油基切削液时更容易发生。提高切削液的防腐蚀能力,主要通过合理地设计配方组成,特别是选择合适的防锈添加剂来实现。依照金属腐蚀的电化学机理,水溶性防锈剂一般分为阳极型防锈剂、阴极型防锈剂和混合型防锈剂三种类型。

1. 阳极型防锈剂

可以增强阳极极化、抑制阳极过程的防锈剂称为阳极型防锈剂。其作用机理是防锈剂吸附于金属表面,阻碍金属离子进入溶液;或者是与金属表面反应生成氧化膜或钝化膜,阻碍阳极过程,从而起到缓蚀作用。当阳极型防锈剂用量不足或溶液过分稀释时,不足以有效地阻碍整个阳极表面的阳极过程,会形成大部分的钝化区和微小的活化区,即所谓大阴极、小阳极的腐蚀电池(孔膜电池),导致局部阳极的加速点蚀,产生严重的腐蚀后果,故此类防锈剂有"危险性防锈剂"之称。所以,使用阳极型防锈剂必须足量,并始终维持在安全浓度以上。常用的阳极型防锈剂包括两类:一类是氧化性物质,如铬酸盐、硝酸盐等;另一类是非氧化性物质,如磷酸盐、硫酸盐、碳酸盐、硼酸盐、硅酸盐、苯甲酸盐等。

2. 阴极型防锈剂

可以增强阴极极化、抑制阴极过程的防锈剂称为阴极型防锈剂。其作用机理是提高阴极反应的过电位,使阴极反应难以启动;或者在阴极表面形成难溶的化合物保护层,阻碍阴极过程;或者吸收水中的溶解氧,降低阴极反应物氧的浓度,从而起到防锈作用。这类防锈剂不影响阳极过程,不改变活性阳极面积,不会导致孔膜电池,故又称为"安全性防锈剂"。这类防锈剂使用浓度相对较大,防锈效率较低。工业应用的阴极型防锈剂主要有磷酸盐、聚磷酸盐、硅酸盐、碳酸氢钙、硫酸锌及某些有机物。

3. 混合型防锈剂

可同时抑制阳极过程和阴极过程的防锈剂称为混合型防锈剂。其作用机理是与阳极反应产物生成难溶物,沉积在阳极上阻碍其溶解;或者形成胶体物质,其中带负电的胶体粒子沉积在阳极上抑制阳极过程,而凝胶与氢氧化铁一起沉淀,抑制氧的还原;某些有机物在金属表面吸附而起到缓蚀作用。工业应用的混合型防锈剂多为有机物,如苯并三氮唑、硫基苯基四氮唑、8-羟基喹啉、琼脂、生物碱及一些气相防锈剂。

上述不同类型的防锈剂配合使用时,可能强烈地相互促进防锈效果,这就是防锈剂的协同效应。利用协同效应可降低防锈剂使用浓度、提高防锈效果、取代有毒有害物、扩大防锈剂应用范围,具有明显的经济效益和社会效益。但是,也有相反的现象,即几种防锈剂混用,其防锈效率反而下降,即所谓的负协同效应,必须注意避免。

10.1.4.3 油溶性防锈剂及其作用机理

1. 油基切削液引起腐蚀的原因

油基切削液一般不容易腐蚀金属。但若其中含有机酸或酸性氧化物、硫化物等,当温度较高时,可能对金属尤其是铝、镁、锌、铜等较活泼的金属产生化学腐蚀。若是其中混入了水分,即使在较低温度下,也可能产生电化学腐蚀:水和氧先与金属反应生成金属的氢氧化物,然后再与有机酸反应生产盐和水,使金属遭受间接腐蚀。

2. 油溶性防锈剂的物理、化学机理

油溶性防锈剂多为有机极性化合物，其分子的一端是极性基团，含有电负性高的氧、氮、磷、硫等元素，对金属有较强的吸附能力；另一端是非极性的碳氢基团，有亲油疏水性。当切削液与金属接触时，油溶性防锈剂可能通过以下方式防止或减缓腐蚀过程：

(1) 防锈剂分子中的极性基团依靠其亲水性吸附于金属表面，形成紧密排列的保护膜层（图 10－9）；而非极性基团是亲油的，通过其憎水性起隔离作用，把金属表面和腐蚀介质隔开，防止水、氧等腐蚀介质与金属接触，从而起到防腐蚀作用。

(2) 防锈剂分子的吸附会改变金属表面的电荷分布和界面性质，使金属表面的能量状态趋于稳定，增加腐蚀反应活化能，阻碍与腐蚀反应有关的电荷或物质转移，减缓腐蚀速度。

(3) 防锈剂对水及一些腐蚀性物质有增溶作用，可将其增溶于胶束中，起到分散或减活作用，从而消除腐蚀性物质对金属的侵蚀。

(4) 有些油溶性防锈剂通过与油品变质产物发生反应减少酸性物质的生成，碱性防锈剂对酸性物质有中和作用使金属不受酸的侵蚀，因而起到防腐蚀作用。

防锈剂吸附膜的形式主要有物理吸附膜、化学吸附膜和化学反应膜。即使加工完毕后，防锈膜仍能继续残留在工件和机床表面上，在一定时期内起到工序间防锈的作用。

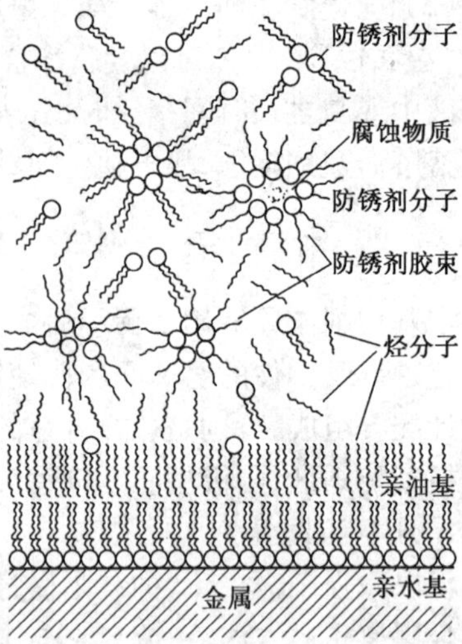

图 10－9 有机极性分子防锈膜示意

10.2 切削液的种类与组成

10.2.1 切削液的分类标准

各工业发达国家大都制定了自己国家或行业的切削液分类标准，但国内外单独对切削液制定分类标准的情况不多，大都是将切削液与成形加工润滑剂合并考虑制定金属加工油（液）的分类标准。我国于 1989 年等效采用 ISO 标准 ISO 6743/7，制定了国家标准 GB/T 7631.5—1989《润滑剂和有关产品（L 类）的分类第 5 部分：M 组（金属加工）》（表 10－3）。将金属加工润滑剂分为用于首先要求润滑性的加工工艺的和用于首先要求冷却性的加工工艺的两大系列，又将上述系列各分为 8 类和 9 类，总共 17 类。这些产品类型既可能是切削液，又可能是金属成形加工润滑剂。其中符号为 MHA～MHF 的 6 种对应于油基切削液，符号为 MAA～MAH 的 8 种对应于水基切削液。

10.2.2 切削液组成与性能简介

为了便于用户比较和选择切削液，本书提出以下切削液的实用分类方法，并将 GB/T 7631.5—1989 中的 17 种切削液归纳进去。

(1) 油基切削液（切削油）：

① 纯油（矿物油或合成油）；

② 减摩切削油；

③ 极压切削油，包括非活性极压切削油和活性极压切削油。

(2) 水基切削液：

① 乳化切削液；

② 微乳化切削液；

③ 合成切削液。

表10-3　金属加工润滑剂的分类(GB/T 7631.5—1989)

类别字母符号	总应用	特殊用途	更具体的应用	产品类型和(或)最终使用要求	符号	应用实例	备　注
M	金属加工	用于切削、研磨或放电等金属除去工艺;用于冲压、深拉、压延、强力旋压、拉拔、冷锻和热锻、挤压、模压、冷轧等金属成型工艺	首先要求润滑性的加工工艺	具有抗腐蚀性的液体	MHA	见附录A表	未经稀释的液体,具有抗氧性,在特殊成型加工可加入填充剂
				具有减摩性的MHA型液体	MHB		
				具有极压性、无化学活性的MHA型液体	MHC		
				具有极压性、有化学活性的MHA型液体	MHD		
				具有极压性、无化学活性的MHB型液体	MHE		
				具有极压性、有化学活性的MHB型液体	MHF		
				单独使用或用MHA液体稀释的脂、膏和蜡	MHG		对于特殊用途可以加填充剂
				皂、粉末、固体润滑剂等或其他混合物	MHH		使用此类产品不需要稀释
		用于切削、研磨等金属除去工艺;用于冲压深拉、压延、旋压、线材拉拔、冷锻和热锻、挤压、模压等金属成型工艺	首先要求冷却性的加工工艺	与水混合的浓缩物,具有防锈性的乳化液	MAA		
				具有减摩性的MAA型浓缩物	MAB		
				具有极压性的MAA型浓缩物	MAC		
				具有极压性的MAB型浓缩物	MAD		
				与水混合的浓缩物,具有防锈性的半透明乳化液(微乳化液)	MAE		使用时,这类乳化切削液会变成不透明
				具有减摩性和(或)极压性的MAE型浓缩物	MAF		
				与水混合的浓缩物,具有防锈性的透明溶液	MAG		对于特殊用途可以加填充剂
				具有减摩性和(或)极压性的MHG型浓缩物	MAH		
				润滑脂和膏与水的混合物	MAI		

10.2.2.1　油基切削液

油基切削液又称切削油,不溶于水,直接使用原液,其基本成分是基础油(矿物油或合成油),根据加工方式、工具材料、工件材料和加工要求的不同,可适量加入各种油溶性添加剂,如油性剂、极压剂、防锈剂、抗氧化剂等,配制成性能各异的油基切削液产品,以适应不同的加工要求。油基切削液包含GB/T 7631.5—1989中“首先要求润滑性的加工工艺”的金属加工润滑剂,可分为以下类型。

1. 纯油(包含L-MHA)

石油产品名词术语GB/T 4016—1983中的1-001矿物油的定义是:天然存在的,或者从处理其他矿物原料中得到的,主要由各种烃组成的混合物。由于基础油的货源问题,常用作切削油的是工业级的煤油、柴油、白油、5~46牌号的全损耗系统用油及其混合油,但必须经过深度精制,除去多环芳烃之类的有害物质。纯精制矿物油对金属无腐蚀性,稳定性好,使用寿命长;因为它本身常用作各种商品油的基础油,所以与机床液压油或润滑油的相容性好。在使用过程中,即使有少量切削油混入也不致对其使用性能有明显影响。纯矿物油的分子不含极性基,润滑效果差,只用于易切钢和非铁金属的切削加工、切削油易混入液压油或润滑油而使其变质的场合(如有些老式的齿轮加工机床)以及不允许含硫、氯等添加剂的场合(如加工原子能工业、宇航工业装置上的零件)。低黏度的轻质矿物油常用于铸铁的切削加工以及珩磨、研磨加工,除此之外一般不推荐使用。因为少量加入油性剂或极压剂可大大提高其润滑效果,从而可提高切削速度、降低刀具磨损、改善已加工表面质量,从性价比角度考虑,使用纯精制矿物油作为切削油是一种浪费。

合成油是通过化学合成方法制备的基础油品,其基本原料是石油化学品、植物油,或者磷、硅之类的无机物。已经工业化生产的合成润滑油包括合成酯、合成烃、聚醚、聚硅氧烷、含氟油、磷酸酯等6类。与矿物油相比,合成油能得到好的高温性能、低温性能和黏温特性,优良的化学稳定性(尤其是氧化稳定性),其挥发性较低,抗燃性和抗辐射性能较好。但不是所有的合成油都具有上述优点,每种合成油可能只具有某种或某几种特点,能工作在矿物油所不能胜任的环境。但合成油价格较高,目前只用在某些特殊场合。

2. 减摩切削油(L-MHB)

由基础油+脂肪油(或其他油性添加剂)组成。脂肪油包括菜籽油、蓖麻油、棉籽油、大豆油、椰子油、棕榈油、猪油、鲸油、羊毛脂等。脂肪油分子能在金属表面形成分子吸附膜,减摩性能良好,可降低切削时的摩擦阻力,不腐蚀非铁金属;其缺点是易氧化变质,容易在机床运动副和油漆表面形成难以清洗的黏膜(俗称黄袍)。将一定比例(3%~15%,过多加入有害)的脂肪油或其他油性添加剂加入基础油中制成的减摩切削油,既可提高基础油的边界润滑效果,又能减轻脂肪油的弊端,可用于钢铁的低速、轻负荷精密切削加工,如铰孔、车螺纹、插齿、刨齿、拉削等,也适合于非铁金属的切削加工,还可用于各种塑性成形加工。脂肪油多为食用油,货源较少,前几年似乎有被合成油性添加剂替代的趋势;但由于脂肪油是天然动植物油,易于降解,对环境友好,预计今后在绿色切削液的开发研究中会有更好的表现。

3. 极压切削油

1) 非活性极压切削油

非活性极压切削油是指在100℃、3h的腐蚀试验中,铜片腐蚀在2级以下(中等程度均匀变色)的极压切削油。

(1) 非活性极压切削油L-MHC:是含有基础油和非活性极压添加剂的切削油。非活性极压添加剂有氯化石蜡、磷酸酯、硫化脂肪油、硼酸盐、有机钼等。这类切削油的极压润滑性能好,对非铁金属腐蚀也较轻微,使用方便,可用于各种中速、中负荷切削加工,如螺纹成形加工、拉削、滚齿、插齿、刨齿、深孔钻等。

(2) 非活性极压切削油L-MHE:是同时含有基础油、非活性极压添加剂、油性添加剂的复合切削油。油性添加剂如脂肪油、高级脂肪酸等能在金属表面产生较强的物理吸附和化学吸附,可降低切削时的摩擦阻力,但只在较低温度下有效,当温度高于200℃时,吸附膜层发生解吸和分解而失去润滑作用,这时极压添加剂将继续发挥作用。因此,其润滑性能优异,且腐蚀性较轻微,适合于多工位切削及多种材料的切削加工。

2) 活性极压切削油

活性极压切削油是指在100℃、3h腐蚀试验中,铜片腐蚀为3~4级,对非铁金属有较强的腐蚀性。

(1) 活性极压切削油L-MHD:是含有基础油和活性极压添加剂的切削油。活性极压添加剂主要指活性硫极压添加剂,如硫化矿物油、烷基聚硫化物等。硫化矿物油中的硫在矿物油中呈溶解状态,溶解量通常不超过1%,提高硫含量的方法是并用硫化脂肪油。含有多量活性硫的极压切削油有良好的极压润滑性能,对积屑瘤有较强的抑制能力,可获得光洁的加工表面,多用于高速、重负荷切削和难加工材料的切削;其缺点是会对铜、黄铜零件产生腐蚀,有时也会使钢铁零件的非加工表面产生污斑。

(2) 活性极压切削油L-MHF:是同时含有基础油、活性极压添加剂、油性添加剂的复合切削油,它同时具备减摩性和极压性,可以在较宽的切削速度和切削负荷范围内保持良好的润滑作用,适用范围广泛,但具有一定的腐蚀性。

此外,用高速钢刀具车削45钢的试验结果表明,使用含活性硫极压添加剂的切削油与纯矿物油相比刀具磨损较大。

10.2.2.2 水基切削液

水基切削液包含GB/T 7631.5—1989中“首先要求冷却性的加工工艺”的金属加工润滑剂。与油基切削液不同,水基切削液要用水稀释后再使用,水在稀释液中一般占 80%以上的比例。习惯上水基切削液这一名称既指切削液原液(浓缩物)也指稀释液。为避免混淆,在本书中水基切削液指生产企业销售的切削液原液(浓缩物),而将进入使用阶段的稀释液称为水基切削液的工作液(简称工作液)。水基切削液的种类如下所述。

1. 乳化切削液

乳化切削液原液的主要成分是基础油,质量分数为 50%~80%,其余成分是乳化剂、防锈剂、油性剂和/或极压剂以及少量防腐杀菌剂、消泡剂等,按一定比例配制成易溶于水的油状液体,通常被称为乳化油。使用时加水稀释成浓度为 3%~15%的工作液;由于乳化剂的作用,稀释后形成 O/W(水包油)型乳化液,分散相的粒径为 1~10μm。

与油基切削液相比,乳化切削液的优点是冷却效果较好,无着火危险,使用安全,成本较低;但润滑效果较差,尤其是稳定性差,易发生油水分离,容易因细菌、霉菌的滋生和大量繁殖而导致腐败、发臭、变质,其使用周期相对较短。乳化切削液用途很广,低浓度乳化液可用于各种精密磨削加工,中高浓度的乳化液可用于各种切削加工和塑性成形加工。

乳化切削液包含 GB/T 7631. 5—1989 中的以下四种类型:

(1) 防锈乳化切削液 L－MAA:由基础油、乳化剂、防锈剂、防腐杀菌剂、消泡剂等按一定比例配制而成,是最基本的乳化切削液类型,含有较多的防锈添加剂,以突出其防锈能力。

(2) 减摩乳化切削液 L－MAB:在乳化切削液 L－MAA 中加入动植物脂肪或长链脂肪酸(如油酸)就得到这类乳化切削液,具有较好的润滑性。但动植物脂肪或长链不饱和脂肪酸易受微生物及霉菌侵蚀而分解,使用寿命较短。可在乳化切削液中添加少量碳酸钠、硼砂或苯甲酸钠(为稀释液的 0. 1%~0. 3%),以提高乳化切削液的 pH 值,增强抗霉菌的能力,延长使用寿命。

(3) 极压乳化切削液 L－MAC:在乳化切削液 L－MAA 原液中加入油溶性硫、磷、氯型极压添加剂就得到极压乳化切削液 L－MAC。

(4) 极压减摩乳化切削液 L－MAD:在减摩乳化切削液 L－MAB 原液中加入油溶性硫、磷、氯型极压添加剂就得到极压减摩乳化切削液 L－MAD,它同时含有油性剂和极压剂。

L－MAC 和 L－MAD 都具有较好的润滑性,可用于攻螺纹、拉削、锯割等负荷与摩擦严酷的切削加工,以及不锈钢、耐热合金钢等难加工材料的切削加工。

2. 微乳化切削液

(1) 微乳化切削液 L－MAE:调整乳化切削液的配方,将其中的基础油含量减少,表面活性剂含量增加,并加入一定量的水,就可能得到溶于水后形成半透明状的微乳化切削液,其分散相的粒径为 0. 05~1μm。微乳化切削液的外观介于乳化切削液与合成切削液之间,更接近于合成切削液。微乳化切削液的稳定性较乳化切削液高,使用周期也较长。

(2) 极压微乳化切削液 L－MAF:在微乳化切削液 L－MAE 中加入极压添加剂和/或减摩添加剂得到极压微乳化切削液,可用于重负荷切削加工及难切削材料的加工。含有硫、氯型极压添加剂的乳化切削液或微乳化切削液,要特别注意提高其防锈性能。因为氯离子的存在很容易对黑色金属产生腐蚀,因此要选择在水中不易分解的含氯极压添加剂。含活性硫极压添加剂的乳化切削液或微乳化切削液则不适合用于加工铜及铜合金。

3. 合成切削液

(1)防锈合成切削液 L－MAG:是含有水溶性防锈添加剂的真溶液(如过去常用的亚硝酸钠、碳酸钠水溶液之类),具有很好的冷却性、防锈性和一定的清洗性能,不易变质,使用周期较长。但其润滑性和浸润性差,表面张力较大,并且其水分蒸发后会在金属表面留下结晶残留物,只用于一般的粗磨和半精磨加工。随着环境卫生方面的要求日渐严厉,这类化学真溶液的使用有逐渐减少的趋势。真正广为应用的防锈合成切削液是由水溶性防锈剂、表面活性剂、油性添加剂等组成。它是一种颗粒极细小的胶体溶液,其分散相的粒径小于 0. 05μm。这种切削液的表面张力低,一般小于 4×10^{-4}N/cm,浸润性好,渗透能力强,冷却和清洗性能好,也有一定的润滑性。

(2) 极压合成切削液 L－MAH：在合成切削液 L－MAG 中加入水溶性的极压添加剂和/或减摩添加剂就得到极压合成切削液 L－MAH。水溶性极压添加剂如硫化脂肪酸皂、氯化脂肪酸酯、聚醚等，它们可以使切削液的极压润滑性大幅度提高。但一般硫、氯型水溶性极压添加剂在水中的稳定性较差，容易分解出腐蚀性强的氯离子、硫酸根离子等，对机床和工件会产生腐蚀，必须在切削液中加进防锈能力强的水溶性金属防锈剂和钝化剂。含硫的添加剂对铜腐蚀严重，不适合加工铜件，也不宜用于有铜零件的设备。近年来已开发了非硫、磷、氯型的水溶性极压添加剂，除了有较好的极压润滑性以外，还具备一定的防锈能力，对非铁金属不产生腐蚀，可扩大极压合成切削液的使用范围。

合成切削液的稳定性比乳化切削液好，使用周期较长。但由于不含油，而且清洗能力强，很容易清洗掉裸露机床导轨面上的润滑油，增大机床运动副的阻力，并在接触面产生腐蚀，所以在使用合成切削液时要加强设备的导轨防护及防锈管理。

金属加工润滑剂的组成、特性和应用场合比较见表 10－4。

表 10－4　金属加工润滑剂的组成、特性和应用场合比较

GB/T 7631.5—1989的符号	组成和特性										应用场合								
	精制矿物油①	乳化液	微乳化液	溶液	其他	极压性：无化学活性	极压性：有化学活性	极压性	减摩性	备注	加工液种类	切削	磨料加工②	电火花加工	变薄拉伸旋压	挤压	拔丝	锻造模压	轧制
MHA	●										油基液	●		●					●
MHB	●								●		油基液	●			●	●	●	●	●
MHC	●					●					油基液	●	●		●		○	○	
MHD	●						●				油基液	●			●				
MHE	●					●			●		油基液	●	●		●	●			
MHF	●						●		●		油基液	●	●		●				
MHG					●					脂皂	油基液				●		●		
MHH					●					脂皂	油基液						●		
MAA		●									水基液	●			●				○
MAB		●							●		水基液	●			●		●	○	●
MAC		●						●			水基液	●			○		○		
MAD		●						●	●		水基液	●			●	●			
MAE			●								水基液	●	○						
MAF			●					●和/或●			水基液	●	○						
MAG				●							水基液	○	●		○			●	●
MAH				●				●和/或●			水基液	●	●					●	
MAI					●					润滑脂膏	水基液				●		●		

注：●代表主要应用；○代表可能应用。

①或合成油；

②GB/T 7631.5—1989 的附录 A 原文为“研磨”，用词不妥。研磨指使用研磨工具和研磨剂从工件表面磨去极薄的一层材料的加工工艺，一般是对工件表面进行最终的精加工。此处的应用场合包括了用磨料、磨具（砂轮、砂带、油石等）作为工具对工件表面进行去除或光整加工的各种情形，因此，用“磨料加工”一词较好（作者注）。

根据标准 GB/T 7631.5—1989 的附录 A、附录 B 整理

10.3　切削液的选择与管理

为正确地选择切削液，首先需要了解各种切削液的性能特点、各种材料的加工性能及其对切削液的适应性。选择切削液之前，先比较各种切削液的性能特点。

为了选择应用方便，将切削液的性能分为以下三大方面：

(1) 加工性能：切削液在切削过程中所能表现出来的效能。

(2) 理化性能：与切削工艺过程有关的切削液的物理、化学性质。

(3) 环卫性能：切削液对劳动卫生和生态环境的影响性质和程度。

此外，切削液的经济性也是选择切削液的重要依据之一。

充分发挥切削液的加工性能、获取最好的加工效果是使用切削液的主要目的，优良的理化性能是切削液加工性能的内在保障，友好的环卫性能是切削液立足于社会的基本要求，低廉的使用成本是切削液具有市场竞争力的重要因素。

10.3.1　切削液的性能比较与选用要点

1. 油基切削液与水基切削液的性能比较及选用要点

1）油基切削液的性能比较

油基切削液和水基切削液的性能比较如表10-5所列。

2）油基切削液和水基切削液的选用要点

(1) 追求加工质量和刀具寿命的场合选用油基切削液，如拉削加工、齿轮加工（滚齿、插齿、刨齿、剃齿、珩齿、磨齿等）、螺纹加工（攻螺纹、套螺纹、车螺纹、磨螺纹）、精密孔加工（精钻深孔、铰孔）等。这些大都是中、低切削速度的精密成形加工工序，对表面质量和刀具寿命的要求一般较高，油基切削液的润滑性较好，抑制积屑瘤和鳞刺的效果显著，防止刀具黏结磨损的能力较强，容易获得较好的已加工表面质量和较长的刀具寿命。

(2) 追求加工效率的场合选用水基切削液。在高速切削时，切削区产生的热量大，由此导致的高温将加速刀具磨损失效以及工件热损伤和热变形，这是主要矛盾。高速切削一般不产生积屑瘤和鳞刺，对切削液的润滑性寄予的期望不像中、低速加工时那样大；同时，因为切削温度越高，油基切削液越容易产生冒烟、起火等环境卫生和安全方面的问题，故多用冷却性能好的水基切削液。

(3) 精加工选用油基切削液，粗加工选用水基切削液。

(4) 以下情形选用油基切削液：

① 精密贵重机床从维护保养的角度出发选用理化性能稳定的油基切削液（为防止腐蚀、生锈、运动零部件活动障碍等）；

② 机床润滑系统、液压系统密封不严，切削液混入后易引起润滑油和液压油变质的场合；

③ 受废液处理设施及处理能力的限制，不得不使用油基切削液以减少废液排放的场合；

④ 机床使用说明中规定使用油基切削液的场合；

⑤ 水基切削液的副作用太大的其他场合。

(5) 以下情形选用水基切削液：

① 使用油基切削液容易发生烟雾以及潜在着发生火灾危险的场合；

② 油箱容量超过消防法规允许限度，使油基切削液的应用受限制的场合；

③ 从车间内环境卫生出发，要求减轻油的飞溅、滴落而导致机床周围脏污的场合；

④ 从前后工序的流程上考虑，希望统一使用水基切削液的场合；

⑤ 因石油价格高涨及货源不稳定，为降低成本和风险不得不选用水基切削液的场合。

表 10-5 油基切削液与水基切削液的性能比较

项目 \ 切削液		油基切削液	水基切削液
加工性能	加工质量(加工精度、表面完整性)	○	×
	加工效率(可适应的切削加工强度)	×	○
	刀具寿命	○	×
理化性能	润滑性	○	×
	冷却性	×	○
	清洗性	×	○
	抑泡性(起泡倾向与消泡能力)	○	×
	防锈性	○	×
	腐蚀性	○	×
	稳定性(分层、漂浮物、沉淀情况)	○	×
	与其他油品的相容性	○	×
	对机床涂料的适应性(剥落、变色)	○	×
	切屑去除和分离	×	○
	工作液管理难易程度	○	×
	使用寿命(腐败、变质难易程度)	○	×
	废液可处理性	○	×
环卫性能	皮肤及呼吸道刺激	×	○
	烟雾及起火危险性	×	○
	对作业环境的污染	×	○
经 济 性	切削液购入费	×	○
	切削液管理费	○	×
	废液处理费	○	×

注:(1) 两类切削液相对比较而言,较好(○),较差(×);

(2) 经济性项目仅从切削液的角度考虑了购入、维护管理、废液处理等费用,未考虑切削液性能好坏影响产品质量、加工效率等对综合成本的贡献

以上选用要点只是一般性原则。总的说来,在加工质量和刀具寿命方面油基切削液比水基切削液要优越。所以,水基切削液用于存在着比加工质量和刀具寿命更优先考虑因素的场合。

2. 不同类别油基切削液的性能比较及选用要点

1) 不同类别油基切削液的性能比较

参照 GB/T 7631.5—1989《润滑剂和有关产品(L类)的分类第5部分:M组(金属加工)》(表10-3),将油基切削液概括为纯矿物油(或合成油)(L-MHA)、减摩切削油(L-MHB)、非活性极压切削油(L-MHC、L-MHE)和活性极压切削油(L-MHD、L-MHF)四大类进行性能比较。

由于各类油基切削液的基础油多为精制矿物油,一般说来,它们之间的性能差别只与所含有的添加剂种类和数量有关,不像油基切削液与水基切削液之间那样分明。由于添加剂的种类繁多,其含量也无规定,同一类别油基切削液个体之间可能有较大的性能差异;但是,在缺少系统试验数据的情况下,比较不同类别之间的性能差别绝非易事,离开具体的加工环境对切削液的加工性能进行一般性比较就更难。因此,这里只能是平均而论、相对而言。

四类油基切削液的性能比较如表 10－6 所列。

表 10－6　四类油基切削液的性能比较

项目		纯矿物油	减摩切削油	非活性极压切削油	活性极压切削油
加工性能	加工质量(加工精度、表面完整性)	△	○	○	◎
	加工效率(可适应的切削加工强度)	×	×	×	×
	刀具寿命	○	◎	◎	△
理化性能	润滑性	×	○	○	◎
	冷却性	×	×	×	×
	清洗性	×	×	×	×
	抑泡性(起泡倾向与消泡能力)	○	○	○	○
	防锈性	○	○	○	○
	腐蚀性	◎	○	○	×
	稳定性(分层、漂浮物、沉淀情况)	◎	○	○	○
	与其他油品的相容性	◎	○	△	×
	对机床涂料的适应性(剥落、变色)	○	○	○	○
	切屑去除和分离	×	×	×	×
	工作液管理难易程度	○	○	○	○
	使用寿命(腐败、变质难易程度)	○	○	○	○
	废液可处理性	◎	○	△	△
环卫性能	皮肤及呼吸道刺激	×	×	×	×
	烟雾及起火危险性	×	×	×	×
	对作业环境的污染	×	×	×	×
经济性	切削液购入费	◎	○	△	△
	切削液管理费	○	○	○	○
	废液处理费	◎	○	△	△

注:(1)四类油基切削液相互比较,很好(◎)、好(○)、中(△)、差(×),若相互之间差别不大,或因个体差异较大、无法按类别给出评价,则以水基切削液为参照给以同一评价,好(○)、差(×);

(2)经济性项目仅从切削液的角度考虑了购入、维护管理、废液处理等费用,未考虑切削液性能好坏影响产品质量、加工效率等对综合成本的贡献

2) 不同类别油基切削液的选用要点

(1) 欲获得小的已加工表面粗糙度时,选用活性极压切削油(L－MHD 或 L－MHF);

(2) 当特别重视刀具寿命时,选用减摩切削油(L－MHB)、非活性极压切削油(L－MHC 或 L－MHE);

(3) 当希望具有较好的加工性能同时又需要避免腐蚀时,选用含较多脂肪油的减摩切削油(L－MHB);

(4) 当工件表面层不允许有添加剂残留物时选用含非活性物质的减摩切削油(L－MHB)、纯矿物或合成油(L－MHA);

(5) 当要求与其他油品有好的相容性时,选用纯矿物油或合成油(L－MHA)。

3. 不同类别水基切削液的性能比较及选用要点

1) 不同类别水基切削液的性能比较

参照 GB/T 7631.5—1989《润滑剂和有关产品(L 类)的分类第 5 部分:M 组(金属加工)》(表 10－4 和表 10－5),水基切削液概括为乳化切削液(L－MAA、L－MAB、L－MAC、L－MAD)、微乳化切削液(L－MAE、

L－MAF）和合成切削液（L－MAG、L－MAH）三大类进行性能比较。

以上三类水基切削液的分类原则在于是否含有矿物油（或合成油）。其中：乳化切削液的原液（乳化油）的含油量为50%～80%，一般不含水；而合成切削液一般不含油；微乳化切削液介于它们之间，含油量为10%～30%。这一组成成分上的差别是导致其性能差异的重要原因。

三类水基切削液的性能比较见表10－7。

表10－7　三类水基切削液的性能比较

项目＼切削液		乳化切削液	微乳化切削液	合成切削液
加工性能	加工质量（加工精度、表面完整性）	○	△	×
	加工效率（可适应的切削加工强度）	○	○	○
	刀具寿命	○	△	×
理化性能	润滑性	○	△	×
	冷却性	×	△	○
	清洗性	×	○	△
	防锈性	×	×	×
	抑泡性（起泡倾向与消泡能力）	○	×	△
	切削区的可视性（稀释液透明度）	×	△	○
	稳定性（分层、漂浮物、沉淀趋势）	×	△	○
	对水质的适应性	×	△	○
	切屑去除和分离	×	△	○
	工作液管理难易程度	×	×	○
	使用寿命（腐败、变质难易程度）	×	△	○
	对机床涂料的适应性（剥落、变色）	×	×	×
	废液可处理性	△	×	×
环卫性能	皮肤及呼吸道刺激	○	△	△
	烟雾及起火危险性	○	○	○
	对作业环境的污染	×	△	○
经济性	切削液购入费	×	△	○
	切削液管理费	×	×	○
	废液处理费	△	×	×

注：（1）以油基切削液为参照三类水基切削液相对比较，好（○）、中（△）、差（×），若相互之间差别不大，或因个体差异较大、无法按类别给出评价，则以油基切削液为参照给以同一评价，好（○）、差（×）；

（2）经济性项目仅从切削液的角度考虑了购入、维护管理、废液处理等费用，未考虑切削液性能好坏对产品质量、加工效率等的影响对综合成本的贡献

2）不同类别水基切削液的选用要点

（1）欲获得较好的已加工表面质量和较长的刀具寿命时，选用乳化切削液（L－MAA、L－MAB、L－MAC、L－MAD）或微乳化切削液（L－MAE、L－MAF），并以较高浓度使用；

（2）当需要较好的清洗性能和冷却性能时，选用微乳化切削液（L－MAE、L－MAF）；

（3）当重视综合作业性能（抑泡性、可视性、切屑可分离性、管理难易程度、对作业环境的影响等）而对加工性能无特殊要求时，如大多数的粗磨和半精磨加工，选用合成切削液（L－MAG、L－MAH）。

10.3.2　切削液的管理

10.3.2.1　切削液的保管

在切削液的选择阶段，对所选用的切削液的质量已经进行过实验室检测和实机试验，购入后还应该及时做收货检查，看看购入的产品与样品的质量是否相符。由于多数切削液使用企业没有判断切削液性能的检测手段，故实际上很少这样做。但至少应该在收货时对购入的每批产品填写"质量跟踪报告单"。另一种做法是将质量保证完全委托给信得过的切削液制造厂。

水基切削液一般只能存储6~12个月。在购入时要有使用计划，储备量不应超过3个月。切削液要按购入的先后次序使用，避免出现将陈旧的切削液遗忘在角落里长期保存的现象。

贮藏保管切削液要尽量在室内，存放地气温应保持5~40℃。若不得已在室外贮存，要防止日光直射和曝晒。在夏季有些地区室外会达到60~70℃的高温，这对切削液是有害的，容易引起切削液变质，水基切削液更要注意。此外，还必须防止雨水混入。如果雨水混入油基切削液中会使润滑性、防锈性能降低；如果混入水基切削液中则可能会引起添加剂分离或凝结、胶化。油基切削液的倾点通常不高于-5℃，而水基切削液在-5℃时通常也能保证其安定性。一般说来，在南方地区不会有冻结的问题，但在寒冷的北方地区要特别留意防冻，尤其是乳化型切削液的原液，一旦冻结，即便升温使其溶解后也会产生分离，大都不能使用。万一切削液被冻结，解冻后应进行充分搅拌或在地上滚动容器使其混合均匀，然后取样检查，判断是否可以使用。

盛装切削液的容器应清洁、密封性好。不允许用内面镀锌的铁桶（镀锌层可能与切削液组分发生反应生成锌皂）。在室外直立保存时开口应向上方，其上必须加盖密封。横放时应保持开口部分不会在下方，避免被潴溜的雨水浸入。

油基切削液是可燃物，一定数量以上的处理、存贮受到消防法以及关于危险品的法律限制。根据GB/T 50156—1992《小型石油库及汽车加油站设计规范》及其条文说明，易燃和可燃液体根据其闭杯闪点分为甲、乙、丙三类，其中丙类是闭杯闪点高于60℃的油品。一般说来，切削油和乳化油的闭杯闪点远高于60℃，故属于丙类可燃液体。虽然防火安全性较高，但还是必须严格管理。对以矿物油为主成分的乳化切削油也要按照油基切削液来处置。

10.3.2.2　油基切削液的使用管理

油基切削液的工作液劣化缓慢，通常情况只需要补给消耗的部分，相对于水基切削液而言，是一种可以长期使用且易于管理的切削液。但为了长期保持切削液的性能，也需要进行恰当的管理。油基切削液的使用管理主要包括以下几方面的内容。

1. 供液系统的清洁与维护

每次更换新液前，必须将供液系统洗净，除去切屑、油泥、淤渣等。因为已劣化变质的切削液、油泥、淤渣等一旦混入新液就会促进新液的劣化变质。同样道理，使用期内中途换用其他类别的切削液也是不好的。在不得已而换用异种切削液时，必须预先进行两种切削液的相容性试验检查。平时也应定期清除切屑、油泥和淤渣。

2. 油基切削液的氧化变质与防止

随着存放或使用期的延续，油基切削液会因氧化而逐渐变质。影响油基切削液氧化变质的主要因素及解决措施如下：

（1）与空气的接触机会越多越容易氧化，故应尽量减少与空气的接触。

（2）光线照射能诱发氧化，所以要尽量避光保存和使用。

（3）某些金属（特别是Fe、Cu、Pb等）对氧化有促进作用，油品中的金属盐类对氧化的促进作用更大，故应及时清除切屑、沉渣等。

（4）切削液基础油的组分与氧化变质有关。一般说来，石蜡烃和芳香烃氧化安定性较好，环烷烃特别是多支链的烷烃较差，烯烃最差。此外，在石油精制时残留下来的非烃类物质会使油品的抗氧化性能变坏。因此,在选择基础油时就要考虑其成分和精制深度。

(5) 温度越高,氧化越烈,所以在运输贮存时应保持阴凉。

(6) 减缓油基切削液氧化变质最有效的方法是使用抗氧化添加剂。抗氧化添加剂的主要类型有酚型、胺型、硫磷酸盐型、硼酸脂型等。国产的抗氧化添加剂如 2,6-二叔丁基对甲酚(T501)、N-苯基-N-仲丁基对苯二胺(T502)。此外,有些极压添加剂兼备抗氧化功能,如二烷基二硫代磷酸锌。

3. 水分混入的影响与处理

在暴雨等突发性事故、前道工序是水基切削液、使用过水基切削液的机床换用油基切削液等情形,油基切削液中可能混入水分。混入的水分会使切削液中的一部分有机活性分子被水所吸附而形成油包水的胶团,降低有机活性分子在固-液界面上的浓度,影响切削液的加工效能及防锈性能。特别是在应用氯系极压添加剂的场合,水与游离氯化氢会结合成盐酸容易引起腐蚀。水分的混入不仅使油基切削液防锈性能降低、工件和机床生锈,而且会促进刀具的磨损,导致刀具寿命缩短。

为了除去附着在被加工零件和机床上的水分,可以用具有水置换性能的防锈油或清洗油进行预先处理。如果切削油中混入水分较少,可用加热蒸发、活性白土等方法进行处理。

4. 漏油混入的影响与处理

组合机床、滚齿机等类机床从结构上难于避免润滑油、液压油和切削油相互混溶。这会改变切削油的成分,有时可能产生沉淀物,促进切削油的劣化。一般说来,润滑油、液压油所含添加剂的浓度比切削油低。因此,漏油的混入会降低切削油添加剂的浓度,使其切削性能下降。尤其在拉削加工和齿轮切削加工中容易产生这样的问题。一般说来,少量混入关系不大,若混入的漏油量超过 30%,则切削液性能会显著下降。

液压油的混入大都是由于密封不良所致,只要检修好密封装置就可以防止混入。当混入的漏油量较多时,需要及时补充添加剂。添加剂浓度的降低可根据添加剂(脂肪油含量、氯含量、硫含量)的化学分析得知,但因这种方法操作复杂,不适合用于日常管理。日常管理的做法是,对使用了一定期间的工作液做一次添加剂浓度测定,从使用时间推算 1 个月的漏油混入量,以此来决定补给或交换周期。

5. 微细切屑和淤渣的影响与处理

由于切削加工的切屑较大,故通常采用链板式、刮板式或带式排屑装置。较细小的金属切屑或粉末沉积在油箱底部。钢铁、铜、铝等金属尤其是刚切下来的带有新鲜表面的金属在切削液中起催化剂作用,会加速切削液的氧化。因此,如果微细切屑、淤渣等长期沉积在油箱内就会加速工作液的劣化变质,使之黏度增高或生成胶状物质等。在枪钻加工和磨削加工中,金属粉混入工作液不但会损伤供液泵,而且会使已加工表面粗糙度变坏。所以,应当增加排除细微切屑的过滤装置。

6. 其他注意事项

当使用含活性极压添加剂的切削油时,要注意机床轴承部件和供液泵中使用的铜合金的腐蚀问题。因此,必须预先进行切削油与非铁金属的适应性检查。

有的添加剂在较高温度下发生分解而起作用。若长期使用,其浓度必然降低,导致切削液性能下降,需要定期补充添加剂。此外,油基切削液在使用过程中必然有消耗,若切削液箱中液量减少,则会引起切削液温度上升,不仅造成加工精度不良,也会促进工作液劣化。因此,需要定期补充新液。

10.3.2.3 水基切削液的使用管理

1. 水基切削液的浓度管理

1) 水基切削液浓度的表示方法

(1) 浓度:工作液中含有原液的质量百分比。例如,100kg 工作液中含有原液 5kg,则工作液的浓度为 5%。浓度越大,原液含量越高。如果要配制 200kg 浓度为 5%的工作液,应加入的原液质量为 200×5% = 10(kg),应加入稀释水 200-10=190(kg)。

(2) 倍率:1 份质量的原液与 n 份质量的稀释水相混溶得到的工作液,其稀释倍率定义为(n+1)倍。如果原液∶水=1∶9,则稀释倍率为 10 倍。稀释倍率越大,原液含量越低。例如,要配制稀释倍率为 20 倍的工作液 200kg,应加入原液 200/20=10(kg),加入稀释水的量应为 200-10=190(kg)。因为水的密度与水基切削液原液的密度差别不大,生产中也常用体积 L 作为计量单位。倍率和浓度的对应关系如表10-8所列。

表10-8　水基切削液稀释倍率和浓度的对应关系

倍率	10	20	30	40	50	60	70	80	90	100
浓度/%	10	5	3.33	2.5	2	1.66	1.42	1.25	1.11	1

2）水基切削液浓度管理要点

为了维持正常的工作液浓度,对切削液进行事前管理很有必要。企业应指定专职切削液管理人员统一配制切削液,掌握液箱容量和每日消耗量;注入新液时,要正确计量原液量和水量,配制成所需浓度的工作液;补给切削液时,要在其他容器内预先配制成规定浓度,图省事只补给水是引起浓度变化的主要原因,必须避免;还要定期检查 pH 值、防锈性等性状项目,记录实际补给情况,对切削液的浓度实行严格的管理。

2. 水基切削液的防腐蚀管理

使用水基切削液时引起金属腐蚀的诱因及管理注意事项可归纳如下:

(1) 稀释水的水质。水中的矿物质和盐类可能引起铁系和非铁系金属腐蚀。盐是酸和碱的反应生成物,溶解于水后呈金属离子和酸根离子形式存在,盐酸根和硫酸根会腐蚀多种金属。稀释水中若含有多量的氯化物、硫酸盐,不仅降低其防锈性能,也易引起工作液腐败。切削液的稀释水越纯净,越不容易发生盐类引起的腐蚀。此外,随着切削液的消耗、蒸发和不断补充,工作液中的盐分会越积越多,腐蚀性也会越来越强,这是必须注意的问题。

(2) 零件表面结露。铁锈是铁、氧和水的化合物,通常,在相对湿度30%以下不太会生锈,随着湿度的增高,水在金属表面结露,就容易发生锈蚀。32.2℃的空气中能够含有2倍于21.1℃空气中的水分含量,因此,如果厂房中白天很热,夜晚逐渐冷下来,气温通过露点,金属表面就会结露。在气候潮湿的季节和地区,这种情形引起生锈的可能性非常高。防止结露引起锈蚀的最好方法是加工后及时涂防锈油脂。

(3) 异种金属接触引起的腐蚀。异种金属接触并同处于电解质溶液中时会产生电化学腐蚀,电极电位较负的金属将会不断因腐蚀而溶解。例如,大型飞机零部件放置在机床的铸铁床面上加工,如果放置时间过长,使用不恰当的切削液,就会产生腐蚀。铝或铜切屑落在有水基切削液的铸铁床面上,不及时清扫都会产生这种腐蚀。

(4) 嵌合性腐蚀。零件相互嵌合部分容易堆积污垢,当有水基切削液存在时,污垢下面或里面的液体缺氧,而污垢上面或外面的液体富氧,形成氧浓差电池,导致污垢内部或下面的金属被腐蚀。如果存在着切削液浓度差,还会形成液浓差电池而引起腐蚀。新配制的切削液可能不至于发生问题,但随着工作液中金属离子的不断累积和微生物的生长繁殖,就可能增加嵌合性腐蚀的速度和强度。

(5) 大气环境引起的腐蚀。煤、油或煤气的燃烧以及电镀车间产生的亚硫酸气体会造成空气中酸性蒸气浓度较高。此外,近海地区大气中氯含量高,对铁和非铁金属都有腐蚀性。这类场合都必须维持较高的切削液浓度;工序间需要使用水置换防锈油保护已加工好的工件,或者用防锈纸、塑料膜包裹;否则极易产生腐蚀。

(6) 前工序残留物引起的腐蚀。热处理、电镀过程中残留在工件上的盐、酸等物质极易引起后续工序产生腐蚀。因此,经过热处理或电镀的零件在进入后续工序前应进行彻底清洗,避免残留物污染切削液。

(7) 盛装和搬运器具引起的腐蚀。未经特殊处理的木材(特别是生木料)、纸板等多呈酸性,用来放置或盛装零件时,一旦与切削液浸湿过的零件接触,也会引起锈蚀。作为安全对策,零件放入前,应当预先涂擦水置换防锈油。用镀锌材料制成的篮子、箱子等摆放或盛装零件时,可能产生异种金属接触导致的电化学腐蚀(特别是使用易与镀锌层起反应的切削液加工后)。因此,应避免零件与镀锌材料接触。搬运箱中重叠堆放的零件容易生锈,箱子越深越容易生锈。因为底部空气不流通,其相对湿度接近于100%,零件上附着的水分不能及时干燥。为防止零件表面重叠,应当将零件分开放置。

(8) 后处理不当引起的腐蚀。切削加工特别是磨削加工后,经常使用压缩空气吹掉零件上的污物,同时也吹掉了起防锈作用的切削液膜,而且压缩空气中含有水分,容易引起锈蚀,特别是粗糙表面更易生锈。

(9) 微生物繁殖引起的腐蚀。水基切削液中由于微生物的生长繁殖会生成酸和盐而引起机床及工件变成茶色,硫酸还原菌造成的硫化氢使水基切削液变成黑色,使机床和工件表面发暗。定期实施清洁措施,清扫机床和切削液箱,使用清洁的水基切削液,有利于防止微生物造成的腐蚀。

(10) 切削液成分变化引起的腐蚀。切削液中的防锈剂浓度会随着使用时间的延长而减少,这时应及时补充添加剂、新液或彻底更换切削液。

3. 水基切削液的防腐败管理

过去,切削液的管理往往偏重于宏观因素,随着生态环境和劳动卫生问题的日渐突出,人们对切削液的研究也不断地向微观领域深入。水基切削液的工作液由于漏油、切屑等杂质的混入而污浊,由于微生物的异常繁殖而腐败。从工作液的劣化到更换,微生物扮演着十分重要的角色。

1) 水基切削液自身性状对微生物繁殖的影响

(1) 稀释水质的影响。水质对细菌的繁殖影响颇大,表 10-9 列出了不同水质对切削液中细菌繁殖的影响。结果表明,无论是合成切削液还是乳化切削液,稀释水的硬度越高,微生物繁殖越快。

表 10-9 水质对水基切削液中细菌繁殖的影响 单位:$\times 10^6$个/mL

切削液种类	稀释水	经过天数				
		0	1	2	3	4
合成切削液(浓度 4%)	蒸馏水	0.1	1.2	1.5	2.2	4.8
	软水(72ppm)	0.1	3.4	5.5	6.1	6.7
	硬水(700ppm)	0.1	3.1	8.1	9.8	9.1
乳化切削液(浓度 4%)	蒸馏水	0.1	2.8	4.5	8.6	9.1
	软水(72ppm)	0.1	14.7	10.2	13.2	15.9
	硬水(700ppm)	0.1	10.5	16.3	21.0	33.4

(2) 工作液 pH 值的影响。工作液的 pH 值与水基切削液中微生物的繁殖关系颇大。图 10-10 是水基切削液的 pH 值与微生物繁殖的关系。可见,当 pH<8.7 时,随着时间的增加,微生物数量增大,而当 pH=9.2 时,微生物繁殖维持在很低的水平。但是,pH 值过高容易引起操作人员的皮肤疾患,因此,保持工作液的 pH≈9 为宜。

(3) 工作液浓度的影响。浓度是标志水基切削液有效成分含量的指标,恰当的浓度是保持水基切削液处于最佳工作状态所必需的。抗菌性能(耐腐败性能)、pH 值、防锈性能、润滑性能等都与切削液的浓度密切相关。浓度过低则有效成分不足,防腐败性能降低。如图 10-11 所示,在随着浓度从 1%~5%升高,微生物数量明显降低。

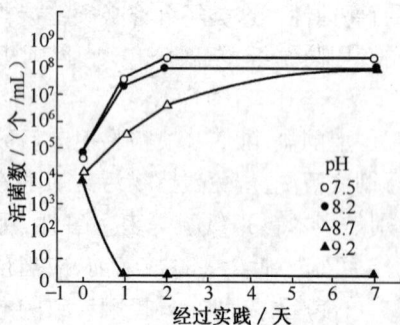

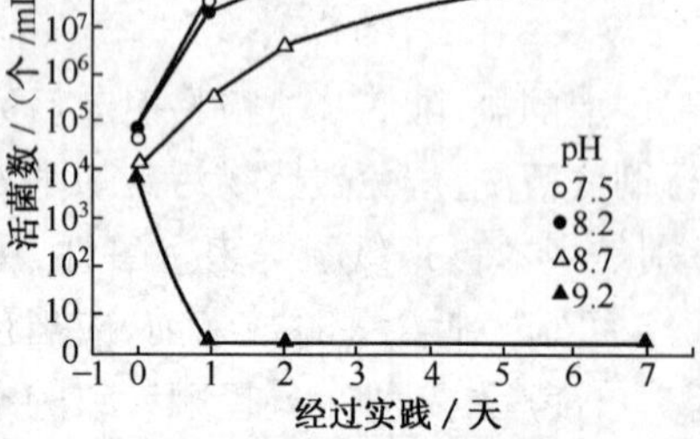

图 10-10 水基切削液的 pH 值与微生物繁殖的关系

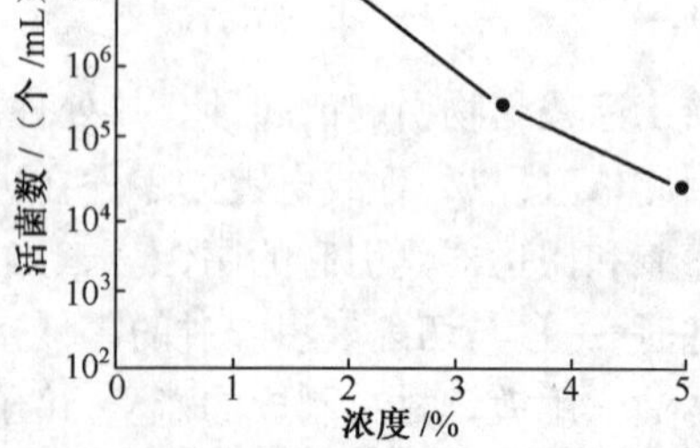

图 10-11 水基切削液稀释浓度对微生物繁殖的影响

试验条件:微乳化切削液,液量 20L,其中添加了切屑和润滑油,30 日内白天用泵循环。

2) 微生物繁殖给水基切削液可能带来的危害

(1) 工作液气味和颜色变化(变成灰褐色,桃红色)。

(2) 细菌产生的酸引起工作液 pH 值降低,防锈性能变坏。

（3）工作液的切削性能（加工质量、刀具寿命）下降。

（4）生成渣或油泥状黏稠物，影响机床运动，导致供液管道、供液泵和过滤器堵塞。

（5）使表面活性剂分解，导致工作液不稳定，甚至破乳、分离。

（6）产生腐败臭气（酸腐臭），使作业环境恶化，并影响作业人员的健康。

上述过程发展到最后阶段不得不更换新液。

3）微生物的检测方法

腐败的发展状况可以在实验室用测定活菌数来跟踪。在现场，随着腐败的进行，上述各种负面影响都会表现出来。注意观察工作液的臭气、外观变化、pH 值、防锈性等就能够定性感知工作液腐败的程度。半定量的检查可以使用各种微生物快速检测器具。

4）抑制微生物繁殖的措施

由切削液微生物学可知，造成水基切削液腐败的主要原因是微生物的过度繁殖。防腐管理必须从抑制微生物的繁殖入手。可采取如下措施：

（1）选用少含微生物营养源组分的切削液，适量使用防腐杀菌剂以阻止微生物的繁殖。

（2）注入新液时，首先把机床周围及供液系统内的切屑和异物完全清除，并用杀菌剂充分洗净。不清洗干净就等于向新液中投放腐败菌种。

（3）稀释水用符合饮用标准的自来水或软水，避免使用含无机盐过多的硬水。

（4）定期检查工作液的 pH 值，当发现 pH 值有降低倾向时，应补充新液或添加 pH 提高剂，使其保持在微生物难于繁殖的 pH≈9。

（5）定期检查工作液浓度，发现不足时应及时补充新液或原液；高温季节水分蒸发量大，要检查盐离子浓度，如果过高，易引起乳化液分解，须及时补充软水；保持工作液在规定的正常浓度下工作。

（6）定期检查微生物繁殖情况。若已经察觉到腐败征兆，就需要采取防腐杀菌措施。一般认为，当活菌数超过 10^6 个/mL 时，应立即添加防腐杀菌剂控制其繁殖。

（7）注意防止漏油混入，设置能迅速除去漏油的装置。

（8）采用有效的排屑方式，避免切屑特别是微细切屑在液箱内长时间沉积。

（9）节假日等长时间停机时，过去主张采取曝气的方法，即使切削液循环搅动，或向液箱内鼓入空气，以防止厌氧性细菌的繁殖，同时也及时排除臭气。但有资料认为，微生物在有氧条件下也会生成低级酸而导致恶臭，空气中的二氧化碳溶入切削液后会使 pH 值下降，又促进微生物的繁殖。因此，正确的做法是在停机前适当提高工作液的浓度和 pH 值（维持在 9.1 以上），并加入防腐杀菌剂。

在水基切削液的工作液管埋方面，应以防腐败为长远目标，把浓度管理、防锈管理以及其他性状项目的管理结合起来，制成管理记录表，定期进行检查。表 10－10 针对集中供液方式给出了一个管理记录表的样本。

表 10－10　切削液管理记录

供给机床号：MF－5 液箱号：16 液箱容量：50000L 设定浓度 5%±0.5%　pH：9±0.5				◎无变化 △稍有变化 ×显著变化				切削液名称：SQ－3 生产厂家：D 厂 电话： 管理责任人：×××			
记录年月日	浓度/%	pH	臭气	外观	防锈性能	切削性能	补给量/L				备注
							原液	用水	防腐剂	pH 提升剂	
2006 04 01	5	9.0	◎	◎	◎	◎	—	—	—	—	
2006 04 15	4	8.5	◎	◎	△	△	1000	9000	—	—	
2006 04 30	4.5	9.0	◎	◎	◎	◎	200	3000	—	—	
2006 05 15			◎	◎	◎	◎	200	3000	—	—	

10.4 切削液的供液方法

为使切削液的性能得到充分发挥,必须采用与目的相适应的供液法。根据使用刀具和加工方法的不同,供液目的在主要着眼点上理应有所区别。例如:为了改善切屑形成过程,就有必要考虑切削液向刀-屑、刀-工界面易于渗透的供液方向;以冷却效果为主考虑问题时,还必须注意供液量和供液压力;为了冲洗、排出切屑,也必须预先考虑一定的供液量、供液压力、供液部位和方向。

切削液的供液方法对刀具寿命、加工质量、加工效率都有很大影响,即使是最好的切削液,如果不能有效地输送到切削区,也不能发挥其应有的作用。在具体实例方面,比如,在封闭式切削加工中,变换供液喷嘴的位置和方向可防止刀具的排屑槽被切屑堵塞;硬质合金和陶瓷之类硬脆材料刀具会由于加热和冷却的反复热冲击而产生裂纹,用环状供液装置均匀冷却或者用喷雾供液装置进行连续的一定程度的冷却可减轻产生裂纹的倾向。相反,如果操作者为了能看见加工状态,不时地停止供液进行观察,使供液间断,因热冲击而使刀具寿命缩短,这样的例子屡见不鲜。总之,掌握与供液方法有关的正确知识对于充分发挥切削液的效能是十分必要的。

但是,在实际工作中对供液法的关心普遍淡薄,工艺技术人员往往让现场操作者按照习以为常的供液方法随意使用切削液。

最原始的供液方法是手工用毛刷涂抹或用油壶供液,在单件、小批生产和低速轻负荷加工场合仍有使用,常用的供液方法有放流供液、压力供液、射流供液、喷雾供液等。随着计算机控制技术在机床中的应用越来越广泛深入,计算机程序控制供液方法已经初见端倪。

以下针对几种最常用的加工方式介绍上述切削液的供液方法。

10.4.1 普通供液法

普通供液法即放流供液法,是历史最为悠久、应用最为广泛的切削液供给方法。其供液系统一般由储液箱、切屑分离器、低压泵、管路系统、控制阀门和喷嘴组成。储液箱中的切削液由泵吸出,经管路、喷嘴放流到切削区;使用过的切削液和切屑分离后又回到储液箱,如此往复循环。这种装置简单,用于对切削液供液无特殊要求的场合,在一般情况下被广泛使用。普通供液法的供液压力一般低于 0.2MPa 。

为了使切削液更有效地发挥作用,在喷嘴的位置和数量、供液压力和流量方面下工夫还是很有必要的。下面举出一些各种加工工艺中有效的应用例子。

1. 车削加工

图 10-12 为外圆车削加工的例子。图 10-12(a)所示的情形切削液难于到达切削区,因此在改善切削状态方面效果较差。如前所述,低速切削时,切削液的渗入路径是后刀面和切屑侧面,故如图 10-12(c)所示,用两个喷嘴供液使切削液容易渗入切削区,就能充分发挥切削液的作用。图 10-12(b)所示的情形,若供液量充分,切削液也可望从侧面渗入刀尖附近起作用。

2. 铣削加工

一般说来,用立铣刀、锯片铣刀、沟槽铣刀、圆柱平面铣刀等的铣削加工大多使用切削液,普遍采用普通供液法,切削液的使用效果是十分明显的。

图 10-13 为铣削加工时使用两个喷嘴从刀具的两侧面供液的情形。可用于三面刃铣刀、角度铣刀、成形铣刀、锯片铣刀等铣削平面、沟槽和各种成形表面。

图 10-14(a)为用圆柱铣刀铣削平面时一种可靠的供液方法,采用左、右两个扇形喷嘴同时供液。左侧喷嘴从前刀面供液,右侧喷嘴从后刀面供液。既能使切削液易于进入切削区,又便于冲走切屑。当切削深度 a_p 较小时,用普通圆形喷嘴即可;若切削深度 a_p 较大时,则采用扇形喷嘴更为有效。使用扇形喷嘴时,喷嘴口宽度应为切削深度 a_p 的 3/4 以上。

图 10-14(b)为端面铣刀铣削平面时用环状喷嘴供液的情形。切削液从环状喷嘴的圆周不同部位同时

喷出，使每个刀齿在切入前和切出后都能充分得到切削液的润滑和冲洗。用这种喷嘴能够对刀具和切削区进行全面、均匀的供液。

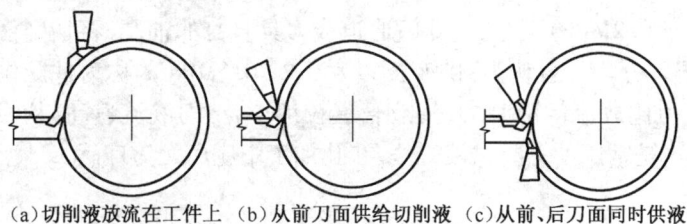

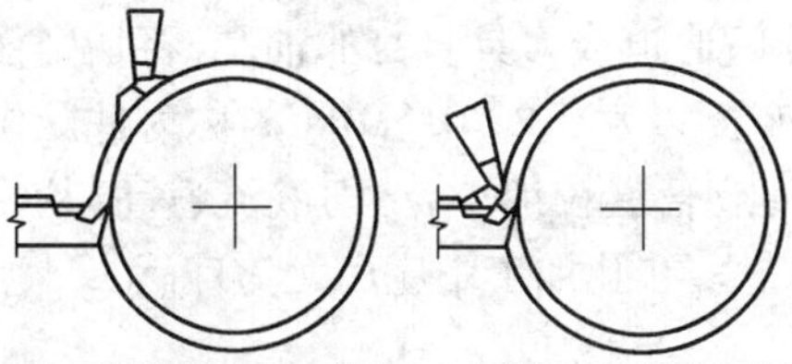

(a)切削液放流在工件上　(b)从前刀面供给切削液　(c)从前、后刀面同时供液

图10-12　车削加工的3种基本供液方法

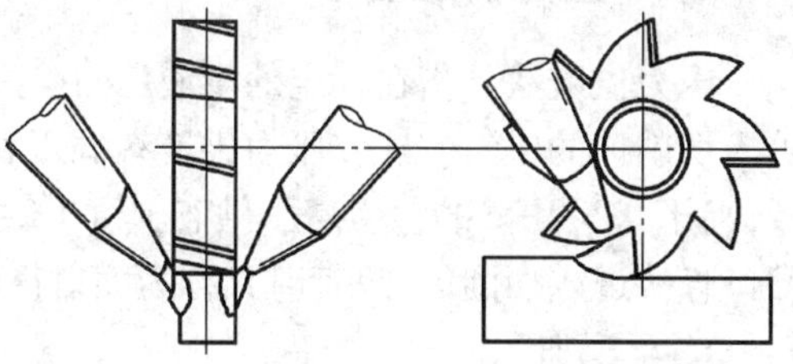

(a)　(b)

图10-13　铣削时使用两个喷嘴从两侧面供液

像硬质合金端铣刀那样的高速铣削，为了避免剧烈的热冲击和机械冲击的联合作用，过去多采用干式切削。但是，干式切削存在的问题：①刀具与切屑、刀具与工件间的摩擦力大，容易产生黏附和冷焊；②刀具寿命较低，加工质量不高；③切削热得不到即时排出，机床、夹具和工件尤其是薄壁工件容易产生热变形；④切屑处理困难，容易进入机床导轨面等滑动部分造成故障和性能低下；⑤粉尘引起作业环境恶化。因此，端铣加工使用切削液的场合正逐渐增多。尤其是铣削难加工材料时，切削液有时是必不可少的，但必须连续供给大量的切削液，以防止热冲击对刀具产生不良影响。

通常，选择供液方法时要考虑如何有利于排屑。端铣平面时，切削速度较高，切屑往往四处飞溅，不仅妨碍作业环境，而且有烫伤操作人员的危险。图10-15为利用切削液防止切屑飞溅的供液方法。切削液由装置主轴套上的环状喷嘴供出，在端铣刀周围形成一圈液体屏障，既可实现圆周均匀供液，又可阻止切屑四处飞溅。

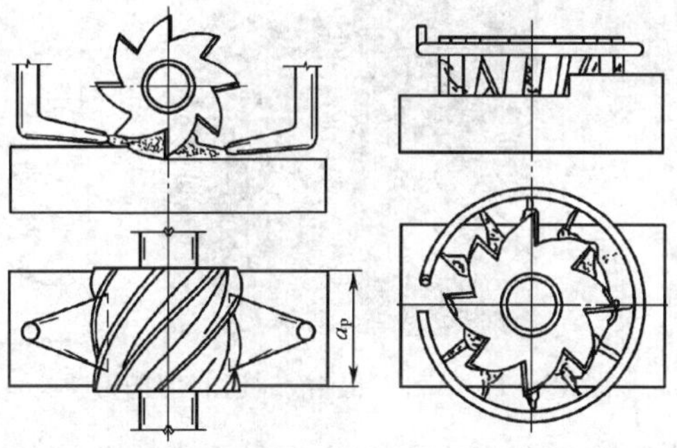

(a) 圆柱铣刀铣削平面　(b) 端面铣刀铣削平面

图10-14　圆柱铣刀和端面铣刀铣削平面时的供液方法

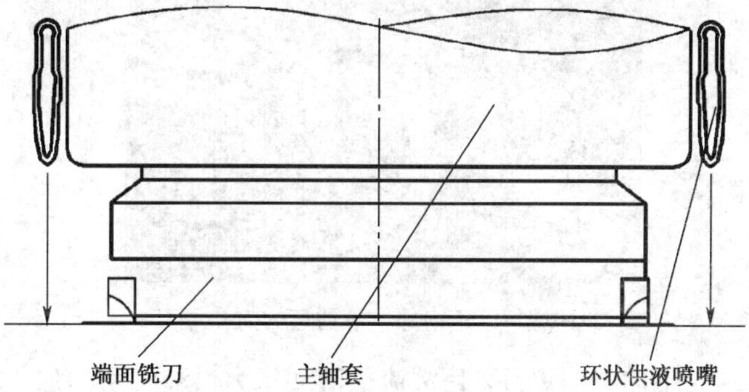

图10-15　利用切削液防止切屑飞溅的供液方法

3. 钻削加工

钻孔是应用最为广泛的孔加工工艺。根据孔的深径比 L/D，一般将孔分为浅孔、中等深孔、深孔。$L/D \leqslant 5$ 为浅孔，$5<L/D<10$ 为中等深孔，$L/D \geqslant 10$ 为深孔。

钻削加工时切屑沿钻头沟槽排出。切削液必须穿过切屑与构槽的间隙，而且要逆切屑流而进，才能渗入钻尖。因此，即使渗透性好的切削液，用常规的放流供液方法，能达到钻尖的深度也只有5倍孔径左右。钻头被烧熔、严重磨损或破损等事故大多数是由于切削液没有到达钻尖部位而引起的。在钻孔加工中，必须设法把切削液确实可靠地送入钻尖工作区。

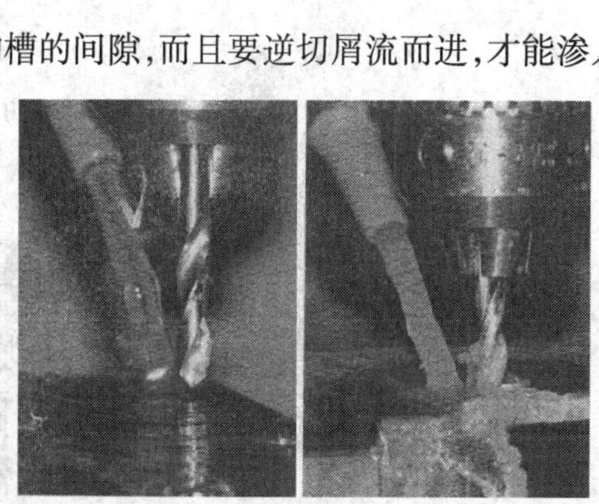

(a)　(b)

图10-16　普通钻削的外部放流供液

钻削浅孔时，用一般的放流供液方法，利用钻头的排屑槽进液和排屑，可以基本满足要求，其加工状态如图10-16所示。但是，随着深径比的加大，需要采用所谓的“Step”加工方式：进给一定深度后退出钻头，以排出切屑和改善冷却、润滑，如此周而复始，直至钻到所需深度。深径比越大，这种退刀操作的频率越

高，直接影响加工效率。

10.4.2 压力供液法

压力供液法是指在一定的供液压力(一般大于0.2MPa)下，通过专门通道或刀具自身的油孔，将切削液供入切削区的供液方法。压力供液有低压和高压之分。一般认为：供液压力为0.2~0.5MPa的称为低压供液；高于0.5 MPa的称为高压供液。由于供液压力比放流供液时大，供液管道较细小，切削液流速高，从喷嘴口直接进入切削区，故有时又称为喷射供液。这是常用的一类供液方法，在孔加工中应用尤为广泛。

1. 车削加工

外圆车削加工常用普通供液法，尤其是加工区呈敞开式或半敞开式的普通车床，低速车削时，使用放流法供给切削液不会四处飞溅而污染作业环境。镗孔和切断加工时，切削液进入切削区以及排出切屑都比较困难，采用压力供液效果较好。此外：高速车削时，切削区发热量大，刀具温度高；车削难加工材料(尤其是既硬又韧的材料，如钛合金、高温合金等)时，刀具与切屑、刀具与工件黏附倾向大，刀具寿命短，生产率低，加工质量难于保证。在这些场合，压力供液均有其应用价值。

压力供液是由专门的供液系统提供较高的压力，使切削液通过刀杆和刀片上的小孔从前刀面喷出的供液方法。它对改善刀-屑接触面间的润滑状态、迅速冷却刀具效果显著。同时，高压切削液提供的能量可以减小刀-屑接触长度并使切屑卷曲，甚至起到断屑器的作用。

图10-17、图10-18分别为带内部供液通道的内孔镗刀和切槽刀。切削液通过刀杆内的孔喷向切削区，充分发挥冷却、润滑和冲走切屑的作用。

图10-17 带内部供液通道的内孔镗刀

图10-18 带内部供液通道的切槽刀

图10-19为采用放流供液和压力供液时切槽加工状态的比较。图10-19(a)为采用常规放流供液方式车削沟槽的情形；图10-19(b)为使用该切槽刀高压供液车削沟槽的情形。高压切削液通过刀杆和刀片上的小孔从前刀面供入切削区。其效果：①由于切削液直达切削刃附近，可使切削刃附近温度下降，消除积屑瘤；②使切屑冷却，传给工件的热量减少，有利于改善已加工表面完整性；③高压产生的强大推力使切屑较早离开前刀面，向上卷曲，排屑更容易，而且可减小刀-屑接触长度，降低摩擦力。

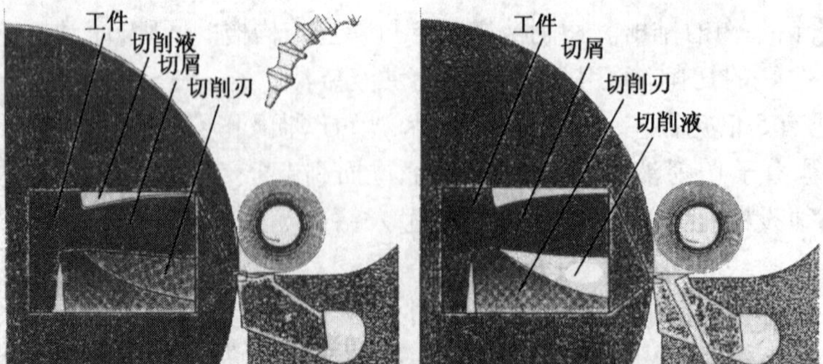

(a) 放流供液方式　　(b) 压力供液方式

图10-19 采用放流供液和压力供液时切槽加工状态的比较

图 10－20 为带内部供液通道的外圆车刀。用这种车刀切削试验的结果表明，与普通供液相比，压力供液时刀具寿命延长 300%～800%，而且可以采用高速切削。

图 10－21 为压力供液与普通供液刀具寿命的比较。由图可见，当进给量分别为 0.381mm/min、0.254mm/min、0.127mm/min 时，压力供液的刀具寿命比普通供液的刀具寿命分别高出 50%、97%、157%。

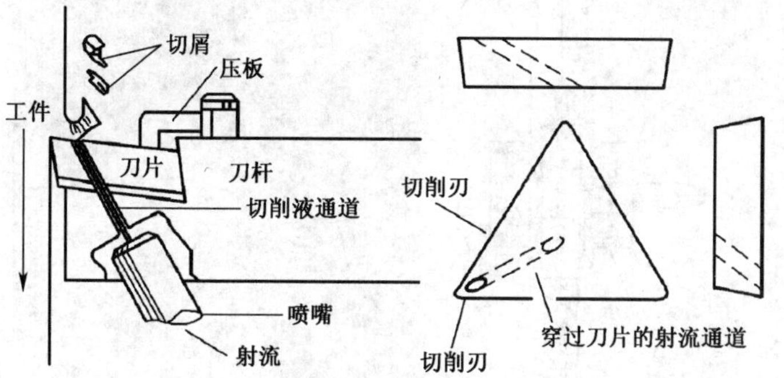

图 10－20　带内部供液通道的外圆车刀

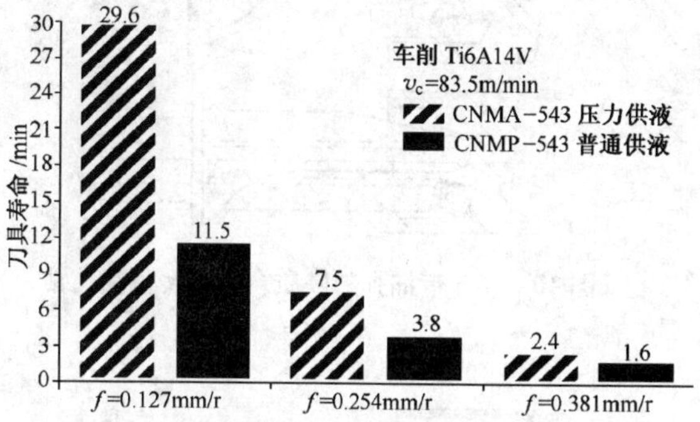

图 10－21　压力供液与普通供液刀具寿命的比较

2. 铣削加工

一般说来，用立铣刀、锯片铣刀、沟槽铣刀、圆柱平面铣刀等的铣削加工大多采用普通供液法。像硬质合金端铣刀那样的高速铣削，为了避免剧烈的热冲击和机械冲击的联合作用大多采用干式加工。但在组合机床或加工中心上，通过内部通道的压力供液也颇为普遍（图 10－22）。图 10－23 为 Schaublin 公司生产的一种带内部油孔的刀具夹头，可以夹持带油孔的立铣刀和钻头，已成为加工中心的标准附件。

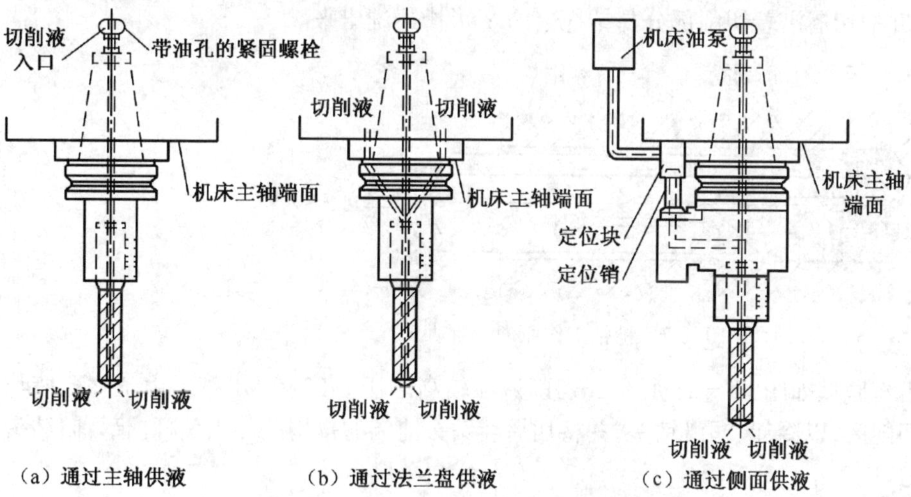

（a）通过主轴供液　（b）通过法兰盘供液　（c）通过侧面供液

图 10－22　加工中心应用压力供液的示例

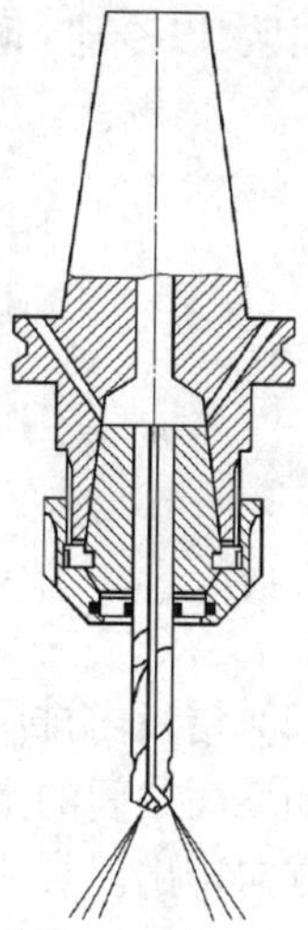
图 10－23　带油孔的刀具夹头

3. 钻削加工

1）钻削浅孔和中等深度的孔

如前所述，当钻削 $L/D \leqslant 5$ 的浅孔时，用一般的放流供液方法，利用钻头的排屑槽进液和排屑，可以基本满足要求。但随着钻削深径比的增加，钻尖的冷却和润滑越加困难，切屑越来越不易排出，往往造成钻头过度磨损或破损甚至折断。因此，钻削深孔时大多使用压力供液法，用一定的压力迫使切削液深入钻尖，并使切屑随着切削液一起排出来。为了提高加工效率和质量、延长钻头寿命，当钻削 $5<L/D<10$ 的中等深孔，有时甚至钻削深径比 $L/D \leqslant 5$ 的浅孔时，都采用压力供液法（供液压力 0.5～5MPa），用带油孔的钻头以适当的压力和流量供给切削液，如图 10－24～图 10－26 所示。此时，须有专用的供液装置。

2）钻削深孔

当钻削深径比 $L/D \geqslant 10$ 的深孔甚至钻削中等深孔时，经常使用专门的深孔钻。常用的深孔钻有枪钻、错齿内排屑深孔钻、喷吸钻。

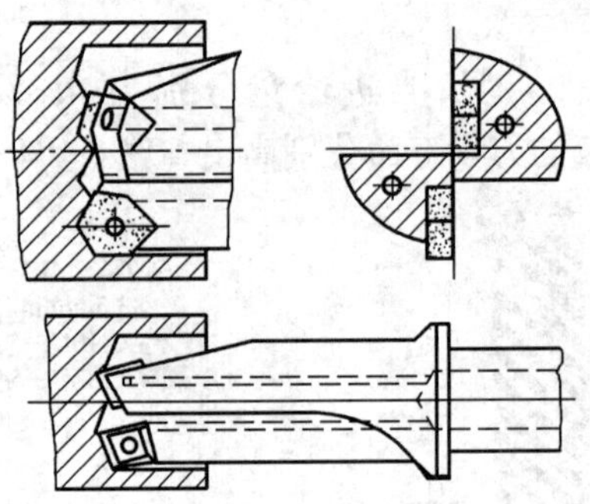

图 10－24　带油孔的硬质合金可转位浅孔钻

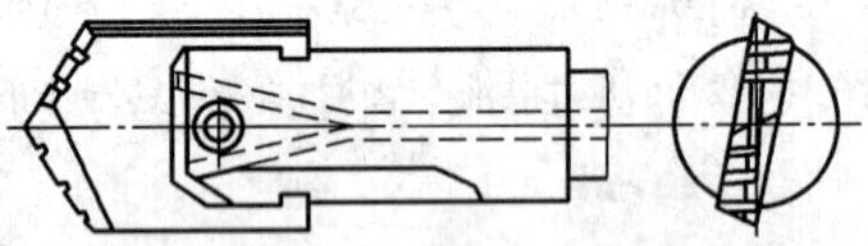

图 10－25　带油孔的扁钻

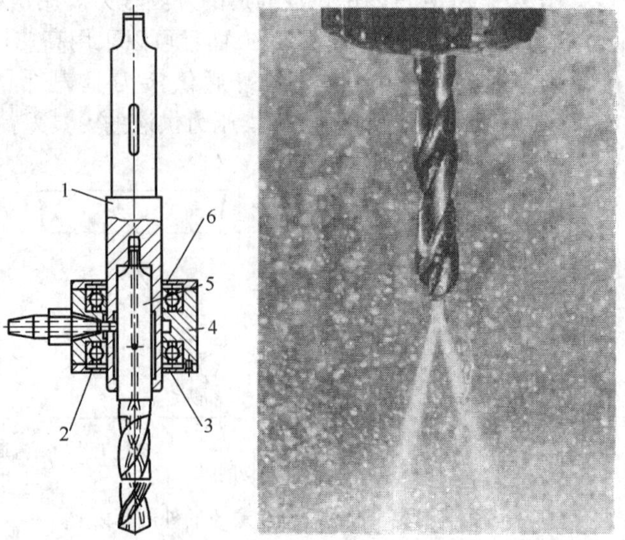

（a）结构示意图　　（b）喷液状况

图 10－26　带油孔和供液装置的麻花钻

1—进液钻套；2—密封圈；3—挡圈；4—进液器；5—带油孔的麻花钻；6—调整垫片。

（1）枪钻工作原理如图 10－27 所示。切削液在高压（3～10MPa）驱使下从钻杆和切削部分的进油孔进入切削区，以冷却、润滑钻头，并把切屑沿着切削部分与钻杆上的 V 形槽冲洗出来。

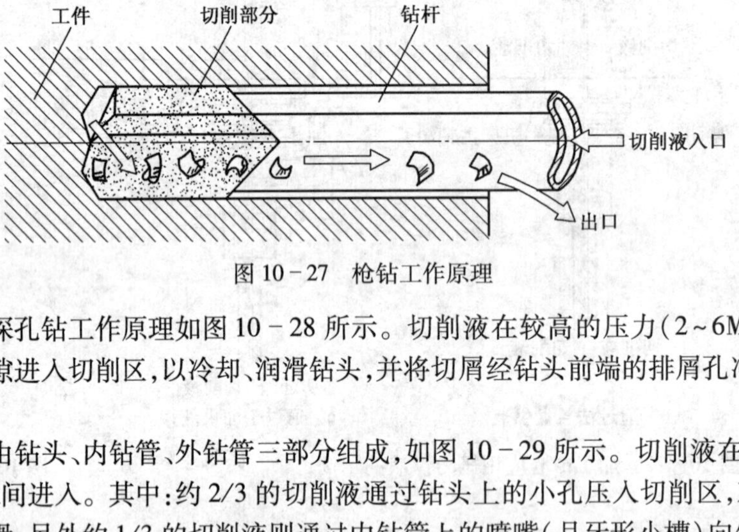

图 10－27　枪钻工作原理

（2）错齿内排屑深孔钻工作原理如图 10－28 所示。切削液在较高的压力（2～6MPa）下由工件孔壁与钻杆外表面之间的空隙进入切削区，以冷却、润滑钻头，并将切屑经钻头前端的排屑孔冲入钻杆内部，向钻头尾部方向排出。

（3）喷吸钻主要由钻头、内钻管、外钻管三部分组成，如图 10－29 所示。切削液在一定压力（1～2MPa）作用下经内、外钻管之间进入。其中：约 2/3 的切削液通过钻头上的小孔压入切削区，对钻头切削部分及导向部分进行冷却与润滑；另外约 1/3 的切削液则通过内钻管上的喷嘴（月牙形小槽）向钻头尾部方向喷入内

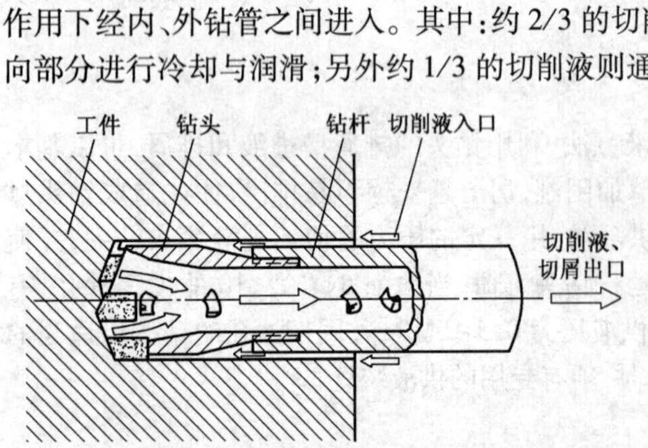

图 10－28　错齿内排屑深孔钻工作原理

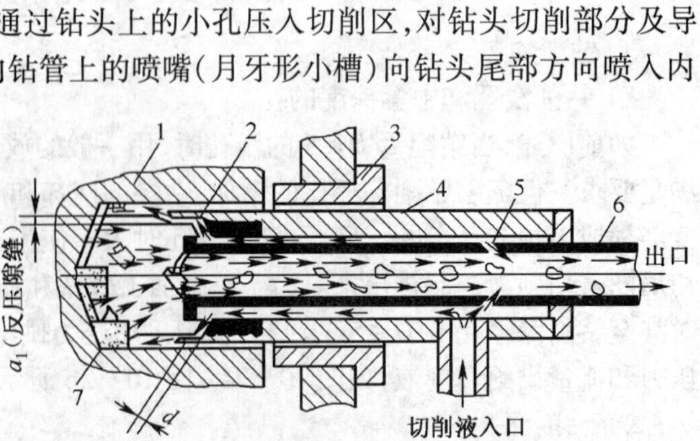

图 10－29　喷吸钻工作原理

1—工件；2—小孔；3—钻套；4—外钻管；5—喷嘴；6—内钻管；7—钻头。

钻管,由于流速增大而形成一个低压区,该低压区一直延伸到钻头的排屑通道。因此,切屑便在压力差的作用下随着切削液一道被吸入内钻管而被迅速排出。

10.4.3　射流供液法

射流供液是指供液通道并不直接与切削区相连,切削液在高压驱使下,通过供液通道后要经过一段空间才到达切削区。切削液依靠其动能射向切削区实现供液目的。

图 10-30 为车削加工时从外部向前刀面高压射流切削液的供液状况示意。由于铝合金、不锈钢等塑性材料极易产生连续带状切屑,在自动机床、自动生产线等无人管理机床的场合,时常造成切屑缠绕导致废品和事故之类的问题。该方法旨在利用高压切削液的动能产生使切屑卷曲的力矩,从而起到断屑作用。

(1) 根据切削条件设定射流压力,可将切屑完全切断。

(2) 切屑卷曲刚度越大,所需的射流压力越大。

(3) 即使在同样的切削条件下,当射流压力不同时,被切断的切屑的尺寸和形状均有显著的区别。

(4) 射流压力越高,被切断切屑的卷曲半径越小。由此可知,高压射流起到了断屑器的作用。

(5) 与普通供液相比,高压射流供液对刀具寿命、已加工表面粗糙度没有不良影响,切削力略有降低。

图 10-31 为美国 PXI 公司开发的一种高压射流供液系统,称为“Flowjet”(射流),专用于在无人化管理的自动机床和自动生产线上车削难加工材料。该系统使用 38.4MPa 的高压切削液与液态 CO_2 同时平行地喷向前刀面,既能折断切屑,又能提高已加工表面的质量、减小刀具磨损。

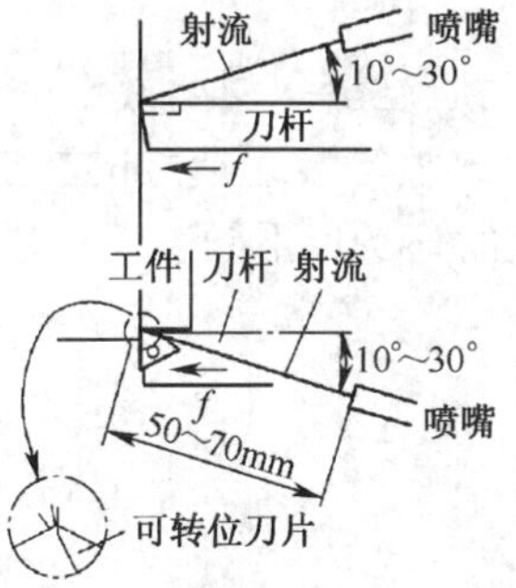

图 10-30　车削塑性材料时的高压射流供液示意

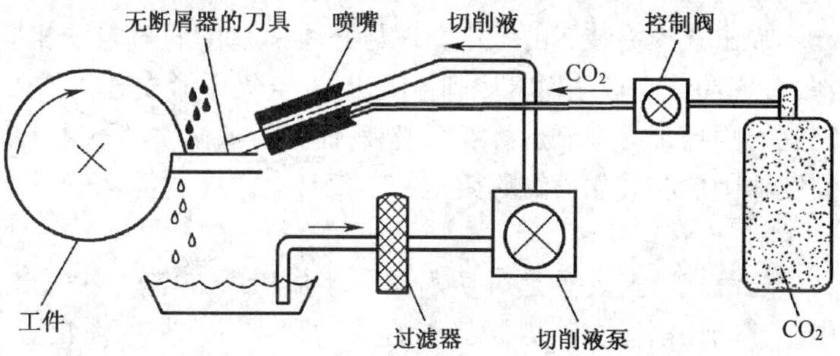

图 10-31　高压供液系统的组成

图 10-32 为车削钛合金 Ti6Al4V 时常规车削与使用该系统所得的断屑比较。由图可见,其断屑效果非常明显。

图 10-33 为端面车削时使用高压射流供液的情形。由图可见,使用高压射流供液后,切削速度从 200 m/min 提高到 500m/min,刀具寿命从每个刀尖加工 150 件提高到加工 250 件。其效果十分明显。

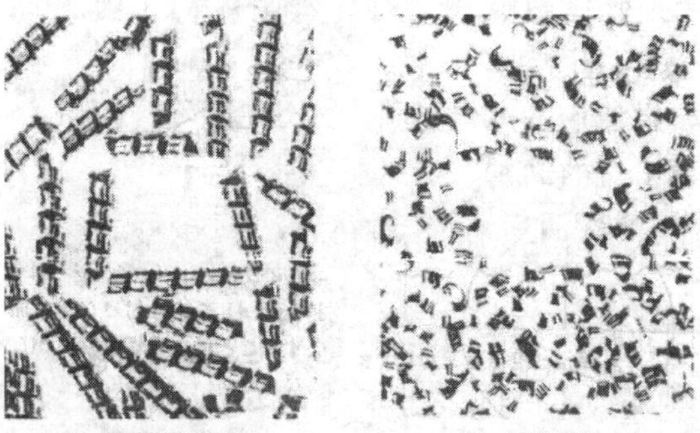

(a) 常规车削　(b) 射流车削

图 10-32　Flowjet 的断屑效果

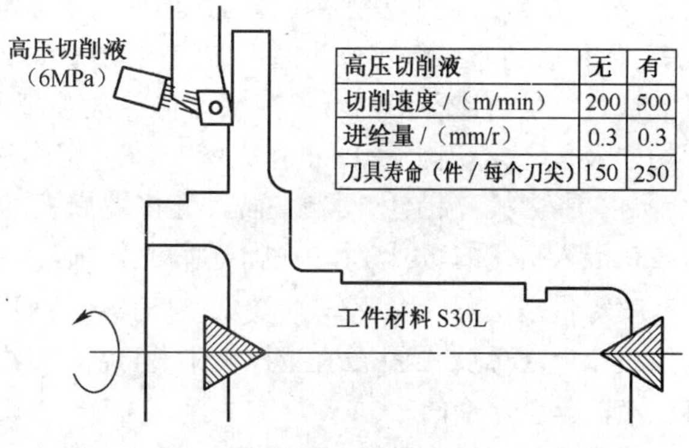

高压切削液
(6MPa)
高压切削液 无 有
切削速度/(m/min) 200 500
进给量/(mm/r) 0.3 0.3
刀具寿命(件/每个刀尖) 150 250
工件材料 S30L

图 10-33　端面车削使用高压射流供液的效果

工件材料：S30L。

刀　　具：CNMG 型可转位刀片，材质 T110+PVD+CVD。

机　　床：车床（富士機械制造株式会社）。

切 削 液：2%水基切削液（EC50，Yushiro 化学工業株式会社），供液压力 6MPa，流量 20L/min。

切削用量：$v = 500\mathrm{m/min}$，$a_p = 0.5\mathrm{mm}$，$f = 0.3\mathrm{mm/r}$。

10.4.4 喷雾供液法

喷雾供液法是将切削液雾化后注入切削区的供液方法。

1. 喷雾供液法的特点

喷雾供液法具有以下优点：

（1）可大幅度减少切削液使用量，有利于减少废液排放量和处理量，减轻环境负担。

（2）切削液分子雾化后渗透能力增强，容易进入切削区，并以汽化热的形式把切削热带走，吸热效率大大提高，对切削区局部的润滑、冷却效果优异。

（3）勿需切削液过滤装置、循环装置和回收处理设施，节约设备投入；对没有供液系统的机械或轻便型机械供给切削液很方便。

（4）工件上被切削液湿润的表面积小，可减免后续工序的清洗作业。

缺点是形成的雾状切削液以微小颗粒的形式弥散在空气中，对作业环境和工人健康不利，必须设置排雾和防护装置，增加设备投入。

2. 喷雾供液装置

1）吸出式喷雾装置

吸出式喷雾装置的工作原理与普通家庭用的喷雾器相同。使压缩空气通过浸入切削液中的管道开口部，造成局部真空从而将切削液吸出，在空气中形成雾状供入切削区。吸出式喷雾装置造成的真空度低，控制阀与喷嘴都必须靠近蓄液箱安装，而且为了使喷雾不至于凝固，连接喷嘴的管子也不能过长。它适合于低黏度切削油和乳化液的喷雾。

2）压缩式喷雾装置

压缩式喷雾装置是对切削液直接加压后在空气中喷出。加压容器中储存的切削液在喷嘴处与压缩空气混合后呈雾状喷出。在一个容器上可以安装几个喷嘴，可供几台机床同时使用。这种装置适合于水基合成液和乳化液的喷雾。图 10-34 是压缩式喷雾装置。

图 10-34　压缩式喷雾装置

3. 喷雾供液法的应用

一般说来，喷雾供液可用于所有加工方法，特别适合于对小面积加工局部供液的情形，用立铣刀端齿加工时经常应用。在加工中心和组合机床上，一般均有独立的液箱和供液系统供应某种稀释后的水基切削液，这种切削液适合于多数加工方式，但对某些加工工序，如铰孔、攻螺纹等，稀释后的通用切削液往往不能满足润滑性能要求，这时可用喷雾供液法直接供给该种切削液的高浓度稀释液甚至原液。如果使用的通用切削液是乳化切削液，由于其原液与油基切削液有同等程度的润滑性，所以更容易解决上述问题。而且乳化液原液本身就是水溶性油剂，即便是混入机床的切削液箱中也不会将其污损。

喷雾供液法可应用于车削、端铣、自动机床加工、数控机床加工。带有电磁阀控制的喷雾装置适用于在数控机床上攻螺纹、铰孔。在数控机床、组合机床之类的自动化加工中，在操作者不接近机床的场合使用喷雾供液法是受欢迎的。

喷雾供液对操作者而言有吸入危害，长期进行这种作业，会有损于健康，所以应用时必须特别考虑操作者的健康和环境卫生问题。

10.4.5 其他供液法

1. 手工供液法

用油壶、笔、毛刷等供液是最简单的方法。在没有供液装置的机床上进行数目不多的钻孔加工时，用油壶供液很方便。在攻螺纹加工中使用糊状切削液时不得不依靠用毛刷涂抹。在带有循环供液装置的钻床上进行钻孔、铰孔和攻螺纹加工时，利用供液装置进行钻孔、铰孔加工，用毛刷涂布糊状切削液进行攻螺纹加工，就可以有效地灵活运用切削液。

近来出现了手提式喷雾供液器，这与家庭用的喷洒杀虫剂的原理同样，是一种使切削液雾化的装置，在美国主要用于攻螺纹加工。但对于这种喷雾装置来说，因为喷雾形成的液滴、油雾等可能有毒性以及对大气环境的污染问题，在应用时须特别注意。

2. 控制供液法

随着计算机控制技术在机床中的应用日趋广泛，利用程序控制切削液使用的例子也越来越多。图 10-35 为在加工中心上攻螺纹的例子。因为攻螺纹需要使用高浓度切削液甚至原液，而机床的储液箱中只有稀释液，这时可以在工作台的某一固定位置放置一个盛有高浓度切削液或切削液原液的油盘。将油盘位置和给油时间输入机床控制器，攻螺纹加工前，按照程序让丝锥先浸入油盘，然后再回到加工位置攻螺纹。

图 10-36 为铣削不同位置的表面时自动控制喷嘴角度以实现随动供液的例子。当刀具的工作位置变动时，安装在主轴头上的切削液自动控制装置可以使喷嘴角度随之变化，使切削液始终放流到刀具工作部分。

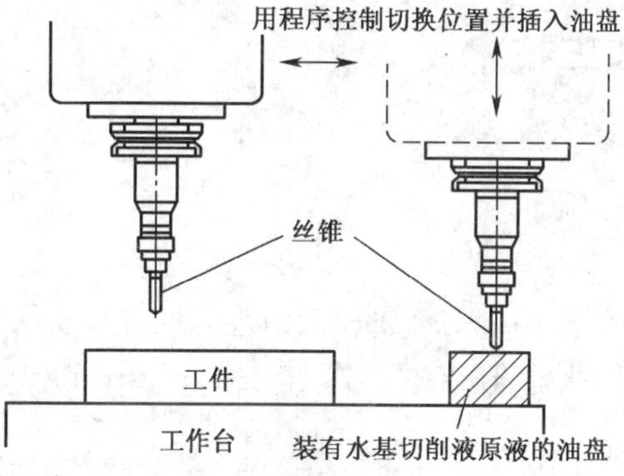

图 10-35　利用程序实现特殊供液

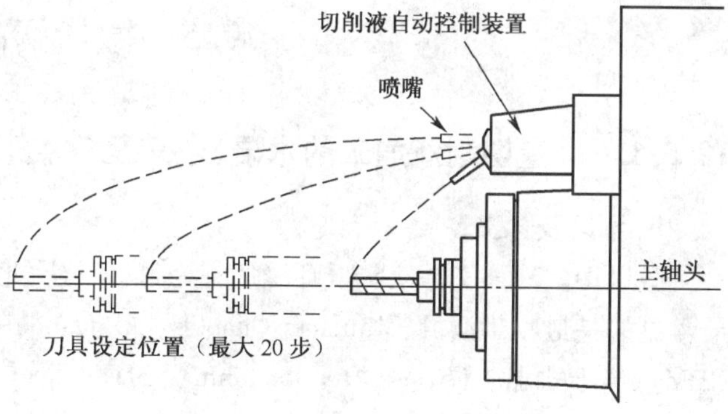

图 10-36　利用程序实现随动供液

3. 组合机床及自动生产线上切削液的供给

组合机床是以大批量生产为目的，在汽车、摩托车、拖拉机等制造业中被广泛使用的高效生产装备。由多台组合机床和传送装置连接可组成自动生产线，完成某种产品的各种加工作业。一般情况下，在各个不同的工位中都从统一的液箱供液。从组合机床排出的大量切屑混杂在切削液中流出，再由切屑输送机带走。在组合机床加工中，除冷却、润滑作用外，切削液既是排除切屑的一种手段，又是洗刷定位面、防止产生定位误差的洗净剂。因此，在组合机床加工时，大量的切削液像瀑布一样供给的情形颇多。以一般的切削加工刀具的供液量而言，钻头、铰刀加工是 10~20L/min，钻孔加工是 30~50L/min。为了到达洗净的目的，每工位需要 100~150L/min。如果是冲流式运送切屑，每个冲洗喷嘴需要 100 L /min。冲洗和运送用的供液量要大得多。当然，必须要有与供液量相匹配的储液箱。供液出口压力需要 0.25~0.3MPa。因此，供液泵的功率也必须相匹配。此外，大量切削液需要快速净化，一般使用压力过滤方式。

4. 固体润滑剂

固体润滑是指某些固体粉末、薄膜或整体材料，用来减少做相对运动的表面间的摩擦与磨损并保护表面免于损伤。在固体润滑过程中，固体润滑剂和周围介质与摩擦表面发生物理、化学反应生成固体润滑膜，降低摩擦磨损。切削加工中使用的固体润滑剂主要是二硫化钼、石墨、红丹粉等类物质的粉末及其脂或膏。使用时直接涂抹在刀具或工件表面上。一般用于低速加工，如攻螺纹、套螺纹、拉削等。

10.4.6 集中供液系统

以上讨论的都是单机供液系统,即以机床为单位,每一台机床自备一套独立的切削液供给系统。而切削液集中供给系统则是以车间、工厂为单位,一个车间或一家工厂设置一个大容量的切削液供给系统。有统一的储液池、供液泵、切屑处理单元、过滤装置、切削液输送管路等。从一个切削液池统一对该车间或工厂的所有使用切削液的设备供液,每台设备只设有简单的进出液管路、阀门和喷嘴,没有储液箱。

切削液集中供给系统可使工厂更好地管理和维护切削液。切削液集中在一个大池中,定期抽样检查工作液的细菌数、浓度、pH 值等,按照检查结果定期补充某些原料、水或原液,便于控制和保证切削液工作液的质量。同分开设置许多单机切削液供给系统相比,由于切削液的管理和维护专职化,耗费劳力少,成本也相对较低。

集中供给系统还能通过离心处理等方法有效地去除切削液中的浮油、金属屑和颗粒物,集中处理被切削液润湿的细切屑和磨屑,可以节省人力,改善劳动条件。由于对切削液寿命有害的微生物容易在这些漂浮油与金属颗粒之间的界面上生长,因此同时也去掉了切削液中的部分细菌及其赖以生长的场所。这都是集中供液系统能够有效地延长切削液使用寿命的重要因素,这样也可以减少切削液的废液处理量。对于大、中型机械加工厂,在可能的情况下应当考虑采用集中循环供液系统为多台机床供应切削液,但各台机床必须采用同一种切削液。对于磨床,可以将几台连接在一起,用统一的输送系统处理磨屑,从统一的液池供液。

10.5 微量切削液加工技术

10.5.1 微量切削液加工的术语、含义及特点

1. 术语及含义

微量切削液加工是以降低环境危害为目标、极大地减少切削液用量的金属加工工艺。目前有多种提法,最常见的是最小量润滑(Minimum Quantity Lubrication, MQL)。此外,还有准干式加工(Near Dry Machining, NDM)、半干式加工(Semi-Dry Machining, SDM)等。

本节所称的微量切削液(Micro-quantity Cutting Fluid, MQCF,或进一步简化为 MCF)加工,是将压缩空气与微量的切削液混合雾化后喷射到加工区起作用的,其主要目的是大幅度减少切削液的使用量并且避免残留液的产生。

关于 MCF 加工的切削液用量问题并无统一说法。参考文献[27]认为应低于 50mL/h;参考文献[28]认为,纯油喷雾为 4~100mL/h,可溶性油及油水混合液喷雾为 100~2000mL/h;参考文献[29]认为,单独使用植物油或酯等作为切削液供给时,通常供液量为 4~100mL/h;参考文献[30]认为,高速加工铝合金时为 100~200mL/h;参考文献[31]认为,油水混合供给时为油 10mL/h 、水 1000~2000mL/h。

作者认为,因为 MCF 最具代表性特点是低污染、全损耗(无残留)、无须循环供液装置,所以界定属不属于 MCF 加工,这三点是最重要的。其中,后两点容易判别;是否“低污染”,需要依据环境卫生法规判定。

图 10-37 是普通供液车削和 MCF 车削的加工状态比较。

2. MCF 的主要特点

(1) 可大幅度减少切削油(液)的消耗量,可降低至传统供液方法的 1/100~1/1000。

(2) 切削液分子雾化后渗透能力增强,容易进入切削区,并以汽化热的形式带走切削热,吸热效率大大提高,对切削区局部的润滑、冷却效果优异。

(3) 使用后无残留液产生,省去切削油(液)循环系统,使切削油(液)的供液装置简单化、小型化,从而使机床小型化;降低电能消耗;简化切削油(液)的管理。

(4) 提高切屑的再生利用率,简化工件清洗作业,故可大幅度减少企业废弃物总量。

（a）普通供液车削

（b）MCF 车削

图 10－37　普通供液车削与 MCF 车削

（5）油（液）雾产生量很大，必须采取相应的解决措施。

10.5.2　微量切削液

1. MCF 应具备的性能

切削液的性能可分为加工性能、理化性能和环卫性能三大方面。MCF 也不例外，但更加强调其环卫性能。

1）环卫性能

使用 MCF 加工的主要出发点是大幅度减少切削液的使用量并避免产生废液，从而减轻环境负担；而 MCF 是以油（水）雾微粒的形式被喷射入加工区起作用的，其中可能存在着粒径为 1～5μm 的油雾粒子，处于可进入人体肺泡的粒子尺寸范围，对人体健康直接构成危害；其次，MCF 是纯粹的全损耗加工液，耗散产物进入机床附近的环境氛围，或被抽送入大气层，又可能对生态环境造成影响。因此，要求 MCF 本身是实际无毒的和易于生物降解的，而且其降解产物的毒性也必须很小，对动植物影响很小且毒性累积很小。此外，还必须特别注意火灾隐患问题。

2）加工性能

切削液的加工性能是指切削液在切削过程中所能表现出来的效能，它直接与切削加工效果有关（参阅 4.2 节）。由于 MCF 使用量非常小，它必须具备良好的润滑性能，才能在刀-屑、刀-工界面有效地起到降低摩擦和刀具磨损、抑制发热、改善已加工表面质量等作用。为了能够切实地到达刀-屑、刀-工界面起作用，它还必须具有很好的渗透性能。

3）理化性能

MCF 多为油基的，但也有水基的。对于油基的 MCF，油基切削液的理化性能项目中，外观、密度、黏度、闪点、倾点、铜板腐蚀、氧化安定性等仍然适用；对于水基的 MCF，外观、pH 值、安定性、腐蚀性、防锈性等仍然适用。油基切削液和水基切削液共同的理化性能项目，如比热容、热导率、表面张力、渗透性、减摩性等对 MCF 也大都适用。

需要特别提及的是，由于 MCF 是喷射呈雾状微粒供入切削区的，而切削区存在着高温热源，为防止火灾危险，对其闪点必须有更高的要求，通常要求开口闪点在 200℃以上。

2. MCF 的种类

为了确保其润滑效果，初期的 MCF 大都是纯油性的。随着适用范围的不断扩大，出现了油水混合型的 MCF。目前仍在不断发展之中。

1）纯油性体系

纯油性体系的 MCF 与常规切削油一样，是由基础油加各种添加剂配合而成，可用作 MCF 的基础油主要有植物油、合成酯、聚二醇、聚醚和低黏度聚 α 烯烃等。早期直接用这几种类型的基础油，尤其以合成酯用得较多；后来配以适当的添加剂，发展出一些更为成熟的油性 MCF 商品。纯油性体系的 MCF 加工只供给单一的切削油。

2）油水混合体系

纯油体系潜在着火灾隐患且冷却性差、油雾量大。日本的研究人员在1999年前后开发出了油水混合体系的MCF加工技术，称为油膜附水滴加工。水的来源丰富，冷却性能好（热容量大、热导率大、蒸发潜热大），无毒无味，无生态环境危害；其主要缺点是润滑性差、容易引起锈蚀等。油水混合的MCF能较好地兼顾油和水各自的优点。因此，近10年来出现了一些研究报告和应用实例，成为开发研究的一大热点。油水混合体系的MCF加工同时供给切削油和水性液体。

3. MCF的作用机理

关于MCF的详细作用机理至今还不十分清楚。但是，以下三点是毋庸置疑的：

（1）MCF的渗透性更强。切削液被雾化后形成气-液两相流，粒子的尺寸很小，渗透能力强；当与温度较高的金属接触时极易汽化，进一步提高其渗透能力，比液态切削液更容易进入切削区的刀-屑、刀-工界面以及剪切区附近切屑的微裂缝，切实地起到润滑、冷却作用。

（2）从以对流换热为主转变为以蒸发吸热为主。常规切削液的冷却作用主要靠对流换热，这时在刀具表面存在着液体边界滞流层，具有一定的热阻（与液体黏度、流速等有关）。MCF主要靠相变蒸发、以汽化热的形式把切削区已经产生的热量带走，换热系数远高于对流换热。因此，同等质量的切削液采用MCF加工方式对刀具的冷却效果大大优于常规供液加工方式。

（3）喷雾冷却中气-液两相流速度较高，动能较大，有利于排除切屑并带走一部分热量，可进一步增强降温效果。

4. MCF加工的效果与适用范围

MCF加工的效果已有一些试验研究成果予以证实，在某些加工领域可以达到或超过常规供液加工的效果，有兴趣的读者可参阅文献[40,41,42]。

迄今为止，MCF加工技术已经在许多切削加工领域的研究中显示出诱人的效果，但成功应用的领域主要还是铸铁、碳钢的孔加工（如钻孔、铰孔、攻螺纹等），以及铜合金、铝合金的铣削、锯割等，并且正在不断扩展。

10.5.3 MCF的供液方式和装置

1. 油-气两相混合供液

先期的MCF供液系统为油-气两相流，主要有外部供液和内部供液两种方式。

（1）外部供液是指从刀具外部通过喷嘴向加工区供液，如图10-38(a)~(d)和图10-39(a)所示。外部供液装置如图10-40所示。这种装置结构简单、通用性强，但当工件尺寸变化较大或换刀时，需要调整喷嘴的位置，以便使喷雾正确地供入切削区。

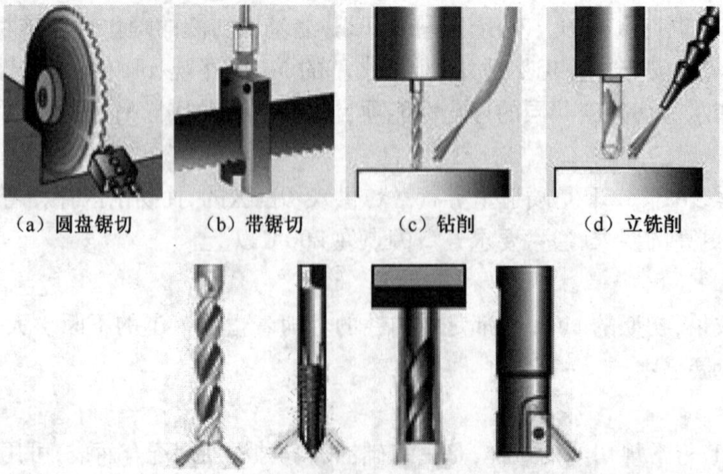

（a）圆盘锯切 （b）带锯切 （c）钻削 （d）立铣削

（e）钻头 （f）丝螺纹 （g）立铣刀 （h）镗刀

图10-38 MCF切削加工和刀具的供液状态示意

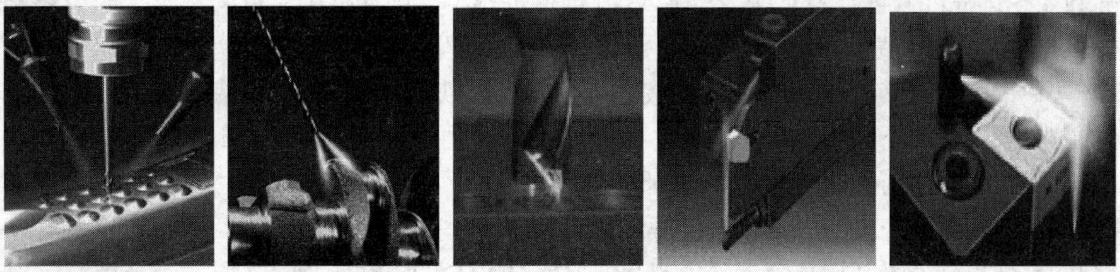

(a) 外通道供液钻孔　(b) 内通道供液钻孔　(c) 内通道供液扩孔 (d) 内通道供液切断车刀 (e) 内通道供液外圆车刀

图 10-39　MCF 加工喷雾状态

(2) 内部供液是指经由刀具或刀柄内的通道向加工区供液,有些回转刀具还需要先通过机床主轴的内部通道然后再进入刀具或刀柄通道,如图 10-38(e)~(h)和图 10-39(b)~(e)所示。内部供液装置如图 10-41 所示。

油-气两相流的传输和雾化也有两种形式:一种是双通道内部雾化,不需要单独的雾化装置,设置双层通道,内通道输送切削液,外通道输送压缩空气,在靠近喷嘴出口处雾化,然后喷射到切削区(图 10-40);另一种为单通道外部雾化,由单独的雾化装置把切削液雾化,雾状切削液和压缩空气的混合物通过该通道传输到刀具或喷嘴(图 10-41)。

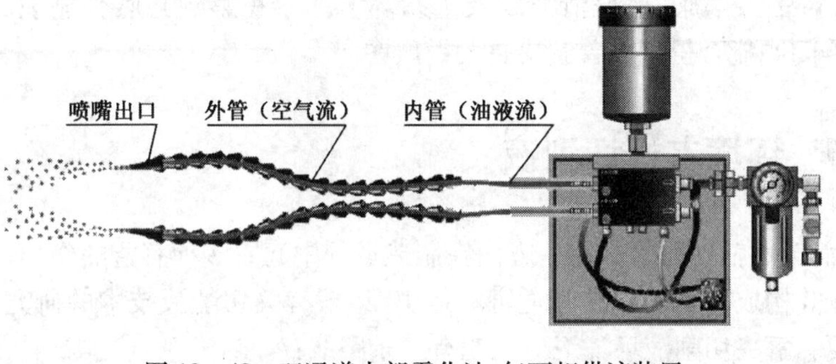

图 10-40　双通道内部雾化油-气两相供液装置

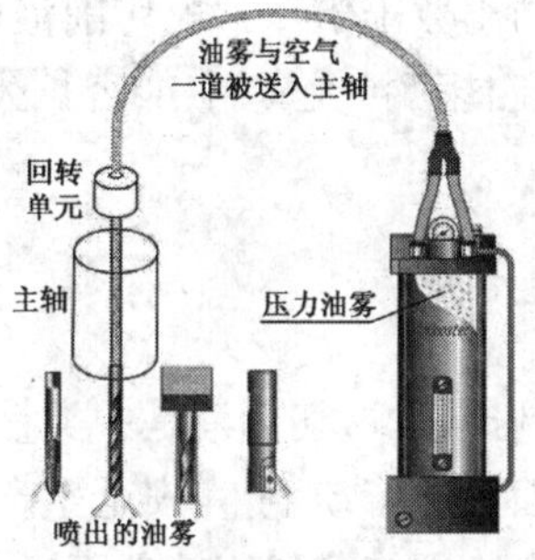

图 10-41　单通道外部雾化油-气两相供液装置

上述供液装置可用于车床、铣床、钻床、拉床、锯床、齿轮加工机床等多种机床设备。

2. 油-水-气三相混合供液——油膜附水滴混合喷雾加工

图 10-42 为油-水-气三相混合供液喷嘴及原理示意。油、水按控制流量进入喷嘴内管,被压缩空气带出时雾化并喷向加工区。由于所用的油分子具有油、水两亲结构,其亲水基吸附在被雾化的水滴与空气的界面上形成油膜附水滴。当其被喷射到加工区时,被切削热汽化或蒸发,很容易进入刀-屑、刀-工界面;这时,油膜发挥其润滑效果,水分则主要带走切削热,起冷却作用;加工后无残留废液产生。这种三相混合喷雾方法除图 10-42 所示的外,还有 3 层套管结构喷嘴等其他方式。

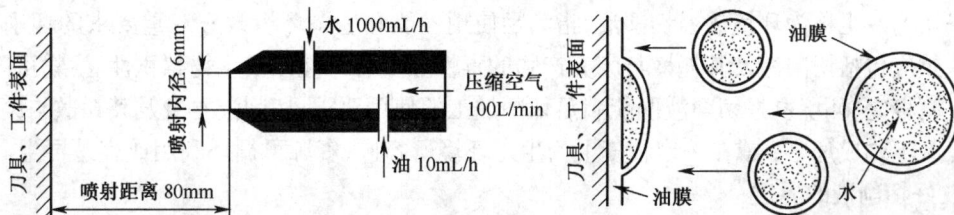

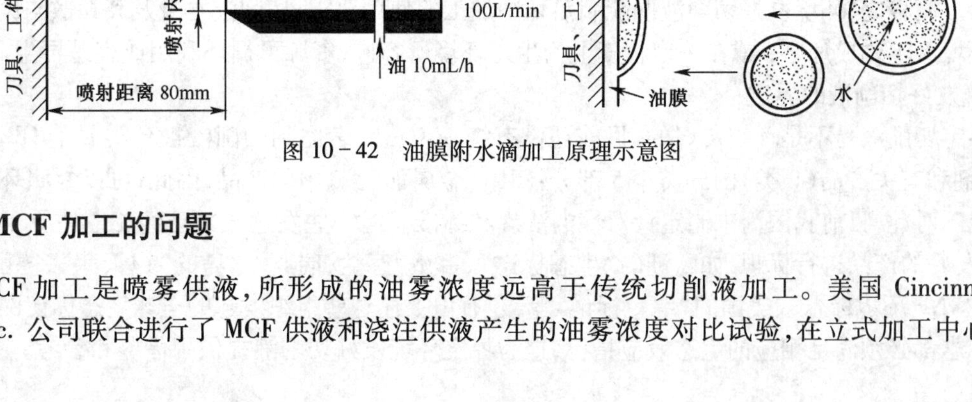

图 10-42　油膜附水滴加工原理示意图

10.5.4　MCF 加工的问题

由于 MCF 加工是喷雾供液,所形成的油雾浓度远高于传统切削液加工。美国 Cincinnati 大学与 Techsolve Inc. 公司联合进行了 MCF 供液和浇注供液产生的油雾浓度对比试验,在立式加工中心上分别以

11mL/min 和 6.5L/min 的供液量对 AISI/SAE 4340 钢件进行了钻削和铣削。试验结果表明,在较低的切削速度和金属切除率下,MCF 加工的油雾微粒生成率(每分钟产生的微粒量)在钻削时是传统切削液加工的 340~3300 倍,在铣削时是其 100~140 倍。在较高速度及金属切除率下,这个倍率会更大。此外,不同切削液的油雾微粒生成率也是不同的。在同等条件下,纯合成油的油雾微粒生成率远远高于水溶性切削液,至使车间空气油雾浓度超过当前美国 OSHA 和 NIOSH 规定的标准。

现有降低油雾的方法中,抽气只不过是将室内的油雾转移到室外,从大气环境保护的角度看并不足取;油雾抑制剂的机理不外乎是利用高分子聚合物与油形成足够大、足够重的油滴,使之不易被空气所携带;或者能使小颗粒油雾迅速积聚沉降,从而降低油雾发生量并加大油雾沉降速度。必须指出:无论使油雾不易被空气所携带,还是使小颗粒油雾迅速积聚沉降,对于传统切削液的抗油雾而言,无疑具有实际意义;但对于 MCF 加工而言,都与该技术的初衷和机理相悖。因为 MCF 加工需要使切削油充分雾化、微粒化、高速化,才能更好地渗入刀-屑、刀-工界面起作用;而且小颗粒油雾迅速积聚沉降后势必成为残留废液,这也不符合 MCF 加工的原则。可行的方法是安装油雾捕集器或油雾分离器,将含油雾的气体净化处理、脱油回收,然后再排放,但实施这项工作的投资不可小觑。日本学者提出的油膜附水滴混合喷雾加工,油、水的比例为 1∶(10~20),可大大减少油的用量,这对于降低 MCF 加工油雾浓度颇有效果。

MCF 加工应用的初期,大都使用生态毒性极低、生物降解性优异的植物油或合成油,而且应用面尚未拓宽,因此,油雾问题并未受到足够的关注。但是,即便是使用环境友好的切削油液,随着该技术的推广运用,数百倍乃至数千倍于常规切削液的油雾量,对工人健康、厂房清洁以及生态环境的累积影响必然会显现。MCF 加工能否扩大应用、能否长久持续,油雾问题能否得到妥善解决是关键所在。

10.6 环境友好切削液

在制造领域,切削液是一类量大面广的消耗性辅助材料。它一方面在制造过程中起着多种有益的作用,另一方面又对劳动卫生、安全生产、生态环境等构成一定的威胁和危害。近 10 年来有关切削液技术的研究和进展大都围绕着纠正其负面影响这一主题。解决切削液环境卫生问题有三条路线:

(1) 干式切削。干式切削在加工过程中不使用切削液,可彻底避免切削液的负面影响,同时也放弃了切削液所能带来的好处。

(2) 半干式切削。半干式切削主要指微量切削液技术,是一种技术上的折中,既能部分保留湿式切削的优点,又可大大减轻其负面效果。

(3) 环境友好切削液及其再生处理与循环利用。

10.6.1 环境友好切削液的含义与界定

1. 环境友好切削液的含义

环境友好切削液也称为环境兼容切削液,指满足使用性能和生态环境效应双重要求的切削液。这里所指的生态环境效应包括切削液及其耗散与废弃产物的毒性和生态毒性以及生物累积性、生物可降解性、资源可再生性等。简言之,环境友好切削液既能满足切削加工的使用要求,切削液本身及其耗散与废弃产物对生物和生态环境又不构成危害,或在一定程度上为生态环境所容许,资源可循环利用或容易再生。

2. 环境友好切削液的界定

如何界定切削液是不是环境友好的,目前还没有统一说法。考虑到切削液被分类属于 GB/T 7631.5—1989《润滑剂和有关产品(L类)的分类第 5 部分:M 组(金属加工)》中的产品,因此,可以参照环境友好润滑剂进行界定。对此,目前我国尚未制定针对性的法规和标准。但一些发达国家已经相继建立了环境标志组织,对环境友好的产品进行标识,如欧洲的"生态标志"、挪威、芬兰、瑞典、冰岛的"白天鹅"、德国的"蓝色天使"、法国的"NF 环境标志"、美国的"绿色标记"等,还有由上述这些组织发起的全球生态标记网络。产品要获得这些标志都必须满足相应的生态效应指标,这为界定环境友好切削液提供了借鉴和参考。

10.6.2　环境友好切削液的基础油

1. 植物油

植物油是最早被用作切削油使用的油类物质之一。它是从自然界的植物中提炼出来的，在很长一段历史时期内，曾经被当作各种工业切削液使用。但因其氧化安定性差，在空气中容易氧化聚合而发黏变质，水解稳定性和低温流动性也不够好，且价格较高，后来逐步被矿物油所取代。近年来，由于保护生态环境的呼声日渐高涨，植物油在切削液中的应用又重新受到关注。

植物油是由多种物质构成的混合物，主要成分是甘油和脂肪酸构成的三甘油酯。构成植物油分子的脂肪酸主要有含一个双键的油酸、两个双键的亚油酸、三个双键的亚麻酸。此外，还有棕榈酸、硬脂酸、蓖麻酸和芥酸等。不同种类、不同地区的植物油由不同的脂肪酸组成。参考文献[47]列举了包括菜籽油、花生油、大豆油、芝麻油、棉籽油、米糠油、棕榈油、蓖麻油、橄榄油等在内的16种植物油及其组成与特性。

植物油多为食用油，对生物和环境几乎没有危害；其生物降解性能优异，且资源丰富，可循环再生。因此，作为环境友好切削液的基础油或添加剂前景十分广阔。

2. 合成酯

合成酯是由有机酸与醇在催化剂作用下酯化脱水而成的一类高性能合成润滑材料，其分子中含有酯基官能团。根据分子中酯基的多少和位置，合成酯分为双酯、多元醇酯和复酯等类型。

合成酯的分子结构中含有活性较高的酯基基团，易于吸附在金属表面形成牢固的润滑膜，因而酯类油的润滑性优于同黏度的矿物油。合成酯能与矿物油、多数合成油及油溶性添加剂混溶。

合成酯毒性较低，可视为无毒化合物，对皮肤的刺激性低于一般油脂。合成酯具有较好的生物降解能力。双酯及多元醇酯的21天生物降解能力为70%~100%，是环境上被广泛接受的液体。

合成酯的许多优点正好弥补了矿物油和植物油的某些固有缺陷。合成酯的缺点是水解安定性较差，水解后生成有机酸腐蚀性产物，价格较贵。合成酯一般应用于高精尖领域，如航空发动机润滑油、内燃机润滑油以及其他许多特种润滑油脂，适宜于用作环境友好切削液的基础油或添加组分。随着人们环保意识的提高，其应用范围逐渐扩大。

3. 合成烃(聚α-烯烃)

聚α-烯烃(Poly-Alpha Olefins，PAO)是由碳链端头有一双键的长链烯烃(C_8~C_{14})在催化剂作用下聚合而成的，属烃类结构。常用于生产聚α-烯烃的方法主要有石蜡裂解法和乙烯低聚合法两种。调整原料的馏分范围和聚合次数，可以生产多种黏度等级。已工业化应用的主要有PAO2、PAO4、PAO6、PAO8、PAO10、PAO40和PAO100。与其他合成油类相比，聚α-烯烃价格较低廉，且资源丰富。

聚α-烯烃闪点高、燃点高、倾点低、黏度指数高(可达135~145)，而且具有优异的热氧化安定性和水解安定性，对橡胶或塑性密封材料的影响小。但聚α-烯烃的润滑性不如酯类油和矿物油，其原因与其极性较小有关。聚α-烯烃可溶于矿物油和酯类油中。研制可生物降解的润滑油和切削油时，可将聚α-烯烃与矿物油、酯类油混合使用，以获得扬长避短之功效。

4. 聚醚

聚醚是以环氧乙烷、环氧丙烷、环氧丁烷和四氢呋喃等开环均聚或共聚制得的线型聚合物。改变原料环氧烷的比例，可得到不同结构和性质的聚醚。

聚醚的最大特点在于能制取黏度较大的液体。随相对分子质量的增加，黏度和黏度指数相应增大；50℃时的运动黏度在6~10000mm^2/s范围内变化。聚醚的黏度指数为135~180，凝点可达-65℃。聚醚是以环氧丙烷链为亲油基、环氧乙烷链为亲水基的非离子表面活性剂，分子极性强，几乎在各种润滑状态下都能形成稳定的具有较大吸附力和承载能力的润滑膜，其润滑性能优于同黏度的矿物油、聚α-烯烃和双酯，但不如多元醇酯。聚醚中氧乙烯基的比例越高，水溶性越好；随相对分子质量降低和末端羟基比例的升高，水溶性增强。水溶性聚醚在水中有逆溶性，即随温度升高其溶解度下降，当超过其浊点时析出。这一性质使其在金属加工液和淬火液中获得广泛应用。聚醚在高温下氧化后分解形成低分子化合物溶于液体中或挥发掉，不会生成沉积物。此外,聚醚对天然橡胶或合成橡胶的适应性好,不会使之溶胀。

聚醚的口服急性毒性很低,低分子聚丙二醇(250~2000 之间)的毒性与甘油或乙二醇类似,高分子聚醚的毒性与异丙醇类似。环氧乙烷-环氧丙烷的共聚醚的 LD_{50} 值为 5~10g/kg,高分子聚醚的 LD_{50} 值为 20~30g/kg。聚醚对眼睛仅引起中度刺激,而有些聚醚对眼睛完全无刺激。同聚醚接触引起的皮肤刺激和过敏的可能性很小,无须采取特殊的预防措施。聚醚的生物降解性取决于相对分子质量的大小和支链化程度。含 80%环氧乙烷的产物,其生物降解率可达 80%。

从环境毒性的角度来看,以植物原料生产的油品对水生和陆地有机物的毒性比矿物油低 1/10~1/5;按照欧洲协调委员会 1994 年颁布的 CECL33A94 试验方法,植物油和多元醇酯、双酯用作基础油的生物降解性率都可达 100%。植物油是可再生资源,产油植物的生长吸收太阳能和二氧化碳,有利于缓解大气的温室效应,产油植物的栽种与繁殖也有利于水土保持。可以认为,植物油以其良好的润滑性、优异的可生物降解性和可持续生产性重新替代矿物油,是当前环境友好润滑剂发展的主流趋势。

10.6.3 环境友好切削液的添加剂

1. 润滑添加剂

1）改性植物油润滑添加剂

改性植物油润滑添加剂是目前环境友好添加剂研究的一大热点。参考文献[49]介绍了多种通过植物油改性得到的环境友好润滑添加剂及其润滑性能,如氧化菜籽油、硫化菜籽油、硼氮化菜籽油、磷氮化菜籽油、硫硼改性菜籽油、羟基化菜籽油、硼氮化蓖麻油、硼化植物油等。上述添加剂的生态毒性和生物降解性都可以达到环境友好润滑添加剂的要求。这类添加剂多为油溶性的,适用于环境友好切削油。

2）有机硼酸酯类添加剂

有机硼酸酯作为润滑油添加剂已有大量研究。有机硼酸酯具有两性离子表面活性剂的一些性质,不挥发,无毒无臭,具有优良的抗磨、减摩性,兼有一定的防腐蚀和防腐败功能;硼酸酯可生物降解,是一种多功能环保型添加剂。而且,硼酸酯类化合物原料来源丰富、对设备要求较低、合成方法简单、成本较低,受到日益广泛的重视。

3）分子设计观点和纳米摩擦材料的应用前景

分子设计观点是:把赋予水溶性作用的水溶性基团、赋予油性剂作用的吸附性基团及疏水性基团和赋予极压剂作用的反应性基团集合于一个分子内,则可能是兼具油性剂与极压剂双重功效的水溶性润滑添加剂。按照这种观点,已经合成了一些多效水溶性润滑添加剂。

纳米材料是特征尺寸达到纳米量级(10^{-9}m)的极细晶粒。研究表明,固体晶粒小到纳米尺寸范围后,材料具有一系列异乎寻常的特殊性质。某些纳米材料用作润滑添加剂可起到特殊的减摩、抗磨和极压作用。国内外已有不少成功的研究报告。

如果能将分子设计方法和纳米摩擦材料成功应用于环境友好金属加工润滑添加剂的开发研究,前景将十分广阔。

2. 防锈添加剂

1）无机防锈添加剂

钨酸盐、钼酸盐及它们的复配物是目前开发应用较好的环境友好无机防锈剂。钨酸盐属钝化型防锈剂,钨化合物几乎无毒,对人体和环境无害,属环境友好的防锈剂,常用于中性水系统,但价格昂贵。

2）有机防锈添加剂

有机防锈添加剂包括有机磷、有机胺、醛、咪唑啉、聚合物等。由于有机磷缓蚀剂对铜及其合金有一定的腐蚀作用,更主要的还是因为磷会导致水体富营养化,所以,开发低磷和无磷缓蚀剂是发展趋势。

有机胺类化合物包括脂肪胺、芳香胺、一元胺、二元胺或聚胺及其盐,其中有些是低毒性化合物。

据参考文献[56],以玉米油为原料研制出烷基咪唑啉型缓蚀剂 IM,缓蚀效果优于乌洛托品和十二烷基二甲基苄基氯化铵,且具有原料易得、价格便宜、工艺简单、无“三废”污染等特点。目前主要用于金属表面酸洗除锈、锅炉及热交换器酸洗除垢过程等。

丙烯酸聚合物是一类重要的水溶性高分子化合物,具有优良的增稠、分散悬浮、絮凝、粘结及成膜性能。用作金属缓蚀剂的聚丙烯酸最早为均聚的聚丙烯酸(PAA),后发展为丙烯酸和丙烯酸酯的共聚物(PAA/S)以及三元体系(PAA/S/N)。

醛类化合物中较常见的环境友好缓蚀剂有肉桂醛、糠醛和香草醛等。参考文献[57,58]分别介绍了肉桂醛和糠醛对碳钢在酸性腐蚀介质中的缓蚀作用。

总之,环境友好缓蚀剂在制备、应用等方面取得了较大的发展,但也存在着用量大、成本高、理论滞后等问题。

3. 防腐杀菌剂

切削液本身具有细菌、霉菌等微生物滋生繁衍的条件,容易腐败变质。通过添加防腐杀菌剂可有效杀灭和抑制微生物,延长切削液的使用寿命。近年来,由于环境保护法规的日益严厉,限制使用有毒、有害的防腐杀菌剂,不断研究开发新型防腐杀菌剂。新型防腐杀菌剂应具有高效、价廉、无污染等特性。据日本专利介绍,选用油酸、硬脂酸等羧酸制取的铜盐,具有1年以上的抗腐败能力。据美国资料介绍,柠檬酸铜也具有较好的抗菌效果,添加量为300μg/g。许多业界知名的切削液厂商和精细化工企业提供符合环保要求的防腐杀菌剂。

4. 用于环境友好切削液的传统添加剂

传统添加剂中也有一些生态环境效应较好的品种,在环境友好切削液中有用武之地。部分生态效能较好的传统切削液添加剂的水污染等级和生物降解率参见表10-11。由表10-11可见,硫化脂肪酸的水污染等级为0级,生物降解率大于80%,很适合用作环境友好切削液的极压添加剂;防锈剂琥珀酸衍生物和苯并三氮唑的生物降解率都满足环境友好添加剂的要求;二烷基苯磺酸钙和无灰磺酸盐接近于环境友好添加剂的要求。

表10-11　部分传统添加剂的水污染等级和生物降解率

添加剂	化学物质	水污染等级	生物降解率/%	评价方法
极压剂	硫化脂肪酸(10%硫)	0	大于80	CEC L-33-T82
	硫化脂肪酸(18%硫)	0		
防锈剂	二烷基苯磺酸钙	1	60	CEC L-33-T82
	琥珀酸衍生物	1	大于80	CEC L-33-T82
	无灰磺酸盐	1	50	CEC L-33-T82
	苯并三氮唑	1	70	OECD 302B
抗氧化剂	2,6-二叔丁基对甲酚	1	17(28天) 24(35天)	MITI Ⅱ
	烷基二苯胺	1	9	OECD 301D

苯并三氮唑为应用广泛的传统铜合金缓蚀剂。据参考文献[62]介绍,采用低相对分子质量的聚乙烯醇缩丁醛和苯并三氮唑为主要成分研制成新的黄铜防变色剂,具有相当厚度和多层结构,苯并三氮唑既与黄铜表面形成络合物,又与树脂分子相互掺杂,起到交联耦合作用,克服了由单一苯并三氮唑成膜的缺点,提高了复合膜的致密性和防渗透性,同时具有优良的防大气、耐盐水腐蚀的能力,且配方简单、施工方便、无铬公害。

10.6.4　环境友好切削液的研究动向

近20年来,环境友好切削液的开发研究围绕"无毒害、低污染、长寿命、高性能"蓬勃展开。20世纪80年代开始的亚硝酸盐代用品的开发研究已经取得了很大成就。在此基础上,围绕环境保护这一主题,切削液今后的开发研究方向可以归纳为去氯、减氮、少乳、抑菌、抗雾、兼用等几方面。

1. 去氯

氯化石蜡作为极压抗磨添加剂用于切削液由来已久,有很好的加工效果和长期的使用实绩。但是,1984

年美国国家毒物学纲要(National Toxicology Program,NTP)用氯质量分数(58~60)%的C_{12}氯化石蜡和含氯质量分数(40~43)%的$C_{23/24}$氯化石蜡进行了大白鼠和小白鼠的终身经口喂食试验。1986年发表的研究报告确认:含氯(58~60)%的C_{12}氯化石蜡对大白鼠和小白鼠均呈阳性反应;而含氯(40~43)%的$C_{23/24}$氯化石蜡的试验结果不确定。因此,将氯质量分数60%的C_{12}氯化石蜡分类为可疑致癌物。后来的研究认为,这类物质不会通过皮肤吸收。此后,国际癌症研究机构将C_{10}~C_{12}短链氯化石蜡划归入"可能有致癌性的物质B类"。此外,如果含氯切削液的废液在中规模烧却设备中低温烧却处理时,有产生强致癌物二噁英的悬念。因此:日本于2000年将含氯切削液从JIS标准中删除;欧盟于2004年对含有短链氯化石蜡1%以上的金属加工润滑剂(包括切削液)实行管制使用。含硫添加剂或磺酸盐添加剂可以作为氯系添加剂的代用品。这类添加剂单独或合并使用都可以达到或超过氯系添加剂的效果。

2. 减氮

水基切削液中大量使用含氮化合物。其中烷基醇胺类物质在维持切削液的碱性、防锈性、防腐败性等方面都起着重要作用。但是,参考文献[67]认为,由于含氮化合物大都有高的亲水性,难于与水分离,成为水体污染和富营养化的重要原因之一。此外,烷基醇胺类物质还存在着安全卫生隐患,如一乙醇胺的皮肤刺激和二乙醇胺的亚硝胺疑虑等。从长远来看,切削液中减少含氮化合物有正面的环境卫生效应。

3. 少乳

传统的乳化切削液含有一定量的矿物油(50%~80%)。从其中分离出来的油分散落在地面后容易弄脏作业环境,覆盖在液面上使切削液呈缺氧状态,助长厌氧性细菌繁殖,其中的硫酸还原菌会分解切削液中的硫分而释放出臭鸡蛋味,导致乳化液提早腐败变质。使用微乳化切削液(含矿物油10%~30%)替代乳化切削液可以在一定程度上减轻上述倾向。

彻底的解决办法是用不含油的切削液。比如,改用聚醚(Polyalkylene Glycol,PAG)等具有润滑性的物质来代替油。将难溶于水的PAG乳化或可溶化可能得到合成乳化液或合成微乳化液,用溶于水的PAG可配制成合成溶解液。可溶性PAG在水中具有逆溶性,常温下溶解度大,溶液透明;随温度升高,其溶解度下降;若温度高于其浊点,则PAG析出,在摩擦界面生成润滑膜;而且PAG与脂肪酸、磷酸酯等类极压剂有协同增效作用。这类不含矿物油的合成型切削液与含矿物油的传统乳化液相较,加工性能大致相当;前者的冷却性、渗透性、清洗性、稳定性、耐腐败性等都更优异;但是,可能会洗掉机床的润滑剂(脂)、损伤树脂制品和机床涂料。此外,含PAG的废液可处理性较差。作者联合使用一些常用的阴离子表面活性剂和非离子表面活性剂也配制出了上述三种类型的合成切削液。

对此也有另一种学术观点。参考文献[27]认为,用切削油(含深度精制矿物油、合成油及其混合油)代替乳化切削液可能成为今后的发展趋势。这种观点认为切削油的使用寿命长(可达乳化液的4~5倍,因而废液量大为减少),加工性能好(油基切削液几乎可以满足90%以上的机械加工作业,尤其是在深孔钻削和CBN砂轮磨削等加工中优势非常明显),与润滑油、液压油等的相容性好,而且管理费用低。

究竟哪一种趋势会占上风呢?目前不能一概而论。这需要取决于国际油价的走势、加工技术的发展、环保法规的倾向和使用切削液的习惯。

4. 抑菌

抑制微生物的生长繁殖,除了管理手段外,选择抗菌能力强的切削液是需要首先考虑的问题。添加防腐杀菌剂可以在很大程度上解决微生物繁殖问题,但是有诸多副作用,尤其是对环境的负面影响很大。因此,开发研究自身具有抗菌性能的切削液备受重视。参考文献[72]介绍了一些外国切削液企业的抗菌性切削液。其配方原则是避免使用能够成为微生物营养源的物质;使用具有抗微生物能力的水溶性化合物,如环氧丙烷加成到胺化合物中形成的胺类衍生物、环氧化物加成型氨基酸化合物、羟基化动植物油脂,以及苯胺类、环烷基胺类、吡咯烷类物质等。

5. 抗雾

油雾对工人健康和大气环境的影响是一个严峻的社会问题。2003年5—8月,上海石油商品应用研究所对江苏、浙江、上海三地区的26家金属加工企业43个车间进行了油雾浓度抽样调查,调查结果如表10-12所列。

表10-12 国内部分企业车间空气油雾调查结果

被调查对象	车间空气油雾浓度/(mg/m^3)	企业数	百分比/%
JB/T 9879—1999建议极限值	5		
江苏、浙江、上海2省1市26家金属加工企业43个车间	<5	37	86
	>5	6	14
	<0.5	17	39.5
	最高值26.25		

上述调查是夏季在我国南方地区进行的。北方寒冷季节门窗关闭，情况会更不乐观。

6. 兼用

金属切削机床大都配置了润滑系统、液压系统和切削液系统，这三个系统使用着含不同成分的液体介质，通常需要避免相互渗透与混合，这给机床设计和维护造成麻烦。目前，多数机床的导轨润滑油等使用后直接流入切削液箱，对油基切削液而言会使其添加剂浓度下降，对水基切削液而言问题更严重会成为浮油并影响其稳定性。兼用型切削液是一种至少可同时兼作润滑油和切削液的油性介质。对于非水溶性体系，二者可以互相参混；对于水溶性体系，让切削液的原液先作为润滑油用，漏损的部分进入切削液箱后，被积极乳化，成为切削液的补给成分。其意义在于，既可减少油品种类有利于企业管理，又能实现废油再利用减轻环境负担。当然，这种兼用型切削液也存在着一些困扰，比如，需要隔绝切削液对机床润滑部件的渗透、浓度管理困难等。参考文献[27]介绍了"单一流体"的设想，即一种同时满足切削系统、润滑系统、液压系统要求的三位一体的油性流体。这种设想成为了德国农业部的资助研究项目，并且已经在德国汽车发动机厂的生产线上显示出优良的效果。

参考文献

[1] 篠崎 襄．切削油剤使用に關して二、三の問題点[J]．機械．の研究，1962，14（5）：635-640.

[2] 廣井 進，山中康夫．切削液与磨削液[M]．刘镇昌，译．北京：机械工业出版社，1987.

[3] Merchant M E. The Physical Chemistry of Cutting Fluid Action[J]. Am. Chem. Soc. Div. Petrol. Chem. Preprint 3，1958(4A)：179-189.

[4] 篠崎 襄，吉川弘之．切削剤の潤滑効果（第1報）[J]．精密機械，1958，24(3)：140-145.

[5] 竹山，槽谷．切削剤の挙動に関する研究[J]．精密機械，1958，26(3)：347.

[6] Rebinder P A，Likhtman V I. Effect of Surface - Active Media on Strains and Rupture in Solids[M]. Proc，2nd Intern. Cong. of Surface Activity. London，1957(3)：563 580.

[7] 刘镇昌．磨削液的效能识别与作用机理研究[D]．武汉：华中科技大学，1988.

[8] 刘镇昌．切削液技术[M]．北京：机械工业出版社，2009.

[9] 华南工学院，甘肃工业大学．金属切削原理及刀具设计(上)[M]．上海：上海科学技术出版社，1979.

[10] 甲木 昭，刘镇昌，境 忠男，松冈寛憲．旋削における硫磺系极压添加剤の作用に及す切削油基油の性状の影響(第1报：基油の粘度等级の影響)[J]．日本機械学会論文集(C编)，1995，61(583)：1169-1176.

[11] 甲木 昭，刘镇昌，境 忠男，松冈寛憲．旋削における硫磺系极压添加剤の作用に及す切削油基油の性状の影響(第2报：基油の分子量分布の影響)[J]．日本機械学会論文集(C编)，1995，61(583)：1177-1183.

[12] Shintaku J，Noda M，Hirose M，Fujimaki H. The International Symposium on Metal Working Lubrication，ASME. 1980，25.

[13] 日本関西特殊工作油株式会社网站 http://www.ktk-lub.com/hanasi15.htm.

[14] Springborn R K. Cutting and Grinding Fluids：Selection and Application[M]. USA Michigan：American Society of Tool and Manufacturing Engineering，Dear born，Michigan，1967.

[15] 日本切削油技術研究会．切削油剤ハンドブック[M]．東京：株式会社工业调查会，2004，10.

[16] Jerry P. Byers. Metalworking Fluids (2nd Edition). London & New York：CRC Press. Taylor and Francis Group. Society of Tribologists and Lubrication Engineers，2006.

[17] 日本切削油技術研究会．上手な切削油剤の使い方[M]．東京：切削油技術研究会，1993.

[18] Penton Media，Inc. Jet assisted grooving，American Machinist，1991(9)：13.

[19] Richard Lindeke，Fred Schoenig，Ahsan Khan. Cool your jet[J]. Cutting Tool Engineering，1991(10)：35-37.

[20] Alan G. Ringler. High Velocity Coolant System for Improved Chip Diposal[J]. Advanced Metal Cutting Technologies. 3rd Biennial International Ma-

chine Tool Technical Conference,1986(9):169－181.
[21] 陆建中,孙家宁. 金属切削原理与刀具[M]. 北京:机械工业出版社,1985.
[22] 乐兑谦. 金属切削刀具(重排本)[M]. 北京:机械工业出版社,1992.
[23] 华南工学院,甘肃工业大学. 金属切削刀具[M]. 上海:上海科技出版社,1980.
[24] 日本切削油技術研究会. 穴加工皆傳[M]. 東京:切削油技術研究会,1994.
[25] 鮎泽 隆,池田博通,増田雪也. 高压切削液噴射による切り屑切断技術の研究[J]. 日本長野縣精密工業試驗所研究報告,1989(2):1－5.
[26] William J. Zdiblick, Fredrick Mason. Blast Chips to Automatic Tuning[J]. American Machinist, 1992(7):47－51.
[27] 曼格 T,德雷泽尔 W,润滑剂与润滑[M]. 赵旭刚,王建明,译. 北京:化学工业出版社,2003.
[28] 日本 MQL 研究会. MQL・セミドライ加工研究[J]. http://www.mql.jp/whatisMQL/whatmq100.htm.
[29] フジBC 技研. ブルーベカタログ. フジBC 技研[J]. 日本愛知県.
[30] 槇山 正、2004 自動車部品生産システム展[J],先端技術フォーラム. ホーコス㈱.
[31] 丹羽小三郎、2004 自動車部品生産システム展[J],先端技術フォーラム. 大同メタル工業㈱.
[32] 若林利民. MQLに適するエステルの潤滑特性と切削性能[J].
http://www.eng.kagawa－u.ac.jp/ams/pdf/wakabayashi.pdf#search=′工学部材料創造工学科若林研究室′.
[33] Khan M M A, Dhar N R. Performance Evaluation of Minimum Quantity Lubrication by Vegetable Oil in Terms of Cutting Force, Cutting Zone Temperature, Tool Wear, Job Dimension and Surface Finish in Turning AISI－1060 Steel[J]. Journal of Zhejiang University SCIENCE A 2006,7(11):1790－1799.
[34] Suda S, Yokota H, Inasaki I, et al. A Synthetic Ester as An Optimal Cutting Fluid for Minimal Quantity Lubrication Machining[J]. Annals of the CIRP,2002,51(1):61－64.
[35] Wakabayashi T, Inasaki I, Suda S, et al. Tribological Characteristics and Cutting Performance of Lubricant Esters for Semi－dry Machining[J]. Annals of the ClRP,2003,52(1):61－64.
[36] 中村 隆,松原十三生,糸鱼川文広,丹羽小三郎. 环境を重视した微量油膜付水滴加工液の研究[J]. 1999 年度日本精密工学会春季大会学術講演会講演論文集,東京:1999(3):550.
[37] 陈德成, 铃木康夫, 酒井克彦. 微量润滑油润滑和冷风冷却加工法对高硅铝合金切削面的影响[J]. 机械工程学报,2000,36(11):70－74.
[38] 河田圭一,中村 隆,松原十三生,佐藤 豊. 油膜付水滴加工液を用いたエンドミル加工の加工精度[J]. 精密工学会誌. 2004,70(4):573－577.
[39] 吉村 宏,糸魚川文広,中村 隆,丹羽小三郎. 油膜付水滴加工液生成の安定化に関する研究[J]. 日本機械學會論文集,2006,72(3):941.
[40] Heinemann R, Hinduja S, Barrow G, et al. Effect of MQL on the Tool Life of Small Twist Drills in Deep－Hole Drilling[J]. International Journal of Machine Tools & Manufacture. 2006,46(1):1－6.
[41] 槇山 正,関谷克彦,山田啓司,山根八洲男. ドリル加工におけるMQLの効果——加工穴の特徴[J]. 精密工學會誌,2007,73(2):232－236.
[42] 帯川利之,釜田康裕,篠塚 淳. 高速・高能率溝入れ加工におけるMQLの効果[J]. 日本機械學會論文集,2005,71(1):311.
[43] FUJU BC Engineering. セミドライ加工カタロゲダウンロード[M/OL]. http://www.fuji－bc.com/.
[44] 李新龙,何宁,李亮. 绿色切削中的 MQL 技术[J]. 航空精密制造技术. 2005,41(2):24－27,35.
[45] 何清玉,叶进春. 抗雾型金属加工液的应用[J]. 合成润滑材料, 2002(4):36－39.
[46] 傅树琴,周炜,严丽珍,等. 金属加工润滑剂油雾控制的现状与进展[J]. 润滑油,2003,18(6):1－5.
[47] 方建华,陈波水,董凌,等. 环境友好的植物油[J]. 合成润滑材料,2005(3):37－43.
[48] 董浚修. 润滑原理与润滑油[M]. 北京:中国石化出版社,1987.
[49] 陈波水,方建华,李芬芳. 环境友好润滑剂[M]. 北京:中国石化出版社,2006.
[50] 杜宜利. 植物油绿色环保润滑剂[J]. 中国油脂,2006,31(7):60－62.
[51] 傅树琴. 金属加工润滑剂的研究与进展[J]. 石油商技,2001,19(4):1－4.
[52] 黄柏玲,彭小平,梅焕谋. 水系润滑液[J]. 润滑油. 1989(5):35－37.
[53] 刘忠,梅焕谋,李茂生. 水溶性润滑添加剂的分子设计浅说[J]. 润滑与密封,1995(3):31~34.
[54] 梅焕谋,刘忠,郭栋材,等. 论水溶性润滑添加剂的研究方法[J]. 润滑与密封,1997(5):16－18.
[55] 梅焕谋,刘忠,李和平,等. 水溶性润滑添加剂的分子结构与性能[J]. 1999(2):12－14.
[56] 颜红侠,张秋禹,马晓燕. 盐酸酸洗咪唑啉型缓蚀剂 IM 的研究[J]. 应用化工,2001,30(3):21－22.
[57] 周欣,何晓英,伍远辉,等. 肉桂醛对 X6 碳钢的缓蚀行为的电化学研究[J]. 西华师范大学学报,2003,24(4):434－436.
[58] 刘峥. 糠醛对碳钢缓蚀性能的研究[J]. 材料保护,2001,34(4):8.
[59] 张华,刘镇昌. 21 世纪的切削液技术[J]. 机械工程师,2004(1):36－38.
[60] Fessenbecker A, Roehrs I, Pegnoglou R. Additives for Environmentally Acceptable Lubricant[J]. NLGI Spokesman. 1996, 60 (6):9－25.
[61] 王大璞,乌学东,张信刚,等. 绿色润滑油的发展概况[J]. 摩擦学学报,1999,19(6):181－186.

[62] 周辉,任晓华,蒋文全,等. XPS研究黄铜表面防变色膜[J]. 腐蚀与防护,1998,19(3):114-116.
[63] National Toxicology Program, Toxicology, and Carcinogenesis Studies of Chlorinated Paraffins (C23, 43% Chlorine) (CAS No 63449-39-8) [J]. in F344/NRats and B6C3FIMice, Tech. Report TR-305, Research Triangle Park, NC, May 1986.
[64] Yang J, Roy T, Neil W, Krueger A, Mackerer C, Percutaneous and Oral Absorption of Chlorinated Paraffins in the rat[J]. Toxicol. Lnd. Health, 1987(3):405-412.
[65] Jerry P Byers. Metalworking Fluids (2nd Edition)[M]. London & New York: CRC Press. Taylor and Francis Group, Society of Tribologists and Lubrication Engineers, 2006.
[66] McKee R, Scala R, Chauzy C. An Evaluation of the Epidermal Carcinogenic Potential of Cutting fluids[J]. J. Appl. Toxicol., 1990(4):251-256.
[67] 日本切削油技術研究会. 切削油剂ハンドブック[J]. 東京:株式会社工業調查会,2004.
[68] 邱金华,罗新民. 合成长寿型金属加工液[J]. 合成润滑材料,2007,34(1):4-7.
[69] 李茂生. 水溶性聚醚在金属加工液中的应用[J]. 合成润滑材料,2003,30(4):8-10.
[70] 佚名. 聚烷撑二醇在合成金属加工液中的应用[J]. 润滑与密封,1991(6):62-65. 陈小平,译. 1988,44(2)168-171.
[71] 王克华. 合成聚烷撑二醇金属加工液[J]. 合成润滑材料,2003,30(3):39-43.
[72] 张英发. 抗菌性水溶性切削液[J]. 润滑油,1994(2):1-8.
[73] 傅树琴,周炜,严丽珍,等. 金属加工润滑剂油雾控制的现状与进展[J]. 润滑油,2003,18(6):1-5.

第 11 章　加工表面完整性

11.1 概　述

11.1.1　表面完整性的意义

机械加工是获得高质量零(部)件表面的重要方法,图 11－1 为车削加工后金属工件材料已加工表面层的示意。可见,经过车削加工形成的金属材料的表层由三个部分组成,即伴有吸附物及蒸汽的氧化层(厚度为 10nm~100nm)、发生了相变的亚表面层(厚度为 1nm ~100nm)及连接亚表层与基体材料的过渡层(厚度为 1nm~100nm)。显然,被加工材料不同,选用的机械加工方法不同、所使用的切削参数不同,进而形成的表层厚度也不尽相同。并且,表层内的氧化层、亚表面层和过渡层的大小也会发生相应的变化。

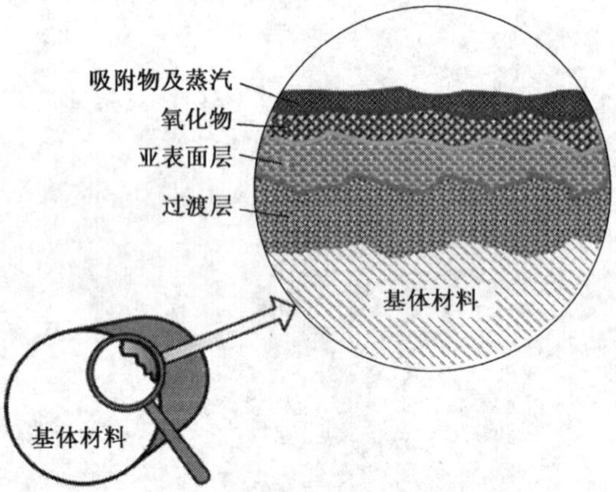

图 11－1　金属工件的已加工表面层

长期以来,人们普遍采用表面粗糙度、表层加工硬化和残余应力作为主要特征参数来衡量切削加工表面质量的高低。由于检测表层的加工硬化和残余应力所使用仪器(装置)的实用性尚无法满足机械加工生产现场直接应用的需要,通常情况下,将表面粗糙度作为衡量切削加工表面质量优劣的特征参数。因此,从零件的设计、加工、装配到验收,表面粗糙度几乎成了区别零件表面加工质量高低的唯一技术标准(个别零件有多个指标、多项技术特殊要求除外)。近年来,有关机械零(部)件加工表面及其研究发现,许多零件结构的损坏或失效并非是从其表面发生的,往往是从其表面之下几十微米的范围内开始的;与此同时,随着精密与超精密加工和自动化加工技术的发展,精密零(部)件特别是微小构件的加工中往往对零(部)件的棱边形态也提出了新的技术要求,这就对传统机械设计制造和检验中大都以圆角(如 *R*2、*R*1.0、*R*0.5 等)的形式给出技术要求,而只有特殊情况下才在加工工艺中增加去毛刺工序的通行做法提出了挑战。这表明,在现代机械加工条件下,表面之下的材质和物理、力学性能变化,棱边(毛刺)尺寸及形态等,对零件使用性能和疲劳寿命的影响与表面微观几何形貌对其影响是同样重要的。

随着国防、航空航天工业的快速发展,特别是由特殊工程材料制作成微小构件性能的要求不断提高,其检测项目和技术指标也不局限于表面粗糙度的新需求,继续沿用传统的表面质量评价体系及特征参数指标(表面粗糙度、表层加工硬化和残余应力)已无法满足其需要。于是,1964 年,在美国 Defense Metals Information Center 召开的一次技术座谈会上,美国学者 Michael Field 等基于零件的结构损伤机制,首次提出了面向机械加工零件表面质量评定的表面完整性概念。其后,Michael Field 等系统阐述了表面完整性的基本内涵及特征,认为被加工零件通过传统或非传统加工工艺其表面都会发生微观几何形态改变和冶金学转变。即零件的表面产生具有较小间距和微小峰、谷的不平度,并出现局部的撕裂和褶皱等现象。而其表面层(通常细分为亚表层和过渡层,也可称为加工变质层)则发生材料相变,直接导致其产生塑性变形、微观裂纹、显微硬度变化、残余应力等。因此,为了保证零件的可靠性,仅控制被加工零件的表面粗糙度等常规表面微观几何特性是不够的,还必须综合考虑表面层下一定区域内加工变质层的几何、物理、力学性能的变化。与此同时,随着精密与超精密加工和自动化加工技术的发展,精密零(部)件特别是微小构件的加工中往往对其棱边形态也提出了新的技术要求。这就是说,必须摒弃对零件棱边仅以圆角形式(如 $R2$、$R1.0$、$R0.5$ 等)宏观定性技术要求的传统做法,而给出其微观的定量要求。由此,表面质量、棱边质量和表层质量一起汇聚成现代机械加工的表面质量——表面完整性。显然,用表面完整性评定机械加工零件的表面质量比用传统的表面质量评价参数(表面粗糙度、表层加工硬化和残余应力)更深入、更系统、更全面、更合理。

1986 年,美国以 Michael Field 等提出的表面完整性评价体系及检测方法为基础,制定出国际上第一个表面完整性评价及检测的标准——美国国家标准 ANSI B211.1 1986,为现代机械加工零件表面质量评价及检测给出了明确的规范和技术标准。因此,表面完整性概念及检测技术已成为工业发达国家机械设计制造与检测过程中重要的评价方法和主要技术规范,为促进现代机械加工技术进步发挥了重要作用。2012 年 1 月 30 日至 2 月 1 日,国际生产工程科学院(原名为国际生产工程研究会,International Institution for Production Engineering Research,成立于 1951 年,于 2006 年改名为国际生产工程科学院,The International Academy for Production Engineering,CIRP)在德国不来梅召开了第一届表面完整性学术会议(1st CIRP Conference on Surface Integrity),系统深入地研讨表面完整性的评价理论及实用检测技术与方法。由此可见,表面完整性在现代机械加工质量评价及检测中的重要性。

11.1.2　表面完整性概念及组成要素

所谓表面完整性,是指零件经过机械加工后所形成表面的综合质量,是表征、评价和控制现代加工制造过程中被加工零件的表面、棱边及表面层内产生的各种变化及其对最终使用性能影响的一个综合性指标。

可见,与传统的表面质量评价(基于几何学理论)不同,表面完整性是根据具体的加工需要和相关技术要求的重要性大小、可靠性程度(基于计量学和模拟实验学理论)等,通过粗糙度、残余应力、显微组织、毛刺尺寸、显微组织、疲劳性等若干个要素的定量或定性检验(实验)结果,结合表面技术要求以及主从顺序和加工成本高低而最终做出的综合性评价。

完整的切削加工表面是由表面的几何形貌、棱边(毛刺)的形态和表面层的性能 3 个方面特征参数组成的要素集,即表面完整性是由表面质量、棱边(毛刺)质量和表层质量 3 个部分构成,如图 11-2 所示。其中:表面质量可细分为传统的粗糙度、加工纹理和局部撕裂与褶皱;棱边质量包括毛刺尺寸、毛刺形态和毛刺形成位置;而表层质量则包含微观组织、显微硬度、残余应力、微观裂纹和疲劳性等。

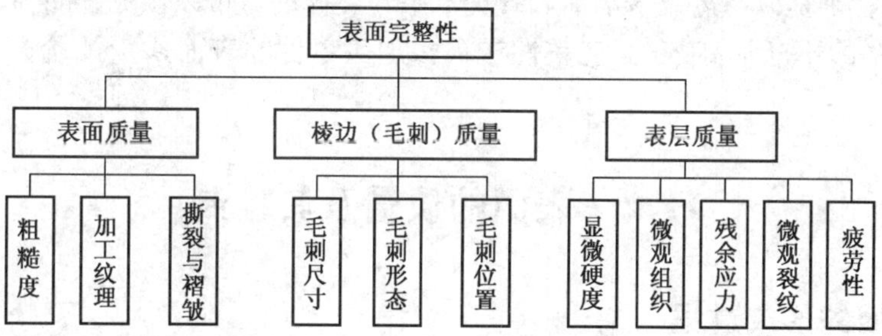

图 11-2　表面完整性特征参数的组成要素

表面完整性既包含了传统表面质量评价中表面粗糙度等常规表面几何特性参数,又综合考虑了表面层下一定区域内加工变质层的几何、物理、力学性能的变化,还兼顾到棱边(已加工表面与已加工表面、加工表面与加工表面、未加工表面与已加工表面之间形成的边、角、棱等部位的统称)的形态。可以说,表面完整性使机械加工表面的质量评价从单项指标评价转换为多项指标综合评判、从单纯的测量评价转换为测量与试验数据的集成权衡、从以几何学理论为基础测量评价转变为以计量学和试验学为基础的模糊综合评价,在系统评价现代机械加工表面质量方面具有先进性和综合性。

11.1.3　表面完整性评价体系及方法

基于现代加工技术要求,目前普遍公认的是由最小数据组、标准数据组和扩展数据组组成的测量(试验)特征参数集,可用于表征和评价被加工零件的表面完整性。以 Michael Field 等提出的表面完整性评价方案为主体构建的表面完整性评价体系如图 11－3 所示。

图 11－3 所示的 3 个数据组中：最小数据组为最低限度的质量数据组；标准数据组是在最小数据组基础上的扩充，主要用于可靠性要求较高零件的重要表面质量评价；而扩展数据组则是在标准数据组的基础上，扩大了力学性能试验和其他工程技术特殊要求的检测项目，以满足设计时对可靠性要求更高零件的关键表面质量的特殊评价要求。

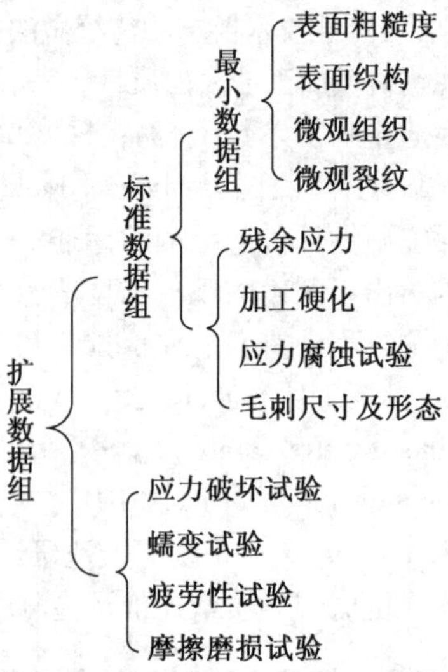

图 11－3　表面完整性评价体系的架构

表面完整性已在航天工业、汽车工业和原子能发电等工业领域的零(部)件表面质量评价中得到初步应用，尤其是对可靠性要求很高零件的关键表面质量进行评价和控制显示出其综合优势，并取得了显著的经济效益和社会效益。例如，某镍基合金涡轮盘对疲劳强度要求较高，按照通行的设计制造与检测要求，设计工程师将涡轮盘表面粗糙度确定为 $Ra=1.6\mu m$。于是，其最终工序不得不选用磨削加工，导致其加工成本高、生产效率低，且常出现磨削表面烧伤问题等。采用表面完整性评价某镍基合金涡轮盘的加工表面质量后，通过对各加工表面要求 Ra(基本数据组参数)的重要性比较分析和部分疲劳性试验(扩展数据组参数)获取的数据，发现镍基合金材料在表面粗糙度 Ra 为 0.38～6.1μm 时对疲劳强度的影响不敏感，进而通过综合权衡利弊，决定放宽车削加工该表面粗糙度的要求(由原设计的 $Ra=1.6\mu m$ 改为 $Ra=3.2\mu m$)，而未降低对该涡轮盘的加工总体质量要求。于是，由于降低表面粗糙度要求后，某镍基合金涡轮盘的加工工时大约减少了 10%，从而在不影响零件使用性能的前提下降低了生产成本。

但是，应用表面完整性评价、控制加工方法和工艺参数，往往依赖于机械加工前期试验数据的不断积累及较为系统完善的加工工艺数据库和切削数据库。这对于制造技术水平较高且管理机制健全的工业发达国家而言是没有太大问题的，而对于工业制造技术水平不高且管理体系和工艺技术资料(数据)积累比较贫乏的国家(地区)，要进行机械加工零件表面质量的表面完整性评价，则必须进行部分(一系列)试验(扩展数据组参数)并测试大量相关数据，这将导致加工成本增加和生产率降低。由此看来，表面完整性评价是与国家的整体工业技术水平，特别是以制造技术水平和管理水平为支撑的。可以预见，随着我国机械工业的发展水平和企业(集团)的水平的不断提高，表面完整性在机械加工零件的表面质量评价方面的应用也将越来越广泛。

11.2 表面的质量及其控制

11.2.1 已加工表面的形成过程

在切削加工过程中，由于工件和刀具的相对运动，在刀具的切削刃和前刀面的作用下切除了工件上预留的金属层，从而形成了工件上的已加工表面。图 11－4 示出了切削加工中已加工表面的形成过程。

当工件以速度 v 逐渐接近切削刃时，被切削层金属在刀具的切削刃和前刀面的作用下产生压缩和剪切变形，最后沿剪切面 OM 方向剪切滑移而成为切屑。此时在切屑与金属分离处的加工面，由于切削刃钝圆半径 r_β 的作用与影响，整个切削层厚度 a_c 中将有 Δa_c 一层金属无法沿着 OM 方向滑移，而是被切削刃钝圆部分 O 点下面挤压过去。即以切削刃钝圆部分的 O 点为分界点，O 点以上部分在前刀面的挤压作用下金属纤维拉长，并沿着刀具的前刀面流出而成为切屑；而 O 点以下部分则沿着后刀面方向流动，该部分金属经过切削刃钝圆部分的 B 点之后，又受到后刀面 BC 一段棱带的挤压和摩擦，这种剧烈摩擦又使工件表面金属受

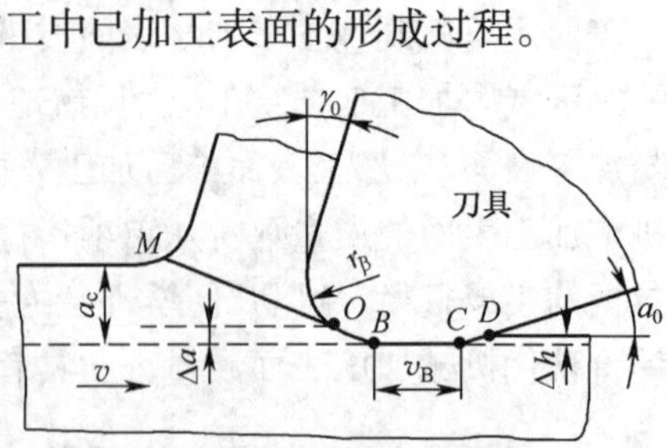

图 11－4　已加工表面的形成过程

到剪切应力而发生弹塑性变形，其后经过 CD 段后开始弹性恢复（恢复高度为 Δh），进而成为已加工表面的组成部分。

由此可见，在已加工表面形成的切削过程中，工件上被切削层金属一直都是在刀具切削刃和前后刀面的作用下，处于楔入、挤压、断裂和摩擦的复杂受力状态而发生弹塑性变形，直至解除约束后部分被切削层金属产生一定量的弹性恢复。也就是说，工件已加工表面形成的过程就是被切削层金属在切削力、切削热和周围介质的共同作用下，改变了金属材料表面原有的几何特征和冶金、物理、力学性能的过程。显然，工件材料和刀具材料不同、切削条件（切削用量和切削液有无）和刀具刀面形式及几何参数（平面型或曲面型，前角 γ_0、后角 α_0 等）不同，已加工表面的变形程度及加工变质层厚度等也不尽相同。

11.2.2　表面粗糙度及其评定方法

1. 粗糙度对零件使用性能的影响

表面粗糙度是指加工表面具有的较小间距和微小峰谷不平度。其两波峰或两波谷之间的距离（波距）很小（在1mm以下），属于微观几何形状误差，通常用表面粗糙度表示。图11－5为用金刚石刀具车削无氧铜所测得的工件表面三维形貌。

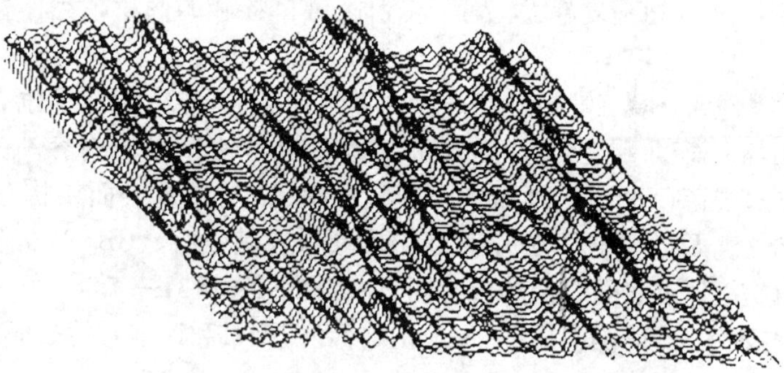

图11－5　无氧铜精密车削的三维表面形貌

零件表面粗糙度对零件的使用性能、美观程度等有很大影响，主要体现在以下几个方面。

1）影响零件配合的质量

加工表面如果太粗糙，必然要影响配合表面的配合质量。对于间隙配合表面，表面粗糙度越大，配合面的磨损越快，间隙变化量越大。对于过盈配合表面，表面粗糙度越大，两表面相配合时表面凸峰易被挤掉，这会使过盈量减少，从而影响配合的稳定性。因此，设计时，应根据零件的配合精度要求来选取相应的表面粗糙度。当配合精度要求高时，相应配合表面的表面粗糙度值应小，以保证零件的配合质量和工作可靠性。表11－1列出了表面粗糙度 R_z 值与公差 T 值之间的关系。

表11－1　表面粗糙度 R_z 值与公差 T 值的关系

尺　寸/mm	R_z/μm
大于50	(0.1～0.15) T
18～50	(0.15～0.2) T
大于18	(0.2～0.25) T

2）影响零件的耐磨性

当两个零件表面相互接触时，实际上是两个表面轮廓的峰顶接触，粗糙度越大，有效接触面积越小。当它们做相对运动时，凸峰部分材料将很快就被磨掉，被磨掉的金属微粒落在相配合的表面之间，从而加速磨损过程，降低零件使用寿命。

3）影响零件的疲劳性

表面粗糙度对承受交变载荷零件的疲劳强度影响很大。在交变载荷作用下，表面粗糙度的凹谷部位容易引起应力集中，产生疲劳裂纹，导致零件表面因产生裂纹而损坏。表面粗糙度越小，表面缺陷越少，零件耐疲劳性越好。抗疲劳强度计算中的应力集中系数，随表面粗糙度值增大而增大。如磨削加工表面的粗糙度 Ra 值分别为0.4μm、0.8μm、1.6μm时，其应力集中系数值分别为1.2、1.24、1.48。

不同的材料对应力集中的敏感程度也不同。材料晶粒越细小，质地越致密，对应力集中越敏感，表面粗糙度对抗疲劳强度的影响也越严重，表11－2列出了不同强度的钢材用不同的加工方法所获得表面的相对抗疲劳强度。从表中可知,材料强度极限越高,表面粗糙度值越大,抗疲劳强度降低得越多。试验表明,对于承受交变载荷的零件,减小表面粗糙度值,可使抗疲劳强度提高30%~40%。

表11-2　不同加工方法所得的相对抗疲劳强度

加工方法	钢的强度极限 σ_R/(N/mm^2)		
	470	930	1420
	相对抗疲劳强度/%		
精细抛光或精研磨	100	100	100
抛光或研磨	95	93	90
精磨或精车	93	90	85
粗磨或粗车	90	80	70
热轧钢材直接使用	70	50	35

4）影响零件的耐蚀性

零件的耐蚀性在很大程度上取决于表面粗糙度。大气里所含气体和液体与金属表面接触时,会凝聚在金属表面上而使金属腐蚀。表面粗糙度越大,表面与气体、液体接触的面积越大,腐蚀物质越容易沉积于凹坑中,耐蚀性越差。

此外,表面粗糙度对零件的外观、胶合强度、表面光学性能、导电导热性能等也有很大影响。因此,在零件精度设计中,合理提出零件表面粗糙度的技术要求是一项非常重要的内容。为此,我国颁布了GB/T 3505—2009《产品几何技术规范(GPS) 表面结构 轮廓法 术语、定义及表面结构参数》、GB/T 1031—2009《产品几何技术规范(GPS)表面结构 轮廓法 表面粗糙度参数及其数值》、GB/T 10610—2009《产品几何技术规范(GPS)表面结构 轮廓法 评定表面结构的规则和方法》和GB/T 131—2006《产品几何技术规范(GPS)技术产品文件中表面结构的表示法》等国家标准,保证正确标注、测量和评定零件表面粗糙度。

2. 理论粗糙度

在切削加工中,刀具切削刃相对于工件运动,从而去除工件上多余的金属材料而形成已加工表面。如果把切削刃看作几何学的线,则它相对于工件运动时,理论上工件表面残留面积高度(表面微观不平度)称谓理论表面粗糙度(图11-6)。

1）车削加工

当仅刀尖圆弧部分参加切削时,工件表面残留面积高度(表面粗糙度)为

$$R_t = \frac{1}{8}\frac{f^2}{r_\varepsilon}\ (\mathrm{mm}) \qquad (11-1)$$

式中:r_ε为刀尖钝圆半径(mm);f为进给量(mm/r)。

而当刀尖圆弧半径$r_\varepsilon=0$时,由主切削刃和副切削刃的直线部分参加切削,其主偏角为κ_r,副偏角为κ_r',则形成最大表面粗糙度值为

$$R_t = \frac{f}{\cot\kappa_r + \cot\varphi}\ (\mathrm{mm}) \qquad (11-2)$$

而当刀尖圆弧部分参加切削的同时,副切削刃的直线部分也参加切削,且$f \geqslant 2r_\varepsilon \tan\varphi$时,则形成最大表面粗糙度值为

$$R_t \approx f\tan\varphi + \frac{r}{2}\tan^2\varphi - \sqrt{2fr\tan^3\varphi}\ (\mathrm{mm}) \qquad (11-3)$$

并且,前两种情况的表面粗糙度平均高R_a的表达式分别为

$$R_a = 0.0321 \times \frac{f^2}{r_\varepsilon}\ (\mathrm{mm}) \qquad (11-4)$$

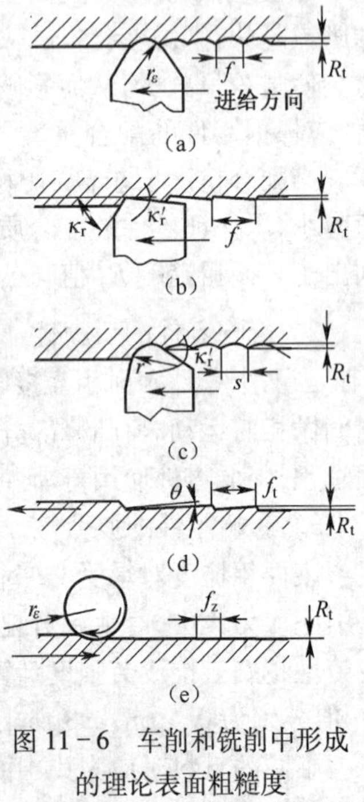

图11-6　车削和铣削中形成的理论表面粗糙度

$$R_a = \frac{f\tan\varphi}{4(1+\tan\varphi)}\ (\mathrm{mm}) \tag{11-5}$$

2）铣削加工

端铣加工中，最大理论表面粗糙度高度可近似表达为

$$R_t = f_z \tan\theta\ (\mathrm{mm}) \tag{11-6}$$

式中：f_z 为每齿进给量（mm/z）；θ 为刀齿顶刃前角。

3）圆柱铣削加工

圆柱铣削时，最大理论表面粗糙度高度 R_t 和理论表面粗糙度平均高 R_a 可以分别表示为

$$R_t \approx \frac{1}{8}\frac{f_z^2}{r}\ (\mathrm{mm}) \tag{11-7}$$

$$R_a = 0.0321 \times \frac{f^2}{r}\ (\mathrm{mm}) \tag{11-8}$$

式中：r 为立铣刀圆角半径（mm）。

实际切削加工得到的零件表面粗糙度最大值往往比理论计算的残留面积高度要大得多，只有在高速切削塑性材料时两者才比较接近。这是由于实际的粗糙度还受到切削加工中切屑形态、振动、切削刃不平整性以及积屑瘤和鳞刺等形成与变化的影响。也就是说，实际获得的粗糙度是由影响和制约切削过程的诸多因素综合作用的结果。但是，理论残留面积高度仍是构成表面粗糙度的主体，有时对分析和控制相关因素以寻找降低表面粗糙度的基本途径及方法，仍具有一定的理论意义和应用价值。

3. 表面粗糙度特征参数及其选择

机械加工方法所获得的零件表面实际上都并非是完全理想的表面，总会存在着间距很小的微小峰、谷构成的不平度。要测量、评定零件表面粗糙度，必须有评估对象。通常采用一平面与零件的实际表面垂直相交，相交所获得到的轮廓曲线即作为评估对象，称它为表面轮廓，如图 11－7 所示。

一般说来，经过切削加工得到的零件表面的实际轮廓总是包含着表面粗糙度轮廓、波纹度轮廓和宏观形状轮廓等构成的集合状误差，它们叠加在同一表面上，如图 11－8 所示。粗糙度、波纹度和宏观形状通常按照表面上相邻峰、谷间距的大小进行划分的：$\lambda<1\mathrm{mm}$，属于表面粗糙度；$1\mathrm{mm}<\lambda<10\mathrm{mm}$，属于波纹度；$\lambda>10\mathrm{mm}$，属于宏观形状。

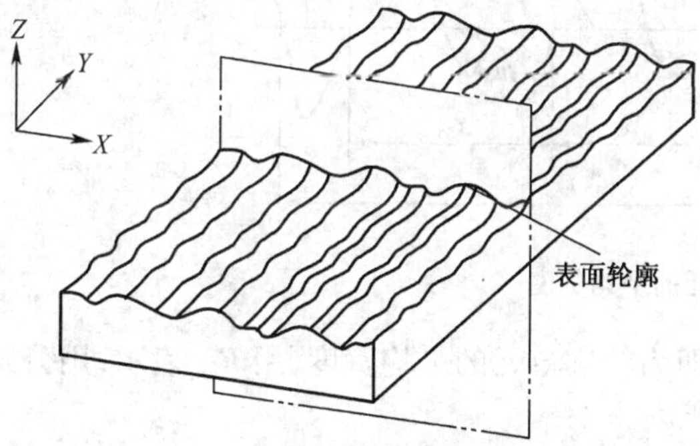

图 11－7　表面轮廓

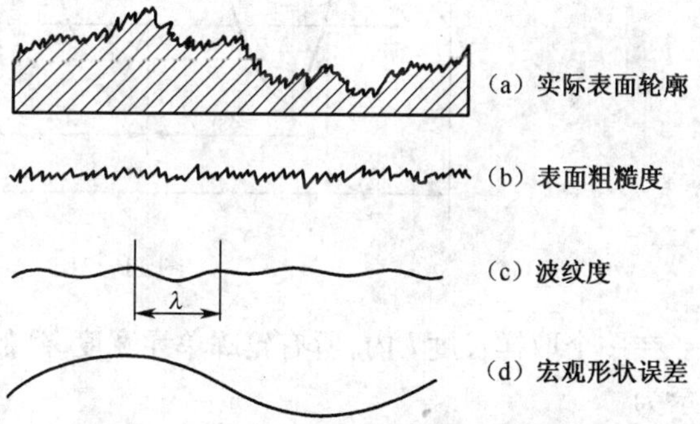

图 11－8　实际表面轮廓的形状和构成成分

粗糙度叠加在波纹度上，在忽略由于表面粗糙度和波纹引起变化的条件下表面总体形状为宏观形状，其误差称为宏观形状位置误差或形状误差。

为了定量地评定表面粗糙度，必须用参数及相关数值来表示其特征。鉴于表面轮廓上微小峰、谷的幅度和间距是构成表面粗糙度轮廓的两个独立的基本特征，为此 GB/T 3505—2009 中规定了用幅度参数（高度参数）和间距参数来定量地评定表面粗糙度轮廓。其中，幅度参数是主要的。

1）表面粗糙度的评定参数

（1）评定轮廓的算术平均偏差 R_a（幅度参数）。在一个取样长度 l_r 内（图 11－9），被测实际轮廓上各点至轮廓中线距离 $Z(x)$ 绝对值的平均值，用符号 R_a 表示，即

$$R_a = \frac{1}{l_r}\int_0^l |z(x)| \, dx \tag{11-9}$$

或

$$R_a = \frac{1}{n}\sum_{i=1}^{n} |z(x_i)| \tag{11-10}$$

（2）轮廓最大高度 R_z（幅度参数）。如图 11－9 所示，在一个取样长度 l_r 内：被评定轮廓上各个高极点至中线的距离称为轮廓峰高，用 Z_{pi} 表示，其中最大的距离称为最大轮廓峰高 R_p（图 11－9 中，$R_p = Z_{p1}$）；被评定轮廓上各个低极点至中线的距离称为轮廓谷深，用 R_{vi} 表示，其中最大的距离称为最大轮廓谷深 R_v（图11－9 中，$R_v = Z_{v1}$）。

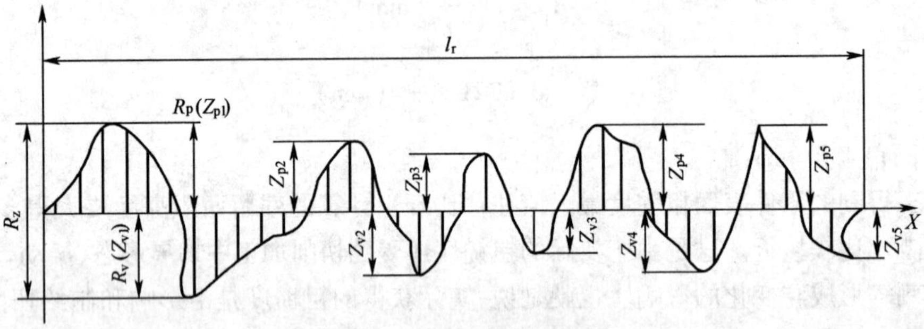

图 11－9 表面粗糙度的最大高度

轮廓的最大高度是指在一个取样长度 l_r 范围内，被评定轮廓的最大轮廓峰高 R_p 和最大轮廓谷深 R_v 之和的高度，用符号 R_z 表示，即

$$R_z = R_p + R_v \tag{11-11}$$

（3）轮廓单元的平均宽度 R_{sm}（间距参数）。对于表面轮廓上的微小峰、谷的间距特征，通常采用轮廓单元的平均宽度来评定。如图 11－10 所示，在一个取样长度 l_r 内，一个轮廓峰和相邻的轮廓谷组成一个轮廓单元，一个轮廓单元与 X 轴（中线）相交线段的长度称为轮廓单元宽度，用符号 X_{si} 表示。

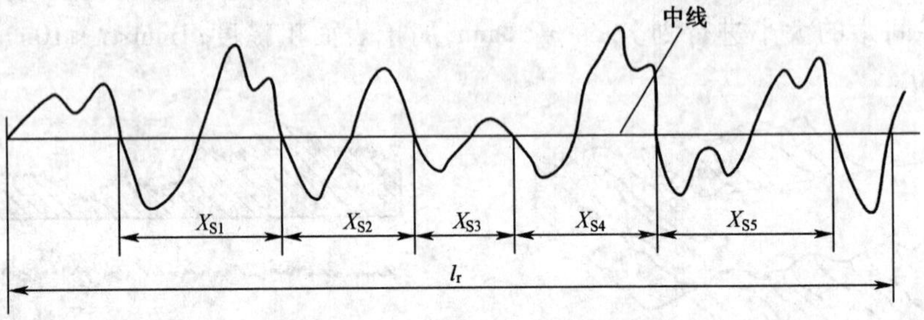

图 11－10 表面轮廓单元的平均宽度

在一个取样长度 l_r 内，所有轮廓单元宽度 X_{si} 的平均值即为轮廓单元的平均宽度，用 R_{sm} 表示，用公式可表示为

$$R_{sm} = \frac{1}{m}\sum_{i=1}^{m} X_{si} \tag{11-12}$$

R_{sm} 属于附加评定参数，与 R_a 或 R_z 同时选用，不能独立采用。

表面粗糙度的定量表征一直以来都是表面完整性研究的重要一环，不论是 ISO 标准还是某些国家或机构的内部标准，均提出了各种众多的表面粗糙度特征表征参数。为了防止“参数爆炸”，同时也为了提供有效数据且详细的信息，就会根据常用的测量方法以及特定生产中所关注的具体性能，选择有限的粗糙度参数进行表征。目前，表面粗糙度参数主要包含二维（2D）和三维（3D）的表征。通常将这些表征参数按其定义大致分为高度参数、功能参数、斜率参数、间距参数等类型，各表征参数的数字描述方法以及测量手段如表 11－3 所列。

表 11-3　表面粗糙度表征参数及其检测

特征名称	具体特征参量及描述		测量手段
表面粗糙度	二维表征参数	三维表征参数	采用探针表面轮廓仪、光学表面轮廓仪或者电子扫描显微镜进行测量。 例如,采用美国 Veeco 公司的三维光学表面轮廓仪(NT1100)可一次测量出二维和三维表面粗糙度表征参数
	(1) 高度参数: ① 轮廓算术平均偏差 R_a; ② 轮廓均方根偏差 R_q; ③ 微观不平度十点高度 R_z; ④ 最大波峰值 R_p; ⑤ 最大波谷值 R_v; ⑥ 轮廓峰谷总高度 R_t。 (2) 功能参数: ① 偏态系数 R_{sk}; ② 峰态系数 R_{ku}。 (3) 斜率参数:均方根斜率 $R_{\Delta q}$。 (4) 间距参数: ① 中间截距平均值 R_{Sm}; ② 高峰点数 HSC	(1) 高度参数: ① 三维均方根高度值 S_q; ② 三维 10 点高度值 S_z; ③ 最大波峰值 S_p; ④ 最大波谷值 S_v。 (2) 功能参数: ① 三维偏态系数 S_{sk}; ② 三维峰态系数 S_{ku}。 (3) 空间系数: ① 表面纹理纵横比 S_{tr}; ② 表面纹理方向 S_{td}; ③ 最速衰退自相关长度 S_{al}。 (4) 混合型参数: ① 三维均方根斜率 $S_{\Delta q}$; ② 展开界面面积率 S_{dr}	

2）表面粗糙度的选择

机械零件精度设计中对表面粗糙度提出技术要求时,必须给出表面粗糙度的评定参数及其数值和测量时的取样长度这两项基本要求。国家标准中对表面粗糙度的测量和评定给出了两类参数,其中最常用的是幅度参数,只有当给出的幅度参数不能满足零件功能要求时,才附加给出间距参数(如 R_{sm})、加工方法、加工纹理方向等。

在幅度参数中,推荐优先选用 R_a 值,因为 R_a 值反映表面粗糙度轮廓特性的信息量大,而且采用触针式轮廓仪测量比较容易。当表面过于粗糙(R_a>6.3μm)或过于光滑(R_a< 0.025 μm)时选用 R_z,因为此范围便于选用 R_z 的仪器测量。

(1) 表面粗糙度选择的原则。表面粗糙度参数的允许值应从 GB/T 1031—2009《产品几何技术规范 表面结构 轮廓法 表面粗糙度参数及其数值》规定的参数值系列中选取。R_a、R_z、R_{sm} 数值越大,表面越粗糙。通常在满足零件表面功能要求的前提下,尽量选取较大的参数值,以获得最佳的技术经济效益。表面粗糙度选用一般原则如下:

① 同一零件上,工作表面比非工作表面粗糙度值小;

② 摩擦表面比非摩擦表面要小;

③ 受循环载荷的表面粗糙度值要小;

④ 配合要求高、连接要求可靠、受重载的表面粗糙度值都应小;

⑤ 同一精度,小尺寸比大尺寸、轴比孔的表面粗糙度值要小。

一般来说,尺寸公差、表面形状公差小时,表面粗糙度参数值也小,但也不存在确定的函数关系。但它们之间有一定的对应关系,设形状公差为 t,尺寸公差为 T,它们之间可参照以下对应关系:

若 $t \approx 0.6T$,则 $R_a \leqslant 0.05T$,$R_z \leqslant 0.3T$;

若 $t \approx 0.4T$,则 $R_a \leqslant 0.025T$,$R_z \leqslant 0.15T$;

若 $t \approx 0.25T$,则 $R_a \leqslant 0.012T$,$R_z \leqslant 0.07T$;

若 $t < 0.25T$,则 $R_a \leqslant 0.15T$,$R_z \leqslant 0.6T$。

凡有关标准都对表面粗糙度的技术要求给出具体规定的特定表面,应按该标准的规定来确定其表面粗糙度参数允许值。

（2）表面粗糙度的选用。除特殊要求的表面外，表面粗糙度允许值通常采用类比法确定。不同表面粗糙度的选用实例见表 11－4。

表 11－4　表面粗糙度的选用实例

表面粗糙度/μm		表面形状特征		应用举例
R_a	R_z			
>40~80		粗糙	明显可见刀痕	表面粗糙度甚大的加工面，一般很少采用
>20~40		粗糙	可见刀痕	表面粗糙度甚大的加工面，一般很少采用
>10~20	>63~125	粗糙	微见刀痕	粗加工表面，应用范围较广，如轴端面、倒角、穿螺钉孔和螺钉孔的表面，垫圈的接触面等
>5~10	>32~63	半光	可见加工痕迹	半槽加工固、支架、箱体、离合器、带轮侧面、凸轮侧面等非接触的自由表面，与螺栓头和铆钉头相接触的表面，所有轴和孔的退刀槽，一般遮板的结合面等
>2.5~5	>16.0~32	半光	微见加工痕迹	半精加工面，箱体、支架、盖面、套筒等与其他零件联接面没有配合要求的表面，箱要发蓝的表面，需要滚花的预先加工面，主轴非接触的全部外表面等
>1.25~2.5	>8.0~16.0	半光	看不清加工痕迹	基面及表面质量要求较高的表面，中型机床（普通精度）工作台面，组合机床主轴箱箱座和箱盖的结合面，中等尺寸带轮的工作表面，衬套、滑动轴承的压入孔，低速转动的轴颈
>0.63~1.25	>4.0~8.0	光	可辨加工痕迹的方向	中型机床（普通精度）滑动导轨面，导轨压壁，圆柱销和圆锥销的表面，一般精度的分度盘，需镀铬抛光的外表面，中速转动的轴颈，定位销压入孔等
>0.32~0.63	>2.0~4.0	光	微辨加工痕迹的方向	中型机床（提高精度）滑动导轨面，滑动轴承轴瓦的工作表面，夹具定位元件和钻套的主要表面，曲轴和凸轮轴的轴颈的工作面，分度盘表面、高速工作下的轴颈及衬套的工作面等
>0.16~0.32	>1.0~2.0	光	不可辨加工痕迹的方向	精密机床主轴锥孔、顶尖圆锥面，直径小的精密心轴和转轴的结合面，活塞的活塞销孔，要求气密的表面和支撑面
>0.08~0.16	>0.5~1.0	极光	暗光泽面	精密机床主轴箱上与套筒配合的孔，仪器在使用中要求受摩擦的表面（例如导轨、槽面），液压传动用的孔的表面，阀的工作面，气缸内表面，活塞销的表面等
>0.04~0.05	>0.25~0.5	极光	亮光泽面	特别精密的滚动轴承套圈渠道，钢球及滚子表面，量仪中的中等精度间隙配合零件的工作表面，工作量规的测量表面等
>0.02~0.04		极光	精状光泽面	特别精密的滚动轴承套圈滚道、钢球及滚子表面、高压油泵中的柱塞和柱塞套的配合表面，保证高度气密的结合表面等
>0.01~0.02		极光	雾状镜面	仪器的测量表面，量仪中的高精度间隙配合零件的工作表面，尺寸超过 100mm 的量块工作表面等
>0.01		极光	镜面	量块工作表面，高精度量仪的测量面，光学量仪中的金属镜面等

11.2.3　表面纹理特征及评价

1. 表面纹理的特征

机械加工中，由于加工方式、切削条件及选用的刀具参数不同，加工获得的零件的表面纹理也有显著的差异。所谓机械加工表面加工纹理，是指零件表面微观结构的主要方向，表征加工时所形成加工痕迹的类型和方向,是评定需要控制表面加工纹理方向零件的重要内容。在 GB/T 103610—2009《产品几何技术规范(GPS)表面结构 轮廓法 评定表面结构的规则和方法》等对常见的平行、垂直、相交、多方向、近似同心圆、近似放射形及无方向或凸起的细粒状等 7 种加工纹理方向符号做出了规定。表面纹理符号及说明见表11－5。

表 11－5　表面纹理符号及说明

符号	说　明	示 意 图
=	纹理平行于标注代号的视图的投影图	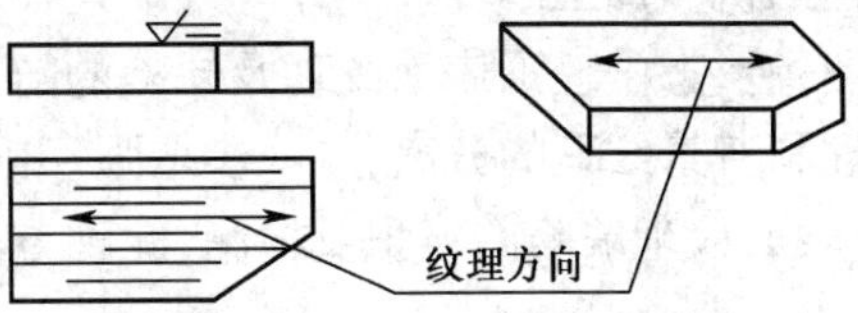
‖	纹理垂直于标注代号的视图投影图	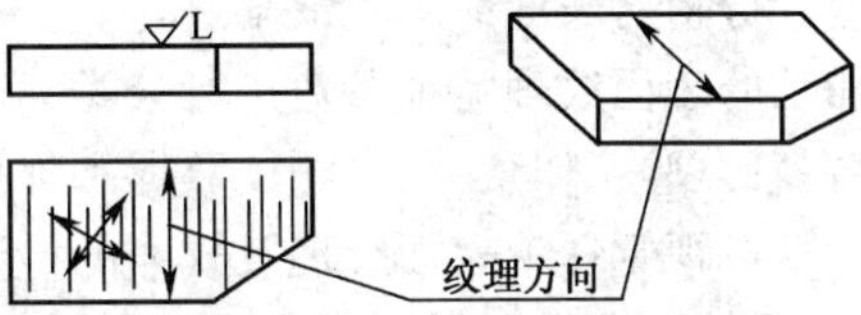
×	纹理两相交的方向	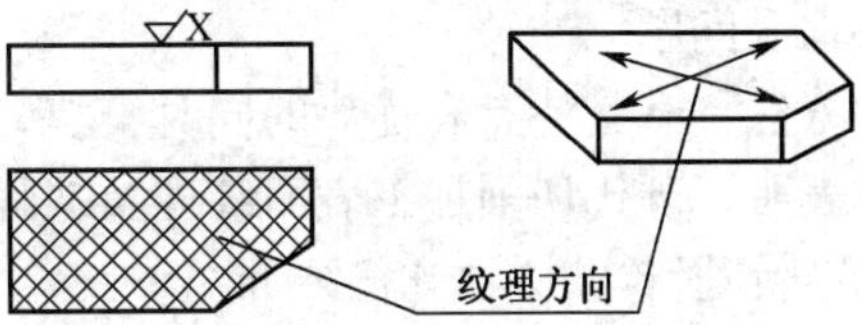
M	纹理呈多方向	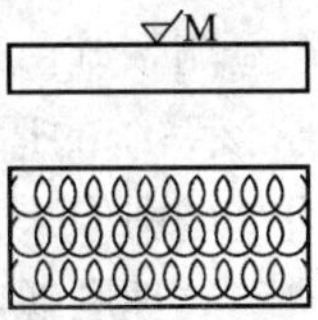
C	纹理呈近似同心圆	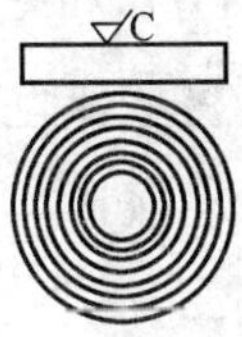
R	纹理呈近似放射形	
P	纹理无方向或呈凸起的细粒状	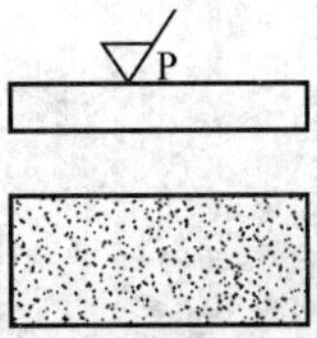

2. 表面纹理缺陷的检测与评价

机械加工过程中刀具行程的变化、材料的特性、切削振动、刀具切削刃的平整性及磨损破损形态等都会在被加工零件表面留下加工纹理,并形成凹痕、擦伤、外观变形、方向不正、不理想的反光特性等表面缺陷。在对加工表面质量要求不高的情况下,通常人们用肉眼就能够比较容易识别上述的纹理缺陷和微小的表面缺陷。但是,随着加工表面的质量要求不断提高,特别是需要定量地表述表面纹理状况并进行合格与否的判定时，就必须利用科学的方法及检测技术对加工纹理进行定量的表征与评价。因此，开发可靠和稳定的纹理缺陷分类及检测技术具有挑战性并具有重要实用意义。

目前，现有的机械加工零件表面纹理及缺陷检测理论和方法与切削加工质量检测实际需要尚有很大差距。但它们的基本原理是大致相同的，其过程也大同小异，即数据采集、特征参数提取、数据处理（纹理与缺陷的分类和辨识）和结果评定，只是选择的方式和方法略有不同。

具有代表性的机械加工零件表面纹理及缺陷评价方法有以下 3 种：

（1）基于图像形态学理论表面纹理及缺陷的辨识及检测方法。它采用图像分割的方法和图像形态学运算实现缺陷纹理和背景纹理的分离，进一步增强切削加工的表面纹理及缺陷的特征量，并结合部分切削试验参数，实现零件表面纹理缺陷的辨识及检测，此种方法的问题在于优化算法的选择，即常受到选用算法所适用范围的制约。

（2）运用统计分析对表面纹理及缺陷进行表征与检测的方法。该方法以典型切削加工试验为基础，通过对典型切削加工的表面纹理特征参数进行分类，利用概率论和数理统计方法实施零件表面纹理缺陷的辨识及检测，但存在着试验工作量大、对测试数据和评价样本依赖度高等问题。

（3）基于计算机视觉理论表面纹理及缺陷的检测技术。它由图像采集系统、纹理缺陷检测系统、特征提取系统、特征分析系统和分类系统组成，具有体系健全、信息量大、辨识准确率高的特点，但存在着工作量偏大、实用性不够强等问题。

可见，各种方法具有其特点和优势的同时，也都存在着一定的局限性。这既说明了该方面的研究还有待进一步深入，也表明了现代切削加工表面纹理及缺陷检测问题的复杂性。现就基于图像形态学理论零件表面纹理及缺陷的辨识及检测方法作简要介绍。

1）机械加工表面纹理及缺陷检测系统

机械加工表面纹理缺陷检测系统由荧光光源、显微镜和 CCD 摄像机、频域滤波器和计算机（PentiumIV/2.0G 主频/256MRAM）组成，该系统的运行框图如图 11－11 所示。首先，采用荧光光源系统、显微镜和 CCD 摄像机将机械加工零件表面纹理图像采集到计算机。然后，通过快速傅里叶变换（FFT）计算其频谱图像，同时采用频域滤波器来增强缺陷纹理图像和抑制背景纹理，再通过快速傅里叶反变换（IFFT）将其还原成空间域图像，最后采用图像分割的方法和图像形态学运算实现缺陷纹理和背景纹理的分离。

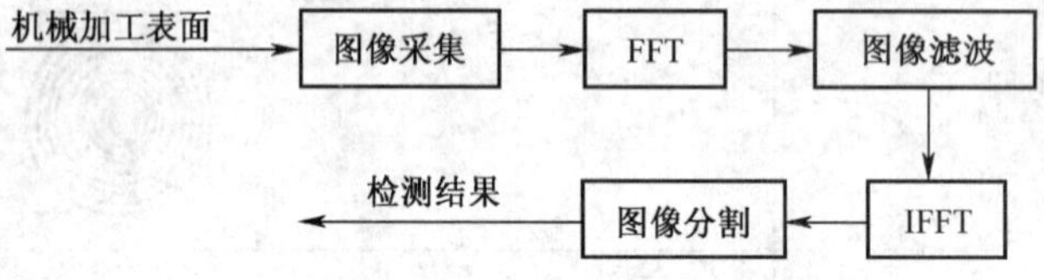

图 11－11 纹理缺陷检测系统框图

2）表面纹理特征分析与参数提取

铣削、磨削和刨削等加工的零件表面纹理的方向性较强且多为条纹状分布，其图像如图 11－12 所示。对图 11－12 所示的零件表面图像做傅里叶变换并进行频谱分析，可得到对应的频谱幅值图，如图 11－13 所示。

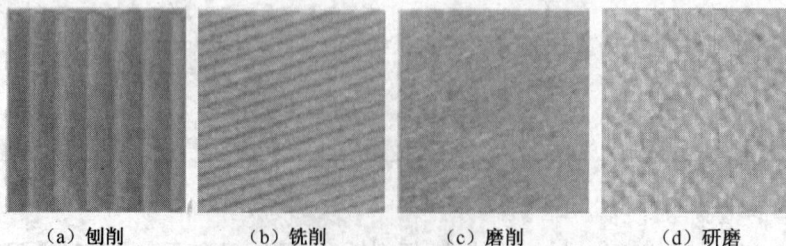

（a）刨削 （b）铣削 （c）磨削 （d）研磨

图 11－12 机械加工零件表面纹理图像

从图 11－13 可以看出，由于图像的能量主要分布在纹理主方向的垂直方向上，故这些区域像素点的频谱幅值较大。由于傅里叶变换是线性变换，因此空域图像的信息可完全无损地保持到频域，其方向纹理的纹理属性主要集中反映在频谱图中一些与纹理方向垂直的方向上。如果通过频域滤波器对频谱中能量集中区域的能量进行抑制滤波，则这种方向纹理的纹理特征将被大大地削弱，从而可以增强缺陷纹理，以利于识别和分类。

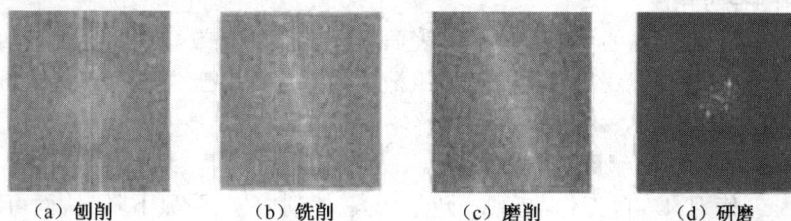

（a）刨削　（b）铣削　（c）磨削　（d）研磨

图 11－13　零件表面图像的频谱图

从缺陷纹理的能量来看，由于缺陷纹理的频谱能量远小于主纹理的频谱能量，因此通过找出频谱能量集中的主纹理方向，并滤除这些主纹理方向的频谱，就可以有效增强缺陷纹理图像，再通过图像分割方法就可提取到缺陷纹理。

3）表面纹理缺陷的评价

基于以上分析，选用了 Butterworth 频域滤波器。通过滤波后的图像背景纹被明显抑制，而缺陷纹理图像则被有效增强。这样就可以采用简单的阈值分割方法来区分缺陷纹理和背景纹理。由于阈值分割后不仅有缺陷目标一般还包括噪声点，因而还要对其进行进一步处理以消除噪声的影响。

将机械加工过程中的铣削、磨削、刨削加工的表面纹理缺陷分为划痕、瑕疵（面积较小）和玷点（面积较大）3 种主要形态，分别用 A、B 和 C 类表示。因此，机械加工零件表面缺陷可分为 7 种类型，即无缺陷、A、B、C、$A+B$、$A+C$ 和 $A+B+C$。

典型纹理缺陷的检测结果如图 11－14 所示。其样本图像是机械加工零件表面的显微放大图像，放大倍数为 10 倍，图像尺寸为 256×256 像素。

机械加工零件的表面纹理缺陷检测正确率如表 11－6 所列。由表可知，基于图像形态学理论表面纹理与缺陷辨识及检测方法的平均正确率达到 93.71%。其中，正确率最低的 $A+B+C$ 和 $A+B$ 也达到 89%，且无缺陷和 C（玷点面积较大）正确率均为 100%。由此可见，基于图形形态学理论表面纹理与缺陷辨识及检测方法具有良好的工程应用前景。

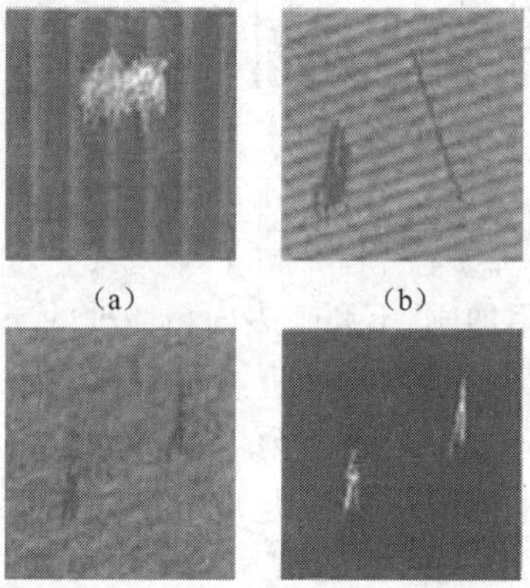

（a）　（b）　（c）　（d）

图 11－14　表面纹理缺陷的检测结果

表 11－6　图形形态学法检测正确率

表面纹理缺陷类型	正确率/%
无缺陷	100
A	93
B	95
C	100
$A+B$	89
$A+C$	90
$A+B+C$	89

诚然，现代机械加工零件表面纹理的评价理论及其检测技术还在不断地研究与开发之中，其实用性与现代工业生产要求尚有差距。可以预见，随着精密与超精密加工及自动化加工技术的迅速发展，加工表面纹理及缺陷检测技术将不断完善，并在促进制造技术的发展中发挥越来越重要的作用。

11.2.4　改善表面粗糙度的基本途径

获得较小的表面粗糙度是切削加工的主要目标之一。而在现代机械加工中，影响和制约表面粗糙度的因素有很多。通常情况下,可采取改善工件材料的各向异性、优化刀具几何参数、适当调整切削用量、增强工艺系统的刚度和选用合适的切削液等措施获得较小的表面粗糙度。

1. 改善工件材料的各向异性

采用热处理方法改善工件材料的性能是减小其表面粗糙度值的有效措施。例如,工件材料金属组织的晶粒越均匀,粒度越细,加工时越能获得较小的表面粗糙度值。为此对工件进行正火或回火处理后再加工,能使加工表面粗糙度值明显减小。

2. 优化刀具几何参数

增大刀具刃倾角 λ_s,使刀具实际工作前角 γ_0 随之增大,切削力 F_z 明显下降,从而可减轻工艺系统的振动,减小加工表面粗糙度。增大前角 γ_0,使刀具刃口更锋利,从而减小切削层的塑性变形和摩擦阻力,切削力和切削温度降低,进而减小加工表面粗糙度。但过大的前角会加速刀具的磨损或由于切削深度抗力 F_p 方向变化引起“扎刀”现象,反而会增大表面粗糙度值。

在进给量 f 一定的情况下,减小刀具的主偏角 K_r 和副主偏角 K_r' 以及增大刀尖圆弧半径 r_ε,可减小切削残留面积,使其表面粗糙度降低。

同时,提高刀具刃磨质量,尤其是提高刀具切削刃平整性,减小刀具前、后刀面的粗糙度也有利于降低加工表面粗糙度。此外,选用与工件材料亲和力小的刀具材料也可减小加工表面粗糙度。

3. 适当调整切削用量

切削用量对加工表面粗糙度有直接影响。图 11-15(工件 35 钢; 刀具 YT15,切削深度 $a_p=0.5$mm)为切削速度 v_c 和进给量 f 对表面粗糙度影响的试验结果。从图 11-5 可知:随着切削速度提高,表面粗糙度逐渐减小,且在低速区减小得较快;而进给量 f 的影响很大,即 f 越小,表面粗糙度也越小。

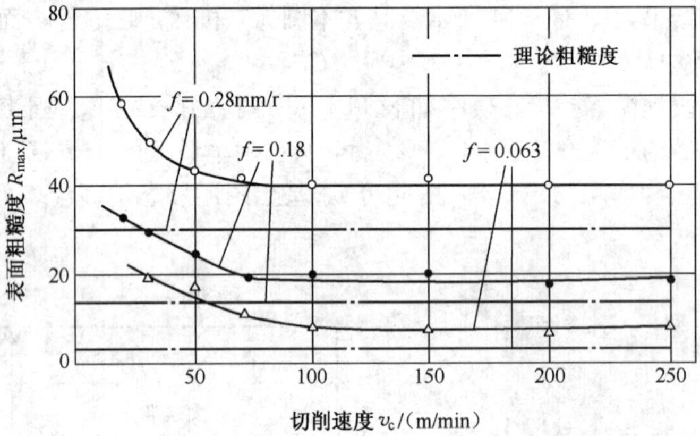

图 11-15　切削速度及进给量对表面粗糙度的影响

实际切削中,若 f 太小,切削刃钝圆部分对加工表面的挤压作用加剧,不利于表面粗糙度的减小,甚至会引起自激振动而使表面粗糙度值增大,生产实际中,采用硬质合金刀具切削时的进给量 $f\geqslant 0.05$mm/r。切削深度 a_p 对加工表面粗糙度影响不明显。但当 $a_p<0.02$mm 时,由于刀尖钝圆半径的影响,常出现挤压、打滑和周期性的切入加工表面,从而使表面粗糙度值增大。为降低表面粗糙度,应根据刀具刃口刃磨的锋利程度选择相应的切削深度。

4. 增强工艺系统的刚度

工艺系统的低频振动,一般在工件的加工表面上产生表面波度,而工艺系统的高频振动将对加工的表面粗糙度产生影响。为降低加工的表面粗糙度值,则必须采取相应措施以防止加工过程中产生高频振动。

5. 选用合适的切削液

切削液的冷却和润滑作用均有利于减小加工表面粗糙度值。其中更直接的是润滑作用,当切削润滑液中含有表面活性物质如硫、氯等化合物时,润滑性能增强,能使被切削层金属材料的塑性变形程度下降,从而减小了表面粗糙度。为此,可使用极压切削液(10%~12%)、极压乳化液和离子型切削液等尽可能增大其润滑性能。有关研究表明,采取微量润滑(MQL)技术可有效减小表面粗糙度。

在实际加工中,往往要根据加工工艺能力和工件表面粗糙度的具体要求,综合考虑各种因素的影响,以利于获得较高生产效率的同时有效降低表面粗糙度。

11.3　棱边(毛刺)的质量及控制

在传统的机械加工中,通常注重零(部)件表面的质量,而对其棱边(毛刺)的形态关注不够,仅在设计制造和检测中以圆角的形式(如 $R2$、$R1.0$、$R0.5$ 等)给出棱边(毛刺)的技术要求。特殊情况下,在工件加工工艺安排中增加去毛刺工序,以满足零(部)件使用性能对其棱边(毛刺)的技术要求。在现代机械加工条件下,工件经过机械加工后其表面及表面层的形貌与状态发生变化的同时,其棱边(已加工表面与已加工表面、已加工表面与加工表面、未加工表面与已加工表面之间形成的边、角、棱等部位的统称)的形态也发生了变化。随着精密与超精密加工和自动化加工技术的发展,精密零(部)件特别是微小构件的加工中往往对其棱边形态也提出了新的要求,这就要求人们应将工件的棱边(毛刺)质量纳入到加工质量评价体系中来,并将其与零(部)件表面的质量和表层的质量(性能)一起作为现代机械加工质量的评价要素。

在各种机械加工中,工件的边、角、棱等部位经过切削后常产生毛刺,这对生产操作者的安全构成一定的威胁,并直接影响到工件的加工精度及其表面质量。尤其是在精密加工、柔性制造系统和其他自动化加工中,去除毛刺作业往往成为降低系统生产效率、增大工件加工成本的直接原因之一。

因此,要消除安全生产的隐患,促进精密加工和自动化加工技术的迅速发展,迫切需要解决金属切削毛刺的生成及其控制的问题。20 世纪 70 年代中期,工业发达的美国、德国、日本等国家的机械工程专家和学者相继开始对毛刺进行研究,并取得了一些研究成果。我国学者从 80 年代末期也开始系统地研究毛刺的形成机理及主动控制技术,为促进机械加工技术进步做出了积极贡献。

11.3.1　毛刺的特征参数及分类体系

1. 毛刺的概念及形态

金属切削毛刺是指在切削加工中,被切削层材料在刀具前刀面和切削刃的作用下,经受强烈挤压而产生很大的塑性变形,在切屑与工件表面断裂分离的过程中其一部分材料仍滞留在工件的边、角、棱等部位上,形成超出工件理想尺寸的多余金属材料。毛刺的形成直接影响到被加工工件的尺寸精度和形位精度,成为影响和制约精密与超精密加工及自动化加工的关键技术之一。通常情况下,切削毛刺的形状如图 11－16 所示。

表征毛刺特征参数有毛刺高度 H、毛刺根部厚度 B 和毛刺根圆半径 R 等,如图 11－17 所示。其中:毛刺高度是在横截面上测得的工件终端面与毛刺轮廓之间的最大距离;毛刺根部厚度是在工件终端面上测得的毛刺凸起点至工件理想加工表面间的距离;毛刺根圆半径是在横截面上测得的毛刺截面尺寸之一。

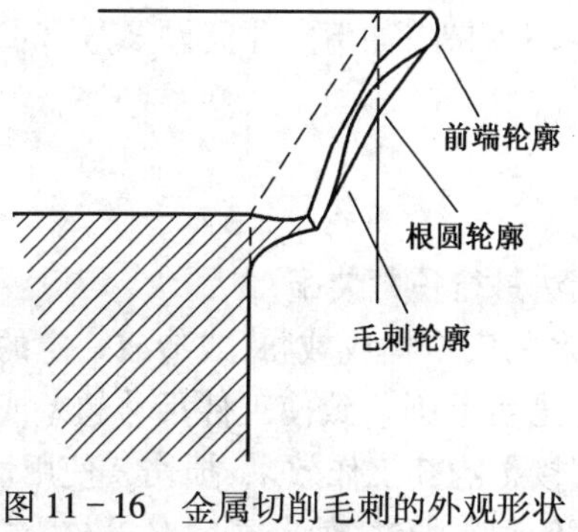

图 11－16　金属切削毛刺的外观形状

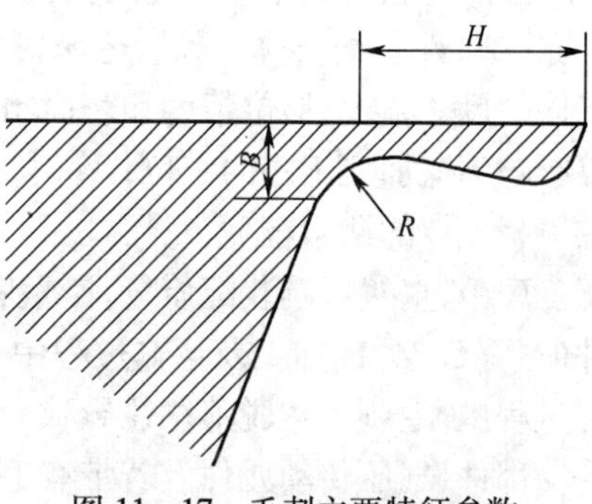

图 11－17　毛刺主要特征参数

显然,毛刺的高度尺寸 H 直接影响工件的尺寸精度及形位精度,而毛刺根部厚度 B 则影响去除毛刺的作业量,而 R 则反映了毛刺实体体积的大小,并直接影响和制约去除毛刺的难易程度。

图 11－18 为常见切削加工中产生的毛刺形态。

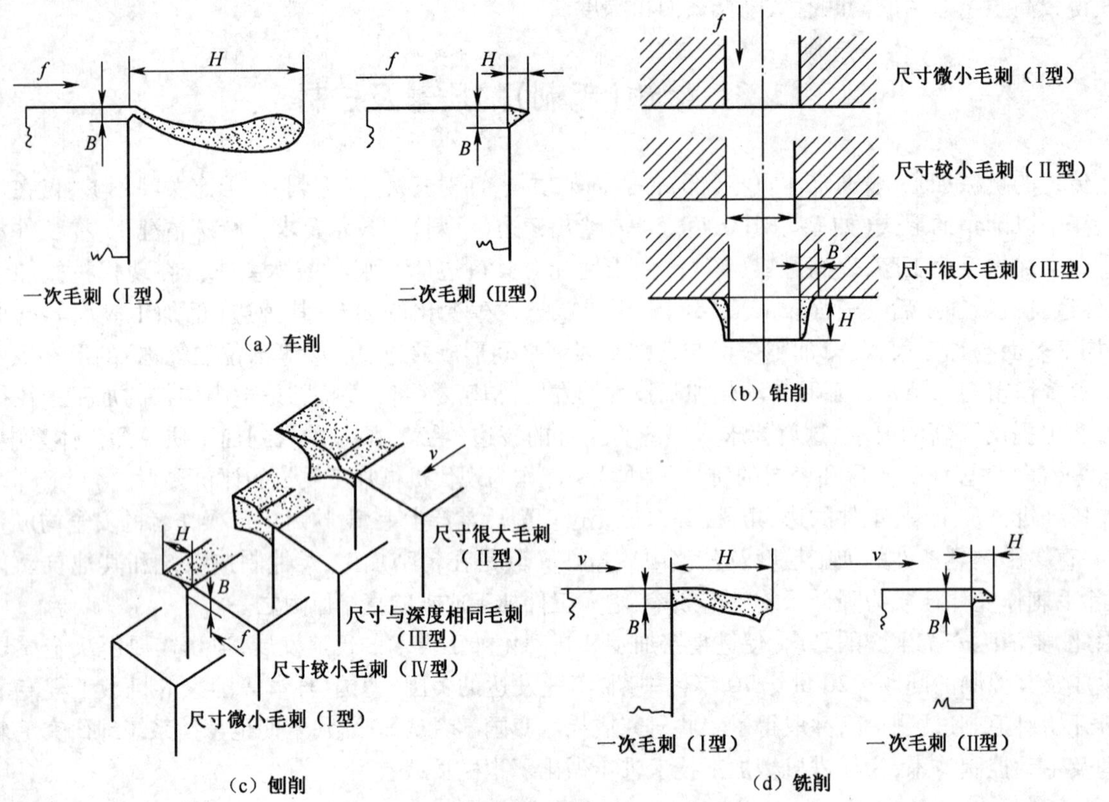

图 11－18　常见切削加工中产生的毛刺

H—毛刺高度；B—毛刺根部厚度。

从图 11－18 可知：车削加工中产生的毛刺有两种形式，即一次毛刺（切削加工后自然形成的大尺寸毛刺（Ⅰ型）和二次毛刺（大尺寸毛刺从其根部断裂而形成的毛刺（Ⅱ型）如图 11－18(a) 所示；钻削加工中产生的毛刺有三种形式，即尺寸微小毛刺（Ⅰ型）、尺寸较小毛刺（Ⅱ型）和尺寸很大毛刺（Ⅲ型），如图 11－18(b) 所示；刨削加工中产生的进给方向毛刺有四种形式，即毛刺尺寸微小的毛刺、两侧方向毛刺与进给方向毛刺叠加形成的大尺寸毛刺、尺寸几乎与切削深度相同的毛刺（Ⅲ型）和尺寸较小毛刺（Ⅳ型），如图 11－18(c)；铣削加工中产生的毛刺也有两种形式，同车削加工中产生的毛刺形状相似，如图 11－18(d) 所示。

由于切削加工方式不同，毛刺的形态及尺寸也有很大差异。显然，毛刺尺寸越大对零（部）件的使用性能影响越大，对安全生产的威胁也就越大，其去除也就越困难。

2. 毛刺的影响及危害

机械加工中产生的毛刺给机床操作者的安全带来威胁的同时，也给工件（或零部件）的后续加工的装夹定位、精度测量、零（部）件装配、整机调试、运输安全及其使用等带来如下主要问题及危害：

(1) 影响工件的尺寸精度、形位精度和表面粗糙度；

(2) 破坏或影响下道加工工序的定位；

(3) 影响或干扰工件的测量精度；

(4) 在装配工序中，直接影响装配质量，严重者甚至无法进行正常装配；

(5) 在工件（或零部件）的加工及运输过程中，对操作者的安全构成威胁，或造成一定的伤害等；

(6) 在加工过程中，毛刺突然脱落往往导致亏缺（也称为负毛刺），致使工件尺寸超差或使其报废等；

(7) 液压传动部件、气压传动元件上若带有毛刺，将直接影响其工作效果、损伤其使用性能；

(8) 在使用中，毛刺脱落可能导致机械传动受阻、破坏传动平稳性，使电气短路等故障发生，成为引起事故的直接隐患之一；

(9) 对毛刺进行去除加工常常成为增大工件加工成本的主要原因之一；

(10) 直接影响工件表面美观度,影响到产品的销售等。

3. 毛刺的分类体系

金属毛刺分类体系是建立毛刺形成与控制理论的基础。国外学者在开展金属切削毛刺的研究中,分别建立了相应的毛刺分类体系。其中,比较著名的有日本学者奥岛教授、美国学者 L. K. Gillespie 和 K. Nakayama 教授,其分类体系及特征如表 11-7 所列。

表 11-7 毛刺分类体系的基础及其特征

研究学者	分类的基础	毛刺类别	特征及问题
奥岛	毛刺形状	胡须状、流出状 规则状、撕裂状	适用于二维切削,无法描述三维加工
L. K. Gillespie	塑性变形理论	泊松、翻转 撕裂、切断	表征了毛刺形成机理,常出现毛刺形态确定的不一致性
K. Nakayama	毛刺伸出方向 刀具切削刃	两侧、倾斜 切入、切出	纳入刀具切削刃及毛刺方向性,但未与切削主运动相关联

日本京都大学奥岛教授等以二维切削中形成毛刺形状的差异为依据,于 1958 年提出了以毛刺形状特征为基础的切削毛刺分类体系,把二维切削中材料沿刀具切削刃塑性流动所产生的金属切削毛刺分为胡须状、流出状、规则状和撕裂状四大类,比较直观地反映出毛刺的形态及其危害性。但是,机械加工中毛刺形成主要发生在三维加工,且三维切削与二维切削的差异显著,使得奥岛毛刺分类体系无法应用于三维切削加工中。

1973 年,L. K. Gillespie 基于弹塑性力学和切削理论,以毛刺形成机理为基础,建立了切削毛刺分类体系,将毛刺分为泊松毛刺、翻转毛刺、撕裂毛刺和切断毛刺四种形式,L. K. Gillespie 毛刺分类体系较准确地体现出各种毛刺形成的机理及特征,但由于切削方式不同切屑的变形机理也不尽相同,故常常给毛刺形态确定带来困难,导致无法有效地与抑制或去除毛刺技术相协调。

针对奥岛和 Gillespie 毛刺分类体系中存在的问题,1984 年 K. Nakayama 采用双符号系统,即刀具切削刃(主切削刃和副切削刃)和毛刺伸出方向(向后、向前、两侧和倾斜方向)为参考基准,提出了毛刺分类新体系[16]。该体系将毛刺分成两侧方向、切出方向、切入方向和倾斜方向毛刺四大类,提出了系统的分类方式,有利于系统深入地研究毛刺生成机理及变化规律。但是,K. Nakayama 分类体系未与切削加工中主运动相关联,未体现出切削加工的基本要素(切削参数、刀具、加工材料、加工方式等)对毛刺形成与变化的影响,以至无法实现与毛刺去除技术的统一。

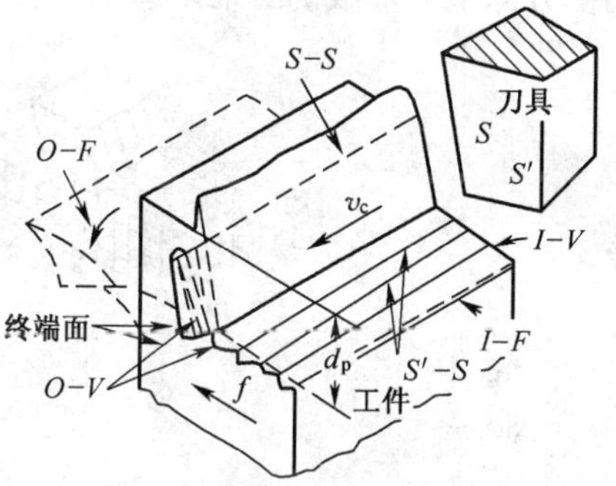

图 11-19 切削运动—刀具切削刃—毛刺分类体系示意

鉴于奥岛、Gillespie 和 Nakayama 等毛刺分类体系中存在的问题,在汲取了 Nakayama 分类体系合理内核的基础上,我国学者王贵成教授提出了切削运动-刀具切削刃—毛刺分类体系(见图 11-19),将毛刺分为切削方向、进给方向和两侧方向毛刺 3 大类及 6 种具体形式[18]。该体系具体结构及分类情况见表 11-8。

表 11-8 基于切削运动—刀具切削刃—毛刺分类体系

参考系组成	参考基准	毛刺种类	毛刺的形式	符号	定义或说明
刀具切削刃	主切削刃(S) 副切削刃(S′)	两侧方向毛刺(S)	主刃两侧方向毛刺	S—S	沿主切削刃方向流动产生的毛刺
			副刃两侧方向毛刺	S′—S	沿副切削刃方向流动产生的毛刺
切削运动	进给运动切入(I)	进给方向毛刺(F)	切入进给方向毛刺	I—F	刀具切入时沿进给运动方向产生的毛刺
			切出进给方向毛刺	O—F	刀具切出时沿进给运动方向产生的毛刺
	主切削运动切出(O)	切削方向毛刺(V)	切入切削方向毛刺	I—V	刀具切入时沿切削速度方向产生的毛刺
			切出切削方向毛刺	O—V	刀具切出时沿切削速度方向产生的毛刺

各种切削加工中的切削运动都由一些简单的运动单元组成。而主切削运动(具有唯一性)和进给运动(一个或几个)与加工主要参数(v_c、f、a_p、r_ε、γ_0、κ_r等)密切相关,既决定了刀具—工件的相对位置关系,也确定了被切削层材料去除的路径和方式。

基于切削运动—刀具切削刃—毛刺分类体系,将毛刺形成与加工运动联系起来,可有效地利用切削中有关参数对毛刺形成的影响建立毛刺生成与变化的数学模型,深入揭示毛刺形成机理及其变化规律,进而实现毛刺形成的定性或定量预报。与此同时,该体系也将毛刺的形态控制与加工运动相衔接,有利于研究抑制或减小毛刺的技术、工艺和方法,为去除毛刺或控制毛刺的形成提供了理论指导,进而实现了毛刺形成机理研究与毛刺去除技术的有机统一。

11.3.2 毛刺形成与变化的基本规律

1. 两侧方向毛刺形成及变化

金属切削过程实质上也是切屑的形成过程。在切屑形成过程中切削区域内被切削层金属在刀具的切削刃和前刀面的作用下产生较大的塑性变形,使其大部转变为切屑,尚有一小部分被切屑层金属滞留在工件的已加工表面或其棱边等部位上形成了毛刺。

依据切削运动—刀具切削刃—毛刺分类体系,二维切削中被切削层金属沿着刀具切削刃发生塑性流动而形成的两侧方向毛刺如图11-20所示。形成的切削毛刺有三种:Ⅰ型毛刺(毛刺高度$H=0$,毛刺根部厚度$B=0$);Ⅱ型毛刺(H和B均较小);Ⅲ型毛刺(H和B均很大)。显然,两侧方向毛刺的形态随着切削条件的变化而变化。

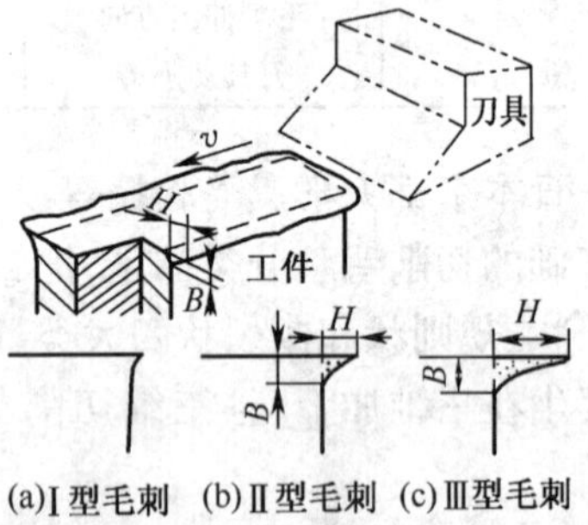

图11-20 两侧方向毛刺形态示意

依据切削试验,经理论分析发现:两侧方向毛刺主要取决于切屑的剪切应变γ_s,当$\gamma_s<3$时,产生Ⅰ型毛刺;而$\gamma_s>6$时,形成毛刺高度和根部厚度都很大的Ⅲ型毛刺;而当$3<\gamma_s<6$时则形成Ⅱ型毛刺。图11-21为两侧方向毛刺形成的二维切削模型、扫描电子显微镜(SEM)试验照片和毛刺形态对应图。可见,随着切屑的

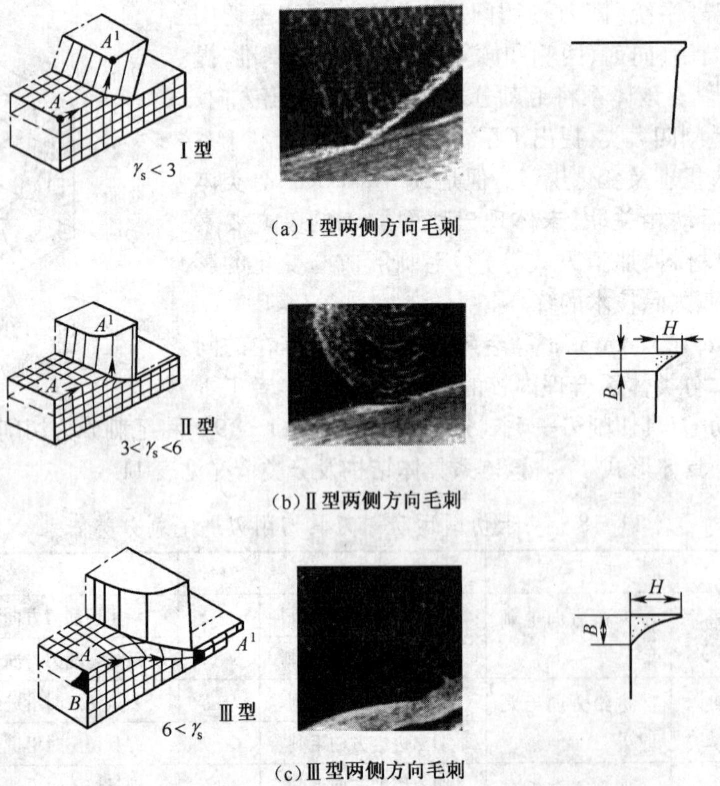

图11-21 两侧方向毛刺形成与变化

剪切应变 γ_s 的逐渐增大,切屑的变形越趋激烈,则毛刺的尺寸也随之变大。

通过大量的试验研究与理论分析,归纳并整理出两侧方向毛刺形态转化的基本规则(图 11-22)。在金属切削加工中,可根据具体加工要求和条件可能,按照两侧方向毛刺形态转化的基本规则适当控制毛刺的形态和尺寸,确保加工质量不断提高。

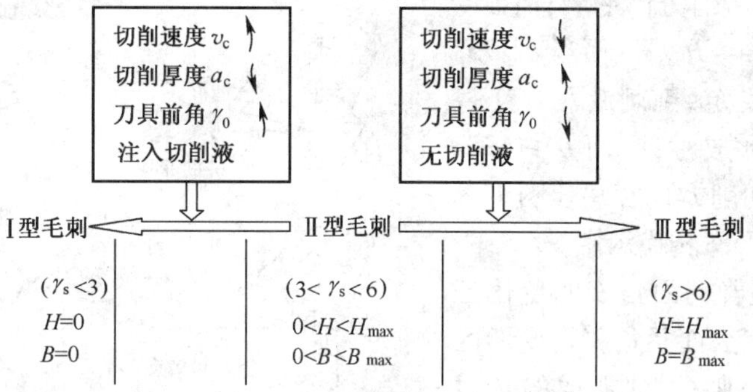

图 11-22　两侧方向毛刺形态转换的基本规则

2. 切削方向毛刺形成及变化

切削方向毛刺是毛刺 3 种主要形式之一,它是在刀具切出工件后形成于其终端面的。图 11-23 为刀具即将切出工件终端部瞬间切削区域的状态。通常情况下,切削变形区被分为 3 个变形区,即剪切滑移区(第Ⅰ变形区)、塑性变形与加工硬化区(第Ⅱ变形区)和塑性变形与加工硬化区(第Ⅲ变形区)。但当刀具逐渐接近工件终端部表面即将完成切削加工之前,随着刀具的逼近工件终端部支撑强度逐渐下降,进而出现了切削加工中的切出过渡过程。当刀具沿切削方向逐渐接近工件终端面,由于工件终端面的支撑刚度逐渐减弱,切削区变形状况随之发生了变化:由通常的三个变形区(第Ⅰ变形区、第Ⅱ变形区和第Ⅲ变形区)变化成四个变形区,即增加了负剪切滑移区(第Ⅳ变形区)。这是因为人们很少关注刀具切入与切出工件的瞬态变化,实际上在正常切削中刀具切削刃前下方金属层的支撑刚度很大(可视为无穷大),在正常切削过程中,第Ⅳ变形区并不出现而是直接融进了第Ⅲ变形区,只有在刀具即将接近工件终端面及切出工件的瞬间才会显现出来。

在切削中,当第Ⅰ变形区占主导地位时,被切削层金属沿 OA 方向滑移(形成的剪切角 φ)而形成了切削方向毛刺;而第Ⅳ变形区占主导地位时,则被切削层金属沿 OE 方向滑移(形成的负剪切角 φ')而形成了切削方向亏缺(也称为负毛刺)。图 11-24 为切削方向亏缺形态及主要特征参数。有关研究表明,第Ⅳ变形区的形成与变化受切削加工中被加工工件材料、切削用量、刀具材料及几何参数和工件终端部端面角 θ 等因素有关。具体切削加工中负剪切角 φ' 的大小及变化取决于各影响因素的综合作用。

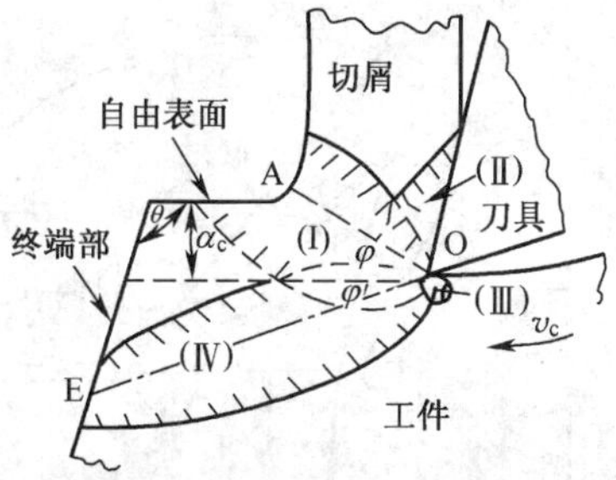

图 11-23　刀具即将切出工件终端部瞬间切削区域状态示意

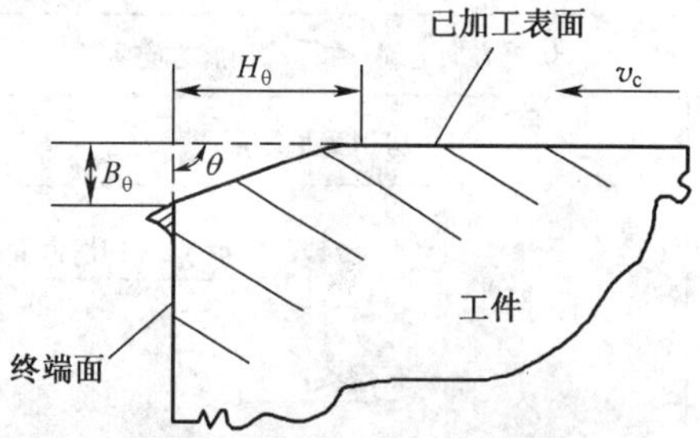

图 11-24　切削方向亏缺特征参数

H_θ—亏缺高度;B_θ—亏缺根部厚度;θ—工件终端部端面角。

图 11-25 为切削方向毛刺/亏缺的形成过程。切削方向毛刺形成经历正常切削、挠曲变形、弹性效应、继续切削和剪断分离 5 个阶段,如图 11-25(a)所示;而切削方向亏缺则经历正常切削、挠曲变形、产生裂纹、推挤过切和剪断分离 5 个阶段,如图 11-25(b)所示。显然,毛刺/亏缺的形态直接影响工件终端部形

态，也将影响或制约工件加工的最终质量。

毛刺与亏缺的形态转变与工件终端部端面角 θ 的变化有密切联系。选用 H62 黄铜板为工件材料，刀具为高速钢的切削试验表明：当 $\theta<75°$ 时，工件终端形成的是切削方向毛刺；而 $\theta=75°$ 时，毛刺高度最大，即 $H=H_{max}$；而当 $\theta>75°$ 时，工件终端部形态不够稳定，毛刺或亏缺交替出现；当 $\theta=120°$ 时，则形成亏缺；而 $\theta\geqslant135°$ 时，形成稳定的形态——切削方向亏缺。图 11－26 为切削方向毛刺/亏缺形态转换示意。

从图 11－26 可知，随着端面角 θ 的变化工件终端部的形态也发生变化，而且负剪切变形区的形成贯穿了切削方向毛刺/亏缺形成的全过程。因此，可以根据工件加工具体要求，依据切削方向毛刺/亏缺形态转换规律，改变端面角 θ 等参数，进而有效地控制工件终端部形态，确保工件的棱边（毛刺）质量。

3. 进给方向毛刺形成及变化

在切削运动—刀具切削刃—毛刺分类体系中，沿着切削加工进给运动方向形成的切削毛刺称为进给方向毛刺。图 11－18(c) 为刨削加工中所形成的四种进给方向毛刺。基于刨削加工中工件-刀具的相互位置关系，可建立出进给方向毛刺形成的切削模型（图 11－27）。

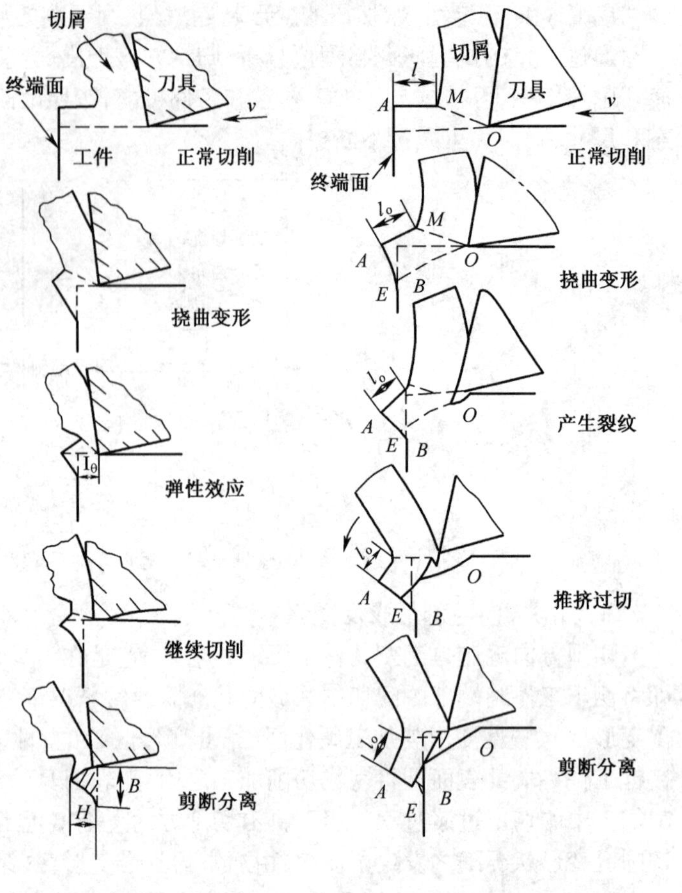

(a) 毛刺形成过程　　(b) 亏缺形成过程

图 11－25　切削方向毛刺/亏缺的形成过程

如图 11－27 所示，被加工工件的终端部在切削进给分力 F_x 的作用下产生了挠曲变形（变形量为 δ_x）。随着切削加工的进行变形量 δ_x 逐渐增大，当 δ_x 大于切削厚度 a_c 时，已挠曲变形的部位将不再被切削（图中打剖线的部分 $\delta_x<a_c$ 将依次被刀具切除）。随着刀具逼近工件终端部，脱离刀具切削的区域也在逐渐扩大，而总的切削面积逐渐减少并向切削刀具的刀尖部位集中。当 $\delta_x\geqslant a_c$ 成立时，已挠曲变形的工件终端部材料将全部脱离刀具的切削区域，并沿进给运动方向被刀具挤倒而形成进给方向毛刺。与此同时，注意到刀具主偏角 κ_r 和切屑流出角 ψ_λ 的大小直接影响切削背分力 F_{xy} 及其方向（由于本试验刀具 $\lambda_s=0°$，则 ψ_λ 的影响可以忽略）。

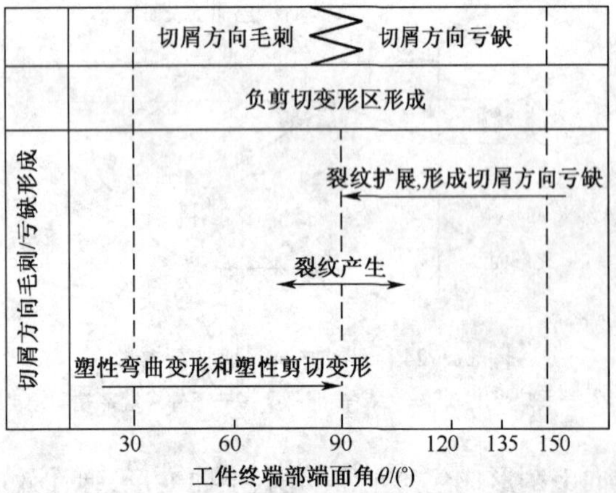

图 11－26　切削方向毛刺/亏缺形态转换

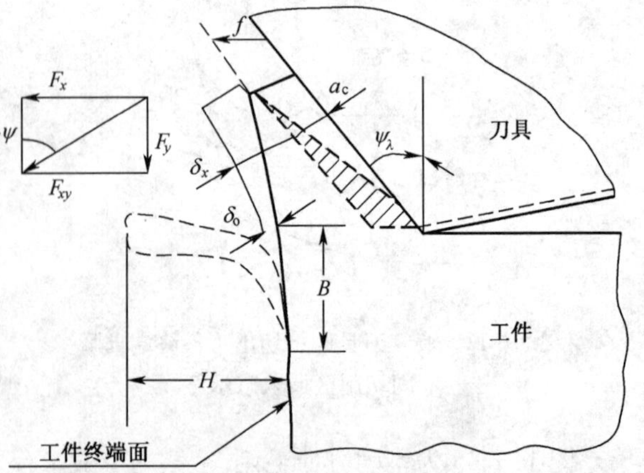

图 11－27　进给方向毛刺的形成模型

改变刀具主偏角 κ_r 和刀尖圆弧半径 r_ε 后，进给方向毛刺高度 H、根部厚度 B 的变化结果如图 11－28 所示。由图 11－28 可知：

(1) 进给方向毛刺的大小随刀具主偏角 κ_r 的变化而显著地变化；

(2) 进给方向毛大刺大致可分为Ⅰ型、Ⅱ型、Ⅲ型和Ⅳ型共四种形式；

(3) 毛刺根部厚度 B 值随 κ_r 的变化而变化，且在 $\kappa_r \approx 45°$ 取得其极大值。

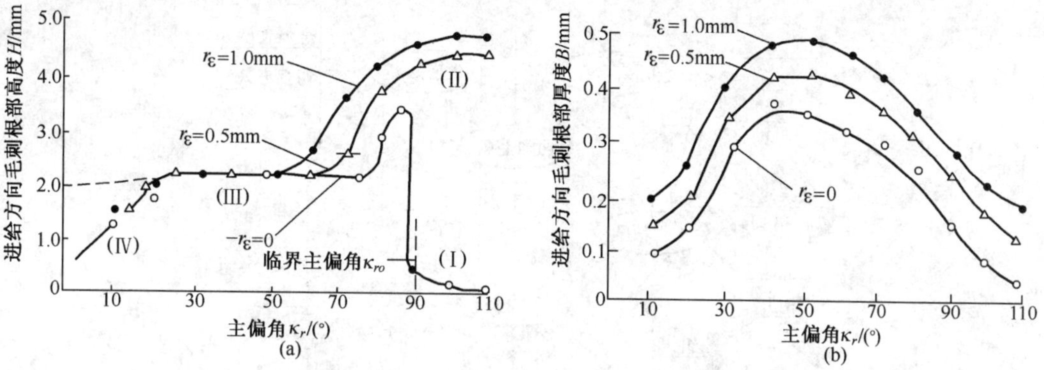

图 11－28　κ_r 和 r_ε 对进给方向毛刺的影响

4 种进给方向毛刺的形成区域及其特征(图 11－18(c))：Ⅰ型毛刺($H \approx 0$,B 小)形成于 $\kappa_r > 90°$、$r_\varepsilon = 0.0$mm 的条件下。此时，径向分力 $F_y < 0$，而径向分力 F_y 和进给分力 F_x 的合力 F_{xy} 的方向背离工件实体，使工件终端部材料与工件母体因抗拉强度超限而与其分离。Ⅱ型毛刺($H > a_p$,B 小)产生在 $\kappa_r > 70°$、$r_\varepsilon > 0$ 的切削条件下。此时，随着切削的进行横向流动的两侧方向毛刺产生并不断长大的同时，被加工工件终端部材料在 F_x 的作用下沿着进给方向倾斜并最终脱离切削区域，因此形成了两侧方向毛刺和进给方向毛刺叠加的毛刺，而遗留在工件终端部位上。Ⅲ型毛刺($H = a_p$,B 大)生成于 $30° < \kappa_r < 60°$ 的范围内。此时 F_x 与 F_y 的比值接近于 1，切削厚度 a_c 较大，没有两侧毛刺产生，且在 $\kappa_r \approx 45°$，毛刺根部厚度 B 取得极大值。Ⅳ型毛刺($H < a_p$,B 小)形成于 $10° < \kappa_r < 30°$ 的区间，此时切削厚度 a_c 较小，而切削宽度 a_w 较大，使得工件终端部的支持强度相对较高，所以毛刺高度和根部厚度均有所减小。

依据上述进给方向毛刺形成的区域及特征，可根据切削加工要求适当调整刀具主偏角 κ_r 和刀尖圆弧半径 r_ε，有效地控制进给方向毛刺的形态及尺寸。

11.3.3　主动控制毛刺的基本途径

1. 影响毛刺形成与变化的主要因素

毛刺形成于刀具/工件相对运动的切削加工过程，影响切削过程的主要因素都会直接或间接地影响毛刺的形成与变化。基于系统工程理论，可构建出毛刺生成、控制及去除系统图，如图 11－29 所示。可以看出，影响毛刺生成及变化的主要因素有工件材料的性质、刀具的几何参数、切削用量、切削加工方式和被加工工件终端部的支撑刚度等，各因素之间互相影响、相互制约。工件经过切削加工后，其边、角、棱等部位是否产生毛刺、毛刺尺寸大小及形状等将取决于诸多因素的综合作用。与此同时，也可根据工件加工质量的具体要求，利用毛刺形成因果控制图，采取合适的技术措施，从而达到有效地抑制、减少毛刺生成，或控制毛刺的形态及形成位置，确保产品质量和生产效率的目的。

2. 控制毛刺的基本原则

控制和去除毛刺是精密与超精密加工及自动化加工中的关键问题之一。为减小毛刺带来的影响及危害，应遵循以下原则：

1）精度原则

对于精密零件或微小构件而言，在不影响其使用功能的前提下，只要将毛刺的形态和尺寸控制在其边、角、棱等部位的形位精度和尺寸精度允许范围之内即可。换言之，即是零(部)件上产生了部分尺寸微小的毛刺，但并未使其尺寸精度、形位精度及表面粗糙度等指标超差，更没有影响到零件(或部件)的使用性能，

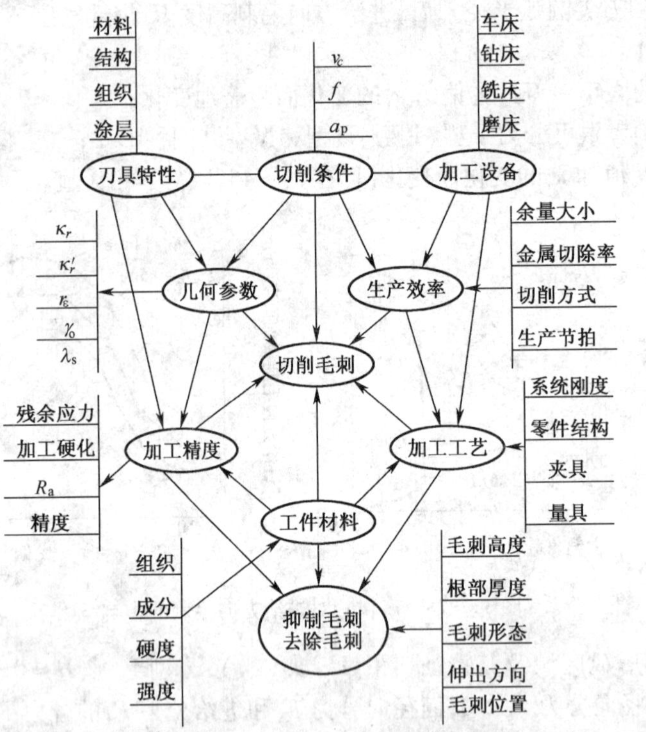

图 11－29　基于系统工程理论的毛刺形成、抑制与去除联系图

一般情况下也无须对其毛刺进行去除加工。在精密零件或微小构件的设计、制造、检测和装配等过程中，实施精度原则，最大限度地控制毛刺的尺寸及形态，达到“零”毛刺目标，通常将其称为“无毛刺切削加工”。

2）效率原则

去除毛刺作业既增加了加工成本，也降低了生产效率。当无法实现“无毛刺切削加工”时，首要的问题是采取抑制或减小毛刺的技术或方法，尽可能减小切削加工后形成毛刺的尺寸，从而降低去除毛刺作业量，减少去除毛刺时间，提高去除毛刺加工的效率和质量。在完全控制毛刺不可能的情况下，采取必要的措施来减小毛刺尺寸，进而提高生产效率。

3）位置原则

对使用功能而言，精密零件或微小构件的各表面及棱边的重要性未必完全相同。当切削毛刺形成已成为不可避免时，重要的选择就是使毛刺产生在零（部）件加工精度要求较低或影响不大的边、角、棱等部位上，或者使其形成在易于去除的表面（棱边）上，尽可能减小毛刺的影响或有利于毛刺的去除加工。

显然，在金属切削加工中，由于工件形态千差万别，其加工要求也不尽相同。在具体加工中，精度原则为上策、效率原则为中策、位置原则为下策，如何选用应根据具体条件而定。

3. 抑制或减小毛刺的基本途径

毛刺形成于切削加工过程。因此控制毛刺就要从影响切削加工系统及加工过程的要素出发，寻求主动控制毛刺的基本途径。通常情况下，结构设计、加工工艺安排、切削用量选择和切削刀具选用等是完成零（部）件设计制造的重要环节。要实现少无毛刺加工，就必须从加工全过程出发，探索主动控制毛刺的新技术、工艺和方法。图 11－30 为开展少（无）毛刺切削加工的基本途径示意。

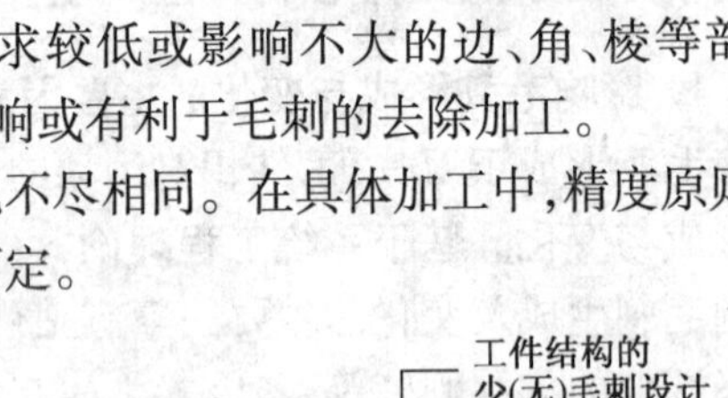

图 11－30　少（无）毛刺切削加工的基本途径

在实际加工过程中，由于零（部）件的形状千变万化，加工要求也不一样，因此，在控制毛刺的技术选择时，应依据精度原则、效率原则和位置原则，根据具体的加工要求和使用功能的一致性，选择合理的加工方式方法，确保其获得较高的棱边（毛刺）

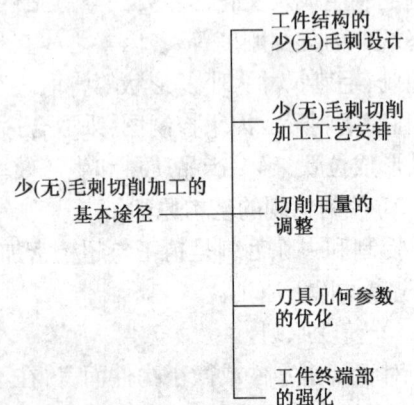

质量。

1）结构设计

工件的结构是根据其使用性能的要求而设计的。工件结构的不同，常导致切削加工后边、角、棱处等部位的毛刺形状及尺寸也有很大差别。在一定条件下，可以通过改进工件的结构来有效地控制毛刺，实现少（无）毛刺加工。图 11－31 为改进设计前后毛刺形成部位及其尺寸大小的应用实例。图 11－31（a）原设计无倒角，磨削加工后在棱边处形成毛刺，改进设计后，棱边处无毛刺形成。图 11－31（b）原设计经改进后其外部形态发生了相应变化，尽管毛刺形成部位无太大变化，但改进后毛刺的影响被限定在一定的范围内，减小了毛刺的影响和危害。

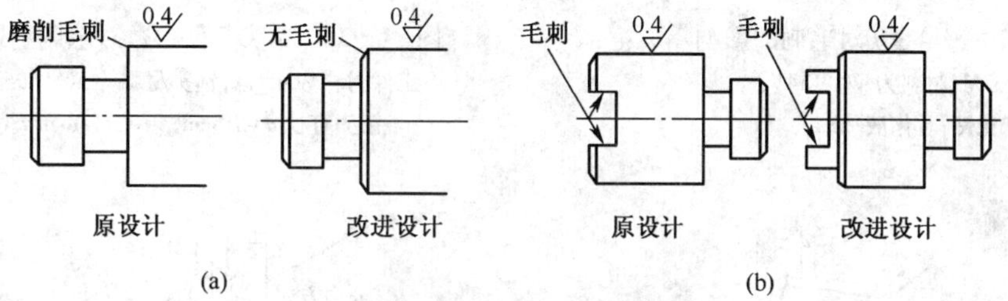

图 11－31　结构设计中少（无）毛刺技术示例

2）加工工艺设计

图 11－32 和图 11－33 为改进加工工艺设计后实现少毛刺和无毛刺加工示例。图 11－32（a）为原加工工艺设计，先铣削加工平面然后再铣槽，则形成的毛刺向平面侧伸出，影响正常装配。将加工顺序改为先铣槽后加工平面，则形成的毛刺对正常装配无影响（图 11－32（b））。图 11－33（a）为使用端铣刀加工平面，则在刀具切出处形成尺寸较大的毛刺；而改为使用圆柱铣刀加工，则形成尺寸较小的毛刺（图 11－33（b））。显然，使用圆柱铣刀后（图 11－33（b））毛刺去除的工作量也显著减小。

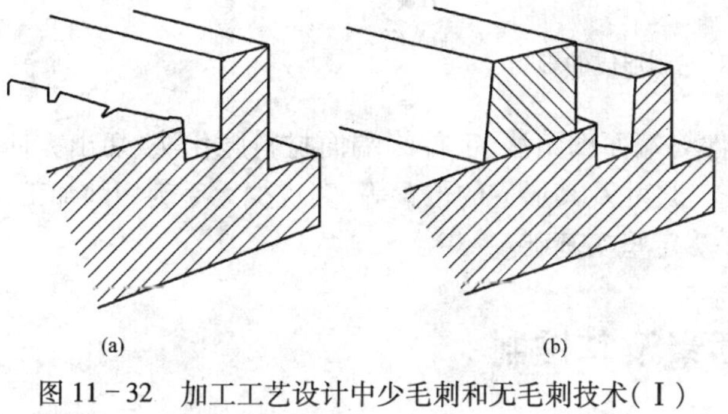

图 11－32　加工工艺设计中少毛刺和无毛刺技术（Ⅰ）

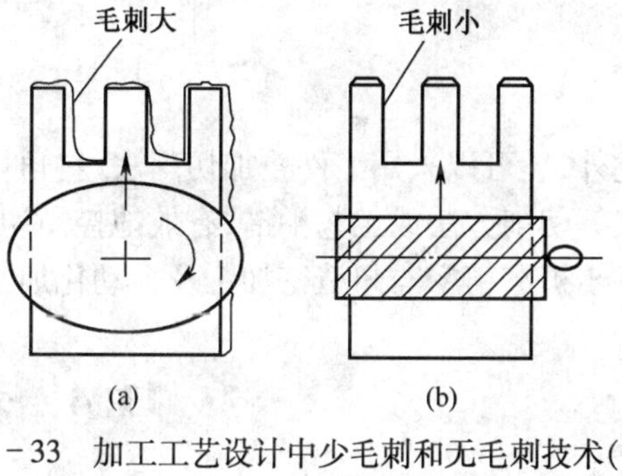

图 11－33　加工工艺设计中少毛刺和无毛刺技术（Ⅱ）

3）切削用量

切削用量是决定机械加工生产效率的重要因素。在可能的情况下，调整切削用量对实现少毛刺和无毛刺加工具有重要作用。图 11－34 为钻削加工中毛刺高度尺寸 H 和毛刺根部厚度尺寸 B 的试验结果。从图 11－34 可知，进给量 f 越大，毛刺尺寸越大。显然，降低进给量对减小毛刺尺寸有明显作用。

4）刀具几何参数

图 11－35 为钻削加工中改变钻头几何参数后毛刺尺寸变化的试验结果。由图 11－35 可知，钻头顶角 2φ 越小，钻头螺旋角 β 越大，毛刺高度尺寸 H 和其根部厚度尺寸 B 就越小。由此看来，可以通过改变刀具的几何参数，达到抑制或减小毛刺的目的。

5）切削方式

有关切削加工生产实践和研究表明，切削方式不同，工件上形成毛刺的位置及毛刺尺寸也有显著不同。图 11－36 为立铣加工中不同加工方式对毛刺形成的影响。选择不同的加工方式，毛刺形成的位置及毛刺尺寸都有很大的不同。因此，可以根据工件不同部位精密要求的需要，选用相应的切削方式，使其形成的毛刺尺寸小，易于去除，进而保证加工棱边（毛刺）质量和生产效率的不断提高。

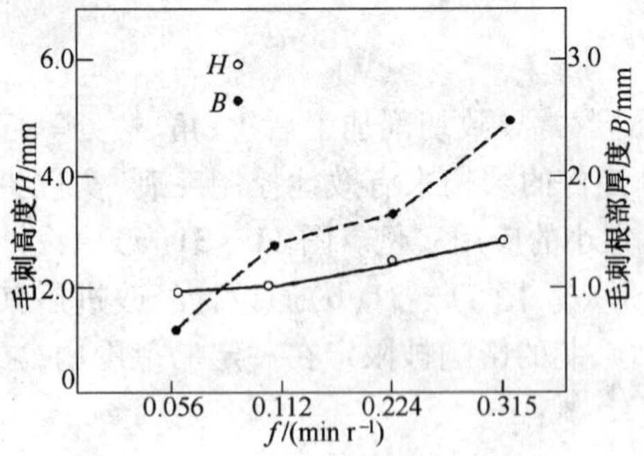

图 11-34　钻削加工中进给量f对毛刺的影响
工件材料为45钢;刀具材料为W18Cr4V;
钻头为标准麻花钻;乳化液冷却。

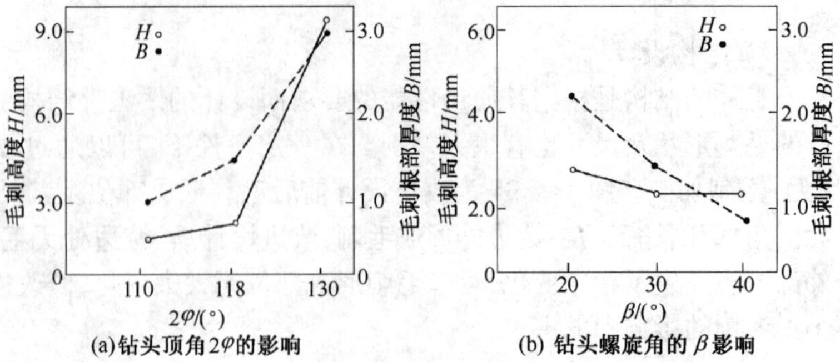

图 11-35　钻头几何参数对毛刺的影响
工件材料为45钢;钻头材料为W18Cr4V。
钻头直径$d=10$mm;$f=0.112$mm/r。

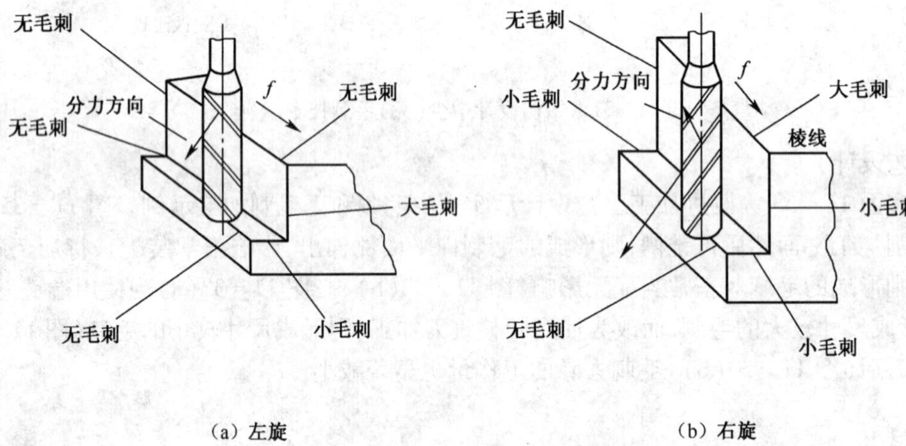

图 11-36　切削方式对毛刺形成的影响

此外,还可以采用工件叠加切削法、斜角切削法、工件终端面倒角法、工件终端面材料脆化法、切出方向挡板法等切削方法或工艺举措,有效地控制切削毛刺形态、尺寸及其形成的位置等,实现少无毛刺切削加工,为进一步提高精密与超精密加工及自动化加工技术水平奠定坚实基础。

11.4　表层的质量及其控制

11.4.1　表层的金相组织

1. 加工变质层的形成

在切削加工过程中,被切削层的金属材料在刀具作用下发生弹塑性变形并形成剪切滑移,图 11-37 为加工表层金属发生剪切滑移的示意。可见:处于第Ⅰ变形区的金属晶粒(未变形前可视为正圆状)沿剪切滑移方向被拉长(椭圆状);经历了剪切滑移变形之后,大部分金属材料沿着刀具前刀面流出,而与刀具前刀面相接触的底层金属晶粒(a_2所示部分,呈现扁长状)又在第Ⅱ变形区经强烈摩擦而进一步纤维化并转变为切屑(其厚度为a_{ch});与此同时,部分经历了第Ⅰ变形区剪切滑移的金属经过刀尖而进入第Ⅲ变形区,并在刀具后刀面的剧烈挤压下又继续发生塑性变形。由于工件表面层受塑性变形转变成切削热的影响,导致金属材料发生了显微组织的变化,进而形成了与金属基体不同的组织,此变形层(Δh 区域的部分)称为切削加工变质层(由亚表层和过渡层组成)。

图 11-38(a)为切削加工变质层形成示意图,切削加工中在刀具的前刀面和切削刃作用下,工件材料上的一个单元体 $ACDB$ 发生剪切滑移及弹塑性变形后转变为 $AC'D'B$,并在工件表层形成了加工变质层。

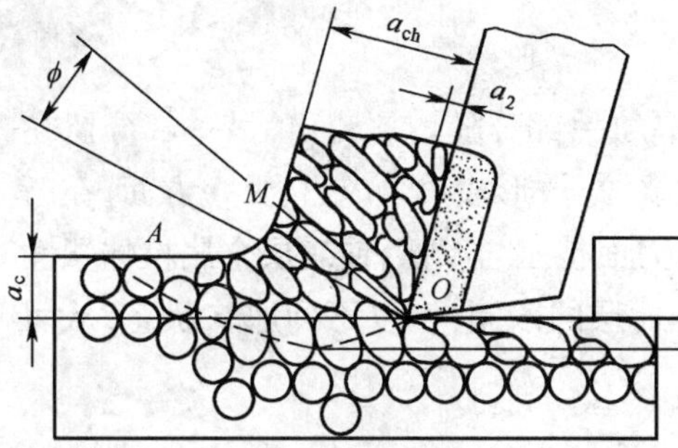

图 11-37　切削中被切削层金属晶粒发生剪切滑移

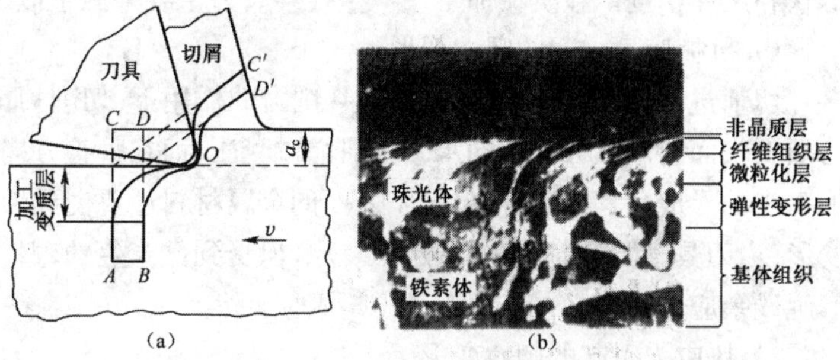

图 11-38　加工变质层的金相组织

2. 表层的金相组织变化

图 11-39 为二维切削中切削区温度分布。从图 11-39 可以看出，第Ⅰ变形区的温度为 620~660℃，第Ⅱ变形区为 670~750℃，而第Ⅲ变形区为 620~720℃。对中碳钢而言，马氏体转变温度为 250~300℃，则第Ⅲ变形区的金属层就会发生相应的金相组织转变。图 11-38(b)所示为加工变质层金相照片。显然，表层的显微组织变化有明显的界限：亚表层的转变是完全的，而过渡层的显微组织是介于金属材料基体与完全组织变化的过渡状态。

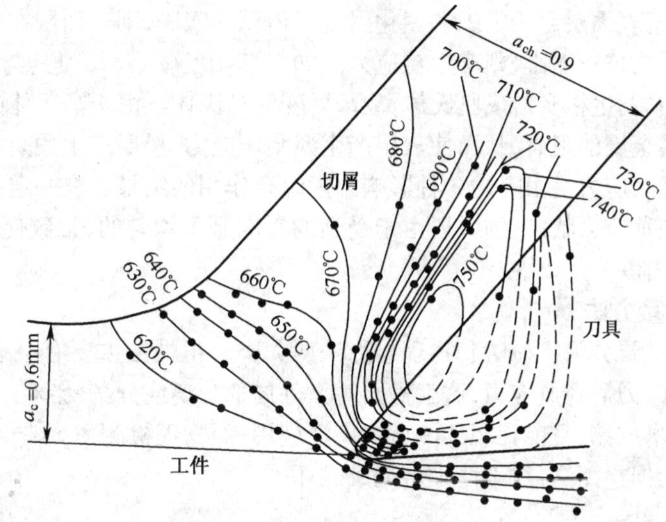

图 11-39　二维切削中切削区温度分布

工件材料为低碳易切钢；刀具前角 $\gamma_0 = 30°$，$\alpha_0 = 7°$；切削厚度 $\alpha_c = 0.6$mm；切削速度 $v = 22.86$m/min。

通常情况下，碳钢相变临界温度约为 730℃。当第Ⅲ变形区的温度达到或超过 730℃时，已加工表层的金属材料将发生组织转变，进而形成较大的残余应力和加工硬化，直接影响零(部)件的使用性能。

为此，切削加工生产中常要根据零(部)件的使用性能要求，分别采取调整切削用量、改变刀具几何参数等方法，或采取加热切削、加注切削液、微量润滑(Minimum Quantity Lubrication，MQL)和冷风切削等技术，主动控制切削区温度，进而控制工件表层组织的转变，确保工件的加工质量。

11.4.2　残余应力

1. 残余应力的成因

在机械加工时，由于切削力和切削热的影响，工件表面层的金属会发生形状和组织的变化，从而在其表面层及其与基体交界处产生相互平衡的弹性应力，即残余应力。根据其性质和作用，可分为残余压应力和残余张应力。残余张应力会降低零件的疲劳寿命，有时甚至在切削加工之后就会使零件表面产生裂纹；而残余压应力有时却能提高零件的疲劳强度。各部分的残余应力由于分布不均匀会使工件发生变形，影响工件的形状和尺寸精度。在机械加工中产生残余应力主要来源于以下 3 个方面。

1）机械应力引起的塑性变形

切削过程如图 11－37 所示。在切削力的作用下，切削刃前方的晶粒一部分随切屑流出，另一部分留在已加工表面上。在分离处的水平方向晶粒受压，而在垂直方向则晶粒受拉，故形成残余应力；另一方面，在已加工表面形成过程中，流向已加工表面的金属材料还要受到刀具的后刀面挤压与摩擦，使表层金属拉伸塑性变形，当刀具离开后，里层金属趋向复原，但受到已产生的塑性变形表面层的限制，恢复不到原来状态，从而产生残余应力。

2）热应力引起的塑性变形

在切削加工过程中，由于切削热的影响，会使表面层温度上升、体积膨胀。若此时表面温度较低，表面体积的膨胀会受到里层金属的限制，使表面层暂时受到压应力，里层受到拉应力。当切削结束后，由于表面层比里层冷却快，表层体积收缩要受到里层冷却慢的金属阻止产生拉应力，里层受到压应力，与切削过程中受到的暂时应力相抵消。若加工过程中受热较大，冷却又不好，表面层温度超过材料的弹性变形范围时，就会产生热塑性变形，使得表层在切削过程中不会产生压应力。当切削结束后，表面温度下降至室温，表面层收缩会受到里层的限制而产生拉应力，里层产生压应力。

3）表层局部相变引起的体积变化

在切削过程中，切削产生的高温会引起表面层的金相组织发生变化。由于不同的金相组织有不同的密度，即具有不同的比体积，若表面层金相组织的变化引起了体积的膨胀，则表面层在体积膨胀时，便会受到里层的限制而产生压应力；反之体积缩小，则产生拉应力。如高速切削碳钢时，刀具与工件接触区的温度可达 600～800℃；而碳钢在 720℃ 发生相变形成奥氏体，冷却后变为马氏体。由于马氏体的体积比奥氏体大，因而表层金属膨胀；但受到里层金属的阻碍，从而使表层产生残余压应力，里层产生残余张应力。

机械加工后，表面的残余应力是由上述 3 种影响因素综合作用的结果。在一定条件下，其中某种因素起着主导作用，使表面呈现某种应力状态，同时还由于受到的影响是不均匀的，常致使已加工表面各处和不同的深度处会产生不同的应力。

2. 残余应力的主要测量方法

残余应力的测量方法主要分为机械法和物理检测法两大类。机械法主要有取条法、切槽法、剥层法、钻孔法等。机械法测量残余应力需释放应力，这就需要对工件局部分离或分割，会对工件造成一定的损伤或破坏，但机械法理论完善、技术成熟，目前在现场测试中广泛应用；而物理检测主要有 X 射线衍射法、超声法和磁噪声法等，该方法均属无损检测法，对工件不会造成破坏。

1）钻孔法

钻孔法将存在残余应力的表面应力看成平面应力状态，在该平面某选定点上钻一个小孔，孔边的径向应力下降为 0，孔区附近应力重新分布。在钻孔之前，在该点贴上二向应变计如图 11－40 所示，则钻孔之后应变计便感受到应力释放产生的应变，通过测量应变计的应变，并进行相应的计算，便可求得该点的两个主应力 σ_1、σ_2 和一个主方向角 θ，计算公式为

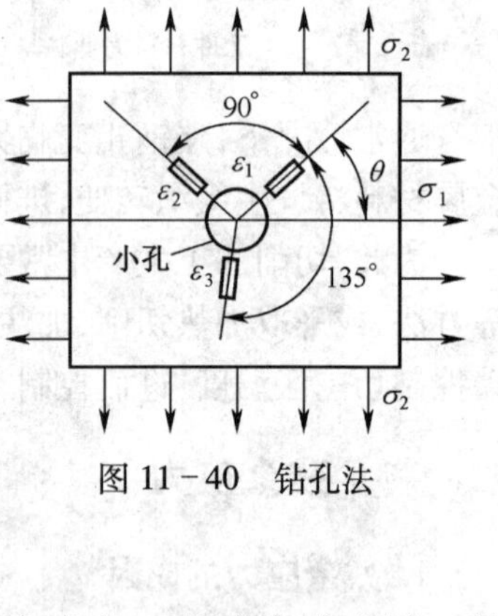

图 11－40 钻孔法

$$\begin{cases}\sigma_{1,2}=\dfrac{\varepsilon_1+\varepsilon_2}{4A}\pm\dfrac{1}{4B}\sqrt{(\varepsilon_1-\varepsilon_2)^2+[2\varepsilon_3-(\varepsilon_1+\varepsilon_2)]^2}\\ \tan 2\theta=\dfrac{2\varepsilon_3-\varepsilon_1-\varepsilon_2}{\varepsilon_3-\varepsilon_1}\end{cases} \tag{11-13}$$

式中：ε_1、ε_2、ε_3 分别为由应变计测得到的应变；A、B 分别为释放系数；θ 为残余主应力 σ_1 方向与应变计 1 轴向的夹角。

钻孔法的特点为易于现场操作，工件创伤面积小，精度较高以及设备较简单。因此，在工程上常采用此法测量表面残余应力。

2）X 射线衍射法

X 射线衍射法检测残余应力的依据是根据弹性力学及 X 射线晶体学理论。对于理想的多晶体，在无应力的状态下，不同方位的同族晶面间距是相等的，而当受到一定的表面残余应力 σ 时，不同晶粒的同族晶面间距随晶面方位及应力的大小发生有规律的变化，从而使 X 射线衍射谱线发生位偏移，根据位偏移的大小可以计算出残余应力。如图 11－41 所示（φ_0为入射线与表面法线间的夹角，η 为入射线（衍射线）与晶面法线的夹角），具体残余应力可按照下式计算：

$$\sigma = -\frac{E}{2(1-v)} \cdot \frac{\pi}{180}\cot\theta_c \cdot \frac{\delta_2\theta_\varphi}{\delta\sin^2\varphi} \tag{11-14}$$

式中：σ 为表面残余应力；E 为弹性模量；v 为泊松比；θ_0为所选晶面在无应力情况下的衍射角；φ 为试样表面法线与所选晶面法线的夹角；$2\theta_\varphi$为样品表面法线与衍射晶面法线为 φ 时的衍射角。

采用 X 射线衍射法测量残余应力准确、可靠，特别当应力在小范围内急剧变化时最有效。此方法可测量出绝对残余应力，还分别测算出轴向、切向和径向上的残余应力，是确定陶瓷残余应力及弯曲面和球面最常用的方法。

3）磁噪声法

磁噪声法也称为巴克豪森效应（Barkhausen Effect，BN）分析法。铁磁材料磁化时，由于磁畴的不连续转动，在磁滞回线最陡的区域出现不可逆跳跃，从而在探测线圈中引起噪声（BN）。BN 对材料的微观结构、晶粒度、晶粒缺陷及作用应力等因素很敏感。对于正磁致伸缩材料，当外磁场平行于应力时，BN 信号正比于拉应力而反比于压应力。BN 信号也与应力及磁场的方向有关。故由 BN 信号可计算出材料的残余应力状态。当磁探头在材料表面转动 1 圈，最大与最小的 BN 信号在材料的磁各向异性不强时，对应于两个主应力。比较材料在无应力及有应力状态时的 BN 信号值，便可以求出一对主应力。

美国已有根据 BN 分析原理研制成功的应力测量仪器，该仪器也可用于组织结构评价和缺陷检测，如图 11－42 所示。

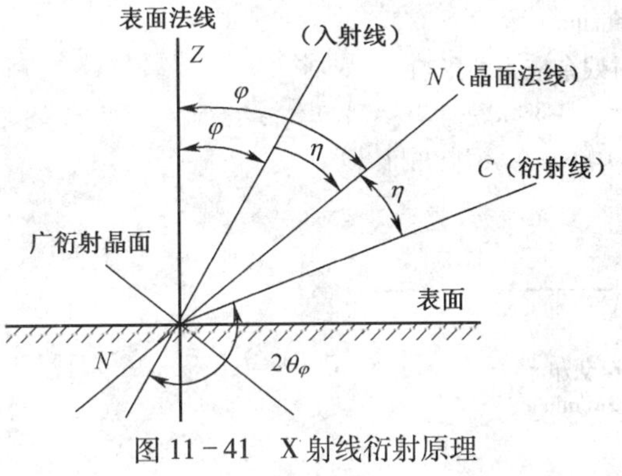

图 11－41　X 射线衍射原理

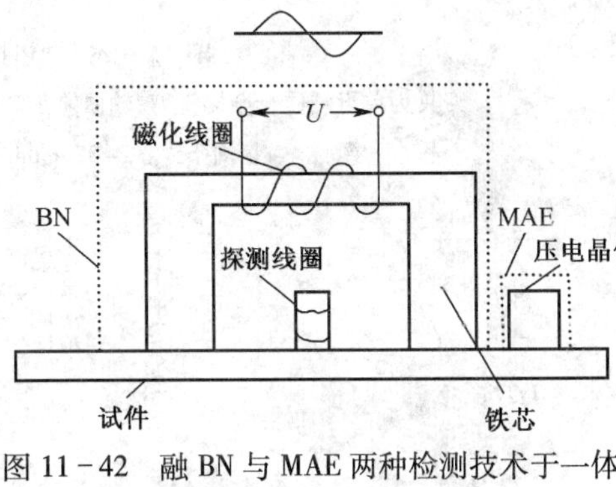

图 11－42　融 BN 与 MAE 两种检测技术于一体的多功能磁弹性仪

此外，还有多孔差方法、裂纹柔度法、磁记忆应力检测方法、扫描电子显微镜法和激光超声检测法等，各种方法都具有其特点和相应的使用范围。

3. 残余应力的变化

切削加工中，影响残余应力的因素比较多，也比较复杂。总体上来看，凡是能减小塑性变形和降低切削温度的因素都能减小残余应力。

1）刀具几何参数的影响

图 11－43 为改变刀具前角 γ_0 后残余应力变化的试验结果。前角由正值逐渐变为负值时，表层的残余张应力逐渐减小，但残余应力层的深度增大。当切削用量一定时，采用绝对值较大的负前角，甚至可使已加工表面层得到残余压应力，如图 11－44 所示。

刀具后刀面磨损后，其与已加工表面金属层的摩擦进一步增加同时，也使已加工表面上的温度显著升高，从而由热应力引起残余应力的影响逐渐加强，使已加工表面的残余张应力增大，相应地，残余应力层的深度也随之增加如图 11－45 所示。

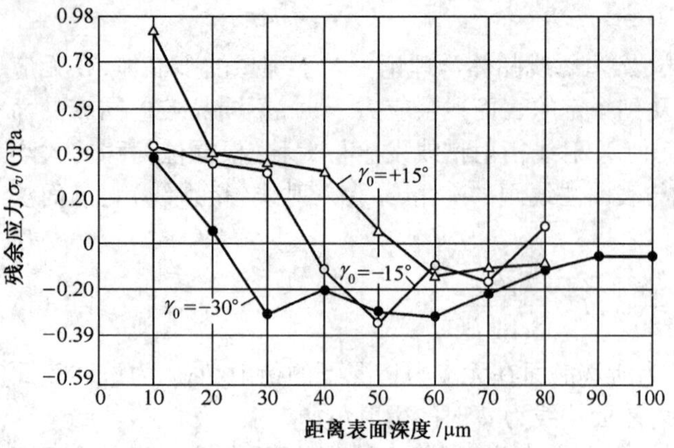

图 11-43 前角对残余应力的影响

刀具为硬质合金;工件为 45 钢。切削条件:

v_c = 150m/min, a_p = 0.5mm; f = 0.05mm/r。

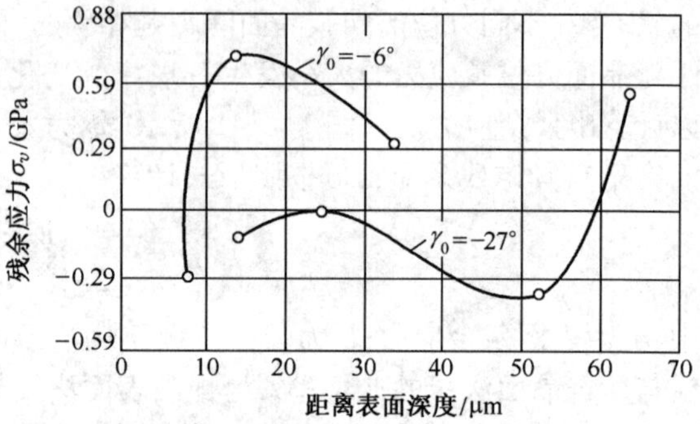

图 11-44 端铣时前角对残余应力的影响

刀具为硬质合金;工件为 45 钢。切削条件:

v_c = 320m/min; a_p = 2.5mm; f_z = 0.08mm/z。

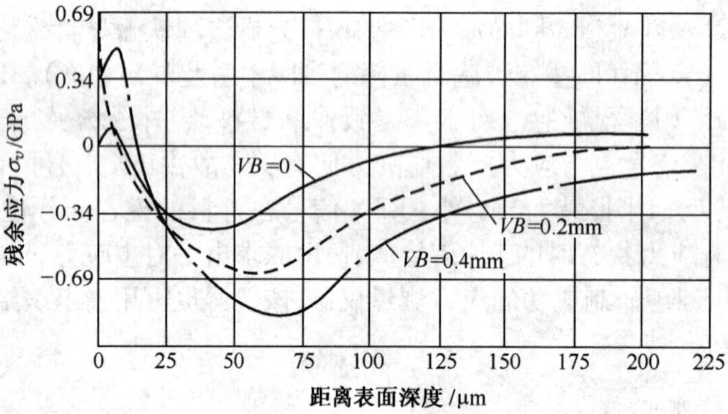

图 11-45 刀具磨损量 VB 对残余应力的影响

刀具为单齿硬质合金端铣刀;轴向前角 0°;径向前角 −15°; α_0 = 8°, κ_r = 45°, κ_r' = 5°,工件为合金钢。

切削条件: v_c = 55m/min, a_p = 1mm, f_z = 0.13mm/z,不加切削液。

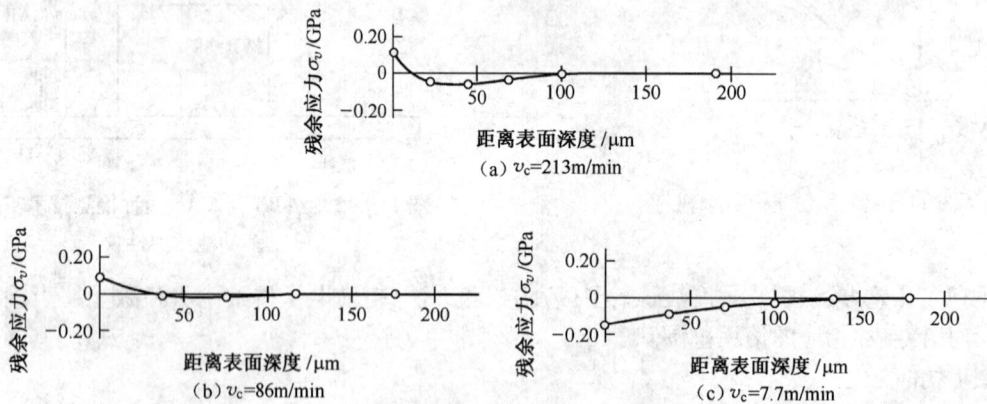

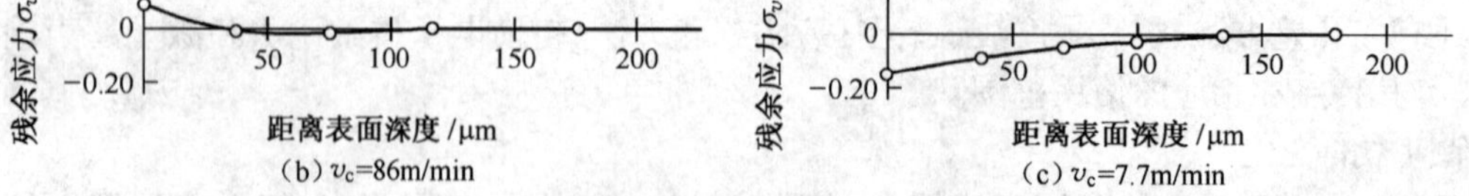

图 11-46 切削速度对残余应力的影响

刀具为可转位硬质合金端铣刀, γ_0 = −5°, $\alpha_0 = \alpha_0'$ = 5°, λ_s = −5°, κ_r = 75°, κ_r' = 15°, r_ε = 0.8mm,

工件为 45 钢(退火)。切削条件: a_p = 0.3mm, f = 0.05mm/r,不加切削液。

2) 切削用量的影响

改变切削速度 v_c 后,残余应力变化的试验结果如图 11-46 所示。随着切削速度的增加,切削温度随之增高,则热应力引发的残余应力起主导作用,从而表面层的残余应力随切削速度的提高而增大,但残余应力层深度减小。这是由于切削力随着切削速度的增加而减小,从而塑性变形区域随之减小的缘故。

进给量 f 增加时,切削力及塑性变形区域随之增大,并且热应力引起的残余应力占优势,则表面层的残余张应力及残余应力层深度都随之增加，如图 11 - 47 所示。

改变切削深度 a_p 后残余应力变化的试验结果如图11 - 48 所示。可见，切削深度对残余应力的影响程度不如切削速度和进给量。通常情况下，加工退火钢时，切削深度对残余应力的影响不大；而加工淬火钢后回火的 45 钢时，随着 a_p 的增加，残余应力将略微减小。

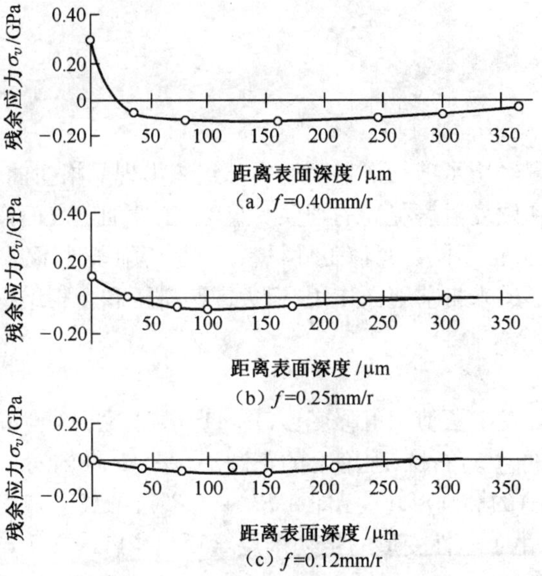

图 11 - 47　进给量对残余应力的影响

刀具、工件与图 9 - 45 相同。切削条件：

v_c = 86m/min，a_p = 2mm，不加切削液。

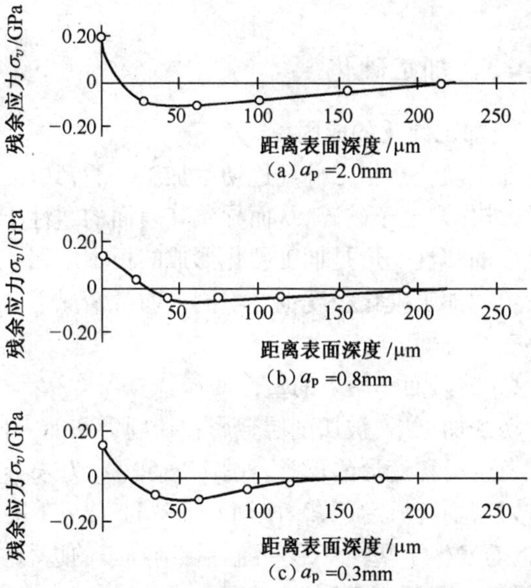

图 11 - 48　切削深度对残余应力的影响

刀具、工件与图 9 - 45 相同。切削条件：

v_c = 160m/min，f= 0. 12m/r，不加切削液。

图 11 - 49 为不同加工方法所产生的残余应力试验结果。从图 11 - 49 可知，不同种加工方法形成的残

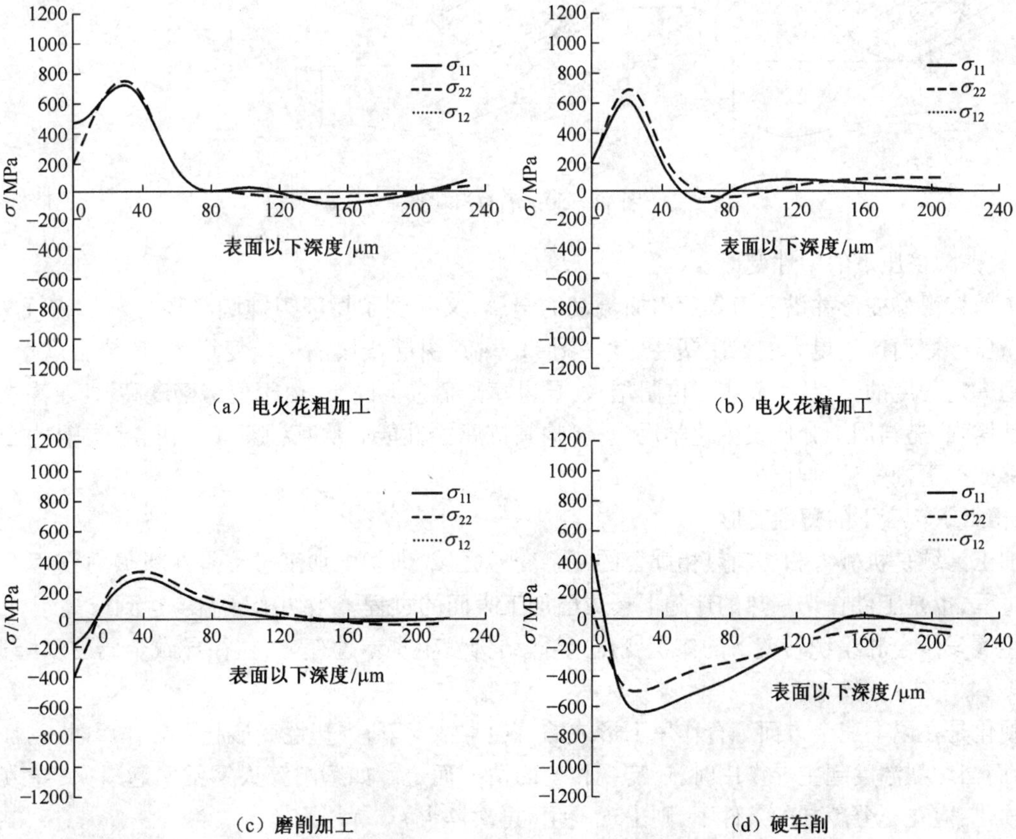

图 11 - 49　不同加工中的残余应力变化

余应力有显著不同,特种加工方法的残余张应力明显大于切削加工。而同为电火花加工,精加工所产生的残余应力小于粗加工。磨削加工表层形成压应力,随着残余应力形成深度的增加,逐渐转换成张应力。而硬车削加工表层为张应力,随着残余应力形成深度的增加,逐渐转换成压应力,而后又逐步过渡到张应力。

由此看来,基于控制或减小残余应力方面考虑,应首先选用合适的加工方法,其次是选用适当的切削参数。

11.4.3 加工硬化

1. 加工硬化的成因

加工硬化是指工件经过切削加工之后,其加工表层金属经历了剪切滑移而使内部组织出现晶格扭曲、拉长、纤维化乃至于破碎,从而导致其表面的塑性下降、强度和硬度显著提高的现象。显然,工件加工表面发生了复杂的塑性变形是加工硬化形成的根本原因。切削加工方法不同、刀具/工件材料不同、切削条件不同等,所发生的加工硬化程度也会不同。通常情况下,加工硬化形成来自前刀面作用、刀尖钝圆挤压和金相组织转变等三个方面。

1) 前刀面作用下的塑性变形

切削加工中,被切削层金属在切削力和前刀面的作用下发生了剪切滑移变形(图 11－37),图 11－50 是晶粒发生滑移变形的示意。图 11－50(a)为未参加切削前的金属晶粒,理论上的正圆形(呈 AB 轴向对称)。当进入切削区域后逐渐向图 11－50(b)乃至于图 11－50(c)的椭圆形转变(即 $A'B' \rightarrow A''B''$),形成了剪切滑移,进而发生了塑性变形。随着切削加工的进行,一部分发生了塑性变形的被切削层金属(图 11－4,O 点以下)沿着刀具后刀面流动,并最终成为已加工表面层的一部分。

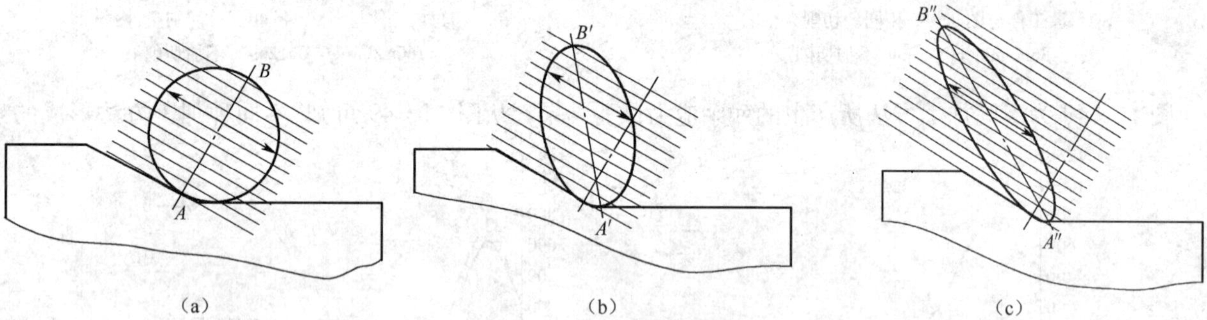

图 11－50 晶粒滑移形式

2) 刀尖钝圆挤压下的塑性变形

经历了剪切滑移变形并沿着刀具后刀面流动的金属,又受到了切削刃钝圆半径 r_β 和后刀面 BC 一段棱带的强烈挤压摩擦而产生更大的二次塑性变形(图 11－4),引起金属晶格畸变增大,位错密度增大,使得电子运动受到一定程度的干扰,引起表面电阻增大,导电率降低。同时,也由于位错密度高,处于高能状态下的晶体化学性增强,易与周围介质发生化学反应,影响其抗腐蚀性能。从某种意义上讲,二次塑性变形比第一次剪切滑移变形更剧烈,影响更大。

3) 金相组织转变下的塑性变形

切削加工区域是机械力和切削热相耦合的复杂变形区域,即切削加工过程是在机械力作用下去除预留金属层的过程,也是工件在切削热的伴随下形成已加工表面的过程。当切削区温度达到或高于 A_{c1} 时(相变点),将使金属发生金相组织转变下的体积变化,显微结构发生根本性变化,往往导致金属硬度降低,耐磨损能力下降等。

加工硬化是在以上三个方面综合作用下形成的。通常情况下,当塑性变形起主导作用时,已加工表面层硬度提高;而当切削温度起主导作用时,还需视相变的情况而定。如磨削淬火钢常引起退火,导致表面硬度降低产生软化;但在充分冷却的条件下,则出现硬化(再次淬火)。

一般金属切削加工会使表面层硬度增加 20%～40%,硬化层深度达 20 ～100μm。加工硬化的程度取决于产生塑性变形的力、变形的速度和变形的温度。切削力增大，塑性变形就增大，硬化程度也增大；变形速度增大，塑件变形不充分，硬化程度也就减小；变形时温度 T 不仅影响塑性变形程度，还会影响变形后金相组织的恢复。当 T 为(0.25~0.3)$T_{熔}$时，会产生金相组织恢复现象，甚至可部分消除加工硬化。

2. 加工硬化的表征方法及测量

1) 加工硬化的表征方法

通常以硬化层深度 h_d 及硬化程度 N 表示。h_d 是指已加工表面至未硬化处的垂直距离，单位为微米(μm)；硬化程度 N 是已加工表面的显微硬度增加值对工件材料原始显微硬度的百分数，即

$$N=\frac{H-H_0}{H_0}\times 100\% \tag{11-15}$$

式中：H 为已加工表面的显微硬度(GPa)；H_0 为原基体金属的显微硬度(GPa)。

也有用加工前、后硬度之比表示的，即

$$N=\frac{H}{H_0}\times 100\% \tag{11-16}$$

通常情况下，硬化层深度 h_d 在几十微米到几百微米，而硬化程度可达 120%~200%。有关研究表明，硬化程度大时，硬化层深度也大。

2) 加工硬化的测量方法

(1) 显微硬度测定法：用显微硬度计可以测定表面层的显微硬度，反映表面加工硬化的程度。若要测出显微硬度在深度上的变化情况，可采用如下三种方法：

① 剥层测定法：用显微硬度计先测量出已加工表面的显微硬度；然后用机械法或电抛光法或刻蚀法从表面上去掉一层很薄的金属，用千分仪测定去掉金属层的厚度，再测量新显露表面层的显微硬度，依次一层层地去掉，一次次地测量，直到测出显微硬度与原来材料硬度一样为止，这样便可得出显微硬度在深度上的变化情况。这种方法劳动量较大，且不能测量很薄的加工硬化层。

② 横截测定法：测量时首先将垂直于加工表面的横截面制成金相磨片；然后在磨片上从表向里每经过 50~100μm 进行一次显微硬度测量，直至基体金属为止。此方法简单，但只宜测较厚的硬化层。

③ 斜切测定法：测量时首先将与加工表面成 1°~3°的倾斜截面制成金相磨片；然后在磨片上从表向里每经过 50 ~100μm 进行一次显微硬度测量，直至基体金属为止；最后根据测定出的硬化层长度和倾斜角度，计算出硬化层的深度。此法由于倾斜角很小，斜切面穿过金属层有较大的长度，因而有较大的放大测量长度，(可放大 30~60 倍)。此法可用于测量较薄的硬化层。

(2) X 射线组织法：其基本原埋是用 X 射线光束照射在多晶体金属表面，由于晶体的原子面反射，在照像底片上就得出干涉环系，反映出金属塑性变形时晶格变化和晶粒破碎等组织变化，然后根据 X 射线图像上干涉环直径的大小和 X 射线的波长，就可求出原子面之间的距离，反映塑性变形的情况。

若要测定硬化层的深度，可用电抛光法去掉一层厚 10μm 的金属，照一次 X 射线图像，直至照出的图像与原来未变形时图像一样，此时变形层已全部去除，每次去除层厚度相加其便是硬化层的深度，从而准确测出硬化层的深度。但此法时间长，劳动量大。

(3) 再结晶法：其原理是塑性变形金属中产生的新组织、再结晶后晶粒大小与原始晶粒不一样，可能大许多或小许多，根据再结晶的晶体大小来判断硬化层的情况。

测量时是将已加工过的试件加热至结晶温度以上(退火温度)，然后将侧面制成金相磨片并以试剂腐蚀，在显微镜中观察一定深度内的晶粒大小，从而求出硬化层的深度。

(4) 金相法：此法是将已加工过的试件侧面制成金相磨片，将磨片表面腐蚀以显露其组织情况，用显微镜观察，根据晶粒的细碎情况和形状歪扭程度来评定表面硬化层的深度和硬化的程度。此法比较简单，可用于对表面层状态做定性分析。

3. 加工硬化的变化

切削加工表面层硬化的形成比较复杂，取决于工件材料特性、刀具几何参数和切削用量等。凡有利于增大变形与摩擦的因素都将发挥强化作用，加剧硬化现象；反之，都会起到弱化作用，减轻硬化现象。

1）工件材料特性

工件材料的塑性越大，强化指数越大，熔点越高，则硬化越严重。就一般碳素钢而言，含碳量越少，则塑性越大，硬化越严重。如高锰钢 Mn12 的强化指数很大，其切削加工后表面的硬度可增加 2 倍以上；非铁金属由于熔点较低，容易弱化，故加工硬化比钢小得多；铜件的已加工表面硬化比钢件小 30%左右；铝件比钢件小 70%左右。

2）刀具几何参数的影响

图 11－51 为刀具前角 γ_0 对加工硬化影响的试验结果。由图可见，刀具前角越大，切削力越小，切削层金属的塑性变形越小，所以硬化层深度 h_d越小。

改变刀具切削刃钝圆半径 r_β后加工硬化变化的结果如图 11－52 所示。由图可见，r_β越大，被切削层材料流经刀具钝圆及后刀面时所受到的挤压与摩擦也越大，故显微硬度就越高，且显微硬度几乎与 r_β增长呈线性关系。

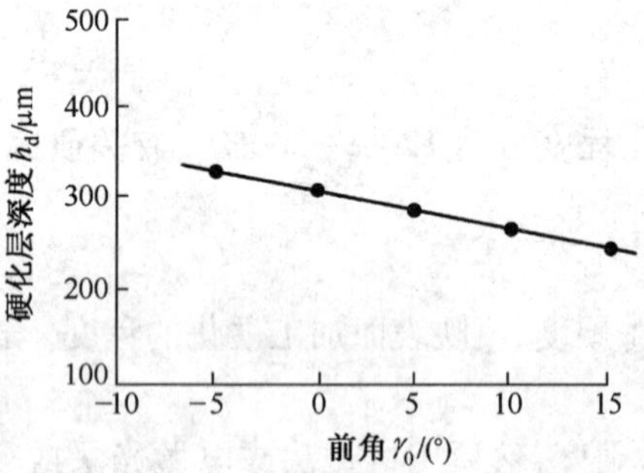

图 11－51 前角对硬化层深度的影响

刀具为 YG6X 端铣刀，工件为 1Cr18Ni9Ti。

切削条件：$v_c=51.7\text{m/min}$，$a_p=0.5\sim3\text{mm}$，$f_z=0.5\text{mm/z}$。

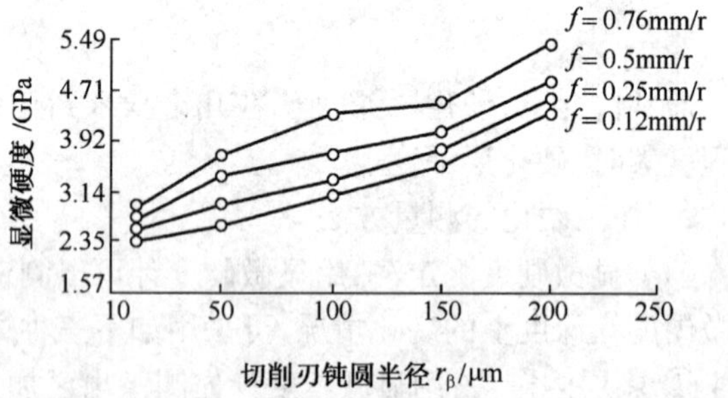

图 11－52 切削刃钝圆半径对加工硬化的影响（工件为 45 钢）

图 11－53 为刀具后刀面磨损量 VB 对加工硬化的影响结果。随着刀具磨损量的增加加工硬化层深度增大，这是因为 VB 增大后，加剧了刀具后刀面对变形金属层的挤压与摩擦，增大了塑性变形的缘故。

3）切削用量的影响

切削速度 v_c对加工硬化的影响是多方面的。切削速度增加时塑性变形速度增大，剪切滑移区变窄，工件材料屈服极限提高，材料的塑性下降，而且 v_c增大后缩短了刀具后刀面与工件的接触时间，使弱化进行的比较充分；这些都使加工硬化随 v_c增加而减小，如图 11－54 示出了在 $v_c<90\text{m/min}$ 阶段对硬化层深度的影响。

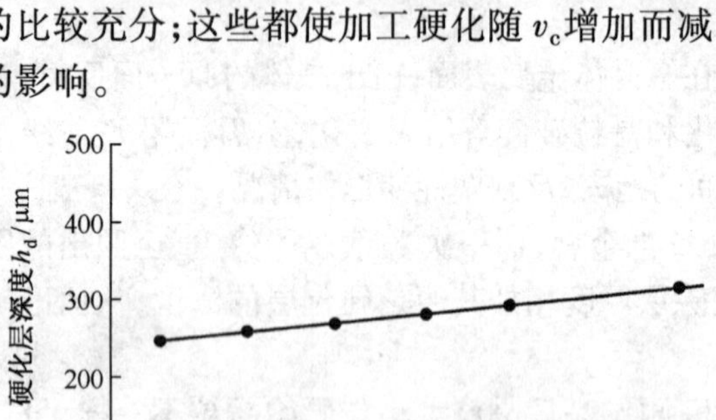

图 11－53 刀具磨损对加工硬化层深度的影响

刀具为 YG6X 端铣刀，工件为 1Cr18Ni9Ti。切削条件：

$v_c=51.7\text{m/min}$，$a_p=0.3\sim0.5\text{mm}$，$f_z=0.5\text{mm/z}$。

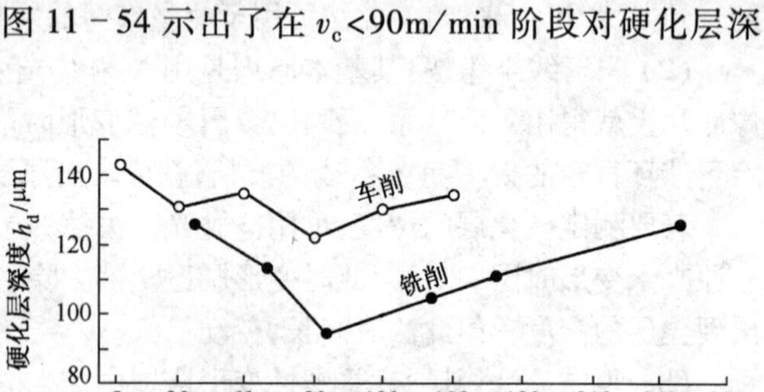

图 11－54 切削速度对硬化层深度的影响

刀具为硬质合金，工件为 45 钢。切削条件：车削时，

$a_p=0.5\text{mm}$，$f=0.14\text{mm/r}$；铣削时，$a_p=3\text{mm}$，$f_z=0.04\text{mm/z}$。

另一方面，当变形速度超过弱化速度时，来不及充分进行弱化，而当切削温度超过 A_{c3}时，表面组织将发生相变，如遇急速冷却则成为淬火组织。这又导致随 v_c的增加而增加，如图 11－54 中切削速度 $v_c>90\text{m/min}$ 的阶段。由此，出现了加工硬化先随切削速度增加而减小，到较高速度阶段后，又随切削速度增加而增加。

改变进给量 f 后，加工硬化深度变化的试验结果如图 11－55 所示，切削深度 a_P影响的结果如图 11－56

所示。增大f后将使切削力及塑性变形区域扩大,因此,硬化程度与硬化深度都随之增大。而a_P改变对硬化层深度影响不太显著。

此外,采取有效的冷却润滑方法也可减小加工硬化层深度。如细车镍基合金叶片的叶背时利用高压喷射切削液,可使硬化层深度由 0.15mm 减小到 0.065mm。

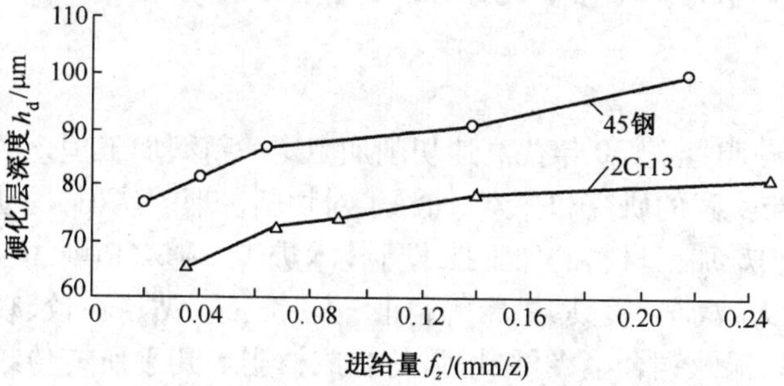

图 11-55　进给量对硬化层深度的影响

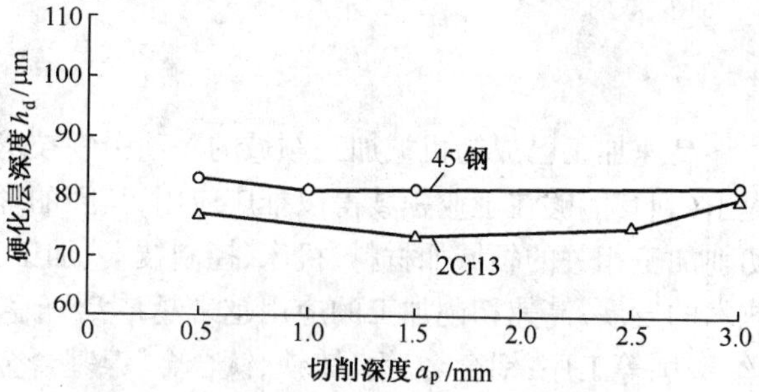

图 11-56　切削深度对硬化层深度的影响

刀具为单齿硬质合金端铣刀。切削条件:对于 45 钢,v_c=320m/min,f_z=0.075mm/z;对于 2Cr13 钢,v_c=180m/min,f_z=0.07mm/z。

随着机械制造科学和技术的发展,对机械加工质量和生产效率提出了新的更高要求。表征现代机械加工质量的表面完整性理论及应用技术,将随着研究方法和手段的现代化及相关学科的发展与进步而不断发展、丰富和完善,并将在促进机械科学发展与技术进步中发挥出越来越大的作用。

参考文献

[1] Davim J Paulo. Surface Integrity in machining[M]. Springer Verlag London Limited. 2010.
[2] Field M, Kahles J F. The Surface Integrity of Machined and Ground High Strength Steels[J]. DMIC Report, 1964, 210:54-77.
[3] Field M, Kahles J F. Review of Surface Integrity of Machined Components [J]. Annals of the CIRP, 1971, 20(2):153-162.
[4] Field M, Kahles J F, Cammett J T. Review of Measuring Methods for Surface Integrity[J]. Annals of the CIRP, 1972, 21(2):219-238.
[5] 王贵成. 金属切削毛刺(青年科学家文库)[M]. 长春:吉林科学技术出版社,1997.
[6] Saoubi R M, Outeiro J C, Chandrasekaran H, et al. A Review of Surface Integrity in Machining and Its Impact on Functional Performance and Life of Machined Products[J]. Int. J. Sustainable Manufacturing, 2008, 1(1/2):203-236.
[7] Griffith B. Manufacturing Surface Technology Surface Integrity and Functional Performance[M]. London: Penton Press, 2001.
[8] Brinksmeier E. 1st CIRP Conference on Surface Integrity (CSI). Procedia Engineering, 2011(19):1-2.
[9] 王贵成,洪泉,朱云明,等. 精密加工中表面完整性的综合评价[J]. 兵工学报,2005,26(6):820-824.
[10] 曾泉人,刘更,刘岚. 机械加工零件表面完整性表征模型研究[J]. 中国机械工程,2010,24(24):2995-2999.
[11] 陈日曜. 金属切削原理[M]. 2 版. 北京:机械工业出版社,2002.
[12] 王贵成,范真. 公差与检测技术[M]. 北京:高等教育出版社,2011.
[13] International Organization for Standardization[S]. ISO 4287-1997(E/F) Surface Texture: Profile Method-Terms, Definitions and Surface Texture Parameters.
[14] 黎明,马聪,杨小芹. 机械加工零件表面纹理缺陷检测[J]. 中国图像图形学报,2004,9(3):318-322.
[15] 王贵成. 机械加工中毛刺的影响及其控制[J]. 中国安全科学学报,1996,6(2):36-42.
[16] Gillespie L K, Blotter P T. The Formation and Properties of Machining Burr[J]. ASME, 1976, 98(2):66-74.
[17] Nakayama K. Arai M. Burr Formation in Metal Cutting[J]. Annals of CIRP, 1987, 36(1):33-36.
[18] Ko Sung-lim DA. Dornfeld. A Study on Burr Formation Mechanism[J]. ASME J. Eng. Mater Tech, 1991, 113(1):75-87.
[19] 王贵成. 切削运动——刀具切削刃毛刺分类新体系及其应用[J]. 应用基础与工程科学学报,1995,2(3):295-301.
[20] 王贵成. 二维切削中切削方向毛刺与亏缺的界限转换条件[J]. 机械工程学报,1994,30(3):71-76.
[21] 蒋刚,谭明华,王伟明,等. 残余应力测量方法的研究现状[J]. 机床与液压 2007,35(6):213-216.
[22] 郭东明,刘战强,蔡光起,等. 中国先进加工制造工艺与装备技术中的关键科学问题[J]. 数字制造科学,2005,3(4):1-36.
[23] Jawahir I S, Brinksmeier E, et al. Surface Integrity in Material Removal Processes: Recent advances[J]. CIRP Annals—Manufacturing Technology, 2011, 60:603-626.

第 12 章　高速切削和高效切削刀具技术

高速加工已成为机械加工领域的一项引领技术。从 20 世纪 30 年代高速切削加工这一新型加工理念的提出，到其能够在工业领域得以推广应用，其间的理论与实践的研究和探索，加深了对切削机理的认识，推动切削加工相关的领域如材料、机床、控制技术、加工工艺、难加工材料的加工技术等技术进步。随着切削加工技术的发展，高速切削加工的应用越来越广泛，航空航天、汽车、模具、机床等行业；车、铣、镗、钻、拉、铰、攻丝、磨削等工序；铝合金、钢、铸铁、钛合金、镍基合金、铅、铜及铜合金、纤维增强的合成树脂等几乎所有传统切削能加工的材料，以及传统切削很难加工的材料的加工都可以应用高速切削加工技术。这技术包括未淬硬材料的高速软切削、高速硬切削和高速干切削、高进给速度切削和合成的高速、高效切削加工。

高速、高效切削加工还处于一个发展期，虽然尚无确切的定义，显而易见的是，高速、高效切削加工不仅仅意味着高主轴转速，进而也不简单是一种缩短生产时间和提高工件精度的技术革新，它已切实上升为企业提高竞争力的生产策略，这种策略针对生产成本和生产效率，结果是不仅要获得高质量、高精度的工件，更为企业产品占领市场份额奠定了坚实的基础。在工业发达国家，高速、高效切削加工正成为一种新的切削加工理念，它被看作是一种管理方式，通过整合和协调加工中的各个环节来使企业的切削加工达到一个更高水平。

12.1　高速切削技术

高速切削（High Speed Cutting，HSC）是一个复杂的系统工程，涉及机床、刀具、工件、加工工艺过程参数及切削机理等诸多方面。高速切削技术最突出的优点是高的生产效率和加工精度与表面质量，并降低生产成本，是先进制造技术的一项新技术。

12.1.1　高速切削加工概念

"高速切削"的概念首先是由德国的 Carl J. Salomon 博士提出的，并于 1931 年 4 月发表了著名的切削速度与切削温度的理论。该理论的核心是：在常规的切削速度范围内，切削温度随着切削速度的增大而提高，当到达某一速度极限后，切削温度随着切削速度的提高反而降低（图 12－1）。切削温度达到峰值的速度称

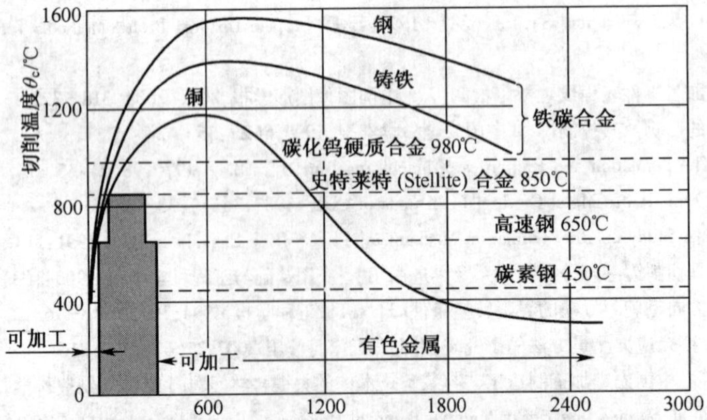

图 12－1　切削温度与切削速度的关系

为临界速度。其两边附近区域切削温度很高，是不适宜切削加工的区域，所以有人将此区域称为“死区”。当切削速度超过临界速度后，随着切削速度的进一步提高，切削温度下降，直至跨过“死区”，进入可进行切削加工的高速切削区。理论上讲，高速加工应是超过“死区”的切削加工。但后续切削温度的试验研究表明：现有的刀具材料高速切削加工时，图 12-1 所示的切削温度变化趋势如果是指已加工表面温度，则与多数研究者的研究成果一致；若为刀-屑接触区平均温度或剪切区温度，后来的大量高速、超高速深切削试验以及仿真分析结果表明，随着切削速度的提高，总的切削功增加，刀具参与切削区域的温度呈上升趋势并渐趋缓，均未出现 Salomon 理论中的“死区”。这是因为，由于受刀具材料性能的制约，除了铝材外，铁碳合金的钢材和铸铁还都不可能达到这样高的切削速度，出现 Salomon 博士预言的切削温度下降的现象。因此，目前所谓的“高速切削”是指随着制造技术尤其是刀具材料、涂层、结构及数控加工技术和装备的进步，使切削速度有显著的提高，通常认为有 5~10 倍的提高，并由此带来了切屑形成过程的变化及一系列加工的优点，对推动制造业的进步和制造业的发展起到了重要作用。

高速切削的核心是高的切削速度。由于刀具材料、工件材料和加工工艺的多样性，对高速切削不可能用一个确定的速度指标来定义，德国 Darmstadt 工业大学生产工程与机床研究所（PTW）提出，切削线速度高达普通切削线速度的 5~10 倍，就可认为是高速切削。不同的被加工材料有不同的高速切削范围（表 12-1），不同的加工方式也有不同的高速切削范围（表 12-2）。

表 12-1　不同材料的高速切削速度

单位：m/min

被加工材料	传统切削	高速切削	被加工材料	传统切削	高速切削
纤维增强合成纤维	≤1000	2000~8000	灰铸铁	≤800	1000~4500
铝合金	≤1000	1500~7000	钢	≤500	800~2000
铜合金	≤900	1000~5000	钛合金	≤100	200~1000

表 12-2　不同加工方法的高速切削速度

加工方式	切削速度/（m/min）	加工方式	切削速度/（m/min）
车削	700~7000	拉削	30~75
铣削	300~6000	铰削	20~500
钻削	200~1100	磨削	1000~5000

除上述高速切削加工的定义外，目前沿用的高速切削加工的定义主要有：①1978 年，国际生产工程科学院（CIRP）切削委员会提出的以线速度 500~7000m/min 的切削速度进行加工为高速切削加工；②对铣削而言，以刀具夹持装置达到平衡要求（平衡品质和残余不平衡量）时的速度来定义高速切削加工，根据 ISO1940 标准，主轴转速高于 8000r/min 为高速切削加工；③从主轴设计观点，以沿用多年的 DN 值（主轴轴承孔直径 D 与主轴最大转速 N 的乘积）来定义高速切削加工，DN 值达 $(5\sim2000)\times10^5$ mm · r/min 时为高速切削加工；④从刀具和主轴的动力学角度来定义高速切削加工，这种定义取决于刀具振动的主模式频率，它在美国国家标准局（ANSI）/美国机械工程师协会（ASME）标准中用来进行切削性能测试时选择转速范围。

市场日益激烈的竞争和切削技术的进步导致高速切削技术指标不断更新，如铣削加工铝的切削速度可达到 10000m/min（Salomon 博士 1931 年 4 月试验专利，切削铝的最高速度为 16700m/min），加工铸铁可达到 5000m/min，加工普通钢也将达到 2500m/min。

高速切削加工与常规的切削加工相比具有以下优点：①生产效率提高 3~10 倍；②切削力降低 30%以上，尤其是径向切削分力大幅度减少，特别有利于提高薄壁件、细长件等刚性差的零件的加工精度；③切削热 95%被切屑带走，特别适合加工容易热变形的零件；④加工表面质量得到有效提高；⑤高速切削时，机床的激振频率远离工艺系统的固有频率，工作平稳，振动较小，适合加工精密零件。图 12-2 为高速切削的一般特性,除上述优点以外,同时也表明,随着切削速度的增加,刀具寿命会相应降低,这也是高速切削受限的最主要的因素之一。

高速加工的研究和应用涉及机床、工件、刀具、材料、加工过程、加工工艺、切削过程监控及切削机理等,需整体架构和思考。在应用高速切削过程中影响的重要因素有刀具磨损、加工工件的表面质量和加工精度、切削力、切除率等。

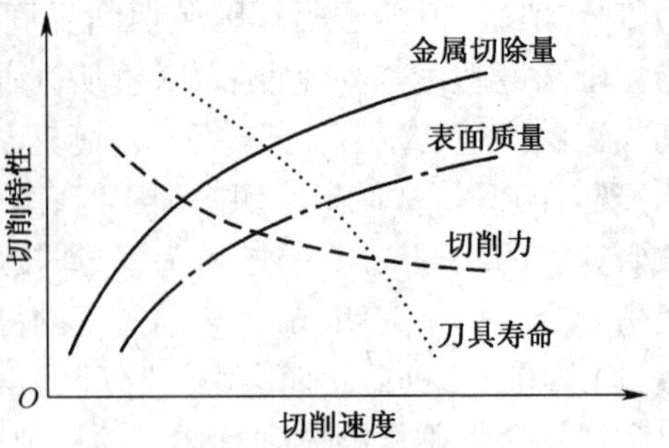

图 12-2 高速切削一般特征

12.1.2 高速切削的切削力

切削力的大小对切削过程中所消耗的功率、切削热、工艺系统的变形、刀具的寿命、加工面的质量和精度以及切削系统的振动等都有直接的影响。

侧铣时,xy 平面内的铣削力示意如图 12-3 所示。x、y、z 3 个方向分力为 F_x、F_y、F_z。刀具螺旋角为 0°时,侧铣时轴向分力 F_z 较小。将 F_x、F_y 切削力转化为切向分力 F_t 和径向分力 F_r 可更直观有效地分析铣削过程。F_x、F_y 与 F_t、F_r 之间的转换关系为

$$\begin{cases} F_r = -F_x\sin\varphi - F_y\mathrm{con}\varphi \\ F_t = -F_x\cos\varphi + F_y\sin\varphi \end{cases} \tag{12-1}$$

由于铣削为周期性断续切削,在切削过程中由此引起周期性作用的强迫力,造成刀具与工件之间的切削振动,该振动频率如与机床—刀具—工件工艺系统固有频率相差很远,在一个铣削周期内会迅速衰减,振动不会叠加而仅仅是周期。对于高速铣削,可采用铣削力峰值的平均值 F_{max}、单峰内的平均铣削力 F_m和平均铣削力 $\overline{F}_m$等简便方法对铣削力进行分析:

$$F_{max} = \sum_{i=1}^{N} F_{pi} \tag{12-2}$$

$$F_m = \int_{t_i}^{t_o} F(t)\,dt \tag{12-3}$$

$$\overline{F}_m = \int_{t_{so}}^{t_{si}} F(t)\,dt \tag{12-4}$$

式中:F_{pi}为铣削力采样信号中第 i 个峰值;t_i 和 t_o 分别为单个刀齿切入工件和切出工件的时间;t_{si}和 t_{so}分别为宏观上有效切削力信号采样起始时间与终止时间。

高速切削力和普通速度切削力各有其不同的变化规律。切削塑性金属材料时,在中高速下切削力一般随着切削速度的增大而减小,主要是因为切削速度增大,切削温度升高,摩擦系数减小,从而使切屑变形系数减小。在传统低速范围内切削加工时,由于积屑瘤的作用,最初切削力随着切削速度的增大而减小,达到最低点后逐渐增大,然后达到最高点后再度逐渐减小。切削脆性材料时,因其塑性变形小,切屑和前刀面的摩擦很小。连续切削时,切削速度对切削力没有显著影响;断续切削时,切削速度越高,冲击力影响越大。在对高速切削过程的许多研究中,都证实了切削力随切削速度的增加而下降的现象。这可解释为:由于高速切削过程比普通切削过程快得多,发生突变滑移和绝热剪切,使切削区的应变硬化来不及发生,切削力在高速下反而下降。

高速车削切削力试验表明,随切削速度减少(进给量增加),车削的主切削力 F_z 增加,而 F_x 与 F_y 增加不明显,如图 12-4 所示。

高速铣削钢的切削力试验:面铣,刀具 $D=100$mm,陶瓷刀具,工件材料 45 调质钢 35~45HRC,切削深度 $a_p=0.5$mm,切宽 $a_e=5$mm,每齿进给 $f_z=0.1$mm。切削速度 150~300m/min 区间内,随切削速度增加,主切削力 F_z 和径向切削力 F_y 增加,切削速度 300m/min 左右开始,随切削速度增加,切削力显著下降,至 500m/min 左右以后切削力不明显变化。轴向力 F_x 在整个试验速度范围内基本没有变化(图 12-5)。

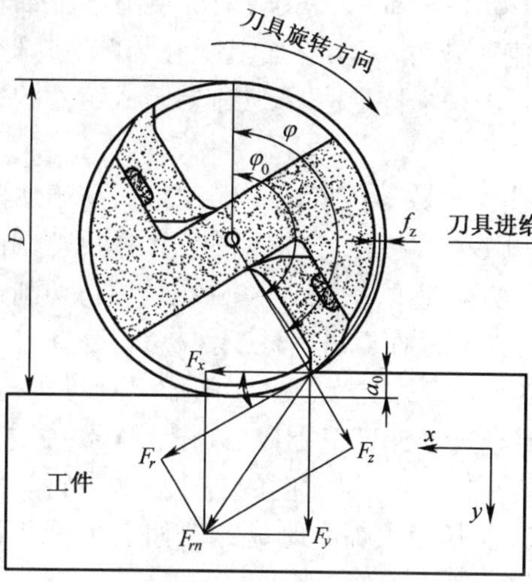

图 12－3　侧铣时的铣削力示意

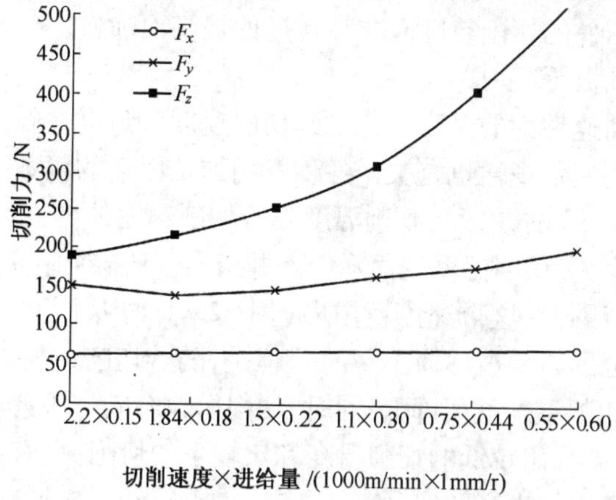

图 12－4　用 PCBN 刀具切削铸铁时切削速度和进给量对切削力的影响（工件 $D=300\text{mm}$，$a_p=0.5\text{mm}$）

TC4 钛合金铣削试验：速度对 F_y 影响最大，在低速段 y 向的铣削力较小，当铣削速度超过 250m/min 后，y 向的铣削力呈缓慢上升趋势。$F_{y\max}$ 主要反应工件的回弹，切削速度上升，后刀面对过渡表面的挤压速度上升，导致 F_y 增加。铣削速度对 F_x、F_z 的影响较小。在低速段，随速度的增加 F_x 呈下降趋势（图 12－6）。钛合金的加工速度对切削力影响不明显。

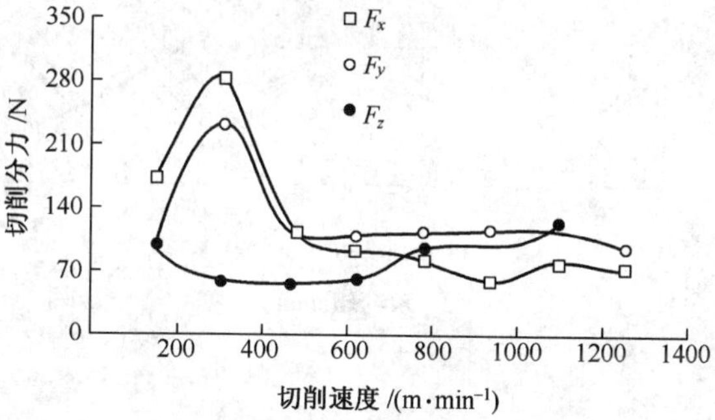

图 12－5　Al_2O_3 陶瓷刀具高速切削 45 调质钢的切削力

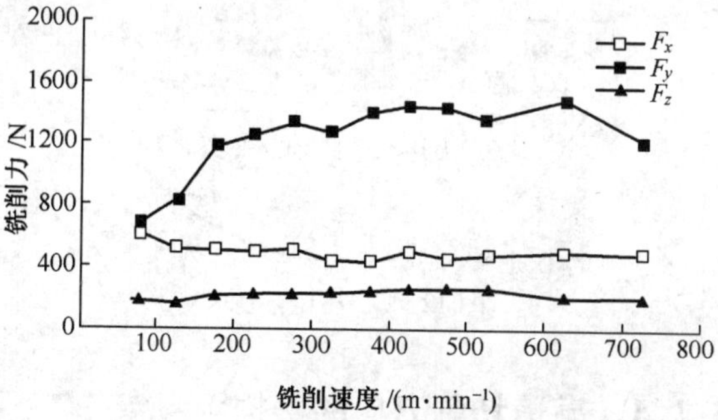

图 12－6　铣削速度对铣削力的影响

TC4，$a_p=5\text{mm}$，$a_e=1\text{mm}$，$f_z=0.1\text{mm/z}$，顺铣。

各切削用量中切削深度对切削力影响最大，其次是进给量和切削速度。在使用无螺旋角的铣刀侧铣时，轴向铣削深度和铣削力近似成正比。

12.1.3　高速切削的切削热

切削温度是高速切削的一个重要物理量。高速切削比普通切削输入切削系统的功率大得多，切削变形的程度和速度也高得多，因此产生的热量也大得多，这些热量通过切屑、工件、刀具和周围介质传出，造成切削区的温度升高，直接影响刀具的磨损和使用寿命，并影响工件的加工精度和加工表面的完整性。

切削过程主要有三个热源，即剪切区产生的剪切变形热源、刀/屑接触区产生的摩擦热源和刀具/工件接触区产生的摩擦热源。如图 12－7 所示。

用晶须增韧陶瓷切削镍基高温合金的试验表明，剪切区热源的发热量比例占总切削热的 75%，刀/屑接触区的摩擦热源占 20%，剩余下的 5%来自刀具/工件接触区摩擦热源，在分析中常可以忽略该热源。

在试验过程中以及许多涉及切削温度的文献中，均表明高速切削时切削温度随切削速度提高的规律。尚未发生 Salomon 在铝合金和其他非铁金属中发现的高速低温现象。

由于高速切削的加工情况与一般切削有很多不同之处，尤其体现在主轴转速高、进给量速度快和切削深度小等加工参数方面。所以，高速加工切削热的产生和传导与低速加工的规律有所不同。刀具表面温度的变化与主轴转速的变化呈二次方关系。在低速切削区域时，如2500~7000r/min，刀具表面温度随着主轴转速的递增而相应地增高。但是，主轴转速持续增高超过一个临界转速区域后，刀具表面温度会缓慢地降低。流入工件的切削热随着主轴转速的提高而加快。但是，当主轴转速高于一个特定值时，切削热流入工件的速率会减缓等。

高速切削的温度变化受到切削速度、刀具材料、加工材料、刀具几何参数等因素的影响，所以，高速切削的温度变化规律也是关于各种影响加工因素的函数。Salomon 曲线图12-8指出：在常规的切削速度范围内（图12-8的A区），切削温度随着切削速度的增大而提高。但是，当切削速度增大到某一数值以后，切削速度再增大，切削温度反而降低。并指出，其临界值与工件材料的种类有关。对于每一种工件材料，存在一个速度范围，在这个速度范围内（图12-8的B区），由于切削温度太高，刀具无法承受，切削加工难以进行。这个范围通常被称为“死谷”。但是，随着切削速度的进一步提高，超过这个速度范围以后（图12-8中的C区），切削温度反而降低；同时，切削力也会随之下降。按照他的假设，在具有一定速度的高速区域进行切削加工，会有比较低的切削温度和比较小的切削力，有利于进行高速切削，从而大幅度地减少切削时间，成倍地提高机床的生产效率。

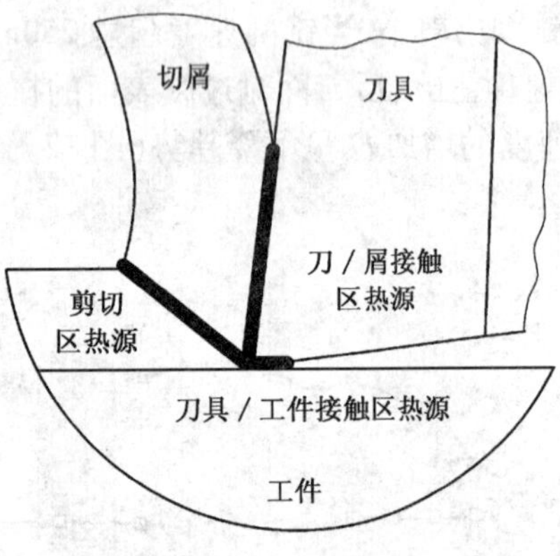

图12-7 切削热源

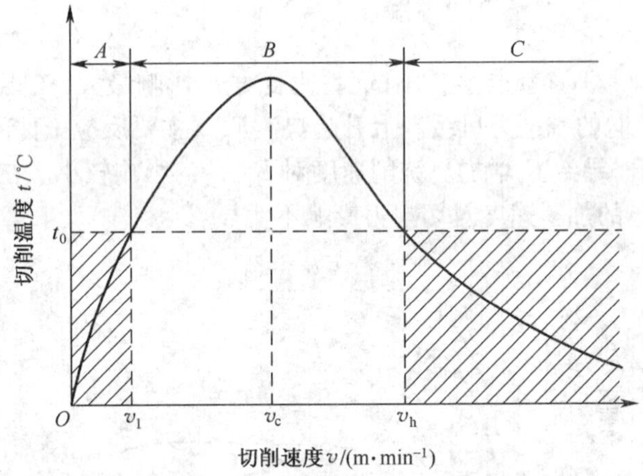

图12-8 Salomon 曲线

12.1.4 高速切削刀具的磨损

在高速切削过程中，刀具磨损、已加工表面质量和精度要求、切削力、切削温度和切削热等因素对切削条件的优化有着决定性影响。

刀具磨损是制约切削速度提高的主要因素，是高速切削刀具中需解决的一个难题。高速切削时，刀具遭受强烈的热冲击与机械冲击，切削刃及其附近存在较高的热应力与机械应力，从而影响刀具的磨损率及刀具寿命。

在低切削速度情况下，刀具往往是磨料磨损为主。随着切削速度的提高，切削温度增加，黏结磨损和化学磨损越来越突出，出现了后刀面磨损、前刀面“月牙洼”磨损、边界磨损、微崩刃、片状剥落、塑性变形等形态（图12-9）。高速切削时，不同加工材料及刀具材料主要磨损形式不同，其中高速切削钢时最多的是后刀面磨成棱面和前刀面磨成“月牙洼”并伴随发生微崩刃。高速切削高温合金、加工硬化钢等，主要为边界磨损。

后刀面磨损是高速刀具磨损最常见的形式，也是刀具的正常磨损形式，一般用后刀面均匀磨损区宽度VB作为刀具磨损程度的判据。后刀面磨损区宽度加大会使刀具切削性能相应地减弱。前刀面“月牙洼”磨损主要出现在塑性金属的高速切削加工中，常发生在切削温度较高而刀具热硬性差的切削条件下。边界磨损常发生在刀具后刀面的刀具、工件接触边缘处，形状为一狭长沟槽。高速切削不锈钢、高温合金时易发生边界磨损。微崩刃是在刀具切削刃上产生的微小缺口，通常发生在断续高速切削时。片状剥落主要发生在刀具的前、后刀面上，其原因是刀具-切屑、刀具-工件接触区的接触疲劳或热应力疲劳所致。

高速切削时,随着切削速度等切削参数的提高,刀具的磨损也会随之加剧,如图 12-10 所示。然而高速切削参数对刀具磨损的影响远没有这么简单。Schulz 等人的研究结果表明,在铣削钢及其他材料的过程中,针对每一种被加工材料均各自存在一组最有利于提高刀具寿命的最优切削参数,其与切削速度、每齿进给量、刀具材料和工件材料均密切相关。

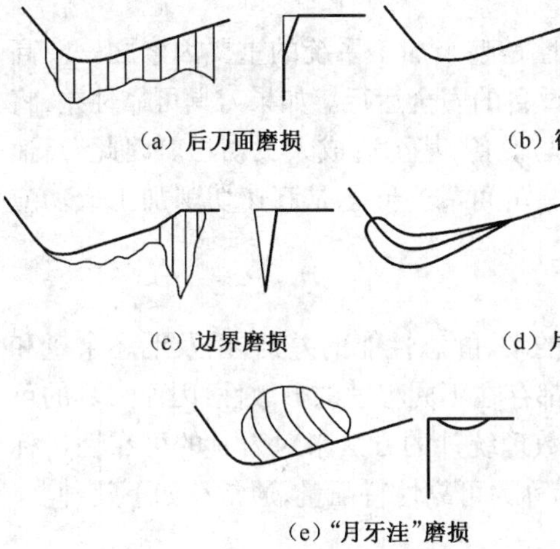

图 12-9 高速切削刀具失效形态

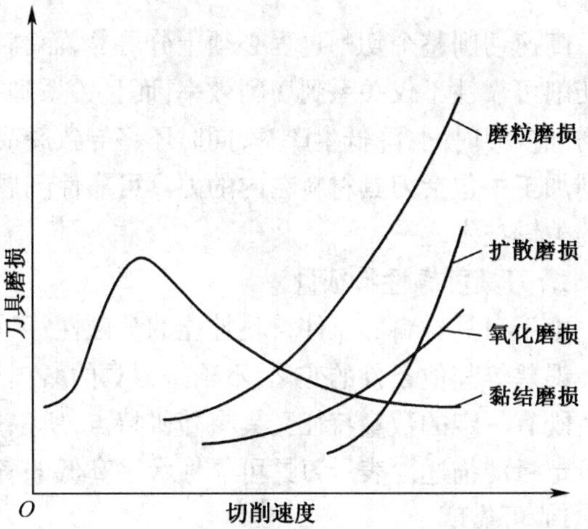

图 12-10 刀具磨损随切削速度的变化趋势

刀具要获得最佳使用寿命,除应选用最优化的切削参数外,很大程度上还取决于刀具几何形状及刀具材料,如图 12-11 所示。对硬质合金刀具材料的传统分类仅在一定程度上适用于高速切削,而现有的研究结果表明,无论是 K 类、P 类还是 M 类硬质合金刀具材料,加工黑色金属时,均可较好地用于高速加工。此外,对于同一基体材料的硬质合金刀具,如果刀具的几何结构不同,或者结构形状相同而刀具涂层材料不同,则刀具的使用寿命也不尽相同,必须针对具体的被加工材料,选择合适的刀具。刀具基体材料与涂层的组合在高速切削中发挥非常重要的作用。一方面,摩擦接触情况由于受到涂层的影响而发生一定的改变,从而使切屑形成的过程发生了根本性变化,进而改变了切削热的产生和传递;另一方面,刀具表面的涂层厚度对切削刃口具有一定的圆整、钝化作用,从而使得刀具切削刃的微观几何结构发生一定变化,使之更有利于高速切削。

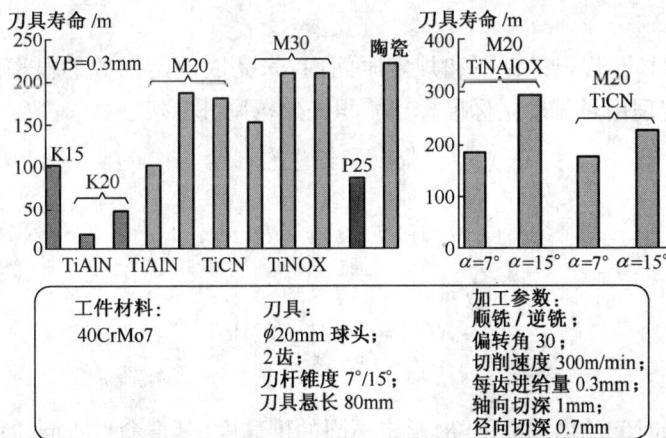

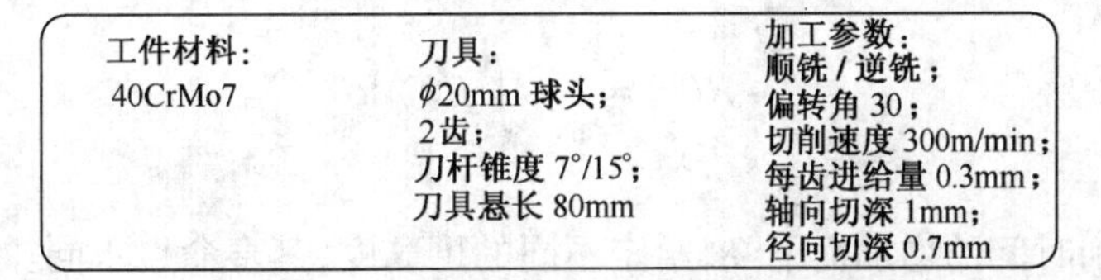

图 12-11 刀具材料及涂层对刀具寿命的影响

12.1.5 高速切削刀具

高速切削刀具技术是实现高速切削加工的关键技术之一。随着切削速度的大幅度提高,对切削刀具材料、刀具几何参数、刀体结构以及切削工艺参数等整个刀具系统都提出了不同于传统速度切削时的要求。不仅要求切削刀具具有很高的刚性、可靠性、安全性、柔性、动平衡特性和操作方便性,而且对刀具系统与机床接口的连接刚度、精度以及刀柄对刀具的夹持力与夹持精度等都提出了很高的要求。传统工具系统已不能满足高速切削加工的需要,因而必须研究开发适宜高速切削加工的刀具系统。而刀具技术的发展,又有力地促进了高速切削技术的发展和应用。正确选择和优化高速切削刀具及切削参数,对于提高加工效率和质量、延长刀具寿命、降低加工成本都会起到非常重要的作用。

12.1.5.1 高速切削刀具的可靠性*

高速切削整个切削过程必须十分可靠,而高速切削刀具的可靠性是整个加工系统的重要因素之一。高速切削可靠性不仅关系到切削效率,而且关系到工件的质量及机床设备的安全运行。如果刀具可靠性差,将会增加换刀时间,降低生产率,同时还将导致废品的产生,损坏机床与设备,甚至造成人员伤亡。因此,高速切削加工中包括刀具材料在内的刀具可靠性问题十分重要,解决刀具的可靠性问题是高速切削加工成功应用的关键技术之一。

1. 刀具可靠性特征量

由于刀具材料和工件材料性能的分散性,所用机床和工艺系统的动、静态性能的差别,以及毛坯余量和装夹误差等其他条件的变化,不论是刀具的磨损寿命还是破损寿命都存在不同程度的分散性,因而刀具的可靠性既有一定的数量特征又具有随机特点,所以广泛采用概率论和数理统计的方法来对刀具的可靠性指标进行定量的描述。表示刀具可靠性水平高低的各种可靠性数量指标称为可靠性特征量,通常有如下几种。

1) 可靠度

刀具可靠性是指刀具在规定条件下和规定时间内,完成规定的切削工作的能力。常用可靠度 R 来表示。可靠度是可靠性的度量化指标,R 为 0~1 间的实数,其值越大,表示可靠性越高。可靠度是时间的函数,故也记为 $R(t)$。

刀具损坏的主要原因是磨损和破损,且两者相互影响。对于单刃刀具,其可靠度的一般形式为

$$R(t)=R_{\mathrm{w}}(t)R_{\mathrm{F}}(t) \tag{12-5}$$

式中:$R_{\mathrm{w}}(t)$ 和 $R_{\mathrm{F}}(t)$ 分别为不发生磨损和破损的刀具可靠度。如果在某具体条件下刀具是以磨损或以破损为主,则可忽略另外一项的影响。

对于多刃刀具,当一个刀齿或几个刀齿损坏时,即整把刀具损坏,其刀具可靠度为

$$R(t)=[R_{\mathrm{w}}(t)R_{\mathrm{F}}(t)]^{z} \tag{12-6}$$

式中:z 为刀齿数量。

2) 累积失效概率

累积失效概率是指刀具在规定条件下和规定时间内,未完成规定任务的概率。也称为不可靠度,记为 $F(t)$。可根据概率互补定理由可靠度指标推算出累积失效概率,即

$$F(t)=1-R(t) \tag{12-7}$$

刀具损坏概率密度函数为

$$f(t)=F'(t)=-R'(t) \tag{12-8}$$

$R(t)$ 与 $f(t)$ 有如下关系:

$$R(t)=1-\int_{0}^{t}f(t)\,\mathrm{d}t \tag{12-9}$$

3) 可靠寿命

刀具可靠度随着切削时间的增加而下降,给定不同的可靠度,其寿命也不同。可靠寿命是指给定刀具的可靠度为 r,刀具在达到规定的可靠度 r 之前所能切削的时间,即 $R(t_r)=r$ 时刀具寿命为

$$t_r=R^{-1}(r) \tag{12-10}$$

4) 疲劳可靠性

疲劳破坏是影响刀具可靠性的重要因素之一。目前,应力-强度干涉理论是进行刀具疲劳可靠性研究的基础理论之一。其基本观点是,若 σ 为疲劳应力,σ_{s} 为材料的疲劳强度,应力的概率密度函数为 $f(\sigma)$,给定

*此节引自艾兴《高速切削加工技术》,国防工业出版社出版。

寿命时，疲劳强度的概率密度函数为$f(\sigma_s)$，则相应的可靠度 R 为

$$R = \{\sigma < \sigma_s\} = \iint_{\sigma < \sigma_s} f(\sigma) f(\sigma_s) \mathrm{d}\sigma \mathrm{d}\sigma_s \tag{12-11}$$

从式(12-11)可以看出，刀具在具体切削条件下的可靠度主要由两方面因素决定：一是由刀具材料本身的性质决定，这是由于刀具材料的组织结构在宏观上是均匀的，而在微观上由于工艺因素等原因是不均匀的，因而存在强度的概率分布；二是由刀具所承受的外载决定，其中由于刀具的尺寸、形状或安装等的差异造成的同一批刀具在同一恒幅载荷作用下产生的应力的分散性，称为疲劳应力的横向统计分布，该分布的可靠度可用上述应力——强度干涉模型进行计算。另外，对于确定的刀具，由于存在各种随机因素，疲劳应力在时间域上也可得到一个统计分布，称为疲劳应力的纵向统计分布，此时计算疲劳寿命需采用疲劳累积损伤理论。

5）威布尔（Weibull）理论

由于刀具材料内部存在着随机分布的缺陷，使得不同单元的强度也不同，因而存在着一个强度统计分布问题。当刀具承受某一应力场时，局部单元的应力可能超过其强度，将导致整个刀具的破坏，其累积失效概率可表示为

$$F = \begin{cases} 1 - \exp\left[- \int \left(\dfrac{\sigma - \sigma_u}{\sigma_0} \right)^m \mathrm{d}x \right], \sigma > \sigma_u \\ 0 \qquad\qquad , \sigma > \sigma_u \end{cases} \tag{12-12}$$

式中　m——Weibull 模量（形状参数）；

σ_0——特征强度（尺寸参数）；

σ_u——最小强度（位置参数）；

x——积分面积 A 或积分体积 V，由具体要求而定。

式(12-12)只适用于单轴拉伸的场合。为了使该式可用于三维应力状态，可将该公式进行修正。修正时，只有正应力为拉应力的区域才计入积分区。应用该理论可以计算几何形状简单、受力状态简单的刀具的可靠性问题。

2. 特定切削条件下的刀具寿命模型

目前，国内外许多学者通过对刀具失效机理的分析研究，建立了各种特定切削条件下的刀具寿命模型。刀具破损寿命分布是分析刀具可靠性的基础，因为，断续切削时刀具很容易发生早期破损，尤其是对于脆性较大的刀具材料。对陶瓷刀具、硬质合金刀具端铣和断续车削淬硬钢时刀具寿命的分布研究结果表明，这两种刀具断续切削淬硬钢时，其破损寿命服从 Weibull 分布或对数正态分布。因此，不能按磨钝标准决定刀具寿命与切削条件之间的函数关系，而应根据刀具破损寿命的分布规律决定它与切削条件之间的关系，求出 Weibull 参数或对数正态分布的均值与方差，以评价刀具破损寿命。图 12-12 为 LD-1 陶瓷刀具端铣淬硬钢时刀具破损寿命的 Weibull 分布，利用线性回归分析可得到 LD-1 陶瓷刀具在该条件下刀具破损寿命的 Weibull 分布函数为

$$F(N) = 1 - \exp^{-\frac{N-800}{5798.618} \times 2.6654} \tag{12-13}$$

S. Rossetto 等人把刀具失效看成由于磨损和破损两种作用共同引起的，把刀具的磨损和破损看成相互独立的事件，认为刀具磨损时其寿命服从对数正态分布，破损时服从指数分布。基于马尔科夫随机过程理论建立了刀具磨损寿命分布理论模型为

$$f(t) = \frac{1}{\sqrt{2}\pi\sigma / b_t} \exp^{-\frac{\ln(t) - [\mu - \ln(a/b)]^2}{2(a/b)^2}} \tag{12-14}$$

式中：μ、σ 分别为达到刀具寿命时刀具磨损量的均值与标准差；a、b 为刀具磨损曲线的常数项和指数项。

以上各参数均可通过实验来求得。进一步根据断裂力学可建立刀具疲劳破损寿命分布的预报模型，并可建立各种失效机理共同作用时刀具可靠性模型。设系统中共有 n 个刀具单元，令第 i 个单元的寿命为 T_i，其寿命分布函数 $F_i(t) = P(T_i < t)$，可靠度 $R_i(t) = P(T_i > t)\ (i = 1, 2, \cdots, n)$。

设 $t=0$ 时所有的刀具单元都是新的且同时开始工作,则刀具系统可靠度为

$$R(t)=\prod_{i=1}^{n}R_i(t) \tag{12-15}$$

设第 i 个单元的失效率为 $\lambda_i(t)$,则系统可靠度为

$$R(t)=\prod_{i=1}^{n}\exp^{-\int_0^t\lambda_i(t)\,dt}=\exp^{-\int_0^t\sum_{i=1}^{n}\lambda_i(t)\,dt} \tag{12-16}$$

故系统失效率为

$$\lambda(t)=\sum_{i=1}^{n}\lambda_i(t) \tag{12-17}$$

因此,一个独立刀具单元组成的串联刀具系统的失效率是所有刀具单元失效率之和。图 12-13 为试验结果与上述模型计算的结果的对比情况。图中,曲线 1、3 分别为磨损和破损失效的理论可靠度,曲线 4 为两种失效原因共同作用下的刀具可靠度的理论值,曲线 2 为试验结果,可见理论结果与实际情况相符合。

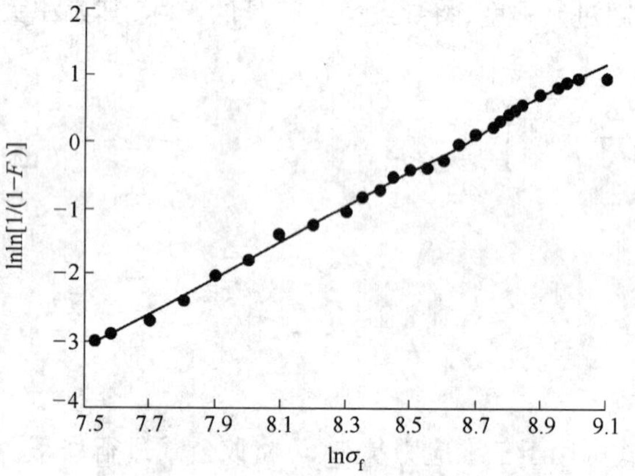

图 12-12　陶瓷刀具端铣淬硬钢时刀具破损寿命的 Weibull 分布
X52 立式铣床,LD-1 陶瓷刀具,工件 45 淬硬钢。
切削条件:$v_c=187$m/min,$a_p=0.4$mm,$f_z=0.2$mm。

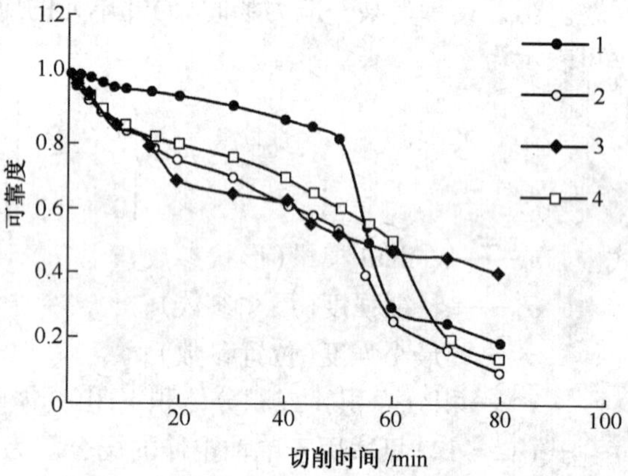

图 12-13　多种损坏原因共同作用下的刀具可靠度
刀具 YT15,C620-1 无级变速车床,工件 45 正火钢。
切削条件:$v_c=130$m/min,$f=0.08$mm/r,$a_p=1$mm。

3. 刀具可靠性评价参数

早期人们往往只关心刀具的平均寿命,很少关心其可靠性问题。由统计分析可知,在刀具寿命达到平均值之前,已经有一半的刀具发生了失效,这在十分注重可靠性的高速加工过程中是不允许的,因此,必须考虑刀具可靠性评价问题。造成刀具寿命变动的因素较多,主要包括工件和刀具材料的组织变化、工件几何尺寸及形状的变动、机床振动、工件装夹、切削液及其他环境因素的影响等。

刀具的可靠性可用可靠度 R 来表示,其大小直接反映可靠性的高低,但在通常情况下,由于缺乏必要的数据,可靠度难以计算,尤其是刀具的复杂应力状态难以确定,因此,刀具可靠性通常用其他较易获得的参数进行间接评价。目前,评价刀具可靠性的参数主要有 Weibull 模数、刀具寿命变异系数及界面结合强度等。由于这些方法简单易行,因而得到了较为广泛的应用。

1) Weibull 模数

大量的试验表明,刀具材料的强度、硬度、断裂韧性服从 Weibull 分布,刀具的破损失效也服从 Weibull 分布。由于 Weibull 分布的形状参数反映了材料的缺陷分布,而缺陷分布又与材料的可靠性密切相关,因而可以用 Weibull 模数来衡量材料的可靠性。其值越大,表明数据的一致性越好,其可靠性也越高。有关实验表明,材料的三点抗弯强度的 Weibull 模数与相同刀具材料的失效分布 Weibull 模数大致相等。因此,可以用抗弯强度的 Weibull 模数来代替刀具的失效模数,从而预测刀具切削过程的可靠性。该种方法没有考虑材料的微观失效机制,因此是一种纯统计的方法。对于每一种材料都必须进行大量的试验,但由于其方法简单,仍不失为一种有效的方法。图 12-14 为 Al_2O_3+TiC 陶瓷刀具材料抗弯强度的 Weibull 分布[39,40],其 Weibull 模数为 18.5。

2）刀具寿命变异系数

若用 μ 表示刀具寿命的均值，σ 为其标准差，则刀具寿命变异系数 $K=\sigma/\mu$。对于固定的试验条件而言，仅用标准差 σ 就能衡量刀具的可靠性。但是由于刀具结构、被加工件材料和工作条件不同，其试验结果相互之间是不能比较的，而利用刀具寿命变异系数则可解决这一问题。一般情况下：$K>0.5$ 时，则认为刀具是不可靠的；$K<0.2$ 时，是比较可靠的；而 K 为 0.20~0.35 时，是可以接受的。

3）界面结合强度

该方法是从刀具材料本身出发，认为材料晶粒之间的界面结合强度 τ_r 存在随机性，而断裂韧性 K_{IC} 的随机性又归因于 τ_r，所以 τ_r 对材料的可靠性有直接的影响。通过试验可建立材料破损次数 N 同 τ_r 的关系式 $N=F(\tau_r)$，即而可以判断刀具破损可靠性。该方法还可以反过来根据可靠度的要求来设计材料的配方，对指导材料设计有一定的价值，但其缺点仍就是通过大量的试验来拟合 N 与 K_{IC} 的关系。

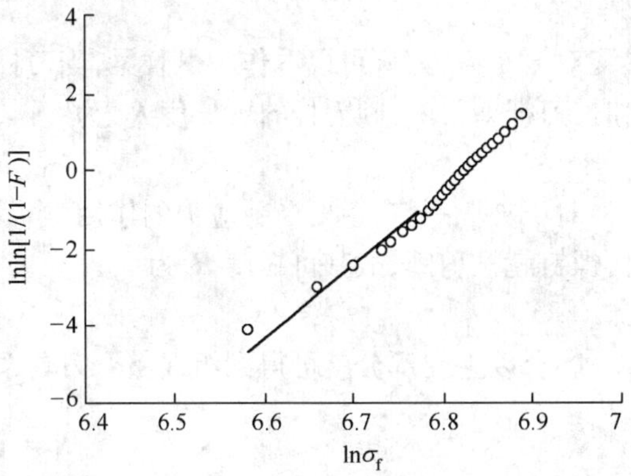

图 12-14　Al_2O_3+TiC 陶瓷刀具材料抗弯强度的 Weibull 分布

4. 基于刀具可靠性的高速切削刀具结构设计

高速切削加工要求整个刀具系统十分可靠，这其中不仅要求刀具材料本身可靠，还要求组成刀具系统各零件如刀片、刀柄、刀夹、刀垫和紧固螺钉等可靠。除零件结构可靠外，还要求夹紧可靠，以提高刀具整体结构可靠性。

1）基于刀具可靠性的高速切削刀具结构设计方法和步聚

(1) 根据切削条件，确定有关设计变量和参数。

(2) 建立刀具整体结构可靠度模型。

(3) 确定整个刀具系统的每个零件失效模式的判据。

(4) 确定每种失效模式下的应力分布，进行有限元计算。

(5) 计算刀具系统的每个零件的可靠度。

(6) 确定同时考虑到所有失效模式的所有零件的整体可靠度。然后对设计进行迭代，直到系统的可靠度大于或等于事先规定的系统可靠度目标为止。

2）刀具整体结构可靠度模型的建立

高速切削刀具的结构形式多种多样，有整体式、焊接式、机夹可转位式等，其中机夹可转位式应用最广泛。整体式刀具要求整个刀具可靠。焊接式要求刀片、刀杆及其焊接可靠。而对于机夹可转位刀片，在考虑其整体结构可靠性时，应该包括两个方面的含义：①零件的结构可靠性，包括组成整个刀具系统的主要零部件，如刀片、垫、刀杆或刀体、夹紧螺钉等；②夹紧可靠性，是指在切削过程中刀片夹紧方式和夹紧力可靠，刀片不松动、不位移，不致造成飞刀、打刀等事故，换刀或刀片转位后刀尖定位精度高。因此，机夹可转位式刀具系统整体结构可靠性必须从组成刀具系统各个零件的可靠性和夹紧可靠性两方面来考虑。

对于机夹可转位刀具系统，在建立模型时，可把刀具看成一个由刀片、刀垫、刀体、夹紧螺钉等零件组成的串联系统。当系统中某一部件失效时，即认为整个系统失效。其系统整体可靠度 R 由组成刀具系统各零件的可靠度和夹紧可靠度组成。

对于刀片可靠度已有许多学者进行了广泛的研究，得出了各种切削条件下刀具寿命分布模型。设刀具寿命分布密度函数 $f(t)$ 已知，则其可靠度 R_1 为

$$R_1 = \int_t^{\infty} f(t)\,\mathrm{d}t = 1 - \int_0^t f(t)\,\mathrm{d}t \tag{12-18}$$

刀垫在切削过程中主要受压应力的作用，当其内部所受的最大压应力 σ_{ymax} 超过其所能承受的最大抗压强度 σ_b 时，即认为其失效，则刀垫的可靠度 R_2 可表达为

$$R_2 = P(\sigma_{y\max} < \sigma_b) \tag{12-19}$$

对于车刀，刀杆可以看作一悬臂梁，当刀杆最危险处所受的最大拉应力 $\sigma_{l\max}$ 大于刀杆材料的抗拉强度 σ_f 时，刀杆即失效，则刀杆的可靠度 R_3 为

$$R_3 = P(\sigma_{l\max} < \sigma_f) \tag{12-20}$$

对于夹固螺钉，主要受剪应力的作用，当其内部最危险处所受的最大剪应力 $\tau_{\max}$ 大于材料剪切强度 τ_s 时，螺钉就被剪断，故其可靠度 R_4 为

$$R_4 = P(\tau_{\max} < \tau_s) \tag{12-21}$$

综合以上几部分就可得到组成整个刀具系统的综合可靠度，其表达式为

$$R = \prod_{i=1}^{n} R_i = R_1 R_2 R_3 R_4 R_5 \tag{12-22}$$

式中：R_5 为刀片夹紧可靠度，它与刀片的夹紧方式、夹紧力大小、受力大小以及刀具实际切削条件等有关。

由于 R_1、R_2、R_3、R_4 和 R_5 都是小于 1 的数，因此，要提高整个刀具系统的可靠性，就应尽量减少中间环节，即减少刀片装夹的零件数。刀垫一般采用高强度和高硬度的材料制造，能够承受足够的压应力，一般不会发生失效，故可将其可靠度视为 1，即式(12－22)的 $R_2 = 1$。因此，可得

$$R = R_1 R_3 R_4 R_5 \tag{12-23}$$

这说明刀具整体可靠度主要由刀片可靠度、夹紧可靠度、刀体可靠度和夹紧螺钉可靠度决定。其中，刀片可靠度和夹紧可靠度起主要作用。图 12－15 为硬质合金可转位刀具整体结构可靠度随切削时间的变化情况。可见，随切削时间的增大，刀片的可靠度、夹紧可靠度和刀具整体可靠度均下降，其中夹紧可靠度下降较慢。

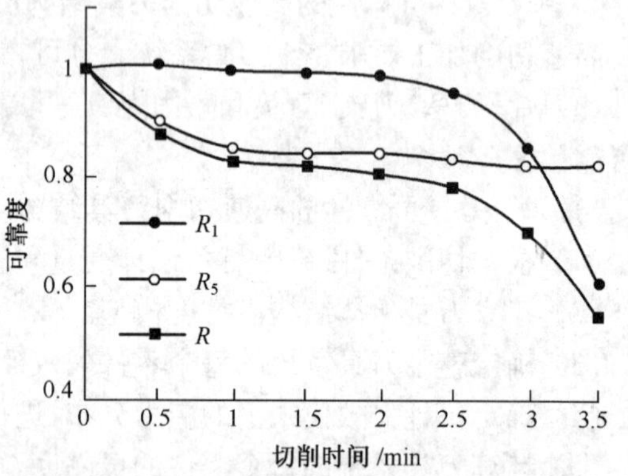

图 12－15 刀具可靠度随切削时间的变化

加工条件：刀具 YT15，C620－1 无级变速车床，工件正火 45 钢，$v_c = 180\text{m/min}$，$f = 0.3\text{mm/r}$，$a_p = 0.4\text{mm}$。

解决刀具的可靠性问题，成为高速切削加工成功应用的关键技术之一。在选择高速切削刀具时，特别需要考虑刀具材料的可靠性：

(1) 高的耐热性和抗热冲击性能。高速切削加工温度很高，因此，要求刀具材料的熔点高、氧化温度高、耐热性好，抗热冲击性能强。

(2) 良好的高温力学性能。要求刀具材料具有很高的高温力学性能，如高温强度、高温硬度、高温韧性等。

(3) 对于难加工材料的高速切削，刀具材料能适应难加工材料和新型材料加工的需要。

12.1.5.2 高速切削刀具材料

在高速切削过程中，随着切削速度的提高，被加工材料的高应变率(在切削速度 500m/min 时约为 1.67×10^5/s，切削温度达到 1400℃)使切屑成形过程以及刀具与工件之间接触面上发生的各种现象都与传统切削条件下的情况不一样，虽然高速切削可以降低切削力，但是在还没达到真正高速切削时提高速度所带来的整体切削热量仍呈上升趋势，切削热量传入工件的比例减小，但传入切屑和刀具的热量增加。目前，在铝合金的高速切削加工中，速度受限主要在于机床等工艺系统而非刀具，但在更多的切削加工中，高速加工线速度主要受刀具限制，因为在目前机床所能达到的高速范围内，速度越高，刀具的磨损越快。因此，高速切削对刀具材料提出了更高的要求，除了具备普通刀具材料的一些基本性能之外，还应突出要求高速切削刀具具备高的耐热性、抗热冲击性、良好的高温力学性能、高的抗氧化性及高的可靠性。为了在提高切削参数时获得更高的寿命，对耐磨性的要求显然高于对韧性的要求。当采用高切削速度、长时间接触和切削更硬材料时，可能会出现"月牙洼"磨损、热裂纹和塑性变形等越发剧烈的现象，这就会降低刀具的使用寿命及可预测性。因此，与热有关的磨损机理变为更为优先考虑的问题，并需要能承受这种切削刃破损的刀具材料。这样，刀具的热硬性和刀具磨损问题就成为关键。

因此,高速切削要求使用性能更高的刀片牌号,超细晶粒硬质合金、涂层硬质合金、金属基陶瓷、氧化铝基陶瓷、氮化硅基陶瓷、聚晶金刚石、聚晶立方氮化硼等高性能刀具材料,可分别适合不同场合的高速切削加工。

1. 钨钴类硬质合金

这是通常意义上的碳化钨基硬质合金(WC－Co),硬质相为碳化钨(WC),黏结相是钴(Co),其硬度一般为 88～92.5HRA,氧化温度 800～900℃,钴(Co)的质量分数越高,合金的硬度就越低,开始氧化的温度也越低。在 WC－Co 硬质合金中加入 TiC、TaC、NbC 等合金元素可以提高其硬度和高温性能。

高速切削刀具应具有良好的力学性能和热稳定性,即具有良好的抗冲击、耐磨损和抗热疲劳的特性。普通硬质合金具有比较好的抗冲击韧性,但在温度高于 500℃时因为其粘结相变软而硬度急剧下降,所以不适合于用作高速切削刀具。

2. 超细晶粒硬质合金

普通硬质合金中 WC 的粒度为几微米,一般细晶粒硬质合金的 WC 粒度为 0.5～1μm,而超细晶粒硬质合金 WC 的粒度为 0.1～0.5μm,其 Co 质量分数为 9%～15%,硬度达到 90～93HRA,抗弯强度达 2000～3500MPa,甚至可达 5000MPa。超细晶粒硬质合金强度和韧性高,且抗热冲击性好,是一种高硬度、高强度兼备的硬质合金,具有硬质合金的高硬度和高速钢的强度,适于制造尺寸较小的整体复杂的硬质合金刀具,用于高速切削。

3. TiC(N)基硬质合金

TiC(N)基硬质合金又称为金属陶瓷,主要有高耐磨性的 TiC 基金属陶瓷(TiC+Ni 或 Mo)、高韧性 TiC 基金属陶瓷(TiC+TaC+WC+Co)、增强型 TiCN 基金属陶瓷(TiCN+NbC),其相比硬质合金改善了刀具的高温性能,适合高速加工合金钢和铸铁,能够承受比 WC 硬质合金较高的切削温度,在高速切削下的耐高温和耐磨性好、寿命长,工件加工表面光洁。

TiC 以 Ni 作为粘结相可提高合金的强度,Ni 中添加 M_O 可改善液态金属对 TiC 的湿润性。TiC(N)基硬质合金的优点是:①硬度一般达到 90～94HRA,个别达 94～95HRA,达到或接近陶瓷刀具的硬度水平和耐热性,但抗弯强度比陶瓷高;②耐磨性能和抗"月牙洼"磨损能力强,与工件的亲和力小,摩擦系数小,抗粘结能力强;③有较高的耐磨热性能和抗氧化能力,耐热性好(1100～1300℃高温下尚能进行切削);④化学稳定性好,抗氧化抗扩散,几乎没有生成积屑瘤和发生切屑黏结的危险。它的局限在于性脆,韧性、强度、耐冲击性均不如 WC 硬质合金,且导热能力不强,主要用于钢和铸铁小切削深度和小进给量的高速精加工。

在 TiC/Ni/Mo 合金中添加氮化物可显著提高硬质合金的性能,并扩大应用范围。由于 TiN 的热稳定性比 TiC 高,热导率大,与金属的亲和力小,润湿性能好,因此 TiCN 合金的高温硬度和强度高,抗氧能力高,导热性和抗热冲击能力得到了加强,还可减少刀具与被加工材料之间的摩擦,减小粘结磨损,提高刀具的抗"月牙洼"磨损能力。

TiC(N)基硬质合金的发展方向是超细晶粒化和对其进行表面涂层。超细晶粒金属陶瓷可以提高切削速度,也可用来制造小尺寸刀具。纳米 TiN 占 2%～15%改性的 TiC 或 Ti(CN)基金属陶瓷刀具,其硬度高,耐磨性好,热稳定性、导热性、耐蚀性、抗氧化性及高温硬度、高温强度等都有明显优势。

4. 涂层硬质合金

刀具表面改性技术的涂层,使切削刀具获得优良的综合力学性能,从而大幅度提高机加工效率及刀具寿命,已成为满足现代机加工高效率、高精度、高可靠性要求的关键技术之一。

涂层刀具具有表面硬度高、耐磨性好、化学性能稳定、耐热耐氧化、摩擦系数小和热导率低等特性。涂层材料作为化学屏障和热屏障,减少了刀具与工件材料间的扩散和化学反应,从而减少了"月牙洼"磨损。

涂层硬质合金可以用于高速加工铝、钢、铸铁等多种材料,如硬质合金立铣刀(TiCN 或 TiAlN 涂层)可用来在较高速度下切削加工淬硬钢(50～55HRC)。因涂覆的材料不同,涂覆的工艺不同以及涂覆的组合不同,其适用对像也不同。

(1) Al_2O_3 涂层刀具的高速切削性能高于 TiN 和 TiC 涂层刀具,且切削速度越高,刀具耐用度提高的幅度也越大。在高速范围切削钢件时,Al_2O_3 涂层在高温下硬度降低较 TiC 涂层小,Al_2O_3 具有更好的化学稳定性和高温抗氧化能力,因此具有更好的抗"月牙洼"磨损、抗后刀面磨损和抗刃口热塑性变形的能力,在高温下有较高的耐用度,适合高速切削钢和铸铁。

(2) TiAlN 是含有铝的 PVD 涂层,是目前高速切削应用最广泛的硬质合金刀具涂层之一。TiAlN 有很高的高温硬度和优良的抗氧化能力,涂层组成由原来的 $Ti_{0.75}Al_{0.25}N$ 转化为优先使用的 $Ti_{0.5}Al_{0.5}N$。$Ti_{0.5}Al_{0.5}N$ 涂层抗氧化温度为 800℃。在高速切削中表面铝会氧化产生一层非晶态 Al_2O_3 薄膜,从而起到抗氧化和抗扩散磨损的作用。在高速切削加工时,TiAlN 涂层刀具的切削效果优于 TiN 和 TiCN 涂层刀具,TiAlN 涂层刀具特别适合于加工耐磨材料如灰铸铁、硅铝合金等。图 12-16 为 TiAlN 涂层、TiN 涂层和无涂层刀具铣削淬硬钢时刀具后刀面磨损量比(切削条件为:工件 X40CrM$_0$V5-1(52HRC),速度 100~600m/min,进给量 0.1mm/齿,切削深度 1mm,切削宽度 0.5mm,切削长度 50m)。由图可见,TiAlN 涂层刀具的抗后刀面磨损能力显著高于 TiN 涂层刀具和无涂层刀具,其主要原因是 TiAlN 涂层刀具的硬度、抗氧化和抗黏结能力高,尤其是由于 TiAlN 涂层刀具有很高的高温硬度。图 12-17 为几种 PVD 涂层的高温硬度对比。

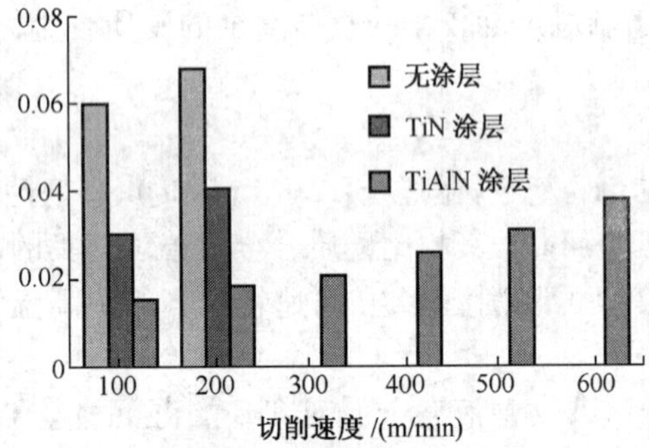

图 12-16 高速铣削淬硬钢 TiAlN、TiN 涂层和无涂层刀具后刀面磨损量对比

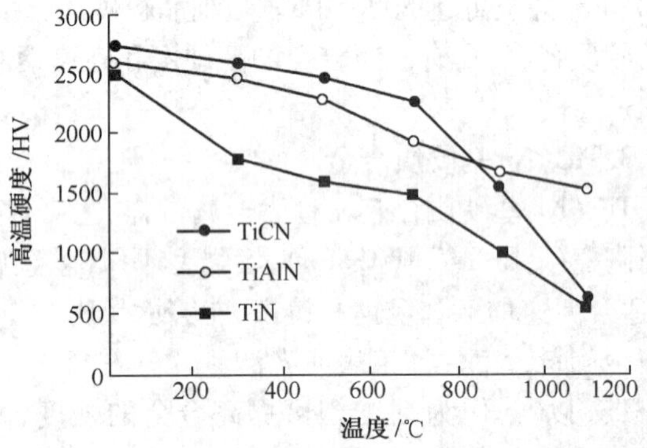

图 12-17 PVDTiAlN、TiN 和 TiCN 涂层高温硬度对比

(3) 应用于高速加工的多元涂层和多层涂层呈现多样化的趋势。TiAlN/ Al_2O_3 多层 PVD 涂层也已研究成功,这种刀具涂层硬度达 4000HV,涂层数为 400 层(总厚度 5μm),其切削性能优于 TiC/ Al_2O_3/TiN 涂层刀具。选择更有针对性的合金元素来提高硬质合金涂层刀具的性能也得到很大发展。如添加 Zr、V、B 和 Hf 提高抗磨损性能,加入 Si 提高硬度和抗扩散性,加入 Cr 和 Y 提高抗氧化性;开发高温下具有低摩擦系数的 TiBON 涂层,抗高温氧化性较单涂层 TiN 明显提高的 TiSiN 多元涂层,有润滑性更适合用于铝、不锈钢等黏附性强的材料加工的 CrSiN,具有超强耐氧化性的 AlCrSiN 等。

(4) 纳米技术涂层可进一步提高涂层的硬度、化学稳定性、韧性和抗氧化性能。对于 TiN/AlN 纳米多涂层,当层厚为 2~4nm 时,A1N 呈现立方 NaCl 结构,涂层显微硬度达到 30~40GPa,其抗氧化温度达到 1000℃,采用等离子增强化学气相沉积制得的 AlN/TiAlN 纳米多层膜具有高硬度、高附着力和高耐磨性。TiN 与 AlN 交替的纳米多层涂层(如 2000 层,每层 1nm),涂层与基体的结合强度高,涂层硬度接近 CBN,抗氧化性好,抗剥离性强,其寿命是 TiN、TiAlN 的 2~3 倍。用单相纳米结晶(Al,Ti,Si)N 涂层,氧化温度可达 1300℃,与基材的结合力达 100N,在加工 60HRC 左右的高硬度材料时,可大幅延长刀具的寿命。

(5) 金刚石、类金刚石(DLC)涂层。金刚石涂层是利用低压化学气相沉积技术在硬质合金基体上生成出一层由多晶组成的金刚石膜,用其加工硅铝合金和铜合金等非铁金属、玻璃纤维等工程材料及硬质合金等材料,刀具寿命是普通硬质合金刀具的 50~100 倍。类金刚石涂层在对某些材料(Al、Ti 及其复合材料)的机械加工方面有明显优势。

(6) 立方氮化硼(CBN)涂层。CBN 对于铁、钢和氧化环境具有化学惰性,在氧化时形成一薄层氧化硼,此氧化物为涂层提供了化学稳定性,因此它在加工硬的铁材、灰铸铁时耐热性也极为优良,在相当高的切削温度下也能切削耐热钢、淬火钢、钛合金等，并能切削高硬度的冷硬轧辊、渗碳淬火材料以及对刀具磨损非常严重的硅铝合金等难加工材料。目前，沉积在硬质合金上的立方氮化硼最大仅为0.2~0.5μm，若想达到商品化，则必须采用可靠的技术来沉积高纯的经济的CBN涂层，其厚度应为3~5μm，并在实际金属切削加工中证实其效果。

（7）合成氮化碳CN_x涂层，类似$\beta-Si_3N_4$的新型化合物$\beta-C_3N_4$，它的硬度可能达到金刚石的硬度，氮化硅涂层硬度可达50~60GPa。

5. 陶瓷刀具

陶瓷刀具具有很高的硬度、耐磨性能良好的高温力学性能，与金属的亲和力小，不易与金属产生粘结，并且化学稳定性好。陶瓷刀具耐热温度为1100~1200℃。陶瓷刀具的室温强度较低，但随温度的升高，其抗弯强降低慢，在1000℃左右其值比室温时略低。陶瓷刀具可作为高速切削刀具，陶瓷刀具的最佳切削速度比硬质合金刀具高3~10倍。陶瓷刀具主要分为氧化铝陶瓷刀具、氮化硅陶瓷刀具和复合陶瓷刀具。

（1）氧化铝Al_2O_3陶瓷刀具最适用于高速切削硬而脆的金属材料，如冷硬铸铁或淬硬钢，也可用于大型机械零部件的切削及用于高精度零件的切削加工。Al_2O_3基陶瓷刀具有良好的耐磨性、耐热性，且其高温化学稳定性很好，不易与铁元素之间发生相互扩散或化学反应，其耐磨性和耐热性均高于Si_3N_4基陶瓷刀具，因而Al_2O_3陶瓷刀具应适用范围最广。在Al_2O_3中添加ZrO_2利用其相变增韧机制，可以进一步提高Al_2O_3陶瓷刀具材料的断裂韧性和强度。用于粗车和精车铸铁和球墨铸铁等材料，切削速度可达900m/min；用于加工合金钢，精车速度可达800m/min。在Al_2O_3中添加TiB_2，可提高陶瓷刀具的高温性能和耐磨性。如用Al_2O_3/TiB_2刀具加工40CrNiMoA，刀具寿命是Al_2O_3/TiC刀具的3倍。

（2）氮化硅Si_3N_4陶瓷刀具的断裂韧性和抗热振性高于Al_2O_3基陶瓷刀具，有较小热膨胀系数（3×10^{-6}/℃），所以有较好的抗机械冲击性和抗热冲击性；化学稳定性好，耐热性可达1300~1400℃。氮化硅陶瓷刀具适于高速加工铸铁及铸铁合金、冷硬铸铁等高硬度材料及高温合金的粗精加工、高速切削和重切削，其寿命比硬质合金刀具高几倍至十几倍。此外，Si_3N_4陶瓷有自润滑性能，摩擦系数较小，抗粘结能力强，不易产生积屑瘤，且切削刃可磨得锋利。特别是由于其高的抗热振性及优良的高温性能，更适合高速切削及断续切削。另外，氮化硅陶瓷刀具还可以切削可锻铸铁、耐热合金等难加工材料。但由于与钢的溶解磨损速度比Al_2O_3高得多，相比不适宜于加工钢。

（3）$Si_3N_4-Al_2O_3$复合陶瓷刀具（Sialon陶瓷刀具）。$Si_3N_4-Al_2O_3$复合陶瓷以Si_3N_4为硬质相，Al_2O_3为耐磨相，是氮化铝、氧化铝和氮化硅的混合物，在1800℃进行热压烧结而成的一种单相陶瓷材料，具有很高的强度，抗弯强度达到1050~1450MPa，其断裂韧性是几种陶瓷刀具中较高的，其冲击强度胜于一般陶瓷刀具。$Si_3N_4-Al_2O_3$复合陶瓷刀具具有良好的抗热冲击性能。与Si_3N_4相比，该类刀具的抗氧化能力、化学稳定性、抗蠕变能力与耐磨性能更高，耐热温度高达1300℃以上，具有较好的抗塑性变形能力，其冲击强度接近于涂层硬质合金刀具。$Si_3N_4-Al_2O_3$复合陶瓷可成功地用于铸铁、镍基合金、钛基合金和高硅铝合金的高速切削、强力切削、断续切削加工，是高速切削铸铁和镍基合金的理想刀具材料。

（4）晶须增韧陶瓷是在Si_3N_4基体中加入一定量的碳化物晶须而成，可增加陶瓷材料的抗弯强度，使得陶瓷材料获得高硬度和高韧性。由于它具有抗冲击韧度好、抗热冲击性能强的特点，可以高速加工淬硬钢（65HRC）和中等硬度的钢，而且可以在加切削液的条件下进行切削。

6. 立方氮化硼刀具

立方氮化硼（CBN）是氮化硼（BN）的同素异构体之一，其结构与金刚石相似，不仅晶格常数相近，而且晶体中的结合键也基本相同。

聚晶立方氮化硼（PCBN）是在高温压下将微细的CBN材料通过结合相（TiC、TiN、Al、Co、Ti、Al_2O_3）烧结在一起的多晶材料。由于PCBN刀具具有高硬度、高热稳定性和高化学稳定性而广泛用于各种材料的高速切削加工中。PCBN的性能受其中的CBN含量、CBN粒径和结合剂的影响。CBN含量较高，PCBN的硬度和耐磨性就越高。CBN颗粒尺寸越大，其抗机械磨损能力越强，而抗破损能力减弱。以金属作为结合相时，PCBN韧性好；以陶瓷作为结合剂时，PCBN具有较好的耐热性。

7. 金刚石刀具

金刚石刀具具有高硬度、高耐磨性和高导热性能，在非铁金属和非金属材料加工中得到广泛应用。尤其在铝和高硅铝合金高速切削中，如轿车发动机缸体、缸盖、变速器和各种活塞等的切削中，金刚石刀具均获得良好应用。

单晶天然金刚石是理想的超精密加工刀具，主要用于非铁金属和金、银等贵重金属特殊工件的超精加工。

多晶金刚石刀具包括聚晶金刚石（PCD）刀具和化学气相沉积（CVD）金刚石刀具。聚晶金刚石具有非常高的硬度、导热性，低的热膨胀系数，通常用于高速加工非铁金属和非金属材料。PCD 颗粒的大小对刀具的加工性能影响较大。PCD 粒径为 10～25μm 的 PCD 刀具适合于加工 Si 质量分数大于 12%的铝合金（v_c = 300～1500m/min）及硬质合金；PCD 粒径为 8～9μm 的 PCD 刀具适合于加工 Si 质量分数小于 12%的铝合金（v_c = 500～3500m/min）及通用非金属材料，高速切削加工纤维增强塑料（v_c = 2000～5000m/min、v_f = 10～40m/min）；PCD 粒径为 4～5μm 的 PCD 刀具适合于切削加工 FRP、木材或钝铝等材料。然而，PCD 刀具无法磨出极其锋利的刃口，刃口半径很难达到 1μm 以下，加工的工件表面质量也不如天然金刚石。

CVD 金刚石是指用化学气相沉积法在异质基体（如硬质合金、陶瓷等）上合成金刚石膜，CVD 金刚石具有与天然金刚石完全相同的结构和特性。CVD 金刚石不含任何金属或非金属添加剂，因此，CVD 金刚石的性能与天然金刚石相比十分接近，兼具单晶金刚石和 PCD 的的优点，在一定程度上又克服了它们的不足。根据不同的应用要求，可选择不同的 CVD 沉积工艺以合成出晶粒尺寸和表面形貌不同的 PCD。大量实践表明，CVD 金刚石工具产品的使用性能在许多方面超过聚晶金刚石的同类产品，而且其低表面粗糙度接近单晶金刚石，抗冲击性超过单晶金刚石。CVD 金刚石刀具的超硬耐磨性和良好的韧性使之可加工大多数非金属材料和多种非铁金属材料如铝、硅铝合金、铜、铜合金、石墨、陶瓷，以及各种增强玻璃纤维和碳纤维结构材料等。CVD 金刚石刀具还可用作高效和高精密加工刀具，其成本远低于价格昂贵的天然金刚石刀具。由于 CVD 金刚石厚膜硬度高、耐磨性好、不导电，通常需要在空气、氩气或氧气环境中通过激光将纯金刚石厚膜片切割成所需要的形状，利用激光加工技术，不仅能将金刚石厚膜切割成所需的形状和尺寸，还能直接切出刀具的后角和修整厚膜表面。

金刚石的热稳定性比较差，切削温度达到 800℃ 时就会失去其硬度，金刚石刀具不适用于加工钢类材料，因为金刚石与铁有很强的化学亲和力，在高温下铁原子容易与碳原子相互作用使其转化为石墨结构，刀具极容易损坏。

12.1.5.3　刀具材料在高速切削中的应用

每一种刀具材料都有最佳的加工对象，即存在切削刀具材料与加工对象合理匹配问题。一般而言，金刚石刀具主要用于高速加工铝、铜及其合金等非铁金属和非金属材料以及钛和钛合金。立方氮化硼和陶瓷刀具主要适于高速加工铸铁及其合金和淬硬钢以及镍基合金等高温合金。陶瓷刀具、TiC(N)基硬质合金刀具和涂层刀具等适于高速加工钢、铁及其合金。超细晶粒硬质合金适于小尺寸整体刀具，高速加工孔、攻丝和齿轮，也可以较高速加工钛及其合金和高温合金等超级合金。由于刀具寿命的限制，钢、铁及其合金和超级合金等只能比较高速进行精加工和半精加工。发展具有更加优异高温力学性能、高化学稳定性及高热振性的刀具材料，是推动高速切削技术发展和广泛应用的方向（表 12－3）。

表 12－3　高速切削刀具材料的综合性能比较

性能参数		高速切削刀具材料的对比					
力学性能	硬度	PCD>PCBN>Al_2O_3 基陶瓷>Si_3N_4 基陶瓷>TiC(N)基硬质合金>WC 基超细晶粒硬质合金>高速钢(HSS)					
	抗弯强度	HSS>WC 基硬质合金> TiC(N)基硬质合金> Si_3N_4 基陶瓷>Al_2O_3基陶瓷 PCD>PCBN					
	断裂韧性	HSS>WC 基硬质合金> TiC(N)基硬质合金>PCBN>PCD> Si_3N_4 基陶瓷>Al_2O_3 基陶瓷					
物理性能	耐热温度	PCD 刀具	PCBN 刀具	陶瓷刀具	TiC(N)基硬质合金	WC 超细晶粒硬质合金	HSS
		700～800℃	1200～1500℃	1100～1200℃	900～1100℃	800～900℃	600～700℃

（续）

性能参数		高速切削刀具材料的对比
物理性能	热导系数	PCD>PCBN>WC 基硬质合金> TiC(N)基硬质合金>HSS> Si_3N_4 基陶瓷>Al_2O_3 基陶瓷
	热胀系数	HSS> WC 基硬质合金> TiC(N)>Al_2O_3 基陶瓷>PCBN> Si_3N_4 基陶瓷>PCD
	抗热振性	HSS> WC 基硬质合金> Si_3N_4 基陶瓷>PCBN>PCD> TiC(N)基硬质合金>Al_2O_3 基陶瓷
化学性能	抗黏结温度	与钢:PCBN>陶瓷>硬质合金>HSS; 与镍基合金:陶瓷>PCBN>硬质合金>金刚石>HSS
	抗氧化温度	陶瓷>PCBN>硬质合金>金刚石>HSS
	扩散强度	对钢铁:金刚石> Si_3N_4 基陶瓷>PCBN> Al_2O_3 基陶瓷; 对钛:Al_2O_3 基陶瓷>PCBN>SiC> Si_3N_4>金刚石
	溶解度	在钢(未淬硬)中溶解度的大小顺序(在 1027℃时):SiC> Si_3N_4 基陶瓷>WC 基硬质合金>PCBN>TiN>TiC>Al_2O_3 基陶瓷>ZrO_2

1. 非铁金属的高速切削加工

铝合金、铝镁合金、轻合金加工的主要特点是:①切削力和切削功率小,约比切削钢件小 70%;②易切削,刀具磨损小,用涂层硬质合金、多晶金刚石等刀具在很高的切削速度下切削轻合金材料,可以达到很高的刀具寿命;③加工表面质量高,仅采用少量的切削液,在近乎干切削的情况下,不用再经过任何加工或手工研磨,零件即可得到很高的表面质量;④切削速度和进给速度高,切削速度可高达 1000~7500m/min;⑤高速加工使 95%以上的切削热被切屑迅速带走,工件可保持室温状态,热变形小,加工精度高。

适用铝合金加工的刀具材料有超细晶粒硬质合金、PCD。对于硅质量分数小于 12%的铸铝合金:当切削速度达到 1000m/min 时,可使用 N10 硬质合金刀具和 Si_3N_4 陶瓷刀具;当在更高切削速度 2000~4000m/min 加工时,可用超细晶粒硬质合金和 PCD 刀具;特别是切削低熔点的硅铝合金材料(硅质量分数大于 12%)时,可用 PCD 或 CVD 金刚石涂层刀具,切削速度可达 1100m/min;在铣削铝镁合金时,可使用 N10 硬质合金刀具。

聚晶金刚石刀具高速切削加工铝合金时不仅能获得良好的加工质量,而且刀片寿命长。例如,加工高硅铝合金汽车发动机汽缸盖,尺寸 450mm×200mm,切削速度 1356m/min,工作台进给速度 3670mm/min,刀具进给量为 2.16mm/r,切削深度 1.6mm,水溶性切削液,刀具正常磨损时加工零件数量达到 48000 件。

2. 铸铁的高速切削加工

铸铁高速切削加工的最高转速目前能达到加工铝合金的 1/5~1/3,切削速度为 500~2000m/min,精铣灰铸铁可达 4500m/min。加工铸铁时,切削速度的进一步提高受限于刀具材料的耐热性、抗热震性能和化学稳定性,主要是切削热促使切削刃发生黏结磨损、化学磨损和热震破损,造成刀具损坏。

高速切削加工铸铁所用的刀具材料主要有立方氮化硼、陶瓷刀具、TiC(N)基硬质合金(金属陶瓷)、涂层刀具、超细晶粒硬质合金刀具等。切削速度对刀具材料的选用有较大的影响。当速度低于 750m/min 时,可用涂层硬质合金和金属陶瓷;切削速度为 500~2000m/min 时,可选用 Si_3N_4 陶瓷刀具;切削速度为 2000~4500m/min 时,可使用 PCBN 刀具。

PCBN 刀具是高速切削铸铁最适宜的刀具之一,与陶瓷刀具或硬质合金刀具相比,切削速度高、加工精度好、刀具寿命长。切削普通灰铸铁时,切削参数一般选用切削速度 1000~2000m/min,进给量 0.15~1.0mm/r,切削深度 0.12~2.5mm。

加工以珠光体为主的铸铁件,用 CBN 质量分数 80%~95%的 PCBN 刀具,可在 500~1500m/min 的切削速度进行加工,也可用陶瓷刀具进行加工,切削速度<1000m/min。PCBN 刀具是高速切削加工珠光体铸铁较为理想的刀具,如精车珠光体铸铁,硬度 180~260HB,切削速度 470~920m/min,进给量 0.12mm/r,切削深度 0.35mm,干切削,表面粗糙度 $Rz=8\mu m$。再如,精镗珠光体铸铁汽缸套孔,硬度 170~230HB,切削速度 460m/min,进给量 0.24mm/r,切削深度 0.3mm,干切削,每个 PCBN 刀片可镗 2600 件汽缸套孔,表面粗糙度

$R_a=2\mu m$。

当铸铁以铁素体为主时，由于扩散磨损的原因，刀具磨损严重，不宜使用 PCBN 而应采用陶瓷刀具。

陶瓷刀具在高速切削条件下，加工铸铁的切削性能比硬质合金优越得多，切削速度可达 500～1200m/min，用 Si_3N_4 基陶瓷刀具车削 HT356－51 灰铸铁（179HB），刀具前角－5°、后角 5°，主偏角 75°，刀尖圆弧半径 0.8mm，切削速度 600m/min，进给量 0.7mm/r，切削深度 2mm，切削 30min 后，刀具后刀面磨损 VB 只有 0.12mm，刀具无破损，还可以正常切削。

3. 钢的高速切削加工

PCBN、陶瓷刀具、涂层刀具、TiC（N）基硬质合金（金属陶瓷）刀具是高速切削加工钢、合金钢和淬硬钢等常用的刀具，其中 PCBN 主要适合于加工淬硬钢件（45HRC 以上）；氧化铝基陶瓷刀具适于加工碳钢、高强度钢、高锰钢、高速钢和调质钢等。加工未淬硬钢件，一般可在 300～800m/min 速度范围进行调整。陶瓷刀具的牌号不同，适于加工的钢的种类各异，根据加工要求和钢件性质选用不同牌号的陶瓷刀具及其几何角度是成功使用陶瓷刀具进行高速切削的关键。例如，加工钢和合金钢，Al_2O+TiC 陶瓷刀具最为普遍。涂层硬质合金刀具随涂层材料不同，一般可在 200～500m/min 范围内加工未淬硬钢件。

PCBN 刀具能胜任淬硬工具钢、淬硬模具钢的高速切削加工。被加工材料的硬度越高，越能体现出 PCBN 刀具的优越性。由于 PCBN 较脆，对于断续切削，特别是在刚性不足时，采用切削刃研磨和负倒棱，并用负前角切削以增加刀具抗冲击强度，减少切削刃破损和刀片断裂。对于特别严重的断续切削，则采用大的刀尖圆弧半径，以增加切削刃强度。

用陶瓷做结合剂的复合 PCBN 刀具既具有陶瓷材料的良好热稳定性和化学稳定性，又具有 PCBN 刀具的高耐磨性，因而是进行淬硬钢精车的理想刀具材料。复合 PCBN 刀具能在精密车床上获得 $R_a=0.0254\mu m$ 的超精密加工表面。采用 CBN 质量分数高的 PCBN（90%CBN）和复合 PCBN（65%CBN+35%TiN）球头立铣刀高速加工淬硬模具钢都能获得很好的加工效果。CBN 质量分数高的 PCBN 刀具的 CBN 晶粒间的结合力强、韧性高，在高速断续切削条件下，刀具与工件接触的时间短不易产生崩刃，稳定性好，化学惰性高，在高速切削加工高硬度材料时能极好地减少“月牙洼”磨损。

Al_2O_3 基陶瓷刀具价格比 PCBN 刀具便宜得多，是加工淬硬钢比较理想的刀具之一，Al_2O_3 基陶瓷刀具有多种牌号可供选用，可以在切削速度 100～150m/min 的范围内加工硬度 58～65HRC 的钢和合金钢。

涂层硬质合金立铣刀（TiCN 或 TiAlN 涂层）也可用在较高速度下切削加工淬硬钢（45～55HRC）。半精加工时的切削用量：切削速度 90～120m/min，轴向切削深度 3%～4%刀具直径，径向切削深度 20%～40%刀具直径，进给量 0.05～0.15mm/z。精加工时的切削用量：切削速度 100～150m/min，轴向切削深度 0.1～0.2mm，径向切削深度 0.1～0.2mm，给量 0.02～0.2mm/z。

4. 钛合金的高速切削加工

纯钛是最容易加工的，但它缺少合金所具的强度和韧性，所以应用很有限。钛合金具有密度小（约 4.5g/cm^3，仅为钢的 60%左右），比强度高，热强度好，能耐各种酸、碱、海水、大气等介质的腐蚀等一系列优良的力学、物理性能，因此在航空航天、炼油、化工、采矿、造纸、核废料储存、电化学、污染控制、食品加工、医疗设备等领域得到越来越广泛地应用。美国自 20 世纪 60 年代中期起，81%的钛合金用于航空工业，其中 40%用于发动机构件、36%用于飞机骨架。切削钛合金必须选用热硬性好、抗弯强度高、导热性能好、抗黏结、抗氧化性能好的刀具材料。

加工钛合金可选用不含或少含 TiC 的硬质合金刀具。采用 PVD TiAlN 涂层硬质合金刀具高速铣钛合金时，刀具性能远好于普通硬质合金立铣刀。在用直径 10mm 的硬质合金 K10 两刃螺旋刃铣刀高速铣削钛合金，切削速度可达 628m/min，进给量为 0.06～0.12mm/z，可获满意的刀具寿命。虽然陶瓷刀具材料被广泛用来加工各种难加工材料，特别是高温合金材料如镍基合金，但由于其导热性差、断裂韧性较小和对钛的化学活性，陶瓷刀具很少被用来加工钛合金。聚晶金刚石（PCD）刀具已被用来高速加工钛合金，切削速度为 180～220m/min。

5. 高温合金的高速切削加工

高温合金又称耐热合金或超级合金，它是多元的复杂合金，能在 600～1000℃的高温氧化气氛及燃气腐蚀条件下工作,具有优良的热强性能、热稳定性能及疲劳性能,是航空航天、造船的重要结构材料。高温合金按基体元素可分为铁基、镍基、钴基合金。通常称 Ni 质量分数大于 50%的高温合金为镍基高温合金,镍基合金是一种具有代表性的超级耐热合金,它具有高的硬度和耐热性,以及很高的耐蚀性,目前广泛用于制造喷气发动机零件,燃汽轮机、蒸汽轮机、飞机发动机及核能工业零部件。

镍的熔点为 1453℃,抗蚀性强,其安全温度在氧化性气体中为 1040℃,在还原性气体中为 1260℃,且具有一定的强度和塑性,因此,在现代工业中,纯镍作为高温、抗腐蚀材料,应用十分广泛。用复合 PCBN 刀具进行切削:切削速度 100m/min,进给量 0.1mm/r,切削深度 0.1mm,刀具寿命在 100min 以上。目前,国内外加工镍基合金主要选用 PCBN 刀具、陶瓷刀具和 S 类硬质合金。

质量分数 85%~95%CBN、粒度 2~3μm,用金属系作为粘合剂的 PCBN 刀具可以用来高速切削镍基合金,切削速度一般选择 120~240m/min,进给量 0.25~0.15mm/r,切削深度 0.1~3.0mm。

加工 Inconel 718(GH169)工件(硬度 340HV)时,宜选用 CBN 质量分数高的 PCBN 刀具。这是因为,CBN 质量分数越高,PCBN 刀具的硬度越高。

Si_3N_4 基陶瓷刀具和氧化铝基陶瓷刀具车削 Inconel 718 时,切削速度可高达 500m/min,可用水基切削液。

用 Sialon 基的圆形陶瓷刀具切削 GH4169,$v_c = 160$m/min,$f_z = 0.2$mm/z,$a_p = 1$mm,刀具寿命 60min。用 Si_3N_4Sialon 陶瓷刀具切削类似 Inconel718 的镍基合金,当切削速度 150~400m/min 时,刀具寿命 40min。

晶须增韧陶瓷刀具能以 100~200m/min 的切削速度和 0.5~0.7m/min 的进给量在镍基合金上镗削孔,这就比一般的硬质合金刀具的切削速度约快 5 倍,而进给快速度则快 2 倍。

12.1.5.4　高速切削刀具结构

高速切削加工要求整个刀具系统十分可靠,这其中不仅要求刀体材料本身可靠,还要求组成刀具系统和零件如刀片、刀柄、刀夹、刀垫和紧固螺钉等可靠。除零件结构可靠外,还要求夹紧可靠,以提高刀具整体结构可靠性,这就要求高速切削刀具的结构设计采用的"轻量化"的原则。所谓"轻量化",就是在使用性能不变甚至提高的条件下降低结构重量,即在不影响机构的功能、安全性和稳定性的基础上的轻量化,它不仅是要减轻运动部分的重量,还要简洁结构。

1. 刀体材料与结构

高速切削时,高速回转刀具会产生较大的离心力,刀体的失效是由离心力造成的高速切削刀具结构失效的主要形式之一。因此,对刀体材料与结构进行优化设计,如简化刀体结构,减少刀体连接元件数等,是提高可转位刀具高速切削整体性能与切削可靠性安全性的重要途径。在刀体材料的选择方面,为减小离心力,应选择用密度小、强度高的材料,以尽可能地减轻刀体重量,同时刀体材料的选择也应兼顾该材料应用的速度范围和对象,如高强度铝金合刀体的金刚石面铣刀和碳纤维增强塑料刀杆。高速回转刀具必须进行运动平衡,以满足平衡品质的要求。图 12-18 为用不同刀体材料制造的 DIN8030 系列铣刀的极限切削速度比较。图 12-19 为旋转速度对刀具变形的影响。

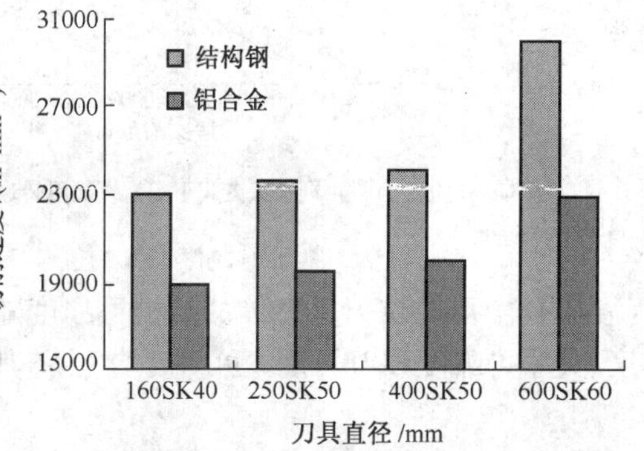

图 12-18　不同刀体材料铣刀的极限切削速度比较

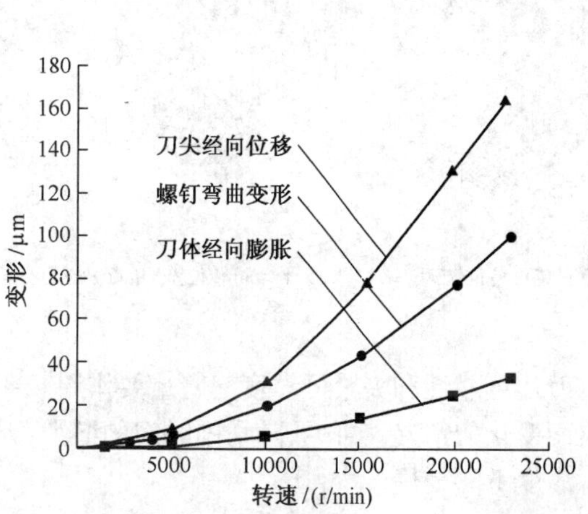

图 12-19　旋转速度对刀具变形的影响

高速切削刀具的结构形式多种多样，造成可靠性更为复杂，刀具零件的功能结构和夹紧结构涉及到诸多环节，在高速切削中，不允许刀体和刀片夹紧结构破坏以及刀片破裂或甩掉，所以刀体和夹紧结构必须有高的强度与断裂韧性和刚性，保证安全可靠。

在刀体结构设计方面，首先应注意避免和减小应力集中，刀体上的槽如刀座槽、容屑槽，键槽等均会引起应力集中、降低刀体的强度。因此，刀体结构应尽量避免贯通式刀槽和槽底带尖角，同时尽量减少刀体连接元件的数量。旋转刀具刀体的结构应对称于回转轴，使重心通过刀具的轴线，如高速铣刀大多采用 HSK 刀柄与机床主轴连接甚至做成整体结构，较大程度地提高了刀具系统的刚度和重复定位精度，有利于刀具破裂极限转速的提高。此外，机夹式高速铣刀的直径趋小、长度增加、刀齿数也趋少（两齿），这种结构便于调整刀齿的跳动，有利于提高刀具的强度、刚度和加工质量。

要提高整个刀具系统的可靠性，就应尽量采减少中间环节，即减少刀片装夹的零件数。刀垫一般采用高强度和高硬度的材料制造，能够承受足够的压应力。

高速切削刀具（刀体、刀片、夹紧元件）所用的材料还要保证旋转刀具在 2 倍于最高使用转速时不破裂。

2. 可转位刀片的装夹

高速切削加工用回转刀具按刀片固定方式可分为整体结构、带有固定刀片座结构和可调刀片座结构三种。高速铣削刀具系统常在 6000~10000r/min 以上的旋转速度下工作，在这样高速回转速度下工作的机夹可转位铣刀刀具系统受到很大的离心力作用。除刀体失效外，刀具夹紧单元的失效与切削单元的失效（如可转位刀片的破裂）是由离心力造成的高速切削刀具的另外两种主要失效形式。因此，如何实现机夹刀具可转位刀片的有效装夹，对于高速切削刀具的安全性至关重要。对于高速刀具可转位刀片的装夹，首先要保证刀体与刀片之间的选择连接配合要封闭，刀片夹紧机构要有足够的夹紧力。通常不允许采用摩擦力夹紧，可转位刀片应有中心螺钉孔或有可卡住的空刀窝用螺丝钉夹紧，保证刀具精确定位和高速旋转时可靠。例如，一种可转位的刀片，刀片底面有一个圆的空刀窝，可与刀体上的凸起相配合，对作用在夹紧螺钉上的离心力起卸载的作用，或用特殊设计的刀具结构以防止刀片甩飞。此外，刀座、刀片的夹紧力方向最好与离心力方向一致。刀片中心孔相对螺钉孔的偏心量、刀片中心孔和螺钉的形状等，决定了螺钉在静止状态下夹紧刀片时所受的预应力大小，必须控制螺钉的预应力，过大预应力甚至能使螺钉产生变形过载而提前受损。刀片的夹紧力应施加规定的扭矩，并使用合格的螺钉。螺钉应定期检查和更换。

对于高速旋转的刀具，不同的刀具结构，对夹持刀片螺钉的作用载荷也不同。图 12－20（a）为刀片立装式结构，图 12－20（b）为刀片平装式结构，当铣刀高速旋转，离心力使刀片有向外移造成螺钉弯曲（图 12－20（c）），两种不同的装夹方式螺钉的极限转速不一样（图 12－20（d））。分析结果表明：从安全性看，对可转位面铣刀刀具，旋转离心力对刀片夹紧、螺钉的破坏和刀体的变形有最主要的影响，立装铣刀优于平装铣刀。

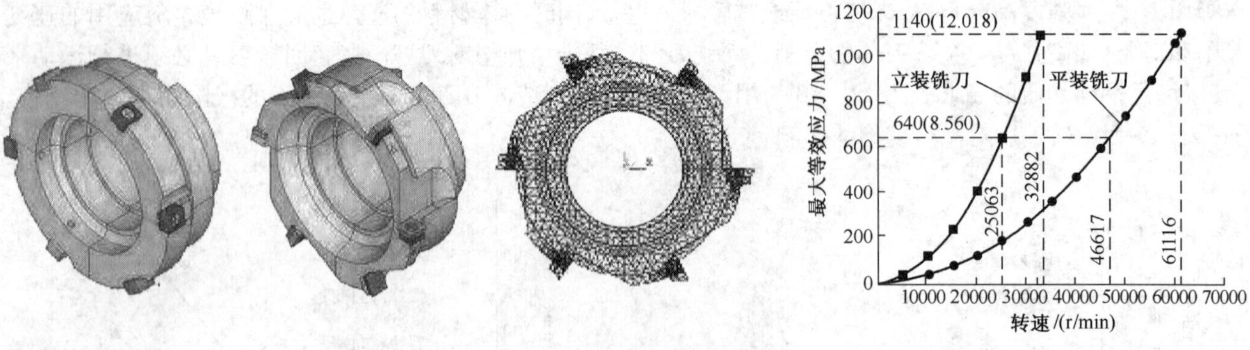

（a）立装可转位铣刀　（b）平装可转位铣刀　（c）螺钉分析——刀片外移和螺钉弯曲　（d）不同装夹方式下的螺钉极限转速

图 12－20　可转位刀具安全性

刀片可靠性和夹紧可靠度起着重要作用。图 12－15 为硬质合金可转位刀具整体的结构可靠度随切削时间而变化的情况。可见，随切削时间的增大，刀片的可靠度、夹紧可靠度和刀具整体可靠度均下降，其中夹紧可靠度下降较慢。

3. 刀具的动平衡

动平衡性能是高速切削刀具系统优劣的一个重要指标。在高速切削条件下刀具系统的不平衡将会产生较大的惯性离心力,从而使机床主轴-刀具系统产生振动,给切削加工过程的稳定性与安全性带来不利的影响,不仅会加剧主轴轴承及刀具的磨损,同时会影响工件的加工质量,如造成各刀齿的负载不均衡,工件局部过切、工件形状发生变形,表面出现振纹等。

用于高速切削的铣刀必须经过动平衡测试,并应达到 ISO 1940/1 规定的 G16 平衡质量等级以上要求,即铣刀在最大使用转速 n_{max} 时的单位重量允许不平衡量不超过 $1.5279\times10^5/n_{max}$(mm · g/kg)。为此,在机夹铣刀的结构上要设置调节动平衡的位置。

实际上,目前某些精加工高速铣刀(或镗刀)不平衡量已达到 G2.5 级($e=0.23873\times10^5/n_{max}$)平衡性比 G16 级好得多,目前美国平衡技术公司推出的刀具动平衡机甚至可平衡到 G1.0 级。造成刀具系统不平衡的因素包括刀具系统的设计、制造、装配和工作状态等。可转位刀具还会由于换刀片和配件后会产生新的微量不平衡,整体刀具在装入刀柄后也会在整体上形成某种微量不平衡,一般常会使用平衡调整环、平衡调整螺钉、平衡调整块等调整法来去除不平衡量以达到平衡目的。对于在高速切削条件下使用的刀具,盘类刀具由于轴向尺寸相对较小,一般可以只进行静平衡,而杆类刀具的悬伸较长,其质量轴线与旋转轴线之间可能存在的夹角,动平衡就不能被忽略。

12.1.5.5　高速切削刀具的几何参数

除刀具材料、刀具结构外,切削刃的几何参数以及刀具的断屑方式等对高速切削的效率、表面质量、刀具寿命以及切削热量的产生等都有很大影响。一般来说,高速刀具的几何角度和传统的刀具都有对应的关系,刀具的前角、后角影响切削载荷和切削热的大小,切削速度越快,产生的热量越多,所以在高速切削过程中很关键的问题是要想办法把切削热尽可能多地传给切屑,并利用飞速切离的切屑把切削热迅速带走。高速切削对刀具结构和几何参数提出了要求:使刀具保持切削锋利和足够的强度,让切屑成为切削过程的散热片。由此可见,合适的刀具几何角度对顺利进行高速切削有非常重要的作用,一般高速切削刀具的前角比常规刀具的前角要略大,以增加切削刃的锋利程度。后角也应略大,减小刀具后刀面与工件的摩擦。主、副切削刃连接处应修圆或倒角来增大刀尖角,防止刀尖角处热磨损。应加大刀尖附近的切削刃长度和刀具材料体积,提高刀具刚性。合适的刀具几何角度对顺利进行高速切削具有非常重要的作用。

12.1.6　高速切削刀柄与机床的连接系统

一般切削最常用的是 BT 刀柄或 CAT 刀柄,而高速切削用得比较多的是 HSK 刀柄。BT 刀柄和 CAT 刀柄的锥度为 7∶24,标准的 7∶24 锥连接有许多优点:①可实现快速装卸刀具;②刀柄的锥体在拉杆轴向拉力的作用下,紧紧地与主轴的内锥面接触,实心的锥体直接在主轴锥孔内支撑刀具,可以减少刀具的悬伸量;③只有一个尺寸(即锥角)需加工到很高的精度,所以成本较低而且可靠,多年来应用非常广泛。但当主轴转速超过 10000r/min 时,由于离心力的作用,主轴系统的端部将出现较大变形,刀柄与主轴锥孔间将出现明显的间隙(图 12-21),其径跳由 0.2μm 左右增加到 2.8μm 左右,严重影响了刀具的切削特性,因此 BT 刀柄和 CAT 刀柄一般不能用于高速切削。

1. HSK 刀柄

HSK 刀柄的锥体结构形式与常用的 BT 刀柄不同,它的锥体比标准 7∶24 锥短,锥柄部分采用薄壁结构,锥度配合的过盈量较小,对刀柄的主轴部分关键尺寸的公差带特别严格。由于短锥严格的公差和具有弹性的薄壁,在拉杆轴向拉力的作用下短锥有一定的收缩,所以刀柄的短锥和端面很容易与主轴相应结合面紧密接触,具有很高的连接精度和刚度。采用锥面与端面双重定位的方式(图 12-22),在足够大的拉紧力作用下,HSK 1∶10 空心工具锥柄与主轴 1∶10 锥孔之间在整个锥面和支撑端面上同时接触并产生预紧力,提供封闭结构的径向定位和轴向定位。当主轴高速旋转时,尽管主轴端会产生扩张,由于短锥的收缩得到部分扩胀,仍能与主轴锥孔保持良好的接触,主轴高速旋转不降低连接刚度。HSK 采用由内向外的锁紧,端面定位可防止刀柄的轴向窜动,具有良好的静、动态刚度和极高的径向、轴向定位精度,其轴向定位精度比 7∶24

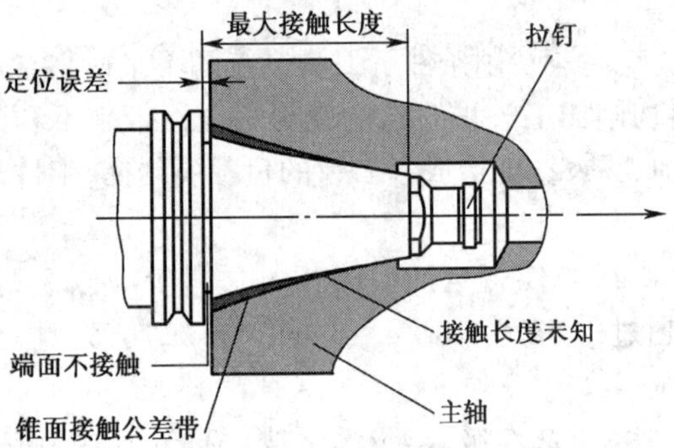

图 12-21 高速旋转时 BT 刀柄与机床主轴的间隙

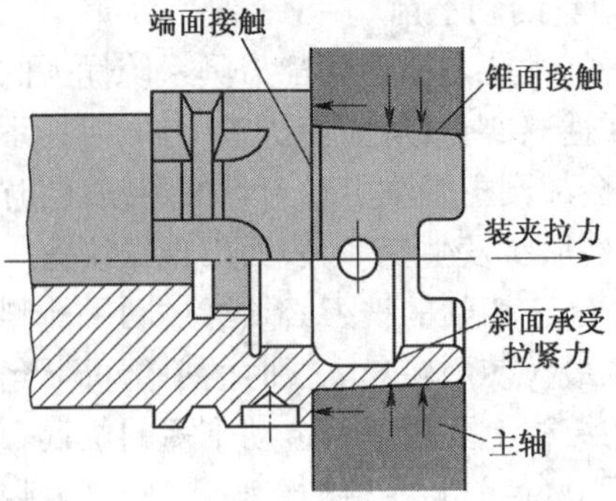

图 12-22 HSK 的双重定位结构

锥柄提高了 3 倍,径向跳动精度提高了 2~3 倍。特别适合于高速粗、精加工和重负荷切削。

HSK 短锥柄部长度短(约为标准 BT 锥柄长度的 1/2)、重量轻,因此换刀时间短。在整个速度范围内,HSK 锥柄比 BT(7∶24)具有更大的动、静径向刚度和良好的切削性能。与 7∶24 锥柄相比有如下优点:①重量减少约 50%;②重复使用时装夹和定位精度高;③刚度高,并可传递大的力矩;④夹紧力随转速升高而增大。图 12-23 为 HSK 刀柄和 BT 刀柄刚度比较。

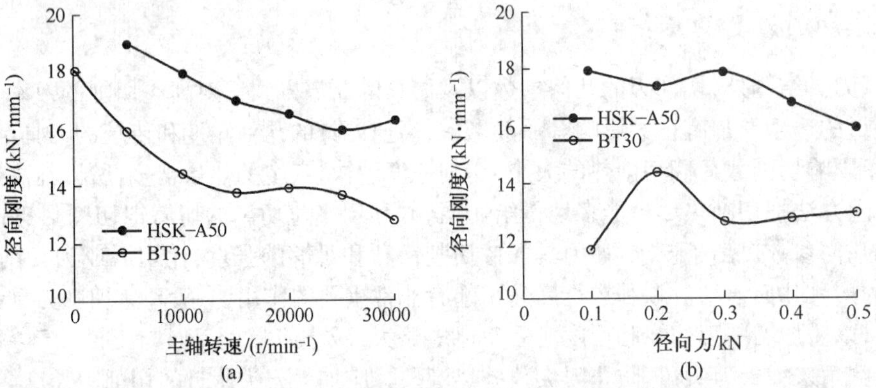

图 12-23 HSK 刀柄和 BT 刀柄刚度比较

国内采用 DIN 69893-1 中的 A 型和 C 型标准,如 HSK50A、HSK63A、HSK100A 等,该标准先后被采纳为 ISO 12164:2001 和 GB/T 19449—1。HSK50A 和 HSK63A 刀柄的主轴转速可达 25000r/min,HSK-A100 刀柄可达 12000r/min,精密平衡后的 HSK-E 刀柄可达 40000r/min。随着转速增加,径向刚度将有所降低,如图 12-23 所示。

由于 HSK 刀柄系统采用双重定位配合原则,在足够的拉紧力作用下,HSK1∶10 空心工具锥柄和主轴锥孔、锥面及端面同时接触,并产生预紧力,可提供封闭结构的径向定位和平面夹紧定位,阻止任何轴向窜动。HSK 刀柄具有静、动态刚性高,扭矩传递大,径向定位精确以及换刀重复精度高等特点。

2. KM 刀柄

KM 刀柄是 1987 年美国肯纳金属公司与德国 Widia 公司联合研制的 1∶10 短锥空心刀柄(图 12-24),其长度仅为标准 7∶24 锥柄长度的 1/3。由于配合锥度比较短,且刀柄设计成中空结构,在拉杆轴向拉力的作用下,短锥可径向收缩,所以有效地解决了端面与锥面同时定位而产生的干涉问题。

KM 刀柄与主轴锥孔间的配合过盈量较高,可达 HSK 刀柄结构的 2~5 倍,其连接刚度比 HSK 刀柄还要高。同时,与其他类型的空心锥柄连接相比,相同法兰外径采用的锥柄直径较小,因而主轴锥孔在高速旋转时扩张小,高速性能好。

研究表明:与 BT 刀柄相比,HSK 刀柄与 KM 刀柄具有更加优越的静刚度和动刚度,其中由于 KM 刀柄的拉紧力与锁紧力明显大于 HSK 刀柄,所以 KM 刀柄的性能较优。它们的结构及性能比较见表 12-4。

3. Capto 刀柄

高速切削在实际生产中使用得越来越多,所以高速刀柄的形式也多种多样,如山特维克可乐满生产的

Capto 刀柄就很特殊，其刀柄为三棱体锥，而不是常见的圆锥形，锥度为 1∶20，如图 12－25 所示。

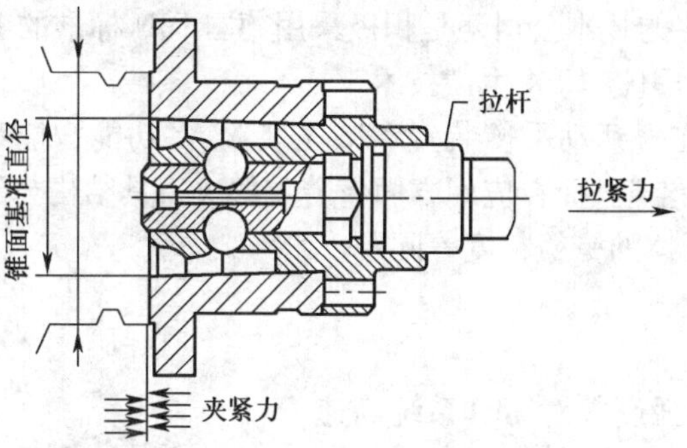

图 12－24　KM 刀柄的结构

表 12－4　刀柄性能

刀柄型号	BT40	HSK－63B	KM6350
刀柄结构及主要尺寸			
锁紧机构			
柄部结构特征	7∶24 实心	1∶10 空心	1∶10 空心
结合及定位部位	锥面	锥面+端面	锥面+端面
传力结构	弹性套筒	弹性套筒	钢球
拉紧力/kN	12.1	3.5	11.2
锁紧力/kN	12.1	10.5	33.5
过盈量/μm	—	3~10	10~25

由于三棱锥的表面比较大，所以刀具的表面压力低、不易变形、精度保持性比较好。另外，由于该结构不需要传动键就可以实现正、反两个方向的转矩传递，所以消除了由于键和键槽引起的动平衡问题，弯和扭的承载能力也更好，如图 12－26 和图 12－27 所示。当然，这也带来了成本高，与其他现有刀柄不兼容等缺点。

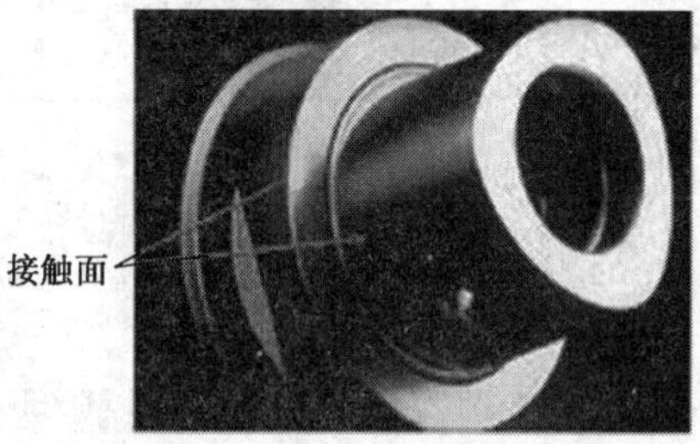

图 12－25　Sandvik 公司的 Capto 刀柄

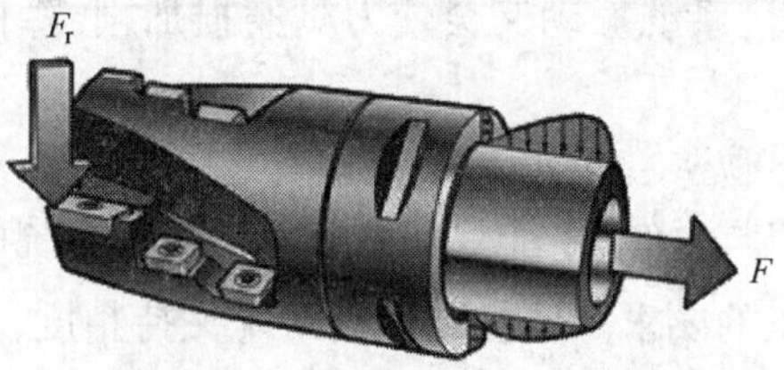

图 12－26　Capto 刀柄承受弯矩的情形

图 12－27　Capto 刀柄承受扭矩的情形

多边形锥柄可以确保自动径向定心，并从接口的周边施压，能将连接的重复性控制在 2μm 以内。多边形锥柄无需利用键和键槽，就能将扭矩从机床主轴传递给刀具。CAT 刀柄或 BT 刀柄在连接凸缘处都采用键连接来传递扭矩，而 Capto 刀柄由于采用了多边形锥柄，不会在主轴锥套内转动，因此，主轴的全部可传递扭矩都作用于 Capto 刀柄的整个锥面上。

使用 Capto 刀柄不存在多种形式的问题，不像 HSK 刀柄那样有 A~T 的多种形式。目前，只有一种形式的 Capto 刀柄，它有 6 种尺寸规格，即 C3、C4、C5、C6、C8（凸缘直径分别 32mm、40mm、50mm、63mm、80mm）和 C8x（凸缘直径 100mm 的 C8 刀柄）；1 种新的 C10 规格（凸缘直径 100mm，其多边形大于 C8）。

由于 Capto 刀柄具有快速换刀功能，因此最初应用于车床上。Capto 刀柄的换刀速度比采用偏心轴夹紧方式的常规刀具快 5~10 倍。

由于 Capto 刀柄没有传动键，承受高转速的能力优于其他类型的刀柄。各种规格刀柄的最高使用转速：C3 为 55000r/min；C4 为 39000r/min；C5 为 28000r/min；C6 为 20000r/min；C8 为 14000r/min。

HSK 100 刀柄的拉杆压力约为 16000N，CAT 50 刀柄约为 25000N，而采用气动弹簧的 C8 刀柄拉杆压力为 45000N。

4. BIG－PLUS 刀柄

对高速切削加工用刀柄的改型除德国和美国外，日本也致力于对原 7∶24 实心长锥柄进行多种形式的改进，以达到双面定位，提高定位精度和刚度的目的，如日本 NIKKEN 公司的 3LOCK SYSTEM 锥柄、BIG DAISHOWA SEIKI 公司的 BIG－PLUS 精密锥柄和圣和精机株式会社开发的 SHOWA D－F－C 刀柄等。这些刀柄都是在原标准 7∶24 锥柄基础上进行了一定改进。

BIG－PLUS 刀柄的锥度仍然是 7∶24。其工作原理是：将刀柄装入主轴锥孔锁紧前，端面的间隙小。锁紧后利用主轴内孔的弹性膨胀补偿端面间隙，使刀柄端面与主轴端面贴紧，从而增大其刚度。这种刀柄同样采用了过定位,因而必须严格控制其形状精度和位置精度,其制造工艺难度比 HSK 刀柄还要高。

这种改进型锥柄可与原 7∶24 锥柄互换使用,可应用于原主轴锥孔。但从适应机床转速进一步高速化的发展要求,1∶10 短锥空心柄则更有发展前途。所以,更多的日本公司还是积极采用德国 DIN 标准的 HSK 刀柄,如 NT 工具公司、黑田精工、圣和精机、三菱金属等先后引进 HSK 生产技术。

就目前高速刀柄技术的发展趋势来看,可以预见今后在刀柄动平衡装置和减振装置、多功能智能型刀柄、整个刀具系统的全自动平衡系统等方面将有较大的发展空间,而在应用方面将着重解决刀具结构与形式的统一、采用双面定位系统、提高各元件的制造精度、提高总体的平衡精度等问题。

12.1.7 刀具夹持及刀具系统

高速切削(旋转)刀具与刀柄系统的连接精度、刚性和强度等对刀具系统高速切削的可靠性与安全性以及加工精度等具有至关重要的影响。因此,高速切削刀具系统必须具有很高的几何精度和装夹重复精度、很高的装夹刚度、高速旋转时安全可靠等。

在高速铣削过程中,常采用整体式刀具系统(图 12-28),以提高刀具系统的整体刚度、动平衡精度及抗振性等。

图 12-28 带 HSK 刀柄的整体式刀具系统

“基本刀柄-夹头/接柄-刀具”系统中刀具与刀柄连接的系统静、动刚性是影响加工精度及切削性能的重要因素。刀具系统刚性不足将导致刀具系统振动或倾斜,使加工精度和加工效率降低。同时,系统振动又会使刀具磨损加剧,降低刀具和机床使用寿命。

高的刀具系统精度包括系统定位夹持精度与刀具重复定位精度以及良好的精度保持性。具备以上精度要求的刀具系统,才能保证高速加工整个系统的静态和动态稳定性,从而满足高速、高精加工的要求。要提高刀具系统夹持精度,就必须设法使刀具得到精密可靠定位,确保足够夹持力,严格控制和提高刀具系统配合精度,加大夹持长度,优化结构设计及合理选材等。用于高速切削的刀具与刀柄的连接系统主要有热装夹头、高精度弹簧夹头、高精度液压膨胀夹头、三棱变形夹头等各种刀具夹紧连接系统。

1. 热装夹头

热装夹头主要利用刀柄装刀孔热胀冷缩使刀具可靠夹紧(图 12-29),无辅助夹紧元件,刀柄和刀杆合为一体,具有结构简单、同心度较好、尺寸相对较小、离心力低、材质均匀、夹紧力大、动平衡度高、回转精度高、加工深度大等优点。但它对所夹持的刀具有一定的要求并需要额外的加热设备。热装夹头的夹持精度比液压夹头高,传递的扭矩比液压夹高 1.5~2 倍,径向刚度高 2~3 倍,能承受更大的离心力。

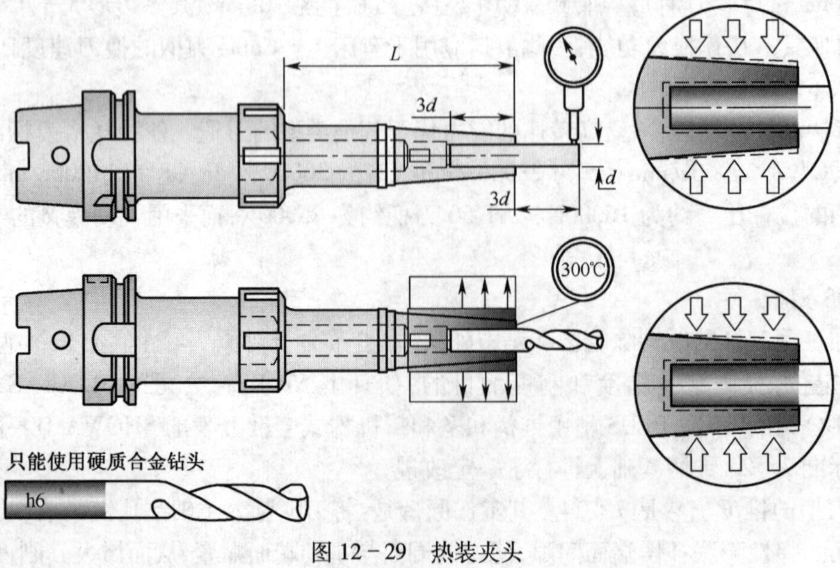

图 12-29 热装夹头

2. 液压夹头

液压夹头是通过拧紧加压螺栓提高油腔内的油压,使油腔内壁均匀对称地向轴线方向膨胀,以夹紧刀具(图 12－30)。液压夹头的夹持直径一般在 32mm 以下,在距夹头端部 40mm 处夹持的径向跳动小于 3μm,夹紧力超过 83MPa。这种夹头的优点是:能提供强大的夹紧力,夹紧力均匀且恒定性好,夹持精度和重复精度高,具有良好的吸振功能,工作寿命比机械夹头提高 3~4 倍。液压夹头出厂前必须经过动平衡检测。一些高精度液压膨胀式夹头,可适用于主轴转速为 15000~40000r/min 的高速切削。

3. 弹簧夹头

弹簧夹头刀柄一般采用具有一定锥角的锥套(弹簧夹头)作为刀柄系统与刀具的夹紧单元,当旋转螺母压入套锥时,使套锥内径缩小而夹紧刀具,这种压入方式可使夹头获得较大的夹持力和较高的夹持精度。有的高精度强力弹簧夹头,采用锥角 12°锥套,所有夹头都经平衡修整。以适应高速加工的要求。这种夹头的使用转速可达 30000~40000r/min。

ER 型弹簧夹头是目前应用较为广泛的性价比相对较高的弹簧夹头,具有较好的同心度和相对小的本体直径,有一定的夹紧力且精度高,适合于高速切削加工。几种夹头性能比较如图 12－31 所示。

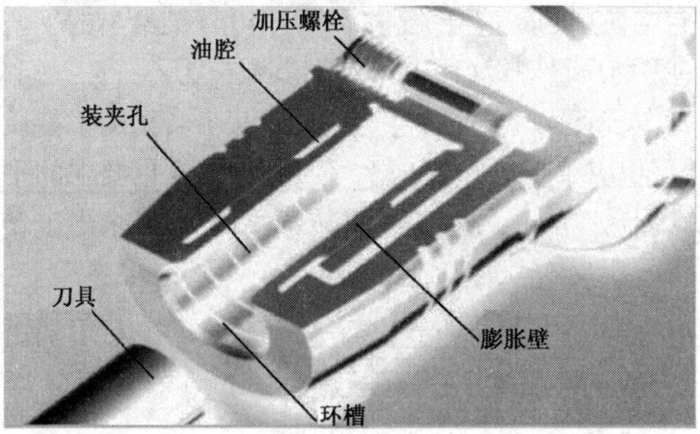

图 12－30　液压夹头

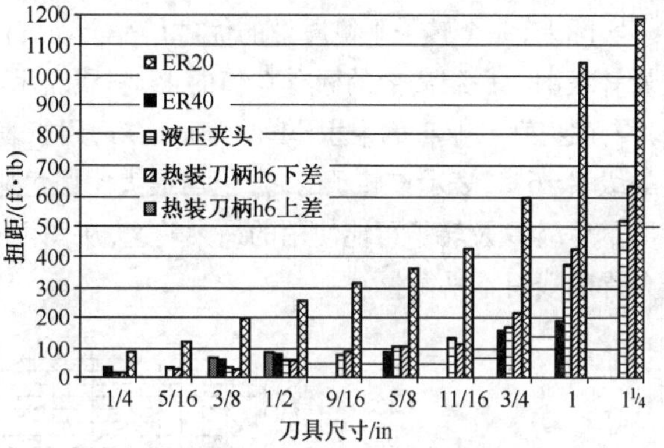

图 12－31　各种夹头夹持扭矩比较

(1in = 2.54cm, 1ft = 0.3048m, 1lb = 0.4534kg)

4. 三棱变形夹头

三棱变形夹头主要是利用夹头本身的变形力夹紧刀具,工作原理如图 12 － 32 所示。刀柄的孔初呈三棱形(图 12－32(a)),在装夹刀具时,先用辅助装置在三棱孔的三个顶点施加预先调整好的力,使刀柄孔变形成圆(图 12－32(b)),然后把刀具插入刀柄(图 12－32(c)),再除去变形外力,刀柄孔弹性恢复,刀具就被夹持在孔内(图 12－32(d))。该夹头具有结构紧凑、装夹定位精度高且对称、刀具装夹简单、造价较低等特点;缺点是需要备一个辅助的加力装置。代表性产品为 Schunk 公司开发的用于模具加工的 TRIBOS 三棱变形夹头。

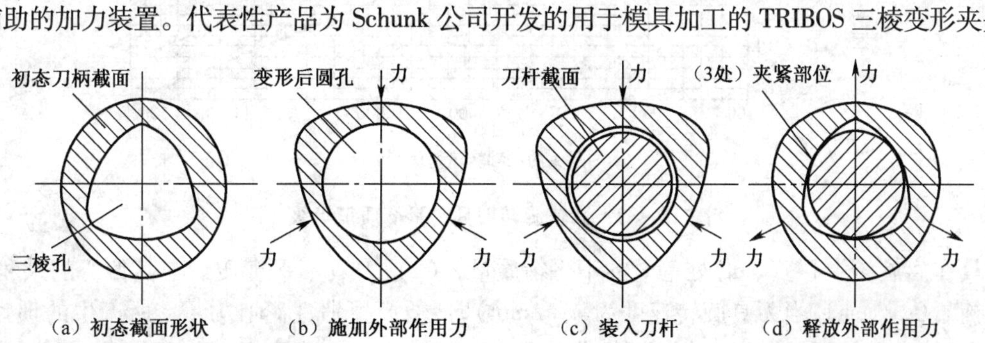

图 12－32　三棱变形夹头

12.1.8　高速切削刀具的动平衡技术

由于刀体里存在缺陷,或刀具设计不对称,或刀具进行过新的调节,都有可能引起刀具系统的不平衡。动平衡性能是评价高速切削刀具系统优劣的一个重要指标。在高速切削条件下,刀具系统的不平衡将会产生较大的惯性离心力，不仅会引起主轴及其部件的额外振动，给切削加工过程的稳定性与安全性带来不利的影响，还会加剧主轴轴承及刀具的磨损，缩短刀具寿命，降低零件的加工质量。一般为 6000 r/min 以上就必须平衡，以保证安全。

1. 高速旋转刀具的动平衡

目前旋转刀具系统无专门的平衡标准，借用了用于刚性旋转体平衡的 ISO 1940/1《刚性转子的动平衡质量要求》标准规定：一个转子的不平衡量（或称残留不平衡量）用 U 表示（单位为 g · mm），U 值可在平衡机上测得；某一转子允许的不平衡量（或称允许残留不平衡量）用 U_{per} 表示。从实际平衡效果考虑，通常转子的质量 m(kg) 越大，其允许残留不平衡量也越大。为对转子的平衡质量进行相对比较，可用单位质量残留不平衡量 e 表示，即 $e=U/m$(g · mm/kg)，相应地即有 $e_{per}=U_{per}/m$。e_{per} 为转子单位质量允许的残留不平衡量，又称许用不平衡度，单位为 g · mm/kg。U 和 e 是转子本身对于给定回转轴所具有的静态（或称准动态）特性，可定量表示转子的不平衡程度。从准动态的角度看，一个用 U、e 和 m 值表示其静态特性的转子完全等效于一个质量为 m(kg) 且其质心与回转中心的偏心距为 e(μm) 的不平衡转子，而 U 值则为转子质量 m(kg) 与偏心距 e(μm) 的乘积。因此，也可将 e 称为残留偏心量，这是 e 的一个很有用的物理含义。

实际上，一个转子平衡质量的优劣是一个动态概念，它与使用的转速有关。如 ISO1940 标准给出的平衡质量等级图上一组离散的标有 G 值的 45°斜线表示不同的平衡质量等级（图 12－33），其数值为 e_{per}(g · mm/kg) 与角速度（rad/s）的乘积（单位为 mm/s），用于表示一个转子平衡质量的优劣。例如，某个转子的平衡质量等级 $G=6.3$，表示该转子的 e_{per} 值与最大使用角速度的乘积应小于或等于 6.3。使用时，可根据要求的平衡质量等级 G 及转子可能使用的最大转速，从图上查出转子允许的 e_{per} 值，再乘以转子质量，即可求出该转子允许的残留不平衡量。

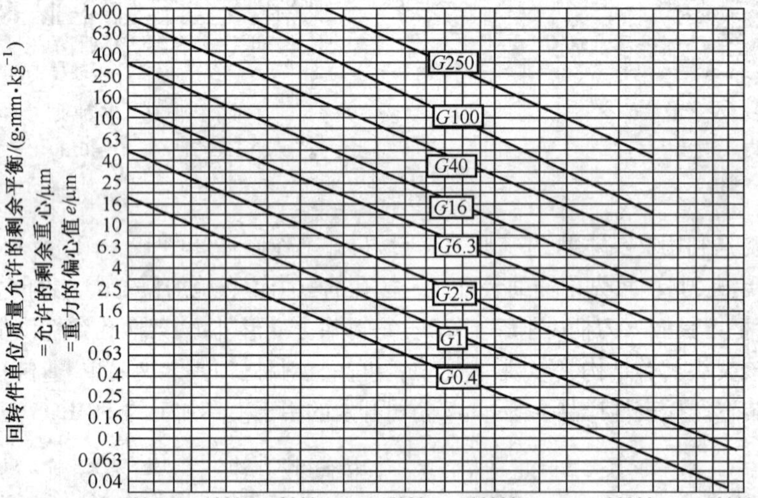

图 12－33 高速旋转刀具动平衡质量等级

假设刀具在离旋转中心 r(mm) 处等效的不平衡质量 m(g)，刀具不平衡质量与其偏心的乘积定义（mr）为刀具不平衡量（g · mm），当刀具旋转速度为 n(r/min) 时，便产生惯性离心力 F。所产生的惯性离心力使刀具寿命减少，使主轴承不仅受到方向不断变化的径向力的作用而加速磨损，还会引起机床振动，降低加工精度甚至可能造成事故。速度进一步提高时，惯性离心力会以二次方的倍数增加。铣削时若主轴及刀具旋转总质量为 M，主轴及刀具系统的刚度为 K，阻尼系数为 C，固有频率为 m，只有径向振动，可建立系统的力学模型。

系统振动的振幅在其他条件不变的情况下，偏心质量 m 越大，偏心距离 r 越大，即刀具不平衡越严重，系统的振动也越甚。

高速切削加工系统(包括刀体、刀具和其夹紧机构、主轴等)的不平衡是由多种原因引起的:

(1) 刀具不平衡:

① 在刀具材料结晶、热加工冷加工过程中出现金相缺陷(夹砂、裂纹、气孔等),从而使刀具质量不均匀引起不平衡,并降低结构强度;

② 刀具制造时尺寸精度超差如刀柄圆度、同心度的超差是产生不平衡的主要原因;

③ 非对称刀具设计如不等深键槽、螺纹等也是不平衡的潜在根源;

④ 使刀具产生质量偏移的非对称零件也会引起不平衡;

⑤ 使用非对称刀具、刀杆或连接件都将产生不平衡;

⑥ 刀具系统装配时多个零件组合的累积误差产生的径向偏移和不平衡。

(2) 主轴不平衡:

① 制造过程中产生的不平衡;

② 回转精度差产生的不平衡;

③ 不均匀磨损引起的不平衡。

(3) 主轴-刀具界面上径向的装夹误差引起的不平衡。

(4) 拉杆-盘形弹簧组件偏移引起的不平衡。

(5) 主轴-刀具边接面上杂物颗粒的污染以及冷却润滑液影响引起的不平衡。

(6) 偶合不平衡。当回转刀具系统主惯性与其重心的轴线交叉,即位于刀具系统对边位置上的两个相同质量不在同一径向平面上时,出现偶合不平衡,此时,刀具系统虽然达到了静平衡,但在高速旋转时,作用在刀具系统两端的力偶将引起动态不平衡会造成振动。位于不同横截面的几个转动质量,无论是静态或动态都是平衡的,但旋转运动仍将产生不平衡力偶,相应地,这将在系统主轴轴承上产生反作用力,偶合不平衡迫使主轴-刀具系统产生谐振。因此,在同一径向平面上以不平衡去校正不平衡的修正方法是系统平衡的关键。

(7) 刀具在主轴上重复安装精度也影响刀具的旋转不平衡效果。

要生产出平衡的刀具,在设计阶段时就要对刀具的每个结构进行全面分析,设计出十分可靠的刀具结构,刀具结构应力求达到质量对称。

用于高速切削的回转刀具,转速大于 6000r/min 必须在刀具动平衡机上经过动平衡测试。刀具的平衡品质用 G(mm/s)表示。ISO 1940/1 规定了回转体动平衡后达到的平衡品质等级要求,对于高速铣刀经动平衡后应能达到 ISO 1940/1 规定的 G16 级~G6.3 级的平衡品质等级,实际上,目前某些精加工高速刀具平衡品质已达到了 G2.5 级~G1.0 级(图 12-33)甚至达到了 G0.4 级,平衡性比 G16 级好得多。

另外,需要说明的是 ISO 1940/1 标准有两部分:第一部分规定了转子单位质量允许的残余不平衡量与最大工作转速及平衡品质等级之间的关系,通过查表可求得;第二部分是转子几种典型的支撑方式,推荐了将总的不平衡量分配到两个平面上的建议。但在 ISO 1940/1 标准推荐的各种不同用途的转子应采用的平衡质量等级 G 中,不包含高速旋转的刀柄-刀具组件,一般可按刀柄制造厂商的规定执行,在刀柄的使用手册中一般已给出在哪个面上修正,以及允许的残余不平衡量等规定。

刀具的不平衡量可通过在专用刀具动平衡机或通用动平衡机上进行测量得到。专用于刀具平衡的动平衡机主要是对加工中心上使用的刀具进行平衡,通用型动平衡机安装上专用的刀柄工装后也可对刀具进行动平衡测量。不同锥度和不同直径规格的刀柄应选配不同的刀柄工装。目前动平衡机大都配有数字显示,可通过人机对话操作在启动前设置刀具两校正面间的距离、校正面与支撑点间的距离和校正面的半径,一次启动后就将测量出刀具的不平衡量和相位。

2. 不平衡量和离心力

旋转部件的不平衡量是指质量重心偏离旋转中心的距离与旋转部件质量的乘积,即

$$U=em(\mathrm{g\cdot mm}) \tag{12-24}$$

式中:e 为偏心量(μm 或 g·mm/kg);m 为旋转部件的质量(kg)。

根据牛顿第二定律,由于不平衡量的存在,在旋转过程中将产生与速度平方成正比的离心力 F。对于旋

转体的平衡,国际上采用的标准是ISO1940/1,用G参数对不同刚性旋转体的平衡质量进行分级,G的数字量分级从G0.4~G4000。G后面的数字越小,平衡等级越高。根据该标准中(图12-33)e_{per}、G、ω或n的关系和式(12-24),可求出允许的残留不平衡量为

$$U_{per}=9549Gm/n_{max}(g\cdot mm) \tag{12-25}$$

式中　G——平衡质量等级;

m——旋转部件的质量(kg);

n_{max}——旋转部件最高使用转速(r/min)。

式(12-25)表示对于一个质量为m、最高使用转速为n_{max}的旋转体,要满足G的平衡质量等级,其残留的不平衡量不得大于允许的不平衡量U_{per}。不平衡量U可在动平衡机上测得,经平衡后,其最终测得的残留不平衡应小于U_{per}。

在高速旋转时,刀具的不平衡会对主轴系统产生一个附加的径向载荷,其大小与转速呈平方关系,因而刀具的安全性必须经过动平衡测试,并应达到ISO1940/1规定的G16平衡质量等级,即铣刀在最大转速n_{max}时的单位质量允许不平衡度e_{per}不超过$1.5279\times10^5/n_{max}$(mm·g/kg),其中n_{max}为最大使用转速。目前,某些精加工高速铣刀不平衡品质已达到G2.5级($e_{per}=0.23873\times10^5/n_{max}$),平衡性比G16级好得多,目前有些刀具动平衡精度甚至可以达到G1.0级。

在采用G平衡等级来确定旋转体的允许不平衡量时,机床常用的等级有三个:G6.3为一般精度级,主要用于一般切削机床和机械旋转体的平衡;G2.5为高精度级,主要用于有特殊平衡要求的机床和机械旋转体;G1.0为超精度级,主要用于磨床和精密机械旋转体。实际在高速切削机床上,一些高速电主轴的平衡指标已达到G0.4级。

举例:已知刀具系统的质量$m=1000$g,确定的平衡质量等级为G6.3,最大使用转速$n=18000$r/min。则可求在此条件下允许的残留不平衡量为

$$U_{per}=\frac{9549m}{n}=\frac{9549\times6.3\times1}{18000}\approx3.34(g\cdot mm)$$

式中　U_{per}——残留不平衡量,单位为g·mm;

m——刀具系统质量,单位为kg;

n——主轴转速,单位为r/min。

以上结果也可从ISO 1940/1标准给出的平衡质量等级中(图12-33)查得刀具系统单位质量允许的残余不平衡量e_{per},再乘以刀具系统的质量而求得。

由不平衡量引起的离心力可用下式计算:

$$F=U\left(\frac{n}{9549}\right)^2$$

式中　U——残留不平衡量(g·mm);

F——离心力(N);

n——主轴转速(r/min)。

3. 刀具系统的平衡方法

旋转刀具系统的动平衡原理与一般旋转体的动平衡原理相似。首先,刀具系统结构的设计应尽可能对称,并尽量减小刀具系统的质量。如目前应用较广的中空短锥刀柄(HSK)就比传统的标准7:24实心长刀柄的动平衡性能好得多。其次,在需要对刀具进行平衡时,可根据测出的不平衡量采用刀柄去重或调节配重等方法实现平衡。

1)平衡设计

刀具具有平衡式设计,通过改变设计和仔细选择刀夹和刀具可以修正一些不平衡因素。这就意味着,对称设计可在一定程度上避免不平衡。然而对于带移动零件的可调刀杆和不对称的刀杆,则需要采用刀具平衡调节系统。当组装式刀具用于高速加工时,应仔细考虑锥柄刀杆的设计因素、平衡可调节因素以及刀具精度和对称性的选择。

设计高速切削的可转位刀具时,安全的刀片固定是重中之重。不断提高的铣床高主轴速度和工作台进给(特别是在进行铝切削时)会带来高离心力,以及由此产生的在刀片固定元件上的大负荷。在开发令人满意的解决方案和更快地找出用于高速切削的可转位刀具的工作模型时,分析负荷分布的有限元法特别有价值,并且利用它可以设计出最佳的切削液通道和出口结构,从而以最佳的方法帮助排屑。

刀片固定由特别开发的刀片-刀体接口实现,刀片槽底面和刀片背面的齿纹状接触面设计不仅最大限度地提高了高速铣削加工中的安全性,同时也保证了加工精确性(图 12-34(b))。刀片与刀片座的侧壁是不接触的,来自各个方向的切削力和高转速下受到的离心力都由该接口承受。开放式定位使切屑能流畅地排出。齿形接口的精度确保了切削刃在刀具中处于正确的位置,防止了刀片出现任何的细微移动,并使由刀片误差引起的刀具的径向跳动最小。刀片受力均匀,使加工更流畅、更安全,延长了刀具使用寿命,大大增强了切削品质并提高了加工能力。

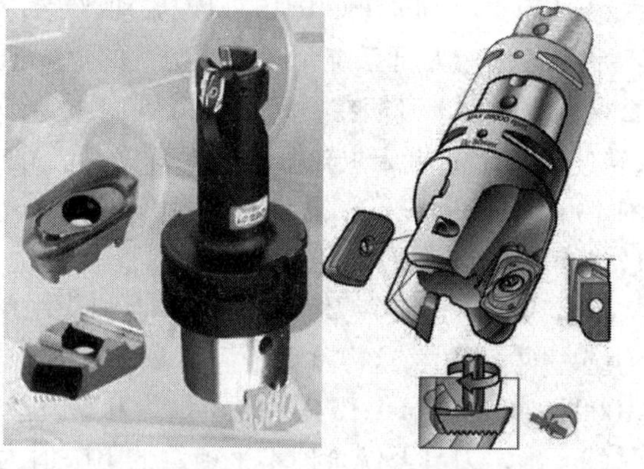

(a) 刀片底面槽形结构　　(b) 刀片底面齿纹结构

图 12-34　刀片底面有定位槽和齿纹结构的高速铣刀

在高速加工中,影响不平衡程度的因素还有刀夹。在高速加工中,应优先使用平衡设计刀夹或可调平衡刀夹。平衡设计刀夹是从设计上对刀夹平衡度予以保证,但不能补偿在装配过程中由其他零件引起的不平衡。此时,只有假设由其他零件引起的不平衡是可忽略的,但在实际生产中往往不可行。因此,应在使用这种刀夹时要测量不平衡量,并尽可能保证其在标准允许的范围内。

2) 高精度制造

锥柄刀杆的锥度尺寸公差对高速加工刀具的性能有很大影响。锥度的精度等级通常可参照 ISO 1947。锥度公差是用以检验影响刀杆平衡和跳动的主轴锥孔与刀杆锥度的公差。机床主轴锥度公差等级一般为 AT3,但 AT2 更好。

除了锥度公差外,在刀具装配中还需考虑其他因素。每一项公差都会累加在一起引起刀具的偏心。这些因素包括刀具的圆跳动、刀夹系统的长度和其他零件(如夹头、卡环等)的对称性。

在制造阶段对刀具和刀柄分别进行平衡,具体方法是:用动平衡机检测出不平衡量的大小和位置,然后在相反的位置切去相应量。这一工作由刀具和刀柄生产厂家完成。

3) 平衡调整

采用可调平衡刀柄。即使经过了动平衡的刀具、夹头、刀柄,当装配起来组成刀具系统时,由于有多个中间装配环节的影响,往往会出现总体不平衡,这就需要对刀具系统进行总体平衡。常用的可调平衡刀柄是在标准刀柄上增加可调的部件。一种是在刀柄的外端面上有一系列垂直于轴线的螺纹孔,用固定螺钉进行调节,根据需要的平衡量用手动方法旋入或退出螺钉,即改变刀柄的径向重心位置;另一种是采用带有平衡调节环的刀柄,根据测得的刀柄不平衡点的位置从平衡调节表中查出平衡环的调整角度,按调整角度旋转带有刻度的调节环,并锁紧螺钉。

4. 合理平衡质量等级

对于高速旋转刀具系统,残留的不平衡量调校到多小才是合理的呢?进行严格的刀具动平衡需花费很多人力和物力。平衡应该达到的程度,一方面要考虑加工质量要求,另一方面也要考虑加工成本和合理性,具体的要求应该根据实际情况决定。

根据德国提出的高速旋转刀具系统平衡要求的指导性规范(FMKRichtlinie),平衡质量等级的确定有三个要点:

(1) 对刀具平衡质量等级的要求是由上限值和下限值界定的一个范围,大于上限值时刀具的不平衡量将对加工带来负面影响,而小于下限值则表明不平衡量要求过严,这在技术和经济上既不合理且无必要。

(2) 以主轴轴承动态载荷的大小作为刀具平衡质量的评价尺度,并规定以 G16 作为统一的上限值。由于切削加工条件以及影响加工效果因素的多样性,以加工效果的好坏作为刀具平衡的评价尺度并不能普遍适用,而因刀具不平衡引起的主轴轴承动态载荷的大小则是与不平衡量直接相关的参数,因此提出以主轴轴承动态载荷的大小作为制定统一平衡要求的依据。

根据 VDI56(DIN/ISO10816)机械振动评定标准的规定,可将使主轴轴承产生最大振动速度(1~2.8mm/s)的不平衡量作为刀具系统允许不平衡量的上限值。当以 lmm/s 或 2.8mm/s 的振动速度作为评价尺度时,不同重量的 HSK 63 刀柄在一定转速范围内所允许的平衡质量等级 G 的上限值表明,G 的上限值与刀具的质量、转速和选定的机床主轴振动速度有关,且分散在一个较大范围内。选取振动速度 1.2mm/s、2mm/s,转速范围 10000~40000r/min,质量 0.5~10kg 的不同规格 HSK 刀柄,计算出 27 个 G 的上限值,其中最大 G 值达 201,最小 G 值仅为 9。

综合考虑高速旋转刀具的安全要求和使用的方便性,一个折中的刀具系统平衡等级要求,即选取 G16 作为统一的上限值,这样除无法满足一个 G9 值外,可满足计算所得全部 G 值覆盖的加工条件范围(即转速为 10000~40000r/min,刀具系统质量为 0.5~12kg,振动速度为 2mm/s)。

(3) 确定刀具系统合理不平衡量的下限值为刀具系统安装在机床主轴上时存在的偏心量,根据现有机床制造水平,该值通常为 2~5μm (根据每台机床的具体情况而略有不同)。以安装偏心量作为下限值,表明将刀具系统的允许残留偏心量 e_{per}(μm)平衡到小于 2μm 并无意义。当转速在 40000r/min 以下时,上限值 $G16$ 所对应的允许残留偏心量 e_{per}值(μm)(或单位质量允许残留不平衡量,g·mm/kg)均大于刀具系统的换刀重复定位精度值(仅当转速等于 40000r/min 时,$e_{per}=4\mu m$)。因此,规定上限值为 G16,下限值为 2~5μm (或 gmm/kg)既可防止不平衡量过大对机床主轴的不利影响,又具有技术、经济合理性。此外,G16 的规定还满足了高速旋转刀具安全标准中规定的刀具平衡等级应优于 G40 的要求。

该指导性规范还要求刀具的内冷却孔必须对称分布,否则可灌满切削液封死洞口后再进行动平衡;并提出必要时可将刀具和机床主轴作为一个系统进行平衡,即首先分别对主轴和刀具(或工具系统)进行平衡,然后将刀具装入主轴后再对系统整体进行平衡。

虽然德国已出台了有关刀具系统平衡质量的指导性文件以及统一的 G16 平衡质量等级规定,但仍存在不少关于刀具系统平衡质量等级的争议与讨论,归纳起来主要有以下两方面的问题:

(1) G16 的平衡质量等级规定给人一种要求降低的感觉,一般用户已习惯了较高的平衡质量等级,仍要求刀具制造商提供 G2.5(最大使用转速 20000r/min)的刀具。另外,刀具制造商从市场竞争的需要出发,也尽可能使产品的平衡质量等级优于 G16。因此,工具制造商(包括刀具、刀柄、夹头制造商)除满足用户提出的特殊使用条件及平衡要求外,都是根据各自的产品特点及制造水平自行规定产品出厂的平衡质量等级。一些大型用户企业则根据刀具的使用条件规定企业内部的平衡质量等级。一些机床商出于对机床的保护和对加工效果的追求,机床主轴系统动平衡预警系统设置了较高的门槛。

(2) 德国 Ulm 高等专科学校的 Uwe. Kolb 等人通过试验发现,在 3 台平衡机上由不同操作者对同一把质量为 0.87kg、使用 HSK63 刀柄的整体刀具进行多次测量,得出的不平衡量最小为 4.760g·mm,最大为 10.550g·mm,可以计算出,在使用转速为 15000r/min 时,前者相当于 G9,后者则相当于 G19,G 值的分散范围接近 10。对 8 种常用刀具-刀柄组合系统进行的类似试验进一步证明了这种分散性。试验结果表明,所有测量数据都达不到 G2.5,甚至 G6.3 也不是在所有转速下均能达到。研究人员指出,这种不平衡量的不确定性与缺乏统一的测量仪器和测试方法有关。目前,用于测量不平衡量的动平衡机既有专业厂家生产的通用型(一般为卧式),也有专为刀具动平衡而开发的专用型(一般为立式)。试验结果表明,不同的操作者使用不同类型的动平衡机对相同刀具测得的不平衡量数据并不一致。这也是目前用户难以重复测出刀具制造商测定的不平衡量的主要原因。

一些研究人员提出,刀具合理的平衡质量等级可按以下方式确定:①对于金属切除量较大的粗加工(如飞机整体铝合金构件、大型模具的模腔、铝合金壳体等的加工),刀具平衡质量等级达 G16 即已足够,但当这种粗加工消耗功率较大时,在 15000~24000r/min 转速范围内则可采用 G6.3 级~G8.0 级,以减小不平衡力对主轴轴承的附加载荷;②对于精加工,则要求刀具系统的平衡质量等级至少应达 G6.3,也不排除采用更高的平衡质量等级(甚至可比 FKM 规范的下限值更小),这就需要对装入主轴后的工具系统与主轴作为一个整体进行在线平衡。如德国 Schunk 公司推出的带液压胀紧夹头的 HSK63 整体结构刀柄的出厂平衡质量等级为 G6.3 级,其残留不平衡量为 4g·mm,推荐转速为 15000r/min。该公司生产的可精细调节平衡的液压胀紧夹头的使用转速可达 50000r/min。

5. 刀具动平衡调整

采用调整平衡方法来修正不平衡因素,是保障高速切削刀具动平衡性的必要手段。不平衡的消除有加重、去重和调整三类方法,可转位刀具由于更换刀片和配件后会产生新的微量不平衡,整体刀具在装入刀柄后也会在整体上形成某种微量不平衡,一般使用平衡调整环、平衡调整螺钉、平衡调整块等调整法来去除不平衡量以达到平衡目的。对于在高速切削条件下使用的刀具:盘类刀具由于轴向尺寸相对较小,一般可以只进行单平面静平衡;而杆类刀具的悬伸较长,其质量轴线与旋转轴线之间可能存在的夹角就不能被忽略,因此必须进行双平面动平衡。

在需要对刀具进行平衡时,可在动平衡机上(图 12-35)根据测出的不平衡量采用刀柄去重或调节配重等方法实现平衡。由于刀具品种不同,具体采用的平衡方法也不相同。装平衡环,对于一些高速加工刀具和刀柄夹头,如结构上允许,可以在刀体(刀盘)上设置动平衡调整环,图 12-36 为带动平衡环的刀柄,图 12-37 为在普通刀柄上安装动平衡调整环的调整方法。

图 12-35　动平衡机

图 12-36　带动平衡环的刀柄

法国 EPB 公司特制的平衡镗刀系统产品内装了平衡配重机构,并设置了配重刻度,通过转动配重环调整其相对位置,即可补偿因刀具结构不对称或调刀引起的不平衡量(图 12-38);伊斯卡公司的 ITD 铝合金高速面铣刀,通过平衡微调块的位置和方向移动来调整铣刀的动平衡,也可采用螺钉调节不平衡量(图 12-39)。瓦尔特公司的面铣刀和玛帕公司的 WWS 面铣刀在刀盘上均设有平衡微调螺钉或设置多个平衡孔,可通过螺钉来调整铣刀的动平衡值,以便使刀具系统达到最佳的动平衡效果(图 12-40)。

6. 刀具在线平衡系统

加工现场使用刀具时,由于对工具系统进行组合及对刀柄与主轴进行连接时均可能产生一定偏心量,从而使经过预先平衡的刀具产生新的不平衡,因此,开发一种能使整个刀具-刀柄-主轴系统在驱动状态下实现平衡的在线平衡系统极具实用价值,利用该系统甚至有可能直接使用未经预先平衡的刀具组件进行加工。图 12-41 为美国 Baladyne 公司开发的在线平衡系统的结构与工作原理。该系统由传感器、控制器、配重盘、线圈等组成。主轴上带有两个电磁驱动的配重盘,通过调节两个配重盘的位置,可使产生的不平衡力与需平衡的刀具系统的不平衡量相互抵消,达到在线平衡的目的。该系统经过 2.5s 的"学习"后,集成在主轴中的平衡装置采集到整个系统的动态特性,再经过 1s 的自动调节后即可达到平衡。该系统可适用于 60000r/min 的转速条件。Baladyne 公司称,如预先设计的配重盘能力足够,则可使用未经预先平衡的刀具实现完全的在线平衡。

图 12-42 为同类在线平衡系统,该系统由平衡刀柄、加速度传感器、控制器和调节器组成,其特点是将电磁驱动的配重盘配置在刀柄内,通过自动调节刀柄配重盘的相对位置,系统可对主轴和工具系统进行整体平衡,而不必使用特殊主轴。

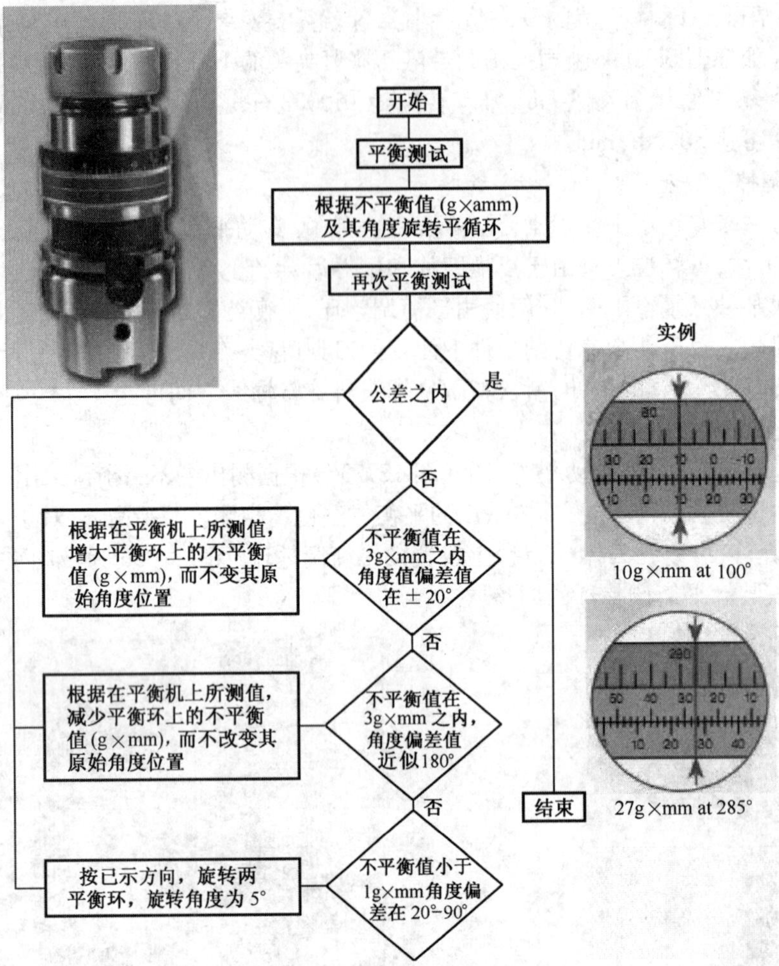

图 12-37　带动平衡调整环刀柄调整方法

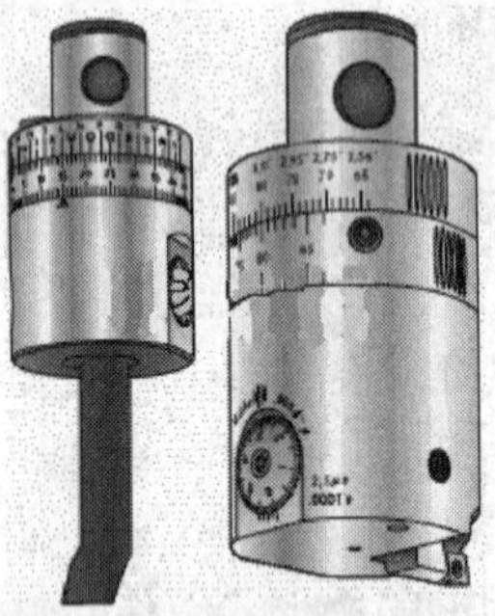

图 12-38　可调平衡配重的镗刀

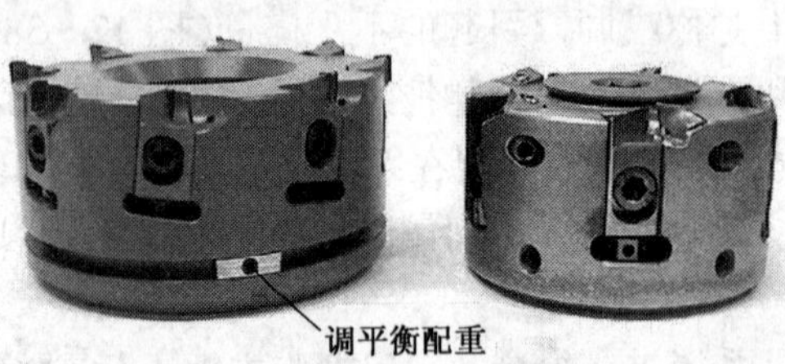

图 12-39　铝合金高速面铣刀

图 12-40　通过螺钉调整动平衡高速铣刀

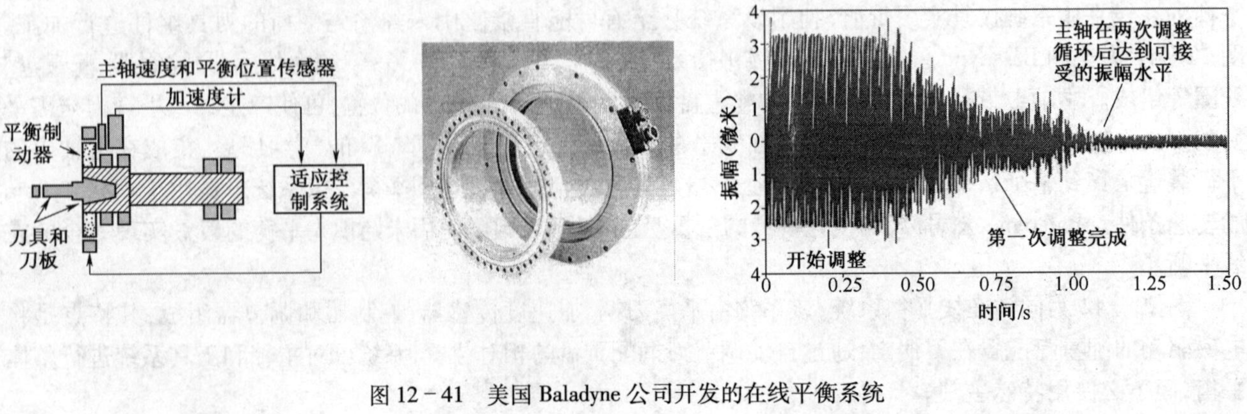

图 12-41　美国 Baladyne 公司开发的在线平衡系统

12.1.9　高速切削刀具安全技术

图12-42　在线平衡系统

高速切削加工时，高速旋转着的工件、夹具或刀具积聚了很大的能量，承受着很大的离心力，会使工件、夹具或刀具破碎，释放出很大的能量，造成重大的事故和伤害。在应用高速切削加工技术过程中，必须充分考虑高速切削加工技术的安全性问题。

在高速切削过程中，相对较高的主轴转速使刀体上受到的主要载荷不再由切削力产生，而是随转速不断增大的离心力。由于高速切削时的刀具载荷状态与传统切削时有本质的不同，因此，高速加工切削刀具需要一套完整的安全性检测手段。

从切削刀具安全性角度来看，通常的刀具系统按结构可分为刀体、紧固件和切削刀片三个部件。根据相关研究结果，离心力造成的高速切削刀具的失效形式：①刀体失效，如刀体结构破碎；②紧固单元失效，如固定刀片的夹头/卡头、压块等失效或连接螺钉断裂等；③刀片破裂等。对于直径较大的盘形刀具，最容易发生失效的区域主要集中在轴向装夹孔的内孔边缘部分。由离心力及切削力等载荷产生的多种应力的叠加决定了该区域的有效应力分布，然而在爆裂临界速度的40%~60%范围内，切削力对临界失效区域应力的影响大大下降，此时应力的状态几乎只受离心力爆裂载荷的影响。直径超过125mm的铝合金或镁合金刀体最危险的失效形式是"整体破碎"。根据德国PTW研究所的刀具离心力破坏测试结果得知，高转速刀具最可能发生的失效形式是连接刀片和刀体的紧固螺钉的断裂破坏。

刀体的失效是由离心力造成的高速切削刀具的主要失效形式之一，因此，对刀体材料与结构进行优化设计（如前述的减轻刀体质量，简化刀体结构，减少刀体连接元件数等）是提高可转位刀具高速切削整体性能与切削安全性的重要途径。刀体结构相对于回转轴的对称保证其重心通过刀具轴线，任何会引起质量分布不均的结构，如齿距的不等、刀片重复定位精度低及刀具各元件之间的游隙，都要避免。

刀具紧固单元失效与切削单元失效（如可转位刀片的破裂）是由离心力造成高速切削刀具的另外两种主要失效形式。因此，如何实现机夹刀具可转位刀片的有效装夹对于高速切削刀具的安全性至关重要。

铣削用的旋转刀具铣刀是主要的高速切削刀具，包括面铣刀、立铣刀和模具铣刀。这类刀具在高速旋转时各部分都要承受很大的离心力，其作用远超过切削力的作用，成为铣刀破坏的主要载荷。防止离心力造成的破坏关键在于，以刀体主要载荷计算刀体强度时，由于刀体形状复杂性，用经典力学理论计算刀体强度有很大的误差，不能满足安全性设计要求。为了能在设计阶段对刀具的结构强度在离心力作用下的保证可靠性，可应用有限元模型计算不同转速下应力大小，模拟失效过程，改进设计方案。据有限元计算和试验，机夹可转位铣刀首先出现的失效形式是螺钉剪断，刀片或其他夹紧元件甩飞；随着转速的进一步提高，会出现另一种失效形式——刀体的爆碎。在多数情况下首先出现的是前一种失效，即在一定高的速度下出现零件甩飞，图12-43中端铣刀（直径100mm）刀片靠摩擦力夹紧，在转速5000r/min时其中的一个刀片与夹紧楔块甩飞。随着转速进一步提高达到刀体强度的临界值，才会出现后一种失效，即刀体爆碎。一旦刀体爆碎发生，操作者往往来不及采取制止措施或躲避。刀体爆飞的碎块或甩出的零件会对操作者造成重大伤害，使机床设备、加工工件严重损坏，带来巨大经济损失。

图12-43　机夹可转位刀片的飞出

刀片的离心力对螺钉产生新的作用力，两力叠加使螺钉剪断或严重塑性变形。一个质量7g的刀片（铣刀直径80mm），30000r/min时产生2500N的离心力。有的刀具公司为保证高速铣削的安全可靠性，每一刀片都配一螺钉，在更换磨损刀片的同时，锁紧螺钉也更换。因此，改进夹紧系统，提高螺钉甩飞的失效转速，可以发挥高速铣刀的潜力。

对一把直径80mm的直角面铣刀的模拟计算结果表明，夹紧螺钉在30000~35000r/min时已达到失效的临界状态，刀体的失效临界状态在60000r/min以上。对同一把铣刀的爆碎试验也证明，在30000~35000r/min

范围里,螺钉的夹紧完全失效,所有被试验刀具其中一个或多个螺钉剪断,其余的螺钉产生强烈塑性变形,刀片或零件甩飞。

离心力过大足以导致刀体破碎。图 12 - 44 为一把德国瓦尔特公司的面铣刀在 36700r/min 时爆碎后的状态,另一把直径 12mm 的带柄铣刀在转速达到 36000r/min 时弯曲、断裂的情形。

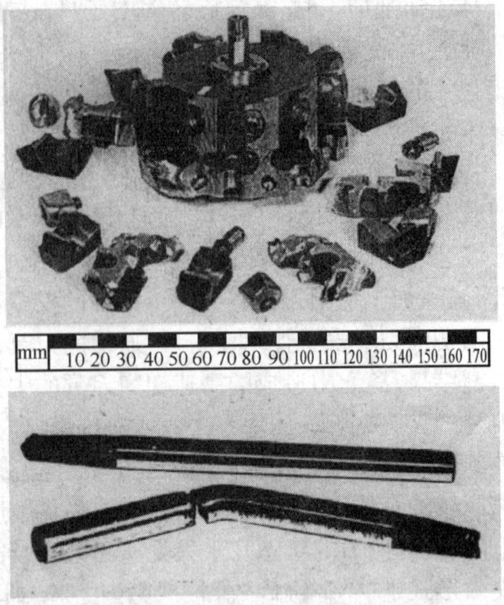

图 12 - 44 高转速下的铣刀破裂

欧洲标准 EN ISO 15641《高速铣削刀具——安全要求》充分描述了有关高速铣削刀具的安全要求。

首先,试验证明普通铣刀的结构和强度不能适应高速切削的要求,因为普通铣刀并非为高速切削而设计,没有经过一定的强度计算和安全检验。用这类刀具加工铝合金时,还没有达到被加工材料最佳切削速度的 1/2,刀体或刀片的夹紧系统就失效了。从高速旋转刀具所具有的潜在危险这一角度来看,该标准提出了与高速铣削刀具的设计及计算方面有关的建议,以及具有重复精度的适当可行的高速铣削刀具安全性验证试验方法等。正确的方法应以离心力作为载荷,来表征所用高速切削刀具引起的潜在危险程度。离心力受旋转体的质量、回转半径和转速等因素的影响,其大小正比于旋转体的质量和回转半径,并与转速的二次方成正比,这导致了高转速刀具承受着非常高的离心力载荷。以对离心力起主要影响作用的因素为研究对象,可得到一个关于高转速切具的安全标准测试临界曲线,如图 12 - 45 所示。曲(折)线以上的区域为标准规定的铣刀必须经过安全检验的高速切削范围:直径小于 5mm 的刀具可以忽略安全标准检测。AB 段是直径在 5~32mm 范围内的刀具的安全标准测试临界曲线,在线段 AB 下方,由于离心力相对较小从而在发生破损时造成的潜在危险也相对很小,故而无需对其进行相关安全标准检测,而区域①则为安全标准测试区。对于直径大于或等于 32mm 的刀具,由于该类刀具主要为带有卡头和刀片的机夹式刀具,因而危险性相对较大,相关的安全标准测试范围如图 12 - 45 所示的 BC 段以上部分,即区域②。该临界曲线是仅从刀具安全性角度考虑,依据刀具失效预测方程获得的测试结果。标准规定的安全性检测包括形式检验和样品刀具的离心力试验。形式检验的内容包括对设计图纸、计算资料、尺寸、装配状态和外观的检查。样品刀具的离心力试验分两种结果评定方法:①刀具必须在 2 倍于厂商标明的最大使用转速下进行离心测试,并不发生爆裂或破损;②在离心测试转速达到厂商标明的最大转速的 1.6 倍下进行离心力测试,其刀具的永久变形或零件的位移不超过 0.05mm。对于整体式刀具则必须在 2 倍于最大使用转速的条件下试验而不发生弯曲或断裂。标准要求制造商应把刀具的最大使用转速(n_{max})和有关特征参数、商标清晰地、永久性地标示在刀具上,并随刀具向用户提供必要的证明文件和安全使用说明。

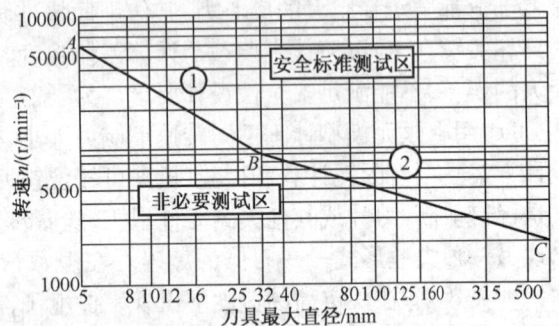

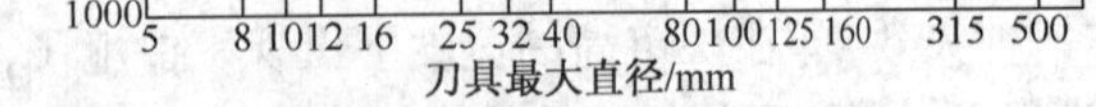

图 12 - 45 高速切削安全规范应用范围

在标准规定的安全性技术的指导和监督下,德国生产的高速铣刀已经达到很高的安全性。下面是一个经离心力破坏试验规定最大使用转速的例子:直径 80mm、200mm 的铣刀分别约在 35000r/min、25000r/min 时爆碎,考虑安全系数 2,则允许的最大使用速度可分别达到 4000m/min、7800m/min。玛帕公司的 PCD 高速铣刀系列在考虑了安全系数 4 以后,所推荐的允许最大切削速度分别为 6700m/min(铣刀直径 80mm)、8400m/min(铣刀直径 200mm)。为了满足刀具样品离心力试验的需要,达姆斯塔特大学引入了一台试验装置,最高转速可达 210000r/min,试验范围为刀具长度 250mm、刀具直径 200mm、刀具质量 10kg,并制定了标准的试验程序。这个标准草案后来作为德国 DIN 标准建议提交给欧洲标准化委员会并于 1995 年被采纳，同期也作为 ISO 的国际标准建议征询会员国的意见，并于 2001 年被采纳为国际标准 ISO 15641，我国已于 2010 年公布了“高速切削铣刀 安全要求”国家标准 GB/T 25664—2010/ISO 15641：2001，表明高速铣刀的安全性在国内外取得了广泛的共识。

为了加快高速铣刀的开发过程，铣刀安全工作组还就高速铣刀的强度计算进行了研究，指出，防止离心力造成的破坏关键在于：刀体的强度是否足够，机夹刀的零件夹紧是否可靠。当把离心力作为主要载荷计算刀体强度时，由于刀体形状的复杂性，用经典力学理论计算得出的结果有很大的误差，不能满足安全性设计的要求。为此，达姆斯塔特大学与斯马尔卡登制造技术开发公司合作开发了专门用于高速铣刀的有限元计算方法，该方法可以模拟在不同转速下刀具应力的大小和分布，分别开发了刀体、刀座、刀片、夹紧螺钉的计算模块，通过这些模块的组合实现整个刀具的计算。该方法还能模拟刀片在刀座里的滑动、螺钉头在拧紧和工作载荷下的变形。计算显示，当转速达到 30000～35000r/min 时，螺钉已达临界应力而出现拉伸变形，在达到临界速度之前，螺钉首先产生弯曲，夹紧力下降，刀片发生位移。在实际应用中，将模拟设计计算与样品的离心力试验验证结合起来，并从试验所获刀具变形、刀片位移的数据中得到建立模型所需要的边界条件。使用有限元计算模型可以在设计阶段分析刀具的结构，预测失效的状态，从而可减少样品试验的反复次数，加快高速铣刀开发过程，降低开发费用，并且可使刀具的性能进一步提高。按此方法开发的直角铣刀的几何变形量可减小 20%，失效转速可提高 10%。

高速铣刀安全标准的制定和有限元计算模型的开发，对高速铣刀的设计和使用提出了改进方向，包括高速旋转刀具可靠性设计中刀体材料 、刀具结构和刀具(片)的夹紧方式等内容。

12.2　高效切削技术

现代切削加工中刀具费用一般只占制造成本的 3%～5%，但它对总制造成本的影响大得多。由于生产效率的提高可以获得更少的设备投放，人力成本和生产资料成本也会降低。一般，生产效率提高 20%，制造成本降低 15%，如图 12－46 所示。

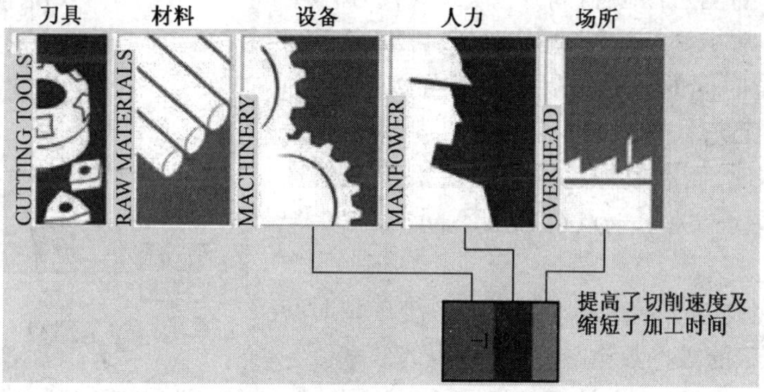

图 12－46　切削效率提高 20%，制造成本降低 15%

市场竞争的激烈使各企业都把降本增效作为一项非常重要而紧迫的任务，最大限度地利用现有资源，减少更换设备，提高设备工装利用率；在最短的时间内完成新产品的生产，以最快速度占领市场。所以，现代制造技术的发展中，效率被推上了最为突出的位置。以高速切削为代表的高效切削技术成为现代制造的主流，是必然的发展趋势。

在发达国家，围绕高速、高效切削，不仅在技术开发方面投入了大量精力，而且在应用推广方面取得了前所未有的进展，在制造技术和装备上推出了新技术、新工艺、新装备，以及新型高效切削刀具及各种配套技术和设施。可以说，高速、高效加工已经成为国际制造技术发展的一个趋势。

航空工业是最早应用高速加工和高效加工新工艺的部门。飞机的梁、框架和大型壁板等承力构件采用的是铝合金整体结构件，加工时其毛坯 75%～90% 的材料将被切削掉，对于这种特别大的切除量，无疑采用高效加工是最合适不过的。以色列IAI航空公司在20世纪90年代采用高速加工工艺加工军用飞机某一铝合金整体构件,主要目的是为了简化生产工艺流程,以较少的工序获得高的表面质量,而不是提高材料切除率,加工时使用了55把刀具,共花费22h完成加工。为进一步挖掘生产率的潜力,后来就很自然地转向采用SolidCAM公司的高效加工工艺,采用了30把刀具,加工时间仅为10h,减少了1/2多。同时,因为使用刀具的侧刃切削,而大大延长了刀具的使用寿命。

高效切削实际上是通过使用高品质刀具和工艺的改革等方法来提高加工效率,这时不再全部依赖数控设备来提升效率,还可以依赖刀具技术的改良和工艺的进步。

12.2.1 高效切削加工概念

高效切削(High Efficiency Cutting,HEC)被描述为能满足高金属去除率要求的切削加工,与传统的加工技术相比,可提高效率200%~500%甚至更多。高效切削加工一直被视为实现高生产效率的重要途径。通过集中工序、优化刀具以及缩短加工和辅助时间等,在切削刀具使用寿命相同或更长的情况下,可以成倍提高切削加工效率。高效加工要求使用高可靠性的机床、训练有素的机床操作工人和性能一致的工件材料。因此,对于制造业来说,高效切削是一种集成制造技术最新成果的加工技术。

高速切削也可获得高的切削效率,但高速切削在大多数情况下与高效切削有着明显的不同。高速切削加工是相对传统加工系统而言的,它包含高主轴转速和大进给量两层含义,即利用高性能的机床,以通常意义上的几倍甚至更高的加工速度来实现对工件加工的高精度、高效率,最终达到提高生产率的目的。然而,选用了高速加工中心是否意味着生产效率就一定能够得到提高吗?答案并非如此。高速切削只是高效切削的一个方面而已,而高效切削关注的焦点是优化切削效率,以获得最大的材料切除率。与高速切削不同,高效切削既可用高的切削速度,又可允许较大的切削深度和进给速度,切削过程产生很大的切削力矩和功率。高效切削也不同于传统的大余量切削,在大余量切削方式下是单一指标,而高效切削强调的是综合指标。高效切削策略则更注重于全过程,对整个加工工艺链进行优化,力图循环时间最小化。高效切削这一名词还意味着对整个加工工艺链进行提升,机床、软件、工件材料、刀柄、刀具、走刀、换刀、切削液等都纳入这一整体优化中。

高效加工在某种程度上可以涵盖高速加工,而高速却不等于高效。高速切削通常指高切削线速度切削,可获得很高的加工表面质量,但单位时间的材料体积去除率可以不高,在粗加工阶段并非是最优工艺。高速加工是通过切削速度和进给速度的提高来加以体现,而高效加工则包括更加广泛的内涵,而且从不同的视角去看,关注重点也有所不同,如图12-47所示。

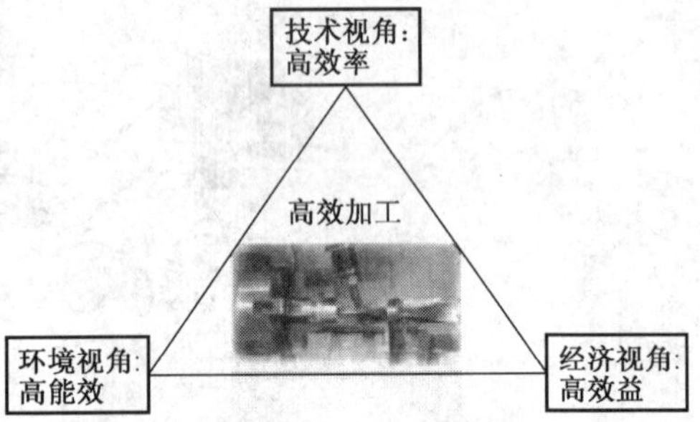

图12-47 高效切削概念

(1) 技术视角:聚焦高效率。高效率是指该系统单位时间内的材料切除体积或加工的零件数量,即切削过程的效率。

(2) 经济视角:聚焦高效益。高效益是指该系统的投入产出比,即零件加工的成本或利润。

(3) 环境视角:聚焦高能效。是否顺应发展低碳经济要求而采取有效的措施实现节能减排的要求。

高效和高速加工在理念、过程和机床三方面的对比如图12-48所示。

高效切削加工是一个系统工程,是由机床、刀具、切削液等众多工艺因素得到优化后完成的。机床的生产效率出自刀尖,采用先进的刀具和合理的切削参数,提高和优化加工系统的材料切除率,减少切除单位体积切屑所需能耗,提高单位能耗所创造的价值是实施高效加工的重要目标。

高效切削按其实施目标可分为三种方式:①以实现单位时间内材料切除率最大为目标的高速切削,它所采用的切削用量参数比普通的切削加工高几倍甚至数十倍,如高速强力切削、大切削深度切削、大进给量切削等;②以获得高质量加工表面为目标的高速切削,例如:硬质材料精密模具的型腔,采用高速、小进给量和小切削深度的切削加工,它既可获得很高的表面质量,又可替代磨削、电火花加工(EDM)和手工抛光并且可减少相应的工序时间,缩短工艺流程,提高生产效率;③以追求高效率切削加工为目标,应用多功能刀具进行智能化切削加工，一刀多用改变了不同工序采用不同刀具切削加工的传统概念。由单一工序转化为复合多工序的切削加工，节省了刀具准备时间和换刀时间，降低了刀具费用，简化了工艺过程和辅助时间。总之，以最快的速度、最短的时间、最高的效率完成零件的切削加工。其中，高效切削刀具是实施高效切削技术的关键之一。

为了适应高性能产品制造技术的新发展，20 世纪 90 年代末，一种新的加工理念最先在欧洲和北美得到发展，即高性能切削（High Performance Cutting，HPC）。高性能切削最初以高材料去除率为主要特征，随着研究与实践的深入，高性能切削可以定义为：根据加工对象不同，以最高的加工效率、最高的经济效益、满意的加工质量，获得高性能零件与高性能加工过程的切削技术，这就进一步丰富和提高了高效切削的内涵。高性能切削技术的主要特征表现如下：

（1）粗加工阶段以高效切削为主要特性，快速去除大量余量。

（2）精加工阶段以高质量为主要特性，满足零件的使用性能要求，通常采用高速切削以获得高的加工质量。同时，单位时间加工的面积最大化。

（3）绿色可持续特性，降低能耗、减少废气物和污染物排放。

（4）可测可控性，对加工过程、加工结果可以预测、可以控制，进而可以综合优化。

高性能切削综合了高速切削与高效切削的特点，适应不同的应用范围（图 12-49）。因而，可以在更大程度上解决难加工材料与难加工结构大量使用及其品种性能多样化带来的切削加工难题。

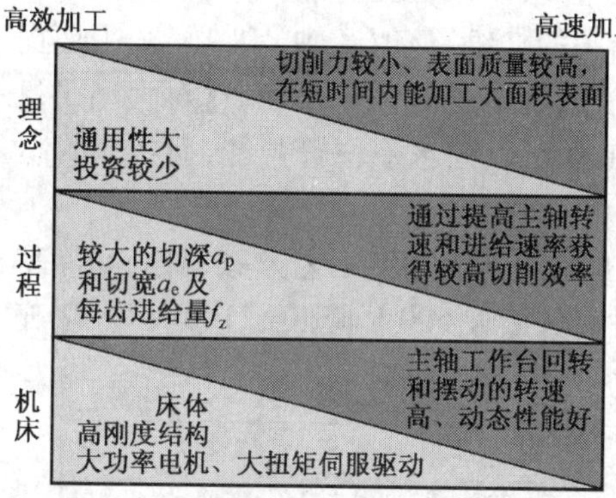

图 12-48　高效加工与高速加工的对比

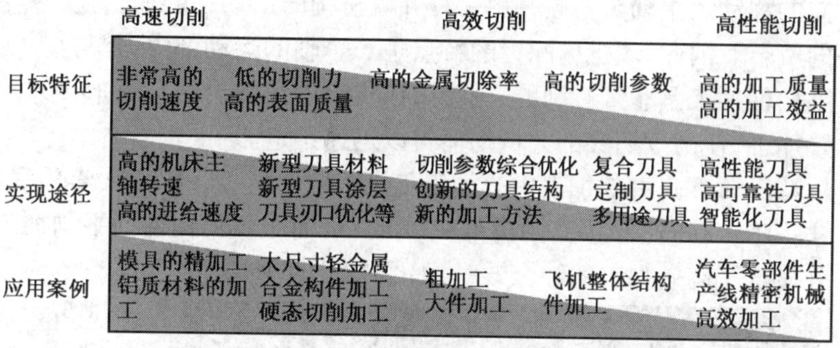

图 12-49　高性能切削与高速切削和高效切削的关系

高效加工是一个系统问题，刀具只是这个系统中的一个部分，在切削加工中，工件毛坯、设备、刀具、夹具、切削液等组成了一个大系统，而且对于不少企业而言，这个“系统”可能并不仅仅表现为一台机床，而是整条生产线，而刀具自身又是其中的一个子系统，包括刀具结构、几何形状、刀体材料、切削刃材料、刀具涂层等多个方面，所有的这些因素综合在一起，影响和决定着产品的尺寸、形状、位置、表面形貌、加工精度等，整个系统中的任何一个因素发生变化，都会对系统的输出即加工效率和加工结果发生影响。所以要实现真正的高效加工就必须用系统的观点和系统的方法来分析解决加工过程中出现的问题，采取相应的措施。例如，利用高速切削技术和数控机床的加工柔性，采用高效多功能刀具进行组合加工，是提高切削加工效率的一条重要捷径。高效率的本质就是敏捷制造的主要特征之一，“敏捷化”高效切削技术是实施敏捷制造的重要手段，其中高效加工机床、高效切削刀具和合适的高效切削工艺是实施敏捷制造的技术基础。

12.2.2　高效加工的机床

高效加工把提高和优化材料切除率放在首位。例如，在铣削时增大切屑截面积和每齿的进给量就意味需要更大的切削功率。因此，高效加工机床必须具有足够的刚度和更大的主轴功率和切削扭矩。

1. 重载大型

在航空航天、高速机车等铝合金零部件的加工领域，该类零部件的特点是被去除材料占整个坯料的 70%～95%，如此高的切削比重，需要主轴转速 6000～40000r/min，切削速度 2000～5000m/min，金属去除率 30～40kg/h，主轴功率 30～80kW，来满足该类零部件的高效加工。航空航天零件在高效与高速加工时对电主轴功率特性要求就明显不同,其中一例如图 12-50 所示。

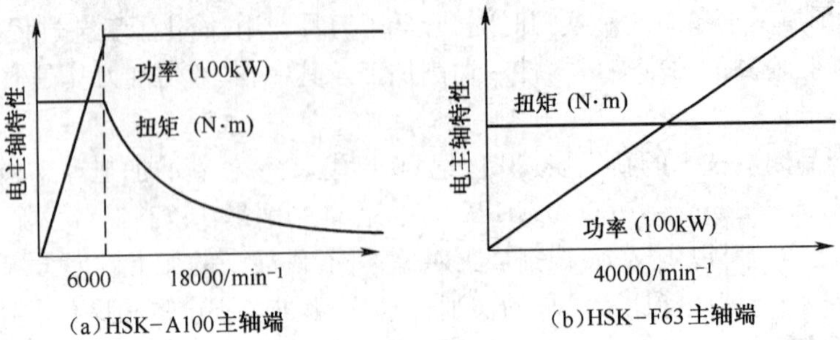

图 12-50 高效与高速加工对电主轴的要求

在能源、运输领域,重载大型加工设备发挥着高效加工的重要作用,如大型水轮机叶片、大型船用螺旋桨叶片、发动机曲轴、柴油机缸体、风电齿轮箱、工程机械等大型零部件。该类零部件的特点是工件尺寸大、自重大,如船用发动机曲轴最重可达上百吨,毛坯余量较大。再如,难加工材料的大扭矩加工,航空领域飞机的关键结构件、连接件等钛合金和高强度合金钢的加工,为了提高加工效率,更需要重载、大扭矩加工机床来实现高金属去除率的高效加工 。

德国 DS-Technology 公司针对航空工业的高效加工开发的 Ecospeed 系列高效加工中心,其总体配置如图 12-51 所示。从图中可见,主轴头配置在可沿 X 轴向移动的立柱上,并且可沿立柱上的垂直导轨做 Y 方向的移动。主轴头安装在由三杆并联机构的运动平台上,可实现主轴头的伸缩移动(Z 轴)和 $X-Y$ 平面内的偏转。因此,该机床配置的特点是 5 个轴的运动都由刀具这一方完成,而工件是固定不动,这对大型飞机结构件加工是非常有利的。此外,该机床的工作台可以翻转 90°,使工件可以在水平位置装卸,而在垂直位置加工,使高效切除的大量切屑得以迅速排走。

Ecospeed 高效加工中心加工飞机结构件与 20 世纪 70 年代采用的龙门铣床加工工艺方案相比,切除率从小于 $100dm^3/h$ 提高到接近 $700dm^3/h$,而飞机结构件的平均加工时间从接近 600 h 降低到 100 h 以下,充分显示了高效加工的综合效益,如图 12-52 所示。

图 12-51 Ecospeed 高效加工中心

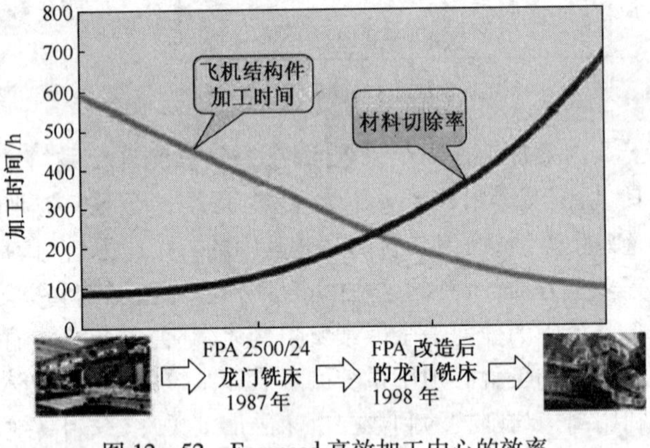

图 12-52 Ecospeed 高效加工中心的效率

2. 技术集成

1) 切削参数优化

高效加工的特点是高切除率,不同的加工方法构成材料切除率的参数是不一样的,就铣削而言,切削深度 a_p 起到重要的作用。铣削过程的切削力是不连续的,特别是在高效切削时由于切削深度大而容易造成切削过程的不稳定。但研究表明,铣削过程是一个非线性的,切削深度 a_p 与切削速度 v_c 存在一种多 W 形的关系,即当主轴处于特定的转速范围内,即使采用较大的切削深度也能保持切削过程的稳定,并获得理想的切屑形状,如图 12-53 所示。如何才能够快捷和准确地找到高效切削的稳定区,优化切削参数,就需要借助基于加工系统动力学分析的切削过程仿真软件,如 CutPro 或 ShopPro 等。

日本大限公司为了提高加工效率以及消除由于加工过程出现自激振动而在工件表面产生的振纹,开发

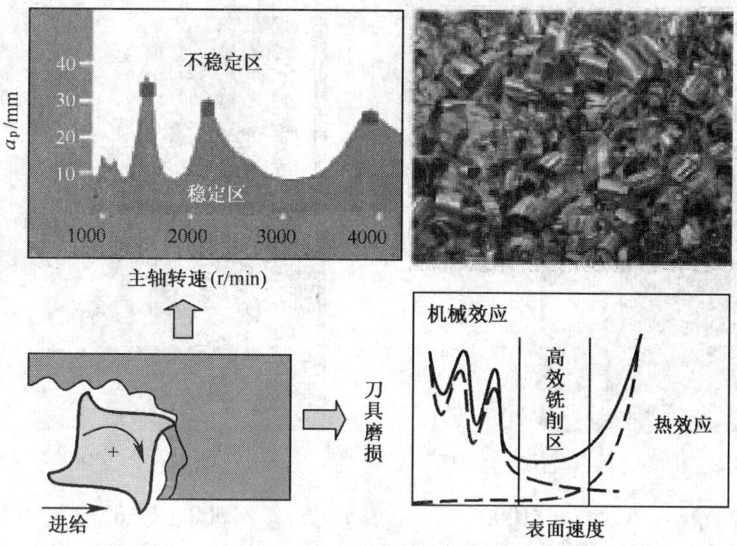

图 12－53　加工导航的原理

了加工导航系统。其原理是:借助话筒采集加工过程的声音,当出现自激振动时,切削过程的声音频率较高,强度也出现峰值,机床数控系统就可以自动调整主轴转速,从不稳定区域转到稳定区域,从而抑制加工过程出现的振纹,提高工件表面的质量,如图 12－53 所示。

2）智能化

对于 Mikron HPM 系列高效加工中心,可选用加工过程监控模块,以便用户能够观察铣削过程是否正常。其原理是:在电主轴壳体中前端轴承附近安装了加速度传感器,使铣削过程中产生的振动以加速度“g 载荷”值的形式显示。振动大小在(0~10)g 范围内分为 10 级,(0~3)g 表示加工过程处于良好状态,(3~7)g 表示加工过程需要调整,否则将导致主轴和刀具的寿命的降低,(7~10)g 表示危险状态,如果继续工作,将造成主轴、机床、刀具和工件的损坏。该系统还可预测在该振动级主轴部件可以工作多长时间,即主轴寿命还有多长。在过程监控系统中也可由用户设定一个 g 极限值,超过此值时,系统报警和自动停机。

3）自动化

高效加工不仅体现在切削过程,还应该考虑如何缩短辅助时间,才能达到高效率和高效益的目标。就工件而言,主要是采用托板交换装置使工件的装卸时间与加工时间重合,机床上的工件加工完毕后快速地与已经安装在托板待加工工件进行交换。例如,HPM1000U 高效加工中心的托板交换装置如图 12－54 所示。

进一步提升高效加工的效果仅依靠切削加工技术是不够的,还涉及许多相关领域,如智能化、自动化、网络化等,需要传感技术、测量技术和自适应技术的配合,高效源自集技术之大成。

3. 高功率、高转矩主轴

与高速切削加工需高功率、高转速主轴的机床不同,在高效切削加工作业中,高功率、高转矩主轴的数控加工机床更为必要。关键的因素是要达到单位时间内大切削量和大切削深度以及大进给量。如加工大余量的铸造件,在粗加工作业中都希望获得较大的切削力,成功实现大载荷切削的一个条件就是把机床当作一种多环节的机械加工链。设备是基础,只有当刀片很高的切削力和推力由机架承受时,装机功率才可以成功地转化为单位时间的切削量。对加工任务的全面观察,是加工作业能够高效完成的关键。只有把设备、工装、工件、刀具和加工流程构成的整个系统视为一个单元,方可达到较高水平、较稳定和经济性较好的工艺流程(图 12－55)。

12.2.3　高效切削刀具特征

对刀具而言,高效切削不仅仅意味着一种好的加工工艺,还必须对高效刀具制造的每个加工环节都予以重视,包括刀具材料、涂层和结构以及加工方法和理念。为了达到新的加工效率水平,刀具的基体材料、几何结构、涂层和表面粗糙度都应达到最佳状态。从根本上讲,高效加工就是高金属切除率,金属切除率(Q)为单位时间切除的体积金属。金属切除率的计算可以通过以下公式获得:

车削　$$Q = V_c \cdot a_p \cdot f \quad (\mathrm{cm^3/min}) \tag{12-26}$$

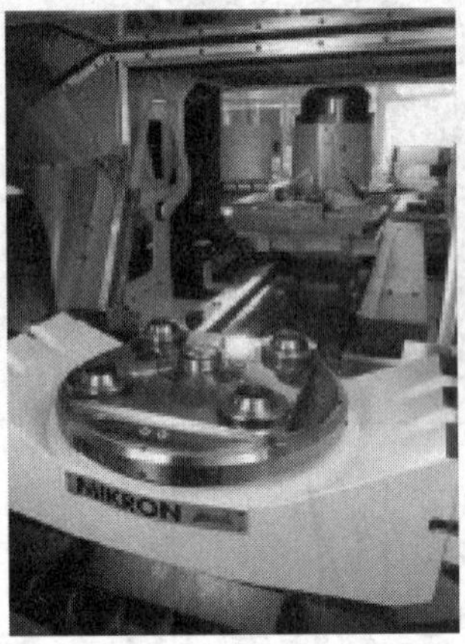

图 12-54 高效加工中心的托板交换装置

图 12-55 切除率大的作业场合

铣削 $$Q=a_p\cdot a_e\cdot v_f/1000=a_p\cdot a_e\cdot n\cdot z\cdot f_z/1000 \quad (\mathrm{cm^3/min}) \tag{12-27}$$

钻削 $$Q=v_f\cdot \pi\cdot D^2/4000 \quad (\mathrm{cm^3/min}) \tag{12-28}$$

所以,金属切除率直接体现于切削三要素:a_e为切削加工中的宽度;a_p为切削加工中的深度;f为切削加工中刀具的进给量。由此可见,提高加工效率即金属切除率的主要方法是增加 a_e、a_p及 f 的数值。也就是说,高速加工并不是高效加工的唯一途径,还可以通过提高 a_e、a_p和单齿切削量f_z的办法来提高效率。因此,高效加工就包括了高速加工和大余量加工两种方式,高的切削用量使高效加工和高速加工方式所选用的刀具在设计理念和制造工艺上具有各自的针对性。

高效刀具更强调综合性,如刀具材料(基体和涂层)既应具备良好的硬度和耐磨性又要有高的强度和韧性(图 12-56、图 12-57),刀具几何参数既要有一定的锋利性,又要具备足够的强度和耐久性(图 12-58),刀具需多方面的综合平衡。刀具材料的进步可以提高切削效率,刀具结构的创新也可以几倍甚至几十倍提高切削加工效率。此外,高效切削刀具还应该具备:

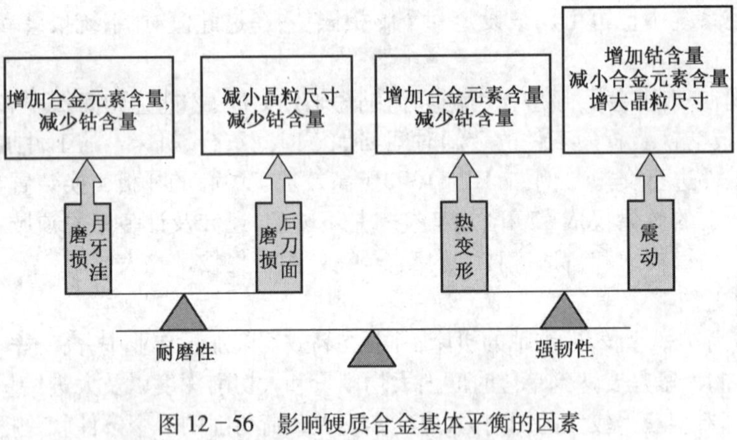

图 12-56 影响硬质合金基体平衡的因素

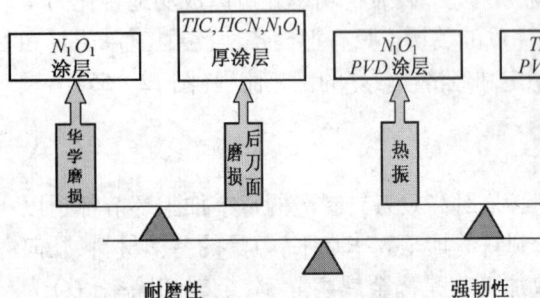

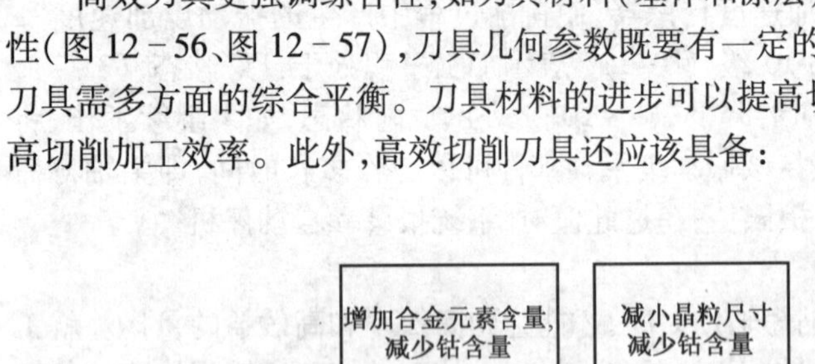

图 12-57 影响涂层平衡的因素

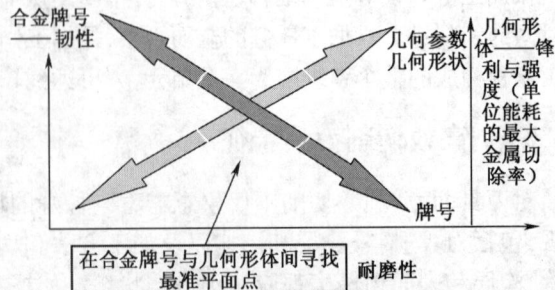

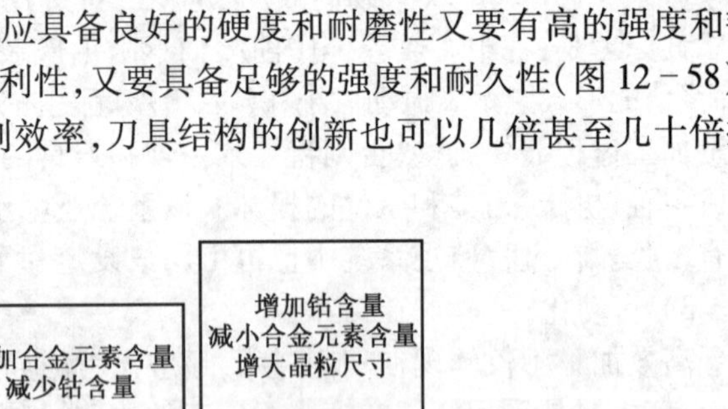

图 12-58 材质、形状和几何参数平衡

(1) 更高的可靠性——切削稳定，质量一致，换刀次数少，寿命长；

(2) 更高的安装精度和重复定位精度，好的互换性和快换性；

(3) 系列化、标准化和通用化，尽量采用机夹可传位刀具和多功能复合刀具；

(4) 良好的断屑、卷屑和排屑性能，确保切屑不缠绕在刀具和工件上，不破坏已加工表面，不妨碍切削液的浇注。

除了采用提高切削参数的方式实现高效切削外，还可以通过不断优化加工工艺，减少加工工序的方式来提高加工效率。尤其是在孔加工方面应用较为广泛，如使用阶梯钻、阶梯铰或钻扩铰等组合刀具的方式减少加工工序，提高生产效率。同时，还可以采用在刀具切削刃口焊接超硬刀具材料的形式来提高刀具寿命如 PCD 或 PCBN 等以及采用减少换刀次数的方式来提高生产效率。

12.2.4　高效切削的切削参数

切削加工的切削参数为切削速度、进给率、切削深度。提高切削参数，其实质就是提高金属切除率。

1. 提高切削速度

例如高速切削，提高切削速度是提高切削效率的一个非常有效的途径。刀具材料对切削速度的影响最大，由于刀具材料的进步，差不多每隔 10 年，切削速度就会翻一番，图 12－59 为从高碳工具钢、高速钢、硬质合金、涂层硬质合金刀具等几个阶段，切削效率得到的极大提高，以一个直径 100mm、长度 500mm 的钢件车削为例，100 年以前用高碳工具钢大约耗时 100min，而现在用多涂层硬质合金不到 0.7min。

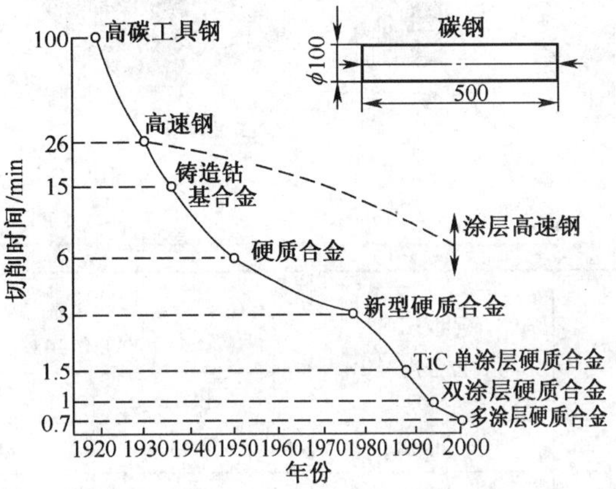

图 12－59　刀具材料的发展和切削加工生产率的提高

刀具材料和涂层技术的发展，为提高加工效率、降低制造成本提供了技术保障。例如：在切削钢件时采用涂层硬质合金能对提高加工效率有帮助，涂层增加了刀具的耐磨性，从而可以大幅度提高切削速度，富钴层的硬质合金基材又使刀具的刃口韧性得到了增强，从而提高了进给率；刃口还可在涂层之后进行抛光，从而降低了切屑与刀片之间的摩擦，减少了黏结磨损的发生，提高了刀具寿命，所以切削速度和进给速度得以同步提高。

另一个例子是晶须增韧陶瓷材料。这种陶瓷刀具材料的主要成分是 Al_2O_3 和 ZrO_2，而用长径比为 20～200 的 SiC 晶须进行增韧。这种晶须在陶瓷刀具受到扭矩载荷和裂纹扩展时能有效地起到牵制和阻挠作用，而在载荷集中时也能够起到均匀载荷的作用。在进行波音 777 发动机固定架的高温铣削时，面对硬度为 28HRC 的镍基合金，其切削速度高达 1310m/min，进给速度在 2000mm/min，加工时间从 45h 减少到 14h，从而大幅度提高了加工效率。

切削速度的确定与刀具寿命有关。刀具寿命定义为：有刃磨后开始切削，一直到磨损量达到刀具磨钝标准所经过的总切削时间。对于某一切削加工，当工件、刀具材料和刀具几何形状选定之后，切削速度是影响刀具寿命的最主要因素。提高切削速度，寿命就降低。当切削深度 a_p 和进给量 f 确定后，切削速度为

$$v_c = Co/T^m \qquad (12-29)$$

式中：m 为切削速度对刀具寿命影响的程度。刀具材料的耐热性越低，切削速度对刀具寿命的影响越大。高速钢刀具 $m=0.1 \sim 0.125$，而硬质合金刀具 $m=0.2 \sim 0.3$，涂层硬质合金刀具 $m=0.3 \sim 0.5$，陶瓷刀具的 m 值更大。

最高生产率刀具寿命是以单位时间生产最多数量产品或加工每个零件所消耗的生产时间为最少来衡量的，这与最低成本刀具寿命制定的原则不同。因此在确定刀具寿命值时，需权衡效率和成本的优先性。

2. 提高进给速度

要提高进给速度，就要提高刀具的综合性能，如刀具材料的韧性，刀具的结构、几何参数及刀具切削刃的截形的强度等。图 12－60 是平装刀片结构铣刀和立装刀片结构铣刀。这两种结构刀片承受载荷的截面厚度不同，对于硬质材料的刀片来说，刀片承受载荷的截面越厚，承载能力就越强，刀片就可以以更大的进给切

削；刀片的几何角度也影响每齿进给量，单从抗冲击性能来说，负前角刀片比正前角更强，这两者的组合，就使刀片可以有更大的进给。表 12－5 中立装刀片结构铣刀每齿的进给量比通常的平装刀片结构铣刀的 0.1～0.4mm 的量，显然要大了许多。但负前角的铣刀切削力大，所需功率也较大，所以可采用图 12－61 正前角的立装结构，此种铣刀既有较好的强度又有一定的锋利性，两者都有兼顾，是比较好的一种选择。

精加工时，为获得高的进给速度，可采用修光刃技术进行大进给加工，既可以提高加工效率，又可以降低制造总成本。

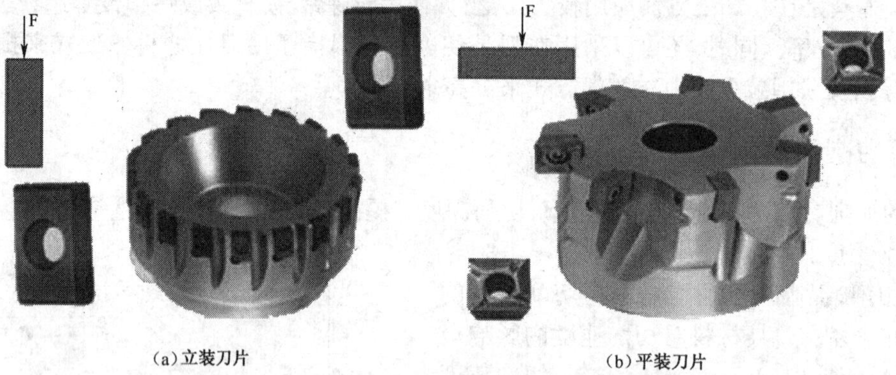

图 12－60　刀片立装结构铣刀和平装结构铣刀

表 12－5　立装结构铣刀的切削参数

材料	硬度/HBS 与抗拉强度/MPa	切削速度 v_c/(m/min)		进给量/(mm/z)		
				面铣刀、三面刃铣刀		立铣刀
		粗	精	负前角	正前角	—
铸铁	<170HBS	60～90	90～120	0.5～1.2	0.3～0.9	0.15～0.4
	170～220HBS	55～80	75～105	0.3～1.0	0.3～0.6	0.1～0.3
	220～300HBS	45～60	60～90	0.2～0.8	0.2～0.6	0.1～0.2
结构钢	400～700MPa	120～240	150～300	0.3～1.0	0.2～0.8	0.15～0.4
合金钢	500～800MPa	90～180	120～240	0.3～0.9	0.2～0.8	0.1～0.3
	800～1100MPa	60～120	60～120	0.3～0.8	0.2～0.6	0.1～0.25
	1100～1400MPa	25～60	30～90	0.2～0.3	—	0.08～0.15
铸钢	400～700MPa	25～90	35～140	0.3～1.0	0.3～0.8	0.1～0.3
黄铜	—	150～600	300～900	—	0.25～0.50	0.25～0.50
青铜	—	90～300	150～300	—	0.25～0.50	0.25～0.50
铝	—	900～4500	>1500	—	0.15～1.0	0.15～1.0
镁	—	1500～4500	>1500	—	0.15～1.0	0.15～1.0

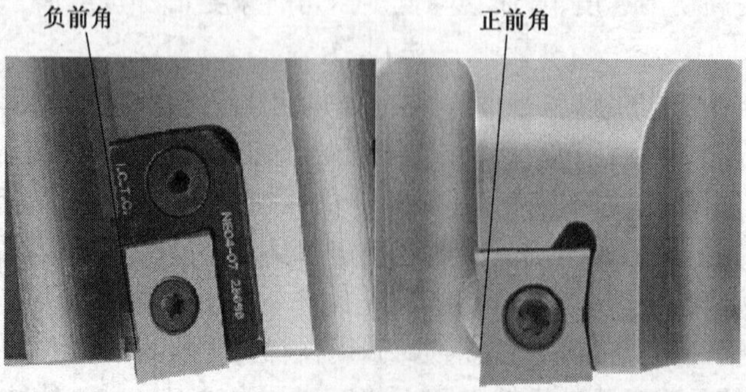

图 12－61　正前角和负前角立装结构铣刀示意图

车削加工表面残留不平度最大值计算公式为

$$R_{\max} = \frac{f_n^2}{8r_\varepsilon} \times 1000(\mu m) \qquad (12-30)$$

式中　$R_{\max}$——加工表面残留不平度最大值(μm)；

f_n——每转进给量(mm)；

γ_ε——刀尖半径(mm)。

从式(12-30)可知，刀尖 γ_ε 越大，加工表面残留不平度最大值越小，工件表面粗糙度越低。用一段大半径圆弧或与被加工表面平行的直线连接刀尖圆角和副切削刃，修光被加工表面，提高加工表面的质量，这种技术称为"Wiper"技术。使用这种技术能在维持原有生产节拍的条件下大幅度降低工件表面粗糙度值，提高表面质量；也可以在保持原来工件质量的前提下，大大减少加工时间，提高加工效率。图 12-62 是普通 ISO 车刀片 WNMG080408-TN 与带修光刃的刀片 WNMG080408-WG 加工表面粗糙度曲线。从图上可看到，如果使用 $f_n = 0.6$mm 的相同进给率，$\gamma_\varepsilon = 0.8$mm 普通刀片加工的工件表面粗糙度约为 8.4μm，而使用 Wiper 刀片(WG 槽形)加工的工件表面粗糙度仅为 2.2μm。另一方面，如果用 $\gamma_\varepsilon = 0.8$mm 普通刀片要达到 2.2μm 的工件表面粗糙度，需要将进给率减小到 $f_n \approx 0.22$mm，而达到这样表面粗糙度，修光刃刀片采用的进给量 $f_n = 0.61$mm，效率提高了近 3 倍。

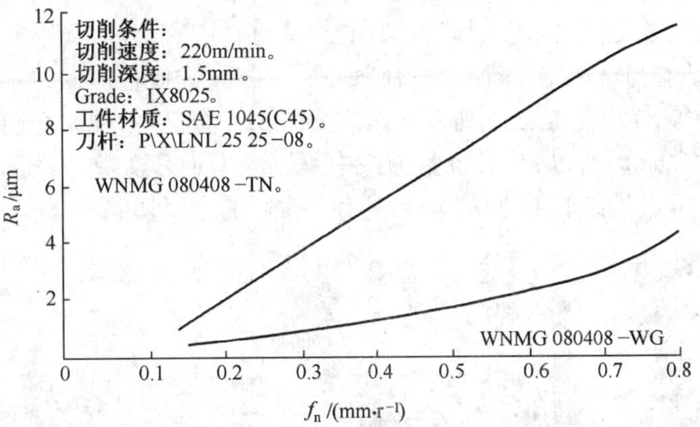

图 12-62　普通刀片与 Wiper 刀片加工比较

铣刀的修光刃技术应用其实更早，图 12-63(a)的铣刀切削刃的平行段修光刃较长，每转最大进给量 f_n 至少应比刀片修光刃长度 L 短 1.5mm。可通过对修光刃在角度上的调整，调节每转进给量(图 12-63(b))。

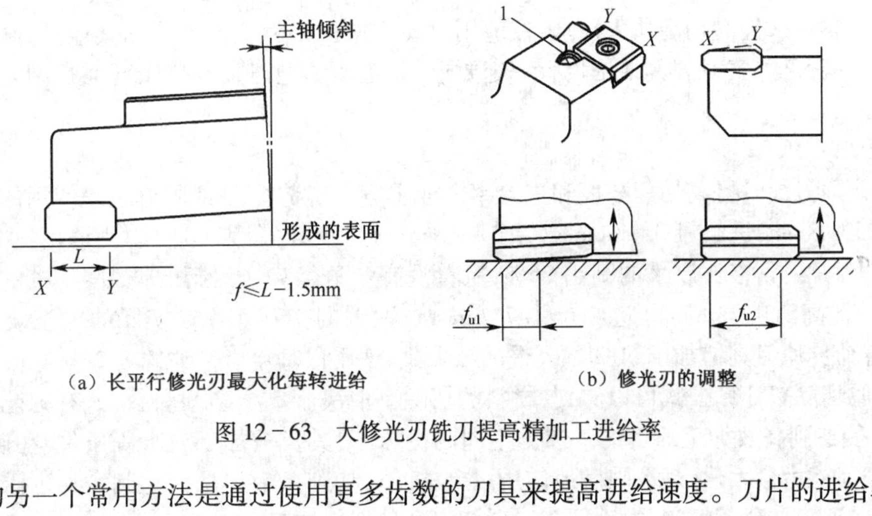

(a) 长平行修光刃最大化每转进给　　(b) 修光刃的调整

图 12-63　大修光刃铣刀提高精加工进给率

提高进给的另一个常用方法是通过使用更多齿数的刀具来提高进给速度。刀片的进给率常受刀片厚度影响或表面质量要求而局限在某一个范围内，而采用密齿刀具或其他更多齿数的方法就可以在不改变切削速度和进给率的前提下提高进给速度。以两种多齿扩孔刀具为例：三齿扩孔刀具相对于常见的两齿可调扩孔刀具而言，可以增加50%的进给速度；如果扩孔刀具的齿数高达7个，加工效率是常见的两齿扩孔刀具的350%。

刀具的齿数的多少与很多因素有关，如：被加工工件的材料、加工的性质是精加工还是粗加工；刀具的结构及刀片的尺寸等。图12-64(a)所示的平装刀片结构，因装卸刀片的需要，刀齿的齿距要保持一定的距离。而立装刀片结构扳手装卸刀片的方向在刀盘圆周的法向上图12-64(b)，相互不影响，所以齿距可以更小，齿数可更密，刀具的进给速度就更高。

刀具的齿数的多少还与刀片尺寸有关，刀片越小，刀具上可排列的齿数就越多，进给速度就越快。例如：在一把D25的立铣刀上，如采用10mm边长的刀片，可以排4个齿，每齿进给量为0.15mm，每转进给就为0.6mm；而用7mm边长的刀片，就可以排7个齿，因刀片较小，每齿进给量也较小为0.12mm，则每转进给就为0.84mm，在转速相同的情况下，效率就提高了40%。

3. 大切削深度加工

大切削深度加工对于提高加工效率同样非常有效。在加工余量较大的场合，运用大切削深度加工可以有效减少走刀次数，从而提高金属切除率。

对于大切削深度而言，刀具的受力条件会恶化。大量载荷集中作用在切削刃上，并产生大量切削热，这对刀具的韧性和热硬性提出了更高要求。因此，这时的刀具材料应有更高的性能，刃口增加倒棱和倒圆，刀体对刀片的支撑、夹持系统对刀杆的支持都必须得到加强。同时，选择合理的刀具几何参数，如减少主偏角以避免切削载荷过分集中等，常常都是必须加以考虑的。图12-65是一种大切削深度的面铣刀，适合重载切削。因其切削深度可达20mm，所以，在大余量加工中可以减少走刀次数，缩短加工时间。铣刀是立装刀片结构，刀片承载能力强，每齿进给量可达0.9mm，具有非常高的金属切除率。

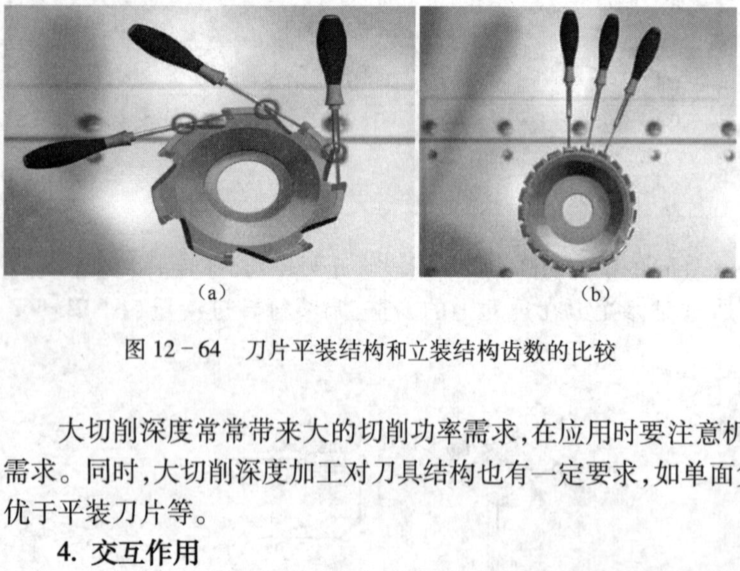
(a) (b)

图12-64 刀片平装结构和立装结构齿数的比较

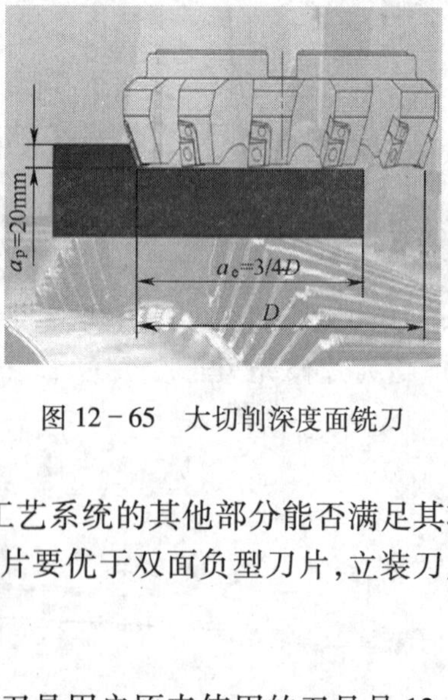

图12-65 大切削深度面铣刀

大切削深度常常带来大的切削功率需求，在应用时要注意机床和工艺系统的其他部分能否满足其功率需求。同时，大切削深度加工对刀具结构也有一定要求，如单面负型刀片要优于双面负型刀片，立装刀片要优于平装刀片等。

4. 交互作用

下面的例子是通过同时提高切削速度和进给率来取得竞争优势。刀具用户原来使用的刀具是12齿铣刀，切削速度为257m/min，进给量0.13mm/z(或1.56mm/r)，刀片寿命为60件。为该用户提供的新型铣刀是8齿铣刀，每个刀片的价格比原来的高出26%，粗看没有竞争优势。但新的铣刀可以将切削速度提高到337m/min，进给量提高到0.22mm/z(进给量1.76mm/r)，两者的交互作用使实际的加工效率提高了50%。同时，新的铣刀寿命比原刀具增加了50%。改进的结果是，该用户每年可节约约6.2万美元。

从铣削的金属切除率计算公式可以看到，材料的切除率取决于5个切削参数，只有智能、合理的使用此5个加工参数，才能达到高效加工的目的。依据不同的机床、刀具及被加工材料等条件，在确保刀具安全的情况下，使切削载荷能力最大化，最大限度地使用以上的5个切削参数。从而达到大切削深度、大进给速度及变化切削宽度保证刀具载荷恒定，实现智能、高效、安全地切削加工。

切削参数智能化高效加工是在保证零件精度和品质的前提下，通过对加工过程的优化和提高单位时间材料切除量来提高加工效率、降低生产成本的一种高效能加工技术。为了保证刀具在大切削深度、大进给速度条件下安全高效加工，利用高效加工策略对进给速度进行优化。简单地讲，在刀具切削载荷小的情况下刀具的进给速度将智能增大，在刀具切削载荷变大大的情况下刀具的进给将智能减小，从而达到在保证刀具不会出现载荷过大而折断的情况，同时也实现了大切削深度、大进给的加工，充分发挥刀具的使用效率。要使切削刀具像计算机那样的有智能，切削刀具和 CAM 软件有机融合，可以把它们在不同加工条件下的性能特点植入软件中。有了这些信息，就可以通过在 CAM 软件的用户界面上进行一些调整，对所有加工任务（即使是常规加工）的加工参数进行修改，以优化生产率。比如，可以利用 Mastercam CAM 软件，确定“高效加工（HEM）”规则，设置 Mastercam 的“动态铣削”刀具路径。当用户购买刀具时，可以将这规则置于其中。之后，用户只需在 Mastercam 软件中了解高效加工工艺和应用要点，并点击“设置”即可。虽然这种特定的设置主要侧重于的高效加工，但它可能会导致刀具供应商、机床制造商和控制软件提供商在其他方面的进一步合作，将针对特定加工设备的“智能”数据库植入到 CAM 软件包中。当利用植入 CAM 软件的加工规则时，操作者无需根据直觉调整加工参数，如当采用了更高的切削速度时，由于担心打刀和损坏工件，许多操作者都会减小进给量。“高效加工”规则和刀具特征数据使 Mastercam 能够计算出合理的切削步长、进给率和切削速度，从而在条件不利的切削加工中保护刀具。

12.2.5　减薄切屑的高效切削

1. 减薄切屑技术

粗铣加工的目标是以最短的时间从工件上切除尽可能多的金属材料。虽然材料去除率的大小主要取决于加工机床的有效功率，但是通过采用减薄切削厚度的方法，即使在一台小功率的机床上，仍然可以实现生产率的最大化和满足加工要求的切削条件。

切屑减薄是铣削所采用的切削深度 a_p或切宽 a_e小于铣刀直径的 25%时所产生的一种效应。随着切削深度的减少，瞬时切屑厚度也将随之变小，从而导致实际每齿进给量 f_z减小，而实际 f_z的减小会使刀具与工件表面发生刮擦而无法切入工件，因此当切削深度减小时，需要增大每齿进给量 f_z。采用减薄切屑厚度的大进给铣削方式可以缩短加工时间，延长刀具寿命。

如图 12－66 所示，由于在铣削加工中切屑厚度 h 持续变化，常用平均切屑厚度 h_m 来计算和评估切屑的情况。平均切屑厚度 h_m 暗含了刀片负荷、刀具断屑槽和切削功率等信息。如切屑厚度小，刀片负荷小；切屑厚度大，刀片负荷就大。

平均切屑厚度十分重要，不同切削刃几何角度的特性和可能性的所有研究在很大程度上都基于所使用（或期望）的平均切屑厚度。各种因素，如切削温度、切削力、切屑形成和去除、刀具寿命、切削刃磨损和振动，受切削刃几何角度和平均切屑厚度相互关系的影响非常强烈。如果铣削作业采用与切削刃设计者相同的切削工况，就能优化和预测出切削特性。而由于不同加工中采用相同的平均切屑厚度产生不同的每齿进给量，就能最大化加工的生产率。

铣刀的主偏角影响切削时切削负荷的方向，图 12－67 为不同的主偏角切削时切削负荷轴向和径向的趋势。刀具的主偏角是实现切屑减薄最重要的因素。铣削刀具主偏角为 90°时，切屑的厚度与每齿进给量相等，即 $h=f_z$，随着主偏角的减小，切屑厚度也随之减小。每一主偏角对应一切屑厚度，无论刀具主偏角为 90°、60°、45°、30°或更小，切屑厚度将始终保持不变，只有圆形刀片除外，如图 12－68 所示，其每齿进给量与切屑厚度的关系为

$$h=f_z\sin K_r$$

对于直刃刀片主偏角是一定的，所以切屑厚度将始终保持不变，而对于圆刀片切出的切屑厚度将随着切削深度的增加而增大，如图 12－69 所示。因此，可采用平均切屑厚度 h_m 来表示圆刀片的切屑厚度。h_m 是根据通过刀具直径的圆刀片与工件径向接合处的切屑厚度来确定的。对于不同类型的工件材料，典型的 h_m 值选取范围与 h 值的选取范围相同。

将一种圆刀片与一种主偏角为 90°的直刃刀片的切削情况做比较。如果两种刀片采用相同的切削深度

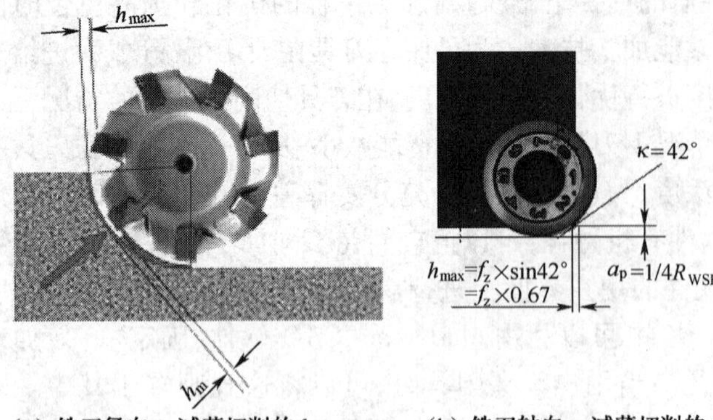

(a) 铣刀径向 a_e 减薄切削的 h_m　(b) 铣刀轴向 a_p 减薄切削的 h_m

图 12-66　铣刀平均切屑厚度

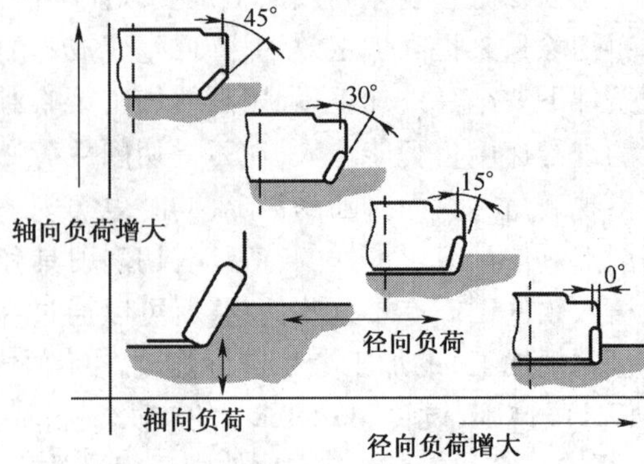

图 12-67　刀具的主偏角与切削负荷

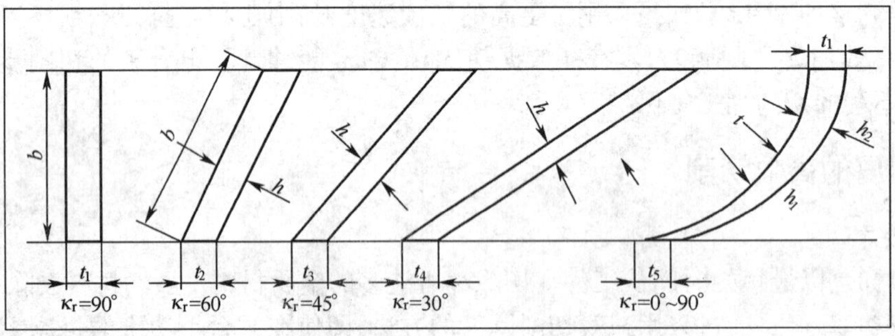

图 12-68　具有不同主偏角的刀片切削截面形状

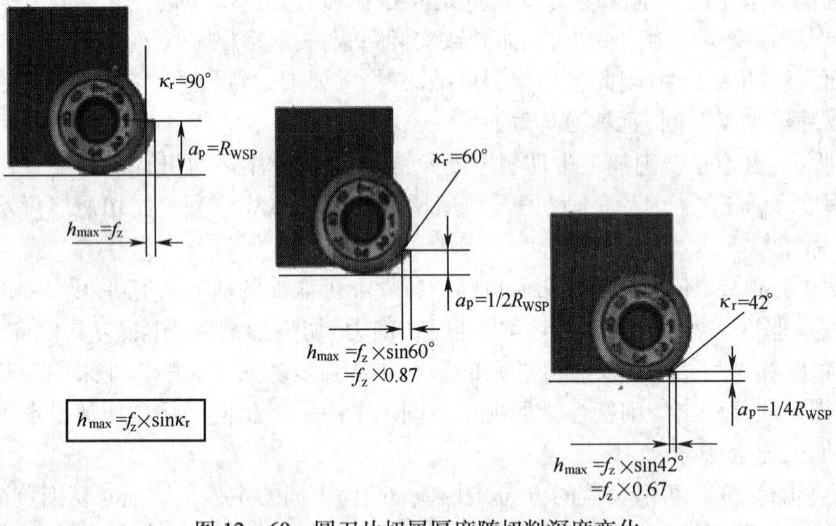

图 12-69　圆刀片切屑厚度随切削深度变化

和每齿进给量进行切削，则它们切除的切屑量也完全相同（图 12-70）。但是，如果当切削深度为圆刀片有效半径的 1/2 时，圆刀片的切屑厚度将比直刃刀片薄 30%，这是因为圆刀片与工件径向接合的切削刃较长的缘故，如图 12-70 所示；在两者切除的切屑量相等的情况下，圆刀片切削产生的切屑长度比直刃刀片长约 50%，则圆刀片切出的切屑厚度必然会大幅度减薄。此时，如果进给量保持不变，而切削深度减小至等于圆铣刀有效半径的 25%，则在切屑量相等的情况下，圆铣刀切出的切屑厚度将减薄 50%。为了达到通过减薄切屑厚度来提高生产率的目的，选取的最大切削深度应为圆刀片有效半径的 20%~25%。

由于切屑厚度随着切削深度的变浅而减薄，因此为了获得高水平的加工生产率，需要通过提高进给率来补偿较小的切削厚度。无论是使用圆刀片或是小主偏角的铣刀，均可利用切屑减薄效应来实现高进给率铣削，这是因为随着圆刀片切削深度变浅，主偏角也随之变平，如图 12-71 所示。当主偏角为 90°时，输入加工程序的每齿进给量与切屑厚度是相等的，如果减小主偏角，切屑去除量仍将保持不变，但刀具切削刃与工件的接合长度会增大，由此产生的切屑厚度将小于程序设定值，但切屑会变长。在切削深度小于圆刀片半径的情况下，为了将切屑厚度增大到程序设定值，则需要提高刀具进给率的编程设定值。因此，虽然圆刀片产生的切屑与主偏角为 90°的直刃刀片所切除的切屑厚度相同，但圆刀片铣刀切除工件材料的进给率要高得多。当然，为了切除一定量的工件材料，对加工机床的功率也有一定的要求。如果刀具的进给率提高 1 倍，则加工机床的功率也需要增大 1 倍。

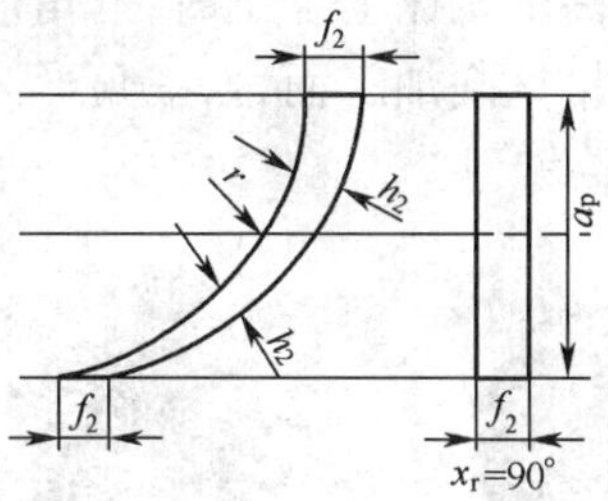

图 12－70　圆刀片与直刃刀片切屑厚度对比

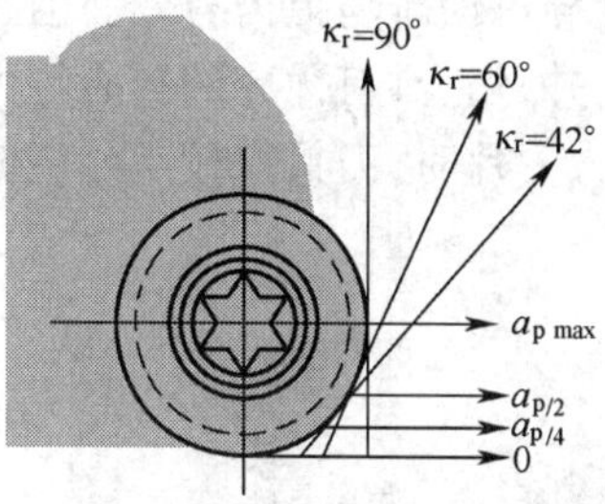

图 12－71　圆刀片切削深度对主偏角的影响

在同样切削深度的情况下，圆刀片的主偏角与圆刀片的大小有关，小的圆刀片，主偏角就大，其加工效率就低。使用圆刀片获得切屑减薄效应的另一限制因素是径向切削深度，比如标准圆刀片直径为 20mm，进行高效铣削时的最大切削深度约为 5mm。虽然 45°直刃铣刀可以更大的切削深度进行铣削，但圆刀片铣刀可在粗铣加工编程时采用二次走刀（如果需要）实现比其他刀具一次走刀更高的切削效率。采用切屑减薄技术进行加工时，如果生成的切屑过薄，刀具与工件表面就会发生刮擦现象。例如，用大倒棱刀片以极低的每齿进给率进行切削时，切屑难以正常成形，也无法顺畅流动。当刀具主偏角变小、切屑减薄时，切削力的方向也会发生变化，主偏角较小的刀具所产生的切削力主要是轴向切削力，这对保持铣削加工过程的稳定性比较有利。

所以，对于以在最短时间内切除最多工件材料为目标的粗铣加工而言，通过减小刀具主偏角和采用较小的切削深度可以实现切屑减薄效应，大幅度提高刀具的进给率，从而显著提升粗铣加工效率。

2. 大进给切削

1）铣削

大进给切削主要指大进给铣削（HFM），它止成为在最短时间内去除尽可能多的工件材料的一种可选方法。大进给铣削主要是为提高金属切除率，以提高生产率和缩短加工时间而开发的一种粗加工方法。

大进给铣削的原理：采用小的主偏角，减薄切屑，采用较小的切削深度（通常不超过 2mm），大的进给获得高的切削效率。大进给铣削的每齿进给量通常可高达常规铣削的 5～10 倍。这种铣削方式可减少产生的切削热，从而延长刀具寿命，并提供更高的金属切除率，其最大可以超过 1000cm^3/min，比传统铣削方式快数倍，取得比传统方法更高的加工效率。能取得这个效果的关键在于，大进给并没有在切削时采用更大的切削深度，而是把浅的切削深度和大的每齿进给量成对使用，这样不仅保护了刀具，还获得了更高的金属加工去除率。在实际操作中，有时能把进给速度提高到常规值的 10 倍。

如对于一把主偏角 90°的铣刀，在整个径向的刀-屑接触面上，进给量为 0. 254mm/z 时对应的实际切屑厚度为 0. 254mm；而对于一把主偏角为 45°的铣刀，在整个径向的刀-屑接触面上，进给量为 0. 254mm/z 时对应的实际切屑厚度仅为 0. 0168mm。为了获得 0. 254mm 的实际切屑厚度，在编制加工程序时则必须采用 0. 3556mm/z 的进给率。对于一把采用更小主偏角（如 12°）的铣刀，为了保持 0. 254mm 的实际切屑厚度，则编程时需要将每齿进给量提高到 5 : 1，即采用 1. 27mm/z 的进给量。

大进给铣削的铣刀具有减薄切削的特征：利用小的主偏角获得大的进给，采用较小的安装角（45°或更小），从而使径向切削力减小、轴向切削力加大，切削力沿轴向传入机床主轴，从而降低了振动的风险，使加工更为平稳，这又使得即便在进行大悬伸加工时也可以采用更大的切削用量。大进给铣削加工不需要增加机床的转速就可获得高切削效率。

大进给铣刀所用的切削刀片也至关重要。这些刀片的切削部位较厚，圆弧半径较大，几何结构强度较高。这就意味着，可以采用很高的进给量，同时仍然能保证加工的可靠性与安全性。对于大部分大进给铣削而言，常选三角形大圆弧刃刀片而不是圆刀片（图 12－72（a）），理由是三角形刀片的圆弧刃 R 可以取得更大，切削力主要集中于切削刃的底部。在有些情况下也可以选用方形刀片，但必须采用较小的安装主偏角。一般来说，在稳定的切削条件下，用大功率机床进行大进给、重载粗铣加工或在卧式铣床上加工时，需要采用方形刀片，这样可使排屑更为有效。但在立式铣床功率较小、转速较高的机床上加工时，三角形刀片是一种安全的选择，并且它具有优异的排屑能力。实际上，对于大多数高进给铣削加工而言，三角形刀片优于圆刀片。当使用方刀片时，刀具有较小的主偏角。图 12－72 为各种大进给铣刀。

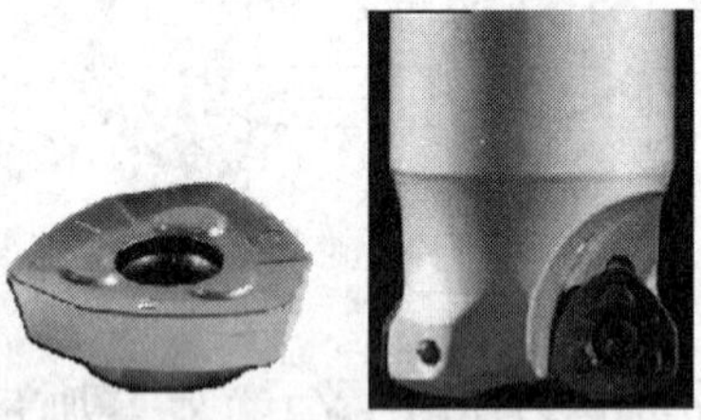

（a）三角形大进给刀片

（b）可用于常规铣刀的大进给刀片

（c）立装四边形刀片大进给铣刀

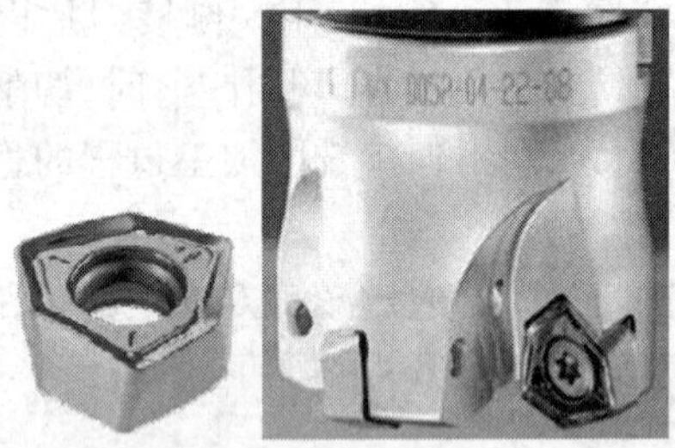

（d）每片刀片具有六刃的凸三角形大进给铣刀片

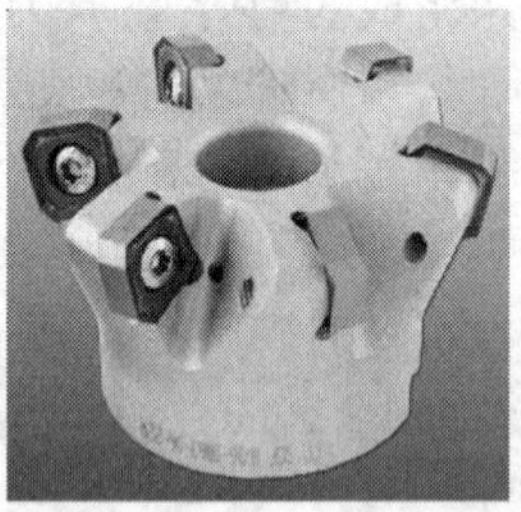

（e）平装四方形刀片大进给铣刀

图 12－72　大进给铣刀

大进给铣削方法非常适合端面铣削加工（尤其是大批量加工），它可以为后续加工或最终精加工奠定良好的基础。大进给铣削加工通常都能够达到非常高的尺寸精度，以至于只需再进行最终精加工即可。大进给端铣也很适合加工大部分软材料。大进给铣削方式可用于高效铣削型腔，特别适合模具加工，其刀具的选择和其他切削参数的确定主要取决于被加工材料、被加工零件的尺寸和刚度。在对粗糙表面进行仿形铣削时，采用大进给铣削方法也非常实用。此外，大进给常用于螺旋插补铣削，也可用于插铣。在螺旋插补铣削中，大进给铣削方法对于大直径的加工也是非常适宜的解决方案——它可以省略预加工或钻预孔。

2）车削

大进给车削其原理也和铣削一样利用了小主偏角带来切屑减薄，为保证刀具承受的载荷不变，可以加大每转的进给。图 12－73 所示的大进给车刀有小于 15°的小主偏角，进给量可以达到 2.5mm/r，是同样尺寸刀片的 3~4 倍，而切削深度也需减小到 2.4mm，是同样尺寸刀片的 1/2~1/3。增加的比减小的多，所以效率得到提升。

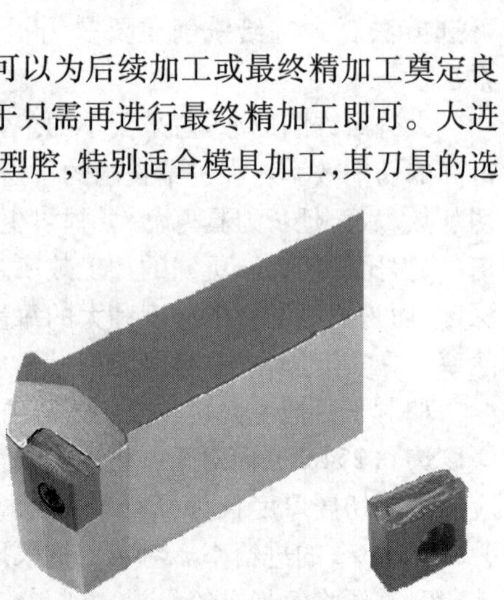

图 12－73　大进给车刀

3. 中进给切削

大进给可以获得高效率切削，但从铣削的金属切除率公式

$$Q=a_p\cdot a_e\cdot n\cdot z\cdot f_z/1000$$

可以看出，高切除率的获得不仅是单一指标的提升如 f_z，而是多因素之积，如当大进给铣刀每齿进给量达到 $f_z=3.5$mm 时，最大允许切削深度 $a_p=2$mm，此时 a_p 和 f_z 之积为 3.5×2=7，如把每齿进给降低到 3mm，切削深度加大到 3.5mm，此时两者之积为 3×3.5=10.5，这就有更高的金属切除率。大进给铣刀的大进给得益于小主偏角，切削深度受限制也在于小主偏角，当调整主偏角到某一值时，进给和切削深度之积就有可能达到最大，这就是中进给铣刀获得高效切削加工的原理。中进给铣刀如图 12-74 所示，它可采用与大进给铣刀同样的刀片，只是优化增大了铣刀的主偏角。

4. 切宽减薄切削

对于铣削，能定义平均切屑厚度、铣削方法、每齿进给量和主偏角之间的关系式。在这种情形下，需要考虑加工过程中的“第二维”。这可以通过应用 a_e/D（其中：D 为刀盘有效的直径；a_e 为加工中的切削宽度）来得到。

通常采用非常适中的进给率。研究表明，所应用的绝大多数进给率都低于 0.12mm/z。对精加工工序而言，这些进给值尚可接受，但对高性价比的普通工序和粗加工工序来说，则显得有些不足。从切除率公式

$$Q=a_p\cdot a_e\cdot n\cdot z\cdot f_z/1000$$

可知，除前述的考虑 $a_p\cdot f_z$ 因素外，还可以通过 a_p、a_e 和 n 匹配来获得高效切削。

铣刀的切削宽度 a_e 如图 12-75 所示。定义切宽比率 E 为铣刀切宽 a_e 与铣刀直径 D 之比。当铣削宽度 a_e 值很小时，切宽比率 E 就小，平均切屑厚度 h_m 就小，这就意味着刀具承受载荷的能力没得到发挥，因此，就可对其承受的载荷进行补偿，即可通过提高转速来增加进给。一般切宽比率 $E=33\%$ 为分界点，在切宽比率小于 33%时，实际采用的转速应乘以一个转速因子 n（表 12-6）。h_m 与 a_e、D 的关系还与铣削方式有关，如以下的方式所示。

图 12-74　中进给铣刀

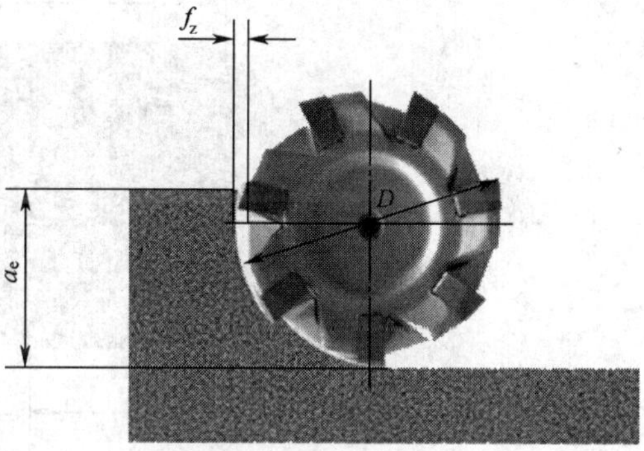

图 12-75　切宽比率 a_e/D

表 12-6　转速因子

E	100	50	33	25	10	5
n	1	1.1	1.2	1.3	1.4	1.5

端铣时，铣刀每齿进给量为

$$F_z=h_m\times\frac{D\times\pi\times\varphi_e}{a_e\times 360\times\sin\kappa_r}\tag{12-31}$$

式中　h_m——平均切屑厚度；

D——铣刀直；

φ_e——切削弧角；

a_e——切削宽度；

κ_r——主偏角。

从上式可计算平均切屑厚度为

$$h_m = \frac{f_z \times a_e \times 360 \times \sin\kappa_r}{D \times \pi \times \varphi_e} \tag{12-32}$$

切削弧角为

$$\varphi_e = \arcsin\frac{2\sqrt{a_e \times (D - a_e)}}{D} \tag{12-33}$$

或

$$\varphi_e = \arccos\left(1 - \frac{z a_e}{D}\right)$$

端铣时,如铣刀片与工件对称配置,则有

$$h_m = \frac{f_z \times a_e \times 180 \times \sin\kappa_r}{D \times \pi \times \arcsin\frac{a_e}{D}} \tag{12-34}$$

立铣时,如取 $\varphi_e/2$ 处的切削厚度作为平均切削厚度,则平均切屑厚度又可为

$$h_m = f_z\sqrt{\frac{a_e}{D}}(\mathrm{mm})$$

$$f_z = h_m \times \sqrt{\frac{D}{a_e}}(\mathrm{mm})$$

例:如图 12-76 所示的工件,用伊斯卡公司面铣刀 HP F90AN D63-16-22-07HP,刀片 ANKT 0702-PN-R,材质 IC950,参数 $D=63\mathrm{mm}$,$z=16$,$h_m=0.07\mathrm{mm}$,$v_c=250\mathrm{m/min}$,$a_e=2.5\mathrm{mm}$,$E=4\%$。

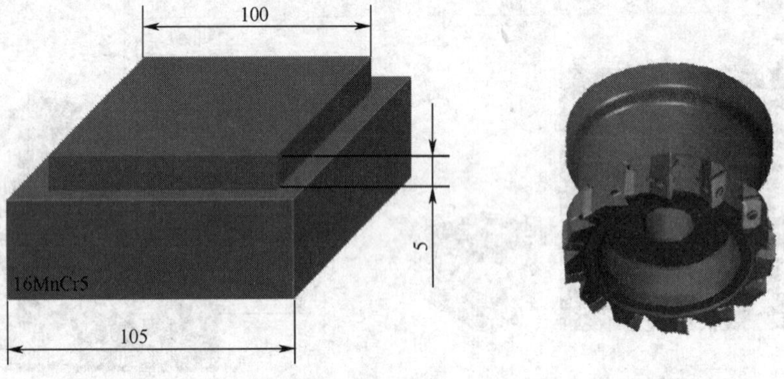

图 12-76　例中的工件与铣刀

每齿进给量为

$$f_z = h_m \times \sqrt{\frac{D}{a_e}} = 0.07 \times \sqrt{\frac{63}{2.5}} = 0.35(\mathrm{mm})$$

主轴转速为

$$n = \frac{v_c \times 1000}{D\pi} = \frac{250 \times 1000}{63 \times 3.14} = 1263(\mathrm{r/min})$$

进给速度为

$$v_f = n \times f_z \times z = 1263 \times 0.35 \times 16 = 7100(\mathrm{mm/min})$$

因切削深度比率小于 5%,所以实际可用转速应乘上转速因子为

$$n = 1263 \times 1.5 = 1900(\mathrm{r/min})$$

应该采用的进给速度为

$$v_f = 1900 \times 0.35 \times 16 = 10640(\text{mm/min})$$

由此可见,进给速度可以提高50%。

从式(12-32)可以看出,在其他条件相同时,大直径的铣刀比小直径的铣刀切屑厚度薄。从式(12-33)可以看出,切削宽度越小,弧角就越小,除可通过增加转速外,还可以同时增加切削深度 a_p 值来弥补载荷的不足。a_e 的减小,可以带来切削速度 v_c、进给速度 v_f 和切削深度 a_p 的增加,这就是常说的铣削的"片皮法"。片皮法铣削不仅可以在小切宽时提高切削效率,而且这方法还可以减小铣刀切削弧长,从而减少切削热的产生和积聚,这对切削钛合金和高温合金十分有利。

12.2.6　新加工方法高效切削

伴随刀具切削技术的不断发展,通过独特的新型切削刀具和新的切削概念,将一些新的加工方法应用与实践,获得高的切削效率。

1. 插铣法

插铣法又称 z 轴铣削法,插铣加工时,刀具连续地上下运动,利用端面的切削刃进行钻、铣组合切削,快速大量地去除材料,是实现高切除率金属切削最有效的加工方法之一。插铣法主要用于半精加工或粗加工,在重复插铣到预定深度时,刀具不断地缩回和复位以便下一次插铣时可迅速地从重叠走刀处去除大量金属,如图12-77所示。插铣的过程如图12-78所示。

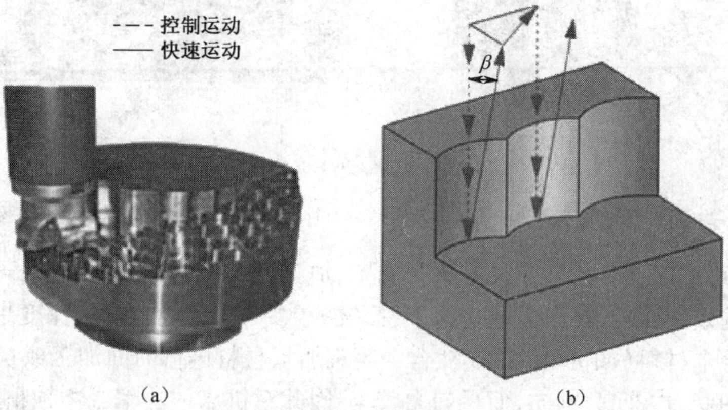

(a)　　(b)

图12-77　插铣示意

β—被加工表面与母线之间的角度。

(a)　　(b)　　(c)

图12-78　插铣凸模的过程

与其他加工方式相比,插铣法具有以下优点:

(1) 加工效率高,能够快速切除大量金属,相对于普通铣削加工而言可以节省1/2以上的时间。图12-79表明,普通径向进给的铣削方式刀盘有效切削长度为 $\frac{1}{3}D$,而插铣方式为(2/3~3/4)D,刀盘有效切削长度增加了30%~50%。

(2) 刀具的悬伸长度比较大,对于工件凹槽或表面的铣削加工十分有利,特别适用于一些模具型腔的粗加工,并被推荐用于航空零部件的高效加工。图12-80是两种方式的对比,普通铣削在较长的工作长度时,由于径向力的作用刀杆可能发生变形和振动,无法正常切削加工,加工的能效在35%左右。插铣方式刀杆

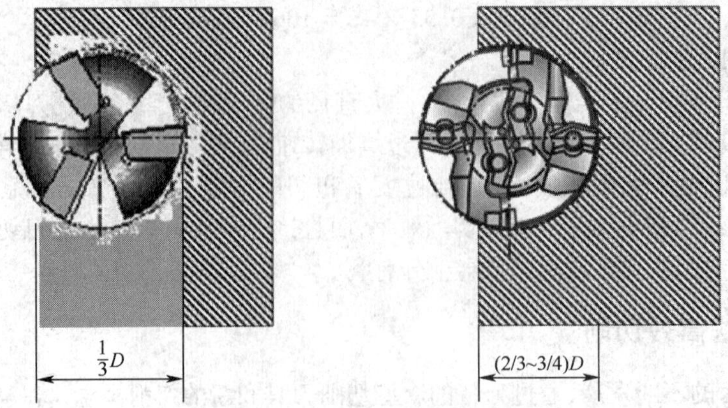

图 12－79　普通铣削和插铣的切削长度

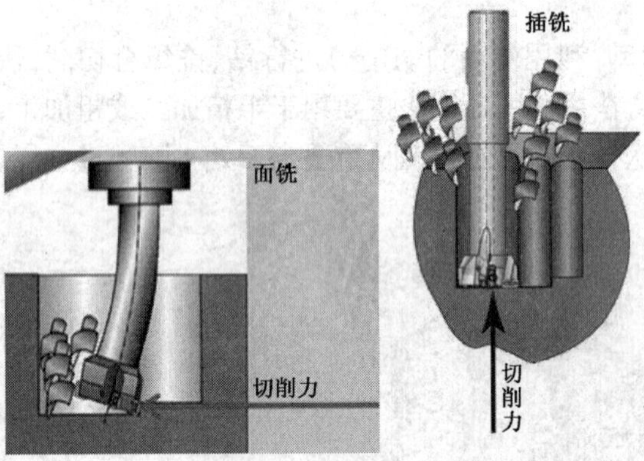

图 12－80　插铣与面铣性能比较

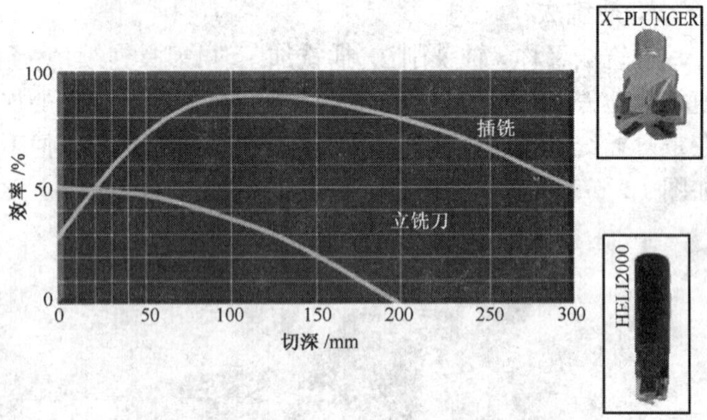

图 12－81　不同切削深度下插铣与普铣效率比较

主要承受的是轴向力，可以以更长的工作长度进行加工，加工能效可达 90%。图 12－81 表明，在不同切削深度时插铣与普通铣削的效率比较，在大多数情况下，插铣的效率都高，而且切削深度越大，效果越明显。

（3）可以对高温合金材料（如 Inconel）或钛合金等难加工材料进行曲面加工或切槽加工。

（4）加工时主要的受力方向为轴向，而径向力较小，因此对机床的功率或主轴精度要求不高并且具有更高的加工稳定性，有可能利用常规机床或功率不足的机床获得较高的加工效率。

（5）可以减小工件侧向变形。

（6）可用于各种加工环境，可以用于单件小批量的一次性原型零件加工，也适合大批量零件制造。

（7）插铣加工能够以相对较低的进给速度切削大量的加工材料。该加工方法对使用常规机床的加工车间而言，其金属的切除速度可以与采用高速加工方法的较新机床相媲美，有时甚至超过这些较新的机床。

实施插铣加工时，铣刀切削刃由各刀片廓形搭接而成，插铣深度可达 250mm 而不会发生振颤或扭曲变形，刀具相对于工件的切削运动方向既可向下也可向上，但一般以向下切削更为常见。插铣斜面时，插铣刀沿 z 轴和 x 轴方向做复合运动。

专用插铣刀（图 12－82）主要用于粗加工或半精加工，它可切入工件凹部或沿着工件边缘切削，也可铣削复杂的几何形状，包括进行挖根加工。为保证切削温度恒定，所有的带柄插铣刀都采用内冷却方式。插铣刀的刀体和刀片设计使其可以最佳角度切入工件，通常插铣刀的切削刃角度为 87°或 90°，进给量为 0.08～0.25mm/z。每把插铣刀上装夹的刀片数量取决于铣刀直径，例如，一把直径 ϕ20mm 的铣刀安装 2 个刀片，而一把直径 ϕ125mm 的铣刀可安装 8 个刀片。

为确定某种工件的加工是否适合采用插铣方式，主要应考虑加工任务的要求以及所使用加工机床的特点。如果加工任务要求很高的金属切除率，则采用插铣法可大幅度缩短加工时间。另一种适合采用插铣法的场合是当加工任务要求刀具轴向长度较大时（如铣削深的凹腔或深槽），由于采用插铣法可有效减小径向切削力，因此与侧铣法相比具有更高的加工稳定性。此外，当工件上需要切削的部位采用常规铣削方法难以到达时，也可考虑采用插铣法，由于插铣刀可以向上切除金属，因此可铣削出复杂的几何形状。

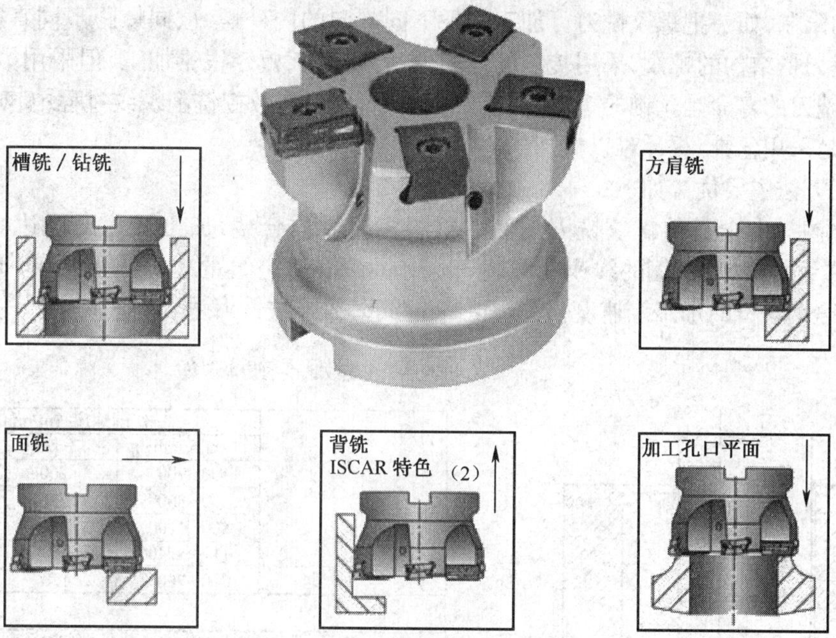

图12-82　插铣刀可做多种铣削加工

无论对于大去除量切削加工(在模具加工中较为常见),还是具有复杂几何形状的航空零件的加工,插铣法都将是优先考虑的加工手段。与常规加工方法相比,插铣法加工效率高,加工时间短,且可应用于各种加工环境,既适用于单件小批量的一次性原型零件加工,也适合大批量零件制造,因此是一种极具发展前途的加工工艺。

插铣的一个特殊用途就是进行涡轮叶片的加工,这种加工一般是在三轴或四轴铣床上进行。插铣涡轮叶片时,可从工件顶部向下一直铣削到工件根部,以 $x-y$ 平面的简单平移,即可加工出极其复杂的表面几何形状。插铣用于对涡轮叶盘的粗加工过程,减小了加工变形,提高了切削效率,并优化圆角插铣路径;将插铣应用于大直径、宽深流道二元叶轮的数控加工过程,并用Master CAM软件实现简单铣编程。

钛合金飞机复杂结构件带有槽腔、复杂型面、加强筋等结构,毛坯材料去除余量很大(约90%要从毛坯上去除),且钛合金是难加工材料,普通铣削方式加工效率极低,在切削速度受到限制时,选用插铣工艺能大幅度提高加工效率(图12-83)。在切削速度为30~150m/min条件下,y 向铣削力随着切削速度的增大而减小,但减小的幅度不大;在进给量0.01~0.2mm/z的范围内,铣削力随着进给量的增大而增大,且增加得很快;在径向切削深度2~10mm的情况下,铣削力也是随着进给量的增大而增大,但增加速率小于进给量的影响。由此可以看出,影响 y 向铣削力大小的主要因素是进给量和径向切削深度。因此,对于 y 向主轴刚性不好的机床来说,插铣钛合金的加工过程中采用比较大的切削速度和比较小的进给量与径向切削深度是一个比较好的选择。

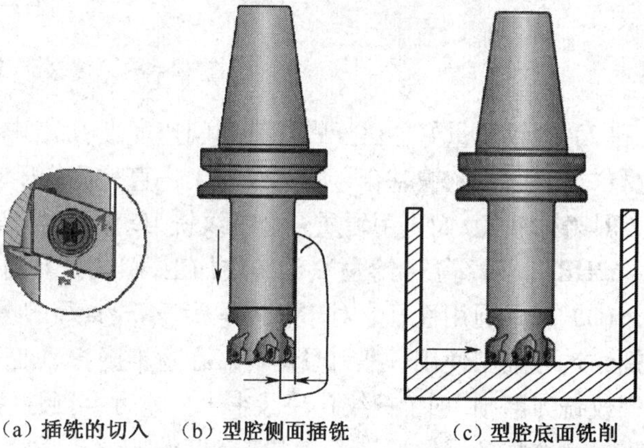
(a) 插铣的切入　(b) 型腔侧面插铣　(c) 型腔底面铣削

图12-83　钛合金型腔的插铣

2. 螺纹铣削

随着数控机床的普及,螺纹铣削加工技术在机械制造业的应用越来越多。螺纹铣削是通过数控机床的三轴联动功能及G02或G03螺旋插补指令完成。螺纹铣削加工利用螺纹铣刀进行螺旋插补铣削而形成螺纹,刀具在水平面上每做一周圆周运动,在垂直面内则直线移动一个螺距或 n 个螺距(梳齿)。

1) 螺纹铣削的特点

螺纹铣削加工与传统螺纹加工方式相比,在加工精度、加工效率方面具有极大优势,且加工时不受螺纹结构和螺纹旋向的限制，如一把螺纹铣刀可加工多种不同旋向的内外螺纹、同螺距不同直径的螺纹、对于不允许有过渡扣或退刀槽结构的螺纹，采用传统的车削方法或丝锥、板牙很难加工，但采用数控铣削十分容易实现。此外，螺纹铣刀的寿命是丝锥的10多倍甚至数十倍，而且在数控铣削螺纹过程中，对螺纹直径尺寸的调整极为方便，这是采用丝锥、板牙难以做到的。

螺纹铣削加工方法主要优势如下：

(1) 加工效率高。由于目前螺纹铣刀的制造材料多为硬质合金，加工线速度可达80～200m/min，图12－84为刀片式螺纹铣刀，加工钢的线速度可达300m/min左右，进给量0.1（螺距8mm时）～0.4mm/z（螺距1mm时），而高速钢丝锥的加工线速度仅为10～30m/min，故螺纹铣刀适合高速切削。

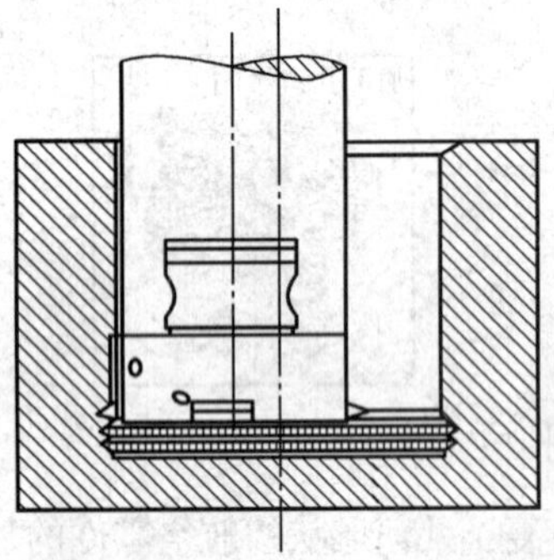

注意：
这些推荐值必须根据相应的切削条件进行调整。
推荐两次走刀完成深螺纹铣削。

推荐用于内螺纹铣削的切削参数

材料	切削速度/(m/min)		
	Rm(N/mm²)	干切削	湿切削
钢	400～700	260	320
	500～800	230	300
	800～1100	200	280
	1100～1400	60	150
铸钢	400～700	150	280

螺距/mm	外螺纹直径上的每齿进给量[①]/mm
1	0.40
2	0.35
3	0.30
4	0.254
5	0.20
6	0.15
7	0.12
8	0.10

①刀具中心线的进给率可根据以下公式计算得出：

$$v_m=\frac{(\text{外螺纹直径}-D)\times n\times f\times z}{\text{外螺纹直径}}$$

图12－84　螺纹铣刀的切削及切削参数

(2) 螺纹质量好。由于螺纹铣切削速度高，加工螺纹的表面粗糙度也大幅降低。高硬度材料和高温合金材料，如钛合金、镍基合金的螺纹加工一直是比较困难的问题，主要是因为高速钢丝锥加工上述材料螺纹时刀具寿命较短，而采用硬质合金螺纹铣刀对硬材料螺纹加工则是效果比较理想的解决方案，可加工硬度为58～62HRC。对高温合金材料的螺纹加工，螺纹铣刀同样显示出非常优异的加工性能和超乎预期的长寿命。

(3) 刀具通用性好。对于相同螺距、不同直径的螺纹孔，采用丝锥加工需要多把刀具才能完成，但如采用螺纹铣刀加工使用一把刀具即可。在丝锥磨损、加工螺纹尺寸小于公差后则无法继续使用，只能报废；而当螺纹铣刀磨损、加工螺纹孔尺寸小于公差时，可通过数控系统进行必要的刀具半径补偿调整后就可继续加工出尺寸合格的螺纹。为了获得高精度的螺纹孔，采用螺纹铣刀调整刀具半径的方法，比生产高精度丝锥要容易得多。

(4) 加工安全性高。对于小直径螺纹加工，特别是高硬度材料和高温材料的螺纹加工中，丝锥有时会折断，堵塞螺纹孔，甚至使零件报废；采用螺纹铣刀，由于刀具直径比加工的孔小，即使折断也不会堵塞螺纹孔，非常容易取出，不会导致零件报废。由于加工始终产生的是短切屑（对任何材料都是如此），因此不存在切屑处置方面的问题。对螺纹铣削加工，螺纹尺寸是由加工循环控制的，所以不存在加工螺纹尺寸过大的问题。

2) 螺纹铣刀的种类

(1) 整体式螺纹铣刀（图12－85）：大多用整体硬质合金材料制造，有些还采用了涂层。整体式螺纹铣刀结构紧凑，比较适合加工中、小直径的螺纹；也有用于加工锥螺纹的整体式螺纹铣刀。此类刀具刚性较好，特别是带螺旋槽的整体式螺纹铣刀,在加工高硬度材料时可有效降低切削负荷,提高加工效率。整体式螺纹铣刀的切削刃上布满螺纹加工齿,沿螺旋线加工一周即可完成整个螺纹加工,无需像单齿机夹式刀具那样分层加工,因此加工效率较高。

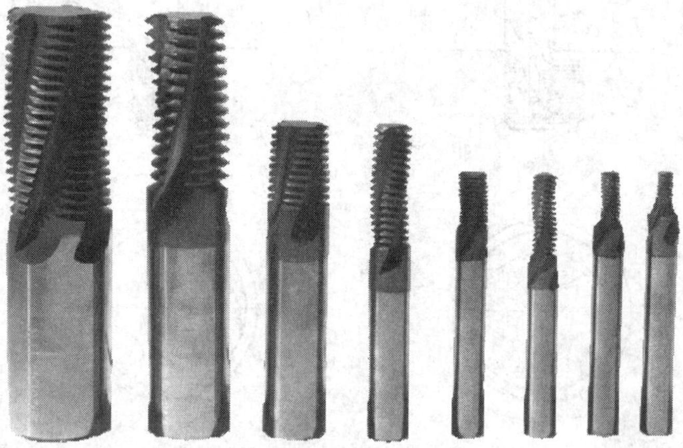

图 12－85　整体硬质合金螺纹铣刀

(2) 机夹式螺纹铣刀:是螺纹铣削中最常用的刀具,其结构与普通机夹式铣刀类似(图 12－86),由可重复使用的刀杆和可方便更换的刀片组成。如果需要加工锥螺纹,也可采用加工锥螺纹的专用刀杆与刀片。这种刀片上带有多个螺纹切削齿,刀具沿螺旋线加工一周即可一次加工出多个螺纹齿。如用一把有 5 个 2mm 螺距的切削齿铣刀,沿螺旋线加工一周就可加工出 5 个螺纹深度 10mm 的螺纹孔。为了进一步提高加工效率,可选用多刃机夹式螺纹铣刀。通过增加切削刃数量,可显著提高进给率,但分布于圆周上的每个刀片之间的径向和轴向定位误差会影响螺纹加工精度。如多刃机夹螺纹铣刀加工的螺纹精度不满意,也可尝试只装一个刀片进行加工。在选用机夹式螺纹铣刀时,应根据被加工螺纹的直径、深度和工件材料等因素,尽量选用直径较大的刀杆(以提高刀具刚性)和适当的刀片材质。机夹式螺纹铣刀的螺纹加工深度由刀杆的有效切削深度决定。由于刀片长度小于刀杆的有效切削深度,因此当被加工螺纹深度大于刀片长度时需要分层进行加工。

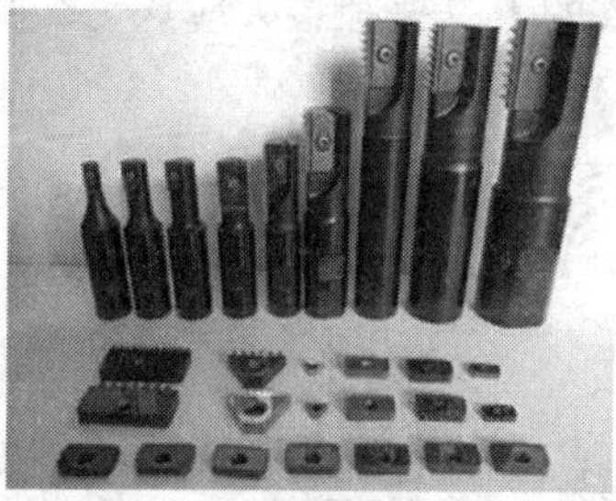

(a) 单刃梳齿螺纹铣刀

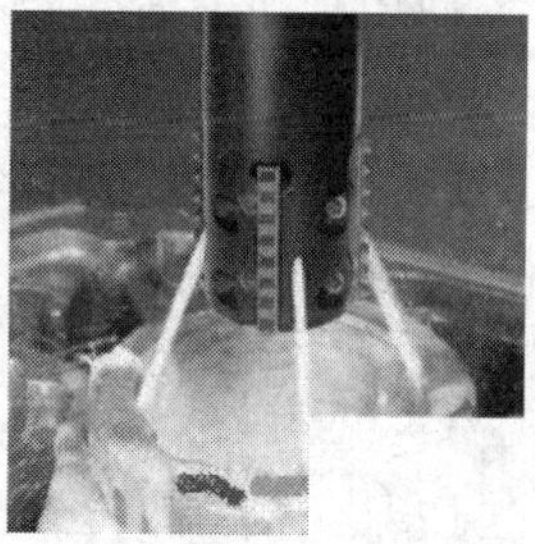

(b) 多刃梳齿螺纹铣刀

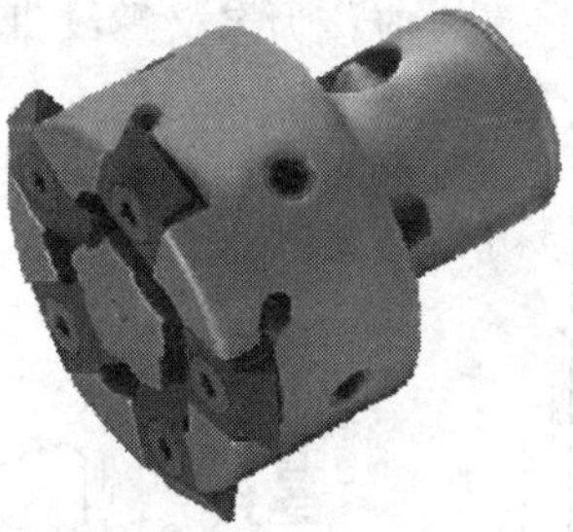

(c) 周向多齿刀片式螺纹铣刀

(d) 周向多齿可换头螺纹铣刀

(e) 梳齿硬质合金可换头螺纹铣刀

(f) 螺纹旋风铣刀及其铣削特殊牙型的接骨螺钉

图 12－86　各种机夹式螺纹铣刀

3）螺纹（右旋螺纹）铣削过程如图 12－87 所示。

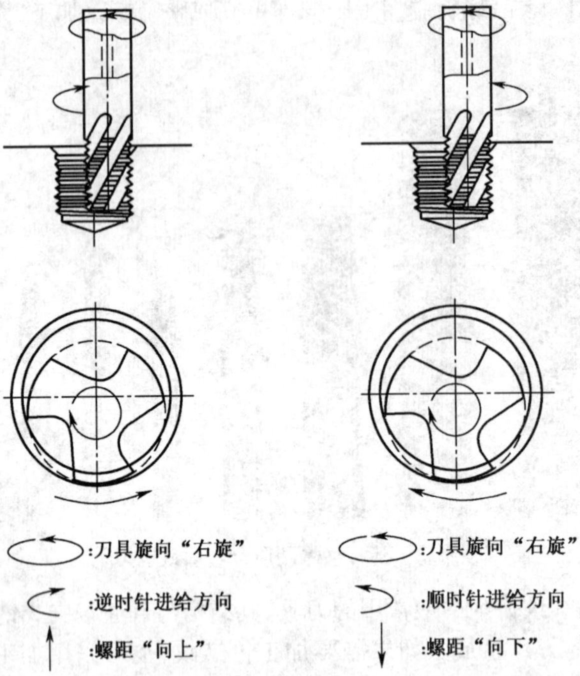

（a）顺铣　　（b）逆铣

图 12－87　螺纹的铣削过程

4）螺纹铣削切入方法

螺纹铣削加工的步骤：加工螺纹底孔—孔口倒角—铣削螺纹。螺纹铣削运动轨迹为一螺旋线，可通过数控机床的三轴联动来实现。与一般轮廓的数控铣削一样，螺纹铣削开始进刀时也可采用 1/4 圆弧切入或直线切入，退刀时也可采用 1/4 圆弧切出或直线切出。为了保证螺纹的深度，螺纹切入点必须稍低于螺纹底部，切出点必须稍高于螺纹顶部，但切入点与切出点之间的距离必须是螺距的整数倍。螺纹铣削是从螺纹底孔底部开始往上切削，便于螺纹铣削时排屑，如图 12－88 所示。为避免重大轮廓失真，用于加工标准粗牙螺纹的刀具直径最大应该为名义螺纹直径的 2/3，而用于加工标准细牙螺纹的刀具直径最大应该为名义螺纹直径的 3/4。

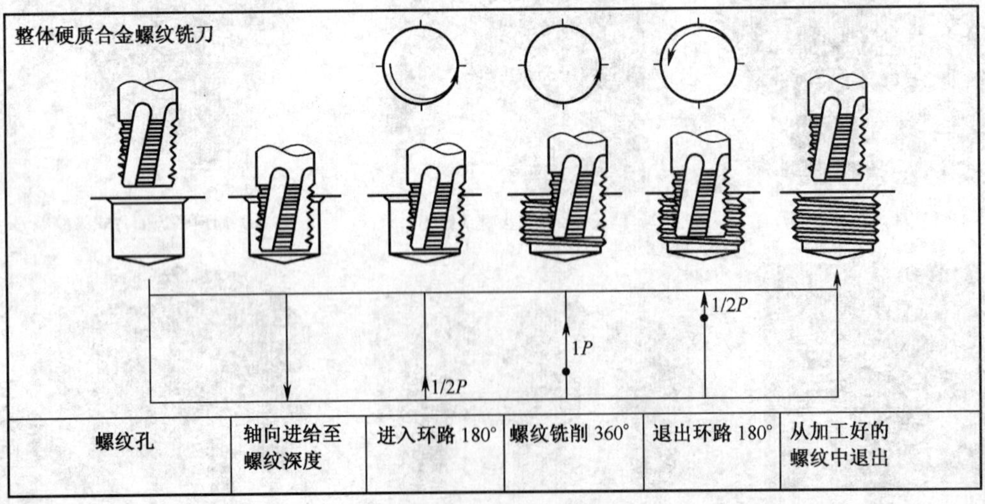

图 12－88　螺纹铣削循环

为了能够应用螺纹铣削，机床必须具备三轴联动功能。实现螺旋插补功能，由机床控制刀具实现螺旋轨迹，螺旋插补由平面圆弧插补和垂直与该平面的线性运动联动形式。例如，从 A 点、B 点（图 12－89（a））的

螺旋轨迹是由 $X-Y$ 的平面圆弧插补运动和 Z 轴的线性直线运动联动形式。G02：顺时针圆弧插补指令。G03：逆时针圆弧插补指令。

螺纹铣削（图 12－89（b））是由刀具的自转与机床的螺旋插补形成。在一个圆周的插补过程中利用刀具的几何形式并结合刀具沿轴向移动一个螺距的运动，用以加工出所要求的螺纹。螺纹铣削可采用以下三种切入方法：

（1）圆弧切入法（图 12－90）。采用该方法，刀具切入、切出平衡，不留切削痕迹，不产生振动，即使是加工硬的材料也如此。该方法的程序编制较径向切入法复杂一些，建议在加工精密螺纹时推荐使用该方法。

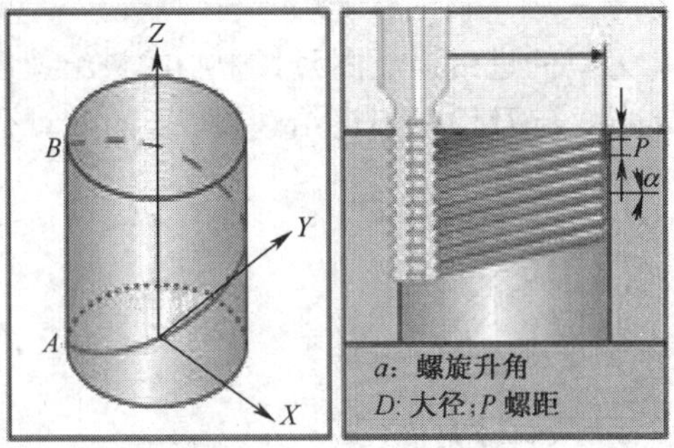

（a）　（b）

图 12－89　螺旋轨迹

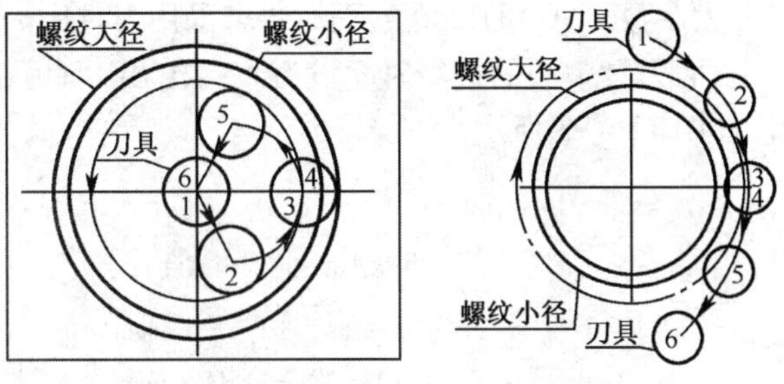

（a）内螺纹　（b）外螺纹

图 12－90　圆弧切入法

1—2：快速定位。

2—3：刀具沿圆弧进给切入，同时沿 Z 轴插补。

3—4：360°整圆切削插补一周，轴向移动一个导程。

5—6：快速返回。

（2）径向切入法（图 12－91）。采用该方法最为简单，但有时会出现以下两种状况：

① 在切入及切出点会留有很小的垂直痕迹，但不会明显影响螺纹质量。

② 在加工非常硬材料时，当切入接近全牙型时，由于刀具与工件的接触面积大，有可能产生振动。

为了避免当切入接近全牙型时的振动，进给量应尽量降低到螺旋插补进给的 1/3。

1—2：快速定位。

2—3：360°整圆切削插补一周，轴向移动一个导程。

3—4：快速退出。

（3）切向切入法（图 12－92）。该方法非常简单，并具有圆弧切入法的优点，但它仅适合用于外螺纹的铣削加工。

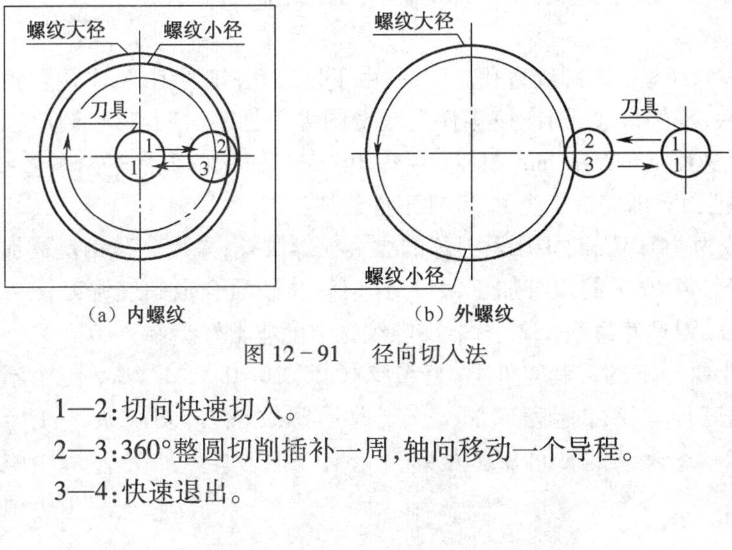

（a）内螺纹　（b）外螺纹

图 12－91　径向切入法

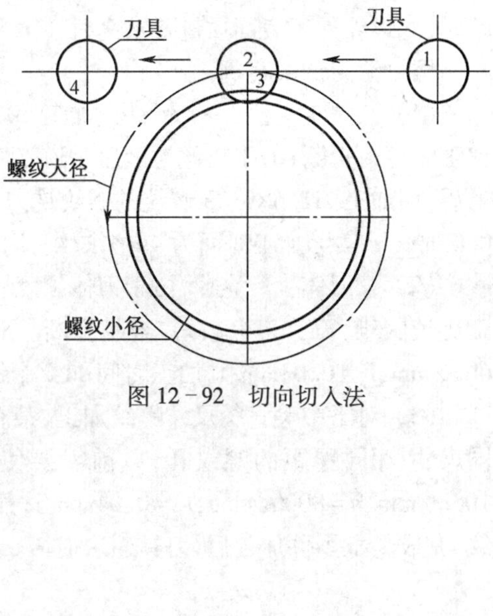

图 12－92　切向切入法

1—2：切向快速切入。

2—3：360°整圆切削插补一周，轴向移动一个导程。

3—4：快速退出。

5）螺纹铣削数据计算

刀具的进给速度：

$$v_f = f_z \cdot n \cdot Z$$

式中 f_z——每齿进给量(mm/r)；

n——刀具转速(r/min)；

v_c——切削线速度(m/min)；

Z——切削刃数；

v_f——刀具切削刃进给速度，即

大多数 CNC 机床，在编程时要求采用刀具中心进给编程。刀具的进给速度由刀具中心的进给速度大小决定，而刀具中心的进给速度没有直接给出，但可由刀具进给速度与刀具中心进给速度 V_{fm} 的计算公式求得，如图 12－93 所示。

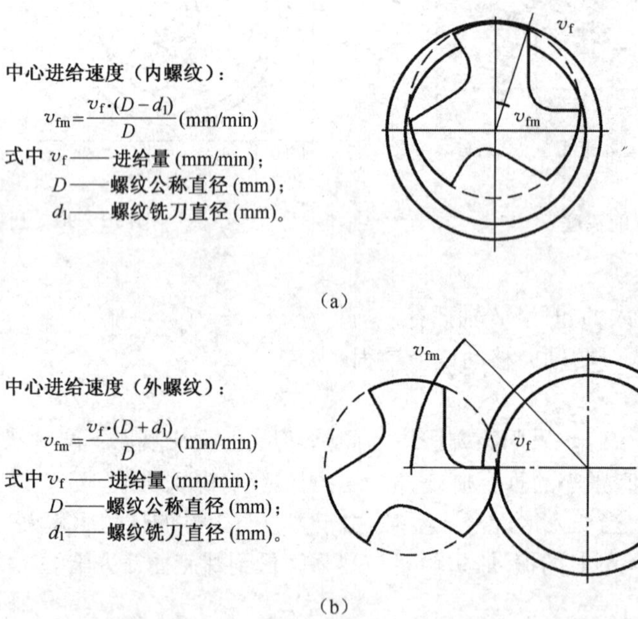

中心进给速度（内螺纹）：
$v_{fm}=\frac{v_f\cdot(D-d_1)}{D}$(mm/min)
式中 v_f——进给量 (mm/min)；
D——螺纹公称直径 (mm)；
d_1——螺纹铣刀直径 (mm)。
v_f
v_{fm}
(a)
中心进给速度（外螺纹）：
$v_{fm}=\frac{v_f\cdot(D+d_1)}{D}$(mm/min)
式中 v_f——进给量 (mm/min)；
D——螺纹公称直径 (mm)；
d_1——螺纹铣刀直径 (mm)。
v_{fm}
v_f
(b)

图 12－93 刀具中心进给速度的计算公式

6）螺纹铣刀的应用

螺纹铣削在越来越多的场合替换丝锥加工，在这些情况下，它比丝锥更有优势：①工件很大，在车床上装不方便；②工件是不对称零件或是非旋转件；③钻孔及加工螺纹一次完成时；④机床动力不足时；⑤有排屑问题时；⑥螺纹加工表面质量要求高时；⑦希望减少刀具数量时；⑧难加工材料的螺纹加工。

螺纹铣刀铣削案例：

（1）某航空企业，一个铝件上加工 50 个 M1.6×0.35 螺纹盲孔。问题：由于是盲孔，排屑困难，采用丝锥加工时容易折断；由于攻丝为最后一道工序，如零件报废，则在该零件上花费的大量加工时间将全部损失。最后，用加工 M1.6×0.35 螺纹的螺纹铣刀，线速度 $v_c = 25$m/min，转速 $n = 4900$r/min（机床极限），进给量 $f_z = 0.05$mm/r，实际加工时间为 4s/个螺纹，用一把刀具即完成了全部 50 件工件的加工。

（2）某刀体生产企业，由于刀体硬度一般为 44HRC，对于压紧刀片的小直径螺纹孔，采用高速钢丝锥加工比较困难，刀具寿命较短，容易折断。对于 M4×0.7 的螺纹加工，客户选用整体硬质合金螺纹铣刀，$v_c = 60$m/min，$f_z = 0.03$mm/r，加工时间 11s/个螺纹，刀具寿命达 832 个螺纹，螺纹光洁度非常好。

（3）对于中等直径尺寸螺纹加工，某企业要加工的铝制零件上，有 M12×0.5、M6×0.5、M7×0.5 三个不同尺寸、相同螺距的螺纹孔，以前需要使用三种丝锥才能完成加工。现改用螺纹铣刀，切削条件：$v_c = 100$m/min，$n = 8000$r/min，$f_z = 0.04$mm/r，加工一个螺纹的时间分别为 4s、3s、3s，一把刀具可加工 9000 个螺纹，完成整批零件加工后，刀具还未损坏。

(4) 在大型发电、冶金设备加工行业,泵、阀加工行业,螺蚊铣刀解决了大直径螺纹的加工问题,成为高效率、低成本的理想加工刀具。如某阀类零件加工企业,需要加工 2in×11BSP－30 螺纹,材料为铸钢,并希望提高加工效率。通过选用多排屑槽、多刀片机夹式螺纹铣刀,采用 $v_c = 80\text{m/min}$, $n = 850\text{r/min}$, $f_z = 0.07\text{mm/r}$ 的切削参数,实现了加工时间 2min/个螺纹,刀片寿命 620 件,有效地提高了大直径螺纹的加工效率。

12.2.7　复合刀具

体现高效加工主题思想的切削刀具和工艺方法是以复合加工方式实现多功能多工序加工。它可减少刀具种类、减少换刀次数、减少零件装夹次数和减少所需设备的台(套)数。尤其是多种复合的高效切削刀具符合高效制造生产方式的需要。例如:工步复合的阶梯钻;工序复合的镗/铣、钻/铣、车/钻、钻/攻螺纹、铣/去毛刺;功能复合的车削/切槽/仿形、铣面/孔/3D 仿形等,这类刀具的开发与应用突破了车、铣、钻、攻螺纹等不同工序采用不同刀具的传统概念。一刀多用节省了刀具准备时间和换刀时间,降低了刀具制造、使用与管理费用,减少了辅助作业时间,符合高效率化的基本要求。

图 12－94　复合镗刀

复合刀具有多种形式。常见的阶梯钻就是一种简单的复合刀具,其特点是在一次走刀中完成几把刀同一种工艺的加工,如图 12－94 所示的阶梯镗刀能在一次进给中完成三段不同直径的孔的半精加工和相应的倒角:下方能正面看见刀片的部分完成小直径、大直径两个直径段的半精镗和中直径的倒角;上方只能看见刀片后刀面的部分完成中直径的半精镗和小直径、大直径的倒角。较复杂的复合刀具常常集成可完成不同工艺的几把刀,如能钻孔又能铣削的钻铣刀等复合刀具,通常要分几次走刀或在不同工位上依次完成几把刀的切削。这是一种最典型的复合刀具,可覆盖很大的加工范围,既有简单的钻孔——倒角复合刀,也有集成 5～10 把刀的专用复合刀具。还有一种更为复杂的复合刀具:内部集成有产生辅助切削运动的传动机构或旋转轴,有机械式和机械电子式两种,可以满足加工零件特殊部位要求,这样的刀具对机床结构或机床的控制系统往往有特殊要求,以实现对刀具运动部分的控制。

复合刀具有以下特征:

(1) 复合刀具的主要优点是提高了生产效率,可同时或顺序加工几个表面,减少机动和辅助时间,如使用有 4 个阶梯的钻头,加工一个活塞孔的时间大约缩短 70%。除了节省换刀时间外,用户还可从空出的机床刀库位置和减少的刀具夹头中获益,空出的刀库位置可使备用刀具在机床工作的同时予以更换。由于刀具数量减少,所以可简化刀具的管理,节省费用。

(2) 高的加工质量。可减少工件的安装次数或夹具的转位次数,以减小和降低定位误差,各加工面间的位置精度都是刀具保证。例如,一个多台阶的孔在一次走刀中就加工完成,孔的不同心度误差也减少,因为前面的钻头对后面的钻孔起到了定心的作用。

(3) 降低对机床的复杂性要求。专用复合刀具基本是根据零件尺寸和精度定制的,使机床的定位精度不再那么重要,并减少机床台数,节约费用,降低制造成本。

复合刀具的结构形式有整体式、装配式、可转位式、组合式,复合的方式也有多种。

1. 工序复合

工序复合加工是指将多道工序集中起来一次加工,如钻孔/扩孔/倒角/锪平面常被复合,钻孔/倒角/铣螺纹近来也多有复合。在复合加工中,工件可在不卸除的前提下,依加工顺序,或逐一或多轴同动进行加工。这种将多个单一工序进行有效组合,集中表现在加工刀具结构的变化上,即所谓采用复合性刀具代替普通的单一性刀具,在一次换刀加工中完成多道工序内容,从而实现提高生产效率、保证零件位置精度、改善刀具切削等目的。

图 12－95 是加工连杆孔的专用复合刀具,使加工连杆的刀具数量减少,生产效率提高;并对可转位刀片的材质、几何形状、涂层做最佳的选择,保证较长的刀具寿命。

另一个典型例子是加工螺纹孔的复合刀具。一般采用常规的工艺需两道工序,即钻孔和攻螺纹。复合

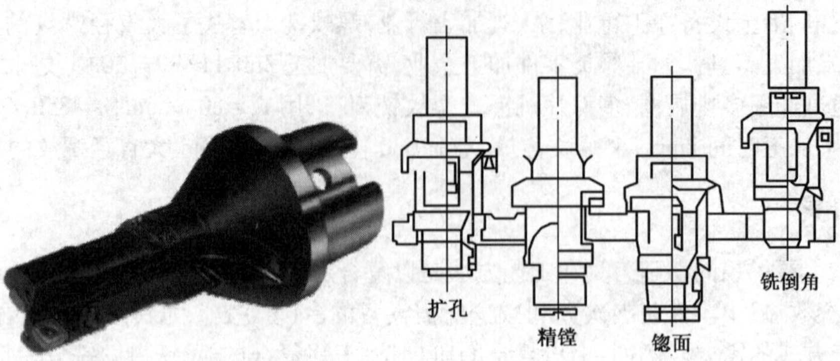

图 12-95　连杆孔的复合刀具

刀具把钻底孔、倒角和切螺纹加工并成一道工序完成，在圆周铣螺纹时，刀具走一个螺距就完成螺纹的加工，用一把刀具可加工不同直径相同螺距的螺纹。之后又集成了倒角工序，进一步扩大了刀具的功能和经济效果。图 12-96(a)为 Seco 公司的钻头复合螺纹铣刀 DTM(Thread master)，它本质上是一款一次操作便能钻削、倒角及螺纹铣削的一钻式解决方案。图 12-96(b)为其加工的一道工序循环。

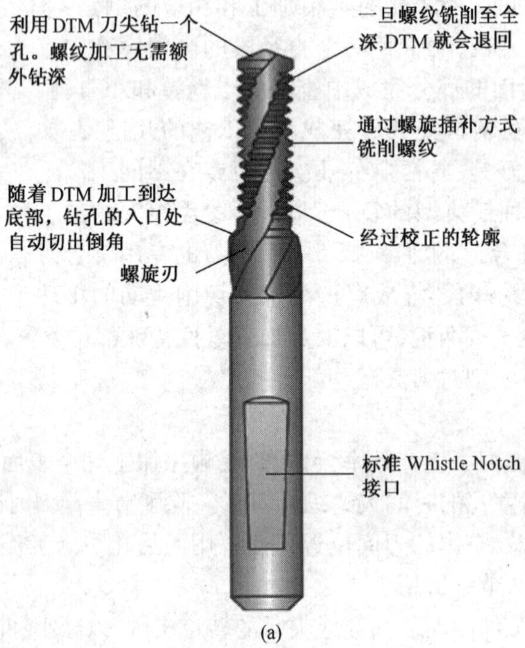

(a)

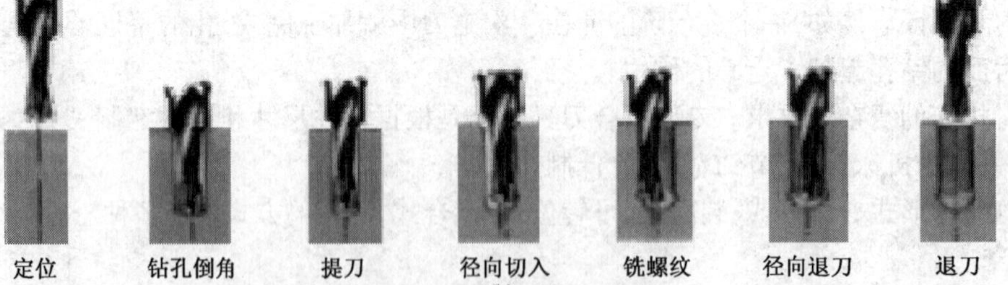

(b)

图 12-96　螺纹孔加工复合刀具

复合刀具虽然有很多优点，但其设计和制造要充分考虑各复合部分材料、几何参数、排屑、不同的加工性质等的匹配性。对复合刀具各直径公差、齿数、齿形、几何参数、结构尺寸的设计制造，应重点注意考虑其加工应用情况和特征：

(1) 负荷较大，一般又受孔径限制，刀具细长，因此要选用高强度的刀体材料。

(2) 复合刀具各部位刀具直径不同，其切削速度不一样，直径差别大时，直径大处刀具可选用好的刀具材料，如钻扩复合刀，钻孔选高速钢，扩孔选硬质合金刀片；或钻孔选硬质合金刀片，扩孔选 PCBN 刀片，实施各种刀具材料的组合应用。

(3) 根据加工工件及加工条件设计复合刀具时,应考虑切削顺序或同时加工次序、刀具结构形式、刀具材料选用、排屑方式、导向装置类型等因素。

复合刀具中各单个刀具的直径往往差别很大,选择切削用量时需考虑主要矛盾。如最小直径刀具的强度最弱,应按最小直径刀具选择进给量;又如,最大直径刀具的切削速度最高,磨损最快,故应按最大直径刀具确定切削速度。各单个刀具所进行的加工工艺不同时,需兼顾其不同点。如采用钻-铰复合刀具加工孔,采用的切削速度比一般钻削低一些,而比一般铰削速度高一些;钻孔时进给量取低一些,使切削力不至于太大,铰孔时可取较大的进给量,以提高生产率。

图 12－97 是汽车发动机缸盖导管和座圈的复合加工,采用复合刀具一次完成进气座圈安装底孔、粗钻导管底孔 ϕ10. 5mm 及铰进气道喉口的粗加工。根据钻头加工内孔钻削效率高的特点,刀头部分用硬质合金刀片镶嵌(铜焊)在刀杆一端而成为钻头部分,完成粗加工(钻孔)工序。但是加工出的孔表面粗糙度高和孔径直线度较差,尺寸精度不高。将具有修正孔径直线度、稳定孔径尺寸的镗刀部分,放在钻头后,将钻削出的孔进行镗削加工(由于镗削余量较大,分单刀三级镗削)。利用镗孔的优点来保证加工出的孔径直线度和稳定孔径尺寸,完成半精加工工序(包括粗镗、半精镗),为铰孔工序做好准备工作(降低表面粗糙度和使铰削余量均匀合理)。铰孔的铰刀部分放在复合刀具体切削部分的最后来完成精加工,保证孔的精度(孔的形位精度和表面粗糙度),刀具体夹持部分制成莫氏 3 号锥柄。为了容易排屑和刀具不同时参与切削(减轻切削力),每一刀具的切削部分的起始点在轴向间隔大于或等于 25mm(大于孔深),其中钻与第一级镗之间大于 25mm(因钻孔的铁屑多),同时也增大了容屑空间,使排屑顺畅,避免前后刀面切下的切屑互相干扰和阻塞,致使刀具崩刃及影响孔的质量。

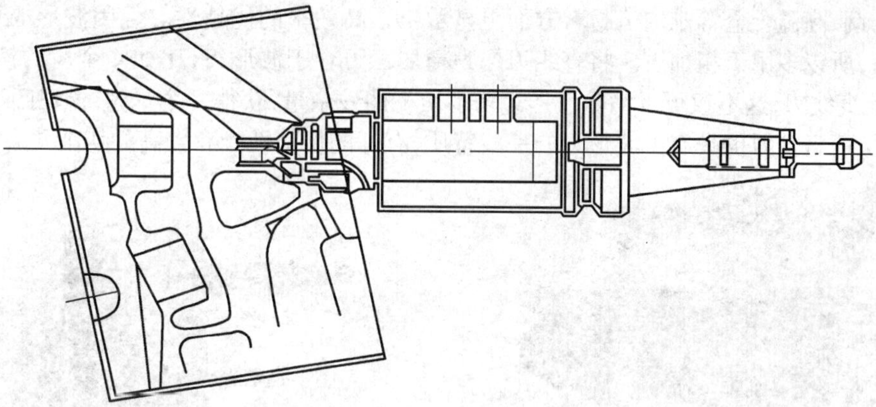

图 12－97　应用复合刀具加工座圈安装底孔、粗钻半精镗导管底孔及精铰进气道喉口

钻、镗、铰孔切削部分合金刀片材料的选择。钻、镗、铰削的机床转速、进给量相同时钻削(刀头)刀具部分由于是粗加工,切削深度较大,刀具承受的切削力较大,切削速度不是很高(照顾铰孔部分的特点)。同时材料的组织不均匀(有砂眼、气穴的可能),再加上硬质合金刀片的刃口在切削加工铸铁行程中欠锋利,挤刮现象较严重,所以选用强度较高,抗冲击性和抗振性能及耐磨性均较好的钨钴类硬质合金(如 K15－40)。

镗孔刀具部分由于孔径比钻孔尺寸略大,切削刃处切削速度会高于钻孔刀具部分,切削深度比钻孔的切削深度较小,切削过程相对稳定些。为了提高刀具的耐用度,选用硬度、耐磨性及耐热性均较好的钨钴类硬质合金(如 K10－20)可转位刀片。

铰孔刀具部分由于是稳定尺寸部分,切削刃处的切削速度相对钻削和镗削时均更高,切削深度(铰孔余量)较小,所以要求耐磨性和耐热性相对钻削和镗削时应更高,才能提高刀具的耐用度,从而保证尺寸精度,因而选择钨钴类硬质合金(如 K05－15)。

刀具切削部分参数设定。刀具切削部分的切削角度和刃宽参数对刀具的使用寿命和加工的难易程度及加工的精度均起着至关重要的作用,也直接影响到加工成本、加工效率,所以刀具每部分的切削参数应合理选择。钻削部分:刀片厚度为 4. 5mm,保证钻头的钻心强度,锋角取 116°(比标准麻花钻锋角小),目的是减小主偏角，从而减少轴向抗力和振动。内刃斜角取约15°，内刃前角取-15°，横刃长度留2.5mm来提高钻孔的稳定性，同时提高刀具的耐磨性，前角$\gamma=6°$，后角$\alpha=18°$，目的是为了容纳切屑的空间较大，以防崩刃。同样也是为了增大容纳切屑的空间，减少钻头与孔壁的摩擦，而同时又要保证副切削刃的强度，所以取副后角为8°和副切削刃带宽为0.25~0.3mm。镗削刀具部分：采用钨钴类硬质合金如K10-20可转位刀片。铰削刀具部分：引导前锥角取45°，轴向长3mm，便于切入已有孔。另外为提高铰削的稳定性，切削锥角取3°~5°，轴向长3mm。为提高刀具的耐用度尺寸精度，引导部分与切削部分采用$R1$过渡，切削部分与校准部分采用$R0.5$过渡；因铰削余量很小，切屑很薄，切屑与前刀面接触很短，前角作用不大，为制造方便，前角取0°；引导部分和切削部分及校准部分的后角均取8°，引导部分和切削部分不留刃带，校准（修光）部分留0.3mm宽的刃带，以保证修光刃的强度又减少刃带与孔壁的摩擦，同时也便于铰刀制造和检验，刃倾角取-8°（相当于左向螺旋铰刀）。为使铰刀工作平稳，提高加工表面质量，切削时切屑顺利从铰刀前方排出（向下），可避免切屑划伤孔壁，并减少孔的扩张量。

2. 粗精复合

粗精复合加工就是把粗加工工序与精加工工序合为一个工序，从而达到减少工序，提高加工效率的目的。图12-98是一种粗精复合面铣刀，根据刀具直径的大小和齿数的多少设置一定的修光齿，图上表明一个修光齿带有与工件被加工面平行的刃带。此修光齿比切削齿要高出0.05~0.08mm，切削齿切削，修光齿只起修光作用，修光刃的平行度和轴向跳动量可通过微调机构调整，一般几个修光齿的轴向跳动量应控制在0.005mm之内。这样的粗精复合铣刀在余量$a_p=2\sim3$mm时，一次走刀加工的表面粗糙度就可达到$Ra=3.2\mu$m。

图12-99是一种整体硬质合金粗精复合立铣刀，它把粗加工的波形刃刀和直线刃刀合二为一。波形刃立铣刀因具有分屑、降低切削力和减少切削热的作用，所以可以以更大的切削参数切削加工，加工效率高，尤其是在切削不锈钢、高温合金等难加工材料方面更显示出了高效率的优越性。但因波形的切削刃会给工件留下粗糙的表面，所以多用于粗加工。将直线刃作为精加工刃合于波形刃，比如4个齿的铣刀，有2个齿为波形刃，2个齿是直线刃，这不仅可以消除波形刃切削留下的残余量，获得一个平整的加工面，从而达到半精或精加工的效果，而且铣刀也具有了波形刃的一些特质，有好的切削性能和较高的切削效率。

图12-98 粗精复合面铣刀

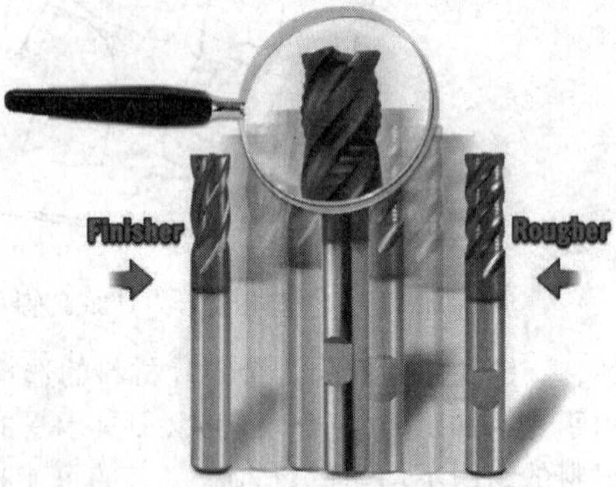

图12-99 整体硬质合金粗精复合立铣刀

3. 功能复合

通过结构的设计，将多种切削功能集合于一体，达到一刀多用，以求一把刀具尽可能多地完成对零件不同工序的加工，减少刀具品种，减少换刀的次数，充分发挥以车削加工中心和镗铣类加工中心为代表的数控加工技术的优势，对复杂零件在一次安装中进行多工序的集中加工。如图12-100一个典型的轴类零件，在数控车床上用普通的刀具加工方案如图12-100（a）所示，需用左手外圆车刀、右手外圆车刀和切断刀三把刀才能完成整个零件的加工，而用多功能车槽刀（图12-100（b））只需一把刀就可完成。从图12-100（c）还可以看出，此时的槽刀片切削刃的三个方向都可利用，提高了刀片的寿命。

图12-101所示的多功能式刀具，其功能有钻孔、端面车、内圆倒角、内圆车/镗、内圆仿形、60°内螺纹、外圆倒角、外圆车和60°外螺纹加工等。

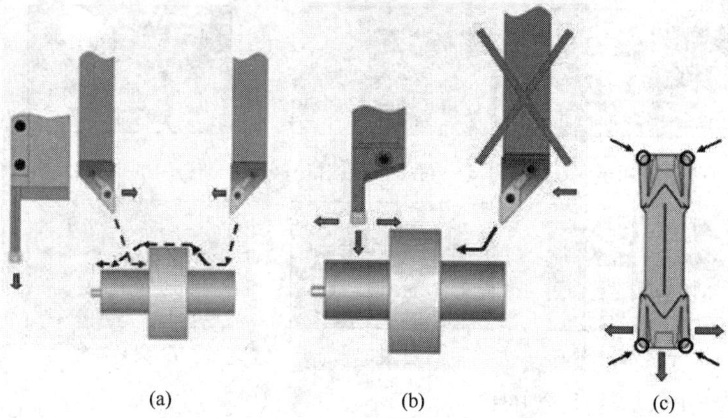

图 12－100　多功能槽刀简化了加工方案

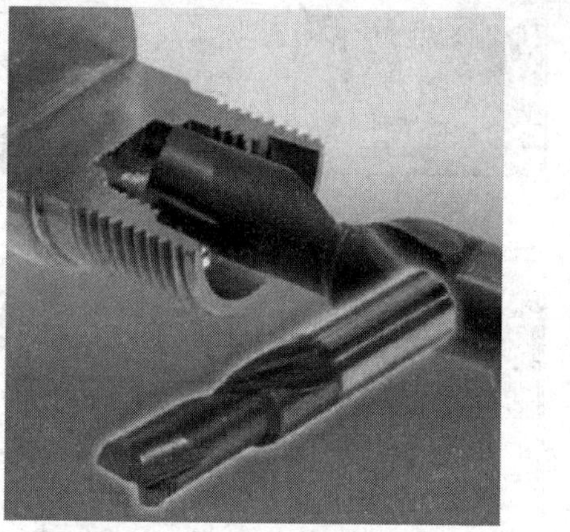

图 12－101　车钻复合多功能刀

图 12－102 为一种多功能铣刀，是为了适应模具多样化加工和 3D 切削加工需要而开发的八角形刀片铣刀，一把刀可进行 8 种类型的加工，即平面、台阶、倒角、镗孔、钻孔、螺旋加工、轮廓加工和斜面加工，大大节省了换刀时间。一把带有过中心端刃的立铣刀，借助数控机床螺旋插补、圆周插补或曲线插补等编程方法，可以加工各种内外成形轮廓面、台阶、凹面甚至代替孔加工刀具镗孔，因而称为多功能刀具，加工效率明显提高。

图 12－102　多功能铣刀

随着经济的发展，各种产品技术和质量的提高越来越快，产品周期也越来越短，所以在机械加工上，要求加工精度越来越高，加工周期越来越短。某些零件希望一次装夹后能够达到全部的机械加工，这就提出了综合加工的要求。从镗铣加工来说，一台机床如果配到五轴联动，那么所有五面体五轴联动都能一次加工完成。但是，如果这个零件尚有一些地方必须车加工，那就必须进行第二次装夹在车床上完成，这样就会产生二次装夹问题。新一代机床铣车复合加工中心就满足了这样的发展要求。它以铣削加工为主导思想，但包含了车削加工能力，所以必须配备车铣复合刀具来实现车和铣功能的要求。图 12－103 为一种车铣复合的刀具，它可在三个方向切削：刀具旋转时可做方肩铣、螺旋插补铣；刀具和工件都旋转时可做车铣；工件旋转而刀具不旋转时可做端面、外圆、内孔、仿形车削及内外螺纹等 10 种加工。

12.2.8　柔性刀具

随着市场的发展，模具、汽车业等与消费个体密切相关的产品，由传统的单品种、大批量生产方式向多品种、中小批量及“变种变量”的生产方式过渡，以生产者为主导的生产方式逐步向以消费者为主导的生产方式转变，柔性制造是适应这种转变的较佳的生产制造方式。柔性的概念移植到刀具上，把刀具看成一个小系统，对外具有适应产品变化的能力，对内又具有适应工序变化的能力，即具有以实时的方式进行工艺变化和

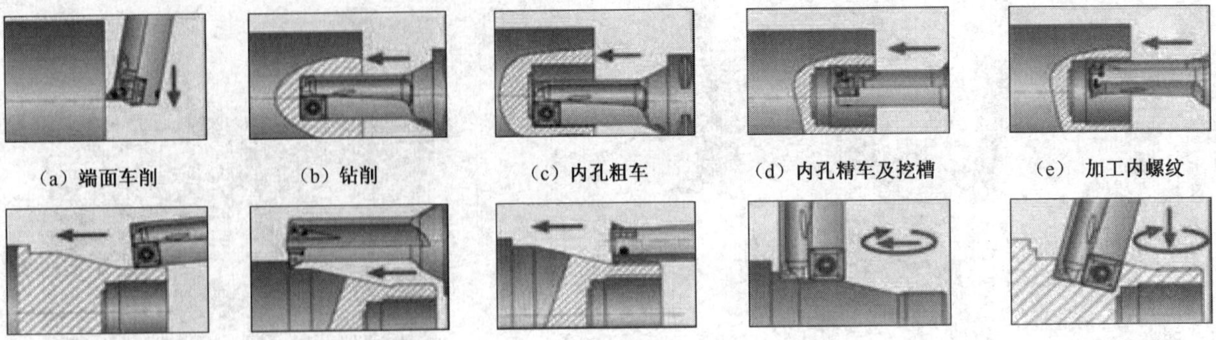

（a）端面车削 （b）钻削 （c）内孔粗车 （d）内孔精车及挖槽 （e） 加工内螺纹

（f）外圆粗车 （g）外圆精车及切槽 （h）加工外螺纹 （i） 铣削 （j） 插补铣削

图 12-103 车铣复合刀具

现场调整变化的能力。“柔性”是相对于“刚性”而言的，就是可变化的，对于柔性刀具，它把与加工效率有关的每个因素，如基体材料、涂层材料、几何形状和刀具结构等，都针对具体的加工对象予以最佳化，形成综合优势，以实现倍增的效果。与此同时，由于辅助时间的节省而提高了这些优势的利用程度，取得提高生产率的效果。这种把提高切削效率和减少辅助时间综合应用的趋势，进一步拓宽刀具创新的思路。

除对刀具的灵活性和加工成本的考虑，在加工效率方面，柔性刀具把注意力放在了加工辅助时间的缩短上。据统计，在机械产品切削加工的时间中，有效的切削时间大概是 30%～40%，其他的时间都在安装、调试和测量等切削加工准备上。图 12-104 显示，车削一个直径 65mm、长 1000mm 的零件，在 20 世纪初，大概有 90%的时间是用于有效切削，10%的时间耗在准备工作上，到了 21 世纪初的 2007 年，有效切削时间仅只其 15%，其他 85%的时间都耗在准备工作上。在一般情况下，刀具实际车削的时间只占加工时间的 20%，还有 60%的时间用于刀具的调整。在使用了快换模块式刀具如 KM 刀具模块之后，实际车削时间由原来的 20%增加到 60%，而刀具调整时间由原本的 60%减少到 25%。

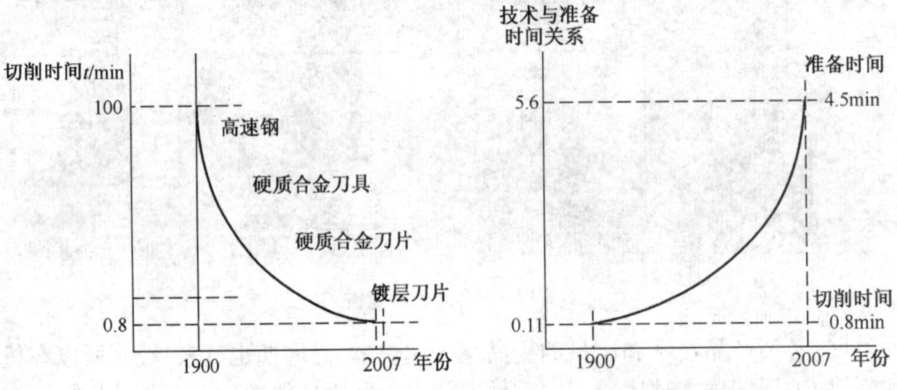

图 12-104 加工时间和准备时间的关系

加工

工件：$L=1000$mm，$D=65$mm。

模块化刀具就是刀具“柔性”的最初形态。在模具行业这一“柔性”得到很好体现。本书第 4 章表 4.1 表示出模块化铣刀因功能模块刀夹的变化带来形式和用途的改变。图 12-105(a)是刀夹作为模块的切槽刀，可以根据不同的加工作业选取最合适的刀夹模块。图 12-105(b)所示的车削中心的模块式快换系统，“即插即用”缩短了设备停机时间，并转化为高效率的零件加工。这对于那些需要快速、灵活以及随时对客户要求做出反应的制造商尤其重要的是提高了总体生产利用率，并有助于增加加工时间；有助于加快设置时间的小批量生产中，或需要频繁更换刀片的工序中。图 12-106(a)是一种模块式立铣刀，不同刀杆模块有钢、重金属和硬质合金等多种材料，有直杆、缩颈杆和锥杆，以及长杆、中杆和短杆等，刀头的形式和材质就更多，平头、球头、锥度头、各种角度的倒角头、螺纹铣刀头、各种尺寸的槽铣头等，组合起来有 1500 种，可以很好地适应不同加工的需要。随机换头精度为±0.01mm 以内。此类型刀具最大的特点就是具有很广的适

(a) 模块式切槽刀　　(b)刀具快换系统

图 12－105　具有柔性的模块式刀具及快换系统

应性，避免了整体刀换刀需卸刀、离线调刀、对刀和装刀的时间，减少了辅助时间，且减少了刀具的配置，节省了刀具费用。12－106(b)是同类概念的钻头，钻头是硬质合金的，在同一钻杆体上可以装加工钢、不锈钢、铸铁和铝的钻头，且一个钻体可以装比钻体大 1mm 内的数十种直径的钻头。钻杆的尺寸有 2*D*、3*D*、5*D*、8*D* 和 12*D* 长度。多种组合使加工变得柔性，换刀时间只是整体钻头换刀时间的 1/30，大大节省了辅助时间。

(a)模块式立铣刀 (具有1500种组合)

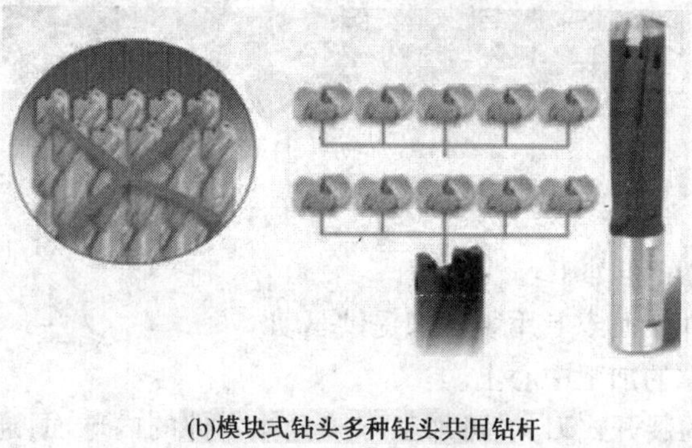

(b)模块式钻头多种钻头共用钻杆

图 12－106　模块式结构使刀具具有柔性

使刀具具有一定柔性的刀具模块化已成为刀具发展的一种趋势。正如第 4 章刀具的结构所述，把刀具看成一个系统，模块就是其具有相对独立功能和通用接口的单元，变化这些模块就可使同一刀具获得不同的功能。刀片、刀板、刀头、刀体及刀柄都可以是模块,现在模块式刀具已在车槽、铣螺纹、镗、钻、铰和工具系统中得到应用和发展。

12.2.9 智能刀具

CIRP 公布一项研究报告指出:“在美国,刀具的正确选择只有 50%左右,刀具只有 58%的切削时间是在最佳切削速度下工作的,仅有 38%的刀具完全用到刀具的寿命值。”智能刀具及多功能刀具,是提高切削加工效率和精度的十分有效的方法之一。

智能型刀具就是能够独立工作和灵活变化的刀具。带有测量功能并可自调的切削头,以及可适应控制的和能自学习的数控机床,配备上装有传感器和执行元件的智能化刀具,这是未来加工智能化的发展方向。智能刀具通过与机床控制器的无线耦合,能够实现加工尺寸偏差的调整及对刀具寿命的识别,并可实时采集切削过程的信息,经数控系统处理后,可使机床始终保持在最佳状态。总之,智能刀具能够克服切削过程静态优化的局限性,随机转位、调整刀具的相应几何参数,使优化目标达到更高水平,可避免许多优化约束条件的限制。

20 世纪 80 年代后期“受控型”刀具在德国问世,这是智能型刀具的雏形。进入 90 年代,该技术得到一定的发展,并冠以“灵巧刀具”、“运动刀具”,以至今天的“智能型刀具”。

1. 运动型刀具

图 12-107 所示的运动刀具,通过镗杆的运动,主轴做轴向的进给,刀具在旋转轴向运动的同时也做径向的进给运动,从而加工出工件的内锥面。运动刀具的功能可由专机驱动拉杆运动来实现,也可在加工中心上实现其功能而无须额外的进给单元。有很多运动刀具可以依靠切削液、主轴、离心力或接触式开关来完成工作。如果刀具悬伸太长,则可采用带检测系统的导条式刀具。

运动(智能)刀具自行运动的驱动方式主要包括展开式刀具粗加工及精加工缸孔、拉杆驱动的镗头、挡块驱动结构的展开式刀具、离心力驱动的展开式刀具等种类,它们可分别应用于两个切削刃的精加工、在一个工序内通过四个工步完成如铝合金管口的加工、差速器壳体内球面的车加工、缸盖上的座圈和导管孔加工等。

1)拉杆驱动

拉杆驱动(图 12-108)特点如下:

(1)主要用于专机,很少需要改装。

(2)滑块由拉杆推或拉来实现运动。

(3)拉杆通常由液压或者数控单元来驱动。

图 12-107 运动刀具

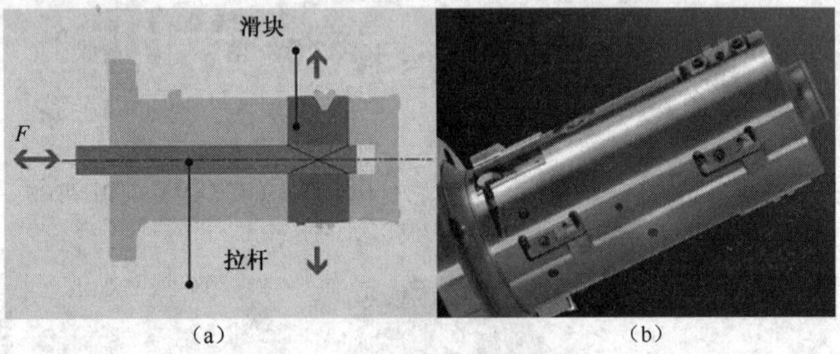

图 12-108 拉杆驱动

2)接触式限位驱动

接触式限位驱动(图 12-109)特点如下:

(1)滑块可通过刀具接触工件表面或专用装置来提供驱动。

(2)该刀具可用于带旋转支撑的加工中心上。

图 12-110 是用于球面加工的展开式刀具,可加工不同壳体零件的内球面,通过接触式限位装置驱动,滑块靠弹簧力复位。

3)切削液压力驱动

切削液压力驱动(图 12-111)特点如下:

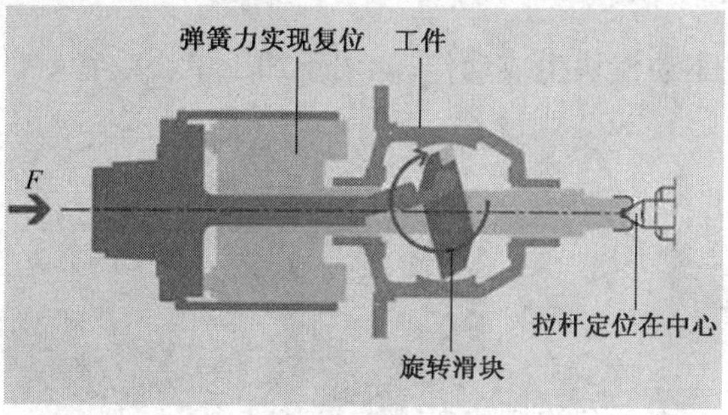

图 12－109　接触式限位驱动

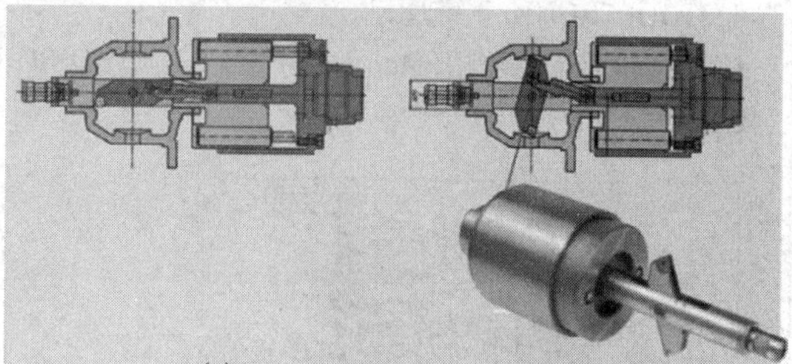

(a)　(b)

图 12－110　用于球面加工的展开式刀具

(1) 滑块通过高压切削液实现驱动,通常压力要求在 5×10^6Pa。

(2) 可用于带适合切削液压力的加工中心上。

(3) 刀具的进给快慢可通过节流阀手动控制。

(4) 切削液驱动的刀具维修率很低,因为切削液压力没有直接作用于运动部件上,而是间接作用于由油来润滑的运动部件。

(5) 可用于标准机床上而无须特殊的调整。

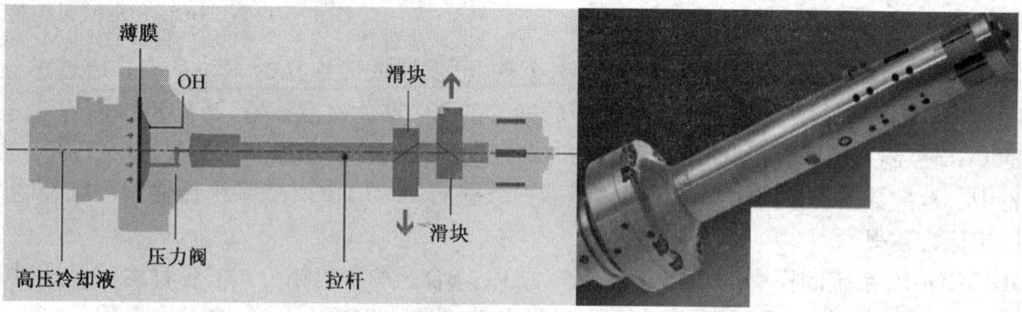

(a)　(b)

图 12－111　切削液压力驱动

4) 离心力驱动

离心力驱动(图 12－112)特点如下:

(1) 当刀具旋转时两块对称的活塞所产生的离心力将驱动滑块运动。当主轴转速变慢时由弹簧力驱动复位。

(2) 该种刀具可用于具有适合转速的加工中心上。

(3) 可用于标准机床上而无须特殊的调整。

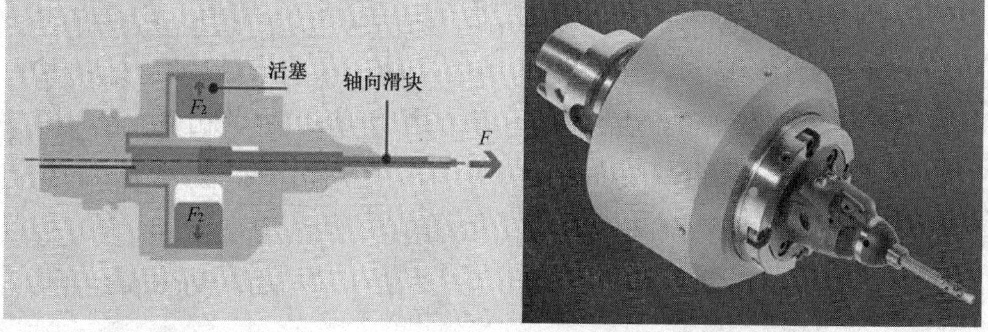

图 12－112　离心力驱动

图 12－113 是依靠离心力驱动的锥孔加工刀具,用于精加工转向节支架上的锥孔,从锥孔小端开始加工,切削速度 $v_c=230$m/min,转速 $n=3500$r/min,进给量 $f=0.08$mm/r。

5) TOOLTRONIC 系统驱动

该种运动刀具由玛帕(Mapal)公司的 TOOLTRONIC 系统驱动滑块生成动作,能用于加工中心或者专机上(图 12-114)。

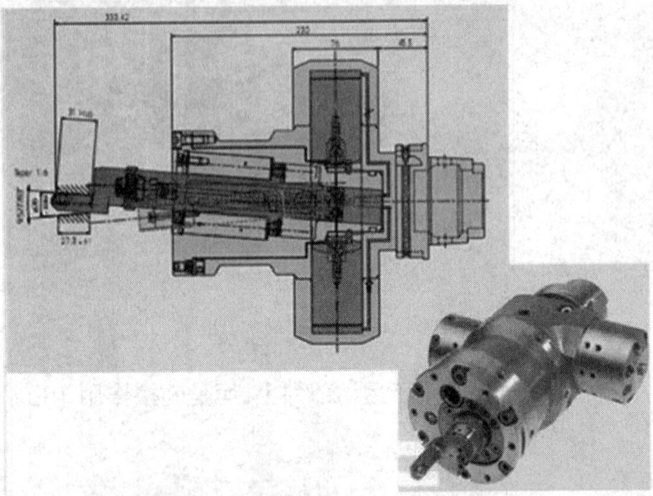

图 12-113 离心力驱动的锥孔加工刀具

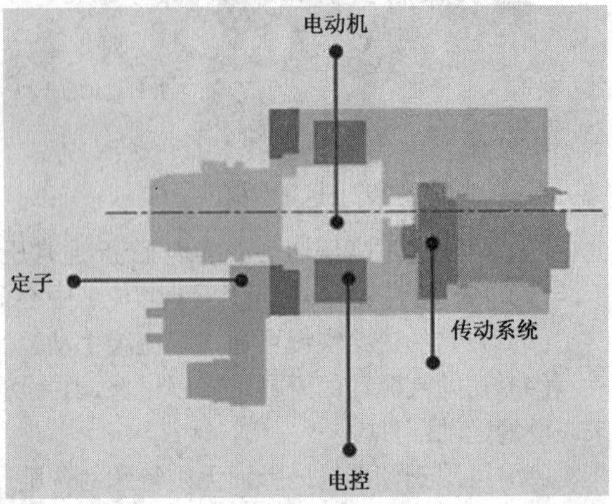

图 12-114 TOOLTRONIC 系统驱动

其特点:TOOLTRONIC 系统可为机床多提供一个轴,已发展成为独立的驱动系统。通过感应和数据传输,TOOLTRONIC 系统可提供包含在数控系统中的额外的 NC 轴。这意味着,当 TOOLTRONIC 系统被添加到了现代的 CNC 控制系统后,可增加用于刀具轴向和径向磨损的补偿功能。新的先进电控系统已被整合到了机电设备中。双向数据传输同样允许任何传感器把数据从 TOOLTRONIC 系统传输到机床控制系统,这开启了全新的机床控制概念。

带 TOOLTRONIC 系统的模块化刀具应用于各种加工场合。源于玛帕公司的各种运动刀具(切削液压力驱动、离心力驱动、接触式限位驱动、拉杆驱动)都能由带 TOOLTRONIC 系统的刀具来替代(图 12-115)。与 TOOLTRONIC 系统的组合,使得带珩磨导向条的珩磨刀具可实现直径方向上的磨损补偿。

TOOLTRONIC 系统多种多样(图 12-115),通过 TOOLTRONIC 系统的多样性组合可加工的零件如图 12-116 所示。

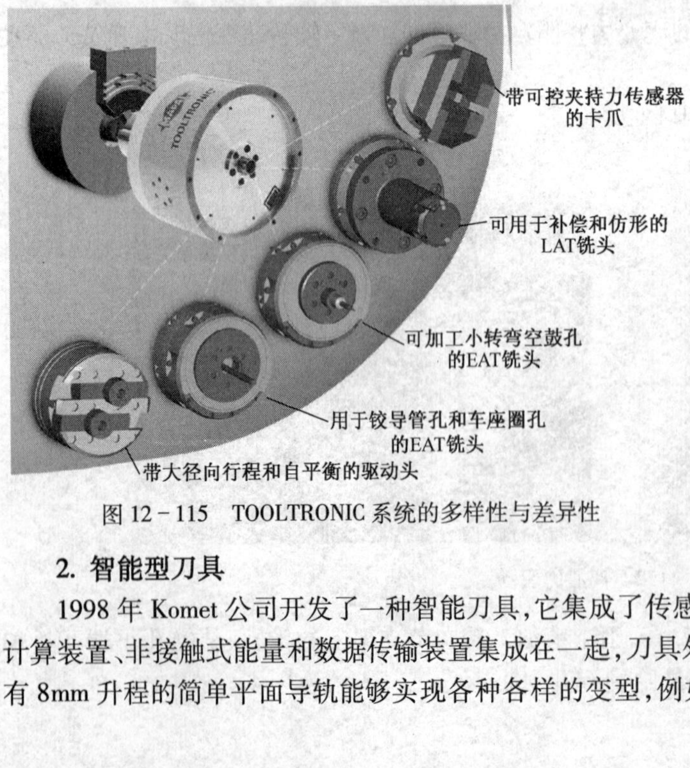

图 12-115 TOOLTRONIC 系统的多样性与差异性

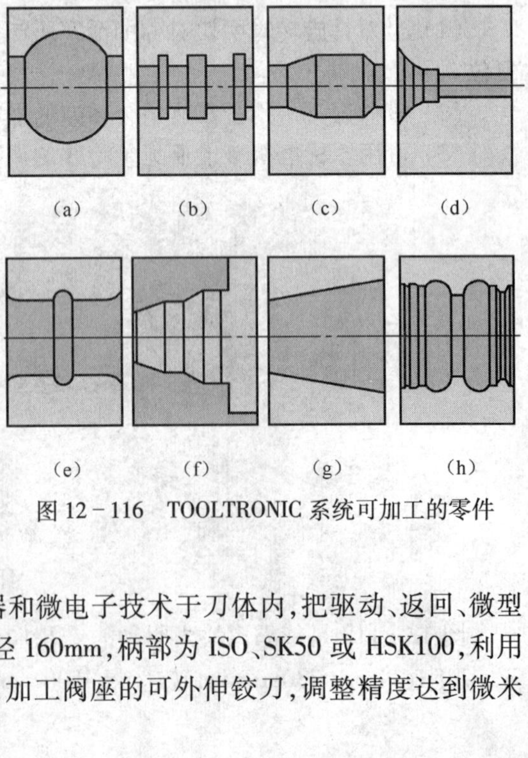

图 12-116 TOOLTRONIC 系统可加工的零件

2. 智能型刀具

1998 年 Komet 公司开发了一种智能刀具,它集成了传感器和微电子技术于刀体内,把驱动、返回、微型计算装置、非接触式能量和数据传输装置集成在一起,刀具外径 160mm,柄部为 ISO、SK50 或 HSK100,利用有 8mm 升程的简单平面导轨能够实现各种各样的变型,例如,加工阀座的可外伸铰刀,调整精度达到微米级,并可由机床控制器的 M 指令加以控制。Komet 的 MO42 型镗刀头加工超高精度孔,在镗孔前测量刀具尺寸或镗孔后检测孔径均可。镗前测量时,刀具在加工区的两个测量传感器之间,旋转两周,测量数据传至控制单元,然后通过 MO42 镗刀头的红外线系统依次传送需要的尺寸调整信号。调整通过单元内的伺服电动机实现,最小直径调整量可达 1μm。下述实例可证明 MO42 系统的控制能力。欧洲航天机构的阿丽亚娜 V 型火箭的助推器加工中,圆筒形零件底座上有一圈深 180mm、直径 34mm 的孔,公差为±0. 007mm。由于该零件价值高昂,这些孔原先采用坐标磨床加工。现在采用 MO42 镗刀头,用精镗代磨,结果直径尺寸 100%合格,而且加工工时减少 80%,孔的表面粗糙度在±0. 003mm 以内,几乎和磨削相当。

德国玛帕公司和 Heller 机床公司联合开发的一种在加工中心上对发动机汽缸体的缸孔进行镗削的智能刀具,该刀具镶有三组玛帕六边形 PCBN 刀片,并在刀具上呈轴向和径向交错排列,允许切削速度高达 1000m/min,其中两组刀片用于半精加工,第三组刀片能自动调节,用于完成精加工工序。当切削液压力作用于一个拉杆时,推动一个齿轮进入啮合位置。当主轴转速增加后,在离心力作用下,机构会将刀片位置调节一个预定的数值,并带有内置式气动量规测量已加工的孔径,可将结果传输给机床控制系统并调整刀具尺寸。美国肯纳金属公司的 ROMICRON 精镗刀具系统可以提供一个在标准加工中心进行精确自动刀具补偿的理想解决方案。ROMICRON 是一种微米级的模块式、有级调整的精镗刀具系统,如图 12-117 所示,其最小分辨力为 1μm(半径),其分度是通过一套棘轮系统进行有级的分度调整,这就克服了一般无级分度镗刀调整不准确的通病。ROMICRON 镗刀杆的中心有一个棘轮,用手拨动一次,刀头的径向位移为 1μm。因为棘爪在设定的扭矩范围内会锁死棘轮,故不会出现调整过度或不足的情况。它的调整装置可以通过触摸、看、听来达到。所以可以在机床上在线手动调整,而不必拆下刀具在对刀仪上调整。通过微小的改进,此刀具还可以在标准的加工中心上实现刀具的自动调整。首先在镗刀调整棘轮上开一个孔,在需要对刀具进行调整时,只需编制一个宏程序,机床主轴先定向,然后移动到一个特定的位置,将棘轮上的孔对准一个销钉并使销钉插入到孔中,再进行分度转动,刀具即完成调整。此刀具在汽车 V6 发动机缸体柔性生产线上使用,效果良好。万耐特(Valenite)用于专机的缸孔镗刀(图 12-118),用于缸孔的半精镗、精镗和倒角,其调整是通过机床的电动机带动液压缸控制拉杆的行程距离,拉杆上预先设置好的斜面对应径向的顶销调整刀夹。镗孔后自动测量孔径,需补偿时,在线刀具伸入随机配置的卡爪使前端固定(图 12-119),通过主轴定向旋转实现自动在线补偿。刀片的转位由程序设定,且快换刀头可预调。应用中:切削速度 1007~1118m/min;缸径 92. 938~101. 6mm;每转进给,半精镗 0. 068~0. 203mm/r,精镗 0. 226~0. 398mm/r。因可自动补偿,此镗刀每刃可加工 5000~20000 个缸孔。

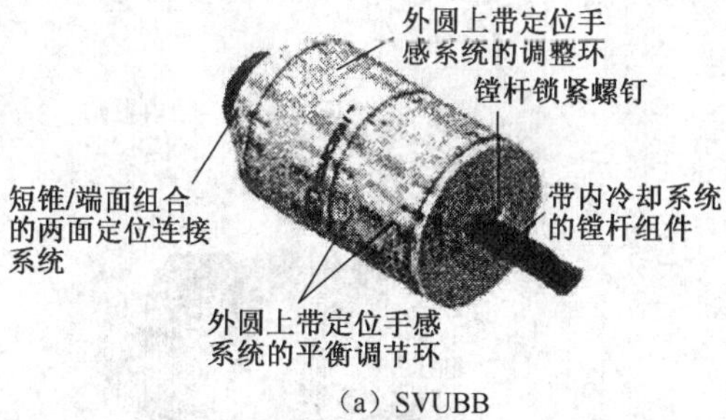

(a) SVUBB

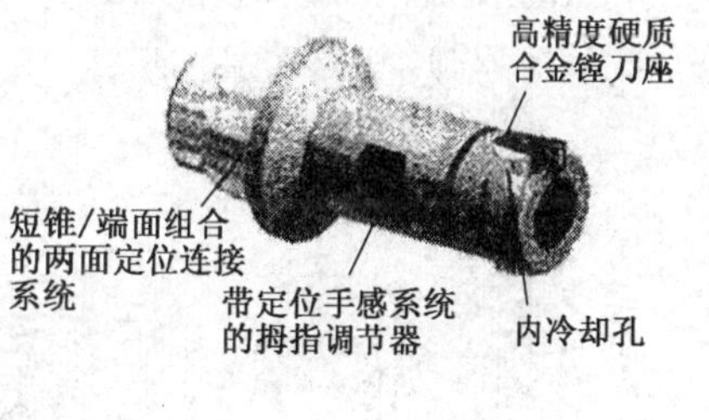

(b) SVS

图 12-117　ROMICRON 精镗刀具系统

图 12-118　可自动补偿的缸孔镗刀

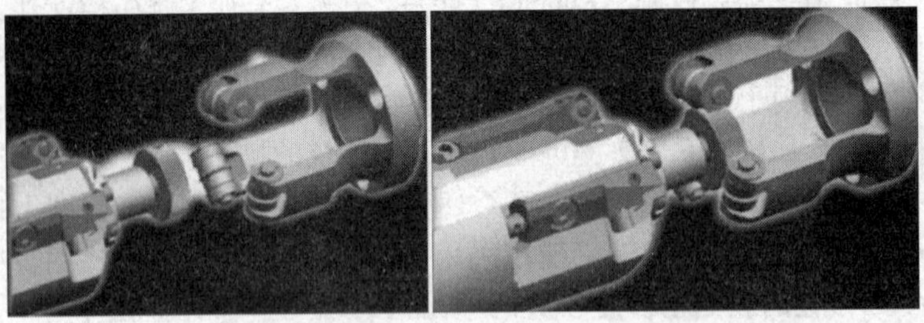

图 12-119 在线自动补偿结构

3. 智能刀具的发展

市场对产品个性化要求的持续增长导致了价格压力的不断增加,具有实际意义的解决方法是将传感器和执行机构组合起来安装在机床中。德国玛帕公司新的 TOOLTRONIC 系统可内置于主轴内部(图 12-120)和内置于加工中心 HSK63/80/100 接口(图 12-121)。电控的可靠性更高,有更高效的功率传输,纯数据传输控制,人机交互面板。连接 TOOLTRONIC 的数字化加模拟传感器,可用于温度和力的测量,以及针对定子及转子的自诊断,并与玛帕其他部件完全数字化的 CANOPEN 连接。

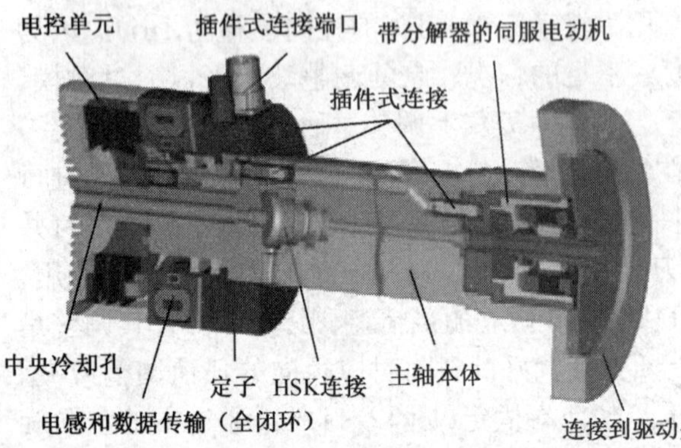

图 12-120 内置于主轴内部的新 TOOLTRONIC 系统

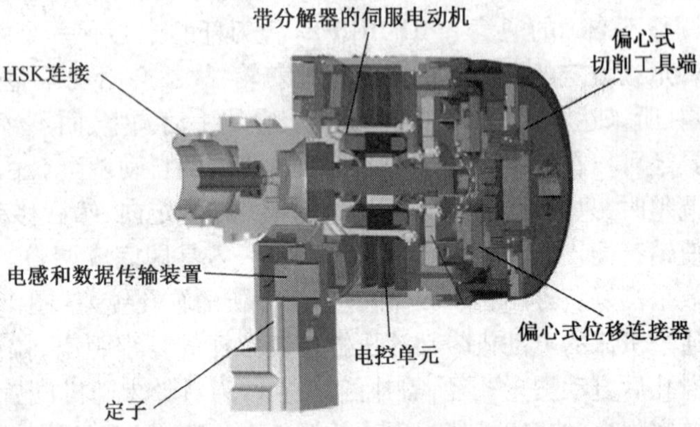

图 12-121 内置于加工中心的新 TOOLTRONIC 系统

在加工过程中,当刀具发生某些情况时,刀具首先应表现出一定的智能性。直正的智能化刀具是一种与机床控制系统进行相互交流的工具,它能够进行相应的控制、有较高的通用性、有多个接口界面以及具有很高的生产效率(图 12-122)。

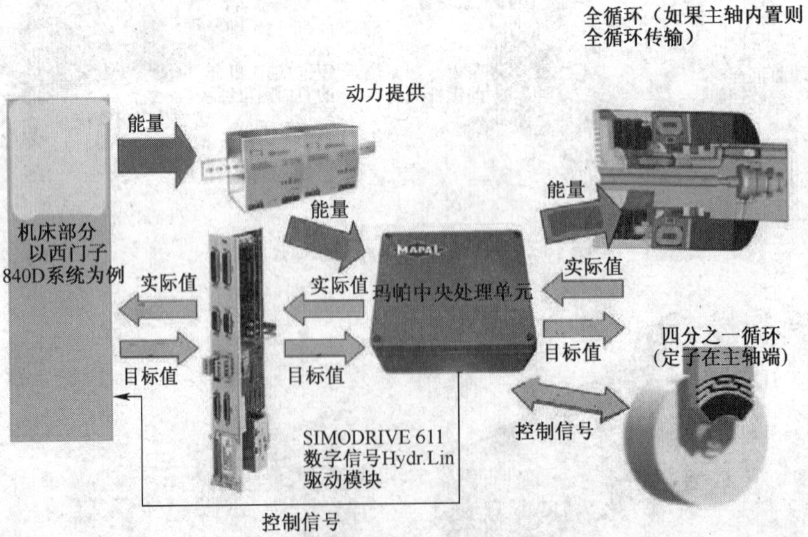

图 12-122 智能化是刀具与机床的融合

刀具最重要的发展趋势包括能适应特殊应用目的和满足规范要求的智能化切削材料(如从光学上能够显示磨损的涂层系统)、自动稳定性刀具和智能化切削刃交换的系统。智能化指的是传感器、测量电子元件和调节装置,用户可从智能刀具获得更多的好处,如加工工艺的安全、自动化控制的高质量和人为因素的低影响。能适应环境变化的刀具系统,例如能自动补偿磨损的刀具系统,其需求量会越来越大。一方面,这些系统可以自动地调节刀具;另一方面,通过相应机床参数的调整,使它们能够适应刀具变化或材料波动的切削参数,希望在刀具切削加工中,能够对其切削所产生的力进行静态和动态测量。根据测量信息予以调整,使刀具可以一直在最佳的应用状态工作,即使是最小的工艺偏差也可以立即得到确认和反应。

带有测量功能并可自调的切削部件,及可适应控制的和能自学的数控机床,配备上装有传感器和执行元件的智能化刀具,将是未来加工智能化的发展方向。

参考文献

[1] Deutsche Patentschritt Nr. 523594: Verfahren Zur Bearbeitung Von Metallen Oder Bei Einer Bearbeitung Durch Schneidende Werkzeuge Sich Ähnlich Verhaltender Werkstoffe.

[2] Herbert Schultz. Hochgeschwindigkeitsfräsen Metallischer Und Nichtmetallischer Werkstoffe. Carl Hanser Verlag, Munchen/Wien, 1989.

[3] Lezanski P, Shaw M C. Tool Face Temperature in High Speed Milling[J]. Transaction of ASME, 1990, 112(5): 132-135.

[4] Toenshoff H K, Winkler H, Patzke M. Chip Formation at High-Cutting Speed. High Speed Machining[J]. New Orleans, Louisiana, 9-14 Dec, 1984: 95-100.

[5] Kahles J F, Field M, Harvey S M. High Speed Machining Possibilities and Needs[J]. Annals of CIRP, 1978, 27(2): 551-558.

[6] Noaker P M. 高速铣削加工的发展[J]. 国外金属加工, 1999(2): 23-28.

[7] 郭新贵, 汪德才, 等. 高速切削技术及其在模具工业中的应用[J], 现代制造工程, 2001(9): 31-33.

[8] King P I, Vaughn R L. A Synaptic View of High-Speed Machining From Salmon to the Present High Speed Machining[J]. ASME, U. S. A. 1984, 1-13.

[9] 艾兴. 高速切削技术和刀具材料现状与展望[J]. 世界制造技术与装备市场(WMEM), 2001(3): 32-36.

[10] Smith S, Tlusty J. Current Trends in High-Speed Machining[J]. Transaction of the ASME, Journal of Manufacturing and Engineering, 1997, 119: 664-666.

[11] 邵传伟. 电主轴与高速加工机床[J]. 世界制造技术与装备市场(WMEM), 2002(5): 24-26.

[12] 舒尔茨 H, 高速加工发展概况[J]. 王志刚, 译. 机械制造与自动化, 2002(1): 4-8.

[13] 陈茂军, 方亮, 倪忠进, 等. 基于工件纹理的刀具磨损研究[J]. 工具技术, 2008, 42(6): 30-31.

[14] 何宁, 等. 高速切削技术[M]. 上海: 上海科学技术出版社, 2011.

[15] Kline W A, Devor R E, Lindberg J R., The Prediction of Cutting Forces in End Milling with Application to Cornering Cuts[J]. International Journal of Machine Tool Design and Research, 1982, 22(1): 7-22.

[16] Won-Soo Yun, Dong-Woo Cho, Accurate 3-D Cutting Force Prediction Using Cutting Condition Independent Coefficients in End Milling[J]. International Journal of Machine Tools & Manufacture, 2001(41): 463-478.

[17] Herbert Schulz, Eberhard Abele, 何宁. 高速加工理论与应用[M]. 北京: 科学出版社, 2010.

[18] 刘战强. 高速切削技术的研究与应用: [博士后研究工作报告]. 济南: 山东大学, 2001(9): 49-52, 67-70.

[19] 艾兴, 等. 高速切削加工技术[M]. 北京: 国防工业出版社, 2003.

[20] 赵威. 基于绿色切削的钛合金高速切削机理研究[D]. 南京: 南京航空航天大学, 2006.

[21] 黄传真, 艾兴. 加工镍基合金时切削力和切削温度的特点[J]. 工具技术, 1995, 29(5): 35-37.

[22] E1-Bestawei M A, E1-Wardany T I, et al. Performance of Whisker-Reinfoced Ceramic Tools in Milling Nickel-Based Superalloy[J]. Annals of the CIRP, 1993, 42(1).

[23] Narutaki N, Yamane Y, Hayashi K, et al. High-Speed Machining of Incinel 718 With Ceramic Tools[J]. Annals of the CIRP, 1993, 42(1): 103-106.

[24] Chen Ming, Sun Fanghong, Wang Haili, etal. Experimental Research on the Dynamic Characteristics of Thecutting Temperature in the Process of High-Speed Milling[J]. Journal of Materials Processing Technology, 2003(138): 468-471.

[25] 艾兴, 李兆前. 金属切削刀具可靠性研究[C]. 中国高校金属切削研究会第四届年会论文集, 北京: 机械工业出版社, 1990: 12-17.

[26] John B Wachitman. Structural ceramics[M]. New York: Academic Press, 1989.

[27] 艾兴, 萧虹. 陶瓷刀具切削加工[M]. 北京: 机械工业出版社, 1988.

[28] 许崇海, 新型陶瓷刀具材料的研制及其可靠性研究[D]. 济南: 山东工业大学, 1995.

[29] Rosseto S. A stochastic Tool Life Model[J]. Trans. of the ASME, 1981, 103(2): 126-131.

[30] 李兆前．金属切削刀具可靠性的研究[D]．济南：山东工业大学，1992.
[31] 杨俊茹．提高加工系统整体可靠性的理论与技术研究[D]．济南：山东工业大学，1995.
[32] Jacques Lamon. Statistical approaches to failure for Ceramic Reliability Assessment[J]. Journal of American Ceramic Society, 1988, 71(2): 106－112.
[33] Pandit S M. Reliability and Life Distribution of Ceramic Tools by Data Dependent Systems[J]. Annals of the CIRP, 1978, 27(1): 23－28.
[34] Shevchenko V J A, Barino S M. Realiability Criteria for Engine Ering Ceramics[J]. Key Engineering Materials, 1991, 53－55: 344－350.
[35] John B Wachitman. Mechanical Properties of Ceramics[M]. New York: A Wiley－Inter－Science Publication, 1996.
[36] 樊宁，基于切削可靠性的复相陶瓷刀具的设计与开发研究[D]．济南：山东工业大学，2000.
[37] Jacques Lamon. Statistical Analysis of Bending Strengths for Brittle Solids: A Multiaxial Fracture Problem[J]. Journal of American Ceramic Society, 1983, 66(3): 177－182.
[38] Vigneau J, Bordel P. Reliability of Ceramic Cutting Tools[J]. Annals of the CIRP, 1988, 37(1): 101－106.
[39] Deng Jianxin, Lee Taichiu. Techniques for Improved Surface Integrity and Reliability of Machined Ceramic Composites[J]. Surface Engineering, 2000, 16(5): 411－414.
[40] Deng Jianxin, Lee Taichiu. Surface Integrity in Electro－Discharge Machining, Ultrasonic Machining, and Diamond Saw Cutting of Ceramic Composites[J]. Ceramics International, 2000, 26: 825－830.
[41] 樊宁，艾兴，邓建新．陶瓷刀具材料的可靠性研究[J]，工具技术，1991，34(2)：3－5.
[42] 刘长付，汪小文，葛兆斌，等．高速切削刀具材料的特性与选用[J]，机械制造，2001，39(444)：13－15.
[43] 刘战强，万熠，周军．高速切削刀具材料及其应用[J]．机械工程材料，2006，30(5)：1－4.
[44] 赵炳桢．先进刀具的大聚会[J]．现代金属加工，2005，7：90－92.
[45] 程伟，叶伟昌．现代刀具材料发展新动向[J]．现代制造工程，2003，(9)：86－89.
[46] 吴其山．超细 WC－Co 硬质合金研究综述[J]．中国钨业，2005，20(6)：35－37.
[47] 李忠厚，刘小平，徐重．刀具 PVD 涂层技术的发展[J]．工具技术，1999，33(2)：3－6.
[48] 谢志鲁．先进涂层技术在孔加工刀具上的应用[J]．工具技术，2004，38(3)：71－72.
[49] 白晓明，郑伟涛，安涛．超硬纳米多层膜和复合膜的研究综述[J]．自然科学进展，2005，15(1)：21－28.
[50] 吴大维，何孟兵，熊子友．新型超硬材料——氮化碳薄膜研究进展[J]．材料导报，1997，11(5)：30－34.
[51] Wang Z G, Rahman M, Wong Y S, Tool Wear Characteristics of Binderless CBN Tools Used Inhigh－Speed Milling of Titanium Alloys[J]. Wear, 2005, 258: 752－758.
[52] 匡同春，王晓初，刘正义．金刚石薄膜涂层刀具的研究进展与应用现状[J]．硬质合金，1996，16(1)：41－50.
[53] 袁人炜，陈明．高速切削加工中刀具材料的选用[J]．机械工艺师，2002，(3)：12－14.
[54] 李鹏南，张厚安，张永忠，等．高速切削刀具材料及其与工件匹配研究[J]．工具技术，2008，42(6)：21－25.
[55] 何宁．难加工材料高效切削理论与应用研究[D]．南京：南京航空航天大学，1996.
[56] 刘战强．高速切削技术的研究与应用：[博士后研究工作报告]．济南：山东大学，2001.
[57] 刘战强，艾兴，宋世学．高速切削技术的发展与展望[J]．制造技术与机床，2001(7)：5－7.
[58] 艾兴，刘战强，等．高速切削综合技术[J]．航空制造技术，2002(3)：20－23.
[59] 艾兴，刘镇昌，等．高速切削技术的研究和应用[C]．全国生产工程第 8 届学术大会暨第 3 届青年学者学术会议论文集．北京：机械工业出版社，1999(8).
[60] 艾兴，高速切削加工技术的现状和发展，WWW. newmaker. com，2007.
[61] 王贵成，王树林，董广强．高速加工工具系统[M]．北京：国防工业出版社，2005.
[62] 杨晓．高速切削刀具系统[J]．航空制造技术，2008.
[63] 王树林．高速加工中刀工具系统性能及其应用基础的研究[D]．镇江：江苏大学，2003.
[64] 沈春银，等．HSK 工具系统动不平衡量的检测[J]，现代制造工程，2004(6)：70－7.
[65] 陈世平．高速切削刀具系统动平衡技术研究[J]．现代制造工程，2003(12)：55－56.
[66] 王树林，等．高速加工工具系统动平衡精度等级的确定原则[J]．工具技术，2004(9).
[67] 陈世平，廖林清，侯智，等．高速切削刀具系统动平衡研究与分析[J]．机床与液压，2005.
[68] 赵炳桢．高速铣削刀具安全技术现状[J]．工具技术，1999(33)：4－7.
[69] 杨晓．高速加工刀具与切削技术[J]．第一届现代切削与测量工程(国际)研讨会论文，成都：2004.
[70] 张曙．高效加工的现状和趋势[J]．现代制造，2011. 7.
[71] 杨晓．高效加工的技术经济分析[M/OL]. WWW. hc360. com，2006.
[72] 张宪，译．减薄切屑的高进给粗铣加工技术[J]．工具展望，2005(4)：16－17.
[73] 全虹枳，译．大进给铣削加工策略[J]．工具展望，2008(4)：18－20.
[74] 杨红英．高进给铣削：效率提高三倍[N]．中国工业报，2009，2(23).
[75] 张宪，译．高进给铣刀及其在高效粗铣加工中的应用[J]．工具展望，2005(6)：18－20.
[76] 薛儒，译．大进给铣削技术的新进展[J]．工具展望，2008(4)：18－20.

[77] Altintas Y, Chatter J H Ko. Stability of Plunge Milling[J]. CIRP Annals - NManufacturing Technology, 2006, 55(1): 361 - 364.
[78] 张宪,译. 插铣法的特点与应用. 工具展望,2004,(4):12.
[79] 秦旭达,贾昊,等. 插铣技术的研究现状[J]. 航空制造技术,2011,(5):40 - 42.
[80] 佚名. 更大型号的 Coro Mill 210 面铣和插铣刀具[J]. 工具技术,2004,38(9):160.
[81] 胡创国,张定华,任军学,等. 开式整体叶盘通道插铣粗加工技术的研究[J]. 中国机械工程,2007,18(2):153 - 155.
[82] 秦旭达,赵剑波,张剑刚,等. 基于回归法的钛合金(Ti - 6A1 - 4V)插铣铣削力建模分析[J]. 北京工业大学学报,2006,32(8):737 -740.
[83] 赵伟. 钛合金高速插铣动力学研究及铣削参数优化[D]. 天津:天津大学,2007.
[84] 赵剑波. 钛合金插铣切削力及切削热理论与试验研究[D]. 天津:天津大学,2007.
[85] 戴冠林,等. 基于 Master CAM9.1 的螺纹铣削工艺分析与编程[M/OL]. 机械制造,2010,8.
[86] 复合刀具带来的综合效益分析[M/OL]. http://www.jic35.cn/Tech_news/Detail/6857.html.
[87] 赵炳桢. 编译. 组合刀具的发展与应用[J]. 工具展望,2003,2.
[88] 赵建敏. 阎建军. 王秀梅,复合刀具的发展与应用[J]. 现代制造工程,2000,11.
[89] 李如松,邢伟亚,丛建滋. 缸盖气门阀座和导管孔的加工技术[M/OL]. 国际金属加工商情,2004.
[90] 机械加工制造中复合刀具的应用[M/OL]. 中国数控信息网,2008.
[91] Sandvik. 不断创新的刀具技术新标准[J]. MM 现代制造,2009.
[92] 武文革,刘战强. 智能型刀具的发展现状[J]. 现代制造工程,2006,11.
[93] 佚名,沈壮行,译. 智能型刀具系统[J]. WMEM,1999,4.
[94] Walter Frick. 智能化刀具[J]. 现代制造,2007,12.

第 13 章 硬切削和干式切削刀具技术

随着高速切削技术的不断发展,新的机床技术、刀具技术不断涌现,硬切削和干式切削加工技术也日益成熟,为高硬材料、难加工材料加工提供了更高效的解决途径。

硬切削是指对高硬度材料直接进行切削加工,对硬材料的硬切削一般作为最终精加工工序,是一种“以切代磨”的新工艺。硬车削可达 $Ra0.2 \sim 0.4\mu m$ 的表面粗糙度,圆度为 0.005mm,尺寸精度可控制在 0.003mm 以内,是一种高效切削技术。这种工艺可以切削淬硬工具钢、淬硬轴承钢、渗碳钢、灰铸铁、球墨铸铁、粉末冶金,以及铬镍铁合金、耐蚀耐热镍基合金、钨铬钴合金等材料。目前,硬切削这种新工艺正在许多工业部门采用,如汽车制造厂用这种方法对传动轴、变速箱和发动机某些零件、制动盘和制动转子进行半精加工和精加工。用 PCBN 刀具或陶瓷刀具加工 20CrMo5 淬硬齿轮内孔(60HRC)代替磨削,提高了加工效率。飞机制造厂用这种方法制造副翼齿轮和起落架,油田的高压阀门、钢厂的轧辊到处可以看到硬切削方法的应用。机床、工具、重型卡车、农业机具和医用设备都把硬切削作为其生产过程的一个组成部分。模具行业淬硬件(硬度大于 45HRC)的精加工,通常采用磨削或电火花加工方法来完成,用涂层硬质合金和 PCBN 刀具以硬切削方法代替磨削或电火花方法来完成零件的最终加工,大大减少了模具精加工的抛光工作量,缩短了模具的开发周期,已成为模具制造业的一项新工艺。

近年来,工业领域相应提出了绿色制造和清洁生产的概念,切削液的弊端越来越受到人们的重视,切削液的使用、存储、保洁和处理不仅费时、成本高,还对环境和操作者身体健康造成危害。追求生态效益和经济效益推动了干式切削的发展,目前该技术已进入到了实用阶段,相当多的切削加工工序完全可以用干式切削或微量润滑切削(准干式切削)来解决。制造业的生产方式已经由高负荷大量生产型向低环境负荷的方式发展,如图 13-1 所示。

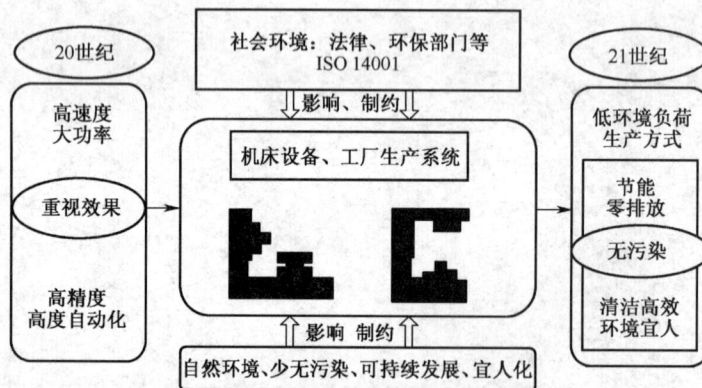

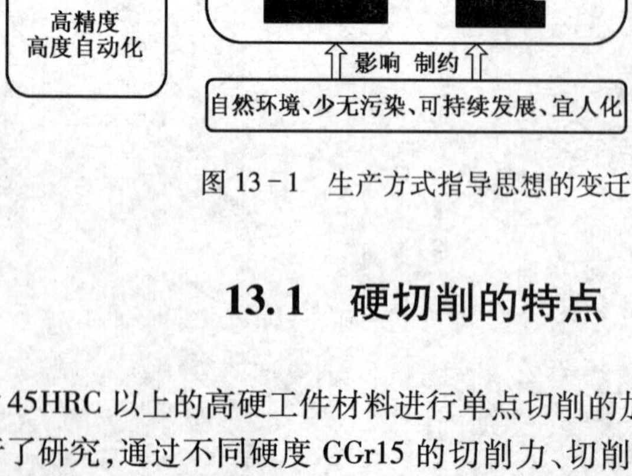

图 13-1 生产方式指导思想的变迁

13.1 硬切削的特点

硬切削被定义为对 45HRC 以上的高硬工件材料进行单点切削的加工过程(哈尔滨理工大学机械系对干式切削 GGr15 材料进行了研究,通过不同硬度 GGr15 的切削力、切削温度、已加工表面质量的切削实验研究,得到了被加工材料硬度对上述各项指标以及切削形态、硬度、变形系数的影响规律,提出了临界硬度的概念,并得到了 50HRC 为区分硬态切削与普通切削 GGr15 的临界硬度)。硬切削就是对硬度大于此的工件进行车削、攻螺纹、铣削、镗、钻等的切削加工。

与传统的磨削加工相比，硬态切削的加工技术具有以下优势：

(1) 加工柔性好，成本低。在硬车削过程中，可利用车刀单点切削的特点加工复杂形状的工件，磨床只能用成形砂轮进行磨制。硬切削一次设定可完成多项切削工序，节省了工件的搬运和重新装置时间，减少工件损伤。硬切削突破了砂轮磨削的限制，通过改变切削刃及走刀方式可以加工出几何形状各异的工件。假如工件发生设计变更，在车床上更改制程比在磨床上更改制程容易许多，而磨床只能用成形砂轮进行磨制，加工准备时间非常耗时，周期长、成本高。

在生产线上应用硬切削技术，更适应于产品的改型，提高了生产线的柔性，缩短了产品制造工艺(图13-2)，使产品适应市场的能力增强，符合敏捷制造的要求。随着机床技术的发展，数控车床、车削加工中心的性能以及加工能力和加工范围都在提高，多主轴、多刀盘、多刀库的车削加工中心更适合高速硬车削。与磨削加工相比，硬车削能更好地适应多品种、短周期、小批量的产品生产。

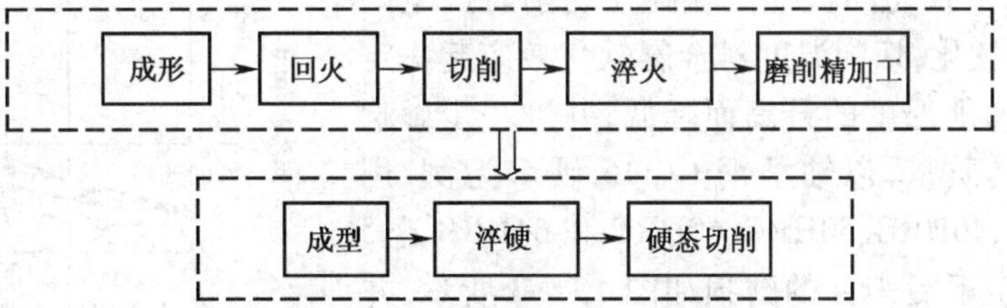

图 13-2　磨削工艺与硬切削工艺比较

(2) 洁净绿色加工工艺。机械加工中的环保问题日益严峻，磨削加工产生的废液和废弃物越来越难以处理和清除，而且对人体有害，而硬切削无需加切削液。

(3) 加工效率高。硬质材料切削比磨削至最终尺寸用时较少，这是因为硬车削往往采用大切削深度、高的工件转速，其金属切除率通常为磨削加工的 3~4 倍，而且一次装夹中可进行多道工序的加工。操作者只需一次装卸就能完成全部加工，工序较少，加工时间短，硬质材料切削可免去许多形式的磨削工序，以及抛光和其他精加工工序。不仅省下加工费用，更有意义的是，从而实现了及时生产，切削效率高、加工时间短，表 13-1 为磨削和硬车削加工时间比较。

表 13-1　磨削和硬车削加工时间比较

磨削		硬车削		
工序	时间	工序		时间
外圆和端面	15min	车外圆和端面		25min
研磨外圆和端面	5min	硬车削	外圆与端面 镗内孔 车锥面	88s
内圆	30min			42s
研磨内圆	10min			65s
锥面	40min			
研磨锥面	4min			
磨削总时间	89min	硬车总时间		3. 25min
循环总时间		循环总时间		28. 25min

(4) 设备投资少。用硬切削不需用专用刀具、专用机床和夹具，硬切削可在现有的 NC 或 CNC 车削中心上进行，而磨削则要求专用磨床。此外，车床的投资比磨床少，占地面积小，辅助费用低。

(5) 能耗低。切除相同体积所消耗的能量仅为磨削的 20%，节省能源。

(6) 加工表面损伤小，加工质量好。由于硬切削较磨削加工产生的切削热少，而且大部分热量由切屑带走，因此，加工表面不易引起烧伤和微小裂纹，易于保持工件表面性能的完整性，可使零件获得良好的整体加工精度。硬质材料的车削在保证尺寸精度和表面粗糙度方面，比磨削要好得多。可以将大多数硬质材料车到 5μm 的总公差，表面粗糙度 $Ra0.2\sim0.4\mu m$，甚至 $Ra0.1\mu m$。

硬切削加工要注意以下问题：

（1）保证机床的刚性。

（2）选择合适的刀具材料与几何结构。

（3）避免硬切削过程中易产生的“白层”。“白层”是在材料表面形成一层肉眼看不见的非常薄（通常为1μm）的硬表层。在硬切削过程中形成的“白层”，一般是刀片钝化引起过多的热量传递到零件内产生的。“白层”对于需要承受高接触压力的零件是非常有害的，随着时间的推移，“白层”可能剥离并导致零件失效。

（4）尽快排除加工时产生的切屑和随切屑所带有的热量。

（5）最大限度地减小切削负载。

13.1.1 高速硬切削机理

硬态干式切削条件下的切削速度、进给速度和切削深度都不同于普通切削，其金属切削理论也不同于普通切削。淬硬钢的硬态干式切削机理是在高速切削时产生的切削热使被切削金属层软化，切削温度对金属软化效应起决定性作用，即工件硬度随切削温度的升高而降低，并进一步影响已加工表面的形成及其质量，以轴承钢 GGr15 硬车为例，用 PCBN 外圆车削 30HRC、40HRC、50HRC、60HRC 和 64HRC 这 5 种硬度试验件，不同硬度下后刀面的磨损如图 13－3 所示，并且有：

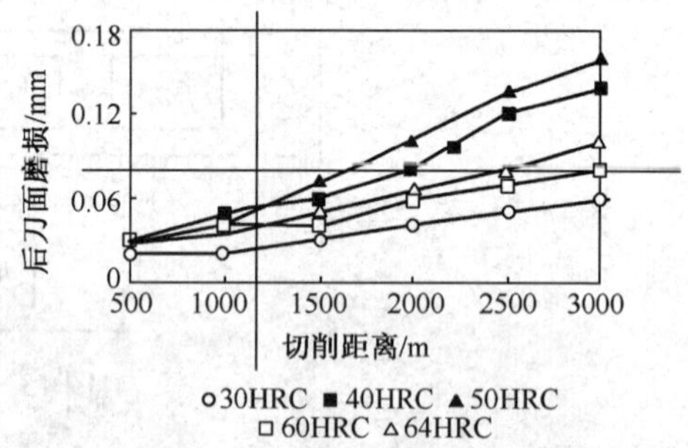

切削条件：v_c=200m/min，f=0.15mm/r，a_p=0.5mm

图 13－3 不同硬度下 PCBN 刀具后刀面的磨损

（1）切削力的变化规律符合一般金属切削理论。由图 13－4可见，随着切削用量和工件材料硬度的增加，主切削力增大。

（2）切削温度变化规律不符合一般的金属切削理论。对工件材料 GCr15 而言，硬度约为 50HRC 时温度达到最高值，之后随着工件硬度增加温度呈下降趋势，这是硬切削的特殊规律。50HRC 就是 GCr15 区分普通切削和硬切削的临界硬度（图 13－5(b)）。工件硬度在 50HRC 左右时的表面粗糙度最大，之后随硬度增加表面粗糙度数值呈下降趋势（图 13－5(c)）。

（3）在实验范围内，切屑形态、已加工表面粗糙度和加工硬化层深度等的变化都是以 50HRC 为分界点。如图 13－6 所示，工件硬度低于 50HRC 时为带状切屑，达到 50HRC 时为锯齿形切屑。

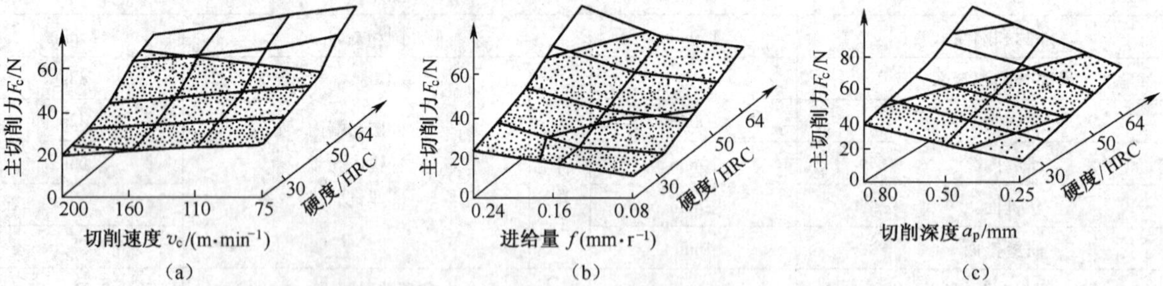

图 13－4 不同切削用量条件时的主切削力变化规律

图 13－7 为不同硬度时的硬化层深度的变化情况。从图可以看出，工件已加工表面硬化层深度随着工件材料硬度的增加而增加，当工件硬度达到 50HRC 之后，已加工表面硬化深度达到最大，而且随工件硬度的增加，硬化层深度基本上不变。

高速硬切削条件下，切削力直接影响着切削热的产生，并进一步影响着刀具磨损和破损、刀具寿命及已加工表面质量。由于采用负前角进行切削，前刀面上的摩擦力和摩擦角都很小。在高速硬切削条件下，切削层金属自由表面会产生裂纹，从而形成锯齿状切屑，所以切削力的来源除了切削层金属、切屑和工件表面层金属的弹性变形、塑性变形所产生的抗力，以及刀具与切屑、工作表面间的摩擦阻力外，还应包括切屑层金属

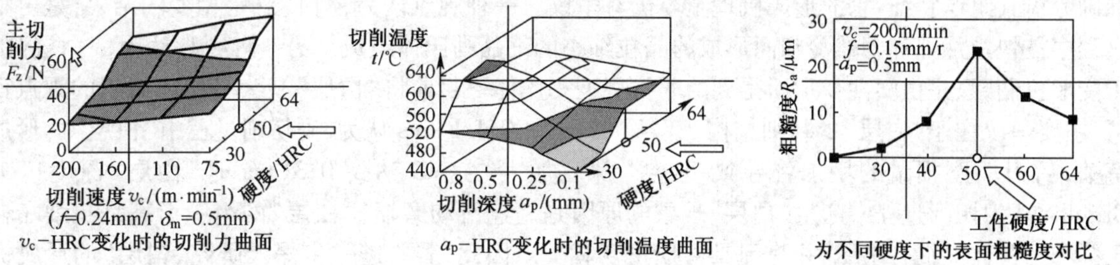

（a）切削力变化　（b）切削温度变化　（c）已加工表面粗糙度

图13-5　不同工件硬度时的切削切削力、切削温度和已加工表面粗糙度

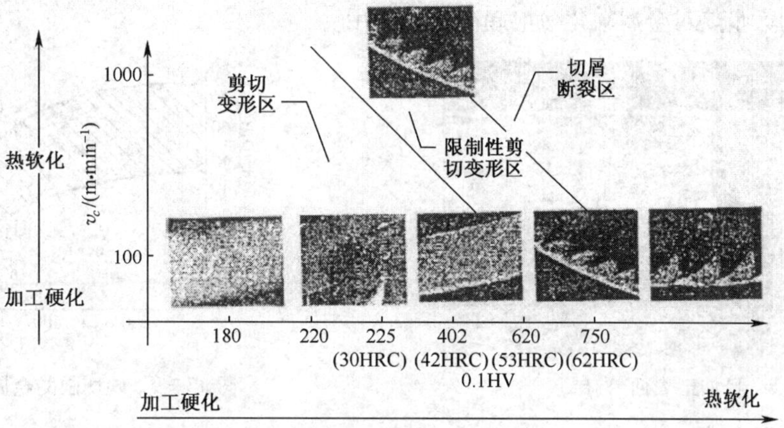

图13-6　不同工件硬度时的切削形态

自由表面裂纹萌生及扩展的抗力。高速硬切削时一般采用负前角，同时有利于增加切削刃口的局部强度。高速硬切削时工件硬度越高，切屑温度越高，切屑带走的热量也越多，切削区的温度是由产生的热及其传出的热所决定的。切削温度是指刀具-切屑-工件接触面的平均温度。影响切削温度的主要因素是工件材料的物理、力学性能和切削用量等切削条件，如工件材料的强度、硬度、热导率与比热容等。强度、硬度越高，热导率、比热容越小的材料，切削温度越高。

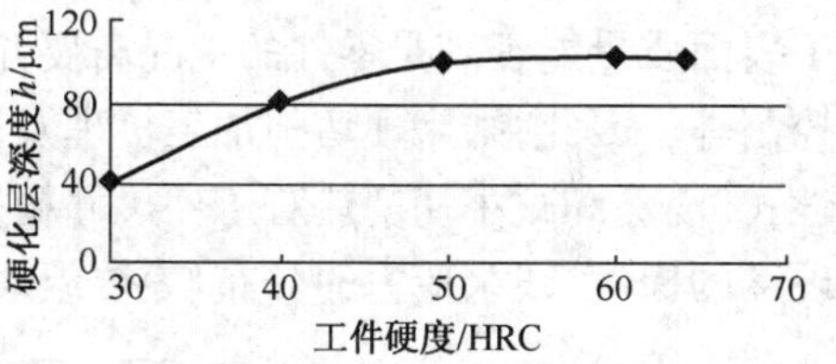

图13-7　工件硬度不同时的硬化层深度对比

在高速硬切削机理中，最显著的3个特征为锯齿形切屑、“红月牙”效应和已加工表面“白层”的产生。

（1）关于锯齿状切屑形成原因的分析存在周期脆性断裂理论与热塑性失稳理论两大流派。锯齿形切屑生成过程可描述为随着刀具的切入，首先在工件材料端面产生裂纹实现了切屑分离，形成已加工表面。随着刀具切削行程的增大、塑性变形的加剧和能量的累积，在距切削刃一段距离的切屑某一特定位置，当达到某一临界载荷时，此时能量也累积到了最大值，导致突变性的局部剪切，从而形成了一个锯齿，如此往复下去导致了锯齿形切屑的生成。

（2）“白层”指硬态切削加工后在已加工表层中生成的一种高硬度细颗粒组织（图13-8）。“白层”是影响工件性能和表面完整性的重要因素，随着对硬态切削机理研究的深入，其形成原因可解释为：过高的切削热致使材料出现奥氏体，而迅速的表面冷却又使材料出现淬火现象，从而导致“白层”的出现。由于“白层”组织的高硬度是超细颗粒和高位错密度导致的结果，所以刀具挤压作用也是产生“白层”的重要原因。

“白层”是伴随着硬态切削过程所形成的一种组织形态，其微观组织是由白色的未回火层和黑色的过回火层组成，而且白层厚度小于2μm。工件表层以下20~40μm处工件硬度最高可达900HV。“白层”具有独特的磨损特性:一方面硬度高,耐蚀性好;另一方面又表现出较高脆性,易引起早期剥落失效。"白层"较薄,难于准确分析其组织特征,它的形成机理至今仍有争议。一种观点认为,"白层"是相变的结果,是由材料在切削过程中被快速加热和骤然冷却而形成的晶粒细小的细晶马氏体组成。另一种观点认为,"白层"的形成仅属于变形机制,只是由塑性变形而得到的非常规型马氏体。目前将"白层"视为马氏体组织的观点得到一致认可,主要争议在于"白层"的精细结构。Y. K. Chou 和 C. J. Evans 认为,硬切削过程中"白层"的形成与切削热有关,后刀面磨损量的增加将导致"白层"深度加大,在 VB 达到 0.31mm 时"白层"深度达 10μm。B. J. Griffiths 认为切削过程中产生"白层"现象的原因是高速滑动磨损,"白层"的组织形态是超细晶粒结构的奥氏体和马氏体的混合组织,并与刀具磨损密切相关。因此,需要进一步深入研究"白层"的形成机理及其对零件寿命的影响。

(3) 金属软化效应是硬态切削的一个显着特点。硬态干式切削机理就是被切削金属层的软化作用机理。金属软化效应即工件硬度随切削温度的升高而降低(图 13-9),并进一步影响已加工表面的形成。可见,刀尖附近产生的大量热对金属软化效应起决定性作用。

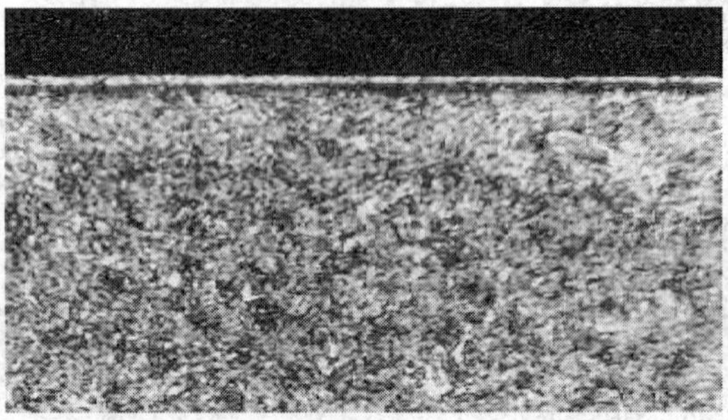

图 13-8 已加工表面"白层"

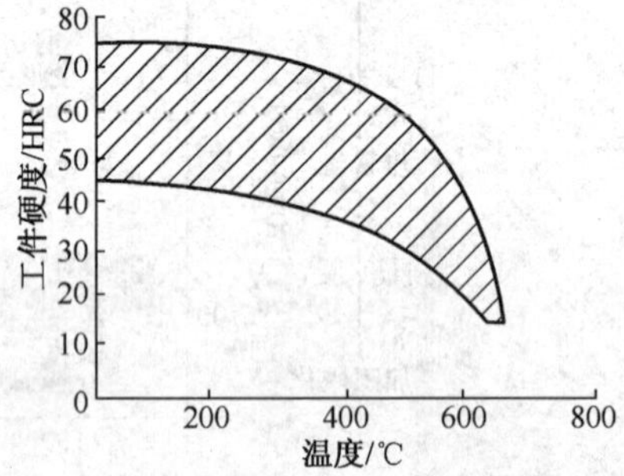

图 13-9 硬切削的金属软化效应

目前,硬切削加工技术已引起世界范围内制造业界和科研机构的高度重视和极大兴趣,但推广应用硬态切削加工技术仍存在一定障碍,主要问题有:①如何使已加工表面保持稳定的表面粗糙度和尺寸精度;②已加工表面质量能否满足零件的工况需要并具有一定的寿命;③如何进行硬态切削加工刀具的选择、使用、成本控制等。因此,未来硬切削加工机理及其技术的研究重点是:①控制切削过程中切削力的大小并保持其稳定性;②消除和减小切削热对工件尺寸精度的作用;③硬态切削过程中冷却润滑技术的合理化;④已加工表面硬度的梯度、残余应力的分布、表层组织形态和"白层"形成机理的研究(图 13-10)。

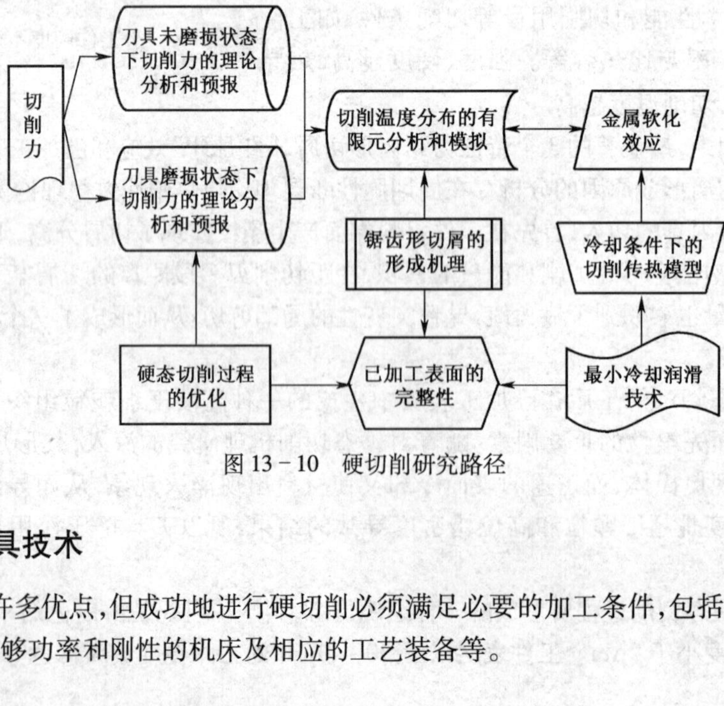

图 13-10 硬切削研究路径

13.1.2 硬切削刀具技术

硬切削虽然具有许多优点,但成功地进行硬切削必须满足必要的加工条件,包括适宜的刀具材料、合理的几何结构与参数、足够功率和刚性的机床及相应的工艺装备等。

切削高硬度材料时,切削工具承受极大的压力,切屑不是被切削掉的,而是受压,然后在极高的热量和极大机械压力下破裂。由于这种极高的热量和极大机械负荷的环境,特别是在切削刃上,变得非常恶劣,切削力将增加50%以上,切削所需功率增加2倍左右。另外,硬切削中的金属软化效应是影响刀具寿命、工件表面的完整性、切削效率和加工精度的重要因素。由于硬切削是通过使剪切部分的材料退火变软而形成切屑的,冷却效率过高,从而减小了由切削力而产生的切削效果,加大了机械磨损,缩短了刀具寿命。在断续切削时,刀具承受的热循环加剧,会引起刀片材料发生热疲劳和过早破损,所以在这种环境下,普通切削的刀具不能满足需要,而专为这种应用发展的硬切削刀具技术应运而生。

13.1.2.1　硬切削刀具材料

硬切削技术的发展在很大程度上得益于超硬刀具材料的出现及发展,可用于硬切削的刀具材料主要包括金刚石、聚晶立方氮化硼、陶瓷、TiC(N)基硬质合金(金属陶瓷)等,其中金刚石主要加工高硬非铁金属和非金属材料,而聚晶立方氮化硼、陶瓷和TiC(N)基硬质合金主要加工高硬钢、铸铁和超级合金等,先进的硬质合金和涂层硬质合金可用各种较硬材料的加工。

1. 硬切削对刀具材料的要求

硬切削的特点是切削力大(特别是背向力比主切削力还大)、切削温度高刀具寿命短,作为零件的最后成形工艺,要保证达到工件表面完整性和精度的加工要求,而且不比用磨削工艺加工的质量差。达到加工精度表面质量要求,硬切削中所用刀具材料应满足以下要求:

(1)高硬度和耐磨性。在硬切削中,为保证加工精度,刀具/工件接触区的刀尖必需具有较好的抵抗变形能力,如金刚石显微硬度可达10000HV,PCBN显微硬度可达8000~9000HV,陶瓷刀具硬度可达92~96HRA,所以都是常用于硬切削的刀具材料。

(2) 良好的高温稳定性。因为在硬切削中切削力较高,所以导致大量的切削能,这些切削能几乎全部转化为热量,从而使得接触区温度很高。这就要求刀具材料有良好的高温稳定性,才能保证硬切削顺利进行。金刚石的耐热性为700~800℃,PCBN的耐热性可达1200~1500℃,陶瓷刀具的耐热性一般为1100~1200℃。

(3) 高的热导率和良好的导热性。在切削过程中会产生切削热,刀具材料的热导率影响刀具和工件的膨胀程度。具有高的热导率的材料可减少工件几何精度误差的产生。各类刀具材料中金刚石的导热性最好,PCBN仅次于金刚石,而且随温度升高其热导率增大,陶瓷刀具的导热性稍差。另外,金刚石、PCBN及陶瓷刀具与各种工件材料间的摩擦系数也远远低于硬质合金,而且随着切削速度的提高,摩擦系数相应降低。由于金刚石价格很高,且只适于加工非铁族金属材料和非金属材料,所以高速硬切削铁族金属材料中应用最多的是PCBN刀具和陶瓷刀具。

(4) 由于硬切削高的切削力在刀具/工件接触区引起高应力,因此,刀具材料应有较高的抵抗机械应力和磨损的能力。

(5) 为防止切削刃上微沟槽的形成和提高刀尖保持原来几何形状的能力,刀具材料必须具有抵抗磨粒磨损的能力。这对于保证工件的精度和表面质量具有重要作用。

(6) 优良的化学稳定性。PCBN的化学惰性特别大,在1300℃时也不与铁系材料发生化学反应,在2000℃时才与碳发生反应,在中性、还原性的气体中,对酸碱都是稳定的;金刚石与钛合金的黏结作用比较小;而陶瓷刀具的化学稳定性则取决于其成分。

2. 硬切削刀具材料及其选择

满足以上要求,能够作为硬切削的刀具材料有金刚石、PCBN、陶瓷、金属陶瓷、超细晶粒硬质合金及涂层硬质金刀具等。不同刀具材料硬度与温度的关系如图13-11所示。

1) 超细晶粒硬质合金

当工件硬度40~50HRC时,普通高速钢和硬质合金已不能适应硬切削,可采用超细晶粒硬质合金刀具材料进行硬切削。超细晶粒硬质合金,因其硬度、极限强度和韧性高,明显比常规的硬质合金更加适合。在高速硬铣时,选择合适的切削用量,高性能的超细晶粒硬质合金可适应较大范围硬度的淬硬件加工。硬质合金刀具材料韧性高,价格低。

在选择超细晶粒硬质合金刀具时,主要考虑其强度等级及刃口形式,安全性高的刃口可以承受较大的切削力，以及刀片接触和离开高硬度材料时产生的冲击。

2）涂层硬质合金

涂层硬质合金刀具是在韧性较好的硬质合金刀具上涂覆一层或多层耐磨性好的 TiN、TiCN、TiAlN 和 Al_2O_3等，涂层的厚度多为 2～18μm。在硬切削中，涂层通常起到以下两方面的作用：一方面，它具有比刀具基体和工件材料低得多的导热率，减弱了刀具基体的热作用；另一方面，它能够有效地改善切削过程的摩擦和黏附作用，降低切削热的生成。涂层硬质合金刀具与硬质合金刀具相比，无论在强度、硬度和耐磨性方面均有了很大的提高。对于硬度 45～50HRC 这样较低硬度范围内的材料，涂层硬质合金是不错的选择。一些硬度达到 60HRC 的材料中的碳化物颗粒的硬度达到 90HRC，在加工这些材料时，涂层硬质合金刀片易受磨损，如图 13－12 所示。

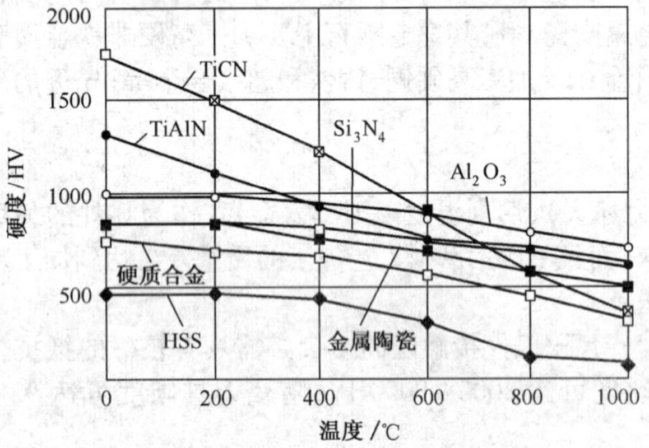

图 13－11　不同刀具材料硬度与温度的关系

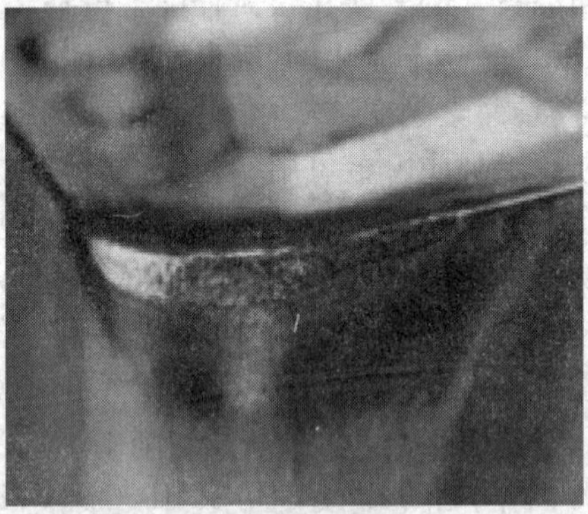

图 13－12　在对高硬度合金进行铣削加工时，产生的热量和压力会导致塑性变形而加速刀片磨损

在超细晶粒硬质合金基体上，涂覆抗高温的涂层材料可以承受铣加工硬度达 60HRC 的钢材时产生的热量。附有氧化铝涂层的抗热冲击性使硬质合金刀片也能承受铣削时产生的高温，如 AlTiN 涂层刀具，通过改进涂层材料比例，硬度高达 4500～4900HV，且附着力好，在车削温度高达 1500～1600℃时硬度仍然不降低，不氧化，刀片寿命为一般涂层刀片的 4 倍，而成本只有其 30%。这 AlTiN 涂层材料还可以在498.56m/min的速度下铣削硬度达 47～52HRC 的模具钢。改进的基体加上改进的涂层甚至可以加工零件硬度超过 70HRC 淬硬模具钢材，且涂层硬质合金刀具还有低成本的优势。

3）金属陶瓷

金属陶瓷是硬切削较理想的刀具，常用于淬硬钢的精加工，使用正常时，寿命很高，切削速度可以较高，可加工硬度达 60HRC 的各类淬硬钢和硬铸铁。在加工工件硬度低于 45HRC 时，会产生长带状切屑，使刀具前刀面产生“月牙洼”磨损，降低刀具寿命。金属陶瓷刀具对连续切削渗碳硬化材料很有效，尽管它不具备 PCBN 的耐磨性，但金属陶瓷刀片在大多数情况下会成比例地磨损而不发生突然破、断裂。金属陶瓷切削淬火硬度达 48～58HRC 的 45 钢时，切削速度可取 150～180m/min，切削深度可达 2mm。

4）陶瓷

常见的硬度范围在 50～60HRC 的材料，包括含碳量低的低碳钢。这类材料一般都是表面淬硬，因此，要求刀具具有很高的抗“月牙洼”磨损性。陶瓷刀片是这类应用的正确选择。陶瓷刀具具有高硬度（91～95HRA）、抗弯强度为 750～1000MPa、耐磨性好、化学稳定性好、良好的抗黏结性能、摩擦系数低且价格低廉的特点。使用正常时，耐用度极高，硬车速度可比硬质合金提高 2～5 倍，特别适合高硬度材料精加工以及高速加工。可加工硬度达 62HRC 的各类淬硬钢和硬化铸铁。常用的有氧化铝基陶瓷、氮化硅基陶瓷和晶须增韧陶瓷。

陶瓷刀具在高速硬切削时的磨损形态主要是：前后刀面磨损（前刀面磨成“月牙洼”，后刀面磨成棱面）、边界磨损。加工镍基高温合金时，尤其容易在切削深度沟槽磨损和微崩刃，但其大小在磨损限度以内时，刀具仍可继续切削。近年来通过大量的研究、改进和采用新的制作工艺，陶瓷材料的抗弯强度和韧性均有了很大提高，如晶粒组织的直径细小至 1μm 以下的合金陶瓷，抗弯强度和耐磨性均远高于普通的合金陶瓷，大大拓宽了陶瓷材料的应用范围。粒度在 1μm、TiC 质量分数 20%～30%的 Al_2O_3基陶瓷刀具，在切削速度为 120m/min 左右时，可用于加工具有较高抗剥落性能的高硬度钢。图 13－13 为含 TiC 的 Al_2O_3基陶瓷刀具在 v_c = 100m/min 条件下切削 SKD 钢 60HRC 时，不同质量分数 TiC 对后刀面磨损量 VB 和"月牙洼"磨损量 K_T的影响。X_1-Y_1、X_3-Y_3、X_5-Y_5分别表示刀具 TiC 质量分数为 10%、30%、50%的磨损情况。由图可知，TiC 质量分数越大的刀具，VB 值越小，而"月牙洼"磨损的 K_T值则越大。此外，与细粒度 TiC 陶瓷刀具相比，粗粒度 TiC 陶瓷刀具的 VB 和 K_T值均较大（图略）。在一般情况下，后刀面磨损是由磨粒磨损引起的，因此可以认为，硬度越低、TiC 含质量分数越小的粗粒度陶瓷刀具，其 VB 值也越大。而"月牙洼"磨损主要是由黏结磨损引起的，所以那些易与被加工材料产生化学反应的 TiC 质量分数越大的粗粒度刀具，其 K_T值也越大。

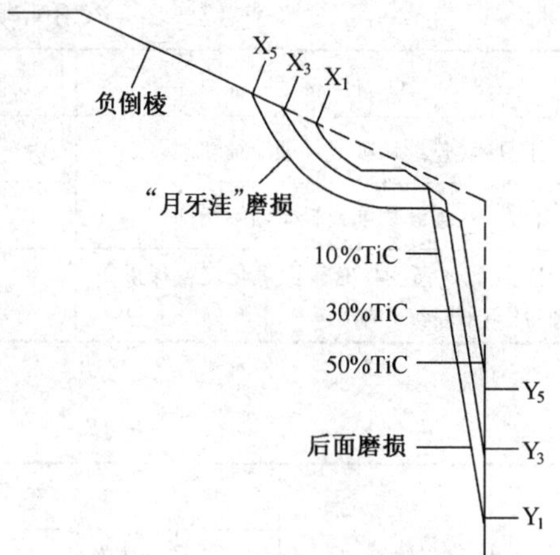

图 13－13　氧化铝—碳化钛陶瓷刀具加工 SKD11 硬钢磨损曲线

5）PCBN

硬度超过 55HRC 包括表面硬化钢和大多数整体淬火钢在内的材料，都需要特别的抗后刀面磨损性。PCBN（立方氮）在这类型材料的粗加工和精加工方面表现突出。对于硬度高于 55HRC 的材料，碳质量分数大的材料磨蚀性很强，那么刀片的材料成分应该是立方氮化硼体积分数更高，陶瓷粘合料体积分数较低，这可以最大限度地减少刀片的后刀面磨损，但需要采用较低的切削速度，约 120m/min，以避免产生"月牙洼"磨损。相反，对碳质量分数小的材料而言，后刀面磨损不是大问题，可以考虑使用陶瓷黏结剂、高抗"月牙洼"磨损更好的 PCBN 刀片，其速度范围通常约 180m/min。

PCBN 的硬度和耐磨性仅次于金刚石，有极好的高温硬度，与陶瓷刀具相比，其耐热性和化学稳定性稍差，但冲击强度和抗破碎性能较好。它广泛适用于淬硬钢（50HRC 以上）、珠光体灰铸铁、冷硬铸铁和高温合金等的切削加工，与硬质合金刀具相比，其切削速度甚至可提高 1 个数量级。当切削速度高于 1000m/min 的高速硬切削，PCBN 是最佳刀具材料，CBN 体积分数大于 90% 的 PCBN 刀具适合加工淬硬工具钢，如 55HRC 的 H13 工具钢。

CBN 颗粒含量高的 PCBN 刀具，硬度高、耐磨性好、抗压强度高及耐冲击韧性好，其缺点是热稳定性差和化学惰性低，适用于耐热合金、铸铁和铁系烧结金属的切削加工。根据 CBN 颗粒含量的不同，PCBN 刀具可分为以下两大类：高 CBN 含量的 PCBN 刀具，CBN 颗粒含量在 90%以上，其黏结剂以金属相结合剂 Co 为主；低 CBN 含量的 PCBN 刀具，CBN 颗粒含量在 50%～70%之间，其黏结剂多以 TiC、TiN 等陶瓷相为主，在淬硬钢连续切削过程中往往具有更为优越的切削性能。

当工件硬度达到 55～65HRC 时，可采用 PCBN 刀具进行硬切削。在车削灰铸铁和淬硬钢时，可选用陶瓷刀具或 PCBN 刀具。PCBN 刀具更适合加工硬度高于 60HRC 的工件。

对于长时间连续切削的零件加工场合，通常使用 CBN 体积分数约 40%～50%左右的刀片。对于断续切削不严重的加工场合，如已经做了倒角的孔或键槽，体积分数 50%～60%的 CBN 可以将韧性提高到所需的水平，同时仍具有很好的耐磨性。对于断续切削很严重的加工场合，须采用体积分数 70%～75%CBN 的刀片，以达到所需刃线的韧性要求，从而满足加工应用的需要。

使用 PCBN 刀具干式切削淬硬钢还应遵循以下原则：在机床刚性允许条件尽可能选择大切削深度，这样切削区生成的热量使得刃前区金属局部软化，能有效降低 PCBN 刀具的磨损。此外，在小切削深度时也应尽可能采用 PCBN 刀具，因为 PCBN 刀具导热性差而使得切削区热量来不及扩散，剪切区也能产生明显的金属软化效应，减小切削刃的磨损。

PCBN 刀具硬车淬硬钢时推荐的切削用量见表 13－2 和表 13－3。在一定的条件下，PCBN 刀具有一最佳切削速度，在图 13－14 条件下，400m/min 的切削速度金属去除率最高。

表 13-2 PCBN 硬车淬硬钢时推荐的切削用量(硬度>45HRC)

工 件 材 料	切削速度/(m·min^{-1})	进给量/(mm·r^{-1})	切削深度/mm
工具钢(连续切削或轻微断续切削)	100~200	0.1~0.3	0.1~0.3
合金钢(连续切削或轻微断续切削)	80~200	0.1~0.3	0.1~0.3
工具钢/合金钢(有表面氧化皮或极度不圆/严重地断续切削)	70~110	0.15~0.6	0.15~0.6

表 13-3 PCBN 硬切削铸铁时推荐的切削用量

工 件 材 料	铣 削 加 工		车 削 加 工	
	切削速度 v_c /(m·min^{-1})	进给量 f /(mm·z^{-1})	切削速度 v_c /(m·min^{-1})	进给量 f /(mm·r^{-1})
灰铸铁(180~240HB)	1500	0.25~0.4	1000	0.1~0.4
合金铸铁	380	0.3~0.5	500	0.1~0.4
冷硬铸铁	200	0.1~0.4	100	0.4~0.85

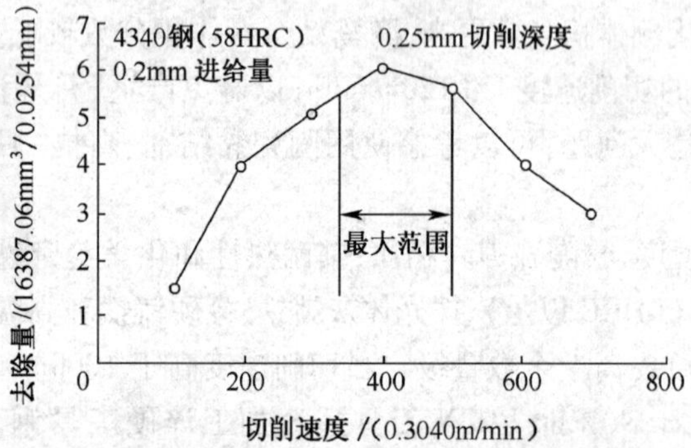

图 13-14 切削速度对 PCBN 刀具性能的影响

表 13-4 不同 CBN 体积分数 PCBN 刀具的加工用途

CBN 体积分数/%	PCBN 刀具用途
50	连续切削淬硬钢(45~64HRC)
65	断续切削淬硬钢(45~65HRC)
80	加工镍铬铸铁
90	连续重载切削淬硬钢(45~65HRC)
80~90	高速切削铁(v_c=500~1200m/min) 淬硬钢的半精加工和精加工

对于 PCBN 刀具材料,根据 CBN 体积分数、粒径和结合剂的不同,PCBN 刀具的加工性能和用途也不同。表 13-4 为不同 CBN 体积分数的 PCBN 刀具的加工用途。

切削灰铸铁和淬硬钢时,陶瓷刀具和 PCBN 刀具是可同时选择的,因此进行成本效益和加工质量分析非常必要,以确定哪一种材料更经济。淬硬钢的干式切削加工时,Al_2O_3陶瓷的成本低于 PCBN 材料。陶瓷刀具具有良好的热化学稳定性,但不及 PCBN 刀具的韧性和硬度。在切削硬度低于 60HRC 和小进给量情况下的工件时,陶瓷刀具是较好的选择。PCBN 刀具适合于工件硬度高于 60HRC 情况,而且工件硬度越高越能显示出 PCBN 刀具的优越性。PCBN 尤其对于自动化加工和高精度加工时更为适用。此外,在相同后刀面磨损情况下,PCBN 刀具切削后的工件表面残余应力也比陶瓷刀具相对稳定(图 13-15)。

图 13-16 为 Al_2O_3、Si_3N_4和 PCBN 刀具加工灰铸铁后刀面磨损 VB 情况,PCBN 刀具材料切削性能优于 Al_2O_3和 Si_3N_4。

在硬切削中,PCBN 刀具应用越来越普遍,虽然使用陶瓷刀具比 PCBN 的成本低,然而,陶瓷刀具极易受热涨裂。此外,如果切削刃修磨不当时,就不宜进行断续切削。PCBN 虽然比陶瓷贵得多,但它的切削性能好得多,加工精度高,使用寿命也长。一般而言,如果硬化深度大于欲切的材料深度,最好选用 PCBN。

13.1.2.2 硬切削刀具结构及几何参数

用于硬切削的刀具材料首先必须具有热稳定性和耐磨损的特点,当然,与之相匹配的切削刀片形状及其刀具几何参数合理与否,对充分发挥刀具的切削性能至关重要。淬硬钢切屑脆性大,易折断,与刀具不黏连,

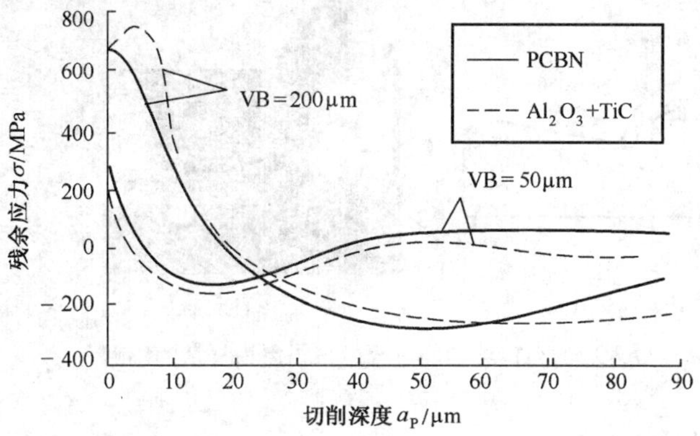

图 13-15　陶瓷和 PCBN 刀具切削淬硬钢的残余应力

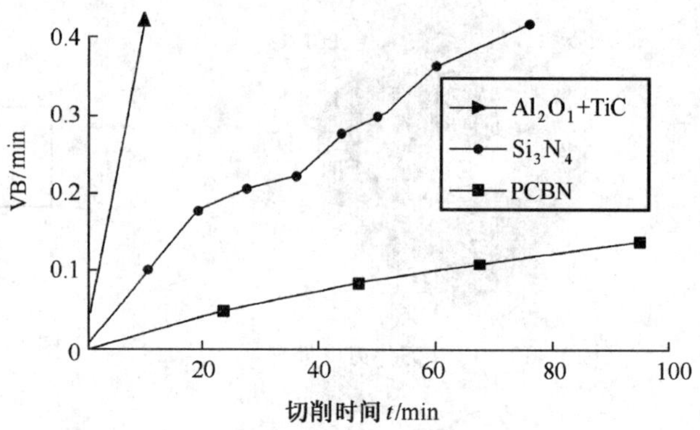

图 13-16　切削灰铸铁时 VB 与切削时间的关系

一般在刀具表面不产生积屑瘤，因此加工的表面质量高。但是切削力比较大，硬切削刀片应强度高、散热条件好。各种刀片形状的刀尖强度从高往低依次为圆形、100°菱形、正方形、80°菱形、三角形、55°菱形、35°菱形。刀片材料选定后，应选用强度尽可能大而厚的刀片形状，同时应选择尽可能大的刀尖圆弧半径。用圆形及大刀尖半径刀片粗加工。

硬切削时，由于切削速度高，导致切削温度很高，切屑呈红而酥软，切削力比较大，所以刀具宜采用负前角($\gamma_0 \leqslant -5°$)(或预磨出负倒棱)，刃倾角为=0°～10°和较大的后角(α_0为 10°～15°)。主偏角取决于工艺系统的刚性。一般在 30°～75°之间取值，以减少工件和刀具颤振。

硬切削采用的金属陶瓷、陶瓷、PCBN 和 PCD 制造的刀具比硬质合金要脆得多，不能经受太大的切削力，因此用这些材料制造的刀具必须结合其特点进行设计，即对它加强支承、分散切削力。有三种刃口制备而且其大小还要适当：T 形刃带、强化、T 形刃带+强化。

T 形刃带——倒棱，以取代较脆弱而锋利的切削刃。找出最小的平面宽度和能赋予切削刃适当强度和寿命的角度。大的宽度和加强刀片的角度无疑会增切削力。

强化——圆整锋利的刃口。虽然强化不像 T 形刃带那样有棱有角，但是强化对用于精加工的效果很好。这些强化刀具应该用于小切削深度、低速进给，并保持切削力最小。

T 形刃带+强化——当强化用于倒棱的前面与后面相交处时，也能加强 T 形刃带。在应用中，微小的剥落发生时(就像用陶瓷刀粗车钢)，强化能分散这些点上的压力，从而在没有增加倒棱宽度的情况下而加强了刀具刃口。

硬切削刀片的切削性能在很大程度决定于其刃区强化的制备。倒棱宽度 b_{r1}=0.1～0.3mm，倒棱前角为-15°～25°，切削阻抗的变化主要取决于倒角角度的大小，而与倒角量的大小变化基本上没有关系。刃口处理也会影响到硬零件车削的加工工艺。不同工况下，刀片需要的刃口处理的角度就不同。不同的角度和刃带宽度带来不同的刃口处理。T 形刃口是最常见的，使用圆角来分散刃口处集中切削力。负倒棱加倒圆形刃口与 T 形刃口相似，但切削刃经过磨削，在此处刃带角和刀片表面可以接触，从而提高了耐磨性。使用带断屑槽型的刃口，无需进行磨削，但刀片有 15～20μm 研磨刃带，保护刀片不会崩刃。

PCBN 是硬切削加工技术的最佳刀具材料，但也必须与合理的几何参数相结合。硬切削加工过程中，为了增强 PCBN 刀具切削刃的强度，通常需经过刃口处理(倒棱或倒圆处理)，如图 13-17 所示。处理后的刃口给切削过程带来了更为复杂的影响(图 13-18)。一些学者对一定条件下的不同刃口形式 PCBN 刀具硬态切削机理进行了研究，得到了切削刃参数对切削力和切削温度的影响规律(图 13-19 和图 13-20)。加工高硬度金属时，通常是干式加工，主要是为了保证切削刃的等温性。在大多数情况下，带有双负前角的圆形刀片是效率最高的。

刀具设计者除了针对工件确定最适合的刀具刃口外，还必须优化刀具的几何角度和排除切屑的能力。通过增加后角来减小切削力和对刀具的压力，也降低了切削区的温度。如果加工条件允许，也可使用正前

图 13-17 CBN 刀片刃口处理

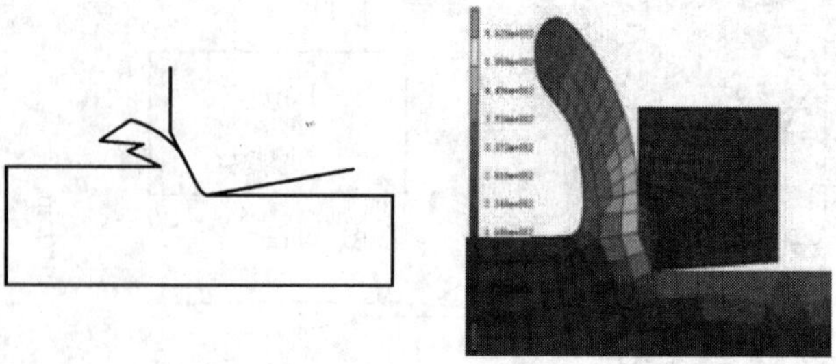

（a） （b）

图 13-18 处理后的刃口给切削过程带来了更为复杂的影响

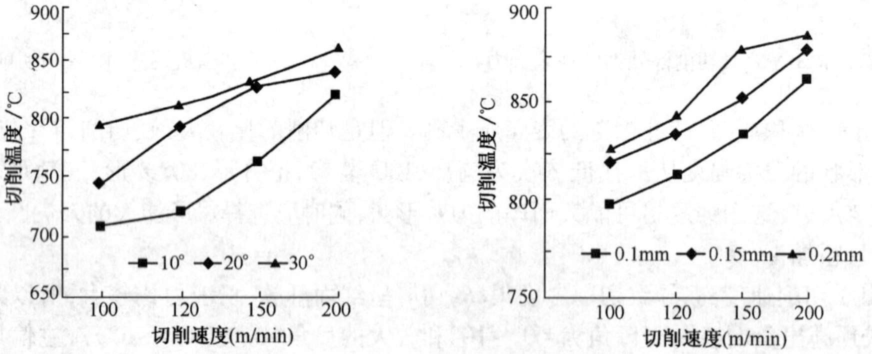

（a）倒棱角度 （b）倒棱宽度

图 13-19 不同刃口形式切削温度的变化规律

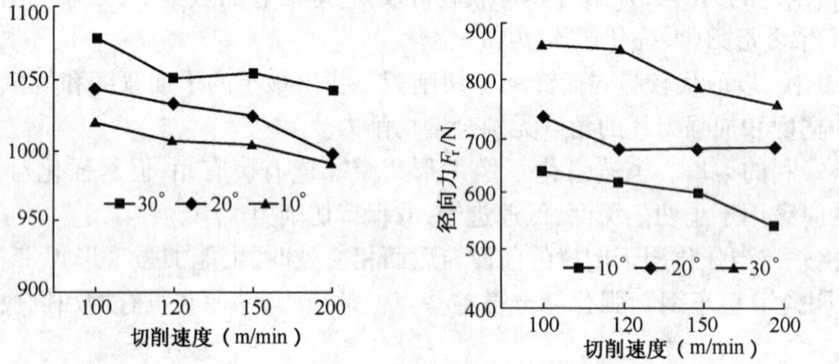

（a）主切削力 （b）径向力

图 13-20 PCBN 刀具倒棱角度对切削力的影响

角，这样由于较好的剪切作用能减少切削力。宽阔的容屑槽有助于切屑的排除，尤其是对钻削和螺纹加工。

铣刀的诸多因素对硬铣削起着决定性的作用。属于铣刀几何形状的因素有：铣刀的制造精度应在微米范围内，铣刀刀杆必须达到 h6 的质量等级。尤其是在刀具切削刃的圆弧部分和副切削刃的之间的过度处要平滑、无转折点出现，以达到最大的切削稳定性，为防止刀尖处热磨损，主、副切削刃连接处应采用修圆刀尖或倒角刀尖，以增大刀尖角，加大刀尖附近刃区切削刃的长度和刀头材料的体积，以提高刀具刚性和减少切削刃破损的概率。铣刀的切削刃应增加强度，采用一个带筋的前刀面（图 13-21），不仅加强了刃口的强度，还可减少切屑与刀片前刀面之间的接触面积其具有大前角（达 34°）、加强刃并有一个带筋的前刀面，显著减少了切屑与刀片前刀面之间的接触面积，使产生热量被切屑带走。据称，这种刀片工作时的温度比传统刀片要低 400℃，能显著减小切削力并使刀具寿命提高 1 倍以上。有资料介绍，用大前角的涂层硬质合金齿冠立铣刀高速铣削硬度高达 55HRC 模具钢时，切削速度 120m/min，进给速度7.6m/min，轴向吃深 0.51mm，径向吃深0.25mm，采用干式切削，刀具使用寿命则长达1.5h。

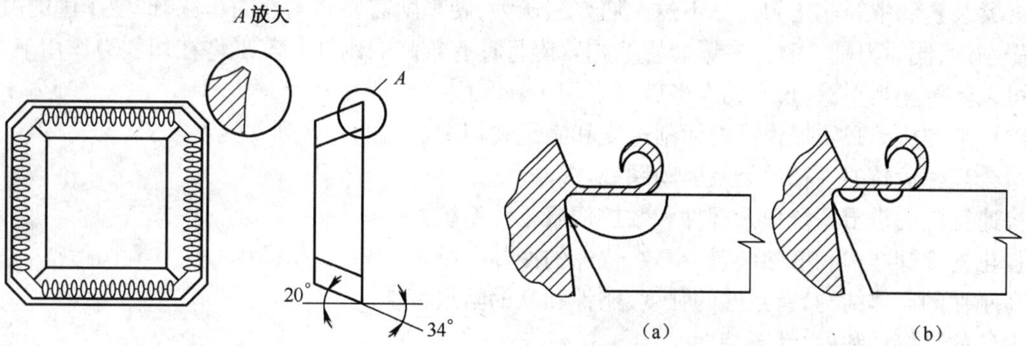

图13-21 带筋前刀面刀片

13.1.3 硬切削的切削参数

工件材料硬度越高，其切削速度应越小。硬车削精加工的适宜切削速度为80~200m/min，常用范围为100~150m/min，采用大切削深度或强烈断续切削加工高硬度材料，切削速度应保持在50~100m/min。一般情况下，切削深度为0.1~0.4mm。加工表面粗糙度要求高时可选小的切削深度，但不能太小，要适宜。进给量通常可以选择0.025~0.25mm/r，具体数值视表面粗糙度数值和生产率要求而定。当表面粗糙度*Ra*=0.3~0.6μm时，硬车削比磨削经济得多。

PCBN、陶瓷刀具材料的耐热性和耐磨性好，可选用较高的切削速度和较大的切削深度以及较小的进给量。而切削用量对硬质合金刀具磨损的影响比PCBN刀具要大些，故用硬质合金刀具就不宜选用较高的切削速度和切削深度。

采用PCBN刀具精车淬硬钢，其工件硬度高于45HRC，效果最好。其切削速度一般为100~120m/min。工件硬度越高，切削速度宜取低值，如车硬度为70HRC的工件，其切削速度宜选60~80m/min。精车的切削深度为0.1~0.3mm，进给量为0.05~0.025mm/r，精车后的工件表面粗糙度*Ra*=0.3~0.6μm，尺寸精度可达0.013mm。若能采用刚性好的标准数控车床加工，PCBN刀具的刚性好和刃口锋利，则精车后的工件表面粗糙度*Ra*=0.2μm，尺寸精度为0.01mm，可达到用数控磨床精加工的水平。

PCBN刀具铣削淬火钢材料时，进给量选择不当是引起刀具破损的主要原因之一。对于硬度小于55HRC的淬火钢，推荐使用f_z=0.1~0.4mm/z；对于硬度大于60HRC的淬火钢，推荐使用f_z=0.05~0.12mm/z。PCBN可用于铣削50~65HRC的硬材料，大致的切削规范是：切削速度v_c=300~800m/min进给量f_z=0.08~0.12mm/z，切削深度$a_p \leq 0.4$mm。

PCBN刀具铣削淬火钢时，切削速度存在一个下限，低于此下限，刀具将出现早期破损或寿命急剧下降。在这区间切削速度有一个最佳值。加工不同工件材料时，切削速度的下限值各不相同。一般说来，高合金钢（模具钢、高速钢等）在切削区发生高温软化的温度较低，低合金钢或普通碳素钢则较高。因此，加工高合金钢时，切削速度的下限值也相应高一些，推荐选用v_c=150~200m/min；加工低合金钢和碳素工具钢时，推荐选用v_c=100~200m/min。

用PCBN刀具车加工硬铸铁时，只要硬度达到中等硬度水平（45HRC），就会取得良好的加工效果。如汽车发动机缸盖上的排气阀座，该阀座是采用含铜、钼的高铬合金铸铁材料，其硬度一般约为44HRC，其阀座上孔采用锪（铰）、车两种工艺，大多是在专用自动线上加工，与枪铰导管孔一道进行。所采用的切削用量：v_c=72m/min，v_f=26mm/min，a_p=1.0mm。

陶瓷刀具硬度高、耐磨性好，但脆性大、强度较低。硬切削淬硬钢时，进给量对刀具破损影响最大，所以应选择较小的进给量，一般*f*=0.1~0.3mm/r，较高的切削速度（80~100m/min），可获得易碎的切屑，减少刀具破损。

13.1.4 对工艺系统的要求

除选择合理的刀具外，硬车削对车床或车削中心并无特殊要求，若车床或车削中心刚度足够，且加工软的工件时能得到所要求的精度和表面粗糙度,即可用于淬硬钢的加工。为了保证车削操作的平稳和连续,常采用刚性夹紧装置和中等前角刀具。不过人们普遍认为,硬车削需要高刚性的车床,即硬车削的关键是机床具有足够的刚性,同时刀具、工件、夹紧装置结构紧凑且具有较高的刚性。若工件在切削力作用下其定位、支撑和旋转可以保持相当平稳,现有的设备就可以用于硬车削。

用于硬切削的机床必须提供高的切削速度和满足硬切削加工的一系列功能要求:

(1) 适合高速运转的主轴单元及驱动系统。

(2) 快速反应的进给系统单元部件和数控伺服驱动系统。

(3) 强化的冷却结构和散热装置,高效、快速的冷却系统。

(4) 高刚性的床体结构,有足够的强度、刚性和高的阻尼特性。

(5) 优良的热特性和静、动态特性。

(6) 良好的吸尘、排屑装置等。

除机床系统外,正确装夹刀具对于硬切削加工十分重要。外圆车削时,对较小的零件,保持中心高误差在0.05mm以内,否则就会极大地影响加工质量。内圆镗削时,镗杆设置略高于其中心会有利于加工,这样切削力靠近中心,而不是将其推离最佳位置。铣削淬硬模具时,刀柄的公差、刀柄与刀夹的配合、安装后的径跳等因素,以及刀柄与刀夹适当的配合公差可保证夹持的刚性、精度和一致性等都会对加工质量带来影响。为此:刀柄的制造公差应为-0.005~-0.0025mm,结构应适合热装夹头;而标准规定的公差高达-0.0125mm,这会导致过大的径向跳动。此外,刀柄的圆度至少应保持在±0.00625mm。装夹后的径向跳动造成切削负荷不均匀,有的切削刃负荷大,而另一部分切削刃负荷小,这是淬硬模具加工最忌讳的。由径跳引起的振动会造成机床的颤振和刀具崩刃,因此要严格控制刀具的径跳,并应注意不要把刀柄抛光,因为刀柄抛光会降低夹持的可靠性。

硬切削的切削力大,除要求刀片强度外,对刀杆强度和刚度要求也高,刀具的夹持也是重要的一环。侧固式刀柄或万能弹簧卡头,由于它的径向跳动较大而不适用于硬铣削,使用夹持力大的液压膨胀刀柄或收缩变形夹紧刀柄能获得最佳效果。

硬切削加工时产生的切屑和随切屑所带有的热量必须尽快排除,最佳的方法是通过主轴直接向切削刃吹压缩空气。按照工件材料不同,压缩空气可夹带少量润滑油,这样切屑不会黏附在切削刃上。对于硬切削加工而言,乳化液的冷却尤为慎重,可能只是一滴水就会引起温度突变,致使刀具热裂。

13.1.5 高速硬切削的应用

1.高速硬车削

高速硬车削主要作为对淬硬钢零件的最终加工或精加工。淬硬钢精加工的传统加工方法主要是磨削,要获得磨削精加工的效果,还需重视高速硬车。

1) 高速硬车削机床和工艺系统

高速硬车削时的切削力比普通车削力大,作为精加工序,系统的稳定性非常重要,因而要求机床和工艺系统具有更好的刚性。机床底座用铸铁或铸铁加强型,可以提供更好的刚性和稳定性。花岗岩聚合物更适合高精度高速硬车削。聚合物床身的抗振动能力比铸铁高20倍,使主轴上的振动只有装在铸铁床身上的主轴的1/3以下。

机床、刀具、刀柄、工件以及夹紧装置等要具有高刚度,从而可以使高速硬车削更加平稳加工质量更好,并提高刀具寿命。在现有的设备上应尽可能采取一些提高刚度的措施,如提高转塔的刚性,集成模块化的刀柄系统用圆周各向夹紧而不是靠两个螺钉夹紧,给车床配上短柄内外刀夹提高夹紧装置的刚度等,也可以实现高速硬车。

硬切削的概念是和高速机械加工分不开的。为了使表面质量和磨削的质量一样好,工作轴的径向和轴向振动必须保持在2μm。数字线性测量系统和良好的温度补偿性能也是必不可少的,补偿时应必须避免"爬行效应"。

为了最大限度地增加硬车削的系统刚性,应尽量减小悬伸。刀具伸出长度不得大于刀杆高度的1.5倍。

镗孔时,刀具必须与零件同心或略高于零件中心,因为切削引起的挠曲变形使实际中心线的位置降低。最好的夹紧形式是全长度对开套筒,在镗削淬硬材料时,全长度对开套筒夹头可提供最高的夹持刚度;其次是弹簧夹头和单点螺丝夹头。

高速硬车削的工艺水平取决于对精度的高要求。

2）被加工的零件状态

尽管45HRC硬度是硬车削的起始点,但硬车削经常在60HRC以上硬度的工件上进行。硬车削材料通常包括工具钢、轴承钢、渗碳钢,以及铬镍铁合金、耐蚀耐热镍基合金、钨铬钴合金等特殊材料。根据冶金学,在切削深度范围内硬度偏差小(小于2HRC)的材料可显示出最好的过程可预测性。零件的准备状态对加工成功有着很大的影响。淬硬前,零件余量要均匀,不要因为切削深度的变化使刀具受到不同条件的影响,从而影响到加工质量、刀具寿命和生产效率。工件材料的硬度也需一定的控制,硬度为58HRC和硬度为62HRC零件的加工要求是不同的。

因此,如何控制好被加工工件材质的纯度,以及车削以前的热处理、粗车和成形工序,便成为最后的“以车代磨”所能达到的精度决定因素。如果工件硬度波动有三个洛氏硬度值,刀具的切削力就会变化到很难保证5μm的尺寸精度。不稳定的硬度和不均匀的切削深度,都会损坏这种加工。因此,应该使用合格的材料,保持恒定的金属切削率,并保持热处理硬度在±(1~2)HRC值以内。

除了确保各零件的材料和尺寸的一致性外,还要注意任何孔、键槽和沟槽都应做倒角加工,这样就可以在断续切削时,通过平稳地进入和退出刀具来减少刀具和加工过程中的冲击应力。

工件的长径比(L/D)也会影响机床保持公差精度的能力。最适合于硬车削的零件具有较小的长径比,一般说来,无支承工件的$L/D \leqslant 4:1$,有支承工件的$L/D \leqslant 8:1$。尽管细长零件有尾架支撑,但是由于切削力过大仍有可能引起刀振。

3）车削刀具

尽管PCBN刀片的价格昂贵,但PCBN刀片最适合于高速硬车削。PCBN刀片能够在断续切削过程中也可保持较好的稳定性,提供安全的刀具磨损率。当采用合理的高速硬车削工艺时,PCBN刀片除了在控制直径公差方面比不上磨削以外,与磨削加工比尚有很多优点。

陶瓷不如PCBN耐磨,因此一般不用于公差小于±0.025mm的加工。陶瓷不适合于断续切削,而且不能加切削液,因为热冲击可能造成刀片破裂。刀片的钝圆几何形状是陶瓷材料的固有特点,这一特点使切削力增大而工件表面粗糙度上升。陶瓷刀具在高速硬切削时的磨损形态主要是:①前、后刀面磨损,前刀面磨成“月牙洼”,后刀面磨成棱面;②边界磨损,加工镍基高温合金时,尤其容易发生切削深度沟槽磨损;③微崩刃是刀具一种破损形态的开始,但其大小在磨损限度以内时,刀具仍可继续切削。

金属陶瓷对连续切削渗碳硬化材料很有效,尽管它不具备PCBN那样的耐磨性,但刀片在大多数情况下会成比例地磨损而不断裂。

在高速硬车削中,应选用具有较高刀尖强度的刀片形状。由于切削力比较大,特别是径向力(圆周力F_r)比主切削力(F_z)还要大,因此,除了刀具应采用负前角外,还应采用比较大的后角。

高速硬切削对刀具几何结构的要求至少体现在以下两方面:

(1) 高速硬切削比普通切削时的刀具前角要稍大一些,以降低切削区温度并在刃口上做出负倒棱。为防止刀尖处热磨损,主、副切削刃连接处应采用修圆刀尖或倒角刀尖,以增大刀尖角,加大刀尖附近刃区切削刃的长度和刀尖材料的体积,以提高刀具刚性和减少切削刃破损的概率。

(2) 为能稳定地断屑和卷屑,刀片上须做出合适的断屑槽形。

镗削淬硬材料需有很大的切削力,因此往往需成倍增加镗杆承受扭力和切向力的能力。采用正前角、小刀尖半径刀片可以减小切削力。在增加切削速度的同时减小切削深度和进给速度,也是减小切削力的办法。

4）高速硬车削的切削参数

高速硬车削的切削参数与所使用的刀具材料、工件材料的硬度有关。从采用的刀具材料来讲,陶瓷刀具的切削速度比较低,一般不超过80m/min,PCBN刀具和超细晶粒硬质合金涂层刀具比较高,在100~200mm/min的范围内。高速硬车削的速度比铣削速度低。这是因为车削是连续切削加工,铣削是断续切削,后者刀片冷却的时间长。

工件材料的硬度也影响切削速度。工件材料硬度越高,其切削速度应越低。切削深度越大,相应的速度也越低。在表面粗糙度要求低时,要选择小切削深度、小进给和高速度。但进给量不能太小,这与普通车削加工的工艺法一致。通常的切削深度和进给量同前面介绍的硬切削参数基本一样,高速硬切削速度为80~200m/min,切削深度为0.1~0.3mm,加工表面粗糙度要求低时可选小的切削深度,但不能太小,要适宜。进给量通常为0.05~0.25mm/r,具体数值视表面粗糙度数值和生产率要求而定。表13-5列出了PCBN刀具硬加工的切削参数。

表13-5 PCBN刀具硬加工切削参数

工件材料	铣削加工		车削加工	
	切削速度(v_c)/(m/min)	进给量f/(mm/z)	切削速度v_c/(m/min)	进给量f/(mm/r)
灰铸铁(180~240HB)	1500	0.25~0.4	1000	0.1~0.4
合金铸铁	380	0.3~0.5	500	0.1~0.4
冷硬铸铁	200	0.10~0.4	100	0.4~0.85
表面硬化钢(56HRC,16MnCr5)	250	0.05~0.2	140	0.1~0.3
轴承钢(61~63HRC,100Cr6)	220	0.05~0.2	180	0.08~0.2
冷作钢(59HRC,X210Cr13)	320	0.050~0.2	130	0.05~0.2
镍硬化钢(60HRC)	220	0.1~0.3	80	0.25~0.4
钨铬钴合金	240	0.1~0.3	250	0.2~0.4
高速钢(64~65HRC)	—	—	130	0.05~~0.2
硬质合金(Co质量分数大于17%)	—	—	30	0.05~0.2

5)监控刀具磨损

观察刀具磨损形式可以了解如何优化切削过程。当采用陶瓷或PCBN刀片进行硬零件车削时,容易发生"月牙洼"磨损,如果磨损过快,就可能需要降低切削速度,或换成PCBN体积分数较高更耐磨的刀片。在硬零件车削中,后刀面磨损也是常见的问题,通常表明需要降低切削速度。如果刀片出现沟槽磨损,通常会发生在切削深度处,减小主偏角,使切屑更薄,可以减少影响。

6)切削液

大多数情况下,高速硬车削不用或不便使用切削液。一方面,硬车削是通过使剪切部分材料变软退火而形成切屑,冷却率过高会降低这种效果,加大机械磨损,缩短刀具寿命;另一方面,高速硬切削所使用的刀具的抗热冲击能力差,在高速下切削,切削液不容易到达切削区,而使刀具温度变化过快,容易使刀具碎裂。所以,采用微量冷却或干式切削是高速硬车削特点之一。

可以采用硬车削代替磨削加工的场合很多,如汽车曲轴加工、轴承加工、淬硬螺纹加工等,以后的应用会越来越多,目前还处于初期阶段。

人们对于高速硬车削代替磨削加工的认识不足,硬车削刀具价格昂贵,缺乏深入的切削机理研究和切削工艺的试验研究等都是制约高速硬车削技术迅速推广应用的不利条件。就目前的应用情况,高速硬车削的加工尺寸精度还达不到磨削的水平,但在一定精度范围内,硬车削具有非常大的优越性,而且随着硬车削技术的提高和普及,采用这种新工艺的加工精度也会逐渐提高。

2. 高速硬铣削

对淬硬钢进行高速铣削是硬切削的另一项先进加工技术,主要应用于淬硬模具的精加工(图13-22)。采用硬铣削技术加工模具,不但使加工周期大为缩短。而且使加工质量得到了可靠的保证,近年来在模具制造业中广泛应用。此工艺基于高速铣削,以小切削深度、高切削速度为特征,它广泛应用于淬火钢模具的加工。硬铣削技术有很多优点,如减小切削力,获得更好的尺寸精度,已加工表面为残余压应力且金相变化小等。在主轴高速旋转下进行硬铣削可获得无铣痕的表面,尺寸精度为4~10μm,表面粗糙度R_a=0.3μm,有效降低对淬硬钢的精磨要求。长期以来，对淬硬模具唯一可以采用的加工手段是电加工，加工效率极低，而高速铣削淬硬钢的生产率可以高出几十倍，从而成为电加工的替代工艺。但对大型模具上具有深而窄的槽、小曲率半径圆弧曲面和倾角等，高速铣削还无能为力，因此高速加工不可能全部替代电加工，但在不久的将来会成为模具加工的主流工艺技术，预计 85% 以上的模具加工工作将被高速加工所承担。高速铣削在模具制造等精密、超精密加工中具有良好的应用前景。

1）高速硬铣削的加工特点

与模具加工中的电火花加工相比，硬铣削具有以下特点：

（1）高效率。硬铣削加工节省了 EDM 电极设计制造所占用的大量时间，且具有较高的材料去除率，加工质量显著提高，大大缩短或消除了钳工的配研修磨时间，使模具加工效率大为提高。

（2）高质量。硬铣削加工模具时，直接将淬硬工具钢一次安装加工成形，有效地避免了零件多次安装造成的装夹误差，提高了零件的几何位置精度。采用高速硬铣削可获得无铣痕的加工表面，使零件表面质量大大提高。

（3）冷却润滑要求低。通常，硬铣削可采用干铣削或使用微量冷却润滑液，无须 EDM 专用工作液循环过滤系统，同时冷却润滑液的处理过程也比 EDM 方便得多。

（4）投资少。硬铣削加工既可以在专用的高速铣床或加工中心上进行，也可以在用高速主轴进行改装的普通数控铣床或普通加工中心上进行。后者不仅可进行硬铣削，而且还具有普通机床的加工能力，减少了设备投资，增加了机床柔性。

2）高速硬铣削机床

（1）高转速。由于采用小直径铣刀和高切削速度，因此机床必须具有高速主轴。例如，模具工业用高速加工中心，要求主轴最高转速达 20000r/min 以上。目前使用的多为 20000～40000r/min，以达到以铣代磨的加工效果。

（2）适当的进给速度。硬铣削加工不需要特别高的进给速度和加速度，但是为了提高加工效率，特别是粗加工时，机床的进给速度还是要高于普通机床。

（3）高刚性。为了获得良好的加工质量，机床必须具有足够高的刚度，以防止切削时刀具发生颤振，避免对加工质量产生不利影响。

（4）良好的刀具夹紧装置和动平衡。

高速硬铣削技术经过多年的发展已经取得了很大进步，在生产中不断得到应用。但是仍有很多问题需要研究解决，它也不能完全代替磨削和 EDM 加工，比如，在工件材料硬度超过 65HRC 时，目前还不能采用硬铣削。另外，刀具寿命也是一个需要继续探索的问题，切削加工的稳定性目前也没有达到令人满意的程度。

3）高速硬铣削的刀具

（1）硬铣削刀具材料的选择。目前，用于硬铣削的刀具材料主要有 PCBN、陶瓷、超细晶粒硬质合金和涂层硬质合金等。例如，在进给量为 0.15mm/r，切削深度为 0.5mm 以下时，按照切削加工条件推荐铣削淬硬钢的黛杰公司刀具材料如图 13－23 所示。

图 13－22　高速精加工的模具

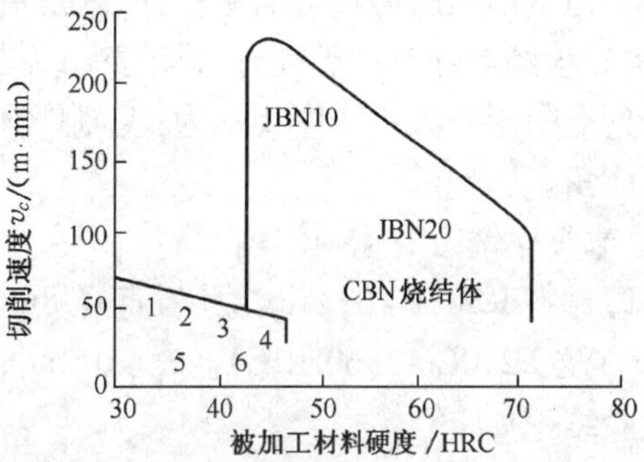

图 13－23　不同切削条件下刀具材料的选择

1—KT9；2—LN10；3—CR1；4—NIT；
5—硬质合金；6—金属陶瓷。

(2) 铣刀直径选择。试验研究表明,加工淬硬钢无论用球头铣刀还是圆柱铣刀在加工三维曲面时,刀具直径越小,其纵向可能发生的干涉越小。因此,选择刀具直径时:对于具有外凸形纵向轮廓曲面的工件,应根据其工件结构、铣刀强度、刚度及加工效率综合考虑;对于内凹形纵向轮廓面的工件,铣刀最大半径应小于或等于纵向内凹轮廓处的最小曲率半径。

(3) 刀片的安全固定。在为获得精确平面而采用高速切削的情况下,能否放心使用可转位刀具取决于可转位刀片是否安全固定。

在切削力和离心力的作用下,必须保证刀片绝对没有松动;更换刀片后可转位刀片的位置必须一致;在大量切屑产生时切屑流能得到优化控制等。

带有圆弧状螺钉沉孔的可转位刀片及螺钉上花形内六角的结构,保证了在非常高的转速下也能可靠夹紧。

4) 切削用量的选择

工件材料的切削加工性、刀具材料的耐磨性等,都对切削用量的选择产生直接影响。工件材料越硬,强度越高,切削速度应越低。

对于不同的刀具材料,应选择相应的切削速度。陶瓷刀具的切削速度比较低,一般不超过100m/min。PCBN刀具和超细晶粒硬质合金涂层刀具的切削速度比较高,可达400m/min。硬铣削的切削速度宜为100~200m/min。根据工件硬度和刀具材料推荐的切削速度值如图13-23所示。切削深度一般取0.1~0.4mm,进给量取0.1~0.2mm/r为宜。使用JBN300刀具铣削不同材质的淬硬钢时,在冷却润滑液连续供应的条件下,其推荐切削用量见表13-6。精铣时,为了获得更高的精度和表面质量,可选用较高的切削速度和较小的进给量。

表13-6 PCBN JBN300刀具加工淬硬钢的切削用量

被加工材料及硬度	v_c(m·min^{-1})	f/(mm·r^{-1})	a_p/mm
结构钢渗碳淬火(55~65HRC)	100~200	0.05~0.30	0.1~0.5
结构钢渗碳淬火(45~55HRC)	150~200	0.05~0.30	0.1~0.5
工具钢淬火(55~65HRC)	100~120	0.05~0.20	0.1~0.5

3. 高速硬铣削试验

硬铣削技术有很多的优点,如减小切削力、获得更好的尺寸精度、已加工表面为残余压应力且金相变化小等。硬铣削也有一个很大的缺点,即刀具寿命非常短。如加工硬度大于45HRC的淬硬钢,铣削试验考察因素:工件材料硬度(52HRC和62HRC)、螺旋角(30°和50°)、铣削方式(顺铣和逆铣)和冷却润滑(干铣和微量润滑)。

1) 平头立铣刀高速硬切削

铣刀材料K30,直径8mm,工件材料淬硬钢AISI4340和AISID2。

较大的负前角时刀具寿命更长,原因是负前角的增加使切削刃的强度更好,因而能够承受更大的力而不崩刃;螺旋角的增加有助于提升刀具寿命;刀具的陶瓷涂层可有效地提高刀具寿命。试验中考察的参数,按照对刀具寿命影响大小降序排列为:①刀具涂层及工件材料特性(硬度+显微结构);②切削参数和螺旋角;③刀具前角。

2) 球头立铣刀高速硬切削

铣刀材料K30,PVDTiAlN涂层,直径8mm球头,径向前角-5°,后角6°,4齿,工件材料淬硬钢AISID2(63HRC)及X210Cr12(60HRC)。a_p=0.3mm,f_z=0.08mm/z,顺铣,刀具磨损带最大宽度0.2mm。

试验结论如下:

(1) 工件材料的微结构以及硬度对刀具寿命影响很大。工件材料和主轴转速是对刀具寿命影响最大的两个因素,其中前者的影响程度是后者的3.5倍。

(2) 刀具的涂层是最重要的影响因素,TiAlN涂层将显著改善刀具寿命;相对前角而言,刀具螺旋角对刀具寿命影响更大。

(3) 铣削方式是影响刀具寿命的极为重要的因素,顺铣比逆铣有助于延长刀具寿命;使用浇注切削液作为冷却润滑方式并不合适,应用微量润滑有利于延长刀具寿命,但是不像铣削方式对刀具寿命影响那样显著。

(4)在切削参数中,切削速度、进给量和径向切削深度对刀具寿命的影响依次减小。低的切削速度和小的进给量有利于延长刀具寿命,但也使材料去除率降低。

(5) 在硬铣削中,硬质合金刀具的主要磨损形式有崩刃、黏结磨损、扩散以及氧化磨损。最严重的磨损发生在刃口处以及后刀面附近。相对于顺铣,逆铣更容易发生粘结现象。相对于微量润滑铣削,干铣削加速了刀具的崩刃。

(6) 切削速度的提高加剧了黏结磨损,并且还导致了氧化磨损;进给量的提高使得刀具磨损的形式由黏结变为崩刃。

(7) 铣削方式是影响表面粗糙度的极其重要的因素。顺铣时工作侧表面粗糙度值低于逆铣。微量润滑的应用也能轻微降低侧表面粗糙度值。径向切削深度和切削速度是影响底面粗糙度的主要因素,而进给量对底面粗糙度的影响很少。

(8) 在球头端铣中,工件倾斜角度是极其重要的影响因素。倾斜角度大,已加工表面质量好,因为可避免刀具利用其中心部分切削。在球头端铣中,大的径向切削深度降低了表面质量。

13.2 干式切削

在传统的切削加工中,湿式切削中的切削液占有重要的地位,因为它对冷却、润滑、清洗以及断屑与排屑起到了很好的作用;具有降低切削力和改善工件表面质量等功效,是大多数加工过程不可缺少的工艺要素之一。但湿切削也存在着许多弊端,切削液的使用、存储、保洁和处理等都十分繁琐,且成本很高,以及切削液对环境和操作者身体健康会造成危害等。美国环境保护局(EPA)规定,要求空气中有害物质的允许含量由原来的 $5.0mg/m^3$ 下降到 $0.5mg/m^3$,且空气中的有害物质允许的颗粒直径大小由原来的 10μm 下降至 2.5μm。要达到这样的标准,需要高精度的切削液过滤装置、空气净化设备等,所化费用是相当可观的,就这一个缺点已给使用切削液带来了极大的挑战。例如,维持一个大型的切削液系统需花费很多资金,同时需要定期添加防腐剂,更换切削液等,因而增加了许多费用,其费用比例已占总生产成本的 15%~17%,而刀具成本通常只占总成本的 2%~5%(图 13-24)。加之由于切削液中的有害物质,对工人的健康造成危害,造成环境污染等。所以,它的使用带来了越来越多的问题。针对切削液的环境污染,各国都制定了相关的法律。我国 GB 8978—1996《污水综合排放标准》规定了工业污水排放的标准,这是制造业所必须遵循的可持续发展的标准。所谓绿色加工工艺,就是要在满足加工质量、加工效率和加工成本要求的条件下,把对环境的负面影响减至最小和使资源(能源、物料)利用率达到最高的工艺。

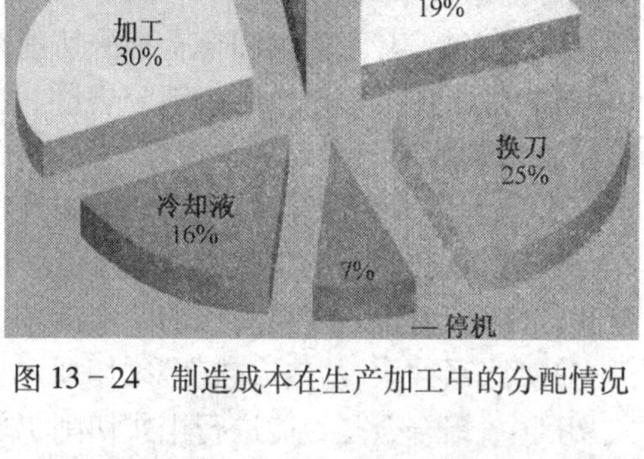

图 13-24　制造成本在生产加工中的分配情况

干式切削加工正是基于经济和环境两方面的考虑。

13.2.1　干式切削特点

干式切削是指在切削加工过程中,不使用任何液体冷却润滑介质的切削加工方法。主要包括两种:一是不使用任何冷却润滑介质的纯干式切削;二是单纯以气体射流为冷却润滑介质的干式切削,也称为风冷切削,气体介质包括空气、氧气、氮气、氩气、二氧化碳等

干式切削加工由于不用切削液,完全消除了切削液导致的一系列负面效应。与湿式切削相比,干式切削具有以下特点:

(1) 形成的切屑干净、清洁、无污染,易于回收和处理。

(2) 省去了与切削液有关的采购、保管、传输、过滤、回收等装置及费用，简化了生产系统，节约了生产成本。

(3) 节省了与切削液处理有关的费用。

(4) 不产生环境污染及与切削液有关的安全和质量事故。

与相同条件下的湿式切削加工相比，干式切削也有如下不足：

(1)直接的加工能耗(加工变形能和摩擦能耗)增大，切削温度增高。

(2)刀具—切屑接触区的摩擦状及磨损机理发生改变，刀具磨损加快。

(3)切屑因较高的热塑性而难以折断和控制，切屑的收集和排除较为困难。

(4)加工表面质量易于恶化等。

对于多数金属切削加工，干式切削可以是“标准加工环境”。在高速下干车、干铣淬硬材料不仅可能，而且更经济。关键是要知道如何正确地选择刀具、机床和切削方法。新的硬质合金牌号特别是那些涂层牌号，在高速、高温的情况下不用切削液，切削效率更高。事实上，对于间断切削，切削区温度越高，越不适合用切削液。

干式切削并非简单地停止使用切削液就能实现。在干式切削时，由于缺少切削液的冷却润滑及辅助排屑与断屑等作用，切削区的温度会急剧增加，刀具磨损加快，加工质量容易恶化。要使干式切削达到或超过湿式切削时的加工质量和刀具耐用度，就必须对包括刀具、机床、工件在内的整个工艺系统及加工方式与切削参数等多方面进行全面的考虑，并采取相应措施，减少或消除干式切削的上述不利影响。

干式切削已成为目前绿色制造工艺研究的一个热点，并已在车、铣、钻、铰、镗削等加工中得到了成功应用。

干式切削技术，就是要在没有切削液的条件下创造与湿式切削相同或近似的切削条件，这涉及刀具、机床、工件、加工方式与切削参数等多方面技术。

13.2.2 干式切削的适用性

干式切削有成本和环保的优势，但也有一定的使用范围，这与被加工的工件材料，加工方式和加工要求有关。

1. 干式切削与工件材料

由于干式切削时产生大量切削热，容易造成工件热变形，影响加工精度，因此，工件材质的特性是决定该材料是否适宜干式切削的重要因素。如熔点、热导率和热膨胀系数较小的材料适合干式切削，大质量工件比小质量工件适合干式切削。

对于大多数铸铁、碳钢和合金钢的切削来说，切削液是多余的。这些材料加工起来相对容易，热传导性好，切屑会带走加工中产生的大部分热量。也有一些例外，例如，低碳钢，当含碳量下降时，其黏性很大，这些合金需要切削液来润滑以防止熔焊。

当加工大多数铝合金时，因为切削温度相对较低，可以不使用切削液。这些材料在加工中若发生切屑熔焊，大的正前角和锋利的切削刃通常可以解决这个问题。当高速切削铝合金时，仅用简单的压缩空气不能进行理想的断屑和排屑，需要高压的切削液。也有观点认为，铝合金热导率高，加工过程中容易吸收大量的切削热，热膨胀系数大，易造成热变形、切屑和刀具之间的“冷焊”或粘结，影响工件的加工精度。因此在普通干式切削中，铝合金是否能进行干式切削仍然存在争议。但在高速干式切削中，95%左右的切削热都传给切屑，切屑在刀具前刀面的接触界面上会被局部熔化，形成一层极薄的液态薄膜，因而切屑很容易在瞬间被切离工件，大大减小了切削力和产生积屑瘤的可能性，工件可以保持常温状态。这样既提高了生产效率，又改善了铝合金工件的加工精度和表面质量。

干式切削不锈钢较为困难，过高的切削热能使马氏体不锈钢过度回火。对于很多奥氏体不锈钢，由于热导率往往很低，所以热量由切削区域到切屑的传递不好，于是切削刃过热，刀具寿命缩短。因此，大多场合下在切削不锈钢的过程中使用切削液是必要的，而且由于许多不锈钢都是黏性的，这就意味着它们有沿切削刃方向产生积屑瘤的倾向，从而导致较低的表面粗糙度。

难加工材料如高温合金、反应烧结氮化硅（RBSN）等的切削加工一般都需要切削液，尤其是切削镍基和钴基高温合金时，产生极高的温度，需要切削液来带走热量。同时，切削液的润滑能力还能减少产生的热量。除了选好刀具以外，还应增加一些工艺辅助措施，才能保证干式切削顺利进行。

钛合金是黏性的，热导率低，某些合金闪点很低，因此，切屑不能把热量带走，工件变热足以被点燃。镁的应用正在日益扩大，干式切削加工镁是一个趋势；镁合金切削容易，但也容易燃烧。切削液通过润滑切削刃，冲走切屑和冷却工件来防止产生这个问题。切削液要发挥足够的冷却、润滑和排屑作用，应保证一定的压力（通常为 27.58~48.26MPa）。

粉末冶金材料存在多孔性以及微观组织中存在硬质相的特性，切削加工也需要切削液来产生薄薄的一层膜作为润滑剂。

一些难加工材料、钛合金、超级舍金、反应烧结氮化硅（nBSN）等进行干式切削时，除了选好刀具以外，还应增加一些工艺辅助措施，才能保证干式切削顺利进行。

另外，在某些特殊的应用中，例如医学植入领域中为髋部植人体球形关节，切削液可能弄脏零件或产生污染，因此，切削加工球形关节时切削液是绝对不允许使用的。还有，核岛驱动棒，因其材料和功能的特殊性，对切削液有特殊的限制。

2. 干式切削与加工方式

在铣削时，即使切削液能克服高速旋转铣刀引起的离心力，那么它在到达切削区之前也就已经蒸发了，它的冷却效果是很小的甚至没有，反而在当刀片切入切出时产生先天的剧烈的温度波动。随着刀具的旋转，当刀片切出时冷却，然后在切入时再一次被加热。虽然在干式加工时也发生加热和冷却循环，但是当有切削液时温度波动更大。跟着发生的热冲击会在刀片上产生应力并会过早地破裂。

类似的情况在高速硬车削中也会出现，例如用涂层硬质合金，在速度高于 180m/min 时，车削淬硬钢，切削产生高热，刀尖切入迅速变成“红月”，然后暴露在切削液中，就像材料淬火一样，反复地承受热冲击的损害。这种热冲击加快了“月牙洼”磨损和后面磨损，以及涂层剥落，从而大大地缩短刀具寿命。对于大多数高速硬车削加工，干式切削通常能延长刀具寿命。

然而，对于钻削则是另一种情况。钻削时切削液是必要的，因为它提供了润滑和从孔中冲出切屑。没有切削液，切屑可能堵在孔内，并且表面粗糙度平均值可能达到湿钻时的 2 倍。在这种情况下，切屑液也能减少所需的机床扭矩，因为钻头边缘上与孔壁接触的点得到润滑。尽管涂层钻头也能够起到类似切削液的润滑效果，涂层还能减少切削力并能使摩擦阻力趋向最小，从总的效果来看，目前还不能完全代替切削液。用哪种型号的切削液要根据具体情况，润滑性切削液用于低速加工、难加工材料以及表面粗糙度要求较高时比较好。而冷却能力较高的切削液，可以增强易切削材料高速加工性能，可以用于有产生积屑瘤倾向或有严格的尺寸公差的情况下。而对内孔表面粗糙度值较高的零件加工，可采用干式切削。

镗削加工中，在相同加工条件下，作用在镗刀上的切削力和力矩大小，所获内孔表面粗糙度与是否加注切削液几乎没有关系。对镗削加工中的试件内孔分时段在不同轴向和径向位置上进行切削温度测量，并根据所受切削温度进行有限元分析。结果表明，不加注切削液可使试件内孔不同位置的切削温度上升，将使加工内孔的尺寸变大，所以对内孔尺寸精度要求高的零件加工，面临着是否加注切削液的问题，目前还没有明确的结论。

在断续切削时，切削区温度越高，切削液越变得不合适。原因在于切削区的温度通常超过 1000℃，尤其是在高速切削和硬切削时。使刀具产生不规则的热交替变化，产生热应力使刀具产生裂纹，进而引起刀具破损。跟着发生冲击会在刀片上产生应力并会过早地破裂，极大地降低刀具的使用寿命。

对于封闭式的切削加工影响更大，一般有切削液可以且又得更好的效果，攻螺纹加工时的切削试验也充分证明了这一点，还有深孔加工、拉削、锯削等。

干式切削加工加工方法与工件材料的组合见表 13－7。

13.2.3　金属切削层的软化理论

干式切削机理的一个主要方面是金属的软化效应。若干式切削时工件材料的硬度不高，切削速度为一

表 13－7　干式切削加工方法与工件材料的组合

加工方法 工件材料	车削	铣削	铰削	攻螺纹	钻孔
铸铁	—	—	—	—	—
钢	—	—	●	●	—
铝合金	—	—	—	●	—
超硬合金	●	●	●	●	●
复合材料	—	—	—	—	—
注:●表示难于进行干式切削					

般切削速度,刀具并非是超硬刀具材料,则从理论上分析,此时的金属软化效应并不明显。若此时采用超硬材料刀具并具有负倒棱时,负倒棱增强了切削刃强度,避免了刀具早期磨损,延长了刀具寿命。但从另一个角度看,负倒棱加剧了切屑变形,增加了切削热,使切削温度上升,导致刀具热磨损,又会降低了刀具寿命。要确定这两方面作用的结果哪一个起主要作用,便涉及工件材料、刀具材料、切削要素等工艺系统各因素共同作用的结果。因此,干式切削在金属软化效应机理前提下,根据不同工艺条件有个传统金属切削机理向金属软化切削机理的过渡区。在这个过渡区的切削机理要根据具体工艺条件进行具体分析。

干式切削刀具一般都采用负倒棱保护刃口,虽然与传统切削一样选用硬度远高于所加工工件材料硬度的刀具进行切削,但由于切削过程的特点不同,传统的金属切削理论已不能完全适用于干式切削过程的分析。干式切削随着切削速度等参数的提高、被加工工件材料硬度的提高、超硬刀具材料的使用,其切削过程中由于不使用切削液,刀具与被切削工件材料之间摩擦加剧,故使切削力增大,切削热大量产生,切削温度急剧升高,刀具寿命下降。但与此同时,由于采用超硬刀具,刀具的耐热性高,金属在高温下产生了软化效应,致使工件金属材料的抗剪强度、抗拉强度下降,并在前刀面形成一薄层保护膜,使切削力降低,刀具寿命反而提高。图 13－9 示出了干式硬切削温度和工件硬度变化之间的金属软化效应。

13.2.4　干式切削的刀具[69-75]

干式切削加工刀具必须具备以下条件:

(1) 优良的热硬性和耐磨性。干式切削的切削温度一般都比湿式切削时高得多,要实现干式切削,必须要求刀具材料有高的耐热性能(热硬性)和耐磨性能。陶瓷、金属陶瓷等刀具材料的硬度在高温下很少降低,因此,很适合一般目的干式切削。目前 PCBN、PCD 等超硬刀具材料已广泛用于干式切削之中。

(2) 较低的摩擦系数。降低刀具与切屑、刀具与工件表面之间的摩擦系数在一定程度上可替代切削液的润滑作用,抑制切削温度的上升。在这方面最好的办法就是对刀具表面进行涂层。涂层分两大类:一类是硬涂层,即在表面上涂 TiN、TiC、Al_2O_3等,这类刀具涂层硬度高,耐磨性好;另一类是软涂层,如硫族化合物 MoS_2或 WS 等减摩涂层。这类涂层刀具也称"自润滑刀具"。这种软涂层与工件材料的摩擦系数很小,只有 0.1 左右,可有效地减小切削力,降低切削温度。涂层技术是干式切削成功应用的一项关键技术。

(3) 较高的强度和耐冲击性能。干式切削时切削力比湿式切削时要大,并且干式切削的切削条件差,故刀具应具有较高的强度和耐冲击性能。

(4) 具有合理的结构和几何角度。合理的刀具结构和几何角度不但可以降低切削力,抑制积屑瘤的产生,降低切削温度,而且还有断屑或控制切屑液方向的功能。刀具形状要保证排屑流畅,易于散热。

干式切削由于不用切削液,因而不可避免地会使加工中产生的热量增加,导致切削温度升高,排屑不畅,刀具寿命变短,生产效率降低,加工表面质量变差。只有克服这些不利因素,才能使干式切削具有湿式切削的同样效果,从而使干式切削得到成功应用。与湿式切削相比,干式切削刀具的工作条件更为恶劣,对刀具的要求也就更严格,图 13－25 为干式切削对刀具的要求。

1. 干式切削刀具材料

刀具在干式切削加工过程中要承受很大的压力,同时由于切削时产生的金属塑性变形以及在无切削液

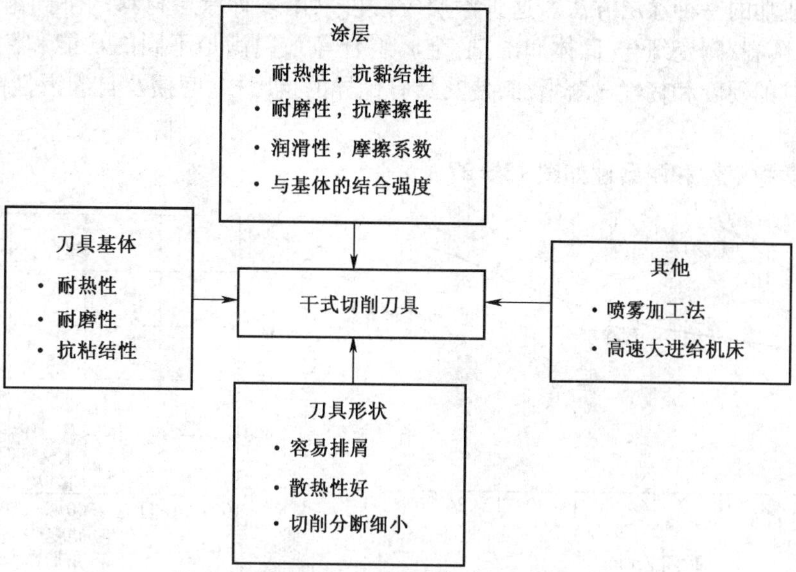

图 13－25　干式切削对刀具的要求

的情况下刀具、切屑、工件相互接触表面间将产生更强烈的摩擦，使刀具切削刃上产生极高的温度和受到很大的应力。在这样的条件下，刀具将迅速磨损或破损，因此干式切削刀具材料应具备更高的热硬性、良好的耐热冲击性和抗黏结性。常用的有高韧性和高硬度兼备的涂层细晶粒硬质合金、涂层硬质合金、陶瓷及金属陶瓷、PCBN 和 PCD 等。

1）涂层硬质合金

涂层通过抑制从切削区到刀片（刀具）的热传导来减缓温度的冲击。涂层的作用就像一层热屏障，因为它有比刀具基体和工件材料低得多的导热率。因此，这些刀具吸收的热量较少，能承受较高的切削温度。图 13－26 为涂层和非涂层硬质合金寿命的比较。无论是干式车削还是干式铣削，涂层刀具都允许采用更高效的切削参数，而不会降低刀具寿命。涂层厚度在 2～18μm 之间，它在刀具性能方面起着重要的作用。较薄的涂层比厚的涂层在冲击切削时经受温度变化的性能要好，这是因为较薄的涂层应力较小，不易产生裂纹。在快速冷却和加热时，厚的涂层容易剥离。用薄涂层刀片进行干式切削可以延长刀具寿命高达 40%，这就是物理涂层常用来涂圆形刀具和铣刀片的原因。PVD 涂层往往涂得比化学涂层要薄。

在高速干式切削的情况下，目前较好的 PVD 涂层是氮铝钛（TiAlN），其性能在高温连续切削时优于氮化钛 4 倍，如用于高速车削 TiAlN 涂层对于处在较高的热应力条件下的刀具也胜过其他涂层。像干式铣削及那些小直径孔的深孔钻削切削液难以到达的部位。TiAlN 在切削温度下比 TiN 更硬，且具有更好的热稳定性，PVD 涂层利用了它的抗化学磨损性能，其硬度高达 3500HV，耐氧化温度高达 800℃。材料科学家推测：这些性质可归功于非结晶的氧化铝薄膜，它是当高温时涂层表面中的一些铝氧化后，在切屑-刀具界面上形成的。

TiAlN 超薄多层 PVD 涂层也能很好地用于干式切削。这种 TiAlN 在沉积过程产生的涂层由上百层组成，每一层仅有几纳米厚。而一般的 PVD 涂层的沉积物只有几层微米级厚度的涂层。

尽管 PVD 涂层有很多优点，但是 CVD 涂层仍然得到广泛应用。在 CVD 工艺过程中，沉积温度比较高，有助于提高结合强度，并且通常采用表面为富钴层的基体，这样切削刃的韧性好，提高抗崩刃的能力。由于 CVD 涂层比 PVD 涂层厚，就要求在它们的刃口处进行钝化，以防止涂层剥落，同时也能有助于提高刀具的抗磨损性能，允许采用更高的进给量。

Al_2O_3是一种主要的 CVD 涂层材料，它在高速切削时还能保护基体，是最好的抗磨料磨损和“月牙洼”磨损的涂层。随着温度升高其热导率降低，这种特性在切削加工中可阻碍切削热传到刀具的切削刃，防止切削刃受热发生塑性变形所导致突然失效，很适合干式切削，主要用于在干切时使用的硬质合金车刀。

PVD 的 Al_2O_3涂层同样具有良好的热硬性和化学稳定性。

纳米涂层是较成功的一种涂层方法。这种涂层方法可采用多种涂层材料的不同组合(如金属/金属组合、金属/陶瓷组合、陶瓷/陶瓷组合、固体润滑剂/金属组合等),以满足不同的功能和性能要求。设计合理的纳米涂层可使刀具的硬度和韧性显著增加,使其具有优异的抗摩擦、磨损及自润滑性能,十分适合用于干式切削。

各种涂层的化学稳定性和耐磨性如图 13-27 所示。

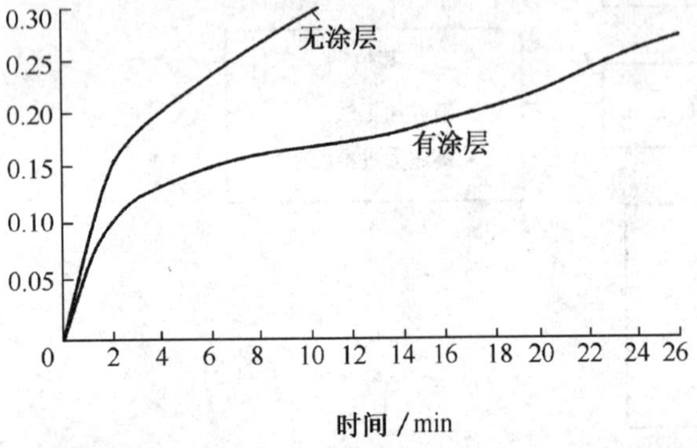

图 13-26　涂层刀具干式切削的耐磨性比较

工件材料 45 钢,$v_c=250$m/min,$f=0.2$mm/r,$a_p=2.0$mm。

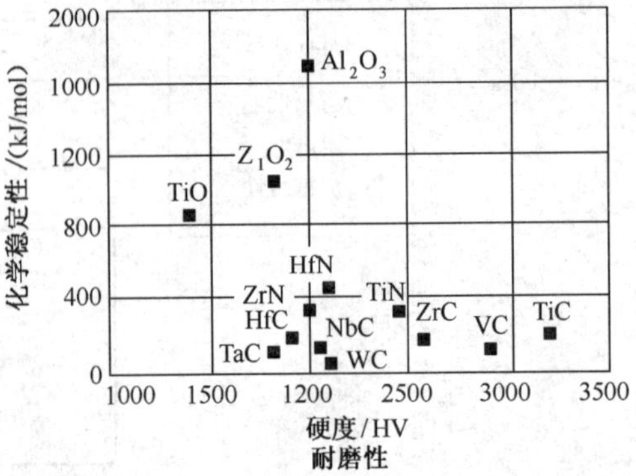

图 13-27　涂层化学稳定性和耐磨性

在干式切削像铝合金这样的塑性材料时,在切削刃上易形成积屑瘤。目前,在金刚石涂层的硬质合金刀具上再涂上滑动和润滑性好的 WC/C 涂层后,可明显减少积屑瘤的形成。为减少切削过程中的摩擦与黏附,往往又在硬涂层之上再加 MoS_2、WC/C 之类起润滑作用的软涂层,使其硬涂层硬度高、热稳定性好和软涂层摩擦系数低、自润滑性好的优点于一身。

2）金属陶瓷

金属陶瓷好的高温硬度来自其钛化合物。金属陶瓷是硬质合金的一种,金属陶瓷比常规硬质合金能承受更高的切削温度,但是缺乏硬质合金的耐冲击性,比起涂层和非涂层硬质合金,对断裂和进给引起的压力更加敏感。因此,它最好用于高精度工件和表面质量要求较高的场合。理想的加工工序是切削那些连续的表面,不具有中型到重型加工时的韧性以及在低速大进给时的强度。金属陶瓷在小的和不变的负荷时,也像常规硬质合金那样,有差不多的切削刃强度。但是它在高切削速度下的耐高温和耐磨性能更好,持续时间更长,加工的工件表面更光洁。当用于加工软的和黏性的材料时,它也有较好的抗积屑瘤性能,表面质量很好。但受其金属型黏结剂的温度局限性,典型的金属陶瓷在干式切削加工的材料硬度超过 40HRC 时,不具备足够高的热硬性。

3）陶瓷

陶瓷具有硬度高、化学稳定性和抗黏结性好、摩擦系数低等优点,是价格相对便宜的干式切削刀具材料。陶瓷刀具比硬质合金有更高的化学稳定性,可在高的切削速度下进行加工,并持续较长的时间,特别适合干式切削。纯氧化铝可以耐非常高的温度,但是它的强度和韧性很低,工作条件如果不好,容易破碎。为了减低陶瓷对破碎的敏感性,改善其韧性,提高耐冲击性能,可加入氧化锆或碳化钛与氮化钛的混合物。尽管加入了这些添加剂,但是陶瓷的韧性比硬质合金还是低得多。另一个提高氧化铝陶瓷韧性的方法是在材料中加入碳化硅晶须,通过这些特殊的平均起来仅有 1nm 直径、20μm 长很结实的晶须,相当程度地增加了陶瓷的韧性、强度和抗热冲击性能。在组成上,晶须可高达 30%。

像氧化铝一样,氮化硅陶瓷比硬质合金有更高的热硬性。其耐高温与机械冲击的性能也较好。与氧化铝陶瓷相比,其缺点是在加工钢时化学稳定性不好。用氮化硅陶瓷可在 400m/min 或更高的速度下干式切削灰铸铁。Si_3N_4基陶瓷刀片适合干式切削灰铸铁和球墨铸铁,Al_2O_3基陶瓷刀片适合干式切削淬硬钢和冷硬铸铁。

4）PCBN

PCBN 的硬度和耐磨性仅次于金刚石,有优良的热硬性、化学稳定性和低摩擦系数,就热硬性和热稳定性来说,PCBN 材料是最适合干切工艺的刀具材料。

在干式车削淬硬工件的情况下,由于 PCBN 刀具可以加工出 $Ra<0.4\mu m$ 的表面质量,并能控制 $5\mu m$ 的精度,因此常用它取代磨削工序。PCBN 刀具很适合淬硬车削和高速铣削加工。CBN 具有低的热导率和高的压缩强度,经受得了由于高切削速度和负前角产生的切削热。在切削区内由于较高的温度使工件材料软化,有助于切屑的形成。负的几何角度加强了刀具,稳定了切削刃,改善了刀具寿命和允许在小于 0.1mm 的小切削深度下进行加工。

5) PCD

PCD 刀具具有硬度高、抗压强度高、导热性及耐磨性好等特性,比较适用于干式切削铜、铝及铝合金工件。PCD 最突出的是在加工耐磨高硅铝合金时,锋利的切削刃和大正前角对高效地剪切这种材料和切削力最小化以及抑制积屑瘤来说是关键的。在加工耐磨非铁金属材料时表现出化学稳定性高和耐磨性好的优点。

应用能抗高温的刀具材料可以很好地进行干式切削,并获得很高的切削效率。各种刀具材料的高温硬度如图 13-28 所示。例如干式切削铸铁,热量使切削区的材料成为可塑体,这样就降低了切削区工件材料的强度。其结果是,比普通粗加工金属切除率增加 3 倍。因为进给速度很高,刀具对金属材料切除得非常快,以至大量的热量停留在切屑中,没有时间传到工件和使它变形。尽管切削温度很高,工件温升却很小,比起在常规用量下切削所得到的工件精度也要高。

2. 干式切削刀具结构和几何参数

在干式切削加工中,常规的刀具不能适应干式切削,必须优化刀具几何参数,以减少加工中刀具与切屑间的摩擦和强化切削刃。干式切削刀具合理的几何结构主要体现在低切削热和高的强度两个方面,其设计方法可以考虑:

(1) 基于自由切削的原理,设计刀具切削部分的几何形状,以减少由于流屑干涉引起的切削能耗。

(2) 提高刃、尖部的瞬间受热能力,尽量增大刀具切削部分单位表面积所包含的材料体积。

(3) 尽量延缓"月牙洼"对切削刃的损害,如优化前角,改善前刀面状态。

(4) 提高刀具抗冲击和抗热振能力,如改善切削刃及刀尖的切入状态,增大负刃倾角。

(5) 提高对强韧性切屑的断屑能力,如加大切屑在前刀面断屑台上的变形量和增加断屑台的个数。

(6) 干式切削刀具的结构要保证排屑方便快捷,以减少热量堆积。为了保证工件加工质量和刀具具有一定的寿命,要求传入其中热量尽可能少,这样在产生相同热量的情况下,切屑必须带走更多的热量。这就需要刀具必须能够快速排出切屑,即以尽可能高的金属切除率进行加工,这样可使刀具和工件之间的接触时间最短,传入工件和刀具的热量就会大幅度减少。

(7) 干式切削刀具安装要安全可靠。干式切削通常是在高速加工状态下进行的,要求刀片在刀体上定位夹紧牢固、安全、刀具与机床连接可靠,因此,必须对刀体、刀片和刀具与机床的连接进行特殊结构设计,以保证刀具在高速回转时能正常工作。

有效散热是实现干式切削要解决的主要问题,优化刀具几何形状时应满足:①减小刀具和工件的接触面积。如图 13-21(a)所示的普通车削刀片,当切屑流过刀片前刀面时,由于接触面积大,传入刀具的热量多,从而产生"月牙洼"磨损,降低刀具寿命,若采用图 13-21(b)所示的刀片,前刀面上有加强棱,刀具与切屑的接触面积大大减少,绝大部分热量被切屑带走,切削温度可降低约 400℃。②为防治和阻断积屑瘤的产生,要在可能形成积屑瘤的表面有最充分的润滑。干式切削刀具多以"月牙洼"磨损为主要失效形式,所以干式切削刀具多采用较大的前角,以减少切屑与前刀面的接触面积。为弥补大前角对刃口强度的削弱,常配以加强刃甚至前刀面上带有加强肋。刀片前刀面上设置加强棱(图 13-21),可以在接触区形成鳞状切削面,刀具与切屑的接触面积大大减小,绝大部分热量被切屑带走,切削温度比普通刀片大大降低,同时也增大了剪切角,使刀具寿命显著提高。刀具的槽形轮廓也需考虑"低切削温度"设计原则,并对刀体表面镀层减摩处理。图 13-29 为一种改进型的钻头,加大了螺旋排屑槽 20% 的排屑空间,钻体用硬镍镀层,硬度高达 55HRC,摩擦系数小,耐磨性好,保证低摩擦切削屑的流动以减少加工中刀具与切屑间的摩擦,使排屑方便快捷,减少热量堆积。

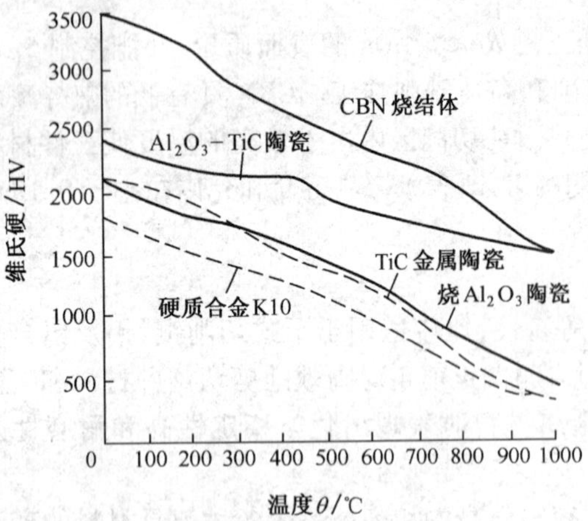

图 13-28 刀具材料的高温硬度

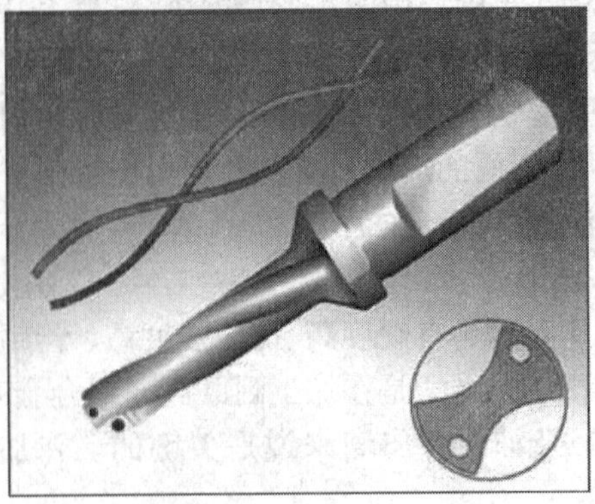

图 13-29 刀体硬镀层,大排屑槽的浅孔钻

刀片的形状对性能也有影响,如刀尖角就明显地影响切削区的热量控制。刀尖角大,刀片的热容量就大,但切削力也大,切削热也会增加;刀尖越小,刀具的体积也就越小,从切削区传出的热量也就越小,只有当加工材料依靠切削热,使零件局部软化以促进切削作用时,刀具传出热量少(如采用小刀尖角)才是有利的。

设计这种刀具的一个重要部分是切削刃的截形,它使得切削力偏离刀片刃口改变方向到它的基体。3个这样的刃口修磨是恰当的:负倒棱、钝圆、钝圆加负倒棱。负倒棱像切削刃的一个倒角状的平面,它取代薄弱锋利的刀尖。这里刀具设计人员的目标是合理的带宽和角度,因为宽度和角度增大后刀片得到强化但也增加了切削力。钝圆用于钝化锋利的切削刃,虽然它们不提供像负倒棱相同的抗微崩保护作用,但钝圆对由超硬材料制作的小切削深度、小进给以保持最小切削力的精加工刀片很有效。钝圆也能强化前、后刀面相交处负倒棱的作用。当用陶瓷粗车钢件发生微崩时,钝圆能释放该处的应力、强化刀片而不必加宽负倒棱。

除了指定针对某个加工的最佳刃口修磨,刀具设计人员也必须优化切削角度并能排屑。通过加大后角降低切削力让刀具上的应力减少并降低切削区的温度。正前角的数值尽可能大,靠更轻快的剪切作用也可减少切削力,并加宽卷屑槽空间靠加大排除路径帮助切屑排出,特别是在钻削和螺纹加工时。在加工韧性材料时,需根据工件材料和切削用量设计断屑槽。在车削加工中,综合不同的刀具材料和不同的切削用量,设计相应的通用断屑槽,提高对切屑流向的控制和断屑能力。在封闭的空间进行干式切削时(如钻削、螺纹加工等),应加大容屑槽和刀具的倒锥,避免由于切屑排出不畅而使刀具卡死、损坏等。总之,干式切削刀具的结构设计必须着重考虑断屑和排屑的问题。

合理的刀具结构和几何参数与刀具材料相适应,如对于陶瓷刀具,由于脆性较大,因此,可以选用T形或双T形棱面,或者研磨,或几种方法组合。如美国Valenite公司推荐将30°×0.5mm T形棱面用于Al_2O_3+TiC刀片,干式加工淬硬钢,并尽量采用大余偏角。根据不同刀片几何形状,半精车时刀具余偏角为5°~30°,常用刀片几何形状正方形、三角形、80°菱形。

对PCBN刀具,倒棱太大,加工淬硬钢时,刀具与工件接触处产生高温使刃口很快磨损。因此,一般不采用大倒棱,刃口可采用斜面或倒圆及负前角,尽可能大余偏角。建议取值范围为(15°~25°)×0.25mm的T形倒棱,再进行0.01~0.03mm研磨。

刀片形状及几何参数的合理确定,对充分发挥刀具切削性能非常重要。应尽可能选用强度高的刀片形状、可靠的刀片夹紧方式。刀体质量的分布应调整合理,使得刀体膨胀均匀。对几何参数而言,干式切削尤其在硬切削中,应选择尽可能大的刀尖圆弧半径。值得指出的是,刀具结构、刀具几何参数的设计与刀具材料、被加工工件材料、切削工艺参数、机床条件等因素有关,使用者需经过一定的工艺试验研究后选用,才能取得用于生产实际的优化值。干式切削的刀具设计应考虑几何参数、刀具材料和涂层之间的相互兼顾,不可能仅仅通过选择合理的刀具材料,或者只用涂层方法使传统的刀具变成干式切削刀具。

13.2.5　干式切削的机床

采用干式切削加工时,选定正确的机床和恰当的装备是很重要的。因为速度特别快,材料又常常较硬,干式切削加工时切削温度很高,机床必须刚性足、功率大,能快速有效地排屑。

在加工中心进行干式切削之前,操作者应该尽量保持其刀具伸出长度较短,主轴是处在刚度最佳的情况下,还要考虑机床的速度、额定功率。

车床刀具转塔可以对着机床刚性强的方向进行加工,因为这个方向的长导轨能把切削力分散。设计得好的机床,能直接在短导轨上分散这些切削力,并且刀架由最少的零件组成,却能移动和支承刀具。在相对于柔性更重视精度时,则应该考虑用螺栓将一组刀具直接固定在横拖板上避免回转分度机构。

热稳定性对精度是非常关键的。一些制造商采用软件提高了加工中心的精度,这些软件补偿了温度的影响。然而,控制温度应该从有效地排除热切屑开始,因此要排除密封的工作区内部重要的热源。优秀的机床设计,机床中没有能聚集切屑的洼坑和高台。用排屑螺旋与传送器尽快将切屑排出机床外,而不用切削液协助冲走。如果排屑出了问题,用压缩空气取代液体。

为了保护滚珠丝杠、导轨,伸缩套管,防护罩、密封条,灰尘收集器还是需要的。如果需要一台干式切削的机床,可以把原来设计好的机床从湿式切削操作转变为干式切削操作,通常也是比较便宜。需要添加的灰尘收集器和空气传送系统,比湿式切削加工相应的油雾收集器和冷却泵稍微贵些。

13.2.6　干式切削的工艺

1. 切削用量

切削用量是加工工艺中一个非常活跃的因素。切削用量与刀具材料、刀具结构、几何参数,以及被加工工件材料、机床性能等有关。加工方式的优化能使干式切削更容易实现。一般来说,干式切削时通常采用PCBN 或陶瓷刀具材料,由于其耐热性和耐磨性好,因而可以选用较高的切削速度和一定的切削深度以及较小的进给量;但当使用硬质合金刀具时,由于硬质合金刀具的耐磨性不如 PCBN 或陶瓷刀具,因此,不宜选用较高的切削速度和切削深度。

高速干式切削时,切削参数选择的一般原则是:高的切削速度、中等的进给量和较大的切削深度。但具体选择时还需要和被加工工件材料、机床性能、刀具情况、工艺环境等结合起来考虑。因此,高速干式切削时,合理的切削参数、最佳的切削效果,需要在工艺应用试验和必要的研究后才能得到。表 13－8 和表 13－9 列出了 PCBN 加工淬硬钢和铸铁的切削用量。

表 13－8　PCBN 刀具干式切削淬硬钢的切削用量

工序	工件材料	切削速度 /(m/min)	进给量 /(mm/r)	工序	工件材料	切削速度 /(m/min)	进给量 /(mm/r)
粗加工 (a_p>0.64mm)	淬硬高碳钢	90~140	0.10~0.30	精加工 (a_p<0.64mm)	淬硬高碳钢	120~180	0.10~0.20
	淬硬合金钢	90~120	0.10~0.30		淬硬合金钢	120~150	0.10~0.20
	淬硬工具钢	60~90	0.10~0.20		淬硬工具钢	75~110	0.10~0.20

表 13－9　PCBN 刀具干式切削铸铁的切削用量

工件材料	切削速度 /(m/min)	进给量 /(mm/r)	工件材料	切削速度 /(m/min)	进给量 /(mm/r)
珠光体灰铸铁(<240HB)	450~1060	0.25~0.50	珠光体灰铸铁(<240HB)	450~1060	0.25~0.50
珠光体灰铸铁(>240HB)	305~610	0.25~0.50	珠光体灰铸铁(>240HB)	305~610	0.25~0.50
珠光体软铸铁	550~1200	0.15~0.30	珠光体软铸铁	600~1500	0.10~0.15
白口铸铁	60~120	0.25~0.75	白口铸铁	90~180	0.25~0.75

使用适当的切削参数也有助于产生热量的最小化。最显而且易见的方法是利用较高的切削速度和进给速度,当以更快的切削速度切削工件材料时可以减少切削的负载。这样,切削时间较少,同时也减少了产生热量的时间以及热量渗入工件的时间。为了防止生产率受影响,用户可以相应增加进给速度,如果较高的进给速度对表面粗糙度不利,则以增加刀具的刀尖半径作为补偿。干式切削时切削区的温度明显高于湿式切削,所以在不少情况下干式切削加工比湿式切削加工时的切削用量要小。不过,在高速切削条件下,大量的切削热将被切屑带走,切削力也可降低,所以高速切削也是干式切削和准干式切削的发展方向之一。

2. 工件材料

工件材料在很大程度上决定了实施干式切削的可能性。改善材料的可加工性、减少切削过程中变形和摩擦产生的热量,是发展干式切削的一项技术措施,例如,开发易切钢和易切铸铁。不同工件材料的热学特性差别较大。干式切削要求工件有较大的热容量和较低的热导率,因此,大质量的零件比小质量的零件更适宜于干式切削。切削力大、温度高是干式切削的主要特点,为了减少高温下刀具和工件之间材料的黏结和扩散,获得正常的刀具寿命,应特别注意刀具材料和工件之间的合理匹配。

3."红月牙"干式切削工艺

美国Makino公司提出"红月牙"干式切削工艺,其机理是由于切削速度很高,产生的热量聚集于刀具前部,使切削区附近工件材料达到红热状态,导致屈服强度明显下降,从而提高材料去除率。实现"红月牙"干式切削工艺的关键在刀具,目前主要采用PCBN和陶瓷等刀具来实现这种工艺。如用PCBN刀具干车削铸铁制动盘时,切削速度已达到1000m/min。

4. 激光辅助干式切削

在切削抗拉强度较高的材料中,用激光束对工件切削区进行预热,改变了局部工件材料的物理、力学性能,抗拉强度可降低50%左右,切削阻力减少30%~70%,改善了材料的可加工性,大大提高了切削效率,同时减少了切削中的振动,切削质量明显提高,刀具寿命可提高80%左右,实现了对氮化硅等抗拉强度较高材料的干式切削。

5. 刀具监测

干式切削使刀具处于一个更加恶劣的加工环境,温度升高、切削力增大等,同时使刀具破损、磨损失效的概率增大。因此,刀具监测装置将成为干式切削可靠性和安全性以及加工质量的有力保证,目前随着传感器、数字信号处理技术的发展以及神经网络、人工智能在刀具监测领域的应用,各种性能稳定、可靠性高的刀具监测装置都能在市场找到,选择主要取决于对其性能的要求和经济角度的考虑。

13.2.7　干式铣削加工的应用

1.铸铁与钢件的干式铣削加工

铸铁及钢件的干铣削常用的刀具材料包括陶瓷、PCBN等。PCBN由于具有很高的耐热性和高温硬度,很适合铸铁和淬火钢的干式铣削。表13-10列出了用PCBN刀具干式铣削灰铸铁和钢件时的切削参数。

表13-10　PCBN刀具干铣削灰铸铁和钢件时的切削参数

材质＼参数	切削速度/(m/min)	进给量/(mm/r)	切削深度/mm
灰铸铁(精加工)	1000~2000	0.2~0.3	0.3~0.4
灰铸铁(粗加工)	1000~1500	0.4~0.5	1~3
淬硬钢(精加工)	100~250	0.05~0.4	0.05~0.2
淬硬钢(粗加工)	60~100	0.2~0.4	0.5~1.5

例如,美国某公司用陶瓷或PCBN刀具材料的铣刀高速铣削铸铁。由于切削速度(1400m/min)和进给量(40m/min)都很高,切削区的温度可达600~700℃,产生可见的红色弧光,故称为"红热切削"或"红月牙"切削。此时,切削区的工件材料达到红热状态,其屈服强度下降,可使切削力降低75%~90%。并显著提高切削效率,铣削铸铁时的切除效率比传统的粗加工提高3倍。由于进给速度很高,大部分热量留在切屑中,

所以工件的热变形小,尺寸精度高。

2.铝合金的干式铣削

德国某大学利用各种硬质合金涂层刀片进行单刃铣削试验,干式铣削锻造铝合金 AlZnMgCu1.5(飞机部件)和干式铣削铸造铝合金 AlSi10Mg(汽车发动机部件)。干铣削 AlZnMgCu1.5 材料时的主要问题是容易产生积屑瘤。试验表明,用在硬质合金 K10 基体上,涂有 WC/C、a－C：H 涂层及金刚石涂层的刀片进行干式铣削效果很好。干式铣削 AlSi10Mg 材料时的主要问题是刀具寿命短,加工表面质量差。图 13－30 和图 13－31 分别示出了不同涂层刀片干式铣削 AlSi10Mg 时的磨损曲线和表面粗糙度值。可以看出,用金刚石涂层刀片干式铣削铝合金时的切削性能最好。

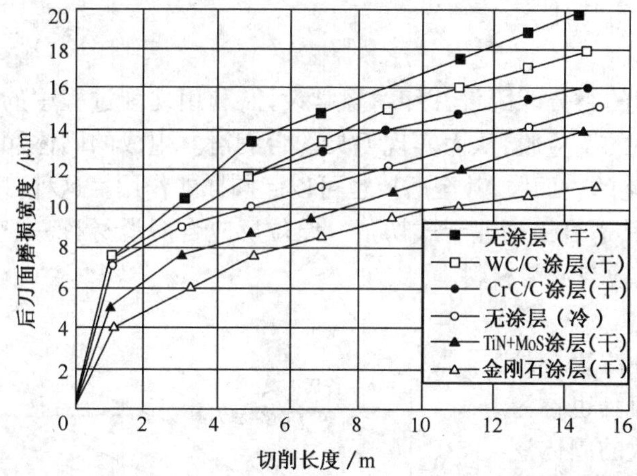

图 13－30　不同涂层刀片干式铣 AlSi10Mg 时的后刀面磨损宽度

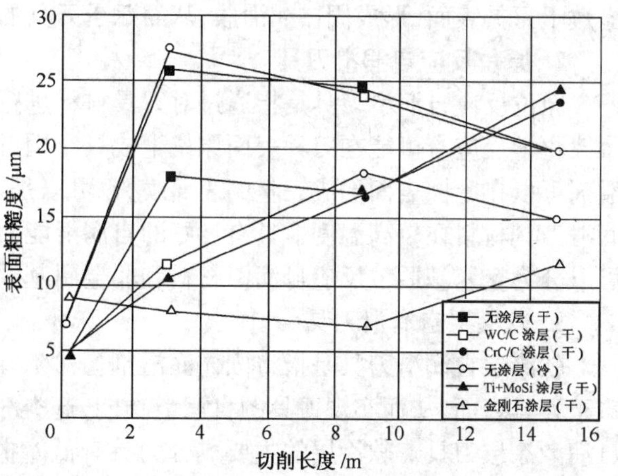

图 13－31　不同涂层刀片干式铣 AlSi10Mg 时的工件表面粗糙度

汽车发动机壳体的常用材料是铸铝合金,目前采用硬质合金刀具加工,但在生产过程中存在以下问题:

(1)用硬质合金刀具铣削加工一定数量后,工件表面质量和加工精度明显下降;

(2)刀具磨损剧烈,且容易产生振动;

(3)切削量增大时造成工件热变形,影响加工精度。

发动机铝合金铣削加工是多刃断续切削,在加工过程中切削刃频繁受到周期性冲击力的作用,刀片铣削时不断受到交变弯曲应力的作用和铣削空载时的急剧冷却承受热交变负荷,刀片在切削区域内的部分存在有裂纹和机械疲劳裂纹的危险,导致加工中不可避免地发生黏刀和崩刃现象。铸铝合金材料本身存在硅的硬质点,会通过对铣刀的冲击、挤压加重刀具崩刃和刀片磨损现象,这就是硬质合金刀具加工的工件表面质量和加工精度明显下降、刀具磨损剧烈且容易产生振动的根本原因。

PCD 刀具由于在切削时产生的切削力和切削热很小,切削过程稳定,PCD 刀具更适应壳体铝合金这种断续切削加工。用 PCD 刀具代替硬质合金刀具,干铣发动机汽缸盖球形燃烧室,在原加工参数保持不变的条件下,加工后零件表面粗糙度值在 0.4μm 以下(硬质合金刀具加工表面粗糙度值为 0.8~1.6μm)。加工 4000 件后刀具磨损量 VB 仅为 0.02mm,尺寸精度和表面质量明显优于硬质合金刀具;为了提高工作效率,将进给量从 0.3mm/r 提高到 0.6mm/r,其他参数保持不变,加工后零件表面粗糙度值仍保持为 0.4~0.8μm,加工 4000 件后刀具磨损量 VB 仅为 0.033mm。

3. 超高强度钢的干式铣削

某牌号的超高强度钢 Ni、Cr、Mo 元素含量较高,具有高硬度(45HRC)、高强度(抗弯强度 1174MPa)和良好的韧性,因其优异的物理、力学性能而在国防工业上有着重要应用,原采用硬质合金 YT15 刀具进行铣削加工,不仅刀具寿命短,而且加工效率和加工质量都不理想。后采用 $Si_3N_4-Al_2O_3$基刀具材料(前后角都为 0°,倒棱 1mm×15°,刀尖 $r=2.5$mm)。切削方式:单齿端面对称干铣削。铣刀盘参数:直径 $d=125$mm,$\gamma_p=-9°$,$\gamma_f=-3°$,加工表面粗糙度值 $Ra=0.48\sim0.77$μm。,取得了理想的效果。

13.2.8　自润滑刀具

自润滑刀具是指刀具材料本身具有减摩、抗磨、润滑功能,可在无外加润滑液或润滑剂的条件下实现自润滑切削加工，显著改善干式切削过程的摩擦润滑状态。自润滑刀具的应用可减少摩擦与磨损，省去冷却润滑系统，减少设备投资，避免切削液造成的环境污染，实现清洁化生产，降低生产成本。因此，自润滑刀具是一种高效、洁净的干式切削刀具。

1. 添加固体润滑剂的自润滑刀具

添加固体润滑剂的自润滑刀具是将固体润滑剂直接添加到刀具材料中，制备成含有固体润滑剂的复合刀具。常用的固体润滑剂有 MoS_2、h－BN、H_3BO_3、TaS_2、WS_2及软金属（Ni、W、Al、Ti 和 Co）等，它们同金属组成摩擦副的摩擦因数可低至 0.1～0.2，是普通刀具材料的 1/4～1/2。切削时，刀具前刀面的固体润滑剂由于受到高温、摩擦和切削力的作用，被“挤压”出刀具表面，在切削温度作用下，固体润滑剂处于塑性状态并被拖敷于刀具表面，形成固体润滑膜，从而赋予刀具的自润滑特性。

2. 原位反应自润滑刀具

原位反应自润滑刀具是指通过对刀具材料进行合理的组分匹配设计和摩擦学设计，利用切削过程中的摩擦化学反应有可能在刀具表面原位生成具有润滑作用的反应膜，从而实现刀具的自润滑。生成的固体润滑剂可以在摩擦表面形成完整的表面膜，也可以是不完整的表面膜，甚至磨屑也可以起同样的作用。这种自润滑刀具材料在较高温度下具有良好的自润滑能力，尤其适合于高速干式切削。原位反应自润滑材料一般可以分为金属基原位反应自润滑材料和非金属基原位反应自润滑材料。

3. 软涂层自润滑刀具

软涂层自润滑刀具是指将固体润滑剂通过涂层的办法直接涂覆于刀具表面，从而实现刀具的自润滑功能，这类涂层刀具也称为自润滑涂层刀具。软涂层的主要成分为具有低摩擦系数的固体润滑剂，如 MoS_2、WS_2等，这些具有层状结构的固体润滑剂剪切强度较低且易附着于摩擦表面，从而可在切削过程中起到减摩作用。通常在切削温度较低时（<400℃），选用具有六方晶层状结构的硫化物，如 MoS_2、WS_2、MoS_2/Ti（Mo、Cr、Zr 等）及 WS_2/W 等作为涂层材料，其优点是与工件材料组成的摩擦副的摩擦系数很低，大约只有 0.1；而当切削温度较高时（1000℃左右），软金属 Ni、W、Al、Ti 等则具有更好的减摩效果。图 13－32 指出了 MoS_2/Zr 软涂层自润滑刀具与普通刀具切削淬硬钢时后刀面磨损对比。

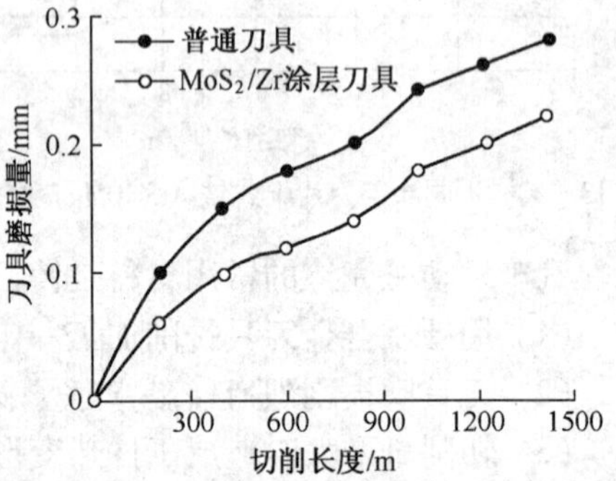

图 13－32　MoS_2/Zr 软涂层自润滑刀具与普通刀具切削淬硬钢时的后刀面磨损对比

4. 微织构自润滑刀具

微织构自润滑刀具是指在刀具的刀-屑（刀-工）接触区加工出微织构，在微织构中添加固体润滑剂，切削时由于高温的作用使微织构中的固体润滑剂软化而涂敷于刀具表面，在刀-屑（刀-工）接触区形成连续的固态润滑膜，产生润滑效应，从而实现刀具本身的自润滑，如图 13－33 所示。微织构自润滑刀具的另一种实现方式是指通过飞秒激光等微细加工技术在刀具的刀/屑（刀/工）接触区加工出微米或纳米级别尺寸的具有一定排列的小孔、凹槽等形貌的点阵，然后通过 PVD 在刀具表面涂层 MoS_2或 WS_2等软涂层材料，如图13－34 所示。这种软涂层微织构自润滑刀具在切削时不仅能体现软涂层自润滑刀具的软涂层自润滑作用，还能产生微织构自润滑刀具的微织构自润滑效应。软涂层微织构自润滑刀具的双重效用能极大地改善干式切削刀具摩擦力大、磨损严重的现状，是未来干式切削刀具发展的一个方向。

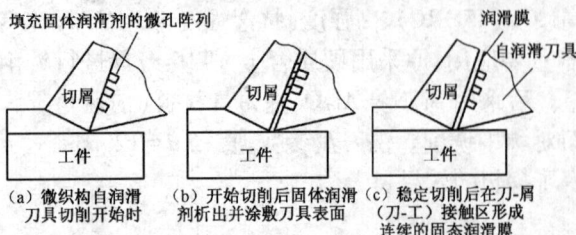

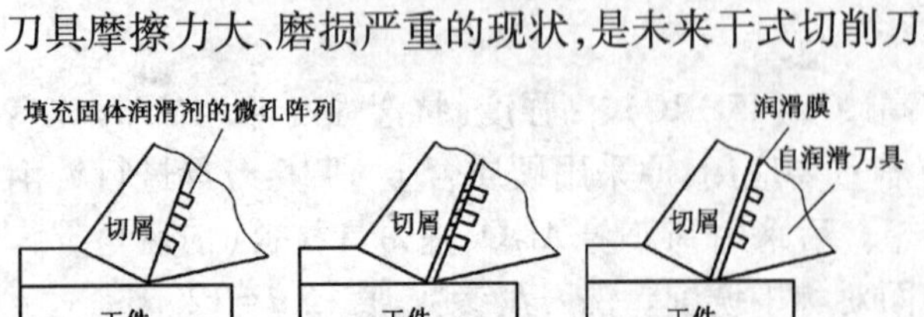

（a）微织构自润滑刀具切削开始时　（b）开始切削后固体润滑剂析出并涂敷刀具表面　（c）稳定切削后在刀-屑（刀-工）接触区形成连续的固态润滑膜

图 13－33　微织构自润滑刀具切削减摩模型

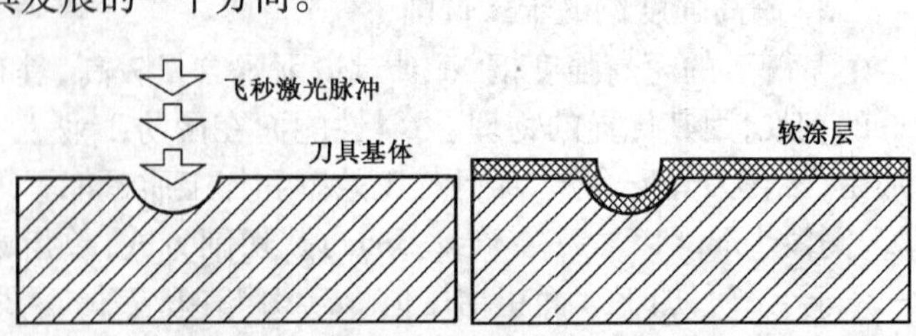

（a）刀具微纳米级织构化　（b）微织构刀具软涂层

图 13－34　软涂层微织构结构自润滑刀具制备

13.2.9　微量润滑切削技术

在某些加工中完全实施不使用切削液的干式切削技术上往往比较困难,这就提出了什么情况下使用切削液,如何使用切削液的问题。美国职业安全健康委员会(OSHA)根据调查提出了切削液使用的新概念,其中有低温冷却、喷雾冷却(复合喷雾冷却)、微量润滑技术(Minimal Quantity of Lubrication,MQL)等。上述三种冷却润滑方法,从根本上讲是冷却润滑方法在完全干式切削、准(亚)干式切削中的应用。目前在干式切削或准(亚)干式切削中使用的冷却、润滑方法很多,如气体冷却、亚干式切削、低温冷却、保护气体油雾冷却、水蒸气冷却润滑切削、喷雾冷却等。在低温冷却中又有液态氮直接喷射冷却以及用 CO_2 的自喷对切削区直接冷却。用经干燥的空气维持杜瓦瓶的恒压,利用虹吸原理让压缩空气从瓶中抽出液态氮,经特制的喷嘴喷向切削区;采用液态氮或 CO_2 从外部冷却工件,来达到降低切削区温度的目的。另一种是采用刀具内部制冷方法,甚至把刀具与冷冻机直接相连对刀具进行循环冷却,效果也很明显。试验证明,低温切削钛合金、不锈钢、高强度及耐磨铸铁等均能取得良好效果。采用低温冷却切削技术能有效降低切削区的切削热,改变切削区的切削温度分布。

在比较干式切削和湿式切削的试验中,不难发现切削热是影响被加工工件尺寸精度的一个主要问题。干式切削由于切削热来不及散发从而累积在切削区,使工件产生膨胀,其精度低于同等条件下的湿式切削。因此,在需要进行准干式切削时,除了上述有关因素外,冷却润滑方法、冷却温度、喷射方式、喷射角度、靶距(喷口与切削区的距离)、切削液的用量等因素的优化也是需要系统研究的问题,目的是处理费用上升的切削液,实现清洁生产、绿色制造。

1. 微量润滑切削技术

微量润滑(Minimal Quantity Lubrication,MQL)技术是伴随高速切削技术的发展而产生的一种新型高速切削冷却润滑技术,是介于干式与湿式切削之间的一种润滑技术,即切削工作状态最佳时切削液的用量最小。该方法将一定压力压缩空气与微量的润滑剂混合雾化后形成油雾,然后高速喷射到切削区,从而使刀具-切屑接触区得到冷却和润滑,大大减少刀具-切屑及刀具-加工表面间的摩擦起到降低切削温度、减小刀具磨损、提高加工效率和加工表面质量的作用。微量润滑切削技术主要分为气雾外部润滑和内部润滑两种方式。目前,微量润滑切削技术主要用于铸铁、钢和铝合金的钻削、铰削和攻丝加工。

MQL 切削相比干式切削和湿式切削有以下优点:

(1) 与常规切削液相比,微量油雾能更有效地进入切削区,进行充分润滑。

(2) 采用极微量润滑油,切削液使用量和生产成本显著降低。

(3) 采用绿色环保型润滑油,最大限度地降低了环境污染和人体健康危害风险。

(4) 与干式切削相比,具有更好的冷却润滑效果,加工效率和加工质量显著提高。

(5) 加工后刀具、工件和切屑基本保持干燥,便于清洁处理和切屑回收。

图 13-35 为 MQL 润滑工艺效果的影响因素。从图可以看到,对润滑效果产生影响的因素有润滑油自身、工艺因素和刀具因素等。

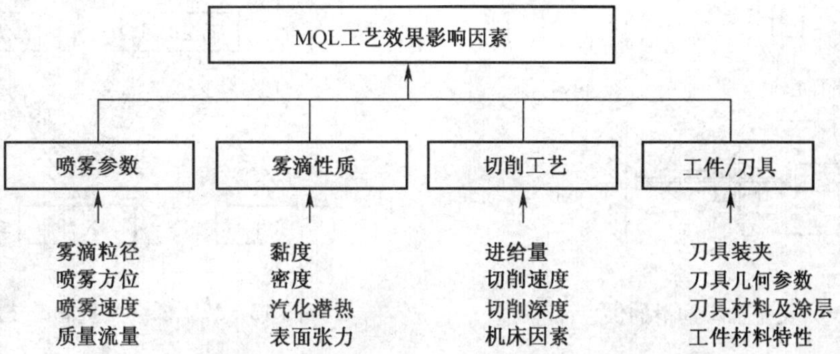

图 13-35　MQL 润滑工艺效果的影响因素

MQL 润滑使用对人健康无害的植物油或脂油，其用量极少，一般的用量只有 0.03～0.2L/h，而普通湿式切削加工中心的切削液用量为 20～100L/min。加工后刀具、工件和切屑都保持干燥，切屑无需处理便可回收利用，因而使用 MQL 润滑的切削又称为准干式切削。采用 MQL 润滑的准干式切削，除了需要油气混合装置和确定最佳切削液量外，还要解决一个关键技术问题，即如何保证极微量的切削液顺利送入切削区。

第二个问题是如何确定加工所需的润滑液用量。目前解决第一个问题主要有两种方法（图 13－36）：一种方法是“外喷法”，将油气混合物从外部喷向加工区，这种方法简单易行，但润滑液的消耗量大，尤其对某些封闭式加工（如钻、铰等）效果不好；另一种是“内喷法”，在刀具中开出油气通道，油气混合物从这些通道直接喷向加工区，对加工区进行迅速有效的润滑，这种方法润滑比较充分，润滑液的消耗量少，特别适合于封闭式加工，但刀具结构较复杂。而对于第二个问题，目前主要用试验方法来解决。一台典型的加工中心在湿式切削中，每分钟需要 20～100L 的切削液，而采用微量润滑技术每小时只需要 0.03～0.2L 的切削液。OSHA 制定的切削液标准中规定：空气中雾剂数量的最大允许值为 5.0mg/m^3，期望能达到 0.5mg/m^3，而且生产成本不能过高。

微量润滑切削技术以其良好的减摩润滑性能已被广泛应用于铝合金、普通钢铁合金、高强度耐热钢、钛合金、高温合金等材料的高速切削加工，包括车、铣、钻孔、铰孔、攻螺纹以及磨削加工等各种切削工艺。但是在一些难加工材料的高速切削中，过高的切削温度可能使进入切削区的微量润滑油瞬间蒸发，降低其润滑效果。因此，在此基础上发展的低温微量润滑技术受到了越来越多的关注。

2. 低温微量润滑切削技术

低温微量润滑（Cryogenic Minimal Quantity Lubrication，CMQL）是低温冷风（0～－30℃）与少量润滑液混合气化后，喷射至加工区，对加工区实施冷却和润滑的一种亚干式切削技术。它是低温冷风切削技术与 MQL 切削技术的结合，兼具两者的优点。在硬态车削中应用低温微量润滑可避免使用传统切削液时的刀具崩刃现象，而且使 TiN 涂层刀具的使用寿命延长到 PCBN 刀具使用寿命的 30%。可见，应用低温微量润滑使降低硬态车削中刀具成本成为可能。采用低温微量润滑切削技术加工钛合金、高温合金、淬硬钢、高强度不锈钢等难加工材料的研究表明，低温微量润滑切削技术具有显著的冷却润滑效果。

1）低温微量润滑原理及系统的构成

低温微量润滑技术是将低温风冷切削技术与微量润滑技术有机结合起来的一种新型的高速切削加工冷却润滑技术，既充分利用低温冷风的冷却效果，又充分利用微量润滑的减摩润滑效果，其作用原理如图 13－37 所示。采用低温微量润滑技术辅助切削时，通过低温制冷设备将空气、氮气或其他气体预先冷却至－30℃左右，然后将低温气体通过微量润滑装置，在喷嘴处形成低温微量油雾（油气），以高压、高速形式喷射到切削区，以实现刀－工接触区的冷却润滑，改善切削区条件。

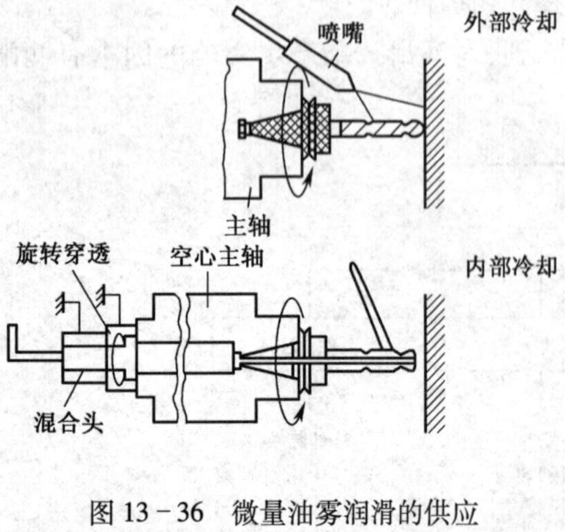

图 13－36　微量油雾润滑的供应

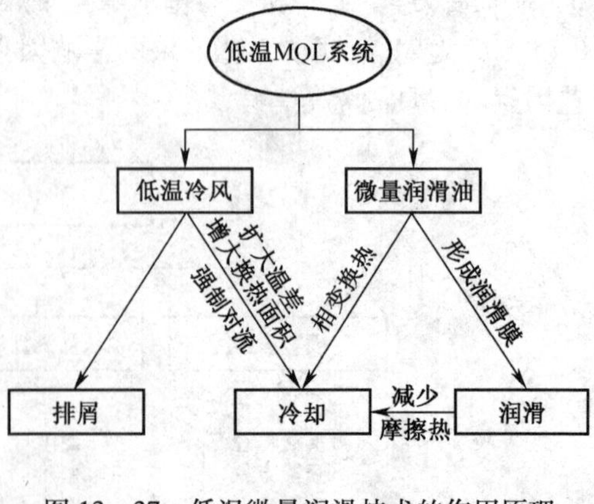

图 13－37　低温微量润滑技术的作用原理

低温微量润滑系统装置主要由低温冷风发生装置和微量润滑油供给系统构成。低温冷风是低温微量润滑中微量润滑油的载体，是整个系统中的关键部分。因此，研究和应用低温微量润滑切削技术，最重要的是获得低温冷风。冷源是低温冷风发生装置的核心，目前用于低温冷风发生装置的冷源主要有：①使用低沸点介质的间接冷却；②涡流管直接制冷；③空气绝热膨胀直接制冷；④循环压缩式间接制冷（即蒸气压缩制冷）；⑤半导体制冷等。

2）低温微量润滑技术的应用

（1）低温微量润滑高速切削镍基高温合金。图 13-38 为不同冷却条件下高速车削 Inconel 718 时刀尖磨损随切削时间的变化曲线。可以看出，干式切削时刀尖磨损随切削时间迅速增加，而低温风冷切削时刀尖磨损增加较为缓慢，低温 MQL 切削时刀尖磨损最慢。低温风冷和低温 MQL 时的刀具寿命较干式切削分别提高了 78% 和 124%。

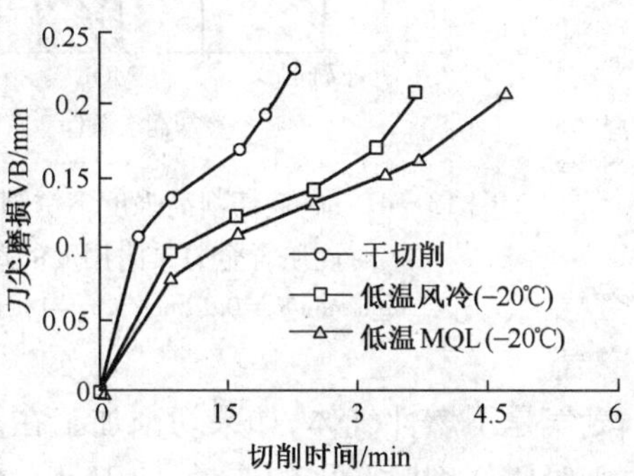

（a）刀尖磨损

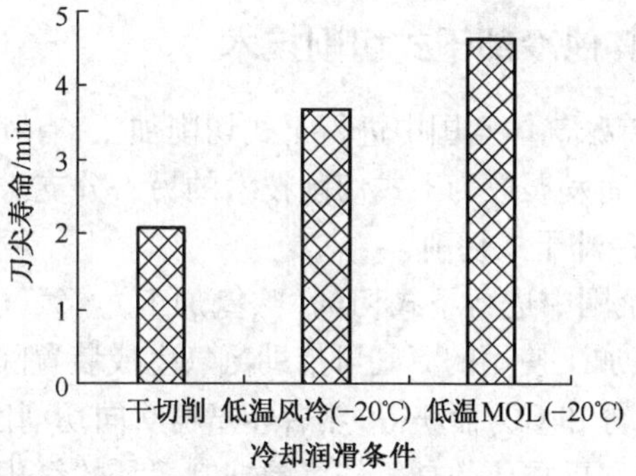

（b）刀具寿命 (VB=0.2mm)

图 13-38　不同冷却条件下高速车削 Inconel 718 时刀尖磨损

刀具：KC5010 硬质合金。切削用量：$v = 76\text{m/min}, f = 0.1\text{mm/r}, a_p = 0.5\text{mm}$。

一般情况，应用低温 MQL 切削技术可以获得较佳的切削效果，但当低温微量润滑的气体介质、润滑油介质与工件材料不相匹配时，会起反作用，像冷氮气射流和冷氮气 MQL 就不适宜作为陶瓷刀具高速切削镍基高温合金时的冷却润滑条件。

（2）低温微量润滑高速切削钛合金。图 13-39 为不同冷却润滑条件下应用硬质合金刀具高速铣削 TC4 钛合金时的刀具寿命对比（刀具磨钝标准：后刀面平均磨损 VB = 0.3mm）。在 400m/min 的切削速度下，低温 MQL 最好，湿式切削由于刀具切削刃很快破损而最差。应用低温 MQL 可显著减小后刀面磨损。在铣削时间为 4.7min 时，与干式铣削相比，-20℃ 低温 MQL 条件下后刀面平均磨损减少了 46%。可见，低温 MQL 可以有效改善刀/工接触区的摩擦润滑状况，显著提高刀具的适用寿命。

（3）低温微量润滑高速切淬硬钢。如图 13-40 所示，在铣削速度为 175m/min 条件下，MQL 和低温 MQL 均能有效减缓刀具磨损，而且低温 MQL 刀具磨损的效果明显好于常规的 MQL。

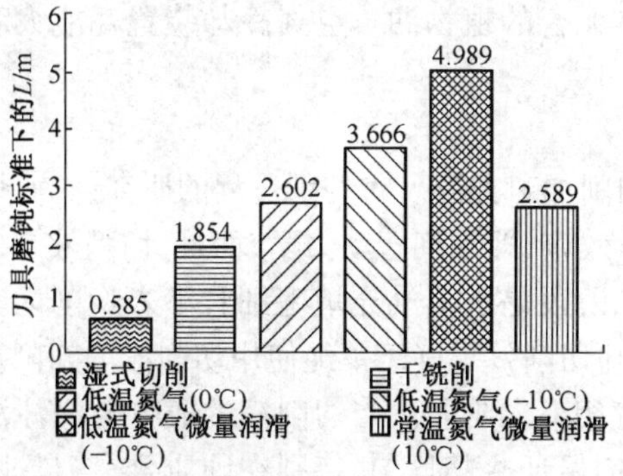

图 13-39　不同冷却润滑条件下高速铣削 TC4 钛合金时的刀具寿命对比

刀具：Walter 未涂层 WK10 硬质合金刀片。

切削用量：$v_c = 400\text{m/min}, f_z = 0.1\text{mm/z}, a_p = 5\text{mm}, a_e = 1\text{mm}$。

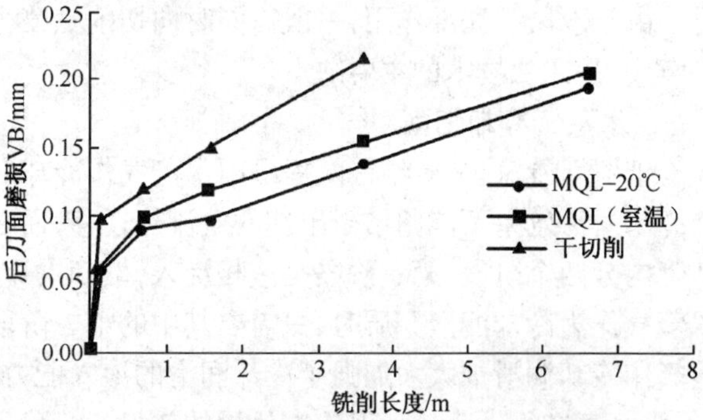

图 13-40　冷却条件对铣削 AISID2 刀具磨损的影响（铣削速度 175m/min）

（4）低温微量润滑高速切高强度不锈钢。图 13－41 为高速切削高强度不锈钢 PH13－8Mo 时硬质合金刀具耐用度的对比。以干式切削条件下的刀具耐用度为基准，使用 MQL 时，WXM35 和 WSP45 的耐用度分别提高了 63.8%和 43.4%；使用低温 MQL 时两刀具的耐用度相对于干式铣削分别提高了 210%和 80%。相比于 MQL 的冷却润滑作用，低温 MQL 弥补了 MQL 降温能力不足的缺点，并且在低温条件下利用了钢材料的低温脆性，使切削过程更加容易。

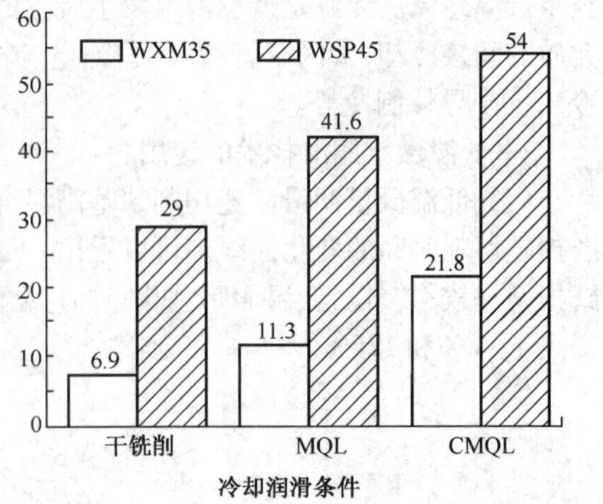

图 13－41 高速切削高强度不锈钢 PH13－8Mo 时硬质合金刀具耐用度的对比

$v_c = 180\text{m/min}, f_z = 0.12\text{mm/z}, a_e = 1\text{mm}, a_p = 2\text{mm}$。

13.2.10 其他冷却干式切削技术

在某些特殊气体氛围中进行干式切削加工，有利于减少刀具磨损，从而发展成为干式切削技术的另一分支。

1. 液氮冷却干式切削

在氮气氛围中进行干式切削（吹氮加工）。氮气占空气的 79%，吹氮加工使用的氮气可借助氮气生成装置除去空气中的氧气、水分和 CO_2 而获得，然后经喷嘴吹向切削区。氮气是不燃性气体，如果切削加工在氮气氛围中进行，不会起火。更重要的是氮气氛围抑制刀具的氧化磨损，吸收切削时产生的热量，使刀具在切削过程中始终保持优良的切削性能。例如，切削尖端科技领域中常用的反应烧结氮化硅（RBSN），具有硬度高、强度大、线胀系数小等一系列优良的物理、力学性能，但可加工性能极差。在干式切削过程中，由工件材料的热导率很小，大量的切削热集中在切削区域，使刀具很快发生化学磨损而无法切削。试验证明，PCBN 刀具加工 RBSN 材料时，若不使用切削液，车削长度仅 40mm 时，后刀面磨损量已达到 3mm；而采用液氮冷却后，车削长度为 160mm 时，后刀面的磨损量仅为 0.75mm。

2. 干式静电冷却切削

干式静电冷却技术基本原理是通过电离器将压缩空气离子化、臭氧化（所消耗的功率不超过 25W），然后经由喷嘴送至切削区，在切削点周围形成特殊气体氛围。这样不仅降低切削区的温度，更重要的是能在刀具与切屑和刀具与工件接触面上形成起润滑作用的氧化薄膜，并使被加工表面的残余应力呈现压应力状态（可增加零件使用寿命）。

3.冷风干式切削

除去水分的干燥空气经空气冷却器冷至－30℃，再经由尽可能靠近切削点的风嘴把冷风送至切削区，可使切削区的温度大大下降，同时引发被加工材料的低温脆性，使切削过程较为容易，并相应改善刀具磨损状况。由于冷风无润滑作用，一般需同时向切削点喷少量对人体无害的植物油。空气冷却装置耗能大和风嘴噪声大，是此项技术的主要缺点。

4.水蒸气冷却切削

俄罗斯专家 1998 年首次提出用水蒸气作冷却润滑剂的切削加工方法。对切削过程的研究认为，切削液的冷却润滑效果不能归结于单纯的对流热迁移，而在于其润滑效应，即毛细管动力学；而且，切削液渗入到毛细管内分两个阶段，第一阶段是液相渗入，微滴爆炸蒸发，第二阶段是水蒸气充填毛细管渗入切削区。使用水蒸气作为冷却润滑介质时，只需要其中的第二阶段，因而冷却切削效果好于单纯使用切削液的切削。用水蒸气作冷却润滑剂大大加强了冷却润滑的渗入能力，取消了液相渗入阶段。当切削液的成分与浇注法相同时，水蒸气在很大程度上保持着优异的效果，水蒸气冷却润滑剂保证冷却均匀，特别在硬质合金刀具断续切削时效果更好。

图 13－42 和 13－43 为分别用 YT15 对 45 钢和不锈钢（12Cr18Ni10Ti）进行的切削试验表明，用水蒸气作冷却润滑剂能提高硬质合金的使用寿命，车削 45 钢、不锈钢和灰铸铁时提高 1～1.5 倍，铣削时提高 1～3 倍。

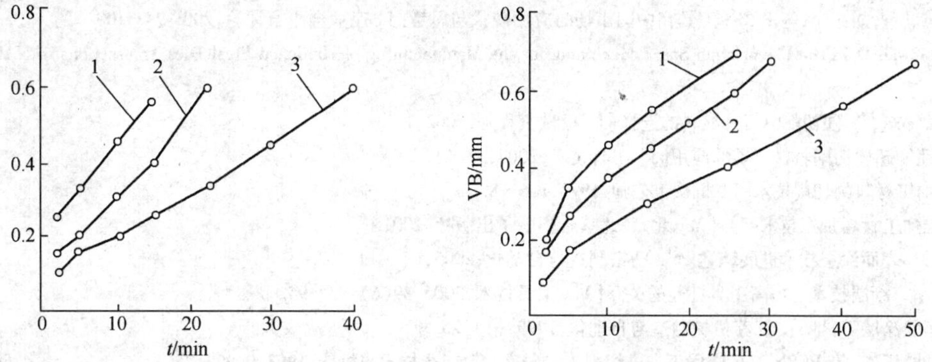

（a）YT15－45(v_c=230m/ min,a_p=1mm, f=0.15mm/r)

（b）YT15－12Cr18Ni10Ti (v_c=50m/ min,a_p=1mm, f=0.1mm/r)

图 13－42 用水蒸气做切削液的车刀磨损 VB 值

1—干切;2—浇水;3—水蒸气。

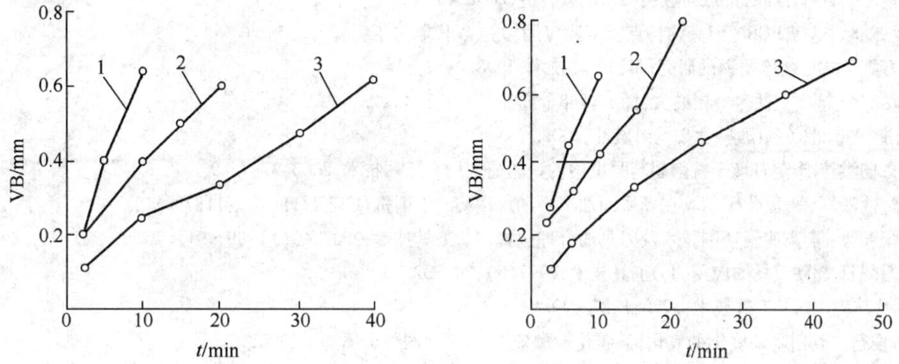

（a）D_0/B=3(B—工件宽度)

（b）D_0/B=1.25

图 13－43 用水蒸气做切削液的铣刀磨损 VB 值

YT15－45。v_c = 260m/min, a_p = 2mm, f = 0. 1mm/r。

1—干切;2—浇水;3—水蒸气。

参考文献

[1] 佚名．采用硬车削还是磨削[J],王黎明译.世界制造装备市场,1998(11).

[2] 宋昌才．PCD 与 PCBN 刀具在精密与超精密加工中的应用[J].江苏理工大学学报(自然科学版),2001,22(04)13.[1]刘志峰,张崇高,任家隆,干式切削加工技术及应用,北京:机械工业出版社 2005.

[3] 姚峻.面临硬切削挑战的磨削加工的前景瞻望[J].磨床与磨削,2000(1):31－32.

[4] Clark I E,Fleming M A,Nunn R, Read R F J,Kneufermann M M W.在 Delta Turn40 车床上用 AMBORITE DBN45 对硬质钢进行超精车削加工[J]. 机械工程师,2001(10).

[5] 杜国臣．硬车削技术及其应用[J].机械工程师,2003(4).

[6] 刘志峰,张崇高,任家隆．干式切削加工技术及应用[M]. 北京:机械工业出版社,2005.

[7] 刘献礼,孟安,陈立国,等.硬态干式切削 CG15 时的临界硬度[J],机械工程学报,2000,36(3):13－16.

[8] 中国金刚石门户．浅析采用硬切削工艺有何优点[N/OL]. 中国:[网络在线].2011－05.17. http:// www.zgjgsmh.com/news/11037701.html.

[9] 李迎.硬切削加工技术的研究现状与发展趋势[J].组合机床与自动化加工技术,2011,6:107－112.

[10] 刘战强,黄传真,郭培全.先进切削加工技术及应用[M].北京:机械工业出版社,2005.

[11] 艾兴,等．高速切削加工技术[M],北京:国防工业出版社,2003.

[12] 何宁．高速切削技术[M]. 上海:上海科学技术出版社 2012.

[13] 刘献礼．硬态切削技术及其应用[J]. 中国刀协理事会主题报告,2010,10.

[14] 刘献礼,文东辉,侯世香,等.硬态干式切削机理及技术研究综述[J]. 中国机械工程,2002,13(11):973－976.

[15] 文东辉,刘献礼,肖露,等.硬态切削机理研究的现状与发展[J].工具技术,2002,36(6):3－4.

[16] 刘献礼．聚晶立方氮化硼刀具切削性能及制造技术的研究[D]．哈尔滨:哈尔滨工业大学,1999,3.
[17] 刘献礼．侯世香,胡荣生,等.PCBN 刀具在中国市场的应用现状与思考[J].工业金刚石评论,2001:94－100.
[18] Dewes, Aspinwall D K.The Use of High Speed Machining for the Manufacturing of Hardened Steel Dies.Transactions of NAMRI/SME,1996,24:21－26.
[19] 孙静,何林,邹斌,等.硬切削中刀具材料的选择[J].机械工程师,2002,11.
[20] 谢志鲁.高性能超硬切削材料刀具的应用[J].工具技术,2004,38(1).
[21] 于启勋.难加工材料的切削技术[J].机械工艺师,1994,1:6－8.
[22] 张玉林．难加工材料加工技术问答[M].北京:北京希望电子出版社,2001.
[23] 胡兴军．刀具表面涂层技术进展综述[J]．精密制造与自动化,2005,(1):14－17.
[24] 久保田,和幸．涂层技术与提高工具性能的关系[J]．工具技术,2005,39(6):93－95.
[25] 严卫平．超硬涂层刀具[J]．江苏机械制造与自动化,1999,(1):25.
[26] 刘献礼,陈波,孟安,等.PCBN 刀具应用于先进切削工艺研究[J].制造技术与机床,1998,9:22－25.
[27] Phillip Bex,Zhang Grace.De Beer 工业 PCBN 系列[J].机械工艺师,2000(10):1－2.
[28] Mark Deming,等.PCBN 刀具在灰铸铁车削中的正确使用[J].工具技术,1995(2):47－48.
[29] 萧虹,艾兴．陶瓷刀具端铣淬硬钢时刀具破损原因的探讨[J]．山东工业大学学报,1984,11(2):1－11．
[30] 张桂香,姚学祥.超硬材料刀具研究现状和趋势[J].硬质合金,2001,18(3).
[31] 夏伯雄．PCD/PCBN 切削刀具的特点与应用[J].机械制造,2002,40(4).
[32] 侯世香,高开运,刘献礼,等.PCBN 刀具的特点及实际应用[J]．现代制造工程,2002(5).
[33] 王西彬．陶瓷刀具干式切削淬硬钢的研究[M].工具技术,1998,2:11－14.
[34] 用 PCBN 车削硬质合金[J]．佚名．崔继文,译．国外金属加工,1995(4),2.
[35] 刘光复.绿色制造[M].北京:中国科学文化出版社,2002.
[36] 刘志兵,王西彬,杨洪建.陶瓷刀具于铣削超高强度钢的试验研究[J].工具技术,2003,37:7－9.
[37] 彭友贵,黎明锴,范湘军,等.氮化碳刀具在硬质面加工中的应用[J].中国机械工程,11(10):1187－118.
[38] 李忠科,张宇,张春飞,等.高速硬切削技术及刀具的合理选择[J].工具技术,2007,46(1):89－91.
[39] 杨利民,刘民,谢晓日.超硬刀具的应用[J].工具技术,1997(3):30－32.
[40] 刘志峰.硬车削及其应用[J].工具技术,1998,1:27－29.
[41] 胜村佑次,高桥俊行．切削高硬度钢的氧化铝-碳化钛陶瓷刀具[J]．国外金属加工,2002.
[42] 刘志峰,夏链.硬车削及其加工技术[J].机械制造·制造工艺[J],1998,3:18－19．
[43] ASIF IQBAL.淬硬钢铣削优化中自适应专家系统的研究[D].南京:南京航空航天大学机电学院,2006.
[44] Patz M, Dittmar H, Hess A, Wagner W. 精密硬车削与刀具优化[J].现代制造工程,2002 (1).
[45] 夏雨.高速铣削淬硬钢的实验研究[D].南京:南京航空航天大学,2006.
[46] Dewes R C,Aspinwall D K.A Review of Ultra High Speed Milling Of Hardened Steels[J].Journal of Materials Processing Technology,1997,66(1):1－17.
[47] Koshy P,Dewes R C,Aspinwall D K.High Speed end Milling of Hardened AISI D2 Tool steel (-58HRC)[J].Journal of Materials Processing Technology,2002,4(3):266－273.
[48] 张树森.硬态车削加工技术[J].机械制造,2000,38(2):36－37.
[49] 左建华,张志英,李殿超,等.淬硬钢的铣削加工[J].新技术新工艺,2001,1:12－15.
[50] 陈云,杜齐明,董万福．现代金属切削刀具实用技术[M]．北京:化学工业出版社,2011.
[51] Elbestawi M A , Chen L, Becze C E , E1－Wardany T I. High－speed milling of dies and molds in their hardened state[J]. Annals of the CIRP,1997,46(1):57－62.
[52] 赵军,艾兴,等.模具高速加工技术与策略[J].工具技术,2002,36(12):32－3.
[53] 郭新贵,汪德才,等.高速切削技术及其在模具工业中的应用[J]．现代制造工程,2001(9):31－33．
[54] 国家环境保护局,国家技术监督局.GB 3095—1996,环境空气质量标准[S].1996.
[55] 国家质量监督检验检疫总局,卫生部,国家环境保护总局.GB/T 18883—2002 室内空气质量标准[S].2002.
[56] 王文光.德国大力开展重视环保的生产加工技术研究[J].刃具研究,1997,3.
[57] 张伯霖,夏红梅,黄晓明.新世纪的干式切削技术[J].制造技术与机床,2001,10:5－7.
[58] 侯世香,刘献礼,文东辉,等.干式切削技术发展现状[J].机械工艺师,2000(7):37－38.
[59] 刘飞,张华,岳红辉.绿色制造—代制造业的可持续发展模式[J].中国机械工程,1998,9(6):76－78.
[60] Graham D. Dry Out.Cutting Tool Engineering,2000,March,56－65.
[61] Robert b Arson. Why Dry Manufacturing Manufacturing Engineering,1995,20(5):15－18.
[62] 吴希让,张宛利．干式切削加工的研究和应用[J].汽车工艺与材料,1999,8:3－5.
[63] 刘志峰.干式加工——绿色制造工艺的应用研究[J].机电一体化,1999,5(1):29－31.
[64] 刘飞,曹华军,何乃军.绿色制造的研究现状与发展趋势[J],中国机械工程,2000,11(1－2):105－110.

[65] 胡世军,芮执元,李有堂. 绿色的干式切削技术及应用[J].机床与液压,2002,6:40-41.
[66] 王西彬,绿色切削加工技术的研究[J].机械工程学报,2000,36(8):6-9.
[67] 白钊,马平.金属切削领域的可持续发展战略——高速干式切削技术[J].机械工程师,2003, 6:10-12.
[68] 白钊.马平.干式切削技术及其新发展.现代制造工程,2003,8:96-98.
[69] 刘志峰.干式切削加工的原理、特点及应用[J].机械工程师,1997,2:44-46.
[70] 叶伟昌,叶毅.高速切削和于切削技术推动刀具快速发展[N/OL].雅式产业专网,2011-02-01. http://www.chinabaike.com/z/daoju/270053.html.
[71] 叶伟昌.干式切削刀具及其应用[J].机械工程师,2000,6:5-7.
[72] 马祖军,代颖.干式切削加工及其措施[J].制造技术与机床,2001(1):41-43.
[73] 吴希让.用于干式切削的新型刀具[J].工具技术,1999,2:16-19.
[74] 李志英,罗勇,张伯霖,等.干式切削及其对刀具的要求[J].机械开发,2000(1):1-4.
[75] 张伯霖,夏红梅,黄晓明.干式切削的关键技术[J].机电工程技术,2001,2:1-6.
[76] 刘志峰.干切削加工刀具及其设计.制造技术与机床[J],1999,8:20-22.
[77] 刘志峰.干切削加工刀具材料及涂层应用[J].机械研究与应用,1998,3(11):45-47.
[78] 倪俊芳,苏桂生,谢志余.涂层硬质合金刀具干式切削淬硬钢的试验研究[J].机械设计与制造工程,2001,9:56-57.
[79] 佚名. 重涂技术的发展趋势[J]. 廖先富,译. 工具展望,2004,(3):10-12.
[80] 胡兴军. 刀具表面涂层技术进展综述[J]. 精密制造与自动化,2005,(1):14-17.
[81] 严卫平. 超硬涂层刀具[J]. 江苏机械制造与自动化,1999,(1):25.
[82] 邓建新,等."软"涂层刀具的发展与应用[J]. 工具技术,2005,(3):10-12.
[83] 吴希让,宗荣珍.干式切削的刀具和切削条件选择[J].现代制造工程,2003,1:63-65.
[84] 唐永杰.提高 PCBN 刀具抗冲击性能的技术措施[J].工艺与工艺装备,2001,12:31-32.
[85] 傅玉灿,等. 难加工材料高效加工技术[M]. 西安:西北工业大学出版社,2010.
[86] 刘菊东.干式切削机床的结构特点[J].江苏机械制造与自动化,2001,4:106-110.
[87] 石雪英.干式切削在铣削加工中的应用[J].机械管理开发,2002,12:24-25.
[88] 杨海东,孔晓玲,韦山.金刚石涂层刀具干式切削硅铝合金性能研究[J].合肥工业大学学报,2003,12:1276-1278.
[89] 邓建军,钮平章,王景海. 软涂层刀具的发展与应用[J]. 工具技术,2005,39(3):10-12.
[90] 郭源君,杨禹华.硬质合金涂层及其自润滑处理后的减摩效果[J].润滑与密封, 1995(5):43-45.
[91] 邓建新,丁泽良,赵军,等.自润滑刀具材料研究综述[J].工具技术,2002(36):8-10.
[92] 连云崧,邓建新,吴泽,等.自润滑刀具的研究现状和发展趋势[J].航空制造技术,2011(14).68-73.
[93] 丁淳.表面织构(surface texture)[J].机械工业标准化与质量,2006,(7):35.
[94] 苏宇.新型低温 MQL 装置的研制与难加工材料低温高速切削机理研究[D].南京:南京航空航天大学,2007.
[95] 卞荣,李亮,何宁,等.低温微量润滑高速铣削 PH13-8Mo 刀具磨损试验研究[J].工具技术,2009(7):14-17.
[96] 李新龙.基于低温氮气和微量润滑技术的钛合金高速铣削技术研究[D].南京:南京航空航天大学,2004.
[97] 戚宝运,何宁,李亮,等.低温微量润滑技术及其作用机理研究[J].机械科学与技术,2010,29(6):826-835.
[98] 陈德成,铃木康夫,酒井克彦.微量润滑油润滑和冷风冷却加工法对高硅铝合金切削面的影响[J].机械工程学报,2000,36(11):70-74.
[99] 张震,何曙华.低温冷风切削技术浅谈[J].工具技术,2002,36:32-33.
[100] 么炳唐.静电冷却干切技术[J].工艺与检测,2003,1:66-68.
[101] 刘献礼,文东辉,钟佳.冷风发生装置及风冷却切削用技术[J].制造技术与机床,2001,10:8-9.
[102] 韩荣第. 新型的绿色切削技术研究[C]. 上海:2012 先进制造工艺与刀具技术研讨会,2012.

第 14 章　铣削走刀路线及编程方法

随着数控加工机床与数控编程技术的高速发展,新的加工工艺和新的编程技术不断出现,使现代数控技术正在向高精度、高效率、高柔性和智能化方向发展,而编程方式也越来越丰富。

本章所探讨的铣削加工的刀具走刀路线及程序的编制就是数控加工的基础。走刀路线是数控加工中刀具刀位点相对工件运动的轨迹及方向。走刀路线既包括了工步的内容,也反映出工步安排的顺序,是编写程序的重要依据。合理的走刀路线,是指能保证零件加工精度、表面粗糙度要求、数值计算简单、程序段少、编程量小、走刀路线最短、空程最少的高效率路线。

影响走刀路线选择的主要因素有:被加工工件的材料、余量、刚度、加工精度要求、表面粗糙度要求;机床的类型、刚度、精度;夹具的刚度;刀具的结构、刚度、刀具寿命等。

数控铣削加工的走刀路线反映了工序的加工过程,走刀路线合理与否关系到工件的加工质量与生产效率。本章主要介绍通过优化铣削走刀路线来提高加工质量和加工效率,同时介绍个别钻削和车削中的典型例子,以引起读者对各种数控加工工序走刀路线的关注。

本章的宗旨在于从工程实际应用的角度,介绍数控铣削加工工艺所涉及的基础知识和基本原则,以便读者在操作实训过程中科学、合理地设计刀具的走刀路线和合理编程,充分发挥数控铣床的特点,实现实际生产中的优质、高产和高效。

14.1　铣削走刀路线的确定

在数控加工实践中,对同一个零件的加工可以通过不同的工步安排和相应的走到路线来实现,并产生十分不同的加工效果。因此,根据具体的零件结构、加工要求和加工条件确定合理的走刀路线是编制数控加工程序的前提。此外,随着切削技术和刀具的发展,出现了很多高效的加工新方法,如摆线铣削法、插铣铣削法、螺纹铣削法等,掌握和应用这些新的加工方法及走刀路线的编程技术可以提高切削加工水平。本节将通过不同走刀路线的分析对比和介绍新的加工方法的走刀路线,从而为编制数控程序提供依据,并从中归纳出确定走刀路线的准则。

1. 寻求最短加工路线,减少空刀时间以提高加工效率

如加工图 14－1 所示的零件上孔系(所有孔的孔径一致)。图 14－1(a)的走刀路线为先加工完外圈孔后,再加工内圈孔。若改用图 14－1(b)的走刀路线,则可节省近 1/2 进刀时间。

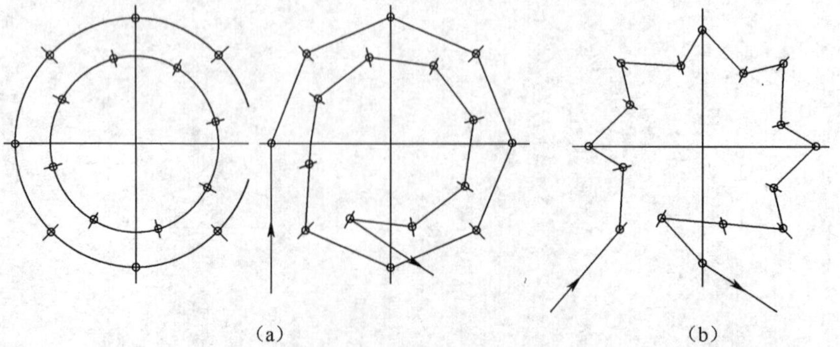

(a)　　(b)

图 14－1　确定最短加工路线

2. 为保证工件轮廓表面加工后的粗糙度要求，最终轮廓应安排在最后一次走刀中连续加工

如加工图 14－2(a)所示的用行切方式加工内腔的走刀路线，这种走刀能切除内腔中的全部余量，不留死角，不伤轮廓。但行切法将在两次走刀的起点和终点间留下残留高度，而达不到要求的表面粗糙度。所以如采用图 14－2(b)的走刀路线，先用行切法，最后沿周向走刀环切一刀，光整轮廓表面，能获得较好的效果。图 14－2(c)也是一种较好的走刀路线方式。

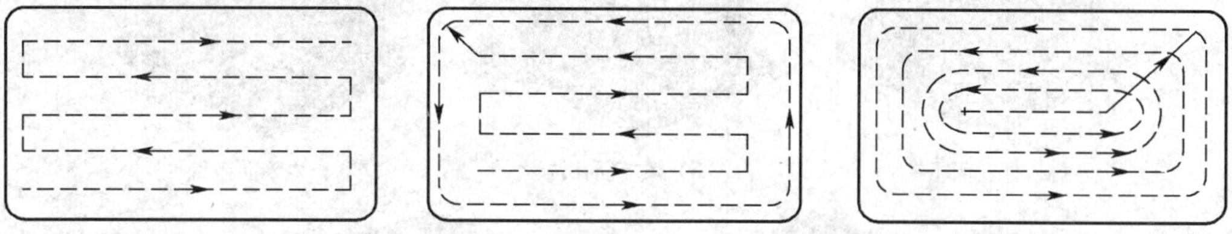

(a)　(b)　(c)

图 14－2　用行切方式加工内腔的走刀路线

3. 考虑刀具的进、退刀(切入、切出)路线

刀具的切出或切入点应在沿零件轮廓的切线上，以保证工件轮廓光滑，应避免在工件轮廓面上垂直上、下刀而划伤工件表面，尽量减少在轮廓加工切削过程中的暂停(切削力突然变化造成弹性变形)，以免留下刀痕，如图 14－3 所示。

4. 选择使工件在加工后变形小的路线

对横截面积小的细长零件或薄板零件应采用分几次走刀加工到最后尺寸或对称去除余量法安排走刀路线。

对于侧壁的铣削加工，在切削用量允许范围内，采用径向切削深度较大、轴向切削深度小，逐层往下切的分层铣削加工路线。这种刀路的设计思想在于，在切削过程中尽可能应用零件的未加工部分作为正在铣削部分的支撑，充分利用零件整体刚性。

当铣削图 14－4 所示的薄壁时(壁厚 0.5mm，高度 60mm)，必须选用大正前角槽形的刀具，并且刀片的刃口要非常锋利，从而避免在薄壁加工时产生振动和缺陷。走刀路线：第 1 刀，右侧轴向铣削 2.5mm；第 2 刀，左侧轴向铣削 5mm；第 3 刀，右侧轴向铣削 5mm，采用左右交替走刀方式，使工件本身作为一个支撑。

5. 先安排对工件刚性破坏较小的工步

薄壁零件加工的难点在于工件加工变形。随着零件壁厚的降低，零件的刚性减低，加工变形增大，容易发生切削振颤，影响零件的加工质量和加工效率。刀具路径设计时应考虑如何保证零件整体刚性，使切削过程处在刚性较佳的状态。

在铣削图 14－5 所示的薄底零件时，应首先在底座区域中心使用环形坡走铣至所需深度，然后以环形坡走铣路径从该点向外铣削。如果待铣削表面的相对侧已加工，则应使用最少切削刃数量，并在该侧施加的接触压力尽量小。如果零件在底座中心有一个孔，则应首先加工第一侧时将一支承腿留在原位，然后加工第二侧，最后在两侧都完成之后去除支承腿。

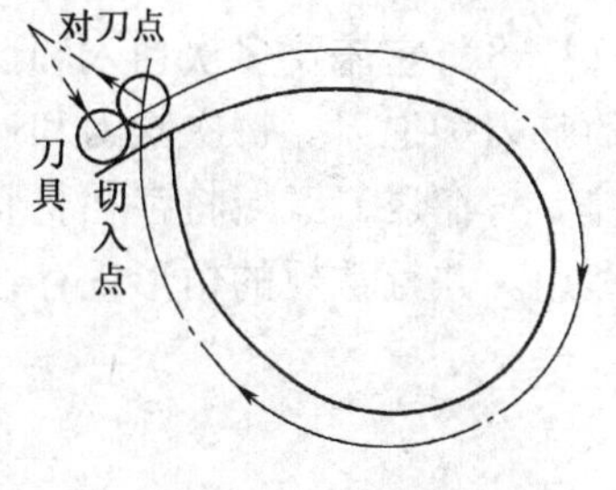

图 14－3　外表面轮廓铣削示意图

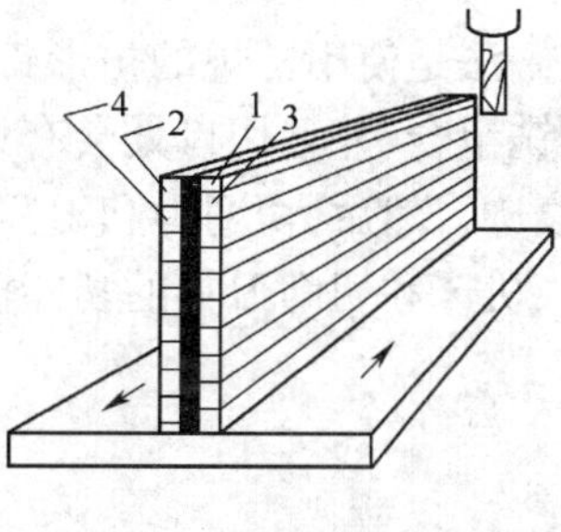

图 14－4　大正前角槽形的刀具铣削薄壁示意

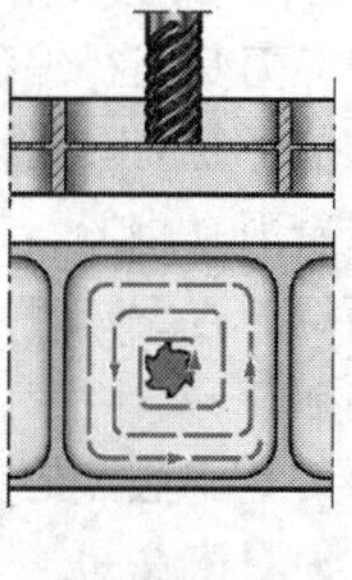

图 14－5　铣削薄底零件时的铣削策略

图 14－6 表示对薄壁箱体零件的铣削策略，共分 5 个工序，如图 14－6 所示。图 14－6(a)为外表面粗铣，加工到外形的尺寸；图 14－6(b)为螺旋插补铣，在箱体的中心部位加工两个内腔；图 14－6(c)为内表面粗铣，加工到大致形状和尺寸(留精加工余量)；图 14－6(d)为插铣，将内腔四个圆角的余量去除；图 14－6(e)为等高线铣削，为使工件变形最小，保证加工精度，采用该策略进行精加工。

(a) 外表面粗铣

(b) 螺旋插补铣

(c) 内表面粗铣

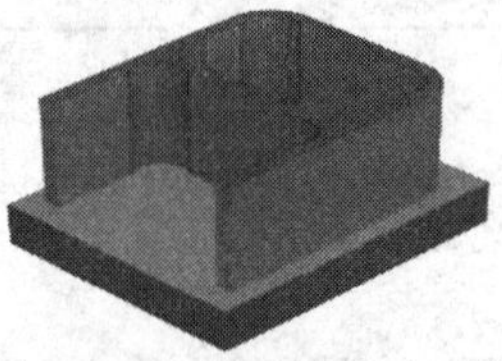
(d) 插铣

(e) 等高线铣削

图 14－6　薄壁箱体零件的铣削策略

6. 曲面的加工路线

加工一个曲面时可能采取的三种走刀路线，如图 14－7 所示。即沿参数曲面的 u 向行切、沿 w 向行切和环切。对于直母线类表面，采用图 14－7(b)的方案显然更有利，每次沿直线走刀，刀位点计算简单，程序段少，而且加工过程符合直纹面的形成规律，可以准确保证母线的直线度。图 14－7(a)方案的优点是便于在加工后检验型面的准确度。因此实际生产中最好将以上两种方案结合起来。图 14－7(c)所示的环切方案一般应用在内槽加工中，在型面加工中由于编程麻烦，一般不用。但在加工螺旋桨桨叶一类零件时，工件刚度小，采用从里到外的环切，有利于减少工件在加工过程中的变形。

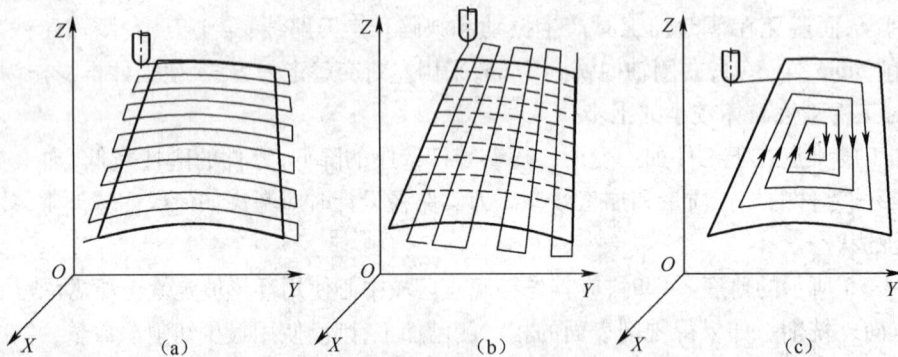

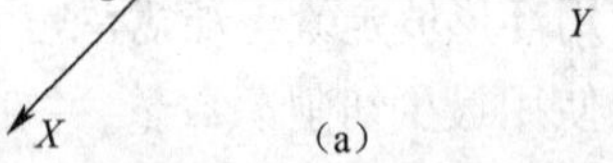

(a)

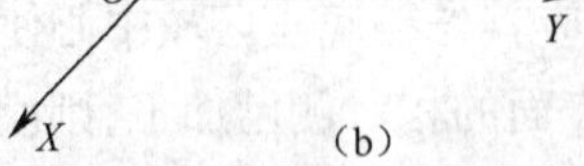

(b)

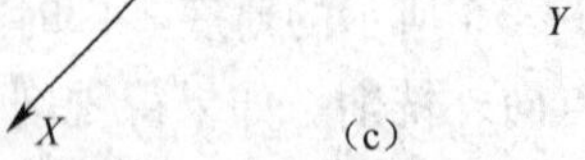

(c)

图 14－7　立体轮廓的加工

7. 有利于加工质量和刀具寿命的路线

为型腔刀具路径编程的最容易的传统方法是使用常规的仿形铣技术(图 14－8)，它需要多次切入和切出材料。仿形铣刀具路径通常是逆铣和顺铣组合，并且切口处会有许多不利的吃刀和退刀。每次吃刀和退刀都意味着刀具将偏斜，在表面留下凸起痕迹。然后，切削力和刀具的弯曲将减小，在退刀区域将存在材料的轻微根切。这意味着它对于强大的软件、机床和切削刀具的功能没有充分利用。并且常规的仿形铣存在着以下的缺点：

(1) 刀具中心点的负载大。

(2) 刀具寿命短。

(3) 机械冲击大。

（4）形状误差较大。

（5）加工效率低。

8. 等高线铣削的优点

等高线铣削是用等高铣刀具路径结合顺铣代替限于以恒定 Z 值“切去”材料的编程技术，如图 14－9 所示。其优点如下：

（1）加工时间明显缩短。

（2）更好的机床和刀具利用率。

（3）提高了加工形状的几何质量。

（4）精加工和手动抛光作业用时更少。

但是，等高线铣削在初始的编程工作较困难，并需要较长时间；然而，这将迅速获得补偿，因为每小时机床成本通常是软件程序工作站的 3 倍。

9. 点铣与球头铣刀倾斜铣削

当使用球头立铣刀时，切削刃最关键的区域是刀具中心，此处的切削速度接近 0，这对于切削过程是不利的。如图 14－10 所示，铣刀垂直于加工面时，球头铣刀端部中心点的速度接近于 0，而把它倾斜一定角度后，切削速度将提高。由于横刃处空间狭窄，刀具中心处的排屑非常关键。

因此，建议倾斜主轴或工件 10°～15°，这将使切削区域远离刀具中心。并且具有以下优点：

（1）最小切削速度将更高。

（2）刀具寿命和切屑形状改善。

（3）表面质量更佳。

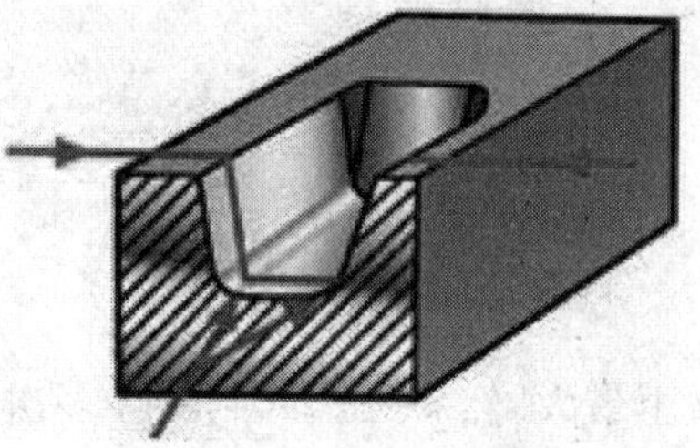

图 14－8　常规的仿形铣削

图 14－9　等高线铣削

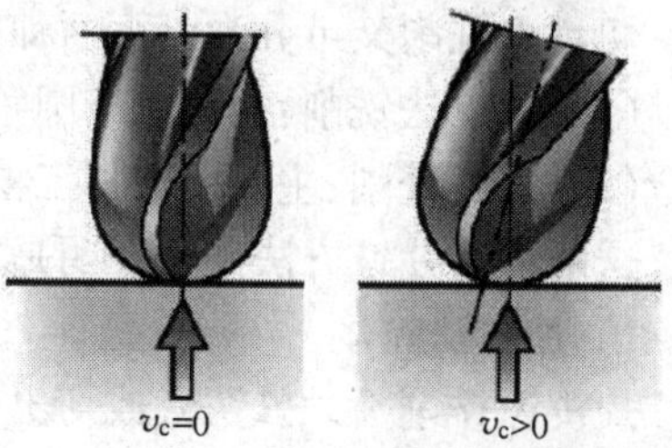

图 14－10　球头铣刀端部中心点速度

图 14－11 为浅切削时非倾斜刀具与倾斜刀具有效直径对比。本例显示增加切削速度的可能性，此时 a_e/a_p 小，并且使用倾斜刀具也有好处。

球头刀具或半径形状切削刃将形成具有一个具有特定尖点高度 h 的表面，这取决于切削宽度 a_e，每齿进给量 f_z。

其他重要因素为切削深度 a_p 影响切削力。为了获得最佳效果，可以使用高精度夹头，并将刀具悬伸减至最小。如图 14－12 所示，顺铣时让刀具沿两个方向倾斜大约 10°，确保良好的表面质量和可靠的性能。

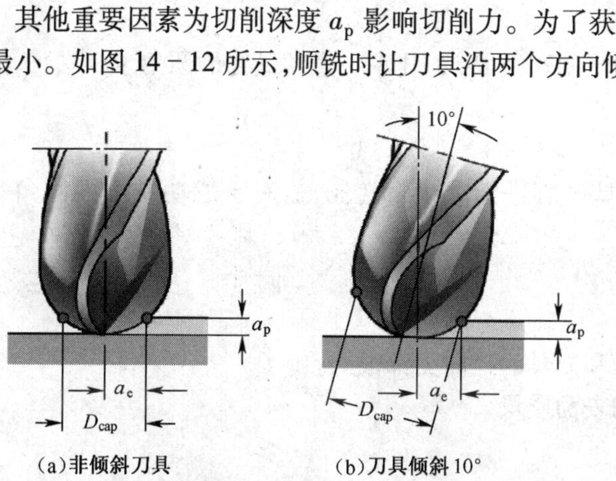

（a）非倾斜刀具　（b）刀具倾斜 10°

图 14－11　浅切削时倾斜刀具与非倾斜刀具有效直径对比

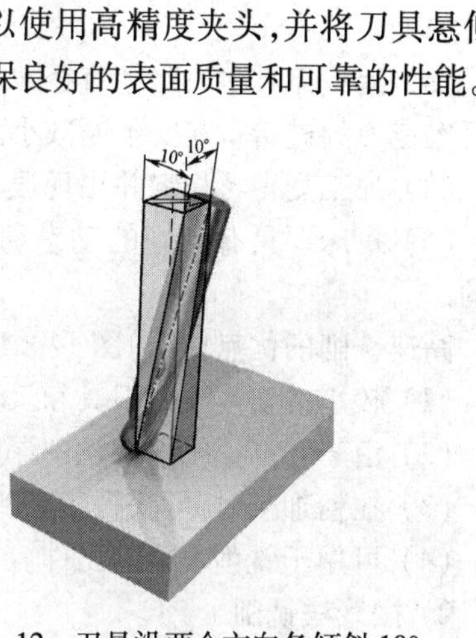

图 14－12　刀具沿两个方向各倾斜 10°

如果每齿进给量远小于切削宽度和切削深度,加工出的表面将在进给方向具有更小的尖点高度。如图 14－13 所示,半精加工时的 a_e 远小于 f_z。

这有益于在所有方向取得光滑、对称的表面纹理,而且易于后续抛光,不管采取何种抛光方法。如图 14－14 所示,在超级精加工中一定要使用倾斜的两齿刀具,且当 $f_z = a_e$ 时,可以获得最佳表面纹理。

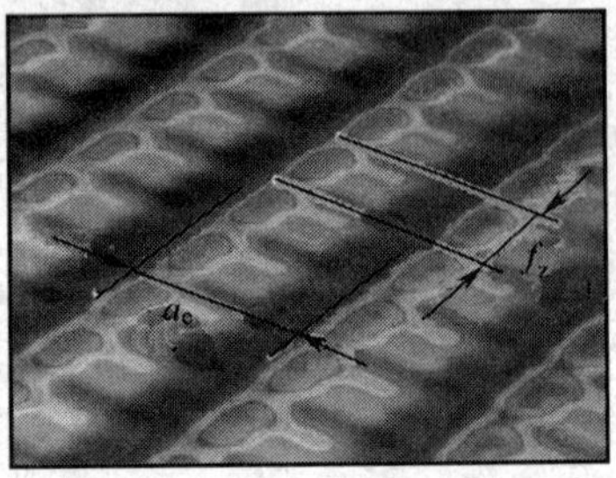

图 14－13　半精加工时的 a_e 与 f_z

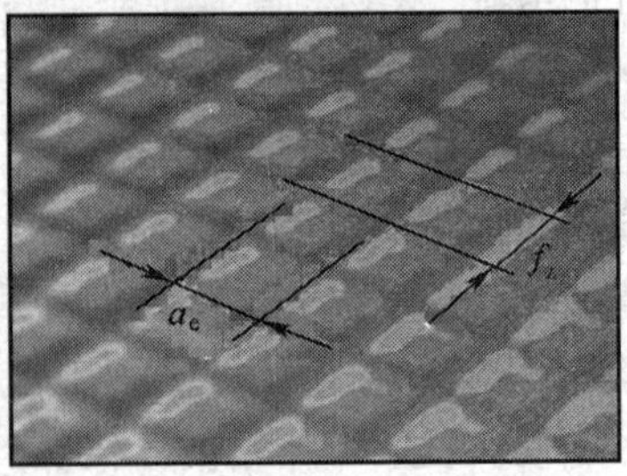

图 14－14　超精加工时的 a_e 与 f_z

10. 其他铣削方法和工艺

针对于一些难切削材料的粗加工和半粗加工,如硬钢、ISO H、HRSA 材料以及 ISO S,或者在某些振动敏感的场合,技术人员们开发了新的切片法铣削,这些技术基于小径向切削深度 a_e。它的特点如下:

(1) 产生低的径向切削力,对稳定性要求不高,并能够实现大切削深度 a_p。

(2) 意味着每次只有一个齿进行切削,能使振动趋势减至最小。

(3) 由于接触时间短,减少了切削区域中的热量,能够使用较高的切削速度。

(4) 小切屑厚度 h_{ex},大进给量 f_z。

切片法铣削又可分为以下两种:

(1) 片皮法铣削:通常用于圆角半粗加工。

(2) 摆线铣削:主要用于加工槽。

这两种切片铣方法都已证明是非常可靠且高效的。

1) 片皮法铣削

片皮法铣削无须弧切入或切出,因为径向切削从零开始,在中间位置增至最大,然后又返回到零。多次走刀逐步去除材料,确保稳定的低径向切削深度/吃刀角和低切削力,如图 14－15(a)所示。

切片铣是用于圆角铣削的半粗加工技术,它用于前一工序中所用的较大刀具不能达到的场合。

片皮法铣削需要考虑以下多种因素,且进给率在圆角处减小:

(1) 与所有圆角轮廓加工一样,当使用刀具中心进给 v_f 编程时,需要相对刀具周边进给 v_{fm} 减小进给率,以保持恒定的每齿进给。

(2) 根据刀具直径与圆角半径的关系,切削深度可能变得过大,以致不能采用与直线切削相同的高进给进行加工。

(3) 编程刀具中心路径直径 D_{vf} 与铣出的圆角相当的孔径 D_m 的比率一直朝最终的圆角半径增加,这表示每次走刀的进给量需要不断减小。

(4) 加工变得不稳定并出现振动。

(5) 机床要具有良好的动态稳定性,并配备刀具中心进给减小量控制,这对于成功铣削内圆角是必要的。

高速铣削的优点如下(图 14－16):

(1) 较小的切削力使刀具和工件不易损坏。

(2) 由于在高速铣削中切削深度较小,因此主轴和刀具的径向力都很低。

(3) 在精加工时,可获得较高的生产率和较高的表面质量。

(4) 可用于铣削很薄的工件。

2) 摆线法铣削

摆线法铣削可以定义为包含几个同步向前移动的圆弧铣,如图 14－17 所示。在一系列连续的螺旋刀具

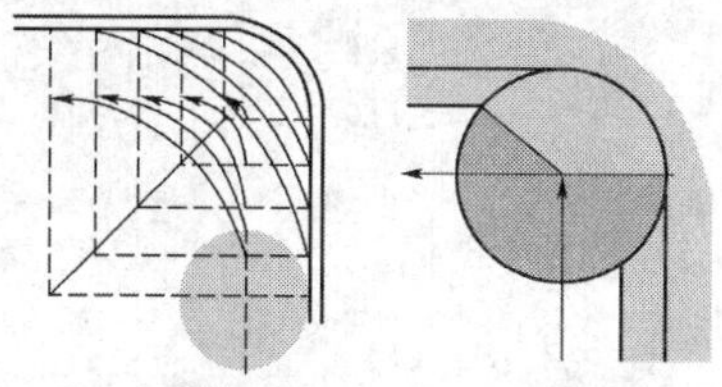

图 14－15　片皮法铣削与常规法铣削

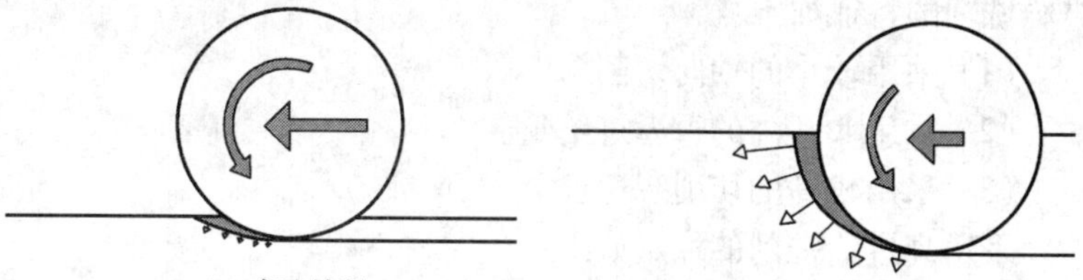

图 14－16　高速铣削与常规铣削

路径中，刀具沿其径向方向去除重复的材料“切片铣”。

摆线法铣削是有振动问题时铣槽的有效方法，也适用于封闭型腔、凹窝和槽的粗铣。

它需要专门编程和特定的机床功能。编程时，刀具路径为弧切入和切出，保持低的径向螺距 w，这表示：

（1）受控制吃刀弧度产生的切削力低，从而实现高轴向切削深度。

（2）整个切削刃长度获得利用，确保热量和磨损均匀一致并散开，使得刀具寿命比传统槽铣削要长。

（3）由于吃刀弧度短，使用多刃刀具，因此它能实现高工作台进给以及可靠的刀具寿命。

（4）最大径向切削 a_e 不应超过刀具直径的 20%。

3）赛车线铣削

如图 14－18 所示，把刀具路径看成赛车在跑道内高速行驶，赛车可以偏离跑道的中心，从而产生类似于赛车在跑道内的运动路径，赛车可以在不失速率的情况下来转弯。增加了刀路运动的光滑性、平衡性，避免刀路突然转向，频繁切入切出所造成的冲击。

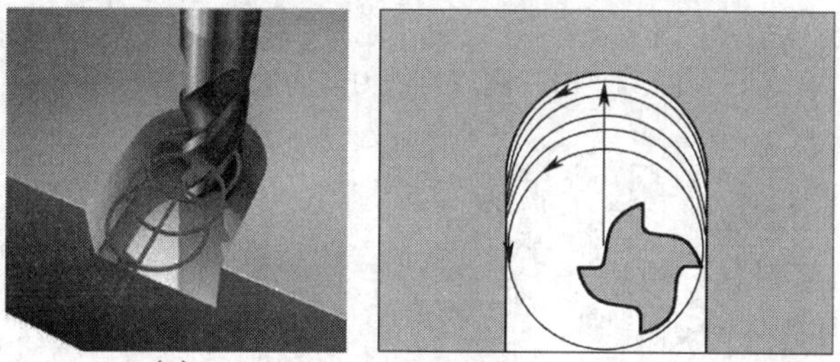

图 14－17　摆线法铣削示意

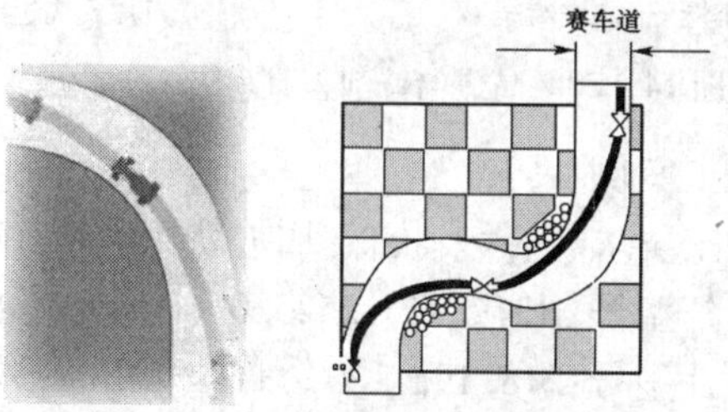

图 14－18　赛车线示意

在赛车线铣削策略中，随刀具路径切离工件，初加工刀路将变得越来越平滑，这样可避免刀路突然转向，从而降低机床负荷，减少刀具磨损，实现高速切削和提供更长的刀具寿命（更少的破损），如图 14－19 所示。

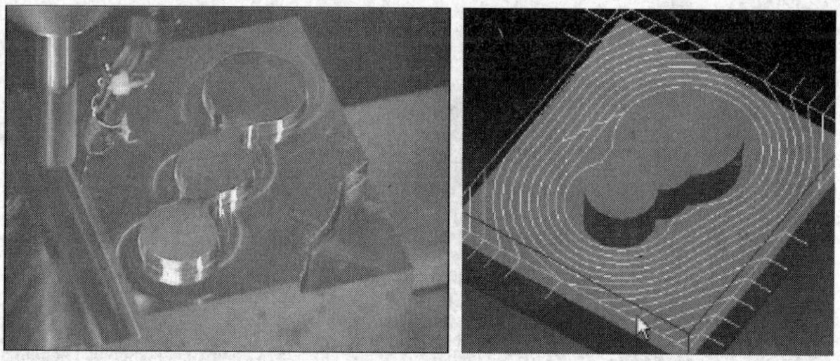

图 14－19　赛车线铣削示意

4）高进给铣削

高进给铣刀的主偏角一般为 10°～15°，由于主偏角较小，所以加工后的铁屑也较薄。根据平均断屑厚度理论，可以采用较高的进给速度（图 14－19），并且快进给铣刀的切削力主要被引向主轴，可提供稳定的切削作用，这实际上消除了振动或偏转侧力。所以在大悬伸刀具加工深腔模具时，可以获得较高的加工效率。高

进给铣削的特征如下:

(1) 采用较小的轴向切削深度。

(2) 采用非常高的每齿进给量。

(3) 采用较高的切削线速度。

采用高进给铣削的优点如下:

(1) 尽管采用较小的轴向切削深度,似乎加工效率不如用传统圆刀片来得高,但实际上由于采用了比传统高得多的每齿进给量(尤其是当加工大悬伸深模腔时传统圆刀片铣刀轴向切削深度往往也不大),所以实际金属切除率明显提高。

(2) 切削力方向以轴向力为主,有利刀具切削刚性提高,尤其当加工大悬伸深模腔时,表现优于传统圆刀片铣刀,如图 14-21 所示。

(3) 最大轴向切削深度可达 1.8mm。

(a)"小魔王"快进给铣刀　(b)刀片式快进给铣刀

图 14-20　高进给铣削刀具(山高刀具公司)

图 14-21　圆刀片铣刀与高进给铣刀

加工案例:

加工要求、条件及状态:加工模具型腔,预硬模具钢 56HRC。

刀杆型号:R217.21-2525.0-R100.3(ϕ25mm)(山高刀具公司)。

刀片型号:218.19-100T-T3-MD06,F15M(山高刀具公司)。

切削参数:v_c = 195m/min;

n = 2500r/min;

f_z = 0.53mm/tz;

v_f = 4000mm/min;

a_p = 0.3mm;

角度 = 0.5°。

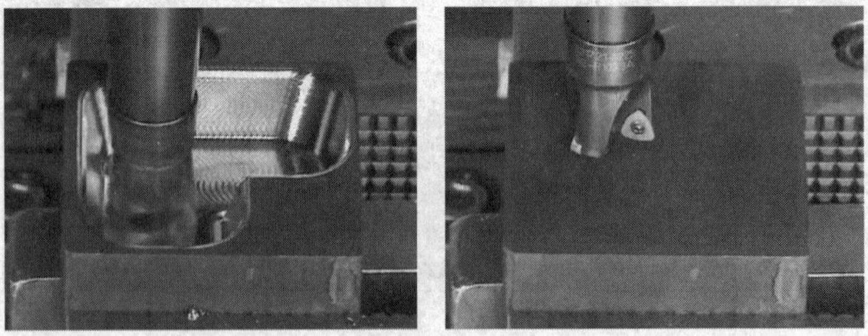

(a)加工前　(b)加工后

图 14-22　高进给铣削刀具与工件

5) 插铣法铣削

插铣法又称为 Z 轴铣削法,是实现高切除率金属切削最有效的加工方法之一。对于难加工材料的曲面加工、切槽加工以及刀具悬伸长度较大的加工,插铣法的加工效率远远高于常规的端面铣削法。事实上,在需要快速切除大量金属材料时，采用插铣法可使加工时间缩短 1/2 以上。此外，插铣加工还具有以下优点：

(1) 可减小工件变形。

(2) 可降低作用于铣床的径向切削力。这意味着，轴系已磨损的主轴仍可用于插铣加工而不会影响工件加工质量。

(3) 刀具悬伸长度较大，这对于工件凹槽或表面的铣削加工十分有利。

(4) 能实现对高温合金材料(如 Inconel)的切槽加工。

插铣法非常适合模具型腔的粗加工，并被推荐用于航空零部件的高效加工。其中一个特殊用途就是在三轴或四轴铣床上插铣加工涡轮叶片，这种加工通常需要在专用机床上进行。图 14－23 为插铣刀。

加工案例：

加工要求、条件及状态：加工叶片，常规材料，山高刀具公司第 4、5 组材料。

刀杆型号：R217. 79－1650. RE－6. 09A(山高刀具公司)。

刀片型号：XOEX090320－05，620470(山高刀具公司)。

切削参数：$v_c = 500\text{m/min}$；

$n = 3180\text{r/min}$；

$f_z = 0.20\text{mm/z}$；

$v_f = 3800\text{mm/min}$；

$a_p = 0.4\text{mm}$；

$z = 6$；

$T = 10\text{min}$。

图 14－23　插铣刀(山高刀具公司)

(a) 插铣加工前　　(b) 插铣加工后

图 14－24　插铣刀具与工件

6) 型腔拐角的铣削策略(粗精铣削过渡)

圆角加工需要认真考虑合适的刀具吃刀弧度以及合适的进给率，否则会对加工过程产生诸多负面影响。其主要原因如下：

(1) 刀具向内部圆角进给时，将增加吃刀的径向弧度，并对切削刃提出额外要求。

(2) 切削过程经常会变得不稳定，产生振动和不可靠的过程。

(3) 不稳定的切削力会造成圆角根切。

(4) 有刀具切屑刃崩碎的风险，或整个刀具损坏，如图 14－25 所示。

针对于这些问题，型腔拐角的铣削策略可以采用限制吃刀弧度的解决方案，具体措施如下：使用编程半径(周边铣削)降低吃刀弧度和径向切削将降低振动趋势，从而允许更高的切削深度和进给率。

(1) 铣削的圆角半径要大于图纸中的规定值。这有时是有利的，因为它允许在粗加工中使用较大的刀具直径，以保持高生产效率。

(2) 使用较小直径 D_c 刀具替换，以铣削出预期的圆角半径。

在粗加工时，编程半径为 50%D_c 最佳，如图 14－26 所示。

在精加工时并不总会有如此大的半径，但刀具直径应不大于 1. 5 倍零件半径(如圆角半径 10mm，则刀具的最大直径为 15mm)，如图 14－27 所示。

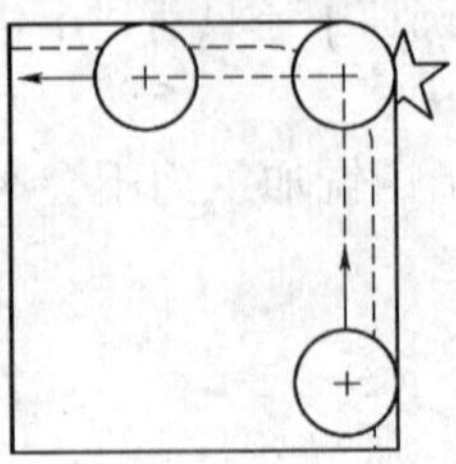

图 14-25　型腔拐角的铣削策略

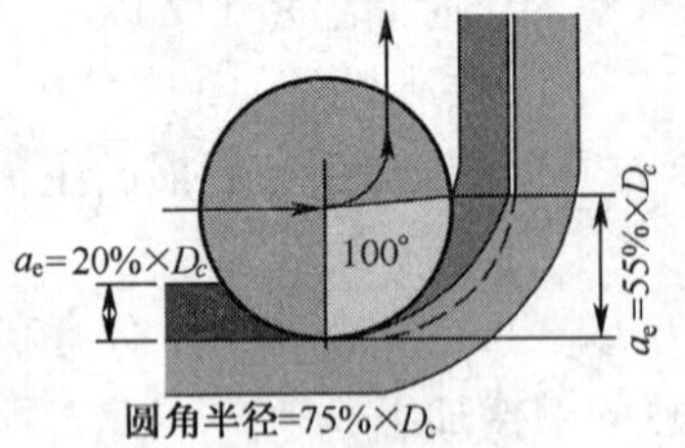

图 14-26　粗加工，编程半径＝50%×D_c

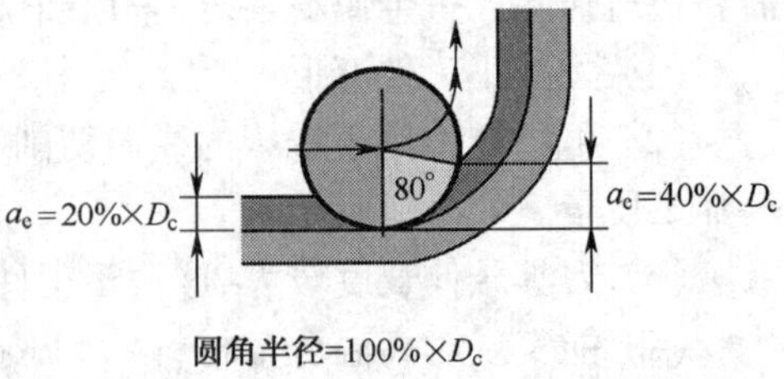

图 14-27　精加工，刀具直径小于 1.5 零件半径

生成的 NC 代码将采用刀具中心编程，而不是周边编程。

对于直线切削（G1），在零件壁上的进给 v_{fm} 等于编程进给 v_f，绕半径的圆周进给（G2）将大于刀具中心进给。因此，需要降低工作台进给 v_f 以保持每齿进给量 f_z。如图 14-28 所示，降低系数取决于刀具直径与零件半径之比（D_c/rad_m）和径向切削深度与刀具直径之比（a_e/D_c）。

另一种解决方案是在到达圆角之前降低进给。在到达圆角之前降低进给在高速铣削中是十分必要的。

由于刀具仍然朝着 G1 线末端直线进给，吃刀弧度开始增加。因此，必须在到达圆角之前降低进给，即 l_n＝50%×Dc。使用编程半径，防止过度的吃刀弧度引起振动。如果使用半径补偿，则在半径处降低进给，如图 14-29 所示。

带有先进前瞻功能的机床控制系统将自动管理进给率的变化。

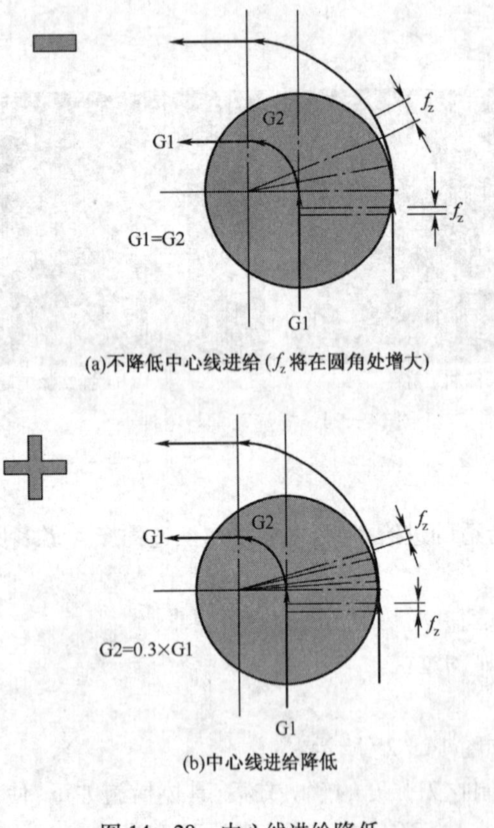

图 14-28　中心线进给降低

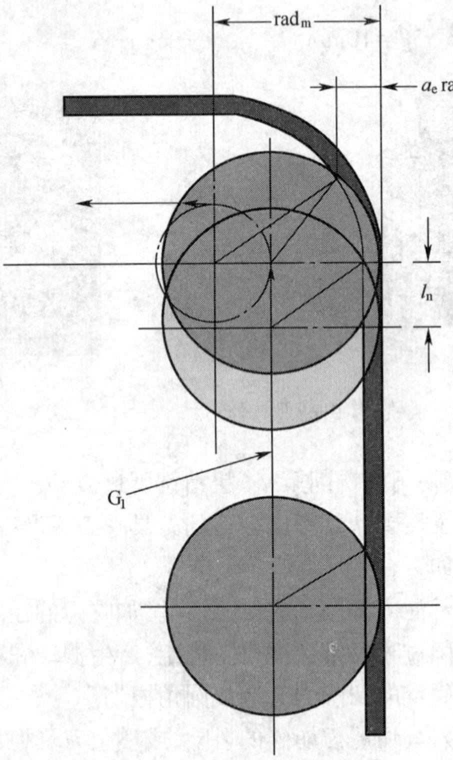

图 14-29　在半径处使用半径补偿

7）斜坡铣

在斜坡铣工艺出现之前，对于加工整体工件的开口都必须首先使用钻削刀具，然后才换用铣削刀具。而斜坡铣的出现却带来了铣削的变革，一种刀具可以实现多种不同的铣削应用，如开槽、开孔或型腔、扩孔、扩型腔等。

钻削是加工孔的传统方法，也是最快的方法，但是某些材料的断屑是个难题，并且对于变化直径和非圆形状加工，缺乏灵活性。与钻削相比，环形斜坡铣（3 轴联动）是生产效率较低的方法，但在下列情况下可能是一种良好的替代方案：

(1) 加工大直径孔而机床功率有限。

(2) 较小规模的批量生产。孔直径大于 25mm 的加工经验法则：对于大约 500 个孔以内的连续加工，铣削成本效益好。

(3) 加工一系列孔尺寸。

(4) 有限的刀库空间不足以存储太多规格的钻头。

(5) 加工盲孔需要平底。

(6) 非刚性、薄壁零件。

(7) 间断切削。

(8) 由于断屑和排屑造成材料难以钻削。

(9) 没有切削液。

(10) 型腔/凹窝（“非圆孔”）。

当加工闭合的槽、凹窝、型腔时，通常将线性斜坡铣用作接近工件的有效方法，并且无须钻头。线性斜坡铣定义为沿轴向（Z）和一个径向（X 或 Y）的同步进给，即两轴斜坡铣（图 14－30(a)）。圆周斜坡铣（图 14－30(b)）总是优于直线坡走铣（全槽铣），因为圆周斜坡铣径向切削减少，并允许纯粹的向下铣削和更好的排屑。逆时针旋转确保向下铣削。

单一斜坡铣如图 14－31 所示，加工建议如下：

(1) 将进给减小至正常值的 75%。

(2) 在坡走铣之后直接进行槽铣时，重要的是继续保持较低的进给，进给距离对应刀具直径，直到后刀片停止切削。

(3) 使用切削液有助于排屑。

(4) 减小刀具上的半径以减小接触面积。

(5) 如果螺旋斜坡铣通路受到限制，应该将直线斜坡铣限制在小于 30mm 宽的窄槽。

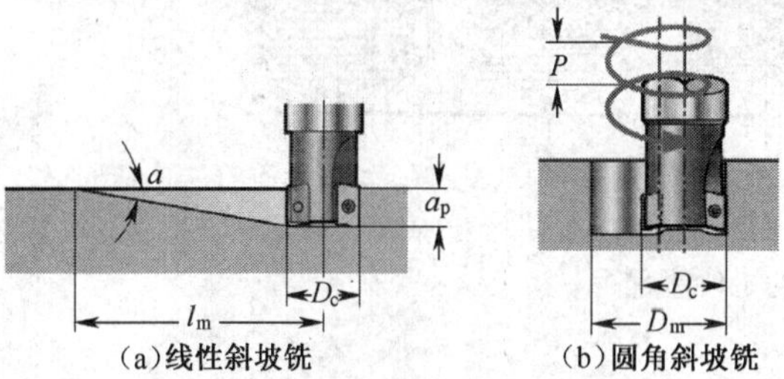

(a) 线性斜坡铣　(b) 圆角斜坡铣

图 14－30　两种斜坡铣方式

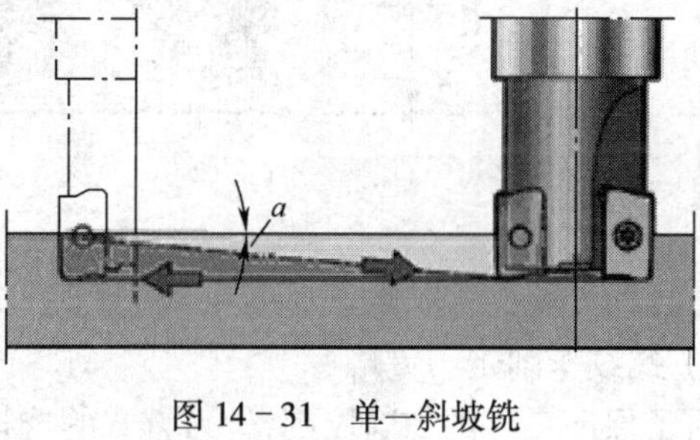

图 14－31　单一斜坡铣

渐进斜坡铣如图 14－32 所示。当采用几次走刀的斜坡铣加工深槽时，易于通过在两个方向斜坡铣（渐进斜坡铣）代替仅在一个方向斜坡铣（单一走刀斜坡铣）来提高生产率，如图 14－32 所示。

注意：当以最大斜坡角进给刀具时，必须将其提起距离 h，然后再改变方向。这可以防止损坏刀体中部。

8) 螺纹铣削走刀策略

在非旋转零件中，螺纹铣削是攻螺纹的良好替代方法，并且也可以替代螺纹车削。在长屑材料中，铣削中的断续切削能够提供良好的切屑控制。

一定要沿着平滑的刀具路径切入和切出，采用圆弧进刀和出刀。

(1) 最好是顺铣。

(2) 当在淬硬钢或其他难以切削的材料中铣削螺纹时，可能有必要将工序分为几次走刀，这时要减小 a_e 或 f_z。

如图 14－33 所示，螺纹铣削的工位流程（共 6 个工位），从左到右的次序：①位，螺纹铣刀快速运行至工件安全平面；②位，螺纹铣刀快速运行至孔深尺寸；③位，螺纹钻铣刀以圆弧切入螺纹起始点；④位，螺纹钻铣刀绕螺纹轴线作 X、Y 方向插补运动，同时做平行于轴线的 $+Z$ 方向运动，即每绕螺纹轴线运行 360°，沿 $+Z$ 方

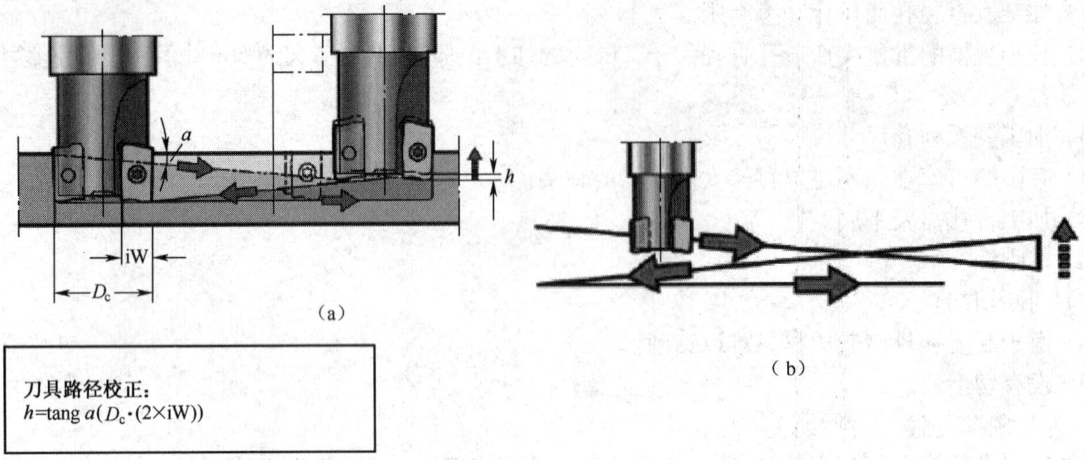

图 14-32 渐进斜坡铣

向上升一个螺距,三轴联动运行轨迹为一螺旋线;⑤位,螺纹钻铣刀以圆弧从起始点(也是结束点)退刀;⑥位,螺纹钻铣刀快速退至工件安全平面,准备加工下一孔。

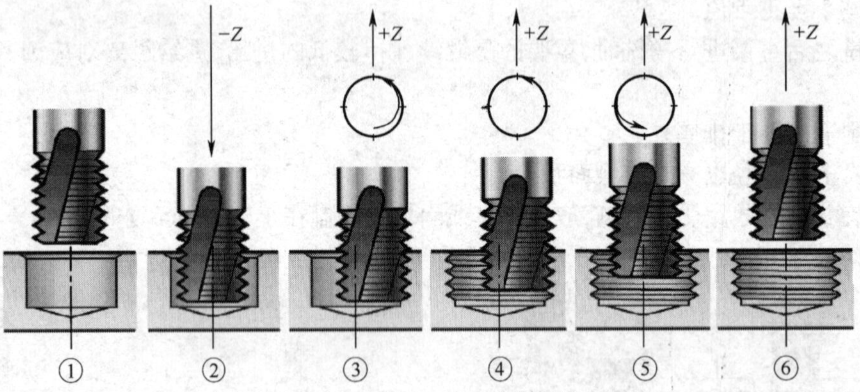

图 14-33 螺纹铣削的工位流程

9) 螺纹车削走刀策略

为了保证良好的切削控制,进刀方式的选择对于长切屑材料来说是最重要的。

1. 改进型侧向进刀(用于 CNC 机床与传统机床)

改进型侧后进刀如图 14-34 所示,CNC 机床首选,进刀角度应比牙型角小 2.5%~5%。其主要特点如下:

(1) 良好的切屑控制(对内螺纹加工很重要)。

(2) 螺纹的表面粗糙度变低。

(3) 刀具寿命长。

2. 侧向进刀(用于 CNC 机床与传统机床)

如图 14-35 所示,当改进型侧向进刀不能使用时,采用侧向进刀。其主要特点如下:

(1) 良好的切屑控制。

(2) 会导致螺纹的表面粗糙度变高。

(3) 不适合于产生加工硬化的材料。

3. 径向进刀(用于传统机床与多齿刀片)

如图 14-36 所示,主要用于多齿刀片要求径向进刀,产生加工硬化材料的首选。其主要特点如下:

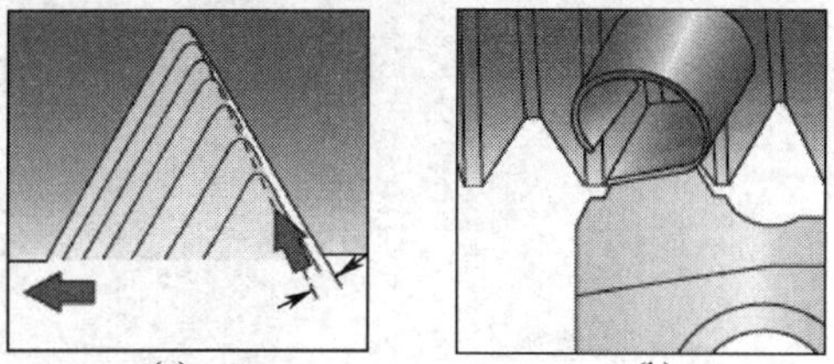
(a)　(b)

图 14-34　改进型侧向进刀

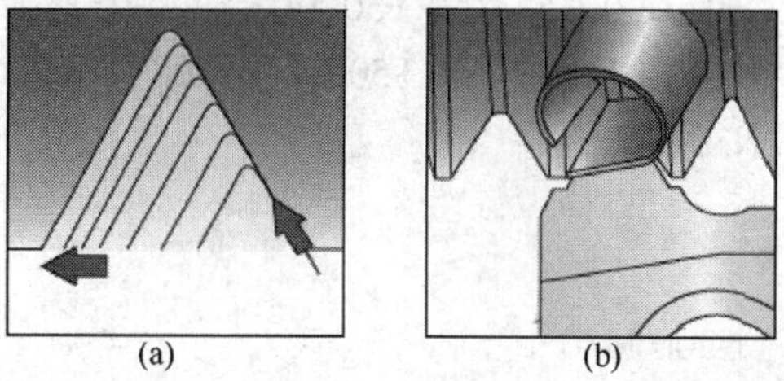
(a)　(b)

图 14-35　侧向进刀

(1) 难以控制切屑。

(2) 切削力大。

4. 交替式侧向进刀(用于 CNC 机床)

交替式侧向进刀如图 14-37 所示,是大螺距粗牙螺纹首选。其主要特点如下:

(1) 刀具寿命长。

(2) 易产生断屑问题。

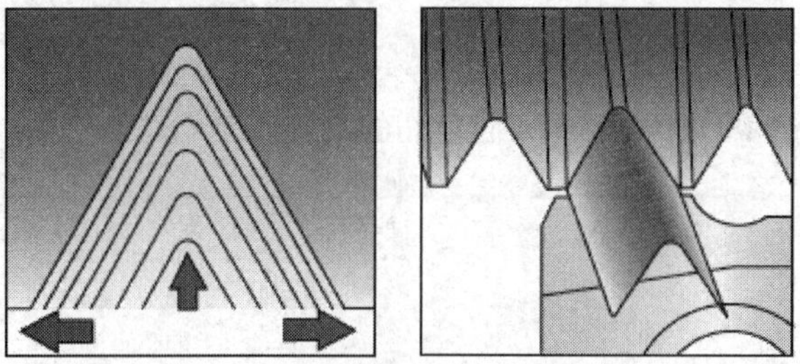
(a)　(b)

图 14-36　径向进刀

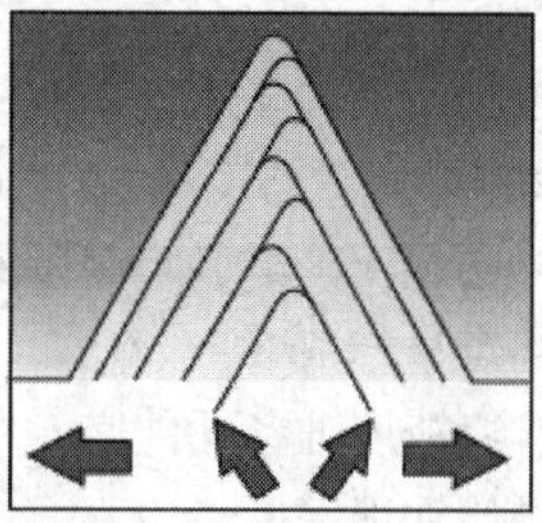

图 14-37　交替式侧向进刀

14.2　铣削加工程序的编制

在走刀路线确定之后,还需要使其成为刀具在数控机床上运动的轨迹,必须编制数控加工的程序。然而,数控加工程序的内容不仅包括刀具运动的坐标指令,还包括加工参数、固定循环指令、用户宏功能等。编制数控加工程序必须遵守规范的格式,严格按照相应的格式来编写。本节介绍数控编程最基本的规则和方法,读者可在此基础上于实践中提高编程技巧,优化走刀路线。

14.2.1　程序的格式

1) 程序开始符、结束符

程序开始符、结束符是同一个字符,ISO 代码中是%,EIA 代码中是 EP,书写时要单列一段。

2) 程序名

程序名有两种形式:一种是由英文字母 O 和 1~4 位整数组成;另一种是由英文字母开头,字母数字混合组成的。一般要求单列一段。

3) 程序主体

程序主体是由若干个程序段组成的。每个程序段一般占一行。

4) 程序结束指令

程序结束指令可以用 M02 或 M30。一般要求单列一段。

加工程序的一般格式举如下:

```
%                                程序开始符
O1001                            程序名为 O1001
```

```
N10 G00 G54 X50 Y30 M03 S3000
N20 G01 X80 Y40 F500 T02 M08        程序主体
N30 X90
⋮

N200 M30
%                                   程序结束符
```

14.2.2 程序段的格式

程序段是可作为一个单位来处理的、连续的字组,是数控加工程序中的一条语句。一个数控加工程序由若干个程序段组成。

程序段格式是指程序段中的字、字符和数据的安排形式。现在一般使用字地址可变程序段格式,每个字长不固定,各个程序段中的长度和功能字的个数都是可变的。地址可变程序段格式中,在上一程序段中写明的、本程序段里又不变化的那些字仍然有效,可以不再重写。这种功能字称为续效字。

程序段格式如下:

N30 G01 X88.1 Y30.2 F500 S3000 T02 M08

N40 X90(本程序段省略了续效字"G01,Y30.2,F500,S3000,T02,M08",但它们的功能仍然有效)

在程序段中,必须明确组成程序段的各要素:

移动目标:终点坐标值 X、Y、Z。

沿怎样的轨迹移动:准备功能字 G。

进给速度:进给功能字 F。

切削速度:主轴转速功能字 S。

使用刀具:刀具功能字 T。

机床辅助动作:辅助功能字 M。

14.2.3 数控编程的指令介绍

数控加工在编程时,对机床操作的各个动作,如机床主轴的开、停、换向,刀具的进给方向、进给量,切削液的开、关等,都要用指令的形式给予规定。把这类指令称为功能指令。

指令一般可分为准备功能指令和辅助功能指令两类。准备功能指令——G 代码,辅助功能指令——M 代码。国际上广泛使用 ISO1056—1975 标准规定的 G 代码和 M 代码。我国根据 ISO 标准制定 JB3208—83 标准。值得注意的是,由于不同的数控机床生产厂家产品的不同,各厂家可能对 G 代码和 M 代码在某个功能指令上有些许改动,在手工编程时应该首先了解所使用机床的功能代码的特点。

1. 准备功能指令——G 代码

准备功能指令是使数控机床准备好某种运动方式的指令,使用 G 代码可以完成规定刀具和工件的相对运动轨迹(即指令插补功能)、工件坐标系、坐标平面、刀具补偿、坐标偏置等多种操作。G 代码由字母 G 及其后面的两位数字组成,G00~G99 共有 100 种。G 代码又分为模态指令和非模态指令。模态指令是指代码一旦在程序中得到应用便一直起作用,直到出现同组的其他 G 代码,否则指令将一直有效,直到被同组代码取代为止。非模态指令是指 G 代码只在所在的程序语句起作用。部分 G 代码如表 14-1 所列。

1) 绝对坐标指令(G90)及相对坐标指令(G91)

数控系统的位置及运动指令的编程可采用绝对坐标编程和相对坐标编程两种坐标方式编程。

绝对坐标编程是刀具运动过程中所有的刀具位置的坐标都以固定的程序坐标原点为基准,G90 代码就是实现绝对坐标编程的指令。

相对坐标编程也称为增量坐标编程,刀具运动的位置坐标是指刀具从当前位置到下一位置的增量,即两坐标点坐标值的绝对值之差。G91 代码就是用于实现相对坐标编程的指令。

表 14－1　G 代码

G 功能字	FANUC 系统	SIEMENS 系统	G 功能字	FANUC 系统	SIEMENS 系统
G00	快速移动点定位	快速移动点定位	G65	用户宏指令	—
G01	直线插补	直线插补	G70	精加工循环	英制
G02	顺时针圆弧插补	顺时针圆弧插补	G71	外圆粗切循环	米制
G03	逆时针圆弧插补	逆时针圆弧插补	G72	端面粗切循环	—
G04	暂停	暂停	G73	封闭切削循环	—
G05	—	通过中间点圆弧插补	G74	深孔钻循环	—
G17	*XY* 平面选择	*XY* 平面选择	G75	外径切槽循环	—
G18	*ZX* 平面选择	*ZX* 平面选择	G76	复合螺纹切削循环	—
G19	*YZ* 平面选择	*YZ* 平面选择	G80	撤销固定循环	撤销固定循环
G32	螺纹切削	—	G81	定点钻孔循环	固定循环
G33	—	恒螺距螺纹切削	G90	绝对值编程	绝对尺寸
G40	刀具半径补偿注销	刀具补偿注销	G91	增量值编程	增量尺寸
G41	刀具半径补偿——左	刀具补偿——左	G92	螺纹切削循环	主轴转速极限
G42	刀具半径补偿——右	刀具补偿——右	G94	每分钟进给量	直线进给率
G43	刀具长度补偿——正	—	G95	每转进给量	旋转进给率
G44	刀具长度补偿——负	—	G96	恒线速控制	恒线速度
G49	刀具长度补偿注销	—	G97	恒线速取消	注销 G96
G50	主轴最高转速限制	—	G98	返回起始平面	—
G54～G59	加工坐标系设定	零点偏置	G99	返回 *R* 平面	—

G90 指令格式：G90 X_ Y_ Z_；

如图 14－38 所示，使用 G90 绝对坐标编程的有关指令：

G90 X5.0 Y10.0；　　绝对坐标，刀具快速运动到第一点加工第一个孔

⋮

G90 X15.0 Y23.0；　　绝对坐标，刀具快速运动到第二点加工第二个孔

⋮

G90 X 20.0 Y30.0；　　绝对坐标，刀具快速运动到第三点加工第三个孔

⋮

值得注意的是，使用相对坐标编程时，第一个入刀点的坐标还是使用绝对坐标来表示的。

G90 和 G91 都为模态指令，只有在使用了同组的指令时才失效。图 14－39 所示刀具轨迹的程序如下：

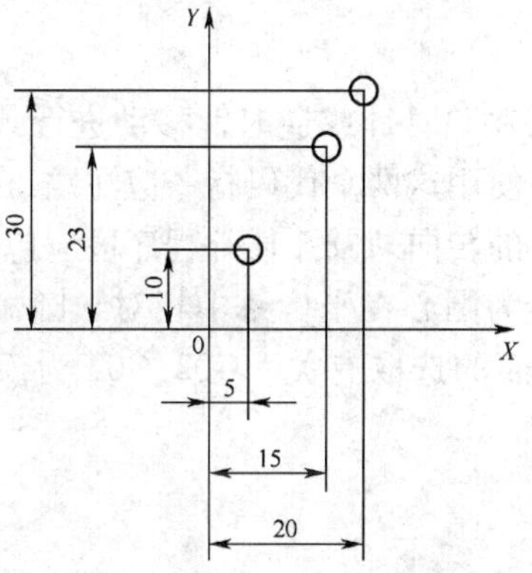

图 14－38　绝对坐标编程

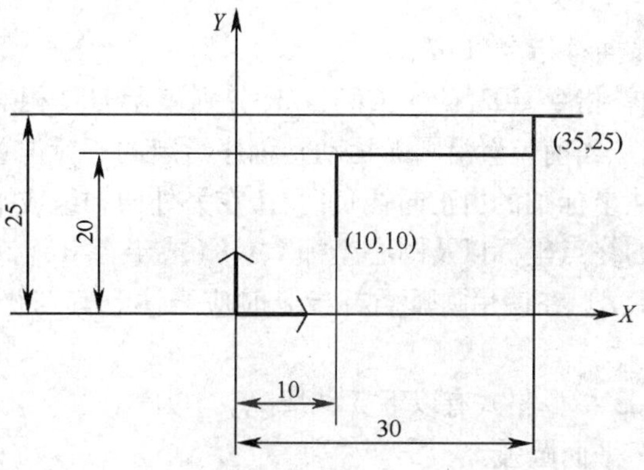

图 14－39　相对坐标编程

N10 G90 G01 X10. 0 Y10. 0;

N15 X10. 0 Y20. 0;

N20 X30. 0 Y20. 0;

N25 G91 Y5. 0;　　使用 G91 后,G90 功能失效,由绝对坐标编程变为相对坐标编程

N30 X5. 0;

2) 坐标平面指令(G17、G18、G19)

G17、G18、G19 分别表示在 *XY*、*ZX*、*YZ* 坐标平面内进行加工,常用于确定圆弧插补平面、刀具半径补偿平面,它们都为模态指令。有的数控机床只需在一个平面内加工,在程序中不必加入坐标平面指令以指定平面。但在有些机床加工中(加工中心)则必须指明。

指令格式:G17(G18 或 G19)

3) 快速点定位指令(G00)

使用 G00(也可以是 G0)代码指令,刀具以点位控制的方式从刀具所在点以最快速度移动到程序中指定的坐标系的另一点。其移动轨迹通常是以立方体的对角线三轴联动,然后以正方形的对角线二轴联动,最后一轴移动。例如从(0, 0, 0)点运动到(10, 20, 100)点的程序如下:

G00 X10. 0 Y20. 0 Z100. 0;

在实际编程中应当注意,使用快速定位时应当考虑不要使刀具与夹具或工件相撞,产生碰刀,造成不必要的损失。

G00 是模态指令,只有再次使用指令 G01、G02 或 G03 后,G00 才无效。指令 G00 的程序段不需要指定进给速度 F,如果指定了,也无效。G00 移动的速度已由机床生产厂家设定好,一般不能也不允许修改。

4) 直线插补指令(G01)

G01(可使用 G1)指令按程序段中规定的进给速度 F,在两坐标(或三坐标空间)平面中以联动的方式插补加工出任意斜率的直线。刀具的当前位置是直线的起点,在程序段中指定的是终点的坐标值。G01 为模态指令,具有继承性。

使用 G01 代码指令时应注意如下两点:

(1) 在 G01 程序段中必须指定进给速度 F。

(2) G01 指令格式:G01 G_ X_ Y_ Z_ F_;

例如:

G01 G42 X10. 0 Y0. 0 F100. 0;　　从原点以 100mm/min 的进给速度运动到 A 点

X60. 0;　　沿直线由 A 点运动到 B 点

Y20. 0;　　沿直线由 B 点运动到 C 点

X10. 0;　　沿直线由 C 点运动到 D 点

⋮

5) 圆弧插补指令(G02、G03)

圆弧插补指令 G02(G2)、G03(G3)分别表示刀具相对于工件顺时针或逆时针移动进行圆弧插补加工。圆弧插补是从当前位置沿圆弧运动到程序给定的目标位置。在使用这两个代码指令应注意,在判断顺、逆方向时,都是从坐标轴的由正向往负向看,在另外两轴组成平面中的转向。圆弧插补程序段应包括圆弧的顺逆指令、圆弧的终点坐标以及圆心坐标 I、J、K(或半径 R)。I、J、K 为圆心在坐标系中相对于圆弧起点的坐标,对应于 X、Y、Z。在使用圆弧插补指令时应当注意其与坐标平面的选取有关。G02、G03 为模态指令,有继承性。

G02、G03 指令格式有以下 3 种情况。

(1) *XY* 平面圆弧

G17 G02 X_ Y_ I_ J_;或 G17 G02 X_ Y_ R_;

G17 G03 X_ Y_ I_ J_;或 G17 G03 X_ Y_ R_;

(2) *XZ* 平面圆弧

G18 G02 X_ Z_ I_ K;或 G18 G02 X_ Z_ R_;

G18 G03 X_ Z_ I_ K_;或 G18 G03 X_ Z_ R_;

(3) *YZ* 平面圆弧

G19 G02 Y_ Z_ J_ K_;或 G19 G02 Y_ Z_ R_;

G19 G03 Y_ Z_ J_ K_;或 G19 G03 Y_ Z_ R_;

X、*Y*、*Z* 为圆弧终点坐标,其值可以用绝对坐标,也可以用增量坐标(使用指令 G91)。但有一点需要说明,当使用 R 时,可以想象有两种圆弧产生——优弧和劣弧。为了消除这种模糊情况,规定当圆弧所对应的圆心角小于 180°时,R 取正值;当圆心角大于或等于 180°时,R 取负值。I、J、K 值与 G90 无关,当 I、J、K 为零时可以省略;在同一程序段中,如 I、J、K 与 R 同时出现时,R 优先并有效。

如图 14-40 所示,圆弧的数控加工程序如下:

使用绝对值指令 G90 如下:

G90　G03　X0.0　Y40.0　R40.0　F300;

G90　G02　X40.0　Y0.0　R40.0　F300;

或

G90　G03　X0.0　Y40.0　I-40.0 J0.0 F300;

G90　G02　X40.0　Y0.0　I0.0 J-40.0 F300;

但应注意,用 R 编程时,不能加工整圆(即封闭圆),加工整圆时,只能用圆心坐标 I、J、K 编程。

图 14-41 中整圆的加工程序如下:

G02　I-25.0　F100;　　　　从 *A* 点起,到 *A* 点终

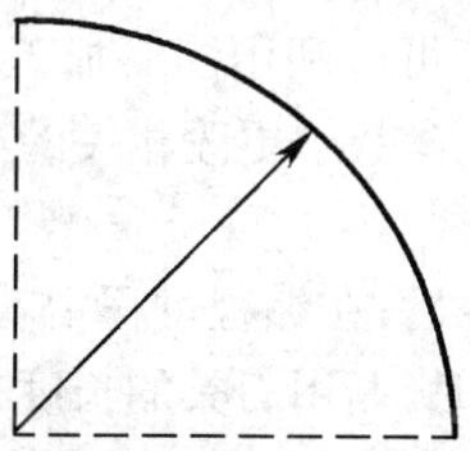

图 14-40　圆弧编程

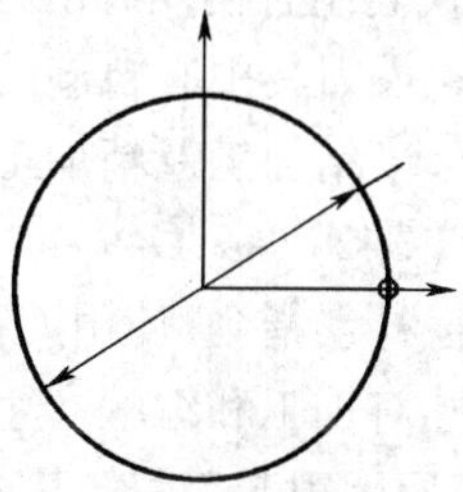

图 14-41　整圆编程

6) 暂停指令(G04)

使用 G04 代码指令可以使刀具暂时停止进给,但主轴仍然保持转动,经过指令的暂停时间,再继续执行下一程序段。

G04 代码指令格式:G04　Ψ_;

其中 Ψ 为地址符,常用 F、X 或 P 表示。后面的暂停时间单位为 s 或 ms,也可以是刀具或工件的转数。具体参见各个数控系统的规定。此功能常用于切槽、钻孔到孔底、锪平底孔等对粗糙度有要求的场合。

7) 刀具半径补偿指令(G40、G41、G42)

在加工曲线轮廓时,利用刀具半径补偿功能代码指令,可以避免求出刀具中心的运动轨迹,直接按被加工工件图纸的轮廓曲线编程(图 14-42),在程序中给出刀具半径的补偿指令,就可以加工出满足图纸零件轮廓曲线的零件,使编程工作得以大大简化。

G41 代码为刀具半径左偏补偿指令,是指顺着刀具前进方向看,刀具总在工件轮廓的左边进行加工。图 14-43 所示零件的加工程序如下:

G01 G41 D01 X10.0 Y10.0 F100;	刀具左偏补偿,进给速度为 100mm/min
Y50.0;	刀具运动到(10, 50)
X100.0;	刀具运动到(100, 50)
Y10.0;	刀具运动到(100, 10)

X10.0; 刀具运动到(10, 10)

G40 X0.0 Y0.0; 取消刀具左偏补偿命令,刀具运动回原点

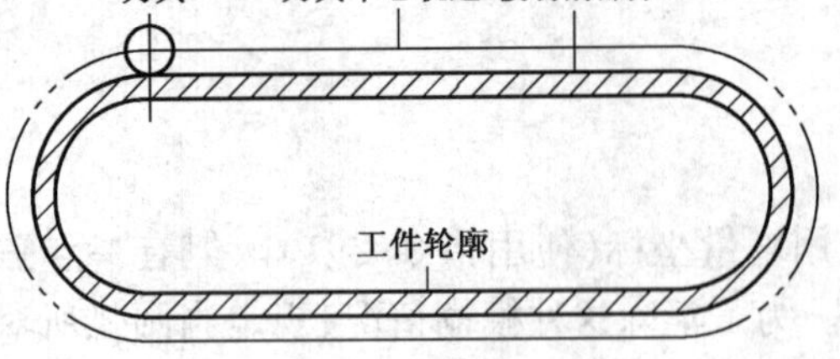

图 14-42 刀具半径补偿示意

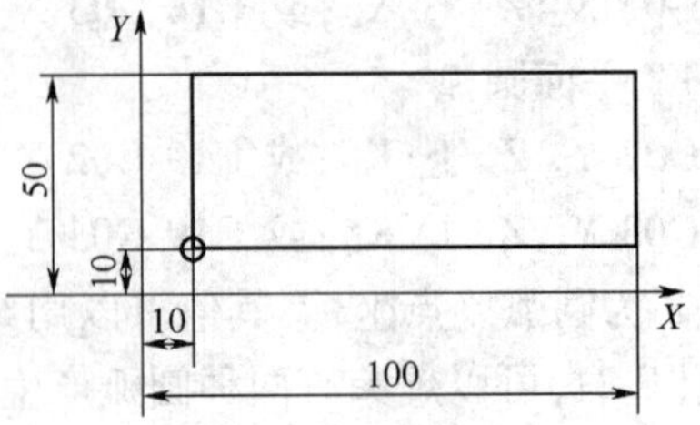

图 14-43 刀具半径补偿

G42 代码为刀具半径右偏补偿指令,是指顺着刀具前进方向看,刀具总在工件轮廓的右边进行加工。图 14-43 零件如使用刀具右偏补偿指令进行加工,则程序如下:

G01 G42 D01 X10.0 Y10.0 F100; 刀具右偏补偿,进给速度为 100mm/min

X100.0; 刀具运动到(100, 10)

Y50.0; 刀具运动到(100, 50)

X10.0; 刀具运动到(10, 50)

Y10.0; 刀具运动到(10, 10)

G40 X0.0 Y0.0; 取消刀具右偏补偿命令,刀具运动回原点

G41、G42 是模态指令,具有继承性,需用 G40 取消刀具半径补偿指令进行注销,即当 G41 或 G42 程序完成后,用 G40 程序段消除刀具半径偏置值,从而使刀具中心与编程轨迹重合。并且由上述程序可以看出,刀具补偿指令一般与 G01 等代码组合使用,并且要标明刀具补偿号,即 D 后的数字。

刀具补偿功能除了可免去刀具中心轨迹的人工计算外,还可以利用同一加工程序适应不同的情况。例如,用同一程序进行粗加工、半精加工及精加工时,只需在系统参数中更改相关的半径补偿量即可。

8) 刀具长度补偿指令(G43、G44、G49)

类似于使用了刀具半径补偿指令,使用刀具长度补偿指令后,在编程过程中就不必考虑刀具的实际长度及各把刀具的不同长度尺寸对加工和编程产生的影响。加工时,调用刀具的长度补偿号,即可正确加工。当由于刀具磨损、更换刀具等原因引起刀具长度尺寸变化时,只要修正刀具长度补偿量即可,而不必调整程序或刀具。

G43 代码指令为刀具长度正补偿,即将 Z 坐标尺寸字与 H 代码中长度补偿的量相加,按其结果进行 Z 轴运动。

G44 代码指令为刀具长度负补偿,即将 Z 坐标尺寸字与 H 中长度补偿的量相减,按其结果进行 Z 轴运动。

G49 代码指令为撤消刀具长度补偿指令。

指令格式如下

G43 Z_ H_;或 G43 H_;

G44 Z_ H_;或 G44 H_;

H 为刀具长度补偿代号地址字,后面一般用两位数字表示刀具长度补偿代号,代号与长度补偿量一一对应。刀具长度补偿量可用对刀仪测量并计算得出,并提前输入到要使用的数控机床中。

9) 自动返回参考点指令(G27、G28、G29)

机床的参考点是可以随意设置的,在实际加工中可以根据加工和换刀的需要进行设定。设定参考点的方法有如下两种:

(1) 根据刀杆上某一点或刀具刀尖等的坐标值存入 76、77、78 号参数中来设定机床的参考点。

(2) 调整机床上各相应挡铁的位置来设定机床的参考点。一般选用机床坐标原点作为参考点。

G27 代码指令用于检验机床能否准确地返回参考点。执行指令后,机床上返回各轴参考点的指示灯点

亮。值得注意的是，在使用了刀具补偿命令并没有取消之前，G27 指令是不能使用的。

G27 代码指令格式：G27 X_ Y_；。

G28 代码指令用于使受控轴返回参考点。执行指令后，所有的受控轴都快速返回中间点，然后再返回参考点。G28 代码指令一般用于自动换刀，同样在使用之前应取消刀具补偿。

G28 代码指令格式：G28 X_ Y_；、G28 X_ Z_；或 G28 Y_ Z_；。

其中，X、Y、Z 为中间点坐标。

G29 指令代码为参考点自动返回指令，这一指令一般跟在 G28 指令之后，机床的运动为首先快速到达 G28 指令的中间点，然后再返回 G29 指令的定点位置。

G29 代码指令格式：G29 X_ Y_；、G29 X_ Z_；或 G29 Y_ Z_；。

自动返回参考点如图 14－44 所示，其加工程序如下：

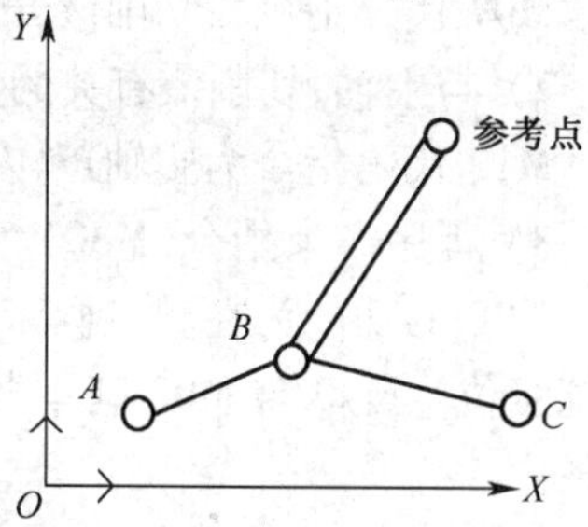

图 14－44　自动返回参考点

G91 G28 X700.0Y100.0　　由 A 到 B 再返回参考点换刀

M06

G29 X1300.0Y100.0　　由参考点到 B 再到 C

2. 辅助功能指令——M 代码

辅助功能指令是用地址码 M 及两位数字来表示运行的。它主要用于机床加工操作时的工艺性指令，如控制主轴的启动与停止、切削液的开关等。M 代码也有模态指令和非模态指令之分，这类指令与机床的插补运算无关，只是单纯的功能指令。一些通用的 M 代码指令的功能如表 14－2 所列。

表 14－2　M 代码

M 功能字	含　义	M 功能字	含　义
M00	程序停止	M08	1 号切削液开
M01	选择停止	M09	切削液关
M02	程序结束	M13	主轴正转、切削液开
M03	主轴正转	M14	主轴反转、切削液开
M04	主轴反转	M30	程序停止并返回开始处
M05	主轴旋转停止	M98	调用子程序
M06	换刀	M99	返回子程序
M07	2 号切削液开		

1）程序停止指令（M00）

M00 实际上是一个暂停指令。当执行指令时，程序执行停止，机床的主轴停转、进给停止、切削液关。程序运行停止后，模态信息全部被保存，利用机床的“启动”按扭，可使机床继续运转。该指令经常用于加工过程中测量工件的尺寸、工件调头、手动变速等固定操作。

2）选择停止指令（M01）

该指令的作用和 M00 相似，但它必须是在预先按下操作面板上的“选择停止”按钮并执行到 M01 指令的情况下，才会停止执行程序。如果不按下“选择停止”按钮，M01 指令无法执行，这时程序将继续执行。该指令常用于工件关键性尺寸的停机抽样检查等，当检查完毕后，按“启动”按钮可继续执行以后的程序。

3）程序结束指令（M02）

当全部程序结束后，使用 M02 指令可使机床主轴的转动、进给及切削液全部停止，并使机床复位。所以其一般出现在程序结束的地方。

4）与主轴有关的指令（M03、M04、M05）

M03 表示机床主轴正转，M04 表示机床主轴反转。主轴正转是从主轴向 Z 轴正向看主轴顺时针转动；而反转为从主轴向 Z 轴正向看主轴逆时针转动。M05 表示旋转停止，它是在该程序段其他指令执行完后才执行的。

5）换刀指令（M06）

M06 是手动或自动换刀指令。它不包括刀具选择功能，常用于加工中心换刀前的准备工作。其后通常跟 D 代码来实现刀具的选择功能。

6）切削液开、关的指令（M07、M09）

M07 代码指令为切削液开，M09 代码指令为切削液关。

7）与主轴、切削液有关的复合指令（M13、M14）

M13 代码指令为主轴正转，切削液开；M14 代码指令为主轴反转，切削液关。

8）程序结束指令（M30）

M30 的功能为在数控机床完成程序的所有代码指令后，使主轴、进给和切削液都停止，并使机床及控制系统复位。M30 与 M02 基本相同，区别在于，M30 能自动返回程序起始位置，为下一个零件的加工做好准备。

9）与子程序有关的指令（M98、M99）

M98 代码功能为调用子程序，M99 代码功能是在子程序执行结束后返回到主程序继续执行的指令。

在程序编制过程中应当注意的是，在一个程序段中只能有一个 M 指令，如果在一个程序段中同时出现了两个或两个以上的 M 指令，则系统自动认为最后一个 M 指令有效，其余的 M 指令无效。为避免这样的错误发生，有的数控系统不能执行两个或两个以上的 M 指令，并同时报警。

3. 其他指令（F、S、T 及 P 指令）

1）进给速度指令（F）

进给速度指令使用字母 F 及其后面的若干位数字来表示，单位为 mm/min 或 mm/r。例如：F100 表示进给速度为 100mm/min。使用方法参考前面的程序。

2）主轴转速指令（S）

主轴转速指令用字母 S 及其后面的若干位数字来表示，单位为 r/min。例如，S300 表示主轴转速为 300r/min。现在大多数数控机床都采用直接给出主轴转速数值的方法。在一些经济型数控机床中，有的采用代码法，用 M 及后面的两位数字来表示，其中后面的两位数字并不代表真实的转速，只代表主轴转速代码。

3）刀具号指令（T）

在自动换刀的数控机床中，例如加工中心，该指令用以选择所需的刀具。在多道工序加工时，必须选取合适的刀具。每把刀具应安排一个刀号，刀号在程序中指定，同时编程人员应对刀号记牢，不要搞混，以免使用了错误的刀具，造成零件的报废。刀具用字母 T 及其后面的两位数字表示，即 T00 ~ T99，因此，最多可换 100 把刀。如 T06 表示第 6 号刀具，一般出现在换刀指令 M06 之后。

4）子程序指令（P）

当需要调用子程序时，需要先指明调用的是哪一段子程序，P 代码就是用来实现这一功能的。P 后面直接跟所引用子程序的程序名，P 代码一般跟在 M98 之后。

14.2.4 固定循环指令

利用数控铣床对孔进行钻、扩、铰和镗加工时，加工的基本动作是相同的，即刀具快速到达孔位—慢速切削进给—快速退回。对于这种典型化动作，可以专门设计一段程序，在需要的时候进行调用来实现上述加工循环。特别是在加工许多相同的孔时，应用固定循环功能可以大大简化程序。在利用数控铣床的连续轮廓控制功能时，也常常遇到一些典型化的动作，如铣整圆、方槽等，也可以实现循环加工。

固定循环功能是一种子程序，采用参数方式进行编制。在加工中根据不同的需要对子程序中设定的参数赋值并调用，以此加工出大小、形状不同的工件轮廓及孔径、孔深不同的孔。目前，已有不少数控铣床的数控系统附带有各种已编好的子程序，并可以进行多重嵌套，用户可以直接加以调用，编程就更加方便。

常用的固定循环指令能完成的工作有钻孔、攻螺纹和镗孔等，这些循环通常包括下列 6 个基本动作：

（1）在 XY 平面定位。

（2）快速移动到 R 平面。

（3）孔的切削加工。

(4)孔底动作。

（5）返回到 R 平面。

（6）返回到起始点。

如图 14－45 所示,图中实线表示切削进给,虚线表示快速运动。R 平面为在孔口时,快速运动与进给运动的转换位置。

常用的固定循环有高速深孔钻循环、螺纹切削循环、精镗循环等。

编程格式如下:

G90/G91 G98/G99 G73～G89 X～ Y～ Z～ R～ Q～ P～ F～ K～

其中:

G90 /G91——绝对坐标编程或增量坐标编程;

G98——返回起始点;

G99——返回 R 平面;

G73～G89——孔加工方式,如钻孔加工、高速深孔钻加工、镗孔加工等;

X、Y——孔的位置坐标;

Z——孔底坐标;

R——安全面(R 面)的坐标,增量方式时为起始点到 R 面的增量距离,在绝对方式时为 R 面的绝对坐标;

Q——每次切削深度;

P——孔底的暂停时间;

F——切削进给速度;

K——规定重复加工次数。

固定循环由 G80 或 01 组 G 代码撤销。

例如,G73——高速深孔钻循环指令

指令格式:G73 X_Y_Z_R_Q_F_K_;

说明:G73 用于深孔钻削,在钻孔时采取间断进给,有利于断屑和排屑,适合深孔加工。图 14－46 为高速深孔钻加工的工作过程。其中 Q 为增量值,指定每次切削深度。d 为排屑退刀量,由系统参数设定。

例如,对图 14－47 所示的 5×ϕ8mm、深为 50mm 的孔进行加工。显然,这属于深孔加工。利用 G73 进行深孔钻加工的程序如下:

```
O4000
N10 G56 G90 G01 Z60.0 F2000                 选择 3 号加工坐标系,到 Z 向起始点
N20 M03 S600                                主轴启动
N30 G98 G73 X0 Y0 Z-50.0 R10.0 Q5.0 F50     选择高速深孔钻方式加工 1 号孔
N40 G73 X40.0 Y0 Z-50.0 R10.0 Q5.0 F50      选择高速深孔钻方式加工 2 号孔
N50 G73 X0 Y40.0 Z-50.0 R10.0 Q5.0 F50      选择高速深孔钻方式加工 3 号孔
N60 G73 X-40.0 Y0 Z-50.0 R10.0 Q5.0 F50     选择高速深孔钻方式加工 4 号孔
N70 G73 X0 Y-40.0 Z-50.0 R10.0 Q5.0 F50     选择高速深孔钻方式加工 5 号孔
N80 G01Z60.0 F2000                          返回 Z 向起始点
N90 M05                                     主轴停
N100 M30                                    程序结束并返回起点
```

加工坐标系设置:G56 $X=-400$,$Y=-150$,$Z=-50$。

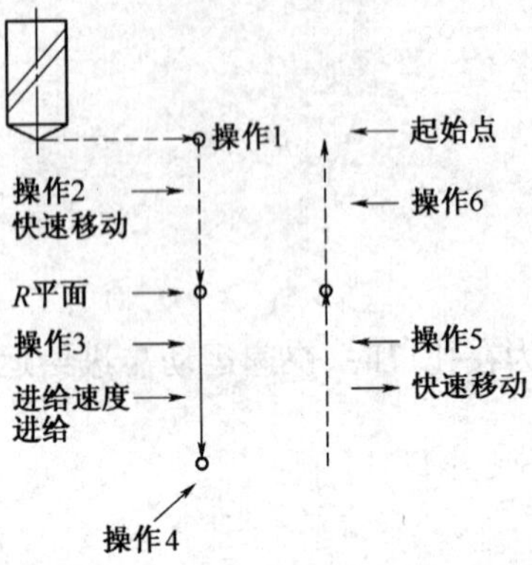

图 14-45　钻孔循环指令

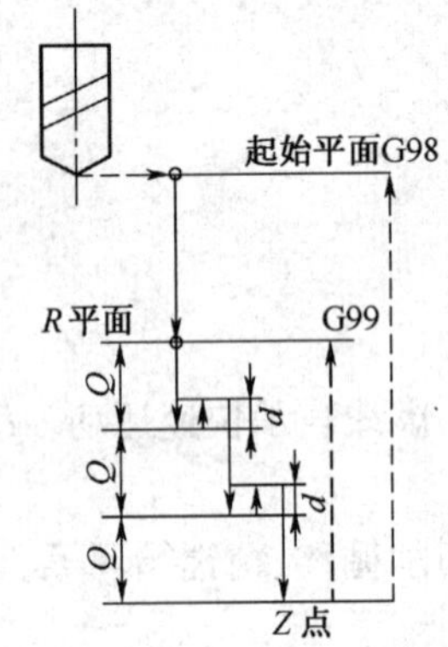

图 14-46　深孔钻削间断进给

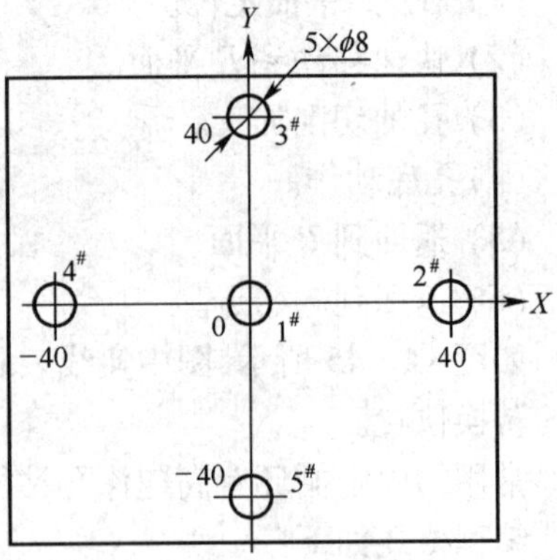

图 14-47　深孔钻削

上述程序中，选择高速深孔钻加工方式进行孔加工，并以 G98 确定每一孔加工完后，回到 R 平面。设定孔口表面的 Z 向坐标为 0，R 平面的坐标为 10，每次切削深度量 $Q=5$，系统设定退刀排屑量 $d=2$。

14.2.5　用户宏功能

宏程序是含有变量的程序，它允许使用变量、运算及条件功能，使程序顺序结构更加合理。宏程序编制多用于零件形状有一定规律的情况下。用户使用宏指令编制的含有变量的子程序称为用户宏程序。

用户总指令就能执行宏功能是提高数控机床性能的一种特殊功能。使用中，通常把能完成某一功能的一系列指令向子程序一样存入存储器，然后用一个总指令代表它们，使用时只需给出这个总指令就能执行其功能。

用户宏功能主体是一系列指令，相当于子程序体，既可以由机床生产厂提供，也可以由机床用户自己编制。用户宏功能的最大特点是：可以对变量进行运算，使程序应用更加灵活、方便。

用户宏功能有 A、B 两类，A 类宏功能使用"G65Hm"格式的宏指令来表示各种数学运算和逻辑关系，极不直观，且可读性差，因而导致在实际工作中很少有人使用它，多数用户可能根本不知道它的存在。这里只介绍 B 类宏功能的使用方法。

1. 变量

在常规的主程序和子程序内，总是将一个具体的数值赋给一个地址。为了使程序更具有通用性，更加灵活，在宏程序中设置了变量，即将变量赋给一个地址。

1）变量的表示

变量可以用"#"号和跟随其后的变量序号来表示：# i（i =1，2，…）。如#5、#109、#501。

2）变量的类型

变量根据变量号可以分成 4 种类型，见表 14-3。

表 14-3　变量类型

变量名		类　型	功　能
#0		空变量	该变量总是空，没有值能赋给该变量
用户变量	#1～#33	局部变量	局部变量被初始化为空。调用宏程序时，自变量对局部变量赋值
	#100～#199 #500～#999	公共变量	在不同的宏程序中的意义相同。当断电时，变量#100～#199 初始化为空。变量#500～#999 的数据保存，即使断电也不丢失
#1000		系统变量	用于读和写 CNC 运行时各种数据的变化，如刀具的系统变量当前位置和补偿值

3）变量的分配类型

这类变量中的文字变量与数字序号变量之间有如表 14-4 所列确定的关系。

表 14－4　文字变量与数字序号变量之间的关系

A　#1	E　#8	J　#5	R　#18	V　#22	Z　#26
B　#2	F　#9	K　#6	S　#19	W　#23	
C　#3	H　#11	M　#13	T　#20	X　#24	
D　#7	I　#4	Q　#17	U　#21	Y　#25	

表 14－4 中：文字变量为除 G、L、N、O、P 以外的英文字母，一般可不按字母顺序排列，但 I、J、K 例外；#1～#26 为数字序号变量。

例如，G65　P1000　A1.0B2.0I3.0

则上述程序段为宏程序的简单调用格式，其含义为：调用宏程序号为 1000 的宏程序运行一次，并为宏程序中的变量赋值。其中，#1 为 1.0，#2 为 2.0，#4 为 3.0。

2. 算术和逻辑运算指令

常用算术和逻辑运算指令如表 14－5 所列。

表 14－5　算术和逻辑运算指令

类别	符号	含义	类别	符号	含义
算术运算符	+	加	函数	SIN	正弦
	－	减		COS	余弦
	*	乘		TAN	正切
	/	除		ABS	绝对值
条件运算符	EQ	(=)等于		INT	取整
	NE	(≠)不等于		SORT	开平方
	GT	(>)大于		EXP	自然指数
	GE	(≥)大于等于	逻辑运算符	AND	与
LT	(<)小于			OR	或
LE	(≤)小于等于			NOT	非

1）运算的组合

以上算术运算和函数运算可以结合在一起使用，运算的先后顺序是函数运算、乘除运算、加减运算。

2）括号的应用

表达式中括号的运算将优先进行。连同函数中使用的括号在内，括号在表达式中最多可用 5 层。

赋值语句格式：宏变量＝常数或表达式

例如，#1＝175/SQRT[2] * COS[55]

3. 控制指令

1）条件转移

格式：IF[条件表达式]GOTO　　n

说明：

(1) 如果条件表达式的条件得以满足，则转而执行程序中程序号为 n 的相应操作，程序段号 n 可以由变量或表达式替代。

(2) 如果表达式中条件未满足，则顺序执行下一段程序。

(3) 如果程序做无条件转移，则条件部分可以被省略。

2）重复执行

格式：WHILE[条件表达式]DO m　　(m＝1,2,3)

…

END m

说明：

(1) 条件表达式满足时，程序段 DO m～END m 即重复执行。

(2) 条件表达式不满足时，程序转到 END m 后处执行。

(3) 如果 WHILE [条件表达式]部分被省略，则程序段 DO m～END m 之间的部分将一直重复执行。

注意以下几点：

(1) WHILE DO m 和 END m 必须成对使用。

(2) DO 语句允许有 3 层嵌套：

```
DO 1
DO 2
DO 3

END 3
END 2
END 1
```

(3) DO 语句范围不允许交叉，即以下语句是错误的：

```
DO 1
DO 2
END 1
END 2
```

以上仅介绍了 B 类宏程序应用的基本问题，有关应用详细说明可查阅 FANUC－0i 系统说明书。

4. 用户宏程序应用举例

例如，编制图 14－48 所示椭圆轮廓程序，椭圆的表达式为 $X=a\cos\alpha$，$Y=b\sin\alpha$。刀具中心按椭圆轨迹编程。

宏子程序：

```
O9010;
N10 #1=20;              定义 a 值
N20 #2=10;              定义 b 值
N30 #3=0;               定义步距角 α 初始值，单位：(°)
N40 #4=5;               定义递增角度 5°
N50 G00 X#1 Y0;
N60 G01 Z-5.0;
N70 WHILE  [#3 GE -360] DO1;
N80 G01 X[#1 * COS#3] Y[#2 * SIN#3];
N90 #3=#3 -#4
N100 END1
N110 G01 Z10.0
N120 M99
```

例如，用宏程序和子程序功能顺序加工圆周等分孔。设圆心在 O 点，它在机床坐标系中的坐标为(X0，Y0)，在半径为 r 的圆周上均匀地钻几个等分孔，起始角度为 α，孔数为 n。以零件上表面为 Z 向零点，如图 14－49 所示。

宏程序中将用到下列变量：

#1(A)——第 1 个孔的起始角度 α；

#2(B)——各孔间角度间隔 β；

#4(I)——圆周半径；
#9(F)——切削进给速度；
#11(H)——孔数；
#18(R)——固定循环中快速趋近 R 点 Z 坐标(非绝对值)；
#24(X)——圆心的 X 坐标值；
#25(Y)——圆心的 Y 坐标值；
#26(Z)——孔深(Z 坐标值,非绝对值)。

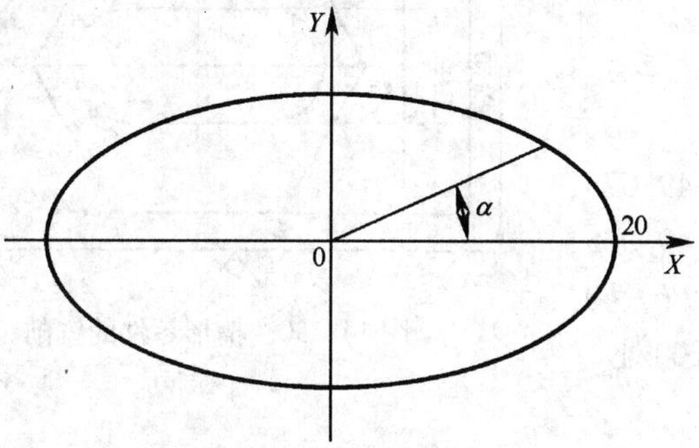

图 14-48　椭圆轮廓

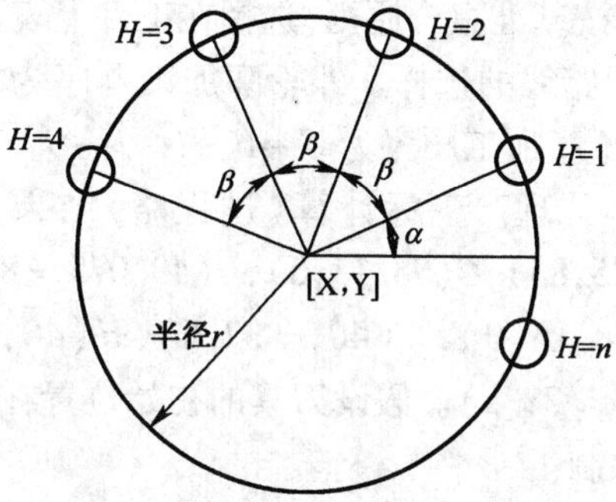

图 14-49　沿圆周均匀分布的孔

主程序如下：

```
O0001
S1000 M03
G54 G90 G00 X0 Y0 Z30                           程序开始,定位于 G54 原点上方
G65 P9001 X50 Y20 Z-10 R1 F200 A22.5 B45 I20 H8  调用宏程序 O9001 M30
```

宏程序如下：

```
O9001
#3=1                                  孔序号计数置 1
WHILE[#3LE#11] DO 1                   如果#3≤#11,循环 1 继续
#5= #1+[#3-1]*#2                      计算第#3 个孔对应的角度
#6= #24+#4*COS[#5]                    计算第#3 个孔中心的 X 坐标
#7= #25+#4*SIN[#5]                    计算第#3 个孔中心的 Y 坐标
G90 G81 G98 X#6 Y#7 Z#26 R#18 F#9     钻削第#3 孔(G81 方式)
#3=#3+1                               序号#3 递增 1
END1                                  循环 1 结束
G80                                   取消固定循环
M99                                   宏程序结束
```

14.3　数控铣削加工编程举例

14.3.1　槽型零件的铣削

图 14-50 为零件的精加工程序,材料为硬铝。

1.零件图及工艺分析

(1) 分析零件图。该零件外轮廓不需要加工。有两个加工面,分别是六边形轮廓和中间长圆形槽。尺寸标注完整,设计基准在对称中心。

(2) 刀具的选择。采用 ϕ20 高速钢立铣刀，切削用量的选择综合工件的材料和硬度、加工的精度要求、刀具的材料和刀具寿命、使用切削液等因素，主轴转速设为 800r/min，进给速度设为 120mm/min。

(3) 工件的装夹。工件的毛坯外形为长方体，为使其定位和装夹准确可靠，选择机用虎钳来进行装夹。

(4) 工件坐标系的确定。本例的工件坐标系原点选择如图 14－50 所示，按基准重合原则，选择在工件上表面的中心。

(5) 走刀路线的选择。外轮廓加工顺序为 $A \to B \to C \to D \to E \to F \to A$，内轮廓加工顺序为 $G \to H \to I \to J \to G$。

(6) 数学处理。坐标计算（过程略）结果为：A(－49.075, 85)，B(49.075, 85)，C(98.15, 0)，D(49.075, －85)，E(－49.075, －85)，F(－98.15, 0)，G(40, －32.5)，H(40, 32.5)，I(－40, 32.5)，J(－40, －32.5)。假设刀具的初始位置在(0, 0, 100)处。

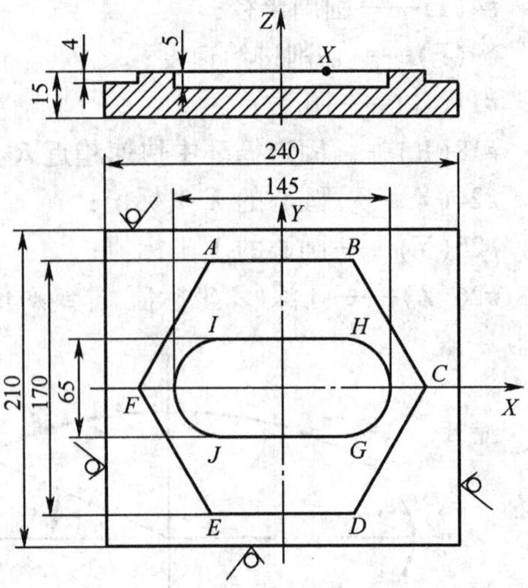

图 14－50　槽形零件的铣削

2. 程序编制

参数设置：D01＝10

参考程序如下：

O0001	
N10 G90 G54 G00 X－70.0 Y85.0;	刀具快速平移至下刀位置的上方（A 点左侧）
N20 Z1.0 S800 M03 M08;	下刀至 Z1，主轴正转，切削液开
N30 G01 Z－4.0 F50;	慢速下刀至切削深度
N40 G41 D01 X－60 F120;	进行刀具半径补偿
N50 X49.075;	切至 B 点
N60 X98.15 Y0;	切至 C 点
N70 X49.075 Y－85.0;	切至 D 点
N80 X－49.075;	切至 E 点
N90 X－98.15 Y0;	切至 F 点
N100 X－37.5 Y105;	沿边的延长线结束外轮廓切削（A 点上方）
N110 M09;	切削液关
N120 G00 Z10.0;	抬刀
N130 G40 G00 X0 Y0;	取消刀具半径补偿至原点
N140 Z1.0 M08;	快速下刀至 Z1，切削液开
N150 G01 Z－5.0 F50;	工进至槽底
N160 G41 D01 X40.0 F120;	进入内轮廓刀补位置
N170 Y－32.5;	至 G 点
N180 G03 X40.0 Y32.5 R32.5;	圆弧插补至 H 点
N190 G01 X－40.0;	直线插补至 I 点
N200 G03 X－40.0 Y－32.5 R32.5;	圆弧插补至 J 点
N210 G01 X40.0;	直线插补至 G 点
N220 G03 Y0 R16.25;	沿弧线收刀
N230 G00 Z10.0;	抬刀
N240 G40 G00 X0 Y0;	取消刀补至原点
N250 M09 Z200.0;	切削液体关，抬刀至安全高度
N260 M05;	主轴停
N270 M30。	程序停

14.3.2　平面凸轮的数控铣削工艺分析及程序编制

平面凸轮如图 14－51 所示。

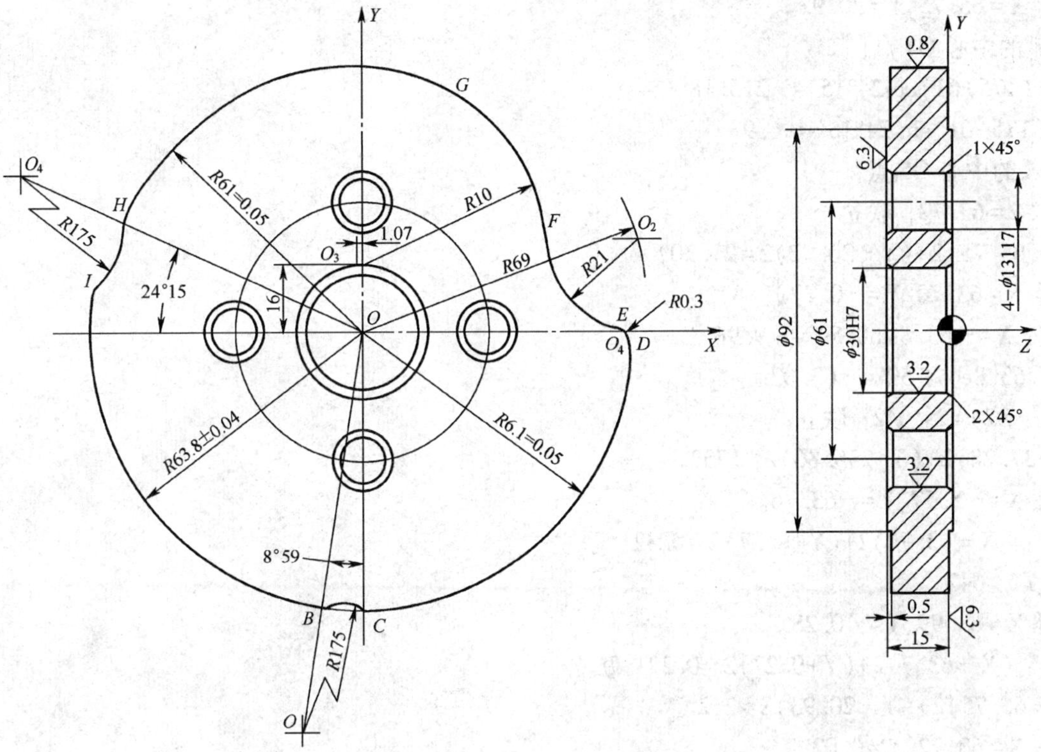

图 14－51　平面凸轮的铣削

1.工艺分析

从图上要求看出，凸轮曲线分别由几段圆弧组成，$\phi30$ 孔为设计基准，其余表面包括 4×$\phi13$H7 孔均已加工。故取 $\phi30$ 孔和一个端面作为主要定位面，在联接孔 $\phi13$ 的一个孔内增加削边销，在端面上用螺母垫圈压紧。因为孔是设计和定位的基准，所以对刀点选在孔中心线与端面的交点上，这样很容易确定刀具中心与零件的相对位置。

2.加工调整

加工坐标系在 X 和 Y 方向上的位置设在工作台中间，在 G53 坐标系中取 $X=-400, Y=-100$。Z 坐标可以按刀具长度和夹具、零件高度决定，如选用 $\phi20$ 的立铣刀，零件上端面为 Z 向坐标零点，该点在 G53 坐标系中的位置为 $Z=-80$ 处，将上述 3 个数值设置到 G54 加工坐标系中。加工工序卡如表 14－6 所列。

表 14－6　数控加工工序卡

材料	45#	零件号	2011	程序号		1008
操作序号	内容	主轴转速/(r/min)	进给速度/(m/min)	刀　具		
				号数	类型	直径/mm
1	铣凸轮轮廓	2000	80、200	1	20mm 立铣刀	20

3.数学处理

该凸轮加工的轮廓均由圆弧组成，因而只要计算出基点坐标就可编制程序。在加工坐标系中，各点的坐标计算如下：

BC 弧的中心 O1 点：

$X=-(175+63.8)\sin8°59'=-37.28$

$Y=-(175+63.8)\cos8°59'=-235.86$

EF 弧的中心 O2 点：

X2+Y2=692｝联立

(X－64)2+Y2=212

解得 X=65.75,Y=20.93。

HI 弧的中心 O4 点：

X=－(175+61)cos24°15′=－215.18

Y=(175+61)sin 24°15′=96.93

DE 弧的中心 O5 点：

X2+Y2=63.72｝联立

(X－65.75)2+(Y－20.93)2=21.302

解得 X=63.70,Y=－0.27。

B 点：X=－63.8sin8°59′=－9.96

Y=－63.8cos8°59′=－63.02

C 点：X2+Y2=642｝联立

(X+37.28)2+(Y+235.86)2=1752

解得 X=－5.57,Y=－63.76。

D 点：(X－63.70)2+(Y+0.27)2=0.32｝联立

X2+Y2=642

解得 X=63.99,Y=－0.28。

E 点：(X－63.7)2+(Y+0.27)2=0.32｝联立

(X－65.75)2+(Y－20.93)2=212

解得 X=63.72,Y=0.03

F 点：(X+1.07)2+(Y－16)2=462｝联立

(X－65.75)2+(Y－20.93)2=212

解得 X=44.79,Y=19.60。

G 点：(X+1.07)2+(Y－16)2=462｝联立

X2+Y2=612

解得 X=14.79,Y=59.18。

H 点：X=－61cos24°15′=－55.62

Y=61sin 24°15′=25.05

I 点：X2+Y2=63.802｝联立

(X+215.18)2+(Y－96.93)2=1752

解得 X=－63.02,Y=9.97。

根据上面的数值计算,可画出凸轮加工走刀路线,图 14－52 所示。

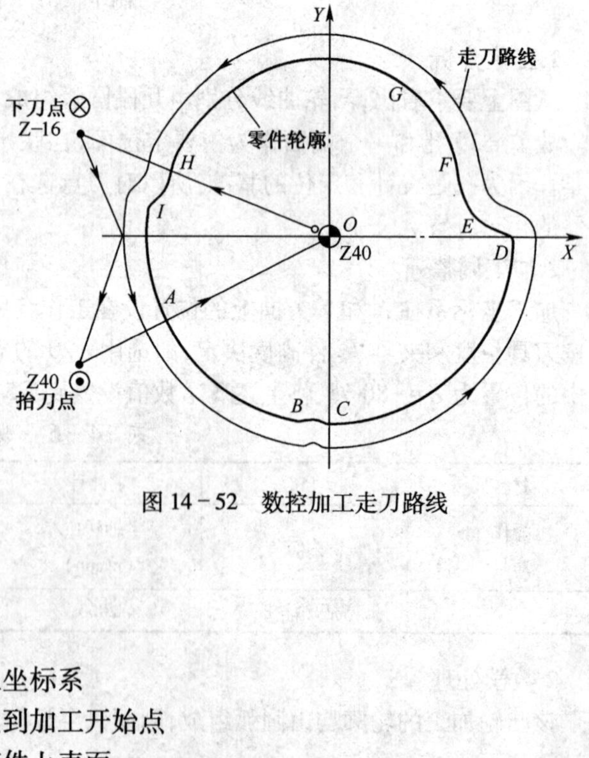

图 14－52 数控加工走刀路线

4.编写加工程序

凸轮加工的程序及程序说明如下：

O1008

N10 G54 X0 Y0 Z40	进入加工坐标系
N20 G90 G00 G17 X－73.8 Y20	由起刀点到加工开始点
N30 G00 Z0	下刀至零件上表面
N40 G01 Z－16 F200	下刀至零件下表面以下 1mm
N50 G42 G01 X－63.8Y10 F80 H01	开始刀具半径补偿
N60 G01 X－63.8 Y0	切入零件至 *A* 点

```
N70 G03 X-9.96 Y-63.02 R63.8        切削 AB
N80 G02 X-5.57 Y-63.76 R175         切削 BC
N90 G03 X63.99 Y-0.28 R64           切削 CD
N100 G03 X63.72 Y0.03 R0.3          切削 DE
N110 G02 X44.79 Y19.6 R21           切削 EF
N120 G03 X14.79 Y59.18 R46          切削 FG
N130 G03 X-55.26 Y25.05 R61         切削 GH
N140 G02 X-63.02 Y9.97 R175         切削 HI
N150 G03 X-63.80 Y0 R63.8           切削 IA
N160 G01 X-63.80 Y-10               切削零件
N170 G01 G40 X-73.8 Y-20            取消刀具补偿
N180 G00 Z40                        Z 向抬刀
N190 G00 X0 Y0 M02                  返回加工坐标系原点,结束
```

参数设置:H01=10;

G54:X=-400,Y=-100,Z=-80。

14.3.3 利用宏编制固定循环

数控系统的固定循环功能可以大大简化程序,方便用户使用。但由于数控公司提供的固定循环功能有限,且各数控公司定义的固定循环含义也不尽一致,所以如果用户可以按自己的要求来编制固定循环功能,将十分方便。利用宏就可以编制固定循环程序。

例如,高速钻孔循环功能指令 G73 即是采用宏程序的方法来实现的,以下就以其为例说明利用宏编制固定循环程序的方法。

G73 高速钻孔循环功能共有 6 个固定、连续的基本动作,如图 14-53 所示。

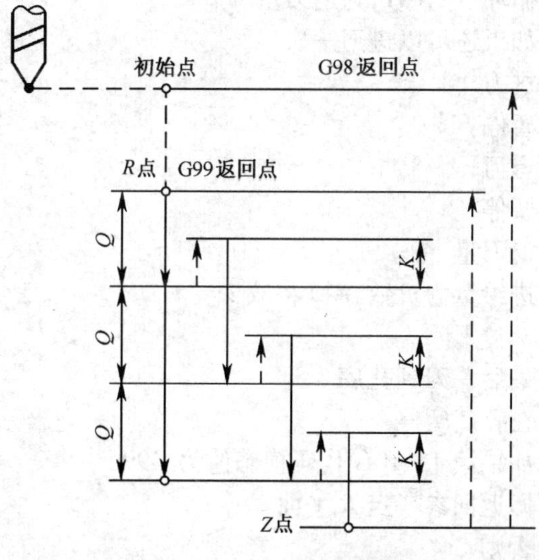

图 14-53　高速钻孔循环示意

G73 高速钻孔循环的宏程序如下:

```
%0073                    G73 宏程序实现源代码调用本程序之前必须转动主轴 M03 或 M04
IF [AR[#25] EQ 0] OR [AR[#16] EQ 0] OR [AR[#10] EQ 0]
M99                      如果没有定义孔底 Z 值、每次进给深度 Q 值或退刀量 K,则返回
ENDIF
```

```
N10 G91                    用增量方式编写宏程序
IF AR[#23] EQ 90           如果 X 值是绝对方式 G90
#23=#23-#30                将 X 转换为增量，#30 为调用本程序时 X 的绝对坐标
ENDIF
IF AR[#24] EQ 90           如果 Y 值是绝对方式 G90
#24=#24-#31                将 Y 转换为增量，#31 为调用本程序时 Y 的绝对坐标
ENDIF
IF AR[#17] EQ 90           如果参考点平面 R 值是绝对方式 G90
#17=#17-#32                将 R 转换为增量，#32 为调用本程序时 Z 的绝对坐标
ELSE
IF AR[#26] NE 0            初始 Z 平面模态值存在
#17=#17+#26-#32            则将 R 值转换为增量方式
ENDIF
ENDIF
IF AR[#25] EQ 90           如果孔底 Z 值是绝对方式 G90
#25=#25-#32-#17            将 Z 值转换为增量
ENDIF
IF [#25 GE 0] OR [#16 GE 0] OR [#10 LE 0] OR [#10 GE [-#16]]
                           如果增量方式的 Z、Q>=0 或退刀量 K<=0 或 K>Q 的绝对值则返回
M99
ENDIF
N20 X[#23] Y[#24]          移到 XY 孔加工位
N30 Z[#17]                 移到参考点 R
#40=-#25                   循环变量#40,其初始值为参考点到孔底的位移量
#41=0                      循环变量#41,为退刀量
WHILE #40 GT [-#16]        如果还可以进刀一次
N50 G01 Z[#16-#41]         进刀
N55 G04 P0.1               暂停
N60 G00 Z[#10]             退刀
N65 G04 P0.1               暂停
#41=#10                    退刀量
#40=#40+#16                进给量为负数,#40 将减少
ENDW
N70 G01 Z[-#40-#41]        最后一刀到孔底
N80 G04 P[#15]             在孔底暂停
IF #1165 EQ 99             如果第 15 组 G 代码模态值为 G99
N90 G00 Z[-#25]            即返回参考点 R 平面
ELSE                       否则
IF AR[#26] EQ 0
N90 G00 Z[-#25-#17]        返回初始平面，注#25 及#17 均为负数
ELSE
N90 G90 G00 Z[#26]         否则返回初始平面
ENDIF
ENDIF
M99
```

参考文献

[1] 戴国洪. SIEMENS NX6.0（中文版）数控加工技术 [M]. 北京:机械工业出版社,2010.
[2] 王华侨,张颖,等. 实用数控加工技术应用与开发 [M]. 北京:机械工业出版社,2007.
[3] 苏建修,杜家熙. 数控加工工艺 [M]. 北京:机械工业出版社,2009.
[4] 杨后川,梁炜 机床数控技术及应用 [M]. 北京:北京大学出版社,2005.
[5] 李思桥. 数控机床与应用 [M]. 北京:北京大学出版社,2006.
[6] 王军红,赵岐刚. 数控加工工艺与编程 [M]. 北京:北京大学出版社,2008.
[7] 王贵成,王树林,董广强. 高速加工工具系统 [M]. 北京:国防工业出版社,2005.
[8] 叶南海. UG 数控编程实例与技巧 [M]. 北京:国防工业出版社,2005.
[9] 张小宁. Mastercam 9 实用培训教程 [M]. 北京:清华大学出版社,2005.
[10] 苏建修. 机械制造基础[M].2 版 [M]. 北京:机械工业出版社,2006.
[11] 李正峰. 数控加工工艺 [M]. 上海:上海交通大学出版社,2004.
[12] 陈洪涛. 数控加工工艺与编程 [M]. 北京:高等教育出版社,2003.

第15章 刀具管理

15.1 刀具管理的意义

切削加工系统是技术与管理相结合的一个系统,刀具管理系统是切削加工系统中的一个重要的子系统。

刀具管理包含刀具技术管理、刀具计划与物流管理、刀具质量管理、刀具信息与数据库管理、刀具成本控制与管理等多个方面的工作,涉及刀具的选用、试验、采购、调整、刃磨、修理、库存设置及控制,刀具的使用寿命控制,生产中加工问题的跟踪分析和解决,刀具的优化和改进等。

刀具对机械加工的重要性是人们所共知的,机械制造中涉及大量金属切削加工,采用各种类型的标准与非标准刀具,其特点是数量大、品种繁杂、规格多、精度高,应用了大量的高新技术,刀具的性能与质量直接影响到能否顺利加工出所要求的合格产品,工件的尺寸、形状、位置精度、表面形貌等都与刀具有关。刀具是机械加工中与工件发生直接接触,去除材料或使材料发生变形,达到所需要的尺寸、精度和表面粗糙度的加工工具,机床等设备要通过刀具才能实现其加工功能,而金属加工问题除刀具本身的设计、选材、刃磨、涂层等还涉及工艺过程和工艺方法的选定、工件毛坯、切削液、设备、夹具等一系列问题,而包括了刀具的选用、采购、物流、刃磨、调整、优化等在内的刀具管理直接影响到加工的质量和效率,关系到切削加工水平的提高,也与使用刀具的切削加工企业的管理水平紧密相关。

刀具的管理直接关系到生产中表现出来的刀具性能和耐用度,以及是否有足够的合适刀具保证及时换刀与生产持续正常进行。

对于中、小批量生产的企业,良好的刀具管理可以优化刀具的选用,提高切削加工效率,改善生产现场的管理,提高采购和库存系统的效率,降低物流和制造成本。

对于大批大量生产的企业特别是汽车制造企业来讲,刀具管理的状态则直接影响到加工节拍和生产效率。而能否按时和保证质量地将调整或修磨好的刀具提供给生产线将直接关系到生产能否正常持续地进行下去,特别是由于现在不断实施精益生产,中间在制品及缓冲区很少,因而在汽车制造切削加工这样的大批大量生产中,一把关键的刀具特别是非标刀具如不能按时供应或不能满足加工要求,将会造成整条机加工生产线停产。而如果没有应急措施或不能快速反应,还有可能造成总成装配线停产。由此可见,刀具及其管理对生产的重大影响。

当前,先进的机械制造企业正朝着数字化制造和信息化的方向发展,先进的刀具管理需要建立在计算机技术和数据库技术基础上的刀具管理软件的支持,这将促进企业管理信息化水平的提高,有利于向数字化制造方向的发展。

刀具及其管理费用是机械加工制造费用中相当重要的一个组成部分,与制造成本的高低紧密相关,一般来说一个年产几十万台发动机和变速箱的工厂,每年刀具费用有可能达到数千万元人民币,另外其刀具和刀辅具库存还要占用大量流动资金,在目前市场竞争日益激烈情况下,产品制造成本的降低就显得格外迫切和重要,成为能否战胜竞争对手、在市场竞争中获胜的重要因素。其中降低刀具费用就是一项十分重要、迫切而又难度颇大的任务。刀具费用的降低又与新刀具、新工艺、新技术、新材料的采用紧密相关,与刀具的采购、物流、调整、修磨、刀具质量控制、刀具优化等一系列的刀具管理工作紧密相联。生产线开动率的提高也依赖于刀具加工性能的提高和刀具工作寿命的延长。

高速、高效加工和刀具新技术的应用需要有先进的刀具管理才能发挥应有的作用,刀具需要预调整、维护和保养,刀具寿命需要得到有效控制,需要有完善的系统和一系列的管理来确保生产线及时得到符合要求的、数量足够的刀具,并在发生加工问题或刀具问题时得到快速的响应和支持,能够迅速分析和解决出现的问题,以使生产正常进行,并且包含刀具费用在内的制造成本应具有足够的市场竞争力,以真正实现高速加工所可能带来的高效益。

15.2 刀具管理的特点

在现代机械制造业特别是大批大量生产中,刀具的管理已不再是简单的采购刀具、库存刀具以及等待生产线人员来领取刀具的传统概念。伴随汽车制造业大批量、柔性化生产和高新技术的大量采用,刀具的应用及其管理已发展成为一门专门的专业。它涵盖了刀具规划、采购、物流、调整、刃磨、修理、现场技术支持、加工问题分析和解决、刀具优化和刀具成本控制等多方面内容。需要有全新的理念和方法,有一套完善的体系来运作和控制,以期达到预定的目标。

刀具管理涉及企业管理、质量管理、物流管理、刀具技术、制造工程、信息与数据库技术、财务与成本控制、人力资源管理等多个方面的工作。包含刀具的选用、试验、采购、调整、刃磨、修理、库存设置及控制、刀具的使用寿命控制、生产中加工问题的跟踪分析和解决、刀具的优化和改进等。

只要是进行切削加工,不论是单件、小批量的生产或是中、大批量的生产都会遇到选择何种刀具进行加工以及如何进行选择的问题;遇到能否及时获得所需的理想刀具的问题,而这又涉及刀具的采购及如何储存刀具的问题;在刀具的使用过程中需要对刀具进行预调整、对刀具进行修磨,还经常会遇到如何提高刀具寿命及解决刀具的异常损耗问题,而对于绝大多数机械加工企业来说,控制和降低包括刀具成本在内的制造成本都是一项非常迫切和重要的任务……在数控加工机床广泛应用和高速、高效加工技术不断发展的情况下,传统的单纯依靠经验来解决这些问题的方法已远远不能满足现代机械制造业的发展要求,特别是对于大批大量生产来说,切削加工高度的稳定性、一致性都要求采用科学的管理方法和相应的管理系统来回答以上所提的问题。

高层次的刀具管理与切削加工这个机械制造企业的核心业务紧密相关。刀具是机械加工中和工件发生直接接触、去除材料或使材料发生变形、达到所需要的尺寸、精度和表面粗糙度的加工工具。刀具的选择、刃磨、调整质量直接影响到加工后工件的质量。刀具的性能和耐用度,以及是否有足够的合适刀具保证及时换刀又直接关系到生产能否正常进行以及生产的成本。

由于切削加工的系统性特点,刀具管理所要处理的与刀具有关的切削加工问题的分析和解决,以及刀具的优化问题大部分都是系统性的问题。切削加工问题的原因,除刀具本身的设计、选材、刃磨、涂层等还涉及工艺过程和工艺方法的选定、工件毛坯、切削液、设备、夹具等一系列问题,不是仅靠单独解决某一方面的问题就能解决的,系统的问题要用系统工程的方法来解决,要有系统分析、系统改进、系统设计和试验。

刀具管理系统本身又是切削加工系统中的一个子系统,需要完善其子系统的构成和运行,同时需要与切削加工系统中的其他子系统相协调。

进行刀具管理要站在系统的高度来分析和解决问题,善于分析和抓住系统中的薄弱环节和各主要影响因素之间的相互影响,通过协调和组织各方面的资源对系统进行试验和改进,这包括与整个大系统中其他系统的协调沟通,以及对内部各子系统的设计、控制与协调。这对承担刀具管理任务的管理者来说是很大的挑战。

15.3 刀具管理的发展过程

国内外的机械制造企业传统上并无刀具管理的完整概念,刀具仅被作为一般的工具或辅料来对待和处理,刀具如同普通工具被采购、库存,工人需要时自己到库房领取,刀具的选用、更换、调整、物流、成本控制等并无很严格的管理要求。

自20世纪70年代开始,随着CIMS的研究开发,人们发现,在CIMS中刀具的信息及实物管理是不可缺少的组成部分,出现了刀具管理的初步概念。随着数控加工中心机床的广泛使用,高速切削的出现和应用,特别是在像汽车制造业这样的大批量又要求能快速适应市场需求变化的柔性化生产中,采用了高速、高效加工和柔性生产线以后，如何及时、按需、高效又低成本地向生产线供应高性能、高质量刀具与先进的刀具管理理念和刀具管理系统紧密相关。如无可靠、受控、有效的刀具管理系统，不仅不能实现高速、高效加工，而且有可能使生产的正常进行都成为问题，也有可能造成严重的产品质量问题和制造成本高昂。

随着大量复杂、精密复合刀具出现和使用，刀具已不是传统概念上的刀具。刀具需要精确调整，刀具的刃磨需要严格控制，刀具的更改需要严格的试验和管理，刀具的供应需要快速、准确、及时，刀具的成本需要被有效控制。这一系列要求导致刀具管理的概念逐渐深化和在实践中不断成熟，逐步形成了有关刀具的规划、试验、选用、采购、库存、调整、刃磨、修理、加工问题解决、刀具优化、成本控制等多方面内容的刀具管理的概念、理论和实际运作方法。

随着市场竞争的日益激烈，出于对市场竞争快速反应、提高效率、降低制造成本和发展与保持竞争优势的需要，要求重新分析组合产业增值链，对刀具涉及的方方面面进行一体化的管理，对有关业务流程进行重新整合，由一个统一的部门进而能够利用社会资源进行管理。在各工厂进行刀具管理的实践过程中，又出现了将刀具管理这一需要专门技术和多种资源支持的工作作为一种支持性的工作外包出去的做法，实现资源优化配置，获取差异化的竞争优势，严格成本控制，以求获得更高的效率、更高的质量、更低的成本和最大的投资回报，于是又出现了刀具外包管理这种管理模式。刀具管理实行外包后又出现了一系列的新特点。

刀具外包管理最初出现于北美的汽车制造企业，20 世纪 90 年代初，美国通用汽车公司在其土星工厂中首先开始应用刀具外包管理来进行刀具方面的管理，90 年代中期刀具外包管理的概念和做法逐渐传播到欧洲、南美洲，随后又传到亚洲和大洋洲，出现了专门从事刀具管理的专职公司，如奥地利的 TCM 公司、美国 FSS 公司等。1996 年在匈牙利的欧宝公司出现了现在意义上的高层次的刀具管理，随后在波兰的大众汽车公司、TRW 公司等都开始应用刀具外包管理，美国通用汽车公司以及福特汽车公司的很多工厂都应用了刀具外包管理，特别是对于新建工厂和新项目更是注重高层次的刀具外包管理。韩国的现代汽车、通用大宇汽车等公司也在近年来推行了刀具管理外包。

随着中国改革开放的深入和众多合资企业在中国的建立，刀具管理的概念及其外包管理模式也出现在中国。上海通用汽车公司从建设初期就规划并采用了刀具外包管理；上海合创企业公司与美国 Valinite 刀具公司合作承担了上海通用汽车公司动力总成厂的首期刀具管理任务；2002 年起奥地利 TCM 刀具管理与咨询公司与我国台湾兴合公司合资成立了 TCM 中国公司，在中国第一次以按单件工件加工所需刀具费用的方式承接了上海通用汽车公司动力总成厂的刀具管理任务并工作了相当长的一段时间，随后德国蓝帜公司承接了大众汽车变速器（上海）公司的刀具管理任务，钴领公司承接了上汽通用五菱汽车有限公司发动机厂的刀具管理任务，上海大众动力总成有限公司、上海汽车自主品牌项目的发动机厂等的刀具管理工作都采用了或部分采用了刀具管理外包的方式，刀具管理的概念和创新正向深入发展，已有越来越多的工厂正在考虑或已开始着手采用这种新的刀具管理模式，同时也出现了越来越多的承接这方面任务的专业化的刀具管理公司。

另一方面，刀具管理的探索和实践也引起了越来越多的人们对刀具管理的注意和重视，国内、国外不少工厂、研究单位、大学都有人在进行刀具管理的理论和实施方法的研究和探索，并将其与切削加工系统的系统特性、供应链管理、物流管理、业务外包理论、数字化制造等方面的研究和实践联系起来，不少工厂在实施自己进行刀具管理的同时也探索了刀具管理的其他模式。

刀具及其管理是现代管理科学与高新技术应用的有机结合，面对汽车制造柔性化、高效率、高速加工、多变量控制的发展和挑战，刀具及其管理对汽车制造业的重要性、对生产效率和制造成本的重大影响正引起越来越多的汽车制造业企业高层管理者的重视和思考。在当今如此激烈的市场竞争中，哪一家汽车制造企业能更好地进行管理，更高地提高生产效率，更有效地降低制造成本，就将在竞争中处于有利地位。

15.4 刀具管理的类别

刀具管理根据不同的应用需求和不同的制造型企业，有不同的管理模式和管理系统，从应用需求来说，可以分成两大类。

第一类,应用于产品设计、工艺设计和生产准备阶段,主要任务是通过刀具管理系统可以与CAD、CAM、CAPP进行接口,对刀具的选用、切削参数的设置、刀具寿命的预估、刀具投资的估算和刀具长期消耗成本的评估、刀具潜在供应商初选、各切削工艺方案的比较等提供一系列的支持,产生刀具和刀辅具清单、刀具调整布置图等工艺文件,并支持在生产准备和新项目启动阶段对刀具的管理。

第二类,应用于生产制造阶段,其主要任务是对影响切削加工系统输出的重要因素刀具的方方面面进行有效的管理,包括刀具的更改、刀具的采购、物流和仓储、刀具的调整、刃磨、刀具成本控制、生产现场与刀具有关的切削加工问题的分析与解决、刀具的试验与优化等,确保向切削加工系统提供及时的、质量稳定、数量充足、反应快捷、成本合适的刀具及相关服务。

应用于生产制造阶段的刀具管理又可根据其应用的生产类型不同分为面向大批大量生产的刀具管理和面向多品种小批量生产的刀具管理。前者如汽车制造业中的刀具管理,后者如航空、模具、汽轮机等行业中所应用的刀具管理,而由于行业的不同特点,航空、模具、汽轮机等行业所应用的刀具管理体系和管理方法又有很大差异。

目前,第一类的刀具管理系统还发展不成熟,尚无满足机械制造业特别是汽车制造业需求的比较成熟的系统的实际应用,仍处于逐步积累、完善和发展过程中。

而第二类的刀具管理系统,是目前机械制造切削加工最需要、对切削加工系统影响重大,也是各机械制造企业目前高度关注的系统。其中,汽车制造业中的刀具管理的应用发展最迅速也相对来说最为成熟。目前国内外的汽车制造企业中对生产制造阶段的刀具及其管理都给予了高度重视,也对刀具管理的不同模式和管理方法进行了很多探索,并在刀具的选用和优化、刀具成本的降低,及切削效率和切削加工质量的提高上投入了大量人力和物力。

15.5 刀具管理的体系和结构

刀具管理包括刀具的选用,刀具的采购、物流和储存,刀具的调整、修磨,刀具的寿命控制和管理,生产现场与刀具有关的切削加工问题的分析和解决,刀具的试验和优化,刀具成本的控制等。其工作范围非常广泛,涉及很多方面。又因为切削加工的系统性特点及切削加工系统中众多因素的相关性和交互作用,刀具管理要处理的问题又与设备维修、切削液管理、毛坯供应商、刀具供应商、表面涂层企业、计量检定部门等多个部门有联系。

理想完善的刀具管理体系如图15-1所示。

刀具管理体系的基础是安全工作体系、环境工作体系、质量控制体系,这些体系的健全和正常运行是刀具管理体系能正常运行的基础,为现代汽车制造和切削加工生产服务的刀具管理体系必须在满足人员安全、健康工作和对环境友好的条件下进行运作。而质量控制体系的建立和完善是获得高的刀具管理工作质量、刀具实物质量的必须的体系保证。

刀具管理信息系统和刀具管理数据库是刀具管理能高效、准确运作的前提。需要建立包括刀具编号、名称、规格、使用工序、使用机床、切削参数、刀具各组成零部件、刀具材料、刀具涂层、刀具图号、刀具订货号、刀具寿命、刀具供应商、采购价格等多方面信息和数据。这样的刀具数据库范围和功能都已远远超出了原来的刀具和刀辅具名细表的作用,包含了刀具技术和管理方面的多种信息,是先进的刀具管理必须建立的基础条件。

在此基础上,需建立一系列基本的工作制度和工作模块,以支撑刀具管理的运行,即①刀具试验和更改控制、②刀具成本控制、③刀具图纸等技术文件的管理和控制、④刀具调整、刃磨等设备的维护管理、⑤刀具方面所用检具的计量检定管理、⑥刀具的物流控制和管理。

刀具管理的核心是计划、协调和控制,要形成预警机制、应急机制和快速响应机制,即对刀具管理所涉及的方方面面进行科学的预见和计划,进行有效的协调和控制,对由于生产计划的变动、生产中发生的刀具非正常损耗等可能引起的刀具短缺能有一定提前量发出预警信号,以便提前安排应对措施;在发生可能影响生产正常进行的刀具方面问题时,能事先有应急预案和采取及时的应急行动;而不论是解决刀具的短缺或与刀

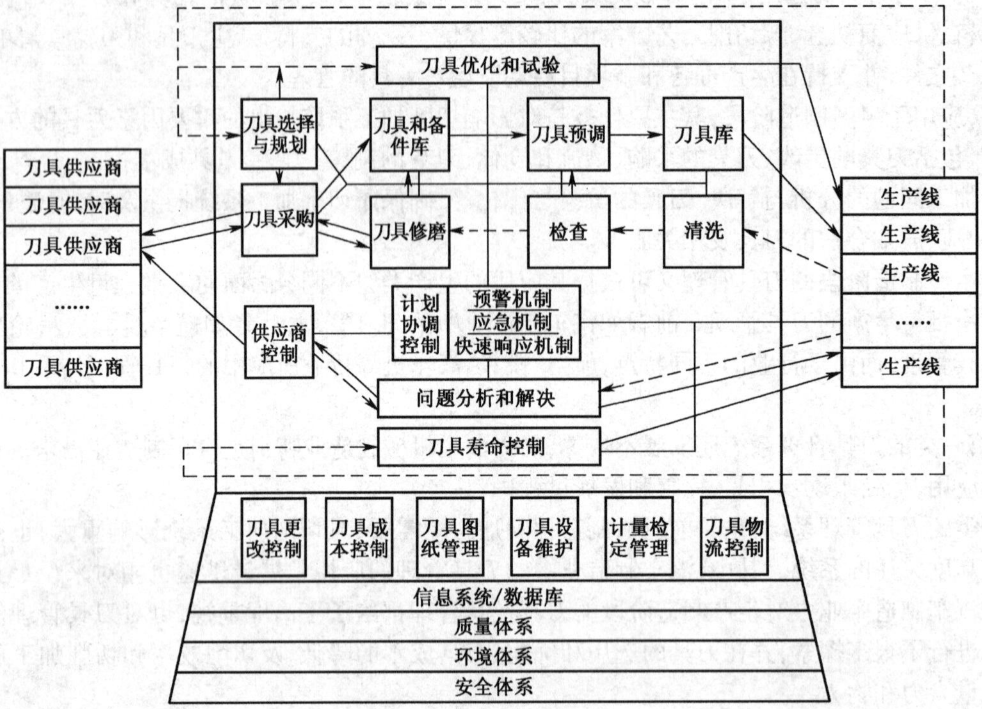

图 15-1 刀具管理体系

具有关的切削加工问题的分析和解决，都必须进行快速的响应，高效和快速地解决问题，确保切削加工生产的正常进行。

刀具管理中的一条主线是从刀具的选用和采购开始，经过刀具的物流管理，刀具的刃磨、调整直至送上生产线，进行切削加工，然后再从生产线收回刀具经过清洗、拆装、重新更换新刀片或重新修磨和调整再送上生产线，如此不断循环。其上游是各刀具供应商，下游是各生产线，即刀具管理所要服务和支持的对象，需要确保生产线的正常运行得到刀具的可靠支持和保障。围绕这条主线，需要有刀具供应商评估和刀具供应商质量控制、刀具检测、刀具调整、刀具修磨、刀具周转和库存管理等工作模块的支持。

刀具管理中另一条主线是：不断分析和解决切削加工中发生的刀具技术问题，进行各类刀具试验和刀具优化，不断提高切削加工效率和降低制造成本。围绕这条主线，需要刀具寿命设定和控制、刀具试验和更改控制、刀具成本控制等工作模块的支持。

刀具管理体系中各部分相互联系、相互支持，形成一个完整的系统，刀具管理系统的正常和高效的运作，是切削加工系统正常和高效运行的重要条件之一。

15.6 刀具管理的实施

15.6.1 刀具的采购及其管理

刀具的采购是刀具管理中非常重要的一项工作，它关系到生产线能否及时获得足够数量的刀具，而不至于由于刀具的短缺造成生产的停顿；采购的刀具的性能是否满足切削加工系统的要求，影响到切削加工效率和加工质量；刀具的采购价格及其性能价格比关系到刀具的消耗费用，影响制造成本。而刀具的采购又与刀具的技术要求、刀具管理及其库存管理体系、刀具最低库存量的设置和采购批次及批量、刀具的技术支持服务体系等系统中的其他因素紧密相关。

刀具的采购包括以下工作：

(1) 对刀具技术要求的理解。

(2) 刀具潜在供应商的发现和评估。

(3) 向刀具供应商的询价。

(4) 在刀具切削试验结果合格的基础上对刀具的价格和供货条件进行评估。

(5) 签订供货合同/发出订单并获得供应商对订单的确认。

(6) 订单的管理与供货进度跟踪。

(7) 刀具的验收与入库检验。

(8) 出现质量问题时的索赔和要求供应商进行技术支持。

当代的刀具采购已不是简单的商品买卖,实质上采购的是针对切削加工系统具体情况和需求的包括刀具硬件在内的一整套支持和服务。对用于如汽车制造切削加工这样的大批量生产的刀具的选购不是仅根据图纸和比较价格所能确定的,相同的或类似的刀具的切削性能和工作可靠性在不同的切削加工系统的实际使用中可能有很大的差异。所以刀具的选用和更改必须经过刀具切削加工试验和获得相关技术部门的同意。在此基础上才能进行不同刀具供应商所供刀具的价格比较,而且这种比较还必须包括对于供应商分析解决刀具问题的能力、支持服务的响应速度和稳定可靠供货的能力的比较。

刀具采购工作中还有相当重要的一部分工作是发现和发展潜在的优良的刀具供应商,并对刀具供应商的质量体系和实物质量进行评估和控制,同时确保所采购的刀具的物流处于受控状态。一个合格的刀具供应商应该具有健全的、符合要求的质量保证体系,通过 ISO 9000 质量体系认证,能够向客户提供需要的切削加工解决方案,对客户的需求和生产中发生的问题快速响应,具有积极主动地为客户解决生产中发生的与刀具有关的切削加工问题的意愿和能力,能够配合进行各种有益的试验和快速响应开展各项必要的工作。

刀具采购中必须注意以下几点:

(1) 刀具采购的特点是所采购的刀具必须经过切削加工试验评估。由于切削加工系统的多变量及其交互作用所产生的综合效应,不同刀具供应商的相同规格的刀具在切削加工中也可能表现出相当大的切削性能和刀具寿命的差异,所以必须经过切削试验才能对不同刀具供应商或同一刀具供应商的不同刀具做出技术上的评估结论。而只有根据这一结论,才能确定哪几家刀具供应商的刀具满足基本要求,才能进行下一步的商务谈判;否则,所采购的刀具有可能无法满足该切削加工系统的要求,严重时甚至影响切削加工生产的正常进行。

(2) 需要实施良好的供应链管理,消除供应链中的薄弱环节,与刀具供应商建立起合作伙伴关系,需要真正理解供应链的强弱取决于其最薄弱的一环而不是最强的环节。系统中任何薄弱的环节都有可能影响整个系统的运行质量和效率,因此最好的做法是建立起一种真正的合作伙伴关系。同时需要引进竞争,防止垄断的产生。

(3) 应该从性能、技术、服务、价格(性价比)、响应速度上对刀具供应商及其所提供的刀具进行全面的评估和比较,做出合适的选择。

(4) 在刀具供应商的选择中,仅有货比三家是不够的,需要了解和掌握刀具的真正成本以及当前市场的合理利润率,并要真正贯彻“双赢”的方针,在商业行为中企图实现使对方无利可图的做法是不可行的,最终的结果反而可能损害到自己。要考虑对全局和长远利益的影响,坚持可持续发展。

(5) 现在刀具的采购已不再是简单的商品买卖关系,它要求的是刀具供应商提供一整套切削问题解决方案,在提供刀具实物的同时,需要提供良好的售后服务和出现刀具问题时的快速响应。

对于刀具供应商来说,也必须充分认识到,简单地卖刀具的时代已经过去了,现在向机械制造企业特别是如汽车制造这样的进行大批量连续生产的企业提供的已不仅仅是刀具,而是要设法提供完整的切削加工问题解决方案,同样要认识到切削加工的系统性特点,需要根据切削加工系统的具体情况,提供针对性的、有力的支持和服务,需要与刀具的用户紧密配合起来共同工作。

15.6.2　刀具的物流和库存管理

刀具管理中一个最重要的任务就是要保证生产线在需要的时候得到质量合格的、数量足够的刀具,保证生产不停顿地正常进行，同时又要使刀具的库存和管理费用最低。而要做到这一点，就需对刀具的物流和库存进行科学的管理，既要满足生产的需要，又要贯彻精益生产的原则，尽可能地降低库存和减少浪费。

1. 刀具自动仓库和立体仓库

针对不同的应用情况，刀具管理系统中应用了不同的刀具物流管理的方法，并将电子信息技术和自动化技术应用于刀具的物流和库存管理中。图 15-2 是肯纳金属公司开发出的一种名为 Toolboss 的刀具自动仓库，它可以设置在车间中或需要使用刀具的地方，其所有权可以属于使用刀具的企业或部门，也可以属于进行刀具管理的企业或部门。这种刀具自动仓库设有显示刀具存放内容和说明，以及为存取刀具与使用者进行信息交换所需界面的显示屏，有存放各类刀具并自动上锁的一个个抽屉盒，该自动化仓库由计算机控制并通过网络联接到刀具管理部门。平时该仓库中存有由刀具管理部门预先存放的各类刀具，当使用者需要刀具时，在人机界面中输入所需刀具的代号及数量，使用者就可从自动打开的刀具抽屉中拿到所需的刀具。而刀具自动仓库也会记录所取走的刀具型号、规格、数量等信息并将有关信息送至刀具管理部门，刀具管理部门由此可控制并及时向刀具自动仓库补充刀具，并可根据此信息与刀具使用部门进行刀具费用的结算。由此可见，这一方面大大方便了刀具使用者获取刀具，另一方面又方便了刀具管理部门对刀具的库存管理，节省了大量人力、物力，也有利于对刀具消耗的成本控制。

为节约库房面积和提高仓库管理的效率，在不少刀具管理系统中还使用了如图 15-3 所示的刀具立体仓库。这种刀具立体仓库同样由计算机控制，仓库中有多层可存放各类刀具的库盘，容量很大，平时一层叠一层立体排放，根据需要上层的刀盘可移动至下层以便存取刀具。这种立体仓库的一个重要特点是，各种刀具存放的具体位置及其数量信息都准确地存在立体仓库的信息系统中。当需要存取刀具时，只要在相关的计算机系统中输入所要的刀具的代号，该立体仓库就会自动将存有该刀具的库盘移送到立体仓库门口，很方便地就可取到所需的刀具，避免了通常先要根据刀具代号查找刀具所在的库号、架号、库位再去寻找相应位置取刀的麻烦，效率大为提高。而且由于刀具是立体存放，大大减少了各种刀具库架平面摆放所占的仓库面积，对于库房面积本来就较小的地方更显示出其优越性。

图 15-2　可设置在现场的刀具自动仓库

图 15-3　库房中使用的刀具立体仓库

2. 刀具最低库存量的设置

为了确保生产线的用刀需要，又使刀具库存资金占用尽量少，需要科学地设置刀具最低库存数量。当库存刀具数量低于所设置的数量时，刀具管理系统应立即发出报警信号，提示刀具数量已到了临界点，需启动刀具采购流程，进行新的刀具采购。而这设定的刀具最低库存数量，应保证在新刀采购期间直到新采购的刀具进入生产现场的仓库为止，都一直不会出现因刀具短缺而影响生产的问题，同时也不会出现当新刀采购回来时，仓库中还有大量原有刀具未用完的情形。一般情况下，刀具库存的变化如图 15-4 所示。

刀具的最低库存报警采购点的库存数量 Q 可根据以下公式计算：

$$Q = K \times V \times L \times C / 1000 \qquad (15-1)$$

式中　K——刀具的千件消耗率，即每加工 1000 件工件所消耗的刀具数量，如刀具寿命为加工 10000 件工件，则千件消耗率为 0.1；

V——预计的每月需要加工的工件产量；

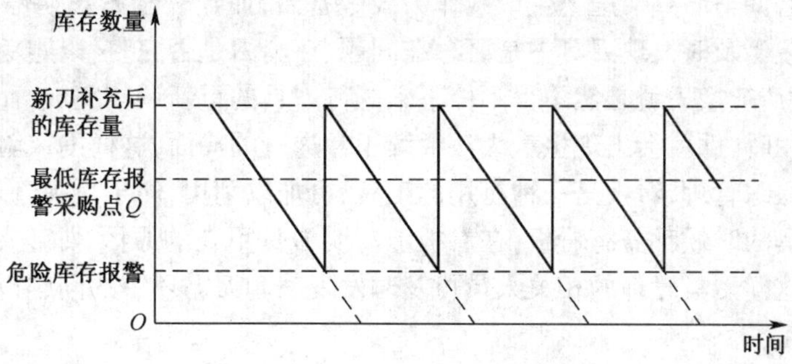

图 15－4　刀具库存变化和报警

L——刀具的交货期,如一把刀从订单发出至刀具实物到达生产现场的时间为3个月,则 $L=3$;

C——安全系数,考虑可能发生的刀具非正常损耗,或刀具订单发出后由于供应商、运输过程等各种环节发生的延误,为保证刀具供应安全所设定的一个系数,系数取值与整个系统的稳定性和可靠性有关,通常可根据积累的经验取值,一般为1.1~1.2。

通过应用运筹学的方法,可对刀具的采购批量和采购频次进行优化,如某种刀具每把每年的存储费为 C_1,每批次采购需要的管理等费用为 C_3,每年需要采购的刀具数量为 D,在刀具单价、汇率、所需加工的工件数量稳定的情况下,通过数学运算可求得经济采购批量 Q_0,即

$$Q_0 = \sqrt{\frac{2C_3D}{C_1}} \tag{15-2}$$

使得在保证生产所需刀具不发生短缺的前提下所花费的总费用最低。在刀具单价随采购量而变的情况下,也可通过进一步的数学运算和比较,求得合适的经济采购批量。

由于在实际生产中影响刀具消耗的因素很多,影响刀具供应的因素也很多,如生产加工的工件数量随市场需求而波动,刀具采购的品种多而数量相对来说不大,非标刀具多引起采购周期长,刀具的储存量大小又与可能发生的刀具更改及其所引起的死库存损失风险相关等。在目前条件下,要将这些因素都用具有较高置信度的数学公式来表达还相当困难,所以在实际工作中采用了定量和定性相结合的方法,需在公式计算的基础上再根据经验和实际生产中已发生的刀具消耗状况来最终确定每次的刀具采购量。

3. 供应商处的备库

为了确保生产线的用刀,同时又尽可能地降低刀具库存,可以和各刀具供应商建立起较稳固的合作伙伴关系。让各刀具供应商建立起所供应刀具的一定库存数量,只要一有需求,可立即从该部分库存中发运一部分刀具至现场,而不需要等待从备料到制造的漫长时间,可大大提高响应速度。

同时,应对刀具的使用、消耗和供应情况进行分析,对一些关键刀具建立应急计划,如让相应的刀具供应商了解并做一些相应的准备,或多备一些这样的刀具,也可与有可能取得帮助或支持的类似刀具的供应商或其他用户建立合作关系,以在应急时克服危机。

15.6.3　三套刀的循环

为了确保切削加工生产的正常进行和缩短换刀时间,尽可能地避免任何由于等待刀具而出现的生产停顿和等待时间,一般情况下应确保有三套完整的刀具:其中一套在机床上;一套在线旁作为备刀,供换刀时可立即使用;一套是刀具已使用后处在重新刃磨、调整、检验的过程中。这三套刀应该周而复始地循环,并有完善的体系对其状态进行跟踪,如缺少一套就必须立即修复,如缺少两套则需采取特别的应急行动,因为三套刀中缺少两套刀就意味着生产线中使用的唯一的一套刀万一再发生异常损坏,就会发生生产线停产的情况。特别是由于某些刀具的订货、制造周期可能需要3~4个月的时间,如没有其他应急方案则会造成几周甚至几个月的停产,那是不可想象的,也是完全不能接受的。所以对于某些关健的、供货周期又特别长的复杂刀具,在必要时可能需要建立四套刀的循环或置备更多的备件。

刀具管理系统必须建立这样的三套刀循环的体系和确保其正常循环周转,并且不允许为图方便,将从生

产线上换下的刀重新刃磨调整后直接送上生产线作为线旁备刀，而让一套刀长期停留在仓库中这样的两套刀循环体系。这是为了便于及时发现刀具中是否存在问题、三套刀是否完整，以避免突然发生仅有一套刀可使用的情况出现，那样生产线换刀就必然不得不停下来等待刀具的重新调整完成，而且如这唯一的一套刀再出现异常情况而不能使用时，那就会出现生产无法继续正常进行的局面，这样的风险是必须避免的。

对于三套刀循环的跟踪管理，看板是一种有用的工具，可加以利用，便于目视管理，即要求三套刀备刀库中的备刀架上凡没有刀具的时候都需有看板，在看板上写明刀具不在的原因，如正处于调刀过程中、处于修理过程中、刀具损坏等，这样刀具管理的相关人员可及时发现三套刀循环中的问题以及三套刀是否完整的状态并及时采取相应的措施。

15.6.4 刀具的调整管理

为了缩短停机换刀的时间，提高设备开动率，现代汽车制造切削加工所用刀具大多实行线外调整。采用刀具调整检测仪进行线外预调包括调整和检测轴向尺寸或径向尺寸，只要将调整中检测得到的刀具补偿数据输入相应的机床，机床就可自动对刀并直接加工出合格工件，大大缩短了辅助时间，提高了生产效率。对于有些专机设备或传统的自动线，有时还需线上对刀，这时在机床上将刀片装入相应的刀体后，需要用专门的检具在机床上直接对刀和进行适当的调整。

现代机械制造企业特别是汽车制造企业都高度重视刀具的调整工作，投入大量资金置备了各种先进的刀具自动检测和调整设备，图 15-5 是设有各种刀具检测调整仪的调刀间，图 15-6 是线上对刀用的检具及其校准件。

图 15-5 设有各种刀具检测仪的调刀间

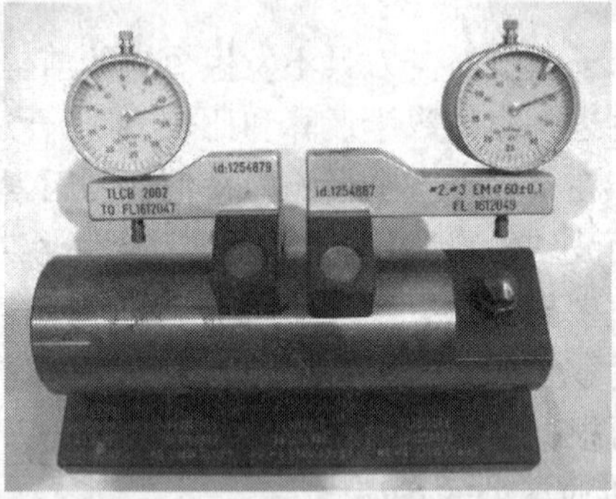

图 15-6 线上对刀用的检具

刀具的调整管理对于保证刀具的调整质量、提高调刀一次合格率和加工设备的开动率、保证生产的高效、稳定运行都有重要意义。

不管是线外对刀具预调还是在线上用检具对刀，都必须建立完善的检具检定和校准的制度，确保所用的刀具调整检测仪和对刀检具的及时和正确的校准，符合计量和检具管理的要求。

刀具调整的依据是刀具调整布置图。需确保刀具调整所用技术文件是最新的有效受控版本，其更新和修改都必须受到严格控制；根据刀具调整布置图，可向刀具调整检测仪输入待检测的刀具的编号、型号、规格和待测的角度、径向尺寸、轴向尺寸等要求，编制可自动检测的程序，刀具检测与调整程序的输入和修改、更新都需受到严格控制；需制定完善的刀具调整作业指导书，并确保刀具的调整和检测严格按作业指导书的规定执行。调整、检测合格的刀具应有明显的检测合格标识并附有检测记录。

刀具调整中需要做到以下几点：

(1) 刀具必须在清洁的状态下进行组装，对于从生产线上取回的刀具，对重复使用的刀具应该进行清洗，然后才能重新装入刀片或刀头进行调整和检测。

(2) 刀具上的螺钉锁紧应尽可能地采用扭力扳手，并按照规定的扭矩对螺钉进行锁紧。刀具的安装中需防止垫片、刀夹等漏装或装错。

(3) 刀具放入调刀仪检测前，必须清洁刀具安装面，确保没有任何灰尘黏附在刀具的定位安装面上，以免影响测量精度。

(4) 严格按刀具调整作业指导书的规定进行刀具调整,并根据要求对刀具的轴向尺寸、径向尺寸、相关角度、轴向切削刃的等高、切削刃的径向圆跳动等进行检测,确保其符合刀具调整规范的要求,然后打印出刀具检测的结果,包括需要提供给数控机床的刀具补偿尺寸。

每次刀具调整、检测完毕,在放入备刀架进入刀具备用状态前,必须检查和确认:

(1) 各切削刃是否正常,有无微小裂纹等缺陷。

(2) 刀柄有否磕碰痕迹。

(3) 如是带有内切削液管的刀具,需检查内切削液接管是否安装并畅通。

(4) 如果是珩磨刀具,需检查珩磨条的进出收缩是否顺畅,珩磨头固定销是否松动。

(5) 刀具保护套是否按要求戴好。

(6) 是否已贴好调刀合格标签并附上了刀具检测记录单。

通过这一系列的措施和管理可获得高的刀具调整一次合格率,确保进入切削加工系统的刀具状态良好,满足高效加工的要求。

15.6.5 刀具的修磨管理

刀具的修磨管理是否完善对于刀具的修磨质量、修磨后刀具在加工中的表现和刀具寿命都有着重要影响,也影响到刀具的成本。

需要建立完善的刀具刃磨技术规范、刀具刃磨作业指导书、刀具检验标准、它们的建立和更改都必须通过相应的流程审核和批准。为了保证刀具修磨后的切削性能与加工质量的稳定,也为了便于控制刀具费用,掌握刀具的实际消耗情况,需要控制刀具的修磨极限长度,必要时也可直接控制刀具的修磨次数。

对于现在刀具刃磨广泛采用的五轴联动刀具刃磨机床的数控程序的输入、更改都要进行有效的控制,确保应用的程序正确和在刃磨不同的刀具时的程序调用正确。所有应用程序和软件都需要做好切实可靠的备份。

刀具刃磨设备和检测仪器都必须建立完善的设备预防性维护制度,检测仪器和各种检具都需要按照规定进行校准。

不能继续刃磨或改作他用而必须报废的刀具,需要通过刀具报废流程,经过检查和批准后进行报废,并做好相应的记录。已经报废的刀具必须做好标识,同时需根据环境保护的要求将硬质合金、PCD、CBN、高速钢等不同材质的刀具按材质分类摆放,然后送交具有相应资质的部门或企业进行废刀的处理和回收利用。

15.7 刀具管理信息系统

适应现代制造业信息化发展的要求,刀具管理的信息化和网络化正在快速发展,一方面是现代制造企业的信息化管理要求将刀具管理纳入企业的信息系统中,另一方面是刀具管理本身越来越需要先进的、可靠的基于计算机技术、网络技术和信息技术基础上的刀具管理信息系统提供强有力的支持。

刀具管理需要建立包括有关刀具的技术信息、应用信息、商务信息和管理信息等在内的完整、准确的数据库,刀具管理需要实现采购、物流、调整、刃磨、生产线之间的网络化通信与管理,调刀设备与加工设备之间在必要时进行直接的刀具信息交换,实现实时的刀具寿命设定、换刀控制和性能跟踪以及刀具成本分析的控制,并实现现场、备刀、库管、采购、修磨、技术、图纸及文件控制和更改等刀具有关的各个方面的交互联系、动态跟踪和及时的反应与控制,还要实现与企业其他有关部门的联系和协调管理。

目前,已有不少先进的标识刀具身份和记录刀具信息的方法应用于很多企业的刀具管理系统中,如在刀具上附上条形码以便于快速识别和管理刀具。条形码是用一组黑白相间、粗细不同的条状符号来表示刀具的名称、产地、价格、种类等信息的工具。条形码是迄今为止最经济、实用的一种自动识别技术。在刀具管理系统中主要优点是成本低、应用灵活;缺点是易撕裂、污损或脱落、信息存储量有限、每次只能识别一个条码。近年来,在刀具管理中又出现了二维码的应用,将二维码作为刀具的身份证,并用激光直接刻在刀具上,同样也可标注在刀具包装的标签上,以便可以进行自动识别。通过这个刀具身份证,大大方便了刀具用户的刀具质量溯源、物流过程控制、刀具全寿命管理和获取附加信息等,用户可以借助刀具二维码准确地知道,在生产哪个工件时使用了哪把刀具,有利于更快察觉到生产中可能存在的弱点并改善其过程质量。同时借助于二维码,并与刀具管理信息系统相结合,能够准确地记录并以统计的方式评估刀具的总寿命和剩余寿命,即使刀具与刀柄分离,用户也能知道刀具的剩余寿命,有利于完全利用整个刀具寿命。

而近年来发展起来的身份识别(RFID)技术是20世纪90年代开始兴起并逐渐走向成熟的一种自动识别技术,RFID是利用射频信号通过空间耦合实现无接触信息传递并通过所传递的信息达到识别目的的技术。一套完整的RFID系统,是由读写器、电子标签及应用软件系统三部分组成。目前刀具管理系统中所应用的RFID技术通过在刀具的刀柄上埋入芯片,在机床和刀具调刀仪上设置读写器,可很方便地将刀具的名称、型号、规格、调刀尺寸、刀具使用寿命以及其他技术和管理信息记录在刀具上,并将相关信息在调刀仪、机床和刀具管理系统之间进行传递。RFID技术在刀具管理系统应用中主要优点是耐污染、可读取距离大、可识别高速运动物体、可擦写信息、储存数据容量大、可同时识别多个标签等;其缺点是价格较高。要发挥RFID技术在刀具管理系统中的作用还需要相应软件系统的有力支持。

由此可见,对刀具管理信息系统的要求是很高的,其不仅需要处理很多管理类型的信息,还需要能够处理很多技术类型的信息。目前国内外已有的很多ERP软件,擅长于处理企业管理的很多方面的事务,可是还没有完善的能处理刀具管理这个特殊领域的模块。而一些信息公司包括一些刀具制造公司开发出的一些专用的刀具管理软件目前还不完善,其与企业的ERP软件的连接也有待开发和改进,这方面还有很多工作要做,但这将是刀具管理中极为重要和具有极大发展潜力的一个领域。

信息技术的发展和应用有力地促进了刀具管理水平和切削效率的提高。目前有不少刀具公司研发出了一些实用的刀具应用软件,如:

“瓦尔特刀具向导”程序,可以帮助刀具用户为需要的加工找到最理想的刀具并可以在线订购。其程序中还包含详细的二维或三维刀具图,也可以调用刀具数据表并通过电子邮件发送给相关人员。通过连接“瓦尔特工具商店”在线门户,可以查看刀具价格和所需的刀具是否有货,完成订购后,用户的手机将收到订购确认。

使用名为“瓦尔特进给和速度”的程序,用户可以根据所需进行的加工任务,方便地获取刀具进给和切削速度的数值。此外,系统提供所选刀具的信息及其应用范围,例如,最佳冷却方式以及加工操作的成本等经济性计算分析结果,用户还能获得关于加工策略的建议。同时可以在系统中将不同加工任务相互关联,在为螺纹加工寻找最佳刀具时,用户还可以让系统显示适用的底孔钻头。同样,也可以将所用机床和确定合适的刀具解决方案联系起来加以考虑。

为适应制造业信息化的发展,需要制定关于刀具产品描述和信息交换的标准,提供一个统一的格式来描述有关刀具的信息,实现刀具信息在各应用领域之间的无障碍交换和利用,提高信息交换的速度和准确性,这将有利于选择刀具和使用刀具,为刀具制造、刀具应用和刀具研究都提供方便的平台。同时,进一步发展面向对象的新型数控编程数据接口标准,实现CAD、CAM与CNC之间的双向数据流动,这将会对刀具管理提出新的挑战和新的要求。

在产品和工艺设计阶段,通过信息化技术在CAD、CAM、CAPP和切削加工数据库的基础上产生正确的刀具清单和刀具调整布置图,并输出刀具二维图纸和三维造型。刀具管理系统应能支持工艺创新、选用刀具、提供切削参数,并提供刀具的应用技术如走刀的策略、刀具装夹、刀具安全、刀具动平衡等方面的信息。

在刀具管理对生产制造过程的支持阶段,通过信息化技术在刀具的物流管理中的应用,可以跟踪刀具物流的全过程、提供刀具的正确位置和数量及采购信息,动态反映刀具的采购、库存和使用状态,能优化设置刀具的最低库存量和报警限,能对刀具管理的效果进行评估和监控。刀具管理系统必须能获得和产生正确的刀具信息并对相应的信息进行有效的管理。

通过科学的管理和刀具管理的信息化可以降低刀具的库存,减少对人员、资金、厂房、设备的占用,提高刀具调整、修磨等方面的质量,可显著地降低刀具费用,更好地实现把合适数量的合适刀具在合适的时间送到合适的地方并合适地使用。

15.8　刀具管理的不同模式

随着市场竞争的激烈和刀具管理对现代机械加工生产的重大影响为越来越多的人们所认知，各企业对刀具管理的重视正在不断提高。这在汽车制造业中表现得更为明显，刀具管理已为越来越多的汽车制造企业高层领导所重视，国内越来越多的汽车制造企业开始重视刀具的一体化管理，试图在刀具管理方面做出新的探索，包括应用刀具管理外包这种模式。

完整的刀具管理应是在一个项目的规划阶段即介入，从刀具的选用、采购起，伴随整个生产过程，直至刀具寿命用尽的全过程，不断改进、不断优化，其目标应是：①确保生产线在需要刀具的时候及时地得到满足加工要求和质量标准的、预调好的刀具；②有足够的刀具耐用度从而能降低换刀频次和提高设备开动率，保证生产高效正常地进行；③还要求这样的刀具是经过精心选用、严格试验且具有很高性能价格比的刀具，并通过其管理有效地控制和降低刀具使用成本。

由于各企业在技术、经济、管理等各方面条件相差很大，所以在刀具管理中也存在着不同的管理模式。有的企业还停留在较低层次的刀具管理上，有的企业已进行高层次的一体化的刀具管理，也有的企业为了更专注于其核心业务，并能更好地利用社会资源以提高其资源的使用效率，实现资源优化配置，获取差异化的竞争优势，则将刀具管理这一需要专门技术和多种资源支持的工作作为一种支持性的工作外包出去。

而在实现刀具管理外包的要求和做法上、在管理的层次上又视不同企业的内外部条件和企业在不同发展阶段的情况存在着不少差异。根据所承担任务的多少和进行管理的复杂程度及对生产制造支持的力度，刀具管理外包一般可分为表15-1所列的不同层次。

表15-1　刀具管理外包的层次

层次	工作范围和内容
第1级	刀具刃磨管理
第2级	刀具刃磨管理，刀具库存管理
第3级	刀具刃磨管理，刀具库存管理，刀具调整管理
第4级	刀具刃磨管理，刀具库存管理，刀具采购管理，刀具调整管理，送刀至生产线
第5级	刀具刃磨管理，刀具库存管理，刀具采购管理，刀具调整管理，送刀至生产线，刀具成本控制，与刀具有关切削加工问题的分析和解决，刀具试验和优化
第6级	刀具刃磨管理，刀具库存管理，刀具采购管理，刀具调整管理，送刀至生产线，刀具成本控制，与刀具有关切削加工问题的分析和解决，刀具试验和优化，刀具和切削技术知识管理，向切削加工新项目提供技术支持

第5、6级是高层次的刀具外包管理，它要求刀具管理系统承担起切削加工系统对刀具所要求的各方面任务，解决所遇到的相关问题，同时控制和降低刀具的成本，避免由于管理不当可能造成的刀具非正常消耗所引起的经济损失。按照精益生产的理念构建和运行刀具管理系统，使刀具管理系统有力地支持整个切削加工系统的运行，获取理想的切削加工系统输出。

为了能充分利用外包的优点，同时又避免对刀具外包管理承包供应商的过度依赖，一些汽车制造企业仅是将刀具刃磨以及刀具供货、库存管理等工作外包出去，而有关刀具的加工问题分析和解决、刀具的优化与改进等业务仍由本企业做，以充分利用刀具外包管理供应商的灵活、高效的采购和物流体系以及先进的刀具刃磨设施以及各种支持资源，从而减少本企业的一次性投资及其相应风险，降低刀具库存和流动资金占用；同时与刀具有关的重要技术工作由本企业的人员掌握，但刀具的成本控制则需主要由发包方负责。国内已有企业以这种方式外包了刀具管理任务，如上海大众动力总成有限公司和上海汽车自主品牌项目发动机厂目前就采用了这种刀具管理部分外包的模式。

与此同时，想承接刀具管理外包任务的公司也越来越多。国外著名的刀具制造商或刀具服务商都已开展刀具管理服务方面的业务，如肯纳金属公司，伊斯卡公司、山高公司、钴领公司等都已承接了一些汽车、航空、机械加工等企业的刀具管理工作，并正试图将此业务扩大；国内的一些刀具制造和服务企业等也表达了从事刀具管理业务的愿望，大家都认识到了刀具管理在今后的发展势头会越来越强，而服务业则有很大的市场和发展空间，机械制造企业和刀具制造、销售企业都需要刀具管理及其相应的服务。

刀具管理可以有不同的实现模式，可以通过外包的方式实现高层次的刀具一体化管理，或实现刀具管理的部分外包，也可以由需要刀具管理的企业自营一体化管理，也可以通过由发包企业参股设立的刀具管理公司来进行。其共同点是要实现统一、和谐的系统，并要确保该系统受控和高效运转。

刀具管理的不同的模式各有其特定的应用条件，关键是要适合本企业的内、外部条件，具体情况具体分析，采取相应的对策，以达到预期的目标，获得理想的效果。对于采用哪一种模式进行管理，需要综合考虑多方面的因素，如项目的性质、企业的供应链管理方法、建立和更新过程的成本、刀具方面设备的投资、人力资源的考虑和安排、物流成本、刀具库存成本的考虑和死库存风险的大小、设备维修的成本、对由于刀具供应或刀具质量造成的生产损失的风险控制等，还要考虑外包市场的成熟度和可供选择的外包供应商的数量和质量等多方面情况。不同的模式各有长处和短处，需要依据企业的自身情况和战略考虑，采用最有利于提高企业核心竞争力的做法。

刀具管理的概念和创新正不断向深入发展，在管理模式、管理方法、控制机制、绩效评估上都有很多问题需要回答，需要进一步的探索和实践与创新。

参考文献

[1] 达世亮．汽车制造切削加工系统工程及应用[M]．北京：机械工业出版社，2009.

附录 A　GB/T 9943—2008《高速工具钢》

1　范围

本标准规定了高速工具钢的订货内容、分类、尺寸、外形及其允许偏差、技术要求、试验方法、检验规则、包装、标志及质量证明书等。

本标准适用于截面尺寸(直径、边长、厚度或对边距离)不大于250mm的热轧、锻制、冷拉等高速工具钢棒(圆钢、方钢、扁钢、六角钢等的总称,以下简称钢棒)、盘条及银亮钢棒,其化学成分同样适用于锭、坯。

2　规范性引用文件

下列文件中的条款通过本标准的引用而成为本标准的条款。凡是注日期的引用文件,其随后所有的修改单(不包括勘误的内容)或修订版均不适用于本标准,然而,鼓励根据本标准达成协议的各方研究是否可使用这些文件的最新版本。凡是不注日期的引用文件,其最新版本适用于本标准。

GB/T 223.5 钢铁及合金化学分析方法　还原型钼酸盐光度法测定酸溶硅含量

GB/T 223.8 钢铁及合金化学分析方法　氟化钠分离-EDTA容量法测定铝量

GB/T 223.11 钢铁及合金化学分析方法　过硫酸铵氧化容量法测定铬量

GB/T 223.13 钢铁及合金化学分析方法　硫酸亚铁铵滴定法测定钒含量

GB/T 223.19 钢铁及合金化学分析方法　新亚铜灵-三氯甲烷萃取光度法测定铜量

GB/T 223.20 钢铁及合金化学分析方法　电位滴定法测定钴量

GB/T 223.22 钢铁及合金化学分析方法　亚硝基R盐分光光度法测定钴量

GB/T 223.23 钢铁及合金　镍含量的测定　丁二酮肟分光光度法

GB/T 223.26 钢铁及合金　钼含量的测定　硫氰酸盐分光光度法

GB/T 223.28 钢铁及合金化学分析方法　α-安息香肟重量法测定钼量

GB/T 223.43 钢铁及合金　钨含量的测定　重量法和分光光度法

GB/T 223.53 钢铁及合金化学分析方法　火焰原子吸收分光光度法测定铜量

GB/T 223.54 钢铁及合金化学分析方法　火焰原子吸收分光光度法测定镍量

GB/T 223.58 钢铁及合金化学分析方法　亚砷酸钠-亚硝酸钠滴定法测定锰量

GB/T 223.59 钢铁及合金化学分析方法　锑磷钼蓝光度法测定磷量

GB/T 223.60 钢铁及合金化学分析方法　高氯酸脱水重量法测定硅含量

GB/T 223.62 钢铁及合金化学分析方法　乙酸丁酯萃取法测定磷含量

GB/T 223.63 钢铁及合金化学分析方法　高碘酸钠(钾)光度法测定锰量

GB/T 223.64 钢铁　锰含量的测定　火焰原子吸收光谱法

GB/T 223.65 钢铁及合金化学分析方法　火焰原子吸收光谱法测定钴量

GB/T 223.66 钢铁及合金化学分析方法　硫氰酸盐-盐酸氯丙嗪-三氯甲烷萃取光度法测定钨量

GB/T 223.67 钢铁及合金　硫含量的测定　次甲基蓝分光光度法

GB/T 223.68 钢铁及合金化学分析方法　管式炉内燃烧后碘酸钾滴定法测定硫含量

GB/T 223.69 钢铁及合金　碳含量的测定　管式炉内燃烧后气体容量法

GB/T 223.72 钢铁及合金　硫含量的测定　重量法

GB/T 223.76 钢铁及合金化学分析方法　火焰原子吸收光谱法测定钒量

GB/T 224 钢的脱碳层深度测定法(GB/T 224—1987，eqv ISO 3887：1976)

GB/T 226 钢的低倍组织及缺陷酸蚀检验法(GB/T 226—1991，eqv ISO4969：1980Steel Macroscopic examination by etching with strong mineral acids)

GB/T 230.1 金属洛氏硬度试验　第1部分:试验方法(A、B、C、D、E、F、G、H、K、N、T标尺)(GB/T 230.1—2004 , ISO 6508—1:1999 , MOD)

GB/T 231.1 金属布氏硬度试验　第1部分:试验方法(GB/T 231.1—2002,eqv ISO 6506—1 : 1999)

GB/T 702 热轧钢棒尺寸、外形、重量及允许偏差(GB/T 702—2004, ISO 1035—1:1980 Hot— rolled steel bars—Part 1:Dimensions of round bars,ISO 1035—2:1980 Hot—rolled steel bars—Part 2 : Dimensions of square bars ,ISO 1035—4:1982 Hot - rolled steel bars—Part 4:Tolerances,MOD)

GB/T 905 冷拉圆钢、方钢、六角钢尺寸、外形、重量及允许偏差

GB/T 908 锻制圆钢、方钢和扁钢尺寸、外形、重量及允许偏差

GB/T 1979 结构钢低倍组织缺陷评级图

GB/T 1814 钢材断口检验法

GB/T 2101 型钢验收、包装、标志及质量证明书的一般规定

GB/T 3207 银亮钢

GB/T 6394 金属平均晶粒度测定方法

GB/T 10561 钢中非金属夹杂物含量的测定　标准评级图显微检测法(GB/T 10561—2005,ISO 4967:1998,IDT)

GB/T 13298 金属显微组织检验方法

GB/T 14979—1994 钢的共晶碳化物不均匀度评定法

GB/T 14981 热轧盘条尺寸、外形、重量及允许偏差(GB/T 14981—2004,ISO/DIS 16124,MOD)

GB/T 17505 钢及钢产品交货一般技术条件(GB/T 17505—1998,eqv ISO 404:1992)

GB/T 20066 钢和铁 化学成分测定用试样的取样和制样方法(GB/T 20066—2006,ISO 14284:1996,IDT)

GB/T 20123 钢铁　总碳硫含量的测定　高频感应炉燃烧后红外吸收法(常规方法)(GB/T 20124—2006 ISO 15350:2000,IDT)

3 订货内容

按本标准订货的合同或订货单应包括以下内容:

a) 标准编号;

b) 产品名称;

c) 牌号;

d) 截面形状(圆、方、扁、六角等) ;

e) 尺寸与外形(见第 5 章) ;

f) 重量(或数量);

g) 交货状态(见 6.3);

h) 特殊要求(见 6.8)。

4 分类

4.1　高速工具钢按化学成分分类,可分为两种基本系列,即

a) 钨系高速工具钢;

b) 钨钼系高速工具钢。

4.2　高速工具钢按性能分类,可分为 3 种基本系列,即

a) 低合金高速工具钢(HSS - L);

b) 普通高速工具钢(HSS);

c) 高性能高速工具钢(HSS - E)。

注:具体分类方法参见附录 B。

5　尺寸、外形及允许偏差

5.1　热轧钢棒的尺寸、外形及允许偏差应符合 GB/T 702 的有关规定。

5.2　盘条的尺寸、外形及允许偏差应符合 GB/T 14981 的有关规定。

5.3　锻制圆钢、方钢和扁钢的尺寸、外形及允许偏差应符合 GB/T 908 的有关规定。

5.4　冷拉圆钢、方钢、六角钢尺寸、外形及允许偏差应符合 GB/T 905 的规定。

5.5　银亮钢尺寸、外形及允许偏差应符合 GB/T 3207 的规定。

5.6　钢棒的尺寸、外形及允许偏差组别合同中注明。根据需方要求，经双方协商并在合同注明，可供应特殊尺寸精度要求的钢棒。

6　技术要求

6.1　牌号及化学成分

6.1.1　钢的牌号及化学成分（熔炼分析）应符合表 1 的规定。

表 1

序号	统一数字代号	牌号	化学成分（质量分数）/%									
			C	Mn	Si[b]	S[c]	P	Cr	V	W	Mo	Co
1	T63342	W3Mo3Cr4V2	0.95～1.03	≤0.40	≤0.45	≤0.030	≤0.030	3.80～4.50	2.20～2.50	2.70～3.00	2.50～2.90	—
2	T64340	W4Mo3Cr4VSi	0.83～0.93	0.20～0.40	0.70～1.00	≤0.030	≤0.030	3.80～4.40	1.20～1.80	3.50～4.50	2.50～3.50	—
3	T51841	W18Cr4V	0.73～0.83	0.10～0.40	0.20～0.40	≤0.030	≤0.030	3.80～4.50	1.00～1.20	17.20～18.70	—	—
4	T62841	W2Mo8Cr4V	0.77～0.87	≤0.40	≤0.70	≤0.030	≤0.030	3.50～4.50	1.00～1.40	1.40～2.00	8.00～9.00	—
5	T62942	W2Mo9Cr4V2	0.95～1.05	0.15～0.40	≤0.70	≤0.030	≤0.030	3.50～4.50	1.75～2.20	1.50～2.10	8.20～9.20	—
6	T66541	W6Mo5Cr4V2	0.80～0.90	0.15～0.40	0.20～0.45	≤0.030	≤0.030	3.80～4.40	1.75～2.20	5.50～6.75	4.50～5.50	—
7	T66542	CW6Mo5Cr4V2	0.86～0.94	0.15～0.40	0.20～0.45	≤0.030	≤0.030	3.80～4.50	1.75～2.10	5.90～6.70	4.70～5.20	—
8	T66642	W6Mo6Cr4V2	1.00～1.10	≤0.40	≤0.45	≤0.030	≤0.030	3.80～4.50	2.30～2.60	5.90～6.70	5.50～6.50	—
9	T69341	W9Mo3Cr4V	0.77～0.87	0.20～0.40	0.20～0.40	≤0.030	≤0.030	3.80～4.40	1.30～1.70	8.50～9.50	2.70～3.30	—
10	T66543	W6Mo5Cr4V3	1.15～1.25	0.15～0.40	0.20～0.45	≤0.030	≤0.030	3.80～4.50	2.70～3.20	5.90～6.70	4.70～5.20	—
11	T56545	CW6Mo5Cr4V3	1.25～1.32	0.15～0.40	≤0.70	≤0.030	≤0.030	3.75～4.50	2.70～3.20	5.90～6.70	4.70～5.20	—
12	T66544	W6Mo5Cr4V4	1.25～1.40	≤0.40	≤0.45	≤0.030	≤0.030	3.80～4.50	3.70～4.20	5.20～6.00	4.20～5.00	—
13	T66546	W6Mo5Cr4V2Al	1.05～1.15	0.15～0.40	0.20～0.60	≤0.030	≤0.030	3.80～4.40	1.75～2.20	5.50～6.75	4.50～5.50	Al:0.8～1.20
14	T71245	W12Cr4V5Co5	1.50～1.60	0.15～0.40	0.15～0.40	≤0.030	≤0.030	3.75～5.00	4.50～5.25	11.75～13.00	—	4.75～5.25
15	T76545	W6Mo5Cr4V2Co5	0.87～0.95	0.15～0.40	0.20～0.45	≤0.030	≤0.030	3.80～4.50	1.70～2.10	5.90～6.70	4.70～5.20	4.50～5.00
16	T76438	W6Mo5Cr4V3Co8	1.23～1.33	≤0.40	≤0.70	≤0.030	≤0.030	3.80～4.50	2.70～3.20	5.90～6.70	4.70～5.30	8.00～8.80

（续）

序号	统一数字代号	牌号	化学成分（质量分数）/%									
			C	Mn	Si[b]	S[c]	P	Cr	V	W	Mo	Co
17	T77445	W7Mo4Cr4V2Co5	1.05～1.15	0.20～0.60	0.15～0.50	≤0.030	≤0.030	3.75～4.50	1.75～2.25	6.25～7.00	3.25～4.25	4.75～5.75
18	T72948	W2Mo9 Cr4V Co8	1.05～1.15	0.15～0.40	0.15～0.65	≤0.030	≤0.030	3.50～4.25	0.95～1.35	1.15～1.85	9.00～10.00	7.75～8.75
19	T71010	W10Mo4Cr4V3Co10	1.20～1.35	≤0.40	≤0.45	≤0.030	≤0.030	3.80～4.50	3.00～3.50	9.00～10.00	3.20～3.90	9.50～10.50

a 表1中牌号W18Cr4V、W12Cr4V5Co5为钨系高速工具钢，其他牌号为钨钼系高速工具钢。

b 电渣钢的硅含量下限不限。

c 根据需方要求，为改善钢的切削加工性能，其硫含量可规定为0.06%~0.15%

6.1.2　钢棒的化学成分允许偏差应符合表2的规定。

表2

质量百分数，%

元素	规定化学成分上限值	允许偏差	元素	规定化学成分上限值	允许偏差
C	—	±0.01	Mo	≤6	±0.05
Cr	—	±0.05		>6	±0.10
W	≤10	±0.10	Co	—	±0.15
	>10	±0.20	Si	—	±0.05
V	≤2.5	±0.05	Mn	—	±0.04
	>2.5	±0.10			

6.1.3　钢中残余铜含量应不大于0.25%，残余镍含量应不大于0.30%。

6.1.4　在钨系高速钢中，钼含量允许到1.0%。钨钼二者关系，当钼含量超过0.30%时，钨含量应减少，在钼含量超过0.30%的部分，每1%的钼代替1.8%的钨，在这种情况下，在牌号的后面加上“Mo”。

6.2　冶炼方法

钢应采用电炉或电渣重熔方法冶炼。冶炼方法要求应在合同注明，未注明时由供方选择。

6.3　交货状态

钢棒以退火状态交货，或退火后再经其他加工方法加工后交货，具体要求应在合同注明。

6.4　硬度

交货状态钢棒的硬度及试样淬回火硬度应符合表3的规定。

表3

序号	牌号	交货硬度[a]（退火态）/HBW（≤）	试样热处理制度及淬回火硬度					
			预热温度/℃	淬火温度/℃		淬火介质	回火温度[b]/℃	硬度[c]//HRC（≥）
				盐浴炉	箱式炉			
1	W3Mo3Cr4V2	255	800~900	1180~1120	1180~1120	油或盐浴	540~560	63
2	W4Mo3Cr4VSi	255		1170~1190	1170~1190		540~560	63
3	W18Cr4V	255		1250~1270	1260~1280		550~570	63
4	W2Mo8Cr4V	255		1180~1120	1180~1120		550~570	63
5	W2Mo9Cr4V2	255		1190~1210	1200~1220		540~560	64
6	W6Mo5Cr4V2	255		1200~1220	1210~1230		540~560	64

（续）

序号	牌号	交货硬度[a]（退火态）/HBW ≤	试样热处理制度及淬回火硬度					
			预热温度/℃	淬火温度/℃		淬火介质	回火温度[b]/℃	硬度[c]/ /HRC(≥)
				盐浴炉	箱式炉			
7	CW6Mo5Cr4V2	255	800 ~ 900	1190 ~1210	1200 ~1220	油或盐浴	540 ~560	64
8	W6Mo6Cr4V2	262		1190 ~1210	1190 ~1210		550 ~570	64
9	W9Mo3Cr4V	255		1200 ~1220	1220 ~1240		540 ~560	64
10	W6Mo5Cr4V3	262		1190 ~1210	1200 ~1220		540 ~560	64
11	CW6Mo5Cr4V3	262		1180 ~1200	1190 ~1210		540 ~560	64
12	W6Mo5Cr4V4	269		1200 ~1220	1200 ~1220		550 ~570	64
13	W6Mo5Cr4V2Al	269		1200 ~1220	1230 ~1240		550 ~570	65
14	W12Cr4V5Co5	277		1220 ~1240	1230 ~1250		540 ~560	65
15	W6Mo5Cr4V2Co5	269		1190 ~1210	1200 ~1220		540 ~560	64
16	W6Mo5Cr4V3Co8	285		1170 ~1190	1170 ~1190		550 ~570	65
17	W7Mo4Cr4V2Co5	269		1180 ~1200	1190 ~1210		540 ~560	66
18	W2Mo9Cr4VCo8	269		1170 ~1190	1180 ~1200		540 ~560	66
19	W10Mo4Cr4V3Co10	285		1220 ~1240	1220 ~1240		550 ~570	66

a 退火+冷拉态的硬度，允许比退火态指标增加50HBW。
b 回火温度为550 ~570℃时，回火2次，每次1h；回火温度为540 ~560℃时，回火2次，每次2h。
c 试样淬回火硬度供方若能保证可不检验

6.5　宏观组织

6.5.1　低倍组织

钢棒的低倍组织应按GB/T 1979检验并评级。在钢棒横向酸浸低倍试片上不允许有目视可见的缩孔、气泡、翻皮、内裂和夹杂；中心疏松、一般疏松和锭型偏析的合格级别应符合表4的规定。

表4

截面尺寸（直径、边长、厚度或对边距离）/mm	中心疏松		一般疏松		锭型偏析	
	电炉	电渣	电炉	电渣	电炉	电渣
	合格级别/级，不大于					
≤120	1	1	1	1	1	1
>120 ~150	1.5	1	1.5	1	1.5	1
>150 ~200	双方协商	1.5	双方协商	1.5	1.5	1.5
>200 ~250	双方协商	2	双方协商	2	2	2

6.5.2　断口

钢棒不允许有萘状断口，供方若能保证无萘状断口可不作检验。

6.6　显微组织

6.6.1　共晶碳化物不均匀度

钢中共晶碳化物不均匀度应按GB/T 14979—1994检验并评级：

a）尺寸不大于120mm的钢棒，钨系牌号按第一级别图，钨钼系牌号按第二级别图，其合格级别应符合表5的规定，且不应有不变形或少变形的共晶碳化物存在。

b）尺寸大于120mm的钢棒，W6Mo5Cr4V2和W9Mo3Cr4V钢按第三级别图评定，合格级别应符合表5的规定，其他牌号钢棒的共晶碳化物不均匀度由供需双方协商确定。

表 5

截面尺寸(直径、边长、厚度或对边距离)/mm	共晶碳化物不均匀度合格级别/级	截面尺寸(直径、边长、厚度或对边距离)/mm	共晶碳化物不均匀度合格级别/级
≤40	≤3	>100~120	≤7
>40~60	≤4	>120~160	6A,5B
>60~80	≤5	>160~200	7A,6B
>80~100	≤6	>200~250	8A,7B

6.6.2 脱碳

钢棒表面的总脱碳层(铁素体+过渡层)深度从钢棒实际尺寸算起应符合表 6 的规定。

表 6

分类	脱碳层深度[a]/mm	
	钨系	钨钼系[b]
热轧、锻制棒材、盘条	≤0.30+1%D	≤0.40+1.3%D
冷拉	≤1.0%D	≤1.3%D
银亮	无	无

注:D 为圆钢公称直径或方钢公称边长。

a 热轧、锻制扁钢的脱碳层深度按其相同面积方钢的边长计算。扁钢脱碳层深度在宽面检查。

b W9Mo3Cr4V 钢的脱碳层深度为 0.35+1.1%D(热轧材)

6.7 表面质量

6.7.1 供压力加工用的钢棒,表面不允许有目视可见的裂纹、折叠、结疤和夹杂。如有上述缺陷必须清除,清除深度从钢棒实际尺寸算起应符合表 7 的规定,清除宽度不小于深度的 5 倍,深度在公差之半范围内的其他轻微表面缺陷可不清除。

6.7.2 供切削加工用的热轧和锻制钢棒,表面允许有从钢棒公称尺寸算起深度不大于表 8 规定的局部缺陷,但缺陷深度应不使钢棒小于允许的最小尺寸。

表 7

钢棒截面尺寸/mm	同截面允许清除深度
<80	公差之半
80~250	公差

表 8

钢棒截面尺寸/mm	同截面允许深度
<80	公差之半
80~250	公差

6.7.3 盘条表面应光滑,不允许有裂纹、折叠、耳子、结疤、分层及夹杂,允许有压痕及局部的凸块、划痕、麻面,其深度或高度(从实际尺寸算起)B、C 级精度不得大于 0.10mm,其他级精度不得大于 0.20mm。

6.7.4 冷拉钢棒表面应洁净、光滑,不允许有裂纹、折叠、结疤、发纹、夹杂和氧化铁皮。经退火的冷拉钢棒表面允许有氧化色或轻微氧化层,钢棒表面允许有深度不大于从实际尺寸算起的该尺寸公差的麻点、个别划痕、凹面、黑斑和润滑剂痕迹等轻微表面缺陷。

6.7.5 银亮钢表面不允许有目视可见的任何影响使用的缺陷。

6.8 特殊要求

根据需方要求,可进行晶粒度、大块角状碳化物和非金属夹杂物等项检验。

7 试验方法

钢棒各项检验项目的取样部位、取样数量及试验方法应符合表 9 的规定。

表 9

序号	检验项目	取样数量	取样部位	试验方法
1	化学成分	1/炉	GB/T 20066	GB/T 223、GB/T 20123
2	脱碳层	3	不同支钢棒	GB/T 224
3	退火硬度	3	不同支钢棒	GB/T 231.1
4	试样淬回火硬度	2	不同支钢棒	GB/T 230.1
5	低倍组织	2	相当于钢锭头部不同支钢棒或钢坯	GB/T 226、GB/T 1979
6	断口[a]	2	不同支钢棒	GB/T 1814
7	共晶碳化物不均匀度	2	不同支钢棒	GB/T 14979—1994
8	大块碳化物	2	不同支钢棒	附录 A
9	晶粒度	1	任一支钢棒	GB/T 6394
10	非金属夹杂物	2	不同支钢棒	GB/T 10561
11	尺寸	逐支	整根钢棒	卡尺、千分尺
12	表面	逐支	整根钢棒	目视
a 检验钢棒断口应按表 3 规定的温度淬火后进行				

8　检验规则

8.1　检查和验收

8.1.1　钢棒的检查和验收由供方质量监督部门进行。

8.1.2　供方必须保证交货的钢棒符合本标准或合同的规定，必要时，需方有权对本标准或合同所规定的任一检验项目进行检查和验收。

8.2　组批规则

钢棒按批进行检查和验收，每批钢棒应由同一牌号、同一炉号、同一加工方法、同一尺寸、同一热处理炉次的钢棒组成。采用电渣重熔冶炼的钢，在工艺稳定且能保证本标准各项要求的条件下，允许以自耗电极的熔炼母炉号组批交货，但含 Al 钢只按电渣炉号组批。

8.3　取样数量及取样部位

8.3.1　电炉钢，每批钢棒的取样数量及取样部位应符合表 9 的规定。

8.3.2　电渣钢按熔炼母炉号组批时，每个电渣炉化学成分合格时，任取一个电渣锭化学成分报出，代表整个母炉化学成分（含 Al 钢除外），其他项目取样数量和取样部位按表 9 规定。

8.3.3　电渣钢按电渣炉号组批时，化学成分按每个电渣炉号取 1 个试样，其他项目按母炉组批，取样数量及取样部位应符合表 9 的规定。

8.4　复验和判定

8.4.1　钢棒的复验与判定规则按 GB/T 17505 的规定。

8.4.2　供方若能保证钢棒合格时，对同一炉号钢棒的低倍组织、共晶碳化物不均匀度和非金属夹杂物的检验结果允许以坯代材、以大代小。

9　包装、标志及质量证明书

钢棒的包装、标志和质量证明书应符合 GB/T 2101 的规定。

附录 B　GB/T 16461—1996《单刃车削刀具寿命试验》

1　范围

本标准规定了用高速钢、硬质合金和陶瓷单刃车削刀具车削钢和铸铁的寿命试验的推荐程序。它适用于实验室和生产实际。

在车削中，可按下列两种类型来考虑切削条件：

a）刀具主要由于磨损而失效的条件；

b）刀具主要由于其他现象，如切削刃破裂或塑性变形而失效的条件。

本标准专门考虑以刀具磨损为主的试验的推荐值。

上述第二种类型条件的试验还需进一步研究。

本标准规定了用单刃车削刀具作寿命试验时，下列各因素的规范：工件、刀具、切削液、切削条件、设备、刀具失效和刀具寿命的评定、试验步骤以及结果的记录、评估和报告。

进一步的一般资料在附录 A（标准的附录）中给出。

注 1：本标准未规定验收试验，也不作此种使用。

2　引用标准

下列标准所包含的条文，通过在本标准中引用而构成为本标准的条文。本标准出版时，所示版本均为有效。所有标准都会被修订，使用本标准的各方应探讨使用下列标准最新版本的可能性。

GB 699—88 优质碳素结构钢技术条件

GB 1031—95 表面粗糙度　参数及其数值

GB 2075—87 切削加工用硬质合金分类、分组代号

GB 2079—87 无孔硬质合金可转位刀片

GB/T 5343.1—93 可转位车刀及刀夹　型号表示规则

GB/T 5343.2—93 可转位车刀　型式尺寸和技术条件

GB 6078—85 中心钻

GB 9239—88 刚性转子平衡品质　许用不平衡的确定

GB 9439—88 灰铸铁件

GB 9943—88 高速工具钢棒技术条件

GB/T12204—91 金属切削　基本术语

GB/T 15306.1—94 陶瓷可转位刀片　无孔刀片尺寸（G 级）

GB/T 15306.2—94 陶瓷可转位刀片　带孔刀片尺寸

JB 3051—83 数字控制机床　坐标和运动方向的命名

ISO 185：1988 灰铸铁

ISO 229：1973 机床—速度和进给

ISO 683—1：1987 热处理钢、合金钢和易切削钢—第一部分：各种黑色可淬硬非合金和低合金锻钢

3　定义

本标准采用下列定义。

3.1　刀具磨损　切削时，由于刀具材料的逐渐失去或变形，造成刀具形状与其原始形状的变化。

3.2　刀具磨损量度　为表明刀具的磨损量所要测量的尺寸。

3.3　刀具寿命判据　刀具磨损量度的预定门槛值或出现某个现象。

3.4　刀具寿命　达到刀具寿命判据所需的时间。

4　工件

4.1　工件材料

原则上,各试验者可按其需要任选工件材料。但是,为了提高各试验者所得试验结果间的可比性,建议选用下列材料之一作为参考材料,即按 GB 699 的 45 钢或按 GB 9439 的 HT 250 铸铁。这些材料的详细规范列在附录 B(标准的附录)中。

材料在规范内的变化会对其可加工性产生影响。若要求供应规范较严格的工件材料以减少此类影响,应与供方协商。

有关工件材料的信息,例如:牌号、化学成分、物理性能、显微组织、硬度、工件材料的生产工艺过程(如热轧、锻造、铸造或冷拉)和各种热处理的全部细节,建议在试验报告中列出(见 4.2 条和附录 B)。

为了在相当长的时间内都能比较试验结果,建议试验者持有足够量的参考材料以满足长时期对材料的需求。

4.2　工件的标准条件

除需检验表皮的影响以外,试验前应将所有轧制氧化皮或铸造表皮切除干净。

为了最大限度地减小前一次试验所残留下来的亚表面变形,工件台阶上的塑性变形表面,即"过渡表面"以及其他任何会与试验刀具相接触的熨光或不正常加工硬化的表面均应在试验前用锐利的刀具切除干净。但是,这不包括应把前一次走刀在试棒上正常产生的加工硬化表面切除。

工件的长度与直径比不得大于会发生振动的最小值。当发生振动时,试验必须停止。不推荐长度与直径比大于 10。

应在每个试棒或管形试件的一端的整个横截面上测定工件材料的硬度。

在预计硬度有明显变化的地方,应进行测量以确切地了解硬度值是否落在规定的界限内。

应在试验报告中说明测量点的位置和测量方法。建议一批材料的硬度变化应尽可能的小。参考材料和类似材料的实际硬度值在平均硬度值的±5%以内。

切削试验只应在硬度处于原始硬度规范所规定的界限内的直径范围内进行。

推荐对工件材料作定量金相学分析(如显微组织、晶粒大小、杂质计算等),当这不切合实际时,在报告中应有显微照片,其放大比在×100 至×500 范围内。

在生产零件上进行切削试验时,应利用该切削工序中正常使用的夹具。

卡盘和主轴应稳定,并经良好平衡(平衡的评价方法见 GB 9239)。当把工件固紧在卡盘或拨盘与顶尖之间时,应特别小心,以免在工件上产生任何弯曲载荷。

当工件直径大于 90mm 时,推荐使用拨盘。

推荐采用按 GB 6078 的直径为 6.3mm 带 120°护锥的中心孔。

5　刀具

原则上各试验者可按其需要任选试验刀具。但是,为了提高各试验者所得试验结果间的可比性,推荐使用下面所规定的参考刀具形状和刀具材料中的一种。

5.1　刀具材料

在刀具材料本身不是试验变量的所有切削试验中,试验者应确定一合适的参考刀具材料进行研究。

原则上,试验者可按其需要任选试验刀具材料。但是,为了提高各试验者所得试验结果间的可比性,推荐采用本条指定的参考材料中的一种作为试验材料。

在规范内的材料可能并不相同从而影响性能,为将其影响减小到最低程度,应与供方协商对刀具材料规定较严的条款以保证尽可能大的一致性。

为了在相当长的时间内能比较试验结果,建议试验者持有足够量的参考刀具材料以满足长时期对材料的需求。

参考刀具材料应未经任何涂层和表面处理。

如果刀具材料本身、涂层或表面处理是试验变量,则对材料的分类、物理性能、显微硬度和工艺过程等需详细报告。

5.1.1　高速钢

高速钢参考刀具材料应为非涂层的非钴高速钢（W18SCr4V 和 W6MoSCr4V2）或钴高速钢（W6Mo5Cr4V2Co5 和 W2Mo9Cr4Vco8），这些材料应符合 GB 9943。

5.1.2　硬质合金

硬质合金参考刀具材料，遵照 GB 2075，按用途分类，加工钢为 P10，加工铸铁为 K10。

由于各生产厂的相同用途组的硬质合金牌号可能不相同，未必可予比较，因此，推荐选择某一供应商的特定牌号作为参考牌号。

5.1.3　陶瓷

它们必须是可以大量提供的牌号，并且其成分和物理性能应尽可能详细地在试验报告中说明。参考陶瓷应为：

a）Al_2O_3基，Al_2O_3含量至少为 70%，添加其他硬材料，如 ZrO_3，碳化钛（TIC）或氮化钛（TiN）。

b）Si_3N_4基，Si_3N_4含量至少为 90%，添加 Y_2O_3 和或 Al_2O_3。

5.1.4　其他刀具材料

当刀具材料本身是试验变量时，材料的分类，如果可能，还有化学成分、硬度和显微组织应在试验报告中说明。

5.2　刀具几何形状

5.2.1　切削刀具的几何形状

切削刀具几何形状的定义按 GB/T 12204 的规定。

图 1 所示为确定单刃切削刀具的切削刃方位、前面和后面所必需的角度。

5.2.2　刀具的标准几何形状

在刀具的几何形状不是试验变量的所有切削试验中，应选用表 1 所列的一种几何角度进行切削试验。对硬质合金和陶瓷刀具，应使用夹固刀片型，不应使用焊接或黏结刀片的刀具作参考刀具。

应将刀具正确地安装在机床上，为此，应使刀尖对准中心，使刀杆垂直于工件的旋转轴线安装。对只用于切削钢和类似合金的硬质合金刀具，其切削刃应有如下钝圆半径 r_n：

——如 $r_a = 0.4$mm，则 $r_n = 0.02 - 0.03$mm；

——如 $r_ε > 0.4$mm，则 $r_n = 0.03 - 0.05$mm。

陶瓷刀具的切削刃截面形状应符合图 1 放大图的规定。r_n的值需经磨削后得到，并在试验报告中说明。

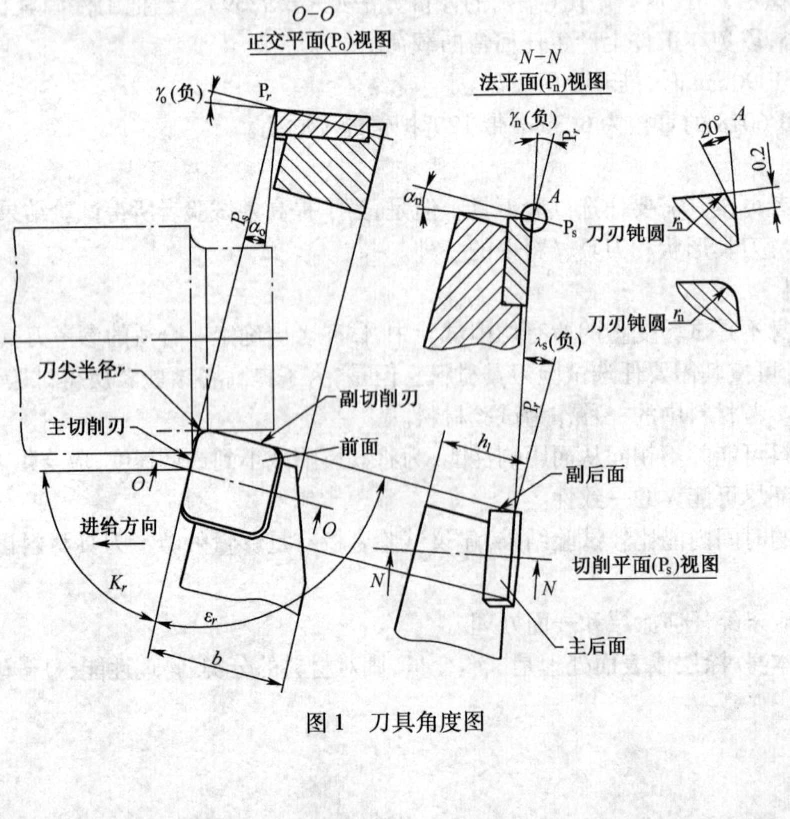

图 1　刀具角度图

表 1　标准刀具角度

单位:度

切削刀具材料	前角 γ	后角[1] α	切削刃刃倾角 λ_s	主偏角 K_r	刀尖角 ε_r
高速钢	25	8	0	75	90
硬质合金	+6	5	5	75	90
	−6	6	−6	75	90
陶瓷	−6	6	−6	75	90

1) 刀具的前角和后角可在切削刃的法平面(P_n)或刀其正交平面(P_o)内测量,并在 γ 和 α 右下角加上表示测量平面的适当角标,即 γ_n 或 γ_o 和 α_n 或 α_o

所有其他的切削刀具都应具有按 5.3.5 规定的磨削或精磨工序磨出的尖锐刀尖。

5.2.3　其他刀具几何形状

对于非常难加工的合金材料,像镍基材料和耐热材料,可能需要偏离标准刀具几何形状。但只有当不可能采用标准刀具几何形状时才应采用。在这种情况下,或当刀具几何形状是试验变量时,下列信息应在试验报告中说明:

a) 刀具角度和对应的工作角度值(规定在进给速度为零的条件下,如表 1 所示);

b) 切削刃状况:正常尖锐切削刃、按规定钝圆半径的钝圆切削刃或倒角刃(前面或后面上的倒棱或刃带的宽度及角度)。

5.3　刀具的标准条件

5.3.1　刀具的型式和尺寸

应使用直头粗切刀具。

按 GB/T 5343.2,刀杆的横截面尺寸 $h_1 \times b$ 为:

整体高速钢刀具:25mm×16mm

硬质合金刀具:25mm×25mm

陶瓷刀具:32mm×25mm

刀尖离车床刀架前端面的距离(即悬伸量)为 25mm。

硬质合金刀片是边长为 12.7mm,厚度为 4.76mm(负前角)或 3.18mm(正前角)的正方形刀片(见 GB 2079)。

按 GB/T 15306.1 和 GB/T 15306.2,陶瓷刀片是边长为 12.7mm,厚度为 4.76mm 的正方形刀片。

5.3.2　公差

全部切削刀具的所有角度公差为±0.5°(30′)。

在刀尖圆弧半径的弯曲处,圆弧刀尖的切线与主切削刃或副切削刃间的夹角应不大于 5°(见图 2)。

刀尖圆弧半径(r_ε)的公差为±0.1×r_ε

刀具基面 P_r 和刀具背平面 P_p(见 GB/T 12204)与机床定位轴线 X_m 和 Z_m(见 ISO 3002—2：1982 2.2)之间的平行度公差为±0.5°。实际上,当刀尖对中心的距离在 0.25mm 以内,且当刀具过一固定参考点作横向切入,刀杆顶面(平行于支撑平面)和侧面(平行于 P_p 平面)产生的偏差,每 50mm 的横向运动不超过±0.4mm 时,此要求即能满足(见图 3)。

除上面指明外,硬质合金和陶瓷刀片的公差应相当于 GB 2076 的 G 级。

5.3.3　刀具表面粗糙度

刀具前面和后面的粗糙度 R_a,应不超过 0.25μm(按 GB 1031 测量)。

刀片支撑面的平面度误差应不超过 0.004mm。

高速钢刀具切削刃上不应有毛刺和薄刃,通常可用油石细心地轻轻地研磨刀具的前面和后面将毛刺和薄刃去除。

试验前,应对每个待试验的切削刃,用至少 10 倍的放大镜检验其可见缺陷,如崩刃或裂纹等,若可能,应即行消除,否则该刀具将不予使用。

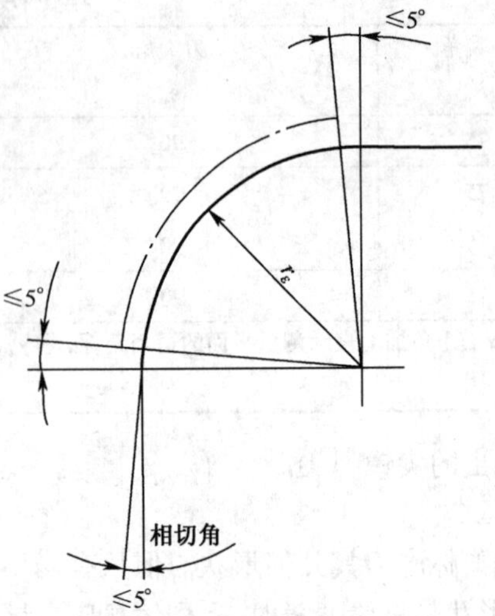

图 2 圆弧刀尖的放大图

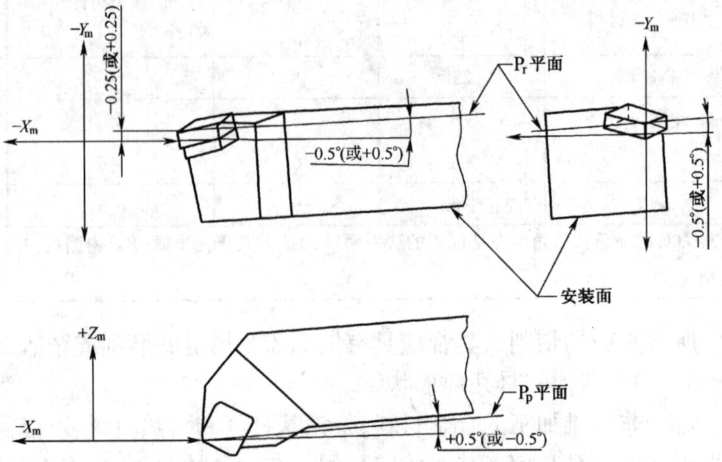

图 3 平行度公差

5.3.4 装刀片的刀杆

切削试验的刀杆应满足下列条件。

几何角度应按表 1 所示。

刀杆上装上刀片的角度公差应为±0.5°(30′),单是刀杆的公差为±0.2°(12′)。

刀杆上安装可转位刀片用刀片槽的角度应按图 4 的规定。

刀杆材料应为抗拉强度不低于 1200N/mm^2(1200MPa)的钢。

刀杆底面的平面度在全部长度和宽度上不大于 0.1mm。

刀杆前面或支撑刀片的表面,其平面度不大于 0.01mm。

可转位刀片的底面伸出刀杆支撑面的量不大于 0.3mm(见图 5)。

断屑块的高度、距离和装夹刀片的方法应在试验报告中说明(见 5.3.7)。

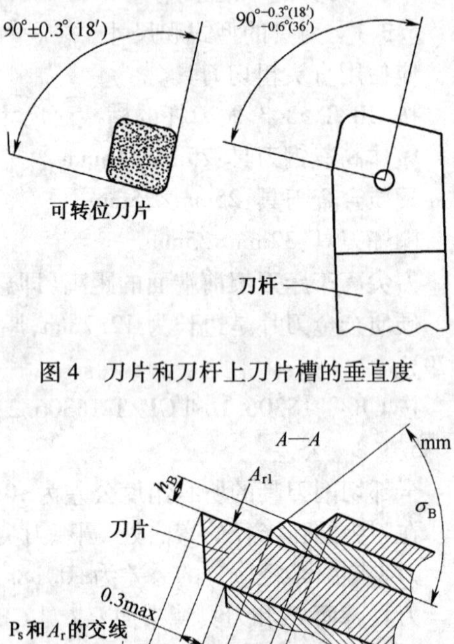

图 4 刀片和刀杆上刀片槽的垂直度

5.3.5 高速钢刀具的刃磨

操作顺序、砂轮种类、切削数据和推荐程序应从砂轮制造商处获取。

对于正前角刀具,随后磨出的刀尖高度将比前一次磨出的为低,刀尖高度减低量应不超过 5mm,否则必须按原始高度磨出新的前面。

砂轮作用周边的切削方向应大致垂直于刀具主切削刃,并沿离开主切削刃的方向越过被磨削的刀具表面。

当用平型砂轮时,相对于被磨表面的进给运动方向可与砂轮切削方向相一致或相反。

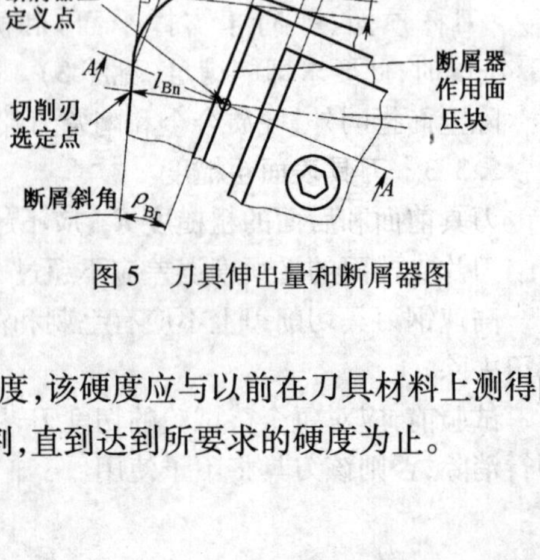

图 5 刀具伸出量和断屑器图

刃磨时,有发生过热的危险,尤其是当磨床的深度和进给调整不能完全加以控制的时候更应特别注意。通常,过热总伴随有氧化色出现。有时,过热的颜色虽不明显,但仍可影响硬度。因此,应检验硬度。

刃磨后,应在尽可能靠近切削刃的后面或前面上测量刀具的硬度,该硬度应与以前在刀具材料上测得的硬度相当,如果刃磨后未达到该硬度值,就应再进行刃磨或向后切割,直到达到所要求的硬度为止。

试验后的刀具应恢复如图 1、图 2 和表 1 所示的形状。

重磨时,刀具上往后刃磨至少应超过磨损痕迹 2mm。必须使刀具的几何形状保持图 1、图 2 和表 1 的规定,应留心保证刀尖未向旁侧偏移。

5.3.6 硬质合金 陶瓷

应采用按制造商供货条件供应的刀片,不需重新刃磨。

5.3.7 断屑器

除非断屑器本身是一个试验变量或必须断屑,否则在高速钢刀具上不必应用断屑器。当用硬质合金和陶瓷刀具时,则允许应用断屑器。并且,在使用这些刀具材料时,考虑到安全因素,常常需用断屑器。

如使用断屑器,应将其平放在可转位刀片上。断屑器与刀片相接触的表面的平面度应不超过 0.004mm。

断屑斜角 ρ_{Br}(见图 5)是断屑器与刀具前面的交线和主切削刃直线部分之间的夹角。为了得到可接受的切屑形式,并为了将切屑导向或导离工件,对于不同的工件材料,角度 ρ_{Br} 是可以改变的,见 GB/T 12204 。

断屑台锲角(σ_B),即断屑器作用面与前面的夹角,在 55°和 60°之间。

应选择断屑台距离 l_{Bn} 以得到可以接受的切屑形式(见图 5)。实际断屑台距离应在报告中说明。

对于陶瓷刀具,考虑到切削刃破损的危险,距离 l_{Bn} 不应过小。

注 2:应特别注意,使用或不使用断屑块时,月牙洼的形状不同。

6 切削液

当用高速钢刀具切削钢工件时,除了是进行高速钢刀具的毁坏性试验(见 8.2.1),都应使用切削液。

当用硬质合金或陶瓷刀具切削钢工件时,一般不使用切削液。

必须清楚地说明切削液的商标,或者说明其实际的成分、实际浓度、水的硬度(当用作稀释液时)和溶液或乳化液的 pH 值。

当使用切削液时,切削液应"淹没"刀具的切削部分。其流速不低于 3L/min,或按金属切除率每 cm^3/min 不低于 0.1L/min,应选用较高流速。对喷嘴直径、流速和蓄液箱的温度都应作出报告。

7 切削条件

7.1 标准切削条件

对所有进给量 f、切削深度 a_p,或刀尖圆弧半径 r_ε 不是主要试验变量的试验,其切削条件应按表 2 所列的组合中的一种或几种。

表 2 标准切削条件

切削条件	A	B	C	D
进给量 f,mm/r	0.1	0.25	0.4	0.63
切削深度 a_p,mm	1	2.5	2.5	2.5
刀尖圆弧半径 r_ε,mm	0.4	0.8	0.8	1.2

进给量的公差为 $^{+3}_{-2}$%(按 ISO 229)。

切削深度的公差是±5%。

刀尖圆弧的切削刃几何形状按 5.3.2。

注 3:使用了符合 GB/T 12204 中的代号。

7.2 其他切削条件

如果不可能选用标准切削条件中之任一组合,或当进给量、切削深度或刀尖圆弧半径是试验变量时,推荐一次只改变一个参数,并且所选的值应在图 6 所示三角形面积内指定进给量和切削深度的相交点上。三角形面积的界限按表 3 规定选取。

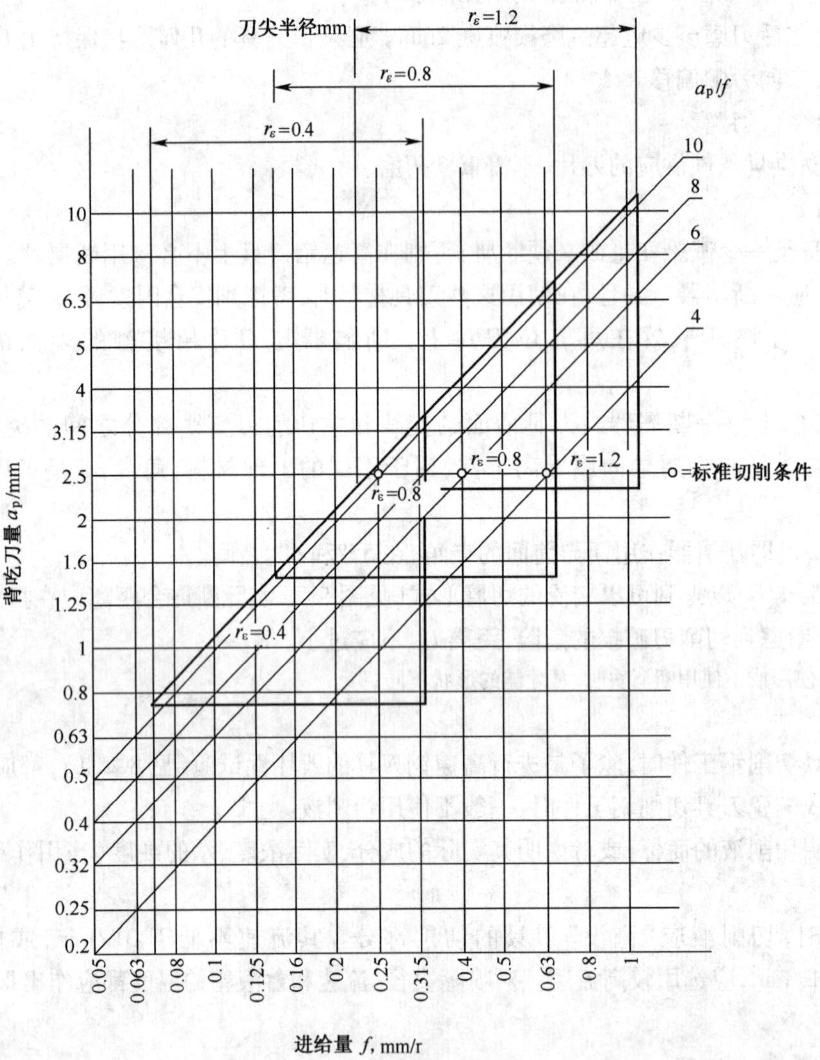

图6 切削条件的界限

表3 其他切削条件的界限

最小切削深度	2倍刀尖圆弧半径[1]
最大切削深度	10倍进给量
最大进给量	0.8倍刀尖圆弧半径
1)较小的切削深度会使刀具磨损测量较困难和精度较低	

7.3 切削速度

切削速度,以每分钟米(m/min)表示,应按有待切除之表面即待加工表面的直径确定,而不应按切削后的表面即已加工表面的直径确定。并且,应在刀具已经切入工件后测量切削速度,以考虑因切削作用造成的任何速度损失。

每种切削条件至少应选用四种不同的切削速度,但对陶瓷刀具,考虑材料消耗,限制在选用三种切削速度也是可行的。一般来说,选择切削速度时,应使最高切削速度时的刀具寿命不低于5min,对陶瓷刀具,则不低于2min。

当切削昂贵的材料时,可选用较短的刀具寿命,但应不低于2min。

为了在切削速度—刀具寿命曲线上得到足够间距的点,推荐按顺序的切削速度间有一恒定的公比,以使刀具寿命近似有成倍的变化。公比可从ISO3和/或ISO 229给出的优先数的几何系列中选取。

作为指南，可采用下列速度比：

高速钢刀具：1.06

硬质合金刀具：1.12

陶瓷刀具：1.25

8　刀具寿命判据和刀具磨损测量

8.1　前言

在实际或在车间情况下，刀具不能再加工出符合要求的尺寸和表面质量的工件的时刻通常决定了有效刀具寿命终止。而刀具从开始切削直到不能继续切削的瞬间的一段时间可认为是有效刀具寿命。但是，由于切削条件等的不同，认为刀具已达到有效刀具寿命的终点的原因在各种场合下可各不相同。

为了提高试验结果的可靠性和可比性，重要的是把刀具寿命定义为刀具达到刀具寿命判据的某一规定值前的总切削时间。

根据在切削刃上发生失效的部位不同，可取不同的规定值。

本标准推荐以磨损形式的刀具失效决定刀具寿命。

当多于一种的磨损形式可测量时，应记录每种形式的磨损，并且当任何一种磨损现象达到极限时，就认为达到刀具寿命终止点。

用于决定刀具寿命的刀具磨损的数值决定了试验材料的多少和试验成本。如果限制值太高，得到结果所需的成本可能已超过这些数据的价值。如果限制值太低，试验结果可能因为是由该试验条件下磨损发展的初级阶段所决定而不可靠。

8.2　刀具寿命判据

在特定的一系列试验中，应把认为对刀具有效寿命的终止产生影响最大的磨损形式作为今后规定的刀具寿命判据之一的选择指南。应报告所用寿命判据的形式和数值。如果对何种磨损是主要的尚不清楚，可以使用形成两条 v_c-T_c 曲线的两个判据中的任一个或者使用形成折线状 v_c-T_c 曲线的组合判据（见图 7）。

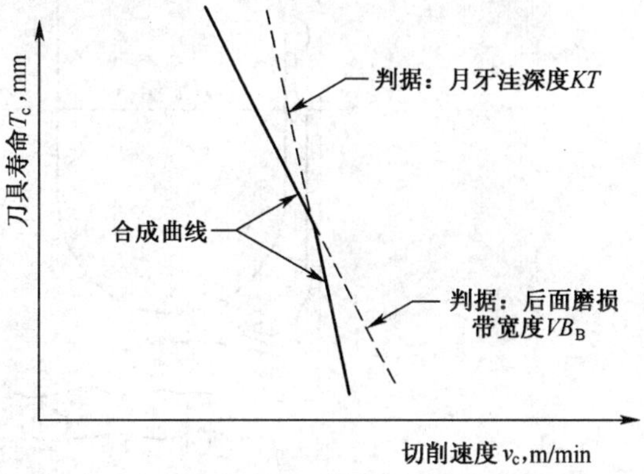

图 7　后面和月牙洼磨损组合的折线状 v_c-T_c 曲线（对数坐标）

8.2.1　高速钢刀具的通用判据（见图 8）

高速钢刀具所采用的最普通的判据如下：

a）如果后面 B 区不是正常磨损，在有划伤、崩刃或产生严重的沟形时，后面磨损带的最大宽度 $VB_{B\max}$ = 0.6mm。

b）如果认为在后面 B 区磨损带是正常磨损而形成的，后面磨损带的平均宽度 VB_B = 0.3mm。

c）毁坏性损坏。

8.2.2　硬质合金刀具的通用判据（见图 8）

硬质合金刀具所采用的最普通的判据如下：

a）如果在后面 B 区为非正常磨损，后面磨损带的最大宽度 $VB_{B\max}$ = 0.6mm。

b）如果认为在后面 B 区磨损带是由正常磨损而形成的，后面磨损带的平均宽度 VB_B = 0.3mm。

c）月牙洼的深度由下式给出，单位为 mm。

$$KT = 0.06 + 0.3f$$

式中 f 是每转进给量（mm/r），当用 KT 作为判据时，根据标准进给量，可得推荐的 KT 值，如表 4 所示。

d）月牙洼前沿的距离减少至下列值：KF = 0.02mm（见图 8）。

e）月牙洼在副切削刃处磨穿，引起已加工表面粗糙度恶化。

表 4 *KT* 值

进给量*f*,mm/r	0.25	0.4	0.63
月牙洼深度*KT*,mm	0.14	0.18	0.25

注 4 应该承认缺口磨损通常是由化学作用引起的,它出现在刀具与工件直接接触处之外 h 既沿主切削刃又沿副切削刃出现,在副切削刃处出现缺口程度较轻。

注 5 在有些情况下缺口磨损会引起毁坏性破损,应将缺口磨损和磨料磨损 VB_A 区分开,VB_A 出现在切削刃上与工件待加工表面相对应的地方。缺口磨损常常是由于上一次走刀在工件上产生加工硬化的结果所引起的

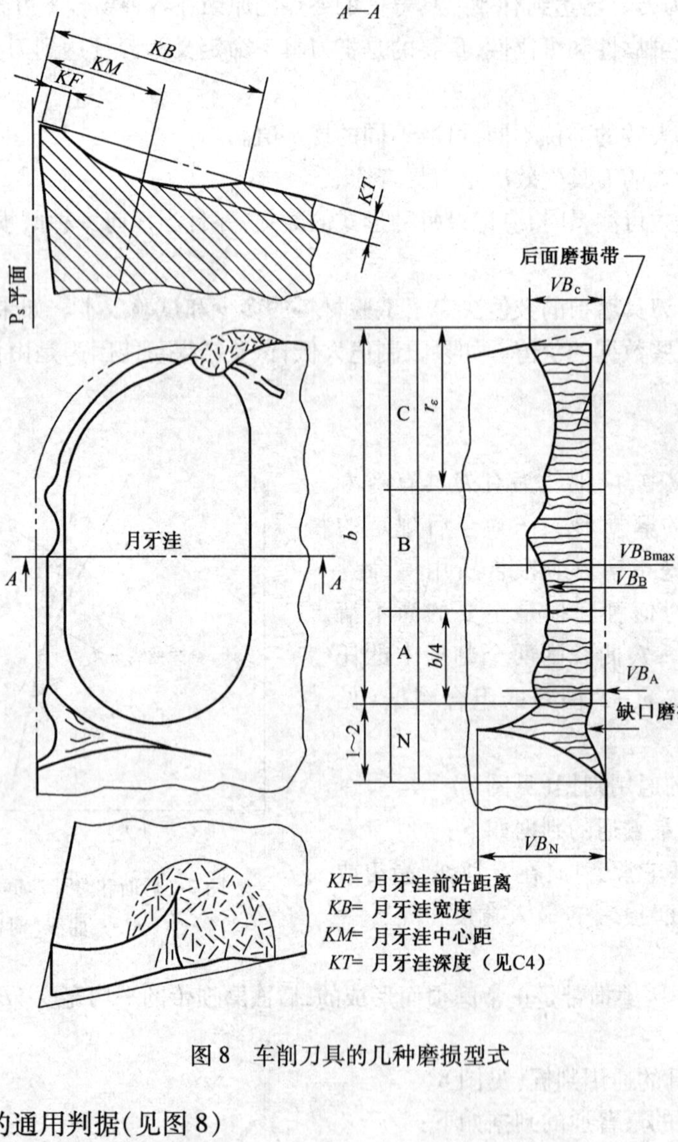

图 8 车削刀具的几种磨损型式

8.2.3 陶瓷刀具的通用判据(见图 8)

陶瓷刀具所采用的最普通的判据如下:

a）如果 B 区内的磨损带为非正常磨损时,后面磨损带的最大宽度 VB_{Bmax} = 0.6mm。

b）如果认为在后面 B 区磨损带是由正常磨损而形成的,后面磨损带的平均宽度 VB_{Bmax} = 0.3mm。

8.2.4 其他判据

在车削钢和铸铁时,8.2 条所规定的判据通常已够用了。

在特殊情况下,选用其他判据的理由将在附录 C(标准的附录)中讨论。

8.3 刀具磨损测量

由于在紧靠磨损带的后面黏结有粒子,可能会使磨损带的宽度显得更宽,因在月牙洼上有沉积也造成月

牙洼的深度值变浅。因此,应将粘附的材料细心地去除,但是,除非试验终了,不应使用化学腐蚀剂。

为了测量磨损,把主切削刃分成图 8 所示的四个区。

C 区是切削刃刀尖处的曲线部分。

B 区是 C 区和 A 区之间,保持直线的切削刃部分。

A 区是离刀尖最远的切削刃磨损长度 b 的四分之一。

N 区是主切削刃超出刀具和工件相互接触面积之外的部分。沿主切削刃长约 1~2mm。其磨损为缺口磨损型式。

后面磨损带宽度 VB_B 应在 B 区内,并在主切削平面 P_s[1)]内垂直于主切削刃测量,后面磨损带的宽度应从主切削刃的原始位置起测量。

月牙洼深度 KT 应测量成月牙洼底部与原始前面间的最大距离。

进一步细节在附录 C(标准的附录)中叙述。

9　设备

9.1　机床

进行试验的机床结构应稳定,并处于良好的工作状态,即在试验条件下不应有振动的趋势,或非正常的变形(推荐平衡等级为按 GB 9239 规定的 G6.3)。

试验机床应装备有主轴无级变速的传动装置,而且具备需要的主轴速度范围。

为了能使连续切削后直径减少的工件保持相同的切削速度,上述要求对车削试验特别重要。

其次,有了可变速传动装置就允许精确地预定切削速度,减少为获得完整刀具寿命曲线所需的时间。

9.2　其他设备

为作专门的测量需要下列装备,这些装备应具有足够的分辨率以鉴别本标准所规定的公差:

——精确地测量刀具几何角度的装置;

——检查刀尖的轮廓投影仪;

——记录切削时间的跑表;

——测量后面磨损用的工具显微镜或有带刻线目镜的显微镜;

——测量月牙洼深度用,测头直径近似为 0.2mm 的千分表;

——为获得较精确的刀具磨损值,推荐采用 X－Y 台;

——如要求记录月牙洼截形,则需一台轮廓记录仪;

——确定工件和刀具硬度的硬度检验设备;

——如需在机床上测量工件的表面粗糙度,则需一台轻便的粗糙度检查仪;

——切削速度测量仪;

——测量工件直径和确定断屑块距离的游标卡尺;

——测量切削液流量的设备(这可通过测量切削液充满已知容积的桶所需的时间来计算)。

10　刀具寿命试验的步骤

对刀具寿命试验的步骤只能作概括性的叙述,因情况不同,条件就不同。

除在刀具寿命试验时必须细心和随时进行观察并作某些测量以外,其他要遵照的法则与正常机床操作的法则相同。

大多数测量细节和应采取的措施都已在本标准的其他部分述及。

开始试验前,应查明车床、工件和刀具是否满足本标准的各项要求,“通用条件”数据表中各栏应填写齐全〔见附录 D(标准的附录)〕。

按所需切削条件调整机床,如有必要,应按附录 E(标准的附录)中所述进行刀具寿命预试验。

应按适当的时间间隔测量刀具磨损。所有数据应记录在附录 D 所示的“相对时间的磨损值”数据表上。并将读数绘制在刀具磨损(纵坐标)对时间(横坐标)的图上(见图 9 和图 10)。

---

1) 主切削平面 P_s 是包含主切削刃和假想主运动方向的平面

这种图上每根曲线至少要有五个试验点，这样，当选作刀具寿命判据的值达到后的时间，就能以足够精度加以评定。

刀具寿命不能在“刀具磨损相对时间图”上用外推法来确定。

最后，应将一系列的试验结果记录在附录D所示的“刀具寿命对切削速度图”的数据表上。

刀具寿命数据的评估在第11章中述及。

11 试验结果的记录和报告

11.1 刀具寿命试验

11.1.1 作为切削速度函数的刀具寿命

在几种不同的切削速度下所取得的后面磨损对时间的测量值可得到图9所示的曲线。通过测量月牙洼（如图10所示）、表面粗糙度等可获得相应的曲线。

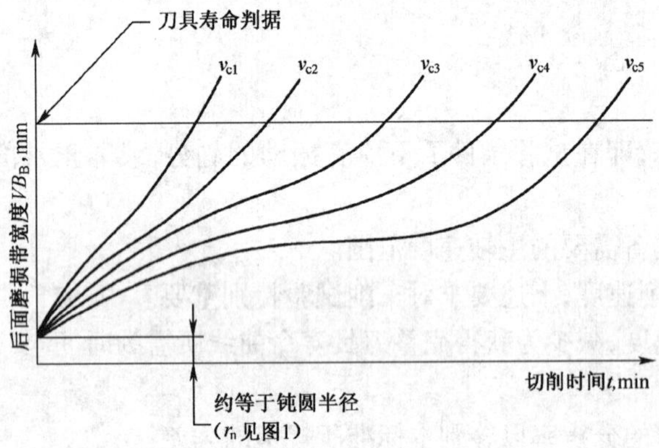

图9 不同切削速度时，v_{c1}～v_{c5}，后面磨损的扩展（直线坐标）

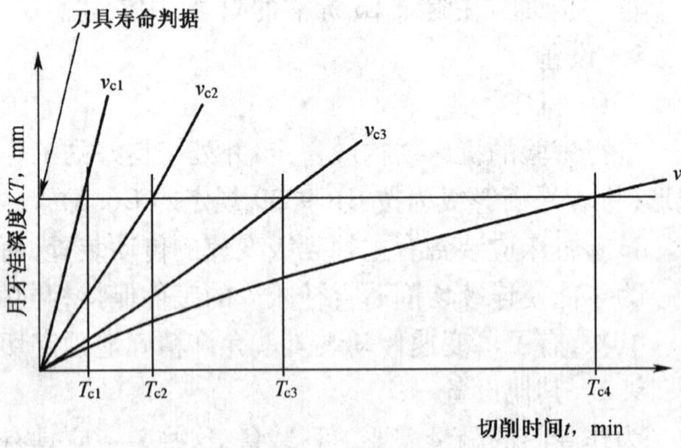

图10 不同切削速度时，v_{c1}～v_{c4}，月牙洼磨损的扩展（直线坐标）

若取毁坏性破损作判据，则将刀具寿命T_c相对切削速度v_c直接绘图就能得到刀具寿命曲线。

将从图9和图10上所得的坐标值（v_{c1}，T_{c1}）、（v_{c2}，T_{c2}）等绘制在切削速度对刀具寿命的双对数坐标图上（沿两坐标轴的模量相同），将得到图11和图12的v_c－T_c曲线。

可以认为这些v_c－T_c曲线在一定的速度范围内是线性的。

曲线的线性部分方程可写成

$$v_c \times T_c^{-1/k} = C$$

式中 v_c——切削速度，m/min；

T_c——刀具寿命，min；

$k=\tan\alpha$（如图11和图12所示）定义为刀具寿命曲线的斜率；

C——常数。

应在试验报告中给出上述方程式中的k和C的值，确定k和C的方法在11.3条中给出。

假如后面磨损的判据在月牙洼磨损之前达到，或反之，则可按图7绘出v_c－T_c曲线。可以发现，通常由月牙洼磨损所建立的v_c－T_c。曲线要较由后面磨损所建立的曲线陡直。

11.1.2 作为主轴转速的函数的刀具寿命

有时，在生产中适合在如图13所示的双对数坐标图上绘制转速与一定刀具磨损判据下所产生的工件相组合的图。这种图能以与v_c－T_c图相同的方式运用。

11.1.3 单一速度下的刀具寿命试验

有些情况下，不可能在多种切削速度下进行试验，此时，将所选定的单一速度下的刀具寿命用分钟或转换成加工工件的个数来表示。

对于这类试验数据的评估方法在附录F（标准的附录）中说明。

11.2 数据表和图

11.2.1 总论

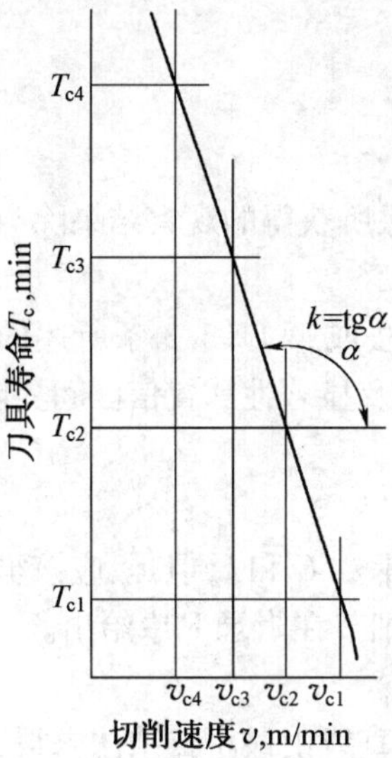

图 11　由图 9 所得的 $v_c - T_c$ 曲线

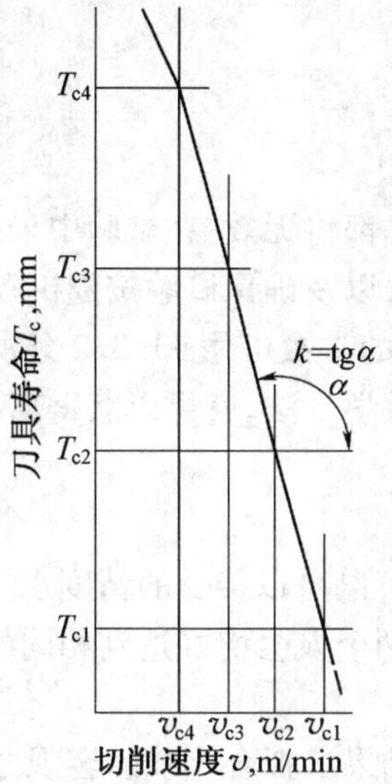

图 12　由图 10 所得的 $v_c - T_c$ 曲线(对数坐标)

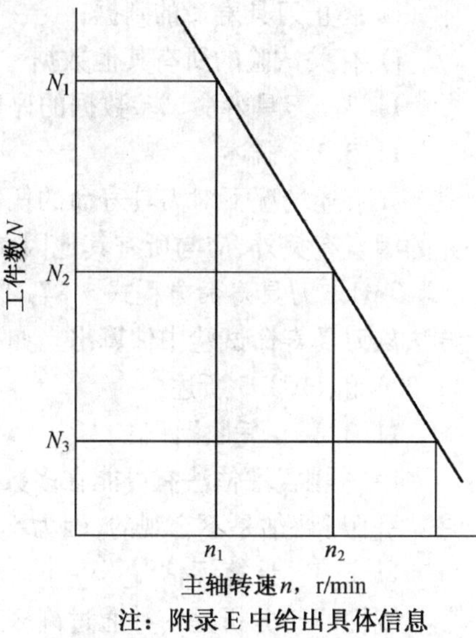

图 13　表示把所加工工件数作为主轴转速的函数的图

不规定标准的数据表。可是,在附录 D 中给出了建议采用的图表。但是,这些图表不适用于计算机评估。

建议采用三种不同的数据表:

a)“通用条件”表,它包括为整套试验用的全部基本数据;

b)“磨损对时间测量”数据表,它包括一次刀具寿命试验的全部细节;

c)“刀具寿命对切削速度图”数据表,用它记录在一定切削速度范围内所进行的许多刀具寿命试验的结果。

由样本数据表上所示的全部资料都应包括在所编制的其他各数据表中。

11.2.2　“磨损对时间测量”数据表

11.2.1b)规定的数据表的“备注”栏中应记录的资料包括以下各项:

a)所得到的切屑形式[见附录 G(标准的附录)];

b)当工件直径因连续切削而减小后,其布氏硬度的连续读数;

c)若可能,应记录切削液的喷嘴直径、流量、油箱温度和切削液压力。

11.2.3　“刀具寿命对切削速度图”数据表

刀具寿命曲线应绘制在两个坐标均具有相同模量的标准双对数坐标纸上(如可能,取模量为 83.33mm)。

横坐标是以 m/min 表示的切削速度 v_c。

纵坐标是以 min 表示的刀具寿命 T_c,或工件个数 N。

在图的标题中应记录下列有关数据:

a) 日期;

b) 工件材料的规范;

c) 工件材料的硬度或物理性能;

d) 所用刀具的材料及高速钢作刀具时的硬度;

e) 刀具几何形状(按下列顺序给出数据:γ_n、α_n、λ_s、K_r、ε_r、r_ε、r_n和断屑器);

f) 切削液;

g) 进给量;

h) 切削深度;

i）终止刀具寿命的判据；

j）有关试验的所有其他数据。

11.3　刀具寿命试验数据的评估

11.3.1　概述

在下述情况下对刀具寿命的任何评估都将无效：在试验中未采取措施，确保所获得的观察结果除与被研究的因素有关外，应与所有其他因素无关，以及确保试验按随机顺序进行。

Taylor 刀具寿命方程式 $v_c \times T_c^{-1/k}=C$ 的常数可用 11.3.2 条所述简单图解法或第 11.3.3 条所述的数学方法从刀具寿命试验中估算出。如采用数学方法，就可以获得离散性的尺度以及显著性和置信区间界限，如 11.3.4 和 11.3.5 所述。

11.3.2　"凭眼"评估

用"凭眼"评估法有可能在多数情况下以可以接受的精度水平快速估算出常数 C 和 k，但是，应该牢记的是："凭眼"评估是不客观的，因为不见得两个人会恰好达到相同的结果。其他细节在附录 F 中给出。

11.3.3　计算评估

线性回归分析是一种通过许多观察结果求拟合直线的客观方法，这条拟合直线由最小二乘法求得，该法要求观察点与拟合直线之间偏差的平方和为最小，在附录 F 中将详述该法。

11.3.4　对 v_c-T_c 曲线拟合良好性的统计考虑

11.3.4.1　离散性

所有试验观察结果都与离散性有关，一个表示离散性的方法是靠确定回归线的剩余变差，它是 $\log T_c$ 与按回归线所得值之间的均方偏差，其他细节见附录 F。

11.3.4.2　显著性

如果认为所观察到的变量 T_c 和 v_c 之间的关系不只是偶数性的结果，则剩余方差相对 T_c 值由于回归而引起的总变差来说应该很小。其他计算方法在附录 F 中述及。

11.3.5　v_c-T_c。曲线的置信区间界限

11.3.5.1　全线的置信区间界限

置信区间界限形成一个围绕计算回归线的面积，若将刀具寿命试验重复若干次，则相应某一百分比的回归线就会落入这个面积内，计算方法在附录 F 中给出。

11.3.5.2　系数 a、C 和 k 的置信区间

系数 a、C 和 k 的置信区间形成这样一个区间，若重复试验，则一定次数情况下系数会落在此区间内，附录 F 解释计算方法。

（以下附录略）

附录 C　GB/T 16460—1996《立铣刀寿命试验》

0　引言

单刃车削刀具寿命试验的步骤和条件是国际标准 ISO 3685 的主题。由于该标准的应用卓有成效，故要求制定其他通用切削方法的类似文件。

在国际生产工程研究学会（CIRP）的倡议下拟定的本国际标准，适用于用高速钢立铣刀进行立铣加工，它是一种主要的机械加工方式，如图 1～图 3 所示。

本标准所推荐的方法既适合实验室也适合工厂应用，其目的是统一步骤，当对切削刀具、工件材料、切削参数和切削液作比较时，能提高试验结果的可靠性和可比性。为了尽可能达到这个目的，本标准中包括的推荐的参考材料和条件，应尽实际所能地采用。

此外，标准中的推荐值可用来帮助确定推荐的切削数据，或确定限制因素和一些加工特性值，如切削力、已加工表面的特性值和切屑形状等。尤其是为了上述目的，即使本来已给出推荐数值的某些参数，都可能必须作为变量使用。

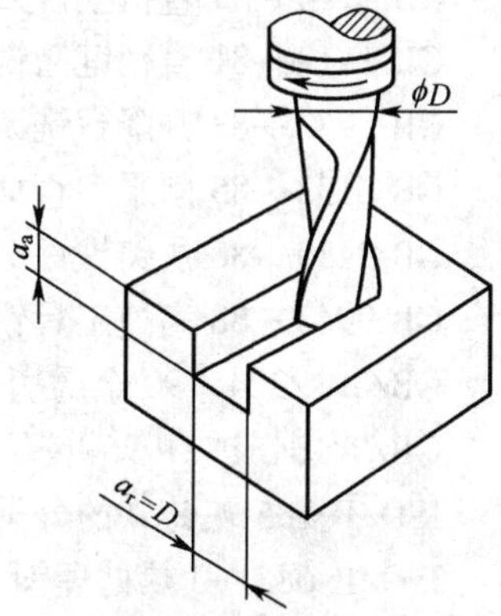

图 1　槽铣试验

本标准推荐的试验条件适用于对具有正常金相组织的钢和铸铁件作立铣试验。但是，若作适当的修改，本国际标准也可适用于其他材料或为特殊用途而研制的刀具的立铣试验。

规定的推荐值的精度应认为是最低要求。与推荐值的任何偏离都应在试验报告中详细说明。

注：本标准未规定验收试验，也不作此种使用。

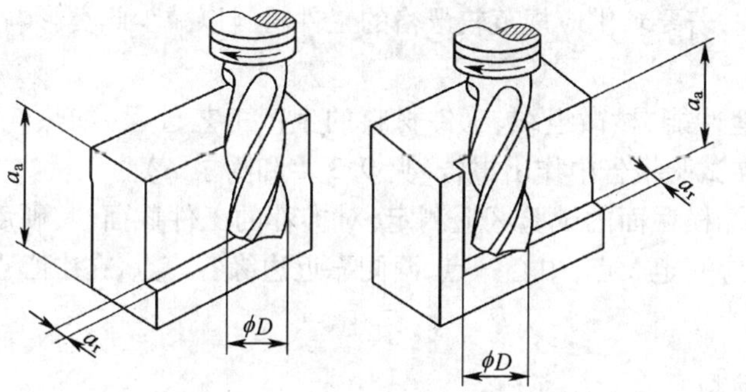

图 2　立铣试验（$a_a>a_r$）

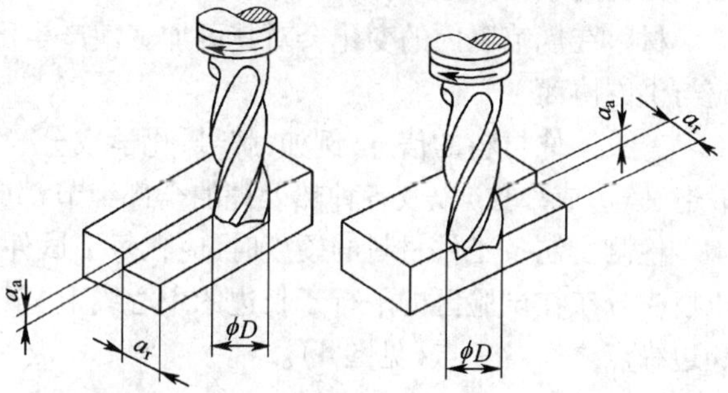

（a）逆铣　（b）顺铣

图 3　立铣试验（$a_a<a_r$）

1　范围

本标准规定了用高速钢立铣刀铣削钢和铸铁件进行刀具寿命试验时的推荐程序，它适用于实验室和生产实际。

本标准规定了下列三种类型立铣试验的规范：

a）铣槽（见图 1）；

b）以周齿切削为主的立铣——侧铣（见图 2）；

c）以端齿切削为主的立铣——端铣（见图 3）。

立铣时可按以下两种类型来考虑切削条件：

a）刀具主要由于磨损而失效的条件；

b）刀具主要由于其他现象，如切削刃破裂或塑性变形而失效的条件。

本标准只考虑以刀具磨损为主的试验的推荐值。

上述第二种类型条件的试验正在研究之中。

对于每种类型的试验，规定了有关下列因素的推荐值：工件、刀具、切削液、切削条件、设备、刀具的失效和刀具寿命的评定、试验步骤以及结果的记录、评估和报告。

2 引用标准

下列标准所包含的条文，通过在本标准中引用而构成为本标准的条文。本标准出版时，所示版本均为有效。所有标准都会被修订，使用本标准的各方应探讨使用下列标准最新版本的可能性。

GB 699—88 优质碳素结构钢技术条件

GB 1110—85 直柄立铣刀

GB 1112—81 直柄键槽铣刀

GB 3933—83 升降台铣床 精度

GB 6133—85 削平型直柄刀具夹头

GB 9439—88 灰铸铁件

GB 9943—88 高速工具钢棒技术条件

GB/T 12204—90 金属切削 基本术语

GB/T 16461—1996 单刃车削刀具寿命试验

ISO/R 185 灰铸铁的分类

ISO/R 683—3 热处理钢、合金钢和易切钢——第三部分：含硫量受控制经淬火和回火的非合金锻钢

ISO 2854 数据的统计解释——有关均值和方差的估算和检验方法

3 工件

3.1 工件材料

原则上，各试验者可按其需要任选工件材料。但是，为了提高各试验者所得试验结果间的可比性，建议选用下列材料之一作为参考材料，即按 GB 699 的 45 钢或按 GB 9439 的 HT250 铸铁。参考材料更加详细的规范列在附录 A（标准的附录）中。

材料在规范以内的变化会对其可加工性产生影响，若要求供应规范较严格的工件材料以减少此类影响，应与供方协商。

有关工件材料的信息，例如：牌号、化学成分、物理性能、显微组织、工件材料的生产工艺过程（如热轧、锻造、铸造或冷拉）以及各种热处理的全部细节都应在试验报告中作出报告（见 9.3.1 和附录 A）。

检测所制备工件材料的硬度时，应在每个试件一端横截面的试验区上测定，对推荐的工件截面，其硬度压痕应分布在试验区的平行于长边的中心线上，至少应测定 5 点，中心一点，两侧靠近边缘各一点，在中心点和边缘点之间各一点（见图 4）。

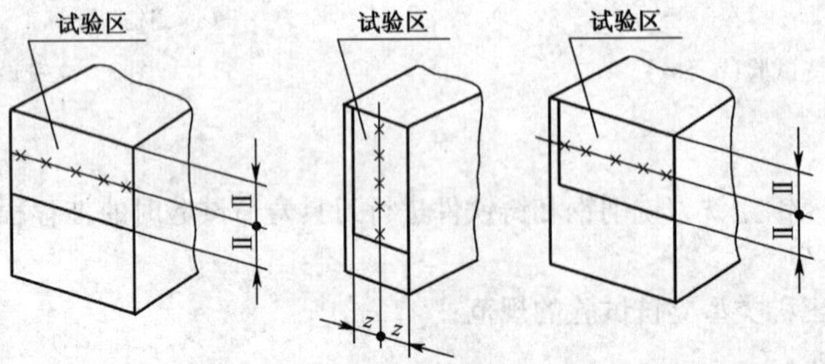

图 4 硬度检测

对从较大坯料上切下来的工件或预计硬度变化较显著的工件，应补充硬度测量，以便确知硬度值是否在规定的范围内。对这些测定点的位置及测定方法都应在试验报告中作出报告。

同一批材料的硬度偏差应尽可能的小，参考材料的实际值列于附录 A。而类似材料的硬度偏差是算术

平均值的±5%。

为了在相当长的时间内都能比较试验结果,建议各试验者购备足够数量的参考材料以满足其需求。

3.2　尺寸

3.2.1　建议用于立铣(见 9.3.1)的工件应为棒料或方料,其最小宽度为 2 倍铣刀直径(如用 $D=25$mm 时,最小宽度为 50mm),最小长度为 10 倍铣刀直径(如 $D=25$mm 时,最小长度为 250mm),但是建议优先采用 20 倍铣刀直径的长度。工件的宽度和高度的最大值与最小值由所需试验的次数及对材料均匀性的要求来决定,其限制条件是必须确保在加工中有足够的稳定性。对实际选用的尺寸应作出报告。

3.2.2　对于铸铁材料,在所选择的方料尺寸内,必须达到要求的金相组织。

4　刀具:铣刀

原则上,各试验者可按其需要任选铣刀。但是,为了提高各试验者所得试验结果间的可比性,推荐用直径为 25mm 的键槽铣刀作铣槽试验(见图 1),推荐用直径为 25mm 的四槽立铣刀作立铣试验(见图 2 和图 3)。

与所推荐铣刀条件的任何差别,都应作出报告。

4.1　尺寸和公差

所推荐铣刀的尺寸应按 GB 1110 和 GB 1112 的规定,其基本尺寸列于图 5 和图 6。在同一试验中,所使用各铣刀间的偏差应最小(见 4.2 和 9.3)。

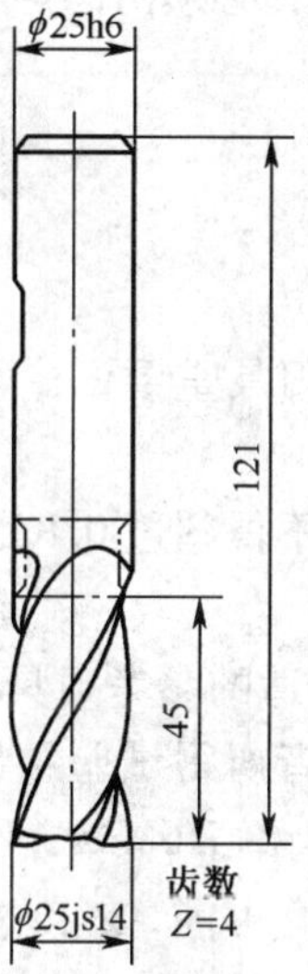

图 5　立铣刀(GB1110)

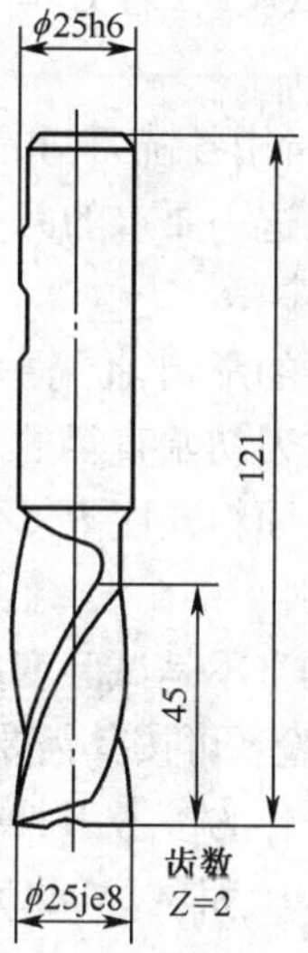

图 6　键槽铣刀(GB1110)

4.2　刀具几何参数

4.2.1　建议在刀具的几何参数不是试验变量的所有切削试验中,统一使用表 1 所列的几何参数。

刀具几何角度的代号按 GB/T 12204(图 7)。

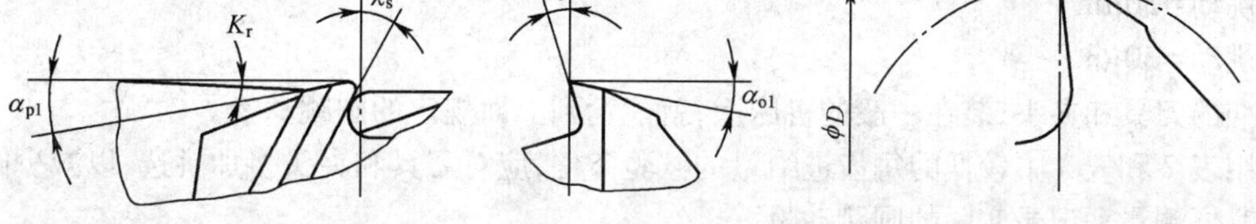

图 7　刀具的几何参数

表 1 立铣刀和键槽铣刀的几何参数和公差

符号	按 GB/T 12204 的术语	通用术语	几何参数和公差	
			立铣刀	键槽铣刀
λ_s	刃倾角	螺旋角	30°±2°	30°±2°
K_r	副偏角	副偏角	1°±0.5°	1°±0.5°
γ_o	正交前角	径向前角	12°±3°	12°±3°
α_{o1}	正交后角(第一后面)	主后角(圆周面切削刃)	8°±2°	8°±2°
α_{p1}	副后角(第一副后面)	主后角(端切削刃)	7°±1°	7°±1°
		刃带,mm	—	0.2 最大
		径向圆跳动量,μm	18	8
		轴向圆跳动量,μm	18	18
		倒角(45°)或倒圆半径,mm	0.3±0.1	0.12±0.03

同一试验中,所用各铣刀间的偏差应最小,即实际偏差应小于表 1 所列公差。对主后角 a_{o1} 特别要注意这点。

加严几何参数公差的刀具的供货条件,应与供方协商。

4.2.2 切削试验时,若刀具的几何参数是试验变量,则所有的试验刀具必须由同炉号的一批钢制造,并经同样的热处理。

同一试验中,所用各铣刀间的偏差应最小。

要求供应满足这一要求的刀具时,应与供方协商。

4.3 刀具条件

为了避免重磨的影响,推荐只使用新刀具作试验。但是,如果要研究刀具重磨的影响时,则铣刀重磨后的直径不得小于铣刀初始直径的 90%。应报告试验时铣刀的实际直径。

铣刀前面的表面粗糙度 R_a,不得超过 1.25μm,后面的表面粗糙度 R_a 不得超过 0.8μm。

4.4 刀具材料

在刀具材料本身不是试验变量的所有切削试验中,试验者应确定一合适的参考刀具材料进行研究。

原则上,各试验者可按其需要任选刀具材料。但是,为了提高各试验者所得试验结果间的可比性,推荐选用下列材料之一作为参考刀具材料:非涂层不含钴的高速钢(W18Cr4V 和 W6Mo5Cr4V2);或者含钴高速钢(W6Mo5Cr4V2Co5 和 W2Mo9Cr4VCo8),这些钢都应符合 GB 9943。如有可能,要求尽量用同一批材料制作刀具。

要求供应规范较严格的参考刀具材料作切削试验时,应与供方协商,以尽可能地保证刀具材料具有较好的均匀性。这些参考的刀具材料不应经涂层和表面处理。

如果刀具材料是试验变量时,应报告材料的类别及尽可能多的特性。

对任何涂层或表面处理的情况,应作出详细报告。

4.5 刀具的安装

立铣刀和键槽铣刀应装夹在符合 GB 6133 的夹头内,夹紧要可靠。铣刀安装后,应仔细检查其切匀削刃的跳动量(在已安装的刀具上)。切削刃上任一点的最大圆跳动量不得超过下列值:

径向圆跳动=50μm

轴向圆跳动=30μm

使用标准的刀具和夹头,装在一般的机床上,就能达到上面规定的圆跳动量。

对于使用表 2 和表 3 中较低的每齿进给量的试验条件,应对刀具和夹头多加挑选,以减少圆跳动量的实际值。试验时要测量和记录实际的圆跳动量。

5 切削液

切削钢件时应使用切削液,切削铸铁时,不推荐使用切削液。对切削液应有明确的规定,即这种规定应包括：商标、溶液成分、实际的浓度、水的硬度（当用水作稀释剂时）、溶液或乳化液的 pH 值。

使用切削液时，切削液应"淹没"刀具的切削部分，其流速不应低于 3L/min，或按金属切削率计每 cm^3/min不低于 0.1L/min，应选用较高流速。对喷嘴的直径、流速和蓄液箱的温度都应作出报告。

6　切削条件

按表 2 和表 3 选择和组合推荐的切削数据时，要适应和突出本标准述及的铣削型式（见图 1～图 3），同时还要考虑是逆铣（进给运动和刀具的圆周运动方向相反）还是顺铣（进给运动和刀具的圆周运动方向相同）。

表 2　键槽铣刀的推荐切削条件

切削条件	Ⅰ	Ⅱ
切削深度 α_a，mm	12.5	20
侧吃刀量 α_r，mm	25*)	25*)
进给量 f_z，mm/齿	0.08	0.125
*）键槽铣刀的直径		

表 3　立铣刀的推荐切削条件

切削条件	Ⅰ	Ⅱ	Ⅲ	Ⅳ
	$\alpha_a>\alpha_r$（见图 2）		$\alpha_a<\alpha_r$（见图 3）	
切削深度 α_a，mm	20	20	12.5	12.5
侧吃刀量 α_r，mm	2.5	2.5	20	20
进给量 f_z，mm/齿	0.08	0.125	0.08	0.125

6.1　推荐的切削条件

对所有每齿进给量 f_z、切削深度 α_a。或侧吃刀量 α_r 不是主要试验变量的试验，其切削条件应按表 2 和表 3 选取。

切削深度和侧吃刀量的公差为±5%。

6.2　其他切削条件

当进给量、切削深度或侧吃刀量作为试验变量的情况下，所有的数据都应明确地规定。但是，应该注意，切削条件应在刀具、机床、夹具等性能条件合适的范围内选择，以便获得可靠的试验结果。

在表 2 或表 3 中指定的切削条件不能达到的情况下，应尽可能选择相近值，其最小切削用量应符合表 4 中列出的值。立铣刀的最大侧吃刀量 α_r，不得大于 0.8D[1)]。

表 4　切削条件的最小限制值

切削条件	键槽铣刀	立铣刀
最小每齿进给量 f_z，mm	0.05	0.05
最小切削深度 α_a，mm	2	2*
最小侧吃刀量 α_r，mm	—	2**
对于 α_a 低于 0.25D，α_r 至少应为 0.25D。 对于 α_r 低于 0.25D，α_a 至少应为 0.25D		

6.3　切削速度

切削速度是由铣刀公称直径所确定的圆周速度（见图 5 和图 6）。应在代表试验条件且具有负载的条件下测量平均速度，表明试验条件已考虑到由于切削作用产生的速度损失。

建议通过预试验来确定所需的切削速度，也可以从切削数据手册中查到合适的切削速度，对于参考工件材料和参考刀具例如 W18Cr4V 和 W6Mo5Cr4V2 的高速钢刀具，该速度为 30m/min 左右，W6Mo5Cr4VZCo5 和 WZMogCr4VCo8 的高速钢刀具为 35m/min 左右。

切削速度稍有变动将显著地影响刀具寿命,例如速度改变±5%,几乎可使刀具寿命减半或加倍。

7 刀具失效和刀具寿命的判据

7.1 前言

在车间的实际生产情况下,刀具不能再加工出符合要求的尺寸和表面质量的工件的时刻通常决定了有效刀具寿命的终止点。而刀具从开始直至不能继续切削的瞬间的一段时间可认为是有效刀具寿命。但是,由于切削条件等的不同,认为刀具已达到有效刀具寿命的终点的原因在各种场合下可各不相同。

为了提高试验结果的可靠性和可比性,重要的是要把刀具寿命定义为:刀具达到刀具寿命判据的某一规定值前的总切削时间。

要使得出的试验数据可靠,并能同各种来源的试验数据作比较,必须对刀具的失效现象(见7.3)加以识别和分类,再推荐一些判据及其限制值,并用它们来确定刀具有效寿命的终点(见7.4)。

根据切削刃上发生失效的部位不同,可取不同的限制值。

本标准推荐用磨损形式的刀具失效来决定刀具的寿命。因为还有其他形式的刀具失效可决定刀具有效寿命的终点,故在7.2条定义中考虑了裂纹、崩刃和变形。

根据切削条件的不同,每种刀具失效的产生或发展,其方式各异。当可测量的刀具失效形式不止一个时,对每个失效形式都需作记录,只要其中有一个失效现象先达到限制值,即判定刀具的寿命到了。

用来决定刀具寿命的刀具失效判据值同试验所需材料的数量及试验成本有关。

如果限制值太高,所获得试验结果的成本会超过这些试验结果的价值;如果限制值太低,所获得的试验结果可能因为是由该试验条件下失效过程的初始阶段所决定而不可靠。

本条中列举了许多刀具失效现象,其中有一些现象在本标准推荐的试验条件下可能只偶然地产生。

7.2 定义

本标准中应用下列定义。

7.2.1 刀具失效:由切削过程引起的刀具切削部分的所有变化。刀具失效分为两大类:刀具磨损和崩刃。

7.2.1.1 刀具磨损:在切削过程中,由于刀具材料的逐渐损耗,使刀具切削部分改变了原有的形状。

7.2.1.2 脆性破裂(崩刃):在切削过程中,由于裂纹源而使刀具的切削部分出现裂纹,使刀具材料以小碎块形式崩落。

7.2.2 刀具失效的量度:用数值来表示刀具某种失效尺度的一个量。

例如:后面磨损带宽度 $VB1$(见7.3.1.1)。

7.2.3 刀具寿命判据:规定的刀具失效量度的一个预定值或规定现象的出现。

例如:后面磨损带宽度 $VB1=0.3$mm(见7.4.1)。

7.2.4 刀具寿命 T_c:切削部分达到规定的刀具寿命判据所需总的切削时间(见7.5)。

7.3 刀具失效现象

立铣刀和键槽铣刀的磨损如图8所示。

7.3.1 后面磨损(VB)

在切削过程中,刀具后面上的材料损耗,造成后面磨损带逐渐发展。

7.3.1.1 门均匀后面磨损($VB1$)

通常为一条等宽度的磨损带,并在与整个作用切削刃相毗邻的后面上扩展(图9)。

7.3.1.2 不均匀后面磨损($VB2$)

宽度不规则的磨损带,该磨损带和原始后面相交产生的廓形在每个位置测量是变化的(图10)。

7.3.1.3 局部后面磨损($VB3$)

指局部范围内突出的后面磨损形式,它在后面的特定部分上发展(见图8,部位1,2,3)(图11)。

7.3.2 前面磨损(KT)

在切削过程中,刀具材料从刀具前面上的逐渐损耗。

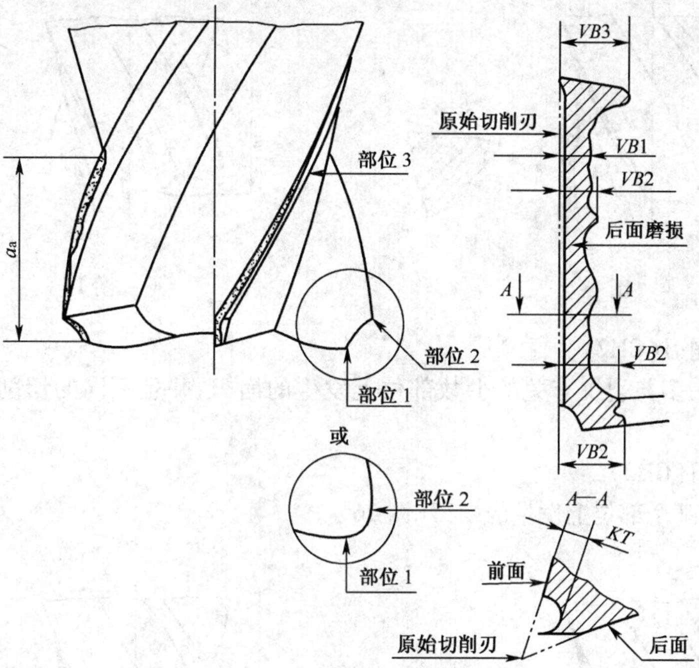

图 8　立铣刀和键槽铣刀的磨损

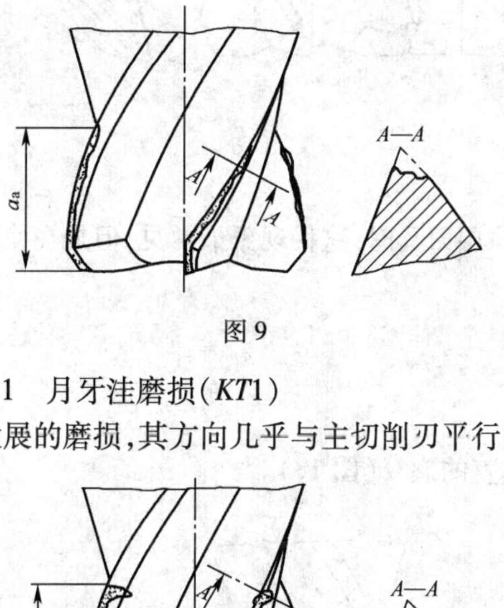

图 9

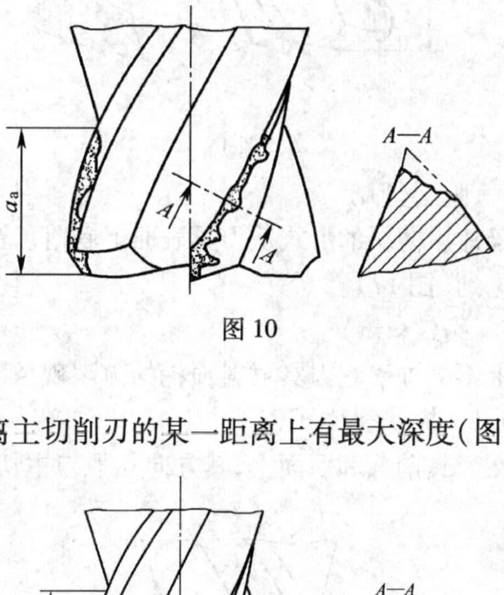

图 10

7.3.2.1　月牙洼磨损(*KT*1)

逐步发展的磨损,其方向几乎与主切削刃平行,并在离主切削刃的某一距离上有最大深度(图 12)。

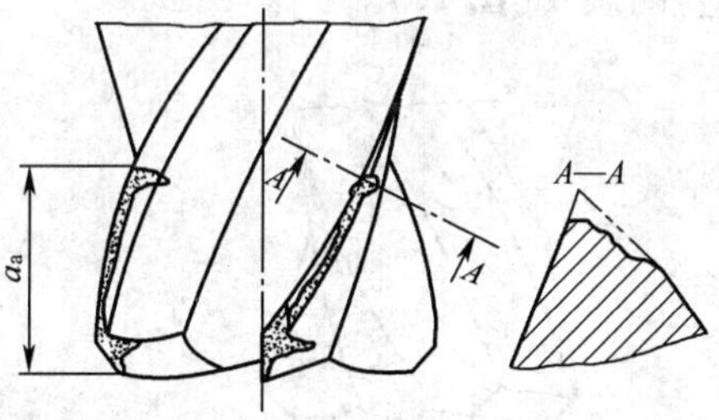

图 11

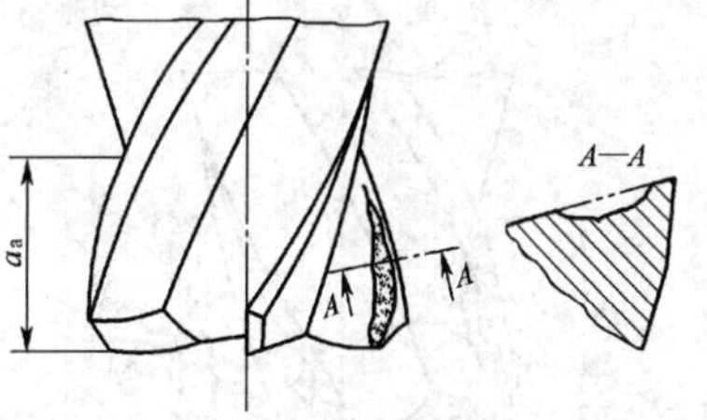

图 12

7.3.2.2　梯形前面磨损(*KT*2)

前面磨损的一种形式。在垂直于刀具前面的平面内测量磨损疤痕时,其最大深度发生在它与刀具主后面的相交处(图 13)。

7.3.3　崩刃(CH)

崩刃是部分刃口崩裂的切削刃失效。

7.3.3.1　均匀崩刃(CH1)

在切削刃上,大小几乎相等的小块崩落,它显著地影响后面磨损带宽度的一致性(图 14)。

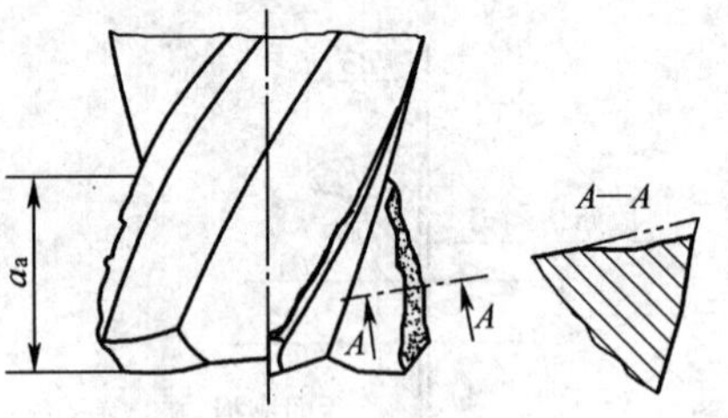

图 13

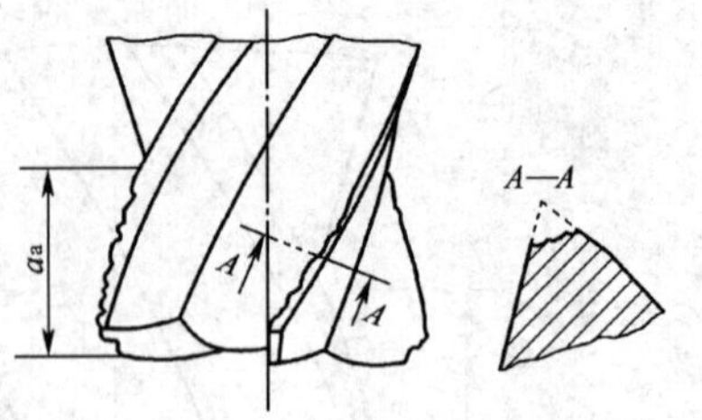

图 14

7.3.3.2　不均匀崩刃(CH2)

在作用切削刃上,大多与裂纹有关的少数部位上发生的崩刃,并且不同的切削刃的崩刃也不一致(图15)。

7.3.3.3　局部崩刃(CH3)

总是在作用切削刃某个部位上发生的崩刃(图16)。

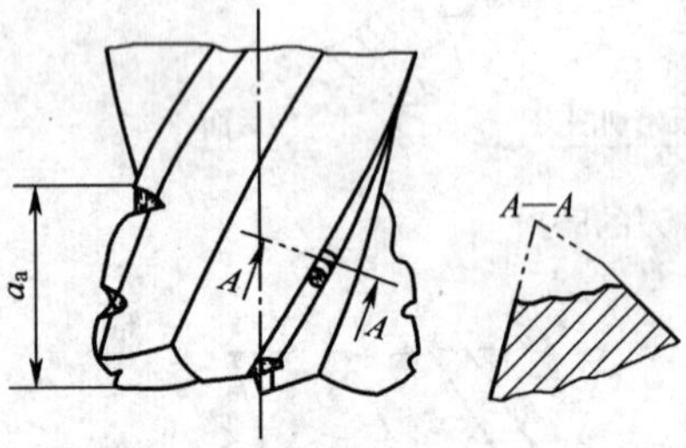

图 15

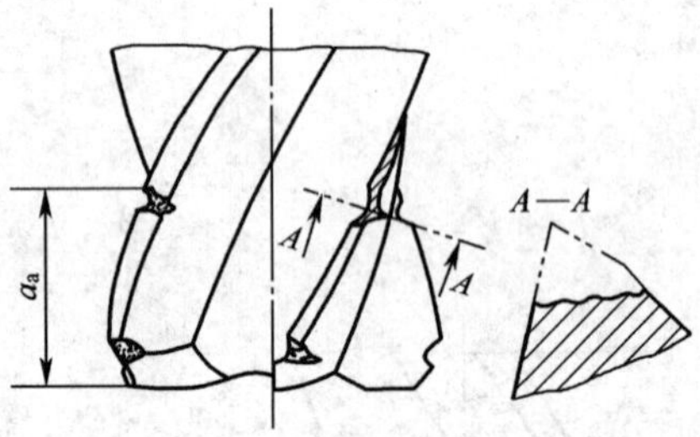

图 16

7.3.4　脱层(FL)

刀具碎片以薄层的形式从刀具表面上剥落。当使用涂层刀具时,这种现象最常见,但是在使用非涂层刀具时也能见到(图17)。

7.3.5　裂纹(CR)

刀具上不立即引起刀具材料损耗的破裂现象。

7.3.5.1　梳状裂纹(CR1)

出现在刀具前面和后面上,其方向几乎与主切削刃垂直的裂纹(图18)。

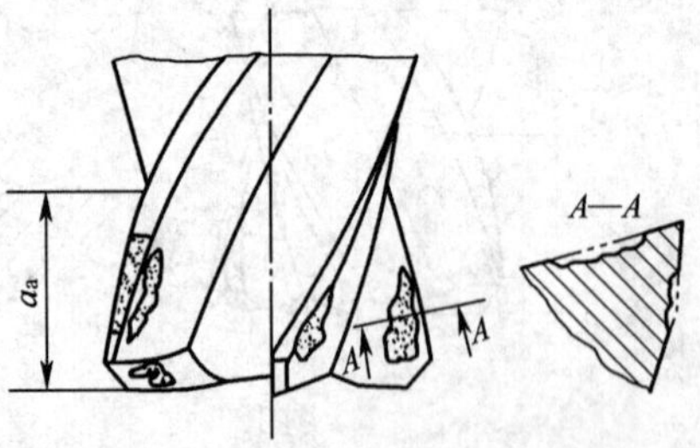

图 17

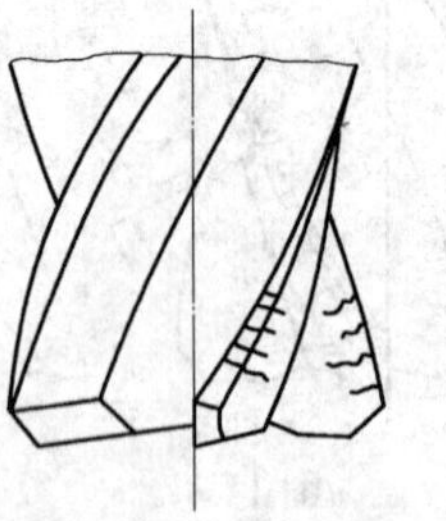

图 18

7.3.5.2　平行裂纹(CR2)

出现在刀具前面和后面上,其方向几乎与主切削刃平行的裂纹(图19)。

7.3.5.3　不规则裂纹(CR3)

有时出现在刀具前面和后面上,其方向不规则的裂纹(图20)。

7.3.6　毁坏性损坏(CF)

刀具切削部分快速失效导致完全损坏(图21)。

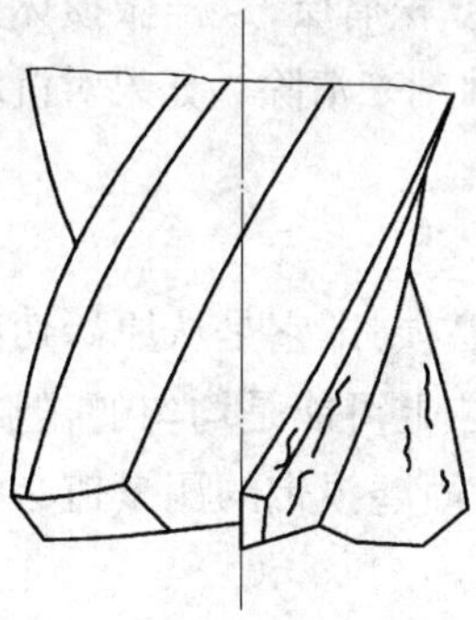

图 19

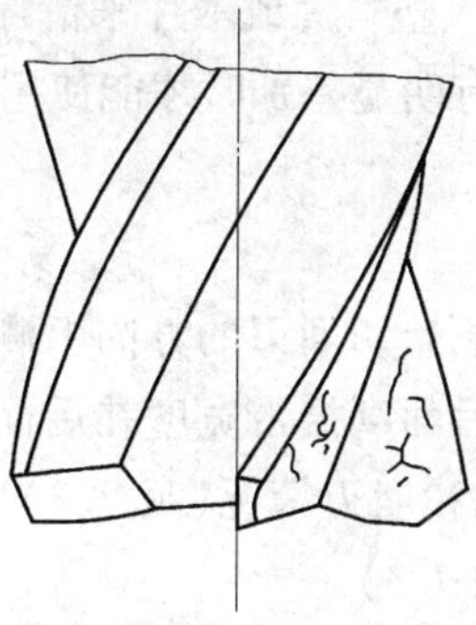

图 20

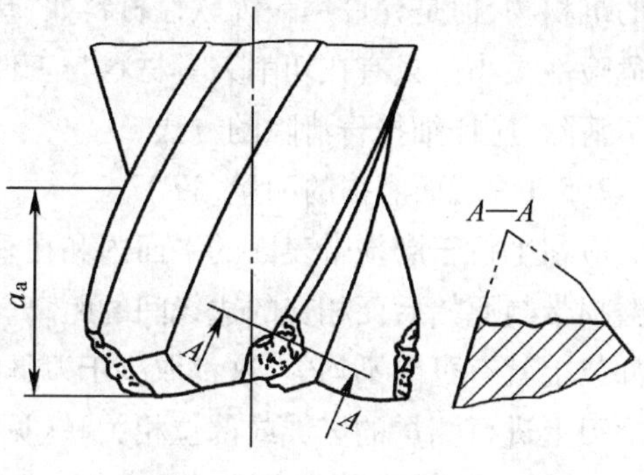

图 21

7.4 作为刀具寿命判据的刀具失效现象

为了能够确定刀具寿命和比较不同参数的影响,必须选定一种形式的切削部分失效现象作为判据。

刀具寿命的判据可能是某种可度量的刀具失效的一个预定的数值。当有多种可度量的失效形式时,对每个失效形式都要作记录,只要其中有一种失效形式达到限制值,即判定刀具寿命到了终点。

若确信某种刀具失效在特定的一组试验中,对终止刀具有效寿命的作用最大,就应考虑选择它作为规定的刀具寿命判据之一。对判据的形式和数值应作出报告。

7.4.1 推荐的刀具寿命判据

推荐把刀具寿命的判据定义为刀具某种形式磨损的一个预定数值。

后面磨损带的宽度值(*VB*)是最常用的判据。

推荐用下列刀具寿命终止点:

均匀磨损:所有刀齿上平均为 0.3mm。

局部磨损:在任一刀齿上最大为 0.5mm。

注

1 切削时,最大局部磨损发生在刀具后面上与工件表面相邻近的部位处。

2 主后角 α_{o1} 在表 1 规定的范围内变化会显著地影响后面磨损带的宽度。因此,应将其变化减至最小。

7.4.2 其他刀具寿命判据

如果推荐的判据都不适用,用下列判据之一也可能获得有意义的数据:

——有时前面磨损的某个深度值(*KT*)可当作判据用;

——崩刃(CH)也是可采用的判据:

——当发生崩刃时,可把它作为局部磨损来处理,用 *VB*3 =0.5mm(见图 8)的数值作为刀具寿命的终止点。

——严重崩刃(CH)和脱层(FL)等形式也都可能偶而地被用作判据。

疏忽大意发生的毁坏性损坏(CF)不应当作刀具寿命终点的主要判据。

小直径的铣刀(通常小于 12mm)有时会在记录磨损以前因切削堵塞或各种形式的磨损增大而折断,不应推荐这种失效形式作为刀具寿命的判据。

7.5 刀具失效的评定

按试验计划确定的时间间隔(见 9.2),用适当的检具(见 8.2 和 9.3.5)对刀具的磨损和脆性破裂进行测量的结果,应记录在数据表上,并绘制成图〔见 10.4 和附录 B(标准的附录)〕。

当在切削刀具的表面上存有积屑瘤(BUE)、积屑层(BUL)或其他工件材料的残渣时,应报告对这种现象观察的结果。因为这些沉积物可能妨碍对失效现象的精确测定。虽然不推荐用机械方法来清除刀具表面上的沉积物,但是允许用一种软性材料如"母指甲"、塑料片或木片来清除积屑瘤或积屑层,这样做损坏刀具的危险性很小。只有在切削刀具材料与工件材料有明显差别时才能使用化学腐蚀剂来清除。如果对沉积物作了清除,应详细报告清除的方法。

7.5.1 后面磨损的测量(*VB*)

应在平行于磨损带表面的平面内和在垂直于原始切削刃的方向上测量后面磨损:即它是从原始切削刃到磨损带与原始后面相交的边缘间的距离。虽然后面磨损带宽度在后面显著部位上可能是均匀的,但在其他部位上就有可能不均匀,这都取决于刀具的形状和崩刃情况(见 7.3)。所以后面磨损带的测量值必须同切削刃上进行测量的区域或部位相关联(见 7.2 和 7.3)。

7.5.2 前面磨损的测量(*KT*)

前面磨损 *KT*1 是用月牙洼的深度来评定的,其深度从刀具的原始前面开始,在垂直于原始前面的方向上进行测量。因月牙洼的深度沿其长度会有变化,所以,测量月牙洼深度时,相对原始切削刃的位置以及为测量所取的截面对于刀具前面上一些参考点的位置,都应作出记录(见 7.2 和 7.3.2.1)。

前面磨损 *KT*2 是磨损刃口至原始切削刃之间的距离(见 7.2 和 7.3.2.2)。

7.5.3 崩刃的评定(CH)

应在后面和前面上平行或垂直于原始切削刃测量崩刃的大小,并应指明切削刃上产生崩刃的位置。

7.5.4 裂纹的评定(CR)

用裂纹数评定裂纹(用 8 倍放大镜观察)并测量两连续裂纹间的最短距离,对裂纹的部位应作出报告。

8 设备

8.1 机床

用于进行试验的铣床应具有足够的功率和物理性能,稳定的结构,并在试验中不发生异常的振动或变形。不得使用会引起振动的切削条件。但是,如果发生了振动,只要切削速度稍作改变就可大大减少或消除振动,而不必改变其他切削参数。

无论是使用立式还是卧式铣床,都应作出记录。

铣床的精度应符合 GB 3933 的规定。

在负载情况下的进给速度应保持不变。

用于试验的行程不应超过工作台极限行程的 75%。

8.2 其他设备

表 5 列出了为进行本标准规定的试验所需要并推荐采用的检验器具

条 序	至少应有的器具	推荐的器具
3 工件		
尺寸	刻度尺	游标卡尺;
硬度	硬度试验计	硬度试验尺
4 刀具		
尺寸	游标卡尺	0-25 的千分尺
表面粗糙度	粗糙度样板	表面粗糙度检查仪
缺陷	最小为 8 倍的放大镜	工具显微镜
圆跳动值	千分表	刻度为 0.001mm 的千分尺
硬度		硬度检验计

（续）

条序	至少应有的器具	推荐的器具
5 切削液[1]		
浓度	刻度容器、跑表	折光仪
流量	刻度容器、跑表	刻度容器、跑表
（pH 值）	刻度容器、跑表	pH 测量计
（温度）	刻度容器、跑表	温度计
6 切削条件		
进给速度	跑表	跑表
主轴速度	测速计	测速计
切削深度和宽度	游标卡尺	游标卡尺
7 刀具失效		
后面磨损	工具显微镜	工具显微镜
前面磨损	触头直径为	轮廓记录仪、将刀具安装到工具
崩刃和脱层	0.2mm 的千分尺	显微镜上的专用夹具
10 数据评估		程序计算器

1）使用刚稀释的切削液

9　试验步骤

9.1　目的

试验的主要目的可能是对工件材料、刀具材料、刀具的几何参数或切削液进行比较（或排序），其他目的可能包括为建立用于拟定切削条件推荐值的基础数据；对加工特性的研究，如作用于刀具上的力，已加工表面特性或切屑形状。但是，为了这些目的试验时，本标准给出的某些推荐值可能不得不加以修改，以适应试验的特殊需求或目的。这样的修改必须作出报告。

9.2　计划

拟定试验提纲时，应考虑使用下列何种试验型式才能达到试验目的。

——A 型：试验变量作特定组合的单因素试验。这种试验型式的目的在于确定两批或多批工件材料、刀具之间的区别等（见 10.3.1）。

——B 型：在其他切削变量的一种特定组合下，以切削速度为变量求 v_c-T 曲线（见 10.3.2）。

——C 型：刀具寿命作为切削速度和进给量的函数（见 10.3.3）。

——D 型：刀具寿命作为切削速度、进给量和切削深度与侧吃刀量的函数（见 10.3.3）。

——E 型：加工特性，如切削力、已加工表面和切屑形成等。

拟定上述试验提纲时，应考虑到试验结果可能的分散性，可以通过以往的经验或从统计学原理来确定所需要的最少试验次数（见 10）。

应该仔细地估计完成整个试验计划所需要的材料总量（见表 6、7）。切削速度范围和进给量的选择，根据刀具失效的预期进程确定检测刀具失效量的合理时间间隔等，可通过预试验确定。

表 6　槽铣时，以推荐的试验条件将每个试验进行到推荐的判据时，近似的材料切除量

切削条件			Ⅰ	Ⅱ
切削深度 α_a		mm	12.5	20
则吃刀量 α_r		mm	25	25
进给量 f_z		mm/齿	0.08	0.125
近似材料切除量	速度 30m/min	kg/一次试验	7	15
（达到推荐的刀具寿命判据）	速度 35m/min	kg/一次试验	3	6

表7 立铣时,以推荐的试验条件将每个试验进行到推荐的判据时,近似的材料切除量

切削条件			I	Ⅱ	Ⅲ	Ⅳ
切削深度 α_a		mm	20	20	12.5	12.5
则吃刀量 α_r		mm	2.5	2.5	20	20
进给量 f_z		mm/齿	0.08	0.125	0.08	0.125
近似材料切除量	速度 30m/min	kg/一次试验	3	4	11	15
(达到推荐的刀具寿命判据)	速度 35m/min	kg/一次试验	2	2	4	6

9.3 材料、刀具和设备的准备

在开始进行试验计划中任何一个单独试验之前,应做下列准备工作。

9.3.1 工件

表面上的各种外皮都应切除。每个适当尺寸的试样,应从棒料或条料上切取,并清楚地标志以便识别来自何根棒料或条料及试件原来在棒料或条料中的位置和方向。

在切削试验之前,应对试件进行外观检查和硬度检查,并作详细的记录(见3.1)。如试件在前次试验中使用过,那么在前次试验条件下产生的已加工表面必须作“外皮”处理,应在新的试验开始之前用一把新刀将其切除。

9.3.2 刀具的几何参数和切削刃

刀具切削刃的几何参数应作检查和记录(见4.1.3),各切削刃应作标记和检查,并用至少8倍的放大镜按推荐的切削刃条件作比较,还应检查影响切削性能的缺陷,如烧伍、崩刃和裂纹等。各切削刃上不得有毛刺和卷刃。如有可能,各缺陷应予消除,否则,不得用有缺陷的刀具作试验。

9.3.3 刀具和夹头

应检查夹头的损坏情况,将机床主轴和夹头清理干净后立即安装夹头。当刀具装到夹头上后,用一带平测头和刻度值为0.001mm的千分表测量刀具的轴向和径向圆跳动,对每一切削刃的跳动值都作记录。推荐的圆跳动量的极限值已详列于4.5条中。

9.3.4 机床

因为机床上提供的主轴转速和进给速度可能是公称值,故应在代表试验条件的负载下,测量和记录实际的主轴转速和进给速度。在试验以前,以70%的最大主轴速度或试验所需要的转速空载运行30min以上,以使机床预热,同时每过5min,挂上机床进给运动一次,使工作台在试验区中至少运行与试验所需长度相等的一段行程,然后快速返回。

应检查夹紧机构,以确保工件有尽可能好的稳定性。

9.3.5 评定刀具失效的装备

对适合测量刀具失效的装备应保证其可供性和质量(见8.2)。这种情况应记录在适当的数据表上(见附录B)。

9.3.6 人员

对参加试验的机床操作者和其他有关人员进行试验目的和试验步骤方面的适当培训。

9.4 试验技术

有关试验的完整信息应记录在适当的数据表上(见附录B)。

在实际试验开始之前,应作检查并确保所选择的切削条件适合于刀具、刀夹、机床及夹紧机构等,并可确保估计的刀具寿命将能达到。

刀具或主轴的悬伸量力求最小。

连续的切削行程应始终在同一进给方向上进行。一个行程终了,刀具应退回到起始点,退刀时,应确保切削刃不与工件接触。

槽铣试验时(图1)不允许在同一条槽上将刀具轴向进刀再作切削,亦不允许将槽铣豁口。

两槽之间的壁厚必须为切削深度的1/4,不得小于3mm。

行程的长度可认为与工件的长度相同,如认为这样的计算不够确切,可把相应于刀具与工件全面切入中的进给距离作为切削长度。一次新的试验开始之前,必须用一把新刀将工件清除干净(见 9.3.1)。

9.5　刀具失效的测量和记录

按试验计划所确定的时间间隔对所有的切削刃进行检查。应把刀具的失效测量值连同各种失效的细节都记录在数据表上(见附录 B)。

这种测量应在刀具装在机床上的情况下进行(见 7.1 和 7.2),并对失效最严重的切削刃进行测量。如果刀具在测量以后能再装到主轴上并调到原有位置上,那么将刀具从机床主轴上拆卸下来进行测量也是可行的。

刀具的失效测量值应按第 10 章进行处理。

10　数据评估

10.1　一般考虑

多齿铣刀立铣时的失效试验结果应按下列指导方针来进行评估:

——试验的目的按 0 章或 9.1 条确定。

——试验结果应从正确拟定的试验计划中获得(见 9.2)。

——试验技术中的诸原则应予采用(见 9.4)。

10.2　试验值或观察值的处理

参与一次试验的同一把刀具上各个切削刃不是互相独立的。因此,通过测量或其他观察所得到的各个切削刃的刀具失效的试验值,应一起作为一把刀具在规定的一次试验中的试验结果予以考虑。

在试验过程中,虽然预期要测量或研究的是某种指定的失效形式(见 7.3－7.5),但是,某种未预料到的失效现象过早地或忽然地出现,就应作仔细的观察和记录。如果这个没料想到的失效有可能影响到试验结果,那么,在计算最终结果时必须将此次试验剔除。

没有料到和非常严重的失效常使这次试验报废,应研究其原因。当这种失败情况反复出现时,应考虑改换试验条件。

10.3　试验次数

不管是什么试验目的和承担何种试验任务(见 9.1 和 9.2),能够或要求获得的试验结果的精度总是试验次数的函数。

但试验结果的精度要求,必须同材料、刀具、时间和经费等的消耗的限制进行权衡(见 7.5)。

当研究切屑形成和表面特征等加工特性参数时(见 9.2E 型试验),对每种试验条件,通常只需作一次规模有限的试验就足够了。

在对刀具材料、切削液等因素作比较试验时(见 9.1),有经验的试验者可以用很少次数试验结果就能足以精确地确定试验结果差别的显著性。

对于以确定刀具寿命为目的的试验,刀具的失效情况可直接测出(见 7.4.1 和 7.5)或通过观察表面粗糙度、工件的尺寸或其他加工的结果来间接测出。

这时,建议对每种切削条件作多次试验,这样,按实用的观点并根据经验和统计学原理给出可接受的试验精度。

10.3.1　A 型试验

对于 A 型试验(见 9.2)至少需要三次重复试验。但是,如果各批材料、各组刀具之间的区别较小,用附录 C(标准的附录)中列出的统计方法就会指明:需要更多的试验次数才能判别试验结果是否显著。

10.3.2　B 型试验

以刀具寿命(见 7)作为切削速度的一个函数绘图(v_c-T 曲线)时,图上至少需要有相应于 5 种切削速度的 5 个绘图点(图 22)。

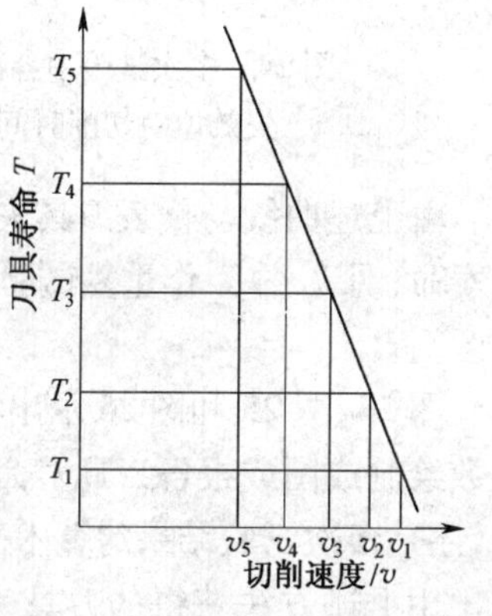

图 22　$v-T$ 曲线示例(对数坐标)

开始第一个切削速度相应的刀具寿命不少于 5min。以后各点的切削速度逐渐降低,并在可能时采用恒定的比率,使得试验中最大刀具寿命不少于 25min。

少于 5min 的刀具寿命将不可靠。但刀具寿命超过 25min 又会浪费材料和时间。

所使用的实际切削速度取决于机床所能提供的速度和对稳定切削的要求,应对此作出报告。

在同一试验中可能产生两种或两种以上的失效形式。如果起主导作用的失效形式不明显的话,这时可以使用两种(甚至两种以上)的判据(图 23 中的 Ⅰ 和 Ⅱ)。对此可用以下两种不同的方法来处理。

a) 在某组试验中,既用判据 Ⅰ 来确定刀具的寿命,同时也用判据 Ⅱ 来确定刀具的寿命。当用两种判据得到的刀具寿命都作为某个变量(如切削速度)的函数绘图时,就得到两条不同的曲线(如图 23 所示)。

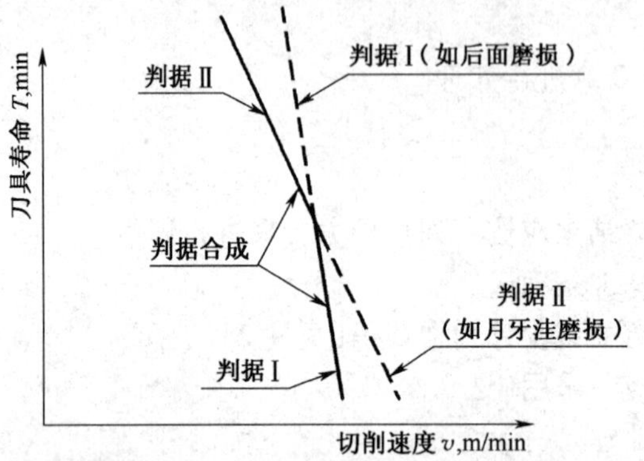

图 23 用两种不同判据绘出的两组 $v-T$ 曲线和用组合判据绘出的折线 $v-T$ 曲线(对数坐标)

b) 采用组合判据,无论达到判据 Ⅰ 或判据 Ⅱ,都认为是刀具寿命的终结。此时,当刀具寿命作为某个变量(如切削速度)的函数绘图时,通常形成一条折线(如图 23 所示)。

10.3.3 C 型和 D 型试验

对于 C 型试验(见 9.2)曲线图上至少需要由 7 次试验获得的 7 个点。对于 D 型试验(见 9.2)至少需要由 9 次试验获得的 9 个点。

10.4 曲线图

在一次试验中获得的任何形式的刀具失效数值(见 7.3),都作为该铣刀所有切削刃的一组相关值来处理,并能对有效切削时间绘制图形(见 9.5)。曲线上的数据点,可以用各个测量值(图 24)、算术平均值(图 25)或最大最小值(图 26)来表示。算术平均值和最大最小值用附录 C 阐述的统计方法计算。

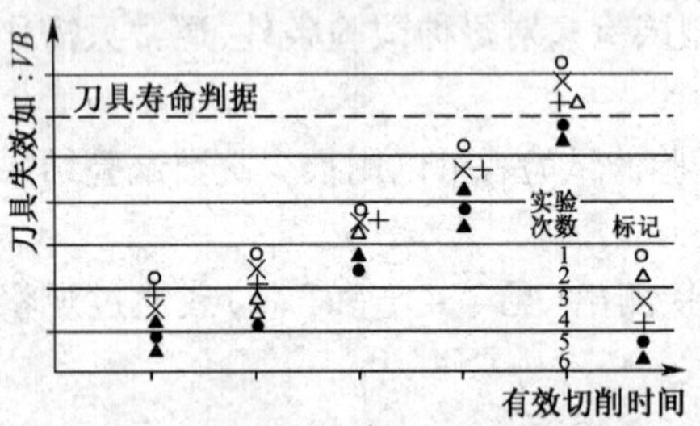

图 24 多次试验中各次试验的刀具失效值对切削时间的记录图

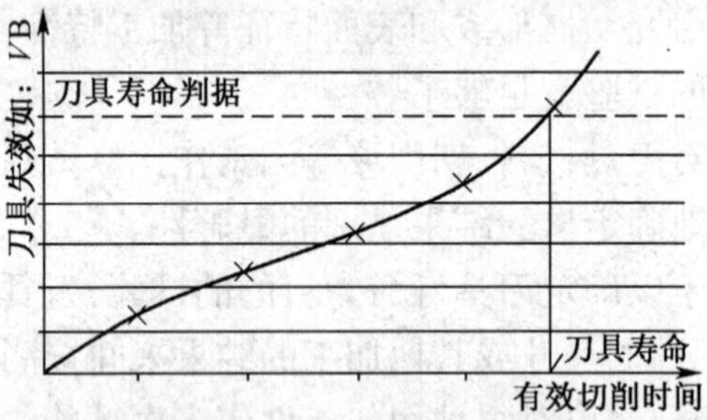

图 25 多次试验中刀具失效的算术平均值对切削时间的记录图

由上述曲线与代表刀具失效限制值并定为“刀具寿命判据”的一条水平线的交点或交叉段即得到刀具的寿命(见 7.4)。作重复试验时,可对刀具寿命进行统计处理,算出算术平均值、标准差、最大及最小值和置信区间。

图 24、图 25 和图 26 示出各种不同的曲线与刀具寿命判据水平线相交的情况。当将刀具寿命对某切削参数绘制成图或报告刀具寿命的数值时,重要的是明确刀具寿命根据何种条件计算,是根据一次试验的结果,还是多次试验结果的算术平均值或是用经统计方法确定的最大与最小值。

用上述方法获得的刀具寿命值可对任一独立因素绘制图形,如对切削速度(见 9.2 的 B 型、C 型和 D 型),便获得一条如图 22 所示的 $v-T$ 曲线。通常用对数坐标绘制 $v-T$ 曲线。在一般情况下,用对数坐标表

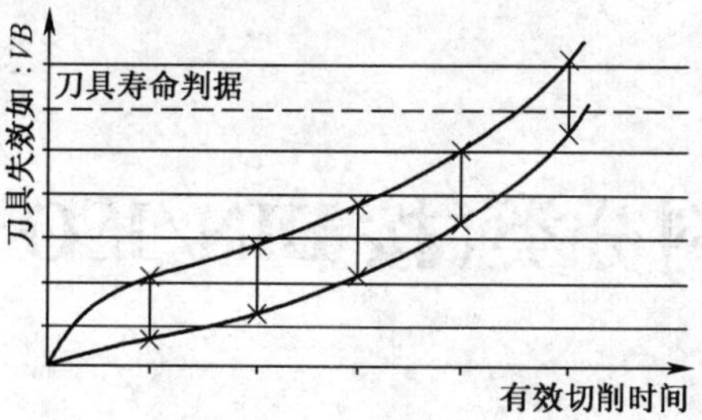

图 26　多次试验中以 95%的置信度求得的刀具失效、最大和最小值对切削时间的记录

示的 v-T 曲线是一条直线，这条直线与图上各点应这样拟合：使直线与各实际点之间竖向距离的平方和为最小。有经验者能用“直观”的办法穿过各点作出一条足够精确的直线。有关这方面的统计计算指导性材料见 GB/T 16461 和列在本标准第 2 章中的其他参考标准。

当切削特性改变，例如提高切削速度时，失效的性质会改变，故必须留心观察。所以，任何表示变动中切削数据函数的刀具寿命图，将只依据一个规定的刀具失效形式和一个刀具寿命判据来作。假如这不可能，实际的条件应作专门的记录。

10.5　统计解释

使用统计方法来评定切削试验结果时，需要对试验值的数量和试验结果的质量给予极大的注意。如果这些要求不能满足，统计法就不能被使用。

有关算术平均值、标准差、最大和最小值以及置信区间的统计指导性材料，在附录 C 中给出。

如何对两种或两种以上切削条件的试验结果作差异显著性检验，已在附录 C 中举例说明。推荐的计算方法是以 student’s　t 分布为基础的。

用于确定 B 型、C 型或 D 型试验中刀具寿命图(9.2 条)的统计计算指导性材料见 GB/T 16461 和本标准第 2 章及参考文献中给出的其他参考标准。

附录D　工件材料分类(按 DIN/ISO 513 和 VDI 3323)

ISO	工件材料		状态	抗拉强度 /(N/mm²)	$K_{c1}^{(1)}$ /(N/mm²)	$mc^{(2)}$	硬度 HB	材料编号
P	非合金钢 铸钢 易削钢	<0.25%C	退火	420	1350	0.21	126	1
		≥0.25%C	退火	650	1500	0.22	190	2
		<0.55%C	调质	850	1675	0.24	250	3
		≥0.55%C	退火	750	1700	0.24	220	4
			调质	1000	1900	0.24	300	5
	低合金钢 铸钢 (合金元素低于5%)		退火	600	1775	0.24	200	6
				930	1675	0.24	275	7
			调质	1000	1725	0.24	300	8
				1200	1800	0.24	350	9
	合金钢、铸钢、工具钢		退火	680	2450	0.23	200	10
			调质	1100	2500	0.23	325	11
M	不锈钢、铸钢		铁素体/马氏体	680	1875	0.21	200	12
			马氏体	820	1875	0.21	240	13
			奥氏体	600	2150	0.20	180	14
K	球墨铸铁(GGG)		铁素体/珠光体		1150	0.20	180	15
			珠光体		1350	0.28	260	16
	灰铸铁(GG)		铁素体		1225	0.25	160	17
			珠光体		1350	0.28	250	18
	可锻铸铁		铁素体		1225	0.25	130	19
			珠光体		1420	0.3	230	20
N	锻造铝合金		未硬化		700	0.25	60	21
			硬化		800	0.25	100	22
	铸造铝合金	≥12%Si	未硬化		700	0.25	75	23
			硬化		700	0.25	90	24
			高温		750	0.25	130	25
	铜合金	>1%Pb	易切削		700	0.27	110	26
			黄铜		700	0.27	90	27
			电解铜		700	0.27	100	28
	非金属材料		硬塑料、纤维塑料					29
			硬橡胶					30

(续)

ISO	工件材料		状　态	抗拉强度/(N/mm²)	Kcl[1]/(N/mm²)	mc[2]	硬度HB	材料编号
S	高温合金	铁基	退火		3600	0.24	200	31
			硬化		3100	0.24	280	32
		镍基或钴基	退火		3300	0.24	250	33
			硬化		3300	0.24	350	34
			铸造		3300	0.24	320	35
	钛和钛合金			RM400	1700	0.23		36
			α+β 合金	RM1050	2110	0.22		37
H	淬硬钢		淬硬		4600		55HRC	38
			淬硬		4700		60HRC	39
	冷硬铸铁		铸造		4600		400	40
	铸铁		淬硬		4500		55HRC	41

注:(1)前角为0°、切削厚度为1mm、切削面积为1mm²时的切削力。
(2)切削厚度指数

附录E　刀具国家、行业标准

GB/T 145—2001	中心孔
GB/T 967—2008	螺母丝锥
GB/T 968—2007	丝锥螺纹公差
GB/T 969—2007	丝锥技术条件
GB/T 970.1—2008	圆板牙 第1部分:圆板牙和圆板牙架的型式和尺寸
GB/T 970.2—2008	圆板牙 第2部分:技术条件
GB/T 971—2008	滚丝轮
GB/T 972—2008	搓丝板
GB/T 1112.1—1997	键槽铣刀　第1部分:直柄键槽铣刀　型式和尺寸
GB/T 1112.2—1997	键槽铣刀　第2部分:莫氏锥柄键槽铣刀　型式和尺寸
GB/T 1112.3—1997	键槽铣刀　第3部分:技术条件
GB/T 1114.1—1998	套式立铣刀　第1部分:型式与尺寸
GB/T 1114.2—1998	套式立铣刀　第2部分:技术条件
GB/T 1115.1—2002	圆柱形铣刀　第1部分:型式和尺寸
GB/T 1115.2—2002	圆柱形铣刀　第2部分:技术条件
GB/T 1119.1—2002	尖齿槽铣刀　第1部分:型式和尺寸
GB/T 1119.2—2002	尖齿槽铣刀　第2部分:技术条件
GB/T 1124.1—2007	凸凹半圆铣刀 第1部分:型式和尺寸
GB/T 1124.2—2007	凸凹半圆铣刀 第2部分:技术条件
GB/T 1127—2007	半圆键槽铣刀
GB/T 1131.1—2004	手用铰刀 第1部分:型式和尺寸
GB/T 1131.2—2004	手用铰刀 第2部分:技术条件
GB/T 1132—2004	直柄和莫氏锥柄机用铰刀
GB/T 1134—2008	带刃倾角机用铰刀
GB/T 1135—2004	套式机用铰刀和芯轴
GB/T 1139—2004	莫氏圆锥和米制圆锥铰刀
GB/T 1142—2004	套式扩孔钻
GB/T 1143—2004	60°、90°、120°莫氏锥柄锥面锪钻
GB/T 1438.1—2008	锥柄麻花钻 第1部分:莫氏锥柄麻花钻的型式和尺寸
GB/T 1438.2—2008	锥柄麻花钻 第2部分:莫氏锥柄长麻花钻的型式和尺寸
GB/T 1438.3—2008	锥柄麻花钻 第3部分:莫氏锥柄加长麻花钻的型式和尺寸
GB/T 1438.4—2008	锥柄麻花钻 第4部分:莫氏锥柄超长麻花钻的型式和尺寸
GB/T 1442—2004	直柄工具用传动扁尾及套筒 尺寸
GB/T 1443—1996	机床和工具柄用自夹圆锥
GB/T 2075—2007	切削加工用硬切削材料的分类和用途 大组和用途小组的分类代号

GB/T 2077—1987 硬质合金可转位刀片圆角半径
GB/T 2079—1987 无孔的硬质合金可转位刀片
GB/T 2081—1987 铣削刀具用硬质合金可转位刀片
GB/T 3464.1—2007 机用和手用丝锥 第1部分:通用柄机用和手用丝锥
GB/T 3464.2—2003 细长柄机用丝锥
GB/T 3464.3—2007 机用和手用丝锥 第3部分:短柄机用和手用丝锥
GB/T 3506—2008 螺旋槽丝锥
GB/T 3832—2008 拉刀柄部
GB/T 4211.1—2004 高速钢车刀条 第1部分:型式和尺寸
GB/T 4211.2—2004 高速钢车刀条 第2部分:技术条件
GB/T 4243—2004 莫氏锥柄长刃机用铰刀
GB/T 4245—2004 机用铰刀技术条件
GB/T 4246—2004 铰刀特殊公差
GB/T 4247—2004 莫氏锥柄机用桥梁铰刀
GB/T 4248—2004 手用1:50锥度销子铰刀技术条件
GB/T 4250—2004 圆锥铰刀 技术条件
GB/T 4251—2008 硬质合金直柄机用铰刀
GB/T 4256—2004 直柄和莫氏锥柄扩孔钻
GB/T 4257—2004 扩孔钻 技术条件
GB/T 4258—2004 60°、90°、120°直柄锥面锪钻
GB/T 4259—2004 锥面锪钻 技术条件
GB/T 4260—2004 带整体导柱的直柄平底锪钻
GB/T 4261—2004 带可换导柱的莫氏锥柄平底锪钻
GB/T 4262—2004 平底锪钻 技术条件
GB/T 4263—2004 带整体导柱的直柄90°锥面锪钻
GB/T 4264—2004 带可换导柱的莫氏锥柄90°锥面锪钻
GB/T 4265—2004 带导柱90°锥面锪钻 技术条件
GB/T 4266—2004 锪钻用可换导柱
GB/T 4267—2004 直柄回转工具用柄部直径和传动方头尺寸
GB/T 5102—2004 渐开线花键拉刀 技术条件
GB/T 5103—2004 渐开线花键滚刀 通用技术条件
GB/T 5104—2008 渐开线花键滚刀 基本型式和尺寸
GB/T 5340.1—2006 可转位立铣刀 第1部分:削平直柄立铣刀
GB/T 5340.2—2006 可转位立铣刀 第2部分:莫氏锥柄立铣刀
GB/T 5340.3—2006 可转位立铣刀 第3部分:技术条件
GB/T 5341.1—2006 可转位三面刃铣刀 第1部分:型式和尺寸
GB/T 5341.2—2006 可转位三面刃铣刀 第2部分:技术条件
GB/T 5342.1—2006 可转位面铣刀 第1部分:套式面铣刀
GB/T 5342.2—2006 可转位面铣刀 第2部分:莫氏锥柄面铣刀
GB/T 5342.3—2006 可转位面铣刀 第3部分:技术条件
GB/T 5343.1—2007 可转位车刀及刀夹 第1部分:型号表示规则
GB/T 5343.2—2007 可转位车刀及刀夹 第2部分:可转位车刀型式尺寸和技术条件

GB/T 6078.1—1998	中心钻　第1部分：不带护锥的中心钻—A型　型式和尺寸
GB/T 6078.2—1998	中心钻　第2部分：带护锥的中心钻—B型　型式和尺寸
GB/T 6078.3—1998	中心钻　第3部分：弧形中心钻—R型　型式和尺寸
GB/T 6078.4—1998	中心钻　第4部分：技术条件
GB/T 6080.1—2010	机用锯条　第1部分：型式与尺寸
GB/T 6080.2—2010	机用锯条　第2部分：技术条件
GB/T 6081—2001	直齿插齿刀的基本型式和尺寸
GB/T 6082—2001	直齿插齿刀通用技术条件
GB/T 6083—2001	齿轮滚刀的基本型式和尺寸
GB/T 6084—2001	齿轮滚刀通用技术条件
GB/T 6117.1—2010	立铣刀　第1部分：直柄立铣刀的型式和尺寸
GB/T 6117.2—2010	立铣刀　第2部分：莫氏锥柄立铣刀的型式和尺寸
GB/T 6117.3—2010	立铣刀　第3部分：7∶24锥柄立铣刀的型式和尺寸
GB/T 6118—2010	立铣刀　技术条件
GB/T 6119—2012	三面刃铣刀
GB/T 6120—2012	锯片铣刀
GB/T 6122.1—2002	圆角铣刀　第1部分：型式与尺寸
GB/T 6122.2—2002	圆角铣刀　第2部分：技术条件
GB/T 6124—2007	T型槽铣刀 型式和尺寸
GB/T 6125—2007	T型槽铣刀　技术条件
GB/T 6128.1—2007	角度铣刀 第1部分：单角和不对称双角铣刀
GB/T 6128.2—2007	角度铣刀 第2部分：对称双角铣刀
GB/T 6129—2007	角度铣刀　技术条件
GB/T 6130—2001	镶片圆锯
GB/T 6131.1—2006	铣刀直柄　第1部分：普通直柄的型式和尺寸
GB/T 6131.2—2006	铣刀直柄　第2部分：削平直柄的型式和尺寸
GB/T 6131.3—1996	铣刀直柄　第3部分：2°斜削平直柄的型式和尺寸
GB/T 6131.4—2006	铣刀直柄　第4部分：螺纹柄的型式和尺寸
GB/T 6132—2006	铣刀和铣刀刀杆的互换尺寸
GB/T 6133.1—2006	削平型直柄刀具夹头 第1部分：刀具柄部传动系统的尺寸
GB/T 6133.2—2006	削平型直柄刀具夹头 第2部分：夹头的连接尺寸及标记
GB/T 6135.1—2008	直柄麻花钻 第1部分：粗直柄小麻花钻的型式和尺寸
GB/T 6135.2—2008	直柄麻花钻 第2部分：直柄短麻花钻和直柄麻花钻的型式和尺寸
GB/T 6135.3—2008	直柄麻花钻　第3部分：直柄麻花钻的型式和尺寸
GB/T 6135.4—2008	直柄麻花钻 第4部分：直柄超长麻花钻的型式和尺寸
GB/T 6138.1—2007	攻丝前钻孔用阶梯麻花钻 第1部分：直柄阶梯麻花钻的型式和尺寸
GB/T 6138.2—2007	攻丝前钻孔用阶梯麻花钻 第2部分：莫氏锥柄阶梯麻花钻的型式和尺寸
GB/T 6139—2007	阶梯麻花钻　技术条件
GB/T 6335.1—2010	旋转和旋转冲击式硬质合金建工钻　第1部分：尺寸
GB/T 6335.2—2010	旋转和旋转冲击式硬质合金建工钻　第2部分：技术条件
GB/T 6338—2004	直柄反燕尾槽铣刀和直柄燕尾槽铣刀
GB/T 6340—2004	直柄反燕尾槽铣刀和直柄燕尾槽铣刀 技术条件

GB/T 9062—2006	硬质合金错齿三面刃铣刀
GB/T 9205—2005	镶片齿轮滚刀
GB/T 9217.1—2005	硬质合金旋转锉　技术条件
GB/T 9217.2—2005	硬质合金圆柱形旋转锉
GB/T 9217.3—2005	硬质合金圆柱球头旋转锉
GB/T 9217.4—2005	硬质合金圆球形旋转锉
GB/T 9217.5—2005	硬质合金椭圆形旋转锉
GB/T 9217.6—2005	硬质合金弧形圆头旋转锉
GB/T 9217.7—2005	硬质合金弧形尖头旋转锉
GB/T 9217.8—2005	硬质合金火炬形旋转锉
GB/T 9217.9—2005	硬质合金60°和90°圆锥形旋转锉
GB/T 9217.10—2005	硬质合金锥形圆头旋转锉
GB/T 9217.11—2005	硬质合金锥形尖头旋转锉
GB/T 9217.12—2005	硬质合金倒锥形旋转锉
GB/T 10944.1—2006	自动换刀用7:24圆锥工具柄部40、45和50号柄 第1部分:尺寸及锥角公差
GB/T 10944.2—2006	自动换刀用7:24圆锥工具柄部40、45和50号柄 第2部分:技术条件
GB/T 10945.1—2006	自动换刀用7:24圆锥工具柄部40、45和50号柄用拉钉 第1部分:尺寸及力学性能
GB/T 10945.2—2006	自动换刀用7:24圆锥工具柄部40、45和50号柄用拉钉 第2部分:技术条件
GB/T 10947—2006	硬质合金锥柄麻花钻
GB/T 10948—2006	硬质合金T形槽铣刀
GB/T 10952—2005	矩形花键滚刀
GB/T 10953—2006	机夹切断车刀
GB/T 10954—2006	机夹螺纹车刀
GB/T 12204—2010	金属切削　基本术语
GB/T 14297—1993	可转位内孔车刀
GB/T 14298—2008	可转位螺旋立铣刀
GB/T 14299—2007	可转位螺旋沟浅孔钻
GB/T 14300—2007	可转位直沟浅孔钻
GB/T 14301—2008	整体硬质合金锯片铣刀
GB/T 14328—2008	粗加工立铣刀
GB/T 14329—2008	键槽拉刀
GB/T 14330—2008	硬质合金机夹三面刃铣刀
GB/T 14333—2008	盘形轴向剃齿刀
GB/T 14348—2007	双圆弧齿轮滚刀
GB/T 14661—2007	可转位A型刀夹
GB/T 14895—2010	金属切削刀具术语　切齿刀具
GB/T 15306.1—2008	陶瓷可转位刀片 第1部分:无孔刀片尺寸(G级)
GB/T 15306.2—2008	陶瓷可转位刀片 第2部分:带孔刀片尺寸
GB/T 15306.3—2008	陶瓷可转位刀片 第3部分:无孔刀片尺寸(U级)

GB/T 15306.4—2008	陶瓷可转位刀片 第4部分:技术条件
GB/T 15307—2008	可转位钻头用削平型直柄
GB/T 16456.1—2008	硬质合金螺旋齿立铣刀 第1部分:直柄立铣刀 型式和尺寸
GB/T 16456.2—2008	硬质合金螺旋齿立铣刀 第2部分:7∶24锥柄立铣刀 型式和尺寸
GB/T 16456.3—2008	硬质合金螺旋齿立铣刀 第3部分:莫氏锥柄立铣刀 型式和尺寸
GB/T 16456.4—2008	硬质合金螺旋齿立铣刀 第4部分:技术条件
GB/T 16459—1996	面铣刀寿命试验
GB/T 16460—1996	立铣刀寿命试验
GB/T 16461—1996	单刃车削刀具寿命试验
GB/T 16770.1—2008	整体硬质合金直柄立铣刀 第1部分:型式与尺寸
GB/T 16770.2—2008	整体硬质合金直柄立铣刀 第2部分:技术条件
GB/T 17111—2008	切削刀具 高速钢分组代号
GB/T 17112—1997	定心钻
GB/T 17983—2000	带断屑槽可转位刀片近似切屑控制区的分类和代号
GB/T 17984—2010	麻花钻 技术条件
GB/T 17985.1—2000	硬质合金车刀 第1部分:代号及标志
GB/T 17985.2—2000	硬质合金车刀 第2部分:外表面车刀
GB/T 17985.3—2000	硬质合金车刀 第3部分:内表面车刀
GB/T 19448.1—2004	圆柱柄刀夹 第1部分:圆柱柄、安装孔——供货技术条件
GB/T 19448.2—2004	圆柱柄刀夹 第2部分:制造专用刀夹的A型半成品
GB/T 19448.3—2004	圆柱柄刀夹 第3部分:装径向矩形车刀的B型刀夹
GB/T 19448.4—2004	圆柱柄刀夹 第4部分:装轴向矩形车刀的C型刀夹
GB/T 19448.5—2004	圆柱柄刀夹 第5部分:装一个以上矩形车刀的D型刀夹
GB/T 19448.6—2004	圆柱柄刀夹 第6部分:装圆柱柄刀具的E型刀夹
GB/T 19448.7—2004	圆柱柄刀夹 第7部分:装锥柄刀具的F型刀夹
GB/T 19448.8—2004	圆柱柄刀夹 第8部分:Z型,附件
GB/T 19449.1—2004	带有法兰接触面的空心圆锥接口 第1部分:柄部——尺寸
GB/T 19449.2—2004	带有法兰接触面的空心圆锥接口 第2部分:安装孔——尺寸
GB/T 20323.1—2006	铣刀代号 第1部分:整体或镶齿结构的带柄立铣刀
GB/T 20323.2—2006	铣刀代号 第2部分:装可转位刀片的带柄和带孔铣刀
GB/T 20324—2006	G系列圆柱管螺纹圆板牙
GB/T 20325—2006	六方板牙
GB/T 20326—2006	粗长柄机用丝锥
GB/T 20327—2006	车刀和刨刀刀杆 截面形状和尺寸
GB/T 20328—2006	R系列圆锥管螺纹圆板牙
GB/T 20329—2006	端键传动的铣刀和铣刀刀杆上刀座的互换尺寸
GB/T 20330—2006	攻丝前钻孔用麻花钻直径
GB/T 20331—2006	直柄机用1∶50锥度销子铰刀
GB/T 20332—2006	锥柄机用1∶50锥度销子铰刀
GB/T 20333—2006	圆柱和圆锥管螺纹丝锥的基本尺寸和标志
GB/T 20334—2006	G系列和Rp系列管螺纹磨牙丝锥的螺纹尺寸公差
GB/T 20335—2006	装可转位刀片的镗刀杆(圆柱形)尺寸

GB/T 20336—2006	装可转位刀片的镗刀杆(圆柱形)代号
GB/T 20337—2006	装在7:24锥柄芯轴上的镶齿套式面铣刀
GB/T 20773—2006	模具铣刀
GB/T 20774—2006	手用1:50锥度销子铰刀
GB/T 20954—2007	金属切削刀具 麻花钻术语
GB/T 20955—2007	金属切削刀具 丝锥术语
GB/T 21018—2007	金属切削刀具 铰刀术语
GB/T 21019—2007	金属切削刀具 铣刀术语
GB/T 21020—2007	金属切削刀具 圆板牙术语
GB/T 21950—2008	盘形径向剃齿刀
GB/T 21951—2008	镶或整体立方氮化硼刀片 尺寸
GB/T 21952—2008	镶聚晶金刚石刀片 尺寸
GB/T 21953—2008	单刃刀具 刀尖圆弧半径
GB/T 21954.1—2008	金属切割带锯条 第1部分:术语
GB/T 21954.2—2008	金属切割带锯条 第2部分:特性和尺寸
GB/T 25369—2010	金属切割双金属带锯条 技术条件
GB/T 25664—2010	高速切削铣刀 安全要求
GB/T 25665—2010	整体硬切削材料直柄圆弧立铣刀 尺寸
GB/T 25666—2010	硬质合金直柄麻花钻
GB/T 25667.1—2010	整体硬质合金直柄麻花钻 第1部分:直柄麻花钻型式与尺寸
GB/T 25667.2—2010	整体硬质合金直柄麻花钻 第2部分:2°斜削平直柄麻花钻型式与尺寸
GB/T 25667.3—2010	整体硬质合金直柄麻花钻 第3部分:技术条件
GB/T 25668.1—2010	镗铣类模块式工具系统 第1部分:型号表示规则
GB/T 25668.2—2010	镗铣类模块式工具系统 第2部分:TMG21工具系统的型式和尺寸
GB/T 25669.1—2010	镗铣类数控机床用工具系统 第1部分:型号表示规则
GB/T 25669.2—2010	镗铣类数控机床用工具系统 第2部分:型式和尺寸
GB/T 25670—2010	硬质合金斜齿立铣刀
GB/T 25671—2010	硬质涂层高速钢刀具 技术条件
GB/T 25672—2010	电锤钻和套式电锤钻
GB/T 25673—2010	可调节手用铰刀
GB/T 25674—2010	螺钉槽铣刀
GB/T 25992—2010	整体硬质合金和陶瓷直柄球头立铣刀 尺寸
GB/T 28247—2012	盘形齿轮铣刀
GB/T 28248—2012	印制板用硬质合金钻头
GB/T 28249—2012	带轮滚刀 型式和尺寸
GB/T 28250—2012	带模滚刀 型式和尺寸
GB/T 28251—2012	带轮滚刀和带模滚刀 技术条件
GB/T 28252—2012	磨前齿轮滚刀
GB/T 28253—2012	挤压丝锥
GB/T 28254—2012	螺尖丝锥
GB/T 28255—2012	内容屑丝锥
GB/T 28256—2012	梯形螺纹丝锥

GB/T 28257—2012	长柄螺母丝锥
JB/T 2494—2006	小模数齿轮滚刀
JB/T 3095—2006	小模数直齿插齿刀
JB/T 3227—1999	高精度齿轮滚刀通用技术条件
JB/T 3869—1999	可调节手用铰刀
JB/T 3887—2010	渐开线直齿圆柱测量齿轮
JB/T 3912—1999	高速钢刀具蒸气处理、氧氮化质量检验
JB/T 4103—2006	剃前齿轮滚刀
JB/T 5217—2006	丝锥寿命试验方法
JB/T 5613—2006	小径定心矩形花键拉刀
JB/T 5614—2006	锯片铣刀、螺钉槽铣刀寿命试验方法
JB/T 6357—2006	圆推刀
JB/T 6358—2006	带可换导柱可转位平底锪钻
JB/T 6567—2006	刀具摩擦焊接质量要求和评定方法
JB/T 6568—2006	拉刀切削性能综合评定方法
JB/T 7426—2006	硬质合金可调节浮动铰刀
JB/T 7427—2006	滚子链和套筒链链轮滚刀
JB/T 7654—2006	整体硬质合金小模数齿轮滚刀
JB/T 7953—2010	镶齿三面刃铣刀
JB/T 7954—1999	镶齿套式面铣刀
JB/T 7955—2010	镶齿三面刃铣刀和套式面铣刀用高速钢刀齿
JB/T 7962—2010	圆拉刀技术条件
JB/T 7967—2010	渐开线内花键插齿刀　型式和尺寸
JB/T 7968. 1—1999	磨前齿轮滚刀　第 1 部分:基本型式和尺寸
JB/T 7968. 2—1999	磨前齿轮滚刀　第 2 部分:通用技术条件
JB/T 7969—2011	拉刀术语
JB/T 7970. 1—1999	盘形齿轮铣刀　第 1 部分:基本型式和尺寸
JB/T 7970. 2—1999	盘形齿轮铣刀　第 2 部分:技术条件
JB/T 7971—1999	硬质合金斜齿直柄立铣刀
JB/T 7972—1999	硬质合金斜齿锥柄立铣刀
JB/T 8345—2001	弧齿锥齿轮铣刀　1∶24 圆锥孔尺寸及公差
JB/T 8363. 1—1996	沉孔可转位刀片用螺钉头部内六角花形的型式和尺寸
JB/T 8363. 2—1996	沉孔可转位刀片用紧固螺钉　技术规范
JB/T 8364. 1—2010	60°圆锥管螺纹刀具 第 1 部分:60°圆锥管螺纹圆板牙
JB/T 8364. 2—2010	60°圆锥管螺纹刀具 第 2 部分:60°圆锥管螺纹丝锥
JB/T 8364. 3—2010	60°圆锥管螺纹刀具 第 3 部分:60°圆锥管螺纹丝锥 技术条件
JB/T 8364. 4—2010	60°圆锥管螺纹刀具 第 4 部分:60°圆锥管螺纹搓丝板
JB/T 8364. 5—2010	60°圆锥管螺纹刀具 第 5 部分:60°圆锥管螺纹滚丝轮
JB/T 8365—1996	氮化钛涂层高速钢刀具　技术规范
JB/T 8366—1996	螺钉槽铣刀
JB/T 8367—1996	整体硬质合金印刷线路板麻花钻
JB/T 8368. 1—1996	电锤钻

JB/T 8368.2—1996	套式电锤钻
JB/T 8369—1996	冲击锤和电锤钻用硬质合金刀片
JB/T 8786—1998	长柄螺母丝锥
JB/T 8798—1998	双金属带锯条 技术条件
JB/T 8824.1—1998	统一螺纹丝锥
JB/T 8824.2—1998	统一螺纹丝锥 螺纹公差
JB/T 8824.3—1998	统一螺纹丝锥 技术条件
JB/T 8824.4—1998	统一螺纹螺母丝锥
JB/T 8824.5—1998	统一螺纹圆板牙
JB/T 8824.6—1998	统一螺纹搓丝板
JB/T 8824.7—1998	统一螺纹滚丝轮
JB/T 8825.1—2011	惠氏螺纹丝锥
JB/T 8825.2—2011	惠氏螺纹丝锥 螺纹公差
JB/T 8825.3—2011	惠氏螺纹丝锥 技术条件
JB/T 8825.4—2011	惠氏螺纹螺母丝锥
JB/T 8825.5—2011	惠氏螺纹圆板牙
JB/T 8825.6—2011	惠氏螺纹搓丝板
JB/T 8825.7—2011	惠氏螺纹滚丝抡
JB/T 9986—1999	工具热处理 金相检验
JB/T 9988.1—1999	高精度梯形螺纹拉削丝锥 第 1 部分:型式与尺寸
JB/T 9988.2—1999	高精度梯形螺纹拉削丝锥 第 2 部分:螺纹公差
JB/T 9988.3—1999	高精度梯形螺纹拉削丝锥 第 3 部分:技术条件
JB/T 9989.1—1999	梯形螺纹丝锥 第 1 部分:型式与尺寸
JB/T 9989.2—1999	梯形螺纹丝锥 第 2 部分:螺纹公差
JB/T 9989.3—1999	梯形螺纹丝锥 第 3 部分:技术条件
JB/T 9990.1—2011	直齿锥齿轮精刨刀 第 1 部分:基本型式和尺寸
JB/T 9990.2—2011	直齿锥齿轮精刨刀 第 2 部分:技术条件
JB/T 9991—1999	电镀金刚石铰刀
JB/T 9992—2011	矩形花键拉刀技术条件
JB/T 9993—2011	带侧面齿键槽拉刀
JB/T 9999—1999	55°圆锥管螺纹搓丝板
JB/T 10000—1999	55°圆锥管螺纹滚丝轮
JB/T 10002—1999	长直柄麻花钻
JB/T 10003—1999	1∶50 锥孔锥柄麻花钻
JB/T 10004—1999	硬质合金刮削齿轮滚刀 技术条件
JB/T 10158—1999	带轮和带模滚刀 技术条件
JB/T 10231.1—2001	刀具产品检测方法 第 1 部分:通则
JB/T 10231.2—2001	刀具产品检测方法 第 2 部分:麻花钻
JB/T 10231.3—2001	刀具产品检测方法 第 3 部分:立铣刀
JB/T 10231.4—2001	刀具产品检测方法 第 4 部分:丝锥
JB/T 10231.5—2002	刀具产品检测方法 第 5 部分: 齿轮滚刀
JB/T 10231.6—2002	刀具产品检测方法 第 6 部分: 插齿刀

JB/T 10231.7—2002	刀具产品检测方法　第 7 部分：圆拉刀
JB/T 10231.8—2002	刀具产品检测方法　第 8 部分：板牙
JB/T 10231.9—2002	刀具产品检测方法　第 9 部分：铰刀
JB/T 10231.10—2002	刀具产品检测方法　第 10 部分：锪钻
JB/T 10231.11—2002	刀具产品检测方法　第 11 部分：扩孔钻
JB/T 10231.12—2002	刀具产品检测方法　第 12 部分：三面刃铣刀
JB/T 10231.13—2002	刀具产品检测方法　第 13 部分：锯片铣刀
JB/T 10231.14—2002	刀具产品检测方法　第 14 部分：键槽铣刀
JB/T 10231.15—2002	刀具产品检测方法　第 15 部分：可转位三面刃铣刀
JB/T 10231.16—2002	刀具产品检测方法　第 16 部分：可转位面铣刀
JB/T 10231.17—2002	刀具产品检测方法　第 17 部分：可转位立铣刀
JB/T 10231.18—2002	刀具产品检测方法　第 18 部分：可转位车刀
JB/T 10231.19—2002	刀具产品检测方法　第 19 部分：键槽拉刀
JB/T 10231.20—2002	刀具产品检测方法　第 20 部分：矩形花键拉刀
JB/T 10231.21—2006	刀具产品检测方法　第 21 部分：旋转和旋转冲击式硬质合金建工钻
JB/T 10231.22—2006	刀具产品检测方法　第 22 部分：搓丝板
JB/T 10231.23—2006	刀具产品检测方法　第 23 部分：滚丝轮
JB/T 10231.24—2006	刀具产品检测方法　第 24 部分：机用锯条
JB/T 10231.25—2006	刀具产品检测方法　第 25 部分：金属切割带锯条
JB/T 10231.26—2006	刀具产品检测方法　第 26 部分：高速钢车刀条
JB/T 10231.27—2006	刀具产品检测方法　第 27 部分：中心钻
JB/T 10232.1—2001	成套螺纹工具　第 1 部分:型式和尺寸
JB/T 10232.2—2001	成套螺纹工具　第 2 部分:技术条件
JB/T 10561—2006	硬质合金喷吸钻
JB/T 10643—2006	成套麻花钻
JB/T 10719—2007	焊接聚晶金刚石或立方氮化硼槽刀
JB/T 10720—2007	焊接聚晶金刚石或立方氮化硼车刀
JB/T 10721—2007	焊接聚晶金刚石或立方氮化硼铰刀
JB/T 10722—2007	焊接聚晶金刚石或立方氮化硼立铣刀
JB/T 10723—2007	焊接聚晶金刚石或立方氮化硼镗刀
JB/T 10724—2007	金刚石或立方氮化硼珩磨条　技术要求
JB/T 10725—2007	天然金刚石车刀
JB/T 10871—2008	磨前滚珠螺纹拉削丝锥
JB/T 50189—1999	麻花钻寿命试验方法
JB/T 50190—1999	齿轮滚刀寿命试验方法及验收条件

附录 F　国家标准硬度转换

HRC	HRB	HV	HB[1]	HB[2]	HRC	HRB	HV	HB[1]	HB[2]
		83				67	115		
		84				67.7	116		
		85				68.3	117		
		86				68.9	118		
		87				69.5	119		
		87				70.1	120		
		88				70.6	121		
		89				71.2	123		
		90				71.8	124		
		90				72.3	125		
		91				72.9	126		
		92				73.4	127		
		93				74	129		
		94				74.5	130		
		94				75	131		142
		95				75.5	133		144
		96				76	135		145
		97				76.5	135		147
		98				77	136		149
		99				77.5	138		150
		100				78	139		152
		101				78.4	141		153
		101				78.9	142		155
		102				79.3	143		156
	59.6	103				79.8	145	140	157
	60.3	104				80.2	146	141	159
	61	105				80.7	148	143	160
	61.7	106				81.1	149	44	162
	62.4	107				81.5	151	145	163
	63.1	108				81.9	152	147	165
	63.8	109				82.4	154	148	166
	64.5	110				82.8	155	150	168
	65.1	111				83.2	157	151	169
	65.8	112				83.6	158	153	171
	66.4	114				84	160	154	172

（续）

HRC	HRB	HV	HB[1]	HB[2]	HRC	HRB	HV	HB[1]	HB[2]
	84.4	161	156	174	22.4		237	229	237
	84.8	163	157	175	22.8		239	231	239
	85.1	164	159	176	23.1		241	234	241
	85.5	166	160	178	23.5		244	236	242
	85.9	168	162	179	23.8		246	238	244
	86.3	169	164	181	24.1		248	240	246
	86.6	171	165	182	24.5		250	242	248
	87	173	167	184	24.8		252	244	250
	87.4	174	168	185	25.2		255	246	252
	87.7	176	170	187	25.5		257	249	254
	88.1	178	172	188	25.8		259	251	256
	88.5	179	173	190	26.2		261	253	258
	88.8	181	175	191	26.5		264	255	259
	89.2	183	177	193	26.8		266	258	261
	89.5	185	178	194	27.1		268	262	263
	89.9	186	180	196	27.5		270	262	265
	90.3	188	182	197	27.8		273	265	268
	90.6	190	184	198	28.1		275	267	270
	91	192	185	200	28.4		278	269	272
	91.3	194	187	202	28.8		280	272	274
	91.7	195	189	203	29.1		282	274	276
	92.1	197	191	205	29.4		285	276	278
	92.4	199	192	206	29.7		287	279	280
	92.8	201	194	208	30		290	281	282
	93.1	203	196	209	30.3		292	283	285
	93.5	205	198	211	30.6		294	286	287
	93.9	207	200	212	30.9		297	288	289
	94.3	209	202	214	31.2		299	291	292
	94.6	211	204	215	31.5		302	293	294
	95	213	205	217	31.8		304	296	296
	95.4	215	207	219	32.1		307	298	299
	95.8	217	209	220	32.4		309	301	301
	96.2	219	211	222	32.7		312	303	304
	96.6	221	213	224	33		315	306	308
19.8	97	223	215	225	33.3		317	308	310
20.2	97.4	225	217	227	33.6		320	311	313
20.6	97.9	227	219	229	33.9		322	314	315
21	98.3	229	221	230	34.2		325	316	318
21.3	98.7	231	223	232	34.5		328	319	320
21.7	99.2	233	225	234	34.8		330	322	323
22	99.6	235	227	235	35.1		333	324	325

（续）

HRC	HRB	HV	HB[1]	HB[2]	HRC	HRB	HV	HB[1]	HB[2]
35.4		336	327	328	46.5		459	448	448
35.7		338	330	331	46.8		463	451	451
35.9		341	332	333	47		466	455	455
36.2		344	335	336	47.3		469	458	458
36.5		346	338	339	47.5		473	461	461
36.8		349	340	341	47.8		476	465	465
37.1		352	343	344	48		480	468	468
37.4		355	346	346	48.3		483	471	471
37.6		357	349	349	48.6		487	474	474
37.9		360	351	352	48.8		491	478	478
38.2		363	354	355	49.1		494	481	481
38.5		366	357	357	49.3		498	485	485
38.7		369	360	360	49.6		501	488	488
39		372	363	363	49.8		505	491	491
39.3		375	366	366	50.1		509	495	495
39.6		377	369	369	50.3		513	498	498
39.8		380	371	371	50.6		516	502	502
40.1		383	374	374	50.8		520	505	505
40.4		386	377	377	51.1		524	508	508
40.7		389	380	380	51.3		528	512	512
40.9		392	383	383	51.6		532	515	515
41.2		395	386	386	51.8		535	519	519
41.5		398	389	389	52.1		539	522	522
41.7		401	392	392	52.3		543	526	526
42		404	395	395	52.6		547	529	529
42.3		407	398	398	52.8		551	533	533
42.6		411	401	401	53.1		555	536	536
42.8		414	404	404	53.3		559	540	540
43.1		417	407	407	53.6		563	543	543
43.4		420	410	410	53.8		568	547	547
43.6		423	413	413	54.1		572	551	551
43.9		426	417	417	54.3		576	554	554
44.1		429	420	420	54.5		580	558	558
44.4		433	423	423	54.8		584	561	561
44.7		436	426	426	55		589	565	565
44.9		439	429	429	55.3		593	569	569
45.2		442	432	432	55.5		597	572	572
45.5		446	435	435	55.7		602	576	576
45.7		449	439	439	56		606	580	580
46		452	442	442	56.2		610	583	583
46.2		456	445	445	56.5		615	587	587

（续）

HRC	HRB	HV	HB[1]	HB[2]	HRC	HRB	HV	HB[1]	HB[2]
56.7		619	591	591	63.5		779		
56.9		624	594	594	63.7		785		
57.2		628	598	598	63.9		791		
57.4		633	602	602	64.1		797		
57.6		638	605	605	64.3		803		
57.9		642	609	609	64.5		809		
58.1		647	613	613	64.7		816		
58.3		652	617	617	64.9		822		
58.6		657	620	620	65.1		828		
58.8		662	624	624	65.3		835		
59		666	628	628	65.4		841		
59.2		671	632	632	65.6		848		
59.5		676	635	635	65.8		854		
59.7		681	639	639	66		861		
59.9		686	643	643	66.2		867		
60.1		691	647	647	66.3		874		
60.4		697	651	651	66.5		881		
60.6		702			66.7		888		
60.8		707			66.8		895		
61		712			67		902		
61.2		718			67.2		909		
61.4		723			67.3		916		
61.7		728			67.5		923		
61.9		734			67.6		931		
62.1		739			67.8		938		
62.3		745			68		946		
62.5		750			68.1		953		
62.7		756			68.2		961		
62.9		762			68.4		968		
63.1		768			68.5		976		
63.3		773							